Nr. 28
S. 9965–10336

Chemisches Zentralblatt

1962
11. Juli

Vollständiges Repertorium für alle Zweige der reinen und angewandten Chemie

1830 gegründet. 1897—1945 von der Deutschen Chemischen Gesellschaft fortgeführt. Im Auftrage der Deutschen Akademie der Wissenschaften zu Berlin, der Chemischen Gesellschaft in der DDR, der Akademie der Wissenschaften zu Göttingen und der Gesellschaft Deutscher Chemiker (in der BRD)

herausgegeben von Prof. Dr. **Heinrich Bertsch** und Prof. Dr. Dr. h. c. **Wilhelm Klemm**

133. Jahrgang

1962

Chefredakteure: Dr. Eugen Klever und Dr. Willi Barz

Akademie-Verlag GmbH., Berlin — Verlag Chemie, GmbH., Weinheim/Bergstr.

Inhalt

CHEMISCHES ZENTRALBLATT

VOLLSTÄNDIGES REPERTORIUM
FÜR ALLE ZWEIGE DER REINEN UND ANGEWANDTEN CHEMIE

1830 gegründet
1897—1945 von der Deutschen Chemischen Gesellschaft fortgeführt

Im Auftrage der Deutschen Akademie der Wissenschaften zu Berlin,
der Chemischen Gesellschaft in der DDR,
der Akademie der Wissenschaften zu Göttingen
und der Gesellschaft Deutscher Chemiker (in der BRD)
herausgegeben von

Prof. Dr. **Heinrich Bertsch** und Prof. Dr. Dr. h. c. **Wilhelm Klemm**

133. JAHRGANG

1962

SEITE 8857—10336

Chefredakteure: Dr. Eugen Klever und Dr. Willi Barz

1962

AKADEMIE-VERLAG GMBH · BERLIN
VERLAG CHEMIE · GMBH · WEINHEIM/BERGSTR.

Heft-Nr.	Seitenzahl	Ausgabedatum
25	8857— 9220	20. Juni 1962
26	9221— 9588	27. Juni 1962
27	9589— 9964	4. Juli 1962
28	9965—10336	11. Juli 1962

Herausgeber: Prof. Dr. Heinrich Bertsch, Berlin, u. Prof. Dr. Dr. h. c. Wilhelm Klemm, Münster. Chefredakteure und verantwortlich für den Inhalt: Dr. Eugen Klever, Berlin W 30, Geisbergstr. 39, Fernsprecher: 24 95 41, und Dr. Willi Barz, Berlin N 4, Schiffbauerdamm 19, Fernsprecher: 42 55 71.

©

Verlag: Akademie-Verlag GmbH, Berlin W 8, Leipziger Str. 3—4 (Fernsprecher: 220441, Telex-Nr. 011773, Postscheckkonto Berlin 35021), und Verlag Chemie, GmbH, Weinheim/Bergstr. (Fernsprecher: Weinheim 3635 [Sammelnummer]; Fernschreiber: 0465516 chemieverl wnh; Postscheckkonten: Frankfurt/M. 145314 u. Berlin [West] 7430). Bestellnummer: 1007/133. Das Chemische Zentralblatt erscheint wöchentlich. Preis des Jahrganges einschl. Autoren-, Patent-, Sach- u. Formelregister: DM 1200,—; einseitig bedruckte Ausgabe: DM 1350,—. Abgabe der Zeitschrift nur mit sämtlichen Registern. Abbestellungen nur bis spätestens 6 Wochen vor Ablauf des Kalenderjahres.

Satz und Druck: VEB Leipziger Druckhaus, Leipzig, III/18/203. 6/62.
Veröffentlicht unter der Lizenznummer ZLN 5002 des Ministeriums für Kultur, Hauptverwaltung Verlagswesen.
Printed in Germany.

Abkürzungsverzeichnis

A	Ampère
A.	Äthylalkohol
Å	Ångström
a	Jahr (nur für Dimensionen)
Abb.	Abbildung(en)
abs.	absolut(e)
Ae.	Diäthyläther
akt.	aktiv(e)
allg.	allgemein(e)
App.	Apparat(e), Apparatur(en)
asymm.	asymmetrisch(e)
at	Atmosphäre, technisch
atm	Atmosphäre, physikalisch
Atomgew.	Atomgewicht
ausg.	ausgegeben
AZ.	Acetylzahl
bar	Bar
bes.	besonders, besondere, insbesondere
Best.	Bestimmung(en)
Bibl.	Bibliographie(n)
bin.	binär
Bldg.	Bildung(en)
bzgl.	bezüglich
Bzl.	Benzol
Bzn.	Benzin
bzw.	beziehungsweise
C.	Chem. Zentralblatt (nur bei Zitaten)
c	Curie
ca.	zirka
cal	Calorie (Grammcalorie)
Chlf.	Chloroform
const	constans
cP	Centipoise
cSt	Centistokes
D.$_4^{20}$	Dichte (bei 20° gemessen u. bezogen auf Wasser von 4°)
D	Debye
d	Tag (nur für Dimensionen)
DAB.	Deutsches Arzneibuch
dad. gek.	dadurch gekennzeichnet
Darst.	Darstellung(en)
Deriv.	Derivat
Derivv.	Derivate
Dest.	Destillation(en)
dest.	destillieren, destilliert(e)
d. h.	das heißt
DK	Dielektrizitätskonstante
DL	Dosis letalis
DTA	Differentielle Thermoanalyse
$E^{1\%}_{1\,cm}$	Extinktion (1%ige Lsg.; 1 cm Schichtdicke)
Eig.	Eigenschaft
Eigg.	Eigenschaften
Einfl.	Einfluß, Einflüsse
Einw.	Einwirkung(en)
EMK	Elektromotorische Kraft
Entw.	Entwicklung(en)
Ep.	Erstarrungspunkt
Epp.	Erstarrungspunkte
eV	Elektronenvolt
evtl.	eventuell
EZ.	Esterzahl
°F	Grad Fahrenheit
F.	Schmelzpunkt
FF.	Schmelzpunkte
Fl.	Flüssigkeit
Fll.	Flüssigkeiten
fl.	flüssig(e)
g	Gramm
Geh.	Gehalt(e)
gek.	gekennzeichnet(e)
gesätt.	gesättigt(e)
Geschw.	Geschwindigkeit(en)
Gew.	Gewicht(e)
ggf.	gegebenenfalls
Ggw.	Gegenwart
h	Stunde (nur für Dimensionen)
Herst.	Herstellung(en)
Hz	Hertz
I.E.	Internationale Einheit
i.m.	intramuskulär(e)
inakt.	inaktiv(e)
I.P.	Isoelektrischer Punkt
IR	Infrarot (Ultrarot)
i.v.	intravenös(e)
J	Joule
JZ.	Jodzahl
°K	Grad Kelvin
kcal	Kilogrammcalorie
Koeff.	Koeffizient(en)
Koll.	Kolloid(e)
koll.	kolloid(e), kolloidal(e)
Kondens.	Kondensation(en)
Konst.	Konstante(n)
konst.	konstant(e)
Konstit.	Konstitution(en)
Konz.	Konzentration
Konzz.	Konzentrationen
konz.	konzentriert(e)
korr.	korrigiert(e)
Kp.	Siedepunkt
Kpp.	Siedepunkte
krist.	kristallisiert(e)
KW-Stoff	Kohlenwasserstoff
KW-Stoffe	Kohlenwasserstoffe
Labor.	Laboratorium, Laboratorien
l. c.	loco citato
Leg.	Legierung
Legg.	Legierungen
lösl.	löslich(e)
log	Logarithmus (allgemein)
Lsg.	Lösung
Lsgg.	Lösungen
Lsgm.	Lösungsmittel (Ein- u. Mehrzahl)
m	Meter
m	molar (Konzentrationsangabe)
Meth.	Methode(n)
Min.	Minute(n) (allgemein)
min	Minute (nur für Dimensionen)
Mitt.	Mitteilung(en)
mkr.	mikroskopisch(e)
ml	Milliliter
mμ	Millimikron
Mol	Grammolekül(e)
Mol.	Molekül
Moll.	Moleküle
mol.	molekular(e)
Molgew.	Molekulargewicht(e)
Mol.-Refr.	Molekularrefraktion(en)
n	normal (Konzentrationsangabe)
n-	normal (Isomerieangabe)
n_D^{20}	Brechungsindex (bei 20° u. D-Linie)
nachst.	nachstehend(e)
Nachw.	Nachweis(e)
Nd.	Niederschlag
Ndd.	Niederschläge
Oe	Oerstedt
opt.-akt.	optisch-aktiv(e)
p	Pond
PAe.	Petroläther
pH	Wasserstoffionenkonzentration (negativer dekad. Logarithmus)
pK	Dissoziationskonstante (negativer Logarithmus)
ppm	parts per million
Präp.	Präparat
Präpp.	Präparate
prim.	primär(e)
Prior.	Priorität(en), Unionspriorität(en)
Prod.	Produkt
Prodd.	Produkte
qual.	qualitativ(e)
quant.	quantitativ(e)

quart.	quartär(e)(Bindigkeit)	std.	stündig(e)	Vgl.	Vergleich(e)
quatern.	quaternär(e)	symm.	symmetrisch(e)	vgl.	vergleiche
°R	Grad Réaumur	Synth.	Synthese(n)	Vol.	Volumen, Volumina
r	Internationale Röntgeneinheit	Syst.	System(e)	Vork.	Vorkommen (Ein- u. Mehrzahl)
rac.	racemisch(e)	SZ.	Säurezahl	vorl.Mitt.	vorläufige Mitteilung(en)
rad	Einheit der absorbierten Strahlendosis	t	Tonne, metrisch	Vorr.	Vorrichtung(en)
°Rank.	Grad Rankine	Temp.	Temperatur(en)	vorst.	vorstehend(e)
Red.	Reduktion	tern.	ternär(e)	VZ.	Verseifungszahl
Redd.	Reduktionen	tert.	tertiär(e)	W	Watt
red.	reduziert(e)	u.	und	W.	Wasser
Ref.	Referat	u. a.	und andere, unter anderem	Wrkg.	Wirkung(en)
Reff.	Referate	u. dgl.	und dergleichen	wss.	wässerig(e)
rem	roentgen-equivalent-men	U/min	Umdrehungen pro Minute	X	X-Einheit
rep	roentgen-equivalent-physical	ungesätt.	ungesättigt(e)	z. B.	zum Beispiel
R_F	Retentionsfaktor (anteilmäßige Steighöhe)	unlösl.	unlöslich(e)	Zers.	Zersetzung(en)
RhZ.	Rhodanzahl	unsymm.	unsymmetrisch(e)	z. T.	zum Teil
Rk.	Reaktion	Unters.	Untersuchung	Zus.	Zusammensetzung(en)
Rkk.	Reaktionen	Unterss.	Untersuchungen	♂	männlich (im biolog. Sinne)
S	Sedimentationskonstante	USP.	United States Pharmacopeia	♀	weiblich (im biolog. Sinne)
s	Sekunde (nur für Dimensionen)	usw.	und so weiter	°	Grad Celsius
s.	siehe	UV	Ultraviolett	%ig.	prozentig
schm.	schmelzend(e)	V	Volt	‰ig.	promillig
sd.	siedend(e)	Val	Grammäquivalent	$\sim$	angenähert, etwa gleich mit, rund
Sek.	Sekunde(n), allgemein	Verb.	Verbindung	$\geqq$	gleich oder größer als
sek.	sekundär(e)	Verbb.	Verbindungen	$\leqq$	gleich oder kleiner als
sog.	sogenannt(e)	verd.	verdünnt(e)	$>$	größer als
Spezif. Gew.	Spezifisches Gewicht	Verf.	Verfahren (Einzahl)	$<$	kleiner als
Std.	Stunde(n) (allgemein)	Verff.	Verfahren (Mehrzahl)	$\triangleq$	entspricht
		Verh.	Verhalten	∞	unendlich
		Vers.	Versuch	∅	Durchmesser
		Verss.	Versuche		
		Verw.	Verwendung(en)		
		Vf.	Verfasser(in) (Einzahl)		
		Vff.	Verfasser(innen) (Mehrzahl)		

Griech. Abkürzungen

$[\alpha]_D^{20}$	Opt. Drehung, spezifische (gemessen mit D-Linie bei 20°)	λ_{max}	maximale Wellenlänge	μg	Mikrogramm (auch Gamma genannt)
λ	Wellenlänge	λ_{min}	minimale Wellenlänge	Ω	Ohm
		μ	Mikrometer (auch Mikron genannt)		

Kurzzeichen der Vorsätze für Einheiten

T	Tera-	10^{12}	Einheiten	h	Hekto-	10^{2}	Einheiten	m	Milli-	10^{-3}	Einheiten
G	Giga-	10^{9}	Einheiten	da	Deka-	10^{1}	Einheiten	μ	Mikro-	10^{-6}	Einheiten
M	Mega-	10^{6}	Einheiten	d	Dezi-	10^{-1}	Einheiten	n	Nano-	10^{-9}	Einheiten
k	Kilo-	10^{3}	Einheiten	c	Zenti-	10^{-2}	Einheiten	p	Pico-	10^{-12}	Einheiten

Patent-Abkürzungen

D.A.S.	Deutsche Auslegeschrift	**Dän.P.**	Dänisches Patent	**Norw.P.**	Norwegisches Patent
D.B.P.	Deutsches Bundes-Pat.	**E.P.**	Englisches Patent	**Oe.P.**	Österreichisch. Patent
D.P. [DDR]	Deutsches [DDR] Patent	**Finn.P.**	Finnisches Patent	**Poln.P.**	Polnisches Patent
D.R.P.	Deutsches Reichs-Pat.	**F.P.**	Französisches Patent	**Schwed.P.**	Schwedisches Patent
A.P.	Amerikanisches Patent	**Holl.P.**	Holländisches Patent	**Schwz.P.**	Schweizer Patent
Aust.P.	Australisches Patent	**Ind.P.**	Indisches Patent	**Tschech.P.**	Tschechoslowakisches Patent
Belg.P.	Belgisches Patent	**It.P.**	Italienisches Patent	**UdSSR.P.**	Sowjetisches Patent
Can.P.	Canadisches Patent	**Jap.A.S.**	Japan. Auslegeschrift	**Ung.P.**	Ungarisches Patent
		Jug.P.	Jugoslawisches Patent		

Für die fachliche Rechtschreibung in den Referaten und Registern des Chemischen Zentralblattes ist die 2. Auflage (Verlag Chemie GmbH Weinheim/Bergstr. u. VDI-Verlag GmbH Düsseldorf; 1959) der „Rechtschreibung der technischen und chemischen Fremdwörter" von Jansen-Mackensen bestimmend.

Dr. Eugen Klever und Dr. Willi Barz, Chefredakteure

Chemisches Zentralblatt

1962 **Bibliographien** Nr. 28

Neue Bücher

E_1. Allgemeine Biologie und Biochemie

Abraham Cantarow and **Bernard Schepartz**, Biochemistry, 3rd edit. Philadelphia, London: Saunders. 1962. (XXVIII + 938 S. m. Abb., Tab. u. Diagr.) 91 s.

T. W. Goodwin and **O. Lindberg**, ed., Biological structure and function: proceedings of the first IUB/IUBS International Symposium held in Stockholm, September 12—17, 1960. Vol. 2. London: Academic P. 1961. (XVI + 665 S. m. Abb., Tab. u. Diagr.) 6 £. 6 s.

A. I. Hadjioloff, Histochemie und morphologischer Stoffwechsel der Lipide in den Geweben und Organen von Tier und Mensch. Vortrag. Berlin: Akademie-Verl. 1961. (21 S.) 8° = Sitzungsberichte der Deutschen Akademie der Wissenschaften zu Berlin. Klasse für Medizin, Jahrgang 1961. Nr. 1. DM 2,—.

E_2. Enzymologie. Gärung

Rudolph Abderhalden, Clinical enzymology. Princeton (New Jersey), London: Van Nostrand. 1962. (XVI + 448 S. m. Tab. u. Diagr.) 76 s.

E_4. Pflanzenchemie. Pflanzenphysiologie. Pflanzenpathologie

N. P. Remesow u. a. Verbrauch und Zirkulation des Stickstoffs und der Aschenelemente in den Wäldern der UdSSR. Moskau: Verl. der Lomonossow-Univ. 1959. (282 S.) 1 Rbl. 20 Kop. [Russ.]

E_5. Tierchemie. Tierphysiologie. Tierpathologie

Robert S. Harris and **Dwight J. Ingle**, eds., Vitamins and hormones; advances in research and applications. Vol. 19. New York: Academic P. 1961. (366 S. m. Abb.) $ 13.—.

Fritz Knorr, Vitamin-Bestimmungsmethoden. Garmisch-Partenkirchen: Moser. 1961. (60 Bl.) 4°. DM 20,—.

William Montagna, ed., Advances in biology of skin. Vol. I: Cutaneous innervation. Proceedings of the Brown University Symposium on the Biology of Skin, 1959. Oxford, London, New York, Paris: Pergamon Press. 1960. (203 S. m. Abb.) 63 s.

W. H. Taliaferro and **J. H. Humphrey**, Advances in immunology. Vol. 1. New York: Academic P. 1961. (423 S. m. Abb.) $ 12.—.

Ja. Ch. Turakulow, Biochemie der Hormone der Schilddrüse in der Norm und bei der thyreoiden Pathologie. Taschkent: Verl. der Akad. der Wiss. der UsbekSSR. 1962. (222 S. m. Abb.) 1 Rbl. 65 Kop. [Russ.]

E_6. Pharmakologie. Therapie. Toxikologie. Hygiene

Josiah Brown and **Carl M. Pearson**, ed., Clinical uses of adrenal steroids. New York: McGraw-Hill. 1962. (447 S. m. Abb.) $ 11. —.

Abraham M. Shanes, ed., Biophysics of physiological and pharmacological actions. Washington. 1961. (XIII + 598 S. m. Abb.) = Its Pubn. no. 69. $ 13.50.

G. Analyse. Laboratorium

Günter Gottschalk, Statistik in der quantitativen chemischen Analyse. Stuttgart: Ferdinand Enke. 1962. (XV + 220 S. m. 9 Abb. u. 41 Tab.) DM 63,—.

D. S. Jackson, ed., Titrimetric methods; proceedings of the Symposium on Titrimetric Methods, held at Cornwall, Ont., May 8—9, 1961. New York: Plenum Pr. 1961. (185 S. m. Abb.) $ 7.50.

I. M. Konjuschko, Qualitative chemische Analyse. Lehrbuch. Minsk: Verl. der Moskauer Hochschule für mittlere, fachliche und Berufs-Ausbildung der BelorussSSR. 1961. (488 S. m. Abb.) 1 Rbl. 10 Kop. [Russ.]

W. A. Oknina, Methoden der chemischen Analyse der Phosphaterze. Moskau: Gosschimisdat. 1961. (143 S.) 58 Kop. [Russ.]

H I. Allgemeine chemische Technologie

Paul Junière et **Madelaine Sigwalt**, Les Applications de l'aluminium dans les industries chimiques et alimentaires. Paris: Eyrolles. 1961. (333 S.) 8°. 43 NF.

A. G. Kassatkin, Chemische Verfahrenstechnik. Bd. 2. 4., überarb. Aufl. Leipzig: Deutscher Verl. für Grundstoffindustrie. 1961. (394 S. m. 223 Abb.) 8°. DM 24,—.

IX. Organische Industrie

Aleksandr Vasil'evich Topchiev and others, Synthetic materials from petroleum. Oxford, London: Pergamon. 1962. (IX + 128 S. m. Abb., Tab. u. Diagr.) 25 s.

XVI. Nahrungs-, Genuß- und Futtermittel

L. M. **Agejew**, Ss. S. **Iwanow** und W. A. **Smirnow**, Technologie der zuckerhaltigen Stoffe. Allg. Lehrbuch. (Für Hochschulen der Lebensmittelind., technolog. Fachrichtungen Moskau: Pischtschepromisdat. 1961. (488 S. m. Abb.; 1 Bl. Skizzen 1 Rbl. 18 Kop. [Russ.]

A. B. **Bakar**, Der Weizenkleber. Moskau: Verl. der Akad. der Wiss. der UdSSR. 1961. (252 S. m. Abb.) 1 Rbl. 18 Kop. [Russ.]

N. P. **Gritzai**, Je. P. **Mischtschenko**, L. M. **Rein** und S. W. **Chochlowa**, Technologie des Fleisches und der Fleischprodukte. Lehrbuch für Technika der Fleischindustrie. Moskau: Pischtschepromisdat. 1961. (455 S. m. Abb., 1 Bl. Skizzen 1 Rbl. 7 Kop. [Russ.]

XIX. Brennstoffe. Erdöl. Mineralöle

M. Ss. **Ewentowa**, Kurzer Leitfaden der praktischen Übungen auf dem Gebiet der Schmieröle. Moskau Verl. der Lomonossow-Univ. 1961. (132 S.) 40 Kop. [Russ.]

Graham B. Moody, Petroleum exploration handbook. New York, London: McGraw-Hill. 1961. (856 S. m. Abb., Tab. u. Diagr.) 9 £. 2 s. 6 d.

N. N. **Jegorow** u. a. Die Schwefelreinigung des Kokereigases und anderer gasförmiger Brennstoffe. Moskau: Metallurgisdat. 1960. (341 S.) 1 Rbl. 21 Kop. [Russ.]

L. Ja. **Koljandr**, Die Verarbeitung des Rohbenzols. Moskau: Metallurgisdat. 1960. (319 S.) 1 Rbl. 11 Kop. [Russ.]

E. M. **Rybak**, Analyse von Erdöl und Erdölprodukten. 5. vervollst. u. überarb. Ausg. Moskau: Gosstoptechisdat. 1962. (888 S. m. Abb.; 4 Bl. Nomogr.) 4 Rbl. 1 Kop. [Russ.]

A. I. **Skoblo**, I. A. **Tregubowa** und N. N. **Jegorow**, Prozesse und Apparate der erdölverarbeitenden und erdölchemischen Industrie (Lehrbuch für Hochschulen u. Fakultäten, Fachrichtung Erdöl). Moskau: Gosstoptechisdat. 1962. (652 S. m. Abb.) 1 Rbl. 59 Kop. [Russ.]

Ss. G. **Wesselman** und L. W. **Drobyschew**, Kontrolle und Regulierung der Wärmeprozesse in kokschemischen Betrieben. Charkow: Metallurgisdat. 1962. (378 S. m. Abb.) 1 Rbl. 30 Kop. [Russ.]

—, Internal combustion engine: a glossary of technical terms in English/American, French, Dutch, German, Spanish, Italian, Portuguese, Russian. Amsterdam: Elsevier; London: Van Nostrand. 1961. (278 S.) 40 s.

—, Motor-, reaktive und Raketenbrennstoffe. 4. überarb. u. vervollst. Ausg. Moskau: Gosstoptechisdat• 1962. (741 S. m. Abb.) 2 Rbl. 58 Kop. [Russ.]

XXII. Leim. Klebstoffe usw.

Werner H. Guttmann, Concise guide to structural adhesives. New York: Reinhold; London: Chapman & Hall. 1962. (VII + 389 S. m. Tab. u. Diagr.) 6 £.

Ausgewertete Bibliographie-Fachzeitschriften

Belgien	Bibliographie de Belgique — Belgische Bibliographie
ČSSR	Bulletin — Die Neuesten Forschungsergebnisse der Tschechoslowakischen Wissenschaft
	Nové Knihy (Neue Bücher)
	Novinky (Neuheiten)
Dänemark	Danske Bogmarked
Deutschland	Börsenblatt für den Deutschen Buchhandel — Frankfurter Ausgabe
	Börsenblatt für den Deutschen Buchhandel — Leipziger Ausgabe
	Deutsche Bibliographie. Wöchentliches Verzeichnis. Ausgabe II. [Frankfurt/Main]
	Deutsche Nationalbibliographie. Reihe A: Neuerscheinungen des Buchhandels [Leipzig]
England	British Books (Incorporating the Publishers Circular & Booksellers Record)
	British National Bibliography
Frankreich	Bibliographie de la France
Holland	Nieuwsblad voor de Boekhandel
Italien	Bibliografia Nazionale Italiana
Japan	Nōhon Shūhō (Current Publications)
Österreich	Österreichische Bibliographie
Schweiz	Schweizer Buch. Serie A und Serie B
UdSSR	Bücherverzeichnis des Jahres (Книжная летопись)
	Neue Bücher (Новые книги)
USA	Publishers' Weekly

Namenregister

Patentregister

Chemisches Zentralblatt

1962 Nr. 28 11. Juli

A. Allgemeine, physikalische und anorganische Chemie

Internationale Atomgewichte 1962. H. Remy. (Chem. Ber. **95.** I—IV. 25/1. 1962.) (Dt.)

Neue Atomgew., bezogen auf die relative Atommasse des ^{12}C-Isotops.
CH. WEISKE. 10 □

Bemerkungen zur Tabelle der Internationalen Atomgewichte 1962, bezogen auf den genauen Wert 12 für die relative Atom-Masse des Kohlenstoffisotops ^{12}C. H. Remy. (Z. anorg. allg. Chem. **314.** 1—3. Febr. 1962.) (Dt.)

Neue Atomgew.-Tabelle. CH. WEISKE. 10 □

A₁. Kernphysik und Kernchemie

Nichtadiabatische Effekte auf die gebundenen Zustände des μ-mesonischen Proton-Deuteron-Systems. Hajime Narumi und Shigeru Matsuo. (Progr. theoret. Physics [Kyoto] **25.** 290—92. Febr. 1961. Doshisha Univ., Sci. and Engng. Res. Inst.; Kyoto, Univ., Chem. Res. Inst., Yukawa Labor.) (Engl.)

In durch Myonen katalysierten Kernverschmelzungen bei der Temp. der fl. H_2 spielen die gebundenen Zustände des μ-meson. p–d-Syst. eine wichtige Rolle. Durch eine Störungsbehandlung vom nichtadiabat. Standpunkt aus wird die Realität der gebundenen Zustände aufgezeigt, sie beruhen auf der Größe der Mesonenmasse gegenüber der Elektronenmasse. M. WIEDEMANN. 90 □

Untersuchung des Paramagnetismus der μ-mesonischen Atome. L. B. Jegorow, G. W. Shurawlew, A. Je. Ignatenko, Sjuan-Min Li, M. G. Petraschku und D. Tschultem. (Журнал Экспериментальной и Теоретической Физики [J. exp. theoret. Physik] **40.** 391—99. Febr. 1961. Verein. Inst. für Kernforsch.) — C. **1962.** 1105. (Russ.; Auszug: Engl.) M. WIEDEMANN. 90 □

Polarisation des Rückstoßkerns beim μ-Einfang. Thomas Fulton. (Nuclear Physics [Amsterdam] **6.** 319—22. März 1958. Baltimore, Md., Johns Hopkins Univ.) (Engl.)

Für den erlaubten, nichtrelativist. Myoneneinfang aus der K-Schale, z. B. bei $\mu^- + {}^{12}C \rightarrow {}^{12}B + \nu$, werden die Übergangsrate u. die Polarisation der Rückstoßkerne berechnet, ferner wird die Asymmetrie beim nachfolgenden β-Zerfall behandelt. Bei unpolarisierten einfallenden Myonen gibt die Polarisation der Rückstoßkerne Aufschluß über die Kopplungskonstanten. M. WIEDEMANN. 90 □

Photonen aus dem Pion-Strahlungszerfall. D. M. Binnie, S. L. De S. Barros und B. D. Hyams. (Nuovo Cimento [10] **20.** 140—51. 1/4. 1961. Manchester, Univ., Physic. Labor.) (Engl.)

Mittels einer Scintillationsanordnung wurden die Zerfalls-γ-Quanten bei 98-MeV-π^+ des Synchrocyclotrons nachgewiesen. Der γ-Detektor bestand aus drei in Koinzidenz geschalteten Zählern. Es wurde die Rk. $\pi \rightarrow \mu + \nu + \gamma$ untersucht. Frequenz u. Energiespektrum der γ-Strahlung sind mit einem Spektrum der inneren Bremsstrahlung verträglich, doch kann die Beteiligung eines Photonenspektrums des intermediären Zustandes mit einem Maximum zwischen 10—20 MeV nicht ausgeschlossen werden.
M. WIEDEMANN. 90 □

Strahlungszerfall des neutralen K-Mesons: $K^0 \rightarrow \gamma + \gamma$. J. Dreitlein und H. Primakoff. (Physic. Rev. [2] **124.** 268—73. 1/10. 1961. Philadelphia, Pa., Univ. of Pennsylvania, Dep. of Phys.) (Engl.)

Die Folgerungen der Teilchenmischungstheorie für $K^0 \rightarrow \gamma + \gamma$ werden untersucht.
HERBERT WEBER. 90 □

Bemerkungen zu den Zerfallswechselwirkungen im K_{e3}-Prozeß. Minoru Yonezawa. (Nuclear Physics [Amsterdam] **12.** 589—95. 1. Sept.-H. 1959. Hiroshima, Univ., Dep. of Phys.) (Engl.)

Die Daten des Zerfalls $K_{e3} \rightarrow e + \nu + \pi$ werden analysiert. Auf Grund eines Äquivalenztheorems kann zwischen Wechselwrkg. vom FERMI-Typ u. vom KONOPINSKI-UHLENBECK-Typ nicht unterschieden werden. Das Energiespektrum der sek. Elektronen spricht für skalare u. tensorielle Wechselwrkg., wenn es vom Standpunkt der prim. schwachen Fermi-Wechselwrkg. betrachtet wird. M. Wiedemann. 90 □

Hyperfragmente. Übersicht über einige theoretische Probleme. Przemysław Zieliński. (Postępy Fizyki 10. 341—61. 1959. Warszawa, Inst. Badań Jądr.) (Pol.)

Experimentelle Unterlagen; Hyperfragmente u. Ladungsunabhängigkeit; Hyperfragmente u. Spin des λ^0-Teilchens; Spin, Entstehung u. Struktur der Hyperfragmente; anomale Hyperfragmente; Hyperfragmente als Werkzeug zur Unters. anderer Erscheinungen. — 134 Literaturangaben. R. K. Müller. 90 □

Dreikörperkräfte in Hyperkernen. G. G. Bach. (Nuovo Cimento [10] **11.** 73—86. 1/1. 1959. Roma, Univ., Ist. di Fisica.) (Engl.)

Die relative Bedeutung der Dreikörperkräfte wird für Hypertritonen, bei denen starke Korrelationen anzunehmen sind, zu höchstens 6% abgeschätzt u. für schwerere Hyperkerne, bei denen die Korrelationen zu vernachlässigen sein sollten, zu ca. ½%; werden hier Korrelationen derselben Stärke wie beim Hypertriton angesetzt, ergeben sich 7,5%. M. Wiedemann. 90 □

Beobachtung eines Hyperfragmentzerfalls durch π^0-Emission. I. R. Kenyon. (Nuovo Cimento [10] **20.** 175—77. 1/4. 1961. Oxford, Clarendon Labor.) (Engl.)

Das Hyperon kann nach $\Lambda \rightarrow \pi^0 + n$ zerfallen. Bei einem derartigen Zerfall eines Hyperfragments kann ggf. auch die innere Konversion eines der beiden Zerfalls-γ-Quanten beobachtet werden. Ein solcher Fall wird beschrieben. Ein Emulsionsstapel wurde dem angereicherten K^--Bündel ausgesetzt. Beim Einfang eines K^- in Ruhe wurde ein Σ^- emittiert, das nach 1,24 mm eingefangen wurde. Dabei wurden eine Zacke, ein Hyperkern u. eine kurze Zacke emittiert, die einen Rückstoß darstellen dürfte. Am Ende der Bahn des Hyperkerns wurde ein Elektronenpaar beobachtet. Die Zerfälle ${}^{3,4}_{\Lambda}H \rightarrow n + \pi^0 + {}^{2,3}H$ oder ${}^{4,5}He \rightarrow n + \pi^0 + {}^{3,4}He$ sind mögliche Deutungen. M. Wiedemann. 90 □

Eine Bemerkung über den physikalischen Zustand unstabiler Teilchen. N. Nakanishi. (Progr. theoret. Physics [Kyoto] **21.** 216—17. Jan. 1959. Kyoto, Kyoto Univ., Dep. of Phys.) (Engl.)

Theoret. Betrachtung mit Behandlung der Zerfallsamplitude u. der Normalisierungskonstante. Herbert Weber. 90 □

Renormalisierung von zeitgeordneten Greenschen Funktionen. K. Nishijima. (Physic. Rev. [2] **124.** 255—63. 1/10. 1961. Urbana, Ill., Univ. of Illinois, Dep. of Phys.) (Engl.)

Die Renormalisierung wird ohne Bezugnahme auf Feynman-Diagramme durchgeführt. Die Argumente basieren gänzlich auf der verallgemeinerten Unitaritätsbedingung u. den parametr. Dispersionsbeziehungen. Unter anderem wird die Renormalisierung der Meson–Nucleon-Wechselwrkg. u. der Quantenelektrodynamik in einer speziellen Eichung untersucht. Herbert Weber. 90 □

Beitrag zur Theorie der Fermionenmasse. Ja. B. Seldowitsch. (Журнал Экспериментальной и Теоретической Физики [J. exp. theoret. Physik] **40.** 637—40. Febr. 1961.) (Russ.; Auszug: Engl.)

Es wird gezeigt, daß bei verschiedenen Fermionen, welche bloße Massen besitzen, die elektromagnet. u. die Vierfermionen-Wechselwrkg. beliebigen Grades nicht zum Auftreten endlicher Massen führen. M. Wiedemann. 90 □

Über die Winkelverteilung der gestreuten Teilchen bei Coulomb-Anregung. Jens Bang. (Kgl. danske Vidensk. Selsk., mat.-fysiske Medd. **32.** Nr. 5. 1—16. 1960. Copenhagen, Nord. Inst. for Teoret. Atomfys.) (Engl.)

Die Winkelverteilung der unelast. gestreuten Teilchen bei der Coulomb-Anregung wird theoret. ermittelt. Für den Ablenkungswinkel → Null wird auch der Wrkg.-Querschnitt berechnet. Beachtet wird die Dipolanregung. Soweit Messungen verfügbar sind, scheinen sie mit der Theorie in Einklang zu stehen. M. Wiedemann. 90 □

Potentialstreuung als Gegensatz zu der mit unabhängigen Teilchen verbundenen Streuung in der S-Matrix-Theorie starker Wechselwirkungen. Geoffrey F. Chew und Steven C. Frautschi. (Physic. Rev. [2] **124.** 264—68. 1/10. 1961. Berkeley, Calif., Univ. of California, Lawrence Radiat. Labor.) (Engl.)

Definition (in Termen der analyt. Fortsetzung der S-Matrix) eines relativist. verallgemeinerten (Zweikörper)-Potentials, das bei beliebigen Energien für ein Paar von Teilchen anwendbar ist, deren Amplitude der elast. Streuung die Mandelstam-Darst. befriedigt. Herbert Weber. 90 □

Photoerzeugung von Neutrino-Antineutrino-Paaren an Elektronen. Wan Shun, Ja. Fischer, I. Tschulli und Ss. Tschulli. (Журнал Экспериментальной и Теоретической Физики [J. exp. theoret. Physik] **40.** 676—77. Febr. 1961. Verein. Inst. für Kernforsch.) (Russ.; Auszug: Engl.)

Der Wrkg.-Querschnitt für die Rk. $\gamma + e^- \rightarrow \mu^- + \nu + \bar{\nu}$ wird berechnet. Bei ca. 250 GeV übertrifft er den COMPTON-Wrkg.-Querschnitt. M. WIEDEMANN. 90□

Bremsstrahlung von longitudinal polarisierten Elektronen unter Berücksichtigung der endlichen Dimensionen des Kerns. B. K. Kerimow und F. Ss. Ssadychow. (Журнал Экспериментальной и Теоретической Физики [J. exp. theoret. Physik] **40.** 553—60. Febr. 1961. Moskau, Univ.) (Russ.; Auszug: Engl.)

Vff. behandeln Einfl. der endlichen Kerngröße auf die Winkelverteilung sowie auf den Polarisationsgrad der zirkular polarisierten Bremsstrahlung, die von einem longitudinal polarisierten energiereichen Elektron emittiert wird. M. WIEDEMANN. 90□

Untersuchungen der Bremsstrahlung von Elektronen im Energieinterval 10^{11} bis 10^{12} eV. J. Benisz, Z. Chyliński und W. Wolter. (Nuovo Cimento [10] **11.** 525—32. 16/2. 1959. Cracow, Inst. of Nucl. Res.) (Russ.)

Vier energiereiche Elektron–Photon-Kaskaden, drei davon aus einer Nucleon-Nucleon-Wechselwrkg. des Typs $0 + 14\alpha$ mit $3{,}3 \cdot 10^{14}$ eV/Nucleon u. eine durch ein Photon von $7{,}0 \cdot 10^{11}$ eV ausgelöst, wurden untersucht. Die Zahl u. die Energie der Elektronenpaare der ersten Generation, die auf der ersten Strahlungslänge erzeugt wurden, wurden bestimmt. Die Ergebnisse stimmen besser mit der Theorie von LANDAU u. Mitarbeitern als mit der von BETHE u. HEITLER überein. M. WIEDEMANN. 90□

Streuung von Elektronen durch leichte nichtsphärische Kerne. Je. W. Inopin und B. I. Tischtschenko. (Журнал Экспериментальной и Теоретической Физики [J. exp. theoret. Physik] **37.** 1308—18. Nov. 1959.) (Russ.) — C. **1961.** 4958.

R. K. MÜLLER. 90□

Streuung schneller Elektronen durch nichtaxiale Kerne. W. I. Beljak. (Известия Академии Наук СССР, Серия Физическая [Nachr. Akad. Wiss. UdSSR, physik. Ser.] **25.** 139—42. Jan. 1961. Physik. Lebedew-Inst. der Akad. der Wiss. der UdSSR.) (Russ.)

Die Streuung von Neutronen an nichtsphär. Kernen unter kleinen Winkeln kann in der Beugungsnäherung behandelt werden. Für nichtaxiale gerade–gerade-Kerne wird der differentielle Wrkg.-Querschnitt mit Anregung von Rotationszuständen ermittelt u. mit dem für axiale Kerne verglichen. Die Winkelverteilung der unelast. gestreuten Neutronen hängt nicht vom Parameter der Nichtaxialität des Kerns ab. Der totale Wrkg.-Querschnitt wird ebenfalls berechnet. M. WIEDEMANN. 90□

Berechnungen des Energieverlustes von Elektronen nach der Monte-Carlo-Methode. D. O. Schneider und D. V. Cormack. (Radiation Res. **11.** 418—29. Sept. 1959. Saskatoon, Canada, Univ. of Saskatchewan.) (Engl.)

Vff. berechnen für Elektronen von 30, 50 keV u. 1,5 MeV die Energieabgabe in W. nach der Monte-Carlo-Methode. Dabei wird die Wahrscheinlichkeit für das Auftreten der verschiedenen Energiestufen u. daraus der Fluß an Primärelektronen bestimmter Energiestufen ermittelt. Die Berechnung ergibt die Gültigkeit der Modellvorstellung eines kontinuierlichen Energieverlustes. W. REUSSE. 90

Der totale Wirkungsquerschnitt von Krypton für Neutronen. S. J. Cocking. (J. nuclear Energy **6.** 113. 1957. Harwell, Berks., A. E. R. E.) (Engl.)

Vf. verwendet den Chopper für schnelle Neutronen zur Messung des totalen Querschnittes von atmosphär. Kr für Neutronenenergien zwischen 0,01 eV u. 100 keV. Der beobachtete Querschnitt von Kr wird unkorr. für Auflösung u. DOPPLER-Effekt graph. wiedergegeben. Die Querschnitte im therm. Bereich stimmen mit einer konst. Streuung plus einem $1/\sqrt{E}$-Absorptionsgesetz überein. Der abgeleitete Streuquerschnitt beträgt $7{,}5 \pm 0{,}6$ barn u. der Absorptionsquerschnitt (bei 2200 m/s) $30{,}6 \pm 1{,}8$ barn.

GERHARD SCHMIDT. 90□

Unelastische Streuung von langsamen Neutronen an Methan. P. D. Randolph, R. M. Brugger, K. A. Strong und R. E. Schmunk. (Physic. Rev. [2] **124.** 460—68. 15/10. 1961. Idaho Falls, Idaho, AE Div., Phillips Petrol. Comp.) (Engl.)

Es werden partielle differentielle Streuquerschnitte von Neutronen mit Anfangsenergien zwischen 0,0252 u. 0,142 eV an CH_4 von Zimmer-Temp. für Winkel zwischen 16,3 u. 84,7° gegeben. Diese Daten werden in einem Streugesetz zusammengefaßt. Die beste Übereinstimmung mit dem Streugesetz liefert eine Rechnung, die die genauen therm. Orientierungsmittelwerte der Matrixelemente benutzt. H. LAUE. 90□

Streuung von thermischen Neutronen in Beryllium. R. C. Bhandari. (J. nuclear Energy **6.** 104—12. 1957. Bombay, Tata Inst. of Fundament. Res.) (Engl.) — Vgl. C. **1961.** 6744.

Vf. berechnet die elast. u. Einphonon-unelast. Streu- sowie die Transportquerschnitte als Funktionen der Neutronenenergie, wobei ein DEBYE-Spektrum für Be aufgenommen wird. Aus den berechneten Werten des Transportquerschnittes ergibt sich

der mittlere Wert des Diffusions-Koeff. entsprechend einer Maxwell-Verteilung für 300°K. Für eine Be-Dichte von 1,78 g/cm³ wird ein Wert von $1{,}26 \cdot 10^5$ m²/s erhalten.
Gerhard Schmidt. 90 □

Neue Methode zur Bestimmung des Faktors der thermischen Ausnutzung einer Zelle. A. Amouyal, P. Benoist und J. Horowitz. (J. nuclear Energy **6.** 79—98. 1957. Saclay, Centre d'Etud. Nucl., Comm. à l'Energie Atom.) (Franz.)

Ableitung einer Formel für den therm. Nutzungsfaktor u. Vgl. mit der nach der elementaren Diffusionstheorie aufgestellten Formel. Gerhard Schmidt. 90 □

Neutronenverteilung in Medien mit zylindrischer Grenzfläche bei nichtaxialer Lage der Quelle. A. Je. Glauberman, W. B. Kobyljanski und I. I. Taljanski. (Атомная Энергия [Atomenergie] **10.** 513—15. Mai 1961.) (Russ.)

Zur Lösung der Aufgabe wird eine Zweigruppen-Näherung mit einer fiktiven Quelle verwendet. M. Wiedemann. 90 □

Theoretische Analyse und experimentelle Ergebnisse für C-H-moderierte Anordnungen. G. B. Zorzoli. (Energia Nucleare **8.** 255—60. April 1961. Segrate, Labor. CISE.) (Engl.)

Übersicht über die Exponential-Verss. an Gittern mit Natururan u. einem H_2-haltigen Moderator unter besonderer Berücksichtigung organ. Moderatoren.
Gerhard Schmidt. 90 □

Spin-Korrelationsmessungen in der p-p-Streuung bei 382 und 320 MeV. J. V. Allaby, A. Ashmore, A. N. Diddens, J. Eades, G. B. Huxtable und K. Skarsvåg. (Proc. physic. Soc. **77.** 234—56. 1/2. 1961. Liverpool, Univ., Nucl. Phys. Res. Labor.) (Engl.)

Protonen des Synchrocyclotrons, für die als Monitor eine Ionisationskammer mit Ar diente, wurden an fl. H_2 unter 90° (Schwerpunkts-Syst.) gestreut u. für die p-p-Streuung die Spin-Korrelations-Koeff. ermittelt. Hierzu diente die Polarisationsanalyse in Koinzidenz zwischen gestreuten u. Rückstoßprotonen. Als Polarisationsanalysator wurde eine zweite elast. Streuung unter kleinem Winkel an C verwendet. Es ergab sich für C_{nn} 382 MeV $+0{,}41 \pm 0{,}09$; C_{nn} 320 MeV $+0{,}77 \pm 0{,}11$ u. für C_{KP} 382 MeV $+0{,}63 \pm 0{,}10$. Die Ergebnisse werden mit den 310-MeV-Phasenverschiebungsanalysen u. den Potentialmodellen verglichen. M. Wiedemann. 90 □

Elastische Streuung von polarisierten 8-MeV-Protonen. L. Rosen, J. E. Brolley jun., M. L. Gursky und L. Stewart. (Physic. Rev. [2] **124.** 199—202. 1/10. 1961. Los Alamos, N. Mex., Univ. of California, Los Alamos Sci. Labor.) (Engl.)

Die Winkelabhängigkeit der bei der elast. Streuung von 8-MeV-Protonen an komplexen Kernen erzeugten Polarisation wurde für 23 Elemente gemessen. Die Polarisation zeigt eine gleichmäßige Abhängigkeit von der Massenzahl u. vom Streuwinkel für die meisten der untersuchten Elemente. Die Systematik in den Winkelverteilungen wird durch eine Berechnung nach dem opt. Modell wiedergegeben, bei der nur der Radius variiert wird. Herbert Weber. 90 □

Messung der Energie der beim Neutroneneinfang durch Wasserstoff auftretenden γ-Strahlung. J. E. Monahan, S. Raboy und C. C. Trail. (Nuclear Physics [Amsterdam] **24.** 400—11. Mai 1961. Argonne, Ill., Argonne Nat. Labor.) (Engl.)

Vff. messen die beim Neutroneneinfang durch H auftretende γ-Strahlung mit einer Antikoinzidenzanordnung unter gleichzeitiger Eichung des Spektrometer-Syst. mit den bekannten γ-Energien von ^{24}Na, ^{88}Y u. ^{207}Bi. Aus den Meßergebnissen wurde für die Bindungsenergie des Deuterons ein Wert von 2219 ± 2 keV errechnet.
H. Schroeder. 90 □

Photozertrümmerung des Deuterons bei hohen Energien. Tomoya Akiba. (Progr. theoret. Physics [Kyoto] **24.** 370—85. Aug. 1960. Sendai, Tohoku Univ., Dep. of Phys.) (Engl.)

Die Wrkg. der Austauschströme bei der Photozertrümmerung des Deuterons im Bereich hoher Energien (100—350 MeV) werden behandelt. Sie spielen nur eine geringe Rolle, unterhalb der Pionenschwelle sind sie unbedeutend. Dort überwiegt der direkte Dipolübergang, der Operator wird durch die Austauscheffekte kaum beeinflußt.
M. Wiedemann. 90 □

Elastische Streuung von 11,8-MeV-Deuteronen an verschiedenen Elementen. G. Igo, W. Lorenz und U. Schmidt-Rohr. (Physic. Rev. [2] **124.** 832—35. 1/11. 1961. Heidelberg, MPI für Kernphys.) (Engl.)

Es wird die Winkelverteilung von an *C, Mg, Al, Ti, Fe, Ni, Cu, Zn, Zr, Nb, Rh, Pd, Ag, Cd, In, Sn, Ta* u. *Au* elast. gestreuten 11,8-MeV-Deuteronen gemessen. Die Intensitätsmessungen der gestreuten Deuteronen erfolgen in 2°-Stufen zwischen 20 u. 165°. Eine an leichteren Kernen beobachtete Beugungsstruktur in der Winkelverteilung

wird bei schwereren Kernen geringer; sie verschwindet bei Rh, Pd u. Ag, tritt aber bei Cd, In u.Sn wieder hervor. Die Winkelverteilung bei Streuung an den schweren Kernen Ta u. Au gehorcht bei kleinen Winkeln bis ca. 50° weitgehend dem RUTHERFORD-Modell.
H.-D. FREYER. 90□

Magnetische Momente von Spiegelkernen. Dieter Kurath. (Physic. Rev. [2] **124.** 552—54. 15/10. 1961. Argonne, Ill., Argonne Nat. Labor.) (Engl.)

Die Summe der magnet. Dipolmomente für Paare von Spiegelkernen erweist sich als sehr empfindlich gegenüber dem Grad der Spin–Bahn-Kopplung. Diese Eig. kann u. a. in Termen von Wellenfunktionen aus dem NILSSON-Modell interpretiert werden. Es werden magnet. Dipolmomente für jene Kerne vorausgesagt, die nicht gemessen worden sind. GERHARD SCHMIDT. 95□

Magnetische Momente des 69-min-^{104}Ag und des 27-min-^{104m}Ag. O. Ames, A. M. Bernstein, M. H. Brennan und D. R. Hamilton. (Physic. Rev. [2] **123.** 1793—1800. 1/9. 1961. Princeton, N.J., Princeton Univ., Palmer Physic. Labor.) (Engl.)

Vff. bestimmen nach der Atomstrahl-Magnetresonanz-Meth. die Hyperfeinstrukturtrennungen des 69-min-^{104}Ag u. des 27-min-^{104m}Ag. Die Ergebnisse sind $\Delta\nu$ (I = 5, 69-min-^{104}Ag) = 33500 (+2000, —1000) MHz, $\Delta\nu$ (I = 2, 27-min-^{104m}Ag) = 35000 ± 2000 MHz. Das Vorzeichen des kernmagnet. Dipolmoments ergibt sich als positiv für beide Zustände; durch Verw. der FERMI-SEGRÈ-Formel werden μ_I (I = 5) = +4,0 (+0,2, —0,1) u. μ_I (I = 2) = 3,7 ± 0,2 Kernmagnetonen erhalten.
GERHARD SCHMIDT. 95□

Kernmomente ungerader Gadoliniumisotope. N. I. Kalitejewski, M. P. Tschaika, I. Ch. Patschewa und E. Je. Fradkin. (Известия Академии Наук СССР, Серия Физическая [Nachr. Akad. Wiss. UdSSR, physik. Ser.] **25.** 111—14. Jan. 1961. Leningrad, Shdanow-Univ., Physik. Forsch.-Inst.) (Russ.) — Vgl. C. **1961.** 9291.

Mittels eines photoelektr. Spektrometers mit FABRY-PÉROT-Interferometer wurde die Hyperfeinstruktur der Linien 5015, 5103 u. 4743 Å von Gd(I) untersucht, u. zwar an Anreicherungen bis zu 97% ^{155}Gd u. bis zu 91,4% ^{157}Gd. Das Verhältnis der magnet. Momente ergab sich zu μ_{155}/μ_{157} = 0,78 u. der elektr. Quadrupolmoment zu Q_{155}/Q_{157} = 0,8. Die Daten werden mit denen aus der COULOMB-Anregung verglichen. Die Absolutwerte betragen μ_{157} = 0,34 u. μ_{155} = 0,26 Kernmagnetonen, Q_{155} = 1,45 u. Q_{157} = $1{,}8 \cdot 10^{-24}$ cm². M. WIEDEMANN. 95□

Stabilität der nuclearen Oktupoldeformation. Ila Dutt und Paresh Mukherjee. (Physic. Rev. [2] **124.** 888—89. 1/11. 1961. Calcutta, Saha Inst. of Nucl. Phys.) (Engl.)

Vff. untersuchten nach einer exakten Diagonalisierungs-Meth. die Wrkg. der Oktupoldeformation auf die Einzelteilchen-Energieniveaus von NILSSON. Mitgeteilt werden die Ergebnisse der Berechnungen an Nucliden im Bereich der Seltenen Erden u. der Actinidenreihe. GERHARD SCHMIDT. 95□

Über die Renormalisierung der axial-vektoriellen Kopplungskonstante beim β-Zerfall. J. Bernstein, M. Gell-Mann und L. Michel. (Nuovo Cimento [10] **16.** 560—68. Mai 1960. Orsay, Fac. des Sci.; Serv. de Phys. Théor.; Paris, Coll. de France et Ecole Normale Supér.) (Engl.)

Die Modelle des axial-vektoriellen Stromes werden diskutiert. Der Renormalisierungsfaktor G_A/G, der sich bei Erhaltung des Vektorstroms zu 1 ergibt, kann als Matrixelement in der Theorie der starken Wechselwrkg. ausgedrückt werden.
M. WIEDEMANN. 103□

β-Neutrino-α-Richtungskorrelation. M. Morita. (Physic. Rev. Letters **1.** 112—14. 1/8. 1958. New York, N.Y., Columbia Univ.) (Engl.) — Vgl. C. **1961.** 13069.

Vf. leitet diese Richtungskorrelation aus der l. c. erörterten β-Neutrino-γ-Winkelkorrelation ab. Folgerungen u. die Anwendung auf den experimentell untersuchten β-Zerfall $^8Li(\beta)^8Be^*(\alpha)^4$He werden diskutiert. Es sind bes. Rückschlüsse auf die relative Stärke der skalaren u. vektoriellen Wechselwrkg. sowie der Tensor- u. Axialvektor-Wechselwrkg. möglich. Bei obiger Rk. ergibt sich, daß die Axialvektor-Wechselwrkg. vorherrscht u. der Spin von ^{8}Li 2^+ ist. D. JÖRCHEL. 103□

Analyse der β-Spektren des zweitverbotenen Überganges. M. Winduschka und L. N. Syrjanowa. (Известия Академии Наук СССР, Серия Физическая [Nachr. Akad. Wiss. UdSSR, physik. Ser.] **25.** 52—55. Jan. 1961.) (Russ.)

Die Form der β-Spektren, die mit Δ I = 2 (nein) vom zweiten Grad verboten sind, wird theoret. behandelt u. die Ergebnisse mit den experimentellen Daten bei ^{36}Cl, ^{46}Sc, ^{59}Fe, ^{99}Tc, ^{129}J, ^{135}Cs u. ^{137}Cs verglichen. Form-Koeff. u. -faktoren sind zusammengestellt.
M. WIEDEMANN. 103□

Systematik der Lebenszeiten für β-Übergänge verschiedenen Verbotsgrades. L. N. Syrjanowa und W. M. Michailow. (Известия Академии Наук СССР, Серия Физическая [Nachr. Akad. Wiss. UdSSR, physik. Ser.] **25.** 56—60. Jan. 1961.) (Russ.) — Vgl. C. **1962.** 1495.

An Hand von ca. 1100 β-Übergängen, die exakt analysiert sind, wird eine Systematik der log ft-Werte aufgestellt, dabei werden superverbotene sowie erst- u. zweitverbotene Übergänge mit Δ J = 0, 1, 2 u. 3 u. mit geradem sowie ungeradem A der Kerne berücksichtigt. Die Abhängigkeit des log ft-Wertes von Z wird diskutiert.

M. Wiedemann. 103□

Berechnung einiger relativistischer Korrekturen an den erlaubten und l-verbotenen β-Übergängen. G. Alaga, L. Šips und D. Tadić. (Nuclear Physics [Amsterdam] **6.** 305—09. März 1958. Zagreb, Univ., Inst. Rudjer Boškovič.) (Engl.)

Mittels der nichtrelativist. Form der relativist. Operatoren werden die Korrekturen an den erlaubten β-Übergängen berechnet. Diese können die Spektren, die Winkelkorrelationen, die K/β^+-Verhältnisse u. die Halbwertszeiten bis zu einigen % ändern.

M. Wiedemann. 103□

Elektromagnetische Übergänge in deformierten Kernen. Ju. N. Gnedin. (Известия Академии Наук СССР, Серия Физическая [Nachr. Akad. Wiss. UdSSR, physik. Ser.] **25.** 83—89. Jan. 1961. Physik.-techn. Inst. der Akad. der Wiss. der UdSSR.) (Russ.)

Die experimentellen Daten werden mit den berechneten Wahrscheinlichkeiten der γ-Übergänge des zweiten Typs, d. h. mit innerer Anregung des Kerns verbundene, verglichen. Elektr. sowie magnet. Übergänge verschiedener Multipolarität werden nach dem sphär. u. dem verallgemeinerten Modell ermittelt. Zahlreiche Beispiele sind angeführt. M. Wiedemann. 103□

Wahrscheinlichkeit der γ-Übergänge in deformierten ungerade-ungerade-Kernen. D. A. Warschalowitsch. (Известия Академии Наук СССР, Серия Физическая [Nachr. Akad. Wiss. UdSSR, physik. Ser.] **25.** 77—82. Jan. 1961. Physik.-techn. Inst. der Akad. der Wiss. der UdSSR.) (Russ.)

Das Einzelteilchenmodell mit deformiertem Potential wird auf deformierte Kerne vom ungerade-ungerade-Typ angewandt. Elektr. u. magnet. Momente u. die Wahrscheinlichkeiten von Rotationsübergängen werden ermittelt; es werden Übergänge zwischen den Niveaus der Dubletts sowie zwischen verschiedenen Dubletts berücksichtigt. Zahlreiche Beispiele sind angeführt. Die Übereinstimmung mit experimentellen Daten ist im allg. gut. M. Wiedemann. 103□

Neutronenausbeute aus den Reaktionen ^{6}Li(t, n) und ^{7}Li(t, n). A. K. Walter, P. I. Watzet, L. Ja. Kolessnikow, Ss. G. Tonapetjan, K. K. Tschernjawski und A. I. Schpetny. (Атомная Энергия [Atomenergie] **10.** 577—86. Juni 1961.) (Russ.)

Im elektrostat. Generator wurden Tritonen beschleunigt u. mittels LiF-Targets die Rkk. ^{6}Li(t, n) u. ^{7}Li(t, n) mit Energien von 0,175—2,4 MeV durchgeführt. Die differentiellen Wrkg.-Querschnitte wurden unter 0° bestimmt. Die Neutronen wurden mittels Proportionalzähler nachgewiesen. Für verschiedene Energien wurde die Winkelverteilung der Neutronen im Bereich 0—135° bestimmt. Der Gesamt-Wrkg.-Querschnitt betrug für 2,123 MeV bei ^{6}Li 324 ± 32 u. bei ^{7}Li 1332 ± 83 mbarn. Bei ^{6}Li wurde eine Resonanz gefunden, die einem Niveau von ^9Be bei 18,936 MeV entspricht, der differentielle Wrkg.-Querschnitt beträgt 37,2 mbarn/sterad, bei ^{7}Li wurden zwei Resonanzen entsprechend den ^{10}Be-Niveaus von 17,78 u. 18,46 MeV gefunden mit den Wrkg.-Querschnitten 95 bzw. 159 mbarn/sterad. M. Wiedemann. 103□

Wirkungen des paritätsnichterhaltenden internucleonischen Potentials auf den ^{7}Li* (0,478 MeV) → ^{7}Li-γ-Übergang. R. J. Blin-Stoyle und R. M. Spector. (Physic. Rev. [2] **124.** 1199—1200. 15/11. 1961. Oxford, Clarendon Labor.) (Engl.)

Vff. berechnen die Strahlungsanisotropie für den elektromagnet. Übergang von ^{7}Li vom ersten angeregten Zustand zum Grundzustand unter Annahme des obigen Potentials. Die Asymmetrie ist von der Form $1 + \alpha \cos \Theta$, die Ergebnisse liefern $|\alpha| \approx 10^{-8}$, wobei angenommen wird, daß das Potential aus der Theorie schwacher Wechselwrkg. des mit sich selbst in Wechselwrkg. stehenden Stromes stammt. Gerhard Schmidt. 103□

Möglichkeit einer Prüfung der Erhaltung des Vektorstroms in der A = 8-Polyade. Hans A. Weidenmüller. (Physic. Rev. Letters **4.** 299—302. 15/3. 1960. Pasadena, Calif., Inst. of Technol., Kellogg Radiat. Labor.) (Engl.)

Um aus der β-α-Korrelation beim β-Zerfall von ^8Li u. ^8B Schlüsse auf die Erhaltung des Vektorstroms beim β-Zerfall ziehen zu können, müssen die Übergangswahrscheinlichkeiten vom J = 2, T = 1-Zustand in ^{8}Be zum Zustand J = 2, T = 0 bekannt sein. Vor allem muß der Anteil des Spinteils des magnet. Momentoperators am Ml-Übergang bekannt sein. Mittels einer intermediären Kopplungsrechnung werden die Größen er-

mittelt. Jedoch scheint die A = 8-Polyade wegen des großen Beitrags des Bahn–Dreh-impuls-Operators zum Ml-Übergang für eine derartige Prüfung ungeeignet.
M. Wiedemann. 103□

Polarisation der Protonen aus der Reaktion $^{12}C(d, p)^{13}C$ in Abhängigkeit von der Energie der einfallenden Deuteronen. Silva D. Ćirilov und Mira K. Jurić. (Bull. Inst. Nuclear Sci. „Boris Kidrich" **9.** 39—41. März 1959. Labor. of Phys.) (Engl.)

Die Polarisation der Protonen aus der Rk. $^{12}C(d, p)^{13}C$ wurde als Funktion der Energie der einfallenden Deuteronen in der Nähe der Resonanzenergie bei 1,16 MeV gemessen. Die Ergebnisse zeigen eine starke Änderung der Polarisation in Abhängigkeit von der Deuteronenenergie, die Polarisation wird im Resonanzgebiet gleich Null
H. Schroeder. 103□

Differentielle Wirkungsquerschnitte für $^{14}N + {}^{4}He$ und $^{16}O + {}^{3}He$. E. A. Silverstein, S. R. Salisbury, G. Hardie und L. D. Oppliger. (Physic. Rev. [2] **124.** 868—76. 1/11. 1961. Madison, Wis., Univ. of Wisconsin.) (Engl.)

Dünne Gastargets (ca. 2 keV) werden zu Unterss. mit hoher Auflösung der differentiellen Querschnitte der Rk. $^{14}N(\alpha, \alpha)^{14}N$ für $1,0 < E_\alpha < 2,4$ MeV verwendet. Die α-Teilchen u. die ^{3}He-Bündel werden aus dem elektrostat. 4-MeV-Generator erhalten. Zur Messung dient eine Gasstreukammer aus Stahl mit einem Vol. von ca. 0,7 Liter. Die Daten werden bei 5 Winkeln wiedergegeben. Resonanzen werden bei $E_\alpha = 1,533$, 1,620, 2,165, 2,351 u. 2,370 MeV beobachtet. Vff. verwenden den Wigner-Eisenbud-Formalismus, um die Resonanzparameter der entsprechenden virtuellen Zustände von ^{18}F zu erhalten. Ferner werden die differentiellen Querschnitte der Rkk. $^{16}O(^{3}He, {}^{3}He)^{16}O$ u. $^{16}O(^{3}He, {}^{4}He)^{15}O$ für $1 < E(^{3}He) < 3$ MeV gemessen. Eine 300 keV breite Resonanz bei $E(^{3}He) = 2,360$ MeV resultiert aus einem $1/2^{+}$-Zustand von ^{19}Ne. Die elast. Breite ist 11% der totalen Breite.
Gerhard Schmidt. 103□

Differentielle Wirkungsquerschnitte für die Reaktion $^{16}O(d, n)^{17}F$. B. Yaramis. (Physic. Rev. [2] **124.** 836—38. 1/11. 1961. New York, N. Y., Columbia Univ.) (Engl.)

Vf. erhält die abs. differentiellen Querschnitte für Neutronen aus der Rk. $^{16}O(d,n)^{17}F$, die ^{17}F in seinem Grundzustand u. ersten angeregten Zustand (0,5 MeV) zurücklassen, unter Verw. eines Gasrückstoß-Spektrometers für schnelle Neutronen u. von CO_2-Gastargets. Die Targetdicke beträgt ca. 150 keV, die mittlere Beschußenergie im Targetzentrum 5,02 MeV. Eine $L_p = 2$-Verteilung wird für den Grundzustand u. eine $L_p = 0$-Verteilung für das 0,5-MeV-Niveau mit den differentiellen Querschnitten von 27 bzw. 138 mbarn/sterad (±15%) am Peak gefunden. Die Übereinstimmung der theoret. Kurven mit den experimentellen Punkten ist bei kleinen Winkeln gering. Der Wert von Θ^2 für das 0,5-MeV-Niveau ergibt sich zu 0,15. Da ^{12}C im Target vorhanden ist, werden die differentiellen Querschnitte (Labor.-Syst.) bei 0, 20 u. 30° für die Rk. $^{12}C(d, n)^{13}N$ (2,37-MeV-Niveau) wiedergegeben.
Gerhard Schmidt. 103□

(d, t)-Reaktionen an ^{16}O-, ^{18}O-, ^{24}Mg-, ^{25}Mg- und ^{26}Mg-Kernen. ... A. Wlassow, Ss. P. Kalinin, A. A. Ogloblin und W. I. Tschujew. (Известия Академии Наук СССР, Серия Физическая [Nachr. Akad. Wiss. UdSSR, physik. Ser.] **25.** 115—20. Jan. 1961. Inst. für Atomenergie.) (Russ.)

An den $Mg^{18}O$-, ^{25}MgO-, ^{26}MgO-Targets wurde mit 20-MeV-Deuteronen die (d, t)-Rk. durchgeführt u. Winkel- sowie Energieverteilung der Tritonen bestimmt. Folgende Niveaus ergaben sich neben den Grundniveaus für die erzeugten Nuclide: ^{15}O 5,2 MeV; ^{17}O 0,87, 3,06, 5,08, 5,2 MeV; ^{23}Mg 2,5 MeV; ^{24}Mg 1,37, 4,1 + 4,2, 6,0, 7,8 MeV; ^{25}Mg 0,58, 0,98, 1,96, 2,56, 2,80 u. 3,40 MeV. Die Wrkg.-Querschnitte sind zusammengestellt. Auf die Konfiguration der Kerne sowie auf die Bindungsenergien der Neutronen werden Schlüsse gezogen.
M. Wiedemann. 103□

Zerfall von Sauerstoff-20. Gertrude Scharff-Goldhaber, Albert Goodman und Myron G. Silbert. (Physic. Rev. Letters **4.** 25—27. 1/1. 1960. Upton, N.Y., Brookhaven Nat. Labor.; Los Alamos, N. Mex., Los Alamos Sci. Labor.) (Engl.)

^{20}O wurde durch Beschuß von angereichertem ^{18}O (95%) mit 2,66-MeV-Tritonen erhalten u. mittels eines Spektrometers die γ-Strahlung von 1,63 u. 1,067 MeV gemessen. Ferner wurde durch Beschuß von CaF_2 mit 2-MeV-Deuteronen ^{20}F erhalten u. der Zerfall der 1,63-MeV-Linie verfolgt. Ein Termschema wird aufgestellt. Demnach hat ^{20}F eine Halbwertszeit von 11,2 s u. ^{20}O eine solche von 13,6 ± 1,0 s. ^{20}O zerfällt überwiegend zum 1,067-MeV-Zustand von ^{20}F, dem 1^{+} zugeordnet wird.
M. Wiedemann. 103□

Winkelverteilungen der Protonen aus dem 19-MeV-α-Beschuß von ^{23}Na, ^{27}Al und ^{28}Si. W. D. Ploughe, E. Bleuler und D. J. Tendam. (Physic. Rev. [2] **124.** 818—25. 1/11. 1961. Lafayette, Ind., Purdue Univ.) (Engl.)

Unter Verw. von ca. 19-MeV-α-Teilchen erhalten Vff. die Winkelverteilungen für die 3 Protonengruppen höchster Energie aus (α, p)-Rkk. mit ^{23}Na, ^{27}Al u. ^{28}Si. Die differentiellen Querschnitte werden mit Hilfe eines Ausdruckes ähnlich dem interpretiert, der von Butler für den knock-out-Prozeß gegeben worden ist, die normalisierenden G-Faktoren werden abgeleitet. Sowohl die red. totalen Querschnitte als auch die G-Faktoren nehmen für die Grundzustandsübergänge in der Reihe ^{19}F—^{23}Na—^{27}Al zu, sie nehmen jedoch für die Übergänge angeregter Zustände ab. Dieser Trend stimmt mit Argumenten überein, die sich auf das Schalenmodell u. den knock-out-Mechanismus gründen. Gerhard Schmidt. 103□

Eine Untersuchung der Energieniveaus von ^{26}Al. S. Hinds und R. Middleton. (Proc. physic. Soc. **73.** 501—07. 1/3. 1959. Aldermaston, Berks., Atomic Weapons Res. Establ.) (Engl.)

Einfach geladene ^{3}He-Ionen wurden auf 5,8 MeV beschleunigt u. Folien aus *Al* bzw. *Mg* auf C-Unterlage beschossen, um die Rkk. ^{27}Al(^{3}He, α)^{26}Al u. ^{24}Mg(^{3}He, p)^{26}Al durchzuführen. Mittels magnet. Analyse wurde die Energie der α-Teilchen zwischen 5,24 u. 13,5 MeV u. die der Protonen bestimmt. Es wurden bei ^{26}Al 70 angeregte Niveaus festgesetzt, das tiefste bei 0,228 u. das höchste bei 6,865 MeV. Ein Dublett bei 2,08 MeV wurde nicht beobachtet. M. Wiedemann. 103□

Anregungsfunktionen für durch Lithium-6 induzierte Reaktionen auf Aluminium-27. Inge-Maria Ladenbauer, Ivor L. Preiss und Carl E. Anderson. (Physic. Rev. [2] **123.** 1368—72. 15/8. 1961. New Haven, Conn., Yale Univ., Phys. Dep.) (Engl.)

Folienstapel aus 27 Folien von 99,9% ^{27}Al (4,65 mg/cm^2) werden über 20 Min. bis 1 Std. mit ^{6}Li-Ionenbündeln mit einer einfallenden Energie von 10,55 $\pm$ 0,2 MeV pro Nucleon bestrahlt. Es werden die Anregungsfunktionen, die den radioakt. Restkernen ^{32}P, ^{30}P, ^{31}Si, ^{29}Al, ^{28}Al, ^{27}Mg, ^{24}Na u. ^{22}Na entsprechen, im Energiebereich der ^{6}Li-Ionen von 1—63,3 MeV gemessen. Die Daten sprechen stark dafür, daß die Nuclide ^{32}P, ^{30}P u. ^{31}Si aus Compound-Syst.-Prozessen u. die Nuclide ^{22}Na u. ^{24}Na aus einem überwiegend direkten knock-out-Prozeß hervorgehen. In den Fällen von ^{28}Al u. ^{29}Al tragen sowohl Compound-Syst. als auch direkte pickup-Rk. zur Rk.-Ausbeute bei. Gerhard Schmidt. 103□

Neues Isotop ^{30}Al. E. L. Robinson und O. E. Johnson. (Physic. Rev. [2] **123.** 1349—54. 15/8. 1961. Lafayette, Ind., Purdue Univ., Phys. Dep.) (Engl.)

Vff. beschießen Si-Targets hoher Reinheit mit schnellen Neutronen, die durch die Rk. ^{7}Li(d, n)^{8}Be ($E_n \lesssim 24$ MeV) erzeugt worden sind u. messen die γ- u. β-Strahlung mit NaJ-Scintillationszählern bzw. Plastephosphoren. Neben den bekannten Strahlungen werden ein β-Spektrum mit einem Endpunkt von 5,05 $\pm$ 0,25 MeV u. 2 γ-Strahlen mit Energien von 2,26 $\pm$ 0,03 u. 3,52 $\pm$ 0,03 MeV beobachtet. Diese γ-Strahlen u. die β-Gruppe zerfallen innerhalb des experimenellen Fehlers mit der gleichen Halbwertszeit von 3,27 $\pm$ 0,20 s. Die Zuordnung dieser Aktivität zu ^{30}Al u. das vorgeschlagene Zerfallsschema werden durch verschiedene Betrachtungen über Zerfallsschemata bekannter Isotope, Halbwertszeits-Unterss. usw. gestützt. Aus dem experimentellen γ-Spektrum u. der Kernsystematik wird auf starke β-Übergänge zum ersten u. zweiten angeregten Zustand von ^{30}Si geschlossen. Mögliche Spin- u. Paritätszuordnungen für den Grundzustand von ^{30}Al sind 1$^+$, 2$^+$ u. 3$^+$. Die sich ergebende Massendifferenz ^{30}Al—^{30}Si ist 7,29 $\pm$ 0,25 MeV. Gerhard Schmidt. 103□

β-γ-Zirkularpolarisations-Korrelation bei ^{46}Sc und ^{48}V. H. Daniel und M. Kuntze. (Z. Physik **162.** 229—34. 1961. Heidelberg, MPI für Kernphys.) (Dt.)

Vff. untersuchten die β-γ-Zirkularpolarisationskorrelation bei ^{46}Sc u. ^{48}V in Relativmessungen mit ^{60}Co als Standard. Der ^{60}Co-Wert wurde zu $A = -1/3$ angenommen, für ^{46}Sc u. ^{48}V wurden $A = 0{,}10 \pm 0{,}02$ bzw. $A = 0{,}00 \pm 0{,}04$ gefunden. Die Meßergebnisse deuten nicht auf große Fermi-Gamow-Teller-Interferenzterme, wohl aber auf einen reinen Gamow-Teller-Übergang. Ein kleiner Fermi-Beitrag ist aber bei ^{46}Sc nicht unwahrscheinlich u. bei ^{48}V wahrscheinlich. H. Schroeder. 103□

Bestimmung des Verhältnisses der Wahrscheinlichkeit des Einfanges von Elektronen aus L- und K-Bahnen beim Zerfall von ^{51}Cr, ^{65}Zn und ^{71}Ge. A. A. Konstantinow und W. W. Perepelkin. (Известия Академии Наук СССР, Серия Физическая [Nachr. Akad. Wiss. UdSSR, physik. Ser.] **25.** 106—08. Jan. 1961.) (Russ.)

Mittels eines 4-π-Proportionalzählers wurden Koinzidenzen zwischen K-Röntgenstrahlung u. L-Auger-Elektronen gemessen u. auf diese Weise für das Verhältnis des Einfangs aus der L- u. K-Schale λ_L/λ_K folgende Werte erhalten: ^{51}Cr 0,10 $\pm$ 0,02, ^{65}Zn 0,13 $\pm$ 0,02 u. ^{71}Ge 0,13 $\pm$ 0,02, die mit denen anderer Autoren u. mit berechneten verglichen werden. M. Wiedemann. 103□

Halbweitszeit von ^{137}Cs. M. P. Glasunow, A. I. Griwkowa, B. A. Saitzew und W. A. Kisselew. (Атомная Энергия [Atomenergie] **10.** 622—23. Juni 1961.) (Russ.)

Aus der Lsg. der Spalt-Prodd. des U wurde ^{137}Cs auf Grund der Schwerlöslichkeit der Verb. mit Ni-Ferrocyanid abgetrennt. Die Aktivität wurde im 4-π-Zähler bestimmt. ^{137}Cs zerfällt zu 8% zu ^{137}Ba u. zu 92% zu ^{137m}Ba. Die Menge an ^{134}Cs wurde massenspektroskop. bestimmt. Für die Halbwertszeit von ^{137}Cs ergab sich 29 ± 1 Jahr.

M. Wiedemann. 103□

Zerfall von ^{177}Ta und ^{177}Lu zu Niveaus in ^{177}Hf. H. I. West jun., L. G. Mann und R. J. Nagle. (Physic. Rev. [2] **124.** 527—43. 15/10. 1961. Livermore, Calif., Univ. of California, Lawrence Radiat. Labor.) (Engl.)

Vff. untersuchen die Zerfälle von ^{177}Ta u. ^{177}Lu zu Niveaus in ^{177}Hf mit β-Spektrometern, NaJ(Tl)-Spektrometern, der schnellen Koinzidenz- u. Winkelkorrelationstechnik. Die Energieniveaus in ^{177}Hf werden wie folgt nach ihrer Energie (keV), den asympthot. Quantenzahlen von Nilsson ($Nn_z\Lambda$), dem totalen Drehimpuls u. dessen Komponenten längs der Symmetrieachse (I, K) u. nach der Parität (π) charakterisiert: 0 (514 7/2, 7/2$^-$); 112,97 (514 9/2, 7/2$^-$); 249,7 (514 11/2, 7/2$^-$); 321,34 (624 9/2, 9/2$^-$); 447,7 (624 11/2, 9/2$^+$); 420,95 (642 3/2, 3/2$^+$); 488,8 (642 5/2, 3/2$^+$); 585,8 (642 3/2, 3/2$^+$); 509,0 5/2, 5/2$^-$); 605,5 (512 7/2, 5/2$^-$); 746,04 (633 7/2, 7/2$^+$); 848,2 (633 9/2, 7/2$^+$) u. 1058,38 (503 7/2, 7/2$^-$). Die Niveaus bei 447,7, 488,8 u. 585,8 keV gelten als versuchsweise angenommen. Die Spins u. Paritäten werden eindeutig durch Winkelkorrelations- u. innere Konversionsdaten für die Niveaus bei 746,0 u. 848,2 keV bestimmt, falls angenommen wird, daß die Spin- u. Paritätswerte der Niveaus bei 0, 113,0, 249,7 u. 321,3 keV korrekt bestimmt worden sind. Die Spinwerte von ^{177}Lu u. ^{177}Hf sind früher direkt zu 7/2 bestimmt worden, von dem ^{177}Ta-Spin wird erwartet, daß er 7/2 ist. Folgende Halbwertszeiten werden gemessen: 56,56 h für ^{177}Ta, 0,32 ns für das Niveau bei 113,0 keV u. 0,52 ns für das Niveau bei 321,3 keV. Das K/L-Elektroneneinfangverhältnis zum 1058,4-keV-Niveau u. das β^+/K-Einfangverhältnis zum Grundzustand bestimmen die totale Zerfallsenergie zu 1166 ± 6 keV. Gerhard Schmidt. 103□

Die Iridiumisotope mit Neutronendefizit ^{182}Ir, ^{183}Ir und ^{184}Ir. R. M. Diamond, J. M. Hollander, D. J. Horen und R. A. Naumann. (Nuclear Physics [Amsterdam] **25.** 248—58. Mai 1961. Berkeley, Calif., Univ. of California, Lawrence Radiat. Labor.) (Engl.)

Vff. erhielten Ir-Isotope mit Neutronendefizit auf Grund folgender Rkk.: ^{169}Tm(^{16}O, 3n)^{182}Ir, ^{175}Lu(^{12}C, 4n)^{183}Ir u. ^{175}Lu(^{12}C, 3n)^{184}Ir. Die Beschußenergien betrugen 160 MeV für ^{16}O u. 120 MeV für ^{12}C. Es wurden folgende Halbwertszeiten beobachtet: ^{182}Ir $t_{1/2} = 15 \pm 1$ min, ^{183}Ir $t_{1/2} = 55 \pm 7$ min u. ^{184}Ir $t_{1/2} = 3{,}2 \pm 0{,}2$ h. Die gemessenen γ-Spektren von ^{182}Ir u. ^{184}Ir sind sehr komplex; bei beiden Nucliden wurden Positronenverzweigungen festgestellt. H. Schroeder. 103□

Innere Konversion mit Paarbildung beim Zerfall von ^{182}Ta. Ss. Ss. Wassilenko, M. G. Kaganski, D. L. Kaminski und Ss. F. Kokscharowa. (Известия Академии Наук СССР, Серия Физическая [Nachr. Akad. Wiss. UdSSR, physik. Ser.] **25.** 61—67. Jan. 1961. Physik.-techn. Inst. der Akad. der Wiss. der UdSSR.) (Russ.)

Das Spektrum der Positronen der inneren Konversion mit Paar-Bldg. wurde mittels eines Spektrometers an einer Ta_2O_5-Quelle untersucht. Das Termschema von ^{182}W wird zur Deutung herangezogen. Die innere Konversion mit Paar-Bldg. ist bei ^{182}Ta schwach. Für die Übergänge mit 1122, 1188, 1222, 1231, 1256, 1275, 1290, 1310, 1340 u. 1410 keV sind die Intensität der K-Linie sowie das Positronenspektrum, der Konversions-Koeff. u. der Multipolaritätstyp zusammengestellt.

M. Wiedemann. 103□

Die Bestimmung der Halbwertszeiten und α-Energien einiger radioaktiver Isotope. 3. Mitt. Die α-Energie von ^{233}U. F. L. Clark, H. J. Spencer-Palmer und R. N. Woodward. (J. South African chem. Inst. **11.** 82—83. Okt. 1958. Northrand, Transvaal, African Explosives and Chem. Ind. Ltd., Res. Dep.) (Engl.) — 2. vgl. C. **1959.** 5687.

Vff. bestimmten 1945 als erste die α-Energie bei ^{233}U mit dem Ergebnis von $4{,}812 \pm 0{,}015$ MeV, das später von anderen Autoren bestätigt wurde.

U. Siggel. 103□

Bestimmung der mittleren Lebensdauer der angeregten Zustände von ^{235}U-Spaltprodukten. B. M. Schirjajew. (Известия Академии Наук СССР, Серия Физическая [Nachr. Akad. Wiss. UdSSR, physik. Ser.] **25.** 143—44. Jan. 1961. Chlopin-Strahlungsinst. der Akad. der Wiss. der UdSSR.) (Russ.)

Die mittlere Lebensdauer der angeregten Spalt-Prodd. von ^{235}U wurde durch Messung des Raumwinkels mit angeregten Spalt-Prodd. am γ-Detektor bestimmt. Die

Schicht aus spaltbarem Material, Uranoxyd, befand sich am Boden der Ionisationskammer. Registriert wurden Koinzidenzen zwischen Impulsen von γ-Quanten u. der Ionisationskammer in Abhängigkeit vom Abstand zwischen Schicht u. Sammelelektrode. Die Lebensdauer gegenüber der Emission von γ-Quanten ergab sich zu $0{,}5-2{,}0\cdot10^{-9}$ s. Vermutlich werden γ-Quanten nach der Verdampfung von Neutronen emittiert.
M. Wiedemann. 103□

Untersuchung mittels Photoplatten der ternären Spaltung von ^{235}U nach Beschuß mit thermischen Neutronen. J. Català, V. Domingo und J. Casanova. (Nuovo Cimento [10] **19.** 923—28. 1/3. 1961. Valencia, Fac. de Cie., Centro de Fís. Foto corpusc.) (Span.; Auszug: Engl.)

An 1000 aufgenommenen Fällen wird die Spaltung von ^{235}U untersucht. Mit guter statist. Genauigkeit wurden bestimmt: Häufigkeit der tern. Spaltung zur bin. Spaltung 1:550, Reichweite der schweren Teilchen u. häufigste Massen (90 u. 142). Der Winkel zwischen dem schwersten Fragment u. dem α-Teilchen zeigte den häufigsten Wert bei 83°. Die Energien wurden berechnet. In 2 Fällen wurde als 3. Teilchen ein Fragment mit der Masse 11 ± 2 beobachtet.
K. Huste. 103□

Untersuchung der Änderung der relativen Wahrscheinlichkeit der ternären Spaltung mit Emission eines weitreichenden α-Teilchens mit der Energie des einfallenden Neutrons. J. M. Auclair. (J. Physique Radium **19.** 68—69. Jan. 1958.) (Franz.)

Mittels einer Spaltkammer mit zwei Elektrodenpaaren, von denen eins das spaltbare Material ^{235}U trägt u. das andere eine Sammelelektrode darstellt, einem Al-Fenster u. einem zylindr. Proportionalzähler wurde der relative Anteil der tern. Spaltungen mit weitreichenden α-Teilchen bei Energien der einfallenden Neutronen bis zu 0,20 eV konst. gefunden. Innerhalb der statist. Genauigkeit wurde keine Änderung gefunden.
M. Wiedemann. 103□

Spaltfragmentanisotropie und Paarungseffekte bei der Kernstruktur. R. Vandenbosch, H. Warhanek und J. R. Huizenga. (Physic. Rev. [2] **124.** 846—53. 1/11. 1961. Argonne, Ill., Argonne Nat. Labor.) (Engl.)

Vff. untersuchen die Abhängigkeit der Winkelverteilungen von der Projektilenergie für durch He-Ionen induzierte Spaltung von ^{232}Th, ^{233}U u. ^{238}U unter Verw. von Spaltfragmentdetektoren. Die Messungen überdecken den Bereich der Projektilenergien zwischen 20 u. 43 MeV in Stufen von 1 MeV oder weniger. Die Energieabhängigkeit der Anisotropie besitzt eine Struktur, die mit den theoret. Vorhersagen qual. übereinstimmt. ^{233}U zeigt die geringste Struktur, während das am wenigsten spaltbare Target, ^{232}Th, die ausgeprägteste Struktur aufweist. Die Energieabhängigkeit von K_0, die Standardabweichung der Verteilung in der Drehimpulsprojektion auf die Symmetrieachse des Kerns im Sattelpunkt, wird aus den Daten über die Winkelverteilungen aus der durch Neutronen induzierten Spaltung abgeleitet. Bei hohen Anregungsenergien stimmt K_0 mit den Vorhersagen der statist. Theorie überein.
Gerhard Schmidt. 103□

Anisotropie der Spaltprodukte der ^{240}Pu- und ^{239}Pu-Kerne. W. G. Nessterow, G. N. Smirenkin und I. I. Bondarenko. (Атомная Энергия [Atomenergie] **10.** 620—22. Juni 1961.) (Russ.)

Die Energieabhängigkeit der Winkelanisotropie der Spalt-Prodd., das Verhältnis $(0°, E_n)/(90°, E_n)$, wurde für ^{240}Pu (1,5 mg) u. ^{239}Pu (3 mg), beide in 32-mm-∅-Schichten, unter der Einw. von Neutronen mit 0,2—3 MeV mittels einer Anordnung aus 4 Ionisationsspaltkammern bestimmt, die mit 93% Ar + 7% CO_2 gefüllt waren. Das Verhältnis sank bei ^{240}Pu von 1,6 bei 0,4 MeV auf ca. 1,1 im Bereich 0,5—3 MeV u. stieg bei ^{239}Pu langsam mit der Energie von 1,02 auf 1,12 an.
M. Wiedemann. 103□

Darstellung von hochkonzentriertem Stickstoff-15 durch Austausch aus NO und N_2O_3. E. U. Monse, T. I. Taylor und W. Spindel. (J. physic. Chem. **65.** 1625—27. Sept. 1961. New York, N.Y., Columbia Univ., Chem. Dep.) (Engl.) — Vgl. C. **1961.** 14945.

Mit Hilfe einer Zweisäulenkaskade stellten Vff. aus gasförmigem NO u. fl. N_2O_3 durch Isotopenaustausch $^{15}N_2$ mit 99,7% ig. Ausbeute dar. Die Säule I war bei einem inneren ∅ von 2,5 cm 250 cm lang u. mit Helipak 3013 gefüllt; Säule II war 300 cm lang (0,6 cm innerer ∅) u. enthielt Helipak 3012. Beide Säulen wurden mit einem zirkulierenden Kühlmittel auf —10 bis —12° gehalten. Alle App.-Teile waren mit Glasfaserschichten, Al- u. Polyäthylenfolie (letztere zur Vermeidung von Eis-Bldg. auf den Glasteilen) gut isoliert. Gasförmiges NO_2 wurde über ein Rotameter zum oberen Ende der Säule I geleitet u. dort in einem Kondensator verflüssigt. Durch einen aufsteigenden NO-Strom bildet sich dort N_2O_3. Das fl. N_2O_3–N_2O_4-Gemisch durchlief Säule I mit einer Geschw. von ca. 220 mg-Atom N_2/min, wurde in einem 90 cm langen (4,5 cm innerer ∅) mit Glasspiralen gefüllten Rückflußkühler verdampft u. dort mit verd. H_2SO_4 behandelt. Die sich dabei bildende HNO_3 reagierte mit einem aufsteigenden

SO_2-Strom zu NO u. H_2SO_4. Nach einigen Tagen ergab sich am unteren Säulenende eine ^{15}N-Konz. von 13,9%. Dann wurde ein Teil des Rk.-Prod. mit einer Geschw., die ca. 3% der Geschw. in Säule I betrug, zu einem Kondensator am oberen Ende der Säule II gepumpt. Am unteren Ende der Säule II befand sich wie bei Säule I ein kleinerer Rückflußkühler, in dem $N_2O_3-N_2O_4$ zu NO red. wird, das dann in entgegengesetzter Richtung die App. durchläuft. Der $^{15}N_2$-Geh. der vom unteren Ende der Säule II abgezogenen N_2-Oxide wurde nach Aufspaltung in N_2 u. O_2 massenspektrometr. bestimmt. Er erreichte nach 2,25 Tagen 50 (%), nach 5 Tagen 90 u. nach 12,5 Tagen 99,7. Bei einer Abzugs-Geschw. von 0,3—0,5 g $^{15}N_2$/Tag über 4,5 Tage blieb die Konz. zwischen 99,4 u. 99,7% $^{15}N_2$. W. HEIN. 104□

Trennung von Neonisotopen durch Thermodiffusion. L. Ss. Kotoussow, Je. M. Martynow und Ju. P. Stepanow. (Атомная Энергия [Atomenergie] **10.** 632—33. Juni 1961.) (Russ.)

Mittels Thermodiffusion in einer Kaskade aus 60 Glaskolonnen wurde nach 15 Tagen der stationäre Zustand erreicht. ^{22}Ne wurde bis auf über 99% angereichert, u. zwar mit einer Geschw. von 200 cm³/d. Die Analyse wurde massenspektrometr. durchgeführt. M. WIEDEMANN. 104□

Einige Probleme der thermischen Festigkeit beim Reaktorbau. Ja. B. Fridman, N. D. Ssobolew, Ss. W. Borissow, W. I. Jegorow, W. P. Konoplenko, Je. M. Morosow, L. A. Schapowalow und B. F. Schorr. (Атомная Энергия [Atomenergie] **10.** 606—19. Juni 1961.) (Russ.)

Es werden Fragen der therm. Festigkeit (Spannung, Deformation, Kriechen, Ermüdung, Wärmestoß usw.) im Reaktorbau behandelt u. für einige Metalle Zahlenwerte angegeben. M. WIEDEMANN. 110□

Zur Theorie des Einflusses der Bestrahlung auf einige Eigenschaften des Graphits. W. M. Agranowitsch und L. P. Ssemenow. (Атомная Энергия [Atomenergie] **10.** 572—76. Juni 1961.) (Russ.)

Die Wrkg. von Reaktorstrahlung auf einige Eigg. des Graphits wird berechnet, so die Kompressibilität u. die innere Energie je Vol.-Einheit. Es wird eine Verzerrung der Kristallstruktur angenommen. Vorausgesetzt werden FRENKEL-Defekte. M. WIEDEMANN. 110□

Organische Stoffe als Reaktormoderatoren. István Kiss, István Kósa-Somogyi und Elekné Szabó. (Energia és Atomtechn. **14.** 454—62. Okt. 1961. Budapest, Zentralforsch.-Inst. Phys.) (Ung.)

Übersicht mit 148 Literaturhinweisen. J. PLANK. 110

Zur Elektronenoptik elektrostatischer Beschleuniger im relativistischen Bereich. Joachim Kessler. (Z. Naturforsch. **16a.** 1138—46. Nov. 1961. Karlsruhe, TH, Phys. Inst.) (Dt.)

Auf der Grundlage der Matrizen-Darst. werden die Abb.-Eigg. elektrostat. Rohrlinsen für relativist. Teilchen berechnet. Die allg. Ergebnisse werden dazu verwendet, für eine einfache Rohrlinse die charakterist. Daten in erster Näherung zu berechnen. Es zeigt sich, daß die Linsen-Eigg. für ein bestimmtes Potentialverhältnis sich nur wenig mit zunehmender Energie ändern. Ein Vgl. der relativist. Daten mit den nichtrelativist. Daten zeigt, daß diese nur einen Spezialfall der allg. relativist. Darst. beinhalten. G. M. NEUMANN. 112□

Über die Möglichkeit der Beschleunigung großer Impulsströme in linearen Elektronenbeschleunigern. N. A. Chishnjak, W. T. Tolok, W. W. Tschetschkin und N. I. Nasarow. (Атомная Энергия [Atomenergie] **11.** 34—40. Juli 1961.) (Russ.)

Es wird gezeigt, daß für große Impulsströme lineare Beschleuniger mit stehenden Wellen geeigneter sind als solche mit laufenden Wellen. Die Dynamik der Teilchen u. die Phasenbewegung werden berechnet. Mit diesen Beschleunigern können Ströme von 100 A in Impulsen mit ca. 1 μs beschleunigt werden. M. WIEDEMANN. 112□

Elektronenbeschleuniger für hohe Ströme. W. T. Tolok, L. I. Bolotin, W. W. Tschetschkin, N. I. Nasarow und N. A. Chishnjak. (Атомная Энергия [Atomenergie] **11.** 41—45. Juli 1961.) (Russ.) — Vgl. vorst. Referat.

Es wird ein linearer Elektronenbeschleuniger für hohe Impulsströme beschrieben. Er besteht aus zwei miteinander verbundenen Resonatoren, die bei einer Frequenz von 137,4·10^6 Hz angeregt werden. Fokussierung, Strom u. Energie werden behandelt. Die Oscillogramme wurden aufgenommen. Es wurden Elektronenimpulse von 8,5 A bei einer Dauer von 0,2 μs u. 4,5 MeV Elektronenenergie erhalten. Die Übereinstimmung zwischen Praxis u. Theorie ist befriedigend. Die maximale Ladung der beschleunigten Elektronen liegt in einem Impuls bei $3\cdot10^{-6}$ COULOMB. M. WIEDEMANN. 112□

Ladungscharakteristik von wandernden Wellen eines linearen Elektronenbeschleunigers. G. I. Shileiko. (Журнал Технической Физики [J. techn. Physik] **31.** 502—05. April 1961. Moskau, Energie-Inst.) (Russ.)

Für verschiedene Annahmen der Gleichgewichtsphase wurde die Ladungscharakteristik für Linearbeschleuniger mit wandernden Wellen an einzelnen Beispielen berechnet. Die Übereinstimmung mit experimentellen Daten ist befriedigend.

M. Wiedemann. 112□

Einfluß der Raumladung auf die Gruppierung der Elektronen im Linearbeschleuniger mit wandernden Wellen. G. I. Shileiko. (Журнал Технической Физики [J. techn. Physik] **31.** 506—07. April 1961.) (Russ.) — Vgl. vorst. Referat.

Das elektr. Feld der Raumladung u. das der beschleunigenden elektromagnet. Wellen werden kombiniert. Eine Vergrößerung der Amplitude des Feldes bis zum prakt. Grenzwert von 150 kV/cm u. eine Verringerung der Gleichgewichtsphase bis 10° erlauben eine Stromerhöhung nur bis 10 mA bei einem ∅ der Haufenschar von 0,5 mm.

M. Wiedemann. 112□

Einfluß der Raumladung auf die Gruppierung eines sich frei bewegenden Elektronenhaufens. G. I. Shileiko. (Журнал Технической Физики [J. techn. Physik] **31.** 508—10. April 1961.) (Russ.) — Vgl. vorst. Referate.

Infolge des Auftretens von Raumladungskräften kann die Differenz in der Geschw. der Elektronen als klein angesehen werden. Die Beziehung zwischen dem Bündelstrom, der Geschw., den Abmessungen des Haufens u. der modulierenden Spannung erlaubt die Erzeugung sehr kurzer Elektronenhaufen, deren Länge sich nicht wesentlich ändert.

M. Wiedemann. 112□

Zählverluste und Empfindlichkeiten von Geiger-Müller-Zählrohren. H. Gebauer. (Kerntechn., Isotopentechn. u. -Chem. **3.** 130—32. März 1961. Erlangen-Bruck, Frieseke u. Hoepfner GmbH., Entw.-Labor.) (Dt.)

Die durch Totzeit, Erholungszeit u. Auflösungszeit bedingten Zählverluste des Geiger-Zählers werden besprochen, es werden Meth. zur Messung der Zählverluste angegeben u. Formeln zur Berechnung der Empfindlichkeit abgeleitet.

W. Reusse. 112□

Beobachtungen bei der Verwendung von Zählrohren mit außenliegender Kathode zur Bestimmung von Tritium. Suzanne Monfeuga. (Mikrochim. Acta [Wien] **1958.** 177—80. Paris, Fac. des Sci., Labor. de Chim.-Phys., Serv. d'Isotopes.) (Franz.)

Bei der Verw. von Geiger-Müller-Zählrohren vom Maze-Typ für die Analyse organ., tritiumhaltiger Substanzen wurden 3 Störungsarten beobachtet, die ihre Ursachen in O_2-Spuren im Ar, Hg-Dampfspuren oder Zustandsänderungen der Wandoberfläche des Zahlgerätes hatten. Sie wurden vermieden, wenn man spektral reines Ar verwendete, das gut gesäuberte Zählrohr beim Pumpen vom Manometer trennte u. bis zur Gleichgewichtseinstellung der Wandoberfläche wartete. H. Fries. 112□

Charakteristische Parameter von Gas-Proportionalzählern. 1. Mitt. Methan-, Methan-Argon- und Äthanol-Argon-Zähler. Robert W. Kiser. (Appl. sci. Res. [The Hague], B **8.** 183—200. 1960. Manhattan, Kans., Kansas State Univ., Dep. of Chem.) (Engl.)

Der Gasmultiplikationsfaktor A_0 wurde in einem zylindr. Zählrohr bei spezif. Zählrohrspannungen u. verschiedenen Drücken, Zähldrahtradien u. Zählrohrabmessungen für CH_4 u. verschiedene CH_4–Ar-Mischungen bestimmt. Es zeigt sich, daß die Rose-Korff- u. die von Curran-Craggs modifizierte Rose-Korff-Theorie nicht mit den experimentellen Ergebnissen übereinstimmten. Mit Hilfe der Diethorn-Beziehung lassen sich die Ergebnisse als Funktion zweier für die Gasfüllung charakterist. Parameter beschreiben. Die Ergebnisse von van Duuren u. Sizoo werden für C_2H_5OH–Ar-Mischungen unter Verw. dieser Parameter behandelt. G. M. Neumann. 112□

Emission einer Volumenquelle bei Vorhandensein einer Oberflächenaktivität. Je. Je. Kowalew und D. P. Ossanow. (Атомная Энергия [Atomenergie] **10.** 515—17. Mai 1961.) (Russ.)

Das Verhältnis der Leistung eines Strahlers, einer Vol.-Quelle, bei Vorliegen von Oberflächenaktivität zur Leistung bei Vernachlässigung der letzteren wird berechnet. Als Beispiel wird ein Zylinder von 10 cm Radius, gefüllt mit einer Lsg. des ^{60}Co-Salzes, durchgerechnet.

M. Wiedemann. 112□

Graphische Methode zur Bestimmung der Aktivität bestrahlter Proben. Slawtscho Popow. (Атомная Энергия [Atomenergie] **11.** 61—65. Juli 1961. Sofia, Labor. für die Anwendung von Radioisotopen im Maschinenbau.) (Russ.)

Die Raumkurven für die Aktivität von ^{187}W u. ^{185}W sowie von Gußeisen, enthaltend ^{6}Mn, ^{59}Fe, ^{51}Cr, in Abhängigkeit von der Bestrahlungszeit, in die u. a. Halbwertszeit

u. Neutroneneinfangquerschnitt eingehen, werden ermittelt u. wiedergegeben. Die Aktivität ist logarithm. aufgetragen, sie umfaßt den Bereich von 10^{-6} bis 10^{-3} c.
M. Wiedemann. 112□

Informationsgehalt von Teilchenbahnen. Walter H. Barkas. (Physic. Rev. [2] **124.** 897—903. 1/11. 1961. Berkeley, Calif., Univ. of California, Lawrence Radiat. Labor.) (Engl.)

Es wird der Informations-Geh. einer Teilchenbahn bzgl. der Teilchen-Geschw. u. dem davon abhängigen Bahnparameter g mathemat. untersucht. Eine Theorie der projizierten linearen Teilchenbahn in Kernemulsion, Blasenkammer u. Nebelkammer wird entwickelt u. eine neue Abschätzung von g vorgenommen. H.-D. Freyer. 112□

Eine Bemerkung zur Spurendichte von Teilchen am Ionisationsminimum in großen Emulsionsstapeln. B. Bhowmik, J. H. Davies, D. Evans und D. J. Prowse. (Nuovo Cimento [10] **7.** 712—14. 1/3. 1958. Bristol, Univ., Wills Physic. Labor.) (Engl.)

Aus einem Vgl. der „blob"-Dichten verschiedener Stapel von Ilford-G 5-Emulsion ziehen Vff. den Schluß, daß bereits innerhalb einer Zeitspanne von 14 Tagen zwischen Exposition u. Verarbeitung eine merkliche Abnahme der Spurendichte infolge Rückganges des latenten Bildes auftritt. Durch Aufbewahrung der Emulsion in der Kälte (Trockeneis) kann das Fading stark eingeschränkt werden. E. Moisar. 112□

Einflüsse des pH-Wertes und der Temperatur auf die Spurenverzerrung in Kernspuremulsionen. Jean-Paul Dentan. (Sci. Ind. photogr. [2] **32.** 289—94. Sept. 1961. Lausanne, E.P.U.L., Labor. de Rech. Nucl.) (Franz.)

Vf. untersuchten den Einfl. der Verarbeitungsbedingungen auf die Größe der Spurenverzerrungen in 600 μ starken, auf Glas vergossenen Ilford-G 5-Kernspuremulsionen, die unter einem Einfallswinkel von 20° mit Protonen von 380 bzw. 600 MeV Energie exponiert wurden. Bei Temp. von 5—15° während der trockenen Phase der Entw. (Amidol, pH 8,6, Temp.-Cyclus-Meth.) blieben die Verzerrungen konst., um bei höheren Temp. (15—26°) anzusteigen. Mit steigendem pH-Wert des Entwicklers (pH 5,1—10,2) nahm die Verzerrung etwa linear zu. Einen bes. starken Einfl. übt die Temp. der Fixage aus: Bei 15° nimmt die Spurenverzerrung um das 3—4fache gegenüber dem Wert für 5° Fixierbad-Temp. zu. E. Moisar. 112□

Untersuchung über die Bildung des latenten Bildes in G5-Kernspuremulsionen durch Protonen am Ionisationsplateau. Monique Debeauvais-Wack, Henri Braun und Pierre Cüer. (C. R. hebd. Séances Acad. Sci. **253.** 2517—19. 27/11. 1961.) (Franz.)

Ilford-G5-Kernspuremulsionen wurden mit Protonen von 22 GeV exponiert u. teils unmittelbar darauf, teils nach verschieden langen Lagerzeiten sowohl bei Zimmer-Temp. als auch bei —196° in saurem Amidol-Entwickler entwickelt. Während die bei Zimmer-Temp. gelagerten Schichten eine rasch einsetzende Regression des latenten Bildes — gemessen an der Korndichte der Protonenspuren — zeigten, blieb die hohe Korndichte von z. B. 46/100 μ bei 24° Temp. bei Kaltlagerung prakt. unverändert erhalten. Daneben wurde eine regelmäßigere Verteilung der Lückenlängen der Spur beobachtet. E. Moisar. 112□

A₂. Optisches Verhalten der Materie

Neutraler Wasserstoff in OB-Assoziationen. Nannielou H. Dieter. (Astrophysic. J. **132.** 49—57. Juli 1960. Air Force Cambridge Res. Center, Geophys. Res. Directorate.) (Engl.)

Vf. analysierte die Linienprofile des neutralen Wasserstoffs der galakt. Ebene. Es zeigte sich hierbei, daß in vielen Fällen neutraler Wasserstoff in OB-Assoziationen auftritt. Von den Linienprofilen für verschiedene Geschw. wurden Intensitätsumrißdiagramme von Gebieten einschließlich solcher Assoziationen konstruiert. In 31 von 40 beobachtbaren Fällen trat eine klare Kondensation in den Intensitätsumrissen an der Stellung u. bei der Geschw. der Assoziation auf. Der aus dem photometr. Abstand der Assoziation hergeleitete Abstand der Wasserstoff-Kondens. wich in vielen Fällen von dem Abstand ab, der sich aus einem Modell von kreisförmiger galakt. Rotation errechnete.
C. Gottfried. 113

Bestimmung der Temperatur und der Turbulenz ruhender Protuberanzen aus der Linienbreite. P. ten Bruggencate und G. Elste. (Nature [London] **182.** 1154. 25/10. 1958. Göttingen, Univ. Sternwarte.) (Engl.)

Die Hβ- u. D3-Linien wurden mit einem Teleskop mit 24 m Brennweite u. einem Bausch-Lomb-Gitter (r = 665 cm) untersucht. Das Licht wurde über ein Lyot-Hα

Filter auf den Spektrographen gegeben. Es konnten die Linien 854,2 nm, 849,8 nm (Ca^+), 587,5 nm (He), 434,0 nm u. 397,0 nm (H) aufgenommen werden. Die Ergebnisse von 10 Protuberanzen werden angegeben. Die erhaltenen kinet. Temp. liegen höher als früher ermittelte Werte. Temp. u. Turbulenz scheinen in ruhenden Protuberanzen von der gleichen Größenordnung wie in der Chromosphäre zu sein. Zwischen Temp. u. Turbulenz wird eine schwache Zuordnung aufgezeigt ($r = 0{,}52$, $n = 39$).
P. Brumm. 113 □

Ionisation und Anregung des Sauerstoffs in der Nähe heißer Sterne. Léo Houziaux. (C. R. hebd. Séances Acad. Sci. **249.** 2497—99. 9/12. 1959.) (Franz.)

Theoret. astrophysikal. Unters. an Hand eines vereinfachten Modells des O-Atoms.
C. Gottfried. 113

Stickstoffionen in der oberen Atmosphäre der Erde und die Nachtionisation im E-Gebiet. W. G. Isstomin. (Доклады Академии Наук СССР [Ber. Akad. Wiss. UdSSR] **137.** 1102—05. 11/4. 1961. Inst. für angew. Geophys. der Akad. der Wiss.) (Russ.)

Massenspektrometr. Unterss. der Konz. von N^+ u. N_2^+, ferner einiger weiterer Ionen, auf Raketen- u. Satellitenflügen in der Zeit von 1958—1960 werden mitgeteilt. Die Abhängigkeit der Konz. von der Höhe bis ca. 500 km ist wiedergegeben, der Bereich 100—120 km wurde bes. untersucht. Die N_2^+-Konz. mit einem Maximum von ca. $10^4/cm^3$ bei 250 km stimmt mit photometr. Messungen der 3914-Å-Emission im polarisierten Sonnenlicht überein. Die nächtliche Ionisation im E-Bereich kann vollständig durch Meteorphänomene gedeutet werden, die Atmosphäre wird durch schnellfliegende verdampfte Atome der Meteore ionisiert, die ihrerseits (Mg, Ca, Fe) ebenfalls ionisiert werden.
M. Wiedemann. 113 □

Polarisation einiger Emissionen des Nordlichtes. N. W. Dshordshio. (Известия Академии Наук СССР, Серия Геофизическая [Nachr. Akad. Wiss. UdSSR, geophysik. Ser.] **1960.** 1847—51. Dez. Inst. für Physik der Atmosphäre der Akad. der Wiss. der UdSSR.) (Russ.) — Vgl. C. **1961.** 12730.

Bei den Linien 4278 (Å) N_2^+, 4861 $H\beta$ u. 6300 OI des Nordlichtes übersteigt der Polarisationsgrad nicht 4%. Bei den Linien 5577 OI, 6545 N_2 u. 6624 N_2 wird keine Polarisation festgestellt.
R. K. Müller. 113 □

Frequenz des Cäsiums als Funktion der Ephemeris-Zeit. W. Markowitz, R. Glenn Hall, L. Essen und J. V. L. Parry. (Phys. Rev. Letters **1.** 105—07. 1/8. 1958. Washington, D.C., U. S. Naval Observat.; Teddington, Middlesex, Nat. Physic. Labor.) (Engl.)

Die Ephemeris-Zeit ist durch die Bahnbewegung der Erde um die Sonne definiert, wird prakt. jedoch aus der Bahnbewegung des Mondes um die Erde bestimmt. In einem Beobachtungszeitraum zwischen 1955 u. 1958 wurde aus astronom. Messungen für „1957,0" als Übergangsfrequenz (4,0)—(3,0) des Cs bei Nullmagnetfeld der Wert $\nu_E = 9\,192\,631\,770 \pm 20$ Hz pro Sek. Ephemeriszeit ermittelt. Vgl.-Kurven von Ephemeris- u. Atomzeit mit der Universalzeit sind angegeben.
D. Jörchel. 114 □

Die Konfigurationen $(4s + 5j)^n$ in den zweiten Spektren der Palladium-Gruppe. Y. Shadmi. (Bull. Res. Council Israel, Sect. F **9F.** 141—70. April 1961. Jerusalem, Hebrew Univ., Dep. of Theoret. Phys.) (Engl.)

Vf. vergleicht die experimentell bestimmten Niveaus der niedrigen geraden Konfigurationen der 2. Spektren der Pd-Gruppe mit den theoret. Werten. Für 650 Niveaus werden mit Interpolationsformeln die Wechselwrkg.-Parameter mit einem mittleren Fehler von 84 cm^{-1} berechnet.
D. Hahn. 114 □

Berechnung der magnetischen Hyperfeinstrukturkopplungskonstanten von NO. Hélène Lefebvre-Brion und C. M. Moser. (Physic. Rev. [2] **121.** 1863. 15/3. 1961.) (Engl.)

Erratum zur C. **1961.** 2874 referierten Arbeit.
H. Liepack. 114 □

Das Excitonenspektrum von Zinkoxid. D. G. Thomas. (Physics Chem. Solids **15.** 86—96. Aug. 1960. Murray Hill, N.J., Bell Telephone Labor., Inc.) (Engl.)

Vf. beobachtet die Absorptions- u. Reflexionsspektren von ZnO-Kristallen im nahen UV bei Temp. zwischen 300 u. 4,2° K. Bei 77° K treten 3 gut markierte Reflexionsmaxima auf: 2 für Licht mit der Polarisation $E \perp c$ (hexagonale Achse) u. eines für $E \parallel c$. Die Reflexionsdaten werden nach der Kramers-Kronig-Beziehung analysiert. Die 3 Maxima rühren von Excitonenübergängen mit $n = 1$ her, einschließlich Löchern von jedem der 3 Valenzbänder. Der Excitonenzustand $n = 2$ tritt bei 4,2° K in Reflexion auf, er gestattet Abschätzungen der Excitonenbindungsenergie u. der red. Masse. Bei der Absorption zeigt das Exciton niedrigster Energie „falsche" Polarisation, es handelt sich um eine Vermischung verschiedener Excitonenzustände. Longitudinale Excitonen

u. verschiedene verbotene Übergänge werden ebenso beobachtet wie eine beträchtliche Anzahl von „Verunreinigungs"-Excitonenübergängen. Bei 4,2° K erscheinen scharfe Fluorescenzlinien, die mit Verunreinigungseffekten zusammenhängen. Ferner werden ZEEMAN-Effekte in einem Feld von 32000 Gauß festgestellt. G. RUBAN. 118□

Theorie der F-Zentren in Alkalihalogenidkristallen in Annäherung an ein Punktgitter. I. W. Abarenkow. (Вестник Ленинградского Университета, Серия Физики и Химии [Nachr. Leningrader Univ.] **13.** Nr. 22. [Ser. Physik. Chem.] Nr. 4. 14—27. 1958.) (Russ.)

Mathemat. Ableitung der quantenmechan. Theorie der F-Zentren in Alkalihalogeniden mit einigen Verbesserungen des physikal. Modells u. Aufstellung von Gleichungen für die Wellenfunktion des F-Zentrumelektrons. Die Näherungsberechnung der Übergangsenergie E für *LiCl* u. *NaCl* (vgl. C. **1960.** 7746) unter Benutzung des Punktgitters gibt mit dem Experiment gut übereinstimmende Ergebnisse. Die Abhängigkeit der Energie E vom Gitterparameter a [φ (a) = $\Delta E \cdot a^2$] wird graph. dargestellt u. gezeigt, daß im Falle a = 5,31 die Funktion φ (a) annähernd als eine Parabel dargestellt werden kann, welche in der graph. Darst. bes. der 2. Näherung dem Experiment nahekommt. J. TŮMOVÁ. 119□

Berechnung der optischen Eigenschaften von Elektronenzentren mit kleinem Radius in Ionenkristallen. I. W. Abarenkow, N. N. Krisstofel und M. I. Petraschen. (Оптика и Спектроскопия [Optik u. Spektroskopie] **10.** 487—92. April 1961.) (Russ.) — Vgl. vorst. Referat.

Durch aufeinanderfolgende Benutzung der adiabat. Näherung der Einionennäherung, der Punktgitternäherung u. der Einelektronennäherung werden Formeln erhalten, die größenordnungsmäßig zur Berechnung von Verunreinigungszentren brauchbar sind, wie durch Berechnung der Luminescenzzentren im *KCl–Tl*-Kristall sowie der F- u. U-Zentren im *NaCl*-Kristall gezeigt werden kann. CH. WEISKE. 119□

Zur Theorie der Thermoionisation von F'-Zentren. A. G. Tscheban. (Оптика и Спектроскопия [Optik u. Spektroskopie] **10.** 493—99. April 1961.) (Russ.)

Betrachtung der Thermoionisation von F'-Zentren in Ionenkristallen unter Einbeziehung des Polaroneneffekts. Es wird ein Ausdruck für die Wahrscheinlichkeit der Thermoionisation abgeleitet u. für *NaCl*- u. *KCl*-Kristalle bei Raum-Temp. zahlenmäßig berechnet (für NaCl ist die Wahrscheinlichkeit der Thermoionisation des F'-Zentrums $7 \cdot 10^{12}\ s^{-1}$, für KCl $5 \cdot 10^{10}\ s^{-1}$). Ebenso wird die Größe des effektiven Polaroneinfangquerschnitts errechnet (für NaCl $3 \cdot 10^{-14}$ u. für KCl $6{,}2 \cdot 10^{-15}\ cm^2$). CH. WEISKE. 119□

Der Einfluß des Druckes auf die Absorptionsspektren von Alkalihalogenidphosphoren. R. A. Eppler und H. G. Drickamer. (Physics Chem. Solids **15.** 112—18. Aug. 1960. Urbana, Ill., Univ., Dep. of Chem. and Chem. Engng.) (Engl.)

Vff. messen den Einfl. des Druckes (>150000 atm) auf die Spektren folgender Alkalihalogenidphosphore: (0,8 *KJ* + 0,2 *KBr*): *Tl*, (0,6 KJ + 0,4 KBr): Tl, (0,4 KJ + 0,6 KBr): Tl, (0,2 KJ + 0,8 KBr): Tl, *NaCl*: Tl, *NaBr*: Tl, *CsBr*: Tl, *RbBr*: Tl, *RbJ*: Tl, NaCl: *Pb*, NaBr: Pb, *NaJ*: Pb, *KCl*: Pb, *KBr*: Pb, KJ: Pb, *RbCl*: Pb, RbBr: Pb, RbJ: Pb, *CsJ*: Pb, *CsCl*: Pb, *NH_4Br*: Pb, KCl: *In*, KBr: In, KBr: *Bi*, KCl: *Cu* u. KBr: Cu. Bei den mit Tl^+ dotierten Phosphoren hängt ν_{max} stark von der Kristallstruktur u. sehr wenig, wenn überhaupt, vom Halogenidion ab; diese Beobachtung entspricht dem SEITZ-Modell. Die In^+-dotierten Phosphore verhalten sich analog. Für die Pb^{2+}-Phosphore ist die ν_{max}-Verschiebung sehr stark vom Halogenidion abhängig u. nur zufällig von der Gitterstruktur; dies entspricht dem komplexen Modell. G. RUBAN. 119□

Messung des Brechungsindexes eines transparenten Filmes auf einem reflektierenden Substrat. J. C. Kelly und O. S. Heavens. (Optica Acta [London] **6.** 339—43. Okt. 1959. Reading, Univ., Phys. Res. Labor.; London, Univ., Royal Holloway Coll.) (Engl.)

Vff. beschreiben ein Verf. zur Best. des Brechungsindexes einer durchsichtigen Schicht auf reflektierender Unterlage unter Verw. des BREWSTERschen Winkels. Die starke Reflexion des Untergrundes läßt sich eliminieren, wenn man wechselweise den beschichteten u. unbedeckten Teil des Trägers vergleicht u. den Einfallswinkel so lange ändert, bis die Änderung ein Minimum erreicht. Nach diesem Verf. läßt sich die auf *Ta* niedergeschlagene anod. Oxidschicht messen. Mit zunehmender Schichtdicke der Oxidhaut ergibt sich ebenfalls eine Zunahme des gemessenen Brechungsindex. G. RUBAN. 119□

Über die Transparenz von CaF_2-, SrF_2- und BaF_2-Kristallen und die Wirkung einer harten Strahlung auf diese. E. G. Tschernewskaja. (Оптика Спектроскопия [Optik u. Spektroskopie] **11.** 513—17. Okt. 1961.) (Russ.)

Es wurde die Transparenz künstlich gezüchteter Kristalle von CaF_2, SrF_2 u. BaF_2 im Gebiet von 0,13—13 μ gemessen u. in Form von Diagrammen dargestellt. Unterss.

der Wrkg. harter γ-Strahlen (^{60}Co) ergaben starke (CaF_2) u. mäßige (BaF_2) Verfärbungen der Kristalle mit Auftreten zusätzlicher Absorptionsbanden, während SrF_2-Kristalle nur schwach beeinflußt bzw. sogar entfärbt werden. An CaF_2 u. BaF_2 wurden 2 Typen der Absorption beobachtet, u. zwar hängt die Verfärbung nach Bestrahlung mit der kurzwelligen Absorptionsgrenze zusammen. R. Gerbatsch. 119□

Beitrag zur Untersuchung der optischen Eigenschaften von kristallisiertem Strontiumcyanoplatinat(II) im Sichtbaren und Ultraviolett. Claude Moncuit. (C. R. hebd. Séances Acad. Sci. **253.** 2218—20. 13/11. 1961. Paris, Sorbonne, Labor. des Rech. phys.) (Franz.)

Von monoklinen, farblosen Einkristallen von *Sr[Pt(CN)$_4$]·5 H$_2$O* (I) mit der Symmetrie C_{2h}^3, deren opt. Achsen parallel (1 0 0) sind, werden zwischen 220 u. 600 mμ die opt. Konst. mit einem Perkin-Elmer-Spektrophotometer bestimmt (vgl. C. **1961.** 11977). Die Reflexions-Koeff. R_c u. R_b, der Brechungsindex n_c u. der Extinktions-Koeff. k_c sind als Funktion der Wellenlänge angegeben. Für I wird ein intensiver Elektronenübergang der Symmetrie A_{2u} in der D_{4h}-Gruppe des ebenen Komplexions $[Pt(CN)_4]^{2-}$ beobachtet. Herbert Müller. 119□

Magnetische Drehung der Polarisationsebene im Bereich der Verunreinigungslichtabsorption. A. F. Lubtschenko. (Оптика и Спектроскопия [Optik u. Spektroskopie] **10.** 477—86. April 1961.) (Russ.)

Ausgehend von einem Hamilton-Syst. für Lsgm. u. Verunreinigungszentren in Ggw. eines konst. äußeren Magnetfeldes werden allg. Formeln zur Best. der Form der Kurven der Absorption, der Dispersion u. der Drehung der Polarisationsebene im Gebiet der Verunreinigungslichtabsorption erhalten u. deren Abhängigkeit von der Temp. u. anderen, dem Lsgm. zuzuordnenden Parametern abgeleitet. Im Falle einer starken Kopplung der Elektronenanregung der Verunreinigungen mit der Gitterschwingung sind die Kurven der Absorption, der Dispersion u. der Drehung der Polarisationsebene asymm.; der Asymmetriegrad wächst bei Erniedrigung der Temperatur. Bei schwacher Kopplung werden die Kurven der Absorption, Dispersion u. Drehung der Polarisationsebene in der Art von Integralkurven vom Typ eines klass. Oscillators dargestellt. Ch. Weiske. 119□

Infrarotabsorption durch eindimensionale Ionengitter. H. B. Rosenstock. (Physics Chem. Solids **15.** 50—53. Aug. 1960. Washington, D.C., U. S. Naval Res. Labor.) (Engl.)

Das Absorptionsspektrum auf Grund der Bewegung von Atomen in einem eindimensionalen Ionengitter, das aus punktförmigen Teilchen gleicher Masse u. veränderlicher Ladung mit Coulombscher Wechselwrkg. zwischen nächsten Nachbarn besteht, zeigt eine Linie der Form $[-\ln(\omega_{max} - \omega)]^{1/2}/(\omega_{max} - \omega)^{3/2}$, wo ω die Frequenz bedeutet. G. Ruban. 120□

Berechnung des Einflusses des inneren Feldes bei der Bestimmung von Raman-Intensitäten. W. M. Piwowarow. (Оптика и Спектроскопия [Optik u. Spektroskopie] **9.** Nr. 2. 266—69. Aug. 1960.) (Russ.)

Die Anwendung des valenzopt. Schemas zur Berechnung des Einfl. des inneren Feldes auf die Intensität von Raman-Linien geht von der Voraussetzung aus, daß das innere Feld auf jede Bindung des Mol. Einfl. hat. Dies bedingt die Einführung der Ableitung der effektiven Polarisierbarkeit nach Normalkoordinaten. Bei sich veränderndem Brechungsindex des Mediums (Mischungen wechselnder Konz.) ist auch ein der Wrkg. des inneren Feldes entgegengesetzter, rein opt. Effekt auf die Intensität zu berücksichtigen. Dieser ist auf die Abhängigkeit der effektiven Küvettenlänge u. der Stärke des gestreuten Lichtstrahls vom Brechungsindex des Mediums u. die fokussierende Wrkg. des Küvettenquerschnitts zurückzuführen. Die gemessene Intensität der Linien hängt von den genannten zwei Faktoren ab u. wird durch folgende Formel bestimmt: $I_{c\ beob.} \sim c\,(5\,b'^2_{c\ eff.} + 13\,g'^2_{c\ eff.})/n_c$, wo c = Vol.-Konz. eines Stoffes in %, n_c = Brechungsindex des Mediums entsprechend der Konz. c ist. Die effektive Spur des Tensors $b'_{c\ eff.}$ u. der Anisotropie $g'_{c\ eff.}$ setzen sich aus den Ableitungen der effektiven Polarisierbarkeit zusammen. Der relative effektive Intensitäts-Koeff. wird folgendermaßen bestimmt: $K_{eff.\ rel.} = (5\,b'^2_{c\ eff.} + 13\,g'^2_{c\ eff.})/(5\,b'^2_{c=100\ eff.} + 13\,g'^2_{c=100\ eff.}) = (I_{c\ beob.}/I_{c=100\ beob.})\cdot(100/c)\cdot(n_c/n_{c=100})$. Zur Prüfung dieser Beziehung wird die Konz.-Abhängigkeit von $K_{eff.\ rel.}$ der Linien 459, 313 u. 217 cm^{-1} von *CCl_4* im Gemisch mit *Aceton* (I) u. der Linien 606, 992, 1176, 1605 u. 3063 cm^{-1} von *Bzl.* im Gemisch mit I berechnet. Der experimentell bestimmte Verlauf der Konz.-Abhängigkeit von $K_{eff.\ rel.}$ dieser Linien stellt Vf. graph. dem theoret. gegenüber. Allg. ist ein Intensitätsabfall bei Abnahme des Brechungsindex zu verzeichnen, wobei die depolarisierten Linien stärker dem Einfl. des inneren Feldes unterworfen sind als die polarisierten. U.-L. Rau. 120□

Das Raman-Spektrum einer äquimolekularen flüssigen Mischung von Natriumchlorid und Galliumtrichlorid. H. Gerding und J. A. Koningstein. (Recueil Trav. chim. Pays-Bas **79.** 46—47. Jan. 1960. Amsterdam, Univ., Inorg. Chem. Labor.) (Engl.)

Das Raman-Spektrum einer äquimol. fl. Mischung (F. 103,7°) von NaCl (I) u. $GaCl_3$ (II) zeigt folgende Linien: 117, ca. 153, 169, 187, 210, 240, 282, 345, 387, 412, ca. 440, 488 cm^{-1}. Neben den Frequenzen von II (Zus. Ga_2Cl_6) erscheinen die Linien 117, 153 u. 387, die für das $GaCl_4^-$-Ion (vgl. Woodward, Garton u. Roberts, C. **1957.** 5469) charakterist. sind. Die 4. Frequenz von $GaCl_4^-$ tritt zusammen mit der Linie 345 von II auf. Folglich liegt in der Mischung ein Gleichgewicht zwischen I, Ga_2Cl_6 u. $NaGaCl_4$ vor. U.-L. Rau. 120□

A_3. Elektrizität. Magnetismus. Elektrochemie

Über den Einfluß des Entladungsgases auf den zeitlichen Verlauf des Stromes, der Spannung und der Spektrallinienintensität bei Funkenentladungen. Rudolf Eichinger und Hans Krempl. (Z. angew. Physik **12.** 461—69. Okt. 1960. München, TH, Physikal.-chem. Inst.) (Dt.)

Vff. untersuchen Funkenentladungen in *Luft*, *Ar* u. *He*; dabei ergibt sich für alle 3 Gase der gleiche zeitliche Verlauf des Stroms. Die Brennspannung ist in jeder Bogenperiode für Luft höher als für Ar, da Ar eine schlechtere Wärmeleitfähigkeit aufweist. In Ar werden bis zu 6, in Luft bis zu 5 u. in He meist nur 4 Brennperioden pro Einzelfunke ermittelt. Der Modulationsgrad der Linienintensitäten bzw. der Temp. nimmt entsprechend den Wärmeleitfähigkeiten in der Reihenfolge Ar–Luft–He zu. Die Maximaltemp. des Plasmas wird für alle 3 Gase zu 27000° K abgeschätzt; diese stellt sich bei $t \leqq 11\ \mu s$ nach dem Durchschlag ein. Aus den Messungen ergibt sich, daß bei Luft in den einzelnen Halbwellen Bereiche höherer Temp. durchlaufen werden, während bei Ar das Plasma in den Strommaxima weniger aufgeheizt, dagegen in den stromlosen Intervallen auch weniger abgekühlt wird; in Luft werden deshalb die Ionenlinien bevorzugt angeregt. H. Schirrwitz. 131□

Einige Untersuchungen über Bogenentladungen in Helium und Wasserstoff bei hohen Drücken. A. Michels, H. Tjin A Djie, H. De Kluiver und C. A. Ten Seldam. (Physica [Utrecht] **23.** 1115—25. Dez. 1957. Amsterdam, Nederlande, Gemeente Univ., Van der Waals-Labor.) (Engl.)

Vff. beschreiben eine Hochdruckentladungszelle, untersuchen mit dieser Gleichstromlichtbögen in H_2 u. He bei Drücken p bis zu 1000 atm u. ermitteln für He die Druckabhängigkeit des Stroms i, des Spannungsabfalls im Bogen u. des Durchmessers. Der Potentialgradient E der positiven Säule folgt der Gleichung: $E = Cp^m i^{-n}$ ($C =$ Konst.; $n = 0{,}5$ für 240—800 atm; $m = 0{,}2$ bei >600 mA bzw. 0,1 bei 400 mA). Das Versagen der Gleichung >570 atm ist möglicherweise dem Verdampfen von W, das als Elektrodenmaterial dient, zuzuschreiben. Unter der Annahme der Gültigkeit der Sahaschen Gleichung wird aus den erhaltenen Werten die Temp. der positiven Säule zu $15100 \pm 100°$ K (unabhängig von p u. i) berechnet. Der Ionisierungsgrad n_e/N beträgt bei 400 atm 0,1% (n_e, N Zahl der Elektronen bzw. Neutralatome/cm^3). Vorläufige Unterss. mit H_2 ergeben eine Temp. der positiven Säule von 6800° K. Die Spektren von H_2 u. He werden photograph. analysiert, u. der Einfl. von hochverdichtetem He auf das H_2-Spektrum wird untersucht. Weiterhin bestimmen Vff. die Gesamtintensität des He-Bogens im Bereich von 4000—6500 Å. P. Frenzel. 131□

Der tote Raum bei Plasma-Oscillatoren. A. Garscadden und K. G. Emeleus. (Naturwissenschaften **48.** 664. 1. Nov.-H. 1961. Belfast, Queen's Univ., Phys. Dep.) (Engl.)

Vff. zeigen, daß die Größe des toten Raumes in Plasmaelektronenoscillatoren durch die Dichteverteilung der Plasmaelektronen entlang des anregenden Elektronenstrahls bestimmt wird. In Entfernungen, die etwas größer als der tote Raum sind, läuft die Dichteverteilung durch ein breites Maximum, so daß dort die Plasmafrequenz nahezu konst. ist u. eine Oscillation besonders begünstigt wird. Da der Elektronenstrahl in seiner Stärke konst. bleibt, wird die Ionen-Bldg. an der Anodenseite geringer als an der Kathodenseite sein, so daß die Oscillation kathodenbestimmt erscheint.
G. M. Neumann. 131□

Mikrowellen-dielektrische Eigenschaften einiger künstlicher Metallpulver-Dielektrika. B. P. Pradhan und R. C. Gupta. (J. sci. ind. Res. [New Delhi], Sect. B **20B.** 581—86. Dez. 1961. Lucknow, Lucknow Univ., Dep. of Phys.) (Engl.)

Vff. berichten über Unterss. der dielektr. Eigg. von künstlichen Dielektrika aus Paraffinwachs u. Metallpulver (Al, Cu, Sn, Ca u. Zn) im Mikrowellenbereich bei 10 cm. Im einzelnen wurden folgende Faktoren, die die Eigg. der Dielektrika beeinflussen, untersucht: der Vol.-Anteil des Metallpulvers, die Größe u. Form der Metallteilchen, sowie die Verteilung der Teilchenabstände. Es zeigt sich, daß es nicht möglich ist, eine allg. gültige Beziehung für das dielektr. Verh. der künstlichen Dielektrika aufzustellen. Da die einzelnen Faktoren einander in sehr komplexer Weise beeinflussen, ist es nur möglich, empir. Gleichungen für die dielektr. Konst. mit beschränkter Gültigkeit für einzelne Substanzen aufzustellen. G. M. Neumann. 132□

Eigenschaften von aufgedampften Kondensatorfilmen. F. S. Maddocks und R. E. Thun. (J. electrochem. Soc. **109.** 99—103. Febr. 1962. Kingston, N.Y., Federal Syst. Div., IBM Command Control Center.) (Engl.)

Vff. beschreiben die Herst. von Kondensatorfilmen durch Aufdampfen unter Verw. folgender dielektr. Substanzen: SiO, SiO_2, MgF_2, La- u. Ce-Fluorid, CeO_2 u. ZnS. Die dielektr. Konst. u. die Tangenswerte des dielektr. Verlustes dieser Substanzen werden als Funktion der Aufdampfparameter angegeben, u. der Einfl. der Verluste durch die Leiter- u. Kondensatorplatten auf den Tangens der dielektr. Verluste wird erörtert. Ferner werden die Aufdampfbedingungen zur Erreichung optimaler dielektr. Eigg. diskutiert. Für Ce-Fluorid wird eine Abscheidungs-Meth. beschrieben, die es gestattet, dielektr. Konst. bis zu $\varepsilon/\varepsilon_0 = 300$ zu erreichen, ohne gleichzeitig die Kapazitätsverluste unnötig zu steigern. G. M. Neumann. 132□

Der Einfluß der Größe der Elementarzelle bei einigen isomorphen ferroelektrischen Systemen. Thomas G. Dunne und Gerald Burns. (J. electrochem. Soc. **109.** 54—56. Jan. 1962. Yorktown, N.Y., Int. Business Machines Corp., Res. Center.) (Engl.)

Vff. zeigen durch Analyse bekannter Daten, daß zwischen dem Vol. der Elementarzelle u. dem ferroelektr. Curie-Punkt eine lineare Beziehung besteht. Die Bedeutung dieser Beziehung für isomorphe Syst. wird erörtert. Es wird gezeigt, daß für das KH_2PO_4-Syst. diese Beziehung qual. aus der erweiterten Slaterschen Theorie folgt u. daß der Deuterierungseffekt damit gut erklärt wird. Ferner werden die isomorphen Verbb. der Guanidinium–$Al(SO_4)_2 \cdot 6\, H_2O$-Reihe u. der Alaune untersucht u. diskutiert. G. M. Neumann. 133□

Temperaturabhängigkeit der Geschwindigkeit der seitlich um 180° erfolgenden Bewegung der Domänengrenzen in $BaTiO_3$. A. Savage und R. C. Miller. (J. appl. Physics **31.** 1546—49. Sept. 1960. Murray Hill, N.J., Bell Telephone Labor., Inc.) (Engl.)

Quant. Messungen der Geschw. der seitlich um 180° bewegten Domänengrenzen wurden an *$BaTiO_3$*-Einkristallen bei Temp. zwischen 25 u. 100° u. bei konst. relativer Luftfeuchtigkeit als Funktion des angelegten elektr. Feldes durchgeführt. Die Geschw. wird ausgedrückt durch die Beziehung $v = v_\infty \exp(-\delta/E)$, worin δ das Aktivierungsfeld, E das angelegte Feld u. v_∞ die extrapolierte Geschw. der Domänengrenzen bei $E \to \infty$ ist, die mit steigender Temp. von 25 auf 100° um das 4fache zunimmt. Die Temp.-Abhängigkeit von v liegt jedoch im wesentlichen in δ (u. nicht in v_∞), das mit steigender Temp. abnimmt u. vom Grad der Verunreinigungen im Kristall u. von der Kristalldicke abhängig ist. Die Einfl. von Verunreinigungen sind am stärksten bei Zimmer-Temp., wo $(1/\delta)(d\,\delta/d\,T)$ für reine Proben 1%/Grad u. für mit 0,2% Fe dotierte Proben 2%/Grad beträgt. Die Schwankungen von $(1/\delta)(d\,\delta/d\,T)$ mit dem Reinheitsgrad u. dem Elektrodenmaterial werden auf nichtferroelektr. Verh. von Oberflächenschichten zurückgeführt. Obwohl δ sehr empfindlich auf die Schichtdicke reagiert, scheint $(1/\delta)\cdot(d\,\delta/d\,T)$ doch nicht davon abhängig zu sein. Curie-Punkts-Best. nach Messungen der spontanen Polarisation $P_s = f(T)$ geben gute Übereinstimmung mit Best. nach anderen Methoden. W. Sobieski. 133□

Berechnungen der Oberflächenraumladung für Halbleiter. D. R. Frankl. (J. appl. Physics **31**. 1752—54. Okt. 1960. Bayside, N.Y., Gen. Telephone and Electron. Labor., Inc.) (Engl.)

Vf. gibt eine Ableitung von Näherungsformeln für die Oberflächenüberschußträger bei großen Werten der red. Oberfläche u. für die Potentiale; die errechneten Ergebnisse werden mitgeteilt. G. Ruban. 135□

Beschreibung der Verunreinigungsionisation in Halbleitern durch die chemische Thermodynamik. W. W. Harvey. (Physic. Rev. [2] **123.** 1666—73. 1/9. 1961. Lexington, Mass., Massachusetts Inst. of Technol., Lincoln Labor.) (Engl.)

Die Erscheinung der Verunreinigungsionisation wird an Hand einer exakten Thermodynamik unter Erweiterung auf die übliche Massen-Wrkg.-Formulierung betrachtet. Die Berechnung interessierender Größen im Zweibändermodell kovalenter Halbleiter wird durch Vgl. mit der statist. Formulierung des Ionisationsgleichgewichts ermöglicht. Auf die Konz.-Abhängigkeit der Verunreinigungsionisationsenergie wird hingewiesen. Die Wechselwrkg. zwischen ionisierten Verunreinigungen u. beweglichen Trägern wird

mit der DEBYE-HÜCKELschen Theorie für starke Elektrolyte unter Benutzung nur eines Parameters beschrieben, der aus experimentell ermittelten Ladungsträgerdichten bestimmt wurde. Gute Übereinstimmung wurde für mit *As*-dotiertes *Ge* gefunden.
H. NEWESELY. 135☐

Bemerkung über Halbleiterstatistik. S. Teitler und R. F. Wallis. (Physics Chem. Solids **16.** 71—75. Nov. 1960. Washington, D.C., U. S. Naval Res. Labor.) (Engl.)
Die GUGGENHEIM-Meth. zur Behandlung der Halbleiterstatistik wird auf Mehrfachniveauverunreinigungen in *Ge* angewandt. Für die Elektronenkonfiguration bei der Verunreinigung wird ein Modell angenommen, das auf der gegenwärtigen Kenntnis von der Energiebandstruktur des Ge basiert. Vff. betrachten die Ergebnisse im Hinblick auf die effektiven Einzelelektronenenergien, die den mit den Verunreinigungen zusammenhängenden Einzelelektronenniveaus entsprechen. Der Unterschied zwischen diesen effektiven u. den wirklichen Einzelelektronenenergien wird hervorgehoben.
G. RUBAN. 135☐

Röntgenbeugungsmikroskopische Untersuchungen von Fehlstellen in Siliciumeinkristallen. G. H. Schwuttke. (J. electrochem. Soc. **109.** 27—32. Jan. 1962. Bayside, N.Y., General Telephone and Electronics Labor., Inc.) (Engl.)
Vf. berichtet über die Anwendung der Röntgenbeugungsmikroskopie zur Unters. von Strukturfehlern in halbleitenden Si-Kristallen. Die bisher nur zur Beobachtung von Versetzungen in Einkristallen benutzte Meth. wird nun auf die Unters. von Verunreinigungen, Ausscheidungseffekten, Cluster-Bldg. u. Bldg. sek. Phasen ausgedehnt. Bei der Unters. von Ausscheidungseffekten in O-haltigen Kristallen zeigt es sich, daß durch Mikrosegregation von O das Si-Gitter stark anisotrop wird u. die Diffusion von Verunreinigungen längs der Versetzungslinien gestört wird. In der Hauptsache aber dient diese Meth. als Standard-Meth. zur Überprüfung anderer Verfahren.
G. M. NEUMANN. 135☐

Reaktionen von Acceptoren der III. Gruppe mit Sauerstoff in Siliciumkristallen. C. S. Fuller, F. H. Doleiden und Katherine Wolfstirn. (Physics Chem. Solids **13.** 187—203. Juni 1960. Murray Hill, N.J., Bell Telephone Labor.) (Engl.)
HALL-Effekt- u. Leitfähigkeitsmessungen wurden an Si-Kristallen, die mit *B*, *Al* u. *Ga* dotiert waren u. O_2-Konzz. von $5 \cdot 10^{17}$—$1{,}6 \cdot 10^{18}$ cm^{-3} enthielten, vor u. nach der Rk. bei Temp. von 410—1350° durchgeführt. Die von KAISER (C. **1957.** 9575) geforderte tetraedr. SiO_4^+-Struktur der Donatoren konnte bestätigt werden. In Ggw. von überschüssigen Acceptoren wurde eine spezif. Wechselwrkg. der Acceptoratome sowie ein Loch-Elektron-Effekt beobachtet. Für den Mechanismus dieser komplexen Rkk. werden 3 Möglichkeiten diskutiert. Obwohl die Acceptoren Al, B u. Ga nach demselben Schema reagieren, zeigen sie doch endliche Differenzen. So bildet nur Al stabile Donatorkomplexe aus, während B u. Ga nur metastabile Strukturen ausbilden.
G. M. NEUMANN. 135☐

Oberflächenkonzentration von Indium in Germanium durch Diffusion im Gaszustand. Karl M. Busen, Earl L. Meeks und George A. Shirn. (J. electrochem. Soc. **109.** 114—20. Febr. 1962. North Adams, Mass., Sprague Electric Co.) (Engl.)
Vff. beschreiben eine Vers.-Anordnung zur Messung der Oberflächen-Konz. von In, das aus der Dampfphase eindiffundiert, auf Ge-Proben. Numer. Werte der In-Konz. werden für Ge-Temp. von 775, 837 u. 900° angegeben. Es zeigt sich, daß die Oberflächen-Konz. des In hauptsächlich von der In-Konz. in der Dampfphase u. nicht so sehr von der Temp. des Ge abhängt. Der Verteilungs-Koeff. des In zwischen Oberfläche u. Dampfphase beträgt ca. 10^{-7}. Widerstandsmessungen, die in guter Übereinstimmung mit IR-Absorptionsmessungen stehen, liefern richtige Werte der Oberflächenkonzentration.
G. M. NEUMANN. 135☐

Einfluß des Druckes auf den Widerstand von Jod und Selen. A. S. Balchan und H. G. Drickamer. (J. chem. Physics **34.** 1948—49. Juni 1961. Urbana, Ill., Univ. of Illinois, Dep. of Chem. and Chem. Engng.) (Engl.)
Vff. untersuchen den Einfl. des Druckes p (60 — >400 kbar) auf den elektr. Widerstand von Se u. J_2. Se zeigt zwischen 60 u. 128 kbar einen schnellen Abfall von R; bei 128 kbar fällt R diskontinuierlich. Bei höheren p zeigt Se offensichtlich metall. Verhalten. R von J_2 fällt von 60 kbar bis 225—255 kbar schnell ab. In letzterem Bereich tritt eine Änderung der Neigung der R/p-Kurve ein. Bei höheren p ist die Änderung von R mit p viel geringer. Die opt. Absorptionskante von Se geht bei ca. 130 kbar gegen Null, die von J_2 bei 240 kbar.
P. FRENZEL. 135☐

Untersuchung der Bandstruktur von Tellur aus den Transporterscheinungen. Claudette Rigaux. (C. R. hebd. Séances Acad. Sci. **253.** 81—82. 3/7. 1961. Paris, École Normale Supérieure, Labor. de Phys.) (Franz.)

Aus Te, das durch Vakuum-Dest. u. Zonenschmelzen gereinigt ist, werden Einkristalle hergestellt u. ihre elektr. Eigg. untersucht. Die galvanomagnet. Koeff. u. die Thermo-EMK von mit 10^{16}—10^{17} Atomen Bi/cm³ dotierten Proben werden zwischen 77 u. 250° K in Magnetfeldern H von ca. 5000 Gauß gemessen. Außerdem erfolgt die Best. der elektr. Leitfähigkeit zwischen 77 u. 200° K ($H \leq 16000$ Gauß). Messungen des Piezowiderstandes u. der anderen Transporterscheinungen im gleichen Bereich zeigen, daß HALL-Effekt u. Thermo-EMK erneut gegen Null gehen. Die Vers.-Ergebnisse können mit einem Modell beschrieben werden, in dem für das Valenzband die Flächen konst. Energie in 12 Ellipsoiden liegen. Der HALL-Effekt ändert sich danach linear mit H, während die Magnetowiderstände bei 77° eine quadrat. Abhängigkeit zeigen. Die zweite Aufhebung der HALL- u. SEEBECK-Effekte wird mit der Annahme von 2 Leitungsbändern erklärt, die 0,36 eV getrennt sind. Das Verhältnis für Elektronen- u. Löcherbeweglichkeit in den Bändern ist $\mu_{n1}/\mu_p = 1,75$ bzw. $\mu_{n2}/\mu_p = 0,73$. HERBERT MÜLLER. 135□

Hall-Effekt einiger magnetischer Verbindungen. Satoshi Fujime, Miyuki Murakami und Eiji Hirahara. (J. physic. Soc. Japan **16.** 183—86. Febr. 1961. Tôhokū Univ., Fac. of Sci., Dep. of Phys.) (Engl.)

Mit der verbesserten LAVINEschen Meßeinrichtung (C. **1960.** 2287) wird der HALL-Effekt von *NiO, FeTe, NiTe* u. *FeS* untersucht, wobei bes. FeS wegen der starken Anisotropien von Leitfähigkeit u. Susceptibilität interessierte. Aus den HALL-Effekt-Messungen am FeS kann man schließen,daß die Anisotropie der Leitfähigkeit für die Anisotropie der Elektronen-Beweglichkeit aber nicht für die Ladungsträger-Konz. verantwortlich ist. H. FAHLENBRACH. 135□

Der elektrische Widerstand von ferromagnetischem Chromdioxid. Buichi Kubota und Eiichi Hirota. (J. physic. Soc. Japan **16.** 345—46. Febr. 1961. Osaka, Matsushita Electr. Ind. Co. Ltd., Wireless Div. Res. Dep.) (Engl.)

Im Anschluß an eine frühere Arbeit (C. **1961.** 18600) wird an den gleichen *CrO_2*-Pulverproben der elektr. Widerstand gemessen. Dabei ergab sich ein Wert in der Größenordnung 10^{-1} Ω cm, der kaum vom O/Cr-Verhältnis abhängt. Mit Ausnahme eines Maximums in der Nähe des CURIE-Punktes bei 116° nahm der Widerstand zwischen —150 u. +350° mit zunehmender Temp. ab. Zwischen 200 u. 350° ergaben diese Kurven eine Aktivierungsenergie von 0,1—0,3 eV, zwischen —100° u. +20° von 0,005 eV. Die Thermokraft war negativ (—20 bis —35 μ V/°). Die n-Leitfähigkeit von CrO_2 wird auf Cr-Zwischengitter-Ionen in den Oxidgittern zurückgeführt, das Widerstandsmaximum am CURIE-Punkt auf eine Wechselwrkg. der Gesamtmagnetisierung mit dem Spin der Ladungsträger. H. FAHLENBRACH. 135□

Die spezifische elektrische Leitfähigkeit des NiO-Katalysators im Verlauf der Dehydrierung von Äthylalkohol. A. Bielański, J. Dereń, J. Haber und T. Wilkowa. (Bull. Acad. polon. Sci., Cl. III **5.** 197—202. 1957. Pol. Acad. of Sci., Inst. of Phys. Chem., Labor. of Surface Phenomena.) (Engl.) — Vgl. C. **1961.** 15685.

Vff. bestimmen die spezif. elektr. Leitfähigkeit σ von NiO (I) in Luft bei 100—650° (Aktivierungsenergien 0,73—0,81 eV) u. die Änderung von σ während der Dehydrierung von dampfförmigen C_2H_5OH–H_2O-Gemischen (20 Vol.-% A.). σ sinkt ab u. erreicht nach 10—15 Min. einen konst. Wert. Führt man erneut Luft (Anfangsdruck 10 Torr) zu, so erhält man wieder den ursprünglichen σ-Wert. Das Absinken von σ deuten Vff. durch die Annahme, daß sich die chemisorbierten Moll. der Reaktanten wie Donatorzentren auf der Oberfläche von I verhalten. Durch Rekombination mit positiven Löchern in der Grenzschicht sinkt die Zahl der Ladungsträger. Oberhalb 300° nimmt σ zunächst ab, steigt jedoch nach einigen Min. plötzlich bis zu einem Wert an, der über dem Anfangswert liegt. Vff. nehmen an, daß im Gegensatz zum Verh. von reinen Cr_2O_3- bzw. Cr_2O_3-haltigen Katalysatoren Red. der I-Oberfläche (bis zu einer Tiefe von ca. 2 mm) erfolgt. Hierbei wird Farbänderung von Graugrün nach Blauschwarz u. ferromagnet. Verh. beobachtet. Bei Temp. >350° erfolgt Oxydation der Metallschicht, σ erreicht den in Luft beobachteten Wert des reinen I. P. FRENZEL. 135□

Puzzolan-Aktivität und Halbleitereigenschaften von gebranntem Kaolin und Kaolinerde. A. K. Chatterji. (Nature [London] **192.** 1180—81. 23/12. 1961. Roorkee, India, Central Building Res. Inst.) (Engl.)

Vf. berichtet über Messungen der elektr. Leitfähigkeit an Proben von reinem Kaolin (I), bei 800° gebranntem I, 0,01% ZnO enthaltendem I sowie einer Kaolinerde. Es zeigt sich, daß der elektr. Widerstand mit dem ZnO-Geh. u. mit dem Brennen ansteigt, gleichzeitig steigt auch die Puzzolan-Aktivität an. Ferner zeigt sich, daß es sich bei diesen Materialien um Halbleiter handelt. Es wird angenommen, daß die Puzzolan-Aktivität eines Materials stark von seinen Halbleiter-Eigg. abhängt, u. daß die Rk. eines Puzzolans mit Kalk als eine Halbleiteroberflächen-Rk. anzusehen ist.

G. M. NEUMANN. 135□

Photoimpedanz des AgCl-Elektrodensystems. D. A. Wiegand. (Physic. Rev. [2] **124.** 104—14. 1/10. 1961. Ithaca, N.Y., Cornell Univ., Engng. Phys. Dep.; Pittsburgh, Pa., Carnegie Inst. of Technol., Phys. Dep.) (Engl.)

Beobachtungen der Photoleitfähigkeit am AgCl-Syst. zeigen, daß das Syst. durch eine Parallelkombination von Kapazität u. Widerstand in Reihe mit dem Widerstand der Vol.-Photoleitfähigkeit dargestellt werden kann. Die Spannungsabhängigkeit der Kapazität läßt an der Grenzschicht zwischen Probe u. Elektrode eine Verarmungsschicht vermuten. Die Abhängigkeit der Schichtkapazität u. des Photostroms von der Wellenlänge u. der Intensität des anregenden Lichtes, von der Spannung u. von der Temp. läßt sich qualitativ nur durch eine Potentialschwelle erklären. Die Zunahme der Kapazität mit der Vol.-Leitfähigkeit, d. h. mit der Dichte beweglicher Elektronen, deutet darauf hin, daß die positive Ladung in der Verarmungsschicht durch Loch-Bldg. infolge der Belichtung zustande kommt. Schließlich wird die Abhängigkeit der Vol.-Photoleitfähigkeit von Temp., Spannung, Intensität u. Wellenlänge des Lichtes diskutiert.
G. M. Neumann. 135□

Bestimmung von Beiträgen zum Restwiderstand von Ga bei 4,2°K. L. R. Weisberg und R. M. Josephs. (Physic. Rev. [2] **124.** 36—40. 1/10. 1961. Princeton, N.J., RCA Labor.) (Engl.)

Es wurden Widerstandsmessungen an reinsten Ga-Einkristalldrähten in einem Temp.-Bereich von 1,27—4,2° K durchgeführt, dazu Messungen an Ga, dem Verunreinigungen zugefügt waren, bei 4,2° K. Der Drahtdurchmesser war veränderlich. Die letzten Messungen wiesen darauf hin, daß die freie Weglänge der Elektronen bei 4,2° K 1,2 mm ist bei einem spezif. Widerstand von ungefähr $3 \cdot 10^{-22}$ el.st. E., daraus folgt die effektive Anzahl der freien Elektronen pro Ga-Atom zu 0,2. Es wurde gefunden, daß diffuse Oberflächenstreuung einen wichtigen Beitrag zur Streuung in Drähten von hochreinem Ga bei 4,2° K liefert u. daß ihr Beitrag zum Widerstandsquotienten zwischen 4,2 u. 295° K in einem Kristall von 1 mm Ø $1,5 \cdot 10^{-5}$ beträgt. Die Temp.-Messungen zeigten, daß kein Widerstandsminimum existiert u. entlang der b-Achse die Gitterstreuung $0,4 \cdot 10^{-5}$ zum Widerstandsquotienten beiträgt. Der Einfl. der Korngrenzen auf den Widerstandsquotienten läßt sich vernachlässigen. Es läßt sich die Ggw. von Verunreinigungen wie Cu, Ag, Zn, Tl, Ge, Sn, Pb u. As mittels Restwiderstandsmessungen feststellen, auch wenn sie nur im Verhältnis 1 ppm vorliegen. H. Laue. 136□

Die Wechselwirkung zwischen magnetischen Ionen und Leitungselektronen in den Seltenerdmetallen. Joseph Seiden. (C. R. hebd. Séances Acad. Sci. **252.** 3550—52. 5/6. 1961. Fontenay-aux-Roses, Seine, Labor. d'Électronique.) (Franz.) — Vgl. C. **1961.** 13086.

Unter den Annahmen, daß die Elektronendiffusion isotrop u. mit der effektiven Masse m* erfolgt, nur ein einziges Leitungsband vorliegt u. Übergänge aus dem Leitungsband in 4 f-Zustände vernachlässigt werden können, wird eine Beziehung für den spezif. elektr. Widerstand von *Tm*, *Er*, *Ho*, *Dy*, *Tb* u. *Gd* abgeleitet, in der Wechselwrkg. zwischen den magnet. Ionen u. Leitungselektronen berücksichtigt werden. Die theoret. Werte werden mit Meßwerten verglichen. Herbert Müller. 136□

Elektrische Leitfähigkeit von Manganin und Eisen bei hohen Drücken. P. J. A. Fuller und J. H. Price. (Nature [London] **193.** 262—63. 20/1. 1962. Foulness, Essex, Atomic Weapons Res. Establ.) (Engl.)

Vff. berichten über die Best. der elektr. Leitfähigkeit von Manganin u. Fe bei hohen Drücken nach der dynam. Stoßwellenmethode. Der relative Widerstand von Manganin steigt von 30—300 kbar linear an, während beim Fe bei einem Druck von ca. 150 kbar eine Unstetigkeitsstelle auftritt, die den Übergang der α- in die γ-Phase charakterisiert. Da die Messungen der Widerstandsänderung innerhalb von 0,1 μs nach dem Druckimpuls durchgeführt wurden, mußte der Phasenübergang in noch kürzerer Zeit erfolgt sein. G. M. Neumann. 136□

Untersuchung von Supraleitern durch Elektronen-Tunneleffekt. Ivar Giaever und Karl Megerle. (Physic. Rev. [2] **122.** 1101—11. 15/5. 1961. Schenectady, N.Y., Gen. Electr. Res. Labor.) (Engl.) — Vgl. C. **1961.** 11984.

Der quantenmechan. Tunneleffekt, der einen Stromfluß zwischen zwei durch eine dünne Isolierschicht getrennten Metallen bei kleinen Potentialdifferenzen bewirkt, wurde zur Unters. der Supraleitfähigkeits-Eigg. einiger Metalle in den Syst. Al–Al_2O_3–Pb, Al–Al_2O_3–Sn, Al–Al_2O_3–In u. Al–Al_2O_3–Al benutzt. Für beide Metalle verläuft die Strom–Spannungs-Charakteristik im Normalzustand linear u. wird nichtlinear, wenn ein Metall des Syst. Supraleitfähigkeit erreicht; sind beide supraleitend, dann kann ein Bereich negativen Widerstands erreicht werden. Aus der Änderung der Strom–Spannungs-Charakteristiken können auch Änderungen der Elektronendichte erhalten werden, wenn ein Metall vom Normalzustand in den supraleitenden übergeht. Nach dieser Meth. wurden die Energielücken in 1000—3000 Å dicken Metallfilmen, die beidseitig auf eine gleichdicke Al_2O_3-Isolierschicht aufgedampft waren, bei 1° K zu $2\,\varepsilon_{Pb} = (4,33 \pm 0,10) \cdot kT_c = (2,68 \pm 0,06) \cdot 10^{-3}$ eV; $2\varepsilon_{Sn} = (3,46 \pm 0,10)\ kT_c = (1,11 \pm 0,03) \cdot 10^{-3}$ eV; $2\varepsilon_{In} = (3,63 \pm 0,10)\ kT_c = (1,05 \pm 0,03) \cdot 10^{-3}$ eV; $2\varepsilon_{Al} = (3,20 \pm 0,30)\ kT_c = (0,32 \pm 0,03) \cdot 10^{-3}$ eV bestimmt. Die Energielücken von Pb, Sn u. In ändern sich nicht wesentlich zwischen 1° K u. 0° K, während bei Al wegen der niedrigen Übergangs-Temp. Schwankungen auftreten. Die beobachtete Zunahme der Lückenbreite mit steigender Temp. folgt der BARDEEN–COOPER–SCHRIEFFER-Theorie, u. magnet. Unterss. zeigen, daß die Energielücken (bei parallel zu den Metallfolien angelegten Magnetfeldern) mit wachsender Feldstärke kleiner werden. W. SOBIESKI. 136□

Einige neue Ergebnisse der physikalischen Erforschung von magnetischen Erscheinungen. Jan Kaczér. (Pokroky Mat., Fysiky Astronom. **4.** 547—54. 1959. Praha, Fys. ústav Československ. akad. věd.) (Tschech.)

Zusammenfassung, bes. im Hinblick auf die neuesten Entdeckungen über die Domänenstruktur u. Ferrite. J. TŮMOVÁ. 137□

Das Verhalten magnetischer Systeme bei der Verdünnung. J. S. Smart. (Physics Chem. Solids **16.** 169—73. Nov. 1960. Washington, D. C., Dep. of the Navy, Office of Nav. Res.) (Engl.)

Eine Verallgemeinerung der BETHE–PEIERLS–WEISS-Meth. führt zu einer Anwendungsmöglichkeit auf Legg. u. feste Lösungen. Die Meth. wird ferner zur Unters. der Einfl. magnet. Verdünnungen auf das klass. HEISENBERG-Modell des Ferromagnetismus mit alleiniger Austausch-Wechselwrkg. nächster Nachbarn benutzt. Die Ergebnisse stimmen quantitativ mit denen von SATO, ARROT u. KIKUCHI (C. **1960.** 5393) überein, wobei diese Autoren ein ISING-Modell ihren Rechnungen zugrunde gelegt haben. Bes. ergibt sich in beiden Fällen als Grenz-Konz. p_0 für das Auftreten von Ferromagnetismus: $p_0 = (Z - 1)^{-1}$, wobei Z die Zahl der nächsten Nachbarn ist.

H. FAHLENBRACH. 137□

Einige Folgerungen aus der Theorie der Phasen von Elementarbereichen auf die ferromagnetische Resonanz. A. Coumes. (Arch. Sci. [Genève] **13 (165).** Sonderh. 325—30. 16/9. 1960. Grenoble, École d'Ing. électron., Labor. de Radio-Electric. et d'Électron.) (Franz.)

Mit der NÉELschen Theorie verschiedener Phasen (Elementarbereiche) ferromagnet. Stoffe wird die ferromagnet. Resonanz zu deuten versucht. Bes. gelingt es damit, die häufiger auftretenden beiden Absorptionsmaxima, die bei verschiedenen Frequenzen vorhanden sind, zu erklären. Daraus kann allg. geschlossen werden, daß die jeweils bes. Form der Kurven der ferromagnet. Resonanz eines Einkristalls mit der Kristallanisotropie zusammenhängt. H. FAHLENBRACH. 137□

Magnetische Susceptibilität von Nickel, Kobalt und Eisen bei hohen Temperaturen in flüssigem Zustand. A. A. Wertman und A. M. Ssamarin. (Доклады Академии Наук СССР [Ber. Akad. Wiss. UdSSR] **134.** 326—29. 11/9. 1960. Baikowa-Inst. für Metallurgie der Akad. der Wiss. der UdSSR.) (Russ.)

Es wird die Temp.-Abhängigkeit der magnet. Susceptibilität (χ) verschiedener Proben von Ni, Co u. Fe bei hohen Temp. bestimmt u. die Vers.-Ergebnisse mit entsprechenden Daten von SUCKSMITH u. REARCE [1938] bzw. NAKAGAWA (C. **1958.** 1020) verglichen. Die Übereinstimmung wird in bezug auf eine Bestätigung der Vers.-Ergebnisse als ausreichend angesehen u. die auftretenden Abweichungen im wesentlichen auf den unterschiedlichen Reinheitsgrad der benutzten Materialien zurückgeführt. Bei Ni zeigt sich im Verlauf von χ am F. keine Änderung, bei Co tritt dagegen beim Schmelzen eine geringe Verminderung von χ auf. Die Änderung von χ mit der Temp. bei Co folgt dem CURIE–WEISSschen Gesetz, bei Ni wird dagegen ein komplizierter Verlauf beobachtet. Da sich χ von Ni bei Temp. über dem F. prakt. nicht ändert, nehmen Vff. an, daß die für den festen Zustand in der Nähe des F. charakterist. Struktur der ersten Koordinationssphäre auch im schmelzfl. Zustand erhalten bleibt. Die χ/T-Kurve bei Fe zeigt eine auffallende Richtungsänderung beim Übergang fest-fl., ferner tritt eine zweite Änderung bei ca. 1660—1670° auf, die mit einer Zunahme der Koordinationszahl in Zusammenhang steht. Vff. nehmen an, daß schmelzfl. Fe über 1660—1670° eine γ-ähnliche Struktur aufweist. Die allotropen Umwandlungen des Fe u. der Übergang in den fl. Zustand werden auf Grund der Vers.-Ergebnisse unter dem Gesichtspunkt der Änderung der Koordinationssphären auch im Zusammenhang mit diesbezüglichen Vorstellungen anderer Autoren diskutiert. G. BAUER. 137□

Thermische Änderungen der Anisotropie-Konstanten und der spontanen Magnetisierung von Kobalt in der hexagonalen Phase. Yves Barnier, René Pauthenet und Guy Rimet. (C. R. hebd. Séances Acad. Sci. **252.** 2839—41. 8/5. 1961. Grenoble, Inst. Fourier, Labor. d'Électrostat. et de Phys. du Métal.) (Franz.)

Aus der Abhängigkeit des Winkels Θ, den die spontane Magnetisierung J_s mit der c-Achse eines hexagonalen Co-Einkristalls bildet, von der Anisotropieenergie bestimmen Vff. die Anisotropie-Konst. K_1 u. K_2 nach der Meth. von Sucksmith u. Thompson (C. **1950/54.** 2989 S); Zwischen 2,4 u. 668° K wird dazu die Abhängigkeit der Magnetisierung J vom äußeren Magnetfeld gemessen. Bei 0° K ist $K_1(0) = 6{,}8 \cdot 10^6$ (erg/cm³), $K_2(0) = 1{,}7 \cdot 10^6$. Die Temp.-Abhängigkeit von K_1 u. K_2 wird mit den nach verschiedenen Theorien berechneten Werten verglichen. Herbert Müller. 137□

Über die Änderung der Magnetisierung eines Kobalteinkristalles als Funktion des Feldes. Yves Barnier, René Pauthenet und Guy Rimet. (C. R. hebd. Séances Acad. Sci. **252.** 3024—26. 15/5. 1961.) (Franz.) — Vgl. vorst. Referat.

Von einem kugelförmigen Co-Einkristall wird bei 15° die spontane Magnetisierung J_s für äußere Magnetfelder H_e (500—30000 Oe) senkrecht u. parallel zur c-Achse des Kristalls (Achse leichter Magnetisierung) für verschiedene Winkel φ gemessen, die H_e mit der c-Achse bildet. Für $\varphi = 0$ ist $J_\perp = 0$; $J_\parallel$ steigt proportional mit H_e an. Die Susceptibilität ist gleich dem reziproken Wert des Entmagnetisierungs-Koeff. $n = 4\pi/3$ der kugelförmigen Probe. Oberhalb $H_e = 6050$ Oe ist $J_\parallel$ konst. u. gleich der Sättigungsmagnetisierung J_s. Mit zunehmendem φ erreicht $J_\parallel$ bei immer höheren H_e-Werten J_s, während $J_\perp$ zwsichen 8000 u. 13000 Oe Maxima aufweist. Die Deutung der Meßwerte auf Grund der Phasentheorie der Elementarbereiche (Néel, J. Physique Radium **5.** [1944.] 241) wird diskutiert. Herbert Müller. 137□

Eine Untersuchung über die Wirkung der magnetischen Bereiche in Kobalt auf ein Elektronenbündel. M. Blackman und E. Grünbaum. (Proc. Roy. Soc. [London] Ser. A **241.** 508—21. 10/9. 1957. London, Imperial Coll., Dep. of Phys.) (Engl.)

Mit Hilfe einer üblichen Elektronenbeugungskamera untersuchten Vff. die Wrkg. des Streufeldes, das von den magnet. Bereichen in einem unmagnetisierten hexagonalen Co-Kristall herrührt, auf einen Elektronenstrahl. Es wurden sowohl die hexagonalen als auch die Prismenflächen untersucht. Die gefundenen Effekte, welche im Primärstrahl, im Beugungsdiagramm, in der Schattenkante des Beugungsdiagramms sowie im photograph. Schattenbild des Kristalls infolge diffuser Streuung an der Elektronenblendenkante auftreten, werden als Funktion des durch die magnet. Bereiche erzeugten Feldes gedeutet. Die Größe der Bereiche, die Größe des Streufeldes an der Oberfläche sowie seine Änderung mit dem Abstand von der Oberfläche wurden bestimmt.
D. Jörchel. 137□

Gyromagnetisches Verhältnis von Pyrrhotit. G. G. Scott und André J. P. Meyer. (Physic. Rev. [2] **123.** 1269. 15/8. 1961. Warren, Mich., General Motors Corp., Res. Labor.; Strasbourg, Univ., Inst. of Phys., Pierre Weiss Labor.) (Engl.)

Durch Messungen des Einstein-de Haas-Effektes an natürlich gewachsenen Kristallen wurde das gyromagnet. Verhältnis von Pyrrhotit zu $g' = 1{,}9 \pm 15\%$ bestimmt.
W. Sobieski. 137□

Nachweis des Magnetismus eines kleinen Teilchens durch einen Elektronenstrahl. S. Yamaguchi. (Nuovo Cimento [10] **19.** 1053—54. 1/3. 1961. Tokyo, Inst. of Phys. and Chem. Res.) (Engl.) — Vgl. C. **1960.** 8770.

Die Anwendbarkeit der l. c. beschriebenen Meth. wird durch Unters. der Sättigungsmagnetisierung von Ni-Teilchen, die durch Anlagerung an die scharfe Kante einer Rasierklinge magnetisiert wurden, demonstriert. (Vgl. auch vorst. Ref.).
Herbert Weber. 137□

Superparamagnetismus sehr feiner, antiferromagnetischer Körner. Louis Néel. (C. R. hebd. Séances Acad. Sci. **252.** 4075—80. 26/6. 1961. Grenoble, Inst. Fourier, Labor. d'Électrostat. et de Phys. du Métal.) (Franz.)

Theoret. Betrachtung des Auftretens von superparamagnet. Verh. in antiferromagnet. Substanzen bei Korngrößen ≤ 100 Å. Bei diesen Korngrößen erscheint unterhalb der Néel-Temp. ein permanentes magnet. Moment M parallel zur Richtung des Antiferromagnetismus Δ, da sich die magnet. Momente der beiden Untergitter nicht vollständig kompensieren; M hängt von der Temp. u. der Oberflächenstruktur der Körner ab. In den kleinen Körnern erfolgt eine Überlagerung von Antiferromagnetismus u. Superparamagnetismus, da für die entsprechenden Langevin-Parameter a u. $b \ll 1$ gilt. Die Korngröße wird jedoch so klein angenommen, daß die Orientierung von Δ mit Wärmeschwingungen geändert werden kann. Die superparamagnet. Susceptibilität kann die Größenordnung der normalen antiferromagnet. Susceptibilität erreichen oder sogar übersteigen. Herbert Müller. 137 □

Überlagerung von Antiferromagnetismus und Superparamagnetismus in einem sehr kleinen Korn. Louis Néel. (C.R. hebd. Séances. Acad. Sci. **253.** 9—12. 3/7. 1961.) (Franz.) — Vgl. vorst. Referat.

Vf. berechnet das mittlere magnet. Moment von antiferromagnet. Teilchen sehr geringer Korngröße, wenn diese in ein Magnetfeld eingebracht werden. Die Abhängigkeit der Kopplungsenergie von der Orientierung der Richtung des Antiferromagnetismus Δ gegenüber dem Kristallgitter wird gegen kT vernachlässigt. Herbert Müller. 137 □

Anregung einer ferrimagnetischen Resonanz durch magnetische Impulse. Henri Brunet. (C. R. hebd. Séances Acad. Sci. **252.** 2860—61. 8/5. 1961. Domaine de Corbeville, Orsay, Seine-et-Oise, Co. Gén. de T. S. F., Dép. de Phys. appl.) (Franz.)

In einem Y-Granat-Einkristall, der sich in einem stat. Magnetfeld von 2900 Oe befindet, werden mit Hilfe magnet. Impulse von 300 Oe (8100 MHz, Anstiegszeit $\tau_m < 4 \cdot 10^{-8}$ s) ferrimagnet. Resonanzen angeregt. Von dem Kristall werden gedämpfte elektromagnet. Schwingungen emittiert, die mit einem Frequenzanalysator nur nachgewiesen werden können, wenn τ_m in der Größenordnung der Schwingungsfrequenz liegt. Herbert Müller. 137 □

Die Untersuchung eines Einkristalls aus Yttrium-Granat durch die Beobachtung der ferrimagnetischen Resonanz mit großer Energie. Jacques Hervé und Michel Sauzade. (Arch. Sci. [Genève] **13**(**165**). Sonderh. 331—36. 12.—16/9. 1960. Fontenay-aux-Roses, Sorbonne, Labor., d'Électron. et Radio-électric.) (Franz.) — Vgl. C. **1961.** 1464.

Beobachtet wird die Änderung des magnet. Moments u. der Resonanzabsorption eines kugelförmigen Einkristalls (Ø = 1,5 mm) aus Yttrium-Granat ($5\,Fe_2O_3 \cdot 3\,Y_2O_3$) in Abhängigkeit von der Hyperfrequenz-Feldstärke bei 9350 MHz, wobei die Energie bis auf 30 W gesteigert wird. Bei diesen Unterss. zeigt sich, daß die Relaxationszeiten für die Spinwellen u. für die gleichförmige Präzession ident. sind. Mit den Feldstärkeabhängigkeiten der Magnetisierung u. der Absorption wird auch die gleiche Abhängigkeit für den Präzessionswinkel ermittelt. Dabei zeigte sich in der Umgebung der krit. Feldstärke (Koerzitivkraft) eine Anomalie. H. Fahlenbrach. 137 □

Kristallographie und Domänengrenzen in antiferromagnetischen NiO-Kristallen. Glen A. Slack. (J. appl. Physics **31.** 1571—82. Sept. 1960. Schenectady, N.Y., Gen. Electr. Res. Labor.) (Engl.)

In großen polierten Kristallen des bei Zimmer-Temp. antiferrimagnet. NiO (paramagnet. bei $T_N > 523^0$ K) wurden durch Spiegelreflexion Zwillingsdomänengrenzen beobachtet, die in getemperten Kristallen durch kleine mechan. Belastungen ($< 10^6$ dyn/cm²) oder mäßig starke Magnetfelder (500—20000 Oe) bewegt werden können u. völlig zwillingsfreie Kristalle ergeben. Die Leichtigkeit der Zwillingsgrenzenbewegung ist durch einen Spin Rotationsenergieverlust begrenzt. Das Gitter von NiO ist oberhalb T_N kub. u. wird bei Abkühlung rhomboedr. gestört. Kristallograph. Messungen zeigen gute Übereinstimmung mit den röntgenograph., die bei 297^0 K $\alpha = 90^0$ 3,5′ u. $a_0 =$ 4,177 Å ergeben u. die [111] antiferromagnet. Kontraktion verifizieren.
W. Sobieski. 137 □

Die Abhängigkeit des Curie-Punktes von der Zusammensetzung der Kupfer-Zink-Ferrite. A. I. Andrijewski, N. N. Karelin und Ju. G. Jusskewitsch. (Электричество [Elektrizität] **1961.** Nr. 10. 66—67. Okt. Lwow, Polytechn. Inst.) (Russ.)

Aus Eisen-, Zink- u. Kupferoxid wurden Ferrite wechselnder Zus. hergestellt, sie hatten Ringform, wurden bei 3 t/cm² gepreßt u. in Luft 6 Std. auf 1150^0 erhitzt. Für den Curie-Punkt der Ferrite der Zus. $m(CuOFe_2O_3)n(ZnOFe_2O_3)$ ergab sich im Bereich -160 bis $+460^0$ die empir. Formel $\theta = a + b \lg(m/[m + n])$ mit $a = 460^0$ u. $b = 900^0$ (-160 bis $+300^0$) bzw. $b = 700^0$ (θ über 300^0). Zwischen $0—200^0$ gilt die lineare Formel $\theta = -285 + 950\,(m/[m + n])$. M. Wiedemann. 137 □

Die magnetischen Eigenschaften einiger d^4-Komplexe. A. Earnshaw, B. N. Figgis, J. Lewis und R. D. Peacock. (J. chem. Soc. [London] **1961.** 3132—38. Juli. London, Univ. Coll., William Ramsey and Ralph Forster Labor.) (Engl.)

Vff. bestimmen zwischen 80 u. 300^0 K die magnet. Sucseptibilitäten von K_2RuF_6, K_2RuCl_6, $(NH_4)_2RuCl_6$, Rb_2RuCl_6, K_2RuBr_6, Rb_2RuBr_6, K_2OsF_6, Cs_2OsF_6, K_2OsCl_6, Cs_2OsCl_6, K_2OsBr_6, Cs_2OsBr_6, K_2OsJ_6, Cs_2OsJ_6, $KIrF_6$, $CsIrF_6$, $ReX_2Cl_2(ClO_4)$, $ReX_2Br_2 \cdot (ClO_4)$ u. $ReX_2J_2(ClO_4)$ (X = o-Phenylen-bis-[dimethylarsen]). Die Ergebnisse werden im Hinblick auf die Beziehungen zwischen den Ligandenfeldern, den interelektron. Abstoßungskräften u. den Konst. der Spin–Bahn–Dreh–Impulskopplung der betrachteten

Ionen diskutiert, wobei festgestellt wird, daß zur Erklärung der Vers.-Ergebnisse die für die freien Ionen gültigen Werte dieser Parameter verwendet werden können.

J. KRAETSCH. 137 □

Die magnetischen Eigenschaften einiger d^3-Komplexe. B. N. Figgis, J. Lewis und F. E. Mabbs. (J. chem. Soc. [London] **1961.** 3138—45. Juli.) (Engl.) — Vgl. vorst. Referat.

Vff. bestimmten zwischen 80 u. 300° K die magnet. Eigg. von $K_3Cr(CN)_6$, *Cr(Acetylaceton)*$_3$, $K_3Cr(CNS)_6 \cdot 4\,H_2O$, $Cr(en)_3Cl_3 \cdot 3\,H_2O$, $Cr(en)_3Br_3 \cdot 3\,H_2O$, $Cr(en)_3J_3 \cdot H_2O$ (en = $NH_2CH_2CH_2NH_2$), K_3MoCl_6, $K_3Mo(CNS)_6 \cdot 4\,H_2O$, K_2ReF_6, Cs_2ReF_6, K_2ReCl_6, Cs_2ReCl_6, $(C_6H_5N)_2ReCl_6$, $ReCl_6$*(Chinolin)*$_2$, $ReCl_6$*(p-Toluidin)*$_2$, Cs_2ReBr_6, K_2ReJ_6, Cs_2ReJ_6, $KOsF_6$, $CsOsF_6$, u. IrF_6. Die Ergebnisse werden im Hinblick auf die Beziehungen zwischen den Ligandenfeldern, den interelektron. Abstoßungskräften u. der Spin–Bahn-Dreh-Impulskopplung sowie im Hinblick auf den magnet. Austausch zwischen den Ionen diskutiert, wobei Vff. feststellen, daß eine Erklärung der Vers.-Ergebnisse auf der Grundlage der Konfigurationstheorie möglich ist; jedoch können die erhaltenen Resultate nur als halbquant. angesehen werden. J. KRAETSCH. 137 □

Tris-[äthylendiamin]-nickel(II)-thiosulfat als Eichsubstanz bei Susceptibilitätsmessungen nach der Methode von Gouy. N. F. Curtis. (J. chem. Soc. [London] **1961.** 3147—48. Juli. Wellington, New Zealand, Victoria Univ., Chem. Dep.) (Engl.)

Vf. empfiehlt $(NH_2CH_2CH_2NH_2)_3NiS_2O_3$ (I) als Eichsubstanz bei Messungen der Susceptibilität nach der Meth. von GOUY. Die von einem magnet. Feld auf eine mit I gefüllte GOUY-Röhre wirkende Kraft beträgt ca. $^1/_3$ der Kraft bei Füllung mit $HgCo(CNS)_4$. Durch Feldinhomogenitäten verursachte seitliche Verschiebungseffekte sind gering. Die Gramm-Susceptibilität von I beträgt bei 25° $10{,}82 \cdot 10^{-6}$, u. im untersuchten Temp.-Bereich zwischen 1 u. 52° gilt für die Temp.-Abhängigkeit das CURIE-WEISSsche Gesetz $\chi_g = [T - (43 \pm 5)]^{-1}$. I wird durch Luft nicht angegriffen. Die Darst. von I erfolgt durch Zugabe einer sd. Lsg. von 2 g $Na_2S_2O_3 \cdot 5\,H_2O$ in 20 ml W. zu einer stark kochenden Lsg. von 2 g $Ni(NO_3)_2 \cdot 6\,H_2O$ u. 2 ml Äthylendiaminhydrat in 50 ml W., 1 Min. langem Sieden u. starkes Rühren bis zur Abkühlung. Die hellvioletten Kristalle werden abfiltriert, mit kaltem W. u. A. gewaschen u. bei 100° getrocknet.

J. KRAETSCH. 137 □

Resonanz des NO_3-Moleküls in mit Nitrat dotierten Alkalihalogeniden. Étienne Boesman und Dirk Schoemaker. (C. R. hebd. Séances Acad. Sci. **252.** 2865—66. 8/5. 1961. Gent, Labor. voor Kristallograf. en Studie van Vaste Stoffen.) (Franz.) — Vgl. C. **1961.** 13093.

$NaCl$, KCl u. KBr werden in der Schmelze mit den entsprechenden Nitraten bzw. $AgNO_3$ dotiert u. die paramagnet. Resonanzspektren bei Raum-Temp. aufgenommen. Die g-Faktoren, Hyperfeinaufspaltung A (Gauß) u. Bandbreite H (Gauß) sind für KCl $2{,}0045 \pm 0{,}0005$, $39{,}5 \pm 0{,}5$ bzw. $4{,}6 \pm 0{,}3$, KBr $2{,}0044 \pm 0{,}0005$, $39{,}5 \pm 0{,}5$ bzw. $8{,}3 \pm 0{,}3$ u. NaCl $39{,}5 \pm 0{,}5$ bzw. 20 ± 1. Die Spektren können einer Resonanz von NO_3^- zugeschrieben werden, das durch Einfang eines Loches zur paramagnet NO_3-Gruppe geworden ist. HERBERT MÜLLER. 137 □

Paramagnetische Resonanz in mit Nitrat dotierten Alkalihalogeniden. Dirk Schoemaker und Étienne Boesman. (C. R. hebd. Séances Acad. Sci. **252.** 3772—73. 12/6. 1861.) (Franz.) — Vgl. vorst. Ref. u. C. **1961. 13093.**

Das paramagnet. Resonanzspektrum von mit NO_3^- in der Schmelze dotiertem KCl zeigt bei Raum-Temp. ein anisotropes Verh.; die g-Faktoren u. die Hyperfeinstrukturaufspaltungen A (Gauß) sind $2{,}0037 \pm 0{,}0003$ bzw. $29{,}6 \pm 0{,}5$ für z = 100, $2{,}0071 \pm 0{,}0005$ bzw. $7{,}8 \pm 0{,}5$ für x = 0 1 1 u. $2{,}0094 \pm 0{,}0005$ bzw. $5{,}6 \pm 0{,}5$ für y = 0 1 1. Die Unterschiede zwischen dem isotropen u. anisotropen Spektrum sind unbedeutend, da eine Resonanz des Mol. zwischen äquivalenten Plätzen vorliegt. Die Meßwerte werden im Hinblick auf die Angaben von JACCARD (Bull. Amer. physic. Soc. **5.** [1960.] 418) diskutiert. HERBERT MÜLLER. 137 □

Fehlende ^{10}B-^{11}B-Kopplung in B_4H_{10}. John S. Rigden, Robert C. Hopkins und John D. Baldeschwieler. (J. chem. Physics **35.** 1532—33. Okt. 1961. Cambridge, Mass., Harvard Univ., Dep. of Chem.) (Engl.)

Die kernmagnet. ^{11}B-Resonanzspektren von B_4H_{10} u. B_4D_{10} zeigen, daß die Feinstruktur der BH-Gruppenresonanz nicht der ^{10}B—^{11}B-Kopplung zwischen B-Atom 1 u. 3, sondern der Spin—Spin-Kopplung der B-Atome 1 u. 3 mit Protonen zuzuordnen ist. F. HUBER. 137 □

Die Theorie von Arrhenius und ihr Versagen bei starken Elektrolyten. Onofre Mario Ancona Lopez. (Bol. Dep. Quím. **1957.** Nr. 6. 27—48. März. São Paulo, Univ., Esc. Politécn.) (Port.)

Übersicht: Elektr. Leitfähigkeit von Lsgg.; Anomalien der Elektrolyte bzgl. der Eigg. der Lsgg.; Verdünnungsgesetz von OSTWALD; Änderung der Überführungszahl mit der Verdünnung; opt. Eigg. der Lsgg.; EMK der galvan. Elemente u. ihre Beziehung zu den Konzentrationen. R. K. MÜLLER. 138 □

Über die Grundgleichungen der Theorie der Anziehung zwischen Ionen. Boris Schneiderman. (Bol. Dep. Quím. **1957.** Nr. 6. 49—68. März. São Paulo, Univ., Esc. Politécn.) (Port.)

Auf Grund der Verteilungsfunktion u. ihrer Änderung mit der Zeit werden Gleichungen für die Bewegung u. die Wechsewlrkg. der Ionen abgeleitet u. ihre Anwendung an einem Beispiel erläutert. — 16 Literaturangaben. R. K. MÜLLER. 139 □

Einige Entwicklungsmöglichkeiten für elektrochemische Stromquellen. M. M. Bonnemay. (Bull. Soc. franç. Électriciens [8] **2.** 182—86. März 1961.) (Franz.)

Vgl. der verschiedenen Anwendungsmöglichkeiten galvan. Stromquellen; Betrachtung der thermodynam. Grundlagen dieser Elemente. Nachfolgend werden Fragen der Brennstoffelemente behandelt. Vf. beschreibt das mit einem Natriumcarbonatelektrolyten arbeitende direkte Brennstoffelement in der von BISCHOFF entwickelten Form. Bei den mit gasförmigen Brennstoffen arbeitenden Elementen nehmen die Wasserstoff-Sauerstoff-Knallgas-Elemente eine besondere Stellung ein. Kurz erwähnt werden die Elemente mit Austauschermembranen. Vf. erläutert das Funktionsprinzip von Redoxelementen. Bei den einzelnen Ausführungsformen der Brennstoffelemente wird auf die aufgetretenen Schwierigkeiten, die anstehenden Probleme u. die erreichten Leistungen hingewiesen. Die Brennstoffelemente von BACON, DAVTYAN u. JUSTI werden unter Angabe von techn. Daten beschrieben. Abschließend wird auf künftige Entw.-Aufgaben des Fachgebietes Brennstoffelemente hingewiesen. Ein wichtiges Teilproblem ist in diesem Zusammenhang die Erhöhung der Geschw. der in diesen Stromquellen ablaufenden elektrochem. Reaktionen. E. WINKLER. 140 □

Über die Berechnung von Profildiagrammen der potentiellen Energie für Prozesse bei der elektrolytischen Metallabscheidung. B. E. Conway und J. O'M. Bockris. (Electrochim. Acta [London] **3.** 340—66. Jan. 1961. Ottawa, Univ., Dep. of Chem.; Philadelphia, Pa., Univ. of Pennsylvania, John Harrison Labor. of Chem.) (Engl.)

Vff. beschreiben die Berechnung von Profildiagrammen von potentieller u. freier Energie für verschiedene Stufen bei der elektrolyt. Metallabscheidung. Dabei werden zwei extreme Modelle behandelt: Neutralisation der Ionen unter Bldg. adsorbierter Metallatome sowie Vorgänge, bei denen die Teilchen ion. Charakter behalten, während die stöchiometr. Anzahl an Elektronen in das Metallgitter eintritt. Die freien Energien der Übergangszustände in mehrstufigen Ionentransportvorgängen, bei Oberflächendiffusionsvorgängen u. bei Gitteraufbau-Rkk. werden verglichen u. es wird der geschwindigkeitsbestimmende Schritt der Abscheidungs-Rk. von Cu^{2+}, Ni^{2+} u. Ag^+ auf dem Grundmetall bestimmt. Die direkte Abscheidung von Cu^{2+} in einem 2-Elektronenvorgang würde mit einer zu hohen Aktivierungsenergie verbunden sein; der Weg $Cu^{2+} + \ominus \rightarrow Cu^+$ u. $Cu^+ + \ominus \rightarrow (Cu^+_{ad} + \ominus)$ hat eine bedeutend niedrigere Aktivierungsenergie. Die Potentialdiagramme stimmen mit einem geschwindigkeitsbestimmenden Red.-Vorgang, wie er experimentell gefunden wird, überein. Bei der Abscheidung von Ag^+-Ionen hat bei stark negativen Überspannungen der Ionentransport, in der Nähe des reversiblen Potentials die Oberflächendiffusion die höchste Potentialschwelle zu überschreiten. Das experimentelle kinet. Verh. von Ag unterstützt die theoret. Schlüsse. Die niedrigen Austauschstromdichten bei der Ni^{2+}-Abscheidung sind auf Instabilitäten des Ni^{2+}-Ions in wss. Lsg. zurückzuführen. G. M. NEUMANN. 141 □

Elektrolytische Abscheidung von Gallium an flüssigen und festen Galliumelektroden in alkalischen Lösungen. J. O'M. Bockris und M. Enyo. (J. electrochem. Soc. **109.** 48—54. Jan. 1962. Philadelphia, Pa., Univ. of Pennsylvania, John Harrison Labor. of Chem.) (Engl.)

Vff. untersuchen mit Hilfe einer galvanostat. Meth. die Abscheidung an Ga-Elektroden sowie deren Auflösung in alkal. $GaCl_3$-Lsgg. u. beschreiben eine geeignete Vers.-Zelle. Durch Best. der Stromausbeuten werden die Anteile des für die H_2- u. Ga-Abscheidung aufgewendeten Stromes ermittelt. Das Gleichgewichtspotential der Ga-Elektrode ist um 2—10 mV negativer als das experimentell erhaltene gemischte Korrosionspotential. Vff. nehmen an der fl. Elektrode im gesamten Stromdichtebereich einen durch die Ladungsüberführung kontrollierten Mechanismus an. Der geschwindigkeitsbestimmende Vorgang ist wahrscheinlich die Rk. $H_2GaO_3^- + e^- \rightarrow HGaO_2^- + OH^-$. An der festen Elektrode sind die Geschw.-Konst. der Überführungs-Rk. fast gleich denen der Rk. an der fl. Elektrode. Im Bereich niedriger Stromdichten scheint jedoch die Oberflächendiffusion die Geschw. des gesamten Abscheidungsvorganges zu bestimmen. Die Geschw.-Konst.

der diffusionsbestimmten Rk. sind geeignet, halbquant. die beobachteten Abweichungen von der TRAFELschen Beziehung im Bereich hoher Stromdichten zu beschreiben. Vff. nehmen eine durch die Oberflächendiffusion bestimmte Grenzstromdichte an u. führen die Abweichungen der Konst. bei sehr hohen Überspannungen von den berechneten Werten auf eine geringe Erhöhung der Anzahl akt. Wachstumsbereiche zurück.
P. FRENZEL. 141 □

Die elektrolytische Abscheidung von Iridium. E. L. MacNamara. (J. electrochem. Soc. **109.** 61—63. Jan. 1962. Frankford, Philadelphia, Pa., U.S. Army Ordnance Arsenal, Res. and Dev. Group.) (Engl.)

Vf. untersucht die elektrolyt. Abscheidung von Ir aus wss. H_2IrCl_6-Lsgg. auf Cu-Kathoden; als Gegenelektrode dient eine unlösliche Pt-Anode. Im Konz.-Bereich von 1—120 g Ir/Liter u. bei Stromdichten von 2,2—10,8 A/dm² besteht eine starke Temp.-Abhängigkeit der Abscheidung. Als optimale Bedingungen für die Herst. eines glänzenden festhaftenden metall. Nd. werden gefunden: Metall-Geh. 10 g Ir/Liter, Bad-Temp. 60°, Stromdichte 6,6 A/dm², pH ca. 2. Die kathod. Stromausbeute beträgt 6% (bei 20° nur 3%). Ndd. erhält man auch aus Lsgg. von Na- u. K-Chloro- u. -Bromoiridaten, nicht jedoch aus Lsgg. von $IrCl_3$, $IrCl_4$, $IrBr_3$ u. $IrBr_4$, Als Kathodenmaterialien können auch Ni, chem. vernickelter Stahl mit geringem C-Geh. u. poliertes, in $K_3Fe(CN)_6$–KOH-Lsg. geätztes Mo verwendet werden, an die Stelle der Pt-Anode kann auch eine C-Anode treten. Vff. nehmen an, daß die Abscheidung von Ir nur aus wss. Lsgg. von Ir(IV)-Komplexen möglich ist. P. FRENZEL. 141 □

Über die Möglichkeit der elektrolytischen Abscheidung von Vanadin-Eisen-Legierungen. A. M. Kunajew. (Известия Академии Наук Казахской ССР, Серия Металлургии, Обогащения и Огнеупоров [Nachr. Akad. Wiss. Kasach-SSR, Metallurgie, Erzaufbereit., feuerfeste Mater.] **1960.** Nr. 2. 52—54.) (Russ.; Auszug: Kasach.)

Durch Elektrolyse gemischter $FeCl_2$- u. NH_4VO_3-Lsgg., die 90 (g/Liter) Fe bzw. 30 V enthielten, konnten bei einer Stromdichte von 1250—500 A/m² an der Kathode u. einem pH der Lsg. von 1—2, Fe–V-Legg. mit einem V-Geh. von 5—12% dargestellt werden. S. BARYSCHNIKOW. 141

Bleidioxidanode bei der Herstellung von Perchloraten. K. C. Narasimham, S. Sundararajan und H. V. K. Udupa. (J. electrochem. Soc. **108.** 798—805. Aug. 1961. Karaikudi, India, Central Electrochem. Res. Inst.) (Engl.)

Vff. stellen PbO_2-Anoden durch elektrolyt. Abscheidung einer 0,5—1 mm starken PbO_2-Schicht aus dem Nitratbad auf zylindr. Graphit- oder Kohle-Stäben als Trägermaterial her. Die PbO_2-Anoden sind in Ggw. bestimmter Zusätze (NaF, HCl, H_2SO_4, Na_2SO_4; NaF + HCl, H_2SO_4 bzw. Na_2SO_4) anstelle von Pt-Anoden für elektrolyt. Darst. von $NaClO_4$ (**I**) aus $NaClO_3$ (**II**) geeignet. Als Elektrolyt dienen 200 ml einer Lsg. von ca. 600 g **II** in einem Liter; Kathode aus nichtrostendem Stahl; anod. Stromdichte i_A = 23,2 A/dm²; Strombelastung 35 A/Liter; 28—30°. Vff. untersuchen den Einfl. von i_A, Temp., pH-Wert, Strombelastung u. Expositionszeit auf die Stromausbeute (SA) bzgl. der Bldg. von **I**. Die SA ist abhängig von den visuell feststellbaren u. durch anod. Potentialmessungen nachweisbaren Umwandlungen der Anodenoberfläche, die nach mehrmaliger Verw. der Anoden eintritt. Hohe SA werden im schwach alkal. Medium (pH 8) erreicht u. durch Zusatz von F^- (2 g NaF/Liter) weiter erhöht. Im sauren Bereich wird bei gleichzeitigem Zusatz von F^- u. SO_4^{2-} (als verd. H_2SO_4) ein Maximum der SA erreicht. Vff. nehmen an, daß die Bldg. von ClO_4^- an der Oberfläche der Anode aus adsorbierten entladenen ClO_3-Radikalen gemäß $ClO_3 \rightarrow {}^*ClO_3 + e^-$; ${}^*ClO_3 + H_2O \rightarrow HClO_4 + H^+ + e^-$ erfolgt. Die Annahme wird durch den niedrigen pH-Wert an der Grenzfläche Anode/Lsg. gegenüber dem pH-Wert im Innern der Lsg. sowie durch den pH-Einfl. auf die SA bestätigt. P. FRENZEL. 141 □

Der Einfluß der aktiven Oberfläche auf die kathodische Reduktion von MnO_2. N. C. Cahoon und M. P. Korver. (J. electrochem. Soc. **109.** 1—6. Jan. 1962. Parma, Ohio, Union Carbide Consumer Prod. Co., Div. of Union Carbide Corp., Res. Labor.) (Engl.)

Vff. bestimmen Zus., Teilchenoberfläche (TO; aus der Teilchengrößenverteilung), totale Oberflächengröße (OG; nach der BET-Meth. mit N_2) u. Porenverteilung von elektrolyt. hergestelltem MnO_2 (**I**; durch Elektrolyse von $MnSO_4$-Lsgg.), von aktiviertem MnO_2 (**II**; Behandeln von Mn_2O_3 mit H_2SO_4), von natürlichem afrikan. MnO_2 (**III**) u. synthet. Pyrolusit [(**IV**); durch therm. Zers. von $Mn(NO_3)_2$] u. stellen fest, daß die OG der Proben großen Einfl. auf das Verh. u. die Leistung von MnO_2-Kathoden hat. Die Proben **I, II, III** u. **IV** haben totale OG-Werte von 52,8; 50,5; 7,4 u. 1,6 m²/g, die TO-Werte betragen 0,47; 0,40; 0,18 u. 0,47 m²/g. Die Erholungs-Geschw. im Temp.-Bereich von 21—50° sind eine Funktion der totalen OG der Proben, der Temp. u. anderer Parameter (pH des Elektrolyten, TO, Kristallstruktur, Mn_2O_3-Geh.; Konz. an anderen Bestandteilen). Bei der Rk. zwischen festem MnO_2 u. Mn^{2+}-Ionen entsteht MnOOH (**V**) an der Oberfläche u. in den Poren der MnO_2-Teilchen, wobei Erhöhung des Durchmessers u. vermindertes Poren-Vol. der MnO_2-Teilchen zu verzeichnen sind. Die Diffusion der gelösten Mn^{2+}-Ionen in die Teilchen bzw. durch die bereits gebildete **V**-Schicht spielt eine wesentliche Rolle. **V** tritt, wie elektronenmkr. Aufnahmen zeigen, in Stäbchenform auf.

P. Frenzel. 141 □

Die Depolarisation an den verschiedenen Modifikationen von Mangandioxid. Jean Brenet. (C.R. hebd. Séances Acad. Sci. **246.** 2469—71. 28/4. 1958.) (Franz.)

Auf Grund des unterschiedlichen Verh. von α- u. γ-MnO_2 einerseits u. β-MnO_2 andererseits bei der Elektrolyse schließt Vf. auf zwei Typen des Depolarisationsmechanismus. Für α- u. γ-MnO_2 spielen ihre Halbleiter-Eigg. u. die Diffusion von Protonen in das Gitter eine Rolle u. für β-MnO_2 die Diffusion der Oberflächenionen Mn^{2+}. Es gilt für α- u. γ-MnO_2 folgender Mechanismus: Protonenaustausch zwischen MnO_2 u. den Kationen des Elektrolyten, Protonendiffusion in das unvollständige Kristallgitter unter Einfl. des elektr. Stroms, Red. von Mn^{4+} zu Mn^{2+} u. Tendenz zur Bldg. von Mn^{2+}. Die Redox-Rk. erfolgt nach zwei Typen: $4\,MnO_{1,875}(OH)_{0,25} + Mn^{2+} + H^+ + 3\,e \rightleftharpoons {}^5/_2\,Mn_2O_3 + H_2O$ u. $4\,MnO_{1,875}(OH)_{0,25} + Mn^{2+} + H^+\ 3\,e \rightleftharpoons 2\,MnOOH + {}^3/_2\,Mn_2O_3$. Im Falle der stöchiometr. u. im Gitter vollständigen Modifikation β-MnO_2 wird die Depolarisation durch die Tendenz der Mn^{2+}-Ionen bestimmt, von der Kristalloberfläche im Kontakt mit dem Elektrolyten in Lsg. zu gehen. Hier gilt für die Redox-Rk.: $MnO_2 + 4\,H^+ + 2\,e \rightleftharpoons Mn^{2+} + 2\,H_2O$.

H. Fries. 142 □

Elektrochemie des Silberjodids. Die Kapazität der Doppelschicht an der Grenzfläche Silberjodid/Wasser. J. Lyklema und J. Th. G. Overbeek. (J. Colloid Sci. **16.** 595—608. Dez. 1961. Utrecht, van't Hoff Labor.) (Engl.)

Vff. beschreiben eine Meth. zur Best. der differentiellen Doppelschichtkapazität von AgJ u. untersuchen bes. den Einfl. der Art u. Konz. indifferenter Elektrolyte wie *Li-, K-, Rb-, NH_4-, H-, Tl*(I)-, *Mg-, Ba-, Co (II)-, Cd, Pb(II)-, La-* u. *Th(IV)-Nitrat, KF, KCl, K_2SO_4* u. *$NaClO_4$* in 10^{-3} u. 10^{-1} m Lösungen. Die Oberflächenladung wird als Funktion der Potentialdifferenz quer durch die Grenzfläche mit Hilfe der galvan. Kette Cu; Hg; Hg_2Cl_2, KCl (gesätt.)/Lsg.; AgJ, Ag; Cu ermittelt u. die Best. der Oberflächengröße von AgJ nach verschiedenen Verff. erörtert. Als besten Wert erhält man nach der Meth. der negativen Adsorption von Sulfationen bei Raum-Temp. 5—6 m^2/g, indirekt über die differentielle Kapazität von AgJ pro g in KF- oder NaF-Lsg. 5,76 m^2/g. Die ermittelten Kapazitäten entsprechen denen an Hg, der Einfl. der Gegenionen liegt in der lyotropen Reihenfolge: $NH_4^+ > Rb^+ > K^+ > Na^+ > Li^+$ u. $Ba^{2+} \gtrsim Mg^{2+} > Cu^{2+} \gtrsim Co^{2+}$ auf der negativen Seite; auf der positiven Seite fällt dieser in der Reihenfolge $NO_3^- > ClO_4^- > F^-$. Die Kapazität des mol. Kondensators, die unter der Annahme des Fehlens spezif. Adsorption berechnet wird, ist unabhängig vom Elektrolytgehalt.

P. Frenzel. 142 □

Eine Untersuchung der Sauerstoffüberspannung der Bleidioxid-Anode. P. Kivalo und V. Vuorio. (Suomen Kemistilehti B **34.** 179—82. 1961. Helsinki, Inst. of Technol., Labor. of Phys. Chem.) (Engl.)

Bei 40° bewirkt ein großer Zusatz von Ni-Salz keinen wesentlichen Effekt, während bereits geringste Mengen von Co eine starke Herabsetzung der O_2-Überspannung hervorrufen. Der Effekt wird noch stärker, wenn das Co erst 2 Std. nach Polarisationsbeginn zugesetzt wurde. Bei Anwesenheit von Co wurde auf der Anode eine dünne Schicht von orthorhomb. α-PbO_2 gebildet, bei Abwesenheit eine dickere aus orthorhomb. α-PbO_2 u. tetragonalem β-PbO_2 bestehende Schicht.

K. Huste. 142 □

Untersuchungen über die Amalgamzersetzung in der Alkaliindustrie. 1. Mitt. **Elektrochemischer Prozeß der Zersetzung von Natriumamalgam.** Fumio Hine, Masaru Okada, Shiro Yoshizawa und Shinzo Okada. (J. electrochem. Soc. Japan **27.** E 46—E 50. 1959. Yoshida, Kyoto, Kyoto Univ., Dep. of Ind. Chem.) (Engl.)

Vff. untersuchen die elektrochem. Vorgänge bei der Zers. von Na-Amalgam (**I**) mit W., teilen anod. u. kathod. Polarisationskurven, die Kurven der H_2-Überspannung an verschiedenen Kontaktmaterialien sowie Gleichungen für die Materialbilanz an der Grenzfläche I/NaOH-Lsg. u. für die EMK mit. Die Werte der Konst. a u. b (bzw. 2,303 b) der Tafelschen Gleichung u. der Aktivierungsenergie N (kcal) betragen an den Kontaktmaterialien in 40%ig. NaOH-Lsg. bei 40—80°: Weicheisen 0,564; 0,11; 11,81; Ti: 0,620; 0,10; 16,07; Graphit (**II**): 0,442; 0,14; 16,57; mit 10%ig. $FeCl_2$-Lsg. behandelter **II**: 0,515; 0,12; 16,14; **II**, gesintert mit 5% Fe: 0,564; 0,11; 16,91. Die niedrigen η-Werte der behandelten **II**-Arten werden auf den größeren Oberflächeninhalt zurückgeführt.

P. Frenzel. 142 □

Polarographische Untersuchungen in wässrigen Lösungen von Metall- und Azidionen. 1. Mitt. Die Cadmium-Azid-Reaktion. Paschoal Senise und Eduardo F. De Almeida Neves. (J. Amer. chem. Soc. **83.** 4146—48. 20/10. 1961. São Paulo, Brazil, Univ., Dep. de Quím.) (Engl.)

Die polarograph. Red. von Cd^{2+} wurde in Ggw. von 0,05—0,2 m *Azid* sowie von Perchlorat in Ggw. von 0,05—2,0 m *Azid* sowie von Perchlorat zur Aufrechterhaltung einer konst. Ionenstärke von 2,0 bei 25,0 ± 0,1° untersucht. Aus der Abhängigkeit der Halbstufenpotentiale von der N_3^--Konz. konnte auf die Existenz der Komplexe, $[CdN_3]^+$, $Cd(N_3)_2$, $[Cd(N_3)_3]^-$, $[Cd(N_3)_4]^{2-}$ u. $[Cd(N_3)_5]^{3-}$ mit den Bildungs-Konst. 25, 400, 800, 1000 u. 1800 geschlossen werden. Die jeweilige Konz.-Verteilung der einzelnen Komplexe wurde bei verschiedenen N_3^--Konzz. berechnet. Auf gleiche Weise wurden ebenfalls in Ggw. von ClO_4^- die Bldg.-Konst. der Thiocyanat-Komplexe $[Cd(SCN)]^+$, $Cd(SCN)_2$, $[Cd(SCN)_3]^-$ u. $[Cd(SCN)_4]^{2-}$ zu 25, 75, 85 u. 240 ermittelt. Diese Werte weichen von den von HUME, DE FORD u. CAVE (C. **1952.** 3610) mitgeteilten Bldg.-Konst. erheblich ab. Da im Gegensatz zur vorliegenden Arbeit die l. c. beschriebenen Unterss. in Ggw. von $NaNO_3$ anstatt von $KClO_4$ durchgeführt wurden u. Kontroll-Verss. mit $NaNO_3$ zu übereinstimmenden Werten führten, wird als Ursache der genannten Abweichungen eine Komplexbildg. zwischen Cd^{2+} u. NO_3^- angenommen.

E. MOISAR. 142□

Über polarographische und coulometrische Untersuchungen der Reduktionsgeschwindigkeit des Kobaltions in Gegenwart einiger Aminosäuren und Proteine. E. B. Weronski. (J. physic. Chem. **65.** 2110. Nov. 1961. Warzawa, Univ., Dep. of Chem.) (Engl.)

Vf. untersucht einige Diskrepanzen zwischen den Ergebnissen eigener Arbeiten (C. **1961.** 16740) u. denen von SHINAGAVA u. Mitarbeitern (in „Advances in Polarography", Pergamon Press, London **1960.** III. 1142). Wird a) in Abwesenheit u. b) in Ggw. von Cystin (I) eine Co^{2+}-haltige BRDICKA-Lsg. bei —1,35 V coulometr. elektrolysiert, so ist der Abfall des polarograph. Stromes im Fall a) mehrfach größer als bei b). Daraus geht eine starke, von SHINAGAWA bestrittene Beeinflussung der Red.-Geschw. von Co^{2+} durch I hervor. E. MOISAR. 142□

Kinetische Untersuchung der Strom-Spannungs-Charakteristik von Eisen und Stählen. Israël Epelboin, Michel Froment und Philippe Morel. (C.R. hebd. Séances Acad. Sci. **252.** 2702—04. 3/5. 1961.) (Franz.)

An Proben aus techn. Fe mit 0,02 (%) *Ce*, 0,050 *Ni*, 0,005 *Si*, 0,002—0,27 *C* bzw. aus zonengeschmolzenem Fe mit 0,001—0,003 *C* u. ca. 0,0016 sonstigen Verunreinigungen werden potentiostat. in belüfteter n H_2SO_4 Strom-Spannungskurven mit Spannungsanstiegen ΔU zwischen 0,16 u. 4,00 V/Min. aufgenommen u. mkr. Veränderungen der Oberfläche untersucht. Zwischen 1,35 u. 1,70 V, bezogen auf die gesätt. Kalomelelektrode, wird für die Proben ein sek. Passivitätsbereich beobachtet. Das Strommaximum vor der sek. Passivierung hängt stark von ΔU u. dem C-Geh. der Proben ab.

HERBERT MÜLLER. 143□

Potentialuntersuchungen über Passivität gegenüber Korrosion, die durch Vorbehandlungsverfahren herbeigeführt wird. 2. Mitt. Vergleichende Untersuchung der Chromatbehandlung und Chromatinhibition. K. S. Rajagopalan und K. Balakrishnan. (J. electrochem. Soc. **106.** 562—66. Juli 1959. Karaikudi, South India, Central Electrochem. Res. Inst.) (Engl.) — 1. vgl. C. **1960.** 3782.

Vff. untersuchen das Korrosions-Verh. von nichtbehandeltem u. chromatisiertem Zn (CRONAK-Verf.: Behandlung in einer wss. Lsg. von 200 g/Liter $K_2Cr_2O_7$ u. 6 ml/Liter H_2SO_4) in 0,01-, 0,1- u. 1% ig. wss. NaCl-Lsgg. bei 35° sowie die inhibierende Wrkg. eines Na_2CrO_4-Zusatzes von 500 ppm zu letzteren. Potential–Zeit- u. Potential–Stromdichte-Kurven werden aufgenommen, die Korrosion wird durch Best. der Gewichtsverluste der Proben untersucht. Entsprechend der Theorie der Lokalelement-Bldg. u. der früher abgeleiteten Gleichung (vgl. l. c.), wird ausreichende Inhibition dann erreicht, wenn die Zahl sowohl der anod. als auch der kathod. wirksamen Bereiche herabgesetzt wird. Dies wird durch Chromatisierung des Zn u. anschließende Behandlung in einer wss. Cr(VI)-haltigen Lsg. erreicht. An den Lokalelementen laufen in Ggw. des Inhibitors wahrscheinlich nachst. Rkk. ab: a) $3\,Zn + 3\,CrO_4^{2-} \rightarrow 3\,ZnCrO_4 + 6\,e^-$; b) $6\,e^- + 2\,CrO_4^{2-} + 5\,H_2O \rightarrow Cr_2O_3 + 10\,OH^-$. P. FRENZEL. 143□

Korrosion von anodisch und kathodisch polarisiertem Magnesium in wässrigen Medien. G. R. Hoey und M. Cohen. (J. electrochem. Soc. **105.** 245—50. Mai 1958. Ottawa, Ontario, Nat. Res. Council, Div. of Appl. Chem.) (Engl.)

Vff. untersuchen den Einfl. der Stromdichte i_D (0—200 $\mu A/cm^2$), des pH-Wertes (7—ca. 12) u. der Temp. t (25, 58, 75 u. 92°) auf das anod. u. kathod. Verh. sowie auf die Korrosion von 99,96% ig. Mg in gepufferten u. nichtgepufferten wss. NaCl-Lsgg. (110 ppm).

Die Mg-Proben wurden 2 Std. bei 300° in Ar getempert, poliert u. 1 Min. in 0,1 m HCl geätzt, die Korrosions-Prodd. röntgenograph. u. die korrodierten Proben metallograph. untersucht. Bei 75° u. i_D = 500 μA/cm² ist die Stromausbeute der Mg-Anode u. die Korrosions-Geschw. der Mg-Kathode unabhängig von t (2—10 Tage). $Mg(OH)_2$ u. freie Metallteilchen werden als Korrosions-Prodd. beobachtet. Durch die kathod. Polarisation erfolgt keine Änderung der Gitterparameter des Mg. Vff. erörtern einen Mechanismus der anod. Oxydation des Mg. Lokalkorrosion u./oder die Unterhöhlung des metall. Mg erscheinen auf Grund der niedrigen Stromausbeuten wahrscheinlich. Bei erhöhten Temp. erfolgt eine Art interkristalline Korrosion von kathod. polarisiertem Mg, zu deren Deutung eine Theorie der H_2-Versprödung ähnlich der Versprödung von Stahl vorgeschlagen wird. P. Frenzel. 143□

A$_4$. Thermodynamik. Thermochemie

Thermodynamische Funktionen für achtzehn als ideale einatomige Gase behandelte Elemente. John S. Gordon. (J. chem. Physics **35.** 2252. Dez. 1961. Denville, N.J., Thiokol Chem. Corp.) (Engl.) — Vgl. C. **1962.** 4441.

Die Tabellen von Kolsky u. Mitarbeiter für 54 elektr. neutrale einatomige Gase wurden für die Elemente Mo, Ru, Sn, Te, J, Hf, Ta, W, Re, Os, Ir, Tl, Pb, Bi, Ra, Th u.U erweitert u. die Funktionen für Si revidiert. Die Tabellen enthalten die Funktionen $-(F^0-H_0^0)/T$, $(H^0-H_0^0)/T$, S^0, Cp^0 u. $H^0-H_{298}^0$ im Temp.-Bereich von 300—6000 °K in Abständen von je 100°. Sie sind als Dokument Nr. 6930 im ADI Auxiliary Publications Project, Photoduplication Service, Library of Congress, Washington 25, D.C., niedergelegt u. von dort erhältlich. Gerhard Schulze. 146□

Das Verhalten binärer flüssiger Mischphasen. 2. Mitt. Über die Zusatzkompressibilität beim Mischen in Systemen aus Tetrachloriden. Horst Sackmann und Alfred Boczek. (Z. physik. Chem. [Frankfurt/M.] [N.F.] **29.** 329—38. Sept. 1961. Halle/Saale, Univ., Inst. für phys. Chem. mit Metall- u. Werkstattlabor.) (Dt.) — Vgl. C. **1960.** 8432.

Durch Messung der Schall-Geschw. nach der interferometr. Meth. (Frequenz 1760 kHz, Schallgeber: Bariumtitanschwinger) wurden die adiabat. Kompressibilitäten von CCl_4, $SiCl_4$, $TiCl_4$ u. $SnCl_4$ zwischen —10 u. +30° bestimmt. Die Ermittlung der Zusatzkompressibilitäten in den bin. Syst. CCl_4–$SiCl_4$, $TiCl_4$–$SnCl_4$ sowie $SiCl_4$–$TiCl_4$, $SnCl_4$ u. $TiCl_4$–$SnCl_4$ erfolgte auf analogem Wege. Es treten sowohl positive als auch negative Effekte auf. Das Gesamt-Verh. in dieser Stoffklasse wird in einigen wesentlichen Zügen durch theoret. Ansätze wiedergegeben. G. Gattow. 148□

Über das bei der Gasdiffusion auftretende Druckgefälle. L. Waldmann und K. H. Schmitt. (Z. Naturforsch. **16a.** 1343—54. Dez. 1961. Mainz, MPI für Chem. [Otto-Hahn-Inst.] u. Univ. Mainz, Inst. für angew. Phys.) (Dt.)

Vff. ermitteln das Druckgefälle, das beim Durchleiten eines sich additiv aus zwei Beiträgen zusammensetzenden Teilchenstroms durch eine Capillare, in der sich ein isothermes, aber hinsichtlich der Zus. inhomogenes, bin. Gasgemisch befindet, auftritt. Der eine der beiden Beiträge ist der Druckdifferenz an beiden Enden der Capillare, der andere der Differenz der Molenbrüche der einen Komponente an beiden Enden proportional. Bei niedrigem Druck (große freie Weglänge) ergibt sich dies einfach durch Betrachtung der zugehörigen Mol.-Strömungen, bei hohem Druck (kleine freie Weglänge) wird die Vorstellung der Diffusionsgleitung zugrunde gelegt. Der zweite der genannten Beiträge ist im allg. um so größer, je größer der Massenunterschied der Komponenten ist. Befinden sich an den Enden der Capillare abgeschlossene Vorratsbehälter mit anfänglich verschiedener Gas-Zus., aber gleichem Druck, so baut sich während der Diffusion ein Druckunterschied auf, der wieder abklingt in dem Maß, wie sich die Zus. ausgleicht. Der zeitliche Verlauf dieses Druckunterschieds wird berechnet u. experimentell untersucht an den Gaspaaren N_2/H_2, CO_2/N_2, N_2/C_2H_4 u. Ar/CO_2. Im letzten Fall ist das Vorzeichen der Druckdifferenz bei kleiner freier Weglänge umgekehrt wie bei großer. Dies war auf Grund früherer Erfahrungen an der Bewegung von Öltröpfchen in diffundierenden Gasen zu erwarten. Wolfgang Krüger. 149□

Gasdiffusion in poröse Medien bei einheitlichem Druck. R. B. Evans III, G. M. Watson und E. A. Mason. (J. chem. Physics **35.** 2076—83. Dez. 1961. Oak Ridge, Tenn., Oak Ridge Nat. Labor.; College Park, Md., Univ., of Maryland, Inst. of Mol. Phys.) (Engl.)

Vff. berichten über ein Modell für die Diffusion von Gasen in poröse Medien beim Fehlen von Druckgradienten, in dem das poröse Medium als Ansammlung gleichförmig verteilter, kugelförmiger Teilchen angesehen wird, die im Vgl. zu den Gas-Moll. sehr groß u. durch die experimentellen Bedingungen räumlich fixiert sind. Das Syst. wird also als „staubiges" Gas mit stationären Staubteilchen betrachtet. Indem man die

Staubteilchen formal als Riesen-Moll. ansieht, ist es möglich, alle gewünschten Ergebnisse sehr einfach aus der klass. kinet. Theorie als Sonderfälle eines Vielkomponentengemisches abzuleiten. Durch formale Änderung der Molenbrüche der Realgas-Moll. läßt sich das gesamte Druckgebiet vom KNUDSEN-Bereich bis zum Bereich der normalen Diffusion erfassen. Das Modell gestattet die erste befriedigende theoret. Ableitung der experimentell nachgewiesenen Tatsache, daß das Strömungsverhältnis für bin. Gemische gleich $(m_2/m_1)^{1/2}$ bei allen Drücken (außer für das KNUDSEN-Gebiet) ist (m = Mol.-Masse). Es erlaubt weiterhin erstmalig eine strenge theoret. Behandlung des gesamten Übergangsgebietes, wobei sich die übliche Interpolationsformel von BOSANQUET u. eine Differentialgleichung für die Diffusion im gesamten Bereich ergibt. Das Modell liefert keine quant. Charakterisierung a priori des porösen Mediums selbst; doch wenn ein Gasgemisch in einem gegebenen Medium untersucht wurde, dann kann das Verh. eines anderen Gasgemisches im gleichen Medium vorausgesagt werden.

GERHARD SCHULZE. 149□

Wirbelfäden im nichtidealen Bose-Gas. L. P. Pitajewski. (Журнал Экспериментальной и Теоретической Физики [J. exp. theoret. Physik] **40**. 646—51. Febr. 1961. Inst. für Erdmagnetismus, Ionosphäre u. Ausbreitung von Radiowellen.) (Russ.; Auszug: Engl.)

Wirbelfäden wurden in rotierendem He II beobachtet. Es wird gezeigt, daß sie in nichtidealen BOSE-Gasen mit schwacher Abstoßung zwischen den Atomen mit einer Dicke auftreten, die der Quadratwurzel aus der Gasdichte umgekehrt proportional ist. Die Energie eines Wirbelfadens wird berechnet. Die Schwingunng dieses Wirbelfadens liefert einen Ast im Energiespektrum des Gases. M. WIEDEMANN. 149□

Wärmeinhalte $H_T - H_{298,1^0K}$ einiger Halogenide des Quecksilbers, Cadmiums und Wismuts bei ihren Schmelzpunkten. L. E. Topol und L. D. Ransom. (J. physic. Chem. **65**. 2267—68. Dez. 1961. Canoga Park, Calif., North Amer. Aviat., Inc.; Atomics Internat., Res. Div.) (Engl.)

Es wurden die Wärmeinhalte für $HgCl_2$, $BiCl_3$, $BiBr_3$, $CdCl_2$, $CdBr_2$ u. CdJ_2 ermittelt. Mit Ausnahme der Bi-Halogenide zeigen die Werte eine gute Übereinstimmung mit Literaturdaten. Für die Molwärmen wurde für den Temp.-Bereich F. bis 298,1°K folgende Werte erhalten: $HgCl_2$: 19,4 (cal/Grad·Mol); $BiCl_3$: 25,3; $BiBr_3$: 26,3; $CdCl_2$: 20,6; $CdBr_2$: 20,4; CdJ_2: 20,3. Mit Ausnahme von $CdCl_2$ u. $CdBr_2$ zeigen die Molwärmen keine Temp.-Abhängigkeit. In der Nähe des F. wurden für die beiden Cd-Verb. 28,5 bzw. 22,8 gemessen. Vff. führen diese höheren Werte auf die gegenüber den anderen Verbb. wesentlich höheren FF. dieser beiden Stoffe zurück. Die Ursache für den größeren Wert von $CdCl_2$ gegenüber $CdBr_2$ bei relativ beieinander liegenden FF. konnte nicht geklärt werden. WOLFGANG KRÜGER. 151□

Die Bildungswärme des Hypobromitions. J. E. McDonald und J. W. Cobble. (J. physic. Chem. **65**. 2014—15. Nov. 1961. Lafayette, Ind., Purdue Univ., Dep. of Chem.) (Engl.) — Vgl. C. **1961**. 5343.

Die Rk.-Wärme der Rk. Br_2(fl.) + 2 OH^- (aq.) → OBr^- (aq.) + Br^- (aq.) + H_2O wurde für verschiedene Konzz. an NaOH bei 25° gemessen. Durch Extrapolation wurde für eine unendlich verd. Lsg. $\Delta H = -10{,}35 \pm 0{,}20$ (kcal/Mol) erhalten. Hieraus berechnen sich die Bldg.-Wärmen von OBr^- (aq.) zu $\Delta H^0 = -23{,}05 \pm 0{,}20$ u. für HOBr zu $\Delta H^0 = -29{,}85$, die Freien Energien zu $\Delta F^0 = -8{,}2$ bzw. $\Delta F^0 = -19{,}9$ u. die partiellen molaren Entropien zu $S^0 = 8{,}5$ (gbs/Mol) bzw. $S^0 = 25{,}1$. Die Werte werden mit den entsprechenden Funktionen von OCl^- (aq.) u. HOCl verglichen.

WOLFGANG KRÜGER. 156□

Die Bildungswärme von Titandiborid: Experimentelle und analytische Entscheidung eines Literaturstreites. Wendell S. Williams. (J. physic. Chem. **65**. 2213—16. Dez. 1961. Parma, Ohio, Nat. Carbon Co., Div. of Union Carbid Corp., Res. Labor.) (Engl.)

Unterss. der Rk. TiB_2 + 3/2 C → TiC + 1/2 B_4C bei verschiedenen Temp. ergaben eine Beständigkeit der Verb. TiB_2 bis zu 2250°. Durch Berechnung aus den Bldg.-Wärmen von B_4C u. TiC, direkte calorimetr. Messung der Rk. Ti + 2 B → TiB_2 u. Berechnung aus der extrapolierten Freien Bldg.-Enthalpie der Rk. TiN + 2 BN → TiB_2 + 3/2 N_2 bei der Überführungs-Temp. $T = 2150 \pm 25$°K wurde nach Korrektur als Mittelwert für die Bldg.-Enthalpie des TiB_2 $\Delta H_{Bldg.} = -50 \pm 5$ kcal/Mol erhalten. Die Ergebnisse anderer Autoren für die Bldg.-Enthalpie des TiB_2 werden ausführlich analysiert.

WOLFGANG KRÜGER. 156□

Thermodynamik der Reduktion von Thoriumdioxid mit Calcium. Ju. I. Sarembo. (Атомная Энергия [Atomenergie] **11**. 185—86. Aug. 1961.) (Russ.)

Die Rk. $ThO_2 + 2\,Ca \rightleftharpoons Th + 2\,CaO$ wird thermodynam. untersucht. Das isobar-isotherm. Potential, der Logarithmus der Gleichgewichts-Konst. u. der Druck des Ca werden in Abhängigkeit von der Temp. wiedergegeben. Die optimale Temp. für die Red. von ThO_2 liegt bei 1000—1100°K. Bei dieser Temp. wird ThO_2 quant. reduziert.

M. WIEDEMANN. 156 □

Die Wärmeleitfähigkeit von gasförmigen para–ortho-Wasserstoffgemischen bei 20°K. K. Heinzinger, A. Klemm und L. Waldmann. (Z. Naturforsch. **16a.** 1338—42. Dez. 1961. Mainz, MPI für Chem. [Otto-Hahn-Inst.]) (Dt.)

Mittels einer Differential-Meth. wurden bei 20°K die relativen Differenzen der Wärmeleitfähigkeiten von para-H_2 u. verschiedenen Gemischen von para- u. ortho-H_2 gemessen. para-H_2 besitzt eine um (5,84 ± 0,30)‰ größere Wärmeleitfähigkeit als Normal-H_2 u. die Wärmeleitfähigkeit der Gemische als Funktion des ortho-H_2-Geh. negative zweite Ableitung. Das Ergebnis stimmt mit entsprechenden Zähigkeitsmessungen überein. Eine vollständige theoret. Erklärung ist jedoch noch nicht möglich.

WOLFGANG KRÜGER. 158 □

Geschwindigkeit des Schalls in destilliertem Wasser als Funktion von Temperatur und Druck. Wayne D. Wilson. (J. acoust. Soc. America **31.** 1067—72. Aug. 1959. White Oak, Silver Spring, Md., U. S. Naval Ordnance Labor.) (Engl.)

Es wird eine Ultraschall-App. verwendet, um die Schall-Geschw. in dest. W. über einen Druckbereich von 14,7—14000 lbs./sq.in. abs. u. einen Temp.-Bereich von 0,9—91,2° zu messen. Als Sender u. Empfänger der Ultraschallimpulse dienen je ein 5-MHz-Quarzkristall. Die Temp., bei der die maximale Schall-Geschw. auftritt, verlagert sich zu höheren Werten, wenn der Druck gesteigert wird. Bei Atmosphärendruck beträgt die aus den Meßwerten berechnete Maximal-Geschw. 1555,36 m/Sek. bei einer Temp. von 74,164°. Die Isothermen der Schall-Geschw., als Funktion des Druckes aufgetragen, sind unterhalb der 20°-Isotherme aufwärts u. oberhalb derselben abwärts gekrümmt. Die 20°-Isotherme ist angenähert linear für den gesamten untersuchten Druckbereich. Die Krümmungen haben einen maximalen Betrag von 1/300 im Vgl. zu der veranschlagten Meßgenauigkeit von 1/10000. Die Meßergebnisse werden in Tabellen u. einer Funktion 4. Grades dargestellt, deren Virial-Koeff. nach der Meth. der kleinsten Quadrate den Meßdaten angepaßt sind.

G. JORDAN. 159 □

A₅. Kolloidchemie. Grenzschichtforschung

Struktur der Doppelschicht um die Teilchen des Silberjodidsols. A. J. Rutgers und P. Nagels. (J. Colloid Sci. **13.** 140—47. April 1958. Ghent, Univ.) (Engl.)

Von „H“- (pH 3,15; hergestellt aus einem wss. AgJ-Sol der Konz. 0,002 Mol AgJ/Liter durch Passieren eines mit H^+-Ionen gesätt. Kationenaustauschers), K- u. Ba-Solen (hergestellt analog dem „H“-Sol, wobei der Kationenaustauscher mit K^+ bzw. Ba^{2+} gesätt. war) des AgJ wurden die ζ-Potentiale bestimmt nach Zusatz von 0—10 mMol KNO_3/Liter oder 0—3 mMol HNO_3/Liter zum „H“- u. K-Sol, 0—10 mMol KJ/Liter oder 0—50 μMol $AgNO_3$/Liter zum „H„-Sol allein oder 0—1000 μMol $Ba(NO_3)_2$/Liter zum Ba-Sol. Der Verlauf der aufgenommenen ζ-Potentialkurven entsprach dem von der OVERBECKschen Theorie vorausgesagten. Zur Deutung der Ergebnisse wird die Existenz einer eng an das Gitter des AgJ anliegenden Schicht von Gegenionen (im „H“-Sol von inakt. H^+-Ionen) angenommen. Die Ionen dieser Schicht werden bei Zusatz eines indifferenten Elektrolyten, im Falle des „H“-Sols beispielsweise bei 3 mMol KNO_3/Liter mobilisiert u. durch Kompression des diffusen Teils der Doppelschicht unter Übergang in die STERN-Schicht aktiviert; bei geringeren Konzz. des indifferenten Elektrolyten wird deshalb starker Abfall des ζ-Potentials beobachtet.

E. ÜHLEIN. 162 □

Der elektroviscose Effekt in Silberjodid-Solen. A. J. Rutgers und P. Nagels. (J. Colloid Sci. **13.** 148—50. April 1958.) (Engl.)

Die Best. des elektroviscosen Effektes an einem sauren AgJ-Sol (32,76 g AgJ/Liter nach Zusatz von 0—10 mMol/Liter KNO_3 bei 20,5°) bestätigt die Gültigkeit der Theorie von BOOTH (Proc. Roy. Soc. [London], Ser. A **203.** [1950.] 533), wenn auch für die relative Viscosität $(\eta - \eta_0)/\eta_0$ ein Proportionalitätsfaktor von 3,75 statt 2,5 gefunden wurde. Es wird gezeigt, daß die Anwendung der Theorie von SMOLUCHOWSKI nur bei Einführung großer Korrekturglieder möglich wäre.

E. ÜHLEIN. 162 □

Über die Neutralisationskurven kolloider Säuren mit Erdalkalihydroxiden. S. L. Gupta. (Sci. and Cult. [Calcutta] **23.** 256—58. Nov. 1957. Calcutta, Univ. Coll. of Sci., Dep. of Chem.) (Engl.) — Vgl. C. **1958.** 12033; C. **1959.** 7382; C. **1960.** 5736.

Die Neutralisation koll. Säuren durch Erdalkalihydroxide, wie $Ba(OH)_2$, wird analog der Neutralisation durch Basen mit einwertigem Kation mit Hilfe des DONNAN-Gleichgewichtes behandelt. Die Werte für b, $(a_{Ba^{++}})_i$, $(a_{Ba^{++}})_a$, $(a_{Na^+})_i$, $(a_{Na^+})_a$, $(a_{OH^-})_i$ werden in Abhängigkeit vom pH (3,886—10,0 entsprechend $(a_H)_i$ = 1,3 → 0) tabellar. wiedergegeben. M. SCHENK. 164☐

Die Stabilität kleiner Luftblasen in Wasser. F. H. Constable und V. Amirhanyan. (Istanbul Univ. Fen Fak. Mecmuasi [Rev. Fac. Sci. Univ. Istanbul], Ser. C **22**. 378—82. Okt. 1957.) (Engl.)

An Luft–W.-Gemischen wurden in verschiedenen Säulen (50, 14 u. 9 cm hoch, Ø 6,0, 5,0 u. 7,5 cm) die Steiggeschw. der Blasen mit u. ohne Zusatz von Saponin (I) gemessen. In I-freiem W. vereinigen sich die Blasen schnell. Die Steiggeschw. wird durch I um so mehr vermindert, je höher die Säule ist. R. JUNGE. 165☐

Der Einfluß von Dämpfen auf die Monoschichtdurchlässigkeit für Kohlendioxid. Martin Blank. (J. physic. Chem. **65**. 1698—1703. Okt. 1961. New York, N.Y., Columbia Univ., Coll. of Physicans and Surgeons, Dep. of Physiol.) (Engl.)

Wasserdampf setzt die Durchlässigkeit einer Octadecanolmonoschicht für CO_2 herab; Methanoldampf in niedriger Konz. gibt eine Erhöhung, in hoher Konz. eine Verringerung der Durchlässigkeit für CO_2. Für Wasserdampf konnte eine lineare Abhängigkeit aufgefunden werden u. wurde mit der Durchlässigkeit von W. durch eine Octadecanolschicht verglichen. Der Einfl. der Mol.-Größe scheint ein wichtiger Faktor beim Durchdringen der Energiebarriere zu sein. — Diskussionen. G. TALSKY. 170☐

Viscosität von Nitriersäuren. F. Krejcí, M. Novotny und J. Ruzicka. (Chem. and Ind. **1957**. 1420—21. 26/10. 1957. Pardubice, Czechoslovakia, Vysoká skola chem.-technol., Dep. of Technol.) (Engl.)

Aus Messungen mit einem UBBELOHDE-Viscosimeter bei 15, 20, 25, 30 u. 35° wurde die kinemat. Zähigkeit ν [cS] von Gemischen aus 20—60% ig. HNO_3 + 44—69% ig. H_2SO_4 erhalten. Die für die verschiedenen Temp. in Dreikomponentendiagrammen dargestellten Linien gleicher Viscosität sind Geraden, die für die HNO_3-Konz. im Nitriergemisch c_{NA} = 20—40% u. für die H_2SO_4-Konz. c_{SA} = 40—70% durch folgende Gleichung berechenbar sind: $\nu = [1 + 0{,}0362\ (t - 20)]^{-1}/[(1{,}004\ c_{NA} + 13{,}06)\cdot 10^{-2} - (138 + 6{,}466\ c_{NA} + 0{,}222\ c_{NA}^2)c_{SA}\cdot 10^{-5}]$ (t = Temp.). Dabei wurde monomol. Säure im Gemisch angenommen. R. JUNGE. 172☐

Die Vielseitigkeit der dynamischen Sorptionsmethode für Routinemessungen an festen Stoffen. K. V. Wise und E. H. Lee. (Analytic. Chem. **34**. 301—02. Febr. 1962. Texas City, Tex., Monsanto Chem. Co., Hydrocarbons Div.) (Engl.)

Das Verf. der Oberflächengrößen-Best. durch dynam. Sorption gestattet die schnelle Ermittlung von Oberflächen bis hinab zu 6 cm^2/g durch Messung des relativen Widerstandes der gasbeladenen Probe mit Hilfe der WHEATSTONEschen Brücke. Es wurden Messungen an Aktivkohle, aktiviertem Al_2O_3, rotem Chromosorb, Bimsstein, Pt-Gaze u. Glasrohr, die bei 300° unter He entgast waren, mit N_2 u. Kr als Adsorbat u. He als Trägergas bei der Temp. des fl. N_2 durchgeführt. In gleicher Weise wurde die Chemisorption von H_2 an einen Fe_2O_3-Katalysator bei 300° gemessen. W. BETCKE. 176☐

Chemische Adsorption an Halbleitern. 1. Mitt. Kinetik der Chemisorption von Wasserstoff an Zinkoxid. Alessandro Cimino, Ettore Molinari und Ernesto Cipollini. (Gazz. chim. ital. **90**. 79—90. Jan. 1960. Roma, Univ., Ist. di Chim. gen. e inorg.) (Ital.)

Vff. untersuchten zuerst theoret. die Kinetik des Adsorptionsprozesses, wobei sie einerseits an der von TAYLOR u. THON (vgl. C. **1953**. 5783) vorgeschlagenen Differentialgleichung u. andererseits von einer von KWAN (vgl. C. **1957**. 872) gebrachten Differentialgleichung ausgingen. Die Integrationsbedingungen der Differentialgleichungen werden besprochen sowie die Bedeutung der in den integrierten Gleichungen auftretenden kinet. Parameter. Auf Grund der experimentellen Ergebnisse, die nur ganz kurz gestreift werden, war zu ersehen, daß sich die zuerst angegebene Gleichung auf die Ergebnisse der Vff. anwenden läßt. Es lassen sich 2 Adsorptionsprozesse unterscheiden, ein schneller Anfangsprozeß, dem ein langsamer, gut meßbarer Prozeß folgt. C. GOTTFRIED. 176

Chemische Adsorption an Halbleitern. 2. Mitt. Die Adsorption von Wasserstoff an Zinkoxid mit kontrollierten Halbleitereigenschaften. Alessandro Cimino, Ernesto Cipollini, Ettore Molinari, Giorgio Liuti und Livio Manes. (Gazz. chim. ital. **90**. 91—119. Jan. 1960.) (Ital.) — 1. vgl. vorst. Referat.

Vff. untersuchten bei Temp. zwischen —80° u. 340° u. bei Drücken zwischen 70 u. 715 Torr die Adsortion von H_2 an ZnO, das durch Zers. des Oxalats an der Luft bei 450° erhalten worden war, an ZnO, das durch Glühen bei 900° gesintert wurde u. an ZnO-Proben mit Dotierungen an *Li_2O* u. *Ga_2O_3*, wobei der Geh. an Li 1 Atom-%, der an Ga 0,7 Atom-% betrug. Von allen Präpp. wurde mit Hilfe der Meth. von BET die akt.

Oberfläche bestimmt. Die bei den Verss. mit ZnO (vgl. l. c.) beobachteten zwei Maxima, die auf 2 Adsorptionsprozesse hindeuten, wurden auch bei der gesinterten Probe beobachtet Dagegen wurde bei den Proben, die Ga bzw. Li enthielten, ein deutlicher Einfl. auf die Adsorption gefunden. Bei der mit Ga verunreinigten Probe wurde eine deutliche Abschwächung der beiden Maxima beobachtet, die prakt. verschwinden. Oberhalb 200° konnte das Auftreten eines dritten Adsorptionstypes nachgewiesen werden. Das Gegenteil ist bei der mit Li verunreinigten Probe der Fall, u. zwar wurde eine Akzentuierung der beiden Maxima beobachtet; außerdem tritt das dritte Adsorptionsmaximum sehr deutlich auf. In Übereinstimmung mit KUBOKAWA u. TOYAMA (vgl. C. **1957.** 613) wurde gefunden, daß die Adsorption des H_2 die elektr. Leitfähigkeit je nach der Temp. verschieden beeinflußt: während bei tiefer Temp. ein Einfl. kaum feststellbar war, wurde er von 100° an festgestellt, wobei dieser Einfl. mit steigender Temp. immer größer wurde. Diese Beobachtungen bestätigen die Annahme einer ion. Adsorption bei hoher Temp., während bei tiefer Temp. die Adsorption kovalenten Charakter hat. Der Prozeß der Ionisation der adsorbierten H-Atome wird durch eine geringere Elektronen-Konz. erleichtert, was bei dem Li enthaltenden ZnO bes. auffällig ist u. wodurch gleichzeitig das Ansteigen der Adsorption bei erhöhter Temp. erklärt werden könnte. C. GOTTFRIED. 176

Chemische Adsorption an Halbleitern. 3. Mitt. Isotopeneffekte bei der Adsorption von Wasserstoff und Deuterium an Zinkoxid. Alessandro Cimino, Ettore Molinari, Ernesto Cipollini, Giorgio Liuti und Livio Manes. (Gazz. chim. ital. **90.** 120—134. Jan. 1960.) (Ital.) — 2. vgl. vorst. Referat.

An den l. c. beschriebenen ZnO-Präpp. bestimmten Vff. die relative Adsorptions-Geschw. von H_2 u. D_2 bei Drucken zwischen 70 u. 715 Torr u. bei Temp., die den verschiedenen Adsorptionstypen entsprachen. Die numer. Messungen werden in Tabellen wiedergegeben. Hieraus ist ersichtlich, daß bei Temp. $< 100°$ D_2 bevorzugt adsorbiert wird, u. zwar in bezug auf adsorbierte Menge sowie auf die Adsorptions-Geschw., oberhalb 160° lagen die für H_2 u. D_2 gemessenen Zahlenwerte innerhalb der Fehlergrenzen. C. GOTTFRIED. 176

Packung von Kugeln. J. R. Parrish. (Nature [London] **190.** 800. 27/5. 1961. Pretoria, South Afric. Council for Sci. and Ind. Res., Nat. Chem. Res. Labor.) (Engl.)

Unter Bezugnahme auf Unterss. von SCOTT (vgl. C. **1962.** 5206) über die Packungsdichte von Stahlkugeln gleicher Durchmesser berichtet Vf. über analoge Verss. an Teilchen von *Ionenaustauschharzen.* Die Ergebnisse standen in Übereinstimmung mit dem von SCOTT (vgl. l. c.) extrapolierten Wert von 0,63(7) für die Packungsdichte gleicher Kugeln. C. GOTTFRIED. 177

Untersuchung radioaktiver Isotopenpräparate mittels Ionenaustausch-Chromatographie. Andor Almásy. (Nehézvegyipari Kutató Intézet Közleményei [Mitt. Forsch.-Inst. chem. Schwerind.] **2.** 137—40. Febr. 1961. Veszprém, Forsch.-Inst. chem. Schwerind.) (Ung.)

Die zur Trennung u. quant. Best. der Seltenen Erdmetalle mittels stufenweiser Elution ausgearbeiteten Meth. (C. **1961.** 10684) sind auch zur Unters. u. Reinigung von radioakt. Isotopen der Lanthaniden u. Y-Präpp. geeignet. Es konnten auf diese Weise ^{90}Y-Präpp., ^{170}Tm, ^{90}Sr u. ein nicht mit ^{160}Tb ident. Isotop mit der Halbwertszeit von 110 d nachgewiesen u. abgetrennt werden. Das zu reinigende Isotopen-Präp. wird auf einigen ml Dowex-50 gebunden, nach Auswaschen als oberste Schicht auf eine Chromatographiersäule gebracht u. mit Milchsäure-NH_4-Acetat-Lsg. stufenweise eluiert. Die Aktivität der abfließenden Lsg. wird mit geeigneten Zählrohren gemessen. GEIGER-MÜLLER-Zählrohre mit Halogenfüllung bewährten sich bes. gut. In vielen Fällen ist die Meth. verläßlicher als Scintillationsmessungen oder Trennung mittels Nd.-Bldg. u. Filtration. J. PLANK. 177

A₆. Strukturforschung

Über eine mit Hilfe der Methode der kleinsten Quadrate durch einen Satz von Punkten gelegte Ebene. Walter C. Hamilton. (Acta crystallogr. [Copenhagen] **14.** 185—89. 10/2. 1961. Upton, Long Island, N.Y., Brookhaven Nat. Labor., Chem. Dep.) (Engl.)

Vf. entwickelt theoret. eine Erweiterung der von SCHOMAKER u. Mitarbeitern (vgl. C. **1960.** 13612) entwickelten Eigenwertsgleichung zur Herst. der Gleichung einer Ebene durch einen Satz von Punkten mit Hilfe der Meth. der kleinsten Quadrate. C. GOTTFRIED. 181

Synthesen für die Entwicklung der Patterson-Funktion. 3. Mitt. Theorie für zentrosymmetrische Kristalle. S. Raman. (Acta crystallogr. [Copenhagen] **14.** 148—52. 10/2. 1961. Guindy, Madras, India, Univ., Dep. of Phys.) (Engl.) — 1. u. 2. vgl. C. **1961.** 10083.

Vf. diskutiert die in der 1. Mitt. dargelegte Theorie für zentrosymm. Kristalle.
C. GOTTFRIED. 181

Über die Theorie der Strukturen geordnet—regellos (OD-Strukturen). K. Dornberger-Schiff und H. Grell-Niemann. (Acta crystallogr. [Copenhagen] **14.** 167—77. 10/2. 1961. Berlin, Dtsch. Akad. der Wiss., Inst. für Strukturforsch.) (Engl.) — Vgl. C. **1958.** 5033.

Vff. diskutieren theoret. solche OD-Strukturen, die aus gleichwertigen Schichten mit 2facher Periodizität bestehen. C. GOTTFRIED. 181

Absorptionskorrektur der Beugungsmessungen an großen Einkristallen. A. Hargreaves und R. A. L. Sullivan. (Acta crystallogr. [Copenhagen] **14.** 150—52. 10/2. 1961. Manchester, Coll. of Sci. and Technol., Phys. Dep.) (Engl.)

Herleitung von allg. Ausdrücken für die Absorptionskorrekturen bei der Auswertung der Interferenzintensitäten großer Kristalle. C. GOTTFRIED. 181

Ein durch diffuse Temperaturstreuung hervorgerufenes Beugungsdiagramm. 1. Mitt. Allgemeine Theorie. Yoshiro Kainuma. (J. physic. Soc. Japan **16.** 228—41. Febr. 1961. Nagoya, Nagoya Univ., Phys. Inst.) (Engl.)

Werden diffuse Röntgenstrahlen, die durch Streuung in einen therm. zur Schwingung angeregten Kristall erhalten wurden, in dem gleichen Kristall nochmals gestreut, so erhält man ein neues Beugungsdiagramm, das dem nach KOSSEL erhaltenen ähnlich ist. Die Eigg. des neuen Diagrammes werden diskutiert u. durch die Störungstheorie der Röntgenstreuung in einem Kristall erklärt. G. TALSKY. 181□

Theorie der koordinativen Bindung. Włodzimierz Kołos. (Wiadomósci chem. **12.** 677—707. Nov. 1958.) (Pol.)

Übersicht. — 19 Literaturangaben. P. GREGORZEWSKI. 182□

Über eine einfache Beziehung zwischen den Radien bzw. Kernladungen der Ionen und der Wellenlänge der ersten ultravioletten Eigenschwingung der isoelektronischen Alkalihalogenide. Ernst Kordes. (Naturwissenschaften **48.** 642—43. 2. Okt.-H. 1961. Bonn, Univ., Chem. Inst.) (Dt.)

Zwischen den Ionenradien des Kations $(r^+)_{is}$ oder Anions $(r^-)_{is}$ u. der Wellenlänge λ_{is} der ersten UV-Absorptionsbande von Salzen mit einwertigen isoelektr. Ionen, wie LiH, NaF, KCl, RbBr u. CsJ, besteht die Beziehung $\lambda_{is} = \lambda_R (\lambda_E/\lambda_R).\exp.(r^-)_{is}/r^1_E$ (λ_E = Wellenlänge der ersten UV-Resonanzlinie des dazugehörigen Edelgases, r^1_E dessen univalenter Radius, λ_R Wellenlänge der RYDBERG-Konst. für H_2). Durch Umformung werden Ausdrücke gewonnen: $(r^+)_{is} = \Delta_{is}/Q^2 + 1$ u. $(r^-)_{is} = \Delta_{is}/(1/Q)^2 + 1$ ($\Delta_{is} = (r^+ + r^-)_{is}$, $Q = \log \lambda_{is} - \log \lambda_R/\log \lambda_E - \log \lambda_R$], aus denen die Ionenradien von Salzen mit einwertigen isoelektron. Ionen berechnet werden können.
CH. WEISKE. 182□

Erneute Berechnung der Oberflächenenergien von Alkalihalogenidkristallen. G. C. Benson. (J. chem. Physics **35.** 2113—16. Dez. 1961. Ottawa, Canada, Nat. Res. Council, Div. of Pure Chem.) (Engl.)

Vf. wiederholte frühere Berechnungen der Oberflächenenergien von {1 0 0}- u. {1 1 0}-Flächen der Alkalihalogenidkristalle unter Berücksichtigung der Relaxation der äußersten Schicht, wobei neuere Werte für die Parameter, die die Abstoßung der Ionen untereinander beschreiben (vgl. CUBICCIOTTI, C. **1961.** 10084), verwendet wurden. Die Beiträge der verschiedenen Kräfte zur Oberflächenenergie einer nichtverzerrten {1 1 0}-Fläche sowie die Ergebnisse fü die Relaxation der äußersten Schicht auf der {1 0 0}- u. der {1 1 0}-Fläche werden für die Fluoride, Chloride, Bromide u. Jodide des Li, Na, K, Rb u. Cs tabellar. zusammengestellt. Durch Übernahme der neuen Werte werden einige Schwierigkeiten überwunden, die bisher bei der Betrachtung der Verzerrung der Oberfläche auftraten. GERHARD SCHULZE. 190□

Zwischengitterdefekte in bei niedriger Temperatur bestrahltem LiH und NaCl. F. E. Pretzel und R. L. Petty. (Physic. Rev. [2] **123.** 464—65. 15/7. 1961. Los Alamos, N. Mex., Los Alamos Sci. Labor.) (Engl.)

Es wurde eine Ausdehnung der Gitterparameter beobachtet, wenn LiH u. NaCl β-Strahlung ausgesetzt war (77°K u. 245°K). Als β-Strahlungsquelle wurde 5,56% LiT in LiH (mit den Proben mit NaCl vermischt) benutzt. Das LiH-Gitter wurde um 0,0020 $\pm$ 0,0007 Å größer (3 Proben). Dieses Resultat stimmt mit Dichtemessungen u. mit der Bldg. von ^{3}He-Atomen auf Zwischengitterplätzen im LiH-Gitter überein. Die Gitterdimensionen bei NaCl wurden um (0,0061 $\pm$ 0,0009) Å größer, obwohl der β-Querschnitt für NaCl weniger als 1% von Li(H, T) ist u. Tritium-β-Teilchen mit maximaler Energie keine direkten Versetzungen im NaCl verursachen können. Für die Entstehung von Cl^--Zwischengitterplätzen u. Leerstellen (nach FRENKEL) wird für NaCl ein Mechanismus ähnlich wie von Klick hinsichtlich der Bldg. von F- u. H-Zentren angenommen. Der Mechanismus wird ferner mit Beobachtungen hinsichtlich der Entstehung von α-Zentren in bei niedriger Temp. bestrahlten Alkalihalogeniden in Beziehung gebracht.

H. Newesely. 190□

Wärmekapazitäten und die Restentropie von Ta_2H. W. G. Saba, W. E. Wallace, H. Sandmo und R. S. Craig. (J. chem. Physics 35. 2148—55. Dez. 1961. Pittsburgh, Pa., Univ. of Pittsburgh, Dep. of Chem.) (Engl.)

Vff. bestimmten die Wärmekapazität von Ta_2H im Temp.-Bereich von 12—555°K. Dabei wurden drei sehr scharfe λ-Punkte bei 306, 332 u. 333,5°K beobachtet, was auf die Existenz von 4 Formen schließen läßt. Unterhalb 306°K existiert die β_1-, zwischen 306 u. 332°K die β_2-, bei ca. 330°K die β_3- u. oberhalb ca. 334°K die α-Form. Mit Hilfe der ermittelten Werte für die Wärmekapazität des Ta_2H sowie früher erhaltenen analogen Werten für elementares Ta u. der aus Dampfdruckmessungen abgeleiteten Bldg.-Entropie des Ta_2H wurde die Restentropie von β_1-Ta_2H zu $-0{,}39 \pm 0{,}30$ cal/Grad·Mol berechnet. Aus den Entropieänderungen bei den Phasenübergängen ergab sich die Konfigurationsentropie der β_2-Form zu $0{,}70 \pm 0{,}05$, der β_3-Form zu $3{,}3 \pm 0{,}15$ u. der α-Form zu $4{,}9 \pm 0{,}2$ cal/Grad·Mol. Da die Umwandlungen nicht auf magnet. Effekte zurückzuführen sind, nehmen Vff. strukturelle Umordnungen der gelösten H-Atome an. Bei niedrigen Temp. liegt vermutlich eine geordnete Besetzung der Plätze vor, die sich mit zunehmender Temp. ändert u. schließlich in der α-Phase zerstört wird. Aus den Entropieberechnungen wird jedoch geschlossen, daß selbst bei der höchsten Unters.-Temp. von 555°K eine lokale Ordnung (wahrscheinlich Paar-Bldg.) in der α-Form besteht. Vff. deuten die Möglichkeit an, daß die oberen beiden λ-Punkte, die fast zusammenfallen, tatsächlich nur einen Punkt darstellen. Die Aufspaltung könnte auf Konz.-Gradienten oder Spannungen zurückzuführen sein. DTA-Unters. von Proben mit 27,5—44,0 Atom-% H lassen erkennen, daß die Aufspaltung der Punkte eine echte Eig. des Ta_2H ist, doch sind die Ergebnisse noch nicht beweiskräftig. Gerhard Schulze. 190□

Neutronenbeugungswerte für Ta_2D und die wahrscheinliche Anordnung der Deuteriumatome in zwei der polymorphen Formen. W. E. Wallace. (J. chem. Physics 35. 2156—64. Dez. 1961.) (Engl.) — Vgl. vorst. Referat.

Vf. teilt Neutronenbeugungswerte für Ta_2D bei 4°K, 78°K, Raum-Temp. u. 53° mit. Die Diagramme werden unter Annahme einer pseudokub. Elementarzelle mit einer Kantenlänge von 6,74 Å bei den drei niedrigen Temp. u. von 3,37 Å bei 53° indiziert. Die vergrößerte Elementarzelle bei der Tief-Temp.-(β_1)-Form wird der Anordnung der ϑ-Atome auf tetraedr. Zwischengitterplätzen zugeschrieben. Verss. werden angestellt, um die Anordnung der ϑ-Atome in der β_1- u. der β_2-Form festzulegen. Für die letztere Form, die bei 53° stabil ist, lassen sich die Intensitäten mit einer statist. Verteilung über $^2/_3$ (L-Gruppe), über $^1/_3$ (S-Gruppe) oder über alle der tetraedr. Zwischengitterplätze erklären. Aus allg. Betrachtungen wird gefolgert, daß die erste der drei Möglichkeiten die tatsächlichen Verhältnisse in β_2-Ta_2D wiedergibt. Die ϑ-Atome sind darin über die Lagen $^1/_2\,^1/_4\,0$, $^1/_2\,^3/_4\,0$, $^1/_4\,^1/_2\,0$, $^3/_4\,^1/_2\,0$ + 0 0 0 u. + $^1/_2\,^1/_2\,^1/_2$ verteilt. Eine Analyse der β_1-Diagramme zeigt, daß trotz der verschwindenden Restentropie dieser Form eine einzige Konfiguration der D nicht existiert. Man muß vielmehr eine Struktur annehmen, in der jedes D mehr als einen Gitterplatz statist. besetzt. Nimmt man eine Verteilung der D über 2 Plätze an, so ergeben sich drei Strukturmöglichkeiten, die als A, B u. C bezeichnet werden u. die den Raumgruppen $I\bar{4}$, I 4 bzw. $I\,4_1$ zuzuordnen sind. Struktur A scheint die wahrscheinlichste zu sein; in ihr besetzen die 8 D statist. die 16 Tetraederplätze $^1/_8\,^1/_4\,0$, $^1/_4\,^7/_8\,0$, $^7/_8\,^3/_4\,0$, $^3/_4\,^1/_8\,0$, $^5/_8\,0\,^1/_4$, $^3/_8\,0\,^1/_4$, $0\,^3/_8\,^1/_4$, $0\,^5/_8\,^1/_4$ + 0 0 0 u. + ½ ½ ½. Zwischen den Schlußfolgerungen aus den thermodynam. Unterss. u. denen der Beugungs-Verss. für die β_2- u. für die β_1-Form besteht eine Unstimmigkeit. Die beobachteten Konfigurationsentropien beider Formen sind viel kleiner, als nach den angenommenen Strukturen zu erwarten wäre. Vff. führen die Unterschiede auf die lokale Ordnung zurück. Gerhard Schulze. 190□

Epitaktische Silicium-Germanium-Legierungsfilme auf Siliciumsubstraten. K. J. Miller und M. J. Grieco. (J. electrochem. Soc. **109.** 70—71. Jan. 1962. Murray Hill, N.J., Bell Telephone Labor., Inc.) (Engl.)

Si–Ge-Legg. mit bis zu 30 Atom-% Ge werden epitakt. auf Si-Substraten durch gleichzeitige Red. von $SiCl_4$ (I) u. $GeCl_4$ (II) in der Dampfphase abgeschieden. H_2 als Trägergas wird durch eine thermostatisierte Lsg. der Halogenide geleitet u. führt diese zur aufgeheizten Probe. Die Abscheidungs-Temp. liegt nahe dem F. der Legierung. Bei 1200° u. Partialdrücken von 5 mm für **I** u. 1,3 mm für **II** erhält man eine Leg. mit 25 Atom-% Ge. Die Filme werden mit Hilfe von Röntgen- u. Elektronenbeugungs-Verf. untersucht. Makroskop. erscheinen die Oberflächenschichten stark reflektierend, glatt

u. von einheitlicher Schichtdicke. Nach DASH geätzte Filme weisen auf der (1 1 1)- u. (1 1 0)-Fläche des Si unvollständige, dreieckig angeordnete Versetzungen, auf der (1 0 0)-Fläche häufig unvollständige, quadrat. angeordnete Versetzungen auf. Die Filme auf der (1 1 1)-Fläche zeigen bes. bei hochdotierten Proben (z. B. $10^{19}/cm^3$ P-dotiert) Streifen, die auf unterschiedlichen Ge-Geh. der Filme zurückgeführt werden. Die Streifen sind auf den (1 1 0)- u. (1 0 0)-Flächen mit bis zu 30 Atom-% Ge nicht zu beobachten. Mit steigendem Ge-Geh. werden die bei geringer Ge-Konz. feinen, parallelen Linien breiter u. erscheinen gewellt. Filme mit 13 Atom-% Ge auf allen erwähnten Flächen haben eine mittlere Versetzungsdichte von $5 \cdot 10^6$ bis $10^7/cm^3$. Leg.-Filme mit einem Ge-Geh. >30 Atom-% sind inhomogen u. bestehen gewöhnlich aus zwei Phasen. Die Oberflächen von epitakt. Si-Filmen auf Si–Ge-Leg.-Filmen scheinen die gleichen wie einkristalline Si-Filme auf Si-Substraten zu sein. P. FRENZEL. 190□

Untersuchungen an Germaniumdendriten. 1. Mitt. **Untersuchungen der Zwillingsstrukturen und der Impfmechanismen.** J. W. Faust jun. und H. F. John. (J. electrochem. Soc. **108.** 855—60. Sept. 1961. Pittsburgh, Pa., Westinghouse Electr. Co., Res. Labor.) (Engl.)

Vff. erörtern die Bedeutung geeigneter Impfkristalle beim dendrit. Wachstum von längeren, bänderförmigen Halbleiterkristallen u. berichten über Unterss. zur Best. der Charakteristika dieser Keime. Aus Unterss. der gezüchteten Reguli lassen sich Aussagen über die Einleitung des spontanen u. kontrollierten Dendritenwachstums machen, das von den Reguli ausgeht. Das Wachstum der Reguli verläuft in allen möglichen [1 1 1]-Richtungen des dentrit. Keims, der Wachstumsstrahl ist an der Spitze stark durch (1 1 1)-Flächen facettiert. Die Kristallkeime müssen Zwillingslamellen aufweisen, die über den ganzen Querschnitt verlaufen, mindestens aber an einer Seite bis an die Kante des Kristalls heranreichen (einseitig entartet). Beim Wachsen der Reguli stellt sich an der Oberfläche der Schmelze therm. Gleichgewicht ein u. es überwiegt die Keim-Bldg. an den einspringenden Kanten. Hierbei entstehen seitlich Wachstumsfiguren in den [1 1 0]-Richtungen. Anzahl u. Abstand der Zwillingsebenen (ZE) nicht oder nur einseitig entarteter Keime bleiben im Regulus u. in den Bändern erhalten. Das Wachstum der Bänder beginnt in der Nähe der Oberfläche der Schmelze. Es sind wenigstens zwei Wachstumsstufen zu unterscheiden: Von den ZE abhängige, abwärts gerichtete Fortpflanzung, an die sich seitliches, von den ZE unabhängiges Wachstum anschließt.

P. FRENZEL. 190□

Untersuchungen an Germaniumdendriten. 2. Mitt. **Seitliche Wachstumsvorgänge.** J. W. Faust jun. und H. F. John. (J. electrochem. Soc. **108.** 860—63. Sept. 1961. (Engl.) — 1. vgl. vorst. Referat.

Vff. untersuchten mit Hilfe metallograph. Verff. die Vorgänge beim Wachstum von Ge-Dendriten u. zeigen, daß die Bldg. der bänderförmigen Strukturen ein komplexer Vorgang ist, der über die seitliche Ausdehnung von Auswüchsen des zentralen Kerns bis zur Ausbildung eines H-förmigen Querschnitts verläuft. Segregationserscheinungen zwischen den einzelnen Armen des H können zur Erzeugung von p–n- sowie von Drei- u. Fünfzonenübergängen ausgenutzt werden, wenn man Dotiersubstanzen mit unterschiedlicher Segregations-Konz. verwendet. Während des Wachstums kann fl. Schmelze in Rillen eingeschlossen werden, die dann überwachsen. Beim späteren Erstarren werden in der Umgebung dieser Stellen plast. Deformationen hervorgerufen, die zu Versetzungen führen. Vff. vergleichen das Verh. von Dendriten aus hoch- ($>10^{18}$ cm^{-3}) u. normaldotiertem Ge u. nehmen an, daß ähnliche Wachstumsvorgänge an Dendriten aus Si u. III–V-Verbb. ablaufen. P. FRENZEL. 190□

Untersuchungen an Germaniumdendriten. 3. Mitt. **Versetzungen.** J. W. Faust jun. und H. F. John. (J. electrochem. Soc. **108.** 864—68. Sept. 1961.) (Engl.) — 2. vgl. vorst. Referat.

Vff. untersuchen mit Hilfe von Ätzverff. die in Ge-Dendriten gebildeten Versetzungen. Diese treten, ohne daß eine Abhängigkeit von der Konz. der Dotiersubstanzen besteht, in 3 Bereichen auf: 1. in einem zentralen Streifen, der aus Clusters mit hoher Versetzungsdichte u. unterschiedlichem Abstand zusammengesetzt ist; 2. in mehr oder weniger gleichförmiger Verteilung nahe der Kante der Frontfläche u. 3. parallel zur Wachstumsachse zwischen der Oberfläche u. der einspringenden Kante der ersten Zwillingslamelle. Die Bldg. der Versetzungen führen Vff. auf den Einschluß von Tropfen der fl. Schmelze in Rillen bzw. auf Einschluß zwischen den Armen der H-förmigen Wachstumsstufe (l. c.) sowie auf inkohärente Kanten entarteter Zwillingslamellen zurück. Durch geeignete Wahl der Wachstumsbedingungen lassen sich versetzungsfreie Ge-Dendriten erhalten. P. FRENZEL. 190□

Beobachtung von Versetzungen in Silicium mit Hilfe von Röntgenstrahlen für den Fall anomaler Transmission. André Authier. (J. Physique Radium **21.** 655—59. Aug./Sept. 1960. Paris, Fac. des Sci., Labor. de Minér. et Cristallogr.) (Franz.)

Vf. untersuchte Versetzungen in nahezu vollkommenen Si-Kristallen durch Messung der anomalen Transmission von Röntgenstrahlen, deren theoret. Deutung von VON LAUE (vgl. C. **1953.** 2239) gegeben worden war. Die untersuchten Si-Kristalle lagen entweder in Plättchen nach (1 1 1) vor oder in Form von nach der Ziehachse [1 1 1] gestreckter Parallelepipeden. Die beobachteten Versetzungen ließen sich je nach ihrer Orientierung in 2 Gruppen einteilen; die einen haben eine Orientierung, die angenähert der der Ziehachse entspricht, während die anderen senkrecht zu dieser Achse angeordnet sind. Aus der durch ihre Projektionen gebildeten Winkel ergaben sich für die erste Gruppe die Richtungen [2 1 1], [1 1 2] u. [1 2 1] u. für die zweite Gruppe $[0\,\bar{1}\,1]$, $[1\,0\,\bar{1}]$ u. $[1\,\bar{1}\,0]$. Ähnliche Beobachtungen wurden an einem Spaltblättchen von *Calcit* gemacht. C. GOTTFRIED. 190

Kontrolliertes Ätzen von Silicium im System HF–HNO$_3$. D. L. Klein und D. J. D'Stefan. (J. electrochem. Soc. **109.** 37—42. Jan. 1962. Murray Hill, N.J., Bell Telephone Labor., Inc.) (Engl.)

Vff. untersuchen die Abhängigkeit der Ätzgeschw. R vom Verhältnis der konz. Säuren, der Temp. u. der Rührgeschw. RG beim Ätzen von Si-Einkristallen im Syst. HF–HNO_3. R ist nicht abhängig vom Leitungstyp (n-, p-Si; p–n-Übergänge) u. vom spezif. elektr. Widerstand (0,5—78 $\Omega \cdot$cm). Im Bereich von 2 bis ca. 65% HF steigt R mit dem HF-Geh. u. weist zwischen 65 u. 70% HF ein Maximum auf. Unter 10% HF erfolgt wahrscheinlich Assoziation des HF mit HNO_3. Zwischen 0 u. 60° u. bei 2—50% HF steigt R linear mit der Temp., die ARRHENIUSsche Aktivierungsenergie, die bei 2—30% HF konst. ist, beträgt 3,9 kcal/Mol. Bei Verw. langsam ätzender Lsgg. mit niedrigem HF-Geh. lassen sich störende Temp.-Erhöhungen vermeiden u. kontrollierte Werte von R erreichen. R ist direkt proportional RG bei 2—50% HF. Zwischen R bei verschiedener RG u. der HF-Konz. besteht eine lineare Abhängigkeit gemäß $\log r = R_a/R_b$ (r = Rotations-Koeff.; R_a = R bei 88 U/min; R_b = R bei 0 U/min). Mit sinkender HF-Konz. nimmt der Einfl. von RG zu. R scheint bei hohen HNO_3-Konzz. von der Diffusion der F^--Teilchen zur Si-Oberfläche abhängig zu sein. Vff. erörtern den Ätzmechanismus sowie den Einfl. des Ätzens u. mechan. Vorbehandlung auf die Oberflächenrauhigkeit u. bzgl. gleichmäßiger Abtragung der Oberfläche. An p–n-Übergängen ist R in unmittelbarer Nähe des Übergangs auf der p-leitenden Seite um ca. 60% höher, auf der n-leitenden Seite entsprechend niedriger als an der übrigen Oberfläche. Bei Verw. HNO_3-reicher Mischungen erreicht man mit kontrollierter Temp. u. RG auf $\pm 5\%$ reproduzierbare Abmessungen der Proben, was für das kontrollierte Schneidätzen von Si-Scheiben ausgenutzt werden kann. Vorläufige Unterss. zeigen, daß die Meth. auch zur Herst. von Si-Scheiben für Diffusions-Unterss. anwendbar ist. P. FRENZEL. 190□

Ätzen von Ge mit Mischungen von HF–H$_2$O$_2$–H$_2$O. J. Bloem und J. C. van Vessem. (J. electrochem. Soc. **109.** 33—36. Jan. 1962. Nijmegen, Holland, N. V. Philips' Gloeilampenfabrieken, Semiconductor Dev. Labor.) (Engl.)

Vff. untersuchen die Abhängigkeit der Ätzgeschw. R von der Zus. des Ätzmittels (HF–H_2O_2–H_2O) beim Ätzen von (1 1 1)-orientierten Ge-Einkristallen bei Raum-Temp. u. die Oberflächenstruktur der Kristalle nach dem Ätzen. Maximale Werte von R werden für gleiche Vol.-Teile (VT) HF u. H_2O_2 beobachtet. Bei Verdünnung mit W. sinkt R. Gleiche VT von 28,8 (Mol/Liter) HF u. 9,8 H_2O_2 ergeben ein Ätzmittel fast stöchiometr. Zus. (**A**) gemäß $Ge + 2\,H_2O_2 + 6\,HF \rightleftharpoons H_2GeF_6 + 4\,H_2O$. Bei niedrigem H_2O_2- oder HF-Geh. ändert sich R proportional der Konzentration. R zeigt starke Temp.-Abhängigkeit (6%ig. Änderung pro Grad für **A** bei Raum-Temp.; Aktivierungsenergie 10,7 kcal/Mol). Es gilt die Beziehung $R\,[\mu/\text{min}] = C_1C_2/(2{,}4\,C_1 + 1{,}0\,C_2 + 0{,}2\,C_3)$ [R für eine (1 1 1)-Fläche; C_1, C_2, C_3 Konzz. von H_2O_2, HF u. H_2O in Vol.-%]. Für höhere R ($>10-15\,\mu$/min) wird eine exponentielle Zunahme festgestellt, die auf die nicht zu vermeidende lokale Temp.-Erhöhung der Ge-Oberfläche zurückzuführen ist. Nach dem Ätzen sind in Abhängigkeit von der Zus. des Ätzmittels vier verschiedene Strukturen zu beobachten: Gut ausgebildete Ätzdreiecke, blanke Flächen; matte Flächen mit Dreiecken; dünner, in H_2O_2 vollständig lösl. Oxidfilm, darunter Dreiecke sowie dickere Oxidschichten, lösl. in H_2O_2, keine Dreiecke. Vff. erörtern das Wachstum der Ätzgrübchen, die Abhängigkeit von R von der kristallograph. Orientierung u. die Rk.-Kinetik. Die (1 1 1)- u. (1 0 0)-Fläche werden langsam, die (1 1 0)- u. (3 2 2)-Fläche schneller angeätzt. Bei niedrigen Konzz. (Bldg. von Dreiecken) wird R durch die Oberflächen-Rkk. bestimmt u. ist abhängig von der Orientierung, in konzentrierteren Lsgg. hat letztere keinen Einfl. u. die Diffusion wird wahrscheinlich geschwindigkeitsbestimmend. Für niedrigere H_2O_2-Konzz. (keine Abhängigkeit von der Orientierung; Film-Bldg.) wird die Bldg. von GeO als Zwischenprod. angenommen. P. Frenzel. 190☐

Ätzgrübchen auf der Spaltoberfläche von NaCl-Kristallen. Shuso Nakagawa. (J. Sci. Hiroshima Univ., Ser. A **23.** 85—93. April 1959.) (Engl.)

Zu den Verss. züchtete Vf. zunächst kub. NaCl-Kristalle aus einer gesätt. NaCl-Lsg., die Mn^{2+}-Ionen enthielt. Die so erhaltenen Kristalle wurden in der Mitte einer Kante mit Hilfe eines Rasiermessers gespalten u. hierauf die 2 gespaltenen Proben 2—10 Sek. in einer gesätt. Lsg. von $MnCl_2 \cdot 4 H_2O$ angeätzt, unmittelbar hierauf 20 bis 60 Sek. in A. gewaschen u. getrocknet. Mkr. wurden hierauf beide Spaltoberflächen untersucht. Die Verteilung der Ätzgrübchen auf der Oberfläche war unregelmäßig; eine große Anzahl von Grübchen wurde an der Stelle gefunden, an der der Kristall gespalten worden war. An der entgegengesetzten Seite traten die Grübchen in geringerer Anzahl, aber in Reihen auf. Auf der restlichen Oberfläche wurden einige Ätzgrübchen beobachtet. Auf den beiden entsprechenden Spaltoberflächen war die Verteilung der Grübchen durchweg symmetrisch. C. Gottfried. 190

Spaltbruch von NaCl-Kristallen. Takeo Fujiwara, Shuso Nakagawa und Kazuhiko Izui. (J. Sci. Hiroshima Univ., Ser. A **23.** 95—108. April 1959.) (Engl.) — Vgl. vorst. Referat.

Vff. untersuchten elektronenmkr. die Spaltoberfläche von NaCl-Kristallen (Darst. s. vorst. Ref.). Die erhaltenen würfelförmigen Kristalle wurden von der Mitte einer Kante aus mit einer Rasierklinge gespalten u. beide Spaltoberflächen untersucht. Die Vers.-Ergebnisse werden an Hand zahlreicher Mikrophotographien beschrieben.
C. Gottfried. 190

Selbstdiffusion und Heterodiffusion in inhomogenen porigen Körpern. 2. Mitt. **Direkter und umgekehrter Frenkeleffekt.** B. Ja. Piness und A. F. Ssirenko. (Журнал Технической Физики [J. techn. Physik] **28.** 1748—52. Aug. 1958. Charkow, Staatl. Gorki-Univ.) (Russ.) — 3. vgl. C. **1961.** 2905.

Der Kirkendall-Effekt, d. h. die Wanderung einer neutralen Marke zwischen zwei ineinander diffundierenden Metallen infolge Ungleichheit der partiellen Diffusions-Koeff. erklärt noch nicht das Auftreten einer zusätzlichen Porosität bei der Diffusion. Diese ist vielmehr nur auf Grund des von Frenkel vorgeschlagenen Leerstellenmechanismus der Diffusion zu verstehen u. wird daher als Frenkel-Effekt bezeichnet. Der Frenkel-Effekt kann auch als eine Selbstdiffusion der Leerstellen aufgefaßt werden, die durch die Ungleichheit der partiellen Heterodiffusions-Koeff. bedingt ist. Außer dem direkten Frenkel-Effekt muß es auch noch einen umgekehrten Frenkel-Effekt geben, d. h. das Auftreten von Konz.-Inhomogenitäten bei ungleichmäßiger partieller Selbstdiffusion in Legierungen. Der umgekehrte Frenkel-Effekt wurde experimentell bei der Unters. des Sinterns aus Leg.-Körnern gepreßter Proben (Cu–Ni, Fe–Ni u. α-Messing) gefunden. F. Lenz. 190☐

Die Diffusion von Cu in PbS. J. Bloem und F. A. Kröger. (Chem. Weekbl. **53.** 1—4. 5/1. 1957. Eindhoven, N. V. Philips' Gloeilampenfabrieken, Natuurk. Labor.) (Holl.)

Cu besetzt in PbS Pb^{2+}-Gitterplätze. Die Diffusion von Cu verläuft $>500^0$ hauptsächlich über Pb-Leerstellen, $<500^0$ über das Zwischengitter. Unter dem Einfl. der angewendeten Atmosphäre (H_2 oder H_2S) ist es möglich, bei niedriger Temp. Cu in PbS-Kristalle hinein- oder aus ihnen herausdiffundieren zu lassen. — Diskussion.
W. Wesly. 190☐

Der Strukturtyp des Borcarbids. S. La Placa und B. Post. (Planseeber. Pulvermetallurgie **9.** 109—12. April 1961. Brooklyn, N.Y., Polytechn. Inst.) (Engl.)

Borcarbid (B_4C) krist. rhomboedr. mit $Z = 3$. Die gleichen Kristallstrukturen besitzen α-B, B_7O, $B_{13}P_2$, $B_{13}As_2$ u. B_4Si, wie Röntgenfeinstruktur-Unterss. zeigen.
H. Fahlenbrach. 195☐

Die Molekül- und Kristallstruktur von $(PCF_3)_5$. Carol J. Spencer und William N. Lipscomb. (Acta crystallogr. [Copenhagen] **14.** 250—56. 10/3. 1961. Cambridge, Mass., Harvard Univ., Chem. Dep.; Minneapolis, Minn., Univ. of Minnesota.) (Engl.)

Weissenberg- u. Präzessionsaufnahmen von $(PCF_3)_5$-Einkristallen bei -100^0, die in der üblichen Weise (vgl. z. B. Lipscomb [1957]) hergestellt worden waren, ergaben monokline Symmetrie mit $a = 9{,}87 \pm 0{,}014$; $b = 9{,}78 \pm 0{,}013$; $c = 16{,}67 \pm 0{,}056$ Å; $\beta = 103^0\,0 \pm 10'$. $C_{2h}^5 - P\,2_1/n$; $Z = 4$; $D_{\text{ber.}}$ 2,12 g/cm³. Die Struktur wurde durch dreidimensionale Patterson-Analyse aufgeklärt. Atomparameter: P_1 (x =) 0 1203; (y =) 0,2622; (z =) 0,2046. P_2 −0,0659; 0,2655; 0,0997. P_3 −0,2108; 0,1865; 0,1759. P_4 −0,1138; −0,0099; 0,2231. P_5 0,1015; 0,0635; 0,2652. C_1 0,2404; 0,1985; 0,1404.

C_2 −0,1070; 0,4553; 0,1131. C_3 −0,3577; 0,1236; 0,0905. C_4 −0,0847; −0,1141; 0,1305. C_5 0,0767; 0,1376; 0,3674. F_1 0,2559; 0,2922; 0,0841. F_1' 0,2168; 0,0783; 0,1024. F_1'' 0,3738; 0,1879; 0,1915. F_2 −0,0956; 0,4953; 0,1933. F_2' −0,0082; 0,5301; 0,0860. F_2'' −0,2303; 0,4821; 0,0721. F_3 −0,4420; 0,2295; 0,0721. F_3' −0,4356; 0,0327; 0,1194. F_3'' −0,3197; 0,0680; 0,0223. F_4 −0,0457; −0,0397; 0,0699. F_4' 0,0196; −0,2019; 0,1576. F_4'' −0,1969; −0 1824; 0,0973. F_5 −0,0195; 0,2321; 0,3619. F_5' 0,0491; 0,0380; 0,4149. F_5'' 0,1998; 0,1945; 0,4078. R (für alle Reflexe) = 0,18. Der fünfgliedrige P-Ring ist weitgehend aus der Ebene heraus deformiert. Durchschnittliche Abstände: P—P 2,223 ± 0,007; P—C 1,91 ± 0,02; C—F 1,35 ± 0,03 Å. Die P—P—P-Valenzwinkel variieren zwischen 94,6 u. 107,5 ± 0,4°. H. Moenke. 195☐

Die Kristallstrukturen von α-Na_2S_2 und K_2S_2, β-Na_2S_2 und Na_2Se_2. H. Föppl, E. Busmann und F.-K. Frorath. (Z. anorg. allg. Chem. **314**. 12—20. Febr. 1962. Münster/Westf., Univ., Anorgan.-chem. Inst.) (Dt.)

α-Na_2S_2 (a = 7,629, c = 5,394 Å) u. K_2S_2 (a = 8,49, c = 5,84 Å) kristallisieren hexagonal in den Raumgruppen D_{3h}^3 — P $\bar{6}$ 2 mit Z = 3. Sie sind isotyp mit Na_2O_2. β-Na_2S_2 (a = 4,494, c = 10,228 Å) u. Na_2Se_2 (a = 4,685, c = 10,53 Å) kristallisieren hexagonal in den Raumgruppen D_{6h}^4 — P 6_3/m m c mit Z = 2. Sie sind isotyp mit Li_2O_2. Charakterist. für alle vier Kristallstrukturen ist das Auftreten von S_2^{2-}- bzw. Se_2^{2-}-Hanteln, die parallel der c-Achse angeordnet sind. Der S—S (Se—Se)-Abstand beträgt 2,13 (2,38) Å. Die Strukturen wurden durch Drehkristall- u. Pulveraufnahmen bestimmt. — *α-Na_2S_2*, aus abs. A., Na-Äthylat, H_2S, S u. Zusatz von Na, Trocknen des gelben Prod. im Hochvakuum bei 100°; D. 2,01 (g/cm³). — *β-Na_2S_2*, durch 2std. Tempern vorst. Verb. bei 250°; D. 2,05; gelb. Einkristalle (Nadeln) durch langsames Abkühlen der Schmelze. — *K_2S_2*, aus S u. K (1 : 1) in fl. NH_3, 4tägiges Tempern bei 60° (D. 1,795) bzw. Erhitzen unter N_2 auf 320° (D. 1,89); gelb. — *Na_2Se_2*, aus Na u. Se (1 : 1) in fl. NH_3, Tempern bei 400°; D. 3,35; schwarzviolett. Ch. Weiske. 195☐

Die Elementarzelle und Raumgruppe von 4 CaO · 3 Al_2O_3 · 3 H_2O. A. Percival und H. F. W. Taylor. (Acta crystallogr. [Copenhagen] **14**. 324. 10/3. 1961. Old Aberdeen, Scotland, Univ., Dep. of Chem.) (Engl.)

Schwenk- u. Drehkristallaufnahmen von Kristallen, die hydrothermal aus $CaAl_2O_4$, $Ca(OH)_2$ u. W. bei 350° hergestellt worden waren, ergaben orthorhomb. Symmetrie mit a = 12,78; b = 12,42 u. c = 8,90 Å. Wahrscheinliche Raumgruppen: B 2 c b oder B m a b. H. Moenke. 195☐

Untersuchungen über eine Komplexverbindung zwischen Aluminium und PAS. 4. Mitt. Röntgenographische Untersuchungen der Struktur von Calciumaluminium-p-aminosalicylat. Kyoji Hayano und Sataro Imado. (Chem. pharmac. Bull. [Tokyo] **7**. 772—76. Okt. 1959. Osaka, Tanabe Seiyaku Co. Ltd., Res. Labor.) (Engl.) — 3. vgl. C. **1962**. 7079.

Vff. untersuchten röntgenograph. die Struktur der l. c. kristallograph. u. opt. untersuchten Komplex-Verb. $Ca[(C_7H_5NO_3)_2Al(OH)(H_2O)] \cdot 7\ H_2O$. Schwenk- u. Weissenberg-Aufnahmen ergaben trikline Symmetrie u. die Zelldimensionen a = 11,82; b = 11,68; c = 9,22 Å; α = 92,5 ± 3°; β = 116,0 ± 3°; γ = 81,0 ± 3°. Raumgruppe ist C_i^1 — P$\bar{1}$; Z = 2. Aus einer Patterson-Projektion auf die (xy)-Ebene ist ersichtlich, daß in dem komplexen Ion $[Al(OH)(H_2O)(C_7H_5NO_3)_2]^{2-}$ die 2 Moll. p-Aminosalicylsäure in koplanarer Lage mit dem Al koordiniert sind, während das H_2O u. das O-Atom der OH-Gruppe oberhalb u. unterhalb des Al-Atoms liegen. Diese Mol.-Ebene ist gegen die (xy)-Ebene ca. 82—83° geneigt. Das Ca-Ion liegt zwischen den Lagen des komplexen Ions, die in der Diagonalrichtung der Zelle verteilt sind. Das Kristallwasser liegt zwischen diesen Ionen u. stabilisiert den Kristall. C. Gottfried. 195

Untersuchungen über eine Komplexverbindung zwischen Aluminium und PAS (Nachtrag). Röntgenographische Analyse von Calciumaluminium-p-aminosalicylat. Kyoji Hayano und Sataro Imado. (Chem. pharmac. Bull. [Tokyo] **7**. 777—79. Okt. 1959.) (Engl.) — Vgl. vorst. Referat.

Unterss. an Calciumaluminium-p-aminosalicylatheptahydrat (I) mit der Thermowaage ergeben, daß beim Erhitzen auf 105° 6 Moll. H_2O u. beim Erhitzen auf 130° das siebte Mol. H_2O abgegeben wird. Bei weiterem Erhitzen bis auf 200° tritt teilweise Zers. ein, wobei ein Gleichgewichtszustand anscheinend erreicht wird. Auf Grund dieser Beobachtungen wurden Pulveraufnahmen von auf 200° erhitztem **I** hergestellt. Es wurden außer den Interferenzen des **I** einige Linien des *m-Aminophenols* u. wahrscheinlich des I-*Anhydrids* festgestellt. C. Gottfried. 195

Interatomare Abstände in $PbCl_2$, Cotunnit. K. Sahl und J. Zemann. (Naturwissenschaften **48**. 641—42. 2. Okt.-H. 1961. Göttingen, Univ., Mineralog.-kristallograph. Inst.) (Dt.)

Aus Mo-WEISSENBERG-Aufnahmen u. FOURIER- sowie (F_0-F_c)-Synth. wurden folgende Daten von Cotunnit ermittelt: LAUE-Symmetrie 2/m 2/m 2/m; Gitter-Konst. a = 7,62, b = 9,05, c = 4,535 Å; Raumgruppe P n a m — D_{2h}^{16}; Z = 4; Punktlagen 4 Pb auf 4 (c): x y $^1/_4$; x = 0,2617, y = $0,095_6$, B = 2,0; 4 Cl_I auf 4 (c): x y $^1/_4$, x = 0,3610, y = 0,4258, B = 2,0; 4 Cl_{II} auf 4 (c): x y $^3/_4$, x = 0,0232, y = 0,3370, B = 2,0. Nach den Pb—Cl-Abständen ist Pb zunächst pyramidal von 3 Cl umgeben (Abstand Pb—Cl 2,86—2,90), dann folgen mit einem Abstand von 3,06—3,08 4 Cl u. darauf 2 Cl mit einem Abstand von 3,04 Å. Der kleinste Cl—Cl-Abstand beträgt 3,38 Å.

CH. WEISKE. 195□

Über die Kristallstruktur von wasserfreiem Kupfersulfat. B. Rama Rao. (Acta crystallogr. [Copenhagen] **14.** 321—22. 10/3. 1961. Göttingen, Univ., Mineralog.-kristallograph. Inst.) (Engl.)

Vf. verfeinerte die von KOKKONES u. RENTZEPERIS (vgl. C. **1959.** 6725) nach dem „trial and error"-Verf. ermittelte Struktur durch FOURIER- u. Differenzsynthesen. Dabei wurden die l. c. ermittelten Werte eingesetzt. Atomparameter: 4 Cu in (a) 0; 0; 0; 4 S in (c) 0,185; 0,250; 0,445; 4 O_I in (c) 0,141; 0,250; 0,755; 4 O_{II} in (c) 0,375; 0,250; 0,439; 8 O_{III} in (d) 0,129; 0,069; 0,307. Tabelle der Atomabstände. Es ist wahrscheinlich, daß normale (4 + 2)-Koordination von Cu vorliegt. H. MOENKE. 195□

Kristallstruktur von monoklinem Wolframtrioxid bei Zimmertemperatur. Sigetosi Tanisaki. (J. physic. Soc. Japan **15.** 573—81. April 1960. Yamaguchi Univ., Fac. of Lit. and Sci.) (Engl.)

Die Röntgenunters. (Schwenkaufnahmen) der bei Zimmer-Temp. stabilen WO_3-Modifikation ergibt eine monokline Zelle mit a = 7,30; b = 7,53; c = 7,68 Å; β = 90° 54'; Z = 8; Raumgruppe P 2_1/n. Aus den PATTERSON-Projektionen in a- u. c-Richtung sowie durch „trial and error" ergibt sich eine Anordnung der W-Atome ähnlich der von BRAEKKEN [1931] gefundenen Struktur. Die Lagen der O-Atome werden aus schwachen Reflexen mit ungeradem Index l ermittelt. Endgültige Atomlagen (x; y; z): W_1 1/4 + 0,002; 0,026; 1/4 + 0,035; W_2 1/4 — 0,003; 0,033; 3/4 + 0,031; O_{x1} 0; 0,025; 1/4 — 0,030; O_{x2} 0; 1/2 — 0,025; 1/4 — 0,030; O_{y1} 1/4 + 0,040; 1/4 + 0,040; 1/4 + 0,015; O_{y2} 1/4 — 0,040; 1/4 + 0,040; 3/4 — 0,015; O_{z1} 1/4 + 0,030; 0,040; 0,030; O_{z2} 1/4 + 0,030; 1/2 — 0,010; —0,030. In den Schichten bei x ~ 1/4 u. z ~ 1/4 liegen die W—O-Abstände zwischen 1,80 u. 2,01 Å. — Auf Grund der ermittelten Struktur ist der Kristall zentrosymm., also antipolar in allen 3 Richtungen a, b u. c. Damit läßt sich die häufig aufgeworfene Frage, ob WO_3 bei Zimmer-Temp. ferroelektr. oder ferrielektr. ist, zugunsten eines antiferroelektr. Verh. lösen. G. RUBAN. 195□

Wachstumszwillinge in dünnen Schichten von Silberkristallen. Albert Art und André Ponslet. (J. Physique Radium, Physique appl. Suppl. zu: J. Physique Radium **21.** 134A—136A. Juli 1960. Bruxelles, Univ.) (Franz.)

Elektronenmkr. Unters. dünner Ag-Filme, die im Vakuum (10^{-5} mm Hg) auf frische Spaltflächen von NaCl, die eine Temp. von 200° hatten, aufgedampft worden waren, ließen in den Kriställchen die bereits von mehreren Seiten beobachteten Streifungen erkennen. In Übereinstimmung mit OGAWA u. Mitarbeitern (vgl. C. **1956.** 7161) u. REIMER (vgl. C. **1960.** 6765) konnten diese Streifungen durch Zwillingskristalle in diesen Filmen erklärt werden. Mittels Elektronenbeugung wurde außerdem gefunden, daß die Filme auf der Unterlage orientiert aufgewachsen waren: es war $(0\,0\,1)_{Ag} \parallel (0\,0\,1)_{NaCl}$ u. $[1\,0\,0]_{Ag} \parallel [1\,0\,0]_{NaCl}$. Durch weitere Verss. wurde festgestellt, daß es sich bei den Streifungen um (1 1 1)-Zwillinge handelt, die parallel den Richtungen [1 1 0] u. [0 1 1] der NaCl-Einkristalle liegen. C. GOTTFRIED. 196

Bindungsprozeß von Gold und Nachweis der ersten Stadien der Wasseradsorption an einer Spaltfläche von Natriumchlorid. Monique Hucber und Agnès Oberlin. (C. R. hebd. Séances Acad. Sci. **252.** 3081—83. 1 Tafel. 15/1. 1961. Paris, Fac. des Sci., Labor. de Minér.-Cristallogr.) (Franz.)

Werden frische Spaltflächen von NaCl-Einkristallen mit Au bedampft u. wird auf den Schichten (zur Verstärkung beim Ablösen) C zusätzlich abgeschieden, so werden bei elektronenmkr. Unterss. „Dekorationslinien" (DL) beobachtet, die bes. an Stufenversetzungen an der Kristalloberfläche auftreten. Beim Einlassen von H_2O-Dampfspuren in die Vakuum-App. vor dem C-Aufdampfen werden die DL durch sog. „inverse DL" ersetzt, d. h. das Au ist bes. an den Stufenversetzungen durch H_2O-Moll. verdrängt worden, da die Bindung von H_2O an den Kanten wesentlich stärker als die von Au ist. Sind die Kristallflächen schon mit H_2O vorbelegt, so sind nur inverse DL möglich. An Spaltflächen von natürlichem Steinsalz können Einschlüsse der Mutterlauge mit Hilfe inverser DL sichtbar gemacht werden; wird das W. durch Erwärmen vor dem Au-Aufdampfen entfernt, so erscheinen an denselben Stellen DL.

HERBERT MÜLLER. 196□

Einflüsse eines kurzzeitigen Ionenbeschusses auf Metalleinkristalle. Raymond Castaing und Bernard Jouffrey. (C. R. hebd. Séances Acad. Sci. **252.** 2696–98. 3/5. 1961. Orsay, Seine-et-Oise, Fac. des Sci., Labor. de Phys. des Solides.) (Franz.)

Durch Aufdampfen von *Au* auf Spaltflächen von *Steinsalz* werden monokrist. Schichten der Dicke 20 mμ hergestellt; in den Schichten beträgt die Anzahl der Stapelfehler 10^8 (cm^{-2}), der Versetzungen 10^9–10^{10}. Die Schichten werden kurzzeitig (0,05 bis 1 Sek.) mit Ar-Ionen (4 keV, 2 μA/mm^2) beschossen u. die Veränderungen der Schichten elektronenmkr. untersucht. Im Kristallgitter erfolgt bei Ionenbeschuß die Bldg. einer großen Anzahl von Stapelfehlern, während prim. vorhandene Versetzungen abgebaut werden; daher zeigen Metalloberflächen nach Ionenbeschuß eine beträchtliche Oberflächenrauhigkeit. Die ca. 50 Å langen Stapelfehler liegen parallel zu den ursprünglich vorhandenen Fehlern. Werden die Proben nach der Bestrahlung 1 Std. auf 410° angelassen, so verschwinden die Stapelfehler u. die Versetzungen erscheinen erneut.

HERBERT MÜLLER. 196□

Keimbildungsvorgänge bei der Rekristallisation. W. G. Burgers und T. J. Tiedema. (Metalen **16.** 38–47. 15/2. 1961. Delft, TH, Labor. voor Fys. Scheikunde.) (Holl.)

Übersicht über die Keim-Bldg. bei Metallen nach BECKER, die Gitterblock-Bldg., Gitterfehler, das Rekristallisationsgefüge, die martensit. Deutung der Keim-Bldg., die Geometrie des {1 1 1}[1 1 2]-Gleitens, die ROWLAND-Umwandlung, die sek. Rekristallisation u. die stimulierten Zwillingskristalle. — 65 Literaturangaben (bis 1960).

W. WESLY. 197□

Abschätzung der Leerstellen-Gleichgewichtskonzentration in festen Metallen. R. F. Mehl, M. Swanson und G. M. Pound. (Acta metallurg. [New York] **9.** 256–57. März 1961. Pittsburgh, Pa., Carnegie Inst. of Technol., Metals Res. Labor.) (Engl.)

Vff. entwickeln folgende semi-empir. Beziehung zur Berechnung der Leerstellen-Bldg.-Enthalpie aus der Schmelzenthalpie u. der Vol.-Abnahme beim Erstarren für Metalle dichtester Kugelpackung: $\Delta H^{\square} = \alpha \cdot \Delta H_F \cdot v/\Delta\, v$. Aus experimentellen Daten ergibt sich für den Koeff. α ein Mittelwert von 0,40 mit einem Fehler von 10%. Eine Abschätzung der Leerstellengleichgewichts-Konz. ist somit größenordnungsmäßig ermöglicht.

G. M. NEUMANN. 197□

Über die Anwendung der Zonen-Schmelzmethode zur weitestgehenden Reinigung von Metallen. Ph. Albert. (Chimia [Zürich] **14.** 218–27. 15/6. 1960. Vitry-sur-Seine, France, C.N.R.S., Labor.) (Franz.)

Unter Hinweis auf die Monographie von PFANN (Zone Melting, John Wiley, New York 1958) werden an Hand von App.-Skizzen verschiedene Techniken des Zonenschmelzens zur Erzeugung besonders reiner Metalle eingehend beschrieben, z. B. die Erzeugung eng begrenzter Zonen am Barren mit den verschiedenen Heizungsmöglichkeiten. Für jedes Metall sind die optimalen Bedingungen hinsichtlich Wanderungs-Geschw., Atmosphäre usw. zu erproben. Zur Best. der Reinheit dient u. a. das elektr. Verh. bei tiefen Temp. u. die Neutronenaktivierungsanalyse. Die Anwendung des Zonenschmelzens auf organ. Verbb., wie Phenanthren, Naphthalin, Stilben, Xylol, Bzl., wird kurz angedeutet.

W. RITTLER. 197□

Fortschritte und Ergebnisse der Konstitutionsforschung. 1. Mitt. H. Spengler. (Metall **15.** 883–91. Sept. 1961. Pforzheim.) (Dt.) — Vgl. C. **1955.** 533.

Zustandsdiagramme von Zwei- u. Mehrstoff-Syst. von Metallen u. Unterss. an diesen Systemen. — 141 Literaturangaben (von 1957–1959). M. GEHLEN-KELLER. 197□

Zur Systematik der schmelzflüssigen Metalle und Legierungen. 5. Mitt. G. Bauer und F. Sauerwald. (Wiss. Z. Martin-Luther-Univ., Halle-Wittenberg, math.-naturwiss. R. **10.** Nr. 5. 1029–68. Aug. 1961. Halle/Saale, Univ., Inst. für physikal. Chem.) (Dt.) — 4. Mitt. „Neue Unters. zur Systematik der schmelzfl. Metalle u. Legg. nach F. Sauerwald", Dissertation, Halle/Saale [1959].

Es sollte geprüft werden, ob die Formulierungen zur Systematik schmelzfl. Metalle u. Legg., die in der 1.–3. Mitt. (Z. Metallkunde **35.** [1943.] 105; C. **1951.** I. 1277) niedergelegt sind, unter Berücksichtigung des inzwischen neu bekannt gewordenen Tatsachenmaterials noch haltbar sind, wobei besonderer Wert darauf gelegt wurde, alle verfügbaren Eig.-Daten in die systemat. Betrachtung einzubeziehen. Insgesamt wurden von 145 bin. Leg.-Syst. Daten für den schmelzfl. Zustand erfaßt, in Tabellen zusammengestellt u. statist. ausgewertet. Auf Grund neuerer Literaturangaben scheint es zweckmäßig, die schmelzfl. Legg. in die folgenden Hauptgruppen einzuteilen: 1. V-Syst. (intermetall. Verb.-Syst.), in denen stärkere Bindungen zwischen den Leg.-Partnern vorhanden sind. 2. L-Syst. (Lsg.-Syst.), bei denen sowohl im fl. als auch im festen Zustand keine stärkeren Bindungen vorliegen. 3. E-Syst. (Entmischungs-Syst.), die neu aufgenommen sind u. in denen Tendenzen zur Entmischung bereits in der homogenen Lsg. festzustellen sind.

Diese führen beim größten Teil dieser Syst. zu Mischungslücken im fl. Zustand. 4. Z-Syst. (Zwischensyst.) in geringer Anzahl, die den kontinuierlichen Übergang zwischen den ersten 3 Arten repräsentieren, Syst. mit entweder amphoteren oder nicht sehr ausgeprägten Eigenschaften. Die einzelnen Eigg., bes. die verhältnismäßig wenigen bzgl. der getroffenen Einteilung herausfallenden Werte, werden unter dem Gesichtspunkt der Bindungsverhältnisse u. anderer aus den Meßergebnissen abgeleiteten Vorstellungen diskutiert. Die aufgestellten Regeln erlauben es, mit einer gewissen Sicherheit aus Teilkenntnissen über bestimmte Syst., vor allem aus dem Zustandsdiagramm, gewisse Voraussagen über das Verh. von Leg.-Syst. im fl. Zustand zu machen. — Alphabet. Verzeichnis der untersuchten Leg.-Syst. mit 590 Literaturangaben. G. BAUER. 197□

Wachstumsgeschwindigkeiten von Zinkkristallen aus der Dampfphase. Robert L. Parker und Lawrence M. Kushner. (J. chem. Physics **35.** 1345—48. Okt. 1961. Washington, D.C., Nat. Bur. of Stand.) (Engl.)

Die Wachstums-Geschw. von Zn-Kristallen aus der Dampfphase wurde in Abhängigkeit von der Dampfübersättigung σ bei 390° untersucht. Die σ-Werte betragen zwischen 0,009 u. 0,09. Die Wachstums-Geschw. ändert sich angenähert linear mit σ, wodurch die Best. zweier in der Theorie von BURTON, CABRERA u. FRANK über das Kristallwachstum vorkommender Faktoren σ_1 u. βC_0 möglich ist. Die Ergebnisse zeigen, daß die Oberflächenkeime weder bei der Keim-Bldg. noch beim Wachsen dieser Kristalle wirksam waren. WOLFGANG KRÜGER. 197□

Die Kristallumwandlung des Kobalts. G.-M. Schwab und W. Ludwig. (Pure appl. Chem. **2.** 297—301. 1961. München, Univ., Phys.-Chem. Inst.) (Dt.)

Vff. untersuchten die α–β-Umwandlung des Co. Bei dieser handelt es sich um die relativ selten auftretende Umwandlungsart des „Umklappens" („turnover" transition). Ähnliche Umwandlungen zeigen auch $K_2Cr_2O_7$ u. Korksäure. Die Umwandlung wird durch starke Gitterstörungen gehemmt. Vff. nehmen neben der bekannten α-Form eine weitere hexagonale Modifikation an. WOLFGANG KRÜGER. 197□

Diffusion mit einer Konzentrationsdiskontinuität: Das System Wasserstoff–Palladium. R. Ash und R. M. Barrer. (Physics Chem. Solids **16.** 246—52. Nov. 1960. London, Imp. Coll., Chem. Dep., Phys. Chem. Labor.) (Engl.)

Vff. behandeln die Diffusion durch eine Membran, in der sich die diffundierende Komponente unter Bldg. zweier nichtstöchiometr. Phasen mit einer Konz.-Diskontinuität löst. Es wird gezeigt, wie die im Konz.-Gradienten auftretende Diskontinuität die Best. des Diffusions-Koeff. beeinflußt u. wie dieser vom Druck abhängt. Die Ergebnisse werden schließlich auf das H_2–Pd-Syst. angewandt. G. M. NEUMANN. 197□

Mikroskopische Beobachtungen an einer Mg-Legierung mit 0,6 Gewichts-% Zr nach einer Wasserstoffglühung. P. Lelong, J. Dosdat, J. Boghen und J. Hérenguel. (J. nuclear Mater. [Amsterdam] **3.** 222—34. Febr. 1961. Antony/Seine, Centre de Rech. d'Antony de la Sté. des Tréfileries et Laminoirs du Havre.) (Franz.) — Vgl. C. **1961.** 8219.

Vff. berichten über licht- u. elektronenmkr. Unterss. einer in H_2 geglühten Mg-Leg. mit 0,6 Gew.-% Zr. Durch Eindiffusion von H_2 in das Gefüge werden ebene Plättchen von Zr-Hydrid ausgeschieden, wodurch eine Gefügestabilisierung durch Verankerung der Korngrenzen hervorgerufen wird. Die Hydrid-Bldg. ist irreversibel u. die Geschw. der Teilchenvergrößerung beim Erwärmen nur sehr gering. Dadurch kommt es, wenn die Hydridteilchen genügend fein sind, zum Aushärten der Legierung. G. M. NEUMANN. 197□

Untersuchungen über die Grenzflächenenergien einiger Kupferlegierungen, die eine unlösliche Phase enthalten. 1. Mitt. A. A. Krishnan und V. Ramachandran. (Indian Inst. Sci., golden Jubilee Res. Vol. **1909—1959.** 250—57. 2 Tafeln. Juli/Aug. 1959. Dep. of Metallurgy.) (Engl.)

Vff. weisen auf die Bedeutung der vektoriellen Abhängigkeit zwischen den Energien der interkristallinen Korngrenzen u. den Energien, die zwischen den Korngrenzen der einzelnen Phasen auftreten, hin. Der Einfl. verschiedener Leg.-Zusätze (Cd, Sb, Li, In, Zn, P, Ni u. Al) von spröden Bi(3%)–Cu-Legg. auf den diedr. Winkel ϑ der unlösl., fl. Bi-Phase wird untersucht; ϑ ist gegeben durch $\gamma_{ab}/\gamma_{aa} = {}^1/_2 \cos \vartheta/2$, wobei γ_{ab} die Grenzflächenenergie zwischen einem Kristall der Phase a u. einem Kristall der Phase b u. γ_{aa} die Korngrenzenenergie zwischen 2 Kristallen der Phase a ist. Es wird festgestellt, daß die Sprödheit der Bi–Cu-Legg. durch geeignete Leg.-Zusätze verringert werden kann; Leg.-Zusätze, deren Kristallstruktur sich von der des Cu unterscheiden, haben einen merklichen Einfl.; steigende Zusätze eines Leg.-Bestandteiles erhöhen den diedr. Winkel von Bi, Anwachsen der Temp. erniedrigt ϑ, so daß eine Möglichkeit zur Herst. von Legg. mit bestimmten Eigg. durch Wärmebehandlung besteht. U. SKURNIA. 197□

Über die direkte elektronenmikroskopische Beobachtung der Erscheinungen bei der Rückkehr einer festen Al-Si (1,2%)-Lösung in das Gleichgewicht während der

auf das Abschrecken folgenden Erholung. Adrien Saulnier. (C. R. hebd. Séances Acad. Sci. **251.** 2160—62. 14/11. 1960. Chambéry, Péchiney Co., Serv. des Rech.) (Franz.)

Blättchen einer Al-Leg. mit 1,2% Si werden 4 Std. bei 580° homogenisiert u. nach dem Abschrecken auf —10° durch elektrolyt. Abtragen auf eine Dicke von 600 Å gebracht. Die Vorgänge während der Erholung bei 80 bzw. 250° werden mit Hilfe der Durchstrahlungselektronenmikroskopie untersucht. Die Gleichgewichtseinstellung in der übersättigten festen Lsg. erfolgt in 2 Stufen. Zunächst wird eine Ausfällung von Leerstellen, Bldg. von Versetzungsschleifen u. eine Resorption der Schleifen beobachtet. Die 2. Stufe besteht in der Keim-Bldg. u. dem Wachstum von Si-Kristalliten. Die Ausfällung von Si erfolgt nicht an den Stellen der Versetzungsschleifen, u. die Keim-Bldg. ist nicht mehr an Stellen gebunden, an denen Leerstellenübersättigung als Folge des Abschreckens vorliegt. HERBERT MÜLLER. 197□

Neue ternäre R-Phasen mit Silicium. D. I. Bardos, K. P. Gupta und Paul A. Beck. (Nature [London] **192.** 744. 25/11. 1961. Urbana, Ill., Univ. of Illinois.) (Engl.)

Vff. geben die angenäherte Zus. u. die Gitter-Konst. folgender neuer R-Phasen an: $Ti_2Mn_{79}Si_{19}$, c = 19,23 (Å) u. a = 10,87; $Nb_5Mn_{79}Si_{16}$, 19,28 u. 10,89; $Ta_5Mn_{79}Si_{16}$, 19,19 u. 10,86; $Mo_3Mn_{78}Si_{19}$, 19,18 u. 10,85; $W_3Mn_{78}Si_{19}$, 19,22 u. 10,86; $V_{37}Fe_{41}Si_{22}$, 19,23 u. 10,79; $V_{45}Co_{40}Si_{15}$, 19,14 u. 10,78 u. $V_{45}Ni_{40}Si_{25}$, 19,10 u. 10,82.

HERBERT MÜLLER. 197□

α-Manganphasen mit Technetium-99. D. J. Lam, J. B. Darby jun., J. W. Downey und L. J. Norton. (Nature [London] **192.** 744. 25/11. 1961. Argonne, Ill., Argonne Nat. Labor.) (Engl.)

Durch Lichtbogenschmelzen hochreiner Übergangsmetalle werden Legg. mit ^{99}Tc hergestellt u. röntgenograph. untersucht. Die Gitter-Konst. der α-Mn-Phasen sind in Legg. mit 87,5 (Atom-%) Tc u. 12,5 Sc, a = 9,509 ± 0,001 (Å); 87,5 Tc u. 12,5 Ti, 9,579 ± 0,001; 87,5 Tc u. 12,5 Hf, 9,603 ± 0,001 u. 83,3 Tc u. 16,7 Ta, 9,565 ± 0,001. Die Gitter-Konst. des verwendeten hochreinen Tc-Metalls (hexagonale Zelle) wurden zu a = 2,743 ± 0,001, c = 4,400 ± 0,001 bestimmt. HERBERT MÜLLER. 197□

Die Oxydation von Eisen–Nickel-Legierungen. 3. Mitt. **Die Kinetik der Oxydation dreier handelsüblicher Legierungen.** R. T. Foley und C. J. Guare. (J. electrochem. Soc. **106.** 936—40. Nov. 1959. Schenectady, N.Y., Gen. Electr. Co., Gen. Engng. Labor.) (Engl.) — 2. vgl. C. **1959.** 57.

Vff. untersuchen die Oxydation von Fe–Ni-Legg. mit 30 (%) (**A**) u. 41 Ni (**B**) sowie 78 Ni + 4 Mo (**C**) im Temp.-Bereich von 600—1000° in Labor.-Luft u. in einem strömenden Gemisch von 21,7 O_2 u. 78,3 N_2. Die Oxydation der Legg. folgt innerhalb der Rk.-Zeit von 60 Min. bzgl. der Gew.-Zunahme einem parabol. Geschw.-Gesetz. Die Reproduzierbarkeit der parabol. Geschw.-Konst. ist im O_2–N_2-Gemisch besser als in Labor.-Luft, was auf die täglichen Schwankungen ihrer Zus. zurückgeführt wird. Vff. bestimmen die Temp.-Abhängigkeit der Rk.-Geschw. (RG) mit Hilfe der ARRHENIUSschen Gleichung. Die RG u. die scheinbaren Aktivierungsenergien ΔE^* von **A** u. **B** [41800 (cal/Mol) u. 41000 in Luft u. in O_2–N_2 bzw. 44600 u. 40900] deuten auf die Diffusion von Kationen durch eine Spinellschicht $Ni_xFe_{3-x}O_4$ als geschwindigkeitsbestimmenden Schnitt hin. Die niedrigeren Werte von ΔE^* für **C** (38230 u. 35450 cal/Mol) werden auf den Einfl. des Mo auf die physikal. Eigg. des gebildeten Oxidfilms (Spinellschicht mit NiO u. MoO_3) zurückgeführt. In beiden Atmosphären stellen Vff. bei den höheren Temp. anomal hohe RG fest u. erörtern diese hinsichtlich lokaler „Übertemp.", die sich durch Wärme-Entw. auf der Oberfläche während der Oxydation ergeben. P. FRENZEL. 197□

Die Oxydation von Eisen–Nickel-Legierungen. 4. Mitt. **Weitere Elektronenbeugungsuntersuchungen bei erhöhten Temperaturen.** R. T. Foley. (J. electrochem. Soc. **108.** 216—21. März 1961.) (Engl.) — Vgl. vorst. Referat.

Vf. untersucht mit Hilfe von Elektronenbeugungsaufnahmen in Reflexion die Struktur u. Zus. der Oxidfilme, die auf Fe–Ni-Legg. mit 30 (%) (**A**), 41 (**B**), 80 Ni (**C**) u. 78 Ni + 3,8 Mo (**D**) bei Temp. bis zu 1000° während der Oxydation in Luft entstehen. Der Einfl. des Substrates auf die Struktur des zuerst gebildeten Films ist deutlich feststellen. **C** (mit nur Spuren von Fremdmetallen) bildet bei 700 bzw. 900° einen NiO- oder Ni-haltigen Spinell. Bewiesen wird die Ggw. von MoO_3 auf der Oberfläche von **D** bei 900°. Vf. nimmt an, daß das MoO_3 unmittelbar nach Beginn der Oxydation entsteht u. daß es nur in wenigen Fällen nachgewiesen werden kann, da es beim Weiterwachsen des Films an der Grenzfläche Metall/Oxid zurückgehalten wird. In Ggw. von H_2O-Dampf (Taupunkte 38 u. 80° F) wird auf **A** u. **B** ein Spinell mit einem Gitterparameter a_0 von 8,50—8,60 beobachtet. Das Gitter ist gegenüber dem früher beobachteten Spinell $NiFe_2O_4$ mit a_0 = 8,33 aufgeweitet u. stimmt mit dem von $MnO \cdot Fe_2O_3$ oder Mn_3O_4

überein. Vf. nimmt daher an, daß der Mn-Geh. der Legg. einen Einfl. auf die Struktur der Oxidschichten hat, obwohl dieser < 1% liegt. P. FRENZEL. 197□

Der Oberflächenmartensit und die plastische Deformation. A. Mašin und O. Bakalíková. (Czechoslov. J. Physics **11.** 144—49. 1961. Prag, Forsch.-Inst. für Verkehrswesen u. Vakuumelektrotechn.) (Dt.) — Vgl. C. **1961.** 3133.

Der Einfl. von Oberflächenmartensit auf die plast. Verformung von Austenit wird untersucht u. dabei festgestellt, daß der Oberflächenmartensit im Einklang mit seiner geringen Eindringtiefe den Verlauf der plast. Verformung des Austenits ganz unbedeutend beeinflußt. Nur schwache Gleitlinien werden an den Teilchen des Oberflächenmartensits aufgehalten; starke Gleitlinien verlaufen unabhängig von dem Oberflächenmartensit. Aus der Verschiebung der Oberflächenmartensitteilchen bei der Dehnung der Kristalle folgt ihr individuelles Verh. u. ihre gegenseitige Unabhängigkeit. H. HOCHSTEIN. 200□

Innere Reibungseffekte in Eisen-Silicium-Stickstoff-Legierungen. R. Rawlings und P. M. Robinson. (J. Jron Steel Inst. **197.** 211—15. März 1961. Cardiff, Univ. Coll.) (Engl.)

Die innere Reibung von Fe-Si-N-Legg. wurde bei Frequenzen von 0,74—10 Hz untersucht. Bei Darst. der inneren Reibung in Abhängigkeit von der Temp. wurden 3 u. in einigen Fällen 5 Spitzen festgestellt. Die 1. Spitze ist mit der für Fe-N-Legg. ident., die 2. wird auf N-Atome u. Versetzungen zurückgeführt u. die 3. auf N-Atome mit benachbarten Si-Atomen. Es wird angenommen, daß die 4. von N-Atomen in der Nähe anderer N-Atome herrührt. Eine Erklärung für die 5. Spitze wird nicht gegeben. H. HOCHSTEIN. 200□

Zur Frage der dritten Relaxationsperiode der Spannung in Metallen. Ja. Ss. Ginzburg. (Известия Высших Учебных Заведений [Москва], Черная Металлургия [Hochschulnachr. (Moskau), Eisenmetallurgie] **1960.** Nr. 9. 116—18. Allunions-Forsttechn.-Inst. für Fernunterricht.) (Russ.)

Die Gesamtverformung beim Kriechen von Metallen u. Legg. mit Phasenumwandlungen, die während der Verformung auftreten, ist bei gleichbleibender Spannung die Summe einer umkehrbaren sowie nichtumkehrbarer Komponenten (die umkehrbare elast. Komponente sowie die nichtumkehrbaren Komponenten der plast. u. zähen Deformation bzw. die nichtumkehrbaren Deformationen des reinen Kriechens u. der Phasenumwandlungen). Es werden in diesem Zusammenhang die 3 Perioden der Relaxationsperiode besprochen sowie Relaxations- u. dilatometr. Kurven einiger warmfester Cr-Ni-Mn-Stähle miteinander verglichen. Ferner werden die Spannungs-Relaxationskurven im Stahl 40 bei 450, 500, 550 u. 600° bei der Spannung $\sigma_0 = 7$ kg/mm² sowie in den Stählen 20 u. 40 sowie im Armco-Fe bei 550° u. $\sigma_0 = 5$ kg/mm² mitgeteilt. Das Auftreten der 3. Periode der Relaxationskurve verläuft hiernach offenbar unter Bedingungen eines erleichterten Grenzfließens, dessen Intensität sowohl durch den Temp.-Faktor als auch durch den Zustand der Korngrenzgebiete bedingt sein kann. Daher wird die Erscheinung der 3. Relaxationsperiode sowohl in den warmfesten als auch in den unlegierten Stählen 20 u. 40 sowie im Armco-Fe als vom Charakter der Phasenumwandlungen unabhängig festgestellt. H. HOCHSTEIN. 200□

Das Gitterschwingungsspektrum von Germanium. Frank Herman. (Physics Chem. Solids **8.** 405—18. Jan. 1959. Princeton, N.J., RCA, RCA Labor. Div.) (Engl.)

Vf. wendet die BORN-VON KÁRMÁNsche Theorie auf die Diamantstruktur an u. leitet das allgemeinste Kraft-Syst. unter Einschluß der Wechselwrkg. zwischen allen Atomen u. den erst- bis sechstnächsten Nachbarn ab. Die makroskop. Elastizitäts-Konst. sowie die Frequenzen der Gitterschwingungen werden dabei in Form von 21 unabhängigen Parametern, die in das Kräfte-Syst. eingehen, beschrieben. Es zeigt sich, daß die experimentell erhaltenen Elastizitäts-Konst. u. Gitterfrequenzen entlang der [1 0 0]- u. [1 1 1]-Achsen dem allg. Kräftemodell nur bei Berücksichtigung der fünftnächsten Nachbarn entsprechen. Ferner werden die Grenzen des Modells diskutiert. G. M. NEUMANN. 200□

Dämpfungseffekte bei Versetzungen in Steinsalz. Charles L. Bauer und Robert B. Gordon. (J. appl. Physics **31.** 945—49. Juni 1960. New Haven, Conn., Yale Univ., Hammond Metallurg. Labor.) (Engl.)

Vff. berichten über Messungen der inneren Reibung an durch Druck verformten NaCl-Einkristallen als Funktion der Verformungsamplitude u. Messungen des elast. Moduls an den gleichen Kristallen bei Bestrahlung mit 31-KV-Cu-Röntgenstrahlen. Nach Ansätzen mit einer Lsg. von wenig $Fe(NO_3)_3 \cdot 9\,H_2O$ in abs. A. wurden die Ätzgrübchendichten bestimmt. Diese Daten wurden verwendet, um die Konst. in einer von GRANATO u. LUCKE (vgl. C. **1957.** 9018) vorgeschlagenen Theorie festzulegen. Unabhängig davon wurde die mittlere Länge der Versetzungssegmente aus den Meßwerten der elast.

Modulen bestimmt unter Anwendung der von GORDON u. NOWICK (vgl. C. **1958.** 1779) entwickelten Methode. Es wird aus den experimentellen Ergebnissen geschlossen, daß beide Theorien eine brauchbare Darst. der Dämpfungserscheinungen der Versetzungen in NaCl geben u. außerdem erlauben, kontinuierlich aus Messungen der inneren Reibung Versetzungen zu beobachten. C. GOTTFRIED. 200

Exponentielle Temperaturabhängigkeit des Youngschen Moduls für verschiedene Oxide. J. B. Wachtman jun., W. E. Tefft, D. G. Lam jun. und C. S. Apstein. (Physic. Rev. [2] **122.** 1754—59. 15/6. 1961. Washington, D.C., Nat. Bur. of Stand.) (Engl.)

Der YOUNGsche Modul wurde im Temp.-Bereich 77—850° K mittels einer Resonanz-Meth. gemessen. Die ermittelten Daten beziehen sich auf Einkristalle von Al_2O_3 mit verschiedener Orientierung der kristallograph. Achsen u. auf polykristallines Al_2O_3, ThO_2 u. MgO. Die Ergebnisse zeigen, daß der Bereich der Gültigkeit einer Temp.-Abhängigkeit nach T^4, wie es die Theorie fordert, sehr klein ist. Die Temp.-Abhängigkeit wird im ganzen Temp.-Bereich sehr gut durch die Beziehung $T \exp(-T_0/T)$ beschrieben, wobei T_0 ein empir. Parameter ist. Die charakterist. Temp. Θ u. die GRÜNEISEN-Konst. γ werden für Al_2O_3 zu 1045 ± 6 (°K), 1,18 (Einkristall), 1,34 (polykristallin); MgO 946 ± 4, 145 (Einkristall), 1,52 (polykristallin) u. ThO_2 782 ± 7, 1,78 (polykristallin) ermittelt. WOLFGANG KRÜGER. 200□

A₇. Gleichgewichte. Kinetik

Anordnung zur Untersuchung der Kinetik der Reduktion von Oxiden durch festen Kohlenstoff bei hohen Temperaturen. D. I. Ryshonkow, D. M. Golenko und L. M. Tscheljadinow. (Известия Высших Учебных Заведений (Москва), Черная Металлургия [Hochschulnachr. (Moskau), Eisenmetallurgie] **1960.** Nr. 4. 19—22. Moskau, Stahl-Inst.) (Russ.)

Entwickelt wird eine Unters.-Anlage zur Best. der schnellablaufenden Red.-Rkk. von Fe-Oxiden durch festen C bei hohen Temp. (über 1400°). Die Anordnung dieser Anlage wird beschrieben. H. HOCHSTEIN. 220□

Theoretische Untersuchung chemischer Gleichgewichte. 4. Mitt. Sándor Fliszár. (Arch. des Sci. **12 (164).** 452—64. Juli/Sept. 1959. Genève, Univ., École de Chim.) (Franz.) — 3. vgl. C. **1962.** 3742.

Betrachtung eines homogenen Systems. C. GOTTFRIED. 221

Stabilitätskonstanten einiger Metallkomplexe von o-Aminophenolen. D. D. Perrin. (J. chem. Soc. [London] **1961.** 2244—46. Mai. Canberra, Australian Nat. Univ., Dep. of Med. Chem.) (Engl.)

Vf. bestimmt die Dissoziationskonstante (pK_a) folgender o-Aminophenole u. die Stabilitäts-Konst. (K_1 u. β_2) ihrer Komplexe mit verschiedenen Metallionen, wobei zur Verhinderung der Oxydation von Fe^{2+} bes. Sorgfalt auf den Ausschluß von O_2 gelegt wurde (die pK_a-Werte sind auf die Ionenstärke Null extrapoliert): *o-Aminophenolhydrochlorid* (pK_a =) 4,781 u. 9,967, log K_1 u. log β_2 für Fe^{2+} 3,65 bzw. 6,34, für Cu^{2+} 8,77 bzw. 16,14; *3-Amino-4-hydroxybenzolsulfonsäure* 4,121 u. 9,146, log K_1 u. log β_2 für Fe^{2+} 3,32 bzw. 6,13; *3-Hydroxyanthranilsäure* 5,192 u. 10,118, log K_1 u. log β_2 für Fe^{2+} 3,8 bzw. 8,3; *4-Amino-5-hydroxynaphthalin-2.7-disulfonsäure* (Mononatriumsalz) 3,627 u. 8,827, log K_1 u. log β_2 für Mn^{2+} 2,18, —, für Fe^{2+} 2,57 bzw. 5,5, für Co^{2+} 2,84 bzw. 4,4, für Ni^{2+} 3,47 bzw. 5,26, für Cu^{2+} 6,91 bzw. 11,15, für Zn^{2+} 2,45, —. Die Werte werden im Hinblick auf Literaturdaten diskutiert. GERHARD SCHULZE. 223□

Zusammensetzung und Löslichkeit von Cer(III)-chlorid–Alkoholadditionsverbindungen. F. R. Hartley und A. W. Wylie. (J. chem. Soc. [London] **1962.** 679—81. Febr. Melbourne, Commonwealth Sci. and Ind. Res. Organ., Div. of Mineral Chem., Chem. Res. Labor.) (Engl.)

Die Löslichkeiten von $CeCl_3$ u. einem Mischchlorid ($LnCl_3$) der Seltenerdmetalle [25,6 (%) La, 45,2 Ce, 5,6 Pr, 19,9 Nd, 3,75 Sm] in aliphat. tert. u. n-Alkoholen bei 25° wird angegeben. Die Löslichkeit (g in 100 g Lsgm.) fällt vom Methanol: 39,4 für $CeCl_3$ u. 38,4 für $LnCl_3$ zum n-Propanol (25,4 bzw. 26,7), steigt zum n-Butanol (34,5 bzw. 33,0), um dann stetig bis zum n-Decanol zu fallen: 5,3 für $LnCl_3$. In tert. Alkoholen ist die Löslichkeit wesentlich geringer: für tert.-Butanol 0,5 $CeCl_3$. Die krist. Additions-Verbb. enthielten von A. bis zum n-Pentanol ca. 3 Moll. Alkohol. Beim Methanol ließen die Dampfdruckisothermen die Existenz von Verbb. mit 4, 3, 2 u. 1 Moll. Alkohol als möglich erscheinen. Aus tert. Propanol krist. $CeCl_3$ mit 2 Moll. Alkohol, mit tert.-Butanol bildet sich keine Verbindung. K. HUSTE. 224□

Die Reaktionsgeschwindigkeit von Wasserstoff mit Stickstoffdioxid. (Berichtigung.) W. A. Rosser jun. und H. Wise. (J. physic. Chem. **65.** 2277. Dez. 1961.) (Engl.)

Der Ausdruck von k_1/k_2 der in C. **1962**. 1533 referierten Arbeit wird verbessert: $k_1/k_2 = 0{,}16 \cdot e \exp 3130/RT$. Ch. Weiske. 225

Kinetik und Mechanismus für Säure–Base-Reaktionen von Boranen. S. H. Bauer. (Advances in Chem. Ser. **1961**. Nr. 32. 88—106. Ithaca, N.Y., Cornell Univ., Chem. Dep.) (Engl.)

Übersicht. Titrations-Meth. u. Titrationen, Solvolyse. — 94 Literaturangaben (bis 1959). Ch. Weiske. 225 □

Beweis für einen Einstufenaustausch der zwei Elektronen in der Thallium(I)–Thallium(III)-Reaktion. A. G. Sykes. (J. chem. Soc. [London] **1961**. 5549—50. Dez. Manchester, Univ., Dep. of Chem.) (Engl.)

Vf. untersuchte die Kinetik der Rk. 2 V(IV) + Tl(III) → 2 V(V) + Tl(I) bei 80° u. bei Zugabe von einem Überschuß an Tl(I) u. stellte fest, daß keine Abhängigkeit von der Konz. an Tl(I) besteht [Anfangs-Konzz. V(IV) = 0,00954 m, Tl(III) = 0,01414 m, V(V) = 0, Tl(I) = 0, 0,04431 bzw. 0,1317 m, H^+ = 1,8 m, Ionenstärke 3,0 m ($NaClO_4$)]. Die Anfangs-Geschw. der Rk. von Tl(III) war $0{,}904 \cdot 10^{-4}$ Mol·Liter^{-1} min^{-1}. In Übereinstimmung mit Unterss. von Gryder u. Dorfmann (C. **1961**. 12008) am Syst. Ce(IV)–Tl(I) in Ggw. von Tl(III) wurde geschlossen, daß die Tl(I)–Tl(III)-Rk. ein Einstufenprozeß unter Austausch von zwei Elektronen ist. U. Skurnia. 225 □

Beitrag zur Kenntnis metallorganischer Verbindungen. Methylradikale aus $Pb(CH_3)_4$ und $AuCl_3$. Umberto Belluco, Luigi Riccoboni und Giuseppe Tagliavini. (Ricerca sci. **30**. 1255. Aug. 1960.) (Ital.)

In Fortsetzung früherer Unterss. von Tagliavini u. Mitarbeitern (vgl. C. **1960**. 4135) untersuchten Vff. die Rk. zwischen $Pb(CH_3)_4$ u. $AuCl_3$ in methanol. Lsg., u. zwar für Gemische $Pb(CH_3)_4/AuCl_3$ 1,7—3. Zwei der bei der Rk. sich bildenden 3 CH_3-Radikale werden unter Bldg. von C_2H_6 verbraucht, während das dritte Radikal quant. Äthylenglykol bildet. C. Gottfried. 225

Der Einfluß von Nickel- und Kupfersulfat auf die katalytische Aktivität von Preußischblau bei der heterogenen Zersetzung von wässerigem Wasserstoffperoxid. F. H. Constable und B. Pekin. (Istanbul Univ. Fen Fak. Mecmuasi [Rev. Fac. Sci. Univ. Istanbul], Ser. C **22**. 353—70. Okt. 1957. Istanbul, Univ., Inst. of Phys. Chem.) (Engl.)

Die durch Preußischblau (I) katalysierte Zers. von wss. H_2O_2 wurde bei Temp. zwischen 30 u. 50° in Ggw. von $CuSO_4$ (II) bzw. $NiSO_4$ (III) (1, 2 u. 10%) gemessen. Während **II** allein den homogenen Zerfall des H_2O_2 beschleunigt, ist **III** allein katalyt. unwirksam; durch Zusätze von **II** bzw. **III** zu **I** wird jedoch die Geschw. des heterogenen H_2O_2-Zerfalls infolge Adsorption von Cu^{2+}- bzw. Ni^{2+}-Ionen an der **I**-Oberfläche vermindert. Für die Rk.-Geschw. in Ggw. von **I** + **II** bzw. **III** gilt die Beziehung: $K = a(1 - b \cdot W)$, wobei W die Menge **II** bzw. **III** in g/100 cm³ Lsg. ist; die Konst. betragen (Temp., g **I**, a, b) für **II**: 40°, 0,20, 0,122, 0,0171; 40°, 0,10, 0,058, 0,053; 50°, 0,20, 0,228, 0,0158; 50°, 0,10, 0,114, 0,0429; für **III**: 40°, 0,20, 0,114, 0,0403; 30°, 0,20, 0,058, 0,0656. Die Adsorptionswärmen betragen 1,720 cal/g-Ion für Cu^{2+}, 9,140 cal/g-Ion für Ni^{2+}. M. Schenk. 227 □

A_8. Präparative anorganische Chemie. Komplexverbindungen. Metallorganische Verbindungen

Trennung der ortho- und para-Formen sowie der Isotope durch bevorzugte Adsorption bei niedrigen Temperaturen. David White, W. J. Haubach und E. N. Lassettre. (Pure appl. Chem. **2**. 323—24. 1961. Columbus, Ohio, Ohio State Univ., Cryogenic Labor. and Dep. of Chem.) (Engl.)

Vff. geben eine Zusammenfassung der bisher bekannten Meth. zur Trennung der ortho- u. para-Formen u. Isotope des Wasserstoffs durch bevorzugte Adsorption bei Temp. unter 100° K sowie der dem Trennungsmechanismus zugrunde liegenden Theorie. Wolfgang Krüger. 238 □

Über die Bildung von Peroxotellursäuren in wässerigen Lösungen. P. J. Antikainen und Kaarina Tevanen. (Suomen Kemistilehti B **34**. 135—37. 1961. Helsinki, Univ. of Helsinki, Dep. of Chem.) (Engl.)

Die potentiometr. Unters. der Bldg. von Peroxotellursäuren in 0,1 m KCl-Lsg. gemäß der Gleichung $m H_6TeO_6 + n H_2O_2 \rightleftharpoons m H^+ + (H_5TeO_6)_m(H_2O_2)_n^{m-}$ ergab, daß gleichzeitig zwei Komplexe gebildet werden mit dem Verhältnis m:n = 1:1 u. 1:2. Die Konz. der Tellursäure betrug 0,001—0,05 m, die des H_2O_2 0,5—10,0 m. Die Bldg.-Konst. wurden zu $pK_1 = 7{,}602$ (1:1) u. $pK_2 = 8{,}86$ (1:2) berechnet. Ein Vgl. mit den Werten der entsprechenden B- ($pK_2 = 7{,}40$) u. Ge-Peroxopolysäuren ($pK_2 = 6{,}90$) zeigt die wesentlich größere Beständigkeit der letzteren. K. Huste. 255 □

Darstellung und Chemie des elementaren Bors. Arthur E. Newkirk. (Advances Chem. Ser. **1961.** Nr. 32. 27—41. Schenectady, N.Y., Gen. Electr. Res. Labor.) (Engl.)
Überblick. Darst., Struktur u. chem. Eigg. von B. — 125 Literaturangaben (bis 1958).
CH. WEISKE. 258□

Darstellung von Diboran. Roy M. Adams. (Advances Chem. Ser. **1961.** Nr. 32. 60—68. Beaver Falls, Pa., Callery Chemical Co. u. Geneva Coll.) (Engl.)
Übersicht über die Darst.-Verff. von B_2H_6. — 21 Literaturhinweise (bis 1956).
CH. WEISKE. 258□

Tetraboran, ein Überblick. J. P. Faust. (Advances Chem. Ser. **1961.** Nr. 32. 69—77. Niagara Falls, N.Y., Olin Mathieson Chem. Corp., Energy Div.) (Engl.)
Struktur, Darst., Pyrolyse von B_4H_{10}. — 25 Literaturangaben (bis 1957).
CH. WEISKE. 258□

Einige Probleme der Chemie der kondensierten Phosphate und Silicate. Erich Thilo. (Wiadomości chem. **12.** 651—76. Nov. 1958. Berlin, Dtsch. Akad. der Wiss., Inst. für anorg. Chem.) (Pol.)
Übersicht. — 21 Literaturangaben. P. GREGORZEWSKI. 264□

Hochtemperaturchemie binärer Borverbindungen. Paul W. Gilles. (Advances in Chem. Ser. **1961.** Nr. 32. 53—59. Lawrence, Kans., Univ. of Kansas, Dep. of Chem.) (Engl.)
Übersicht. Darst. von Metallboriden, deren physikal., thermodynam. u. chem. Eigenschaften. — 29 Literaturangaben (bis 1959). CH. WEISKE. 270□

Wanderung von Phenylgruppen in Verbindungen, die Si—O—Hg-Bindungen enthalten. Amiya K. Ghosh, Charles E. Hansing, Allan I. Stutz und Alan G. MacDiarmid. (J. chem. Soc. [London] **1962.** 403—07. Febr. Philadelphia, Pa., Univ. of Pennsylvania, John Harrison Labor. of Chem.) (Engl.)

Durch Zusammengeben der Lsgg. von $HgCl_2$ u. Natriumtriphenylsilicat [$(C_6H_5)_3$·SiONa] (1 : 2) in abs. Ae. erhält man *[$(C_6H_5)_3SiO]_2Hg$* (I). Diese Verb. konnte nicht rein erhalten werden, da selbst beim Absaugen des Ae. im Vakuum bereits eine teilweise Wanderung einer Phenylgruppe von Si zum Hg unter Bldg. der Verb. *$(C_6H_5)_3SiOHgC_6H_5$* (II) eintrat: I → (x — 1) II + $(C_6H_5)_3SiO[(C_6H_5)_2SiO]_xHgC_6H_5$ (III). 34% des eingesetzten Hg sind in II gebunden. III wird durch Luftfeuchtigkeit bis zum HgO hydrolysiert, ein genaues Molgew. u. der Polymerisationsgrad konnten nicht bestimmt werden. II konnte durch quant. Umsetzung mit HCl bestimmt werden. Die Verb. ist stabil, schmilzt bei 140—141° u. zeigt kurz über dem F. eine Wanderung einer 2. Phenylgruppe unter Bldg. von Diphenyl-Hg: (x + 1) II → x $(C_6H_5)_2Hg$ + $(C_6H_5)_3SiO[(C_6H_5)_2SiO]_xHgC_6H_5$. Wählt man das anfängliche Molverhältnis 1 : 1, so finden folgende analoge Umsetzungen statt: $(C_6H_5)_3SiONa$ + $HgCl_2$ → $(C_6H_5)_3SiOHgCl$ + NaCl, (x + 1) $(C_6H_5)_3SiOHgCl$ → x C_6H_5·HgCl + $(C_6H_5)_3SiO[(C_6H_5)_2SiO]_xHgCl$. Triphenylsilanol u. $HgCl_2$ ergaben keine Umsetzung. Die Phenylwanderung wurde als intermol. Rk. gedeutet.

Versuche: *Phenyl-tris-[phenylsiloxy]-quecksilber* (II), $C_{24}H_{20}HgOSi$, F. 140—141°, a) durch Zugabe von 7,7 g $HgCl_2$ in 400 ml Ae. zu einer äther. Lsg. von $(C_6H_5)_3SiONa$ (aus 77,0 g $(C_6H_5)_3SiOH$ in 100 ml Ae. u. einer Dispersion von Na in Xylol), 2—3 Min. langes Rühren, schnelles Abdestillieren des Ae. im Hochvakuum, 35 Min. langes Erwärmen bei 110°, Zugabe von 400 ml Ae., Filtrieren, Einengen auf 200—250 ml u. Abtrennen des Nd. durch Zentrifugieren, 5,3 g; b) durch Zugabe von 1 g K zu 6,9 g in 200 ml Ae. gelöstem $(C_6H_5)_3SiOH$, Rückflußkochen, Entfernen des nicht umgesetzten K, Zugabe einer Suspension von 7,8 g C_6H_5HgCl in 150 ml Ae., 2 Tage langes Rühren, Abdestillieren u. Umkristallisieren in heißem Bzl. (F. 137—139°). K. HUSTE. 290□

Eine bequeme neue Synthese von Bis-[trifluormethyl]-quecksilber. James E. Griffiths und Anton B. Burg. (J. Amer. chem. Soc. **82.** 5769. 5/11. 1960. Los Angeles, Calif., Univ. of Southern California, Dep. of Chem.) (Engl.)

Tris-[trifluormethyl]-phosphin (I) reagiert mit Quecksilberoxid bei 100° unter Bldg. von *Bis-[trifluormethyl]-quecksilber* (II) u. einem festen Prod. von bisher unbekannter Zusammensetzung. Ursache für diese Rk. ist die geringe Bindefestigkeit der Trifluormethylgruppe an Phosphor, da unter analogen Bedingungen tert. Phosphine normalerweise zu den entsprechenden Phosphinoxiden oxydiert werden. — *Bis-[trifluormethyl]-quecksilber* (II), 0,964 mMol I u. 0,761 mMol HgO 36 Std. im Einschlußrohr auf 100° erhitzen; 96% Ausbeute. Bei Anwendung eines Überschusses an HgO sinkt die II-Ausbeute. H. GROSS. 290□

Die Amin-Komplexe von Aluminiumhydrid. 3. Mitt. **Substitutionsreaktionen.** John K. Ruff. (J. Amer. chem. Soc. **83.** 1798—1800. 20/4. 1961. Huntsville, Ala., Rohm & Haas Co., Redstone Arsenal Res. Div.) (Engl.) — 2. vgl. C. **1962.** 4108.

Es wurde festgestellt, daß quecksilberorgan. u. lithiumorgan. Verbb. ausgezeichnete Mittel zur Alkylierung von $LiAlH_4$ (I), Trimethylaminalan (II) u. Dimethylaminalan (III) sind, wobei es sich bei den Rkk. um elektrophile Substitutionen handelt. In gleicher Weise reagieren Hg(II)-Halogenide mit II u. III. Der Rk.-Mechanismus wird eingehend diskutiert. Bei den Unterss. stellte sich eine wesentliche Reaktivitätsabnahme der Al-Hydrid-Derivv. gegenüber den Hg-Verbb. in der Reihenfolge I > II > III u. der Hg-Verbb. (HgR_2) gegenüber II in der Reihenfolge R=Cl > $C{\equiv}CC_3H_7$ > $CH{=}CH_2$ ~ C_6H_5 > n-C_4H_9 heraus.

Versuche: $(C_6H_5)_3Al \cdot N(CH_3)_3$, F. 227–229°, durch Einkondensieren von Bzl. in das Gefäß mit 10–50 mMol II im Vakuum, Zugabe von $(C_6H_5)_2Hg$ in geringem stöchiometr. Überschuß, Herstellen einer trockenen N_2-Atmosphäre, 3 std. Sieden unter Rückfluß, Filtrieren nach Beendigung der H_2-Entw., Abziehen des Lsgm. im Vakuum u. Umfällen aus Bzl.; 43% (Ausbeute). – Analog wurden dargestellt: $(C_4H_9)_3Al \cdot N(CH_3)_3$, Kp. 73–75°/$10^{-4}$ Torr, aus II u. (n-$C_4H_9)_2Hg$, Reinigung durch Dest.; 43%. – $(CH_2{=}CH)_3Al \cdot N(CH_3)_3$, Kp. 40°/$10^{-2}$ Torr, aus II u. $(CH_2{=}CH)_2Hg$ in Ae. bei 25° in 12 Std., Reinigung durch Dest.; 50%. – $(C_3H_7C{\equiv}C)_3Al \cdot N(CH_3)_3$, F. 38–39°, aus II u. $(C_3H_7C{\equiv}C)_2Hg$ in Ae. bei 0° in 2 Std. u. Umfällen aus Hexan; 58%. – $LiAl(CH{=}CH_2)_4$, aus I u. $(CH{=}CH_2)_2Hg$ in Ae. bei 25° in 12 Std. u. Umfällen aus Bzl.; 32%. – $LiAl \cdot (C{\equiv}CC_3H_7)_4 \cdot THF$, aus I u. $(C_3H_7C{\equiv}C)_2Hg$ in Tetrahydrofuran (THF) in 1 Std. bei 25°. – Die folgenden halogenhaltigen Verbb. wurden bei 25° in Ae. hergestellt u. durch Vakuumsublimation gereinigt: $H_2AlCl \cdot N(CH_3)_3$, F. 51–53°, aus II u. $HgCl_2$; 92%. – $HAlCl_2 \cdot N(CH_3)_3$, F. 100–103°, aus II u. $HgCl_2$; 30%. – $H_2AlBr \cdot N(CH_3)_3$, F. 33–34°, aus II u. $HgBr_2$; 74%. – $HAlBr_2 \cdot N(CH_3)_3$, F. 104–106°, aus II u. $HgBr_2$; 40%. – $HAlCl \cdot N(CH_3)_2$, F. 83°, aus III u. $HgCl_2$; 59%. – $AlCl_2 \cdot N(CH_3)_2$, F. 151°, aus III u. $HgCl_2$; 42%. – $AlCl_3 \cdot N(CH_3)_3$, F. 156–157°, aus II u. $HgCl_2$; 79%. – $(C_4H_9)_2Al \cdot N(CH_3)_2$, F. 202–204°, aus 2,2 g III, 100 ml trockenem Bzl. u. 60 ml 1,11 n n-C_4H_9Li-Lsg. in Pentan, Abdestillieren des Pentans, 1 std. Sieden der benzol. Lsg. unter Rückfluß, Filtrieren, Abziehen des Lsgm. im Vakuum u. Reinigung durch Dest.; 37%. – $(C_6H_5)_2Al \cdot N(CH_3)_2$, a) aus 4,4 g III, 200 ml trockenem Bzl. u. 330 ml 0,36 n C_6H_5Li-Lsg. in Ae. durch Konzentrieren auf 100 ml, weiteren Zusatz von 100 ml Bzl., 1 std. Sieden unter Rückfluß, Zentrifugieren, Konzentrieren der überstehenden Fl. auf 50 ml, Stehenlassen im Kühlschrank u. Reinigung durch Dest.; 72%; b) aus III u. $(C_6H_5)_2Hg$ in Bzl. durch 36 std. Sieden unter Rückfluß in geringer Ausbeute. H. Fries. 294□

Die Verwendung eines Kationenaustauscherharzes zur Untersuchung der Cer(III)- und Sulfationen-Komplexe. L. A. Blatz. (J. physic. Chem. 66. 160–64. Jan. 1962. Los Alamos, N. Mex., Univ. of California, Los Alamos Sci. Labor.) (Engl.)

Vf. beschreibt eine genaue Meth. zur Unters. von Ionengleichgewichten in wss. Lsgg. unter Verw. von Kationenaustauscherharzen, die bes. für die schwierig zu erfassenden Syst. mit 3 wertigen Ionen entwickelt wurde. Zur Ermittlung der Komplex-Bldg.-Konst. von Ce^{3+}- u. SO_4^{2-}-Ionen bei 25,04° u. einer Ionenstärke von 0,5020 m wurde die Na^+-Form von Dowex 50 (40–80 mesh) verwendet. Über die Zeit der Gleichgewichtseinstellung wurde im Harz eine konst. Ce^{3+}-Konz. aufrechterhalten. Die Werte der Assoziations-Konst. lagen für $CeSO_4^+$ bei 56 ± 1 u. für $Ce(SO_4)_2^-$ bei 800 ± 40. Für die Bldg. eines 3. Komplexions lagen keine Anzeichen vor. Die mit dieser Meth. erreichbare Genauigkeit u. 2 Verff. der Extrapolation auf den Nullwert der SO_4^{2-}-Konz. werden ausführlich diskutiert. W. Hein. 304□

Darstellung und Oberflächeneigenschaften von porösem Titandioxid. E. M. Gladrow und H. G. Ellert. (J. chem. Engng. Data 6. 318–20. April 1961. Baton Rouge, La., Humble Oil & Refin. Co., Esso Res. Labor.) (Engl.)

Zur Herst. von TiO_2 wurden Ti-n-Butylat (I), -sek.-Butylat (II), -Isopropylat (III), $TiCl_4$ (IV) u. $TiO(SO)_4$ (V) verwendet. Ti-Alkylate geben mit W., verd. Ammoniak u. 5%ig. CH_3COOH gelartige Niederschläge. Die Hydrolyse in 20–70%ig. CH_3COOH ergibt Sole, die beim Erwärmen auf 150–180° F feste, durchsichtige Hydrogele bilden. Die Hydrolyse von IV in verd. Ammoniak ergibt gelartige Niederschläge. Bei der Behandlung einer kalten, wss. IV-Lsg. mit Äthylenoxid im Überschuß erhält man ein festes Hydrogel. Beim längeren Waschen mit W. wird es peptisiert, bevor Cl^- völlig entfernt ist. Bei der Hydrolyse von V in neutralem, saurem u. bas. Medium erhält man gelartige Ndd., die 5% SO_4^{2-} enthalten u. schwerer zu reinigen sind als Ndd. von IV. Durch Zugabe einer wasserfreien Lsg. von Al-Isoamylat oder Si-Äthylat zu dem Ti-Alkylat u. anschließende Hydrolyse erhält man TiO_2, das durch Al_2O_3 bzw. SiO_2 stabilisiert ist. Die Prodd. sind bei der Hydrolyse in neutraler u. verd. essigsaurer Lsg. gelartig. Bei der Hydrolyse mit 10–50%ig. CH_3COOH erhält man ein echtes Hydrosol, das sich bei 150–170° F in ein festes, transparentes Hydrogel umwandelt. Zur Herst. eines TiO_2, das mit Cr_2O_3, ZrO_2, Fe_2O_3 u. einer Mischung von Sm_2O_3–Gd_2O_3 stabilisiert war, löste man CrO_3, $ZrO(NO_3)_2$, $Fe(NO_3)_3$ u. Sm_2O_3–Gd_2O_3 in 50% ig. CH_3COOH u. hydrolysierte darin das Ti-Alkylat. In allen Fällen erhielt man echte Hydrogele. Die Oberfläche u. das Poren-Vol. wurden mit der BET-Meth., die Kristallstrukturen durch Aufnahme der Röntgenspektren u. Vgl. mit denen von natürlichem Rutil, Anatas u. Brookit bestimmt. TiO_2, das durch Hydrolyse von **III** mit W. hergestellt wurde, hat nach dem Trocknen bei 250—400° F eine Oberfläche von ca. 300 m^2/g. Erhitzt man auf über 500° F, so nehmen Oberfläche u. Poren-Vol. stark ab. Außerdem ändert sich die Kristallstruktur mit der Temperatur. Die Hydrolysen-Prodd. zeigen Anatas-Struktur. Zwischen 850 u. 1200° F treten steigende Mengen Rutil auf. Bei 1400° F ist die Umwandlung in Rutil abgeschlossen. Die Prodd., die durch Hydrolyse von Ti-Alkylaten in W. bei Zimmer-Temp. erhalten wurden, zeigen außer den Linien des Anatas auch Linien des Brookit. Die Hydrolysebedingungen wie Rk.-Medium, Sol-Konz., Hydrolyse-Temp. u. Rk.-Zeit haben wenig Einfl. auf die Oberflächen-Eigg. des TiO_2. Hydrolysiert man **I, II, III** u. **IV** unter gleichen Bedingungen, so sind die Oberflächen-Eigg. des TiO_2 ähnlich. Zweiwertige Ionen, wie SO_4^{2-}, stabilisieren das TiO_2. Die Stabilisatoren Al_2O_3 bzw. SiO_2 erhöhen die spezif. Oberfläche u. das Poren-Vol. u. wirken ihrer Verringerung beim Erhitzen entgegen. Ähnlich stabilisierende Eigg. haben das Gemisch Sm_2O_3–Gd_2O_3, etwas weniger gute Cr_2O_3, ZrO_2, Fe_2O_3. R. KRÄMER. 321☐

Über Aromatenkomplexe von Metallen. 54. Mitt. Molybdäntetracyclopentadienyl. Ernst Otto Fischer und Yani Hristidu. (Chem. Ber. **95**. 253—56. 25/1. 1962. München, Univ., Inst. für Anorg Chem.) (Dt.) — 53. vgl. C. **1962**. 6707.

Vff. erhielten durch Umsetzung von $MoCl_5$ mit NaC_5H_5 im Molverhältnis 1 : 8 in Ae. oder Bzl. unter N_2 rotviolette Kristalle von $Mo(C_5H_5)_4$. Die Verb. oxydiert sich an der Luft sehr schnell u. ist unter N_2 in Bzl., Toluol oder Tetrahydrofuran gut, in Ae., Cyclohexan oder n-Pentan nur wenig mit roter Farbe löslich. In Cl-haltigen oder stark polaren Medien zersetzt sie sich schnell. Bis 220° ist sie im Hochvakuum nicht flüchtig; ein F. tritt nicht auf, ab 120° zeigt sich ein langsames Sintern. Die in Bzl. monomere Verb. besitzt in diesem Lsgm. ein Dipolmoment von 2,61 $\pm$ 0,15 D bei 25°. Ihr Diamagnetismus entspricht einer Molsucceptibilität von $(-30 \pm 20)\cdot 10^{-6}$ cm^3/Mol. Im IR-Spektrum treten bei 3067, 1423, 1102, 1012 u. 756 cm^{-1} Banden von symmetrisierten C_5H_5-Liganden, bei 2907, 2849, 1560, 1359, 1054, 894 u. 826 cm^{-1} solche stark konjugierter C=C-Bindungen lokalisiert σ-gebundener Ringe u. ihrer CH-Valenz- bzw. -Deformationsschwingungen auf. Diese Unterss. sowie kernmagnet. Resonanzmessungen, bei denen Protonensignale bei +2,87, +3,4 u. +6 ppm (Bzl. als äußerer Standard) gefunden wurden, lassen auf eine Mol.-Gestalt mit einem zentr. gebundenen, symmetrisierten Ring u. drei σ-gebundenen C_5H_5-Liganden mit Dienstruktur schließen.

Versuche: *Tetracyclopentadienylmolybdän*, $Mo(C_5H_5)_4$, a) durch Rk. von 4,6 g unter Xylol fein gekörntem Na u. 24,8 ml trockenem, monomerem Cyclopentadien in 400 ml abs. N_2-gesätt. Ae. über Nacht bei Raum-Temp. unter N_2, Zugabe von 6 g feingepulvertem $MoCl_5$ in 200 ml Ae., 15 std. Rühren unter N_2 bei Raum-Temp., Abziehen des Lsgm. im Wasserstrahlvakuum, Trocknen des Rückstandes im Hochvakuum, ca. 36 std. Extrahieren auf einer G 2-Fritte mit Wattebausch mit n-Pentan (Kp. 36—40°) unter Luftausschluß, Absaugen des Roh-Prod. über eine G 3-Fritte unter N_2, Trocknen im N_2-Strom, Wiederholung der Pentanextraktion u. dreimaliges Waschen mit n-Pentan; rotviolette Kristalle; 24% (Ausbeute); b) aus 8,8 g NaC_5H_5 in 250 ml N_2-gesätt., abs. Bzl. u. 3,0 g $MoCl_5$ in fester Form oder in 80 ml Bzl. gelöst analog vorst. Meth.; 20%.

GERHARD SCHULZE. 336☐

Über Cyclopentadienylmetalltetracarbonyl-Kationen von Molybdän(II) und Wolfram(II) und ein Mangan(I)-hexacarbonyl-Kation. Ernst Otto Fischer, Konrad Fichtel und Karl Öfele. (Chem. Ber. **95**. 249—52. 25/1. 1962. München, Univ., Inst. für Anorg. Chem. u. TH, Anorg.-Chem. Labor.) (Dt.) — Vgl. C. **1962**. 1540 u. vorst. Referat.

Vff. stellten durch Umsetzung von Cyclopentadienylmolybdäntricarbonylchlorid u. Cyclopentadienylwolframtricarbonylchlorid mit $AlCl_3$ bei 60—70° u. 240 atm CO-Druck in Bzl. nach $C_5H_5Me(CO)_3Cl + AlCl_3 + CO \rightarrow [C_5H_5Me(CO)_4]AlCl_4$ (Me = Mo, W) die gelben, in W. nur kurzzeitig beständigen Cyclopentadienylmetalltetracarbonyl-Kationen des Mo u. W her. Sie wurden als Hexafluorophosphate isoliert u. durch Umfällen aus Aceton/Ae. analysenrein erhalten. Unter Dunkelfärbung zersetzen sich die Komplexe erst bei 195 bzw. 260°. $[C_5H_5Mo(CO)_4]PF_6$ ist durch CO-Banden bei 2128, 2041 u. 1980 cm^{-1}, $[C_5H_5W(CO)_4]PF_6$ durch solche bei 2128, 2028 u. 1965 cm^{-1} charakterisiert. Der symmetrisierte, π-gebundene 5-Ring liefert Absorptionen bei 3106, 1427/1399, 1110 u. 1012 (Mo) bzw. 3115, 1425/1399, 1110 u. 1011 (W); PF_6^- absorbiert bei 844 bzw. 840—846 cm^{-1}.

Manganpentacarbonylchlorid konnte mit $AlCl_3$ bei 100° u. 300 atm CO-Druck in Cyclohexan sowie auch direkt in einer Trocken-Rk. nach $Mn(CO)_5Cl + AlCl_3 + CO \rightarrow [Mn(CO)_6]AlCl_4$ zum farblosen Tetrachloroaluminat des Mangan(I)-hexacarbonyl-Kations umgesetzt werden, das durch mehrmaliges Umfällen aus Tetrahydrofuran (THF) bzw. Dimethylglykoläther/Ae. vom gelben $Mn(CO)_5Cl$ befreit u. analysenrein erhalten wurde. Das Salz zersetzt sich selbst unter N_2 in wenigen Tagen, bildet mit W. unter CO_2-Abgabe sofort $Mn(CO)_5H$, wobei als Sekundär-Prod. $Mn_2(CO)_{10}$ gefaßt werden konnte. Letzteres entsteht auch bei der therm. Zers. neben CO. Das Tetrachloroaluminat ist unzersetzt nur in abs. THF u. reinstem Essigsäureanhydrid gut, in Dimethylglykoläther u. Dioxan schwer lösl.; mit Alkoholen tritt Solvolyse des $AlCl_4^-$ ein, während das $[Mn(CO)_6]^+$ noch nicht angegriffen wird. Pyridin u. Dimethylformamid reagieren heftig unter CO-Freisetzung. Im IR-Spektrum in Nujol u. Hostaflon tritt nur eine scharfe Bande bei 2101 cm^{-1} auf. Vff. schließen daraus auf die Ausbildung eines regulären Oktaeders mit 6 CO-Liganden. Damit stimmt auch der an der festen Verb. ermittelte Diamagnetismus entsprechend einer Molsusceptibilität von $-168{,}4 \cdot 10^{-6}$ cm^3/Mol überein.

Versuche: *Tetracarbonylcyclopentadienylmolybdänhexafluorophosphat*, $[C_5H_5Mo(CO)_4]PF_6$, durch 16std. Rk. von 280 mg $C_5H_5Mo(CO)_3Cl$, 400 mg $AlCl_3$ u. 10 ml abs. Bzl. in einem Rotierautoklaven von 50 cm^3 Druckraum mit Glaseinsatz bei 60—70° unter 240 atm CO-Druck, Abdekantieren der gelben Lsg., Trocknen des gelben Nd., vorsichtiges Hydrolysieren mit NH_4PF_6-Lsg. unter Eiskühlung, Trocknen des Fällungs-Prod., Extrahieren mit Aceton bis zum Verschwinden der Gelbfärbung, Ausfällen, Zusatz von Ae. u. zweimaliges Umfällen; gelbes, luftstabiles Pulver; 38% (Ausbeute). — *Tetracarbonylcyclopentadienylwolframhexafluorophosphat*, $[C_5H_5W(CO)_4]PF_6$, analog vorst. Verb. aus 368,5 mg $C_5H_5W(CO)_3Cl$, 400 mg $AlCl_3$ u. 10 ml abs. Bzl.; gelbes, luftstabiles Pulver; 53%. — *Hexacarbonylmangan(I)-tetrachloroaluminat*, $[Mn(CO)_6]AlCl_4$, Zers. ab 130—140° unter Gelbfärbung, a) durch 15std. Rk. von 0,4 g $Mn(CO)_5Cl$, 0,45 g $AlCl_3$ u. 10 ml abs. Cyclohexan in einem 50 cm^3-Rotierautoklaven mit Cu-Auskleidung bei 85—90° u. 300—320 atm CO-Druck, Waschen des Rk.-Prod. unter N_2 auf einer G 4-Fritte mit abs. Ae. bis zur Farblosigkeit der Wasch-Fl., Lösen in 5—10 ml THF unter N_2, Filtrieren, Zusatz von Dimethylglykoläther bzw. Dioxan/Ae. (1 : 1), Abfiltrieren des Nd. (G 4-Fritte), Nachwaschen mit Ae., 2—3malige Wiederholung des Umfällens u. Trocknen im Vakuum (alle Lsgm. müssen über Na dest. u. mit N_2 gesätt. sein); kristallines Pulver; 62%; b) durch 20std. Rk. von 0,6 g $Mn(CO)_5Cl$ u. 0,7 g sublimiertem $AlCl_3$ analog vorst. Meth. bei 95—100° u. 300—320 atm CO-Druck ohne Verw. von Lsgm. u. analoger Aufarbeitung; 78%. Gerhard Schulze. 336 □

Gleichgewichte von Polyanionen in wässeriger Lösung. 1. Mitt. **Die quantitative Analyse angesäuerter Wolframatlösungen.** J. F. Duncan und D. L. Kepert. (J. chem. Soc. [London] **1961.** 5317—25. Dez. Melbourne, Univ. of Melbourne, Chem. Dep.) (Engl.)

Vff. entwickeln unter Verw. von ^{185}W eine Meth. zur quant. Analyse angesäuerter Wolframat-Lsgg. mit Hilfe ein- u. zweidimensionaler Papierchromatographie u. Papierelektrophorese. In wss. Lsg. liegen zwischen pH 3,2 u. 6,2 das Parawolframat A-Ion, $HW_6O_{21}^{5-}$, oberhalb pH 7,5 vorherrschend das WO_4^{2-} u. unterhalb pH 3,2 das Pseudometawolframat-Ion, $H_3W_6O_{21}^{3-}$, in beträchtlichen Mengen vor. Obgleich sich die einzelnen Komponenten in wss. Lsg. in einem sich schnell einstellenden Gleichgewicht befinden, ist papierchromatograph. die Trennung u. Analyse möglich. U. Skurnia. 337 □

Uranperoxidhydrate. Taichi Sato. (Naturwissenschaften **48.** 668. 1. Nov.-H. 1961. Tokyo, Gov. Chem. Ind. Res. Inst.) (Dt.)

Aus wss. Lsgg. von Uranylnitrat fällt mit H_2O_2 bei $< 50°$ $UO_4 \cdot 4\,H_2O$ (**I**), bei 70° $UO_4 \cdot 2\,H_2O$ (**II**) u. bei 60° eine Mischung von beiden aus, wie durch Röntgen-Unterss. bewiesen werden konnte. Im Gegensatz zu **II** weist **I** im IR-Spektrum eine deutliche OH-Absorptionsbande bei 3000 cm^{-1} auf. Das bei Raum-Temp. beständige **I** geht beim Lufttrocknen bei 100° oder im Vakuum bei Raum-Temp. in 24 Std. in **II** über.

Ch. Weiske. 339 □

π-Cyclopentadienyl- und Cyclopentadieneisencarbonylkomplexe. A. Davison, M. L. H. Green und G. Wilkinson. (J. chem. Soc. [London] **1961.** 3172—77. Aug. London, Imp. Coll. of Sci. and Technol., Inorg. Chem. Res. Labor.) (Engl.)

Dicarbonyl-π-cyclopentadienyleisen(II)-chlorid (**I**) wird durch Rk. mit CO, $(C_6H_5)_3P$, $(C_6H_5)_3As$ oder $(C_6H_5)_3Sb$ in π-$C_5H_5Fe(CO)_3^+$ (**II**) bzw. π-$C_5H_5Fe(CO)_2M(C_6H_5)_4^+$ (M = P, As bzw. Sb) übergeführt. Die Red. von π-$C_5H_5Fe(CO)_2P(C_6H_5)_3^+$ (**III**) mit $NaBH_4$ führt zu Dicarbonylcyclopentadientriphenylphosphineisen, $(C_5H_6)Fe(CO)_2P(C_6H_5)_3$ (**IV**), die Red. von **II** dagegen zu Dicarbonyl-π-cyclopentadienyleisen(II)-hydrid. In **IV** ist Cyclopentadien an das Fe in der gleichen Weise wie an Co bzw. Rh in den entsprechenden Verbb.

gebunden. **IV** ist in unpolaren Lsgm. leicht lösl., zersetzt sich merklich an der Luft, ist jedoch unter N_2 oder im Vakuum bei Zimmer-Temp. beständig. Mit CCl_4 reagiert es sofort unter Bldg. von Chlf. u. **III**, während in sd. Xylol Zers. unter Bldg. von $[\pi\text{-}C_5H_5 \cdot Fe(CO)_2]_2$ u. wenig Ferrocen erfolgt. Bei der Rk. zwischen **IV** u. $(C_6H_5)_3CBF_4$, die nur langsam verläuft, entsteht fast quant. $[\pi\text{-}C_5H_5Fe(CO)_2P(C_6H_5)_3]\,BF_4$. Beim 15 std. Erhitzen einer Lsg. von **I** in Tetrahydrofuran unter Rückfluß entstehen ohne u. mit Zusatz von Phenyl- oder Diphenylacetylen Ferrocen u. $FeCl_2$, während bei Zusatz von 2.2-Dipyridyl oder 1.10-Phenanthrolin Fe(II)-Komplexe, wie z. B. Tris-[1.10-phenanthrolin]-eisen(II)-chlorid, gebildet werden. IR- u. kernmagnet. Resonanzspektren der Verbb. werden diskutiert.

Versuche: *Tricarbonyl-π-cyclopentadienyleisen(II)-tetraphenylborat* (**V**), $C_{32}H_{25} \cdot BFeO_3$, Zers. $>184^0$, a) durch 48 std. Rk. im Autoklaven einer Lsg. von 0,5 g **I** u. 0,85 g $Na[B(C_6H_5)_4]$ (**VI**) in 2—3 ml wasserfreiem Aceton mit CO (90 atm) bei 25—30°, Waschen der Kristalle mit luftfreiem W., Umkristallisieren aus Aceton bei —78° u. Trocknen im Vakuum; 85% (Ausbeute); b) durch sechstägige Rk. von 0,903 g **VI** mit 0,509 g **I** in 3 ml Aceton bei 25° unter N_2; 12,6%; gelbe Kristalle, unlösl. in W., A., Ae., Bzl. u. PAe., lösl. in Aceton u. Nitrobenzol, langsame Dunkelfärbung an der Luft. — *Dicarbonyl-π-cyclopentadienyltriphenylphosphineisen(II)-chloridtrihydrat* (**VII**), $C_{25}H_{20}ClFeO_2P \cdot 3\,H_2O$, Zers. $>120^0$, a) durch ca. 10 Min. langes Erhitzen von 1,3 g **I** u. 2,5 g $P(C_6H_5)_3$ in 20 ml Tetrahydrofuran unter Rückfluß, Filtrieren, Extrahieren des braunen Rückstandes mit 2mal 10 ml heißem W. u. Umkristallisieren der aus dem Extrakt sich ausscheidenden Kristalle aus heißem W., goldgelbe Kristalle; 30%; b) durch Erhitzen äquivalenter Mengen von **I** u. $P(C_6H_5)_3$ im Bombenrohr, Extraktion des in Bzl. unlösl. Rückstandes mit heißem W. u. Fällung als Reineckat. — *Hexachloroplatinat* (**VIII**), $C_{50}H_{40}Cl_6Fe_2O_4P_2Pt$. — *Reineckat*, $C_{29}H_{26}CrFeN_6O_2PS_4$, aus Aceton/W., blaßrosafarben. — *Tribromid*, $C_{25}H_{20} \cdot Br_3FeO_2P$, aus Chlf., blaßorangefarben. — *Dicarbonyl-π-cyclopentadienyltriphenylarsineisen(II)-hexachloroplatinat*, $C_{50}H_{40}As_2Cl_6Fe_2O_4Pt$, analog **VIII** aus **I** u. $(C_6H_5)_3As$ im Bombenrohr. — *Dicarbonyl-π-cyclopentadienyltriphenylstibineisen(II)-hexachloroplatinat*, $C_{50}H_{40}Cl_6Fe_2O_4PtSb_2$, analog vorst. Verb. unter Verw. von $(C_6H_5)_3Sb$. — *Tricarbonyl-bis-[triphenylphosphin]-eisen*, F. 272—275° (Zers.), analog **VII** (b) u. Chromatographie des Bzl.-Extraktes an Al_2O_3. — *Dicarbonylcyclopentadientriphenylphosphineisen* (**IV**), $C_{25}H_{21}FeO_2P$, F. 113—114° (Zers.), durch portionsweise Zugabe von ca. 0,25 g $NaBH_4$ bei —10° zu einer Suspension von 1,5 g **VII** in 40 ml Tetrahydrofuran/Ae. (2 : 1) unter N_2 bis zur vollständigen Lsg., Verdünnen mit 100 ml luftfreiem W., Extrahieren mit 50 ml PAe. (Kp. 30—40°), Waschen des PAe.-Extraktes mit W., Trocknen mit $CaCl_2$, teilweises Eindunsten der Lsg. bei 20° u. 2 Torr, Chromatographieren unter N_2 an Al_2O_3, Eluieren der gelben Zone mit Ae., Entfernen des Lsgm. bei 20° u. 0,2 Torr u. Umkristallisieren aus PAe; gelbe Substanz; ca. 75%. — *Bis-[dicarbonyl-π-cyclopentadienyleisen]*, $[\pi\text{-}C_5H_5Fe(CO)_2]_2$, F. 193—194°, a) durch Extrahieren der beim Chromatographieren vorst. Verb. entstandenen braunen Zone mit Aceton; 7—8%; b) durch Behandeln einer Suspension von 2,4 g **V** in 50 ml Tetrahydrofuran bei —20° unter N_2 mit $NaBH_4$, Versetzen mit luftfreiem W., Extraktion mit PAe. (Kp. 30—40°) u. Abziehen des Lsgm. bei 0° u. 0,1 Torr; purpurrote Kristalle; 75%. — *Dicarbonyl-π-cyclopentadienyleisen(II)-hydrid*, $\pi\text{-}C_5H_5Fe(CO)_2H$, bei der Darst. vorst. Verb. (Meth. b) als Kondensat in der Kühlfalle während der Entfernung des Petroläthers. — *Dicarbonyl-π-cyclopentadienyltriphenylphosphineisen(II)-tetrafluoroborat*, $C_{25}H_{20}BF_4FeO_2P$, Zers. $>250^0$, durch Zusatz von 0,15 g $(C_6H_5)_3CBF_4$ in 1—2 ml CH_2Cl_2 zu einer Lsg. von 0,123 g **IV** in 2 ml CH_2Cl_2 nach 12 std. Stehen bei ca. 5°; gelbe Kristalle; 69%. J. KRAETSCH. 354 □

Dinitrosyl-bis-[triphenylphosphin]-nickel. W. P. Griffith, J. Lewis und G. Wilkinson. (J. chem. Soc. [London] **1961**. 2259—60. Mai. London, Imp. Coll. of Sci. and Technol., Inorg. Chem. Res. Labor.) (Engl.)

In benzol. Lsg. reagiert Dicarbonyl-bis-[triphenylphosphin]-nickel mit NO unter Bldg. des dunkelpurpurfarbenen, kristallinen Komplexes $\{(NO)_2[(C_6H_5)_3P]_2Ni\}$. Die Verb. ist diamagnet., in Bzl. monomer u. in Nitrobenzol ein Nichtelektrolyt. Die einzige scharfe N—O-Streckfrequenz bei 1745 cm^{-1} wird in Übereinstimmung mit theoret. Berechnungen durch isotop. Verschiebung (^{15}NO) nach 1706 cm^{-1} verschoben. Das Dipolmoment des Komplexes beträgt in benzol. Lsg. bei 30° 4,26 D. Pulveraufnahmen zeigten, daß die Dicarbonyl- u. die Dinitrosyl-Verbb. nicht isomorph sind. Die Struktur des Komplexes wird diskutiert. Weiterhin stellten Vff. den entsprechenden Dinitrosyltriphenylphosphitkomplex dar, dessen N—O-Streckfrequenz bei 1710 cm^{-1} auftritt.

Versuche: *Dinitrosyl-bis-[triphenylphosphin]-nickel*, $C_{36}H_{30}N_2NiO_2P_2$, durch 3 std. Behandeln von 4 g Dicarbonyl-bis-[triphenylphosphin]-nickel in 80 ml wasserfreiem Bzl. mit NO, Umkristallisieren aus PAe. (Kp. 40—60°)/Bzl. u. Trocknen im Vakuum; purpurfarbene Kristalle, stabil gegen Luft u. verd. Säuren, leicht lösl. in Bzl., Chlf., A. u. ähnlichen Lsgm.; die Lsgg. zersetzen sich langsam an der Luft, bes. die in Cl-haltigen Lösungsmitteln. — *Dinitrosyl-bis-[triphenylphosphit]-nickel*, $C_{36}H_{30}N_2NiO_8P_2$, analog vorst. Verbindung. GERHARD SCHULZE. 356 □

Olefin-Palladiumchlorid-Komplexe. 3. Mitt. Die verschiedenen Umsetzungsmöglichkeiten von Monoolefinen mit Palladium(II)-chlorid. Rudolf Hüttel, Jakob Kratzer und Max Bechter. (Chem. Ber. **94.** 766—80. 21/3. 1961. München, Univ., Inst. für Org. Chem.) (Dt.) — 2. vgl. C. **1961.** 16405.

An der Doppelbindung unverzweigte Olefine werden in $PdCl_2$-Lsg. zu den entsprechenden Ketonen oxydiert, z. B. liefert tert.-Butyläthylen *Pinakolin*, Propenylbenzol *Benzylmethylketon*, Stilben *Desoxybenzoin* u. α.β-Dimethylstyrol *2-Phenylbutanon-(3)*. Mit verzweigten Olefinen oder ihren Chlor-Derivv. werden Komplexe der Zus. $(C_nH_{2n}PdCl_2)_2$ (**I**) erhalten, bei höheren Temp. entstehen bei freier α-Stellung in Gleichgewichts-Rkk. aus **I** oder aus den Komponenten die Komplexe $(C_nH_{2n-1}PdCl)_2$ (**II**). Propen (**III**) wird dagegen direkt zu Aceton oxydiert, die Verb. $(C_3H_5PdCl)_2$ (**IV**) entsteht jedoch aus Allylchlorid (**V**) u. Allylalkohol mit $PdCl_2$. Für die Struktur von **IV**, das im Grenzfall als reiner π-Komplex aufgefaßt wird, wird eine Anordnung vorgeschlagen, in der die Ebenen der mesomeren Allylreste senkrecht oder annähernd senkrecht auf der Bindungsebene der Pd- u. Cl-Atome stehen (Doppel-T-Träger). **II** läßt sich im Falle des 2-Phenylbuten-(2) u. des Propenylbenzols nicht zum Keton oxydieren, desgleichen deutet das Verh. von **III** darauf, daß die Oxydation nicht über **IV** verläuft. **IV** liefert bei Hydrolyse **III** u. *Acrolein* (**VI**), letzteres erst mit weiterem $PdCl_2$ *Methylglyoxal* (**VII**). Methallylchlorid (**VIII**) u. Isobuten (**IX**) liefern dagegen *α-Methylacrolein* (**X**) u. in kleinerer Menge *Isobutyraldehyd* (**XI**), die auch aus den zugehörigen Verbb. **I** u. **II** entstehen. Aus den Di- u. Triisobutenkomplexen **I** u. **II** konnten keine Carbonyl-Verbb. erhalten werden. Bei therm. Zers. entsteht aus **IV V**, aus dem Isobutenylkomplex **I** neben zwei nicht identifizierten Verbb. **VIII** u. *1-Chlor-2-methylpropen-(1)*, aus dem Isobutenylkomplex **II VIII** u. **IX**, aus dem Isopropenylbenzolkomplex **I** u. **II** *3-Chlor-2-phenylpropen-(1)* u. *α-Methylstyrol* (**XII**). Phenylierte Olefine wie **XII** u. 1.1-Diphenyläthylen ergeben bei 30 std. Kochen mit $PdCl_2$ in 50% ig. CH_3COOH *Acetophenon* u. *2.5-Diphenylhexadien-(2.4)* bzw. *Benzophenon* u. *1.1.4.4-Tetraphenylbutadien* (vgl. l. c.). Als Rk.-Prodd. der Rk. von Bis-[2-phenylpropenpalladium(II)-chlorid] mit 2 n NaOH konnten nur Pd u. ein Harz isoliert werden. Cyclohexen ergibt mit $PdCl_2$ *Cyclohexanon*, daneben *Bzl.* u. *Cyclohexan*; 1-Methylcyclohexen-(1) u. sein Komplex **I** ergeben ausschließlich *Toluol* u. *1-Methylcyclohexan*.

Versuche: *Oxydation von* **V** *zu Methylglyoxal* (**VII**), a) durch 2 std. Kochen von 2,5 g **V** mit 350 ml einer $PdCl_2$-Lsg. (aus 6 g Pd in 350 ml 50% ig. Essigsäure) u. Fällung als *2.4-Dinitrophenylosazon*, F. 298°, 30% (Ausbeute); b) durch Rk. von 2,5 g **V** mit überschüssiger vorst. $PdCl_2$-Lsg. u. Überdestillieren des gebildeten **VII**; 65%. — *Bis-[allylpalladium(II)-chlorid]* (**IV**), $(C_3H_5ClPd)_2$, F. 160° (Zers.), durch 1 std. Schütteln von 5 g **V** mit 350 ml vorst. $PdCl_2$-Lsg. bei 60°; aus Bzl. gelbe polyedr. Kristalle; lösl. in CH_3OH, Ae., Chlf. u. Bzl.; 57%. — *Oxydation von Methallylchlorid* (**VIII**), durch 2 std. Kochen von 5 g **VIII** mit 350 ml $PdCl_2$-Lsg., Filtrieren u. fraktionierte Dest. wird **X** (49%, *2.4-Dinitrophenylhydrazon*, F. 203°) u. **XI** (16%, *2.4-Dinitrophenylhydrazon*, F. 182°) erhalten. — *Bis-[isobutenpalladium(II)-chlorid]*, $(C_4H_8Cl_2Pd)_2$, F. 180—190° (Zers.), a) durch 30 Min. langes Einleiten von **IX** in 350 ml $PdCl_2$-Lsg.; b) durch 24 std. Stehen von 350 ml $PdCl_2$-Lsg. u. 5 g **VIII**, aus Bzl.–PAe. ziegelrot; 20%; mit W. entsteht bei 2 std. Kochen Pd, **XI** u. **X**. — *Bis-[isobutenylpalladium(II)-chlorid]*, $(C_4H_7ClPd)_2$, F. 164° (Zers.), a) aus der Mutterlauge von vorst. Verb. nach a) durch Extraktion mit Ae., b) durch 2 std. Erhitzen des Rk.-Ansatzes a) von vorst. Verb. auf 100° u. Extraktion mit Bzl., 55—65%; c) aus vorst. Verb. durch wechselweises Erhitzen mit W. u. Extraktion mit Ae., 23%; d) bei der Oxydation von **VIII** mit $PdCl_2$-Lsg. in Spuren; e) durch Einleiten von **IX** in $PdCl_2$-Lsg.; aus Methanol Nadeln; μ_{15} 2,22 D; mit HCl in Ae. entsteht fast quant. vorst. Verb.; mit W. oder wss. NaOH entsteht bei 2 std. Kochen Pd, **IX** u. 20% **X** u. **XI**; bei therm. Zers. entsteht Pd, **VIII** u. wenig **IX**, bei unvorsichtiger Zers. *1-Chlor-2-methylpropen-(1)* u. andere Verbindungen. — *Oxydation von* **IX** *zu* **X** *u.* **XI**, durch ½ std. Einleiten von **IX** in $PdCl_2$-Lsg., 1 std. Erhitzen u. Destillation. — *Bis-[diisobutenpalladium(II)-chlorid]*, $(C_8H_{16}Cl_2Pd)_2$, F. 190—200° (Zers.; Bzl.–PAe.), durch Vereinigung von 7,5 g Diisobuten u. 350 ml $PdCl_2$-Lsg., hellbraun, unbeständig. — *Bis-[diisobutenylpalladium(II)-chlorid]*, $(C_8H_{15}ClPd)_2$, F. 204° (Zers.; Methanol), a) aus der Mutterlauge von vorst. Verb. durch Extraktion mit Bzl., b) durch kurzes Erwärmen von Diisobuten u. $PdCl_2$-Lsg. u. 2 tägiges Stehen, 53%; gegen W. beständig; mit 0,1 n KOH in 5 std. Kochen entsteht wenig Diisobuten, desgleichen mit Na-Acetat in 7 Std. im Druckrohr bei 130°; durch therm. Zers. bei 230° entstehen Pd, HCl, Harz u. 77% Diisobuten. — *Bis-[triisobutenylpalladium(II)-chlorid]*, $(C_{12}H_{23}ClPd)_2$, F. 125° (Zers.), analog vorst. Verb., hellgelbe kurze Nadeln. — *Oxydation von tert.-Butyläthylen zu Pinakolin*, durch 15 Min. langes Stehen von 1,38 tert.-Butyläthylen mit 175 ml $PdCl_2$-Lsg., Dest. u. Zugabe von Dinitrophenylhydrazin, *Pinakolindinitrophenylhydrazon*, F. 122°; 66%. — *Oxydation von Cyclohexen*, durch 2std. Schütteln von 2,5 g Cyclohexen mit 350 ml $PdCl_2$-Lsg., Filtrieren, Verdünnen mit 150 ml W., Versetzen mit NaCl, Ausäthern, Neutralisieren mit Na_2CO_3-Lsg., u. fraktionierte Dest. entstehen *Cyclohexanon* (60%), etwas Bzl. u. Cyclohexan. — *Bis-[cyclohexenpalladium(II)-chlorid]*, $(C_6H_{10}Cl_2Pd)_2$, Zers. 180—190°, durch 1std. Schütteln von 5,5 g Cyclohexen u. 350 ml $PdCl_2$-Lsg., aus Bzl.-PAe.; braunes Pulver. — *Bis-[cyclohexenylpalladium(II)-chlorid]*, $(C_6H_9ClPd)_2$, Zers. 85 bis 95°, aus der Mutterlauge von vorst. Verb. durch Extraktion mit Bzl., citronengelbe Kristalle, zersetzlich. — *Disproportionierung von 1-Methylcyclohexen-(1)*, durch 24std. Schütteln von 6 g 1-Methylcyclohexen-(1) mit 700 ml $PdCl_2$-Lsg., Neutralisieren mit NaOH, Verdünnen mit W. auf 1,4 Liter, Ausschütteln mit Ae. u. Dest. entstehen 3,2 g eines Gemisches von 80% Toluol u. 20% Methylcyclohexan. — *Bis-[methylcyclohexenpalladium(II)-chlorid]*, $(C_7H_{12}Cl_2Pd)_2$, Zers. ab 115° (aus Bzl.-PAe.), durch Schütteln von 3,2 g Methylcyclohexen mit 350 ml $PdCl_2$-Lsg., 60%; durch 5std. Schütteln mit W. u. kurzes Erwärmen entstehen 92% Toluol u. 8% Methylcyclohexan. — *Bis-[methylcyclohexenylpalladium(II)-chlorid]*, $(C_7H_{11}ClPd)_2$, Zers. 69°, aus der Mutterlauge von vorst. Verb. durch Extraktion mit Bzl., zersetzlich. — *Bis-[α-methylstyrolpalladium(II)-chlorid]*, $(C_9H_{10}Cl_2Pd)_2$, Zers. 205—212°, durch Verrühren von 2,27 g **XII** in 50%ig. Essigsäure mit 3,4 g $PdCl_2$, 39%; bei therm. Zers. bis 300° entsteht **XII** u. *1-Chlor-2 phenylpropen-(2)*, identifiziert als *3.5-Dinitrobenzoesäure (β phenylallylester)*, $C_{16}H_{12}N_2O_6$, F. 117°. — *Bis-[α-methylstyrylpalladium(II)-chlorid]* (**XIII**), $(C_9H_9ClPd)_2$; Zers. 220—230°, neben *Acetophenon* (isoliert als *2.4-Dinitrophenylhydrazon*, F. 243—244°) u. nachst. Olefin entstehen beim Eintropfen von 10,1 g **XII** in 30 ml Eisessig in eine $PdCl_2$-Lsg. (4,42 g $PdCl_2$ in 200 ml 50%ig. CH_3COOH) bei 105°, Filtrieren nach 7 Std. u. Extrahieren im Soxhlet-App. mit CH_2Cl_2, 2,4 g, aus Bzl. gelbe Nadeln; gegen W. stabil; mit sd. 2n NaOH entsteht Pd u. **XII**; bei therm. Zers. bei 300° entsteht etwas **XII** u. α-Chlormethylstyrol. — *2.4-Diphenyl-4-methylpenten-(2)*, $C_{18}H_{20}$, $Kp._{16}$ 175—177°, bei vorst. Darst.; λ_{max} 245 mμ. — *Dimethylphenylessigsäure*, $C_{10}H_{12}O_2$, F. 75—76°, aus vorst. Verb. durch Ozonisierung mit anschließender Oxydation mit Chromsäure; 81%. — *2.5-Diphenylhexadien-(2.4)*, $C_{18}H_{18}$, $Kp._3$ 147—157°, F. 135—136° (A.), aus 17,7 g $PdCl_2$ in 200 ml 50%ig. Essigsäure u. 49,2 g Na-Acetat mit 23,6 g **XII** neben 7,1 g von vorst. Olefin, 0,69 g Acetophenon u. 7,4 g **XIII**; 2,4 g. —*Bis-[α.β-dimethylstyrolpalladium(II)-chlorid]*, Zers. 120°, durch 15 Min. langes Schütteln von 0,75 g α.β-Dimethylstyrol (**XIV**) u. $PdCl_2$-Lsg. (1 g $PdCl_2$ in 100 ml 50%ig. CH_3COOH); bei 2std. Kochen mit W., Filtrieren u. Extrahieren mit CH_2Cl_2 entstehen 36% nachst. Verbindung. — *Bis-[α.β-dimethylstyrylpalladium(II)-chlorid]*, $(C_{10}H_{11}ClPd)_2$, F. 170—175° (Zers.), neben nachst. Verb. durch 1std. Erwärmen von 5,37 g **XIV** mit $PdCl_2$-Lsg. (7,07 g $PdCl_2$ in 400 ml 50%ig. CH_3COOH) auf 100°, Filtrieren u. Extrahieren des Nd. mit Chlf., aus Eisessig gelbe Nadeln, 23,5%. — *2-Phenylbutanon-(3)*, durch Extrahieren der vorst. Rk.-Lsg. mit Chlf., Ansäuern, Abdestillieren des Chlf. im Vakuum u. fraktionierte Dest. (80—96°), isoliert als *Dinitrophenylhydrazon*, $C_{16}H_{16}N_4O_4$, F. 174—175°, 14,5%. — *2.4-Diphenyl-3.4-dimethylhexen-(2)*, bei der vorst. fraktionierten Dest. (Kp. >175°). — *Bis-[β-methylstyrolpalladium(II)-chlorid]*, Zers. 78—85°, durch ½std. Schütteln von 1,18 g β-Methylstyrol mit $PdCl_2$-Lsg. (1,74 g $PdCl_2$ in 100 ml 50%ig. CH_3COOH), Filtrieren u. Extrahieren mit CH_2Cl_2; 42%. — *Bis-[β-methylstyrylpalladium(II)-chlorid]*, $(C_9H_9\cdot ClPd)_2$, F. 195—200° (Zers.), wie vorst. durch 1std. Rückflußkochen von 6,64 g $PdCl_2$ in 400 ml 50%ig. CH_3COOH mit 4,4 g β-Methylstyrol, aus Bzl.-PAe. gelbe Nadeln. — *Desoxybenzoin*, durch 12std. Kochen von 0,92 g Stilben in 100 ml 50%ig. CH_3COOH u. 0,9 g $PdCl_2$, Verdünnen mit dem gleichen Vol. an H_2O, Ausziehen mit Ae., Fällen als *2.4-Dinitrophenylhydrazon*, $C_{20}H_{16}N_4O_4$, F. 202—203°. — *Bis-[methylstilbenylpalladium(II)-chlorid]*, $(C_{15}H_{13}ClPd)_2$, F. 230—235° (Zers.; Xylol), durch 4std. Kochen von 6,2 g Methylstilben mit $PdCl_2$-Lsg. (5,69 g $PdCl_2$ in 400 ml 50%ig. CH_3COOH), 7,1 g; gegen NaOH beständig. — *1.1.4.4-Tetraphenylbutadien*, $C_{28}H_{22}$, F. 204,5° (A.), durch Rk. von 1,66 g 1.1-Diphenyläthylen mit sd. $PdCl_2$-Lsg. (1,44 g $PdCl_2$ in 100 ml 50%ig. CH_3COOH), Filtrieren, Extrahieren mit CH_2Cl_2, Abdestillieren des Lsgm., Anreiben des Rückstandes mit A.; Prismen; 0,2 g. — Daneben *Benzophenon* (isoliert als Dinitrophenylhydrazon, F. 242°, 0,13 g) aus dem Filtrat vorst. Verbindung. W. Schreiber. 365□

π-Allylderivate von Übergangsmetallen. W. R. McClellan, H. H. Hoehn, H. N. Cripps, E. L. Muetterties und B. W. Howk. (J. Amer. chem. Soc. **83**. 1601—07. 5/4. 1961. Wilmington, Del., E. I. du Pont de Nemours and Co., Inc., Exp. Station, Central Res. Dep.) (Engl.)

Vff. berichten über Darst. u. Eigg. von π-Allyl-Derivv. des *Mn, Co, Ni* u. *Pd.* Die Rk. von $NaMn(CO)_5$ oder $LiMn(CO)_5$ mit Allylhalogeniden stellt einen allg. Weg zur Darst. der Allyl- u. π-Allyl-Derivv. des Mn dar; ein anderer Weg besteht in der Addition von $HMn(CO)_5$ an 1.3-Diene. Bei der Umsetzung von $HMn(CO)_5$ mit 2.3-Dimethylbutadien-(1.3) entsteht jedoch nicht die zu erwartende Mn-Verb., sondern 2.3-Dimethylbuten-(1), 2.3-Dimethylbuten-(2) u. $[Mn(CO)_5]_2$. π-Allylkobalt-Verbb. lassen sich analog den Mn-Verbb. aus Allylhalogeniden u. einem Salz des Co-Tetracarbonyls sowie durch Addition von $HCo(CO)_4$ an 1.3-Diene darstellen. Aus Cyclopentadienyllithium (I) u. dem dimeren π- Allylpalladiumchlorid erhielten Vff. π-Allyl-π-cyclopentadienylpalladium. Durch Umsetzung von Allylmagnesiumchlorid (II) mit Bis-[π-cyclopentadienyl]-nickel sowie von **I** u. **II** mit $NiCl_2$ konnte π-Allyl-π-cyclopentadienylnickel dargestellt werden. Die Struktur der Verbb. wird an Hand der IR- u. der kernmagnet. Resonanzspektren erörtert. Die π-Allyl-Verbb. scheinen therm. bedeutend beständiger als die Alkyl- u. Aryl-Derivv. der Übergangsmetalle zu sein. Diese Feststellung gilt bes. für die π-Allyl-Derivv. des Co, die wahrscheinlich therm. etwas weniger stabil als die entsprechenden π-Cyclopentadienyl-Verbb. sind. Die Beständigkeit gegenüber O_2 ändert sich mit dem Metall. So sind Allylkobalttricarbonyl u. π-Allyl-π-cyclopentadienylnickel sehr O_2-empfindlich, während π-Allylmangantetracarbonyl relativ stabil ist. Keine der untersuchten Verbb. zeigt eine ausgeprägte Empfindlichkeit gegenüber H_2O.

Versuche: *Lithiummanganpentacarbonyl*, $LiMn(CO)_5$, durch 3std. Rühren einer Lsg. von 25 g $Mn_2(CO)_{10}$ in 250 ml wasserfreiem Tetrahydrofuran (THF), das 1,4 g Li in kleinen Stückchen enthielt, unter Ar-Atmosphäre bei 45—50° (Kühlbad) u. Absaugen der tiefgrünen Lsg. vom überschüssigen Li; die Lsg. (0,51 m) wurde für die Umsetzungen verwendet. — *Lithiumkobalttetracarbonyl*, $LiCo(CO)_4$, analog vorst. aus 34,8 g $Co_2(CO)_8$ in 350 ml THF u. 2,65 g Li bei —10 bis —20°; 0,58 m Lösung. — *Allylmanganpentacarbonyl*, $CH_2{=}CHCH_2Mn(CO)_5$, $Kp._{15}$ 45°, durch Zusatz von 5,7 g Allylchlorid zu 100 ml einer 0,65m $LiMn(CO)_5$-Lsg. unter Rühren in N_2-Atmosphäre, 18std. Rühren bei Raum-Temp., Abfiltrieren des LiCl, Abziehen des THF unter vermindertem Druck u. Dest.; gelbe Fl.; 71% (Ausbeute). — *π-Allylmangantetracarbonyl*, π-$CH_2CHCH_2Mn(CO)_4$, F. 55—56°, $Kp._{16}$ 66°, durch 3std. Erhitzen von 12,5 g vorst. Verb. auf 86° u. Dest. des Rückstandes; hellgelbe Substanz; 88%. — Analog wurden dargestellt: *2-B ιtenylmanganpentacarbonyl*, $CH_3CH{=}CHCH_2Mn(CO)_5$, $Kp._2$ 48°, aus 0,1 Mol $NaMn(CO)_5$ u. 0,1 Mol 2-Butenylchlorid in THF bei 25°; gelbe Fl.; 70%. — *1-Methyl-π-allylmangantetracarbonyl*; π-$CH_3CHCHCH_2Mn(CO)_4$, $Kp._7$ 68°, aus vorst. Verb. bei 87°; gelbe Fl.; 80%. —*π-Methallylmangantetracarbonyl*, π-$CH_2C(CH_3)CH_2Mn(CO_4)$, $Kp._{2,5}$ 50°, aus 0,0084 Mol $NaMn(CO)_5$ u. 0,008 Mol Methallylchlorid in 20 ml THF in 10 Std. bei 70°; gelbe Fl.; 56%. — *1-Chlorallylmanganpentacarbonyl*, $ClCH{=}CHCH_2Mn(CO)_5$, $Kp._{0,5}$ 50°, aus 0,24 Mol $NaMn(CO)_5$ u. 0,26 Mol 1.3-Dichlorpropen in 53 ml THF bei 25° in 2 Std.; gelbe Fl.; 72%. — *1-Chlor-π-allylmangantetracarbonyl*, π-$ClCHCHCH_2Mn(CO)_4$, $Kp._6$ 85°, aus vorst. Verb. bei 85° in 3 Std.; gelbe Fl.; 40%. — *2-Butenylmanganpentacarbonyl*, $CH_3CH{=}CH \cdot CH_2Mn(CO)_5$, $Kp._4$ 56°, durch 6std. Erhitzen von 6 g $HMn(CO)_5$ u. 13 g 1.3-Butadien unter Rückfluß (ca. —3°) u. Dest.; gelbe Fl.; 42%. — *2-Methylbutenyl-(2)-manganpentacarbonyl*, $(CH_3)_2C{=}CHCH_2Mn(CO)_5$, F. 12—14°, $Kp._{0,2}$ 50—51°, aus 0,046 Mol $HMn(CO)_5$ u. 0,081 Mol 2-Methylbutadien-(1.3) in 96 Std. bei 25°; gelbe Fl.; 30%. — *2-Methyl-π-butenylmangantetracarbonyl*, $(CH_3)_2CCHCH_2Mn(CO)_4$, $Kp._1$ 48—52°, aus vorst. Verb. in 6 Std. bei 95°; gelbe Fl.; 16%. — *2-Chlorbutenyl-(2)-manganpentacarbonyl*, $CH_3CCl{=}CHCH_2Mn(CO)_5$, $Kp._1$ 64—68°, aus 0,041 Mol $HMn(CO)_5$ u. 0,056 Mol 2-Chlorbutadien-(1.3) in 7 Std. bei 0°; gelbe Fl.; 17%. — *π-Allylkobalttricarbonyl*, $CH_2CHCH_2 \cdot Co(CO)_3$, $Kp._{15}$ 39°, durch Zugabe von 10,7 g einer 85%ig. Lsg. von KOH in 50 ml Methanol zu 28 g $HCo(CO)_4$ (mit fl. N_2 unter schwachen Vakuum gekühlt), langsames Erwärmen auf Raum-Temp., Abkühlen der roten $KCo(CO)_4$-Lsg. in fl. N_2, Zusatz von 12,5 g Allylchlorid, Erwärmen auf Raum-Temp., Versetzen mit Methylenchlorid, Filtrieren unter N_2, zweimaliges Waschen des Filtrates mit O_2-freiem W., Trocknen mit Na_2SO_4 u. Destillieren; orangerote Fl.; 66%. — *1-Methyl-π-allylkobalttricarbonyl*, $CH_3CHCHCH_2Co(CO)_3$, $Kp._{4,5}$ 36°, a) aus $KCo(CO)_4$ u. 1-Methylallylchlorid in 25 ml Methanol bei 25° in 4 Std. analog vorst. Verb.; rote Fl.; 51%; b) aus 0,1 Mol $Co_2(CO)_8$ u. 50 g Eisessig durch Abkühlen auf —78°, Zusatz von 0,37 Mol 1.3-Butadien, 12std. Schütteln bei 40°, Verdünnen mit 750 ml O_2-freiem W., Extrahieren der wss. Phase mit Methylenchlorid, Trocknen der mit dem Extrakt vereinigten organ. Phase mit Na_2SO_4 u. Destillieren; 68%. — *2-Chlor-π-allylkobalttricarbonyl*, $CH_2CClCH_2Co(CO)_3$, $Kp._2$ 30°, aus 0,049 Mol $LiCo(CO)_4$ u. 0,049 Mol 1.2-Dichlorpropen in 35 ml THF in 4 Std. bei —20 bis —25°; bernsteinfarbene Fl.; 8%. — *1-Chlor-π-allylkobalttricarbonyl*, $ClCHCHCH_2Co(CO)_3$, $Kp._2$ 38°, aus 0,054 Mol $LiCo(CO)_4$ u. 0.054 Mol 1.3-Dichlorpropen in 33 ml THF in 4 Std. bei —20 bis —45°; bernsteinfarbene Fl.; 22%. — *π-Allyl-π-*

cyclopentadienylpalladium, $C_8H_{10}Pd$, F. 60—62° (Zers.), aus 1,83 g dimerem π-Allylpalladiumchlorid in 50ml wasserfreiem Bzl. unter N_2 durch Zugabe von 25 ml einer 0,386m Lsg. von I in THF unter Rühren, weiteres 25 Min. langes Rühren bei 25°, 10 Min. langes Erwärmen auf 45—50°, Abkühlen auf 5°, Versetzen mit 25 ml O_2-freiem W., Trocknen der Benzolschicht mit $CaSO_4$, Abdestillieren des Bzl., Sublimieren des Rückstandes bei 45—55° u. 10 Torr; tiefrote Nadeln; 83%. — *π-Allyl-π-cyclopentadienylnickel*, $C_8H_{10}Ni$, a) aus 10 ml Cyclopentadien u. 50 ml wasserfreiem Pentan unter Ar durch Kühlen im Eisbad, langsame Zugabe von 21 ml einer 0,24m Lsg. von n-Butyllithium in Hexan, Abziehen der Lsgm. im Vakuum, Lösen des entstandenen I in 100 ml O_2- u. wasserfreiem THF, Zugabe von 6,5 g wasserfreiem $NiCl_2$ unter Rühren, Versetzen mit 24 ml einer 2,1 m II-Lsg. in THF, 2tägiges Rühren bei 0°, Abdestillieren der Hauptmenge THF bei 0 u. 100 Torr, Destillieren des Rückstandes bei ca. 50° u. 45 Torr; tiefrote Fl.; ca. 50%; b) aus äquivalenten Mengen Bis-[π-cyclopentadienyl]-nickel u. II in THF. GERHARD SCHULZE. 365□

Chemie der Trifluormethylgruppe. 1. Mitt. **Komplexbildung durch Phosphine, die Trifluormethylgruppen enthalten.** M. A. A. Beg und H. C. Clark. (Canad. J. Chem. **38.** 119—24. Jan. 1960. Vancouver, B.C., Univ. of Brit. Columbia, Dep. of Chem.) (Engl.)

Durch Umsetzung von 2 Mol Trimethyl- (**I**), Dimethyl-[trifluormethyl]- (**II**) u. Methyl-bis-[trifluormethyl]-phosphin (**III**) mit 1 Mol $PtCl_2$ werden *2 : 1-Komplexe* gebildet. Mit Tris-[trifluormethyl]-phosphin gelingt die Rk. nicht mehr. Mit BF_3 reagieren nur **I** u. **II** unter Bldg. von *1 : 1-Komplexen*. Die Stabilität der Komplexe nimmt in der genannten Reihenfolge ab.

Versuche: *Trimethylphosphin* (**I**), nach MANN u. WELLS [1938] unter Kühlung mit Trockeneis/Aceton; 60% (Ausbeute). — *Dimethyl-[trifluormethyl]-phosphin* (**II**), durch Rk. von **I** mit CF_3J bei −78°, ½std. Stehen bei Raum-Temp. u. Reinigung durch therm. Zers. des AgJ-Komplexes (vgl. HASZELDINE u. WEST, C. **1957.** 1123); 33% (roh). Daneben *Tetramethylphosphoniumjodid* u. *Dimethyl-bis-[trifluormethyl]-phosphoniumjodid* (F. 60°), das mit überschüssigem wss. NaOH unter Bldg. von *Fluoroform* reagiert. — *Methyl-bis-[trifluormethyl]-phosphin* (**III**), durch Rk. von **IV** mit CH_3J (vgl. HASZELDINE u. WEST, C. **1958.** 12943). — *Tris-[trifluormethyl]-phosphin* (**IV**) durch Rk. von P mit CF_3J (vgl. BURG u. Mitarbeiter, C. **1957.** 4946). — *Trimethylphosphin-BF_3-Komplex*, F. 126—130° (Zers.), durch Rk. von 2,6 mMol **I** mit 2,79 mMol BF_3 (durch Vakuum-Dest. gereinigt) im evakuierten Rohr; zersetzt sich an feuchter Luft, in W., A. u. Aceton. — *Dimethyl-[trifluormethyl]-phosphin-BF_3-Komplex*, durch Rk. von 2,27 mMol **II** mit 2,27 mMol BF_3; bei Unterkühlung entsteht ein Glas vom Erweichungspunkt −9°. — *Bis-[trimethylphosphin]-platin(II)-chlorid*, $[(CH_3)_3P]_2Pt \cdot Cl_2$, F. 324—326° (Methanol), a) durch 24std. Schütteln von 0,195 g **I** mit 0,3345 g $PtCl_2$; 20%; b) durch Schütteln der wss. Lsg. von 1,2 g $K_2[PtCl_4]$ mit 0,43 g **I**, ½std. Erhitzen auf 100°, Filtration u. Waschen mit W., A. u. Ae.; 41%. — *Bis-[dimethyl-(trifluormethyl)-phosphin]-platin(II)-chlorid*, $[(CH_3)_2PCF_3]_2PtCl_2$, F. 188—190° (Methanol), durch 48std. Rk. von 3,17 mMol **II** mit 1,59 mMol $PtCl_2$ bei Raum-Temp. im Rohr; Nädelchen; durch Einw. 25%ig. wss. NaOH wird *Fluoroform* gebildet. — *Bis-[methyl-bis-(trifluormethyl)-phosphin]-platin(II)-chlorid*, $[CH_3P(CF_3)_2] \cdot PtCl_2$, F. 85—87°, durch Rk. von **III** mit $PtCl_2$ im Verhältnis 2 : 1, Extraktion mit CCl_4 oder Methanol u. Eindampfen; gelbe Kristalle; beim Hydrolysieren mit 25%ig. wss. NaOH bei 80° wird *Fluoroform* gebildet. L. LAMZA. 368□

Äthylenpyridin-N-oxidplatin(II)-chlorid. Leonard Garcia und Milton Orchin. (J. chem. Soc. [London] **1961.** 2254—55. Mai. Cincinatti, Ohio, Univ. of Cincinatti.) (Engl.)

Beim Behandeln einer wss. Lsg. von $K[C_2H_4PtCl_3]$ mit 1—4 Mol oder mit einem großen Überschuß Pyridin-N-oxid (**I**) erhielten Vff. beim Stehen bei Raum-Temp. eine stabile Verb., die sich in Form grüner Nadeln aus Chlf. umkristallisieren ließ (F. 145 bis 146°, Zers.). Die gleiche Verb. wurde beim Behandeln des dimeren $[C_2H_4PtCl_2]_2$ in A. mit **I** erhalten. Bei keiner der Rkk. entwickelte sich ein Gas. Das Spektrum des Prod. zeigt ein Absorptionsmaximum bei 3000 cm^{-1}, das für die olefin. C–H-Streckschwingung charakterist. ist. Ein unzweifelhafter Beweis für die Stellung des **I** im Komplex existiert nicht, doch nehmen Vff. an, daß es die trans-Stellung zum Äthylen einnimmt. Die Tatsache, daß nicht mehr als ein **I**-Mol (wie im Falle des Pyridin) aufgenommen wird, führen Vff. auf die geringere Basizität des **I** gegenüber Pyridin zurück.

GERHARD SCHULZE. 368□

A₉. Mineralogische und geologische Chemie

Über die Lage der Bakal-Siderite in Einschlußgesteinen. N. W. Grinstein, Ju. A. Dawydenko, O. P. Ssergejew und W. A. Timesskow. (Известия Академии Наук СССР, Серия Геологическая [Nachr. Akad. Wiss. UdSSR, geol. Ser.] **25.** Nr. 7. 95—98. Juli 1960.) (Russ.)

Im Gegensatz zu STAROSSTINA (vgl. C. **1961.** 11264) beschreiben Vff. die Geologie des Bakals wie folgt: Vom Norden nach Süden verringert sich die Mächtigkeit der Bakal-Suite, u. es tritt das Erzfeld hervor. Innerhalb des Erzfeldes ist kaum eine fazielle Unbeständigkeit der Bakal-Suite erkennbar. Diese äußert sich in einer leichten Veränderung der vorhandenen Elemente des Querschnittes. Die vorliegenden Daten weisen darauf hin, daß auf dem Erzfeld sich die Geh. terrigenen Materials innerhalb der carbonat. Horizonte nur unbedeutend verändern. Die Bakal-Siderite sowie Prodd. ihrer Veränderung liegen ausschließlich in Carbonathorizonten u. in denen diesen nahestehenden Gebieten. Die Carbonatgesteine sind Mg-reich u. meist dolomit., wesentlich seltener magnesit. Natur. M. HÄHNERT. 378

Die Anwendung von Untersuchungen der Schwefelisotope auf die Theorie der Erzgenese — ein vorgeschlagenes Modell. R. L. Stanton. (New Zealand J. Geol. Geophysics **3.** 375—89. Aug. 1960. Armidale, New South Wales, Univ. of New England, Dep. of Geol.) (Engl.)

Unters. der Anwendung von Messungen der $^{32}S/^{34}S$-Verhältnisse auf Fragen der Genese von sulfid. Erzen. Aus der krit. Durchsicht der von einer Reihe von Lagerstätten vorliegenden Werte werden vier Faktoren abgeleitet, die die $^{32}S/^{34}S$-Verhältnisse beeinflussen: Unterschiede im Ursprung u. im Anteil der Hybridisation; Vermischung durch Migration; Fraktionierung im Verlaufe der Ableitung der Migration u. während der Ablagerung; Homogenisierung während u. nach der Ablagerung. Ihr möglicher Einfl. auf die Isotopen-Zus. zeigt sich in der Gegenüberstellung der $^{32}S/^{34}S$-Verhältnisse der fünf unterschiedenen genet. Klassen der Sulfidlagerstätten. In den orthomagmat. Sulfiden ist das resultierende Verhältnis zwischen u. in den einzelnen Lagerstätten einheitlich. Das Verhältnis ist zwischen den Lagerstätten des „normal"-sedimentären Typs u. auch zwischen deren einzelnen Lagern stark veränderlich, innerhalb der einzelnen Lager aber einheitlich. In ähnlichem Maße gilt dies für die Lagerstätten des „vulkan." sedimentären Typs. Für die sedimentären Bldg. ist eine Homogenisierung durch diagenet. u. metamorphe Rekristallisation charakteristisch. In den Gang- u. Verdrängungslagerstätten sind die S-Isotopenverhältnisse ebenfalls stark variabel, entsprechend den die Hybridisierungs-, Migrations- u. Fraktionierungsvorgänge vor u. während des Absatzes stark beeinflussenden Zustandsbedingungen. Die Darst. wurde als „Modell" für weitere systemat. Unterss. über die S-Isotope zur Deutung von Problemen der Erzgenese aufgestellt. H.-J. BAUTSCH. 378□

Geochemisch-mineralogische Beziehungen von polymetallischen Gängen im Erzbezirk von Vrančice bei Milin (Böhmen). Vladimír Hoffman. (Sborník národního Musea Praze, Řada B. **17.** 1—55. 1961. Kutná Hora, Inst. of Mineral Raw Mater.) (Engl.)

Ausführliche geolog., mineralog. u. geochem. Unters. [1958/59] der 12 km südlich von Příbram erschlossenen Lagerstätten. Durch die erstmals erfolgte Beschreibung von *Boulangerit, Dolomit, Markasit, Nickelin, Chloantit, Pyrargyrit, Stromeyerit* u. *Argentit* erhöht sich die Anzahl der nachgewiesenen Mineralien auf über 40. H. MOENKE. 380□

Manganerz in Neuseeland. J. J. Reed. (New Zealand J. Geol. Geophysics **3.** 344—54. Aug. 1960. Lower Hutt, New Zealand Geol. Surv., Dep. of Sci. and Ind. Res.) (Engl.)

Die Manganerz-Vork. Neuseelands können unterteilt werden in: 1. Mangangänge in den Gold–Quarz-Gängen, 2. Manganerztaschen u. -massen in syngenet. „red rocks" perm.-kretazeischer Sedimente u. 3. Manganerztaschen u. -linsen in metamorphosierten „red rocks" in regionalmetamorphen Schiefern. Alle in Neuseeland bergmänn. gewonnen Manganerze stammen aus perm.-jurass. Vork. vom 2. Typ. Charakterist. ist ihr fleckenhaftes Auftreten u. das enge Gebundensein an die „red rocks", die als untergeordnete Interkalationen in den dominierenden Grauwacken u. Tonen vorkommen. Bei den „red rocks" handelt es sich um spilit. Laven, Jaspilite, Cherts, vulkan. Argillite u. Carbonate. Es wird angenommen, daß die Manganerze submarin vulkan.-exhalativen Ursprungs sind. H.-J. BAUTSCH. 380□

Silber in kupferhaltigen Zechstein-Schiefern Niederschlesiens. M. Banaś. (Bull. Acad. polon. Sci., Sér. Sci. chim., géol. géogr. **8.** 197—201. 1 Tafel. 1960. Kraków, Berg- u. Hüttenakad., Lehrstuhl für Erzlagerstätten.) (Dt.)

In den kupferhaltigen Zechsteinschiefern kommt das Ag nach den mkr. Unterss. nur in gediegener Form vor u. ist stets an das Vork. von Kupferglanz gebunden. Die Mikrolithen von gediegenem Ag haben eine Größe von 4—52 μ u. sind als randliche Anwachszonen, als Einschlüsse u. als Durchwachsungen der Kupferglanzkörner zu finden. Selbständige Ag-Körner treten nie auf, auch kommen keine Verwachsungen des Ag mit anderen sulfid. Mineralien vor. F. ENSSLIN. 380□

Der Gehalt an Schwermineralien und die Radioaktivität von Strandsanden westlich der Oreti-Flußmündung bis Blue Cliffs, Southland, Neuseeland. W. R. B. Martin und Anwyn M. Long. (New Zealand J. Geol. Geophysics **3.** 400—09. 2 Tafeln. Aug. 1960. Wellington, Victoria Univ.) (Engl.)

Schwere Fl.- u. magnet. Trennungen von Strand- u. Dünensanden u. Messung ihrer Radioaktivität, die stets sehr gering war. Die Ergebnisse zeigen, daß keine wirtschaftlich interessanten Mineralmengen mit spezif. Gew. > 2,9 g/cm³ im untersuchten Bereich vorkommen. Höhere Konzz. von *Rutil, Ilmenit* u. *Zirkon* treten nur an einigen begünstigten Stellen in allerdings kleinen Mengen auf. Die schwarzen Opakanteile sind in ihrer mineralog. u. chem. Zus. in den einzelnen Gebieten verschieden, entsprechend ihrer unterschiedlichen Herkunft u. den geolog. Besonderheiten. Alle schwarzen Opakanteile sind Titan–Eisenminerale. Dunkelgrüne *Hornblende* bildet in allen Proben den Hauptbestandteil der schweren Fraktion. Der Geh. an opaken Erzmineralien liegt gewöhnlich unter 1%. H.-J. BAUTSCH. 380□

Verringerung der Korngröße von Tonmineralien durch Einfrieren und Auftauen. I. C. McDowall. (New Zealand J. Geol. Geophysics **3.** 337—43. 1. Tafel. Aug. 1960. Lower Hutt, New Zealand, Pottery and Ceram. Res. Assoc. Inc.) (Engl.)

Unters. der Herabsetzung der Korngröße von Tonmineralien durch Einfrieren u. Auftauen (Congelifraction). Es wird gezeigt, daß die Intensität der Korngrößenzerkleinerung von der Struktur der Tonminerale abhängt. Bei Tonmineralen mit stärkerer Bindung zwischen den Basal-Schichten (*Vermiculit, Illit*) ist die Verkleinerung geringer als bei Tonmineralen mit schwächerer Bindung (*Halloysit, Kaolinit*). Es ist wahrscheinlich, daß der gleiche Vorgang der Congelifraction unter Bedingungen kalter Klimate zur Bldg. von feinen Sedimenten führt. H.-J. BAUTSCH. 382□

Eine neue gesteinschemische Methode zur Projektion von Reaktionsserien der Eruptivgesteine. E. Görlich. (Bull. Acad. polon. Sci., Sér. Sci. chim., géol. géogr. **8.** 153—58. 1960. School of Min. and Metallurg., Dep. of Silicate Chem.) (Engl.)

Die Rk.-Serien von Eruptivgesteinen lassen sich durch Diagramme beschreiben, deren Ordinaten das mittlere Ionenpotential der Kationen $\bar{\varphi}_K$ u. deren Abszissen den Kondens.-Grad der Silicatanionen darstellen. Vf. wählt als Abszisse einen neuen Parameter $\bar{Z}_A$, der durch die mittlere freie Ladung des Sauerstoffs in den Silicationen definiert ist. Die $\bar{Z}_A$-Werte der wichtigsten gesteinsbildenden Silicatmineralien werden angegeben. Es ergibt sich dann die lineare Beziehung $\varphi_K = 0{,}40 + 1{,}333\, Z_A$. F. ENSSLIN. 385□

Vorläufiger Bericht über die Petrologie der Isbjörnhamna-Formation (Hornsund-Gebiet, Westspitzbergen). W. Smulikowski. (Bull. Acad. polon. Sci., Sér. Sci. chim., géol. géogr. **8.** 159—63. 2 Tafeln. 1960. Polish Acad. of Sci., Inst. of Geol. Sci., Labor. of Geochem., Miner. and Petrography.) (Engl.)

Diese Formation ist wahrscheinlich algonk. Alters u. besteht aus Marmoren, calcithaltigen Glimmerschiefern, Glimmerschiefern u. plagioklas. Paragneisen, die aus Sedimenten durch Metamorphose entstanden sind. Der Na_2O-Geh. in dem Paragneis ist allerdings für ein Sediment viel zu hoch. F. ENSSLIN. 385□

Berechnung der Mineralzusammensetzung der Gesteine der Albit-Epidot-Amphibolitfazies. W. Narębski. (Bull. Acad. polon. Sci., Sér Sci. chim., géol. géogr. **8.** 165—71. 1960. Warsaw, Polish Acad. of Sci. Mus. of Earth, Inst. of Geol.) (Engl.)

Die Mineral-Zus. dieser Serie läßt sich nach der von BARTH (C. **1957.** 3361) angegebenen Meth. mit einigen Änderungen berechnen. Bedingung hierfür ist, daß quant. Daten über die vorhandenen Ti-Mineralien vorliegen, der Anorthit-Geh. im Plagioklas bekannt ist, die Natur des Epidols festliegt u. das Vork. oder Fehlen von Sericit, Fe-Oxiden, Orthoklas, Biotit, Chlorit, Quarz u. Calcit festgestellt wird. Hierfür sind Korrekturfaktoren erforderlich. F. ENSSLIN. 385□

Gesteinschemische Charakteristika der amphibolitischen Gesteine der unteren Skålfjellet-Serie, Hecla Hoek Folge, Wedel-Jarlsberg Land, Westspitzbergen. W. Narębski. (Bull. Acad. polon. Sci., Sér. Sci. chim., géol. géogr. **8.** 173—79. 1960. Warsaw, Polish Acad. of Sci. Mus. of Earth, Inst. of Geol.) (Engl.)

Angabe von 12 neuen Analysen von amphibolit. Gesteinen der unteren Skålfjellet-serie, die mehr Na_2O u. MgO u. weniger Fe u. SiO_2 als die entsprechenden südnorweg. Gesteine enthalten. Entsprechend der mehr oder weniger starken Epidotisierung der

Gesteine schwanken in ihnen auch die Al-, Fe^{2+}- u. Mg-Gehalte. Die Chloritschiefer in der Granitisierungszone sind durch Metamorphose aus den Amphiboliten unter Aufnahme von Mg u. W. u. unter Verlust von Ca, Si u. Na entstanden. Die hastingsithaltigen Amphibolite zeichnen sich durch ihren Reichtum an Fe u. Alkalien, bes. K, aus u. sind arm an Al u. Mg. F. ENSSLIN. 385□

Einige neue petrologische Beobachtungen über die Iser-Granit-Gneise der westlichen Sudeten. M. Kozłowska-Koch. (Bull. Acad. polon. Sci., Sér. Sci. chim., géol. géogr. **8.** 181—90. 1960. Warsaw, Univ., Dep. of Petrology.) (Engl.)

Es wird festgestellt, daß die Isergneise in ihrer großen Masse nicht durch Metamorphose älterer Granite entstanden sind, da sie teilweise metasomat. Charakter aufweisen u. außerdem Glimmerschiefer u. Amphibolitreste vorhanden sind. Die Isergneise stellen eine polygenet. Formation dar, die teilweise durch Granitisierung von Sedimenten, teilweise durch Endoblastese u. Metasomatose einer granit. Intrusion entstanden sind. F. ENSSLIN. 385□

Kaolinisation einiger Arkosen-Sandsteine im Oberschlesischen Steinkohlenbecken und die Entstehung von Tonsteinen. A. Bolewski und B. Ostrowicki. (Bull. Acad. polon. Sci., Sér. Sci. chim., géol. géogr. **8.** 191—96. 1960. Kraków, Berg- u. Hüttenakad., Inst. für Miner. u. Petrographie.) (Dt.)

Mkr. u. chem. Analysen der einzelnen Siebfraktionen ergaben, daß es sich um Arkose-Sandsteine handelt, deren Feldspate weitgehend in Glimmer u. glimmerähnliche Mineralien u. schließlich in Kaolinit umgewandelt sind, wobei die schweren Mineralien wie Granat, Turmalin, Apatit usw. hauptsächlich in den feineren Fraktionen bei 60 μ (bis 19%) angereichert sind. Die Versäuerung des Mediums dürfte durch Zers. im Kohlenlager hervorgerufen sein. Die Verwitterung wird durch die Porosität der Sandsteine (23—28%) begünstigt. Der Kaolinit ist das Hauptmineral der Tonsteine mit ihren Pflanzeninkrustationen aus Kaolinit u. Hydrargillit. F. ENSSLIN. 385□

Eruptivgesteine im Cape Palliser-Gebiet. Gwyneth A. Challis. (New Zealand J. Geol. Geophysics **3.** 524—42. Aug. 1960. Wellington, Victoria Univ.) (Engl.)

Mineralog.-petrograph. Beschreibung von Spiliten, umgewandelten Doleriten u. Camptoniten, die in oberjurass. Sedimentserien von Grauwacken, Tonen u. Kieselschiefern auftreten; die umgewandelten Dolerite in Form von Schwellen u. Gängen. Die Spilite haben einen hohen Na-Geh. u. zeigen gut entwickelte Pillowstrukturen. Die geolog. Besonderheiten deuten auf die submarinen Vorgänge. Die Camptonite enthalten braune Hornblende, Titanaugit, Albit u. Andesin. Die dickeren Camptonitgänge zeigen zwischen Zentrum u. Rand einen Wechsel in ihrer mineralog. Zusammensetzung. Zum Rand nimmt gewöhnlich die Albitisierung u. die Kristallisation der Hornblende zu. Horizontale Bänderung durch Albit wird als Füllung von Kühlungsrissen durch Lsgg. später Phasen angesehen. Chem. Analysen zeigen die chem. u. mineralog. Verwandschaft zwischen den Spiliten, Doleriten u. Camptoniten. Sie werden als kontinuierliche Differentiations-Prodd. eines olivinbasalt. Magmas angesehen, das mit anderen oberjurass. Intrusivkomplexen der Umgebung zusammenhing. H.-J. BAUTSCH. 385□

Bitumengehalt der Menilitschichten in den Karpaten. J. Badak. (Bull. Acad. polon. Sci., Sér. Sci. chim., géol. géogr. **8.** 209—12. 1 Tafel. 1960. Cracow, School of Min. and Metallurg., Dep. of Oil and Gas Deposits.) (Engl.) — Vgl. C. **1961.** 10875.

In den Karpaten kommen 3 Menilitvarietäten vor. Solche mit Hornstein im Liegenden, Menilite mit Hornstein im Liegenden u. dicken Schichten Sandstein, die den Schieferton verdrängen u. Menilitschieferton ohne Hornstein. Die letzteren enthalten den höchsten Geh. von Pyrobitumen (bis 6%). Die Tone gehören zur Illitgruppe. Die Ölschiefer nehmen Mächtigkeiten bis 2 m an mit Öl-Geh. von 4—8%. F. ENSSLIN. 390□

Konzentration von Chlorid in Süßwasser und Regenwasser. A. V. Holden. (Nature [London] **192.** 961—62. 9/12. 1961. Pitlochry, Scotland, Freshwater Fisheries Labor.) (Engl.)

Die Cl^--Konz. (Cl) wurde von 21 1958 gesammelten Proben von Süßwasserlöchern in NW-Schottland bestimmt. (Cl) variiert mit dem Abstand (D) von der Küste nach der allg. Gleichung $Cl = K \cdot D^{-n}$ (K, n = Konst.). Eine zweite 1960 gesammelte Serie von Proben in NW-Schottland, Proben von Süßwasserlöchern der Insel Rhum, W-Schottland [1958] u. frühere Cl^--Best. im English Lake District ergaben ebenfalls annähernde Erfüllung dieser Gleichung. Außer den für diese Proben erhaltenen Werten werden solche für Regenwasser von Neu Seeland u. Holland angegeben, die ähnliche Beziehungen aufzeigen. E. SCHULTE. 393□

Gesamte β-Aktivität im Thames River. D. M. Skauen, T. Hatfield, D. Hanlon und J. S. Rankin jun. (Nature [London] **191.** 1017. 2/9. 1961. Noank, Conn., Univ. of Connecticut, Marine Res. Labor.) (Engl.)

Best. der β-Aktivität von veraschten Organismen im Thames River in der Zeit vom April 1960 bis Mai 1961. Die β-Aktivität wird ^{40}K zugeschrieben.

CH. WEISKE. 393□

γ-Strahlenspektroskopie von durch Luftfiltration am Boden gesammelten künstlichen Radionucliden. Giuseppina Aliverti, Francesca Demichelis und Giuseppe Lovera. (Atti Accad. naz. Lincei, Rend., Cl. Sci. fisiche, mat. natur. [8] **26.** 772—73. Juni 1959.) (Ital.) — C. **1960.** 17063. R. K. MÜLLER. 396□

B. Allgemeine und theoretische organische Chemie

Die Absorptionsspektren von ortho- und meta-Thiokresol im nahen Ultraviolett. R. N. Bapat. (Proc. Indian Acad. Sci., Sect. A **50.** 183—91. Sept. 1959. Nagpur, Coll. of Sci., Phys. Dep.) (Engl.)

Das UV-Spektrum von *o-Thiokresol* im Gebiet von 2600—2873 Å besteht aus ca. 45 diffusen u. im allg. schwachen Banden. Banden mit den Differenzfrequenzen 60, 120, 158 u. 203 (cm^{-1}) werden v–v-Übergängen, die Frequenz bei 35386 der 0.0-Bande u. die Differenzfrequenzen 729, 957 u. 1159 Schwingungen im angeregten Zustand zugeordnet. Das Spektrum von *m-Thiokresol* besteht zwischen 2900 u. 2590 Å ebenfalls aus ca. 45 diffusen u. sehr schwachen Banden; die 0.0-Bande liegt bei 34793; die Schwingungsfrequenzen im angeregten Zustand besitzen die Werte 492, 611, 720, 845, 965, 1016 u. 1155.

G. PÖTZSCHER. B 118□

Das Absorptionsspektrum von para-Thiokresol im nahen Ultraviolett. R. N. Bapat. (Proc. Indian Acad. Sci., Sect. A **49.** 203—09. April 1959.) (Engl.) — Vgl. vorst. Ref. u. C. **1959.** 11510.

Das UV-Spektrum von *p-Thiokresol* besteht im Gebiet von 2922—2600 Å aus ca. 10 intensiven, breiten, jedoch strukturlosen Banden. Die 0.0-Bande wird der Frequenz bei 34222 cm^{-1} zugeordnet, die im Vgl. zum p-Kresol 1115 cm^{-1} ins langwellige Gebiet verschoben ist. Angeregte Schwingungsfrequenzen besitzen die Werte 353, 752 u. 1114; die Frequenz bei 1180 wird der $C–CH_3$-Schwingung zugeordnet. Die Frequenzen im angeregten Zustand werden mit denen anderer disubstituierten Benzole verglichen.

G. PÖTZSCHER. B 118□

Einige Bemerkungen zur Struktur von Anilinschwarz auf Grund von Ultraviolett-Absorptionsspektren. T. Urbański und K. Szyc-Lewańska. (Bull. Acad. polon. Sci., Cl. III **4.** 775—81. 1956. Polish Acad. of Sci., Techn. Military Coll., Inst. of Org. Synth.) (Engl.) — Vgl. C. **1962.** 7460.

Es wurden die Absorptionsspektren von *Emeraldin* (**I**), *Pernigranilin* (**II**), *unvergrünlichem Anilinschwarz* nach GREEN (**III**), *Anilinochinon, Dianilinochinon* (**IV**), *Phenazin* (**V**), *Safranin* (**VI**) u. *Phenolblau* (**VII**, *N.N-Dimethylindoanilin*) in schwefelsaurer Lsg. im Bereich von etwa 200—900 mμ gemessen. Es besteht eine offensichtliche Ähnlichkeit zwischen den Spektren von **I**—**III** mit dem von **IV** u. ein deutlicher Unterschied zwischen **I**—**III** u. **V**—**VII**. Laut Vff. wird durch die Spektren weder die p-Chinonstruktur von WILLSTÄTTER noch die Phenazin-Struktur von BUCHERER u. GREEN der Stoffe **I**—**III** bestätigt, vielmehr sollte die Struktur ähnlich der von **IV** sein. Entsprechend sollten diese Stoffe einen relativ hohen O-Geh. haben. Die analyt. Zus. einer Anilinschwarz-Probe entsprach der Formel $C_{30}H_{20}N_4O_6$. W. PENN. B 118□

Die Absorptionsspektren im nahen Ultraviolett und die Molekularstrukturen biochemischer Substanzen. 1. Mitt. Die Ninhydrinreaktionsprodukte von Glycin und Glycylglycin. Akira Kuboyama. (Bull. Fac. Agric., Univ. Miyazaki **3.** 114—18. März 1958.) (Jap.; Auszug: Engl.)

Die Absorptionsspektren (AS) im sichtbaren Bereich der aus der wss. Lsg. der Rk.-Prodd. von *Ninhydrin* (**I**) u. *Glycin* durch Extraktion mit organ. Lsgm. erhaltenen orangeroten Lsg. (A), der roten wss. Lsg. des Rk.-Prod. von **I** u. **II** in Ggw. von *Cu*- oder *Ca*-Ionen (B), des aus B mit organ. Lsgm. erhaltenen Extraktes (C) sowie eines organ. Extraktes (D) des Rk.-Prod. von **I** mit *Glycylglycin* wurden aufgenommen u. die Struktur der Verbb. abgeleitet. Die AS von A u. C waren einander ähnlich. Für die orangerote Substanz in A wurde die Struktur der undissoziierten Form von RUHEMANs *Purpur* (**III**) mit einer intramol-

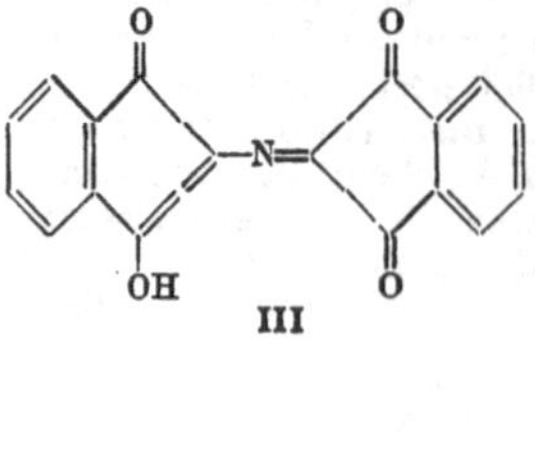

III

H-Brücke u. einer möglicherweise großen Resonanzenergie angenommen. Die Substanz in B wurde als ein inneres Komplexsalz, in welchem 2 O-Atome aus 2 Moll. **III** mit dem Metallatom verbunden sind, angesehen, während für die Verb. in D eine ähnliche Struktur wie für **III** angenommen wurde. J. BOELTER. B 118□

Imine von Di- und Polyketonen. 4. Mitt. Absorptionsspektren im Ultraviolett und Struktur von Iminen 2-substituierter Indandione-(1.3). Ja. F. Freimaniss und G. Ja. Wanag. (Журнал Общей Химии [J. allg. Chem.] **30** (92). 3362—69. Okt. 1960. Inst. für org. Synth. der Akad. der Wiss. der LettSSR.) (Russ.) — 3. vgl. WANAG, C. **1959.** 12208; 5. vgl. C. **1962.** 10029.

Von 2-substituierten Indandionen-(1.3) werden *Imine* dargestellt u. deren UV-Spektren aufgenommen. Die Imine liegen in alkohol. Lsg. wahrscheinlich in der tautomeren Form als *3-Aminoindenone-(1)* vor.

Versuche: *2-Methylindandion-(1.3)* (I), *-imin*, $C_{10}H_9NO$, F. 220—221° (W.), man gibt zu 15 g **I** in 50 ml Eisessig langsam 70 g NH_4-Acetat u. erwärmt; rote Nadeln; 80% (Ausbeute). — *3-[Äthylphenylamino]-indenon-(1)*, $C_{17}H_{15}NO$, F. 109,5° (Bzl.–PAe.), man erhitzt 1 g 3-Bromindenon-(1) u. 1,2 g Äthylanilin in 5 ml abs. A. zum Sieden, gibt 30 ml Ae. zu, filtriert nach 2 Std. u. dampft das Filtrat ein; 60%. — *2-Phenyl-3-aminoindenon-(1)* (**II**), *N.N-Dibenzoyl-Deriv.*, $C_{29}H_{19}NO_3$, F. 207—208,5° (Eisessig), durch 10 Min. langes Kochen von 5 g **II** u. 15 g Benzoylchlorid in 50 ml Pyridin; gelb; 76%. *N-Benzoyl-Deriv.*, $C_{22}H_{15}NO_2$, F. 183—184° (Essigsäure–A.), durch 20 Min. langes Kochen von 0,5 g des Dibenzoyl-Deriv. in 10 ml A. mit überschüssigem Na-Alkoholat; orangefarbene Nadeln; 68,5%. — *2-Methyl-3-aminoindenon-(1)*, *N.N-Dibenzoyl-Deriv.*, $C_{24}H_{17}NO_3$, F. 214—215° (Eisessig), durch 10 Min. langes Kochen von 2 g I-Imin u. 4,4 g Benzoylchlorid in 10 ml Pyridin; orangegelb; 25,5%. Daneben *N-Benzoyl-Deriv.*, $C_{17}H_{13}\cdot NO_2$, F. 165° (A.); orangefarbene Nadeln; 58,7%. — *2-Phenyl-2-benzylindandion-(1.3)*, F. 103°, durch 1std. Kochen von 0,5 g des nachst. Iminhydrochlorids in 10 ml A. u. 5 ml konz. HCl; Nadeln. *Imin*, $C_{22}H_{17}NO$, F. 101,5—102,5° (A.), aus nachst. Iminhydrochlorid durch Behandeln mit 3%ig. Na-Äthylatlösung. *Iminhydrochlorid*, $C_{22}H_{18}\cdot ClNO$, F. 236—237° (Eisessig), man gibt zu 5 g **II**-Imin in 13,5 ml 3%ig. Na-Äthylat u. 35 ml A. 6,7 g Benzylbromid, kocht 5—10 Min. u. gibt 7 ml konz. HCl hinzu; hellgelb; 4,5 g. HELMUT SCHÄFER. B 118□

Der Einfluß des Druckes auf die Spektren im nahen Ultraviolett der Kristalle von einigen kondensierten Aromaten. S. Wiederhorn und H. G. Drickamer. (Physics Chem. Solids **9.** 330—34. März 1959. Urbana, Ill., Univ. of Illinois.) (Engl.)

Der Einfl. des Druckes (1—100000 at) auf die UV-Spektren von *Anthracen, Phenanthren, Dibenz-[a;h]-anthracen* u. *Benz-[a]-anthracen* besteht im allg. in einer Rotverschiebung (niedrigere Energie) u. Verbreiterung der Maxima. Die Änderungen sind größer für die Maxima mit größeren Übergangsmomenten (^1L_a-Banden). Die Gesamtverschiebung kann nicht allein der Erhöhung der Dichte bei alleiniger Annahme von Dipol–Dipol-Wechselwrkg. zugeschrieben werden. Es scheint dabei keine meßbare Erhöhung der integralen Intensität u. damit des Übergangsmomentes aufzutreten. Als mögliche Ursache der Verschiebung werden (zusätzlich zu Dipol–Dipol-Wechselwrkg.) Quadrupolwechselwrkg. u. Wechselwrkg. höherer Ordnung bei hohem Druck angenommen. G. PÖTZSCHER. B 118□

Ultraviolettabsorptionsspektrum von Furfurol und 5-Hydroxymethylfurfurol in wässerigen Puffern. Theodore Psarras, J. Wilburn Tefteller und Howard K. Zimmerman. (Recueil Trav. chim. Pays-Bas **80.** 232—35. März 1961. College Station, Texas, Agric. and Mechan. Coll. of Texas, Dep. of Chem.) (Engl.)

Die Extinktions-Koeff. ε_{max} in gepufferten wss. Lsgg. von *Furfurol* bzw. *5-Hydroxymethylfurfurol* betragen ε_{max} 16800 ± 420 (bei 277 mμ) bzw. 17900 ± 250 (bei 284). Sowohl ε_{max} als auch λ_{max} werden durch Änderungen des pH im Bereich 3—10, der Pufferstärke u. beim Übergang vom Phosphat–Citrat- zum Boratpuffer nicht beeinflußt. Beim Altern der Lsg. nimmt ε_{max} etwas ab. G. PÖTZSCHER. B 118□

Die Ultraviolettspektren von Thiophenderivaten. Yozo Sugimoto, Shoji Nishimura und Eiji Imoto. (Bull. Univ. Osaka Prefect., Ser. A **8.** 71—81. 1959. Osaka, Univ., Graduate Fac.; Coll. of Engng., Dep. of Appl. Chem.) (Engl.)

Die UV-Spektren von *Thiophen* (I, Kp. 84°) u. folgenden Thiophenen in 95%ig. A. oder Hexan werden gemessen: *2-* (F. 76°) u. *3-Carboxymethyl-* (F. 80—81°), *2-* (F. 127 bis 129°) u. *3-Carboxy-* (F. 138—139°), *2-Formyl-* (Kp.$_3$ 78°), *2-Benzoyl-* (F. 55—56°), *2-Cyan-* (Kp.$_{11}$ 82°), *3-Acetyl-* (F. 57°), *2-Brom-* (Kp.$_{39}$ 70°), *2-* (F. 160°) u. *3-Acetylamino-* (F. 147—148°), *2-Chlor-5-carboxy-* (F. 150—151°), *2-Brom-5-carboxy-* (F. 141 bis 142°), *2-Jod-5-carboxy-* (F. 133—134°), *2-Nitro-5-carboxy-* (F. 158—160°), *2-Nitro-5-jod-* (F. 75°), *4-Isopropyl-2-carboxy-* (F. 91—92°), *4-Brom-2-carboxy-* (F. 113—114°),

4-Nitro-2-carboxy- (F. 154°), *4-Nitro-2-acetyl-* (F. 126—127°), *2-Nitro-3-cyan-* (F. 85 bis 86°), *2-Cyan-3-nitro-* (F. 90—91°), *2-Nitro-3-acetylamino-* (F. 121—122°), *2-Methyl-3-nitro-5-carbomethoxy-* (F. 78—79°), *2-Brom-3-nitro-5-carbomethoxy-* (F. 96—99°), *2-Chlor-3-nitro-5-acetyl-* (F. 85—87°), *2-Brom-3-nitro-5-acetyl-* (F. 104—106°), *2-Formyl-4-nitro-5-chlor-* (F. 101—102°), *2-Formyl-3.4-dibrom-* (F. 109—110°), *2-[β-Furyl-(2)-vinyl]-5-* (F. 137—139°) u. *-3-nitro-* (F. 47—47,5°), *2-[β-Furyl-(2)-vinyl]-3.5-dinitro-* (F. 186—187°) u. *2-[β-Furyl-(2)-vinyl]-3-nitro-5-brom-* (F. 114,5—116,5°). Die λ_{max}-Werte der 1. Absorptionsbande von I bei 235 mμ u. seinen 2-Mono-Derivv. stehen in einer linearen Beziehung zu den λ_{max}-Werten der 1. Absorptionsbande der entsprechenden Benzolderivate. 3-Mono-Derivv. von I zeigen keine solche Beziehung. Die Konjugation eines 2-Substituenten mit dem I-Ring ist stärker ausgeprägt als die eines 3-Substituenten. Der Einfl. der Substituenten bei den 2.5-disubstituierten Derivv. besteht im wesentlichen in einer Wellenlängenverschiebung, der der 2.4-disubstituierten Verbb. in einer Intensitätsänderung. Die aus den Verschiebungen der Mono-Derivv. berechnete algebraische Summe der Verschiebung ist für die 2.3-Di-Derivv. gleich der beobachteten, für die 2.5-Di-Derivv. kleiner als die beobachteten Verschiebungen. Daraus ergibt sich eine geringe Konjugation zwischen den Substituenten.

G. Pötzscher. B 118□

Das Spektrum des Thiazols. A. Albert. (Chem. and Ind. **1957**. 1271—72. 21/9. Canberra, Australian Nat. Univ., Dep. of Med. Chem.) (Engl.)

Es wurden die UV-Spektren des *Thiazols* (I) u. seines Kations (II) untersucht. I in W. (pH 5) zeigte ein λ_{max} von 235 mμ (log $\varepsilon = 3{,}51$) u. war in seinem Spektrum dem Thiophen ähnlich. II, in nHCl aufgenommen, besaß ein λ_{max} von 237 mμ (log $\varepsilon = 3{,}61$).

J. Boelter. B 118□

Eine Bemerkung zur Verschiebung der Absorptionsmaxima von verschiedenen wässerig-glycerinischen Fluoresceinlösungen. Kurze Mitt. L. Gáti und L. Szalay. (Acta Univ. Szegediensis, Acta physica chem. **5**. 87—89. 1959. Szeged, Univ., Inst. für Experimentalphys.) (Dt.)

Mit wachsendem Glycerin (I)-Geh. verschieben sich die UV-Maxima von *Fluorescein* in wss. I-Lsgg. ins längerwellige Gebiet. Die nach der Meth. von Swerdlowa (C. **1961**. 6804) als Funktion des Brechungsindex u. der DK berechneten Wellenzahlenverschiebungen stehen in guter Übereinstimmung mit den beobachteten Werten. Danach hängt die Absorption dieser Lsgg. nur von Dispersionskräften u. Dipolwechselwrkg. ab.

G. Pötzscher. B 118□

Magnetisches Rotationsvermögen von linearen Monoacetylenkohlenwasserstoffen. Fernand Gallais und Jean-François Labarre. (C. R. hebd. Séances Acad. Sci. **249**. 2045—47. 16/11. 1959.) (Franz.) — Vgl. C. **1960**. 14316.

Von verschiedenen Alkinen wird bei 20° u. $\lambda = 0{,}580\,\mu$ die magnet. Rotation (A) bestimmt. Folgende Verbb. wurden untersucht: *Pentin-(1)*, $Kp._{749}$ 39—40°, [$D._4^{20}$] 0,6930, [n_D^{20}] 1,3860, [A] 447 [μrad]; *Hexin-(1)*, Kp. 71,5°, 0,7150, 1,3992, 519; *Heptin-(1)*, $Kp._{750}$ 98—99°, 0,7354, 1,4105, 593; *Octin-(1)*, $Kp._{749}$ 125,5°, 0,7460, 1,4159, 666; *Nonin-(1)*, $Kp._{753}$ 151°, 0,7580, 1,4210, 739; *Decin-(1)*, $Kp._{11}$ 69°, 0,7689, 1,4269, 812; *Hexin-(2)*, Kp. 84°, 0,7325, 1,4150, 501; *Heptin-(2)*, $Kp._{750}$ 110,5°, 0,7468, 1,4239, 576; *Octin-(2)*, $Kp._{751}$ 138°, 0,7583, 1,4355, 649; *Hexin-(3)*, $Kp._{745}$ 81°, 0,7230, 1,4120, 519; *Octin-(3)*, $Kp._{750}$ 133°, 0,7520, 1,4250, 665; *Octin-(4)*, Kp. 133°, 0,7517, 1,4247, 666; *Decin-(5)*, $Kp._{11}$ 78°, 0,7690, 1,4330, 812. Aus den Messungen ergibt sich im Vgl. mit der magnet. Rotation der Alkane für alle linearen Alkine, außer den 2.3-Alkinen, ein magnetoopt. Inkrement von 45,8, für die 2.3-Alkine dagegen ein solches von 28,3 (Kpp. = $Kpp._{760}$).

Herbert Müller. B 119□

Das Elektronenspektrum des Thiophosgen-Moleküls. Louis Burnelle. (Acad. roy. Belgique, Cl. Sci., Mém., Collect. 8°. **30**. 1—66. 1958. Liège, Univ., Inst. d'Astrophys.) (Franz.)

Vf. untersucht das IR-Spektrum im Bereich 2—15 μ (NaCl-Prisma) bzw. 14—25 μ (KBr-Prisma) von *Thiophosgen* im Gaszustand, ferner das sichtbare Spektrum für den Gaszustand u. für die Lsgg. in Hexan, Ae. u. Aceton sowie das UV-Spektrum im Bereich 2970—2690 Å für den Gaszustand bzw. 2770—2390 Å ebenfalls für das Gas u. Lsgg. in Ae. u. Hexan. Es werden die Potentialfunktionen der verschiedenen Übergänge berechnet u. das Energieniveauschema der 4 Übergänge vom Grundzustand ($^1A_1$) zu den angeregten Zuständen angegeben: $^3A_2^*$ (n → $^3\pi^*$), $^1A_2'$ (n → π^*), $^1B_2^*$ (n → σ^*[CS]) u. $^1A_1^*$ (n → $\sigma^*[CCl_2]$). Die 4 angeregten Elektronenzustände bewahren anscheinend in hohem Maße die Symmetrie C_{2v} des Grundzustandes.

W. Haberditzl. B 120□

Zur Struktur der Fulvene. 2. Mitt. Darstellung und Eigenschaften von Diarylfulvenen. Günter Kresze, Sigrid Rau, Günther Sabelus und Horst Goetz. (Liebigs Ann. Chem. **648**. 51—56. 11/12. 1961. Berlin-Charlottenburg, TU, Organ.-Chem. Inst.) (Dt.) — 1. vgl. C. **1958**. 2978.

Vff. stellten eine Reihe von Diarylfulvenen durch Kondens. von Cyclopentadien mit den entsprechenden Benzophenonen in Methanol in Ggw. von $NaOCH_3$ her; sie untersuchten ihre IR- u. UV-Spektren (letztere in Heptan, Dioxan u. Chlf.), bestimmten die DK u. die Brechungsindices der Verbb. in Benzol-Lsg. bei 20° u. errechneten daraus nach GUGGENHEIM die Dipolmomente: 6.6-Bis-[x-phenyl]-fulven, $x_1 = x_2 = H$ (I), μ ca. 1,09; $x_1 = H$, $x_2 = p\text{-}Cl$, 1,45; $x_1 = x_2 = p\text{-}Cl$, 0; $x_1 = x_2 = p\text{-}Br$, 0; $x_1 = m\text{-}NO_2$ (II), 4,68, u. $x_1 = x_2 = p\text{-}OCH_3$ (III), 2,47. Die Differenz $\Delta\mu$ zwischen den beobachteten u. aus den Partialmomenten nach SMYTH berechneten Momenten ist bei den Halogen- u. Nitro-Verbb. 0 oder negativ, die Mesomerie A (normale Struktur) → C (Resonanzstruktur mit positivem chinoidem Sechsring u. negativem 6π-Fünfring) tritt hier nur im gleichen oder geringeren Umfang auf wie bei I selbst. Bei III dagegen beträgt $\Delta\mu$ +0,97, hier führt die Beteiligung des Donatorsubstituenten an der Mesomerie zu einer stärkeren Polarität des Mol. als bei I. Die UV-Spektren zeigen bei den Halogen-Verbb. eine geringe, bei III u. *6-Phenyl-6-[p-methoxyphenyl]-fulven* eine deutliche bathochrome Verschiebung der 1. Hauptbande, nur bei II liegt diese kürzerwellig als die bei I. In den IR-Spektren dieser Diarylfulvene treten die für 6-Arylfulvene früher als charakterist. angegebenen Banden ebenfalls auf.

Versuche: *6.6-Diphenylfulven* (I), F. 81,5—82° (PAe.), durch abwechselnde Zugabe einer Lsg. von Benzophenon in Methanol u. von frisch dest. monomerem Cyclopentadien in kleinen Portionen zu einer 7,5%ig. $NaOCH_3$-Lsg. in Methanol unter Einleiten von N_2 während einer 1/2 Std. bei 38—42°, 2 std. Rk. u. Gießen auf Eiswasser/Ae., erneutes Ausäthern der wss. Phase nach Abfiltrieren der Harze u. Ansäuern; Reinigung durch Chromatographie an Al_2O_3 aus Bzl.; 30% (Ausbeute). — *6-Phenyl-6-[p-chlorphenyl]-fulven*, $C_{18}H_{13}Cl$, F. 74—75° (PAe.), analog I aus p-Chlorbenzophenon (F. 73°) mit 11%ig. $NaOCH_3$-Lsg. bei 30—35° u. 105 Min. lange Rk.-Zeit; dunkelrote Kristalle; 17%. — *6.6-Bis-[p-chlorphenyl]-fulven*, $C_{18}H_{12}Cl_2$, F. 112—113° (PAe.), analog I aus p.p'-Dichlorbenzophenon (F. 143—145°) mit 11%ig. $NaOCH_3$-Lsg. bei 38—42°, 1 1/2 Std. lange Rk.-Zeit; dunkelrote Rhomben; 43%. — *6.6-Bis-[p-bromphenyl]-fulven*, $C_{18}H_{12}Br_2$, F. 124,5—125° (PAe.), analog I aus p.p'-Dibrombenzophenon (F. 172—173°) mit 15%ig. $NaOCH_3$-Lsg. bei 38—42°, Rk.-Zeit 2 1/2 Std.; dunkelrote Kristalle; 47%. — *6.6-Bis-[p-methoxyphenyl]-fulven* (III), $C_{20}H_{18}O_2$, F. 108—109° (PAe.), analog I aus p.p'-Dimethoxybenzophenon (F. 144°) mit 17,5%ig. $NaOCH_3$-Lsg., 2 Std. lange Rk.-Zeit; rote Kristalle; 25%. — *6.6-Bis-[m-nitrophenyl]-fulven* (II), $C_{18}H_{12}N_2O_4$, analog I aus m.m'-Dinitrobenzophenon (F. 155°) in Bzl./Methanol mit 5%ig. $NaOCH_3$-Lsg. bei 10—15°, 1 1/2 Std. lange Rk.-Zeit; aus PAe. rote Kristalle; 25%. W. SCHRAMM. B 120

Kraftkonstanten für Methan. Infrarotspektren und thermodynamische Funktionen für isotope Methane. Llewellyn H. Jones und Robin S. McDowell. (J. molecular Spectroscopy **3**. 632—53. Dez. 1959. Los Alamos, N.Mex., Univ. of California, Los Alamos Sci. Labor.) (Engl.)

Mit Hilfe bekannter Daten werden die allg. quadrat. Valenzkraft-Konst. für CH_4, CD_4, CT_4 berechnet, die F- u. G-Matrixelemente für CY_3Z u. CY_2Z_2 (Y u. Z = H, D oder T) aufgestellt u. aus den CY_4-Kraft-Konst. die Grundschwingungsfrequenzen berechnet. Die meisten dieser Frequenzen der isotopen Methane werden auch beobachtet. Die thermodynam. Funktionen —$(F^0 - E^0)/T$, $(E^0 - E^0)/T$, S^0, C_p^0 u. die Gleichgewichts-Konst. für die Isotopenaustausch-Gleichgewichte mit H, D oder T bei 7 Temp. zwischen —180 bis 1000° werden berechnet. G. PÖTZSCHER. B 120□

Über den Einfluß der Temperatur auf die Linienbreite von Tetrachlorkohlenstoff. B. Moszyńska. (Bull. Acad. polon. Sci., Cl. III **4**. 769—74. 1956. Varsovie, Univ., Inst. de Phys. Exp.) (Franz.)

Es wurde die Temp.-Abhängigkeit (20—65°) der Halbwertsbreite dreier Linien des RAMAN-Spektrums von CCl_4 gemessen. Hierbei zeigten die beiden vollständig depolarisierten Linien $\nu_2 = 217$ (cm^{-1}) u. $\nu_4 = 314$ (C—Cl-Deformationsschwingungen) bei der angeführten Temp.-Erhöhung erwartungsgemäß eine Verbreiterung um 3,0 bzw. 2,3 cm^{-1}. Aber auch die polarisierte C—Cl-Valenzschwingungslinie $\nu_1 = 459$ zeigte entgegen den Beobachtungen von SSOBELMAN (C. **1955**. 9959) eine Verbreiterung um 0,9 cm^{-1}, wobei die Flanken der Linie deformiert wurden. Vf. zieht zur Erklärung die Differenzbanden ν_3' (= 760 cm^{-1}) — ν_4 u. ν_3'' (= 788 cm^{-1}) — ν_4 heran, deren Breite temperaturabhängig ist u. die mit den Flanken von ν_1 zusammenfallen. W. PENN. B 120□

Veränderung der Infrarotabsorptionsspektren einiger Ester bei der Anlagerung von $TiCl_4$, $SnCl_4$, $AlCl_3$ und $AlBr_3$. D. Ss. Bysstrow und W. N. Filimonow. (Доклады Академии Наук СССР [Ber. Akad. Wiss. UdSSR] **131.** 338—41. 11/3. 1960. Leningrad, Physik. Shdanow-Forsch.-Inst. der Univ.) (Russ.) — Vgl. C. **1958.** 10014 u. C. **1959.** 370.

Bei der Anlagerung von $TiCl_4$, $SnCl_4$, $AlCl_3$ oder $AlBr_3$ an *Essigsäureäthylester* (I) oder *Ameisensäuremethylester* (II) werden Änderungen der Frequenzen des IR-Spektrums beobachtet. Die Frequenz der ν(C=O)-Bande geht bei I von 1770 (1745) (cm^{-1}) in Gas (Fl.) auf 1625, 1633, 1620 bzw. 1610 zurück, die der ν(C—O)-Bande erhöht sich auf 1335, 1325, 1345 bzw. 1348. Analog sind die Änderungen bei II: Abnahme von 1754 auf 1635, 1632, 1635 bzw. 1630, Erhöhung von 1207 auf 1308, 1322, 1346 bzw. 1355, dazu Abnahme der Schwingungsfrequenz der O—CH_3-Bindung von 925 auf 885—865. Aus diesen Änderungen ist zu schließen, daß die Anlagerung der Metallhalogenide an die CO-Gruppe erfolgt, die in eine Gruppe C—O(—H)···MetHal übergeht. Die übrigen Frequenzen ändern sich nicht oder wenig. $AlCl_3$ u. $AlBr_3$ wirken im allg. stärker als $TiCl_4$ u. $SnCl_4$, entsprechend ihrer höheren katalyt. Aktivität.

R. K. Müller. B 120□

Der Einfluß der Konjugation auf die Lage der Infrarotbande der Nitrogruppe in einigen aromatischen Nitroverbindungen. T. Urbański und U. Dabrowska. (Bull. Acad. polon. Sci., Sér. Sci. chim., géol., géogr. **7.** 235—37. 1959. Polish Acad. of Sci., Inst. of Org. Synth.) (Engl.)

Vff. untersuchen die IR-Spektren sehr verd. CCl_4-Lsgg. von *Nitrobenzol, o-, m-, p-Nitrotoluol, o-* (II), *m-, p-Nitroanilin, o-* (I), *m-, p-Nitrophenol, o-, m-* u. *p-Nitroanisol.* In allen Fällen besitzt die symm. NO_2-Valenzbande bei p-Verbb. (1332—1345 cm^{-1}) die niedrigere Frequenz als bei m-Verbb. (1346—1349) u. bei o-Verbb. (1343—1352) mit Ausnahme von I infolge von intramol. H-Bindungen die höhere Frequenz als bei p-Derivaten. Daraus wird für die p-Derivv. auf eine Konjugation der Substituenten mit dem Ring geschlossen, die bei den o-Verbb. ster. gehindert ist. II weist normale NH- u. NO_2-Banden auf, es bilden sich also hier keine intramol. H-Bindungen aus.

G. Pötzscher. B 120□

Die Infrarotabsorptionsspektren von einigen aromatischen Hydroxyketonen. N. M. Cullinane, R. A. Woolhouse und V. V. Bailey-Wood. (Recueil Trav. chim. Pays-Bas **80.** 116—20. Febr. 1961. Cardiff, Wales, Univ. Coll., Dep. of Chem.) (Engl.)

Die IR-OH- u. -CO-Valenzfrequenzen verd. Lsgg. von *Acetophenon, 4-Hydroxy-, 4-Hydroxy-2-* u. *-3-methyl-, 2-Hydroxy-, 2-Hydroxy-5-methylacetophenon, Benzophenon, 4-Hydroxy-, 4-Hydroxy-2-* u. *-3-methyl-, 2-Hydroxy-, 2-Hydroxy-5-* u. *-4-methylbenzophenon, β-Acetonaphthon, 4-* u. *2-Acetylnaphthol-(1)* in CCl_4 (oder Chlf.) wurden untersucht. Verbb. mit o-ständiger OH- u. CO-Gruppe zeigen keine Bande der freien OH-Gruppe (ca. 3600 cm^{-1}) infolge innermol. Chelatisierung über H-Brücken; gleichzeitig ist die Frequenz der CO-Bande gegenüber den unsubstituierten oder p-Verbb. erniedrigt.

G. Pötzscher. B 120□

Infrarotverschiebungen durch Lösungsmittel und molekulare Wechselwirkungen. 1. Mitt. Relative Stärken primärer und sekundärer Stickstoffbasen. E. A. Cutmore und H. E. Hallam. (Trans. Faraday Soc. **58.** 40—47. Jan. 1962. Swansea, Univ. Coll., Dep. of Chem.) (Engl.)

Vff. untersuchten detailliert die N—H-Valenzbanden in den IR-Spektren von *p-Chloranilin, p-Toluidin, Benzylamin, Cyclohexylamin, Acetanilid, N-Methylanilin, N-Äthylanilin, Pyrrolidin* u. *Piperidin* im Gaszustand sowie in n-Hexan, CCl_4, Chlf., CH_3NO_2, Bzl., CH_3CN, Aceton, Dioxan, $(n\text{-}C_4H_9)_2O$, Pyridin, $(C_2H_5)_3N$ u. Anisol. Die Lsgm.-Abhängigkeit der ν(N—H) ist eine Funktion der pK_a-Werte. Die relativen durch die Lsgm. bewirkten Frequenzverschiebungen $\Delta\nu/\nu$ der einzelnen Basen, aufgetragen gegen $\Delta\nu/\nu$ für Pyrrol als Standard-Verb., verlaufen linear (vgl. Bellamy, Hallam u. Williams, C. **1959.** 14349). Für den Anstieg S dieser Geraden gilt $S = 0{,}375 pK_a + 2{,}35$ (für prim. Basen), $S = 0{,}273 pK_a + 1{,}35$ (für sek. Basen). Vff. schlagen vor, daß diese S-Werte als Maß für die innere protonanziehende Wrkg. einer Base verwendet werden sollen, da sie vom Lsgm. unabhängig sind. J. Rothe. B 120□

Infrarotanalyse von α-Halogencyclopentanonen. F. V. Brutcher jun. und Nancy Pearson. (Chem. and Ind. **1957.** 1295—96. 28/9. Philadelphia, Pa., Univ. of Pennsylvania, Chem. Dep.) (Engl.)

Die räumliche Struktur von *Indanon-(1)* (I) bzw. der α-Halogen-Derivv. wurde durch Vgl. der IR-Spektren von *2-Brom-, 2.2-Dibrom-, 2-Chlor-* u. *2.2-Dichlorindanon-(1)* mit den entsprechenden Derivv. von *Acenaphthenon-(1)* (II), dessen Fünfring als eben bekannt ist, bestimmt. Die gleichartigen Bandenverschiebungen zwischen den Derivv. von I u. II deuten auf eine ebenfalls ebene Anordnung des Fünfringes in I u. auf eine axiale Anordnung eines α-Halogenatomes hin. J. Boelter. B 120□

Imine von Di- und Polyketonen. 5. Mitt. Absorptionsspektren im Infrarot und Struktur von Iminen 2-substituierter Indandione und einigen ihrer Derivate. Ja. F. Freimaniss und G. Ja. Wanag. (Журнал Общей Химии [J. allg. Chem.] **30** (**92**). 3369—80. Okt. 1960. Inst. für org. Synth. der Akad. der Wiss. der LettSSR.) (Russ.) — 4. vgl. C. **1962.** 10025.

Es wurden die IR-Spektren von *2-Methyl-*, *2-Phenylindandion-(1.3)-imin*, *2-Phenyl-2-benzylindandion-(1.3)-imin* (u. dessen *Hydrochlorid*), *2-Methylindandion-(1.3)* u. *2-Methyl-2-phenylindandion-(1.3)*, *2-Methyl-3-phenylamino-*, *2-Phenyl-3-phenylamino-*, *3-Phenylamino-*, *3-[Äthylphenylamino]-*, *3-Brom-*, *2-Methyl-3-benzoylamino-*, *2-Phenyl-3-benzoylamino-*, *2-Methyl-3-[dibenzoylamino]-*, *2-Phenyl-3-[dibenzoylamino]-*, *2-Phenyl-3-benzoyloxy-*, *2.3-Diphenyl-* u. *2-Methyl-3-hydroxyindenon-(1)* (letzteres als *Na-Salz*) untersucht. — Die 3-Phenylaminoindenone-(1) besitzen in fester Form u. in Lsg. Ketoenaminstruktur, so daß die angegebene Nomenklatur den tatsächlichen Verhältnissen entspricht. Die nicht N-substituierten Imine haben in fester Form vornehmlich Iminoenolstruktur mit N···H—O-Bindungen. In Dichloräthan geht ein Teil der Moll. in die Ketoenaminform über. Die benzoylierten Imine des 2-Methyl- u. 2-Phenylindandion-(1.3) besitzen Ketoenaminstruktur. — Die IR-Spektren wurden an den Suspensionen der Verbb. in Vaselinöl oder an den Lsgg. in Dichloräthan aufgenommen. — *3-Benzoylamino-1.2-diphenyl-1-hydroxyinden*, $C_{28}H_{21}NO_2$, F. 105°, dann 215—216° (Bzl.), man löst 2 g 2-Phenyl-3-benzoylaminoindenon-(1) unter Erwärmen in 70 ml Bzl., läßt abkühlen, gibt zu der erhaltenen Paste portionsweise Phenyl-MgBr (1 g Mg, 30 ml Ae., 6 g Brombenzol) hinzu u. kocht $^1/_2$ Std.; 1,62 g (Ausbeute). — *2.3-Diphenylindenon-(1)*, F. 149 bis 150,5° (A.), durch $^1/_2$std. Kochen von 0,15 g vorst. Verb. in 7 ml A. u. 3 ml konz. HCl; dunkelrot; 86%. — *2-Methyl-3-phenylaminoindenon-(1)*, $C_{16}H_{13}NO$, F. 188 bis 189° (Eisessig, dann A.), durch 3std. Kochen von 4,6 g 2-Methylindandion-(1.3) u. 2 g Anilin in 10 ml A.; dunkelrote Nadeln; 3,5 g. HELMUT SCHÄFER. B 120□

Untersuchung der isomeren Oktaline. A. W. Toptschijew, G. M. Jegorowa, W. W. Basilewitsch und W. P. Jewstafjew. (Доклады Академии Наук СССР [Ber. Akad. Wiss. UdSSR] **137.** 1381—84. 21/4. 1961.) (Russ.)

Es werden die RAMAN-Spektren von *cis-Δ^2-Oktalin* (I), *$\Delta^{9,10}$-Oktalin* (II) u. I–II-Gemischen aufgenommen. Die Frequenzen werden tabellar. angegeben. **I** u. **II** wurden durch Dehydratisierung von cis–cis-Dekalol-(2) (**III**) dargestellt. — *$\Delta^{9,11}$-Oktalin* (**II**), Kp.$_{758}$ 193,5—195°, man erhitzt 200 g **III** u. 70 g H_3PO_4 langsam auf 200° u. dest. dabei 106 g Fl. ab, die 2 Std. über Na gekocht werden; danach wird fraktioniert u. die Fraktion Kp.$_{767}$ 188—189° mit Amylnitrit-HCl in II-*Nitrosochlorid* (*9-Chlor-10-nitrosodekalin*, F. 90°, aus Aceton blaue Kristalle) übergeführt; man krist. aus Aceton um u. zersetzt nach HÜCKEL [1929] zu **II**; D_4^{20} 0,9170; n_D^{20} 1,4992. — *cis-Δ^2-Oktalin* (I), Kp. 190 bis 192°, man dest. **III** mit der doppelten Menge $KHSO_4$ (195°) u. entfernt aus dem Destillat W. u. **III** mit Na; ist durch Spuren **II** verunreinigt; D_4^{20} 0,9152; n_D^{20} 1,4967; 77,4% Ausbeute. *Nitrosochlorid* (*2-Chlor-3-nitrosodekalin*), F. 176°. — *cis-Cyclohexan-1.2-diessigsäure*, F. 159°, durch Oxydation von I mit alkal. $KMnO_4$. HELMUT SCHÄFER. B 120□

Infrarotspektren von Anthrachinonderivaten. 1. Mitt. Der Einfluß der Hydroxy-, Acetoxy-, Methoxy- und Methylsubstitution auf die C=O-Valenzfrequenz. Osamu Tanaka. (Chem. pharmac. Bull. [Tokyo] **6.** 18—24. Febr. 1958. Tokyo, Univ., Med. Fac., Pharmaceut. Inst.) (Engl.)

Von folgenden Anthrachinonen im festen Zustand u. in Dioxan(Dx)-Lsg. wurde der Substituenten-Einfl. auf die CO-Valenzfrequenz untersucht: 1. *1-Acetoxy-*, *1.2-*, *1.3-*, *1.4-* u. *2.3-Diacetoxy-*, *1.2.4-Triacetoxy-*, *1.2.5.8-Tetraacetoxy-*, *2-Methyl-*, *1-Acetoxy-3-methyl-*, *1.4-Diacetoxy-2-methyl-*, *1.3.8-Triacetoxy-6-methyl-*, *1-* u. *2-Methoxy-*, *2-Acetoxy-4-methoxy-*, *1-Acetoxy-2-* u. *-3-methoxy-*, *2-Methoxy-3-methyl-*. 2. *1-Methoxy-3-methyl-*, *1-Acetoxy-3-methoxy-2-methyl-*, *1.8-Diacetoxy-*, *1.8-Diacetoxy-3-methyl-*, *1.3-Dimethoxy-2-methyl-*, *1.8-Dimethoxy-*, *1.8-Dimethoxy-3-methyl-*, *1.3.8-Trimethoxy-6-methyl-*, *1.4.5-Trimethoxy-2-methyl-*, *1.2.5.8-Tetramethoxy-*, *1.2.4.5-Tetramethoxy-7-methyl-*, *2-Hydroxy-*, *2-Hydroxy-4-methoxy-*, *2-Hydroxy-4-methoxy-3-methyl-* u. *-3-hydroxymethyl-* (*Damnacanthol*), *2-Hydroxy-4.5-dimethoxy-7-methyl-* (*4.5-Dimethylemodin*), *1-Hydroxy-4-methoxy-*, *1.3-Dihydroxy-2-methyl-*, *1.3.8-Trihydroxy-6-methyl-*. 3. *1.2-*, *2.3-*, *1.3-*, *1.4-* u. *1.5-Dimethoxy-*, *1.2.3-* u. *1.2.4-Trimethoxy-*, *2.3-*, *1.2-* u. *2.6-Dihydroxy-*, *1-Hydroxy-2-methoxy-* u. *-2.3-dimethoxy-*, *1.2.3-Trihydroxy-*, *1.7-Dihydroxy-3-* u. *-5-methyl-*, *1.2.3.5.6.7-Hexamethoxy-*. 4. *1-Hydroxy-*, *2-Acetoxy-1-* u. *-4-hydroxy-*, *2-Acetoxy-4-hydroxy-3-methyl-*, *1-Hydroxy-3-*, *-4-* u. *-8-methoxy-*. 5. *1-Hydroxy-3-methyl-* u. *-3-methyl-7-methoxy-*, *1-Hydroxy-3-methoxy-2-methyl-*, *1.3-*, *1.8-*, *1.5-* u. *1.4-Dihydroxy-*, *1.2.4-Trihydroxy-*, *1.6-Dihydroxy-2-methyl-*, *1.4-Dihydroxy-2-methyl-* u. *-2-methoxy-*, *1.8-Dihydroxy-2-* u. *-3-methyl-*, *1.8-Dihydroxy-3-methoxy-*, *1.3.5.7-Tetrahydroxy-2.6-di-*

methyl-, 1.3.8-Trihydroxy-6-methyl-, 1.5-Dihydroxy-2- u. *-3-methyl-, 1.5-Dihydroxy-2.3.6.7-tetramethoxy-, 1.2.3.5.6.7-Hexahydroxy-, 1.4.5-Trihydroxy-2-methyl-, 1.4.5.7-Tetrahydroxy-2-methyl-, 1.4.5-Trihydroxy-2-methyl-7-methoxy-* u. *1.4.5-Trihydroxy-2-methoxy-7-methyl-*. Verbb. der Gruppe 1. zeigen die freie CO-Bande bei 1672 ± 4 (cm^{-1}) im festen Zustand (bzw. bei 1676 ± 3 in Dx); Verbb. der Gruppe 2. zeigen diese Bande bei 1676 ± 3 in Dx, im festen Zustand verschiebt sich die Bande nach niedrigeren Frequenzen oder es treten anomale Änderungen ein. Bei Verbb. der Gruppe 3. erfolgt sowohl in Dx als auch im festen Zustand eine Herabsetzung der freien CO-Frequenz. Verbb. der Gruppen 4. u. 5. weisen infolge innermol. Chelatisierung über H-Brücken eine starke Verschiebung der CO-Bande nach niedrigen Frequenzen auf; in der Gruppe 4. liegt diese Bande in Dx bei 1642 ± 2, die in Gruppe 5. weiter nach ca. 1630 (Dx) verschoben u. im festen Zustand z. T. mit der Benzolbande überlappt ist. G. PÖTZSCHER. B 120□

Infrarotspektren von Anthrachinonderivaten. 2. Mitt. **Die Beziehung zwischen den Absorptionsbanden im Gebiet von 1480—1620 cm^{-1} und der Hydroxy-, Methoxy-, Acetoxy- und Methylsubstitution.** Osamu Tanaka. (Chem. pharmac. Bull. [Tokyo] **6.** 24—30. Febr. 1958.) (Engl.) — 1. vgl. vorst. Referat.

Der Substituenten-Einfl. bei den l. c. genannten Verbb. auf die Banden im Gebiet von 1480—1620 (cm^{-1}) wird diskutiert: Fast alle Methyl- u. Acetoxyderivv. besitzen eine scharfe Benzolbande bei 1585—1596 (im festen Zustand) bzw. 1595 ± 3 in Lsg.; diese Bande wird von CH_3O-Substituenten in α-Stellung nur gering beeinflußt, bei β-CH_3O-Gruppen ist sie intensiver als die CO-Bande. In Di- oder Polymethoxy-Verbb. ist sie nach niedrigeren Frequenzen verschoben oder aufgespalten in eine weitere Bande bei 1560—1580. β-Hydroxyverbb. zeigen die Benzolbande als breite Absorption oder Doppelbande bei 1560—1580. Bei α-Hydroxyverbb. zeigt die Bande verschiedenes Verh., je nach Art u. Stellung anderer Substituenten. Die meisten Verbb. zeigen im Gebiet von 1480—1550 cm^{-1} keine Absorption. G. PÖTZSCHER. B 120□

Das Spektrum von Azulen. 1. Mitt. **Das Infrarotspektrum.** Graham R. Hunt und Ian G. Ross. (J. molecular Spectroscopy **3.** 604—20. Dez. 1959. Sydney, Australia, Univ., Chem. Dep.) (Engl.)

Das IR-Spektrum von *Azulen* im Dampfzustand, in Lsg. u. in der festen Phase (im polarisierten Licht) u. als Einkristall, bes. im Bereich von 300—2000 cm^{-1}, wurde untersucht. Die Symmetrieklassen der beobachteten Banden wurden bestimmt u. nahezu alle Grundschwingungsfrequenzen bestimmten Symmetrieklassen zugeordnet. G. PÖTZSCHER. B 120□

Chemie von Micrococcin P. 5. Mitt. **Die Infrarotabsorptionsspektren von Thiazolen.** M. P. V. Mijović und James Walker. (J. chem. Soc. [London] **1961.** 3381—94. Aug. London, Nat. Inst. for Med. Res.) (Engl.) — 4. vgl. C. **1961.** 2631 u. 6. vgl. C. **1962.** 8636.

Die IR-Spektren von *Thiazol* u. folgenden Derivv. werden untersucht: Thiazole: *5-[2-Hydroxyäthyl]-4-methyl-, 4-Cyan-, 2-Amino-, 2-[1-Benzamidoäthyl]-4-benzyl-, 2-[1-Benzamido-2-methylpropyl]-4-phenyl-, 2-[1-Aminoäthyl]-4-phenyl- (Hydrochlorid), 2-[1-Amino-2-methylpropyl]-4-phenyl- (Hydrochlorid), 2.4-Diamino-5-phenyl-* u. *Hydrochlorid, 2.4-Diamino-5-p-chlorphenyl-, 2-Sulfanilamido- (Sulfathiazol). — Thiazol-4-carbonsäure, -amid, -thioamid* u. *-methylester. 2.4'-Bithiazolyl-4-carbonsäure, -amid, -thioamid, -hydrazid* u. *-methylester, 2.4';2'.4''-Ter-* u. *2.4'; 2'.4''; 2''.4'''-Quaterthiazolyl-4-carbonsäuremethylester, Thiazol-2.4-dicarbonsäure, 2-Carbamoylthiazol-4-carbonsäuremethylester, 4-Hydroxymethyl-, 4-Brommethyl-* u. *4-Cyan-2.4'-bithiazolyl, 2-Amino-* u. *2-Hydrazinothiazol-4-carbonsäurehydrazid.* — Thiazol-4-carbonsäuren (bzw. -ester): *2-Acetyl- (Methylester), 2-Propionyl-* u. *-methylester, 2-Bromacetyl- (Methylester), 2-Isobutyryl-, 2-[1-Hydroxy-n-propyl]- (Methylester), 2-[1-Hydroxyäthyl]-, 2-[1-Hydroxy-2-methylpropyl]-, 2-Aminomethyl- (Hydrochlorid), 2-[1-Aminoäthyl]- (Hydrochlorid), 2-[1-Amino-2-methylpropyl]- (Hydrochlorid), 2-Amino- (Äthylester), 2-Benzamidomethyl- (Äthylester), 2-[1-Benzamido-2-methylpropyl]- (Äthylester). — 2.2'-Methylen-* u. *2.2'-Phenylen-bis-[thiazol-4-carbonsäuremethylester], Micrococcin P* u. *Tetraacetylmicrococcin P, C_{22}-Dicarbonsäure* sowie ihr *Dimethylester* u. daraus erhaltenes *C_{22}-Diol* (vgl. BROOKES u. Mitarbeiter, C. **1961.** 2630 u. früher). Fünf Bandenbereiche, 650—930, 930—1175, 1175—1350, 1350—1475, 1475 bis 1800, werden bes. diskutiert.

Versuche: *2.2'-Methylen-bis-[thiazol-4-carbonsäuremethylester]*, $C_{11}H_{10}N_2O_4S_2$, F. 177 bis 179° (Dimethylformamid/A.), aus Dithiomalonsäurediamid (F. 214—215° [Zers.; Dimethylformamid/A.], aus Malodinitril u. fl. H_2S durch 6std. Erhitzen in A. in Ggw. von Triäthylamin auf 50°, gelbe Nadeln; 95%) durch 2std. Erhitzen mit Brombrenztraubensäuremethylester (I) in Dimethylformamid; gelbe Plättchen; 30% (Ausbeute). — Analog: *2.2'-p-Phenylen-bis-[thiazol-4-carbonsäuremethylester]*, $C_{16}H_{12}N_2O_4S_2$, F. 253 bis 256° (Dimethylformamid), aus Dithioterephthaldiamid (F. 271—273° [Dimethylformamid/

Ae.], aus Terephthalsäuredinitril; gelbe Plättchen; 76%) u. I; 61%. — *Bithiazolyl-(2.4')-carbonsäure-(4)*, $C_7H_4N_2O_2S_2$, F. 231—232° (20%ig. wss. Essigsäure), aus dem Methylester in alkohol. KOH; Nadeln; 91%. *Hydrazid*, $C_7H_6N_4OS_2$, F. 264—266° (Dimethylformamid/A.), aus dem Äthylester durch 2std. Kochen mit $N_2H_4 \cdot H_2O$ in A.; Nadeln; 88%. — Thiazolcarbonsäure-(4)-hydrazide: *2-Amino-*, $C_4H_6N_4OS$, F. 192—195° (A.), aus dem Äthylester durch 1std. Kochen mit $N_2H_4 \cdot H_2O$ in A.; Nadeln; 95%. — Analog: *2-Hydrazino-*, $C_4H_7N_5OS$, F. 235—236° (Zers.; Dimethylformamid/A.); Nadeln; 39%. — *2-[1-Benzamidoäthyl]-4-benzylthiazol*, $C_{19}H_{18}N_2OS$, F. 127—129° (wss. A.), aus α-Benzamidothiopropionsäureamid u. Benzylchlormethylketon durch 4std. Kochen in CH_3OH; Nadeln; 93%. EBERHARD RIEDEL. B 120□

Untersuchungen an heterocyclischen N-Oxiden. 1. Mitt. Raman-Spektren von Pyridin-N-oxid und seinen Lösungen. K. Ramaiah und V. R. Srinivasan. (Proc. Indian Acad. Sci., Sect. A **50.** 213—18. Sept. 1959. Hyderabad, Osmania Univ., Dep. of Chem.) (Engl.)

Die RAMAN-Spektren von *Pyridin-N-oxid* (I) u. seinen Lsgg. in Phenol, Methanol u. Dioxan werden bestimmt. Der N—O-Valenzfrequenz wird die Bande bei 1254 ± 10 (cm^{-1}) zugeordnet. Beim Übergang vom Pyridin zu I ändern sich nahezu alle RAMAN-Linien infolge der Störung der Schwingungsarten des Rings durch die N—O-Bindung. Die Frequenzerhöhung der C=C-Bande von 1597 auf 1613 bei I läßt auf ein Absinken des aromat. Charakters von I schließen. In Lsgm. mit Acceptor-Eigg. tritt infolge von H-Brückenbindung eine Frequenzerhöhung der NO-Bande u. damit eine Verstärkung der N—O-Bindung ein. G. PÖTZSCHER. B 120□

Die Infrarotspektren polycyclischer heteroaromatischer Verbindungen. 2. Mitt. Chinoxalindione-(2.3). G. W. H. Cheeseman, A. R. Katritzky und S. Øksne. (J. chem. Soc. [London] **1961.** 3983—85. Sept. London, Queen Elizabeth Coll.; Cambridge, Univ. Chem. Labor.) (Engl.) — 1. vgl. C. **1961.** 428.

Die IR-Spektren folgender Verbb. wurden in Nujol, Perchlorbutadien–Mull, KBr u. Chlf. untersucht: *Chinoxalindion-(2.3)*, *1.2.3.4-Tetrahydro-1-methyl-* u. *-1.4-dimethyl-chinoxalindion-(2.3)*, *3-Methoxychinoxalon-(2)*, *1.2-Dihydro-1-methyl-3-methoxychinoxalon-(2)* u. *2.3-Dimethoxychinoxalin*. Die Spektren zeigen, daß die Dioxoformen dieser Verbb. stabiler sind als die tautomeren 3-Hydroxychinoxalon-(2)- oder 2.3-Dihydroxychinoxalin-Formen. Die Spektren von *6-Chlor-* (I) u. *6.7-Dichlorchinoxalindion-(2.3)*, der *Mono-N-methyl-Derivv.* von I, *6-Nitro-* u. *6-Bromchinoxalindion-(2.3)* (II) u. der *Di-N-methyl-Derivv.* von I u. II zeigen, daß auch alle diese Verbb. in der Dioxoform vorliegen. J. ROTHE. B 120□

Die Carbonyl-Valenzfrequenzen von Steroid-16.17-ketolen und Ketoacetaten. R. N. Jones und G. Roberts. (Chem. and Ind. **1957.** 1269—70. 21/9. New York, N.Y., Sloan-Kettering Inst. for Cancer Res.; Ottawa, Canada, Nat. Res. Council of Canada, Div. of Pure Chem.) (Engl.)

Die Aufnahme der IR-Spektren der Steroid-16.17-ketole in CCl_4 u. Chlf. ergab eine Erhöhung der CO-Valenzschwingungsfrequenz durch die Ggw. einer vic. OH- oder Acetoxygruppe. Zwischen den 16α- u. 16β-Acetoxy-17-ketonen konnte kein Unterschied der charakterist. Gruppenfrequenzen gefunden werden. Ein Vgl. zwischen den beiden Lsgm. ergab allg. eine Erhöhung der Maxima um einige 10 cm^{-1} in CCl_4 gegenüber Chloroform. Untersucht wurden die IR-Spektren von: *3-Hydroxy-* u. *3-Acetoxy-$\Delta^{1.3.5,10}$-östratrien-16-on*, *3β-Methoxy-17β-hydroxy-Δ^5-androsten-16-on*, *3-Acetoxy-17β-hydroxy-$\Delta^{1.3.5,10}$-östratrien-16-on*, *3.17β-Diacetoxy-$\Delta^{1.3.5,10}$-östratrien-16-on*, *3β.17β-Diacetoxy-Δ^5-androsten-16-on*, *3.17β-Dihydroxy-$\Delta^{1.3.5,10}$-östratrien-16-on*, *3β.16β-Diacetoxyandrostan-17-on*, *3.16β-Diacetoxy-$\Delta^{1.3.5,10}$-östratrien-17-on*, *3β.16α-Diacetoxyandrostan-17-on*, *3.16α-Diacetoxy-$\Delta^{1.3.5,10}$-östratrien-17-on* u. *3β.16α-Diacetoxy-Δ^5-androsten-17-on*. J. BOELTER. B 120□

Die Beziehung zwischen den Konfigurationen von (—)-α-Methyl-β-alanin und (—)-2-Methylbutanol. K. Balenović und N. Bregant. (Chem. and Ind. **1957.** 1273. 21/9. Zagreb, Univ. of Zagreb, Fac. of Sci., Chem. Labor.) (Engl.)

Das N.N-Phthaloyl-Deriv. von DL-α-Methyl-β-alanin wurde durch fraktionierte Kristallisation des *Brucin*-Salzes in (+)- ($[\alpha]_D$ +23°) u. *(—)-α-Methyl-β-phthalimidopropionsäure* [(—)-I] ($[\alpha]_D$ —23°), aufgespalten. Hydrolyse von (—)-I mit HJ–Eisessig ergab *(—)-α-Methyl-β-alanin* (II; F. 173—175°; $[\alpha]_D$ —14°, W.). (—)-I wurde über das Säurechlorid in *(—)-1-Diazo-3-methyl-4-phthalimidobutanon-(2)* umgewandelt, das nach WOLFROM u. BROWN (J. Amer. chem. Soc. **65.** [1943.] 1516) mit HJ in Chlf. bei 0° in *(+)-2-Methyl-1-phthalimidobutanon-(3)* (III; $[\alpha]_D$ +10°, Dichlormethan) übergeführt wurde. III wurde mit Äthandithiol u. BF_3-Ätherkomplex in Ae. bei —20° gemischt u. durch 4tägiges Stehen bei Raum-Temp. zum *Mercaptal* (IV; *2-[α-Methyl-β-phthalimidoäthyl]-2-methyl-1.3-dithiacyclopentan*, $[\alpha]_D$ +14°, Bzl.) umgesetzt. IV wurde durch Erhitzen am Rückfluß mit RANEY-Ni in Aceton zu (+)-*2-Methyl-1-phthalimidobutan* (**V**; $[\alpha]_D$ +24°, Bzl.) desulfuriert, das die gleiche opt. Rotation wie das aus (—)-2-Methylbutanol-(1) (**VI**) über (+)-1-Brom-2-methylbutan u. Rk. mit K-Phthalimid erhaltene **V** besitzt. Die bekannte Konfiguration von **VI** wird damit auch **V** sowie **II** zuerkannt, wobei **II** nach CAHN, INGOLD u. PRELOG (C. **1957.** 6986) als (*R*)-*α-Methyl-β-alanin* bezeichnet wird. J. BOELTER. B 123□

Konformation fluorierter Cyclohexane. J. Feeney und L. H. Sutcliffe. (J. physic. Chem. **65.** 1894—95. Okt. 1961. Liverpool, England, Univ., Dep. of Inorgan. and Physical Chem.) (Engl.) — Vgl. C. **1962.** 3770.

Die Best. der Differenz der chem. Verschiebungen zweier benachbarter F-Atome in Perfluorcyclohexan zu 728 ± 2 Hz bei 40 MHz (vgl. TIERS, C. **1961.** 16057) erlaubt nunmehr eindeutige Zuordnungen der Konformationszustände von *cis-1H.2H-* (Kp. 90,8°), *cis-1H.3H-* (**I**; Kp. 90,9°), *cis-1H.4H-* (Kp. 85,4°), *trans-1H.2H*-* (**II**; Kp. 70°) u. einem Gemisch aus *trans-1H.3H-* u. *trans-1H.4H-Dekafluorcyclohexan* (**III**; Kp. 79°), ferner von *Monochlor-** u. *Trifluormethylundekafluorcyclohexan** u. *Undekafluorcyclohexan.* Die mit * gek. Verbb. haben eine starre Konformation bei Raum-Temp., da nur bei ihnen eine chem. Verschiebungsdifferenz von ca. 730 Hz auftritt. Die H-Atome in **II** stehen äquatorial, in **I** u. **III** wahrscheinlich axial. J. ROTHE. B 123□

Über die Strukturanalyse der α-Dichlorcyclohexanone durch Spektrometrie und Dipolmomente. Dang-Quoc-Quan. (C. R. hebd. Séances Acad. Sci. **252.** 2247—49. 10/4. 1961. Paris, École norm. Sup., Labor. de Chim.) (Franz.) — Vgl. C. **1960.** 6784.

Zur Unters. der Konformation von α.α- (**I**), *trans-* (**II**) u. *cis-α.α'-Dichlorcyclohexanon* (**III**) wurden ihre Spektren im mittleren UV u. IR-Bereich aufgenommen sowie ihre Dipolmomente bestimmt. **I** u. **II** haben die beiden Cl-Atome in a.e-Stellung, wie die ähnlichen Meßwerte bestätigen. Folgende Dipolmomente μ wurden gefunden (in CCl_4): **I** 3,84 ± 0,04 [D]; **II** 3,80 ± 0,04; **III** 4,60 ± 0,06. Für **II** stimmen die Werte für $\Delta\lambda$ u. ε (vgl. ALLINGER u. Mitarbeiter, J. Amer. chem. Soc. **82.** [1960.] 5876) sowie für $\Delta\bar{\nu}$ (vgl. COREY u. BURKE, C. **1957.** 12410) u. μ gut mit der Theorie überein, für **I** liegen die beobachteten Werte etwas niedriger, woraus auf eine Deformation der Valenzwinkel geschlossen wird. **III** liegt als Gemisch der Konformationen a.a u. e.e vor. Nach dem UV-Spektrum überwiegt die e.e-Form. Nach dem IR-Spektrum u. dem Dipolmoment liegen beide Formen in nahezu gleichen Mengen vor, auch in festem Zustand.
H. G. HENKEL. B 123□

Über die Glimmentladung in den Dämpfen von Benzol, Toluol und Chlorbenzol. Masatô Nishi und Shirô Hamamura. (J. Sci. Hiroshima Univ., Ser. A **23.** 201—10. Dez. 1959. Hiroshima, Hiroshima Univ., Fac. of Sci., Dep. of Phys.) (Engl.)

Bzl. (**I**)-, *Toluol* (**II**)- u. *Chlorbenzol* (**III**)-Dämpfe wurden bei 5 mm Hg einer Glimmentladung unterworfen u. zeigten neben den Atomspektrallinien der BALMER-Serie die Bandenspektren von C_2, CH, C_6H_6 u. bei **III** noch die von HCl^+ u. Cl_2^+. Die Glimmentladung bei 10—20 mm Hg führte bei **I** u. **II** zu krist. Prodd., die durch UV- u. IR-Spektren als Biphenyl (aus **I**) u. Dibenzyl (aus **II**) identifiziert wurden. Bei der Umsetzung von **II** u. **III** entstand **I** als Zwischenprodukt. J. BOELTER. B 131□

Ultrahochfrequenzabsorption in flüssigen Mischungen. V. Muralidhara Rao. (J. sci. ind. Res. [New Delhi], Sect. B **18.** 103—05. März 1959. Waltair, Andhra Univ., Phys. Dep.) (Engl.)

Nach der Meth. von ROBERTS u. HIPPEL (J. appl. Physics **17.** [1946.] 1610) werden die DK u. dielektr. Verluste von *n-Butanol–Glycerin* (1:1 u. 3:1)- u. *Isobutanol–n-Propylbromid* (3:1)-Mischungen bei 300—500 MHz bestimmt. In den ε''-Frequenz- u. ε''-Temp.-Diagrammen beider Mischungen treten zwei ε''_{max}-Werte auf. Danach treffen SCHALLAMACHS Beobachtung (Trans. Faraday Soc. **42.** [1946.] 180), daß ein Gemisch mit zwei selbstassoziierenden Komponenten nur einen ε''_{-max}-Wert besitzt, u. seine Annahme nicht zu, daß die dielektr. Relaxation in Mischungen auch direkt auf die individuellen Moll. zurückgeführt werden kann. G. PÖTZSCHER. B 132□

Über das Hertzsche Orientierungsspektrum von 2-Isopropylpentanol-(1). Robert Wemelle. (C. R. hebd. Séances Acad. Sci. **247.** 1599—1601. 10/11. 1958.) (Franz.)

Es wurden die COLEschen dielektr. Parameter (vgl. C. **1956.** 2088 u. früher) für fl. *2-Isopropylpentanol-(1)* (**I**) bei Temp. zwischen —65 u. +45° u. Frequenzen von 100 Hz bis 10000 MHz bestimmt. Es zeigten sich 3 Dispersionsbereiche: 1. zwischen 0,0245 u. 340 [MHz]; 2. zwischen 1,6 u. 6000; 3. für die Temp. <0° zwischen 500 u. 5600. Für die Aktivierungsenergien E der Relaxationsprozesse der einzelnen Bereiche ergab sich nach EYRING: E_1 = 11,37 [kcal/Mol]; E_2 = 9,78; E_3 = 6,17. Die Darst. von **I** erfolgte durch gemischte Aldol-Kondens. von Propanal u. Isopentanal, Wasserabspaltung u. Hydrierung des so entstandenen ungesätt. Aldehyds.
W. PENN. B 132□

Lösungsmitteleinfluß auf die relative Lage der Ringprotonenresonanzlinien in aromatischen Molekülen. P. Diehl und I. Granacher. (Helv. physica Acta **32.** 288—93. 31/8. 1959. Basel, Univ., Physikal. Inst.) (Dt.)

Von monosubstituierten Benzolen [*Anisol, Benzonitril, Fluor-, Chlor-, Brom-, Jod-* u. *Nitrobenzol* (**I**), *Anilin* u. *Phenol*] wurden die Verschiebungen der Protonenresonanzlinien gemessen, die durch Auflösen in CS_2, CCl_4, Cyclohexan, Aceton, Acetonitril, Dioxan u. A. bewirkt werden. Die Multipletts der o-Protonen verändern ihre Lage relativ zu den m- u. p-Protonenlinien. Eine allg. gültige Deutung der für die Verschiebungen gemessenen Werte ist schwierig. Auf Grund der von F bis J zunehmenden Verschiebung der o-Protonenlinien in A. wird jedoch eine Wechselwrkg. der OH-Gruppe mit den zunehmend polarisierbaren Halogenen vermutet. Für I ändert sich die relative Verschiebung der o-Protonen proportional dem Dipolmoment von I im entsprechenden Lösungsmittel. Es wird daher vermutet, daß die Verschiebung dem Aufbrechen zwischenmol. Bindungen der I-Moll. entspricht. In Fällen, wo die reine Substanz bereits Komplexe bildet, entsprechen die gemessenen Verschiebungen der Differenz der Verschiebung bei Aufbrechen der Komplexe zwischen ident. Moll. u. einer 2. Verschiebung bei Komplex-Bldg. mit dem Lsgm., wodurch die Interpretation erschwert wird. E. Steger. B 137 □

EPR-Untersuchungen der Spinwechselbeziehungen in einigen Ionenradikalsalzen. D. B. Chesnut und W. D. Phillips. (J. chem. Physics **35.** 1002—12. Sept. 1961. Wilmington, Del., E. I. du Pont de Nemours & Co., Exp. Stat., Central Res. Dep.) (Engl.)

Vff. untersuchen die Elektronenspinresonanz bei folgenden Ionenradikalsalzen des starken π-Elektronenacceptors 7.7.8.8-Tetracyanchinodimethan (TCNA): $[(C_2H_5)_3NH]^+ \cdot (TCNA)_2^-$ (**I**), $[(C_6H_5)_3PCH_3]^+ \cdot (TCNA)_2^-$ (**II**), $[(C_6H_5)_3AsCH_3]^+ \cdot (TCNA)_2^-$ (**III**) u. $(Morpholinium)^+ \cdot (TCNA)^-$ (**IV**). Die Unterss. zeigen, daß zwischen den magnet. Elektronen in diesen Salzen Spin-Wechselwrkg. besteht, die zu einem Singulettgrundzustand u. einem therm. zugänglichen Triplettzustand führen. Singulett–Triplett-Trennungen (J) sind 0,034 (eV) bei **I**, 0,062 für **II** u. **III** u. 0,41 für **IV**. Die Triplettzustände von **II** u. **III** werden weiterhin deutlich an einer Nullfeldaufspaltung u. dem Auftreten der normalerweise verbotenen $\Delta m = \pm 2$ Übergänge bei halbem magnet. Feld. Für beide Salze werden die Parameter eines Spin-Hamilton-Ausdrucks angegeben. Temperaturabhängige Austausch-Wechselwrkg. (wahrscheinlich gegenseitiger Austausch von Tripletteinheiten) bei **II** u. **III** führen mit steigender Temp. zu einer Verbreiterung, dann zum Zusammenfallen der Dublett-Nullfeldkomponenten u. schließlich zur Verengung der einzelnen Linien. Die Austauschfrequenz hängt exponentiell von der Temp. ab u. wird von der Konz. der Tripletteinheiten bestimmt. Die Bedeutung der Anwesenheit von paramagnet. Verunreinigungen bei Unterss. magnet. Eigg. von organ. Feststoffen wird betont, u. an der Temp.-Abhängigkeit der EPR-Absorption des *Chloranil–Diaminodurol*-Komplexes u. des *Na-Salzes* von *Tetracyanäthylen* nachgewiesen.
W. Schramm. B 137

Molekülbahntheorie und Hyperfeinaufspaltung in Elektronenspinresonanzspektren von Semichinonen. Gershon Vincow und George K. Fraenkel. (J. chem. Physics **34.** 1333—43. April 1961. New York, N.Y., Columbia Univ., Dep. of Chem.) (Engl.)

Mol.-Bahnberechnungen der Dichte des ungepaarten Elektrons als Funktion einer Reihe von Werten für das Coulomb-Integral α_o für das O-Atom u. das Resonanzintegral β_{CO} zwischen dem O- u. dem C-Atom wurden durchgeführt für die Ionen folgender Semichinone: *p-Benzo-* (I, aus Hydrochinon u. Luft in alkohol. Alkali), *o-Benzo-* (aus Brenzcatechin analog), *1.4-Naphtho-* [durch Red. von Naphthochinon-(1.4) mit Glucose in alkohol. Alkali oder aus 1.4-Dihydroxynaphthalin wie vorst.], *9.10-Anthra-* (aus Anthrachinon u. $Na_2S_2O_4$ in alkohol. Alkali), *o-Phenanthren-* (aus o-Phenanthrenchinon u. Glucose in alkohol. Alkali oder mit Zn in wss., alkohol. oder aceton. Alkali), „*Pyrogallol*"- (aus Pyrogallol analog I) u. *Chinizarin-* (aus Chinizarin u. Zn). Bei geeigneter Wahl des Coulomb- α_O u. Resonanzintegrals β_{CO} ist die McConnellsche Beziehung $a_i = Q\varrho_i$ (vgl. C. **1957.** 1134; a_i = experimentell bestimmte Hyperfeinaufspaltungs-Konst., die auf das an das C-Atom i gebundene Proton zurückzuführen ist; ϱ_i = Dichten der ungepaarten Elektronen an diesem C-Atom) ausgezeichnet erfüllt. Für die Parasemichinonionen liegen die besten Werte in der Nähe von $\alpha_O \cong \alpha_C + 1{,}2\ \beta_{CC}$ u. $\beta_{CO} \cong 1{,}56\ \beta_{CC}$ sowie $|Q| \sim 22{,}5$ Gauß. Für die Orthosemichinone ist eine andere Gruppe von Parametern erforderlich. Die MO-Berechnung stimmt auch mit den experimentellen Aufspaltungs-Konst. der m- u. p-Ringprotonen (bezogen auf die CH_3-Gruppe) des *Toluolsemichinonions* überein, aber im Hinblick auf die o-Protonen ergibt sich eine große Diskrepanz. J. Rothe. B 137 □

Kernmagnetisches Resonanzspektrum des Triphenylcarboniumions. R. S. Berry, R. Dehl und W. R. Vaughan. (J. chem. Physics **34.** 1460—61. April 1961. Ann Arbor, Mich., Univ., Dep. of Chem.) (Engl.)

Vff. untersuchten erneut (vgl. C. **1961.** 17152) das Kernresonanzspektrum des *Triphenylcarboniumions.* Die Kopplungs-Konst. wurden neu berechnet auf der Grundlage einer vollständigen Lsg. der Säkulargleichung für das Syst. AB_2C_2. Für T_2 wurde der Wert 0,4 Sek. angenommen; die chem. Verschiebungen waren $I_{om} = 8{,}2$, $I_{om'} = 0{,}5$, $I_{mp} = 8{,}0$, $I_{op} = 1{,}2$, $I_{mm'} = 1{,}7$, $I_{oo} = 1{,}2 \pm 0{,}5$ Hz (m' ≙ m-Proton auf der anderen Seite des Rings). Die relativen chem. Verschiebungen der o- u. m-Protonen sind die umgekehrten der von O'Reilly u. Leftin (C. **1961.** 12032) geschätzten.

J. Rothe. B 137 □

Durch Methylsubstitution hervorgerufene Ladungsneuverteilung in Naphthalin. 2. Mitt. Magnetische Abschirmung von Protonen in α.α- und β.β-Dimethylnaphthalinen. C. MacLean und E. L. Mackor. (Molecular Physics **3.** 223—32. Mai 1960. Amsterdam, Koninklijke/Shell-Labor.) (Engl.) — 1. vgl. C. **1961.** 16425.

Zur Unters. der Ladungsverschiebungen im Naphthalin (I)-Ring wurden die PMR-Spektren von *1.4-*, *2.3-*, *2.6-*, *2.7-*, *1.5-* u. *1.8-Dimethylnaphthalin* sowie von *Acenaphthen* (**II**) bei 40 MHz in 8,1 ± 0,1 Mol% ig. Lsgg. in CS_2 bei Zimmer-Temp. gemessen. Spektren, Kopplungs-Konst. u. chem. Verschiebungen σ sind in Tabellen u. Figuren wiedergegeben. Die Analyse der Spektren der 1,4-, 2,3-, 2,6- u. 2.7-Dimethyl-Verbb. war einfach; für die 1.5- u. 1.8-Dimethyl-Verb. mußte eine vollständige ABC-Analyse durchgeführt werden. Durch H–D-Austausch wurden die Zuordnungen geprüft u. eine Teilanalyse auch des Spektrums von **II** ermöglicht. Die H–D-Austausch-Geschw. ist bei allen Isomeren für verschiedene Protonen des Ringes unterschiedlich. Es wurde gefunden, daß Methylsubstitution eine Änderung von σ der Ringprotonen bewirkt u. daß σ etwa proportional log k (k = Geschw.-Konst. des H–D-Austausches) ist. σ ist aber nicht proportional der Ladungsverteilung an den verschiedenen Stellungen des I-Ringes. Die Resonanz der CH_3-Protonen in der 1.8-Dimethyl-Verb. u. in **II** ist wegen ster. Spannungen zu niedrigen Frequenzen im Vgl. zur 1.4- u. 1.5-Dimethyl-Verb. verschoben. Diskussion bekannter Daten an substituierten Benzolen ergab ebenfalls Nichtäquivalenz der Ringprotonen. G. Winkhaus. B 137 □

Die Wirkung von Methylsubstitution auf die chemischen Verschiebungen von Ringprotonen in Thiophen, Furan und Pyrrol. G. S. Reddy und J. H. Goldstein. (J. Amer. chem. Soc. **83.** 5020—23. 20/12. 1961. Atlanta, Ga., Emory Univ., Dep. of Chem.) (Engl.)

Die kernmagnet. Resonanzspektren von *2-Methyl-* u. *2.5-Dimethylfuran*, *2-Methyl-*, *3-Methyl-* u. *2.5-Dimethylthiophen* u. von *2-Methylpyrrol* in Tetramethylsilan wurden bei 40 MHz gemessen. Der Gesamteffekt einer einzelnen Methylgruppe auf die chem. Verschiebungen der Ringprotonen in Thiophen, Furan u. Pyrrol beträgt ca. 30 Hz u. ist somit im wesentlichen derselbe wie der Gesamteffekt auf beide β-Protonen in Verbb. der Struktur $CH_2{=}CXCH_3$ (vgl. Reddy u. Goldstein, J. Amer. chem. Soc. **83.** [1961.] 2045). Die von der Konst. abhängige Schwankung des Gesamteffekts beträgt nur ca. 10%, so daß der obige Wert im großen u. ganzen charakterist. erscheint für den von CH_3 an ungesätt. (sp^2)-Systemen hervorgerufenen weitreichenden Effekt. Die Verteilung des Effekts um den Ring herum ist von dem Heteroatom abhängig u. scheint im allg. dem Grad des aromat. Zustandes des betreffenden Ring-Syst. parallel zu gehen.

J. Rothe. B 137 □

Protonierung der Carbonylgruppe. 2. Mitt. **Die Basizitäten von substituierten Benzaldehyden.** K. Yates und Ross Stewart. (Canad. J. Chem. **37.** 664—71. April 1959. Vancouver, Univ. of Brit. Columbia, Dep. of Chem.) (Engl.) — 1. vgl. C. **1959.** 9512.

Vff. untersuchen die UV-Spektren vom *Benzaldehyd* (**I**) u. einigen Derivv. in 44- u. 95,5% ig. H_2SO_4 u. bestimmen daraus ihre Basizitäten; folgende $-pK_{BH^+}$-Werte werden ermittelt: **I** $-pK_{BH^+}$ 7,1; *m-Chlor-* 7,68; *p-Chlor-* 7,26; *p-Nitro-* 8,45; *p-Methoxy-* 5,54; *o-Methyl-* (**II**, *o-Toluylaldehyd*, $Kp._{22}$ 89°, n_D^{24} 1,5410, aus o-Bromtoluol) 6,50; *m-Methyl-* 7,06; *p-Methylbenzaldehyd* (**III**) 6,32. Zwischen den Wellenverschiebungen der Benzaldehyde u. denen der Acetophenone (vgl. Forbes u. Mitarbeiter, C. **1960.** 9156) unter dem Einfl. der Substituenten besteht sowohl für die neutralen Moll. als auch für ihre ihre protonierte Form eine lineare Beziehung. Die einfache Hammettsche Beziehung zwischen den σ-Konst. u. den pK_{BH^+}-Werten ist für die Benzaldehyde nicht gültig; dagegen sind die pK_{BH^+}-Werte linear von den Brownschen σ^*-Konst. abhängig. Die erhöhte Basizität von **II** gegenüber **III** wird auf ster. Einfl. zurückgeführt; diese Einfl. bei 2.4.6-Trialkylbenzaldehyden u. -acetophenonen werden verglichen u. diskutiert.

G. Pötzscher. B 139 □

Ein Beitrag zur Frage der Dissoziation und Assoziation der Salicylsäure. Erika J. Miler. (Croat. chem. Acta **30.** 21–28. 1958. Belgrade, Yugoslavia, Inst. of Nucl. Sci. „Boris Kidrich", Labor. of Physic. Chem.) (Engl.)

Die aus Beobachtungen der pH-Abhängigkeit des Absorptionsspektrums der *Salicylsäure* (I) von Schuhler [1937] abgeleitete zweistufige Dissoziation von I im pH-Bereich 1–6 konnte durch potentiometr. Titration nicht bestätigt werden. Diese ergaben eine einstufige Dissoziation mit pK = 3,01. Zur Klärung der Frage wurde die Absorption von I ($2{,}26 \cdot 10^{-4}$m Lsgg. mit einem Geh. an $NaClO_4/HClO_4$ bzw. $NaClO_4/NaOH$ der Ionenstärke 0,1) im pH-Bereich 1–6 bei verschiedenen Wellenlängen zwischen 220 u. 340 mμ gemessen. Es wurden pH-abhängige Verschiebungen u. Intensitätsänderungen bei verschiedenen Absorptionsbanden beobachtet. Die Extinktion/pH-Kurven weichen zwischen pH 3 u. 4 in charakterist. Weise von dem auf Grund der Dissoziationsgesetze berechneten Verlauf ab. Die Abweichungen lassen sich durch die Annahme einer Assoziation u. einer darauffolgenden Dissoziation der assoziierten I-Moll. erklären. Es wird ein Vers. zur Berechnung der Assoziations-Konst. aus Titrationsdaten nach der Meth. der kleinsten Quadrate gemacht. W. Betcke. B 139□

Der Einfluß sterischer Faktoren auf die Eigenschaften von 4-Aminopyridinderivaten. J. M. Essery und K. Schofield. (J. chem. Soc. [London] **1961.** 3939–53. Sept. Exeter, Wash., Singer Labor.) (Engl.)

Vff. untersuchten die UV-Spektren (für die freien Basen u. die Monokationen), die Basenstärken bei 5, 4, 20 u. 35° u. (für die prim. Amine) die Frequenzen u. Intensitäten der IR-N–H-Valenzbanden von folgenden Pyridinen [in () pK_a-Werte in W. bei 20°; Werte für ΔG, ΔH u. $T\Delta S$ vgl. Original]: *Pyridin*, Kp. 114–115° (5,27) *3-Methyl-*, Kp. 144–145° (5,79), *3-Äthyl-*, Kp. 164–166° (5,80), *3-Isopropyl-*, Kp. 179 bis 180° (5,88), *3.5-Dimethyl-*, Kp. 171–172° (6,23), *3-Brom-*, Kp. 169–171° (2,91), *2.3.5.6-Tetramethyl-*, F. 77–78° (7,88), *4-Amino-*, F. 157–158° (9,29), *4-Amino-3-methyl-*, F. 108–109° (9,43), *4-Amino-3-äthyl-*, F. 73–74° (9,51), *4-Amino-3-isopropyl-*, F. 52 bis 53° (9,54), *4-Amino-3.5-dimethyl-*, F. 83–84° (9,54), *4-Amino-3-brom-*, F. 69–70° (7,04), *4-Amino-2.3.5.6-tetramethyl-*, F. 197–198° (10,58), *4-Methylamino-*, F. 124–125° (9,66), *4-Methylamino-3-methyl-*, F. 125–126° (9,83), *4-Methylamino-3-äthyl-*, F. 117–118° (9,90), *4-Methylamino-3-isopropyl-*, F. 95–96° (9,96), *4-Methylamino-3.5-dimethyl-*, F. 120–121° (9,43), *4-Methylamino-3-brom-*, F. 92,5–93,5° (7,47), *4-Methylamino-2.3.5.6-tetramethyl-*, F. 118–119° (10,06), *4-Dimethylamino-*, F. 108–109° (9,71), *4-Dimethylamino-3-methyl-*, $Kp._{0,9}$ 68–69° (8,68), *4-Dimethylamino-3-äthyl-*, $Kp._{0,8}$ 82 bis 84° (8,66), *4-Dimethylamino-3-isopropyl-*, $Kp._{0,1}$ 53–54° (8,27), *4-Dimethylamino-3.5-dimethyl-*, $Kp._{0,1}$ 50–52° (8,15), *4-Dimethylamino-3-brom-*, $Kp._{0,1}$ 78–80° (6,52). Ferner wurden zum Vgl. untersucht: *Anilin*, Kp. 183–184°, *o-Toluidin*, Kp. 199–200°, *2.6-Xylidin*, Kp. 216–218°, *o-Isopropylanilin*, $Kp._{20}$ 108–110°, *o-tert.-Butylanilin*, $Kp._{12}$ 107–108° (*Hydrochlorid*, F. 208–209°). — Bei allen Pyridinen war der Ringstickstoff das bas. Zentrum. Abweichungen in den Intensitäten der UV-Banden der 3-monosubstituierten tert.- u. der 3.5-disubstituierten sek.- Amine werden auf ster. Hinderung der Mesomerie zurückgeführt. Bei den 4-Aminopyridinen u. den 3-monosubstituierten 4-Methylaminopyridinen waren aus den IR- u. UV-Spektren keine Anzeichen für einen solchen Effekt zu bemerken. Der acidifizierende Einfl. der 3.5-Disubstitution in den 4-Aminopyridinen wird auf ster. Hinderung der Solvatation zurückgeführt u. nicht auf ster. Hinderung der Mesomerie. J. Rothe. B 139□

Störungskorrekturen. A. M. Talati. (J. Indian chem. Soc. **36.** 743–44. Okt. 1959. Boroda, M. S. Univ. of Boroda, Fac. of Technol. and Engng., Textile Chem. Dep.) (Engl.) — Vgl. C. **1960.** 11604.

Aus Parachor-Werten von *Äthyl-*, *Isopropylbromid*, *Äthyl-*, *Isopropyljodid*, *Äthyl-*, *Isopropyl-* u. *tert.-Butylmercaptan* werden die Gruppenparachor-Werte für die Gruppen CCH_2X, C_2CHX u. C_3CX (X = Br, J, HS) berechnet u. daraus die Störungskorrekturen für die Gruppen C–C–X (X = Br, J, S) bestimmt u. zusammen mit früheren Ergebnissen (vgl. J. Indian chem. Soc. **33.** [1956.] 301) für X = C, N, O, S, Cl, Br u. J diskutiert. G. Pötzscher. B 148□

Der zweite Virialkoeffizient organischer Dämpfe. 1. Mitt. Experimentelle Ergebnisse. A. Pérez Masiá und M. Díaz Peña. (An. Real Soc. españ. Física Quím., Ser. B **54.** 661–68. Nov. 1958. Madrid, Inst. de Quím. Fís. „Rocasolano", Secc. Termodinám. Quím.) (Span.; Auszug: Engl.)

Es wird eine App. zur Best. des 2. Virial-Koeff. von Fll. im Dampfzustand beschrieben. Die experimentelle Anordnung ist ähnlich der von Hamann u. Pearse (C. **1953.** 508). Für *Methylen-*, *n-* u. *Isopropyl-*, *n-* u. *Isobutylchlorid* sind die gefundenen Werte für verschiedene Temp. angegeben. Sie stimmen gut mit den Messungen anderer Autoren überein. — 7 Literaturangaben. M. Reiher. B 149□

Der zweite Virialkoeffizient organischer Dämpfe. 2. Mitt. Diskussion der Ergebnisse. A. Pérez Masiá und M. Díaz Peña. (An. Real Soc. españ. Física Quím., Ser. B **54**. 669—76. Nov. 1958.) (Span.; Auszug: Engl.) — 1. vgl. vorst. Referat.

Die experimentell gefundenen Werte der 2. Virial-Koeff. von *Methylen-*, *n-Propyl-*, *Isopropyl-*, *n-Butyl-* u. *Isobutylchlorid* werden auf der Grundlage der Potentiale von STOCKMAYER [1924] u. BUCKINGHAM-POPLE diskutiert. Die Parameter dieser Potentiale sowie die Wechselwrkg.-Energien u. die im Gleichgewicht vorliegenden Mol.-Abstände werden errechnet. M. REIHER. B 149□

Experimentelle Untersuchungen über das Verdampfen von Tropfen gewisser organischer Lösungsmittel. I. Curievici, M. Marinescu und Florin Vălu. (Bul. Inst. Politehnic Iaşi [N. S.] **4** (8). Nr. 3—4. 337—44. 1958. Iaşi, Inst. Politehn., Catedra de Termotehn.; Catedra der Ind. Organ.) (Rum.)

Vff. bestimmen die Verdampfungs-Geschw. von Tropfen verschiedenen Durchmessers (zwischen 0,43 u. 2,46 mm) von *Toluol* u. *A.* bei verschiedenen Temp. u. Luftstrom-Geschw. mittels einer geeichten Capillare (Innendurchmesser 100 μ), die in Watte eingewickelt ist u. mit der untersuchten Fl. dauernd befeuchtet wird u. das Ablesen der Menge der verdampften Fl. gestattet. 2—3 mm unter den Tropfen wird ein trockener Luftstrom geblasen. Die experimentell gefundenen Wärmeübergangsquotienten α werden mit den nach der Gleichung für das therm. Gleichgewicht nach RANZ u. MARSHALL (vgl. C. **1952**. 7136) berechneten verglichen. Die Ergebnisse bestätigen die von RANZ u. MARSHALL vorgeschlagene Gleichung für den Wärmeübergang während der Verdampfung der Tropfen. Dagegen konnte die nach RADUSCH (C. **1956**. 9635) nicht bestätigt werden. H. FRANKEWICZ. B 150□

Analyse von Multiazeotropen in nullter Näherung. Ikuho Yamada, Takatoshi Yoshida und Osamu Kawase. (Bull. chem. Soc. Japan **32**. 570—73. Juni 1959. Nagoya, Nagoya Inst. of Technol.) (Engl.)

Unter Erweiterung der Meth. von PRIGONINE u. von MASHIKO (vgl. C. **1959**. 13078) leiten Vff. für Multiazeotrope in Mehrkomponenten-Syst. in nullter Näherung Gleichungen ab, mit deren Hilfe die Best. der Temp. u. Zus. der Azeotropen in solchen Syst. möglich ist. Die nach dieser Theorie geforderte Konstanz der intermol. Austauschenergie ω_{ij} ist in Übereinstimmung mit den Beobachtungen an den tern. Syst. *CCl_4-W.-Alkohol*, *Cyclohexan-W.-Alkohol* u. *Bzl.-W.-Alkohol* mit den Alkoholen *A.*, *Isopropanol*, *sek.-* u. *tert.-Butanol*, *n-Hexanol* u. *Allylalkohol.* G. PÖTZSCHER. B 150□

Verbrennungs- und Bildungswärmen der drei isomeren Phthalsäuren. K. Schwabe und W. Wagner. (Z. Elektrochem., Ber. Bunsenges. physik. Chem. **65**. 812—14. Nov. 1961. Dresden, TH, Inst. für Elektrochem. u. Physikal. Chem.) (Dt.)

Mit einem neuen Metallblockcalorimeter wurden die Verbrennungswärmen von *Phthalsäure* (**I**; $D._4^{25}$ 1,5929), *Isophthalsäure* (**II**; $D._4^{25}$ 1,5383) u. *Terephthalsäure* (**III**; $D._4^{25}$ 1,5194) bei 25° bestimmt u. daraus folgende Standardverbrennungs- $-\Delta H^0_{298}$ u. Bldg.-Enthalpien $-\Delta H^0$ berechnet: **I**—ΔH^0_{298} 770,44 ± 0,12 [kcal/Mol], $-\Delta H^0_f$ 186,93; **II** 765,44 ± 0,12, 191,33; **III** 762,30 ± 0,10, 195,07. Die Ergebnisse werden hinsichtlich der intramol. Umlagerung von **I** bzw. **II** in **III** diskutiert. W. SCHRAMM. B 156

Anwendung der Theorie von der doppelten Diskontinuität: Charakteristika der Detonation in Gasmischungen. Jacques Brossard und Numa Manson. (C. R. hebd. Séances Acad. Sci. **249**. 1033—35. 21/9. 1959. Poitiers, Labor. de Thermodynam.) (Franz.)

Es werden auf Grund der früher (vgl. C. **1960**. 13930) festgestellten Abhängigkeit der Eigg. der dynam. Adiabaten, die sich bei der Assimilation der Detonation an eine doppelte Diskontinuität ergaben, von den Charakteristika von Sprengstoffen diese Charakteristika für die Explosionswellen in den Gasgemischen $C_3H_8 + 5\ O_2 + 18{,}81\ N_2$ (a) u. $C_2H_2 + O_2$ (b) bei $T_f = 298°$ K u. $p_f = 1$ atm für b auch bei 0,1 atm berechnet, für jedes Gemisch die Stoßadiabate sowie die Verbrennungsadiabaten für $p > p_f$ u. die CHAPMANN-JOUGUET-Punkte ermittelt. Die Koordinaten des die Explosionswelle vorstellenden CHAPMAN-JOUGUET-Punktes b_2^* wurden graph. aus den Schnittpunkten der Verbrennungs- mit den CRUSSARD-Adiabaten genau bestimmt. Es zeigt sich, daß die CHAPMAN-JOUGUET-Kurven von den CRUSSARD-Adiabaten hinsichtlich der Drücke u. der Vol. σ für a maximal um 6 bzw. 5%, für b um 3 bzw. 9% abweichen. Das Entropieminimum entspricht entlang der CHAPMAN-JOUGUET-Kurve nicht der Geschw. $u_b = 0$ der verbrannten Gase, sondern dem Maximum von ($u_{ob} - u_{oC_2}$). Am Punkt b_2^* beträgt die Geschw. der Verbrennungswelle $u^*_{oC_2}$ im Zustand $C_2(\equiv C_1)$ bei $p_f = 1$ atm für a 350 [m/s] ([p_c^*] 32,2 [atm], [T_c^*] 1810° [K]), für b 405 (88,0; 3645°). Wenn für $p = p_c^*$ u. $T = T_c^*$ die empir. Beziehung $V = V_f\,(p/p_f)^n(T/T_f)^m$ (V_f ist Grund-Geschw. der

Flamme) gilt u. $-0,5 < n < +0,5$ sowie $1 < m < 2$, so ist für a $u_{CO_2}^{*} \gg V$ u. für b $u_{CO_2}^{*} = V$. Für Rückschlüsse reicht die Genauigkeit von n u. m nicht aus.

W. GÜNTHER. B 157□

Die minimale Explosionstemperatur von gesättigten Kohlenwasserstoffen mit primärem und sekundärem Kohlenstoff im Molekül. Michel Lucquin. (C. R. hebd. Séances Acad. Sci. **246**. 2747—50. 12/5. 1958. Paris, Labor. de Chim. gén.) (Franz.)

Vf. bestimmt für verschiedene KW-Stoffe u. deren Mischungen die untere Temp.-Grenze, bei der unter gegebenen Bedingungen (400 mm Hg, Konz. des KW-Stoffes 50%) noch Explosionen möglich sind. Der Durchmesser des zylindr. Rk.-Gefäßes beträgt 22 mm, seine Länge 100 mm. Setzt man diese Temp. (Ordinate) in Beziehung zu dem Verhältnis R (Abszisse) der Anzahl von prim. zu prim. + sek. C-Atomen im Mol., so ergibt sich für *Cyclopentan* (**V**) u. *Cyclohexan* (250 mm, 40%) mit R = 0 eine Grenz-Temp. von ca. 265°, für *Neopentan* (**III**) mit R = 1 von 310°. Dazwischen liegen *Pentan* (**II**), *Propan* (**I**) u. *Butan*. Auf der gleichen Kurve liegen Mischungen von **I** u. **II**. Dagegen liegen die Temp. von Mischungen von **II** u. **III** mit der Temp. (287° anstatt a priori 302°) von *2.2-Dimethylbutan* (**IV**) auf einer nach unten gekrümmten, unteren Kurve, welche die erste in den Punkten von **II** u. **III** schneidet. Die obere Kurve hat bei **II** einen Wendepunkt in Richtung auf **V** u. Vorverss. haben ergeben, daß die Temp. von *Hexan* auf der konvexen Verlängerung der oberen Kurve nach tieferen Temp. liegt. Aus den Ergebnissen schließt Vf., daß R nicht der einzige maßgebliche strukturelle Parameter ist, daß die Reaktivität prim. C-Atome wenig, die der sek. in linearen Moll. dagegen stark strukturabhängig ist. Sie ist für diese um so größer, je länger die Kette ist. Die relativ niedrige minimale Explosions-Temp. von **IV** kann nur der durch die Nachbarschaft der Verzweigungsstelle verursachten Aktivierung des sek. C-Atoms zugeschrieben werden, wahrscheinlich auf Grund des I-Effekts von $-CH_3$.

W. PENN. B 157□

Wärmeleitfähigkeit der Luft und einiger organischer Dämpfe. 1. Mitt. Änderung mit der Temperatur. A. Pérez Masiá und A. Roig. (An. Real Soc. españ. Física Quím., Ser. B **54**. 639—50. Nov. 1958. Madrid, Inst. de Quím. Fís. „Rocasolano", Secc. Termodinám. Quím.) (Span.; Auszug: Engl.)

Es wurde die Wärmeleitfähigkeit λ von *Luft* sowie von *Methylen-*, *n-Propyl-*, *Isopropyl-*, *n-Butyl-* u. *Isobutylchlorid* nach der Hitzdraht-Meth. bestimmt. Bei Berücksichtigung von Korrekturen für Wärmeverluste an den Drahtenden u. durch Abstrahlung gelangt man zu einer relativen Genauigkeit von 1:1000. Die Temp.-Abhängigkeit von λ wurde mit Hilfe der Energiepotentialkurven von LENNARD-JONES [1924], BUCKINGAM u. STOCKMAYER [1941] gedeutet u. die entsprechenden Parameter errechnet. Der Energieaustausch zwischen inneren u. Translationsfreiheitsgraden wurde mit dem EUCKENschen Faktor bestimmt. — 22 Literaturangaben.

M. REIHER. B 158□

Wärmeleitfähigkeit der Luft und einiger organischer Dämpfe. 2. Mitt. Änderung mit dem Druck. Akkommodationskoeffizienten. A. Pérez Masiá und A. Roig. (An. Real Soc. españ. Física Quím., Ser. B **54**. 651—60. Nov. 1958.) (Span.; Auszug: Engl.) — 1. vgl. vorst. Referat.

Als Ursachen für die Änderung der therm. Leitfähigkeit λ mit dem Druck werden der „Temp.-Sprung" u. das reale Verh. der Gase (l. c. genannte Verbb.) angegeben. Der erste Effekt gestattet die Berechnung der Akkommodations-Koeff. u. der Akkommodationen der verschiedenen Freiheitsgrade. Das reale Verh. der Gase spiegelt sich wider in der Druckabhängigkeit von C_v. Der berechnete Verlauf der λ-p-Kurven stimmt mit den experimentell gefundenen Werten überein. Eine Mol.-Assoziation tritt nicht ein. — 16 Literaturangaben.

M. REIHER. B 158□

Hemmung der Entfärbung von Rhodamin B durch Ultraschall in Gegenwart von organischen Substanzen. Satya Prakash und Sheo Prakash. (Nature [London] **191**. 1292. 23/9. 1961. Allahabad, Univ., Chem. Labor.) (Engl.)

Wird eine wss. Lsg. von *Rhodamin B* beschallt (Frequenz 1 MHz), so tritt innerhalb weniger Min. eine Entfärbung auf. Bei Zusatz von je 4% Methanol, A., Dioxan, Diacetonalkohol, Aceton, n-Propanol, n-Butanol oder Ae. erfolgt die Entfärbung wesentlich langsamer, u. zwar steigt die Hemmwrkg. in der genannten Reihenfolge der Fll. an. Die Erscheinung wird auf eine Verminderung des Zusammenbrechens der bei der Beschallung auftretenden Hohlräume durch die Zusätze zurückgeführt. O. FUCHS. B 159□

Weitere Berechnungen an freien Elektronen mit Bezug auf Oxydations-Reduktions-Potentiale. Sadhan Basu. (Trans. Faraday Soc. **52**. 1175—78. Sept. 1956. Calcutta, India, Coll. of Sci., Dep. of Chem.) (Engl.)

Entsprechend den Berechnungen beim Chinon werden die π-Elektronenenergiedifferenzen zwischen oxydierter u. reduzierter Form bei *Phenol*, α- u. *β-Naphthol*, *Anthranol-(1)* u. *Phenanthrol-(1)* an Hand eines Elektronenmodells berechnet u. in

Beziehung zu den Oxydationspotentialen dieser Verbb. gesetzt. Die Energiedifferenzen folgen den Änderungen in der Struktur u. den physikal. Eigg., doch scheiterten Verss. zur Berechnung der abs. Energiedifferenzen. Auch der Vers., eine Beziehung zwischen der π-Elektronenenergiedifferenz u. dem polarograph. Halbstufenpotential bei den *Aldehyden* $CH_3(CH{=}CH)_nCHO$ (n = 1—5) abzuleiten, verlief unbefriedigend.

W. BETCKE. B 182□

Rekristallisation von Natriumvinylbenzolsulfonat. Charles E. Grabiel, Leo R. Morris, Paul J. Sienknecht und Rhodes N. Farris. (Ing. Engng. Chem. **52.** 845—48. Okt. 1960. Midland, Mich., Dow Chem. Co.) (Engl.)

Vff. beschreiben eine Meth., nach der gereinigtes *Natriumvinylbenzolsulfonat* in einer Ausbeute von 80% aus Natriumhalogenide enthaltenden Rk.-Gemischen wieder erhalten werden kann. Die Meth. wurde an Hand der Phasendiagramme Natriumvinylbenzolsulfonat–NaCl(NaBr)-W. bei 25° entwickelt. C. GOTTFRIED. B 190

Der Beweis der Molekülassoziationen durch kryoskopische und kinetische Messungen. Jean Le Page und Joseph-Charles Jungers. (C. R. hebd. Séances Acad. Sci. **246.** 2471—74. 28/4. 1958. Louvain, Belges, Univ., Labor. de Chim. phys.) (Franz.)

Der Dimerisationsgrad von in Bzl. gelöster *Trichloressigsäure* (I) wurde durch kryoskop. Messungen u. die katalyt. Wrkg. von **I** bei der Chlorierung von *p-Xylol* (**II**) in Benzol-Lsg. bestimmt. Dabei wurde festgestellt, daß die katalyt. Wrkg., die **I** bei der Chlorierung von aromat. KW-Stoffen in Bzl. ausübt, von den dimeren Moll. ausgeht u. von der Konz. an Dimeren abhängt. Die Geschw.-Konst. der Chlorierung von **II** mit Cl_2 in Bzl.-Chlorbenzol (10 ml/Liter) für verschiedene Konzz. an **I** wurden berechnet: sie beträgt bei 5,5° $k_2 = (6{,}1-6{,}4)\cdot 10^{-2}$ (Liter/Mol·min). H. FRIES. B 223□

Das Verhalten der Hydroxybrenztraubensäure, $CH_2OHCOCOOH$. Maurice Fleury und Pierre Souchay. (C. R. hebd. Séances Acad. Sci. **252.** 1472—74. 6/3. 1961. Paris, Fac. des Sci., Labor. de Chim. P.C.B. IV.) (Franz.)

Die *Hydroxybrenztraubensäure* liefert in alkal. Milieu (pH > 8,5) sehr stabile *Trimere*, darunter ein *Endiol* (pH > 12), das stark reduzierend wirkt. Die polarograph. Unters. zeigt bei pH 8,5—12 eine kathod. Stufe von 1,3 F. In alkal. Medium treten 2 anod. Stufen von jeweils 1,3 F auf. Die Halbstufenpotentiale betragen —0,25 u. —0,65 V in 1 n NaOH. Für das Endiol wird Pyranstruktur angenommen. Auf Grund seiner Decarboxylierung bei Alterung (0,5 CO_2/Mol Monomeres) u. in der Hitze in alkal. Medium (1 CO_2/Mol Monomeres) sowie einer Rk. mit Semicarbazid u. J_2 wird angenommen, daß es in seiner offenen Form, $(^-OCO)(HOCH_2)C(CO\cdot CHOH\cdot COO^-)_2$, reagiert. H. G. HENKEL. B 223□

Über die Aufdeckung einer Umlagerung bei der Hydrolyse einiger 1-Brom-2-alkoxyalkane. Didier Gagnaire. (C. R. hebd. Séances Acad. Sci. **245.** 1732—34. 13/11. 1957. Paris, École Norm. Supér., Labor. de Chim.) (Franz.)

Die Verbb. $R'OCH(R)CH_2Br$ mit $R = R' = CH_3$ (**I**); $R = C_2H_5$, $R' = CH_3$ (**II**) u. $R = CH_3$, $R' = C_2H_5$ (**III**) wurden dargestellt durch Einw. von RMgBr auf das aus dem entsprechenden Vinyläther $R'OCH{=}CH_2$ erhaltene Dibromid; ihre Reinheit, bes. die Abwesenheit sek. Bromide $RCHBrCH_2OR'$, wurde gaschromatograph. nachgewiesen. I—III wurden in abgeschmolzenen Ampullen 20 Tage bei 100° hydrolysiert in reinem W. (a), N-Methylacetamid (**IV**)-W. 50:50 (b) bzw. **IV**-W. 97:3 (c). Hierbei entstanden neben den erwarteten Alkoholen $R'OCH(R)CH_2OH$ auch die isomeren Alkohole $RCH(OH)CH_2OR'$ (**Ia—IIIa**), die ebenfalls gaschromatograph. identifiziert u. quant. bestimmt wurden (% Ausbeute in a, b, c): **Ia**: 25, 80, 0; **IIa**: 30, 10, 0; **IIIa**: 50, 19, 0. **Ia** u. **IIIa** wurden außerdem durch Vgl. ihrer IR-Spektren mit denen einer synthet. Mischung der entsprechenden Alkohole identifiziert. HBr u. Erwärmen haben keinen Einfl. auf die Umlagerung, die vermutlich über ein cycl. Zwischenprod., R—CH—CH₂ (\\+/ O, R′)

(vgl. WINSTEIN, C. **1953.** 5316) verläuft. Die hemmende Wrkg. von **IV** trotz erhöhter DK auf die Umlagerung entspricht der des N-Methylpropionamid (vgl. DROSS u. LABES, C. **1959.** 429). M. SCHENK. B 225□

Untersuchung über [Hydroxyäthyliden]-dihydroanthranole. Über den Mechanismus der anionotropen transanularen Wanderung. Guy Rio und Pierre-Jean Cornu. (C. R. hebd. Séances Acad. Sci. **246.** 3355—58. 16/6. 1958.) (Franz.)

Bei der Einw. von HCl, HBr oder CH_3CO_2H auf *9-[2-Hydroxy-2-phenyläthyliden]-10-phenyl-9.10-dihydroanthranol-(10)* [I, $C_{28}H_{22}O_2$, F.$_{Inst}$ 163—164°, durch Red. des entsprechenden Ketons (II) mit KBH_4 oder Al-Isopropylat] entstehen wider Erwarten nicht beide Diastereomere, sondern jeweils nur die schon früher (vgl. C. **1959.** 4131) erhaltene *threo-Form* des *Dichlorids, Dibromids* bzw. *Diacetats.* Demnach scheint die ster. Konfiguration des asymm. C-Atoms durch die des asymm. Ausgangs-Syst. festgelegt zu sein, u. das noch unbekannte Stereomere von **I** müßte zu erythro-Derivv. führen. Vff. verwerfen daher die Hypothese eines intermediären Carboniumions u. nehmen für das Dihydroanthracenskelett von **I** eine Konformation derart an, daß die Bindung zwischen $C_{(10)}$ u. dem Hydroxyl-O senkrecht zur Achse der beiden meso-C-Atome steht, so daß sich in die zwischen dem Hydroxyl-O an $C_{(10)}$ u. dem doppelt gebundenen C des Alkylidens entstehende Lücke der Halogenwasserstoff oder das Hydroxyl der Essigsäure einzuschieben vermag. Hierdurch wird eine gekoppelte zirkulare Elektronenverschiebung ausgelöst, indem die Säure mit ihren 2 reaktiven Enden gleichzeitig einwirken kann. Der einseitige Angriff der Säure führt in stereospezif. Rk. über Wasserabspaltung über den Mono- zum Diester. Der gleiche Mechanismus, jedoch mit anderer Konsequenz, kann für die Rk. des aus **II** mit C_6H_5Li erhaltenen *9-[2-Hydroxy-2.2 diphenyläthyliden]-10-phenyl-9.10-dihydroanthranol-(10)* ($C_{34}H_{26}O_2$, F.$_{inst}$ 162—163°), das kein asymm. C-Atom enthält, mit HCl oder CH_3CO_2H zu *9-[1-Chlor-2.2-diphenylvinyl]-* (**III**; $C_{34}H_{23}Cl$, F.$_{inst}$ 196—197°) bzw. *9-[1-Acetoxy-2.2-diphenylvinyl]-10-phenylanthracen* (**IV**; $C_{36}H_{26}O_2$, F.$_{inst}$ 203—204°) angenommen werden. Hier entsteht intermediär vermutlich der tert. Alkohol, aus dem leicht W. abgespalten wird. Die Struktur von **III** u. **IV** wurde wie folgt sichergestellt: Beim Erhitzen von **III** mit CH_3COOK in essigsaurer Lsg. entsteht **IV**. Durch Red. mit Zn u. CH_3COOH entsteht aus **III** *9-[2.2-Diphenylvinyl]-10-phenylanthracen* ($C_{34}H_{24}$, F.$_{inst}$ 210—211°), das auch durch Red. von 9-[2-Phenyl-2-oxoäthyl]-10-phenylanthracen mit C_6H_5Li über 9-[2.2-Diphenyl-2-hydroxyäthyl]-10-phenylanthracen ($C_{34}H_{26}O$, F.$_{inst}$ 191—192°) u. Wasserabspaltung daraus entsteht. W. PENN. B 225□

Eine langlebige Carboniumion-Zwischenstufe bei einer molekularen Umlagerung. Paul D. Bartlett, Eleanor R. Webster, Charles E. Dills und Herman G. Richey jun. (Science [Washington] **129.** 1282—83. 8/5. 1959. Harvard Univ.; Wellesly Coll.; Northwest Missouri State Coll.; Yale Univ.) (Engl.)

Vorl. Mitt. zu der C. **1962.** 2314 referierten Arbeit. G. PÖTZSCHER. B 225□

Heterogene Auslösung von Kettenreaktionen: Der Fall der Autoxydationen in flüssiger Phase. Jacques Burger, Colette Meyer, Geneviève Clément und Jean-Claude Balaceanu. (C. R. hebd. Séances Acad. Sci. **252.** 2235—37. 10/4. 1961. Rueil-Malmaison, Seine-et-Oise, Inst. Français du Pétrole.) (Franz.)

Die Unters. der Oxydations-Rk. von *Cyclohexen* u. *2-Methylbuten-(2)* durch O_2 in fl. Phase in Ggw. kleiner Mengen von Metalloxiden (CuO, MnO_2, Cr_2O_3, Mischung aus gleichen Teilen NiO + Cr_2O_3) zeigt, daß diese Halbleiter bei dieser Ketten-Rk. die Rolle von Initiatoren spielen. Die Induktionsperiode wird unterdrückt u. die Oxydations-Geschw. steigt an. Die kinet. Eigg. dieser Rkk. entsprechen denen der homogen ausgelösten Ketten-Rk.: Bezogen auf die Konz. an Oxid ist die Rk.-Ordnung etwas $>0{,}5$, ausgenommen bei geringen Mengen des Festkörpers; die scheinbare Aktivierungsenergie beträgt 12 kcal/Mol, entsprechend 7 kcal/Mol für den Start. Die Rk.-Ordnung, bezogen auf O_2, beträgt 0, wenn der O_2-Druck zwischen 260 u. 460 Torr liegt. Die Kinetik der Rk. u. das Fehlen einer Induktionsperiode zeigen, daß die Metalloxide nicht als Katalysatoren wirken, sondern als Kettenstarter, u. daß es sich um eine Ketten-Rk. über freie Radikale handelt. Die Unters. zeigt die Bedeutung der Autoxydations- u. Ketten-Rkk. zur Feststellung der freien Valenzen, indem man ihre Wrkg. mit der Kettenlänge multipliziert. H. G. HENKEL. B 225□

Über die Spaltung der α-Aminonitrile durch Lithiumaluminiumhydrid. Lenkung der Reduktion durch Aluminiumchlorid zur Spaltungsreaktion. Geneviève Le Ny und Zoltan Welvart. (C. R. hebd. Séances Acad. Sci. **245.** 434—36. 22/7. 1957. Paris, Fac. de Med., Labor. du C.N.R.S.) (Franz.)

Durch Zugabe von $AlCl_3$ kann bei α-Aminonitrilen mit sek. u. tert. $C_{(\alpha)}$ die mit $LiAlH_4$ allein vorherrschende Red.-Rk. nach der hydrierenden Spaltung hin verschoben werden, da $AlCl_3$ den elektrophilen Charakter des Red.-Mittels vergrößert. Das Ausmaß der Spaltung nimmt dabei mit steigendem Mol-Verhältnis $AlCl_3/LiAlH_4$ zu. Untersucht wurden *α.α-Pentamethylen-, α-Phenyl-* u. *α-Propyl-α-piperidinoacetonitril* sowie *α-Piperidinoacetonitril* (**I**). **I** wird auch bei großem $AlCl_3$-Überschuß nicht gespalten.

H. GIEHRING. B 225□

Die Elementarprozesse der organischen Reaktionen. 1. Mitt. Charles Prevost. (Ind. chim. belge **23.** 1099—1104. Okt. 1958. Paris, Univ., Fac. des Sci.) (Franz.)

Nach einer histor. Einleitung über die Rk.-Mechanismen werden die beiden Fundamentalprozesse der nucleophilen Substitution untersucht. Vf. weist darauf hin, daß beim INGOLDschen Rk.-Typ S_N2 im Gegensatz zur Theorie keine strenge Verknüpfung zwischen WALDENscher Umkehrung u. 2. Ordnung der Rk. besteht. Beim Rk.-Typ S_N1 besteht überhaupt kein Zusammenhang zwischen Racemisierung u. kinet. Ordnung der Rk., während nach der INGOLDschen Theorie die 1. Ordnung auftreten sollte. Vf. schlägt deshalb eine differenziertere Einteilung der nucleophilen Substitutionen vor, die nicht nach der Rk.-Bilanz, sondern nach dem wahren Ablauf der Elementarprozesse erfolgen sollte. W. PENN. B 225□

Gleichgewichtsuntersuchungen über Disulfide mittels Dampfphasenchromatographie. C. J. Olander und S. Sunner. (Pure appl. Chem. **2.** 117–20. 1961. Lund, Sweden, Univ. of Lund, Thermochem. Labor.) (Engl.)

Vff. untersuchten unter Anwendung der Dampfphasenchromatographie als Analysen-Meth. die nach R'SSR' + R''SSR'' ⇌ 2 R'SSR'' erfolgende Gleichgewichtseinstellung bei Disulfiden an dem Verb.-Paar *Dimethyl-* (**I**) u. *Diäthyldisulfid* (**II**) in Cyclohexan. Das Gleichgewicht wurde von beiden Seiten, also auch von *Methyläthyldisulfid* (**III**) aus erreicht. Die Umsetzung wurde durch einen ion. Katalysator (NaOH) oder Bestrahlung mit Licht einer Niederdruck-Hg-Lampe hervorgerufen. Die Gleichgewichts-Konst. K betrug bei 25 u. 60° 5,1 (ausgehend von **I** u. **II**) bzw. ca. 5,6 (ausgehend von **III**). W. SCHRAMM. B 225

Hydrolyse von Acetanhydrid. 6. Mitt. **Kinetik in Deuteriumoxid-Lösung.** A. R. Butler und V. Gold. (J. chem. Soc. [London] **1961.** 2305–12. Juni. London, Univ. of London, King's Coll.) (Engl.) — 5. vgl. C. **1955.** 9995.

Auf spektroskop. Wege ähnlich der Meth. von LEES u. SAVILLE (C. **1958.** 14275) verfolgten Vff. die Kinetik der Hydrolyse von *Acetanhydrid* (**I**) bei 25° in Dioxan (Dx)–H_2O- bzw. Dx–D_2O-Gemischen. Das Verf. liefert nach der Anilin–W.-Meth. von VLES [1933] übereinstimmende Ergebnisse. Folgende Daten wurden ermittelt: für die spontane Hydrolyse k_H 2,61·10^{-3} [s^{-1}], k_H/k_D 2,9, in Ggw. von NaCl gelten weitgehend die Beziehungen $10^3 k_H = 2,61-0,60$ [NaCl] bzw. $10^4 k_D = 8,96-0,40$ [NaCl]. Geringe Zusätze von Essigsäure (**II**) erhöhen die Rk.-Geschw. etwas, größere vermindern sie. Für die durch Na-Acetat (**III**) katalysierte Hydrolyse (in Ggw. von 0,0875 m **II**) gelten die Ausdrücke $10^3 k_H = 2,42 + 4,0$ [**III**] bzw. $10^3 k_D = 0,88 + 2,65$ [**III**], ferner k_H/k_D ca. 1,7. Na-Formiat (**IV**) besitzt eine größere Wrkg. auf die Rk.-Geschw. als **III**, es gilt $10^3 k_H$ 2,79 + 77 **IV** (in Ggw. von ca. 0,045m Ameisensäure); k_H/k_D $1,0_7$. Mit steigendem Geh. an Dx nimmt der Lsgm.-Isotopeneffekt der spontanen Hydrolyse von **I** stufenweise, aber nicht regelmäßig ab. Der kleine Effekt bei der **IV**-Katalyse führt zum Schluß, daß bei dieser Rk. OH-Bindungen während des die Rk.-Geschw. bestimmenden Schritts der Rk. nicht gelöst werden, wohl aber bei den anderen beiden Rkk., für die nachst. Mechanismus vorgeschlagen wird, der erheblich von dem einer einfachen S_N2-Substitution abweicht u. die Schlüsse von BENDER (C. **1961.** 11287) berücksichtigt: **I** + H_2O ⇌ $CH_3C(OH)_2OCOCH_3$ (schnell), $CH_3C(OH)_2OCOCH_3 + H_2O$ ⇌ $CH_3C(OH)$·$(O^-)OCOCH_3$ (**A**) + H_3O^+ (schnell), **A** + HX → **B** + X^- (langsam), **B** → 2 CH_3COOH; hierbei stellen HX eine allg. BRØNSTED-Säure, wie H_3O^+ oder CH_3COOH, u. **B** die konjugierte Säure von **A** dar. Die Rk.-Geschw. ist danach das Prod. aus dem k-Wert u. der Konz. der Zwischenstufe. Vff. diskutieren die Lsg.-Isotopeneffekte u. nehmen an, daß der vorst. Mechanismus auch auf andere spontan verlaufende Hydrolysen von Carbonyl-Verbb. anwendbar ist, für die große Lsgm.-Isotopeneffekte beobachtet werden. Vff. betonen, daß der Übergangszustand ein **I**-, ein **III**- u. wenigstens ein Wasser-Mol. in einer umgelagerten Form enthält. Auch der Mechanismus der Hydratisierung von Acetaldehyd könnte analog verlaufen. B. GNAUCK. B 225□

Durch Kationenaustauschharze katalysierte Hydrolyse und Decarboxylierung der Ester von Acetessig- und Malonsäure. Melvin J. Astle und John A. Oscar. (J. org. Chemistry **26.** 1713–15. 13/6. 1961. Cleveland, Ohio, Case Inst. of Technol., Dep. of Chem. and Chem. Engng.) (Engl.) — Vgl. C. **1957.** 1907.

Vff. untersuchten die durch H_2SO_4 bzw. durch das Kationaustauschharz Dowex 50-W2 (Polystyrolsulfonsäureharz) katalysierte Hydrolyse u. gleichzeitige Decarboxylierung folgender Acetessigsäureäthylester bei 75° durch Best. der unveränderten Ester u. der Keton-Bldg.: *Acetessigsäure-* (**I**), *α-Methyl-* (**II**), *α-Äthyl-*, *α-n-Propyl-*, *α-n-Butyl-*, *α-Isopropyl-* u. *α.α-Diäthylacetessigsäureäthylester* (**III**). In Ggw. des Harzes verlaufen Hydrolyse u. Decarboxylierung erheblich schneller als in Ggw. von H_2SO_4. Da in keinem Falle die freien Säuren selbst isoliert werden konnten, dürfte die Geschw. der Decarboxylierung höher sein als die der Hydrolyse. Ster. Faktoren spielen bei den Rkk. eine wesentliche Rolle, **II** reagiert 80% langsamer als **I**. Auch nach 40std. Rk.-Zeit ist bei **III** prakt. kein Umsatz festzustellen. Die höhere Rk.-Geschw. in Ggw. von Harz wird durch die Annahme einer Orientierung der Ester an der Harzoberfläche gedeutet, wobei ein Komplex gebildet wird, der rascher durch W. angegriffen wird als der Ester selbst in Ggw. eines homogenen Katalysators wie H_2SO_4. Der Komplex dürfte eine chelatisierte cycl. Zwischenstufe sein, die durch Hydrolyse an der Katalysatoroberfläche die freie Säure ergibt, die dann der Decarboxylierung anheimfällt. Durch Verminderung der Porengröße des Harzes (Polystyrolsulfonsäureharz mit 8–16% Divinylbenzol-Geh.) wird eine Herabsetzung der Hydrolysen-Geschw. verursacht. Ferner wurden analog untersucht: *Malonsäuremono-* u. *-diäthylester* u. *α-Äthymalonsäurediäthylester* (**IV**) sowie die Decarboxylierung von *Malonsäure* (**V**) selbst bei Temp. zwischen 99 u. 105°. Die Hydrolyse dieser Ester erfordert höhere Temp. u. längere Rk.-Zeiten als die der Acetessigsäureester, wobei stets auch **V** isoliert werden konnte. Mit Ausnahme von **IV** wirken H_2SO_4 u. Kationaustauschharz im gleichen Ausmaß auf die Rk. beschleunigend. In Ggw. des Harzes treten jedoch größere Mengen an Äthylacetat auf als in Ggw. von H_2SO_4, was vermutlich auf die Decarboxylierung des Halbesters zurückzuführen ist. *Cyanessigsäure-* u. *Phenylessigsäureäthylester* erleiden unter den angewandten Bedingungen nur eine sehr langsam verlaufende Hydrolyse u. keine Decarboxylierung.

B. GNAUCK. B 225□

Die Temperaturabhängigkeit der Hydrolyse von Methylestern gewisser alkylsubstituierter Benzolsulfonate in Wasser. G. A. Hamilton und R. E. Robertson. (Canad. J. Chem. **37.** 966–71. Mai 1959. Ottawa, Ontario, Canada, Nat. Res. Council, Div. of Pure Chem.) (Engl.)

Vff. untersuchen konduktometr. die Kinetik der Hydrolyse zwischen 25 u. 80° u. der Solvolyse in A. u. Essigsäure bei 80° einer Reihe von Benzolsulfonaten. Folgende relativen Geschw.-Konst. k_r bezogen auf *Methylbenzolsulfonat* (**I**; Hydrolyse $k = 3{,}07 \cdot 10^{-3}\, s^{-1}$ bei 80°, $5{,}33 \cdot 10^{-4}$ bei 60°; Rk. in A. $k = 1{,}673 \cdot 10^{-4}$ bei 80°; Rk. in Essigsäure $k = 1{,}89 \cdot 10^{-6}$ bei 80°) wurden bestimmt für die Hydrolyse: **I** $k_r = 1$ bei 80° ($k_r = 1$ bei 60°), *p-Methyl-* (**II**) 0,71 (0,71), *o-Methyl-* (**III**) 0,78 (–), *p-Äthyl-* (**IV**) – (0,71), *p-Isopropyl-* (**V**) – (0,71), *p-tert.-Butyl-* (**VI**; F. 68–69°) – (0,71), *p-n-Propyl-* (**VII**) – (0,69), *2.4-Dimethyl-* (**VIII**) 0,53 (–), *3.4-Dimethyl-* (**IX**) 0,60 (–) u. *2.4.6-Trimethylbenzolsulfonsäuremethylester* (**X**; F. 43–43,7°) 0,27 (–); die Konst. (berechnet aus der Gleichung $\log k = A/T + B \log T + C$) betragen bei 25° für **VIII** $\Delta H^{\neq}$ 21257 (cal/Mol); $-\Delta C_p^{\neq}$ 37,17; $-\Delta S^{\neq}$ 10,95 (beide cal/Grad·Mol); **IX** 21855; 40,39; 8,94; **X** 21455; –32,04; 11,64. Die k_r-Werte für die Äthanolyse bei 80° sind: **I** $k_r = 1$, **II** 0,65, **III** 0,84, **VIII** 0,52, **IX** 0,54, **X** 0,25; für die Acetolyse bei 80°: **I** 1, **II** 0,67, **III** 0,76, **IX** 0,55. Aus der Konstanz der k_r-Werte für **II**–**VII** für die Hydrolyse geht hervor, daß im Ausgangszustand der induktive Effekt der Alkylgruppen kompensiert wird durch ihren Hyperkonjugationseffekt. Auf dieser Basis läßt sich auch der k_r-Wert für die Rk. der Polymethyl-Verbb. vorausberechnen. — Benzolsulfonsäureamide: *p-Äthyl-*, F. 108,5–109,5°. — *p-n-Propyl-*, F. 109,5–111°. — *p-Isopropyl-*, F. 106–107°. — *p-tert.-Butyl-*, F. 137°. — *2.4-Dimethyl-*, F. 138,5–139,5°. — *3.4-Dimethyl-*, F. 145,5–146°. — *2.4.6-Trimethyl-*, F. 143,5–145°. G. PÖTZSCHER. B 225□

Der Einfluß des Lösungsmittels auf die Reaktionsgeschwindigkeit. 18. Mitt. **Die Abhängigkeit der Substituenteneffekte vom Lösungsmittel bei der alkalischen Hydrolyse von Benzoesäureestern.** Eero Tommila, Anja Nurro, Raija Murén, Sinikka Merenheimo und Eila Vuorinen. (Suomen Kemistilehti B **32.** 115–19. 1959. Helsinki, Univ., Inst. of Chem.) (Engl.) — 17. vgl. C. **1961.** 11282.

Die Kinetik der alkal. Hydrolyse von *Benzoe-* (**I**), *p-* u. *m-Amino-*, *p-* u. *m-Methyl-*, *p-* u. *m-Chlor-*, *p-Hydroxy-* u. *p-Nitrobenzoesäureäthylester* in W., Aceton–W.- u. A.–W.-Gemischen bei 15–60° wurde untersucht u. aus den Geschw.-Konst. k, die Aktivierungsenergien E_a u. log A bestimmt. Mit wachsendem Wasser-Geh. des Lsgm. sinkt bei Verbb. mit Elektronendonatorgruppen die relative Geschw. k_X/k_H (k_H = Geschw.-Konst. von **I**), bei solchen mit Acceptorgruppen steigt k_X/k_H. Die HAMMETTsche Rk.-Konst. ϱ beträgt bei 40° für die Rk. in W. $\varrho = 1{,}5$; in Aceton–W.-Gemischen mit 700 (ml W./Liter Lsgm.): 1,85; 600: 2,03; 500: 2,13; in 30 gewichts-%ig. A. 1,83. In allen Lsgm. erhöhen Elektronendonatoren u. erniedrigen Acceptoren die E_a-Werte. Frühere Beobachtungen, wonach die Substituenten nur geringfügig die log A-Werte in einem Lsgm. beeinflussen, treffen nur auf Lsgm. mit einem hohen Geh. an organ. Komponente zu. Die Substituenten-Einfl. auf die Änderungen von E_a u. log A sind von gleicher Richtung: bei Donatoren wirken ΔE u. $\Delta \log A$ beide erhöhend, bei Acceptoren beide erniedrigend auf die Geschwindigkeit. Bei den letzten 4 Verbb. bestimmen die log A-Werte mehr die Geschw. als die E_a-Werte. Änderungen von ΔE u. $\Delta \log A$, die auf Änderungen in der Zus. des Lsgm. beruhen, haben einen entgegengesetzten Effekt auf k; in jedem Falle ist jedoch der ΔE-Wert der mehr ins Gew. fallende Faktor. G. PÖTZSCHER. B 225□

Stickstoffsysteme. 7. Mitt. Die Kinetik der Äthanolyse von 1-Acylpyrazolen. Vorl. Mitt. F. L. Scott. (Chimia [Zürich] **11.** 163–64. 15/6. 1957. Los Angeles, Calif., Univ. of California, Dep. of Chem.) (Engl.) — 6. vgl. C. **1958.** 7113.

Die Geschw.-Konst. k (s^{-1}), wenn nicht anders angegeben bei 25°, der solvolyt. Decarbamylierung in A. folgender 3.5-Dimethylpyrazole wurden bestimmt: *1-[2.5-*

Dichloranilinocarbonyl]- 3,0·10^{-4}, *1-[4-Nitroanilinocarbonyl]*- >1,0·10^{-4}, *1-[4-Chloranilinocarbonyl]*- 9,0·10^{-5}, *1-[Anilinocarbonyl]*- (I) 5,2·10^{-5}, *1-[4-Toluidinocarbonyl]*- 3,6·10^{-5}, *1-[4-Äthoxyanilinocarbonyl]*-2,8·10^{-5}, *1-[Aminothiocarbonyl]*-4,0·10^{-6}, *1-[Aminocarbonyl]*- 2,0·10^{-6}, *1-Guanyl*- 2,0·10^{-6} (u. *Nitrat* 1,0·10^{-6} bei 75°), *4-Chlor-1-guanyl-(Nitrat)* 2,1·10^{-6} (75,0°), *4-Brom-1-guanyl-(Nitrat)* 2,05·10^{-6} (75,0°), *1-[N-Nitroguanyl]*- 1,2·10^{-6} (75,0°), *1-[N-Benzoylguanyl]*- 8,6·10^{-7} (75°) u. *1-[Diphenylaminocarbonyl]*-(II) <1·10^{-8} (75,0°). Elektronendonatorgruppen im Anilinorest von I bewirken eine Beschleunigung der Rk., was in Übereinstimmung mit einem B_{AC} 2-Mechanismus der Rk. ist. Die Rk. verläuft in 2 Stufen, von denen die erste — die Gleichgewichtsaddition der Base (A.) an die CO-Gruppe — bei den ersten 6 Verbb. wichtiger als die 2. Stufe — der Zerfall des Übergangskomplexen in das Pyrazol u. Carbaminat — ist. Bei den anderen Verbb. verlaufen entweder beide Stufen gleichzeitig, oder es ist der 2. Schritt geschwindigkeitsbestimmend. Bei II ist infolge ster. Hinderung der Bldg. des Übergangskomplexes die Geschw. stark herabgesetzt. G. PÖTZSCHER. B 225□

Eine kinetische Untersuchung der Hydrolyse von DL-α-Phenyl-α-piperidyl-(2)-essigsäuremethylester. Sheldon Siegel, Leon Lachman und Louis Malspeis. (J. Amer. pharmac. Assoc., sci. Edit. **48.** 431—39. Aug. 1959. New York, N.Y., Columbia Univ., Coll. of Pharm.) (Engl.)

Die Kinetik der Hydrolyse von *DL-α-Phenyl-α-piperidyl-(2)-essigsäuremethylester* (*Hydrochlorid*, F. 204,5—205,5°, A.) bei 50—95° im pH-Bereich 1,1—6,1 wurde untersucht. Die Rk. wird spezif. von H_3O^+ u. OH^--Ionen katalysiert, eine allg. Basenkatalyse liegt nicht vor. Die Geschw.-Konst. (Liter·Mol^{-1}·min^{-1}) bei 80°, Aktivierungsenergie E_a (kcal·Mol^{-1}) u. -entropie (cal·Mol^{-1} $Grad^{-1}$) bei 25° u. log A-Werte (A in s^{-1}) betragen für die H_3O^+-katalysierte Rk. 1,479·10^{-4}; 15,985; —34,06; 5,79; für die OH^--katalysierte Rk. 2,871·10^{-3}; 12,350; —14,04; 10,15. Ein positiver prim. Salzeffekt ist bei der H_3O^+-katalysierten, ein negativer Salzeffekt bei der OH^--katalysierten Rk. wirksam. Die maximale Stabilität des Esters bei 80° liegt bei pH 2,86 vor. Bei pH ≤ 2 tritt nur die H_3O^+-, bei pH ≥ 4 nur OH^--katalysierte Rk. auf. G. PÖTZSCHER. B 225□

Kinetik und Mechanismus der Carbonyl-Methylen-Kondensationen. 4. Mitt. **Die durch Piperidiniumacetat katalysierte Kondensation von Benzaldehyd mit Malonsäurediäthylester.** Saul Patai, Samuel Saltiel und Jacob Zabicky. (Bull. Res. Council Israel, Sect. A **7A.** 186—92. Sept. 1958. Jerusalem, Hebrew Univ., Dep. of Organ. Chem. „A".) (Engl.) — Vgl. Chem. and Ind. **1957.** 1671; 12. vgl. C. **1962.** 6729.

Auf UV-spektroskop. Wege (bei 245 u. 279 mμ) wurde die Kinetik der durch Piperidinacetat (III) katalysierte Kondens. von *Benzaldehyd* (I) mit *Malonsäurediäthylester*(II) bei 65° in A. verfolgt. Die k-Werte sind annähernd proportional der Konz. an III, bei einer III-Konz. von 10—15% derjenigen der Reaktanten gilt etwa v = k [I] [II] [III]. Diese Beziehung gilt aber bei viel höheren oder geringeren III-Konzz. nicht. Bei Durchführung der Kondens. von I mit II in Ggw. von Piperidin (IV) lagen die k-Werte um 20—40% niedriger als in Ggw. äquivalenter Mengen an III. Ähnliche Ergebnisse wurden auch in abs. Isopropanol erzielt. Nach COPE (J. Amer. chem. Soc. **59.** [1947.] 2327) ist die überlegene Wrkg. von III im Vgl. mit der von IV auf eine gleichzeitige Säure–Basen-Katalyse zurückzuführen. Da aber Vf. u. ISRAELI (unveröffentlicht) festgestellt haben, daß bei der Kondens. von Malonsäuredinitril mit aromat. Aldehyden IV wirksamer als III ist, werden für die basenkatalysierte Rk. folgende zwei Mechanismen angenommen: 1. $XYCH_2 + B \rightleftharpoons XYCH^- + BH^+$, $XYCH^- + RR'C{=}O \rightarrow$ Prodd.; 2. $B + XYCH_2 \rightleftharpoons B \cdots H \cdots CHXY$, $RR'C{=}O + B \cdots H \cdots CHXY \rightleftharpoons RR'C({=}O) \cdots C(HXY) \cdots H \cdots B \rightarrow$ Produkte. Je stärker der Beitrag des Mechanismus 1. ist, um so mehr wird die Rk.-Geschw. durch Protonensäuren im Rk.-Gemisch vermindert. Beim Mechanismus 2. ist dagegen die Basenstärke von B der beherrschende Faktor, da ein gewöhnlicher Ioneneffekt hierbei nicht auftreten kann. Demzufolge ist IV dann ein schlechterer Katalysator als III, wenn der bimol. Mechanismus 2. überwiegend auftritt, was vermutlich für CH_2-Gruppen sehr geringer Acidität (wie bei II) zutrifft. Dagegen ist IV dann ein stärker wirksamerer Katalysator als III, wenn die Acidität der CH_2-Gruppe so groß ist, daß die Rk. überwiegend gemäß Mechanismus 1. abläuft. Bei kinet. Ansätzen mit konst. III-Konz. ergab sich, daß die Rk. weder der ersten noch nach der zweiten Rk.-Ordnung folgt. Unter der Annahme, daß die Kondens. 1. Ordnung bzgl. II ist, liegt die Rk.-Ordnung für I nahe 1, wenn [I] < [II]. Bei [I] > [II] fällt die Rk.-Ordnung bzgl. I weit unterhalb 1. Die UV-spektroskop. Messungen zeigten ferner, daß es prakt. nicht zu einer Anreicherung der Aldolzwischenstufe kommt. Ferner konnte auch kein kinet. Ausdruck der Form v = k $[I]^n [II]^m$ (mit Werten zwischen 0 u. 1 für n u. m) erhalten werden, der mit den Ergebnissen in Einklang ist. Vff. nehmen an, daß die Kinetik hauptsächlich durch den Katalysator kompliziert wird. Die Gesamt-Rk. ist reversibel, dasselbe Gleichgewicht wird sowohl ausgehend von **I** u. **II** als auch von Benzalmalonsäurediäthylester erreicht. Lsgg. von **I** in abs. A. verhielten sich opt. instabil, was auf Acetal- bzw. Halbacetal-Bldg. zurückzuführen ist. B. GNAUCK. B 225□

Polare Wi kungen auf Geschwindigkeiten und Gleichgewichte. 4. Mitt. **Substituentenkonstanten für die Trinitromethyl-, 1.1-Dinitroäthyl- und verwandte Gruppen.** Jack Hine und William C. Bailey jun. (J. org. Chemistry **26.** 2098—99. 13/6. 1961. Atlanta, Ga., Georgia Inst. of Technol., School of Chem.) (Engl.) — 3. vgl. C. **1961.** 10889.

Wie l. c. verfolgten Vff. die Kinetik der Rk. von *Diphenyldiazomethan* mit folgenden trans-3-substituierten Acrylsäuren in A. bei 30°: *trans-4.4.4-Trinitrobuten-(2)-* [k in Liter/Mol·min] 25,3, *trans-4.4-Dinitropenten-(2)-* 11,5, *trans-4-Nitro-4-methylpenten-(2)-* 2,49, *cis-4-Nitro-4-methylpenten-(2)-* 3,47, *trans-4.4-Dinitrohexen-(2)-säure* 13,0, *γ.γ.γ-Trinitrobuttersäure* 3,76, *γ.γ-Dinitrovaleriansäure* 2,03 u. *-capronsäure* 2,18. Wie früher wurden auch nachst. σ-Konst. berechnet: für die Gruppe $C(NO_2)_3$ [σ_{para}] 0,820, $C(NO_2)_2CH_3$ 0,609, $CH_2CH(NO_2)CH_3$ 0,200 u. $C(NO_2)_2C_2H_5$ 0,642; ferner für $CH_2CH_2C(NO_2)_3$ [σ*] 0,579, $CH_2CH_2C(NO_2)_2CH_3$ 0,352, $CH_2CH_2C(NO_2)_2C_2H_5$ 0,377, $CH_2C(NO_3)_3$ 1,62 u. $C(NO_2)_3$ 4,54. Der fortschreitende Ersatz der 3 CH_3-Gruppen der tert. Butylgruppe durch NO_2-Gruppen führt zu einer ziemlich stetigen Erhöhung der σ_{para}-Werte. B. GNAUCK. B 225□

Die relativen thermodynamischen Affinitäten von Hydroxyl- und Thiophenolationen für Kohlenstoff. J. F. Bunnett, Charles F. Hauser und K. V. Nahabedian. (Proc. chem. Soc. [London] **1961.** 305. Aug. Providence, R.I., Brown Univ., Dep. of Chem.) (Engl.)

Vff. bestimmten photometr. die Gleichgewichts-Konst. der Dissoziation von *9-Hydroxy-* (F. 138—140°) u. *9-Phenylmercapto-9-phenyl-10-methylacridan* (F. 126 bis 131°) zum 9-Phenyl-10-methylacridiniumion u. OH^- bzw. $C_6H_5S^-$ in 37,6:62,4 gewichts-%ig. Aceton—W. bei ca. 25° zu $1{,}1\cdot10^{-6}$ bzw. $1{,}5\cdot10^{-3}$ Mol/Liter. Die Ergebnisse zeigen, daß das OH^--Ion eine wesentlich größere thermodynam. Affinität zum C-Atom hat als das $C_6H_5S^-$-Ion. W. SCHRAMM. B 225

Der Einfluß von molekularem Sauerstoff auf die Reaktion von Sauerstoffatomen mit cis-Penten-(2). S. Sato und R. J. Cvetanović. (Canad. J. Chem. **37.** 953—65. Mai 1959. Ottawa, Ontario, Canada, Nat. Res. Council, Div. of Appl. Chem.) (Engl.)

Bei der Rk. von *cis-Penten-(2)* (**I**) mit O-Atomen (durch Hg-sensibilierte Zers. von N_2O) entstehen als Haupt-Prodd. trans- u. cis-Penten-β-oxid, 2-Methylbutanal (**II**), Methylpropylketon (**III**) u. in geringeren Mengen n-C_4H_{10}, Acetaldehyd (**IV**), Propanal (**V**), Isobutyraldehyd (**VI**) u. 2-Äthylbutanal (**VII**). Zusatz von O_2 schränkt die Bldg. von **II** ein u. verhindert die von C_4H_{10}, **VI** u. **VII**, dafür bilden sich größere Mengen an **IV**, **V**, A. u. CH_3OH. Bei der Rk. von **I** mit O-Atomen (durch Photolyse von NO_2) entstehen mit Ausnahme von **VI** u. **VII** die gleichen Prodd. wie bei der Rk. mit N_2O, daneben werden CH_3NO_2, CH_3ONO_2 u. $C_2H_5ONO_2$ in geringeren Mengen gebildet. Während Zusätze von N_2 die Prod.-Ausbeuten prakt. nicht ändern, steigen bei Zusatz von O_2 mit dessen Druck die Ausbeuten an **IV**, **V** u. $C_2H_5ONO_2$ stark an. Zusätze von NO erniedrigen die Ausbeuten an beiden C_5-Oxiden, **V**, CH_3ONO_2 u. $C_2H_5ONO_2$ beträchtlich u. erhöhen die an CH_3NO_2. Mögliche Bldg.-Mechanismen der Prodd. werden diskutiert. G. PÖTZSCHER. B 226□

Photooxydation von Tetraphenylfulven. Charles Dufraisse, André Étienne und Jean-Jacques Basselier. (C. R. hebd. Séances Acad. Sci. **244.** 2209—12. 24/4. 1957.) (Franz.)

Bei der Bestrahlung von *2.3.4.5-Tetraphenylfulven* (**I**) erhält man unabhängig von Lsgm. u. Bestrahlungsdauer eine farblose *Verb.* $C_{30}H_{22}O_2$ (**II**; $F._{inst}$ 283—284°), entsprechend der Addition von 1 Mol O_2 an **I**. In CS_2 geht die Rk. schnell vonstatten, begleitet von einer beträchtlichen Verharzung. In Ae. u. A. ist die Rk. sehr langsam, wird jedoch stark beschleunigt beim Bespülen der Lsg. mit O_2. **II** bleibt beim Erhitzen auf 150° unverändert, verharzt jedoch im Vakuum bei 250° ohne Gasentwicklung. In Essigsäure wird aus KJ kein J_2 freigemacht, jedoch bilden sich stark gefärbte jodierte Produkte. Durch Red. mit Zn u. Säure bildet sich **I** zurück. **II** enthält keinen akt. H u. daher auch keine Hydroxy- u. Hydroperoxygruppen. Auf Grund dieser Eigg. u. des UV-Spektrums wurde **II** die Struktur eines *2.3.4.5-Tetraphenylfulven-2.3;4.5-dioxids* zugeordnet. **II** entsteht wahrscheinlich durch Photoisomerisierung des prim. gebildeten, noch unbekannten Photooxids. W. PENN. B 226□

Photochemische Reaktionen zwischen Methylenblau und Tri-, Di- und Monomethylamin. 3. Mitt. **Das Verhalten von Methylenblau in Gegenwart von Sauerstoff.** Hiroshi Obata, Kenichi Kogasaka und Masao Koizumi. (Bull. chem. Soc. Japan

32. 125—32. Febr. 1959. Sendai, Tohoku Univ., Fac. of Sci., Dep. of Chem.) (Engl.) — 2. vgl. C. **1961.** 17164.

Es wurde die Photobleichung von wss. Lsgg. von *Methylenblau* (I) durch O_2 mit oder ohne Zusatz von CH_3NH_2, $(CH_3)_2NH$ u. $(CH_3)_3N$ untersucht. In gepufferten Lsgg. ist die Geschw. der Rk. bei Ausschluß von O_2 u. in Abwesenheit von Aminen proportional $[OH^-]^{1/3}$. Die Desaktivierung des Triplett (T)-Zustands von I durch O_2 ist 10^7mal größer als die durch H_2O. In bestrahlten I-Lsgg. in Ggw. von $(CH_3)_3N$ tritt keine Rk. zwischen dem T-Zustand von I u. O_2 ein. Lediglich die Leukoform von I wird durch O_2 unter Rückbildung von I angegriffen; diese Rk. erfolgt augenblicklich, sowie die Leukoform entstanden ist. Aus den Ergebnissen geht hervor, daß die Desaktivierung des I–T-Zustands durch O_2 durch Amine vollkommen inhibiert wird. In Puffer-Lsgg. von I, die Amin u. Veronal enthalten, findet bei der irreversiblen Photooxydation eine Konkurrenz-Rk. zwischen dem Amin u. Veronal um das I-Mol. statt.

G. Pötzscher. B 226□

Tieftemperatur-Radiolyse von Kohlenwasserstoffen. W. G. Bereskin, I. M. Kusstanowitsch, L. Ss. Polak, A. W. Toptschijew und N. Ja. Tschernjak. (Доклады Академии Наук СССР [Ber. Akad. Wiss. UdSSR] **129.** 1042—45. 11/12. 1959. Akad. der Wiss. der UdSSR, Inst. für erdölchem. Synth.) (Russ.) — Vgl. C. **1959.** 6089 u. C. **1960.** 1462.

Die Radiolyse von *Heptan* (I), *Cyclohexan* (II) u. *Isooctan* (III) bei 55—300° u. die Bldg. von C_1—C_5-Alkanen u. C_2—C_5-Alkenen bei 300—77° K werden untersucht. Bei Bestrahlung von I u. II nimmt die H_2-Bldg. von 300 auf 195° ab u. bleibt dann bis 55° konst.; bei III nimmt sie von 300—195° ab, dann wieder zu; die CH_4-Bldg. nimmt bei Temp. $< 200°$ auf 50% ab. Die Bldg. von trans-Olefinen u. 1-Olefinen ist bei den Alkanen von der Temp. unabhängig, die Bldg. von Vinyliden-Verbb. nimmt bei tieferen Temp. ab, die (geringe) Bldg. von Dienen etwas zu. Gegenüber Zimmer-Temp. entstehen bei tiefen Temp. keine neuen Produkte. Die H_2-Bldg. auf mol. Wege beträgt bei Raum-Temp. ca. 50%, bei tiefer Temp. nimmt sie zu, dagegen die Bldg. auf radikalem Wege nach $H\cdot + RH \rightarrow R\cdot + H_2$ ab.

R. K. Müller. B 226□

Oxydation von Butylbenzolen und Äthylbenzol in flüssiger Phase in Gegenwart von Alkali, Kobaltstearat und Auramin. R. W. Kutscher und A. I. Jurshenko. (Журнал Общей Химии [J. allg. Chem.] **30 (92).** 2798—2804. Sept. 1960. Lwow, Univ.) (Russ.)

Es wurde die Oxydation von *Äthylbenzol* (I), *sek.*- u. *Isobutylbenzol* als Gemisch (II) bei 108° in Ggw. von NaOH, Co-Stearat u. Auramin untersucht. Durch I bzw. II wurde Luft geleitet u. die Hydroperoxidmenge nach bestimmten Zeiten festgestellt. Im allg. wurden 0,5% Chinolin u. zur Vermeidung bzw. Verkürzung der Induktionsperiode 0,5% Isopropylbenzolhydroperoxid zugesetzt. Die kinet. Kurven für die Anreicherung der Hydroperoxide in Ggw. verschiedener Mengen der Stimulantien werden angegeben. — Die Oxydations-Geschw. von I u. II wird durch NaOH erhöht, wobei die optimale Alkali-Konz. für I bei ca. 0,05—0,1%, für II bei ca. 0,1—0,2% liegt. Bei Zusatz von Co-Stearat erhöht sich die Oxydations-Geschw. ebenfalls, doch erniedrigt sich die erzielbare Grenz-Konz. der Hydroperoxide. Durch größere Mengen Co-Stearat tritt wieder eine Hemmung der Oxydation auf. Die optimale Konz. für die größte Anreicherungs-Geschw. erniedrigt sich mit steigender Temp., wie der Vgl. bei 97,5 u. 108° zeigt. Die Oxydations-Geschw. von I u. II wird auch durch geringe Zusätze von Auramin erhöht, wobei sich die Hydroperoxidgrenz-Konz. vermindert, so daß Auramin u. Co-Stearat analog wirken.

Helmut Schäfer. B 227□

Katalytische Dampfphasen-Ketonisierung von Essigsäure an Erdalkalicarbonaten. A. M. Rubinstein und W. I. Jakersson. (Журнал Общей Химии [J. allg. Chem.] **30 (92).** 2789—97. Sept. 1960. Inst. für org. Chem. der Akad. der Wiss. der UdSSR.) (Russ.)

Es wurde die Ketonisierung von ***Essigsäure*** an den Carbonaten von Mg, Ca, Sr u. Ba bei 350—600° u. einer Vol.-Geschw. von 1—33 h^{-1} untersucht. Die Ketonisierung erfolgt nicht unterhalb der Zers.-Temp. der entsprechenden Acetate. Die röntgenograph. Analyse der bis 470° eingesetzten Katalysatoren zeigte, daß diese aus Carbonaten u. Acetaten, bei $MgCO_3$ auch aus dem bas. Carbonat bestehen. Die katalyt. Aktivität des $MgCO_3$ ist bei 350—500° konstant. Die Aktivierungsenergie für die Ketonisierung steigt in der Reihe $CaCO_3 < SrCO_3 < BaCO_3$ an. Die Vers.-Ergebnisse stimmen gut mit den thermodynam. Berechnungen überein. Die katalyt. Dampfphasenketonisierung der Essigsäure wird bis ca. 550° als eine volumkatalyt. Rk. angesehen, die über die intermediäre Bldg. der Acetate erfolgt.

Helmut Schäfer. B 227□

Untersuchung der thermischen Umwandlungen von 2-Methylfuran bei hohen Wasserstoffdrucken. A. Je. Gawrilowa und M. G. Gonikberg. (Известия Академии

Наук СССР, Отделение Химических Наук [Nachr. Akad. Wiss. UdSSR, Abt. chem. Wiss.] **1960.** 344—48. Febr. Zelinsky-Inst. für org. Chem. der Akad. der Wiss. der UdSSR.) (Russ.)

Die therm. Umwandlung von 2-Methylfuran (I) bei 350—375° u. 240—750 at H_2-Druck liefert ein kompliziert zusammengesetztes Rk.-Gemisch, das zu einem großen Teil aus *Ketonen* besteht. Die Umwandlung von **I** wird durch Erhöhung des H_2-Druckes beschleunigt, wobei auch größere Mengen gasförmiger u. höher als 170° sd. Prodd. entstehen. Die Verss. wurden bei 300—375° u. 100—400 at H_2-Anfangsdruck (Rk.-Zeit 2 Std.) ausgeführt. Die Ausbeute an den einzelnen Fraktionen, n_D, Dichte u. Siedebereiche werden tabellar. angegeben. Bei 375°/400 at H_2-Anfangsdruck wurden im Katalysat gefunden: *n-Pentan, Aceton* (*2.4-Dinitrophenylhydrazon*, F. 127—128°), *Methyläthylketon* (**III**; *2.4-Dinitrophenylhydrazon*, F. 114—115°), *Methyl-n-propylketon* (**II**; Kp. 101,5—102°; $D._4^{20}$ 0,8090; n_D^{20} 1,3928; *2.4-Dinitrophenylhydrazon*, F. 141 bis 142°; *Semicarbazon*, F. 109—110°), *n-Amylalkohol* (*3.5-Dinitrobenzoat*, $C_{12}H_{14}N_2O_6$, F. 61,5°), *Methyl-n-butylketon* (*2.4-Dinitrophenylhydrazon*, $C_{12}H_{16}N_4O_4$, F. 107—108°), *Methyl-n-amylketon* (*2.4-Dinitrophenylhydrazon*, F. 89—90°, $C_{13}H_{18}N_4O_4$), oberhalb 162° sd. *Ketone, Acetophenon* (*2.4-Dinitrophenylhydrazon*, $C_{14}H_{12}N_4O_4$, F. 239,5—240,5°) u. anderer höhersd. Fraktionen. Die Abgase enthalten H_2, *CO* u. wenig *Methan, Äthan, Propan* u. *Butan*. — Die Umwandlung von **II** bei 375°/300 at/2 Std. liefert: *n-Pentan* u. *sek.-Amylalkohol* (Kp. 115—120°; n_D^{20} 1,4064). Die Umwandlung von **III** bei 375°/400 at/2 Std. liefert *sek.-Butanol* (Kp. 98,5—99,5°; n_D^{20} 1,3972; *3.5-Dinitrobenzoat*, F. 75°). Bei der Umwandlung von **II** u. **III** bilden sich außerdem W., geringe Mengen oberhalb 120° sd. Prodd. u. Gase, die außer H_2 u. CO wenig *Methan, Äthan, Propan, Butan* u. *Pentan* enthalten. HELMUT SCHÄFER. B 227□

C. Präparative organische Chemie. Naturstoffe

β-Nitroketone. R. Fusco und S. Rossi. (Chem. and Ind. **1957.** 1650. 21/12. Milano, Italy, Univ., Ist. di Chim. Ind., Labor. di Chim. Ind. Organ.) (Engl.)

β-Halogenäthylalkyl- u. -arylketone reagieren bei Raum-Temp. mit $NaNO_2$ in Dimethylformamid unter Bldg. von *β-Nitroketonen* (I). Mit Alkalien entstehen aus **I** *Vinylketone*, mit Aminen *β-Aminoketone* u. mit Alkalicyaniden *β-Ketonitrile*. Die Red. der **I** mit H_2 in Ggw. von Pd/Kohle ergibt *β-Aminoketone*, während mit $NaBH_4$ *β-Nitroalkohole* entstehen. Heiße HCl oder HBr reagiert mit **I** unter Bldg. von *3-Halogenisoxazolen*, wobei die Rk. über Hydroxamsäuren verläuft.

Versuche: β-Nitroäthylketone: *Methyl-*, $C_4H_7NO_3$, Kp.$_2$ 86°, n_D^{20} 1,4392; 47% (Ausbeute). — *Äthyl-*, $C_5H_9NO_3$, Kp.$_{1,5}$ 92°, n_D^{20} 1,4420; 48%. — *Phenyl-*, $C_9H_9NO_3$, F. 78°; 87%. — Isoxazole: *3-Brom-5-methyl-*, C_4H_4BrNO, Kp.$_{18}$ 67°, n_D^{20} 1,4932; 20%. — *3-Chlor-5-methyl-*, C_4H_4ClNO, Kp.$_{30}$ 74—75°, n_D^{20} 1,4610; 30%. — *3-Brom-5-äthyl-*, C_5H_6BrNO, Kp.$_{21}$ 80°, n_D^{20} 1,4890; 25%. — *3-Chlor-5-äthyl-*, C_5H_6ClNO, Kp.$_{20}$ 68 bis 70°, n_D^{20} 1,4633; 31%. — *3-Brom-5-phenyl-*, C_9H_6BrNO, F. 68°; 45%.

W. HAMPEL. 460□

Eine verbesserte Methode zur Synthese von Ketiminen. P. L. Pickard und T. L. Tolbert. (J. org. Chemistry **26.** 4886—88. Dez. 1961.) (Engl.)

Ketimine werden aus Komplexen von Nitrilen mit GRIGNARD-Verbb. durch Zers. mit wasserfreiem Methanol erhalten, wobei das Methoxymagnesiumhalogenid ausfällt. Neben bekannten Ketiminen, die in höheren Ausbeuten als bisher erhalten werden, werden *Diäthylketimin, Propylisopropylketimin, Äthylpyridyl-(2)-ketimin* u. *Thienyl-(2)-acridyl-5-ketimin* dargestellt. Methyläthylketimin konnte nicht erhalten werden.

Versuche: *Diäthylketimin*, $C_5H_{11}N$, Kp.$_{730}$ 86,5°, durch 4std. Kochen von Propionitril u. Äthyl-MgBr u. Zers. mit Methanol; n_D^{20} 1,4626, $D.^{20}$ 0,8523; 50,5% (Ausbeute). *Hydrochlorid*, $C_5H_{11}N \cdot HCl$, F. 104°. — *Diäthylketon*, durch Hydrolyse vorst. Verbindung. *Semicarbazon*, F. 138—139°. *2.4-Dinitrophenylhydrazon*, F. 155°. — *Propylisopropylketimin*, $C_7H_{15}N$, Kp.$_{90}$ 58°, durch Zutropfen des Nitrils zu einer gerührten GRIGNARD-Lsg. in Ae., 8—12std. Kochen, Abkühlen u. Zugabe von Methanol (Meth. **A**); n_D^{20} 1,4006, $D.^{20}$ 0,7973; 38%. — *Propylisopropylketon*, durch Hydrolyse. *Semicarbazon*, F. 119°. *2.4-Dinitrophenylhydrazon*, F. 94—95°. — *sek.-Butyl-o-tolylketimin*, Kp.$_4$ 83°, nach **A**; n_D^{20} 1,5239, $D.^{20}$ 0,9446; 86%. *Hydrochlorid*, F. 143—144°. — *sek.-Butyl-o-tolylketon*, durch Hydrolyse. *Semicarbazon*, F. 166°. *2.4-Dinitrophenylhydrazon*, F. 73°. — *Diphenylketimin*, Kp.$_{3,5}$ 127°, nach **A**; n_D^{20} 1,6191, $D.^{20}$ 1,0849; 82%. *Hydrochlorid*, F. 139°. — *Diphenylketon*, durch Hydrolyse. *Semicarbazon*, F. 167°. *Phenylhydrazon*, F. 136°. *2.4-Dinitrophenylhydrazon*, F. 238°. — *Äthylpyridyl-(2)-ketimin*, $C_8H_{10}N_2$, Kp.$_{730}$ 192,5°, durch 12std. Kochen von Pyridyl-(2)-MgBr u. Propionitril u. Zers. mit Methanol; n_D^{20} 1,5578, D.[20] 1,5491; 40,9%. Daneben *Dipyridyl. Hydrochlorid*, F. 143°. — *Äthyl-pyridyl-(2)-keton*, durch Hydrolyse. *Phenylhydrazon*, F. 142°. *2.4-Dinitrophenylhydrazon*, F. 131°. — *Thienyl-(2)-acridyl-(5)-ketimin*, $C_{18}H_{12}N_2S$, F. 172°, durch 15std. Kochen von Thienyl-(2)-MgJ in Tetrahydrofuran u. 5-Cyanacridin u. Zers. mit Methanol; sublimierbar; 5%. *Hydrochlorid*, F. 167°. — *Thienyl-(2)-acridyl-(5)-keton*, durch Hydrolyse. *2.4-Dinitrophenylhydrazon*, F. 97°. — *o-Tolylthienyl-(2)-ketimin*, Kp.$_4$ 163°, nach **A**; n_D^{20} 1,6262, D.[20] 1,1464; 61%. *Hydrochlorid*, F. 205°. — *o-Tolylthienyl-(2)-keton*, durch Hydrolyse. *2.4-Dinitrophenylhydrazon*, F. 177—178°. E. KOSSMEHL. 460□

Über die Pyrolyse der Acetate einiger α-Ketole. Jean Colonge und Jean-Charles Dubin. (C. R. hebd. Séances Acad. Sci. **250**. 553—55. 18/1. 1960. Lyon, Fac. de Sci., Labor. de Chim. organ.) (Franz.)

Die therm. Zers. der Acetate von tert. α-Ketolen über Glaswolle bei 450° liefert gute, die der Acetate von sek. α-Ketolen mittlere Ausbeuten an den entsprechenden α,β-ungesätt. Ketonen. 1-Acetoxycyclohexanon-(2) gibt nur 33% *Δ²-Cyclohexenon* (**I**) neben *Cyclopenten*, CO_2 u. Spuren *Ameisensäure*. Bei der Pyrolyse von 1-Acetoxy-1-methylcyclohexanon-(2) fallen neben *2-Methyl-Δ²-cyclohexenon* auch *Methylcyclopentene* sowie zu ca. 15% *2-Methylencyclohexanon* (als *Dimeres*) an. **I** bleibt beim Überleiten über Glaswolle bei 450° prakt. unverändert, d. h. die Bldg. der ringverengten Prodd. geht nicht auf eine Decarbonylierung der Cyclohexenone zurück. Der Mechanismus der Rkk. wird diskutiert. Für die erhaltenen α,β-ungesätt. Ketone wird trans-Struktur angenommen. Die physikal. Daten der dargestellten Substanzen werden später mitgeteilt.

Versuche: *Hepten-(2)-on-(4)*, durch Überleiten von 3-Acetoxyheptanon-(4) über Glaswolle bei 450—475°; 47% (Ausbeute). — Analog aus den entsprechenden α-Acetoxyketonen: *2.6-Dimethylhepten-(2)-on-(4)*; 36%. — *5.5-Dimethylhexen-(2)-on-(4)*; 39%. — *2-Methylbuten-(1)-on-(3)*; 65%. — *2.4-Dimethylpenten-(1)-on-(3)*; 73%. — *3-Äthyl-4-phenylbuten-(2)-on-(4)*; 85%. — *Δ²-Cyclohexenon* (**I**); 33%. — *2-Methyl-Δ²-cyclohexenon*; 21%. H.-E. TOUSSAINT. 460□

Stereochemie der Lithiumaluminiumdeuterid-Reduktion des Thiiran-Ringes. G. K. Helmkamp und N. Schnautz. (Tetrahedron [London] **2**. 304—07. Mai 1958. Riverside, Calif., Univ. of California.) (Engl.)

Durch Behandeln von (S.S)-2.3-Dimethylthiiran mit $LiAlD_4$ u. Red. des erhaltenen *(2S.3R)-D$_{(3)}$-Butanthiols-(2)* mit RANEY-Ni wird *(R)-D$_{(2)}$-Butan* erhalten. Die Ringöffnung ist also mit einer Konfigurationsumkehr verbunden. Die Konfiguration der opt.-akt. Verbb. ist nach der von CAHN u. Mitarbeitern vorgeschlagenen (RS)-Meth. angegeben.

Versuche: *(R.R)-2.3-Epoxybutan*, aus (R.R)-Butandiol-(2.3) nach LUCAS u. GOULD (J. Amer. chem. Soc. **73**. [1951.] 2541); $[\alpha]_D^{25}$ +57,2°. — *(S.S)-2.3-Dimethylthiiran*, Kp.$_{735}$ 88—89°, aus vorst. Verb. nach BORDWELL u. ANDERSEN (C. **1954**. 5981); n_D^{25} 1,4587; $D._4^{25}$ 0,8863; $[\alpha]_D^{25}$ −129,0°; 73% (Ausbeute). — *(2S.3R)-D$_{(3)}$-Butanthiol-(2)*, Kp.$_{735}$ 82—82,5°, durch 12std. Kochen vorst. Verb. mit $LiAlD_4$ in Ae.; n_D^{25} 1,4303; $D._4^{25}$ 0,8277; $[\alpha]_D^{25}$ +32,0°; 35%. — *(R)-D$_{(2)}$-Butan*, durch 7std. Kochen vorst. Verb. in A. mit RANEY-Ni; $D._4^{25}$ 0,5856; $[\alpha]_D^{25}$ +0,36°; 77%; daneben 3,3% *trans-Buten-(2)* u. 5,3% *cis-Buten-(2)*. M. MEISEL. 480

Eine einfache Methode zur Herstellung von $^{14}C_6$-Benzol und von $^{14}C_8$-Styrol. L. Pichat und C. Baret. (Tetrahedron [London] **1**. 269. 1957. Gif-sur-Yvette, Seine-et-Oise, Commiss. à l'Energie Atom., Sect. des Molécules Marquées.) (Franz.)

Zur Zweistufen-Synth. von *$^{14}C_6$-Benzol* (**I**) u. *$^{14}C_8$-Styrol* (**II**) werden 14,3 mMol aus $Ba^{14}CO_3$ (spezif. Aktivität 18 mc/mMol) dargestelltes $^{14}C_2H_2$ bei einem Druck von 2 kg/cm² in einem Glasrohr im Spezialautoklaven in 0,8 cm³ Acetonitril (**III**; oder Bzl. oder Dimethylformamid) in Ggw. von 30 mg Triphenylphosphinnickelcarbonyl als Katalysator kondensiert. Nach 24std. Erhitzen auf 80° wird der Rohrinhalt im Vakuum destilliert u. das Dest. der fraktionierten Gaschromatographie unterworfen. **III** wird nach ³/₄ Std., **I** 16 Min. später u. **II** nach 18 Std. aufgefangen. Die Fraktionen werden getrennt kondensiert (fl. N_2), wobei man 74% **I** neben 10% **II** gewinnt. **I** hat die maximale spezif. Aktivität von 100 mc/mMol. G. MARQUARD. 480

Reaktionen der Fluorolefine. 13. Mitt. **Katalytische Hydrierung von Perfluorolefinen.** I. L. Knunjanz, M. P. Krassusskaja und Je. I. Myssow. (Известия Академии Наук СССР, Отделение Химических Наук [Nachr. Akad. Wiss. UdSSR, Abt. chem. Wiss.] **1960**. 1412—18. Aug. Inst. für Metallorg. Verbb. der Akad. der Wiss. der UdSSR.) (Russ.) — 12. vgl. C. **1961**. 17900.

Perfluoräthylen (I), Perfluorpropylen (II), Perfluorisobutylen (III) u. andere fluorierte Olefine lassen sich an Ni u. Pd zu den entsprechenden gesätt. Verbb. hydrieren. Bei der Hydrierung an Ni tritt als Neben-Rk. die Substitution von F durch H ein. An Pd wird prakt. nur die Doppelbindung hydriert. Durch Dehydrofluorierung der hydrierten Perfluorolefine werden verschiedene *Fluor-Derivv.* des *Äthylens*, *Propylens* u. *Isobutylens* dargestellt.

Versuche: *1.1.2.2-Tetrafluoräthan*, Kp. —22,5°, a) man leitet durch einen Ni-Katalysator (durch Red. von 70 g NiO mit H_2 bei 300°) 20 Liter eines Gemisches aus 40% I u. 60% H_2 (Temp.-Anstieg von 95 auf 158°); 24,2 g (Ausbeute); daneben *Trifluoräthan*, Kp. 2,5°; 4,2 g; b) man leitet über 5,6 g Pd/Al_2O_3 35,2 Liter eines Gemisches aus 40% I u. 60% H_2 (Temp.-Anstieg auf 95°); 62,4 g. — Hydrierung von Chlortrifluoräthylen (IV): Man leitet bei 20° über 15 g 1%ig. Pd/Al_2O_3 18,65 Liter eines Gemisches aus 40% IV u. 60% H_2: *Trifluoräthan* (Kp. 3°; 6,7 g) u. *Trifluoräthylen* (Kp. —51°; 14 g; liefert bei der Bromierung *1.2.2-Trifluor-1.2-dibromäthan*, Kp. 76°; n_D^{20} 1,415). — *1.1.2.3.3.3-Hexafluorpropan* (V), $C_3H_2F_6$, Kp. 4—5°, man leitet 18 Liter eines Gemisches aus 40% II u. 60% H_2 bei 50° über 15 g 1%ig. Pd/Al_2O_3; 50,4 g. — Hydrierung von III: a) Man leitet bei 55—60° über 15 g 1%ig. Pd/Al_2O_3 das Gemisch aus 40% III u. 60% H_2: *1.1.3.3.3-Pentafluor-2-trifluormethylpropan* (VI), $C_4H_2F_8$, Kp. 33—34°; $D._4^{20}$ 1,558; 57 g; b) man leitet über Ni aus 100 g NiO bei 100—130° 37,3 g eines Gemisches aus 20% III u. 80% H_2: 5,5 g VI u. 32,1 g *1.1.1-Trifluor-2-trifluormethylpropan* (VII), $C_4H_4F_6$, Kp. 21°. — *1.3.3.3-Tetrafluor-2-trifluormethylpropen-(1)* (VIII), C_4HF_7, Kp. 17 bis 18°, man gibt 50 g VI allmählich zu 40 ml 30%ig. wss. KOH u. erwärmt 15—20 Min. auf 40—50°; 35 g. — *Perfluoraceton, Hydrat*, $Kp._{80}$ 55°, man gibt zu 30 g $KMnO_4$ in 130—150 ml W. 16 g VIII u. erwärmt 2—2½ Std. auf 30—40°; n_D^{20} 1,332; 8 g. *Semicarbazon*, F. 153°. — *1.3.3.3-Tetrafluor-2-trifluormethylpropan*, $C_4H_3F_7$, Kp. 39—40°, man leitet 2 Vol. VIII u. 3 Vol. H_2 bei 20° (insgesamt 40 g) über 1%ig. Pd/Al_2O_3; 34 g. — *3.3.3-Trifluor-2-trifluormethylpropen-(1)*, $C_4H_2F_6$, Kp. 13—14°, man gibt zu 20 g KOH in 20—25 ml Di-n-butyläther 34 g vorst. Verb. u. erwärmt 20—30 Min. auf 40—50°; 21,5 g. — *1.1-Difluor-2-trifluormethylpropen-(1)*, $C_4H_3F_5$, Kp. 12—13°, man leitet bei 170° über 40—50 g KOH (90%ig.) 34 g VII u. wiederholt die Operation mit dem Kondensat 2—3mal; 13,2 g. — *1.2.3.3.3-Pentafluorpropen-(1)*, C_3HF_5, Kp.—20°, man leitet 24 g V unter Eiskühlung langsam in 18 g KOH u. 15 ml Di-n-butyläther; 12,8 g. — *1.2.3.3.3-Pentafluorpropan* (IX), $C_3H_3F_5$, Kp. 20°, man leitet 23 g vorst. Verb. u. H_2 (2:3 Vol.-Teile) bei 20° über 1%ig. Pd/Al_2O_3; 13,2 g. Daneben *1.1.1.2-Tetrafluorpropan*, $C_3H_4F_4$, Kp. —1°; 6,6 g. — *2.3.3.3-Tetrafluorpropen-(1)*, Kp. —28°, durch Rühren von 20 g IX mit 20 g KOH in Di-n-butyläther; 11,5 g. — *1.1.1.3.3-Pentafluorpropan*, $C_3H_3F_5$, Kp. 12°, man leitet das Gemisch aus 20 g 1.1.1.3.3-Pentafluorpropen-(2) u. H_2 (2:3 Vol.-Teile) bei 20° über 1%ig. Pd/Al_2O_3; 16 g. — *1.3.3.3-Tetrafluorpropen-(1)*, Kp. —16°, durch Überleiten von 15 g vorst. Verb. über 20 g KOH in Di-n-butyläther; 9 g. — *1.1.2.3.4.4-Hexafluorbutan*, Kp. 63—65°, man leitet 20 Liter eines Gemisches aus 20 Vol.-% Perfluorbutadien-(1.3) u. 80% H_2 bei 20° über 1%ig. Pd/Al_2O_3; n_D^{20} 1,2985; 20 g. — *1.1.2.4.4-Pentafluorbuten-(2)* (X), $C_4H_3F_5$, Kp. 56°, durch 1—1½ std. Erhitzen von 11 g vorst. Verb. mit 25—30 g KOH unter Rückfluß; n_D^{20} 1,306; 8,5 g. — *Difluoressigsäure*, Kp. 128—130°, man gibt langsam 15 g X zu 50 g $KMnO_4$ in 250 ml W., rührt 4—4½ Std. u. erhitzt unter Einleiten von CO_2 5—6 Std. auf 60—70°; 7,6 g. — *1.1.2.4.4-Pentafluor-2.3-dibrombutan*, $C_4H_3Br_2F_5$, Kp. 146—148°, man erhitzt 8 g X u. 3 ml Br_2 in 10 ml Eisessig im Rohr auf dem sd. Wasserbad; 9,5 g. HELMUT SCHÄFER. 500□

Eine neue Methode zur Darstellung von β-Halogennitroalkanen. Ss. Ss. Nowikow und G. A. Schwechgeimer. (Известия Академии Наук СССР, Отделение Химических Наук [Nachr. Akad. Wiss. UdSSR, Abt. chem. Wiss.] **1960**. 2026—31. Nov. Zelinsky-Inst. für org. Chem. der Akad. der Wiss. der UdSSR.) (Russ.)

Durch Anlagerung von β-Nitroalkanolen an Vinyläthyläther (I) werden *Acetaldehyd-β-nitroalkyläthylacetale* erhalten, die beim Chlorieren mit PCl_5 die entsprechenden *β-Nitroalkylhalogenide* liefern.

Versuche: *1-Chlor-2-nitroäthan*, $C_2H_4ClNO_2$, $Kp._{20}$ 74—76°; $D._4^{20}$ 1,3461; n_D^{20} 1,4510; a) man tropft zu 9,4 g PCl_5 in 15 ml Bzl. 7,4 g *Acetaldehydäthyl-β-nitroäthylacetal* (II) in 10 ml Bzl. (5—10 Min. bei 45—50°) zu, rührt 4 Std. bei 20° u. läßt über Nacht stehen; 79% (Ausbeute); b) man gibt zu 37 g PCl_5 in 30 ml Bzl. 28 g II in 20 ml Bzl. bei $<$60° u. rührt 1 Std. bei 50—60°; 77%; c) man gibt zu 15,5 g II in 15 ml Bzl. bei $<$40° 25 g $SOCl_2$, rührt 1½ Std. bei 65—70°, dest. niedrig sd. Prodd. im Vakuum ab u. erhitzt 1 Std. auf 130—145°; 54%; d) man gibt zu 10,2 g PCl_5 bei $<$30° in 10 Min. 9 g Acetaldehyd-n-butyl-β-nitroäthylacetal hinzu u. läßt über Nacht stehen; 3,1 g. — *Acetaldehydäthyl-β-nitropropylacetal*, $C_7H_{15}NO_4$, $Kp._7$ 85—87°, $Kp._{10}$ 99—100°, man gibt zu 17,3 g 2-Nitropropanol-(1) u. 0,5 ml HCl-gesätt. Ae. bei <25° 25 ml I hinzu, erhitzt 1 Std. auf 50—60° u. dest.; $D._4^{20}$ 1,0511; n_D^{20} 1,4252; 60%. — *1-Chlor-2-nitropropan*, $Kp._7$ 53—54°, analog vorst. Verb., jedoch werden nach der Rk. nur die leichtflüchtigen Bestandteile abgedampft, der Rückstand wird in 15 ml Bzl. erhitzt, mit 15 g PCl_5 in 15 ml Bzl. versetzt u. 1 Std. auf 50—60° erhitzt; $D._4^{20}$ 1,2418; n_D^{20} 1,4450; 61%. — *Acetaldehydäthyl-β-nitro-β-methylpropylacetal*, $C_8H_{17}NO_4$, $Kp._2$ 82—90°, man gibt zu 35,7 g 2-Nitro-2-methylpropanol-(1) u. 0,5 ml HCl-gesätt. Ae. bei <25° 40 ml I, erhitzt 1 Std. auf 50—60° u. dest.; $D._4^{20}$ 1,0663; n_D^{20} 1,4348; 51%. — *1-Chlor-2-nitro-2-methylpropan*, $C_4H_8ClNO_2$, $Kp._{10}$ 62—65°, analog vorst. Verb., jedoch dest. man die leichtsd. Anteile ab, löst in 15 ml Bzl., tropft bei <50° 32 g PCl_5 in 15 ml Bzl. zu u. erhitzt 1 Std. auf 50—60°; $D._4^{20}$ 1,2243; n_D^{20} 1,4476; 25%. — *1-Chlor-2.2-dinitropropan*, $C_3H_5ClN_2O_4$, $Kp._2$ 60—61°, $Kp._4$ 63—65°; $D._4^{20}$ 1,4367; n_D^{20} 1,4586; a) man gibt zu 5,7 g PCl in 15 ml Bzl. in 5 Min. 6 g Acetaldehydäthyl-β.β-dinitropropylacetal (III), rührt 4 Std. lang u. dest. bei <110° (Bad-Temp.); 57,4%; b) man gibt zu 21 g PCl_5 in 25 ml Bzl. bei <60° 25 g III u. erhitzt 1 Std. lang auf 50—60°; 65%. — *1-Chlor-2.2.2-trinitroäthan*, $C_2H_2ClN_3O_6$, $Kp._3$ 52—56°, $Kp._4$ 59—61°, man gibt zu 15 g PCl_5 in 10 ml Bzl. in 10 Min. 18 g Acetaldehydäthyl-β.β.β-trinitroäthylacetal, kocht ½ Std. lang u. dest. bei <110° (Bad-Temp.); $D._4^{20}$ 1,5673; n_D^{20} 1,4668; 40%. — *2-Brom-2-nitroäthanol-(1)*, $Kp._8$ 95—97°, man gibt zu 27,3 g β-Nitroäthanol in 30 ml Methanol bei —5° die Lsg. von 6,95 g Na in 106 ml Methanol, rührt 2 Std. bei 0°, saugt ab (→ 32,8 g *Na-Salz*), suspendiert das Salz in 210 ml Ae., gibt in 1 Std. bei 0° 13,5 ml Br_2 zu u. rührt 1 Std. lang; 80%. — *Acetaldehydäthyl-β-brom-β-nitroäthylacetal*, $Kp._3$ 85 bis 86°, man gibt zu 40 g vorst. Verb. u. 0,5 ml HCl-gesätt. Ae. bei <30° 30 ml I, rührt 1 Std. bei 50—60° u. dest.; n_D^{20} 1,4790; 60%. — *1-Brom-1-nitro-2-chloräthan*, $C_2H_3 \cdot BrClNO_2$, $Kp._8$ 59—61°, analog vorst. Verb., jedoch dest. man nur die leicht flüchtigen Bestandteile des Rk.-Gemisches ab, gibt den Rückstand tropfenweise zu 22,3 g PCl_5 in 10 ml Bzl. u. rührt 1 Std. bei 50—60°; $D._4^{20}$ 1,5073; n_D^{20} 1,5023; 57%. — *1-Nitro-2-chlorpropan*, $C_3H_6ClNO_2$, $Kp._{20}$ 70—72°, $Kp._{30}$ 82—84°, man gibt zu 20 g PCl_5 in 15 ml Bzl. bei <60° 12 g Acetaldehydäthyl-β-nitroisopropylacetal in 15 ml Bzl., rührt 4 Std. u. läßt über Nacht stehen; $D._4^{20}$ 1,2262; n_D^{20} 1,4455; 69%. — *2-Chlor-3-nitrobutan*, $C_4H_8ClNO_2$, $Kp._{17}$ 68—72°, man gibt zu 25 g PCl_5 in 15 ml Bzl. bei <60° 20,7 g Acetaldehydäthyl-α-methyl-β-nitropropylacetal u. rührt 1 Std. bei 60°; $D._4^{20}$ 1,1829; n_D^{20} 1,4471; 53%. — *Acetaldehydäthyl-[3-nitro-3-methylbutyl-(2)]-acetal*, $C_9H_{19}NO_4$, $Kp._8$ 94 bis 97°, aus 30 ml I u. 16,2 g 3-Nitro-3-methylbutanol-(2) (1 Std., 50—60°); $D._4^{20}$ 1,0141; n_D^{20} 1,4310; 85%. —*2-Chlor-3-nitro-3-methylbutan*, $C_5H_{10}ClNO_2$, $Kp._8$ 58—62°, man tropft 12,5 g vorst. Verb. in 15 ml Bzl. zu 13 g PCl_5 in 20 ml Bzl. zu u. rührt 1 Std. lang bei 50—60°; n_D^{20} 1,4381; 41%. Helmut Schäfer. 510□

Untersuchungen auf dem Gebiet der Chemie der organischen Oxide. 18. Mitt. **Über die Art der Anlagerung von Alkoholen an Chloroprenoxid in Gegenwart von Alkoholaten und Borfluorid-Ätherat.** W. M. Albitzkaja, Je. M. Bljachman und A. A. Petrow. (Журнал Общей Химии [J. allg. Chem.] **30** (**92**). 2524—27. Aug. 1960. Leningrad, Technol. Lensowjet-Inst.) (Russ.) — 17. vgl. C. **1961**. 12825.

Die Anlagerung von Methanol u. A. an 2-Chlor-3.4-oxidobuten-(1) (I; Chloroprenoxid) in Ggw. von BF_3-Ätherat (II) liefert *2-Methoxy-* (III) bzw. *2-Äthoxy-3-chlorbuten-(3)-ol-(1)* (IV). III u. IV werden zu *2-Methoxy-* bzw. *2-Äthoxy-3-chlorbutadien-(1.3)* dehydratisiert, die bei der Hydrolyse in *Methyl-α-chlorvinylketon* (V) übergehen. Die Anlagerung von Methanol an I in Ggw. von Na-Methylat gibt *1-Methoxy-3-chlorbuten-(3)-ol-(2)* im Gemisch mit 35% III. Aus dem Gemisch wird nach Bromierung, Oxydation mit CrO_3 u. Dehalogenierung mit Na-Amalgam *Äthylmethoxymethylketon* erhalten. Analog liefert die Anlagerung von A. an I in Ggw. von Na-Äthylat ein Gemisch aus *1-Äthoxy-3-chlorbuten-(3)-ol-(2)* u. IV, aus dem analog *Äthyläthoxymethylketon* erhalten wird. Für die Anlagerung wird ein Mechanismus angeben.

Versuche: *2-Methoxy-3-chlorbuten-(3)-ol-(1)* (III), $C_5H_9ClO_2$, $Kp._{20}$ 82—83°, man gibt zu 10 g I in 100 g Methanol bei 0° 0,2 ml II, rührt 2 Std. bei 0° u. 3 Std. bei 20° u. zers. II mit 0,4 ml 0,5n KOH; $D._4^{20}$ 1,1479; n_D^{20} 1,4610; 61,5% (Ausbeute). — *2-Methoxy-3-chlorbutadien-(1.3)*, $Kp._{40}$ 55—60°, durch Dest. von 5,1 g III über 8,5 g KOH; 1,3 g. — *Methyl-α-chlorvinylketon* (V), durch Lösen vorst. Verb. in 2%ig. H_2SO_4. *2.4-Dinitrophenylhydrazon*, $C_{10}H_9ClN_4O_4$, F. 153—154° (A.). — *2-Äthoxy-3-chlorbuten-(3)-ol-(1)* (IV), $C_6H_{11}ClO_2$, $Kp._{20}$ 87—88°, analog III aus 10 g I u. A.; $D._4^{20}$ 1,0960; n_D^{20} 1,4575; 55,5%. Liefert nach Dehydratisierung *2-Äthoxy-3-chlorbutadien-(1.3)*, aus dem durch Hydrolyse V (*2.4-Dinitrophenylhydrazon*, F. 153—154°) entsteht. — Anlagerung von Methanol an I in Ggw. von Na-Methylat: Man löst 0,5 g Na in 100 g Methanol, gibt 10 g I zu u. erhitzt 6 Std. auf dem Wasserbad: *1-Methoxy-3-chlorbuten-(3)-ol-(2)*

(im Gemisch mit III), $C_5H_9ClO_2$, Kp.$_{20}$ 77—78°; 47%. 5,6 g des Gemisches liefern durch Bromierung mit 7 g Br_2 in Chlf. 8,5 g *1-Methoxy-3-chlor-3.4-dibrombutanol-(2)*, $C_5H_9 \cdot Br_2ClO_2$, Kp.$_5$ 124°; D.$_4^{20}$ 1,8570; n_D^{20} 1,5343. Dieses gibt bei CrO_3-Oxydation in Essigsäure u. anschließende Red. mit 400 g 2%ig. Na-Amalgam in Essigsäure 1,5 g *Äthylmethoxymethylketon* (Kp. 128—135°; *2.4-Dinitrophenylhydrazon*, F. 197,5°, aus Äthylacetat). — Anlagerung von A. an I in Ggw. von Na-Äthylat analog Vorst. liefert ein Gemisch aus *1-Äthoxy-3-chlorbuten-(3)-ol-(2)* u. IV, $C_6H_{11}ClO_2$, Kp.$_{20}$ 84,5—85,5°; 60%. Gibt bei Bromierung, anschließender Oxydation u. Dehalogenierung *Äthyläthoxymethylketon* (*2.4-Dinitrophenylhydrazon*, F. 145—146° aus Äthylacetat).

HELMUT SCHÄFER. 570□

Aliphatische Polynitroester. Milton B. Frankel. (J. org. Chemistry **27**. 331—34. Jan. 1962. Azusa, Calif., Aerojet-Gen. Corp., Chem. Div.) (Engl.)

Die Darst. einer Reihe von Estern von Polynitroalkoholen, bes. von 2.2.2-Trinitroäthanol (I), ist beschrieben.

Versuche: *4.4.6.6.8.8-Hexanitroundecandiol-(1.11)-dinitrat*, $C_{11}H_{16}N_8O_{18}$, F. 100 bis 101° (CH_3OH), durch Zugabe von 4.4.6.6.8.8-Hexanitroundecandiol-(1.11) (F. 125 bis 125,5°, dargestellt aus dem entsprechenden Säurechlorid mit $NaBH_4$) innerhalb 10 Min. zu 100%ig. HNO_3 unter Rühren bei 0° u. 10 Min. weiteres Rühren; 95,2% (Ausbeute). — Ebenso: *4.4-Dinitroheptandiol-(1.7)-dinitrat*, $C_7H_{12}N_4O_{10}$, F. 27—28° (CH_3OH), aus 4.4-Dinitroheptandiol-(1.7) (F. 74,5—75°); 94,7%. — *4.4.6.8.8-Pentanitroundecandiol-(1.11)-dinitrat*, $C_{11}H_{17}N_7O_{16}$, F. 73—75° (CH_3OH), aus 4.4.6.8.8-Pentanitroundecandiol-(1.11) (F. 108—109°); 96,1%. — *4.4.6.8.8-Pentanitro-6-azaundecandiol-(1.11)-dinitrat*, $C_{10}H_{16}N_8O_{16}$, F. 133—135° (CH_3OH), aus 4.4.6.8.8-Pentanitro-6-azaundecandiol-(1.11) (F. 106—108°); 95,0%. — *3.5.5-Trinitro-3-azahexanol-(1)-nitrat*, $C_5H_9N_5O_9$, F. 117 bis 118° (CH_3OH). aus 3.5.5-Trinitro-3-azahexanol-(1) (F. 59—60°); 92 1%. — *4.7-Dinitrazadecandisäure-(1.10)-bis-[2.2.2-trinitroäthylester]*, $C_{12}H_{16}N_{10}O_{20}$, F. 126—128° (Äthylendichlorid), durch Zugabe von 4.7-Dinitrazadecandisäure-(1.10)-dichlorid zu einer Lsg. von I in Äthylendichlorid in Ggw. von $AlCl_3$, anschließend Rückfluß bis zum Aufhören der HCl-Entw.; 85,5%. — Ebenso: *4.4-Dinitroheptandisäure-(1.7)-bis-[2.2.2-trinitroäthylester]*, $C_{11}H_{12}N_8O_{20}$, F. 170—171° (Äthylendichlorid); 47,0%. — *4-Nitrazaheptandisäure-(1.7)-bis-[2.2.2-trinitroäthylester]*, $C_{10}H_{12}N_8O_{18}$, F. 110—111° (Chlf.); 35,9%. — *3.5.5-Trinitro-3-azahexansäure-2'.2'.2'-trinitroäthylester*, $C_7H_9N_7O_{14}$, F. 121—121,5° (Äthylendichlorid); 50,3%. — *4.4.6.6.8.8-Hexanitroundecandisäure-(1.11)-bis-[2.2.2-trinitroäthylester]*, $C_{15}H_{16}N_{12}O_{28}$, F. 117—118° (Chlf.), aus der Säure u. I in Chlf./konz. H_2SO_4 (5 Tage Stehen mit gelegentlichem Schütteln); 87,8%. J. ROTHE. 590□

Natürliche und synthetische Gewinnung von Aminoäthylsulfonsäure (Taurin) und ihren Acylderivaten. Jaime Muñoz Ortiz de Villate. (An. Fac. Farmac. Bioquím. **8**. 531—35. 1957. Cát. Quím. Orgán. II, Labor. de Invest.) (Span.)

Taurin (*β-Aminoäthansulfonsäure*; I) wird durch Hydrolyse von Rindergalle mit 12,5%ig. HCl günstiger dargestellt als auf synthet. Wege. Von I werden das *Acetyl-* u. das *Benzoyl-Deriv.* beschrieben.

Versuche: *Taurin* (I), a) durch gelindes Erhitzen von Rindergalle mit 12,5%ig. HCl, Einengen der filtrierten Lsg. auf dem Wasserbad, Filtrieren, Eindampfen zur Trockene u. Kristallisation aus A.; Prismen; b) durch 7tägige Rk. von β-Bromäthansulfonsäure (Na-Salz) mit konz. NH_4OH, Einengen u. Kristallisation aus Äthanol. *Acetyl-Deriv.*, aus I u. Acetanhydrid. *Benzoyl-Deriv.*, aus I, Benzoylchlorid u. Alkali bei 0° unter Rühren u. Ansäuern. W. CLAUSS. 600□

Synthese der optisch aktiven Formen von 2-Methyloctadecansäure und 2.5-Dimethyladipinsäure aus den Enantiomeren von 2-Methyl-3-carboxypropionsäuremethylester. Gunnel Ställberg. (Ark. Kemi **12**. Nr. 16. 153—59. 14/2. 1958. Uppsala, Univ., Inst. of Med. Chem., Dep. of Med. Biochem.) (Engl.)

Durch gemeinsame Elektrolyse von Palmitinsäure (I) mit (+)-2D-Methyl- [(+)-II] bzw. (—)-2L-Methyl-3-carboxypropionsäuremethylester [(—)-II] werden (—)-*2l-Methyl-* [(—)-III] bzw. (+)-*2L-Methyloctadecansäure* [(+)-III] erhalten. Als Nebenprodd. entstehen (—)-*2D.5L-* [(—)-IV] u. (+)-*2L.5D-Dimethyladipinsäuredimethylester* [(+)-IV]. IR-Spektren vgl. Original.

Versuche: (—)-*2D-Methyloctadecansäure*, $C_{19}H_{38}O_2$, F. 54,7—55° (PAe.), durch Eintragen von 0,034 Mol I u. 0,034 Mol (+)-II in die Lsg. von 0,061 g-Atom Na in 200 ml Methanol, 130 Min. lange Elektrolyse bei 1—1,5 A [Hg-Kathode, Pt-Anode] unter öfterem Zusatz von Methanol, Filtrieren von *n-Triakontan*, Zugabe von W., Extraktion mit Ae. u. Dest.; 5std. Kochen von 2,4 g des neben 0,73 g rohem (—)-*2D.5L-Dimethyladipinsäuredimethylester* [(—)-IV] erhaltenen (—)-*2D-Methyloctadecansäuremethylesters*

[(—)-III; Kp.$_{0,1}$ 138—139°] mit wss.-alkohol. KOH, Einengen, Verdünnen mit W. u. H_2SO_4, Extraktion mit Ae., Eindampfen u. Kristallisieren aus Methanol–W. (10:1); 2,2 g (Ausbeute); beim raschen Abkühlen der Schmelze entsteht eine *glasige Modifikation* vom F. 43 bis 45°, die anschließend wieder erstarrt u. bei 54,7—55° erneut schmilzt; $[\alpha]_D^{25}$ —9,4 ± 0,3° (c = 9,08; Chlf.). *Methylester* [(—)-III], $C_{20}H_{40}O_2$, durch Rk. der freien Säure mit äther. Diazomethan (V); n_D^{25} 1,4417; $[\alpha]_D^{25}$ —12,1 ± 0 3° (c = 7,54; Chlf.). — (—)-*2D.5L-Dimethyladipinsäure*, $C_8H_{14}O_4$, F. 104,7—105,3° [Ae.–PAe. (1:2)], durch 4 std. Kochen von 0,7 g vorst. als Neben-Prod. erhaltenem rohen (—)-IV mit wss.-alkohol. KOH, Einengen, Zugabe von W., Extraktion mit Ae., Ansäuern der wss. Phase u. Extraktion mit Ae.; $[\alpha]_D^{25}$ —1,32 ± 0,02° (c = 5,26; Chlf.); 0,47 g. *Dimethylester* [(—)-IV], $C_{10}H_{18}O_4$, mit V; n_D^{25} 1,4280; $[\alpha]_D^{25}$ —26,8 ± 0,4° (c = 6,54; Chlf.). — (+)-*2L-Methyloctadecansäure*, $C_{19}H_{38}O_2$, F. 54,7—55° (PAe.), analog der (—)-2D-Form durch Hydrolyse von 0,9 g durch Hydrolyse von je 0,046 Mol I u. (—)-II neben 1,7 g (+)-*2L.5D-Dimethyladipinsäuredimethylester* [(+)-IV]; Kp.$_{0,1}$ 62—64°] erhaltenem (+)-*2L-Methyloctadecansäuremethylester* [(+)-III; Kp.$_{0,1}$ 143—144°; 1,36 g]; $[\alpha]_D^{25}$ + 9,3 ± 0,3° (c = 8,63; Chlf.); 0,67 g (roh); beim raschen Abkühlen der Schmelze wird die *glasartige Modifikation* vom F. 43° erhalten. *Methylester* [(+)-III], $C_{20}H_{40}O_2$, mit V; n_D^{25} 1,4422; $D._4^{25}$ 0,859; $[\alpha]_D^{25}$ + 12,3°. — (+)-*2L.5D-Dimethyladipinsäure*, $C_8H_{14}O_4$, F. 104,7—105,3°, durch Verseifung von vorst. als Nebenprod. erhaltenem (+)-IV; aus Ae./PAe. Nadeln; $[\alpha]_D^{25}$ + 25,0 ± 0,4° (c = 5,4; Chlf.); $[\alpha]_D^{25}$ + 31,2 ± 0,6° (c = 3,91; A.). *Dimethylester* [(+)-IV], $C_{10}H_{18}O_4$, mit V; n_D^{25} 1,4288; $[\alpha]_D^{25}$ + 28,0 ± 0,4° (c = 6,67; Chlf.). — *DL-2-Methyloctadecansäure*, F. 55,4—55,7°, analog den akt. Säuren durch Hydrolyse des bei der Elektrolyse von I u. inakt. II erhaltenen *Methylesters* u. kristallisieren aus Methanol, Essigsäure sowie PAe.; glänzende, dünne Plättchen. L. LAMZA. 800

Derivate der Undecin-(10)-säure. Je. G. Popowa und M. Ja. Kraft. (Журнал Общей Химии [J. allg. Chem.] **30** (92). 1787—91. Juni 1960. Chem.-Pharmazeut. Allunions-Ordshonikidse-Forschungsinst.) (Russ.)

Es wird *Undecin-(10)-säure* (I) dargestellt u. in verschiedene Derivv. übergeführt. Versuche: *Undecin-(10)-säure* (I), $C_{11}H_{18}O_2$, F. 44,5° (PAe. mit wenig A. oder Aceton), man gibt 400 g 10.11-Dibromundecansäure portionsweise zu 526 g KOH in 320 ml W., kocht 8 Std., säuert mit HCl an, dest. u. friert die Fraktion Kp.$_{16}$ 165—200° aus; 51,8% (Ausbeute). *Chlorid*, $C_{11}H_{17}ClO$, Kp.$_7$ 121°, Kp.$_{15}$ 135°, a) man kocht 10 g I mit 25 g Oxalylchlorid ½ Std.; 90%; b) man gibt zu PCl_5 die berechnete Menge I u. läßt 2 Std. bei 20° stehen; 82%. *Amid*, $C_{11}H_{19}NO$, F. 99,5—101,5° (Äthylacetat), aus I-Chlorid u. 25%ig. NH_4OH; 74%. *N-Methylamid*, $C_{12}H_{21}NO$, F. 40—41° (PAe.), man gibt zu 20 ml 25%ig. wss. Methylamin bei 0° 11,5 g I-Chlorid in 22 ml Bzl. u. rührt ¼ Std.; 90%. *Thiosemicarbazid*, $C_{12}H_{21}N_3OS$, F. 125—126° (Äthylacetat), man rührt 2 g I-Chlorid u. 1,8 g Thiosemicarbazid 6 Std. u. läßt 36 Std. stehen. *Isothiocyanat*, Kp.$_{17}$ 179°, durch 1 std. Kochen von 3,2 g Pb-Rhodanid in 3 ml Bzl. mit 3 g I-Chlorid; 70%. *p-Chlorphenylester*, $C_{17}H_{21}ClO_2$, Kp.$_1$ 163°, F. 28—29°, man vermischt I-Chlorid u. p-Chlorphenol u. läßt 3 Tage im Vakuum über KOH stehen; 77%. *Ureid*, $C_{12}H_{20}\cdot N_2O_2$, F. 168° (A.), man gibt zur Lsg. von 2 g Na in 22 ml abs. A. 7 ml Pyridin, 1,2 g Harnstoff u. 2,7 g I-Äthylester u. läßt 3 Tage stehen; 60%. *p-Bromphenacylester*, $C_{19}H_{23}\cdot BrO_3$, F. 71,5° (A.), durch 2 std. Kochen von I-Na-Salz in A. mit p-Bromphenacylbromid; 75%. *n-Butylester*, $C_{15}H_{26}O_2$, Kp.$_{16}$ 170°, durch 6 std. Kochen von I mit Butanol in Ggw. von 2% HCl; 70%. *Cu-Salz*, $C_{22}H_{34}CuO_4$, F. 119—120° (Äthylacetat), aus 9,1 g I u. 7,15 g Soda in 30 ml W. u. 6,25 g $CuSO_4\cdot 5\,H_2O$ in 30 ml W. bei 50°; blaugrünes Pulver; 100%. — *N-[Undecin-(10)-oyl]-benzimidazol*, $C_{18}H_{22}N_2O$, F. 65—66° (PAe. mit wenig A.), durch 12 std. Schütteln von I-Chlorid mit 2 Mol Benzimidazol in Bzl.; 88%. — *N-[Undecin-(10)-oyl]-N'-[p-äthoxyphenyl]-thioharnstoff*, $C_{20}H_{28}N_2O_2S$, F. 69—70° (A.), man tropft zu 1,5 g p-Phenetidin in 5 ml sd. Bzl. 2,4 g I-Isothiocyanat u. kocht 1 Std.; 77%. — *Eikosadiin-(9.11)-dicarbonsäure-(1.20)*, F. 112—113,5° (A,), man gibt zu 18,2 g I in 150 ml A. 9,9 g Cu_2Cl_2 u. 30 g NH_4Cl in 150 ml 0,08 n HCl u. schüttelt unter O_2, bis kein O_2 mehr aufgenommen wird; 75%. HELMUT SCHÄFER. 810□

Thiosuccinimide. R. J. Cremlyn. (J. chem. Soc. [London] **1961**. 5547—49. Dez. Acton, London, Brunel Coll. of Technol.) (Engl.)

N-Alkyl- (A) bzw. *N-Arylthiosuccinimide* (B) werden durch Kochen der entsprechenden Succinimide mit der stöchiometr. Menge P_2S_5 in Toluol oder Xylol dargestellt. In einigen Fällen entstehen auch die *N-Alkyldithiosuccinimide* (C). Die A u. B zeigen in ihren UV-Spektren in alkohol. Lsg. zwei Maxima bei 270 u. 320 mμ, die C eines bei 320 mμ. Während sich niedere A (< C_6) mit W. zu Succinimiden zersetzen, zersetzt sich N-Hexylthiosuccinimid zum Teil, u. höhere A (> C_6) u. B sind beständig. Die untersuchten Verbb. sind Fungicide.

Versuche: Thiosuccinimide, (**A** bzw. **B**) durch portionsweises Eintragen von P_2S_5 zu dem entsprechenden Succinimid in sd. Toluol oder Xylol u. 1—4std. Kochen bis zum Verschwinden des P_2S_5: *unsubstituiert*, C_4H_5NOS, F. 100—104°; 25% (Ausbeute). — *N-Methyl-*, C_5H_7NOS, F. 52—54°; 28%. — *N-n-Butyl-*, $C_8H_{13}NOS$, Kp.$_{0,2}$ 95—100°, n_D^{20} 1,5589; 40%. — *N-Isobutyl-*, Kp.$_{0,2}$ 70—75°; 51%. — *N-n-Pentyl-*, $C_9H_{15}NOS$, Kp.$_{0,15}$ 65—70°, n_D^{18} 1,5490; 58%. — *N-n-Hexyl-*, $C_{10}H_{17}NOS$, Kp.$_{0,2}$ 100—105°, n_D^{20} 1,5669; 35%. — *N-Cyclohexyl-*, $C_{10}H_{15}NOS$, F. 54—56°; 29%. — *N-n-Octyl-*, $C_{12}H_{21}NOS$, Kp.$_{0,35}$ 150—155°, n_D^{21} 1,5420; 65%. — *N-n-Dodecyl-*, $C_{16}H_{29}NOS$, Kp.$_{0,2}$ 145—149°, n_D^{16} 1,5383; 52%. — *N-Phenyl-*, $C_{10}H_9NOS$, F. 116°; 40%. — *N-Benzyl-*, $C_{11}H_{11}NOS$, F. 60—62°; 44%. — *N-o-Tolyl-*, $C_{11}H_{11}NOS$, F. 52—55°; 29%. — *N-p-Tolyl-*, F. 98 bis 100°; 60%. — *N-o-Chlorphenyl-*, $C_{10}H_8ClNOS$, F. 92—93°; 57%. — *N-p-Chlorphenyl-*, F. 94—96°; 35%. — *N-p-Methoxyphenyl-*, $C_{11}H_{11}NO_2S$, F. 110—111°; 59%. — *N-2.4-Dimethylphenyl-*, $C_{12}H_{13}NOS$, F. 85—88°; 55%. — *N-2.5-Dimethylphenyl-*, F. 69—72°; 46%. — *N-2.4-Dichlorphenyl-*, $C_{10}H_7Cl_2NOS$, F. 99—101°; 52%. — *N-α-Naphthyl-*, $C_{14}H_{11}NOS$, F. 144—145°; 25%. — Dithiosuccinimide (**C**): *unsubstituiert*, $C_4H_5NS_2$, F. 84—87°; 10%. — *N-Äthyl-*, $C_6H_9NS_2$, Kp.$_{0,05}$ 76—79°; 62%. — *N-n-Butyl-*, C_8H_{13}·NS_2, Kp.$_{0,4}$ 110°; 15%. — *N-n-Decyl-*, $C_{14}H_{25}NS_2$, Kp.$_{0,2}$ 135—138°, n_D^{20} 1,5080; 32%. — *N-α-Naphthyl-*, $C_{14}H_{11}NS_2$, F. 168—170°; 20%. — Thiosuccinamidsäuren, nach REISSERT u. MORÉ [1906]: *N-Benzyl-*, $C_{11}H_{13}NO_2S$, F. 100—102° (Bzl.); Blättchen; 43%. — *N-Phenyl-*, F. 106—108°; 33%. — *N-p-Tolyl-*, $C_{11}H_{13}NO_2S$, F. 122°; 44%. — *N-p-Methoxyphenyl-*, $C_{11}H_{13}NO_3S$, F. 118—119°; 70%. E. KOSSMEHL. 820□

Oxydation von Gallussäure und Gallussäureestern zu Aconitsäure. E. A. H. Roberts und G. R. Russell. (Chem. and Ind. **1957.** 1598—99. 7/12. London, Indian Tea Assoc.) (Engl.)

Bei der Zers. von Substanz Y (Theaflavingallat) aus dem schwarzen Tee mit alkal. H_2O_2-Lsg. u. Extraktion mit Ae. werden nach Papierchromatographie in Butanol/Eisessig/W. *Oxalsäure*, *Malonsäure* u. *Aconitsäure*, $C_6H_6O_6$, isoliert. Gleiche Ergebnisse werden bei (—)-Epigallocatechingallat u. Gallussäure erzielt, während (—)-Epigallocatechin nur wenig *Aconitsäure* ergibt. W. HAMPEL. 830□

N-Alkoxy-N-alkyl-[aryloxy]-acetamide und ihre hypnotische Wirkung. Randolph T. Major und Karl W. Ohly. (J. med. pharmac. Chem. **4.** 317—26. 8/9. 1961. Charlottesville, Va., Univ., Cobb Chem. Labor.) (Engl.)

Zum Vgl. mit dem als Hypnoticum bekannten *N.N-Diäthyl-[4-allyl-2-methoxyphenoxy]-acetamid* werden *substituierte N-Alkoxy-N-alkylacetamide* mit verschiedenen Aryloxyresten synthetisiert. Die Darst. erfolgt durch Rk. der entsprechenden Aryloxyacetylchloride mit Alkylalkoxyaminen. Die Darst. von N.N-disubstituierten Chinolyl-(8)-oxyacetamiden gelang nicht, es konnten nur das *Amid* u. *Hydrazid* erhalten werden. Gute hypnot. Eigg. zeigen *N-Äthyl-N-äthoxy-[4-allyl-2-methoxyphenoxy]-*, *-[4-propyl-2-methoxyphenoxy]-* u. *N.N-Diäthyl-[4-propyl-2-methoxyphenoxy]-acetamid.*

Versuche: Aryloxyacetylchloride, durch 30—60 Min. langes Kochen der entsprechenden Säure mit 1,3 Val $SOCl_2$ u. Dest. im Vakuum: *[4-Propyl-2-methoxyphenoxy]-*, Kp.$_{1,4-1,8}$ 133—139°; 83,4% (Ausbeute). — *[2-Methyl-5-isopropylphenoxy]-*, Kp.$_{14}$ 150°; 49,5%. — *[5-Methyl-2-isopropylphenoxy]-*, Kp.$_{14}$ 148°, F. 57—59° (PAe.); 65%. — *Phenoxy-*, Kp.$_{14}$ 117°; 91%. — *N-Alkyl-N-alkoxyaryloxyacetamide*, durch 30 Min. langes Kochen oder 12std. Stehen vorst. Verbb. mit 2 Vol der entsprechenden O.N-Dialkylhydroxylamine in Ae., Filtrieren in benzol. Lsg. über Al_2O_3 u. Dest.: N-Äthyl-N-äthoxyphenoxyacetamide: *[4-Allyl-2-methoxyphenoxy]-*, $C_{16}H_{23}NO_4$, Kp.$_{0,08}$ 161°; 94%. — *[4-Propyl-2-methoxyphenoxy]-*, $C_{16}H_{25}NO_4$, Kp.$_{0,03}$ 165°; 71%. — *[2-Methyl-5-isopropylphenoxy]-*, $C_{16}H_{25}NO_3$, Kp.$_{0,1}$ 144°; 84%. — *[5-Methyl-2-isopropylphenoxy]-*, $C_{16}H_{25}NO_3$, Kp.$_{0,6}$ 154—156°; 80%. — *Phenoxy-*, $C_{12}H_{17}NO_3$, Kp.$_{0,05}$ 138°; 88%. — N-Methyl-N-methoxyphenoxyacetamide: *[4-Allyl-2-methoxyphenoxy]-*, $C_{14}H_{19}NO_4$, Kp.$_{0,005}$ 170°; 99%. — *[4-Propyl-2-methoxyphenoxy]-*, $C_{14}H_{21}NO_4$, Kp.$_{0,2}$ 174 bis 180°; 83%. — *[2-Methyl-5-isopropylphenoxy]-*, $C_{14}H_{21}NO_3$, Kp.$_{0,3}$ 139—145°; 85%. — *[5-Methyl-2-isopropylphenoxy]-*, $C_{14}H_{21}NO_3$, Kp.$_{0,08}$ 156°; 46%. — *Phenoxy-*, $C_{14}H_{21}NO_3$, Kp.$_{0,1}$ 125°; 93%. — *N.N-Diäthyl-[4-propyl-2-methoxyphenoxy]-acetamid*, $C_{16}H_{25}NO_3$, F. 47°, Kp.$_{0,25}$ 171°; 83%. — *Chinolyl-(8)-oxyessigsäure, Äthylester*, Kp.$_{0,03}$ 160°, durch 5std. Kochen von 30 g Säure in A. in Ggw. von H_2SO_4; 22 g. *Pikrat*, $C_{19}H_{16}N_4O_{10}$, F. 167° (Zers.). *Amid*, $C_{11}H_{10}N_2O_2$, F. 170° (Nadeln aus A.). *Hydrazid*, $C_{11}H_{11}N_3O_2$, F. 140°, Nadeln aus A.; 80%. W. HOLLAND. 850□

Darstellung von aliphatischen gem.-Dinitromonoisocyanaten und deren Derivaten. Marvin H. Gold, Milton B. Frankel, Gustave B. Linden und Karl Klager. (J. org. Chemistry **27.** 334—36. Jan. 1962. Azusa, Calif., Aerojet-Gen. Corp., Chem. Div.) (Engl.)

gem.-Dinitrofettsäuren wurden über ihre *Chloride, Azide* u. *Isocyanate* in die entsprechenden *Carbamate, Amine* u. *Harnstoffe* übergeführt.

Versuche: *4.4-Dinitro-6-carbomethoxyhexansäure*, $C_8H_{12}N_2O_8$, F. 92—93° (Diisopropyläther), aus dem Na-Salz des 4.4-Dinitrobuttersäuremethylesters u. Acrylsäure in W. (3 Std. langes Rühren bei 45°); 63,1% (Ausbeute). — *4.4.4-Trinitrobutyrylchlorid*, $C_4H_4ClN_3O_7$, Kp.$_{0,5}$ 65—66°, aus der Säure u. $SOCl_2$ (20 Std. langes Kochen); n_D^{25} 1,4835, D.^{25} 1,5669; 82%. 4std. Kochen gab *4.4.4-Trinitrobuttersäureanhydrid*, $C_8H_8N_6O_{15}$, F. 109,5—110° (CH_2Cl_2); 33%. — *3.3-Dinitrobutylisocyanat* (I), Kp.$_{1\mu}$ 106—110°, durch 6std. Kochen von 4.4-Dinitropentansäure mit $SOCl_2$, Zutropfen des rohen *4.4-Dinitropentanoylchlorids* (100%) in Aceton zu einer wss. NaN_3-Lsg. bei 10—20° u. ½std. Rühren; n_D^{25} 1,4708; 63,0%. — Analog: *5-Carbomethoxy-3.3-dinitropentylisocyanat* (III), $C_8H_{11}N_3O_7$, Kp.$_{1\mu}$ 140—150°, n_D^{25} 1,4793; 60,8%. — *3.3.3-Trinitropropylisocyanat*, $C_4H_4N_4O_7$, Kp.$_{1\mu}$ 73—75°, n_D^{25} 1,4805; 71,2%, — Carbamate, durch Kochen der Isocyanate mit CH_3OH oder A. (Ausbeuten 100%): *Methyl-N-[3.3-dinitrobutyl]-* (II), $C_6H_{11}N_3O_6$, F. 48—49° (Ae.). — *Methyl-N-[5-carbomethoxy-3.3-dinitropentyl]-*, $C_9H_{15}\cdot N_3O_8$, F. 74—75° (Diisopropyläther). — *Äthyl-N-[3.3.3-trinitropropyl]-*, $C_6H_{10}N_4O_8$, F. 65,5—66° (Cyclohexan). — *3.3-Dinitrobutylaminhydrochlorid*, $C_4H_{10}ClN_3O_4$, F. 220 bis 230° (Zers.; CH_3OH/Ae.), a) durch Zutropfen von I zu konz. HCl innerhalb 45 Min. bei <45° u. 1std. Erwärmen auf 85° (98,5%); b) aus II u. konz. HCl (über Nacht bei 100°; 88,0%). — Analog (Ausbeuten prakt. quant.): *5-Carboxy-3.3-dinitropentylaminhydrochlorid*, $C_6H_{12}ClN_3O_6$, F. 180—182° (CH_3OH/Ae.). — *3.3.3-Trinitropropylaminhydrochlorid*, $C_3H_7ClN_4O_6$, F. 161—163° (CH_3NO_2/Äthylendichlorid). — *Bis-[5-carbomethoxy-3.3-dinitropentyl]-harnstoff*, $C_{15}H_{24}N_6O_{13}$, F. 159—160° (Äthylendichlorid), aus III in sd. wss. Aceton; 93,4%. — Analog (Ausbeuten prakt. quant.): *Bis-[3.3-dinitrobutyl]-harnstoff*, $C_9H_{16}N_6O_9$, F. 120—121° (Chlf.). — *Bis-[3.3.3-trinitropropylharnstoff*, $C_7H_{10}N_8O_{13}$, F. 170—171° (Chlf.) J. ROTHE. 880□

Reaktion von Methylbromid mit Dimethylformamid. J. L. Neumeyer und J. G. Cannon. (J. org. Chemistry **26**. 4681—82. Nov. 1961. Madison, Wis., Univ., School of Pharm., Div. of Pharm. Chem.) (Engl.)

Methylbromid (I) reagiert mit einem 8fachen Überschuß an Dimethylformamid (II) in 6 Tagen bei 80° im Rohr zu *Dimethylammoniumbromid* [F. 131—131,5°; 37% (Ausbeute)], *Tetramethylammoniumbromid* u. *CO*. Vff. nehmen an, daß II zu *CO* u. *Dimethylamin* gespalten wird, wobei letzteres durch I in das quart. Salz umgewandelt wird.

GISELA SCHREIBER. 910□

Homolytische Isomerisierung von 1-Fluor-1.1-dichlor-2-brompropen. R. Ch. Freidlina, W. N. Kosst, T. T. Wassiljewa und A. N. Nessmejanow. (Доклады Академии Наук СССР [Ber. Akad. Wiss. UdSSR] **137**. 1385—88. 21/4. 1961. Inst. für Metallorg. Verbb. der Akad. der Wiss. der UdSSR.) (Russ.)

1-Fluor-1.1-dichlor-2.3-dibrompropan (I) wird mit KOH zu *1-Fluor-1.1-dichlor-2-brompropen-(2)* (II) dehydrobromiert, mit Diäthylamin (III) reagiert I zu *1-Diäthylamino-2-brom-3-fluor-3-chlorpropen-(1)*. Die Struktur von II wird durch Ozonolyse zu *Formaldehyd* u. *Fluordichloressigsäure* bewiesen. Die Rk. von 1-Fluor-1.3-dichlorpropen-(1) (IV) mit III liefert *1-Fluor-1-chlor-3-diäthylaminopropen-(1)*, das durch Chlorierung in *1-Fluor-1.1.2-trichlor-3-diäthylaminopropan* übergeführt wird. Letzteres liefert bei Dehydrochlorierung *1-Fluor-1.2-dichlor-3-diäthylaminopropen-(1)* (V). — II lagert sich leicht um (Radikalmechanismus); es ist nur in Ggw. von Hydrochinon beständig. Beim Aufbewahren geht es in dimeres II (VI) über, das vor allem aus *1-Fluor-4.5-dibrom-1.2-dichlor-4-[fluordichlormethyl]-penten-(1)* besteht, was durch die IR-Analyse u. Überführung mit Zn in die *Diene* $C_6H_4Cl_4F_2$, $C_6H_5Cl_3F_2$ u. $C_6H_6Cl_2F_2$ (die bei Ozonolyse *Formaldehyd* u. eine *Carbonyl-Verb.* liefern), wahrscheinlich gemacht wird. Beim Erhitzen von II bildet sich neben **VI** *1-Fluor-1.2-dichlor-3-brompropen-(1)* (**VII**); die Rk. wird durch Benzoylperoxid beschleunigt. Die Struktur von **VII** folgt aus seiner Rk. mit **III** zu **V**. Im UV-Licht entstehen aus II in Ggw. von HBr hauptsächlich I u. daneben **VI** u. **VII**.

Versuche: *1-Fluor-1.1-dichlor-2.3-dibrompropan* (I), $C_3H_3Br_2Cl_2F$, Kp.$_{17}$ 80°, durch Bromierung von 1-Fluor-1.1-dichlorpropen-(2) in Eisessig; D.$_4^{20}$ 2,1540; n_D^{20} 1,5175; 80% (Ausbeute). — *1-Fluor-1.1-dichlor-2-brompropen-(2)* (II), $C_3H_2BrCl_2F$, Kp.$_{70}$ 53°, aus I mit KOH in Äthylcellosolve; D.$_4^{20}$ 1,7905; n_D^{20} 1,4740; 65%. Liefert bei Ozonisierung u. Zers. mit W. *Formaldehyd* (*Dimedon-Deriv.*, F. 189°) u. *Fluordichloressigsäure* (Kp. 162°; *Anilid*, $C_8H_6Cl_2FNO$, F. 75° aus Heptan). — *1-Diäthylamino-2-brom-3-chlor-3-fluorpropen-(1)*, $C_7H_{12}BrClFN$, Kp.$_{20}$ 85—86°, aus I u. III; D.$_4^{20}$ 1,3591; n_D^{20} 1,4710; 73%. *Pikrat*, F. 121—122° (A.). — *1-Fluor-1-chlor-3-diäthylaminopropen-(1)*, $C_7H_{13}\cdot ClFN$, Kp.$_{100}$ 87°, aus III u. IV; D.$_4^{20}$ 1,0119; n_D^{20} 1,4320; 73%. *Pikrat*, F. 85—86°

(A.). — *1-Fluor-1.1.2-trichlor-3-diäthylaminopropan*, $C_7H_{13}Cl_3FN$, Kp.$_2$ 64—65°, durch Chlorierung vorst. Verb.; D_4^{20} 1,2200; n_D^{20} 1,4540; 74%. *Pikrat*, F. 152—153° (A.). — *1-Fluor-1.2-dichlor-3-diäthylaminopropen-(1)* (V), $C_7H_{12}Cl_2FN$, Kp.$_{15}$ 66—67°, durch Dehydrochlorierung vorst. Verb. mit alkohol. KOH; D_4^{20} 1,1400; n_D^{20} 1,4520; 91%. *Pikrat*, F. 101—102° (A.). — Debromierung von dimerem II (VI): Man tropft zu 4 g Zn in 10 ml abs. A. + 0,1 ml HBr u. 0,1 ml Essigsäure 22 g VI in 40 ml abs. A. zu u. erhitzt 6 Std. auf 50°: *Dien* $C_6H_4Cl_4F_2$, Kp.$_{35}$ 95°; D_4^{20} 1,4844; n_D^{20} 1,4710; 31%.— *1-Fluor-1.2-dichlor-3-brompropen-(1)* (VII), $C_3H_2BrCl_2F$, Kp.$_{35}$ 58°, durch 6std. Erhitzen von 20 g II mit Benzoylperoxid; D_4^{20} 1,8461; n_D^{20} 1,5000; 6 g. Daneben 6,4 g **VI**. — **VII** liefert mit **III** u. Pikrinsäure **V**-*Pikrat*, F. 101—102°. — Weitere Rkk. von **II**: a) 40 g **II** liefern nach 7 Std. langem Belichten mit UV-Licht bei 40—50° in Ggw. von HBr 32 g **I**, 10 g **II**, 3 g **VII** u. 2,7 g **VI**; b) 20 g **II** liefern nach 5 Tagen langem Stehen bei 20° 9,1 g **VI**, $C_6H_4Br_2Cl_4F_2$, Kp.$_3$ 110°; D_4^{20} 2,0605; n_D^{20} 1,5410.

Helmut Schäfer. 910□

Amine mit gangliolytischer Aktivität. 3. Mitt. Sekundäre Diamine mit verzweigter Kette. N. K. Kotschetkow, A. Ja. Chorlin und L. A. Worotnikowa. (Журнал Общей Химии [J. allg. Chem.] **30** (**92**). 2303—05. Juli 1960. Forschungsinst. für Pharmakol. u. Chemotherapie der Akad. der med. Wiss. der UdSSR.) (Russ.) — 2. vgl. C. **1961**. 14992.

Durch Anlagerung von Acetonitril an 3.6-Diäthyloctandiol-(3.6), 3.8-Diäthyldecandiol-(3.8), 3.11-Diäthyltridecandiol-(3.11), 2.7-Dimethyloctandiol-(2.7), 2.10-Dimethylundecandiol-(2.10) u. 3.10-Diäthyldodecandiol-(3.10) in Ggw. von H_2SO_4 wurden die entsprechenden *α.ω-Bis-[acetylamino]-alkane* dargestellt u. durch Red. mit $LiAlH_4$ in *α.ω-Bis-[äthylamino]-alkane* übergeführt. Die *Dihydrochloride* der Bis-[äthylamino]-Verbb. besitzen eine mäßige ganglienblockierende Wirksamkeit.

Versuche: *3.10-Diäthyldodecandiol-(3.10)*, $C_{16}H_{34}O_2$, F. 60—63°, aus Korksäurediäthylester u. Äthyl-MgBr; 81% (Ausbeute). — α.ω-Bis-[acetylamino]-alkane: Man gibt zu 0,05 Mol der Glykole u. 0,15 Mol Acetonitril bei < 40° portionsweise 0,15 Mol 98%ig. H_2SO_4 u. läßt 2 Tage bei 20° stehen: *1.4-Bis-[acetylamino]-1.1.4.4-tetraäthylbutan*, $C_{16}H_{32}N_2O_2$, F. 222—223°; 51,5%. — *1.6-Bis-[acetylamino]-1.1.6.6-tetraäthylhexan*, $C_{18}H_{36}N_2O_2$, F. 192—193°; 62,4%. — *1.8-Bis-[acetylamino]-1.1.8.8-tetraäthyloctan*, $C_{20}H_{40}N_2O_2$, F. 155—157°; 59%. — *1.9-Bis-[acetylamino]-1.1.9.9-tetraäthylnonan*, $C_{21}H_{42}N_2O_2$, F. 148—149°; 62%. — *1.6-Bis-[acetylamino]-1.1.6.6-tetramethylhexan*, $C_{14}H_{28}N_2O_2$, F. 177—178°; 53%. — *1.9-Bis-[acetylamino]-1.1.9.9-tetramethylnonan*, $C_{17}H_{34}N_2O_2$, F. 121—123°; 60%. — α.ω-Bis-[äthylamino]-alkandihydrochlorid: Man gibt zu 0,06 Mol $LiAlH_4$ in 50 ml Ae. 0,01 Mol der vorst. Verbb., kocht 1—2 Std. lang, gibt unter Kühlen 75 ml 40%ig. NaOH zu, dampft die äther. Lsg. auf 15—20 ml ein u. fällt mit äther. HCl: *1.4-Bis-[äthylamino]-1.1.4.4-tetraäthylbutandihydrochlorid*, $C_{16}H_{38}Cl_2N_2$, F. 276°; 46%. — *1.6-Bis-[äthylamino]-1.1.6.6-tetraäthylhexandihydrochlorid*, $C_{18}H_{42}Cl_2N_2$, F. 252—253°; 65%. — *1.8-Bis-[äthylamino]-1.1.8.8-tetraäthyloctandihydrochlorid*, $C_{20}H_{46}Cl_2N_2$, F. 240—242°; 70,4%. — *1.9-Bis-[äthylmino]-1.1.9.9-tetraäthylnonandihydrochlorid*, $C_{21}H_{48}Cl_2N_2$, F. 194—195°; 50%. — *1.6-Bis-[äthylamino]-1.1.6.6-tetramethylhexandihydrochlorid*, $C_{14}H_{34}Cl_2N_2$, F. 265°; 71,4%. — *1.9-Bis-[äthylamino]-1.1.9.9-tetramethylnonandihydrochlorid*, $C_{17}H_{40}Cl_2N_2$, F. 248°; 70%. Helmut Schäfer. 910□

Über die Abbauprozesse bei der Polykondensation von L-Prolinester enthaltenden Tripeptiden. N. Je. Schutzkewer, W. A. Schibnew, M. I. Millionowa, T. D. Kosarenko und K. T. Poroschin. (Известия Академии Наук СССР, Отделение Химических Наук [Nachr. Akad. Wiss. UdSSR, Abt. chem. Wiss.] **1959**. 2055—58. Nov. Organ. chem. Zelinsky-Inst. der Akad. der Wiss. der UdSSR u. Moskau, Univ.) (Russ.)

Bei der Polykondens. verschiedener Prolin-Tripeptidester (15 Std. bei 120° u. $1,6 \cdot 10^{-3}$ Torr) sublimieren die entstehenden Diketopiperazine aus dem Polykondensat heraus. Die völlige Trennung der cycl. von den linearen Kondens.-Prodd. wurde nach Debye-Scherrer röntgenograph. ermittelt. Während die Methylester von Glycyl-L-prolylglycin 94,2%, Glycyl-L-prolyl-L-prolin 71% u. L-Prolylglycyl-L-prolin 82,4% Polykondensat neben 5,8, 29 u. 17,6% *L-Prolylglycindiketopiperazin* liefern, entstehen aus L-Prolyl-L-prolylglycinmethylester 92,2% *Prolylprolindiketopiperazin.*

Versuche: *L-Prolylglycinmethylester* (I), Kp.$_{2,4\cdot 10^{-4}}$ 108—110°; n_D^{20} 1,4949. — *L-Prolylglycinäthylester*, Kp.$_{0,02}$ 125—130°; n_D^{20} 1,4868. — *Cboglycyl-L-prolylglycinmethylester*, $C_{18}H_{23}N_3O_6$, durch Einw. von 1 ml Chlorkohlensäureäthylester auf 2,09 g Cbo-glycin in 10 ml Chlf. in Ggw. von 1,4 ml Triäthylamin bei —15 bis —10°, ½std. Erwärmen auf —3 bis —5°, Zugabe von 1,8 g I bei —15° u. 2 Std. langes Rühren, zuletzt bei 50°; $[\alpha]_D^{21}$ —80° (c = 1,8; Methanol); 97,5% (Ausbeute). — *Glycyl-L-prolyl-*

glycinmethylester, $C_{10}H_{17}N_3O_4$, mit H_2/Pd in Methanol; $[\alpha]_D^{22,5}$ −110,3° (c = 0,5; Chlf.); 89,5%. — *Cbo-glycyl-L-prolyl-L-prolinmethylester*, $C_{21}H_{27}N_3O_6$, F. 148—159° (W.), analog vorst. Verb.; 89%. — *Glycyl-L-prolyl-L-prolinmethylester*, hygroskop. Kristalle; $[\alpha]_D^{20}$ −123° (c = 0,6; Chlf.); 98,5%. — *Cbo-L-prolyl-L-prolylglycinmethylester*, $C_{21}H_{27}\cdot N_3O_6$, $[\alpha]_D^{21}$ −95,8° (c = 2; Methanol); 92%. — *L-Prolyl-L-prolylglycinmethylester*, hygroskop.; $[\alpha]_D^{22}$ −96,5° (c = 0,6; Chlf.). H. NIEDRICH. 950□

Synthese von Trimethylbor aus Borsäureanhydrid oder Borat. Jun Iyoda und Isao Shiihara. (Bull. chem. Soc. Japan **32.** 304—05. März 1959. Daini, Oyodo-ku, Osaka, Industrial Res. Inst.) (Engl.)

Durch mehrstd. Erhitzen von B_2O_3 u. $Na_2B_4O_7$ mit $(CH_3)_3Al_2Cl_3$ (**I**) auf 100—170° bzw. durch mehrstd. Rk. von Borsäuretributylester mit **I** bei Raum-Temp. in einer inerten Atmosphäre wird in 71,2—93,6%ig. Ausbeute *Trimethylbor* (**II**; Kp. −21,8°) dargestellt. Bei Rk. von B_2O_3 mit **I** oder Methyl–MgCl in Diisoamyläther entsteht infolge Stabilisierung der Organometall-Verbb. durch Ätherat-Bldg. kein **II**. W. HAMPEL. 980□

Untersuchungen über Borpolymere. W. L. Ruigh, W. R. Dunnavant, F. C. Gunderloy jun., N. G. Steinberg, Michael Sedlak und A. D. Olin. (Advances Chem. Ser. Nr. **32.** 241—44. 1961. Ohio, Wright-Patterson Air Force Base, Aeronautical Res. Labor., Chem. Res. Branch; New Brunswick, N.J., Rutgers Univ., Dep. of Chem.) (Engl.)

Übersicht über *Boronsäuren, polymere Boramide, Borazene, B-Tris-[β-chlorvinyl]-borazol*-Polymere. — 26 Literaturangaben (bis 1957). CH. WEISKE. 980□

Synthese von Alkenylsilanen durch Anlagerung von Methyldichlorsilan an Dien- und Acetylenverbindungen. W. F. Mironow und W. W. Nepomnina. (Известия Академии Наук СССР, Отделение Химических Наук [Nachr. Akad. Wiss. UdSSR, Abt. chem. Wiss.] **1960.** 1419—23. Aug. Zelinsky-Inst. für org. Chem. der Akad. der Wiss. der UdSSR.) (Russ.)

Durch Anlagerung von Methyldichlorsilan (**I**) an Piperylen (**II**), Diallyl (**III**), Phenylacetylen (**IV**), Hexin-(1) (**V**) u. Äthinyläthyldimethylsilan (**VI**) werden die entsprechenden *Methyldichlorsilyl-Verbb.* dargestellt. Die Struktur der Verbb. wird durch RAMAN-Analyse u. Synth. auf unabhängigem Wege bewiesen.

Versuche: *2-[Methyldichlorsilyl]-penten-(3)*, Kp. 163—165°, man erhitzt 15 ml eines aus 112 g **I**, 65 g **II** u. 1 ml 0,1 n $H_2PtCl_6\cdot 6\,H_2O$ in Isopropanol (**VII**; SPEIER-Katalysator) erhaltenen Gemisches bis zum Einsetzen der Rk., tropft bei 100—120° den Rest des Gemisches zu u. kocht 5 Std.; $D._4^{20}$ 1,0285; n_D^{20} 1,4517; 43% (Ausbeute). — *2-[Trimethylsilyl]-penten-(3)*, $C_8H_{18}Si$, $Kp._{746}$ 131,5°, man tropft zu 48 g Mg unter 1200 ml Ae. in 5 Std. das Gemisch aus 108 g Trimethylchlorsilan u. 150 g 2-Chlorpenten-(3) zu u. kocht 10 Std. lang; $D._4^{20}$ 0,7523; n_D^{20} 1,4285; 51%. Daneben *Verb.* $C_{10}H_{18}$, $Kp._{746}$ 151 — 151,5°; $D._4^{20}$ 0,7604; n_D^{20} 1,4385; 32 g. — *Hexen-(5)-ylmethyldichlorsilan*, $Kp._{75}$ 112—113°, man tropft zu 100 g **III** u. 0,5 ml **VII** bei ca. 70° 131 g **I** zu u. dest.; $D._4^{20}$ 1,0067; n_D^{20} 1,4523; 55%. Die Methylierung von 80 g vorst. Verb. mit Methyl–MgCl (aus 24 g Mg) liefert *Hexen-(5)-yltrimethylsilan*; $D._4^{20}$ 1,0067; n_D^{20} 1,4523; 61%. — *β-[Trichlorsilyl]-styrol*, $Kp._{10}$ 133°, aus 35,5 g **IV** u. 50 g $SiHCl_3$; $D._4^{20}$ 1,2848; n_D^{20} 1,5575; 61%. — *β-[Methyldichlorsilyl]-styrol*, $C_9H_{10}Cl_2Si$, $Kp._{20}$ 127°, man erhitzt 24,5 g **IV**, 28,2 g **I** u. 0,5 ml **VII** in 4 Std. auf 180°; $D._4^{20}$ 1,1634; n_D^{20} 1,5477; 58%. — *β-[Trimethylsilyl]-styrol*, $Kp._{12}$ 96—97°, aus Methyl–MgCl (200 ml Ae., 7 g Mg) u. 29 g vorst. Verb.; $D._4^{20}$ 0,8886; n_D^{20} 1,5214; 72%. — *Hexen-(1)-ylmethyldichlorsilan*, $C_7H_{14}Cl_2Si$, $Kp._{17}$ 82,5°, durch ½ std. Kochen von 13 g **V**, 20 g **I** u. 1 ml **VII**; $D._4^{20}$ 1,0196; n_D^{20} 1,4492; 28%. — *Hexen-(1)-yltrimethylsilan*. Kp. 159° man gibt zu Methyl–MgCl (200 ml Ae. 5 g Mg) 13,5 g vorst. Verb. u. kocht 3 Std.; $D._4^{20}$ 0,7549; n_D^{20} 1,4225; 6,7 g. — *Äthinyläthyldimethylsilan* (**VI**), $C_6H_{12}Si$, $Kp._{751}$ 83,2°, man leitet in 200 ml Tetrahydrofuran Acetylen ein u. gibt in 4 Std. portionsweise Äthyl–MgBr (24 g Mg, 108 g Äthylbromid, 300 ml Tetrahydrofuran) zu: danach versetzt man mit 50 g Äthyldimethylchlorsilan u. kocht 15 Std.; $D._4^{20}$ 0,7435; n_D^{20} 1,4082; 83,5%. — *1-[Dimethyläthylsilyl]-2-[methyldichlorsilyl]-äthylen*, $Kp._{45}$ 104°, man gibt zu 26 g **VI** u. 0,5 ml **VII** bei ca. 90° 27 g **I**; $D._4^{20}$ 0,9861; n_D^{20} 1,4590; 53%. — *1-[Äthyldimethylsilyl]-2-[trimethylsilyl]-äthylen*, $Kp._{762}$ 166°, man gibt zu Methyl–MgCl (10 g Mg, 320 ml Ae.) 26 g vorst. Verb. u. kocht 2 Std.; $D._4^{20}$ 0,7730; n_D^{20} 1,4380; 77,2%. HELMUT SCHÄFER. 980□

β-Ketophosphonsäureester. 6. Mitt. Über die Reaktionsprodukte von Chlor- und Bromaceton mit Äthylphosphonigsäurediäthylester und dem Natriumsalz von Äthylphosphonigsäureäthylester. B. A. Arbusow, W. Ss. Winogradowa und M. A. Swerewa. (Известия Академии Наук СССР, Отделение Химических Наук [Nachr.

Akad. Wiss. UdSSR, Abt. chem. Wiss.] **1960.** 1772—78. Okt. Kasan, Univ., Butlerow-Forschungsinst. u. Chem. Arbusow-Inst. der Filiale der Akad. der Wiss. der UdSSR.) (Russ.) — 5. vgl. C. **1962.** 8958.

Äthylphosphonigsäurediäthylester (**I**) reagiert mit Chloraceton (**II**) unter Bldg. von *Äthylphosphonsäureäthylisopropenylester* (**III**). **I** u. Bromaceton (**IV**) liefern **III** u. ein einheitlich höher sd. Gemisch, das sich an Silicagel in *Äthylacetonylphosphoninsäureäthylester* (**V**) u. *Äthylphosphonsäureäthyl-1(3)-bromisopropenylester* (**VI**) trennen läßt. Die Stellung des Broms im Isopropenylrest wurde nicht geklärt. Äthylphosphonigsäureäthylester-Na-Salz (**VII**) reagiert mit **II** unter Bldg. von *Äthyl-[1.2-oxidopropyl-(2)]-phosphinsäureäthylester*. Die Struktur der Phosphon- u. Phosphinsäure-Verbb. wurde RAMAN- u. UV-analyt. bewiesen.

Versuche: *Äthylphosphonsäureäthylisopropenylester* (**III**), $C_7H_{15}O_3P$, Kp.$_{0,5}$ 56—57°, man tropft zu 20,1 g **II** bei 100—105° unter CO_2 32,5 g **I** zu, erhitzt ½ Std. auf 105 bis 110° u. dest.; D_4^{20} 1,0351; n_D^{20} 1,4329; 61,5% (Ausbeute). Umesterung mit A. liefert *Aceton* u. *Äthylphosphonsäurediäthylester*, Kp.$_{22}$ 93—95°. — *Rk. von* **I** *mit* **IV**: Man setzt 28 g **IV** mit **I** analog vorst. Rk. um u. dest.: **III** (Kp.$_{0,5}$ 53—55°; D_4^{20} 1,0309; n_D^{20} 1,4305; 18%) u. **V**—**VI**-Gemisch (Kp.$_{0,5}$ 89—90°; 59,1%); 10 g des Gemisches werden an 150 g Silicagel chromatographiert; Elution mit Ae. liefert 2,0 g *Äthylphosphonsäureäthyl-1(3)-bromisopropenylester* (**VI**; $C_7H_{14}BrO_3P$, Kp.$_1$ 72—74°; D_4^{20} 1,3748; n_D^{20} 1,4738), mit Methanol 4,3 g *Äthylacetonylphosphinsäureäthylester* (**V**; $C_7H_{15}O_3P$, Kp.$_1$ 75—78°; D_4^{20} 1,0833; n_D^{20} 1,4502). — *Äthyl-[1.2-oxidopropyl-(2)]-phosphinsäureäthylester*, $C_7H_{15}O_3P$, Kp.$_1$ 81,5—82°, man tropft zu **VII**-Lsg. (20,2 g Äthylphosphonigsäureäthylester, 4,3 g Na, 150 ml Ae.) 15,3 g **II** u. erhitzt ½ Std. lang auf dem Wasserbad; D_4^{20} 1,0914; n_D^{20} 1,4505; 34,6%. HELMUT SCHÄFER. 980□

Dichlorpropiophenone und β-Dichlorphenylpropionsäuren. V. V. Devasthale, P. B. Sattur und K. S. Nargund. (J. Karnatak Univ., Sci. [Dharwar, India] **1.** 39 bis 42. Nov. 1956. Dharwar, Karnatak Univ., Dep. of Chem.) (Engl.)

Dichlorpropiophenone entstehen durch Kondens. von Propionylchlorid (**I**) mit Chlorbenzolen in Ggw. von $AlCl_3$ in guten Ausbeuten u. werden in *β-Dichlorphenylpropionsäuren* übergeführt.

Versuche: *Propionylchlorid* (**I**), Kp. 80°, durch 2½ std. Kochen von Propionsäure mit PCl_3. — Propiophenone: *3.4-Dichlor-* (**II**), F. 44°, Kp. 247°, durch Zugabe von $AlCl_3$ zu einem Gemisch aus o-Dichlorbenzol u. **I**, 5std. Erhitzen auf 100°, Zers. mit Eis/wss. HCl u. Wasserdampf-Dest.; 96% (Ausbeute). *Semicarbazon*, F. 212°, aus verd. A. Nadeln. *Oxim*, F. 121—122°, aus A. Kuben. — *2.4-Dichlor-*, Kp. 225°, aus m-Dichlorbenzol; 90%. *Semicarbazon*, F. 189—190°, aus A. Nadeln. *Oxim*, F. 105°, aus A. Kuben. — *2.5-Dichlor-*, Kp. 258°, aus p-Dichlorbenzol; 40%. *Semicarbazon*, F. 191°, aus A. Nadeln. *Oxim*, F. 106°, aus A. Nadeln. — Benzoesäuren: *3.4-Dichlor-*, F. 208°, durch Oxydation von **II** mit alkal. $KMnO_4$-Lösung. — *2.4-Dichlor-*, F. 159°. — *2.5-Dichlor-*, F. 152°. — *β*-Phenylpropionsäuren: *3.4-Dichlor-*, F. 71°, durch 8std. Kochen von **II**, Morpholin u. S, Verdünnen mit W., Extrahieren mit Ae., Eindampfen u. Hydrolysieren des gebildeten Thiomorpholids mit 10%ig. alkohol. KOH; 25%. — *2.4-Dichlor-*, F. 74°; 21%. — *2.5-Dichlor-*, F. 92°; 30%. W. HAMPEL. 990□

Synthese und Reaktionen von verzweigten Kohlenwasserstoffen. 14. Mitt. **Die Halogenierung von tert.-Butylbenzol mit freien Radikalen.** J. R. B. Boocock und W. J. Hickinbottom. (J. chem. Soc. [London] **1961.** 2587—89. Juni. London, Univ., Queen Mary Coll.) (Engl.) — 13. vgl. C. **1960.** 14327.

tert.-Butylbenzol (**II**) liefert bei der radikal. Chlorierung in fl. Phase mit N.2.4.6-Tetrachloracetanilid (**III**) ein Gemisch aus 75% *β.β-Dimethylphenäthylchlorid* (**IV**), 5% *2-Methyl-1-phenylpropen* (**I**) u. 20% *tert.-Butylchlorbenzolen*. **I** ist möglicherweise ein Umlagerungs- u. HCl-Abspaltungs-Prod. von **IV**. Bei entsprechender Bromierung von **II** mit N-Bromsuccinimid (**V**) entsteht unter Kernbromierung *p-Brom-tert.-butylbenzol* (**VII**) neben sehr wenig eines ungesätt. Prod., bei dem es sich möglicherweise um **I** handelt.

Versuche: *2-Methyl-1-phenylpropen* (**I**), Kp.$_{10}$ 62—68°, durch 30std. Rühren von 118 g **II** (Kp. 167—168°; n_D^{20} 1,4927), 55 g **III** u. 2,2 g Benzoylperoxid (**VI**) bei 90°, Abfiltrieren des in der Kälte u. auf Zusatz von PAe. ausgeschiedenen 2.4.6-Trichloracetanilids, Abdest. von nicht umgesetztem **II**; im Vakuum u. fraktionierte Dest. im Vakuum; n_D^{20} 1,5308; 1,2 g (Ausbeute). — *tert.-Butylchlorbenzol*, $C_{10}H_{13}Cl$, Kp.$_{10}$ 86—87°, neben **I** als 2. Fraktion; n_D^{20} 1,5130; 4,6 g. — *4-Chlor-2-nitro-1-tert.-butylbenzol*, F. 114,5 bis 116°, aus vorst. Verb. durch Nitrierung. — *β.β-Dimethylphenäthylchlorid* (**IV**), $C_{10}H_{13}Cl$, Kp.$_{11}$ 96—98°, neben **I** als 3. Fraktion; n_D^{20} 1,5245; 20 g. *p-Nitro-Deriv.*, F. 62 bis 64°, aus **IV** u. rauchender HNO_3. — *p-Brom-tert.-butylbenzol* (**VII**), $C_{10}H_{13}Br$, Kp.$_{11}$ 100 bis 103,5°, durch 87std. Erhitzen von 50 g **II**, 31 g **V** u. wenig **VI** auf 90°, Abdest. von nicht umgesetztem **II** (0,8 g) u. fraktionierte Dest.; $n_D^{17,7}$ 1,5345—1,5343; 8,7 g; daneben 0,8 g eines *bromhaltigen Olefins*, $Kp._{10}$ 92—94°, n_D^{20} 1,5292. — *p-tert.-Butylbenzoesäure*, F. 163,5—165,5°, aus **VII** nach GRIGNARD. — *4-Brom-2-nitro-1-tert.-butylbenzol*, F. 133,5 bis 134,5°, aus **VII** durch Nitrierung. — *β.β-Dimethylphenäthylbromid*, $Kp._{0,1}$ 41°, aus dem entsprechenden Alkohol u. HBr; n_D^{20} 1,5401. G. MARQUARD. 1010

Darstellung von „doppelten Phenoxy"-Verbindungen und vorläufige Prüfung ihrer herbiciden Aktivität an Mesquitesämlingen. Charles F. Krewson und Richard Behrens. (J. agric. Food Chem. **7.** 551—53. Aug. 1959. Philadelphia, Pa., Eastern Reg. Res. Labor., and Coll. Station, Texas, Crops Res. Div., Agricult. Res. Serv., Texas Agricult. Exp. Stat., U. S. Dep. of Agricult.) (Engl.)

Chlorphenoxyalkancarbonsäurechlorphenoxyalkylester („Doppelte Phenoxy-Verbb.") wurden durch Veresterung der Komponenten in Ggw. von H_2SO_4 bzw. HCl u. azeotropes Abdestillieren des Rk.-Wassers mit Benzol oder Xylol dargestellt. Die Verbb. wurden an Prosopis juliflora var. glandulosa getestet u. zeigten z. T. beim Vgl. mit 2.4.5-Trichlorphenoxyessigsäure u. 2-[2.4.5-Trichlorphenoxy]-propionsäure herbicide Aktivität. Hergestellt u. geprüft wurden folgende 2-[2.4-Dichlorphenoxy]-äthylester (FF. korr.): *4-Chlorphenoxyessigsäure-*, F. 84,5—85,5° (PAe./Xylol); 50% (Ausbeute). — *2.4-Dichlorphenoxyessigsäure-*, F. 92,5—93,5° (Aceton/W.); 70,2%. — *2-Methyl-4-chlorphenoxyessigsäure-*, F. 66,0—66,5° (PAe.); 1,9%. — *2.4.5-Trichlorphenoxyessigsäure-*, F. 93,5 bis 94° (PAe./Xylol); 55,5%. — *DL-2-[2.4-Dichlorphenoxy]-propionsäure-*, F. 70,0—71,5° (Bzl.); 42,3%. — *DL-2-[2.4.5-Trichlorphenoxy]-propionsäure-*, F. 99—100° (Bzl.); 51,5%. — *4-[2.4-Dichlorphenoxy]-buttersäure-*, F. 53,0—55,0° (PAe.); 81,2%. — 2-[2.4.5-Trichlorphenoxy]-äthylester: *2.4-Dichlorphenoxyessigsäure-*, F. 90,0—90,5° (PAe./Essigester); 78,7%. — *2.4.5-Trichlorphenoxyessigsäure-*, F. 90,5—91° (PAe./Essigester); 77,3%. — *DL-2-[2.4.5-Trichlorphenoxy]-propionsäure-*, F. 93—94° (PAe./Essigester); 63,3%. — DL-1-[2.4.5-Trichlorphenoxy]-propyl-(2)-ester: *2.4-Dichlorphenoxyessigsäure-*, F. 91,5—92,5° (PAe./ Xylol); 73,1%. — *2.4.5-Trichlorphenoxyessigsäure-*, F. 95,5—96,5° (PAe./Xylol); 58,4%. — *DL-2-[2.4.5-Trichlorphenoxy]-propionsäure-*, F. 105,5—107,0° (PAe./Xylol); 44,2%. — DL-2-[2.4.5-Trichlorphenoxy]-propyl-(1)-ester: *2.4-Dichlorphenoxyessigsäure-*, F. 64—66° (PAe.); 54%. — *2.4.5-Trichlorphenoxyessigsäure-*, F. 77—79° (PAe.), 79,3%. *DL-2-[2.4.5-Trichlorphenoxy]-propionsäure-*, F. 89—90° (PAe./Essigester); 50,4%. H. GOEBEL. 1060□

Über einige Diester der phosphorigen Säure. Doureid Houalla und Robert Wolf. (C. R. hebd. Séances Acad. Sci. **247.** 482—85. 28/7. 1958. Toulouse, C.N.R.S. Fac. des Sci.) (Franz.)

Bei der Einw. von Phenolen auf PCl_3 entstehen in ca. 70%ig. Ausbeute Triarylphosphite (**A**): *Triphenyl-*, F. 25°, $Kp._{0,8}$ 161°, $D._4^{20}$ 1,188, n_D^{20} 1,591. — *Tris-[o-tolyl]-*, $Kp._{0,8}$ 182—188°, $D._4^{20}$ 1,138, n_D^{20} 1,578. — *Tris-[m-tolyl]-*, $Kp._5$ 217°, $D._4^{20}$ 1,127, n_D^{20} 1,577. — *Tris-[p-tolyl]-*, $Kp._{0,8}$ 298°, $D._4^{20}$ 1,128, n_D^{20} 1,575. — Die **A** gehen bei der Rk. mit Eisessig in 2—3 Std. bei 150—180° in Phosphorigsäurediarylester über, daneben entsteht der entsprechende *Essigsäurearylester*: *-diphenyl-*, F. ~25°, $D._4^{20}$ 1,231, n_D^{20} 1,557. — *-bis-[o-tolyl]-*, $D._4^{20}$ 1,178, n_D^{20} 1,546. — *-bis-[m-tolyl]-*, $D._4^{20}$ 1,168, n_D^{20} 1,546. — *-bis-[p-tolyl]-*, F. 30°, $D._4^{20}$ 1,170, n_D^{20} 1,547. — Die IR-Spektren der synthetisierten Verbb. sind graph. dargestellt u. werden diskutiert. WALTER SIMON. 1060

Synthese und Eigenschaften einiger Polyester substituierter Phosphorsäuren. I. K. Rubzowa und R. D. Shilina. (Журнал Прикладной Химии [J. angew. Chem.] **32.** 2604—06. Nov. 1959.) (Russ.)

Es werden einige *Phosphorsäureesterdichloride* dargestellt u. mit zweiwertigen Phenolen zu *polymeren Phosphorsäureestern* kondensiert. Die Eigg. der Polyester, bes. ihre therm. Beständigkeit, werden untersucht.

Versuche: Phosphorsäureesterdichloride: *p-tert.-Butylphenylester*, $C_{10}H_{13}Cl_2O_2P$, $Kp._4$ 141—143°, aus 428 g p-tert.-Butylphenol u. 437 g $POCl_3$ in Ggw. von 12,8 g $CaCl_2$ durch 5 std. Kochen u. anschließende Vakuum-Dest.; n_D^{20} 1,5136; $D._4^{20}$ 1,2472; 87,3% (Ausbeute). *Phenylester*, $C_6H_5Cl_2O_2P$, $Kp._8$ 105—108°; n_D^{20} 1,5320; $D._4^{20}$ 1,4207; 86,7%. *o-Chlorphenylester*, $C_6H_4Cl_3O_2P$, $Kp._7$ 123—125°; n_D^{20} 1,5372; $D._4^{20}$ 1,5134; 77,1%. *p-Chlorphenylester*, $C_6H_4Cl_3O_2P$, $Kp._7$ 127—130°; n_D^{20} 1,5380; $D._4^{20}$ 1,5236; 79,5%. *p-[2-Phenylpropyl-(2)]-phenylester*, $C_{15}H_{15}Cl_2O_2P$, $Kp._2$ 167—170°; n_D^{20} 1,5670; $D._4^{20}$ 1,2658; 71,5%. Die aus vorst. Esterchloriden mit Polyphenolen, z. B. mit Resorcin, dargestellten *Phosphorsäurepolyester* sind durchsichtige, gelbliche, glasartige Prodd., die je nach Komponenten bei 33—86° erweichen. Ein Zusatz dieser Polymeren (30%) zu Phenoplasten, Polyharnstoffen oder Polyestern macht diese unbrennbar.

A. DRAEGER. 1060□

Die Zersetzung einiger Ester der p-Toluolsulfonsäure. W. J. Hickinbottom und N. W. Rogers. (J. chem. Soc. [London] **1957**. 4131—32. Sept. London, Univ., Queen Mary Coll.) (Engl.)

Vff. beschreiben die Synth. u. Zers. von *p-Toluolsulfonsäurecyclohexylester* (**II**), *-cyclopentylester* (**III**) u. *-1.3.3-trimethylbutylester* (**IV**). Bei Ausschluß von Feuchtigkeit u. Säure sind die reinen Ester lange Zeit beständig, ungereinigte Prodd. zersetzen sich dagegen innerhalb einer Woche unter Bldg. von *p-Toluolsulfonsäure* (I) u. *Olefinen* bzw. deren Polymeren. Die Zers. wird durch Erhitzen oder durch Zugabe von I beschleunigt. II zersetzt sich bei 120° in Ggw. von I schon innerhalb 1 Std., dabei entstehen KW-Stoffe mit 12 bzw. 18 C-Atomen u. höher kondensierte Produkte. Die C_{12}-Fraktion enthält gesätt. KW-Stoffe, vermutlich *Dicyclohexyl-* u. *Methylcyclopentandimere*; die C_{18}-Fraktion stellt ein Gemisch ungesätt. KW-Stoffe dar. Zers. von III führt zu ähnlichen Prodd., IV liefert neben verschiedenen Polymeren ein größtenteils ungesätt. Dimeres, das teilweise noch die ursprüngliche Alkoholstruktur aufweist.

Versuche: *p-Toluolsulfonsäurecyclohexylester* (II), F. 45,5—46° (PAe.), durch Zugabe von 323 g p-Toluolsulfonylchlorid zu 180 g Cyclohexanol in Pyridin bei —8°, 4std. Rühren, 24std. Aufbewahren bei 0°, Verreiben des erstarrten Rk.-Gemisches mit W. u. Ansäuern mit konz. HCl; 410 g (Ausbeute). Therm. Zers. von II: durch 1std. Erhitzen von 350 g II mit 50 g I auf 120° unter Schütteln, Auswaschen von I mit wss. NaOH Ae.-Extraktion der KW-Stoffe, fraktionierte Dest. u. Auffangen folgender Fraktionen: a) $Kp._{1,2}$ 68—74°, n_D^{20} 1,4973; 16,1 g; b) $Kp._{1,2}$ 140—160°, n_D^{20} 1,5020; 6,2 g; c) $Kp._{0,1}$ 185—205°, n_D^{20} 1,5265; 6,0 g; daneben *Polymere*. — *Diphenyl*, F. u. Misch-F. 70°, durch Dehydrierung von 0,8 g vorst. Fraktion a) an Pd-Kohle bei 400°; 0,25 g. — *p-Toluolsulfonsäurecyclopentylester* (III), F. 27° (PAe.), analog II. Therm. Zers. von III: durch Erhitzen von 280 g III u. 52 g I auf 90°, Aufarbeitung wie oben u. Isolierung der Fraktion vom $Kp._{26}$ 80—86°, n_D^{20} 1,476—1,480; 18,9 g; daneben *Polymere*. — *p-Toluolsulfonsäure-1.3.3-trimethylbutylester* (IV), $C_{14}H_{22}O_3S$, F. 46° (PAe.). Therm. Zers. von IV: durch Erhitzen von 130 g IV mit I, Aufarbeitung wie oben u. Isolierung folgender Fraktionen: a) Kp. 70—90°, n_D^{20} 1,3950—1,4032; 5 g; b) $Kp._{16}$ 95—106°, n_D^{20} 1,4455—1,4513; 20 g; c) $Kp._{16}$ 150—160°, n_D^{20} 1,458; 5 g; daneben *Polymere*. — *4.4-Dimethylpentanon-(2), 2.4-Dinitrophenylhydrazon*, F. u. Misch-F. 97—98°, aus Fraktion b) durch Ozonolyse u. Rk. mit 2.4-Dinitrophenylhydrazin. H. NÜRNBERGER. 1090□

Oxydation organischer Sulfide mit optisch aktiven Persäuren. Asymmetrische Synthese von Sulfoxiden. K. Balenović, N. Bregant und D. Francetić. (Tetrahedron Letters [London] **1960**. Nr. 6. 20—22. März. Zagreb, Jugoslavia, Univ., Fac. of Sci., Chem. Labor.) (Engl.)

Die Unterss. der Vff. bestätigen die Existenz opt. akt. Formen von Sulfoxiden. Bei der Oxydation von m-Methylmercaptobenzoesäuremethylester mit Percamphersäure ($[\alpha]_D$ +52°) in Ae. bei 0° entsteht *m-Carbomethoxyphenylmethylsulfoxid* (I), $C_9H_{10}O_3S$, $Kp._{0,02}$ 80—90° (Bad); $[\alpha]_D$ +2,2 ± 0,2° (c = 2,88; CH_3OH); 74% (Ausbeute). Hydrolyse von I mit verd. wss. NaOH gibt *m-Carboxyphenylmethylsulfoxid*, $C_8H_8O_3S$, F. 170° (Chlf./PAe.); $[\alpha]_D$ +5,3 ± 0,2° (c = 1,96; CH_3OH); 80%. In gleicher Weise wird m-Äthylmercaptobenzoesäuremethylester zu *m-Carbomethoxyphenyläthylsulfoxid* [$C_{10}H_{12}O_3S$, $Kp._{0,01}$ 100—105°; $[\alpha]_D$ +2,5 ± 0,2° (c = 2,225; CH_3OH)] oxydiert u. weiter zu *m-Carboxyphenyläthylsulfoxid* [$C_9H_{10}O_3S$, F. 104°; $[\alpha]_D$ +1,4 ± 0,2° (c = 3,41; CH_3OH)] hydrolysiert. G. TEEGE. 1090□

Reduktion von Arylsulfonylhydrazinen mit aktiviertem Raney-Nickel. Takeo Ueda und Tadakazu Tsuji. (Chem. pharmac. Bull. [Tokyo] **9**. 71—72. Jan. 1961. Tokyo, Keio-Gijuku Univ., Pharmac. Inst.) (Engl.)

Die Red. von Benzolsulfonylhydrazinen an aktiviertem RANEY-Ni W-2 liefert die entsprechenden *Benzolsulfonamide* u. *Amine* durch Spaltung der N–N-Bindung. Diese Meth. ist allg. anwendbar.

Versuche: *Benzolsulfonamid*, F. 151—152°, a) durch 2std. Kochen von Benzolsulfonylhydrazin in 50% ig. Methanol mit RANEY-Ni W-2, Filtrieren, Ansäuern mit verd. HCl, Einengen, Kühlen u. Umkristallisieren der Kristalle aus wss. A.; 50,8% (Ausbeute); daneben 43,9% NH_3; b) analog a) aus α-Benzolsulfonyl-β-isopropylidenhydrazin; 37,5%; daneben aus der Mutterlauge 35,6% *Isopropylamin* (I; *Hydrochlorid*, F. 150—152°); c) aus α-Benzolsulfonyl-β-benzylidenhydrazin; 26,8%; daneben 27,3% *Benzylamin* (*Hydrochlorid*, F. 246—248°. *Hexachloroplatinat*, $C_7H_{11}Cl_6NPt$); d) aus α-Benzolsulfonyl-β-phenylhydrazin; 14,4%; daneben 15,1% *Anilin* (*Hydrochlorid*, F. 197—198°. *Acetanilid*, F. 113—114°). — *p-Acetylaminobenzolsulfonamid*, F. 219—220°, a) analog vorst. Verb. aus p-Acetylaminobenzolsulfonylhydrazin; 51,2%; daneben 48,4% NH_3; b) aus α-[p-Acetylaminobenzolsulfonyl]-β-isopropylidenhydrazin; 48,6%; daneben 47,3% I.

— *p-Acetylaminobenzolsulfonyl-N-methylamid*, F. 182—183°, a) aus α-[p-Acetylaminobenzolsulfonyl]-α-methylhydrazin; 7,1%; daneben 5,2% NH_3; b) aus α-[p-Acetylaminobenzolsulfonyl]-α-methyl-β-isopropylidenhydrazin; 74,5%; daneben 73,8% I. — *p-Aminobenzolsulfonamid*, F. 163—165°, a) aus p-Aminobenzolsulfonylhydrazin; 72,5%; daneben 71% NH_3; b) aus α-[p-Aminobenzolsulfonyl]-β-caprinoylhydrazin; 9,9%; daneben 10,6% *Caprinsäureamid*, F. 98—99° (wss. A.). — *α-Naphthalinsulfonamid*, F. 211—212°, aus α-Naphthalinsulfonylhydrazin; 32,3%; daneben 29,2% NH_3. — *1-Aminosulfonyl-4-acetylaminonaphthalin*, F. 263—264°, aus 1-Hydrazinosulfonyl-4-acetylaminonaphthalin; 44,1%; daneben 39,3% NH_3. P. GOLINSKE. 1090□

Darstellung einiger Aldehyde und Ketone aus Lithiumarylen. E. A. Evans. (Chem. and Ind. **1957**. 1596—97. 7/12. Amersham, Bucks., Radiochem. Centre.) (Engl.)

Die Rk. von Arylbromiden mit n-Butyl-Li bei —20° in Ae. u. Umsetzung der gebildeten Li-Aryle mit N.N-Dimethylformamid (I) bzw. N.N-Dimethylacetamid (II) ergibt entsprechende Aldehyde bzw. Ketone, die über die Semicarbazone oder 2.4-Dinitrophenylhydrazone isoliert werden.

Versuche (FF. korr.): *Benzaldehyd*, aus Brombenzol über die Li-Verb. u. I. *Semicarbazon*, F. 214—215°; 64% (Ausbeute). *2.4-Dinitrophenylhydrazon*, F. 235°; 70%. — *Acetophenon*, aus Brombenzol u. II. *Semicarbazon*, F. 195—196°; 71%. — *o-Tolualdehyd*, aus o-Bromtoluol u. I. *2.4-Dinitrophenylhydrazon*, F. 193—194°; 34%. — *m-Tolualdehyd*, *Semicarbazon*, F. 217—218°; 24%. — *p-Tolualdehyd*, *2.4-Dinitrophenylhydrazon*, F. 231 bis 232°; 7%. — *3-Methylacetophenon*, *2.4-Dinitrophenylhydrazon*, F. 207°; 8%. — *4-Methylacetophenon*, *2.4-Dinitrophenylhydrazon*, F. 258°; 8%. — *p-Chloracetophenon*, *2.4-Dinitrophenylhydrazon*, F. 234—235°; 49%. — *α-Naphthaldehyd*, *Semicarbazon*, F. 219 bis 220°; 60%. — *β-Naphthaldehyd*, *Semicarbazon*, F. 239—240°; 86%. — *2-Acetylnaphthalin*, *Semicarbazon*, $C_{13}H_{13}N_3O$, F. 222—223°; 13%. — *2-Methylnaphthaldehyd-(1)*, *Semicarbazon*, $C_{13}H_{13}N_3O$, F. 197—198°; 35%. — *Phenanthren-9-aldehyd*, *Semicarbazon*, F. 219—220°; 19%. *2.4-Dinitrophenylhydrazon*, F. 270°; 26%. — *m-Tolylbutylketon*, *2.4-Dinitrophenylhydrazon*, $C_{18}H_{20}N_4O_4$, F. 141—142°, aus n-Butylbromid u. N.N-Diäthyl-m-toluylsäureamid über die Li-Verb.; 67%. W. HAMPEL. 1100□

Synthese von potentiellen Antikrebsmitteln. 6. Mitt. N-[3-Hydroxypropyl]-benzaldimin und verwandte Verbindungen. Wyman R. Vaughan und Robert S. Klonowski. (J. org. Chemistry **26**. 145—48. Jan. 1961.) (Engl.) — 5. vgl. C. **1962**. 10083.

N-[3-Hydroxypropyl]-benzaldimin liefert mit Benzoylchlorid (I)-Pyridin bzw. mit p-Toluolsulfonylchlorid (II) *N-Benzoyl-* bzw. *N-[p-Toluolsulfonyl]-2-phenyl-1.3-tetrahydrooxazin*, das bei der Hydrogenolyse *N-[3-Hydroxypropyl]-4-toluolsulfonamid* gibt. Dieses wird auch aus 3-Aminopropanol (III) u. II erhalten. Die Dibenzoylierung von III führt zu *3-Benzamidopropylbenzoat* (IV). *3-Benzamidopropanol* wird durch Monobenzoylierung von III oder besser durch Verseifung von IV erhalten. Die Tosylierung liefert *3-Benzamidopropyltosylat* (V), das durch Verseifung der Tosylgruppe u. anschließende Benzoylierung in IV rücküberführt werden kann. IV bleibt beim Cyclisierungs-Vers. mit $NaOC_2H_5$/A. (4std. Kochen) unverändert, V liefert ein Öl. Bei der Umsetzung von Äthylencyanhydrin (VI) mit II entsteht *3-[p-Toluolsulfonoxy]-propionitril* (*β-Cyanäthyl-p-toluolsulfonat*). Bei der 7std. Hydrierung dieser Verb. in abs. A. über ADAMS-Katalysator bei 53 lbs./sq. in. entstand nicht Allylamin-p-toluolsulfonat, sondern neben wenig *Äthylenglykol-bis-[p-toluolsulfonat]* eine in W. lösl. *Verb. vom F. 350—352°*. Nach Dest. der wss., alkal. Lsg. konnte Allylamin als *Pikrat* (F. 135—140°) nachgewiesen werden.

Versuche: *N-[3-Hydroxypropyl]-benzaldimin*, $C_{10}H_{13}NO$, Kp.$_{0,5}$ 118°, durch Kochen von III u. Benzaldehyd in abs. Bzl.; 90% (Ausbeute). — *N-Benzoyl-2-phenyl-1.3-tetrahydrooxazin*, $C_{17}H_{17}NO_2$, F. 127—128° (Aceton–W.), durch Stehen (15 Min.) von 3,2 g vorst. Verb. in Pyridin mit I u. Gießen in W.; 2,4 g. — *N-[p-Toluolsulfonyl]-2-phenyl-1.3-tetrahydrooxazin*, $C_{17}H_{19}NO_3S$, F. 145,5—146,0° (abs. Ae.), a) durch 2std. Stehen vorvorst. Verb. in Pyridin mit II bei 0°; 72%; b) durch 16std. Rühren vorvorst. Verb. mit NaH in abs. Ae. u. 1std. Kochen mit II in abs. Ae.; 80,5%. — *N-[3-Hydroxypropyl]-p-toluolsulfonamid*, $C_{10}H_{15}NO_3S$, F. 55—56° (Chlf.-PAe.), a) durch 4std. Hydrieren vorst. Verb. in abs. äthanol. HCl über ADAMS-Katalysator bei 1 atm; 87%; b) aus III u. II in Pyridin bei 3°; 83,7%. — *N-[3-Hydroxypropyl]-benzamid*, Kp.$_{1,5}$ 198°, a) durch ½std. Erwärmen von 1 Mol III mit 0,5 Mol I auf dem Wasserbad; n_D^{21} 1,5590; 50%; b) durch 1½std. Kochen von IV mit verd. NaOH u. 8std. Extrahieren mit Chlf.; 57,2%. *Phenylurethan*, $C_{17}H_{18}N_2O_3$, F. 118—120°. — *3-Benzamidopropylbenzoat* (IV), $C_{17}H_{17}NO_3$, F. 83 bis 85° (wss. A.), a) aus 1 Mol III u. 2 Mol I in Pyridin bei 0—80°; 90%; b) aus vorst. Verb.; 60,5%. — *3-Benzamidopropyl-p-toluolsulfonat* (V), $C_{17}H_{19}NO_4S$, F. 156,5—157° (Chlf.), a) aus vorvorst. Verb. in Pyridin mit II bei 0°; 60,5%; b) durch 1std. Erwärmen von 0,1 Mol I mit 0,2 Mol III auf dem Wasserbad, Extrahieren mit Chlf. u. 2std. Stehen mit II/Pyridin bei 0°; 40,5%. — *β-Cyanäthyl-p-toluolsulfonat*, $C_{10}H_{11}NO_3S$, F. 64—65° (A.-W.), durch 2std. Rühren von **VI** u. **II** in Chlf./Pyridin bei 0° u. Verdünnen mit verd. HCl; 72,5%. — *Verb. vom F. 350—352° (Zers.)*, durch 7std. Hydrieren von 13 g vorst. Verb. in abs. A. über ADAMS-Katalysator bei 53 lbs./sq. in.; 12,0 g. — *Äthylenglykol-bis-[p-toluolsulfonat]*, F. 123—125°, neben vorst. Verbindung. R. PASEDAG. 1120□

Verbindungen mit potentieller Aktivität gegen tödliche Bestrahlung. 8. Mitt. **Synthesen phenolischer Ketone mittels Bortrifluorids.** N. P. Buu-Hoï und N. D. Xuong. (J. org. Chemistry **26.** 2401—02. Juli 1961. Paris, Univ., Radium Inst.) (Engl.) — 7. vgl. C. **1957.** 9632.

Vff. synthetisieren zur Prüfung auf pharmakolog. Wrkg. eine Anzahl phenol. Ketone, die sich von Di- u. Triphenolen oder vom α- oder β-Naphthol ableiten u. durch einen langkettigen aliphat. Rest ausgezeichnet sind. Die Darst. erfolgt durch Kondens. entsprechender Carbonsäuren mit dem Phenol in Ggw. von BF_3–HF bei 70° u. eignet sich bes. zur Gewinnung solcher langkettiger Ketone, die sich nach NENCKI, FRIEDEL-CRAFTS oder FRIES wegen unerwünschter Nebenrkk. nicht herstellen lassen. So entsteht aus Pyrogallol u. Arachinsäure (**I**) *4-Arachinoylpyrogallol* (**II**); analog aus α-Naphthol u. β-Naphthol mit guten Ausbeuten *2-Arachinoylnaphthol-(1)* u. *1-Arachinoylnaphthol-(2)*. Ähnlich bilden sich aus 5-Pentadecylresorcin mit Eisessig, Propionsäure (**VI**) u. Phenylessigsäure *5-Pentadecyl-4-resacetophenon*, *5-Pentadecyl-4-respropiophenon* u. *5-Pentadecyl-4-phenacetylresorcin*. Da die Acylierung von Brenzcatechin nach vorst. Meth. nicht durchführbar ist, werden *4-Acylbrenzcatechine* leichter durch BF_3-katalysierte Acylierung von Guajacol u. anschließende Entmethylierung der erhaltenen *2-Methoxy-4-acylphenole* mit Pyridinhydrochlorid (**V**) synthetisiert. Während bei allen genannten Rkk. nur Monoacylierung beobachtet wird, gibt Hydrochinon mit **VI** nach vorst. Meth. *2.5-Dipropionylhydrochinon*.

Versuche: *4-Arachinoylpyrogallol* (**II**), $C_{26}H_{44}O_4$, F. 99°, durch Sättigen des Gemisches von **I**, Pyrogallol u. abs. Xylol mit BF_3–HF (dargestellt aus KBF_4 u. Oleum) innerhalb von 20 Min., 5 Min. langes Erwärmen auf 70°, Zugabe von W. u. Xylol u. Einengen der Xylol-Lsg. im Vakuum; Nadeln aus Aceton; 90% (Ausbeute). — *2-Arachinoylnaphthol-(1)*, $C_{30}H_{46}O_2$, F. 93°, aus **I** u. α-Naphthol in Xylol analog **II**; aus Cyclohexan glänzende, gelbliche Nadeln; 70%. — *1-Arachinoylnaphthol-(2)*, $C_{30}H_{46}O_2$, F. 76°, aus **I** u. β-Naphthol in Xylol analog **II**; glänzende, gelbliche Nadeln aus Cyclohexan; 80%. — *5-Pentadecyl-4-resacetophenon* (**III**), $C_{23}H_{38}O_3$, F. 63°, durch Sättigen von 5-Pentadecylresorcin u. Eisessig in Xylol mit BF_3–HF innerhalb 1 Std. bei 50—60°, Stehenlassen über Nacht, Zers. mit Eis, Neutralisieren mit Na_2CO_3 u. Filtration; Nadeln aus A.; 75%. — *5-Pentadecyl-4-respropiophenon*, $C_{24}H_{40}O_3$, F. 76°, analog **III** mit **VI**; Prismen aus A.; 75%. — *5-Pentadecyl-4-phenacetylresorcin*, $C_{29}H_{42}O_3$, F. 105°, analog **III**, jedoch mit 15%ig. Überschuß an Phenylessigsäure; aus A. gelbliche Nadeln. — *2-Methoxy-4-propionylphenol* (**IV**), $C_{10}H_{12}O_3$, F. 54°, Kp.$_{12}$ 182°, durch Sättigen von Guajacol u. Eisessig in Xylol mit BF_3–HF bei 60—70° u. Stehenlassen über Nacht bei Raum-Temp.; Blättchen aus Hexan; 100%. — *4-Propionylbrenzcatechin*, F. 142°, durch 10 Min. langes Kochen von **IV** mit **V** u. Zugabe von W.; Prismen aus A.; 80%. — *2-Methoxy-4-butyrylphenol*, $C_{11}H_{14}O_3$, F. 45°, Kp.$_{12}$ 202°, analog **IV** aus Guajacol u. Buttersäure in Xylol; Prismen aus Hexan. — *4-Butyrylbrenzcatechin*, F. 149°, aus vorst. Verb. u. **V**; aus A. Prismen. — *2.5-Dipropionylhydrochinon*, $C_{12}H_{14}O_4$, F. 151 bis 152°, durch Kondens. von Hydrochinon mit **VI** in Xylol bei 100° in Ggw. von BF_3–HF; hellgelbe Prismen aus wss. CH_3OH; 7%. G. PLÖTNER. 1180□

Ubichinon. R. A. Morton, G. M. Wilson, J. S. Lowe und W. M. F. Leat. (Chem. and Ind. **1957.** 1649—50. 21/12. Liverpool, Univ., Dep. of Biochem.) (Engl.) — Vgl. C. **1959.** 3196 u. C. **1960.** 3247.

Vff. berichten über das Vork., das UV- u. IR-Absorptionsspektrum sowie über die Eigg. von *Ubichinon* (**I**) [FF. 33—34°, 36° u. 41°, Molgew. 537, 593, 646, 694, 430 (unkrist.) nach RAST in Exalton, 556 nach RAST in Campher, 890, 1000, 990 kryoskop. in Cyclohexan, 869 bzw. 995 durch isotherm. Dest. in Chlf. bzw. Aceton; Oxydations-Red.-Potential $-E_0 = 0{,}542$]. Die Summenformel errechnet sich zu $C_{44}H_{66}O_3$. Bezogen auf ein Molgew. von 642 nimmt **I** 8 Mol H_2 auf u. zeigt bei der Titration mit Benzopersäure 7,5 Doppelbindungen an. W. HAMPEL. 1190□

Darstellung von Benzolcarbonsäuren, die feste, neutrale Methylester liefern, von hohem Reinheitsgrad. Felipe González-Sánchez. (Tetrahedron [London] **1.** 231—37. 1957. Zaragoza, Inst. del Combustible, Sec. de Zaragoza.) (Engl.)

Inhaltlich in den C. **1959.** 11869 u. 11870 referierten Arbeiten enthalten.

G. MARQUARD. 1200

Thiosäuren. 3. Mitt. Mechanismus der Einwirkung von Arylmetall-Verbindungen auf Diaroyldisulfide und aromatische Thiosäuren. Mohamed Abdel-Fattah Elkaschef und Kamal El-Din Mokhtar. (J. chem. Soc. [London] **1960.** 2533—36. Juni. Cairo, Egypt, Nat. Res. Centre.) (Engl.) — 2. vgl. C. **1960.** 1820.

Diaroyldisulfide reagieren mit Aryl-Mg-Halogeniden oder Aryl-Li-Verbb. bevorzugt zu *Arylthiolsäuren,* die sich im Überschuß der metallorgan. Verb. zu *Triarylmethanthiolen* umsetzen. Beide Prodd. können sich miteinander zu *Triarylmethylthiolestern* kondensieren. Daneben erfolgt in geringerem Umfang die Bldg. von *Arylthiolsäurearylestern,* die mit einem Überschuß der metallorgan. Verb. zu *Triarylmethanolen* reagieren. Arylthiolsäuren ergeben mit Aryl-Li dementsprechend *Triarylmethylthiolester* u. *Triarylmethanole* (aus Triarylmethanthiolen), lediglich bei p-Methoxy- (**I**) u. p-Methylphenyl-Li (**II**) wird über freie Radikale Aryl—CO—S *Diaroyldisulfid* erhalten.

Versuche: *Thiolbenzoesäure-α.α-di-p-tolylbenzylester,* F. 136° (A.), a) aus 2,74 g Dibenzoyldisulfid (**III**) u. p-Tolyl-MgBr (1 : 3) in Bzl., 12 Std. bei Raum-Temp., 4 Std. unter Rückfluß, Zers. mit verd. HCl; 1,1 g (Ausbeute); b) aus 2,74 g **III** u. **II** wie unter a) u. Zers. mit verd. H_2SO_4; 1,0 g. — *p-Chlorbenzoesäure* (**IV**), F. 239° (PAe.), aus 1,7 g Di-p-chlorbenzoyldisulfid (**V**) u. Phenyl-MgBr (**VI**) (1 : 3) wie vorst. Verb.; 0,3 g. — *Triphenylmethanol* (**VII**), F. 163° (PAe.), a) aus 5,5 g **III** u. **VI** (1 : 6) in Bzl., 2 Std. unter Rückfluß, Zugabe von Benzoylchlorid, 4 Std. unter Rückfluß, Zers. mit verd. H_2SO_4; 3,8 g; daneben 0,35 g **VIII**; b) aus 2,76 g Thiobenzoesäure (**IX**) u. Phenyl-Li (**X**) (1 : 3), Zers. mit verd. Säure oder W.; 2,4 g. — *Thiolbenzoesäuretriphenylmethylester* (**VIII**), F. 188° (PAe.), a) aus 5,5 g **III** u. **X** (1 : 3), 12 Std. bei Raum-Temp., 4 Std. unter Rückfluß, Zers. mit verd. H_2SO_4; 2,8 g; daneben **VII**; b) aus 2,76 g **IX** u. **X** (1 : 3) wie **VII**; 0,2 g. — *Benzoesäure,* F. 122° (W.), aus 2,75 g **III** u. **I** (1 : 3) wie nach **VIII** a); 0,53 g. — *p-Chlorthiolbenzoesäure,* F. 187° (PAe.), aus 1,7 g **V** u. **X** (1 : 3) wie vorst. Verb.; 0,4 g; daneben 1,1 g **IV**. — *p-Thiolanissäure-4-methoxy-α.α-diphenylbenzylester,* F. 178° (PAe.), aus 3,4 g Di-p-anisoyldisulfid (**XI**) u. **X** (1 : 3); 1,1 g. — *Anissäure,* F. 182° (PAe.), a) aus 3,4 g **XI** u. **I** (1 : 3); 1,7 g; b) aus 3,34 g **XI** u. **II**; 1,3 g. — **III**, F. 132° (PAe.), a) aus 2,76 g **IX** u. **I** (1 : 3); 0,2 g; daneben vorst. Verb.; b) aus **IX** u. **II** (1 : 3).

A. Trede. 1210□

Konfigurationsuntersuchungen in der α-Phenylcarbonsäurereihe. Kurt Pettersson. (Ark. Kemi **9.** 509—18. 1956. Uppsala, Univ., Chem. Inst., Labor. of Organ. Chem. and Pharmacia Res. Labor.) (Engl.) — Vgl. C. **1962.** 1584.

Da (+)-Thenyl-(2)-phenylessigsäure (**V**) bei der Hydrierung an Raney-Ni unter Aufspaltung des Thiophenringes in die gleichsinnig drehende (+)-*α-Phenylönanthsäure* (**IV**) übergeht, wird für beide Säuren die gleiche Konfiguration angenommen. Die Amide u. Anilide von **IV**, der (+)-*α-Phenylcapron-* (**III**) u. (+)-*α-Phenylvaleriansäure* (**II**) gehorchen den opt. Verschiebungsregeln, wonach Verbb. gleicher Konfiguration bei Überführung in Derivv. ihre Aktivität in gleicher Richtung ändern. Daher wird auch für **II** u. **III** die gleiche Konfiguration angenommen. Da (+)-Allylphenylessigsäure (**I**) bei der Hydrierung **II** liefert u. für **I** die D-Konfiguration gesichert ist, sind also auch **II**, **III**, **IV** u. **V** D-konfiguriert. Die Quasiracemat-Meth. (auf die freien Säuren, die Amide u. Anilide angewandt) bestätigt die Ergebnisse.

Versuche: *rac.-α-Phenylönanthsäure, S-Benzylisothiuroniumsalz,* F. 113,5—115°, durch Eintragen von Raney-Ni in A. in die Lsg. von 0,005 Mol rac.-**V**, 1std. Kochen, Eindampfen, Ansäuern, Extraktion mit Ae., Eindampfen, Lösen in A., Neutralisation mit 5n NaOH, kurzes Kochen mit S-Benzylisothiuroniumchlorid (**VI**), Filtration des NaCl, Verdünnen mit W. u. Kühlen; Blättchen. (+)-*Salz,* F. 116—117°, analog durch 2std. Kochen von **V** mit Raney-Ni. *Freie* (+)-*Säure* (**IV**), durch Zers. des (+)-Salzes mit verd. H_2SO_4, Extraktion mit Ae. u. Eindampfen; $[\alpha]_D^{25}$ +59,3° (c = 1,234; A.). — (+)-*α-Phenylvaleriansäure, S-Benzylisothiuroniumsalz,* F. 148—149°, durch Hydrierung von 0,8825 g **I** über Pt/Kohle in A., Eindampfen auf $^1/_2$ Vol., kurzes Kochen mit **VI**, Filtration u. Verdünnen mit W.; aus verd. A. Blättchen; 1,1 g (Rohausbeute). *Freie* (+)-*Säure* (**II**), durch Zers. des Salzes mit H_2SO_4; $[\alpha]_D^{25}$ +63,2° (c = 1,123; A.).

L. Lamza. 1210

Eine präparative Methode zur Darstellung von β-[o-Carboxymethylphenyl]-propionsäure. F. N. Stepanow und M. O. Iodko. (Журнал Прикладной Химии [J. angew. Chem.] **32.** 2602—04. Nov. 1959.) (Russ.)

Bei der Darst. von *β-[o-Carboxymethylphenyl]-propionsäure* aus 2-Hydroxynaphthoesäure-(3) (**I**) durch Red. mit Na nach Einhorn u. Lumsden [1895] wird die beste Ausbeute erhalten, wenn die Rk. unter Zusatz von 1,5 Mol W. auf 1 Mol **I** durchgeführt wird. Mehr oder weniger W. verschlechtert die Ausbeute.

Versuche: *β-[o-Carboxymethylphenyl]-propionsäure,* F. 139—140°, zu 60 g geschmolzenem Na unter 125 ml Isoamylalkohol gibt man tropfenweise **34** g **I** in 500 ml

Isoamylalkohol u. der berechneten Menge W., erhitzt auf 160—170°, läßt auf 140—150° abkühlen u. gießt in W.; 17,5—20 g Ausbeute. A. DRAEGER. 1220☐

Natriumäthylcarbonat als Carboxylierungsmittel. Idris Jones. (Chem. and Ind. **1958.** 228—29. 22/2. Teddington, Middlesex, Chem. Res. Labor. D. S. I. R.) (Engl.)

Aus *Na-Äthylcarbonat* (I) (aus Na-Äthylat u. Trockeneis in A. gewonnen) entsteht beim langsamen Erhitzen mit Phenol (II) auf 175°, Abdest. von A., Vakuum-Dest. von überschüssigem **II**, Aufnehmen des Rückstandes in W., Ae.-Extraktion, Ansäuern, erneute Ae.-Extraktion, Ausschütteln der vereinigten Ae.-Extrakte mit $NaHCO_3$-Lsg. u. Ansäuern der wss. Lsg. *Salicylsäure* [III; 95% (Ausbeute)]. Verwendet man statt **I** *K-Äthylcarbonat* bei 145°, so wird neben **III** u. wenig *p-Hydroxyisophthalsäure* in der Hauptsache *p-Hydroxybenzoesäure* isoliert. Aus **I** u. Resorcin entsteht *β-Resorcylsäure*; die 3 Kresole geben die entsprechenden *Kresolcarbonsäuren*. Aus Thiophenol (**IV**) u. **I** erhält man bei 165° neben A. *Na-Phenylthiolcarbonat*, das beim Ansäuern in **IV** u. CO_2 zerfällt; N-Methylanilin reagiert bei 200° Raum-Temp. mit **I**, während Anilin u. 2-Aminopyridin bei 140—180° bzw. 150—160° die *Na-Salze* der entsprechenden *Carbaminsäuren* geben. Aus Malonsäurediäthylester u. **I** entsteht bei 170—180° eine *Verb.* $(C_5H_5O_3)_n$ (F. 178°; schwachgelb). Acetanilid u. **I** liefern bei 210—220° neben Essigester u. a. eine *Base* $C_{15}H_{16}N_2$ (F. 136°). Cyclohexanon u. **I** reagieren bei 150—160° zu A. u. wenig *Adipinsäure* ($C_6H_{10}O_4$, F. 152°). GISELA SCHREIBER. 1250☐

Reaktionen der Halogenmetallalkoholate. 9. Mitt. **Reaktion von Ketosäureestern mit Halogenmagnesiumalkoholaten.** I. I. Lapkin und N. A. Karawanow. (Журнал Общей Химии [J. allg. Chem.] **30**(92). 2677—80. Aug. 1960. Perm, Univ.) (Russ.) — 8. vgl. C. **1962.** 10074.

Die Rk. von α-Ketocarbonsäureestern mit Halogenmagnesiumalkoholaten liefert die entsprechenden *α-Hydroxycarbonsäureester*, wobei die Alkohole zu *Aldehyden* oxydiert werden. Intermediär entstehen — analog der Rk. von Diäthyloxalat mit Halogenmagnesiumalkoholaten — die Komplex-Verbb. $ROC(:O)C(OMgX)(R')OCH_2R$, die beim Erhitzen in ROC(:O)CH(OMgX)(R') u. RCHO zerfallen u. durch anschließende Hydrolyse in α-Hydroxycarbonsäureester übergehen. Diese Meth. zur Red. von Ketocarbonsäureestern ist nicht anwendbar bei β-Ketocarbonsäureestern, die Halogenmagnesiumalkoholate der Enolform bilden, u. bei gesätt. u. ungesätt. γ-Ketocarbonsäureestern, deren Komplex-Verbb. beim Erhitzen in Ae. nicht zerfallen. — Durch Rk. von Äthyl- u. n-Butylestern der Phenylglyoxylsäure (I), 2.4.6-Trimethylphenylglyoxylsäure (II), δ-Methyl-α-ketocapronsäure (III) u. α-Ketocaprinsäure (IV) mit BrMg-Äthylat u. BrMg-n-Butylat werden die *Äthyl-* bzw. *n-Butylester* der *Mandelsäure*, *2.4.6-Trimethylmandelsäure*, *δ-Methyl-α-hydroxycapronsäure* u. *α-Hydroxycaprinsäure* dargestellt.

Versuche: Man gibt zu 0,2 Mol A. bzw. n-Butanol 3 Vol. Ae. mit einem geringen Überschuß Äthyl–MgBr bzw. n-Butyl–MgBr, gibt 0,1 Mol **I**-, **II**-, **III**- oder **IV**-Ester zu u. kocht 3 Std.; zur Zers. der aus **III**- u. **IV**-Ester erhaltenen Komplex-Verbb. wird Toluol zugegeben, der Ae. abdest. u. 3 Std. lang gekocht. Die Ester verseift man mit 10%ig. NaOH: *Mandelsäure*, F. 119—120°. *Äthylester*, $Kp._5$ 115°, aus **I**-Äthylester u. BrMg-Äthylat (oder ClMg- oder JMg-Äthylat); 92—97% (Ausbeute). *n-Butylester*, $Kp._3$ 120°, aus **I**-n-Butylester u. BrMg-n-Butylat; 96%. — *2.4.6-Trimethylmandelsäure*, F. 153 bis 154°. *Äthylester*, F. 52—53°, aus **II**-Äthylester u. BrMg-Äthylat; 92%. *n-Butylester*, F. 42°, aus **II**-n-Butylester u. BrMg-n-Butylat; 97%. — *δ-Methyl-α-hydroxycapronsäure*, F. 61—62°. *Äthylester*, $Kp._{750}$ 203° aus **III**-Äthylester u. BrMg-Äthylat; 91%. — *α-Hydroxycaprinsäure*, F. 71—72°. *n-Butylester*, $Kp._5$ 123—124°, aus **IV**-n-Butylester u. BrMg-n-Butylat; 93%. HELMUT SCHÄFER. 1250☐

Untersuchungen über schwefelhaltige chelatbildende Agentien. 5. Mitt. **Synthese von β-Mercaptosäureestern und ihren Kupfer- und Nickelchelaten.** 1. Mitt. Hisashi Tanaka und Akira Yokoyama. (Chem. pharmac. Bull. [Tokyo] **9.** 66—70. Jan. 1961. Kyoto, Univ., Fac. of Pharmac.) (Engl.) — 4. vgl. Chem. pharmac. Bull. [Tokyo] **8.** [1960.] 1012; 2. vgl. C. **1962.** 7871.

β-Mercaptohydrozimtsäure wird durch Addition von H_2S an Zimtsäureäthylester u. anschließende Hydrolyse dargestellt. Diese Säure wird nach den üblichen Meth. in die entsprechenden *Methyl-*, *Äthyl-*, *Propyl-*, *Isopropyl-*, *Butyl-* u. *Isopentylester* übergeführt. Durch Anlagerung von H_2S an die entsprechenden Zimtsäureester entstehen *β-Mercaptohydrozimtsäure-tert.-butylester* u. *-phenylester*. Die Ester bilden stabile Chelate mit Cu u. Ni. Das Verhältnis Metall: Ligand ist in den Cu-Chelaten 1:1 u. in den Ni-Chelaten 1:2. Die Ester geben einen positiven RHEINBOLDT-Test.

Versuche: *β-Mercaptohydrozimtsäure*, $C_9H_{10}O_2S$, F. 109°, durch Einleiten von H_2S in eine Lsg. von 20 g Zimtsäureäthylester u. Triäthylamin in abs. Chlf. in einer Druckflasche bei -70 bis -80^0, Stehen in der verschlossenen Flasche über Nacht, 4—5std. Erhitzen auf 40—50° u. 1wöchiges Stehen bei Raum-Temp.; aus A. Nadeln; 16 g (Ausbeute). — *β-Mercaptohydrozimtsäuremethylester*, $C_{10}H_{12}O_2S$, Kp.$_8$ 124°, durch Einleiten von trockenem HCl in eine Lsg. vorst. Verb. in dem entsprechenden abs. Alkohol u. 1—2std. Erhitzen auf 100°. *Cu-Chelat*, $C_{10}H_{11}CuO_2S$, F. 112°, durch Erwärmen des Esters in A. mit Cu-Acetat in W., Extrahieren mit Ae. u. Umkristallisieren aus 50%ig. wss. A. oder A./Petroläther. *Ni-Chelat*, $C_{20}H_{22}NiO_4S_2$, F. 184—185° (Zers.), durch mehrere Min. langes Schütteln äquimol. Lsg. des Esters u. von Ni-Acetat in Alkohol. — *β-Mercaptohydrozimtsäureäthylester*, $C_{11}H_{14}O_2S$, Kp.$_{16}$ 157°, analog vorst. Verbindung. *Cu-Chelat*, $C_{11}H_{13}CuO_2S$, F. 68—70°. *Ni-Chelat*, $C_{22}H_{26}NiO_4S_2$, F. 190—192° (Zers.). — *β-Mercaptohydrozimtsäurepropylester*, $C_{12}H_{16}O_2S$, Kp.$_3$ 130—132°. *Cu-Chelat*, $C_{12}H_{15}\cdot CuO_2S$, F. 50°. *Ni-Chelat*, $C_{24}H_{30}NiO_4S_2$, F. 189—190° (Zers.). — *β-Mercaptohydrozimtsäureisopropylester*, $C_{12}H_{16}O_2S$, Kp.$_6$ 138°. *Cu-Chelat*, $C_{12}H_{15}CuO_2S$, F. 132°. *Ni-Chelat*, $C_{24}H_{30}NiO_4S_2$, F. 184—185° (Zers.). — *β-Mercaptohydrozimtsäurebutylester*, $C_{13}H_{18}O_2S$, Kp.$_5$ 149—150°. *Cu-Chelat*, $C_{13}H_{17}CuO_2S$, F. 45—50°. *Ni-Chelat*, $C_{26}H_{34}NiO_4S_2$, F. 182° (Zers.). — *β-Mercaptohydrozimtsäure-tert.-butylester*, $C_{13}H_{18}O_2S$, Kp.$_5$ 110—114°, durch Einleiten von H_2S in eine Lsg. von Zimtsäure-tert.-butylester u. Triäthylamin in abs. Chloroform. *Cu-Chelat*, $C_{13}H_{17}CuO_2S$, F. 94—95°. *Ni-Chelat*, $C_{26}H_{34}NiO_4S_2$, F. 185—186° (Zers.). — *β-Mercaptohydrozimtsäureisopentylester*, $C_{14}H_{20}O_2S$, Kp.$_5$ 155°. *Cu-Chelat*, $C_{14}H_{19}CuO_2S$; Öl. *Ni-Chelat*, $C_{28}H_{38}NiO_4S_2$, F. 178—180° (Zers.). — *β-Mercaptohydrozimtsäurephenylester*, $C_{15}H_{14}O_2S$, Kp.$_5$ 146—150°, durch Einleiten von H_2S in eine Lsg. von 5 g Zimtsäurephenylester u. Triäthylamin in abs. Chlf. in einer Druckflasche, 10tägiges Stehen in der verschlossenen Flasche bei Raum-Temp. u. Dest.; 2 g. *Cu-Chelat*, $C_{15}H_{13}CuO_2S$, F. 111—112°. *Ni-Chelat*, $C_{30}H_{26}NiO_4S_2$, F. 137° (Zers.). — *Bis-[β-phenoxycarbonyl-α-phenyläthyl]-sulfid*, $C_{30}H_{26}O_4S$, F. 60°, Kp.$_5$ 160—165°, neben vorst. Verb. durch Dest. des Rückstandes; 0,5 g. P. Golinske. 1250☐

Untersuchungen über schwefelhaltige chelatbildende Agentien. 6. Mitt. Synthese von β-Mercaptosäureestern und ihren Kupfer- und Nickelchelaten. 2. Mitt. Hisashi Tanaka und Akira Yokoyama. (Chem. pharmac. Bull. [Tokyo] **9**. 110—14. Febr. 1961. Kyoto, Univ., Fac. of Pharmac.) (Engl.) — 5. bzw. 1. vgl. vorst. Referat.

β-Mercapto-p-chlorhydrozimtsäure (I), *β-Mercapto-p-methoxyhydrozimtsäure*, *β-Mercapto-β-[naphthyl-(1)]-propionsäure* u. *β-Mercapto-β-[furyl-(2)]-propionsäure* u. ihre *Alkylester* werden dargestellt. Diese Ester bilden stabile Chelate mit Cu u. Ni. Das Verhältnis von Ligand zu Metall ist in den Cu-Chelaten 1:1 u. in den Ni-Chelaten 2:1. Absorptionsspektren vgl. Original. Alle Säuren u. Ester geben einen positiven Rheinboldt-Test.

Versuche: β-Mercapto-p-chlorhydrozimtsäuren: *Unsubstituiert* (I), $C_9H_9ClO_2S$, F. 128°, durch Einleiten von H_2S in eine Lsg. von 20 g p-Chlorzimtsäureäthylester u. Triäthylamin in abs. Chlf. bei -70^0 bis -80^0 in einer Druckflasche, 2—3std. Erhitzen auf 40—50° u. 10tägiges Stehen bei Raum-Temp.; aus 70%ig. A. Nadeln; 12 g (Ausbeute). — *-methylester*, $C_{10}H_{11}ClO_2S$, Kp.$_5$ 147,5—148°, durch Einleiten von trockenem HCl in eine Lsg. der Säure in dem entsprechenden Alkohol u. 1—2std. Erhitzen auf 100°. *Cu-Chelat*, $C_{10}H_{10}ClCuO_2S$, F. 131° (A.), durch Erwärmen des Esters mit wss. Cu-Acetat. *Ni-Chelat*, $C_{20}H_{20}Cl_2NiO_4S_2$, F. 174,5°, durch Schütteln des Esters mit Ni-Acetat in Alkohol. — *-äthylester*, $C_{11}H_{13}ClO_2S$, Kp.$_3$ 149—150°. *Cu-Chelat*, $C_{11}H_{12}ClCuO_2S$, F. 122—122,5°. *Ni-Chelat*, $C_{22}H_{24}Cl_2NiO_4S_2$, F. 174—175°. — *-propylester*, $C_{12}H_{15}ClO_2S$, Kp.$_7$ 168°. *Cu-Chelat*, $C_{12}H_{14}ClCuO_2S$, F. 100—100,5°. *Ni-Chelat*, $C_{24}H_{28}Cl_2NiO_4S_2$, F. 172°. — *-isopropylester*, $C_{12}H_{15}ClO_2S$, Kp.$_6$ 157—158°. *Cu-Chelat*, $C_{12}H_{14}ClCuO_2S$, F. 82—83°. *Ni-Chelat*, $C_{24}H_{28}Cl_2NiO_4S_2$, F. 177—178°. — *-butylester*, $C_{13}H_{17}ClO_2S$, Kp.$_5$ 168°. *Cu-Chelat*, $C_{13}H_{16}ClCuO_2S$, F. 92—93°. *Ni-Chelat*, $C_{26}H_{32}Cl_2NiO_4S_2$, F. 175—176,5°. — *-isopentylester*, $C_{14}H_{19}ClO_2S$, Kp.$_6$ 172°. *Cu-Chelat*, $C_{14}H_{18}ClCuO_2S$, F. 115—116°. *Ni-Chelat*, $C_{28}H_{36}Cl_2NiO_4S_2$, F. 175—176°. — *β-Mercapto-p-methoxyhydrozimtsäure*, $C_{10}H_{12}O_3S$, F. 96,5°, analog I aus 15 g p-Methoxyzimtsäureäthylester; aus 50%ig. A. Nadeln; 4 g. — *p-Methoxyzimtsäure*, Kp.$_8$ 168—175°, durch Einleiten von trocknem HCl in eine Lsg. von 3 g vorst. Verb. in abs. A., mehrstd. Stehen, Eindampfen, Extrahieren mit Ae. u. Dest.; 0,5 g. — *β-Mercapto-β-[naphthyl-(1)]-propionsäure*, $C_{13}H_{12}O_2S$, F. 140°, analog I aus 7 g β-[Naphthyl-(1)]-acrylsäureäthylester; aus A. Nadeln; 4 g. — *β-Mercapto-β-[naphthyl-(1)]-propionsäureäthylester*, $C_{15}H_{16}O_2S$, Kp.$_5$ 178°, durch 5std. Kochen von 1 g vorst. Verb. mit konz. H_2SO_4 in abs. A.; 0,5 g. *Cu-Chelat*, $C_{15}H_{15}CuO_2S$, F. 89—90°. *Ni-Chelat*, $C_{30}H_{30}NiO_4S_2$, F. 165°. — *β-Mercapto-β-[furyl-(2)]-propionsäure*, $C_7H_8O_3S$, F. 89°, analog I aus 20 g β-[Furyl-(2)]-acrylsäure; aus W. Platten; 10 g. — *β-Mercapto-β-[furyl-(2)]-propionsäureäthylester*, $C_9H_{12}O_3S$, Kp.$_{13}$ 123°, aus 3 g vorst. Verb. mit konz. H_2SO_4 in abs. A. durch 5std. Kochen; 2 g.

Cu-Chelat, $C_9H_{11}CuO_3S$, F. 119°. *Ni-Chelat*, $C_{18}H_{22}NiO_6S_2$, F. 151°. — *Stilben*, $C_{14}H_{12}$, F. 124°, Kp.$_7$ 163°, analog I aus α-Cyanzimtsäureäthylester, 1wöchiges Stehen bei Raum-Temp., Extrahieren mit 10%ig. NaOH u. Dest. der Chlf.-Phase; 3 g.
P. Golinske. 1250□

Oxydationen mit Silberjodiddibenzoat. 2. Mitt. **Darstellung von symmetrischen Azoverbindungen aus einigen aromatischen primären Aminen.** P. S. Raman. (Proc. Indian Acad. Sci., Sect. A **45.** 65—68. Febr. 1957. Madras, Univ., Dep. of Organ. Chem.) (Engl.) — 1. vgl. C. **1961.** 14614.

Vf. untersucht die Oxydation von p-Toluidin (I), p-Chloranilin, p-Bromanilin, p-Nitroanilin (II) u. 2-Chlor-4-nitroanilin (III) durch Silberjodiddibenzoat, $(C_6H_5COO)_2 \cdot$ AgJ (**IV**), die unter Bldg. der entsprechenden *symm. Azoverbb., AgJ u. C_6H_5COOH* abläuft. Dabei wird wahrscheinlich als Zwischenverb. das hoch reaktionsfähige Radikal RNH· gebildet, aus dem nach Dimerisation zur Hydrazo-Verb. durch weitere Oxydation die Azoverb. entsteht; die Oxydation von Hydrazobenzol durch **IV** zu *Azobenzol* erfolgt in **94**%ig. Ausbeute. Die Oxydation verlief bei **I** sehr schnell, bei **II** langsamer u. bei **III** noch langsamer.

Versuche: Azobenzole, durch Abkühlen der benzol. Lsg. von **IV** (aus **9,2** g Ag-Benzoat u. 5 g J_2 in 140 ml wasserfreiem Bzl. unter Feuchtigkeitsausschluß in der Wärme) auf Raum-Temp., Zugabe des Amins (0,02 Mol) oder dessen benzol. Lsg., Schütteln (10 Min.) bei Raum-Temp., kurzes Erwärmen auf dem Wasserbad, Filtrieren u. Aufarbeitung des Filtrates; die Azoverbb. wurden durch Best. der Mischschmelzpunkte identifiziert: *4.4'-Dimethyl-*, F. 143—144° (A.), gelbe Kristalle; 28% (Ausbeute). — *4.4'-Dichlor-*, F. 184—85°, aus A. u. dann aus Aceton gelbe Nadeln; 40%. — *4.4'-Dibrom-*, F. 203—205° (Aceton), gelbe Nadeln; 41%. — *4.4'-Dinitro-*, F. 223—224° (Aceton), orangerote Nadeln; 44%. — *2.2'-Dichlor-4.4'-dinitro-*, F. 275—276° (Bzl.), braunrote Kristalle, 56%. — *Azobenzol*, F. 67—68° (A.), durch Zugabe von 3,7 g Hydrazobenzol zu **IV**, 15 Min. langes Schütteln, 10 Min. langes Erwärmen (Wasserbad), Filtrieren, Abdest. des Bzl., Aufnehmen in Ae., Waschen mit Bicarbonat-Lsg. u. W., Trocknen mit Na_2SO_4 u. Abdest. des Lsgm.; orangerote Kristalle; 3,45 g. U. Skurnia. 1310□

Untersuchungen über die Synthese von dimethylierten Ephedrinderivaten. Mitsuru Furukawa und Takeo Ueda. (Chem. pharmac. Bull. [Tokyo] **8.** 867–70. Okt. **1960.** Tokyo, Keio-Gijuku Univ., Pharmac. Inst.) (Engl.)

dl-1-[3.4-Dimethylphenyl]-2-aminopropanolderivv. u. *dl-1-[3.4-Dimethylphenyl]-2-aminoäthanol* werden aus den entsprechenden Aminoketonen durch katalyt. Hydrierung an Pd/Kohle dargestellt. *3.4-Dimethylphenyl-1-methylaminoäthylketon* u. *3.4-Dimethylphenyl-1-dimethylaminoäthylketon* werden aus den entsprechenden Bromketonen mit Methyl- oder Dimethylamin erhalten. *3.4-Dimethylphenyl-1-aminoäthylketon* entsteht aus dem *Isonitrosoketon* (aus 3.4-Dimethylphenyläthylketon u. Methylnitrit) durch katalyt. Hydrierung an Pd/Kohle. dl-1-[3.4-Dimethylphenyl]-2-aminopropanol-(1)-derivv., die wie beschrieben dargestellt wurden, liegen in der erythro-Form vor. Die threo-Formen dieser Verbb. werden nach Taguchi u. Kojima (J. pharmac. Soc. Japan [Yakugakuzasshi] **74.** [1954.] 199) oder durch Versetzen mit $SOCl_2$ dargestellt.

Versuche: Alkyl-3.4-dimethylphenylketone: *Methyl-* (I), Kp.$_{10}$ 113—114°, aus o-Xylol u. Acetanhydrid; 72% (Ausbeute). *Thiosemicarbazon*, $C_{11}H_{15}N_3S$, F. 190°; Platten. — *Äthyl-* (II), Kp.$_5$ 114°, aus o-Xylol u. Propionanhydrid; 85%. *Thiosemicarbazon*, $C_{12}H_{17}N_3S$, F. 153°; Platten. — *1-Bromäthyl-* (III), F. 62°, Kp.$_5$ 141°, durch Zutropfen von Br_2 zu II in Bzl., 1std. Stehen u. Dest.; Platten; 83%. — *Isonitrosomethyl-*, $C_{10}H_{11} \cdot NO_2$, F. 117—118°, aus I u. Butylnitrit; Säulen. — *1-Isonitrosoäthyl-*, $C_{11}H_{13}NO_2$, F. 109°, durch Zugabe von Methylnitrit zu **II** in Ae., wobei trockener HCl eingeleitet wird, mehrstd. Stehen, Extrahieren mit wss. NaOH u. Gießen in konz. HCl/Eis; aus Bzl. Säulen; 81%. — *1-Aminoäthyl-, Hydrochlorid*, $C_{11}H_{16}ClNO$, F. 211—212° (Zers.); aus A. Nadeln. — *1-Methylaminoäthyl-, Hydrochlorid*, $C_{12}H_{18}ClNO$, F. 207—208°, durch Zutropfen einer 30%ig. Lsg. von Methylamin in A. zu 5 g **III** in abs. A., mehrstd. Stehen, Aufarbeiten u. Einleiten von HCl in einer alkohol. Lsg.; Nadeln aus A.; 1,7 g. — *1-Dimethylaminoäthyl-, Hydrochlorid*, $C_{13}H_{20}ClNO$, F. 186—187°, aus Dimethylamin u. **III** analog vorst. Verb.; aus A. Nadeln; 76%. — 2-Amino-1-[3.4-dimethylphenyl]-propanole-(1): *dl-erythro-2-Acetamido-*, $C_{13}H_{19}NO_2$, F. 134—135°; aus Ae. Nadeln; 91%. *dl-threo-Form*, $C_{13}H_{19}NO_2$, F. 135—136°; aus wss. A. Prismen; 94%. — *dl-erythro-2-Amino-*, $C_{11}H_{17}NO$, F. 90°; aus wss. A. Säulen; 56%. *Hydrochlorid*, F. 150—151°; aus A./Essigester Nadeln. *dl-threo-Form*, $C_{11}H_{17}NO$, F. 62—65°, Kp.$_8$ 148°; Nadeln; 54%. *Hydrochlorid*, F. 195 bis 198°; aus A. Prismen. — *dl-erythro-2-Methylamino-*, F. 55—57°; Nadeln; 72%. *Hydrochlorid*, $C_{12}H_{20}ClNO$, F. 211°, durch Hydrieren von 3.4-Dimethylphenyl-1-methylaminoäthylketonhydrochlorid in W. an Pd/Kohle; aus A. Nadeln; 75%. *dl-threo-Form*, $C_{12}H_{19}NO$, F. 107—108°, Kp.$_6$ 139°; 93%. *Hydrochlorid*, $C_{12}H_{20}ClNO$, F. 171—173; aus A. Nadeln. — *dl-erythro-2-Dimethylamino-*, F. 76° (wss. A.), durch Hydrieren des entsprechenden Ketons an $PdCl_2$. *Hydrochlorid*, $C_{13}H_{22}ClNO$, F. 203—204°; aus A. Nadeln. *dl-threo-Form*, F. 75°, durch 3std. Stehen der erythro-Verb. mit $SOCl_2$ bei Raum-Temp., 1½std. Kochen, Eindampfen im Vakuum, Versetzen mit 5%ig. NaOH, 3std. Erhitzen auf 60° u. Extrahieren mit Ae.; 60%. *Hydrochlorid*, $C_{13}H_{22}ClNO$, F. 202—203°; aus A. Prismen. — *dl-erythro-N.N.N-Trimethyl-[2-(3.4-dimethylphenyl)-2-hydroxyisopropyl]-ammoniumjodid*, $C_{14}H_{24}JNO$, F. 234—235°, durch Zugabe von CH_3J u. NaOH zu erythro-1-[3.4-Dimethylphenyl]-2-aminopropanol-(1)-hydrochlorid u. 5std. Erhitzen auf 100°; aus W. Prismen .*dl-threo-Form*, $C_{14}H_{24}JNO$, F. 227°, analog der erythro-Verb.; aus W. Säulen. — *1-[3.4-Dimethylphenyl]-2-aminoäthanolhydrochlorid*, $C_{10}H_{16}ClNO$, F. 213—215°; aus A. Nadeln. — *threo-2.4-Dimethyl-5-[3.4-dimethylphenyl]-oxazolin*, Kp.$_5$ 125°; 63%. *Pikrat*, $C_{19}H_{20}N_4O_8$, F. 157°; aus A. gelbe Prismen.

P. Golinske. 1320□

Ein „o-Hydrochinon"-Analogon von Thyroxin. H. R. Wetherell. (J. Amer. pharmac. Assoc., sci. Edit. **45.** 704—07. Okt. 1956. Omaha, Nebr., Univ. of Nebraska, Coll. of Med., Dep. of Physiol. and Pharmacol.) (Engl.)

Zur Unters., ob ein chinoidartiges Gleichgew. für eine thyroxinartige Wrkg. wichtig ist, wird *DL-3.5-Dijod-4-[3'.4'-dihydroxyphenoxy]-phenylalanin* (**I**), ein Analogon von Thyroxin (**II**), dargestellt. Verss. nach der „antigoitrogenen" Meth. bei Ratten zeigen, daß **I** nur 1/60 so akt. wie L-**II** ist, so daß nicht eindeutig auf die Notwendigkeit der Annahme eines chinoidartigen Gleichgew. geschlossen werden kann.

Versuche: Veratrole: *4-Nitro-*, F. 95—96°, durch Nitrieren von Veratrol nach Cardwell u. Robinson [1915]; fast 100% (Ausbeute). — *4-Amino-*, F. 87—88°, Kp.$_{18}$ 165—168°, durch Red. vorst. Verb. mit Na_2S nach Fargher [1920]; aus Ae. hellohfarbenes Prod.; 75%. — *4-Hydroxy-*, F. 80—81° (CCl_4), durch Diazotieren vorst. Verb. nach Baker u. Evans [1938]; 40%. — Nitrobenzole: *3.4.5-Trijod-*, F. 165—166°, nach Niemann u. Redemann (J. Amer. chem. Soc. **63.** [1941.] 1549); 85%. — *3.5-Dijod-4-[3'.4'-dimethoxyphenoxy]-*, $C_{14}H_{11}J_2NO_5$, F. 168,5—169,5°, durch 6std. Kochen von vorvorst. Verb., vorst. Verb. u. K_2CO_3 in Pentanon-(2); aus Butanon-(2) hellgelbe Nadeln; 63%. — *3.5-Dijod-4-[3'.4'-dihydroxyphenoxy]-*, $C_{12}H_7J_2NO_5$, F. 203—204°, durch 1std. Kochen vorst. Verb. mit $(CH_3CO)_2O$ (Ac)/HJ (D. 1,7) (1:1); aus A./Wasser blaßgelbe Nadeln. *Dibenzoylderiv.*, $C_{26}H_{15}J_2NO_7$, F. 166—157°, durch 1std. Rk. mit überschüssigem Benzoylchlorid bei 100°; aus A./Wasser Prismen. — *3.5-Dijod-4-[3'.4'-dimethoxyphenoxy]-anilin*, $C_{14}H_{13}J_2NO_3$, F. 162,5—163,5°, durch 2std. Sättigen vorvorst. Verb. u. $SnCl_2 \cdot 2\,H_2O$ in Eisessig mit HCl-Gas bei 95—100° u. Zers. des entstehenden *Doppelsalzes mit* $SnCl_4$ mit 50%ig. wss. NaOH bei < 10°; aus A./Wasser Nadeln. *Acetylderiv.*, $C_{16}H_{15}J_2 \cdot NO_4$, F. 176—177°; aus A. blaßrosafarbene Nadeln. *Hydrochlorid*, F. 191—192° (Zers.), durch Einleiten von HCl in die äther. Lsg. der Base. — *3.5-Dijod-4-[3'.4'-dimethoxyphenoxy]-benzonitril*, $C_{15}H_{11}J_2NO_3$, F. 185—186°, durch ¼std. Rk. vorst. Hydrochlorids in wss. CH_3COOH mit n-Butylnitrit, Einrühren in wss. $K_3[Cu(CN)_4]$-Lsg. (aus KCN u. $CuSO_4 \cdot 5\,H_2O$ in W.) bei < 10° u. Erhitzen auf 80°; aus Aceton/Wasser blaßrosafarbene Plättchen; 40%. — *3.5-Dijod-4-[3'.4'-dimethoxyphenoxy]-benzaldehyd*, $C_{15}H_{12}J_2O_4$, F. 169,5°, durch 26std. Rk. von 8,2 g vorst. Verb. in abs. Chlf. mit einer mit HCl-Gas gesätt. Suspension von $SnCl_2$ in abs. Ae. u. Kochen des entstehenden Aldimin-Doppelsalzes in 6 n HCl; aus A./Wasser Plättchen; 3,8 g. — *4-[3'.5'-Dijod-4'-(3''.4''-dimethoxyphenoxy)-benzal]-2-phenyloxazolon-(5)*, $C_{24}H_{17}J_2NO_5$, F. 204—205°, durch ½std. Rk. von 2 g vorst. Verb., 0,75 g Hippursäure u. wasserfreiem CH_3COONa in Ac auf 100°; aus Cellosolve/Wasser (80:20) citronengelbe Plättchen; 1,6 g. — *DL-3.5-Dijod-4-[3'.4'-dihydroxyphenoxy]-phenylalanin* (**I**), $C_{15}H_{13}J_2NO_5$, F. 220—221° (Zers.), durch 1std. Kochen von 1 g vorst. Verb. u. rotem P in Ac/HJ (D. 1,7) (1:1) unter N_2, Kochen mit 2 n HCl u. Einstellen auf pH 5 mit 10 n NH_4OH; 0,2 g; wird durch Alkali zersetzt; läßt sich weder mit JCl noch mit J_2/KJ-Lsg. jodieren. G. Reisner. 1350□

Benzylhalogensilane und α-Brombenzylhalogensilane. Herbert H. Anderson und Lewis R. Grebe. (J. org. Chemistry **26.** 2006—08. 13/6. 1961. Philadelphia, Pa., Drexel Inst. of Technol., Chem. Dep.) (Engl.)

Es wird die unkatalysierte u. die mit $HgBr_2$, Licht oder Wärme katalysierte Bromierung von Benzylsilan (**I**) untersucht. In Abhängigkeit von den Rk.-Bedingungen u. den Molverhältnissen der Rk.-Partner entstehen *Benzylbromsilan* (**II**), *Benzyldibromsilan* (**III**), *α-Brombenzyltribromsilan* (**IV**) u. *α.α-Dibrombenzyltribromsilan* (**V**). Die Red. von **IV** mit $LiAlH_4$ liefert *α-Brombenzylsilan*. Die physikal. Daten einiger weiterer *Benzylhalosilane* werden angegeben.

Versuche: *Benzylsilan* (I), $C_7H_{10}Si$, Kp. 150,3°, $Kp._{116}$ 91—92°, aus 0,7 n Benzyl-MgCl u. $SiCl_4$ in Ae. während 3 Std., Stehen über Nacht, Filtration u. Dest., Versetzen des Rk.-Prod. (*Benzyltrichlorsilan*, Kp. 215°) mit $LiAlH_4$ in Ae., 3std. Kochen u. Eingießen in 4 n HCl/Eis; $D.^{20}$ 0,893, n^{20} 1,5207; 87% (Ausbeute). — *Benzylchlorsilan* (VI), C_7H_9ClSi, Kp. 186°, aus 6,3 g I u. 11,3 g $HgCl_2$ während 2 Std. bei geringem Erwärmen; $D.^{20}$ 1,056, n^{20} 1,5317; 67%. — *Benzylbromsilan* (II), C_7H_9BrSi, Kp. 208°, aus 6,3 g I u. 13,5 g $HgBr_2$ während 2 Std. bei geringem Erwärmen; D^{20} 1,329, n^{20} 1,5587; 92%. — *Benzylisothiocyanatosilan*, C_8H_9NSSi, Kp. 253° (Zers.), aus 8,9 g I u. 23 g $Hg(NCS)_2$ in 16 g CCl_4 während 50 Min. u. ½std. Kochen; D^{20} 1,092, n^{20} 1,5929; 46%; daneben 5 g *Benzyltriisothiocyanatosilan*. — *Benzyldibromsilan* (III), $C_7H_8Br_2Si$, Kp. 243,5°, aus 4,2 g I u. 16,7 g Br_2 während 2 Std. im Dunkeln; D^{20} 1,682, n^{20} 1,5775; 75%. — *α-Brombenzyltribromsilan* (IV), $C_7H_6Br_4Si$, Kp. 323° (Zers.), aus 4,5 g I u. 25 g Br_2 während 3 Std. bei 0° in schwachem Tageslicht; D^{20} 2,181, n^{20} 1,6227; 89%. — *α.α-Dibrombenzyltribromsilan* (V), $C_7H_5Br_5Si$, Kp. 354° (Zers.), aus 17,4 g IV u. 10 g Br_2 durch 6std. mäßiges Erhitzen im Sonnenlicht, Zugabe von 5 g Br_2 u. 2std. Kochen; $D.^{20}$ 2,369, n^{20} 1,6514; 52%. — *α-Brombenzylsilan*, C_7H_9BrSi, Kp. 213°, aus 40 g IV u. 8 g $LiAlH_4$; $D.^{20}$ 1,321, n^{20} 1,5659; 30%; daneben 48% I. — *1.3-Dibenzyldisiloxan*, $C_{14}H_{18}OSi_2$, Kp. 307° (Zers.), aus 5,6 g VI u. 3 g W. in 3 g Äthylbromid durch Zugabe von 3 g W. u. heftiges Rühren; $D.^{20}$ 1,017, n^{20} 1,5464; 92%. — *Benzyltrifluorsilan*, $C_7H_7F_3Si$, Kp. 138,3°, aus 14,3 g VII u. 25 g 40%ig. HF durch ½std. heftiges Schütteln bei 75°; $D.^{20}$ 1,201, n^{20} 1,4339; 51%. — *Benzyljodsilan*, C_7H_9JSi, Kp. 236,5°, aus 18 g I u. 35 g J_2 während 3 Std. bei geringem Erwärmen; $D.^{20}$ 1,581, n^{20} 1,6032; 25%; daneben ein Gemisch (**A**) von *Benzyldijodsilan* u. **VII**. — *Benzyltrijodsilan* (VII), $C_7H_7J_3Si$, Kp. 348°, aus 20 g **A** u. einem Überschuß J_2; $D.^{20}$ 2,428; 43%; daneben 3,5 g *Tetrajodsilan*, F. 100°, $Kp._1$ 155°. K. RÜHLMANN. 1380□

Halogenierung aromatischer Silane. 7. Mitt. **Darstellung und Eigenschaften der Chlorderivate von Phenylmethyldichlorsilan mit Chloratomen in der Methylgruppe.** G. W. Motzarew und W. R. Rosenberg. (Журнал Общей Химии [J. allg. Chem.] **30 (92).** 3011—15. Sept. 1960.) (Russ.) — 6. vgl. C. **1959.** 9201.

Bei Initiierung durch Azodiisobuttersäurenitril (I) werden bei der Chlorierung von Methylphenyldichlorsilan (II) *Chlormethylphenyldichlorsilan* (III) u. *Trichlormethylphenyldichlorsilan* (IV) erhalten, die mit A. in *Chlormethyl-* u. *Trichlormethylphenyldiäthoxysilan* übergeführt werden. Es wird keine Chlorierung des Bzl.-Kerns oder Spaltung der Si—C-Bindung beobachtet.

Versuche: *Chlormethylphenyldichlorsilan* (III), $C_7H_7Cl_3Si$, $Kp._{11}$ 108°, man leitet durch 176 g II bei 110—120° 2 Std. lang mit einer Geschw. von 16,2 g/Std. Cl_2 u. gibt während dessen portionsweise 0,3% I hinzu; $D._4^{20}$ 1,3170; n_D^{20} 1,5365; 42,6% (Ausbeute). — *Trichlormethylphenyldichlorsilan* (IV), $C_7H_5Cl_5Si$, $Kp._{10}$ 123°, man leitet in 172 g II bei 110—120° in Ggw. von I 8½ Std. lang Cl_2 ein (26,9 g/Std.); $D._4^{20}$ 1,4803; n_D^{20} 1,5550; 90%. — *Phenylchlormethyldiäthoxysilan*, $C_{11}H_{17}ClO_2Si$, $Kp._{16}$ 132°, man tropft zu 25 g III bei $< 20°$ 19 ml abs. A. hinzu u. erhitzt 1 Std. auf 80°; $D._4^{20}$ 1,0846; n_D^{20} 1,4900; 70,5%. — *Phenyltrichlormethyldiäthoxysilan*, $C_{11}H_{15}Cl_3O_2Si$, $Kp._6$ 136°, aus 70 g IV u. 62,7 g A.; $D._4^{20}$ 1,2280; n_D^{20} 1,5070; 84,1%. — *Hydrolyse von* **IV**: Man tropft zu 20 g KOH in 30 ml W. 10 g **IV** zu u. kocht 1 Std.: 87,2% *Chlf.* u. 80% *Polyphenylsiloxanharz*, $(C_6H_5SiO_{1,5})_n$. Bei der sauren Hydrolyse von **IV** erhält man 56,2% *Chlf.* u. 95,3% *Polyphenylsiloxanharz.* HELMUT SCHÄFER. 1380□

Silanole und Cyclosiloxane aus difunktionellen Cyanalkylchlorsilanen. R. P. Cahoy, R. N. Meals, B. A. Ashby und P. F. Silva. (J. org. Chemistry **26.** 2008—12. 13/6. 1961. Waterford, N.Y., General Electric Co., Silicone Prod. Dep.) (Engl.)

Es wird die Darst. von *Methyl-[β-cyanäthyl]-silandiol* (I), *Methyl-[γ-cyanpropyl]-silandiol* (II) u. *Phenyl-[β-cyanäthyl]-silandiol* (III) beschrieben. Die Diole werden zu Polymeren kondensiert. Die tetrameren Kondens.-Prodd. von I u. III werden in krist. Form isoliert. Die Möglichkeiten des Auftretens stereoisomerer Formen bei der Bldg. der cycl. Oligomeren des Typs $(RR'SiO)_n$ werden eingehend diskutiert. Die IR-Spektren der gewonnenen Verb. werden angegeben.

Versuche: *Methyl-[β-cyanäthyl]-dichlorsilan* (V), $Kp._{50}$ 127°, aus β-Cyanäthyltrichlorsilan (IV) u. Methyl-MgBr in Ggw. von Pyridin. — *Methyl-[γ-cyanpropyl]-dichlorsilan* (VI), $Kp._{50}$ 152°, durch Zugabe von Methyldichlorsilan zu Allylcyanid. — *Phenyl-[β-cyanäthyl]-dichlorsilan* (VII), $C_9H_9Cl_2NSi$, $Kp._6$ 152°, aus 1,27 Mol IV in Bzl., 0,5 Mol Chlorbenzol u. 0,62 Mol Mg in Tetrahydrofuran bei 10—18°; $D._4^{20}$ 1,2275; 30 g (Ausbeute). — *Methyl-[β-cyanäthyl]-silandiol* (I), $C_4H_9NO_2Si$, F. 75—76°, durch Zugabe von 0,75 Mol V in Ae. zu W., Aceton u. Anilin in Ae. während 4 Std. lang bei 0—2°; 96%. — *Methyl-[γ-cyanpropyl]-silandiol* (II), $C_5H_{11}NO_2Si$, F. 70—75°, analog I aus 0,5 Mol

VI u. 1 Mol Anilin; 38 g. — *Phenyl-[β-cyanäthyl]-silandiol* (III), $C_9H_{11}NO_2Si$, F. 79—82°, analog I aus 0,25 Mol VII u. 0,5 Mol Anilin; 35 g. — *1.3.5.7-Tetramethyl-1.3.5.7-tetrakis-[β-cyanäthyl]-cyclotetrasiloxan*, $(C_4H_7NOSi)_4$, F. 112—114° (Bzl.), a) aus 0,69 Mol I in Bzl. u. 0,25 Mol Na_2CO_3 durch 4std. Kochen unter Auskreisen des W.; 5,2 g; daneben ein *Öl*; b) aus 5,95 Mol I, 1170 ml W. u. 910 ml Toluol bei 40—50° durch 70 Min. langes Rühren; 15,5%; daneben 81,5% *Öl*. — $(C_5H_9NOSi)_n$, aus 0,30 Mol II, Bzl. u. Na_2CO_3; 23 g. — *1.3.5.7-Tetraphenyl-1.3.5.7-tetrakis-[β-cyanäthyl]-cyclotetrasiloxan* (VIII), $(C_9H_9 \cdot NOSi)_4$, F. 128—129°, aus 0,73 Mol III, Bzl. u. Na_2CO_3 durch Auskreisen des W.; daneben ein *Polymorphes vom F. 117°* (IX); Gesamtausbeute an VIII u. IX 32 g.

K. RÜHLMANN. 1380□

Die Reaktionen von zwei homocyclischen siliciumorganischen Verbindungen mit metallorganischen und metallsilylorganischen Reagentien. Ann W. P. Jarvie und Henry Gilman. (J. org. Chemistry **26.** 1999—2003. 13/6. 1961. Ames, Iowa, State Univ., Dep. of Chem.) (Engl.)

Oktaphenylcyclotetrasilan (I) u. *Dodekaphenylcyclohexasilan* (II) werden mit Phenyl-Li (III), Phenyl-MgBr (IV) u. Triphenylsilyl-Li (V) umgesetzt. Dabei geben I u. III im Mol.-Verhältnis 1:1 in Ae.-Tetrahydrofuran (**THF**) 18,5% II u. 55% I, I u. ein 50%ig. Überschuß V 16,5% I, 13,5% *Nonaphenyltetrasilan* (VI) u. 37,5% II. Mit IV reagiert I in **THF**/Ae. nicht. II ist im Gegensatz zu I beständig gegenüber III u. V. Mit einem 5fachen Überschuß an III setzt sich I zu 19,3% *Hexaphenyldisilan* (VII) u. 36,5% *Pentaphenyldisilan* (VIII), mit einem 5fachen Überschuß an V zu 29% VII u. 20% VIII um. II reagiert mit einem 8fachen Überschuß an V zu 16% VII u. 79% VIII, mit einem 9fachen Überschuß an III zu 62% VIII.

Versuche: *Dodekaphenylcyclohexasilan* (II), F. 434—436° (Bzl./PAe.), aus 0,01 Mol III in Ae. u. 0,01 Mol I in **THF** durch 5std. Rühren; 18,5% (Ausbeute). — *Nonaphenyltetrasilan* (VI), $C_{54}H_{46}Si_4$, F. 198—201° (A./Äthylacetat), aus 0,02 Mol V in **THF** u. 0,014 Mol I in **THF** durch 16std. Rühren bei Raum-Temp.; 13,5%; daneben 37,5% II. — *Pentaphenyldisilan* (VIII), F. 125—127° (Bzl./APe.), a) aus 0,01 Mol I in **THF** u. 0,048 Mol III in Ae. durch 45std. Rühren bei Raum-Temp.; 36,5%; daneben 19,3% VII; b) aus 0,05 Mol V in **THF** u. 0,0065 Mol II in **THF** durch 44std. Rühren bei Raum-Temp.; 79%; daneben 16% VII; c) aus 0,08 Mol III in Ae. u. 0,0092 Mol II in **THF** durch 48std. Rühren; 62%. — *Hexaphenyldisilan* (VII), F. 365—369°, aus 0,027 Mol V in **THF** u. 0,0055 Mol I durch 48std. Rühren bei Raum-Temp.; 29%; daneben 20% VIII.

K. RÜHLMANN. 1380□

Einwirkung von Natriumsulfit auf Stenhouse-Farbstoffe. J. C. McGowan und F. M. Page. (Chem. and Ind. **1957.** 1648. 21/12. Northwich, Cheshire, Imp. Chem. Ind. Ltd., Res. Dep., Alkali Division; Cambridge, Univ., Dep. of Phys. Chem.) (Engl.)

Durch Erwärmen von Na_2SO_3-Lsg. mit 2-Hydroxy-5-anilinopentadien-(2.4)-alanilhydrochlorid entsteht neben *Anilin* eine *Verb.* $C_{11}H_{12}NNaO_5S$ (I; aus Methanol oder A. Nadeln), die vermutlich die Struktur des *Na-Bisulfitmonohydrats* des Aldehyds besitzt. Analoge Rkk. mit 2-Hydroxy-5-[p-methylanilino]-pentadien-(2.4)-al-p-methylanilhydrochlorid u. 2-Hydroxy-5-[m-chloranilino]-pentadien-(2.4)-al-m-chloranilhydrochlorid ergeben die *Verbb.* $C_{12}H_{12}NNaO_4S$ bzw. $C_{11}H_{11}ClNNaO_5S$ (*Hydrat*). Die Struktur des Na-N-Furfuryl-(2)-anilin-α-sulfonats (II) für I kann durch folgende Verss. ausgeschlossen werden. Aus Benzalanilin u. $NaHSO_3$ entsteht entsprechend der Verb. II unter gleichen Bedingungen *Na-Benzylanilin-α-sulfonat*, das beim Erwärmen mit W. nicht das Na-Salz, sondern das *Aniliniumsalz* ($C_{19}H_{20}N_2O_3S \cdot 0,5\ H_2O$) der *N-Benzylanilin-α-sulfonsäure* ergibt. Bei der Umsetzung von Furfurolanil mit $NaHSO_3$ entsteht ebenso das *Aniliniumsalz* der *N-Furfuryl-(2)-anilin-α-sulfonsäure* ($C_{17}H_{18}N_2O_4S$, F. 102° (Zers.)], während aus Furfurol-p-methylanil das *p-Methylaniliniumsalz* der *N-Furfuryl-(2)-p-methylanilin-α-sulfonsäure* [$C_{19}H_{22}N_2O_4S$, F. 101° (Zers.)] erhalten wird. W. HAMPEL. 1740□

Produkte der Acetolyse von Cyclopentylmethyl- und Cyclohexylmethyl-p-brombenzolsulfonat. Geneviève Le Ny. (C. R. hebd. Séances Acad. Sci. **250.** 368—70. 11/1. 1960. Paris, C.N.R.S.) (Franz.)

Die Acetolyse von Isobutyl-p-brombenzolsulfonat (I) in Eisessig bei 80° liefert 32% *Isobutylacetat*, 32% *tert.-Butylacetat* (das unter den Bedingungen der Rk. unverändert bleibt) u. weniger als 1% *sek.-Butylacetat* sowie olefin. Produkte. β-Äthylbutyl-p-brombenzolsulfonat gibt unter gleichen Bedingungen 37% *β-Äthylbutylacetat*, nur 2% *2-Äthylbutyl-(2)-acetat* u. 1% des Umlagerungs-Prod. *Hexyl-(3)-acetat*. Aus Cyclopentylmethyl-p-brombenzolsulfonat (II) werden hauptsächlich durch Ringerweiterung *Cyclohexylacetat* (15%) u. *Cyclohexen* (71%) neben *Cyclopentylmethylacetat* (9%) erhalten, während Cyclohexylmethyl-p-brombenzolsulfonat (III) zu 58% in *Cyclohexylmethylacetat* übergeht u. sich Cycloheptan-Derivv. nicht nachweisen ließen. Aus II u. III werden ferner in sehr geringer Menge die relativ instabilen *1-Methylcycloalkyl-(1)-acetate* gebildet. Die Ergebnisse bestätigen die aus früheren kinet. Unterss. geschlossene Tatsache, daß die Acetolyse von **II**, die 5- bzw. 6mal so schnell wie jene von **I** bzw. **III** verläuft, einem anderen Mechanismus folgt. Es wird ein Verlauf über ein zum Sechsring erweitertes Ion angenommen. H.-E. Toussaint. 1850□

Über die Bildung des Cyclopropanringes: Darstellung einiger Derivate des 1.1-Bis-[hydroxymethyl]-cyclopropans. Bernard Chamboux, Pierre-Yves Étienne und Robert Pallaud. (C. R. hebd. Séances Acad. Sci. **251.** 255—56. 11/7. 1960. Paris, École Nat. Sup. de Chim.; Vincennes (Seine), Labor. Kodak-Pathé.) (Franz.)

Bis-[brommethyl]-bis-[hydroxymethyl]-methan (**I**, Pentaerythritdibromhydrin) wird durch Erhitzen mit Zn-Pulver in A. zu *1.1-Bis-[hydroxymethyl]-cyclopropan* (**II**; $C_5H_{10}O_2$, $Kp._{12}$ 121°, n_D^{20} 1,471; 70% (Ausbeute). *Bis-[p-nitrobenzoat]*, $C_{19}H_{16}N_2O_8$, F. 126°, aus A. Schuppen] cyclisiert. Das **I**-Sulfit geht analog in das **II**-*Sulfit* ($C_5H_8O_3S$, F. 72°, aus wss. A. Schuppen; 70%) über. Mit $SOCl_2$ gibt **II** *1.1-Bis-[chlormethyl]-cyclopropan* ($C_5H_8Cl_2$, $Kp._{40}$ 65°, n_D^{20} 1,4765; 50%). H.-E. Toussaint. 1870□

Vinyläther von Methyl- und Dimethylcyclopropylcarbinol. A. P. Meschtscherjakow und W. G. Gluchowzew. (Известия Академии Наук СССР, Отделение Химических Наук [Nachr. Akad. Wiss. UdSSR, Abt. chem. Wiss.] **1960.** 2042—43. Nov. Zelinsky-Inst. für org. Chem. der Akad. der Wiss. der UdSSR.) (Russ.)

Durch Anlagerung von Methyl- (**I**) u. Dimethylcyclopropylcarbinol (**II**) an Acetylen in Ggw. von KOH werden *Vinyl-[α-cyclopropyläthyl]-* u. *Vinyl-[2-cyclopropylpropyl-(2)]-äther* erhalten u. durch Hydrierung in die entsprechenden Äthyl-Verbb. übergeführt. Von den erhaltenen Verbb. werden Raman-Spektren aufgenommen.

Versuche: *Dimethylcyclopropylcarbinol* (**II**), $Kp._{755}$ 123°, man gibt zu Methyl-MgCl, (194 g Mg, 1,5 Liter Ae.) in 5 Std. unter Eiskühlung 336 g Methylcyclopropylketon, rührt 4 Std. bei 20°, dest. Ae. ab u. erhitzt 10 Std. bei 60—70°; $D._4^{20}$ 0,8786; n_D^{20} 1,4338; 83,5% (Ausbeute). Daneben 18 g *Isopropenylcyclopropan*, $Kp._{750}$ 70°. — *Vinyl-[α-cyclopropyläthyl]-äther*, $C_7H_{12}O$, $Kp._{746}$ 115°, man erhitzt 127 g **I** u. C_2H_2 bei 17 at im Autoklaven in Ggw. von 13 g KOH auf 150—160° bis zur Aufnahme der theoret. Menge C_2H_2; $D._4^{20}$ 0,8392; n_D^{20} 1,4284; 73,8%. — *Äthyl-[α-cyclopropyläthyl]-äther*, $Kp._{741}$ 111°, durch Hydrierung vorst. Verb. an Raney-Ni; $D._4^{20}$ 0,1821; n_D^{20} 1,4065. — *Vinyl-[2-cyclopropylpropyl-(2)]-äther*, $C_8H_{14}O$, $Kp._{761}$ 133,8°, aus 150 g **II** u. C_2H_2 in Ggw. von 30 g KOH; $D._4^{20}$ 0,8497; n_D^{20} 1,4380; 25%. — *Äthyl-[2-cyclopropylpropyl-(2)]-äther*, $Kp._{761}$ 126,8°, aus vorst. Verb. an Raney-Ni; $D._4^{20}$ 0,8239; n_D^{20} 1,4160.

Helmut Schäfer. 1870□

Cyclohexanaldehyd durch selektive Hydrierung von Cyclohexen-(3)-aldehyd-(1). Henry E. Hennis und Walter B. Trapp. (J. org. Chemistry **26.** 4678—79. Nov. 1961. Midland, Mich., Dow Chem. Co., Aromatics Res. Labor.) (Engl.)

Gaschromatograph. reiner Cyclohexen-(3)-aldehyd-(1) wird in 81%ig. Ausbeute an Pd-Kohle bei 75—80° u. 200 lb/in.^{2} unter Rühren in 2½ Std. zu *Cyclohexanaldehyd* [$Kp._{22-24}$ 57—59°, n_D^{25} 1,4490; *Semicarbazon*, F. 170—171° (A.-Wasser; Nadeln); *2.4-Dinitrophenylhydrazon*, F. 171—173° (A.-Essigester; gelbe Tafeln)] hydriert.

Gisela Schreiber. 1920□

Über die Kondensation von Mesityloxid und von Methylvinylketon unter dem Einfluß von Natrium-tert.-amylat. Jean-Marie Conia und Yves-René Naves. (C. R. hebd. Séances Acad. Sci. **250.** 356—58. 11/1. 1960. Caen (Calvados), Fac. des Sci.; Vernier, Genève.) (Franz.)

Die Selbstkondens. von Mesityloxid (**I**) in Ggw. von Na-tert.-Amylat führt zu einem *Isoxyliton* [**III**, $C_{12}H_{18}O$, $Kp._3$ 89—91°, n_D^{20} 1,5244—1,5300, $D._4^{20}$ 0,935—0,939], das 2 verschiedene *2.4-Dinitrophenylhydrazone* ($C_{18}H_{22}N_4O_4$, F. 156,5—158° bzw. 178—179°) u. *Semicarbazone* ($C_{13}H_{21}N_3O$, F. 177—178° bzw. 180—181,5°) liefert. In einer späteren Veröffentlichung soll gezeigt werden, daß es sich hierbei um Derivv. von 2 verschiedenen Ketonen (nicht um syn- u. anti-Form einer Verb.) handelt. Methylvinylketon (**II**) ließ sich durch Na-tert.-Amylat nicht zu definierten Prodd. kondensieren. Aus **I**/**II**-Gemischen wird das gleiche **III** wie aus **I** allein erhalten. Es wird bezweifelt, daß **III** die ihm früher (vgl. C. **1956.** 4130) zugeschriebene Struktur eines 3.5.5-Trimethyl-4-isopropylidencyclohexen-(2)-ons besitzt. H.-E. Toussaint. 1960□

O-Alkylierung von Cyclohexandion-(1.2). M. S. Gibson. (J. chem. Soc. [London] **1962.** 681—82. Febr. Rehovoth, Weizmann Inst. of Sci., Daniel Sieff Res. Inst.) (Engl.)

Methylierung von Cyclohexandion-(1.2) (**I**) mit CH_3J führt zu *2-Methoxycyclohexen-(2)-on* (**II**) u. einer Verb. $C_{13}H_{18}O_4$, in der möglicherweise *3-[1-Hydroxy-2-oxocyclohexyl]-2-methoxycyclohexen-(2)-on* vorliegt. Benzylierung liefert als einziges Rk.-Prod. *2-Benzyloxycyclohexen-(2)-on*, das durch Na-Acetylid in fl. NH_3 in *2-Benzyloxy-1-äthi-*

nylcyclohexen-(2)-ol-(1) umgewandelt wird. Für die beschriebenen Verbb. sind Werte der UV- u. IR-Spektren angegeben.

Versuche: *2-Methoxycyclohexen-(2)-on* (II), $C_7H_{10}O_2$, Kp.$_{20}$ 100—117° (Bad), durch Einrühren von 80 g CH_3J in das Gemisch von 16 g I u. 80 g K_2CO_3 in 500 ml Aceton, 4std. Kochen, Filtrieren, Eindampfen des Filtrates im Vakuum, Ae.-Extraktion des Rückstandes, Eindampfen der mit KOH u. W. gewaschenen Ae.-Lsg., chromatograph. Reinigung des Rückstandes an Al_2O_3 u. Elution mit Bzl.-Pentan; n_D^{20} 1,5084; 2 g (Ausbeute). *2.4-Dinitrophenylhydrazon*, $C_{13}H_{14}N_4O_5$, F. 173—175° (A.; rote Nadeln). — *Verb.* $C_{13}H_{18}O_4$ *[3-[1-Hydroxy-2-oxocyclohexyl]-2-methoxycyclohexen-(2)-on* (?)], F. 127° (PAe.; Rhomben), neben **II** durch Elution der Al_2O_3-Säule mit Ae.; 1,15 g. — *2-Benzyloxycyclohexen-(2)-on*, $C_{13}H_{14}O_2$, F. 55—56° (PAe.; Nadeln), durch 15 Min. langes Kochen u. Rühren von 11 g Benzylchlorid mit 13,5 g NaJ in Aceton, Abkühlen, Zugabe von 40 g K_2CO_3 u. 9,25 g I, 4std. Kochen unter Rühren, Aufarbeitung u. Chromatographie analog II; 4,9 g. — *2-Benzyloxy-1-äthinylcyclohexen-(2)-ol-(1)*, $C_{15}H_{16}O_2$, Kp.$_{0,1}$ 120° (Bad-Temp.) durch Einrühren von 2 g vorst. Verb. in Ae. zu Na-Acetylid (aus 2 g Na) in 150 ml fl. NH_3 bei —35 bis —40°, Zugabe von 10 g NH_4Cl nach 4½ Std., Abdunsten des NH_3, Zugabe von W. u. Ae., Eindampfen des mit HCl, $NaHCO_3$ u. W. gewaschenen Ae., Chromatographie des Rückstandes an Al_2O_3 u. Elution mit Ae.; 1,33 g. E. Reichelt. 1980□

Untersuchungen über die Synthese von 2-Acetylcyclohexen-(2)-on-(1). 2. Mitt. **Einige Experimente und die Konstitution des dimeren Produktes $C_{16}H_{20}O_4$.** C. W. T. Hussey und A. R. Pinder. (J. chem. Soc. [London] **1961**. 3525—32. Aug. Cardiff, Univ. Coll., Dep. of Chem.) (Engl.) — 1. vgl. C. **1958**. 9753.

Die Dehydrochlorierung von 2-Acetyl-2-chlorcycloheptanon liefert ein enol. Prod., das als *2-Acetylcycloheptadien-(1.3)-ol* (I) formuliert wird. Die Eigg. von I u. dem in analoger Weise dargestellten *2-Acetylcyclohexadien-(1.3)-ol* u. der Vgl. mit 2-Acetyl-2-chlor-4.4-dimethylcyclohexanon (im Verh. gegenüber Basen) beweisen, das 2-Acylcycloalken-(2)-one unstabil sind u. sich unter Enolisierung stabilisieren. Für das in der 1. Mitt. (l. c.) beschriebene dimere Prod. $C_{16}H_{20}O_4$ wird die Struktur eines *6.10-Diacetyl-5.9-dioxotricyclo-[6.2.2.0^{2.7}]-dodecans* vorgeschlagen.

Versuche: *2-Acetyl-2-chlorcyclopentanon*, $C_7H_9ClO_2$, Kp.$_{13}$ 92—94°, durch Zugabe von SO_2Cl_2 in CCl_4 zu 18,7 g 2-Acetylcyclopentanon in CCl_4 bei Raum-Temp. (1 Std.), 12std. Rühren u. Dest.; 17,2 g (Ausbeute); läßt sich mit Kollidin, Pyridin, methanol. Na-Methylat oder methanol. K-Acetat nicht dehydrochlorieren. — *2-Acetyl-2-chlorcycloheptanon*, $C_9H_{13}ClO_2$, Kp.$_{10}$ 112—114°, aus 20 g 2-Acetylcycloheptanon u. SO_2Cl_2 in CCl_4 analog vorst. Verb.; 21,6 g. *2.4-Dinitrophenylhydrazon*, $C_{15}H_{17}ClN_4O_5$, F. 165°; aus A. goldgelbe Nadeln. — *2-Acetylcycloheptadien-(1.3)-ol* (I), $C_9H_{12}O_2$, Kp.$_{10}$ 102°, Kp.$_8$ 97—98°, durch 2½ std. Erhitzen von 5 g vorst. Verb. mit Kollidin auf 180°; 1,8 g; purpurfarbene $FeCl_3$-Reaktion. *Cu-Komplex*, $C_{18}H_{22}CuO_4$, F. 180—181°; aus Bzl./PAe. grüne Nadeln. — *2-Acetylcycloheptanon, Cu-Komplex*, $C_{18}H_{26}CuO_4$, F. 210—211°, durch Hydrieren vorst. Cu-Komplexes in A. an 5% ig. Pd/Kohle (1 Mol H_2); aus Bzl./PAe. graue Nadeln. — *Glutarsäure*, F. 97—98°, durch Rühren von 2,5 g I mit $KMnO_4$ in abs. Aceton bei 0—5°; 0,7 g. — *Cycloheptanon*, Kp.$_9$ 56—57°, durch 2std. Kochen von 2 g I mit 5% ig. wss. NaOH; 0,24 g. *2.4-Dinitrophenylhydrazon*, F. 147°; orangerote Kristalle; daneben eine *Verb.* $C_{13}H_{12}N_4O_4$, F. 201—202°, aus Essigester tiefrote Nadeln. — *2-Acetyl-4.4-dimethylcyclohexanon*, $C_{10}H_{16}O_2$, Kp.$_{20-21}$ 120—125°, durch Sättigen von 10,6 g 4.4-Dimethylcyclohexanon (*2.4-Dinitrophenylhydrazon*, $C_{14}H_{18}N_4O_4$, F. 148—149°; aus A. orangegelbe Nadeln) in Acetanhydrid mit BF_3 bei 0°. *Cu-Komplex*, $C_{20}H_{30}CuO_4$, F. 165,5°; aus PAe. grüne Nadeln. — *2-Acetyl-2-chlor-4.4-dimethylcyclohexanon*, $C_{10}H_{15}ClO_2$, Kp.$_{19}$ 138—140°, aus 4,2 g vorst. Verb. in CCl_4 u. SO_2Cl_2; 4,6 g; läßt sich mit Kollidin nicht dehydrochlorieren. — *6.10-Diacetyl-5.9-dioxotricyclo-[6.2.2.0^{2.7}]-dodecan*, $C_{16}H_{20}O_4$, F. 136°, durch Dehydrochlorierung vorst. Verb. wie in der 1. Mitt. (l. c.) beschrieben; aus Methanol rhomb. Prismen; 20%. — *5.9-Dioxotricyclo-[6.2.2-0^{2.7}]-dodecan* (II), $C_{12}H_{16}O_2$, Kp.$_{0,05}$ 150—155° (Bad), durch 1½ std. Kochen von 10 g vorst. Verb. mit 5% ig. wss. KOH unter N_2; 0,6 g. *Disemicarbazon*, $C_{14}H_{22}N_6O_2$, F. 226°; aus A. Nadeln. *Tripiperonyliden-Deriv., Äthanolsolvat*, $C_{36}H_{28}O_8 \cdot C_2H_5OH$, F. 212—213°, aus II u. Piperonal in Ggw. von 5n wss. NaOH; aus A. Nadeln. — *5.9-Dihydroxytricyclo-[6.2.2.0^{2.7}]-dodecan*, $C_{12}H_{20}O_2$, Kp.$_{0,03}$ 155—165° (Bad), durch 1½ std. Kochen von 0,52 g II in abs. Ae. mit $LiAlH_4$, mehrstd. Stehen bei Raum-Temp., Versetzen mit W. u. Dest.; 0,48 g. *Bis-[p-nitrobenzoyl]-Deriv.*, $C_{26}H_{26}N_2O_8$, F. 209°; aus Bzl. Nadeln. — *Verb.* $C_{10}H_{12}$, Kp.$_{18}$ 70—100°, durch 8std. Erhitzen von 0,39 g vorst. Verb. mit 30% ig. Pd/Kohle auf 300° unter N_2; 0,2 g; riecht stark tetralinähnlich. — *Tricyclo-[6.2.2.0^{2.7}]-dodecan*, $C_{12}H_{20}$, Kp.$_{16}$ 110—111°, Kp.$_{14}$ 107—108°, a) durch 8std. Erhitzen von 0,48 g des Disemicarbazons von II mit 98 bis 100% ig. $N_2H_4 \cdot H_2O$ u. Na-Äthylat im verschlossenen Rohr auf 200°; $n_D^{19,5}$ 1,5080;

0,15 g; b) durch 4std. Hydrieren von 0,48 g nachst. Verb. in A. am ADAMS-Kontakt bei Raum-Temp./1 at; 0,3 g. — *Tricyclo-[6.2.2.0^2.7^]-dodecadien-(5.9)*, Kp.$_9$ 100—102°, durch Bromieren u. Dehydrobromieren von Cyclohexen, 10std. Erhitzen von 3,25 g des entstandenen, durch Dampfphasenchromatographie gereinigten *Cyclohexadiens-(1.3)* (Kp. 80°; n_D^{20} 1,4755) im verschlossenen Rohr auf 200—220° u. Dest. über Na; n_D^{22} 1,5260; 1,3 g. — *5.6;9.10-Diepoxytricyclo-[6.2.2.0^2.7^]-dodecan*, $C_{12}H_{16}O_2$, Kp.$_{0,1-0,2}$ 96°, Kp.$_{0,05}$ 88°, durch Zugabe von 0,8 g vorst. Verb. zu Perbenzoesäure in Chlf. bei <0°, 48std. Stehen bei 0° u. Dest.; 0,42 g; läßt sich mit Li-Diäthylamid nicht zu einem Diketon umlagern.

P. GOLINSKE. 1980□

Synthesen neuer Kaffeeylchinasäuren. Maria Luisa Scarpati, Giovanna Oriente und Luigi Panizzi. (Ann. Chimica **48.** 997—1006. Nov. 1958. Roma, Univ., Ist. di Chim. organ.) (Ital.)

Es wird die Synth. der *1-Kaffeeylchinasäure* (**I**) u. der *4.5-Dikaffeeylchinasäure* (**II**) beschrieben. Durch Rk. von 1 Mol Carbonylkaffeesäurechlorid (**III**) mit 4.5-Acetonchinid (**IV**) u. nachfolgende Hydrolyse des *1-[Carbonylkaffeeyl]-4.5-acetonchinids* wird *1-Kaffeeylchinid* erhalten, das mit Alkali leicht **I** liefert. Bei der Umsetzung von 2 Mol **III** mit 1-Methoxycarbonylchinid (**V**) gewinnt man auf ähnlichem Wege **II**. Für die synthetisierten Verbb. sind Chromatogramme (Butanol/Eisessig/W.) graph. aufgeführt. Einige opt. Daten werden angegeben.

Versuche: *1-[Carbonylkaffeeyl]-4.5-acetonchinid*, $C_{20}H_{18}O_9 \cdot \frac{1}{2}\ CCl_4$, F. 155° ($CCl_4$), durch kurzes Erhitzen von 2,3 g **III** mit 2,5 g **IV** auf 100—130° unter vermindertem Druck, Kochen des Rk.-Prod. mit CCl_4, Filtrieren u. Abkühlen; 2,5 g (Ausbeute). — *1-Kaffeeylchinid*, $C_{16}H_{16}O_8$, F. 205—208° (Zers.; W.; Nadeln), durch 40 Min. langes Kochen von 2,5 g vorst. Verb. mit W., Filtrieren, Einengen u. 12std. Trocknen bei 105°; $[\alpha]_D^{25}$ —17° (c = 2; A.); 2,5 g. — *1-Kaffeeylchinasäure* (**I**), $C_{16}H_{18}O_9 \cdot {}^1/_2\ H_2O$, durch Zugabe von 2,85 g vorst. Verb. zu 1nKOH im H_2-Strom, Einstellen nach kurzer Zeit mit HCl auf pH 7, Ansäuern der wiederholt mit Essigester extrahierten Lsg. bis zur kongosauren Rk., Extraktion mit Essigester u. Einengen; $[\alpha]_D^{25}$ —8,3° (c = 3; W.); 2,2 g. *Methylester*, $C_{17}H_{20}O_9$, aus 2 g **I** u. CH_2N_2 in Ae.; 1,15 g. — *1-Methoxycarbonyl-4.5-bis-[carbonylkaffeeyl]-chinid*, F. 210—212° (Essigsäure; Nadeln), durch Schmelzen von 2 Mol **III** mit 1 Mol **V**, Aufnehmen des Rk.-Prod. in Chlf. u. Einengen. — *4.5-Dikaffeeylchinasäure* (**II**), $C_{25}H_{24}O_{12}$, durch Lösen von 3,98 g vorst. Verb. u. Eisessig in wss. Pyridin, Einleiten von N_2, 8std. Kochen, Abdest. von Pyridin im Vakuum, Aufnehmen des Rückstandes in 2nHCl u. Essigester, Ausziehen der organ. Phase mit $NaHCO_3$, Ansäuern, wiederholte Ae.-Extraktion u. Einengen; $[\alpha]_D^{20}$ —173° (c = 2; A.); 1,6 g.

K.-F. SCHNEIDER. 2050□

β-Ketophosphonsäureester. 7. Mitt. Über die Reaktionsprodukte von α-Chlorcyclohexanon mit Äthylphosphonigsäurediäthylester und dem Natriumsalz des Äthylphosphonigsäureäthylesters. B. A. Arbusow, W. Ss. Winogradowa und M. A. Swerewa. (Известия Академии Наук СССР, Отделение Химических Наук [Nachr. Akad. Wiss. UdSSR, Abt. chem. Wiss.] **1960.** 1981—84. Nov. Kasan, Chem. Inst. der Akad. der Wiss. der UdSSR u. Univ., Chem. Butlerow-Inst.) (Russ.) — 6. vgl. C. **1962.** 10054.

2-Chlorcyclohexanon-(1) (**I**) reagiert mit Äthylphosphonigsäurediäthylester (**II**) u. Äthylphosphonigsäureäthylester (**III**)-Na-Salz unter Bldg. von *Äthylphosphonsäureäthyl-[cyclohexen-(1)-yl-(1)]-ester*. Die Struktur der Verb. wird RAMAN- u. UV-analyt. bewiesen.

Versuche: *Äthylphosphonsäureäthyl-[cyclohexen-(1)-yl-(1)]-ester*, $C_{10}H_{19}O_3P$, Kp.$_{0,5}$ 85—86°, Kp.$_{0,5}$ 91—93°; D_4^{20} 1,0709—1,0793; n_D^{20} 1,4642—1,4665; a) man tropft zu 15 g **I** bei 65—80° 16,9 g **II** zu u. erhitzt ½ Std. auf 80—100°; 67,7% (Ausbeute); b) man gibt zu 17,4 g **I** in Ae. **III** Na-Salz (aus 16 g **III**) in 150 ml Ae. u. erwärmt ½ Std. auf dem Wasserbad; 39,5%. Liefert beim Umestern mit A. in Ggw. von Na-Äthylat *Cyclohexanon* (*2.4-Dinitrophenylhydrazon*, F. 158—159°) u. *Ätylphosphonsäurediäthylester*, Kp.$_9$ 78—80°, Kp.$_2$ 53—55°; D_4^{20} 1,0216—1,0284; n_D^{20} 1,4160—1,4170.

HELMUT SCHÄFER. 2180□

Alkylierung des aromatischen Kerns. 1. Mitt. Die Einführung von sek.-Alkyl- und Cyclohexylgruppen durch Umsetzung mit p-Toluolsulfonsäureestern. W. J. Hickinbottom und N. W. Rogers. (J. chem. Soc. [London] **1957.** 4124—30. Sept. London, Univ., Queen Mary Coll.) (Engl.) — 2. vgl. C. **1960.** 13347.

Die Einführung der Cyclohexylgruppe in die aromat. Kerne von Toluol (**III**), m- (**VI**) u. p-Xylol, Mesitylen (**II**), Naphthalin (**XIII**), Phenol u. Anisol (**XIV**) gelingt glatt durch Umsetzung der entsprechenden aromat. Verb. mit p-Toluolsulfonsäurecyclohexylester (**I**) bei ca. 120°. Nach Beendigung der Rk. wird die freie Sulfonsäure mit wss. Alkali neutralisiert u. die neutrale Schicht destilliert. Die Sulfonsäureester des Isopropyl-

(XII) u. sek.-Butylalkohols (XI) reagieren ähnlich. I setzt sich auch mit Chlor-, Brom- u. Jodbenzol um, die Ausbeute beträgt jedoch nur ca. 10%, da I in diesem Falle zur Sulfonsäure u. *polymerem Cyclohexen* zersetzt wird. Mit Nitrobenzol, Methylbenzoat u. Benzonitril erfolgt keine Substitution. Die Ermittlung der Struktur der synthetisierten Verbb. u. des relativen Verhältnisses der entstandenen Isomeren erfolgt IR-spektrograph. durch Vgl. mit authent. Substanzen. Die Rk. hat den Charakter einer elektrophilen Substitution.

Versuche: Die Alkylierung erfolgt durch Erhitzen des KW-Stoffs im Überschuß mit I unter Rühren auf 120° während ca. 5 Std., Neutralisation der gebildeten p-Toluolsulfonsäure, Extraktion des Rk.-Prod. mit Ae. u. Dest.; es wurden dargestellt: *Cyclohexylmesitylen*, $C_{15}H_{22}$, Kp.$_{19}$ 156°, a) aus 144 g II u. 102 g I; n_D^{20} 1,5302; 59,5 g (Ausbeute); b) analog bei 130°; 50% [daneben wenig *Dicyclohexylmesitylen*, $C_{21}H_{32}$, F. 103 bis 104° (PAe.; Nadeln), Kp.$_{0,1}$ 130°]. *Dinitroverb.*, $C_{15}H_{20}N_2O_4$, F. 170,5°. — *Cyclohexyltoluol*, $C_{13}H_{18}$, Kp.$_{20}$ 120—129°, aus 122 g I u. 280 g III; n_D^{20} 1,5256; 42,2 g (Gemisch aus 32% *o*-, 21% *m*- u. 47% *p-Isomerem*); daneben *Dicyclohexyltoluol*, $C_{19}H_{28}$, Kp.$_1$ 154—158°; n_D^{20} 1,5366; 15,1 g. — *o-[Cyclohexenyl-(1)]-toluol* (IV), Kp.$_8$ 108—109°, durch Dehydratation des aus Cyclohexanon (V) u. o-Tolyl-MgBr erhältlichen tert. Alkohols; n_D^{20} 1,5453. — *o-Cyclohexyltoluol*, Kp.$_{10}$ 111°, durch Hydrierung vorst. Verb. bei 3—4 at an RANEY-Ni; n_D^{18} 1,5321. — *m-[Cyclohexenyl-(1)]-toluol*, Kp.$_{13}$ 134°, analog IV aus V u. m-Tolyl-MgBr; n_D^{17} 1,5635. — *m-Cyclohexyltoluol*, Kp.$_{13}$ 122°, durch katalyt. Hydrierung vorst. Verb.; n_D^{20} 1,5239. — *p-[Cyclohexenyl-(1)]-toluol*, Kp.$_9$ 126°, analog IV aus V u. p-Tolyl-MgBr; $n_D^{16,5}$ 1,5653. — *p-Cyclohexyltoluol*, Kp.$_9$ 114°, durch Hydrierung vorst. Verb.; n_D^{17} 1,5243. — *4-Cyclohexyl-m-xylol* (VII), $C_{14}H_{20}$, Kp.$_{20}$ 145—146°, a) aus 101,6 g I u. 200 g VI; ca. 45 g; b) aus 2.4-Dimethylphenyl-MgBr u. I; n_D^{20} 1,5263; 12%. — *5-Cyclohexyl-m-xylol*, Kp.$_8$ 126°, a) als Nebenprod. von VII; 7%; b) durch Hydrierung von 5-[Cyclohexenyl-(1)]-m-xylol ($C_{14}H_{18}$, Kp.$_{12}$ 139°, n_D^{17} 1,5530) an RANEY-Ni in A. bei 3—4 at; n_D^{18} 1,5243; c) aus VI u. Cyclohexan in Ggw. von $AlCl_3$; 94%; daneben VII; 4%. *Trinitroderiv.*, F. 117—118°. — *4.6-Dicyclohexyl-m-xylol*, $C_{20}H_{30}$, F. 108—108,5° (A.; Nadeln), aus dem Dest.-Rückstand von VII. — *2-Cyclohexyl-p-xylol*, Kp.$_{12}$ 135°, aus 127 g I u. 250 g p-Xylol; n_D^{20} 1,5270; 63,2 g; daneben *2.5-Dicyclohexyl-p-xylol*, F. 156—157° (A.); 9,6 g. — *2.5-Dimethyl-p-terphenyl*, F. 180—182°, aus vorst. Verb. in 36 Std. an Pd-Kohle. — *p-Cyclohexylphenol* (VIII), F. 131° (Toluol u. PAe.), aus 235 g Phenol u. 127 g I über das in 10%ig. wss. NaOH schwer lösl. *Na-Salz*; 25 g (*Benzoat*, F. 117—118°); daneben *o-Cyclohexylphenol* (IX), F. 55—56° (PAe.), Kp.$_{11}$ 136—138°, durch Freisetzen aus dem alkal. Filtrat; 22,9 g. *Dinitroderiv.*, F. 106°. — *p-Cyclohexylanisol*, $C_{13}H_{18}O$, F. 57—57,5° (wss. A.), aus XIV u. I durch Abkühlen des Rk.-Gemisches; ca. 30%; liefert bei der Rk. mit HBr–Essigsäure VIII. — *o-Cyclohexylanisol*, F. 27—28°, Kp.$_{10}$ 127°, aus dem nicht krist. Anteil vorst. Gemisches durch Behandlung mit HBr–Essigsäure u. Verätherung des erhaltenen IX mit $(CH_3)_2SO_4$; n_D^{20} 1,5352. — *m-Cyclohexylanisol*, Kp.$_9$ 135°, durch Hydrierung von 3-[Cyclohexenyl-(1)]-anisol ($C_{13}H_{16}O$, Kp.$_{10}$ 149—150°; $n_D^{16,5}$ 1,5702) an RANEY-Ni in A. bei 3—4 at; n_D^{18} 1,5325. — *p-Chlorphenylcyclohexan*, $C_{12}H_{15}Cl$, Kp.$_{25}$ 125—145°, aus 280 g Chlorbenzol u. 127 g I; n_D^{20} 1,5350; 8,0 g (daneben *polymere Cyclohexene*; 30 g); liefert bei der Oxydation mit $K_2Cr_2O_7$ u. H_2SO_4 *p-Chlorbenzoesäure*, F. 240—241°. — *p-Bromphenylcyclohexan*, $C_{12}H_{15}Br$, Kp.$_{20}$ 158—170°, aus 250 g Brombenzol u. 101,6 g I; n_D^{20} 1,5555—1,5550; 10 g (daneben *polymere Cyclohexene*; 30 g); liefert über die GRIGNARD-Verb. *p-Cyclohexylbenzoesäure* (X), F. 198°; gibt durch Oxydation mit $K_2Cr_2O_7$ u. H_2SO_4 *p-Brombenzoesäure*, F. 250—252°. — *p-Jodphenylcyclohexan*, $C_{12}H_{15}J$, Kp.$_{0,8}$ 112—114°, aus 250 g Jodbenzol u. 63 g I; n_D^{20} 1,5770; 11,2 g; liefert über die GRIGNARD-Verb. X; gibt bei der Oxydation mit $K_2Cr_2O_7$ u. H_2SO_4 *p-Jodbenzoesäure*, F. 267—270°. — *p-Toluolsulfonsäure-sek.-butylester* (XI, aus sek.-Butylalkohol u. p-Toluolsulfochlorid in Pyridin u. Befreien von überschüssigem sek.-Butanol u. Lsgm. durch Einblasen eines Luftstroms bei 0,1 Torr als Rohprod.; n_D^{20} 1,5028. Die Anwendung von XI erfolgt analog der von I. Als Nebenprod. wird bei den Alkylierungs-Rkk. mit XI ein ungesätt. Gas, vermutlich *Buten-(2)* beobachtet. — *Butyl-(2)-mesitylen*, $C_{13}H_{20}$, Kp.$_{10}$ 102—103°, aus 120 g II u. 45,6 g XI; n_D^{20} 1,5078; 19,8 g. — *Butyl-(2)-p-xylol*, $C_{12}H_{18}$, Kp.$_8$ 81—81,5°, aus 265 g p-Xylol u. 114 g XI; n_D^{20} 1,4996; 36,7 g. — *4-[Butyl-(2)]-m-xylol*, $C_{12}H_{18}$, Kp.$_{16}$ 96°, a) aus 265 g VI u. 114 g XI; 37,3 g; b) aus 2.4-Dimethylphenyl-MgBr u. XI; n_D^{22} 1,4980; 21%. — *[Butyl-(2)]-naphthalin*, $C_{14}H_{16}$, Kp.$_{15}$ 140—146°, aus XIII u. XI; n_D^{20} 1,5836; 14,1 g (88% α- u. 12% *β-[Butyl-(2)]-naphthalin*). — *α-[Butyl-(2)]-naphthalin*, Kp.$_{18}$ 148°, aus α-Naphthyl-MgBr u. XI; n_D^{20} 1,5853; 20%. *Pikrat*, F. 76°. *Trinitrobenzoladdukt*, F. 68—71° (A.). — *β-[Butyl-(2)]-naphthalin*, Kp.$_{13}$ 142°, durch Hydrierung von β-[Buten-(2)-yl-(2)]-naphthalin an RANEY-Ni bei Raum-Temp. u. 3—4 at; n_D^{20} 1,5793. *Pikrat*, 60—64°. *Trinitrobenzoladdukt*, F. 81—85°. — *β-[Buten-(2)-yl-(2)]-naphthalin*, $C_{14}H_{14}$, Kp. 157—158°, durch Dehydratation von 2-[β-Naphthyl]-butanol-(2) mit sd. HCl. — *[Butyl-(2)]-anisol*, $C_{11}H_{16}O$, Kp.$_{8}$ 86—93°, aus 108 g **XIV** u. 45,6 g **XI**; n_D^{20} 1,5050—1,5030; 13,0 g (61% *o*- u. 39% *p-[Butyl-(2)]-anisol*). — *o-[Butyl-(2)]-anisol*, Kp.$_{9}$ 83—84°, aus 2-Methoxyphenyl-MgBr u. **XI**; n_D^{17} 1,5070; 11%. — *p-[Butyl-(2)]-anisol*, Kp.$_{9}$ 91,5°, aus p-Methoxyphenyl-MgBr u. **XI**; n_D^{17} 1,5038; 23%; daneben 5% *o*- u. 10% *m-Isomeres*. — *m-[Butyl-(2)]-anisol*, Kp.$_{14}$ 100°, durch katalyt. Hydrierung von m-[Buten-(2)-yl-(2)]-anisol ($C_{11}H_{14}O$, Kp.$_{13}$ 110—112°; $n_D^{15,5}$ 1,542) an Raney-Ni; $n_D^{18,5}$ 1,5027. — *p-Toluolsulfonsäure-isopropylester* (**XII**), aus p-Toluolsulfochlorid u. Isopropylalkohol analog **I** bzw. **XI**; n_D^{20} 1,5050. Die Anwendung von **XII** erfolgt analog der von **I** bzw. **XI**. — *α-[Propyl-(2)]-naphthalin*, $C_{13}H_{14}$, Kp.$_{15}$ 134—134,5°, a) aus 256 g **XIII** u. 85,6 g **XII**; $n_D^{21,5}$ 1,5918; 19,5 g (*Pikrat*, F. 80—82°; *Trinitrobenzoladdukt*, F. 95—98°); b) aus α-Naphthyl-MgBr u. **XII**; 30%. — *[Propyl-(2)]-anisol*, $C_{10}H_{14}O$, Kp.$_{15}$ 73—80°, aus 270 g **XIV** u. 107 g **XII**; n_D^{20} 1,5077—1,5063; 30,1 g (57% *o*-, 6% *m*- u. 37% *p-[Propyl-(2)]-anisol*). — *o-[Propyl-(2)]-anisol*, Kp.$_{13}$ 80°, aus o-Methoxyphenyl-MgBr u. **XII**; n_D^{20} 1,5085; 20%. daneben 5% *m*- u. 5% *p-Isomeres*. — *p-[Propyl-(2)]-anisol*, Kp.$_{13}$ 80°, aus p-Methoxyphenyl-MgBr u. **XII**; n_D^{19} 1,5062; daneben 27% *o*- u. 10% *m-Isomeres*. — *m-[Propyl-(2)]-anisol*, Kp.$_{13}$ 87°, durch katalyt. Hydrierung von 2-[m-Methoxyphenyl]-propen ($C_{10}H_{12}O$, Kp.$_{13}$ 86—87°; n_D^{19} 1,5445) an Raney-Ni; n_D^{19} 1,5042. H. Nürnberger. 2200□

Benzylierung von Acetylen. 1. Mitt. **Bildung von 3.4-Diphenylbutin-(1) und 3.4-Diphenylbutadien-(1.2).** Teisuke Ando und Niichiro Tokura. (Bull. chem. Soc. Japan **30.** 259—63. April 1957. Sendai, Tohoku Univ., Chem. Res. Inst. of Nonaqueous Solutions.) (Engl.) — 2. vgl. C. **1961.** 8644.

Bei der Umsetzung von Metallacetyliden mit Benzylchlorid (**II**) entsteht nicht Benzylacetylen, sondern ein Gemisch von *3.4-Diphenylbutin-(1)* (**III**) u. *3.4-Diphenylbutadien-(1.2)* (**I**). **I** bildet sich aus **III** durch Isomerisierung. Die Umwandlung zu **I** erfolgt auch beim Aufbewahren von **III** in fl. NH_3 bei Raum-Temperatur. **III** gibt mit $AgNO_3$ ein Komplexsalz u. läßt sich an Pd-Kohle zu *1.2-Diphenylbutan* (**IV**) hydrieren. **I**, das sich in der Wärme leicht polymerisiert, geht bei der Behandlung mit Ozon in *Desoxybenzoin* über. **I** entsteht auch aus 3.4-Diphenylbutanon-(2) u. PCl_5, Abspaltung von HCl aus dem erhaltenen Rk.-Prod. u. Umsetzung mit KOH. Für **I**, **III** u. **IV** sind die IR-Spektren graph. wiedergegeben.

Versuche: *3.4-Diphenylbutin-(1)* (**III**), $C_{16}H_{14}$, Kp.$_{2}$ 190—192°, a) durch Einleiten von C_2H_2 in die Lsg. von fl. NH_3 bei —50°, Eintropfen der äquimol. Menge **II**, 2½ std. Rühren, Aufbewahren über Nacht bei 0°, Abdampfen von NH_3, Zugabe von W. u. 4n HCl, Ae.-Extraktion, Abdampfen des Ae., Vakuum-Dest. des Rückstandes im N_2-Strom, Überführen in das Ag-Komplexsalz u. dessen Zers. durch Kochen mit KCN-Lsg.; n_D^{25} 1,6040; $D._{25}^{25}$ 1,0646; 34,6%; b) analog a) mit Na_2C_2 u. **II** (1 : 1); 16,9%; c) analog a) mit Na_2C_2 u. **II** (1 : 2); 10,3%; d) analog a) mit Na_2C_2 u. **II** (2 : 1); 17,8%. — *3.4-Diphenylbutadien-(1.2)* (**I**), $C_{16}H_{14}$, Kp.$_{2}$ 135—140°, a) neben **III** aus Li_2C_2 u. **II**; n_D^{18} 1,5992; 12,2%; b) analog a) mit Na_2C_2 u. **II** (1 : 2); 5,2%; c) analog a) mit Na_2C_2 u. **II** (2 : 1); 3,1%; d) durch 6 std. Kochen von 5 g **III** mit wss. äthanol. KOH, Rühren, Einengen im Vakuum, Ae.-Extraktion u. Dest. der neutral gewaschenen Ae.-Phase; 1 g; e) durch 24 std. Aufbewahren von **III** in fl. NH_3 in einer Druckflasche bei Raum-Temp., Abdampfen von NH_3 u. Ae.-Extraktion des Rückstandes; 12%; f) durch Eintropfen von 17,4 g 3.4-Diphenylbutanon-(2) in Ae. in PCl_5 in Ae., Rühren, 30 std. Erwärmen auf 60°, Gießen in Eiswasser, Ae.-Extraktion, Dest., 15 std. Kochen des Rückstandes mit äthanol. KOH, Eindampfen, Ae.-Extraktion u. Dest. des Ae.-Rückstandes; 1 g; daneben wenig **III**. — *1.2-Diphenylbutan* (**IV**), Kp.$_{11,5}$ 153°, durch katalyt. Hydrierung von 2 g **III** in CH_3OH an Pd-Kohle bei Raum-Temp., Filtrieren u. Dest. im Vakuum; n_D^{17} 1,5882; 1,7 g. — *Desoxybenzoin*, F. 55—56° (PAe.), durch Behandeln von **I** in Essigester bei —45° mit Ozon, Eindampfen, Zusatz von verd. NaOH u. H_2O_2; 64%. H. Henze. 2210□

Beitrag zur Untersuchung der Kumulene: Dihexapentaene. Jacqueline Rauss, Paul Cadiot und Antoine Willemart. (C. R. hebd. Séances Acad. Sci. **250.** 558—60. 18/1. 1960.) (Franz.)

p-Dibenzoylbenzol wird in einem Gemisch aus fl. NH_3 u. N-Methylpyrrolidon mit Na-Acetylid bei —40° in *1.4-Bis-[1-hydroxy-1-phenylpropin-(2)-yl]-benzol* [**I**; F. 188°; 80% (Ausbeute)] übergeführt, das mit NaOBr in W./N-Methylpyrrolidon/Ae.-Gemisch *1.4-Bis-[1-hydroxy-1-phenyl-3-brompropin-(2)-yl]-benzol* (F. 115°; 80%) liefert. Letzteres gibt mit 1.1-Diphenylpropin-(2)-ol-(1) in Ggw. von Cu^+ *p-Phenylen-bis-[1.6.6-triphenyl-1.6-dihydroxyhexadiin-(2.4)]* (**II**; F. 226°; 85%), das ferner durch Kuppeln von **I** mit 1.1-Diphenyl-3-brompropin-(2)-ol-(1) erhalten wird. $SnCl_2$ red. **II** in äther. HCl bei 0° zu *p-Phenylen-bis-[1.6.6-triphenylhexapentaen]* [**III**; F. 485° (Zers.); schwarzviolett; λ_{max} 476, 585, 437 u. 372 mμ (Chlf.); 85%]. In ähnlich hoher Ausbeute wurden die folgenden p-Phenylen-bis-[1.6-diphenyl-6-arylhexapentaene] dargestellt: -o-, -m- u. -p-*bromphenyl-*, -*p-chlor-*, -*p-nitro-*, -*m-* u. -*p-methoxyphenyl-*. Lediglich ihre Absorptionsmaxima, die denen von **III** entsprechen, sind mitgeteilt.

H.-E. TOUSSAINT. 2210□

Darstellung einiger substituierter Diphenylsulfonsäuren. Robert G. Schultz. (J. org. Chemistry **26**. 5195—96. Dez. 1961. Dayton, Ohio, Monsanto Chem. Co., Res. and Engng. Div.) (Engl.)

4-Brom-, 4-Nitro-, 4-Cyan-, 4-Methyl- u. 4-tert.-Butylbiphenyl werden in Chlf. mit $ClSO_3H$ in 4'-Stellung sulfoniert. Biphenyl-4-carbonitril bildet mit 1 Mol $ClSO_3H$ einen Komplex mit der Nitrilgruppe, erst das 2. Mol $ClSO_3H$ wirkt sulfonierend. Durch Zers. des Komplexes mit Methanol wird *Biphenyl-4'-imidocarbonsäuremethylester-4-sulfonsäure* erhalten.

Versuche (FF. korr.): *Biphenyl-4-sulfonsäure* (**I**), $C_{12}H_{10}O_3S$, F. 138—140° (Chlf.), durch langsames Zutropfen von $ClSO_3H$ in Chlf. zu Biphenyl in Chlf. bei 15° u. $^1/_2$std. Rühren; 95% (Ausbeute). — *4'-Brombiphenyl-4-sulfonsäure*, $C_{12}H_9BrO_3S$, F. 157 bis 158° (Chlf.), aus 4-Bromdiphenyl analog **I**; 97%. *Cu-Salz*, $[C_{12}H_8BrO_3S]_2Cu \cdot {}^1/_2\,H_2O$; 75%. — *2'-Brombiphenyl-4-sulfonsäure* (**II**), $C_{12}H_9BrO_3S$, F. 62—64° (CCl_4), durch langsames Zutropfen von $ClSO_3H$ in Chlf. zu 2-Brombiphenyl in Chlf., 1std. Rühren bei 25° u. Fällen mit Hexan; sehr hygroskop.; 86%. *Cu-Salz*, $[C_{12}H_8BrO_3S]_2Cu \cdot 2\,H_2O$; 86%. — *4'-Nitrobiphenyl-4-sulfonsäure*, $C_{12}H_9NO_5S$, F. 149—150°, analog **I**; 99%. *Ag-Salz*, $C_{12}H_8NO_5SAg \cdot {}^1/_2\,H_2O$; 38%. — *4'-Methylbiphenyl-4-sulfonsäure*, $C_{13}H_{12}SO_3 \cdot H_2O$, F. 166—168°, analog **I**; 82%. *Cu-Salz*, $[C_{13}H_{11}SO_3]_2Cu \cdot H_2O$; 90%. — *4'-tert.-Butylbiphenyl-4-sulfonsäure*, $C_{16}H_{18}O_3S \cdot H_2O$, F. 127—129°, analog **II**; 91%. *Cu-Salz*, $[C_{16}H_{17}O_3]_2Cu \cdot 3\,H_2O$; 95%. — *Biphenyl-4'-imidocarbonsäuremethylester-4-sulfonsäure*, $C_{14}H_{13}NO_4S$, F. 238—240°, durch langsames Zutropfen von $ClSO_3K$ in Chlf. bei 25° zu Biphenyl-4-carbonitril in Chlf., $2^1/_2$std. Rühren, Abtrennen des Öls, Lösen in Methanol u. Fällen mit Ae.; hellgelbes Prod.; 68%.

E. KOSSMEHL. 2290□

Substituierte β.β-Diphenylpropionsäuren. V. N. Deshpande und K. S. Nargund. (J. Karnatak Univ., Sci. [Dharwar, India] **1**. 1—6. Nov. 1956. Dharwar, Karnatak Univ., Dep. of Chem.) (Engl.)

Substituierte *β.β-Diphenylpropionsäuren* werden durch eine mit H_2SO_4 katalysierte Addition von Anisol, Veratrol, Resorcindimethyläther (**II**), Hydrochinondimethyläther (**III**) u. Thiophenolmethyläther (**IV**) an Zimtsäure (**I**), p-Methoxyzimtsäure (**V**) bzw. 3.4-Dimethoxyzimtsäure (**VI**) erhalten.

Versuche: β-Aryl-β-phenylpropionsäuren: β-[*4-Methoxyphenyl*]-, $C_{16}H_{16}O_3$, F. 123—124° (A.), durch $2^1/_2$std. Erhitzen von 10 g **I**, 25 ml Anisol u. 10 ml konz. H_2SO_4 auf 100°; 7 g (Ausbeute). *S-Benzylisothiuroniumsalz*, $C_{24}H_{26}N_2O_3S$, F. 154°, aus Methanol Platten. — β-[*3.4-Dimethoxyphenyl*]-, $C_{17}H_{18}O_4$, F. 109—110° (A.), aus 10 g **I** u. 25 ml Veratrol analog vorst. Verb.; 7 g. — β-[*2.4-Dimethoxyphenyl*]-, $C_{17}H_{18}O_4$, F. 132° (A.), durch $1^1/_2$std. Erhitzen von 10 g **I** u. 20 ml **II** in 10 ml 80%ig. H_2SO_4 auf 100°; 6 g. *S-Benzylisothiuroniumsalz*, $C_{25}H_{28}N_2O_4S$, F. 130° (Methanol). — β-[*2.5-Dimethoxyphenyl*]-, $C_{17}H_{18}O_4$, F. 126—127° (A.), durch 2std. Erhitzen von 10 g **I** u. 10 g **III** analog vorst. Verb.; 11 g. *S-Benzylisothiuroniumsalz*, $C_{25}H_{28}N_2O_4S$, F. 161° (Methanol). — β-[*4-Methylmercaptophenyl*]-, $C_{16}H_{16}O_2S$, F. 121—122°, aus 10 g **I**, 20 ml **IV** u. 10 ml 80%ig. H_2SO_4; aus A. Würfel; 6 g. *S-Benzylisothiuroniumsalz*, F. 167°, aus Methanol Platten. — β-[*4-Methylsulfonylphenyl*]-, $C_{16}H_{16}O_4S$, F. 116° (A.), durch 1std. Oxydation von 10 g vorst. Verb. mit 30%ig. H_2O_2 in Eisessig u. 4std. Erhitzen auf 100°. *S-B nzylisothiuroniumsalz*, F. 164°, aus Methanol Platten. — Propionsäure: *β.β-Bis-[4-methoxyphenyl]-*, $C_{17}H_{18}O_4$, F. 137°, durch Kondens. von 10 g 4-Methoxyzimtsäure (**V**) u. 25 g Anisol in 96%ig. H_2SO_4; 7 g. *S-Benzylisothiuroniumsalz*, $C_{25}H_{28}N_2O_4S$, F. 159—160°, aus Methanol Platten. — β-[*4-Methoxyphenyl*]-β-[*3.4-dimethoxyphenyl*]-, $C_{18}H_{20}O_5$, F. 150°, durch $^1/_2$std. Kochen von 10 g **V** u. 25 g Veratrol in 80%ig. H_2SO_4; Nadeln; 5 g. *S-Benzylisothiuroniumsalz*, $C_{26}H_{30}N_2O_5S$, F. 69° (Methanol). — β-[*4-Methoxyphenyl*]-β-[*2.4-dimethoxyphenyl*]-, $C_{18}H_{20}O_5$, F. 140—141°, durch $2^1/_2$std. Kondens. von 10 g **V** u. 20 ml **II** in 80%ig. H_2SO_4; aus A. Platten; 5,5 g. *S-Benzylisothiuroniumsalz*, $C_{26}H_{30}N_2O_5S$, F. 141—142° (Methanol). — β-[*4-Methoxyphenyl*]-β-[*2.5-dimethoxyphenyl*]-, $C_{18}H_{20}O_5$, F. 134—135°, analog aus 20 g **III**; aus A. Platten; 4 g. *S-Benzylisothiuroniumsalz*, $C_{26}H_{30}N_2O_5S$, F. 158—159° (Methanol). — β-[*4-Methoxyphenyl*]-β-[*4-methylmercaptophenyl*]-, $C_{17}H_{18}O_3S$, F. 142—143°, aus 20 ml **IV** analog vorst. Verb.; aus A. Platten; 11 g. *S-Benzylisothiuroniumsalz*, $C_{25}H_{28}N_2O_3S_2$, F. 67—68°, aus Methanol Platten. — β-[*4-Methoxyphenyl*]-β-[*4-methylsulfonylphenyl*]-, $C_{17}H_{18}O_5S$, F. 80° (Zers.), durch Oxydation vorst. Verb. mit 30%ig. H_2O_2; aus A. gelbe Platten; 3 g. *S-Benzylisothiuroniumsalz*, $C_{25}H_{28}$-

$N_2O_5S_2$, F. 117—119°, aus Methanol Platten. — *β-[3.4-Dimethoxyphenyl]-β-[2.5-dimethoxyphenyl]-*, $C_{19}H_{22}O_6$, F. 128°, aus **VI**, **III** u. 80% ig. H_2SO_4; aus A. Platten; 6 g.

W. HAMPEL. 2450 □

Substituierte β.β-Diphenyläthylamine und ihre Derivate. V. N. Deshpande und K. S. Nargund. (J. Karnatak Univ., Sci. [Dharwar, India] **1.** 7—14. Nov. 1956. Dharwar, Karnatak Univ., Dep. of Chem.) (Engl.)

Durch SCHMIDT-Rk. werden aus substituierten β.β-Diphenylpropionsäuren die entsprechenden *β.β-Diphenyläthylamine* erhalten. Einige der Amine werden auch durch HOFMANN-Abbau der entsprechenden Amide dargestellt. Die Amine werden als Pikrate, Hydrochloride u. Benzoyl-Derivv. charakterisiert.

Versuche: β.β-Diphenylpropionsäureamide, durch 1½ std. Einleiten von trockenem NH_3 in eine Schmelze der substituierten β.β-Diphenylpropionsäuren bei 220—230°, Gießen in Bzl., mehrstd. Stehen u. Umkristallisieren aus A.: *β-Phenyl-β-[4-methoxyphenyl]-*. F. 140°; Nadeln. — *β-Phenyl-β-[3.4-dimethoxyphenyl]-*, F. 98°; Nadeln. — *β-Phenyl-β-[2.4-dimethoxyphenyl]-*, F. 109°; Nadeln. — *β.β-Bis-[4-methoxyphenyl]-*, F. 158°; Nadeln. — *β.β-Bis-[3.4-dimethoxyphenyl]-*, F. 161—162°; Nadeln. — β.β-Diphenyläthylamine, a) durch Lösen der entsprechenden β.β-Diphenylpropionsäuren in konz. H_2SO_4/Bzl. (2:3), Zugabe von NaN_3 bei ca. 30°, Zugabe von NaOH unter Kühlung u. Extrahieren mit Bzl.; b) durch Zugabe von NaClO zu dem entsprechenden Amid unter Kühlung, Erwärmen auf 70—75°, 1std. Stehen bei 70—75°, Versetzen mit KOH, ½ std. Erhitzen auf 80°, 2std. Stehen u. Extrahieren mit Bzl.: *β-Phenyl-β-[4-methoxyphenyl]-*, $Kp._{20}$ 205°. *Hydrochlorid*, F. 191—192°, durch Einleiten von HCl in die Bzl.-Lsg. der freien Base. *Pikrat*, F. 180—182° (Zers.); Platten. *Benzoyl-Deriv.*, F. 160—161°; Nadeln. — *β-Phenyl-β-[3.4-dimethoxyphenyl]-*, $Kp._{40}$ 125°. *Hydrochlorid*, F. 173—174°. *Pikrat*, F. 173°; gelbe Platten. *Benzoyl-Deriv.*, F. 150—152°; Nadeln. — *β-Phenyl-β-[2.4-dimethoxyphenyl]-*, $Kp._{50}$ 220°. *Hydrochlorid*, F. 171°. *Pikrat*, F. 149°; Platten. *Benzoyl-Deriv.*, F. 156°; Nadeln. — *β.β-Bis-[4-methoxyphenyl]-*, $Kp._{35}$ 275°. *Hydrochlorid*, F. 176°. *Pikrat*, F. 180°; Platten. *Benzoyl-Deriv.*, F. 151°; Nadeln. — *β.β-Bis-[3.4-dimethoxyphenyl]-*, $Kp._{13}$ 206°. — *β-Phenyl-β-[2.5-dimethoxyphenyl]-*, *Hydrochlorid*, F. 184°. *Pikrat*, F. 176°; gelbe Platten. *Benzoylderiv.*, F. 156—157° Nadeln. — *β-Phenyl-β-[4-methylmercaptophenyl]-*, *Hydrochlorid*, F. 184°. *Pikrat*, F. 194°; Platten. *Benzoyl-Deriv.*, F. 236°; Nadeln. — *β-Phenyl-β-[4-methylsulfonylphenyl]-*, *Hydrochlorid*, instabil. *Pikrat*, F. 178°; Platten. *Benzoyl-Deriv.*, F. 246° (Zers.); Nadeln. — *β-[4-Methoxyphenyl]-β-[3.4-dimethoxyphenyl]-*, *Hydrochlorid*, F. 189°. *Pikrat*, F. ca. 300°. *Benzoyl-Deriv.*, F. 162°; Nadeln. — *β-[4-Methoxyphenyl]-β-[2.4-dimethoxyphenyl]-* *Hydrochlorid*, F. 184°. *Pikrat*, F. 168°. *Benzoyl-Deriv.*, F. 160°; Nadeln. — *β-[4-Methoxyphenyl]-β-[2.5-dimethoxyphenyl]-*, *Hydrochlorid*, F. 195°. *Pikrat*, F. ca. 300°. *Benzoyl-Deriv.*, F. 160°; Nadeln. — *β-[4-Methoxyphenyl]-β-[4-methylmercaptophenyl]-*, *Hydrochlorid*, F. 195°. *Pikrat*, F. ca. 300°; Platten. *Benzoyl-Deriv.*, F. 160°; Nadeln. — *β-[4-Methoxyphenyl]-β-[methylsulfonylphenyl]-*, *Hydrochlorid*, F. 166°. *Pikrat*, F. 182°; Platten. *Benzoyl-Deriv.*, F. 189°; Nadeln. — *β-[3.4-Dimethoxyphenyl]-β-[2.5-dimethoxyphenyl]-*, *Hydrochlorid*, F. 191°. *Pikrat*, F. 155°; Platten. *Benzoyl-Deriv.*, F. 160°; Nadeln.

P. GOLINSKE. 2510 □

Synthese von α-Chlornaphthalin und einigen seiner Derivate, ausgehend von CCl_4-Additionsprodukten an Allylbenzole. Raymond Quelet und Raymonde Durand-Dran. (C. R. hebd. Séances Acad. Sci. **247.** 2380—83. 22/12. 1958.) (Franz.)

Das durch Addition von CCl_4 an Allylbenzol resultierende *1.1.1.3-Tetrachlor-4-phenylbutan* spaltet beim Erhitzen mit Cu-Pulver in Pyridin HCl ab unter gleichzeitiger Cyclisierung zu *1-Chlornaphthalin* (I). Entsprechend verhalten sich durch Methyl- oder Methoxygruppen substituierte Allylbenzole. Sie liefern über die CCl_4-Addukte *Methyl-* bzw *Methoxy-1-chlornaphthaline* Der Rk -Mechanismus wird diskutiert.

Versuche: *1-Chlornaphthalin* (I), $Kp_{0,1}$ 56—60°, durch 15—20 Min. langes Erhitzen von 4-Phenyl-1.1.1.3-tetrachlorbutan mit abs Pyridin in Ggw. von Cu-Pulver, Abkühlen, 24std. Stehen im Eisschrank, Abfiltrieren, Auswaschen des Nd. mit Ae. u. Abdest. der Lsgm.; n_D^{20} 1,6256; 60% (Ausbeute) [daneben *α.α'-Binaphthyl*, F. 160—161°]. *Pikrat*, F. 137°. — *1-Chlor-5-methylnaphthalin*, $C_{11}H_9Cl$, F. 56—57° (CH_3OH), aus 1.1.1.3-Tetrachlor-4-[o-tolyl]-butan analog **I**. — *α-Methylnaphthalin*, durch Hydrolyse des *Li-Deriv.* aus vorst. Verbindung. — *1-Chlor-, 6-methylnaphthalin*, $C_{11}H_9Cl$, $Kp._{0,1}$ 62—64°, a) analog **I** aus 1.1.1.3-Tetrachlor-4-[m-tolyl]-butan; n_D^{23} 1,6107; $D._{23}^{23}$ 1,147; 50—65%; b) aus ω.ω-Dichlor-[m-tolyl]-butadien u. CuCl in Pyridin. *Pikrat*, F. 101°. — *β-Methylnaphthalin*, aus dem *Li-Deriv.* aus vorst. Verb. durch Hydrolyse. — *1-Chlor-7-methylnaphthalin*, $C_{11}H_9Cl$, $Kp._{12}$ 137—138°, aus 1.1.1.3-Tetrachlor-4-[p-tolyl]-butan analog **I**; n_D^{16} 1,6148; $D._{21}^{21}$ 1,138. *Pikrat*, F. 96°; (CH_3OH). — *1-Chlor-7-methoxynaphthalin*, $C_{11}H_9ClO$,

F. 41,5°, analog I aus 1.1.1.3-Tetrachlor-4-[p-methoxyphenyl]-butan; 50%. *Pikrat*, F. 93—94°. H. Kniesz. 2700

Bromierung von 2.7-Dihydroxynaphthalin. R. G. Cooke, B. L. Johnson und W. R. Owen. (Chem. and Ind. **1957**. 1623—24. 14/12. Melbourne, Univ., Chem. Dep.) (Engl.)

Bei der direkten Bromierung von 2.7-Dihydroxynaphthalin entstehen eine Verb. (**I**) vom F. 162—163° (wahrscheinlich *1.6-Dibrom-2.7-dinydroxynaphthalin*) u. wenig einer Verb. (**II**) vom F. 186—187° (wahrscheinlich *1.8-Dibrom-2.7-dihydroxynaphthalin*). Durch Red. mit $SnBr_2$ in Essigsäure ergibt das **I**/**II**-Gemisch unter Umlagerung das gleiche *3-Brom-2.7-dihydroxynaphthalin* (**III**; F. 191—192°). Durch Bromierung von **III** entsteht nur **I**. Mit Eisessig/HBr gelingt die Isomerisierung von **II** zu **I**. W. Hampel. 2700□

Reaktionen der Halogenmetallalkoholate. 8. Mitt. Regulierung von magnesiumorganischen Reaktionen. I. I. Lapkin und M. N. Rybakowa. (Журнал Общей Химии [J. allg. Chem.] **30 (92)**. 2674—77. Aug. 1960. Perm, Univ.) (Russ.) — 7. vgl. C. **1962**. 8229.

Durch Rk. der entsprechenden Alkoxynaphthylmagnesiumbromide mit Aceton werden *Dimethylnaphthyl-(1)-carbinol* (**I**), *Dimethyl-[2-methoxynaphthyl-(1)]-carbinol*(**II**), *Dimethyl-[2-äthoxynaphthyl-(1)]-carbinol* (**III**), *Dimethyl-[4-methoxynaphthyl-(1)]-carbinol* (**IV**) u. *Dimethyl-[4-äthoxynaphthyl-(1)]-carbinol* (**V**) dargestellt. Wird vor der Zers. der BrMg-Carbinolate von **I**—**V** Äthylformiat (**VI**) zugegeben, so werden an Stelle der Carbinole die entsprechenden *1-Methyl-1-[naphthyl-(1)]-äthylene* erhalten. Analog liefert die Rk. der Alkoxynaphthyl-(1)-magnesiumbromide mit Acetophenon (**VII**) in Ggw. von **VI** oder Diäthyloxalat (**VIII**) die entsprechenden *1-Phenyl-1-[naphthyl-(1)]-äthylene*. Die Grignard-Synth. mit Ketonen kann somit so „reguliert" werden, daß an Stelle von Carbinolen *Olefine* erhalten werden.

Versuche: Dimethylarylcarbinole: *Naphthyl-(1)* (**I**), $C_{13}H_{14}O$, F. 80°, aus Naphthyl-(1)-MgBr (**IX**) u. Aceton; 90% (Ausbeute). — *2-Methoxynaphthyl-(1)* (**II**), $C_{14}H_{16}O_2$, F. 93,5°, aus 2-Methoxynaphthyl-(1)-MgBr (**X**); 65%. — *2-Äthoxynaphthyl-(1)* (**III**), $C_{15}H_{18}O_2$, F. 84°, aus 2-Äthoxynaphthyl-(1)-MgBr (**XI**); 81%. — *4-Methoxynaphthyl-(1)* (**IV**), $C_{14}H_{16}O_2$, F. 94,5°, aus 4-Methoxynaphthyl-(1)-MgBr (**XII**); 96%. — *4-Äthoxynaphthyl-(1)* (**V**), $C_{15}H_{18}O_2$, F. 112°, aus 4-Äthoxynaphthyl-(1)-MgBr (**XIII**); 95%. — 1-Methyläthylene: Man löst **I**—**V** in dem 3fachen Vol. Ae., gibt das 3fache Vol. Ae. mit Äthyl-MgBr, dann die äquimol. Menge **VI** im gleichen Vol. Ae. hinzu u. erhitzt 3 Std.: *1-[Naphthyl-(1)]-*, $C_{13}H_{12}$, $Kp._5$ 118—120°; 78%. — *1-[2-Methoxynaphthyl-(1)]-*, $C_{14}H_{14}O$, $Kp._6$ 128—130°; 51%. — *1-[2-Äthoxynaphthyl-(1)]-*, $C_{15}H_{16}O$, $Kp._6$ 133—140°; 62%. — *1-[4-Methoxynaphthyl-(1)]-*; $C_{14}H_{14}O$, $Kp._6$ 132—134°; 81%. — *1-[4-Äthoxynaphthyl-(1)-*, $C_{15}H_{16}O$, $Kp._6$ 142—144°; 85%. — 1-Phenyläthylene: Man vermischt die äther. Lsgg. von **IX**—**XIII** mit **VII** in Ae., erhitzt 1 Std., gibt **VI** oder **VIII** im gleichen Vol. Ae. zu, erhitzt 2 Std., dest. nach Zers. im Vakuum u. krist. aus Methanol oder A. um: *1-[Naphthyl-(1)]-*, $C_{18}H_{14}$, F. 60°, aus **IX** u. **VII**, dann mit **VI**; 65%. — *1-[2-Methoxynaphthyl-(1)]-*, $C_{19}H_{16}O$, F. 71°, aus **X** u. **VII**, dann **VI**; 62%. — *1-[2-Äthoxynaphthyl-(1)]-*, $C_{20}H_{18}O$, F. 58°, aus **XI** u. **VII**, dann **VIII**; 60%. — *1-[4-Methoxynaphthyl-(1)]-*, $C_{19}H_{16}O$, F. 59,5°, aus **XII** u. **VII**, dann **VI**; 62%. — *1-[4-Äthoxynaphthyl-(1)-*, $C_{20}H_{18}O$, F. 85°, aus **XIII** u. **VII**, dann **VIII**; 70%. Helmut Schäfer. 2700□

Versuche zur Synthese von Diterpenoid-Alkaloid-Modellen. 1. Mitt. **Synthese von 1.2.5-trisubstituierten Naphthalinderivaten.** Takeshi Matsumoto und Akira Suzuki. (Bull. chem. Soc. Japan **33**. 33—40. Jan. 1960. Sapporo, Hokkaido Univ., Fac. of Sci., Dep. of Chem.) (Engl.)

Eine Reihe von *1.2.5-trisubstituierten Naphthalin-Derivv.* werden synthetisiert u. deren IR-Spektren angegeben. Eine Synth. für *2-Methoxy-5-hydroxynaphthyl-(1)-essigsäure* wird beschrieben.

Versuche: *1-Piperidinomethyl-5-acetamidonaphthol-(2)* (**III**), F. 198—199°, durch 3tägiges Stehen von 37%ig. Formaldehyd-Lsg., Piperidin u. 5-Acetamidonaphthol-(2) in A. bei Raum-Temp.; aus Isoamylalkohol Platten; 88% (Ausbeute). — *1-Acetoxymethyl-2-acetoxy-5-acetamidonaphthalin*, F. 170—171°, durch 3std. Erwärmen von **III** mit Acetanhydrid auf 100°; aus verd. A. Prismen; 24,6%. — *[2-Methoxy-5-acetamidonaphthyl-(1)]-[1-methoxymethyl-2-methoxy-5-acetamidonaphthyl-(3 oder 4)]-methan* (?), $C_{29}H_{30}N_2O_5$, F. 285° (Zers.), durch kurzes Erhitzen von 2 g vorst. Verb. mit 5%ig. KOH auf 100°, Kühlen auf 0°, Ansäuern mit 6n HCl (pH 2), Methylieren mit Dimethylsulfat in verd. NaOH u. Chromatographie; aus A. Nadeln; 1,34 g. — *[5-Acetamidonaphthyl-(2)]-allyläther*, $C_{15}H_{15}NO_2$, F. 130—132°, durch 12std. Kochen von 5-Acetamidonaphthol-(2) mit Allylbromid in Aceton in Ggw. von K_2CO_3; aus wss. A. Nadeln; 100%. — *1-Allyl-5-acetamidonaphthol-(2)*, $C_{15}H_{15}NO_2$, F. 176—177°, durch 1std. Erhitzen vorst. Verb.

auf 185—195° unter N_2, Lösen in 10%ig. NaOH u. Ansäuern mit 6n HCl; aus wss. A. Nadeln; 99,5%. — *1-Allyl-2-methoxy-5-acetamidonaphthalin* (I), $C_{16}H_{17}NO_2$, F. 147 bis 147,5°, durch ½std. Schütteln vorst. Verb. mit Dimethylsulfat in 10%ig. NaOH; aus wss. A. Nadeln; 81,7%. — *1-[2.3-Dibrompropyl]-2-methoxy-5-acetamidonaphthalin*, $C_{16}H_{17}Br_2NO_2$, F. 168,5—170°, durch Bromieren von I in Chlf.; aus verd. A. Nadeln. — *1-Propyl-2-methoxy-5-acetamidonaphthalin*, $C_{16}H_{19}NO_2$, F. 151,5—152,5°, durch Hydrieren von I in Äthylacetat in Ggw. von 10%ig. Pd/Kohle; aus verd. A. Nadeln. — *2-Methoxy-5-acetamidonaphthaldehyd-(1)* (II), $C_{14}H_{13}NO_3$, F. 232—233°, durch Oxydation von 5 g I mit $KMnO_4$ in A./K_2CO_3-Lsg. bei —10° u. Extrahieren mit Chlf.; aus A. gelbe Nadeln; 20%; daneben [*2-Methoxy-5-acetamidonaphthyl-(1)-essigsäure*, $C_{15}H_{15}NO_4$, F. 245°, aus A. Nadeln; 0,2 g. — *1-Hydroxymethyl-2-methoxy-5-acetamidonaphthalin*, $C_{14}H_{15}NO_3$, F. 214—215° (A.), durch Red. von II mit $NaBH_4$ in Methanol in Ggw. von wenig Na-Methylat; 94%. — *1-Cyanmethyl-5-acetamidonaphthol-(2)*, $C_{14}H_{12}N_2O_2$, F. 239° (Zers.; A.), durch 12std. Kochen von III mit NaCN in verd. A.; 99,5%. — *1-Cyanmethyl-2-methoxy-5-acetamidonaphthalin* (IV), $C_{15}H_{14}N_2O_2$, F. 226—227°, durch Methylieren vorst. Verb. mit Dimethylsulfat in 10%ig. NaOH; 93%. — *1-Cyanmethyl-2-methoxy-5-[N-methylacetamido]-naphthalin*, $C_{16}H_{16}N_2O_2$, F. 172—173,5°, analog vorst. Verb. mit überschüssigem Dimethylsulfat; aus A. Prismen. — [*2-Methoxy-5-aminonaphthyl-(1)*]-*essigsäure, Hydrochlorid*, F. 253° (Zers.), durch 12std. Kochen von 1,5 g **IV** mit konz. HCl in verd. A.; 1,52 g. *Acetyl-Deriv.*, F. 245°, Nadeln. — [*2-Methoxy-5-hydroxynaphthyl-(1)*]-*essigsäure*, $C_{13}H_{12}O_4$, F. 229—230° (Zers.), durch 20std. Erhitzen vorst. Verb. mit 40%ig. $NaHSO_3$-Lsg. auf 95—100°, Zugabe von 60%ig. NaOH u. 3std. Erhitzen auf 100°; aus Eisessig Prismen; 91%. *Methylester*, $C_{14}H_{14}O_4$, F. 150 bis 153° (Bzl.), mit methanol. HCl; 94,4%. *Acetyl-Deriv.*, $C_{15}H_{14}O_5$, F. 185,5—186,5° (Bzl.); 94%. W. Hampel. 2700 □

Reaktion von 9-Chlormethylenfluoren mit Butyl- und Phenyllithium. D. Y. Curtin, E. W. Flynn, R. F. Nystrom und W. H. Richardson. (Chem. and Ind. **1957.** 1453—54. 2/11. Urbana, Ill., Univ., Dep. of Chem. and Engng.) (Engl.)

Die Rk. von 9-Chlormethylfluoren (I) mit n-Butyl-Li in Ae. bei —35° u. Steigerung der Temp. innerhalb 4 Std. auf 26° ergibt nicht das entsprechende Carben, sondern in 7%ig. Ausbeute *9-Pentylidenfluoren* (II) u. 46% *5-[Fluorenyl-(9)]-6-[fluorenyliden-(9)]-decan.* Die Oxydation von II mit OsO_4 u. Zers. des Osmiats ergibt *Fluorenon.* Bei der Rk. von I mit Phenyl-Li in Ae. bei 0° entsteht *1.2-Bis-[fluorenyliden-(9)]-äthen.* Die IR- u. UV-Spektren werden diskutiert. W. Hampel. 2750 □

1.6-Additionen und Alkylierungen von meso-substituierten Cyananthracenen. Aromatisierung von 9-Benzyldihydroanthranolen-(10). Guy Rio und Bernard Sillion. (C. R. hebd. Séances Acad. Sci. **250.** 869—71. 1/2. 1960.) (Franz.)

Während 9-Cyan-10-äthylanthracen (I) mit Benzyl-MgCl (II), das frei von Benzylchlorid (III) ist, zu *9-Cyan-10-äthyl-10-benzyl-9.10-dihydroanthracen* (IV, $C_{24}H_{21}N$, F. 125—126°) benzyliert wird, fällt in Ggw. von III unter erneuter Benzylierung *9-Cyan-10-äthyl-9.10-dibenzyl-9.10-dihydroanthracen* [V, $C_{31}H_{27}N$, F. 213—214°; 48% (Ausbeute)] an. Bei der Zers. von V im Vakuum bei 275° werden I u. *1.2-Diphenyläthan* gebildet. IV wird durch Luft-O_2 in Lsg. zu *10-Äthyl-10-benzylanthron-(9)* ($C_{23}H_{20}O$, F. 115—116°) oxydiert. Aus 9-Cyan-10-phenylanthracen ließ sich mit II allein kein definiertes Prod. gewinnen; in Ggw. von III wird *9-Cyan-10-phenyl-9.10-dibenzyl-9.10-dihydroanthracen* (VI, $C_{35}H_{27}N$, F. 266—268°; 25%) erhalten. Eine zweite Synth. von VI geht von 9-Cyananthranol-(10) aus, dessen Na-Salz mit Benzylbromid zu *9-Cyan-9-benzylanthron-(10)* (VII; $C_{22}H_{15}NO$, dimorph; F. 141—142 bzw. 148—150°) alkyliert wird. Umsetzen mit Phenyl-MgBr gibt weiter *9-Cyan-9-benzyl-10-phenyl-10-hydroxy-9.10-dihydroanthracen* ($C_{28}H_{21}NO$, F. 209—210°), das mit Acetylchlorid in Chlf. zu *9-Cyan-9-benzyl-10-phenyl-10-chlor-9.10-dihydroanthracen* ($C_{28}H_{20}ClN$, F. 196—197°) halogeniert wird; letzteres wird schließlich mit II zu VI umgesetzt. Das durch Red. von 9.9-Dibenzylanthron-(10) (VIII) mit $LiAlH_4$ zugängliche *9.9-Dibenzyl-10-hydroxy-9.10-dihydroanthracen* (IX, F. 177—178°) wird, ebenso wie das bei der Red. von VIII mit Al-Amalgam in A. anfallende *9.9-Dibenzyl-10-äthoxy-9.10-dihydroanthracen* ($C_{30}H_{28}O$, F. 154—155°), durch HBr in *9.9-Dibenzyl-10-brom-9.10-dihydroanthracen* ($C_{28}H_{23}Br$, F. 128—130°) umgewandelt, das sich mit KCN prakt. nicht in ein Cyan-Deriv. überführen läßt u. mit $Cu(CN)_2$ unerwartet unter Wanderung eines Benzylrestes *9.10-Dibenzylanthracen* liefert. Letzteres wird auch beim Behandeln von IX mit Essigsäure/H_2SO_4 erhalten. VII wird durch KBH_4 zu *9-Cyan-9-benzyl-10-hydroxy-9.10-dihydroanthracen* ($C_{22}H_{17}NO$, F. 118—120°) red. u. durch II in *9-Cyan-9.10-dibenzyl-10-hydroxy-9.10-dihydroanthracen* ($C_{29}H_{23}NO$, F. 189—190°) übergeführt. Bei der Einw. von H_2SO_4 in Dioxan oder Essigsäure gehen die letztgenannten Hydroxy-Verbb. unter Eliminierung von Benzylalkohol in die entsprechenden *9-Cyananthracene* über. H.-E. Toussaint. 2800 □

Gewinnung von Nitroderivaten des meso-Diphenylanthracens aus dem Additionsprodukt mit nitrosen Gasen. Die entsprechenden Amine. Jacques Perronnet. (C. R. hebd. Séances Acad. Sci. **250.** 872—74. 1/2. 1960.) (Franz.)

Das bei der Einw. von nitrosen Gasen auf 9.10-Diphenylanthracen (I) erhaltene Prod. (*9.10-Diphenyl-9.10-dihydroxy-9.10-dihydroanthracendinitrit?*) geht beim Erhitzen in Bzl. in ein chromatograph. zu trennendes Gemisch aus *2-Nitro-* [**II**; $C_{26}H_{17}NO_2$, F. 176—177°, orangefarben; 3—5% (Ausbeute)], *1-Nitro-* (**III**; $C_{26}H_{17}NO_2$, F. 221—222°, gelb; 45%), *x.x-Dinitro-9.10-diphenylanthracen* ($C_{26}H_{16}N_2O_4$, F. 268—269°, orangefarben; 10—15%) sowie *9.10-Dihydroxy-9.10-diphenyl-9.10-dihydroanthracen* (**IV**) u. harzartigen Substanzen über. **III** wird zu *1-Amino-9.10-diphenylanthracen* ($C_{26}H_{19}N$, F. 229—230°, gelb. *Acetyl-Deriv.* $C_{28}H_{21}NO$, F. 262—263°. *Benzoyl-Deriv.*, $C_{33}H_{23}NO$, F. 256—257°) reduziert. Analog erhält man aus **II** *2-Amino-9.10-diphenylanthracen*, dessen *Acetyl-Deriv.* ($C_{28}H_{21}NO$, F. 292—293°) zum Vgl. durch SCHMIDT-Rk. von 2-Acetyl-9.10-diphenylanthracen dargestellt wird. Nach den Ergebnissen wandert die NO_2-Gruppierung im Gegensatz zu den Verhältnissen bei der entsprechenden Chlor-Verb. hauptsächlich in α-Stellung. Ergebnisse über die Orientierung bei der direkten Einführung von NO_2-Substituenten ließen sich nicht erhalten, da bei der Rk. von **I** mit HNO_3 allein Oxydation zu **IV** eintritt. Die Spektren der neuen I-Derivv. sind wiedergegeben. H.-E. TOUSSAINT. 2800□

Absolute Konfiguration der physiologisch aktiven Säuren der Bis-dehydrodoisynol- und Allenolsäure-Reihe. Jean Lematre und Alain Horeau. (C. R. hebd. Séances Acad. Sci. **251.** 257—59. 11/7. 1960. Collège de France.) (Franz.)

Das aus der linksdrehenden Bis-dehydrodoisynolsäure (I) der „normalen" Reihe erhaltene 7-Methoxy-1α-äthyl-2β-methyl-2α-hydroxymethyl-1.2.3.4-tetrahydrophenanthren wird in das *Tosylat* ($C_{26}H_{30}O_4S$, F. 153—154°, $[\alpha]_D$ —25 ± 10°°) u. weiter durch Kochen mit NaJ in Glykoldimethyläther in die *2α-Jodmethyl-Verb.* ($C_{19}H_{23}JO$, $[\alpha]_D$ —29 ± 6°) übergeführt, aus der durch Rühren mit RANEY-Ni unter H_2 *7-Methoxy-1α-äthyl-2.2-dimethyl-1.2.3.4-tetrahydrophenanthren* [**III**; $C_{19}H_{24}O$, F. 124—125° (Aceton); $[\alpha]_D$ —64 ± 6°] entsteht. Die von der rechtsdrehenden (physiol. inakt.) Allenolsäure (**II**) abgeleitete α.α-Dimethyl-β-[6-methoxynaphthyl-(2)]-valeriansäure wird nach ARNDT-EISTERT in *β.β-Dimethyl-γ-[6-methoxynaphthyl-(2)]-capronsäure* ($C_{19}H_{24}O_3$, F. 129 bis 130°, $[\alpha]_D$ + 27 ± 1) übergeführt, die mit Trifluoressigsäureanhydrid zu *7-Methoxy-1α-äthyl-2.2-dimethyl-4-keto-1.2.3.4-tetrahydrophenanthren* ($C_{19}H_{22}O_2$, F. 100—101°, $[\alpha]_D$ —146 ± 2°) cyclisiert wird. Hydrieren dieses Ketons über Pd-Schwarz in Essigsäure in Ggw. von $HClO_4$ liefert eine mit dem wie vorst. dargestellten **III** ident. Verb., womit erneut nachgewiesen ist, daß die abs. Konfiguration des asymm. C-Atoms der physiol. akt., linksdrehenden **II** mit der Konfiguration des β-C-Atoms der normalen rechtsdrehenden, physiol. inakt. **I** ident. ist, aber andererseits mit der des $C_{(14)}$-Atoms von natürlichem Östron übereinstimmt. H.-E. TOUSSAINT. 2850□

Diensynthese von Cyclopentadien und Acrylnitril bei Ultraviolett-Bestrahlung. Hans Krieger. (Suomen Kemistilehti B **35.** 4—7. 1962. Turku, Finnland, Lääke Oy, Med. Forschungslabor.) (Dt.)

Bestrahlung mit UV-Licht hat keinen Einfl. auf die Ausbeute u. den ster. Verlauf der Dien-Synth. von Cyclopentadien u. Acrylnitril. Red. der Addukte u. nachfolgende Methylierung lieferte *exo-* bzw. *endo-2-Dimethylaminomethylbicyclo-*[*2.2.1*]*-heptan.*

Versuche: *exo-2-Cyanbicyclo-*[*2.2.1*]*-hepten-*(*5*) (**I**; $Kp._{12}$ 80°, n_D^{20} 1,4856, $D._4^{20}$ 1,0040) u. *endo-2-Cyanbicyclo-*[*2.2.1*]*-hepten-*(*5*) ($Kp._{12}$ 88°, F. 23—24°, n_D^{20} 1,4893, $D._4^{20}$ 1,0098), durch Zutropfen von Cyclopentadien zu einer benzol. Lsg. von Acrylnitril innerhalb 45 Min. bei 40°, dann 3 Std. bei 40°, mit oder ohne UV-Bestrahlung; 78% (Gesamtausbeute). Trennung der Isomeren durch Dest. mit einer Drehbandkolonne, ca. 75% endo-, ca. 25% exo-Form. — *exo-2-Cyanbicyclo-*[*2.2.1*]*-heptan*, F. 26—27°, aus **I** u. H_2/RANEY-Ni in CH_3OH. — *exo-2-Aminomethylbicyclo-*[*2.2.1*]*-heptan*, $Kp._9$ 60°, aus vorst. Verb. u. $LiAlH_4$; n_D^{20} 1,4867, $D._4^{20}$ 0,9387. — *exo-2-Dimethylaminomethylbicyclo-*[*2.2.1*]*-heptan*, $Kp._5$ 62°, aus vorst. Verb. u. HCOOH/40%ig. HCHO (8 Std. bei 100°); n_D^{20} 1,4678, $D._4^{20}$ 0,8875; 43%. *Methobromid*, F. 277,5—278° (Diisopropyläther/Isopropanol). *Methojodid*, $C_{11}H_{22}JN$, F. 265,5—266° (Isopropanol). — Analog: *endo-2-Cyanbicyclo-*[*2.2.1*]*-heptan*, F. 49—51°. — *endo-2-Aminomethylbicyclo-*[*2.2.1*]*-heptan*, $Kp._8$ 62°, n_D^{20} 1,4884, $D._4^{20}$ 0,9440. — *endo-2-Dimethylaminomethylbicyclo-*[*2.2.1*]*-heptan*, $Kp._{12}$ 72,5—73,5°, n_D^{20} 1,4700, $D._4^{20}$ 0,8917; 52%. *Methobromid*, F. 297—297,5° (A./Ae.). *Methojodid*, $C_{11}H_{22}JN$, F. 282—285° (Essigester/A.). J. ROTHE. 2950□

α-Aminoalkylierung von Bicyclo-[2.2.1]-heptanon-(2). Hans Krieger (unter Mitarbeit von Esko Kuusela). (Suomen Kemistilehti B **35.** 10—15. 1962.) (Dt.) — Vgl. vorst. Referat.

Mannich-Rkk. mit Bicyclo-[2.2.1]-heptanon-(2) (I) erfordern kräftige Bedingungen u. führen zu exo-3-substituierten Derivv., wie durch Huang-Minlon-Red. festgestellt werden konnte. Die Darst. von 3-Methylen-Verbb. dieser Reihe ist beschrieben.

Versuche: *exo-3-Dimethylaminomethylbicyclo-[2.2.1]-heptanon-(2)* (II), $Kp._{0,02}$ 58 bis 61°, aus I, 40%ig. Formalin (III) u. 33%ig. $(CH_3)_2NH$ in sd. konz. HCl (20 Std.); n_D^{20} 1,4820; $D._4^{20}$ 0,9939; 48% (Ausbeute, bezogen auf umgesetztes I). *Hydrochlorid*, F. 194,5—195° (Ae./A.). *Methobromid*, F. 249—249,5° (A.). *Methojodid*, $C_{11}H_{20}JNO$, F. 220—221° (Essigester/A.). — *exo-3-Piperidinomethylbicyclo-[2.2.1]-heptanon-(2)*, $Kp._{0,04}$ 102—106°, aus I, III u. Piperidinhydrochlorid wie vorst.; n_D^{20} 1,5042; $D._4^{20}$ 1,0229; 70%. *Hydrochlorid* (IV), F. 201,5—202° (Ae./A.). *Methobromid*, F. 255,5—256° (n-Propanol). Daneben *Dipiperidinomethan*, $Kp._{0,04}$ 60—65°; n_D^{20} 1,4828; $D._4^{20}$ 0,9174; daraus nach Zusatz von konz. HCl u. Eindampfen *Piperidinhydrochlorid*, F. 242—243° (Isopropanol/Ae.). — Analog: *exo-3-Diäthylaminomethylbicyclo-[2.2.1]-heptanon-(2)*, $Kp._{0,1}$ 85 bis 88°; n_D^{20} 1,4770; $D._4^{20}$ 0,9648; 57%. *Hydrochlorid*, F. 143—144° (Aceton). *Methobromid*, hygroskop., daher nicht kristallin. — *exo-3-Diisopropylaminomethylbicyclo-[2.2.1]-heptanon-(2)*, F. 38—38,5°, $Kp._{0,2}$ 97—100°; n_D^{20} 1,4698; $D._4^{20}$ 0,9364; 23%. *Hydrochlorid*, F. 150,5—151,5° (Ae./Isopropanol). — *exo-3-N-Methyl-N-cyclohexylaminomethylbicyclo-[2.2.1]-heptanon-(2)*, $Kp._{0,9}$ 128—132°; n_D^{20} 1,5025; $D._4^{20}$ 1,0046; 55%. *Hydrochlorid*, F. 137,5—139° (Ae./Aceton). *Methobromid*, F. 194—195° (Isopropanol/Diisopropyläther). — *exo-3-N-Methyl-N-benzylaminomethylbicyclo-[2.2.1]-heptanon-(2)*, $Kp._{0,03}$ 132—136°; n_D^{20} 1,5338; $D._4^{20}$ 1,0490; 62%. *Hydrochlorid*, F. 177,5—178,5° (Ae./A.). *Methobromid*, F. 108,5—109,5° (Essigester/A.). — *exo-3-Pyrrolidinomethylbicyclo-[2.2.1]-heptanon-(2)*, $Kp._{0,08}$ 102—104°; n_D^{20} 1,5015; $D._4^{20}$ 1,0317; 60%. *Hydrochlorid*, F. 191,5—192° (Ae./A.). *Methobromid*, F. 213—213,5° (n-Propanol). — *exo-3-Morpholinomethylbicyclo-[2.2.1]-heptanon-(2)*, $Kp._{0,15}$ 122—124°; n_D^{20} 1,5055; $D._4^{20}$ 1,0938; 72%. *Hydrochlorid*, F. 194—194,5° (Ae./A.). *Methobromid*, F. 225,5—226° (n-Propanol). — *exo-3-[4-Methylpiperazinomethyl]-bicyclo-[2.2.1]-heptanon-(2)*, $Kp._{0,15}$ 118—122°; n_D^{20} 1,5069; $D._4^{20}$ 1,0364; 60%. *Dihydrochlorid*, F. 202—202,5° (Aceton/A.). *Methobromid*, F. 259,5—260,5° (Isopropanol/CH_3OH). — *exo-2-Dimethylaminomethylbicyclo-[2.2.1]-heptan* (V), $Kp._{16}$ 81°, aus II u. $N_2H_4 \cdot H_2O$ in Trimethylenglykol/KOH (2 Std. 120°, dann 190° bis zum Aufhören der Dest.); n_D^{20} 1,4681; $D._4^{20}$ 0,8902; 40%. *Methojodid*, F. 263—264,5°. — *3-Methylenbicyclo-[2.2.1]-heptanon-(2)*, $Kp._{11}$ 67,5—68,5°, a) durch therm. Zers. von II bei der Dest.; b) durch Erhitzen von IV auf 150—170°; n_D^{20} 1,4950; $D._4^{20}$ 1,0165; 50%. *Semicarbazon*, F. 194—195° (CH_3OH). — *Methylenbicyclo-[2.2.1]-heptan*, Kp. 123°, aus V über das N-Oxid nach Cope u. Ciganek (C. **1961.** 10915); n_D^{20} 1,4738; $D._4^{20}$ 0,8733; 40%. J. Rothe. 2950□

Substitutionsprodukte des Cyclopentadiens. 5. Mitt. **1- und 2-tert.-Butylcyclopentadien.** R. Riemschneider, A. Reisch und H. Horak. (Mh. Chem. **91.** 805—11. 1960. Berlin-Dahlem, FU.) (Dt.) — 4. vgl. C. **1960.** 15384; 3. vgl. C. **1961.** 9381.

Bei der Rk. von Cyclopentadienyl-(1)-MgBr mit tert.-Butylchlorid bei 0° oder $<25°$ wird ein vorwiegend als *1-tert.-Butylcyclopentadien-(1.3)* (I) reagierendes Prod. erhalten, das durch sofortige Rk. mit Maleinsäureanhydrid (II) in abs. Ae. bei 0° *3-tert.-Butyl-3.6-methylen-1.2.3.6-tetrahydrophthalsäureanhydrid* (III) vom F. 89° gibt. Durch 1std. Kochen von I sowie durch Rk. von tert.-Butylbromid (V) u. Cyclopentadien-Na (VI) in sd. Tetrahydrofuran (THF) wird ein *Isomerengemisch* aus I u. *2-tert.-Butylcyclopentadien-(1.3)* erhalten. Es wird angenommen, daß in der Kälte I entsteht, das dann in der Wärme isomerisiert. III gibt durch Behandlung mit Na_2CO_3-Lsg. u. anschließende $KMnO_4$-Oxydation *1-tert.-Butylcyclopentan-1.2.3.4-tetracarbonsäuremonoanhydrid.* Das aus I erhaltene *1.2-[4'-tert.-Butyl-$\Delta^{4'}$-cyclopenteno]-3.6-methylen-3-tert.-butylcyclohexan* (X) gibt bei der stufenweisen Oxydation *1.2-[3'-Oxo-4'-tert.-butyl-$\Delta^{4'}$-cyclopenteno]-3.6-methylen-3-tert.-butylcyclohexan.* Bei dem in der 3. Mitt. (l. c.) als x-tert.-Butyl-Verbb. formulierten Addukten gilt für x beim II-Addukt 3 u. 4, beim Hexachlorcyclopentadienaddukt 1 u. 2 u. beim Benzochinonaddukt 5 u. 6. Bei der Umsetzung der Grignard-Verb. von Cyclopentadien mit Alkylhalogeniden bzw. Dialkylsulfaten unter 25—30° werden vorwiegend 1-substituierte Cyclopentadiene in ca. 50%ig. Ausbeute erhalten. Mit Diäthylsulfat im Mol-Verhältnis 1 : 2 entsteht eine *Verb. vom $Kp._{40}$ 25 bis 27°*, die ein *Maleinsäureanhydridaddukt vom F. 65°* (*Freie Säure*, F. 131—132°) liefert. Mit Allylbromid (1 : 1) entsteht eine *Verb. vom $Kp._{13}$ 24—26°*, die mit II ein *Maleinsäureanhydridaddukt vom F. 58°* (*Freie Säure*, F. 122°) ergibt.

Versuche: *1-tert.-Butylcyclopentadien-(1.3)* (I), $Kp._{5-8}$ 21—26°, durch Zugabe von 45 g Cyclopentadien zu Äthyl-MgBr in abs. Ae., 6std. Kochen, 1std. Zutropfen von 76,5 g tert.-Butylchlorid bei 0°, 6std. Rühren unter Kühlung, mehrstd. Stehen, Einrühren in NH_4Cl-haltiges Eiswasser, Ausäthern u. Fraktionieren; 19 g (Ausbeute).

Isomerengemisch, Kp.$_{28}$ 47—48°, durch mehrstd. Zutropfen einer äquimol. Menge **VI** in THF zu **V** in sd. THF unter N_2, Versetzen mit W. u. Ausäthern; 48%. — *3-tert.-Butyl-3.6-methylen-1.2.3.6-tetrahydrophthalsäureanhydrid* (**III**), $C_{13}H_{16}O_3$, F. 89°, durch Zutropfen von 4 g **I** zu 3,1 g **II** in abs. Ae. unter Kühlung mit Methanol/Trockeneis u. Eindunsten im Vakuum; aus Ligroin Nädelchen; 7 g. — *3-tert.-Butyl-3.6-methylen-1.2.3.6-tetrahydrophthalsäure* (**VII**), $C_{13}H_{18}O_4$, F. 165° (W.), durch Behandeln von **III** mit Na_2CO_3-Lsg. u. Fällen mit HCl. *Dimethylester*, $C_{15}H_{22}O_4$, F. 75°. — *4-tert.-Butyl-3.6-methylen-1.2.3.6-tetrahydrophthalsäure* (**VI**), $C_{13}H_{18}O_4$, F. 171°, a) aus dem aus **V** u. **VI** in sd. THF erhaltenen Isomerengemisch (vgl. 3. Mitt., l. c.) durch Umsetzen mit **II**, Behandeln mit Na_2CO_3 u. fraktionierte Fällung neben **III**; b) durch 40—50 Min. langes Erhitzen von **I** auf 80—100° u. Rk. mit **II**. — *1-tert.-Butylcyclopentan-1.2.3.4-tetracarbonsäure-monoanhydrid*, $C_{13}H_{16}O_7$, F. 217—219°, durch Oxydation von **VII** in 8%ig. Na_2CO_3-Lsg. mit $KMnO_4$ bei 2—3° u. Oxydation der erhaltenen *Verb.* $C_{13}H_{16}O_6$ (F. 220—224°) in 2%ig. NaOH mit $KMnO_4$ bei 40°. — *1.2-[3'-Oxo-4'-tert.-butyl-$\Delta^{4'}$-cyclopenteno]-3.6-methylen-3-tert.-butylcyclohexan*, $C_{18}H_{28}O$, F. 79—80°, durch 14std. SeO_2-Oxydation von 7,5 g des überwiegend aus **X** bestehenden Isomerengemisches in Acetanhydrid bei 30—35°, Verseifen des erhaltenen *3'-Acetoxy-Deriv.* (Öl) mit konz. alkohol. Alkali u. Oxydation des entstandenen *1.2-[3'-Hydroxy-4'-tert.-butyl-$\Delta^{4'}$-cyclopenteno]-4-tert.-butylcyclohexans* (5 g) mit CrO_3/Eisessig neben einer *Verb.* $C_{18}H_{28}O_2$. — *3-tert.-Butyl-3.6-methylen-1.2.3.4.5.6-hexahydrophthalsäure*, $C_{13}H_{20}O_4$, F. 157°, a) durch Oxydation vorst. Verb. in Aceton mit $KMnO_4$ bei 40°; b) durch Hydrieren von **VII**. — *Di-tert.-butyl-1.4;5.8-dimethylen-1.4.5.8.11.12.13.14-oktahydroanthrachinon*, $C_{24}H_{32}O_2$, F. 186—188°, durch 3std. Kochen von 0,030 Mol **I** mit 0,015 Mol p-Chinon in Bzl.; glänzende hexagonale Schuppen. — *Di-tert.-butyldicyclopentadien* (**VIII**)–*Phenylazid* (**IX**)-*Addukt*, $C_{24}H_{33}N_3$, F. 161 bis 163° (Zers.; A.), durch 7tägige Rk. von 0,01 Mol **VIII** mit 0,05 Mol **IX** unter zeitweiligem Erwärmen auf 50°; 2,3 g. W. Liebscher. 2950 □

Substitutionsprodukte des Cyclopentadiens. 6. Mitt. $C_{(2)}$-substituierte Cyclopentadiene. R. Riemschneider, E. Reichelt und E.-B. Grabitz. (Mh. Chem. **91**. 812—23. 1960.) (Dt.) — 5. vgl. vorst. Referat.

Durch Rk. von Cyclopentadienyl-MgBr mit Diäthylsulfat (**I**) bei 0° wird überwiegend *1-Äthylcyclopentadien-(1.3)* (**II**) erhalten, das mit Maleinsäureanhydrid (**III**) *3-Äthyl-3.6-methylen-1.2.3.6-tetrahydrophthalsäureanhydrid* (**IV**) gibt. Die Konstit. von **IV** wird durch Hydrieren des Dimethylesters u. Verseifen mit Na-Alkoholat zu *3-Äthyl-3.6-methylencyclohexan-trans-dicarbonsäure-(1.2)* bewiesen. Zum Vgl. werden die isomeren *7-Äthylbicyclo-[2.2.1]-heptan-trans-2.3-dicarbonsäuren* u. *4-Äthyl-3.6-methylencyclohexan-trans-dicarbonsäure-(1.2)* dargestellt. **II** läßt sich über die Grignard-Verb. in *1.1'-Diäthylferrocen* überführen, das auch durch Überleiten von **II** über erhitztes, in Zers. befindliches Fe-Oxalat erhalten wird. Durch Rk. von Cyclopentadien (**V**)–Metall-Verbb. mit 1.2-Dibromäthan (**VI**) wird an Stelle des erwarteten Bis-[cyclopentadienyl]-äthans *Spiro-[4.2]-heptadien-(4.6)* (**VII**) u. *10.10-Äthylentricyclo-[5.2.1.0$^{2.6}$]-decadien-(3.8)-[5-spiro-1']-cyclopropan* (**VIII**) gebildet. **VII** gibt mit Hexachlorcyclopentadien (**IX**) *1.7.8.9.10.10-Hexachlortricyclo-[5.2.1.0$^{2.6}$]-decadien-(3.8)-[5-spiro-1']-cyclopropan* u. **VIII** *1.4;5.8-Bis-[dichlormethylen]-1.2.3.4.5.6.7.8-oktachlor-1.4.4a.4b.5.8.8a.9a-oktahydrofluoren-[9-spiro-1']-cyclopropan*. Durch $KMnO_4$-Oxydation von **VII** wird *Cyclopropan-1.1-dicarbonsäure* (F. 136°) erhalten. Mit Na u. anschließender Behandlung mit $FeCl_3$ reagiert **VII** unter Aufspaltung des Cyclopropanringes zu *1.1'-Diäthylferrocen*. IR-Spektren s. Original.

Versuche: *1-Äthylcyclopentadien-(1.3)* (**II**), Kp.$_{12-15}$ 10—12°, durch 1std. Zugabe von 30 g **V** zu Äthyl-MgBr [aus 60 g Äthylbromid (**X**)] in abs. Ae. unter N_2 bei Raum-Temp., 9std. Kochen, mehrstd. Stehen, Zutropfen von 85 g **I** bei 0°, 4—5std. Rühren bei 0° u. Einrühren in NH_4Cl-haltiges Eiswasser; n_D^{20} 1,459; $D._4^{22}$ 0,818; 40% (Ausbeute). — *1-Methylcyclopentadien-(1.3)* (**XII**), analog vorst. Verb. aus Cyclopentadien-MgBr u. Dimethylsulfat. — *3-Äthyl-3.6-methylen-1.2.3.6-tetrahydrophthalsäureanhydrid* (**IV**), $C_{11}H_{12}O_3$, F. 65—66° (Ae.), durch Zugabe von **III** zu **II** in abs. Ae. bei 0°; gibt durch Ozonisieren in Essigester bei —5° u. 9std. Erhitzen des *Ozonids* mit Peressigsäure (**XI**) auf 90° *1-Äthylcyclopentan-1.2.3.4-tetracarbonsäure* ($C_{11}H_{14}O_8$, F. 217—219°. *Bis-anhydrid*, $C_{11}H_{10}O_6$, F. 130°, durch Behandlung mit Acetylchlorid oder Acetanhydrid). *Freie Säure* (**XIII**), F. 131—132°, durch 1—3std. Schütteln von **IV** mit Na_2CO_3-Lsg. bei 40—45°, Neutralisieren des Na-Salzes mit ca. 10%ig. HCl u. Ansäuern (pH 1) [*Monomethylester*, F. 110° (PAe./Ligroin), durch Kochen von **IV** mit Methanol]. — *3-Methyl-3.6-methylen-1.2.3.6-tetrahydrophthalsäureanhydrid*, $C_{10}H_{10}O_3$, F. 82—83°, aus **XII** u. **III** in abs. Ae. bei 0°; gibt durch Ozonisieren in Essigester bei —5° u. Erhitzen mit **XI** *1-Methylcyclopentan-1.2.3.4-tetracarbonsäure* [F. 207—209° (Zers.)]. *Freie Säure*, $C_{10}H_{12}O_4$, F. 133°, aus dem Anhydrid mit Na_2CO_3-Lsg. bei 40—45°. — *3-Äthyl-3.6-methylencyclo-*

hexan-trans-dicarbonsäure-(1.2), $C_{11}H_{16}O_4$, F. 185°, durch Verestern von **XIII** mit CH_2N_2, Hydrieren des erhaltenen *Dimethylesters* u. anschließendes Behandeln mit Na-Alkoholat. — *7-Äthylbicyclo-[2.2.1]-heptan-trans-1.2-dicarbonsäure vom F. 194°*, $C_{11}H_{16}O_4$, durch Hydrieren des Methylfulven–**III**-Addukts, Verestern mit CH_2N_2, Behandeln mit Na-Alkoholat u. fraktionierte Kristallisation aus W. neben dem *Isomeren vom F. 173°*. — *4-Äthyl-3.6-methylencyclohexan-trans-dicarbonsäure-(1.2)*, F. 166—167°, aus 4-Äthyl-3.6-methylen-1.2.3.6-tetrahydrophthalsäure. — *Diäthyldicyclopentadien* (**II**-*Dimeres*), Kp.$_{0,6}$ 73—78°, aus Cyclopentadien-Na u. **X** in fl. NH_3, Abdestillieren des Monomeren bei normalem Druck u. Dest. im Vakuum; n_D^{20} 1,500; $D._4^{22}$ 0,941; schwachgelbliche, leicht viscose Flüssigkeit. — *1.1'-Diäthylferrocen*, $C_{14}H_{18}Fe$, Kp.$_{2,8}$ 115°, a) durch Zutropfen von 30 g **II** zu Äthyl-MgBr in abs. Ae./abs. Bzl. bei 50°, 5std. Erhitzen, mehrstd. Stehen mit $FeCl_3$ in Ae. bei Raum-Temp., 1std. Kochen, Einrühren in NH_4Cl-haltiges Eiswasser u. Extrahieren mit Bzl.; n_D^{20} 1,5751; 10 g; b) durch Überleiten von **II** über erhitztes Fe-Oxalat; c) durch ³/₄std. Zutropfen von 43,5 g **VII** zu 10,8 g Na in abs. Tetrahydrofuran (THF) unter N_2 bei Raum-Temp., 1½std. Kochen, Zugabe von $FeCl_2$-THF bei 5° unter N_2, 8std. Kochen, Eindampfen, Extrahieren mit PAe. u. Fraktionieren im N_2-Strom; 13,5 g (roh); daneben 3,5 g einer *Fraktion vom Kp.*$_{1,0}$ *110—158°* u. 11 g Rückstand. — *Spiro-[4.2]-heptadien-(4.6)* (**VII**), Kp.$_{14}$ 26—28°, Kp. 112—115°, durch 1½std. Zugabe von 198 g **V** zu einer Lsg. von Na in fl. NH_3, ³/₄std. Zutropfen von 240 g **VI**, 1std. Rühren, Dekantieren des fl. NH_3, Versetzen des Rk.-Prod. mit W., Ausäthern, Trocknen der äther. Lsg. u. des erhaltenen unfiltrierbaren braunen Nd. in Ae. u. Fraktionieren im Vakuum unter N_2; n_D^{20} 1,497; $D._4^{22}$ 0,909; 75%; daneben wenig **VIII**. — *10.10-Äthylentricyclo-[5.2.1.0$^{2.6}$]-decadien-(3.8)-[5-spiro-1']-cyclopropan* (**VIII**), $C_{14}H_{16}$ Kp.$_{0,8}$ 65—68°, F. 45—48°, analog **VII** aus 1 Mol **V** u. Dest. unter normalem Druck; n_D^{20} 1,526; $D._4^{22}$ 0,997; 12,5 g; daneben 7,5 g **VII**. — *1.7.8.9.10.10-Hexachlortricyclo-[5.2.1.0$^{2.6}$]-decadien-(3.8)-[5-spiro-1']-cyclopropan*, $C_{12}H_8Cl_6$, F. 89—91°, Kp.$_{1-1,5}$ 150 bis 153°, a) durch Zugabe von 27 g **IX** zu 9 g **VII** in Ae. bei 0° u. 4std. Kochen; 10 g; b) durch 16std. Erhitzen von **VIII** mit **IX** im Rohr auf 160° u. Auskochen mit Alkohol. — *1.4;5.8-Bis-[dichlormethylen]-1.2.3.4.5.6.7.8-oktachlor-1.4.4a.4b.5.8.8a.9a-oktahydrofluoren-[9-spiro-1']-cyclopropan*, $C_{17}H_8Cl_{12}$, F. 286—287°, a) durch 24std. Kochen vorst. Verb. mit **IX** in Xylol Auskochen mit A. u. Kristallisation des Rückstandes aus Xylol; b) durch langsames Erhitzen von 10 g **VII** u. 59 g **IX** im Rohrr auf 125°, 48std. Rk. bei 125°, Absaugen u. Auskochen des Nd. mit A.; 12 g (roh) nebenn 9 g vorst. Verb. (aus deralkohol. Lsg.). — *3.6-Cyclopropyliden-1.2.3.6-tetrahydrophthalsäure, Anhydrid*, $C_{11}H_{10}E_3$, F. 98—100° (Essigester), aus **VII** u. **III** in Ae.; 92%. *Freie Säure*, F. 165—168°, aus dem Anhydrid durch Kochen mit Na_2CO_3-Lösung. W. LIEBSCHER. 2950□

Substitutionsprodukte des Cyclopentadiens. 8. Mitt. **Triarylcyclopentadienylmethane.** R. Riemschneider und R. Nehring. (Mh. Chem. **91**. 824—28. 1960.) (Dt.) — 6. vgl. vorst. Referat.

Durch Umsetzen der GRIGNARD-Verb. von Cyclopentadien (**I**) mit den entsprechenden Triarylhalogenmethanen (T) werden *Triphenylcyclopentadienylmethan* (**III**), *Tris-[p-tolyl]-cyclopentadienylmethan* (**VI**) u. *Bis-[p-chlorphenyl]-o-chlorphenylcyclopentadienylmethan* (**VII**; Öl) erhalten. Bei der Darst. von **III** aus **I**-Na in Tetrahydrofuran (THF) entsteht als Nebenprod. eine *Verb. vom F. 234—237°*. **III** u. **VI** werden als *Maleinsäureanhydrid* (**IV**)- u. *Hexachlorcyclopentadien* (**V**)-*Addukte* charakterisiert. In **III**, **VI** u. **VII** erfolgt infolge des starken negativen induktiven Effekts des über ein tert. C-Atom gebundenen Substituenten im **I**-Ring kein Austausch von H gegen Cl. Aus dem gleichen Grunde werden aus **I**-Na nur Monoalkylcyclopentadiene erhalten. Bei der Rk. von **I**-Na mit Acylchloriden erfolgt sofort Disubstitution, was mit einer Positivierung des **I**-Ringes durch den elektromeren Effekt der zuerst eintretenden Acylgruppe erklärt wird. Daß die Rk. beim Disubstitutions-Prod. stehen bleibt, hängt wahrscheinlich mit der Fulvenstruktur zusammen.

Versuche: *Triphenylcyclopentadienylmethan* (**III**), $C_{24}H_{20}$, F. 197—199°, a) durch 1std. Zugabe von **I** zu Äthyl-MgBr in abs. Ae. bei Raum-Temp., 8std. Kochen, Versetzen mit Triphenylchlormethan (**II**) in abs. Ae./Bzl. unter Kühlen, 4std. Rühren bei Raum-Temp. u. Einrühren in NH_4Cl-haltiges Eiswasser; aus Bzl. Nadeln; 66% (Ausbeute); b) aus **I**-Na u. 52 g **II** in Tetrahydrofuran (THF); 28 g; daneben 14 g einer *Verb. vom F. 234—237°*. — *x-Triphenylmethyl-3.6-methylen-1.2.3.6-tetrahydrophthalsäure*, $C_{28}H_{24}O_4$, F. 204—207° (Zers.), durch 3std. Kochen von **III** mit **IV** in Bzl., Eindampfen, 2std. Rk. mit konz. Na_2CO_3-Lsg. bei 100° u. Ansäuern mit verd. HCl; aus Methanol/W. feine Nadeln. — *x-Triphenylmethyl-4.5.6.7.10.10-hexachlor-4.7-methylen-4.7.8.9-tetrahydroinden*, $C_{29}H_{20}Cl_6$, F. 187—189°, durch 2½ std. Erhitzen von **III** mit dem 3fachen Überschuß an **V** auf 140°, Eindampfen im Vakuum u. Auskochen mit A.; aus A./Ae. Nadeln; 86%. —

Verb. $C_{24}H_{19}Br_3$, F. 170—172°, durch 5std. Zutropfen von überschüssigem Br_2 in Chlf. zu **III** in Chlf. u. 3std. Kochen; aus Bzl./A. schwachgelbe Kristalle; ca. 100%. — *Tris-[p-tolyl]-cyclopentadienylmethan* (**VI**), $C_{27}H_{26}$, F. 132—134° (Bzl./A.), durch ½ std. Zugabe von **I** zu Äthyl-MgBr in abs. Ae. bei Raum-Temp., 9std. Kochen, ½ std. Zugabe von **II** in abs. Bzl. unter Kühlen, 6std. Rühren bei Raum-Temp. u. Gießen in NH_4Cl-haltiges Eiswasser; 84%. — *x-[Tris-(p-tolyl)-methyl]-3.6-methylen-1.2.3.6-tetrahydrophthalsäure, Monohydrat*, $C_{31}H_{30}O_4 \cdot H_2O$, F. 224—226° (Bzl./A.), durch 3std. Kochen von **VI** mit **IV** in Bzl., Eindampfen, 2std. Rk. mit konz. Na_2CO_3-Lsg. bei 100°, Verdünnen mit W., Kochen, Filtrieren u. Ansäuern mit verd. HCl; 87%. — *x-[Tris-(p-tolyl)-methyl]-4.5.6.7.-10.10-hexachlor-4.7-methylen-4.7.8.9-tetrahydroinden*, $C_{32}H_{26}Cl_6$, F. 206—208° (Bzl./A.), durch 1std. Erhitzen von **VI** mit dem 4fachen Überschuß **V** auf 130°, Eindampfen im Vakuum, Lösen in Bzl./A., mehrtägiges Stehen u. Dekantieren von einem braunen Öl; 61% (roh). — *Verb. $C_{27}H_{25}Br_3$*, F. 186—189°, durch Bromieren von **VI**; aus Bzl./A. schwachgelbe Kristalle. W. Liebscher. 2950□

Substitutionsprodukte des Cyclopentadiens. 9. Mitt. Phenylcyclopentadien. R. Riemschneider und R. Nehring. (Mh. Chem. **91.** 829—35. 1960.) (Dt.) — 8. vgl. vorst. Referat.

1-Phenylcyclopentadien (**I**) wird sowohl aus 1-Phenylcyclopenten-(1)-on-(3) [dargestellt durch Kondens. von ω-Bromacetophenon (**II**; F. 47—49°) mit Na-Acetessigester (**III**)] durch Red. nach Meerwein-Ponndorf-Verley u. Zers. des Al–Isopropylat-Komplexes mit konz. NaOH (Meth. **A**) als auch aus Cyclopentanon über *2-Chlorcyclopentanon-(1)* → *2-Chlorcyclopentanon-(1)-äthylenketal* → *Cyclopenten-(1)-on-(3)-äthylenketal* → *Cyclopenten-(1)-on-(3)* (**IV**; $Kp._{14}$ 49—51°; n_D^{20} 1,4806), Umsetzen mit Phenyl-MgBr (**V**) zu *1-Phenylcyclopenten-(2)-ol-(1)* u. Dest. (Meth. **B**) erhalten. Die Umlagerung des nach **B** prim. entstehenden 2-Phenylcyclopentadiens zu **I** wird mit der Bldg. der energet. stabilsten Form erklärt. Aus nach **A** wie **B** erhaltenem **I** entsteht mit Hexachlorcyclopentadien (**VI**) *2-Phenyl-4.5.6.7.10.10-hexachlor-4.7-methylen-4.7.8.9-tetrahydroinden*, das bei der Chlorierung eine *Verb. $C_{16}H_9Cl_9$* gibt. Die Farb-Rkk. von **I** sowie anderen Cyclopenten- u. -pentadien-Derivv. in Ae. mit konz. H_2SO_4 sind angegeben.

Versuche: *1-Phenylcyclopenten-(1)-on-(3)*, F. 81—83°, $Kp._{0,5}$ 114°, durch Zugabe von **II** in abs. A. zu **III** in abs. A., 2std. Stehen, Verdünnen mit viel W., Eintragen des gelben Öls (99%) in 2%ig. NaOH bei 60°, 10 Min. langes Kochen, mehrstd. Stehen bei 0°, Absaugen der gelblichen Kristalle u. Dest. im Vakuum; aus A./W. Nadeln; 34% (Ausbeute). *2.4-Dinitrophenylhydrazon*, $C_{17}H_{14}N_4O_4$, F. 256—257° (Zers.), durch Zugabe des Ketons in A. zu 2.4-Dinitrophenylhydrazin in 5n HCl/A. u. 1std. Kochen; aus Dioxan rote Nadeln. — *1-Phenylcyclopentadien* (**I**), $C_{11}H_{10}$, F. 58—61°, $Kp._1$ 74—75°, a) durch Lösen vorst. Ketons in abs. Toluol/abs. Isopropanol, Zugabe von Al-Isopropylat in abs. Isopropanol, 2std. Kochen unter N_2, 19std. Abdestillieren des Gemisches aus Aceton/Isopropanol unter laufender Zugabe von Isopropanol, Einengen im Vakuum, Zers. mit konz. NaOH u. Ausäthern (Meth. **A**); 52%; b) durch Dest. nachst. Verb. im Vakuum unter N_2 unter Erhöhung der Bad-Temp. innerhalb von 3 Std. von 120 auf 210° (Meth. **B**); 63%; c) durch Zutropfen von Brombenzol zu Li in abs. Ae. unter schwachem Sieden, 2std. Kochen unter Rühren, Kühlen auf 0°, 1std. Zutropfen von **IV** in abs. Ae., 1std. Rühren bei 0°, Erwärmen innerhalb von 3 Std. auf Raum-Temp. unter Rühren, Gießen auf Eiswasser, Ausäthern, Eindampfen u. sofortige Dest. des erhaltenen gelben Öls im Vakuum unter N_2 bei von 135 auf 210° steigender Bad-Temp.; 77%. — *1-Phenylcyclopenten-(2)-ol-(1)*, $C_{11}H_{12}O$, F. 109—111°, durch 1std. Zugabe von **IV** in abs. Ae. zu **V** in abs. Ae. unter Rühren bei 0°, Erwärmen auf Raum-Temp. innerhalb von 3 Std., Einrühren in mit wenig NH_4OH versetztes NH_4Cl-haltiges Eiswasser u. Ausäthern; aus Ae./Ligroin fettig glänzende Schuppen; 98%. — *2-Phenyl-4.5.6.7.10.10-hexachlor-4.7-methylen-4.7.8.9-tetrahydroinden*, $C_{16}H_{10}Cl_6$, F. 137—138° (Ae./Methanol), durch 3std. Kochen von **I** mit **VI** in Bzl., Eindampfen u. Anreiben mit Methanol; 54%. — *Verb. $C_{16}H_9Cl_9$*, F. 237° (Bzl.), durch mehrstd. Einleiten von Cl_2 in eine Lsg. vorst. Verb. in CCl_4. — ***Diphenyldicyclopentadien*** (**VII**), $C_{22}H_{20}$, F. 94—99° (Ligroin), durch Lösen von **I** in sd. Ligroin, Einengen u. mehrstd. Kühlen; aus Ligroin schwachgelbe Nadeln; 33%. *Phenylazidaddukt*, $C_{28}H_{25}N_3$, F. 182—185°, durch 10std. Rk. von **VII** mit Phenylazid bei ca. 60° (Bad), Eindampfen im Vakuum, Aufnehmen in A., mehrstd. Stehen, Dekantieren von schmierigen Prodd., Einengen u. Kühlen; aus A./Ae. feine Nadeln.

W. Liebscher. 2950□

Ein ungewöhnliches Reaktionsprodukt aus Diphenylketen und Äthoxyacetylen. D. H. R. Barton, J. N. Gardner, R. C. Petterson und O. A. Stamm. (Proc. chem. Soc. [London] **1962.** 21—22. Jan. London, Imp. Coll.) (Engl.)

Das aus Diphenylketen u. Äthoxyacetylen in Nitromethan erhaltene Addukt hat nicht die von Nieuwenhuis u. Arens (Recueil Trav. chim. Pays-Bas **77.** [1958.] 1153) vorgeschlagene Struktur eines 3-Äthoxy-4.4-diphenylcyclobutenons, sondern ist auf Grund der UV-Maxima (λ_{max} 248 u. 342 mμ, ε = 17000 u. 4500; alle UV-Spektren in A.), der IR-Bande bei 1689 cm^{-1}, des kernmagnet. Resonanzspektrums u. verschiedener chem. Rkk. *1-Keto-3-äthoxy-10-phenyl-1.10-dihydroazulen* (I). Die Hydrierung von I über Pd/$CaSO_4$ oder Pd/$SrSO_4$ in Bzl. liefert das *6.7.8.9-Tetrahydro-Deriv.* (II), F. 165 bis 165,5°, λ_{max} 279 mμ (ε = 16600), das mit OsO_4 in das *4.5-Glykol*, F. 216—219°, λ_{max} 248 mμ (ε = 13500), übergeführt wird. Red. von II mit $LiAlH_4$ u. nachfolgende Behandlung mit verd. H_2SO_4 geben *8-Keto-1-phenylbicyclo-[5.3.0]-decadien-(6.9)* (III), F. 122—122,5°, λ_{max} 256 mμ (ε = 10000), das selektiv zu *8-Keto-1-phenylbicyclo-[5.3.0]-decen-(6)* [IV; *2.4-Dinitrophenylhydrazon*, F. 196—197°, λ_{max} 385 mμ (ε = 23900)] hydriert wird. IV läßt sich mit $NaBH_4$ zum entsprechenden *Allylalkohol* reduzieren, der mit MnO_2 wieder zu IV oxydiert wird. Mit OsO_4 liefert IV glatt das *6.7-Diol*, F. 93—96°, das ein gegen CrO_3 stabiles *Mono-3.5-dinitrobenzoat* gibt. Oxydation von III mit MnO_4^-/JO_4^- führt zu *δ-Benzoylvaleriansäure*. I liefert einen schwarzen krist. *$Cr(CO)_3$-Komplex*, F. 207 bis 210° (Zers.), λ_{max} 340, 420 u. 540 mμ (ε = 9400, 5400, 890), dessen Struktur ebenso wie der Mechanismus der Bldg. von I diskutiert wird. H.-J. Koch/Berlin. 2950□

Ringerweiterungsreaktionen. 2. Mitt. Synthesen in der Reihe des 4′-Methoxybenzocycloheptens. Ecaterina Cioranesco, George Mihai und Costin D. Nenitzesco. (Bull. Soc. chim. France **1961.** 732—34. April. Bucarest, Acad. de la R. P. Roumaine, Inst. de Chim.) (Franz.) — 1. vgl. Studii Cercetări Chim. [Bucureşti] **7.** [1959.] 339.

Vff. beschreiben die Darst. des *4′-Methoxy-1.2-benzocyclohepten-(1)-ons-(4)* (I) u. einiger verwandter Verbb. ausgehend von *7-Methoxy-1-aminomethyl-1.2.3.4-tetrahydronaphthalin* (II), wobei II selbst aus 7-Methoxytetralon-(1) über *[7-Methoxy-1.2.3.4-tetrahydronaphthyl-(1)]-essigsäure* (III), deren *Säureamid* u. dessen Hofmann-Abbau gewonnen wird. Die Umwandlung von II zu I gelingt durch Desaminierung von II-Hydrochlorid mit $NaNO_2$ zu *4′-Methoxy-1.2-benzocyclohepten-(1)-ol-(4)* (IV), dessen Oxydation I liefert. I gibt bei der Weiteroxydation mit SeO_2 *4′-Methoxy-1.2-benzocyclohepten-(1)-dion-(3.4)*, das bei der Dehydrierung an Pd-Kohle bei 220° *4′-Methoxy-α.β-benzotropolon* bildet.

Versuche: *7-Methoxytetralon-(1)*, F. 62—63°, Kp.$_5$ 145°, durch 1std. Erhitzen von γ-[4-Methoxyphenyl]-buttersäure u. Polyphosphorsäure auf 95° unter Rühren, Zers. mit Eis, Ae.-Extraktion, Waschen der Ae.-Lsg. mit verd. KOH u. W., Trocknen, Verdampfen des Lsgm. u. Dest. im Vakuum; 71% (Ausbeute). — *[7-Methoxy-1.2.3.4-tetrahydronaphthyl-(1)]-essigsäure* (III), F. 90—91°, durch Kondens. vorst. Verb. mit Bromessigsäureäthylester nach Reformatski, Dehydratisierung mit Ameisensäure, Hydrierung in Essigsäureäthylester an Pd/$CaCO_3$ zu *III-Äthylester* (Kp.$_1$ 155°) u. Verseifung durch 3std. Kochen mit methanol. KOH; 90%. *Amid*, $C_{13}H_{17}NO_2$, F. 114° (wss. A.), durch 2std. Rk. von III mit $SOCl_2$ bei —10°, Verdampfen des überschüssigen $SOCl_2$ im Vakuum u. Zugabe von konz. NH_4OH unter Rühren; 61,5%. *Hydrazid*, $C_{13}H_{18}N_2O_2$, F. 137° (Bzl. + PAe. + A.), durch 3std. Kochen des III-Äthylesters mit Hydrazinhydrat in A. u. Einengen; 90%. — *7-Methoxy-1-aminomethyl-1.2.3.4-tetrahydronaphthalin* (II), *Hydrochlorid*, $C_{12}H_{17}NO \cdot HCl$, F. 171° (A + Ae.), durch Erwärmen von III-Amid mit NaOCl-Lsg. auf dem Wasserbad, Extrahieren mit Ae. u. Einleiten von HCl in die mit W. gewaschene Ae.-Lsg. bei —10°; 74%. *Benzoyl-Deriv.*, $C_{19}H_{21}NO_2$, F. 123° (W./A.). — *4′-Methoxy-1.2-benzocycloheptadien-(1.3)*, $C_{12}H_{14}O$, durch Einrühren einer gesätt. $NaNO_2$-Lsg. in II-Hydrochlorid in verd. Essigsäure bei 0°, 3std. Erwärmen auf 50—60°, Stehenlassen über Nacht bei Raum-Temp., Neutralisieren mit $NaHCO_3$, Extraktion mit Ae., Verdampfen des Ae., 6std. Kochen des öligen Rückstandes mit äthanol. KOH, Abdest. des A., Aufnehmen in W., Ausäthern, fraktionierte Dest. im Vakuum u. Abtrennen der Fraktion vom Kp.$_1$ 110—112°; angenehm riechende Fl.; 18%; liefert bei der Oxydation mit $NaJO_4$ + Permanganat (vgl. Lemieux u. von Rudloff, C. **1958.** 9021) *γ-[p-Methoxy-o-carboxyphenyl]-buttersäure*, $C_{12}H_{14}O_5$, F. 137° (W.). — *4′-Methoxy-1.2-benzocyclohepten-(1)-ol-(4)* (IV), $C_{12}H_{16}O_2$, F. 57,5°, wie vorst. durch Abtrennen der Fraktion vom Kp.$_1$ 145—147° u. Reinigen über den sauren Phthalsäureester. *Phenylurethan*, $C_{19}H_{21}NO_3$, F. 140° (A.). — *4′-Methoxy-1.2-benzocyclohepten-(1)-on-(4)* (I), $C_{12}H_{14}O_2$, F. 54° (PAe.), a) durch 4std. Kochen von IV, Cyclohexanon u. Al-tert.-Butylat in Toluol, Ansäuern mit HCl bis pH 3, Abtrennen der organ. Schicht, Waschen mit W. u. $NaHCO_3$, Verdampfen des Lsgm., Zugabe von $NaHSO_3$-Lsg. unter Rühren, Absaugen der *Bisulfit-Verb.*, Stehenlassen bei Raum-Temp., Spaltung der *Bisulfit-Verb.* mit Na_2CO_3-Lsg. u. Extraktion mit Ae.; 50%; b) durch Oxydation von IV mit CrO_3 in Pyridin bei 0°, darauf 2 Std. bei Raum-Temp. unter Rühren, Stehenlassen über Nacht, Zugabe von W. u. Extraktion mit Ae.; 86%. *2.4-Dinitrophenylhydrazon*, $C_{18}H_{18}N_4O_5$, F. 162° (gelbe Kristalle; A.). — *4′-Methoxy-1.2-benzocyclohepten-(1)-dion-(3.4)*, $C_{12}H_{12}O_3$, F. 84°, durch

4std. Erhitzen von **I**, Dioxan u. SeO_2; gelbe Kristalle; 85%. — *4'-Methoxy-α.β-benzotropolon*, $C_{12}H_{10}O_3$, F. 100—101° (Cyclohexan/Ae.), durch 3std. Erhitzen vorst. Verb. mit Pd-Kohle in Biphenyl auf 220°, Versetzen mit Ae., Filtrieren, Extrahieren mit verd. $NaHCO_3$ u. verd. NaOH, Ansäuern mit HCl, Extraktion mit Ae., Verdampfen des Ae. u. Sublimation; 35%. GOTTFRIED SCHREIBER. 2950

Eine neue Gruppe von Tranquillizern: Derivate von 2.3;6.7-Dibenzocycloheptadien und 2.3;6.7-Dibenzocycloheptatrien. M. Protiva, V. Hněvsová-Seidlová, Z. J. Vejdělek, I. Jirkovský, Z. Votava und J. Metyšová. (J. med. pharmac. Chem. **4**. 411—15. 8/9. 1961. Prague, Res. Inst. for Pharm. and Biochem.) (Engl.)

Einige in 1-Stellung bas. substituierte *2.3;6.7-Dibenzocycloheptadiene* u. *-cycloheptatriene* werden synthetisiert aus den entsprechenden Dibenzocycloheptadienonen durch GRIGNARD-Rk. u. nachfolgende Dehydratisierung der gebildeten *Dibenzocycloheptadienol-Derivv.* (**C**), aus den entsprechenden Dibenzocycloheptadienen durch Aminoalkylierung oder durch Red. der **C** mit HJ. Die getesteten Tranquillizer-Eig. werden tabellar. angegeben. Die *Dimethylaminopropyliden-Derivv.* sind am wirksamsten. Anticholinerg. Wrkg. hat nur *1-Dimethylaminoäthyldibenzocycloheptadien.*

Versuche [In () DL_{50} in mg/kg]: 2.3;6.7-Dibenzocycloheptadien, Hydrochloride: *1-Hydroxy-1-dimethylaminopropyl-* (**I**), $C_{20}H_{26}ClNO$, F. 211—212°, durch Rk. von 2.3;6.7-Dibenzocycloheptadienon-(1) mit Dimethylaminopropyl-MgCl (**III**) (54). — *1-Hydroxy-1-dimethylaminopropyl-2'-chlor-* (**II**), $C_{20}H_{25}Cl_2NO$, F. 234°, analog **I** aus 2'-Chlor-2.3;6.7-dibenzocycloheptadienon-(1) (54). — *1-Dimethylaminopropyliden-*, $C_{20}H_{24}ClN$, F. 196—197,5°, durch Rk. von **I** mit Acetylchlorid in Chlf. (31). — *1-Dimethylaminopropyliden-2'-chlor-*, $C_{20}H_{23}Cl_2N$, F. 230—233°, analog vorst. Verb. aus **II** (43). — *1-Dimethylaminopropyliden-2'-methyl-*, $C_{21}H_{26}ClN$, F. 223—225°, durch analoge GRIGNARD-Rkk. aus 2'-Methyl-2.3;6.7-dibenzocycloheptadienon-(1) unter sofortiger Dehydratisierung (35). — Durch Metallierung u. Aminoalkylierung entsprechender Verbb. oder durch Red. der entsprechenden vorst. Verbb. mit HJ (Meth. **A**): *1-Dimethylaminoäthyl-*, $C_{19}H_{24}ClN$, F. 202—205° (31). — *1-[β-Piperidinoäthyl]-*, $C_{22}H_{28}ClN$, F. 241—242°. — *1-[β-Morpholinoäthyl]-*, $C_{21}H_{26}ClNO$, F. 237—241° (76). — *1-Dimethylaminopropyl-*, $C_{20}H_{26}ClN$, F. 187—189° (47). — *1-Dimethylaminopropyl-2'-chlor-*, $C_{20}H_{25}Cl_2N$, F. 192 bis 194° (40). — *1-Dimethylaminopropyl-2'-methyl-*, $C_{21}H_{28}ClN$, F. 204—207° (41,5). — 2.3;6.7-Dibenzocycloheptatriene: *1-Dimethylaminopropyliden-*, *Hydrochlorid*, $C_{20}H_{22}ClN$, F. 217°, aus 2.3;6.7-Dibenzocycloheptatrienon-(1) u. **III** unter Dehydratisierung (36). — *1-Dimethylaminopropyliden-2'-chlor-*, *Hydrochlorid*, $C_{20}H_{21}Cl_2N$, F. 227 bis 230°, analog vorst. Verb. aus 2'-Chlor-2.3;6,7-dibenzocycloheptatrien (28). — *1-Dimethylaminopropyl-*, *Hydrobromid*, $C_{20}H_{24}BrN$, F. 173°, nach **A** (46).

W. HOLLAND. 2950□

Die Chlorierung von 1.1-Dimethylsilacyclopentan und 1.1-Dimethylsilacyclohexan. Ralph Fessenden und Francis J. Freenor. (J. org. Chemistry **26**. 2003—06. 13/6. 1961. San Jose, Calif., State Coll., Dep. of Chem.) (Engl.)

Es wird gezeigt, daß die Monochlorierung von 1.1-Dimethylsilacyclopentan (**I**) u. 1.1-Dimethylsilacyclohexan (**II**) hauptsächlich zu *Chlormethyl-Derivv.* führt. Daneben entstehen α- u. β-ringchlorierte Produkte. Durch Zusatz von Benzoylperoxid als Katalysator wird die Menge an Chlormethylierungs-Prodd. nicht geändert, jedoch die β-Ringchlorierung begünstigt u. die α-Ringchlorierung gehemmt. Die qual. u. quant. Best. der Rk.-Prodd. wird mit Hilfe der Gaschromatographie durchgeführt. Durch eine Reihe von Umsetzungen u. durch Diskussion der IR-Spektren werden die Strukturen der erhaltenen Rk.-Prodd. bewiesen.

Versuche: *1-Chlormethyl-1-methylsilacyclopentan* (**III**), $C_6H_{13}ClSi$, Kp. 156—157°, a) aus 0,172 Mol **I** u. 0,028 Mol/Min. Cl_2 während 38 Min. bei $< 40°$; n_D^{24} 1,4647; 63% [Anteil am Chlorierungs-Prod. (**A**)]; daneben 20% *1.1-Dimethyl-2-chlorsilacyclopentan* (**IV**), Kp. 157—165°, u. 17% *1.1-Dimethyl-3-chlorsilacyclopentan* (**V**), Kp. 145—150°; Gesamtausbeute an **A**: 52%; b) analog a), jedoch unter UV-Bestrahlung; 52%; daneben 18% **IV** u. 30% **V**; Gesamtausbeute an **A**: 55%; c) aus 0,0088 Mol **I** u. 0,0088 Mol SO_2Cl_2 durch $2^1/_2$std. Kochen; 74%; daneben 23% **IV** u. 2% **V**; Gesamtausbeute an **A**: 13%; d) analog c), jedoch unter Zusatz von 0,2 g Benzoylperoxid; 62%; daneben 11% **IV** u. 27% **V**; Gesamtausbeute an **A**: 39%. — *1-Trimethylsilylbuten-(3)*, Kp. 112—113°, aus 10 g **A** u. 3m Methyl-MgBr in Ae. durch 2std. Kochen; n_D^{25} 1,4112; 66%; daneben **IV** u. **V**. — *1.1-Dimethylsilacyclopenten-(2)* (**VI**), Kp. 98—99°, aus 10 g **A** durch Waschen mit W. u. 20 Min. langes Kochen mit Chinolin; n_D^{24} 1,4425; daneben **III**. — *1.1-Dimethyl-2.3-dibromsilacyclopentan* (**VII**), aus 0,00208 Mol **VI** u. 0,00208 Mol Br_2 in A.; Rk. von **VII** mit $AgNO_3$ in A. gab 0,4383 g AgBr (für **VII** berechnet: 0,3910 g, für *1.1-Dimethyl-3.4-dibromsilacyclopentan* berechnet: 0,7820 g). — *1.1-Dimethylsilacyclopentan* (**I**), Kp. 104—105°, aus 0,0114 Mol **A** u. 0,22 Mol NaJ in Aceton durch $3^1/_2$tägiges Kochen

u. Zugabe zu 3,5 g Mg, 3m Methyl-MgBr in Ae. u. 14std. Kochen. — *1-Chlormethyl-1-methylsilacyclohexan*, a) aus 0,105 Mol **II** u. Cl_2; 69% [Anteil am Chlorierungs-Prod. (**B**)]; daneben 9% *1.1-Dimethyl-3-chlorsilacyclohexan* (**VIII**) u. 23% *1.1-Dimethyl-2(4)-chlorsilacyclohexan* (**IX**); b) aus 0,48 Mol **II**, 0,48 Mol SO_2Cl_2 u. 0,1 g Benzoylperoxid; 64%; daneben 20% **VIII** u. 16% **IX**. K. RÜHLMANN. 3000□

Synthese von potentiellen Antikrebsmitteln. 5. Mitt. **Azetidine.** Wyman R. Vaughan, Robert S. Klonowski, R. Stanley McElhinney und Brian B. Millward. (J. org. Chemistry **26.** 138—44. Jan. 1961.) (Engl.) — 4. vgl. C. **1962.** **10094.**

Die Red. von 1.4-Diphenylazetidinon-(2) (**VI**) mit $LiAlH_4$ führt zu *3-Anilinodihydrozimtalkohol.* Ebenso liefert 1.4-Diphenyl-3.3-dimethylazetidinon-(2) mit $LiAlH_4$ *3-Anilino-2.2-dimethyl-3-phenylpropanol-(1)*, während bei der Hochdruckhydrierung über RANEY-Ni *2.2-Dimethyl-3.N-dicyclohexylpropionamid* entsteht, daß gegen sd. 25%ig. NaOH beständig ist. Die Synth. von *Azetidin* (**III**) gelang durch Rk. von 3-Aminopropanol (**I**) mit Benzaldehyd (**VII**), Red. der SCHIFFschen *Base* zu *3-Benzylaminopropanol*, dessen Überführung in das *O-Tosylat*, Cyclisierung des entsprechenden *Hydrochlorids* mit NaOH zu *N-Benzylazetidin* (**IX**), das als *Pikrat* isoliert wurde, u. Hydrogenolyse von **IX**. Cyclisierungs-Verss. mit 3-Aminoalkylhydrogensulfaten verminderten die Ausbeuten. Das aus **I** zugängliche *3-[p-Toluolsulfonamido]-propyl-p-toluolsulfonat* (**VIII**) bzw. *4-[p-Toluolsulfonamido]-butyl-(2)-p-toluolsulfonat* lassen sich zu *p-Toluolsulfonazetidid* (**II**) bzw. *p-Toluolsulfon-2-methylazetidid* (**V**) cyclisieren. N-[3-Chlorpropyl]-methansulfonamid liefert *Methansulfonazetidid* (**IV**). Die Sulfonazetidide konnten nicht bas. gespalten werden. **II** liefert mit $LiAlH_4$ **III**, während **IV** nicht reagiert. Die Überführung von **II** bzw. **IV** in **III** bzw. von **V** in *2-Methylazetidin* gelang aber glatt mit Na u. Amylalkohol. Zur Frage der Cyclisierung werden ster. Einfl. ausführlich diskutiert.

Versuche: *3-Anilino-3-phenylpropanol-(1)*, F. 89—90° (CH_3OH/PAe.), a) durch $^1/_2$std. Kochen von **VI** mit $LiAlH_4$ in abs. Ae. u. $^1/_2$std. Rühren mit 25%ig. NaOH; 74% (Ausbeute); b) in Tetrahydrofuran; 82%. — *1.4-Diphenyl-3.3-dimethylazetidinon-(2)*, F. 149—150°, aus α-Bromisobuttersäureäthylester, Benzylidenanilin u. Zn; 38,6%. — *3-Anilino-2.2-dimethyl-3-phenylpropanol-(1)*, $C_{17}H_{21}NO$, F. 105,0—105,5° (A.), a) durch Red. vorst. Verb. mit $LiAlH_4$ in Tetrahydrofuran u. Chromatographie an Al_2O_3 aus PAe.-Bzl.; 93,2%; b) mit $NaBH_4$; c) mit $LiBH_4$; d) mit $NaBH_4$–$AlCl_3$; e) mit $LiBH_4$–$AlCl_3$. *Hydrochlorid*, $C_{17}H_{22}ClNO$, F. 168,0—169,0°. — *2.2-Dimethyl-3.N-dicyclohexylpropionamid*, $C_{17}H_{31}NO$, F. 92,0—92,5° (verd. A.), durch 11std. Hydrieren vorvorst. Verb. in abs. A. über RANEY-Ni-W-2 bei 1300 lbs./sq.in. u. 250°; 100%. — *Pyridiniummethansulfonat*, $C_6H_9NO_3S$, F. 178—180°, aus I-Hydrochlorid in Chlf.–Pyridin mit Methansulfonylchlorid bei 0°; 38%. — *3-Benzylaminopropanol*, $C_{10}H_{15}NO$, Kp.$_{\cdot 2}$ 125 bis 130°, durch 7std. Hydrieren von **VII** u. **I** in abs. A. bei 3 atm in Ggw. von ADAMS-Katalysator; 85%. *Hydrochlorid*, $C_{10}H_{16}ClNO$, F. 83,5—85,0° (abs. A.–Ae.). *p-Toluolsulfonathydrochlorid*, $C_{17}H_{22}ClNO_3S$, F. 182—183° (abs. A.–Ae.); 22,5%. *Dibenzoyl-Verb.* (*N-[3-Benzoyloxypropyl]-N-benzylbenzamid*), $C_{24}H_{23}NO_3$, F. 80,0—81,5° (Aceton–W.). — *N-Benzylazetidin* (**IX**), $C_{10}H_{13}N$, Kp.$_{\cdot 5,5}$ 78°, a) durch Zutropfen von Chlorsulfonsäure zu vorst. Hydrochlorid, $^1/_2$std. Erwärmen auf dem Wasserbad, $^1/_2$std. Erwärmen auf 80° im Vakuum, $^1/_2$std. Erhitzen auf 140° im Vakuum, Lösen in W., Zugeben zu wss. KOH, Dampf-Dest., Alkalisieren u. Ausäthern; 5%; b) durch Zugeben von wss. H_2SO_4 zu vorst. Verb. in W. unter Eiskühlung, Abdestillieren von W. bei 50—60° im Vakuum u. Alkalisieren; 9%; c) durch 1std. Kochen vorst. p-Toluolsulfonathydrochlorids mit wss. NaOH; 26%. *Pikrat*, $C_{16}H_{16}N_4O_7$, F. 89—90°. — *3-[p-Toluolsulfonamido]-propyl-p-toluolsulfonat* (**VIII**), $C_{17}H_{21}NO_5S_2$, F. 120—121° (korr.; A.–W. u. CH_3OH), durch 4std. Rühren von **I** mit p-Toluolsulfonylchlorid in abs. Pyridin; 95%. — *4-[p-Toluolsulfonamido]-butyl-(2)-p-toluolsulfonat*, $C_{18}H_{23}NO_5S_2$, F. 94,0—95,0° (Chlf.–PAe.), aus 4-Aminobutanol-(2); 66%. — *N-[3-Chlorpropyl]-methansulfonamid*, $C_4H_{10}ClNO_2S$, Kp.$_{\cdot 0,3}$ 150—153°, durch 3std. Rühren von **I** in Pyridin–Chlf. mit Methansulfonylchlorid bei 0°; 45%. — *p-Toluolsulfonazetidid* (**II**), F. 119,0—121,5° (CH_3OH–W.), a) durch 16std. Kochen von **VIII** mit Na in A.; kurze Nadeln; 75,5%; b) durch 10std. Kochen von **VIII** in tert.-Butylalkohol mit K-tert.-Butylat; 93%. — *1.5-Bis-[p-toluolsulfonyl]-1.5-diazacyclooctan*, F. 210—213°, neben vorst. Verb. nach a). — *2-Methyl-p-toluolsulfonazetidid* (**V**), $C_{11}H_{15}NO_2S$, F. 99—100° (Chlf.-PAe.), a) mit $NaOC_2H_5$/A. in 19 Std.; 35,5%; b) in großer Verdünnung in 48 Std.; 67,7%. — *Methansulfonazetidid* (**IV**), $C_4H_9\cdot NO_2S$, F. 81—82° (Chlf.), in 48 Std. mit $NaOC_2H_5$/A.; 66,6%. — *Azetidin* (**III**), Kp.$_{\cdot 750}$ 61 bis 66°, a) durch Kochen von **IV** mit Na in n-Amylalkohol, Verdünnen mit W. u. Extrahieren mit verd. H_2SO_4; n_D^{22} 1,4110; 42,5%—84,7%; b) durch 3tägiges Hydrieren von **IX** in abs. A. über Pd–Kohle bei 1 atm; *Pikrat*, F. 166—169°. — *2-Methylazetidin*, Kp.$_{\cdot 755}$ 72—76°, aus **V** mit Na/n-Amylalkohol; 78,2%. *p-Nitrobenzamid*, $C_{11}H_{12}N_2O_3$, F. 42,0—43,0°. R. PASEDAG. 3040□

Über einige [Thienyl-(2)]-alkylessigsäuren und einige ihrer Derivate. Marcelle Berçot-Vatteroni, Robert C. Moreau und Pierre Reynaud. (Bull. Soc. chim. France **1961.** 1820—22. Okt. Paris, Fac. de Pharm., Labor. de Pharm. Chim.) (Franz.)

Die durch Alkylierung von [Thienyl-(2)]-cyanessigsäureäthylester (I) zugänglichen [*Thienyl-(2)*]-*alkylcyanessigsäureäthylester* werden zu [*Thienyl-(2)*]-*alkylacetonitrilen* decarboxyliert, die zu den [*Thienyl-(2)*]-*alkylessigsäuren* verseift bzw. mit HCl u. A. u. nachfolgende Behandlung mit NH_3 zu den [*Thienyl-(2)*]-*alkylacetimidoäthylestern* umgesetzt werden. Mit NH_4-Benzolsulfonat (II) liefern die Imidoester die [*Thienyl-(2)*]-*alkylacetamidiniumbenzolsulfonate.*

Versuche: [Thienyl-(2)]-acetonitrile: *Methyl-* (III), C_7H_7NS, $Kp._{20}$ 117°, durch Eintropfen von 19,5 g I in die Lsg. von 2,42 g Na in 80 ml A., 20 Min. langes Rühren bei 20°, Zugabe von 14,9 g CH_3J, 2std. Kochen, Filtrieren, Einengen im Vakuum, Zugabe von W., Ae.-Extraktion, Einengen der mit verd. H_2SO_4, NaOH u. W. gewaschenen Ae.-Lsg., Kochen des als Öl erhaltenen [*Thienyl-(2)*]-*methylcyanessigsäureäthylesters* (17,3 g) mit 8,55 g KOH in A. (5 Min.), Filtration, Einengen u. Vakuum-Dest. des Rückstandes; $n_D^{20,5}$ 1,5351; 64% (Ausbeute). — *Äthyl-*, C_8H_9NS, $Kp._{15}$ 118°, analog III aus I u. C_2H_5Br; $n_D^{19,5}$ 1,5173; 61%. — *Butyl-*, $C_{10}H_{13}NS$, $Kp._{16}$ 142°, analog III aus I u. C_4H_9Br; 64%. — [Thienyl-(2)]-essigsäuren: *Methyl-* (IV), $C_7H_8O_2S$, $Kp._{16}$ 150,5°, durch 13std. Kochen von III mit äthanol. KOH, Einengen, Aufnehmen in W. u. Ansäuern; 72%. — *Äthyl-*, $C_8H_{10}O_2S$, $Kp._{21}$ 161°, analog IV; 72%. — *Butyl-*, $C_{10}H_{14}O_2S$, $Kp._{2,5}$ 163°, analog IV; 74%. — [Thienyl-(2)]-essigsäureäthylester: *Methyl-* (V), $C_9H_{12}O_2S$, $Kp._{14}$ 108°, durch 13std. Kochen von IV mit A. u. H_2SO_4; n_D^{10} 1,5066; 60%. — *Äthyl-*, $C_{10}H_{14}O_2S$, $Kp._{15}$ 119°, analog V; $n_D^{22,5}$ 1,5097; 64%. — *Butyl-*, $C_{12}H_{18}O_2S$, $Kp._{14}$ 141°, analog V; n_D^{19} 1,4433; 76%. — [Thienyl-(2)]-acetamide: *Methyl-*, C_7H_9NOS, F. 97° (Bzl.), durch Sättigen einer Lsg. von III in A. mit HCl unter Kühlung mit Eis–NaCl u. Abdestillieren des A. unterhalb von 40°; 90%. — *Äthyl-*, $C_8H_{11}NOS$, F. 80° (Bzl.), analog vorst. Verb.; 90%. — [Thienyl-(2)]-acetimidoäthylester: *Methyl-* (VI), $C_9H_{13}NOS$, $Kp._{14}$ 113°, durch $^1/_2$std. Einleiten von NH_3 in die mit HCl gesätt. Lsg. von III in abs. A. unterhalb von —15° unter starkem Rühren, Eingießen in W. u. Ae.-Extraktion; $n_D^{28,5}$ 1,5221; 54%. — *Äthyl-*, $C_{10}H_{15}NOS$, $Kp._{14}$ 119°, analog VI; $n_D^{18,5}$ 1,5134; 75%. — *Butyl-*, $C_{12}H_{19}NOS$, $Kp._{18}$ 148°, analog VI; n_D^{24} 1,5054; 54%. — [Thienyl-(2)]-acetamidiniumbenzolsulfonate: *Methyl-* (VII), $C_{13}H_{16}N_2O_3S_2$, F. 173° (A.–Ae.; Blättchen), durch 6std. Kochen von äquimol. Mengen VI u. II in A. u. Einengen; 85%. — *Äthyl-*, $C_{14}H_{18}N_2O_3S_2$, F. 178° (A.–Ae.; Blättchen), analog VII; 86%. — *Butyl-*, $C_{16}H_{22}N_2O_3S_2$, F. 101°, analog VII; 84%.

Gisela Schreiber. 3071□

Die Verwendung von Triäthylamin bei der Darstellung von N-Carboxy-L-prolinanhydrid. A. A. Randall. (J. chem. Soc. [London] **1962.** 374—75. Jan. Maidenhead, Berks., Courtaulds Ltd., Res. Labor.) (Engl.)

Ersatz von Ag_2O durch $(C_2H_5)_3N$ (I) bei der Synth. von N-Carboxy-L-prolinanhydrid (vgl. Kurtz u. Mitarbeiter, C. **1958.** 10957) führte zu höheren Ausbeuten. I ist auch anderen tert. Basen (Pyridin, Tri-n-butylamin) überlegen.

Versuche: *N-Carboxy-L-prolinanhydrid*, $C_6H_7NO_3$, F. 45° (Zers.; Essigester), durch Zufügen einer koll. Suspension von L-Prolin in Dioxan u. einer Lsg. von $COCl_2$ in Dioxan zu Dioxan, 1std. Rühren bei 45°, Zugabe von I u. 30 Min. langes Rühren bei Raum-Temp.; 88% (Ausbeute); gab in Pyridin ein *Polymeres*, das nach Fällen mit Ae. u. Auflösen in CH_3COOH Mutarotation zeigte. — Ähnlich kann *4-Acetoxy-N-carboxy-L-prolinanhydrid* aus 4-Acetoxy-L-prolin dargestellt werden. J. Rothe. 3081□

Ein Beitrag über die Struktur von Ryanodin. D. R. Babin, J. A. Findlay, T. P. Forrest, F. Fried, M. Götz, Z. Valenta und K. Wiesner. (Tetrahedron Letters [London] **1960.** Nr. 15. 31—39. Juli. Fredericton, Canada, Univ. of New Brunswick, Organ. Chem. Labor.) (Engl.)

Ryanodol (I), $C_{20}H_{32}O_8$, das bei der Hydrolyse von *Ryanodin*, $C_{25}H_{35}NO_9$, neben *Pyrrol-α-carbonsäure* entsteht, geht bei der Rk. mit 10%ig. H_2SO_4 in *Anhydroryanodol* [II; $C_{20}H_{30}O_7$, F. 244° (Aceton/Ae.)] über. HJO_4-Oxydation von II gibt unter Verbrauch von einem Mol HJO_4 *Anhydrooxoryanodol* [III; $C_{20}H_{28}O_7$, F. 259° (Aceton)], während I zwei Mole HJO_4 verbraucht u. *Oxoryanodol* [IV; *Hydrat*, $C_{20}H_{28}O_8 \cdot H_2O$, F. 207° (Aceton)] liefert. Nach dem IR- bzw. Kernresonanzspektrum enthält IV eine γ-Lacton- u. eine Formylestergruppierung. Vinyl- u. Aldehydgruppen fehlen. Bei milder alkal. Hydrolyse von IV entstehen *Isobuttersäure* (*Amid*, F. 128°) u. *Ameisensäure*. In Phosphatpuffer (pH 6,8) verbraucht I drei Mole HJO_4. Dabei wird eine *Verb.* $C_{20}H_{26}O_8$, F. 192° (Aceton), isoliert, die eine γ-Lacton- u. eine Formylestergruppierung u. fünf C-Methylgruppen enthält. Vinyl-, Aldehyd- u. OH-Gruppen fehlen. Nach den Ergebnissen der HJO_4-Oxydation muß I sechs OH-Gruppen enthalten. Bei der alkal. Hydrolyse

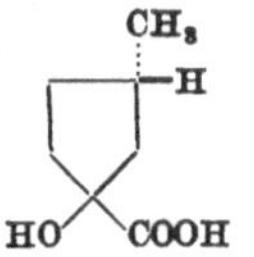
VI

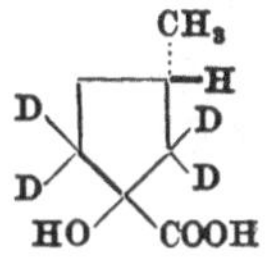
VIII

von **III** durch 6std. Kochen mit 5%ig. alkohol. KOH u. Hydrieren der Rk.-Prodd. an Pt in Eisessig werden durch Verteilungschromatographie an SiO_2 u. Eluieren mit Chlf., Chlf./Butanol (95:5) u. (80:20) ein öliges *γ-Lacton* (**V**), $C_8H_{14}O_2$, mit drei C-Methylgruppen, *1-Hydroxy-3-methyl-cyclopentancarbonsäure-(1)* [**VI**; $C_7H_{12}O_3$, F. 90—91° (Bzl.)] u. *Methylbernsteinsäure* [**VII**; $C_5H_8O_4$, F. 108—110° (Chlf.)] isoliert. Der Methylester von **VI** gibt bei der Red. mit $LiAlH_4$ ein öliges *Diol*, das mit HJO_4 *3-Methylcyclopentanon* (*2.4-Dinitrophenylhydrazon*, $C_{12}H_{14}\cdot N_4O_4$, F. 134,5°) liefert. **V** gibt bei der $LiAlH_4$-Red. *2-Methyl-3-isopropylbutandiol-(1.4)*, so daß **V** das Lacton der *2-Methyl-3-isopropyl-* oder *2-Isopropyl-3-methyl-4-hydroxy-buttersäure* sein muß. Bei der Hydrolyse von **III** mit KOD in C_2H_5OD/D_2O entsteht *deuterierte 1-Hydroxy-3-methylcyclopentancarbonsäure-(1)* (**VIII**), $C_7H_8D_4O_3$, weshalb **VI** aus einem Sechsring-Syst. entstehen muß. Neben **VIII** wird eine *deuterierte Methylbernsteinsäure* isoliert, deren Methylgruppe jedoch deuteriumfrei ist. Es wird deshalb angenommen, daß diese C—CH_3-Gruppe schon in **I** vorhanden ist. Die Möglichkeiten der Bldg. von **V**, **VI** u. **VII** aus **I** bzw. **II** werden diskutiert. G. TEEGE. 3081 □

4- und 6-Hydroxy-2.3-diphenylindol und 2.3-Diphenylindol-4.7- und -6.7-chinon.

Barbara Clifford, Patricia Nixon, Charlotte Salt und Muriel Tomlinson. (J. chem. Soc. [London] **1961**. 3516—20. Aug. Oxford, Univ., Dyson Perrins Labor.) (Engl.)

Die früher von ORR u. TOMLINSON (vgl. C. **1958**. **6241**) beschriebene Verb. vom F. 168°, die durch Rk. von m-Aminophenol u. Benzoin entsteht, wird als *6-Hydroxy-2.3-diphenylindol* identifiziert. Durch Oxydation geht es in *2.3-Diphenylindolchinon-(6.7)* über. Zum Vgl. wird *2.3-Diphenylindolchinon-(4.7)* durch Oxydation von 4-Hydroxy- u. von 4.7-Dihydroxy-2.3-diphenylindol dargestellt.

Versuche: *4-Methoxy-2.3-diphenylindol*, F. 136—140°, aus m-Aminophenol u. Benzoin nach ORR u. TOMLINSON (l. c.) durch Reinigen an Al_2O_3 in Bzl., Methylieren u. Chromatographie an Al_2O_3 in Bzl.; aus PAe. Prismen; daneben *6-Methoxy-2.3-diphenyl-indol*. — *2-Chlor-5-methoxyanilin*, durch Red. der entsprechenden Nitroverbindung. — *2-Chlor-5-methoxyphenylhydrazin* (**I**), $C_7H_9ClN_2O$, F. 70—72,5°, durch Diazotieren von 10 g vorst. Verb. in HCl/W. mit $NaNO_2$, Red. mit $SnCl_2$/HCl u. Alkalisieren; aus PAe. Nadeln; 3 g (Ausbeute). — *Desoxybenzoin-2-chlor-5-methoxyphenylhydrazon*, $C_{21}H_{19}\cdot ClN_2O$, F. 100—101°, durch Erwärmen von **I** mit Desoxybenzoin; aus Methanol Nadeln. — *2-Chlor-5-methoxy-N-[α-phenylphenacyl]-anilin*, $C_{21}H_{18}ClNO_2$, F. 116°. — 2.3-Diphenylindole: *7-Chlor-4-methoxy-*, nach ORR u. TOMLINSON (l. c.) aus vorst. Verb. u. 2-Chlor-5-methoxyanilinhydrochlorid; daneben *α.β-Bis-[2-chlor-5-methoxyanilino]-stilben* u. *6-Methoxy-2.3-di-phenylindol*, F. 200°; aus Methanol rote Kristalle. — *5-Chlor-6-methoxy-*, $C_{21}H_{16}ClNO$, F. 217°, durch 1std. Erhitzen von 4-Chlor-3-methoxyanilin u. Benzoin mit etwas HCl auf 200°; aus A. Platten; gibt bei der Hydrierung an Pd/Kohle in Mesitylen *6-Methoxy-2.3-diphenylindol*. — *4-Hydroxy-*, $C_{20}H_{15}NO$, F. 149—151,5°, durch 8std. Kochen von 1,6 g der entsprechenden 4-Methoxy-Verb. in abs. Bzl. mit $AlCl_3$ unter N_2; aus PAe. Prismen; 0,41 g. — *7-Chlor-4-hydroxy-*, $C_{20}H_{14}ClNO$, F. 174—175°, analog vorst. Verb. aus 1,2 g der entsprechenden Methoxy-Verb.; aus PAe. Platten; 0,78 g. — *4.7-Dimethoxy-*, $C_{22}H_{19}NO_2$, F. 133,5°, durch Erhitzen von 2,5 g 2.5-Dimethoxyanilin u. 3,5 g Benzoin mit etwas HCl auf 100°, Chromatographie in Bzl. an Al_2O_3, Erhitzen des entstandenen *2.5-Dimethoxy-N-[α-phenylphenacyl]-anilins* ($C_{22}H_{21}NO_3$, F. 91—92°; aus A. Prismen; 1,55 g) mit 2.5-Dimethoxyanilinhydrochlorid auf 210° u. Chromatographie; aus Methanol gelbe Platten; 0,7 g. — *2.3-Diphenylindolchinon-(4.7)*, $C_{20}H_{13}NO_2$, F. 216—218° (Zers.), a) durch Demethylieren von 1 g vorst. Verb. mit $AlCl_3$, Ansäuern, Extrahieren mit Essigester, Eindampfen unter N_2, Lösen in Aceton/W. (7:2), Oxydation mit $Na_2Cr_2O_7$ in W./konz. H_2SO_4 (½ Std.) u. Reinigen durch Chromatographie in Chlf. an Al_2O_3; aus A. u. durch Sublimation rote Nadeln; 0,48 g; b) durch Versetzen von 4-Hydroxy-2.3-diphenylindol in Aceton mit K-Nitrosodisulfonat in W. u. KH_2PO_4. — *2.3-Diphenyl-indolchinon-(6.7)*, $C_{20}H_{13}NO_2$, F. >320° (Zers. ab 235°), durch ½std. Oxydation von 6-Hydroxy-2.3-diphenylindol mit FREMY-Salz u. Chromatographie in Chlf. an Al_2O_3; aus Eisessig dunkelrote Nadeln. — *4'.5'-Diphenylpyrrolo-[2'.3':1.2]-phenazin* (**II**), $C_{26}H_{17}N_3$, F. 143—145°, a) durch ½std. Erhitzen von 1 g vorst. Verb. in Essigsäure mit o-Phenylendiamin in A. auf 100° u. Reinigen durch Chromatographie in Bzl. an Al_2O_3; aus PAe. orangefarbene Nadeln; 0,8 g; b) durch 4std. Kochen von 0,5 g vorst. Verb. mit o-Phenylendiamin in Pyridin; 0,28 g; daneben *Verb.* $C_{32}H_{25(23)}N_5$, F. 311—314°; aus Xylol gelbe Nadeln; 0,1 g. — *6-Methoxy-1-methyl-2.3-diphenylindol*, F. 149° (Methanol), durch 1std. Zugabe von $(CH_3)_2SO_4$ zu 6-Hydroxy-2.3-diphenylindol u. KOH in sd.

Aceton. — *1-Methyl-2.3-diphenylindolchinon-(6.7)*, $C_{21}H_{15}NO_2$, F. 258—260°, durch Oxydation von 1-Methyl-6-hydroxy-2.3-diphenylindol mit FREMY-Salz; aus Chlf. rote Nadeln, die sich bei 210° in Platten umwandeln. — *1'-Methyl-4'.5'-diphenylpyrrolo-[2'.3':1.2]-phenazin*, $C_{27}H_{19}N_3$, F. 257—258°, a) aus 0,4 g vorst. Verb. u. o-Phenylendiamin; aus Bzl. gelbe Nadeln; 0,24 g; b) durch Methylieren von **II** mit $(CH_3)_2SO_4$ u. KOH in sd. Aceton. P. GOLINSKE. 3081 □

Untersuchungen der Reaktionen von Kohlenstoffmonoxid unter Hochdruck. 2. Mitt. Synthese von Phthalimidin. Shunsuke Murahashi, Shigeki Horiie und Takashi Jō. (Bull. chem. Soc. Japan **33.** 81—88. Jan. 1960.) (Engl.)

Inhaltlich ident. mit den C. **1959.** 800 referierten Arbeiten.

K. HINTERAUER. 3122 □

Reaktion von Phosphorpentachlorid mit 3-Methyl- und 3-Phenyl-4-nitroso-pyrazolon-(5). Silvano Rossi. (Ann. Chimica **48.** 243—50. März 1958. Milano, Univ., Ist. di Chim. ind., Labor. di Chim. ind. organ.) (Ital.)

Als Rk.-Prod. zwischen PCl_5 u. 3-Methyl-4-isonitrosopyrazolon-(5) (**I**) erhält man *Brenztraubensäurenitrilchlorcarbonylhydrazon* (**II**). **II** reagiert mit Aminen zu *Verbb.* (**A**), die bei der sauren Hydrolyse in 4-Stellung substituierte *Semicarbazide* liefern, welche auf anderen Wegen schlecht darstellbar sind. Alkal. Hydrolyse führt **A** in die entsprechend substituierten *Semicarbazone* der *Brenztraubensäure* über. Aus **II** entsteht in Ggw. von W. *N.N'-Bis-[α-cyanäthylidenamino]-harnstoff*. Die gleiche Rk. führt mit 3-Phenyl-4-isonitrosopyrazolon-(5) (**III**) zu *N.N'-Bis-[α-cyanbenzylidenamino]-harnstoff*.

Versuche: *Brenztraubensäurenitrilchlorcarbonylhydrazon* (**II**), $C_4H_4ClN_3O$, F. 112° (Chlf. + PAe.), durch allmähliche Zugabe von **I** zu der Lsg. von überschüssigem PCl_5 in abs. Chlf. bei 50—60° unter Ausschluß von Feuchtigkeit, Abkühlen u. Absaugen; 62% (Ausbeute). — *N.N'-Bis-[α-cyanäthylidenamino]-harnstoff*, $C_7H_8N_6O$, F. 200—202° (Zers.), durch Hydrolyse von **II** mit W. bei Raum-Temp. unter Entw. von CO_2. — *N.N'-Bis-[benzylidenamino]-harnstoff*, $C_{15}H_{14}N_4O$, F. 198°, durch Kochen vorst. Verb. mit HCl u. Umsetzung des Rk.-Prod. mit Benzaldehyd in Essigsäure. — *Brenztraubensäurenitrilsemicarbazon*, $C_4H_6N_4O$, F. 218° (A.), aus **II** in Ae. durch Sättigen mit getrocknetem NH_3. — *Brenztraubensäuresemicarbazon*, F. 208—209°, durch Behandeln vorst. Verb. mit 10%ig. NaOH, Neutralisation, Eindampfen, Extraktion des Rückstandes mit A. u. Eindampfen. — *Brenztraubensäurenitril-4-phenylsemicarbazon* (**IV**), $C_{10}H_{10}N_4O$, F. 226° (A.), aus **II** u. Anilin. — *4-Phenylsemicarbazidhydrochlorid*, F. 215°, durch Erhitzen vorst. Verb. mit 15%ig. wss. äthanol. HCl. *Freie Base*, F. 122° (A.), aus dem Hydrochlorid u. NH_4OH. — *Brenztraubensäure-4-phenylsemicarbazon*, F. 214°, aus **IV** durch Hydrolyse mit verd. NaOH. — *Brenztraubensäurenitril-4-[α-naphthyl]-semicarbazon*, $C_{14}H_{12}N_4O$, F. 201° (A.), aus **II** u. α-Naphthylamin in Äther. — *4-[α-Naphthyl]-semicarbazidhydrochlorid*, aus vorst. Verb. durch Hydrolyse mit HCl (*Acetophenon-4-[α-naphthyl]-semicarbazon*, $C_{19}H_{17}N_3O$, F. 205—206°). — *Brenztraubensäurenitril-4-[äthoxycarbonylmethyl]-semicarbazon*, $C_8H_{12}N_4O_3$, F. 122° (Bzl.), aus **II** u. Glycinäthylester. — *N.N'-Bis-[α-cyanbenzylidenamino]-harnstoff*, $C_{17}H_{12}N_6O$, F. 177° (A.), durch Erhitzen von **III** mit überschüssigem PCl_5 in Chlf., Filtrieren u. Einengen im Vakuum. — *Benzaldehydazin*, F. 95—96°, durch Hydrolyse vorst. Verb. mit wss.-äthanol. HCl, Entfernen von A. im Vakuum u. Zusatz von Benzaldehyd zur wss. Phase.

K.-F. SCHNEIDER. 3122 □

Darstellung und Eigenschaften von substituierten Benzo-[c]-pyrazolo-[1.2:a]-pyrazoldionen-(1.9) (Michaelis' Benzo-bis-[pyrazolone]). Stig Veibel und Hanne Lillelund. (Tetrahedron [London] **1.** 201—13. 1957. Copenhagen, TU, Dep. of Organ. Chem.) (Engl.) — Vgl. C. **1957.** 7029.

3-Methyl- (**V**), *2-Äthyl-3-methyl-* (**VI**) u. *3-Phenylbenzo-[c]-pyrazolo-[1.2:a]-pyrazoldion-(1.9)* (**VII**) wurden durch Kondens. von *β-Acetyl-o-carboxyphenylhydrazin* (**I**) mit Acetessigester (**II**), α-Äthylacetessigester (**III**) u. Benzoylessigsäureäthylester (**IV**) in PCl_3 in Form gelber Kristalle gewonnen, die in Eisessig oder A. blaue Fluorescenz zeigen. Bei der Behandlung mit wss. NaOH u. anschließendem Ansäuern mit HCl liefern **V, VI** u. **VII** *5-Methyl-* (**VIII**), *4-Äthyl-5-methyl-* (**IX**) u. *5-Phenyl-1-o-carboxyphenyl-pyrazolon-(3)* (**X**), die beim Erhitzen über ihren F. hinaus wieder **V, VI** u. **VII** zurückbilden. **VIII, IX** u. **X** verhalten sich bei Titration in alkohol. Lsg. mit NaOH wie zweibas. Säuren; in Eisessig lassen sie sich mit $HClO_4$ titrieren. Wird 0,1n NaOH langsam zur äthanol. oder methanol. Lsg. von **V, VI** u. **VII** gegeben, so entstehen unter Verschwinden der Fluorescenz die *Äthyl-* bzw. *Methylester* von **VIII, IX** bzw. **X**. Bei Zugabe von 1n NaOH entsteht eine Mischung der *Ester* mit **VIII, IX** u. **X**. Piperidin (**XI**) katalysiert die Ester-Bldg., nicht dagegen Trimethylamin. Die Ester können als Säuren u. als Basen titriert werden. Elektrometr. Titrationskurven u. die UV-Spektren der dargestellten Verbb. sind angeführt.

Versuche: *β-Acetyl-o-carboxyphenylhydrazin* (**I**), durch Neutralisieren von o-Carboxyphenylhydrazinhydrochlorid mit 10n NaOH unter Rühren, Filtrieren u. 2std. Kochen mit Eisessig; 68% (Ausbeute). — *Benzopyrazolon*, F. 244°, aus **I** durch Erhitzen. — *β.β-Diacetyl-o-carboxyphenylhydrazin*, $C_{11}H_{12}N_2O_4$, F. 200°, analog **I** unter Zusatz von 10% Essigsäureanhydrid zur sd. Mischung; 20—30%. — *3-Methylbenzo-[c]-pyrazolo-[1.2:a]-pyrazoldion-(1.9)* (**V**), $C_{11}H_8N_2O_2$, F. 268—270° (Eisessig oder 96%ig. A.), durch Zutropfen von PCl_3 zu **I** u. **II**, 2std. Stehen, mehrstd. Kochen, 12std. Stehen bei Zimmer-Temp. u. Zusatz von W.; 60—70%. — *2-Äthyl-3-methylbenzo-[c]-pyrazolo-[1.2:a]-pyrazoldion-(1.9)* (**VI**), $C_{13}H_{12}N_2O_2$, F. 185° (Eisessig oder 96%ig. A.), analog **V** mit **III**; 25—28%. — *3-Phenylbenzo-[c]-pyrazolo-[1.2:a]-pyrazoldion-(1.9)* (**VII**), $C_{16}H_{10}N_2O_2$, F. 197—300° (96%ig. A.), analog **V** mit **IV**; 30—35%. — *1-Acetylbenzopyrazolon-(3)*, $C_9H_8N_2O_2$, F. 214—215°, als Nebenprod. von **V**, **VI** u. **VII**. — *5-Methyl-1-o-carboxyphenylpyrazolon-(3)* (**VIII**), $C_{11}H_{10}N_2O_3$, F. 232—234°, durch Behandeln von **V** in W. mit 2 Val NaOH u. Ansäuern. *Methylester*, $C_{12}H_{12}N_2O_3$, F. 163—164°, durch 1std. Rk. von **V** mit 0,1n NaOH in Methanol, Filtrieren, Ansäuern des Filtrats mit HCl, Vakuumeindampfen u. Extrahieren mit sd. Methanol; 70—80%. *Äthylester*, $C_{13}H_{14}N_2O_3$, F. 160 bis 161°, analog mit Äthanol. *Piperidid*, $C_{16}H_{19}N_3O_2$, F. 168—169°, aus **V** u. **XI** in Methanol. — Analog: *4-Äthyl-5-methyl-1-o-carboxyphenylpyrazolon-(3)* (**IX**), $C_{13}H_{14}N_2O_3$, F. 215°, aus **VI**. *Methylester*, $C_{14}H_{16}N_2O_3$, F. 168—169°. *Äthylester*, $C_{15}H_{18}N_2O_3$, F. 150 bis 151°. — *5-Phenyl-1-o-carboxyphenylpyrazolon-(3)* (**X**), $C_{16}H_{12}N_2O_3$, F. 273—275°, aus **VII**. *Methylester*, $C_{17}H_{14}N_2O_3$, F. 135—136°. *Äthylester*, $C_{18}H_{16}N_2O_3$, F. 129—130°.
G. MARQUARD. 3122

Substitution am Hydantoin-Ring. 1. Mitt. **Aminomethylierung.** Orfeo O. Orazi und Renee A. Corral. (Tetrahedron [London] **15.** 93—99. Dez. 1961. La Plata, Univ. Nac., Fac. de Quím. y Farm.) (Engl.)

Durch Rk. äquimol. Mengen Hydantoin (**I**), Formaldehyd u. einem sek. Amin werden *Aminomethyl-Derivv.* erhalten. Durch UV-spektroskop. Unterss. wird geklärt, daß die Substitution an $N_{(3)}$ eintritt. 1-Methyl-**I**-Derivv. reagieren bei 20° leicht mit Formaldehyd u. Morpholin oder Piperidin, während 3-Methyl-**I**-Derivv. unter diesen Bedingungen nicht umgesetzt werden. 3.5.5-Trimethylhydantoin kann bei 65° zu *1-[Morpholinomethyl]-3.5.5-trimethylhydantoin* umgesetzt werden, während 3-Methyl-5.5-pentamethylenhydantoin unter denselben Bedingungen nicht reagiert. Analog entstehen aus 5.5-Dimethylhydantoin das *1.3-Bis-[morpholinomethyl]-Deriv.* u. aus 5.5-Pentamethylenhydantoin das *3-Morpholinomethylderivat.* Durch Vgl. der Ergebnisse der Aminomethylierung an 3-Methyl- u. 3.5.5-Trimethylhydantoin wird gefolgert, daß die Substituenten am $C_{(5)}$ die Substitution am $N_{(1)}$ erschweren, was auf ster. Hinderung oder auf der herabgesetzten Acidität am $N_{(1)}$ durch den induktiven Effekt beruhen kann.

Versuche: Hydantoine: *3-[Morpholinomethyl]-5-methyl-5-äthyl-*, $C_{11}H_{19}N_3O_3$, F. 147—148° (Bzl.), durch Zugabe von Morpholin zu 5-Methyl-5-äthylhydantoin in Methanol unter Eiskühlung, dann 40%ig. Formaldehyd u. 2std. Stehen bei Zimmer-Temp. (Meth. **A**); 73% (Ausbeute). — *3-[Piperidinomethyl]-5-methyl-5-äthyl-*, $C_{12}H_{21}N_3O_2$, F. 130—131° (Bzl.–Hexan), wie vorst. mit Piperidin u. Chromatographie an Al_2O_3 mit Bzl.; 63%. — *3-[Morpholinomethyl]-5-methyl-5-isopropyl-*, $C_{12}H_{21}N_3O_3$, F. 156—157° (Dioxan–Hexan), nach **A**; 88%. — *1-Acetyl-3-[morpholinomethyl]-5.5-dimethyl-*, $C_{12}H_{19}N_3O_4$, F. 94—96° (Bzl.–Hexan), nach **A**; 84%. — *1-[Morpholinomethyl]-3.5.5-trimethyl-*, $C_{11}H_{19}N_3O_3$, F. 78—79° (Bzl.–Hexan), nach **A** bei 65° u. 12std. Stehen, Chromatographie an Al_2O_3 aus Bzl. u. Eluieren mit Bzl.-Chlf. u. dann Chlf.; 31%. — *3-[Morpholinomethyl]-*, $C_8H_{13}N_3O_3$, F. 132—133° (Essigsäureäthylester), nach **A** bei 20° u. 1std. Stehen; 75%. — *1-[Morpholinomethyl]-3-methyl-*, $C_9H_{15}N_3O_3$, F. 102—103° (Essigsäureäthylester–Hexan), a) analog vorst. Verb.; 28%; b) durch 12std. Erwärmen auf 65°; 72%. — *3-[Morpholinomethyl]-5.5-dimethyl-*, $C_{10}H_{17}N_3O_3$, F. 148—149° (Hexan), a) analog vorst. Verb.; 100%; b) durch Zugabe von 40%ig. Formaldehyd zu 5.5-Dimethylhydantoin u. Morpholinhydrochlorid in Methanol u. 12std. Erwärmen auf 65°; 5%. — *3-[Morpholinomethyl]-1.5.5-trimethyl-*, $C_{11}H_{19}N_3O_3$, F. 76—78° (Hexan), analog vorst. Verb.; 79%. — *3-[Piperidinomethyl]-5.5-dimethyl-*, $C_{11}H_{19}N_3O_2$, F. 96—98° (Dioxan–Hexan), nach **A** bei 20° u. 1std. Stehen; 67%. — *3-[Piperidinomethyl]-1.5.5-trimethyl-*, $C_{12}H_{21}N_3O_2$, F. 94,5—95,5° (Essigsäureäthylester), analog vorst. Verb.; 91%. — *3-[Morpholinomethyl]-5.5-pentamethylen-*, $C_{13}H_{21}N_3O_3$, F. 181—182° (Dioxan–Hexan), nach **A** bei 65° u. 1std. Stehen; 97%. — *3-[Morpholinomethyl]-1-methyl-5.5-pentamethylen-*, $C_{14}H_{23}N_3O_3$, F. 77—78° (Essigsäureäthylester–Hexan), analog vorst. Verb.; 74%. — *3-[Piperidinomethyl]-5.5-pentamethylen-*, $C_{14}H_{23}N_3O_2$, F. 191—193° (A.), analog; 84%. — *3-[Piperidinomethyl]-1-methyl-5.5-pentamethylen-*, $C_{15}H_{25}N_3O_2$, F. 81—81,5° (Hexan), analog; 74%. — *1.3.5.5-Tetramethyl-*,

$C_7H_{12}N_2O_2$, F. 105—106° (Ae.), a) durch Eindest. von Diazomethan in eine Dioxan-Lsg. von 1.5.5-Trimethylhydantoin u. 24std. Stehen im Kühlschrank; 71%; b) durch 3std. Erwärmen von 1.5.5-Trimethylhydantoin mit CH_3J in alkohol. NaOH auf 60°; 34%. — *1.3-Bis-[morpholinomethyl]-5.5-dimethyl-*, $C_{15}H_{26}N_4O_4$, F. 134—136° (Cyclohexan), durch Zugabe von 40% ig. Formaldehyd zu 5.5-Dimethylhydantoin u. Morpholin in Methanol u. 2std. Erwärmen auf 65°; 52%. E. KOSSMEHL. 3122□

Schwefelheterocyclen. 2. Mitt. 3-Aryl- und 3-Alkylthiazolidinon-(2)-S.S-dioxide: Eine neue Klasse cyclischer Sulfone. Richard J. Gaul und Winfried J. Fremuth. (J. org. Chemistry **26.** 5103—05. 27/12. 1961. Stamford, Conn., American Cyanamid Co., Central Res. Div., Stamford Labor.) (Engl.)

Die Oxydation von 3-substituierten Thiazolidinthionen-(2) oder Thiazolidinonen-(2) mit H_2O_2 in heißer Essigsäure liefert eine neue Klasse cycl. Sulfone, die als 3-substituierte *Thiazolidinon-(2)-S.S-dioxide* identifiziert werden. IR-Banden vgl. Original.

Versuche: *3-Phenylthiazolidinthion-(2)*, F. 128,5—129,3° (A.), durch 8std. Kochen von 2-Anilinoäthylmercaptan, CS_2 u. KOH in abs. A.; 51,7% (Ausbeute). — *3-Benzylthiazolidinthion-(2)*, $C_{10}H_{11}NS_2$, F. 131,2—131,9° (A.), durch 6std. Kochen von 2-Benzylaminoäthylmercaptan, KOH u. CS_2 in Dioxan/W. (4 : 1); 67,7%. — *2-Oxo-3-[β-cyanäthyl]-thiazolidin-S.S-dioxid*, $C_6H_8N_2O_3S$, F. 145,5—146,3° (Eisessig), durch 25 Min. langes Zutropfen von 30% ig. H_2O_2 zu 2-Thioxo-3-[β-cyanäthyl]-thiazolidin in Essigsäure bei 70—80° u. 2std. Stehen bei 70°; 78,3%. — *2-Oxo-3-[β-carboxyäthyl]-thiazolidin-S.S-dioxid*, $C_6H_9NO_5S$, F. 178,8—179,3° (Zers., Eisessig), analog vorst. Verb. aus 2-Thioxo-3-[β-carboxyäthyl]-thiazolidin; 80,7%. — *3-Phenylthiazolidinon-(2)-S.S-dioxid*, $C_9H_9NO_3S$, F. 171,5—172,3° (Eisessig), analog vorst. Verb. aus 3-Phenylthiazolidinthion-(2); 51,7%. — *3-Benzylthiazolidinon-(2)-S.S-dioxid*, $C_{10}H_{11}NO_3S$, F. 156,5—157,2° (Eisessig), analog aus 3-Benzylthiazolidinthion-(2); 67,6%. — *2-Oxo-3-[β-aminocarbonyläthyl]-thiazolidin-S.S-dioxid*, $C_6H_{10}N_2O_4S$, F. 172,1—173,6° (Zers.), durch Zugabe von 30% ig. H_2O_2 zu 2-Oxo-3-[β-aminocarbonyläthyl]-thiazolidin in Essigsäure bei 40° u. 2std. Stehen bei 70°; aus W. Plättchen; 14,4%. P. GOLINSKE. 3142□

Stickstoffglykoside. N-Glucosylderivate von substituierten Rhodaninen. R. Bognár und W. Wieniawski. (Tetrahedron Letters [London] **1960.** Nr. 6. 10—12. März. Debrecen, Ungarn, L. Kossuth Univ., Inst. of Organ. Chem.) (Engl.)

Vff. stellen durch Rk. von Acetobromglucose (I) in wss. Aceton u. in Ggw. von NaOH mit den entsprechenden Rhodanin-Derivv., die in 5-Position eine exocycl. Doppelbindung haben, folgende Verbb. dar: N-[Tetraacetyl-D-glucosyl]-rhodanine: *5-Benzal-* (II), $C_{24}H_{25}NO_{10}S_2$, F. 193—194°; aus CH_3OH gelbe Nadeln; $[\alpha]_D^{20}$ —171° (c = 1; Pyridin); 57% (Ausbeute). — *5-Anisal-* (III), $C_{25}N_{27}NO_{11}S_2$, F. 226—228°; aus Chlf./CH_3OH u. Aceton gelbe Nadeln; $[\alpha]_D^{20}$ —181° (c = 1; Pyridin); 56%. — *5-Isopropyliden-*, $C_{20}H_{25}NO_{10}S_2$, F. 193—195°; aus CH_3OH gelbe Nadeln; $[\alpha]_D^{20}$ —99° (c = 1; Pyridin); 40%. — *N-[Tetraacetyl-D-glucosyl]-5-benzal-2-phenyliminothiazolidinon-(4)*, $C_{30}H_{30}N_2O_{10}S$, F. 203—204°; aus W./CH_3OH gelbe Nadeln; $[\alpha]_D^{20}$ — 76° (c = 1; Pyridin); 42%. Die Strukturen von **II** u. **III** ergeben sich aus folgenden Verss.: N-Alkylrhodanine reagieren nicht mit I. Bei der Rk. von **II** mit 10% ig. KOH entsteht *β-Phenyl-α-mercaptoacrylsäure*. Methanolyse von **II** oder **III** mit $NaOCH_3$ in CH_3OH u. nachfolgende Acetylierung liefert *N-[Tetraacetyl-D-glucosyl]-thiocarbamidsäure-O-methylester*. Die UV-Maxima der Rhodanin-Derivv. sind angegeben. G. TEEGE. 3142□

Merocyaninderivate von Benzimidazol. Prabhat Kumar Misra, Birendra K. Patnaik und M. K. Rout. (J. Indian chem. Soc. **36.** 35—40. Jan. 1959. Cuttack, Ravenshaw Coll., Mayurbhanj Chem. Labor.) (Engl.)

2-Methyl-N-methylbenzimidazolmethojodid (**III**) wird mit Diphenylformamidin, β-Anilinoacroleinanilhydrochlorid (**I**) u. Glutaconaldehyddianilhydrochlorid (**II**) zu den entsprechenden *Acetanilidovinyl-Verbb.* umgesetzt, die mit verschiedenen Thiazolidonen *Merocarbo-*, *Merodicarbo-* u. *Merotricarbocyanine* bilden. Der Rk.-Mechanismus wird diskutiert.

Versuche: *β-Anilinoacroleinanilhydrochlorid* (**I**), F. 208°, durch 5 Min. langes Kochen von Trimethoxypropen, Anilin u. konz. HCl; hellgelb. — *Glutaconaldehyddianilhydrochlorid* (**II**), F. 130°, durch mehrstd. Stehen von 2.4-Dinitrophenylpyridiniumchlorid, Anilin, abs. A. u. konz. HCl bei 0°. — N-Methylbenzimidazolmethojodide: *2-[2-Acetanilidovinyl]-* (**IV**), $C_{19}H_{20}JN_3O$, F. 170° (Zers.), durch 3std. Kochen von 2.N-Dimethylbenzimidazolmethojodid (**III**) u. Diphenylformamidin in Acetanhydrid; aus Methanol Nadeln; 30%. — *2-[4-Acetanilidobutadien-(1.3)-yl]-* (**V**), $C_{21}H_{22}JN_3O$, F. 250° (Methanol), analog vorst. Verb. aus **I** u. **III**; 50%. — *2-[6-Acetanilidohexatrien-(1.3.5)-yl]-*

(XII), $C_{23}H_{24}JN_3O$, F. 260° (Zers.; Methanol), analog IV aus II u. III; 55%. — 5-{[1.3-Dimethylbenzimidazolinyliden-(2)]-äthyliden}-thiazolidone-(4): *2-Phenylimino-*, $C_{20}H_{18}N_4OS$, F > 300° (Methanol), durch 3std. Kochen von IV (im Original irrtümlich 2-[2-Acetanilidovinyl]-benzimidazolmethojodid) u. 2-Phenyliminothiazolidon-(4) (VI) in Acetanhydrid in Ggw. von Na-Acetat; 50%. — *2-[α-Naphthylimino]-*, $C_{24}H_{20}N_4OS$, F. 113° (Methanol), aus IV u. 2-[α-Naphthylimino]-thiazolidon-(4) (VII); 40%. — *2-[β-Naphthylimino]-*, $C_{24}H_{20}N_4OS$, F. 122°, aus 2-[β-Naphthylimino]-thiazolidon-(4) (VIII) u. IV; 43%. — *3-Phenyl-2-phenylimino-*, $C_{26}H_{22}N_4OS$, F. 150° (Methanol), aus IV mit 3-Phenyl-2-phenyliminothiazolidon-(4) (IX); 38%. — *3-[o-Tolyl]-2-[o-tolylimino]-*, $C_{28}H_{26}N_4OS$, F. 130° (Methanol), aus 3-[o-Tolyl]-2-[o-tolylimino]-thiazolidon-(4) (X) u. IV; 48%. — *3-[p-Tolyl]-2-[p-tolylimino]-*, $C_{28}H_{26}N_4OS$, F. 224° (Zers.; Methanol), aus 3-[p-Tolyl]-2-[p-tolylimino]-thiazolidon-(4)(XI) u. IV; 40%. — 5-{4-[1.3-Dimethylbenzimidazolinyliden-(2)]-butenyliden-(1)}-thiazolidone-(4): *2-Phenylimino-*, $C_{22}H_{20}N_4OS$, F. > 300° (Methanol), durch 3std. Kochen von VI u. V in Acetanhydrid in Ggw. von Na-Acetat; 55%. — *2-[α-Naphthylimino]-*, $C_{26}H_{22}N_4OS$, F. > 300°, aus VII u. V; 50%. — *2-[β-Naphthylimino]-*, $C_{26}H_{22}N_4OS$, F. 233—237° (Zers.), aus VIII u. V; 48%. — *3-Phenyl-2-phenylimino-*, $C_{28}H_{24}N_4OS$, F. > 300° (Methanol), aus V u. IX; 47%. — *3-[o-Tolyl]-2-[o-tolylimino]-*, $C_{30}H_{28}N_4OS$, F. > 300° aus V u. X; 53%. — *3-[p-Tolyl]-2-[p-tolylimino]-*, $C_{30}H_{28}N_4OS$, F. > 300°, aus V u. XI; 50%. — 5-{6-[1.3-Dimethylbenzimidazolinyliden-(2)]-hexadien-(2.4)-yliden-(1)}-thiazolidone-(4): *2-Phenylimino-*, $C_{24}H_{22}N_4OS$, F. > 300° (Methanol), aus VI u. XII; 68%. — *2-[α-Naphthylimino]-*, $C_{28}H_{24}N_4OS$, F. > 300° (Methanol), aus VII u. XII; 58%. — *2-[β-Naphthylimino]-*, $C_{28}H_{24}N_4OS$, F. > 300° (Methanol), aus VIII u. XII; 50%. — *3-Phenyl-2-phenylimino-*, $C_{30}H_{26}N_4OS$, F. 210° (Zers.; Methanol), aus IX u. XII; 48%. — *3-[o-Tolyl]-2-[o-tolylimino]-*, $C_{32}H_{30}N_4OS$, F > 300° (Methanol), aus X u. XII; 50%. — *3-[p-Tolyl]-2-[p-tolylimino]-*, $C_{32}H_{30}N_4OS$, F. 203° (Zers.; Methanol), aus XI u. XII; 45%.
W. HAMPEL. 3142□

Die Chemie der 2-Amino-1.3.4-oxdiazole. Gerd Blankenstein und Klaus Möckel. (Z. Chem. **2.** 69—76. 1962. Potsdam, Pädagog. Hochschule, Chem. Inst.) (Dt.)
Histor. Überblick, Synthesen, Rkk. u. Verw. der *2-Amino-1.3.4-oxdiazole.* — 55 Literaturangaben. M. GEHLEN-KELLER. 3163□

Das Lotoflavinproblem. T. S. Wheeler. (Bul. Inst. politehn. Iaşi [N. S.] 4 (8). Nr. 3—4. 181—90. 1958.) (Engl.)
Inhaltlich ident. mit der C. **1956.** 2173 referierten Arbeit. I. SPAETH. 3211□

Eine neue Synthese des Primetins. Jean Chopin und Michèle Chadenson. (C.R. hebd. Séances Acad. Sci. **250.** 1864—66. 7/3. 1960. Lyon, Fac. des Sci., Labor. de Chim. biol.) (Franz.)
Das bei der sauren Debenzylierung von 2'.3'.6'-Tribenzyloxychalkon anfallende *5.8-Dihydroxyflavanon* (I) läßt sich durch 1std. Behandeln mit einem großen Dimethylsulfat-Überschuß in *5-Hydroxy-8-methoxyflavanon* überführen, ohne daß (wie unter schärferen Bedingungen) doppelte Alkylierung u. Umlagerung zu 5.6-Dimethoxyflavanon eintritt. Das I-Diacetat (F. 132—133°) wird durch Jod in Essigsäure zu *5.8-Diacetoxyflavon* (F. 191—192°) oxydiert, das man mit 5%ig. alkohol. NaOH zu *5.8-Dihydroxyflavon* (II, *Primetin*, F. 230—231°) verseift. Während 5.8-Dimethoxyflavanon durch HBr zu I desalkyliert wird, entsteht aus 5.8-Dimethoxyflavon mit HJ *5.6-Dihydroxyflavon.* Es wird angenommen, daß II durch eine ähnliche Dehydrierung, wie hier beschrieben, auch in der Natur gebildet wird. H.-E. TOUSSAINT. 3211□

Darstellung einiger Naphthopyrane. R. Livingstone, D. Miller und R. B. Watson. (J. chem. Soc. [London] **1958.** 2422—23. Juni. Burnley, Municipal Coll.) (Engl.) — Vgl. C. **1957.** 13648.
6.6-Dimethylnaphtho-[2'.1':2.3]-pyran (I) u. *6.6-Dimethylnaphtho-[1'.2':2.3]-pyran* (II) bilden bei der Behandlung mit wasserfreier Ameisensäure oder methanol. Schwefelsäure *Dimere. 4.6.6-Trimethylnaphtho-[2'.1':2.3]-pyran* u. *-[1'.2':2.3]-pyran* sowie *6.6-Diäthylnaphtho-* u. *6.6-Diphenylnaphtho-[2'.1:2.3]-pyran* u. auch *6.6-Dimethyl-4-chlornaphtho-[1'.2':2.3]-pyran* lassen sich unter gleichen Bedingungen nicht dimerisieren. I liefert mit 2.4-Dinitrophenylhydrazin (III) in butanol. H_2SO_4 das *2.4-Dinitrophenylhydrazon* des *2.2-Dimethyl-5.6-benzobromanons-(4)*, das auch auf anderem Wege synthetisiert wird.
Versuche: Naphtho-[2'.1':2.3]-pyrane, durch Zugabe von 0,077 Val 5.6-Benzocumarin in Bzl. zu der GRIGNARD-Lsg. aus 0,2 Val Mg u. 0,2 Val Alkyl- bzw. Aryljodid in Ae. innerhalb $1^1/_2$ Std. unter Rühren, 1std. Kochen, 24std. Aufbewahren, Zers. mit NH_4Cl-Lsg., Ae.-Extraktion, Einengen, Cyclisierung des intermediären *Alkohols* durch $^1/_2$std. Kochen mit Eisessig, Gießen in W., Ae.-Extraktion, Abdest. u. Dest. im Vakuum: *6.6-Dimethyl-* (I), $C_{15}H_{14}O$, F. 45° (verd. Essigsäure; Plättchen), $Kp._3$ 164°; 75% (Aus-

beute). *Pikrat*, F. 115° (rote Nadeln). — *6.6-Diäthyl-*, $C_{17}H_{18}O$, Kp.$_{15}$ 180—182°; 30%. — *6.6-Diphenyl-*, $C_{25}H_{18}O$, F. 159—160° (A.; Nadeln), wie vorst., jedoch Wasserdampfdest. nach Zers. der GRIGNARD-Lsg. u. Ae.-Extraktion des nichtflüchtigen Anteils; 20%. — *4.6.6-Trimethyl-*, $C_{16}H_{16}O$, F. 74—76° (verd. Essigsäure; Plättchen), Kp.$_{15}$ 188—190°, aus 4-Methyl-5.6-benzocumarin; 35%. — *Dimeres* **I**, $(C_{15}H_{14}O)_2$, F. 204° (Essigester), durch 2std. Kochen von I mit Ameisensäure (D. 1,2), Abkühlen u. Absaugen des ausgeschiedenen Nd.; 50%. — *Dimeres* **II**, F. 132—134° (A.; Plättchen), wie vorst. aus **II**. — *2.2-Dimethyl-5.6-benzochromanon-(4)*, $C_{15}H_{14}O_2$, F. 81° (PAe.; Prismen), durch Zugabe von 3,6 g β.β-Dimethylacrylsäurechlorid zu der Lsg. von 4 g β-Naphthol in Nitrobenzol, Zufügen von 3,8 g $AlCl_3$ zu der gekühlten Lsg., 12tägiges Aufbewahren, Gießen auf Eis u. 3 n HCl, Wasserdampfdest., Ae.-Extraktion des nicht flüchtigen Anteils u. Chromatographie des in Bzl. gelösten Ae.-Rückstandes an Al_2O_3; 2,8 g. *2.4-Dinitrophenylhydrazon*, F. 254° (Eisessig), a) aus vorst. Verb. in A. mit **III** u. chromatograph. Reinigung an Al_2O_3 mit Bzl.; b) durch 3std. Kochen des Gemisches aus **I**, **III**, Butanol u. H_2SO_4, Einengen u. chromatograph. Reinigung. K. NEZEL. 3211□

Beitrag zur Kenntnis von Pyrylcyaninfarbstoffen. 1. Mitt. **Pyrylhemicyanine und Phenyl- und Furylpyrylpolymethinfarbstoffe.** L. Roosens und R. Wizinger. (Bull. Soc. chim. belges **66**. 109—24. Jan./Febr. 1957. Basel, Schweiz, Univ., Inst. für Farbenchem.) (Franz.)

Eine Reihe von Kondens.-Prodd. aus 1.2.3.4-Tetrahydroxanthyliumtetrachloroferrat (III) (**I**) u. Polyenaldehyden sowie aus β-[1.2.3.4-Tetrahydroxanthyl-(4)]-acroleinen u. aromat. Aminen wird dargestellt u. deren Absorptionscharakteristika beschrieben.

Versuche: *4-[2-Chlor-3-anilinopropen-(2)-yliden]-1.2.3.4-tetrahydroxanthylium-tetrachloroferrat(III)*, F. 204° (Zers.), durch Rk. von α-Chlor-β-anilinoacrolein mit I in $(CH_3CO)_2O$ (Ac) bei 33°; aus Ac dunkelblaue Kristalle; 80% (Ausbeute). — *α-Chlor-β-[1.2-dihydro-3H-xanthenyl-(4)]-acrolein*, $C_{16}H_{13}ClO_2$, F. 122° (Zers.), durch 20 Min. langes Kochen vorst. Verb. in A. in Ggw. von Na_2CO_3; durch Sublimieren bei 105°/0,001 Torr dunkelrote Kristalle. *Phenylhydrazon*, F. ca. 143°, durch Rk. von 0,5 g des Aldehyds mit Phenylhydrazin in CH_3OH in Ggw. von wenig HCl; aus A. hellrote Kristalle; 0,35 g. *Semicarbazon* (**II**), F. 191°, durch mehrstd. Rk. von 1 g des Aldehyds mit Semicarbazid-hydrochlorid (**III**) in wss. Pyridin; aus A. hellbraune Kristalle; 0,37 g. — *4-[2-Brom-3-anilinopropen-(2)-yliden]-1.2.3.4-tetrahydroxanthyliumtetrachloroferrat(III)*, F.198° (Zers.), durch Rk. von 1,2 g α-Brom-β-anilinoacrolein mit I in Ac/A. bei ca. 50°; aus CH_3COOH (Eg) hellgelbe Kristalle; 0,2 g. — *α-Brom-β-[1.2-dihydro-3H-xanthenyl-(4)]-acrolein*, $C_{16}H_{13}BrO_2$, F. 124—125°, durch 15—20 Min. langes Erhitzen von 8,2 g vorst. Verb. in A. in Ggw. von Na_2CO_3; aus PAe. orangerote Nadeln; 1,7 g. *p-Nitrophenylhydrazon*, F. 153°, durch Rk. von 0,5 g des Aldehyds in CH_3OH mit p-Nitrophenylhydrazin in 50%ig. Eg; aus Bzl. rotes Pulver; 0,25 g. *Semicarbazon*, $C_{17}H_{16}BrN_3O_2$, F. 184°, durch Rk. von **III** u. CH_3COONa in CH_3OH mit 1 g des Aldehyds in CH_3OH; aus A. orangerote Kristalle; 0,1 g. — 1.2.3.4-Tetrahydroxanthyliumperchlorate: *4-[2-Chlor-3-(p-nitroanilino)-propen-(2)-yliden]-*, durch 10 Min. langes Kochen von **II** u. p-Nitranilin in abs. A. u. Zugabe von 60%ig. $HClO_4$; aus Ac dunkelblauer Nd.; 75%. *Farbstoffbase*, $C_{22}H_{17}ClN_2O_3$, F. 178°, durch Kochen des Salzes in Toluol (To) mit Na_2CO_3; aus Aceton cyclamenfarbene Kristalle. — *4-[2-Chlor-3-(p-anisidino)-propen-(2)-yliden]-*, $C_{23}H_{21}Cl_2NO_6$, F. 200—202°, durch 10 Min. langes Kochen von **II** u. p-Anisidin in abs. A. u. Zugabe von 60%ig. $HClO_4$; aus Ac dunkelblaues Pulver; 28%. — *N.N'-[Diphenylylen-(4.4')]-bis-{4-[2-chlor-3-aminopropen-(2)-yliden]-1.2.3.4-tetrahydroxanthyliumperchlorat}*, durch Einengen einer Lsg. von Benzidin u. **II** in abs. A. u. Zugabe von 60%ig. $HClO_4$ bei —15°; aus Ac dunkelblaues Pulver; 30%. *Farbstoffbase*, $C_{44}H_{34}Cl_2N_2O_2$, F. 138°, durch a) Hydrolyse des Salzes in A.; b) Hydrolyse des Salzes mit Na_2CO_3 in To. — 1.2.3.4-Tetrahydroxanthyliumtetrachloroferrate (III): *4-[Furfuryliden-(2)]-*, $C_{18}H_{15}Cl_4FeO_2$, F. 173°, durch 10 Min. langes Erhitzen von I in Ac/Eg mit überschüssigem Furfurol auf 50°; aus Eg dunkelrote Kristalle; 74%. — *4-{3-[Furyl-(2)]-propen-(2)-yliden-(1)}-*, $C_{20}H_{17}Cl_4FeO_2$, F. 202°, durch Rk. von I u. β-[Furyl-(2)]-acrolein in Essigester (Ee) bei ca. 50—60°; aus o-Dichlorbenzol (Db) grüne Kristalle; 75%. — *4-{5-[Furyl-(2)]-pentadien-(2.4)-yliden-(1)}-*, $C_{22}H_{19}Cl_4FeO_2$, F. 197—198°, durch Erhitzen von I u. 5-[Furyl-(2)]-pentadien-(2.4)-al in Ee; aus Eg grünschwarze Kristalle; 85%. — *4-{9-[Furyl-(2)]-nonatetraen-(2.4.6.8)-yliden-(1)}-*, $C_{26}H_{23}Cl_4FeO_2$, F. > 250° (Eg), durch kurzes Erhitzen von I u. 9-[Furyl-(2)]-nonatetraen-(2.4.6.8)-al in Ee; 71%. — *4-{11-[Furyl-(2)]-undecapentaen-(2.4.6.8.10)-yliden-(1)}-*, $C_{28}H_{25}Cl_4FeO_2$, F. > 250°, aus 0,5 g I u. 0,32 g 11-[Furyl-(2)]-undecapentaen-(2.4.6.8)-al in Ee.; 0,1 g. — *4-[7-Phenylheptatrien-(2.4.6)-yliden-(1)]-*, $C_{26}H_{23}Cl_4FeO$, F. 231°, durch Erhitzen von I in Ac/Eg mit 7-Phenylheptatrien-(2.4.6)-al auf 100°; aus Db dunkelbronzefarbene Nadeln; 77%. — *4-[11-Phenylundecapentaen-*

(2.4.6.8.10)-yliden-(1)]-, $C_{30}H_{27}Cl_4FeO$, F. 262°, durch Erhitzen von I u. 11-Phenylundecapentadien-(2.4.6.8.10)-al in Ac/Eg auf ca. 70°; aus Db dunkles Pulver; 74%.

G. REISNER. 3211□

Beitrag zur Kenntnis von Pyrylcyaninfarbstoffen. 2. Mitt. Kondensation des 1.2.3.4-Tetrahydroxanthyliumkerns mit aromatischen und heterocyclischen Aldehyden. L. Roosens und S. Creyf. (Bull. Soc. chim. belges **66.** 125—35. Jan./Febr. 1957. Mortsel-Anvers, S.A. Photo-Prod. Gevaert, Serv. de Rech. Chim.) (Franz.) — 1. vgl. vorst. Referat.

Eine Reihe von Kondens.-Prodd. aus 1.2.3.4-Tetrahydroxanthyliumtetrachloroferrat (III) (**I**) u. aromat. bzw. heterocycl. Aldehyden wird beschrieben.

Versuche: 1.2.3.4-Tetrahydroxanthyliumtetrachloroferrate, nach STEVENS [1938] oder durch Erhitzen von 0,1 Mol **I** u. 0,1 Mol des entsprechenden aromat. (z. T. dargestellt nach VILSMEYER aus N-substituiertem Anilin, N-Methylformanilid u. $POCl_3$ in o-Dichlorbenzol) bzw. heterocycl. Aldehyds im angegebenen Lsgm. bei 100° (Bad-Temp.) bzw. dessen Kp. [Absorptionsmaxima sowie Lsg.-Farbe in CH_3COOH (Eg) vgl. Original]: *4-[o-Methoxybenzyliden]*-, F. 160—161°, in $(CH_3CO)_2O$ (Ac)/Eg (1 : 3). — *4-[p-Methoxybenzyliden]*-, F. 161°, in Ac/Eg (1 : 5). — *4-[p-Hydroxybenzyliden]*-, F. 205°, in Ac/Eg (1 : 1). — *4-[p-Methoxycinnamyliden]*-, F. 217°, in Ac/Eg (1 : 1). — *4-[α-Isopentylcinnamyliden]*-, F. 85°, in Essigester (Ee). — *4-{p-[N.N-Bis-(2-cyanäthyl)-amino]-benzyliden}*-, F. 210°, in Ac. — *4-[p-Methylaminobenzyliden*-, F. 232°, in A./Ee (1 : 1). — *4-{p-[N N-Bis-(2-chloräthyl)-amino]-benzyliden}*-, F. 184°, in Ac. — *4-[p-Dimethylaminobenzyliden]*-, F. 203°, in Ac. — *4-[p-(N-Methylanilino)-benzyliden]*-, F. 216°, in Ac. — *4-[p-Diäthylaminobenzyliden]*-, F. 187°, in Ac. — *4-[p-Dipropylaminobenzyliden]*-, F. 204°, in Ac. — *4-[p-Dimethylaminocinnamyliden]*-, F. > 250°, in Ac. — *4-[Thenyliden-(2)]*-, F. 206°, in Ac/Eg (1 : 4). — *4-[Furfuryliden-(2)]*-, F. 169°, in Ac/Eg (1 : 4). — *4-[1-Phenyl-2.3-dimethylpyrazolon-(5)-yl-(4)-methylen]*-, F. 130°, in Ac/Eg (1 : 4). — *4-[1-Octadecyl-2.5-dimethylpyrrolyl-(3)-methylen]*-, F. 105°, in A./Ee (1 : 1). — *4-[1-Octyl-2.5-dimethylpyrrolyl-(3)-methylen]*-, F. 140°, in A./Ee (1 : 1). — *4-[3-Methylbenzthiazolinyliden-(2)-äthyliden]*-, F. 226°, in Ac/wenig Pyridin. — *4-[Pyrrolyl-(2)-methylen]*-, F. 197°, in Ac/Eg (1 : 4). — *4-[2.4-Dimethyl-3-carbäthoxypyrrolyl-(5)-methylen]*-, F. 188°, in Ac/Eg (1 : 3). — *4-[Indolyl-(3)-methylen]*-, F. 235°, in Ac/Eg (1 :4). — *4-[9-Äthylcarbazolyl-(3)-methylen]*-, F. > 250°, in A./Ee (1 : 1). — *4-[10-Methylphenothiazinyl-(3)-methylen]*-, F. 223°, in Ac. — *Methylimino-p.p'-bis-[4-benzyliden-1.2.3.4-tetrahydroxanthyliumtetrachloroferrat]*, F. 256°, in Ac. — Pyridin-2- u. -4-aldehyd, Chinolin-2- u. -4-aldehyd, Benzothiazol-2-aldehyd u. Benzoselenazol-2-aldehyd ließen sich nicht mit I kondensieren.

G. REISNER. 3211□

Beitrag zur Untersuchung kondensierter Schwefelheterocyclen. 13. (im Original 14.) Mitt. **Untersuchung der Friedel-Crafts-Reaktion im Thiachromanring. Synthese von 5.6-Benzo- und 6.7-Benzothiachroman.** Paul Cagniant und Denise Cagniant. (Bull. Soc. chim. France **1961.** 1560—67. Aug./Sept. Strasbourg, Univ., Labor. de Rech.) (Franz.) — 12. vgl. C. **1962.** 1999.

Vff. untersuchen die FRIEDEL-CRAFTS-Rk. zwischen Thiachroman u. den Esterchloriden der Bernstein- u. Glutarsäure, wobei bevorzugt Substitution in 6-Stellung, daneben auch in 8-Stellung, erfolgt. Ausgehend von *β-[Thiachromanoyl-(6)]-propionsäure* (**IV**) gelingt durch Red. zu *γ-[Thiachromanyl-(6)]-buttersäure* (**VI**), deren Überführung in das *Säurechlorid*, Ringschluß u. Dehydrierung die Darst. des *6.7-Benzothiachromans*. *5.6-Benzothiachroman* (**I**) wird dagegen aus Naphthalinthiol-(2) durch Kondens. mit *β*-Brompropionsäure, Cyclisierung des Rk.-Prod. u. Red. erhalten. Substitution von I erfolgt in 4'-Stellung. Aus *δ-[Thiachromanyl-(6)]-valeriansäure*, die ihrerseits durch Red. von *γ-[Thiachromanoyl-(6)]-buttersäure* entsteht, gelingt die Synth. des *3'-Keto-cyclohepteno-[1'.2':6.7]-thiachromans*, das sich nur schwer zum *Cyclohepteno-[1'.2':6.7]-thiachroman* reduzieren läßt. Mehrere IR-Spektren sind graph. wiedergegeben. Sie werden zur Sicherung der Struktur der synthetisierten Verbb. herangezogen u. ausführlich diskutiert.

Versuche: *β-[Thiachromanoyl-(6)]-propionsäuremethylester* (**II**)–*β-[Thiachromanoyl-(8)]-propionsäuremethylester* (**III**)*-Gemisch*, $C_{14}H_{16}O_3S$, Kp.$_{2,5}$ 210—215°, durch Einrühren von überschüssigem $AlCl_3$ in das äquimol. Gemisch aus Thiachroman u. Bernsteinsäuremethylesterchlorid in CS_2 bei 5° u. 2std. Rühren bei Raum-Temp.; $D_4^{21,8}$ 1,227 n_D^{21} 1,6010; 49% Ausbeute). **II**-*2.4-Dinitrophenylhydrazon*, $C_{20}H_{20}N_4O_6S$, F. 168° (Bzl./A.; rotorangefarbene Nädelchen). **III**-*2.4-Dinitrophenylhydrazon*, aus der Mutterlauge des Isomeren. — *β-[Thiachromanoyl-(6)]-propionsäure* (**IV**), $C_{13}H_{14}O_3S$, F. 130—132 (Bzl.), durch Verseifen von **II**–**III**-Gemisch mit äthanol. KOH, Lösen des erhaltenen Säuregemisches in verd. Na_2CO_3, Filtrieren, Ausfällen mit verd. HCl u. wiederholte fraktionierte Kristallisation aus Bzl.; daneben **IV**–*β-[Thiachromanoyl-(8)]-propionsäure*-

(V)-*Gemisch*, F. 103—105°, aus dem Bzl.-Filtrat von **IV**. — *γ-[Thiachromanyl-(6)]-buttersäure* (**VI**), $C_{13}H_{16}O_2S$, F. 67° (PAe.), Kp.$_3$ 210°, durch Red. von **IV** nach WOLFF-KISHNER-MINLON; 90%. *Amid*, $C_{13}H_{17}NOS$, F. 108° (Bzl./PAe.). — *γ-[Thiachromanyl-(8)]-buttersäure*, F. 123—124° (Bzl./PAe.), analog durch Red. von IV-V-Gemisch. — *3'-Ketocyclohexeno-[1'.2':6.7]-thiachroman*, Kp.$_3$ 215°, durch Umwandlung von **VI** mit $SOCl_2$ in das *Säurechlorid*, Behandeln mit $SnCl_4$ in CS_2 bei 0° unter Rühren u. Zugabe von Eis u. HCl nach 3 Std.; 50%. *2.4-Dinitrophenylhydrazon*, $C_{19}H_{18}N_4O_4S$, F. 277 (A./Bzl.; granatrote Plättchen). — *Cyclohexeno-[1'.2':6.7]-thiachroman*, $C_{13}H_{16}S$, F. 69° (wss. A.), Kp.$_5$ 190°, aus vorst. Keton durch WOLFF-KISHNER-MINLON-Red.; 72%. — *6.7-Benzothiachroman*, $C_{13}H_{12}S$, F. 167° (wss. A.), durch 3std. Erhitzen von 5 g vorst. Verb. mit Se auf 300°, Aufnehmen in Ae., Filtrieren u. Einengen; 100 mg. — *γ-[Thiachromanoyl-(6)]-buttersäureäthylester*, $C_{16}H_{20}O_3S$, F. 42° (Bzl./PAe.; Blättchen), aus Thiachroman u. Glutarsäureäthylesterchlorid analog **II**; $D_4^{23,5}$ 1,167, $n_D^{23,8}$ 1,5819; 67%. *2.4-Dinitrophenylhydrazon*, $C_{22}H_{24}N_4O_6S$, F. 166—167° (Bzl./PAe.; rote Kristalle). — *γ-[Thiachromanoyl-(6)]-buttersäure* im Gemisch mit *γ-[Thiachromanoyl-(8)]-buttersäure*, $C_{14}H_{16}O_3S$, F. 96° (Bzl./PAe.), durch Verseifung vorst. Esters. *Semicarbazon*, F. 234° (Zers.; A.). — *δ-[Thiachromanyl-(6)]-valeriansäure*, $C_{14}H_{18}O_2S$, F. 83° (Bzl./PAe.), Kp.$_{3,5}$ 220°, aus vorst. Verb. analog **VI**; 92%. *Amid*, $C_{14}H_{19}NOS$, F. 113° (Bzl./PAe.; Blättchen). — *3'-Ketocyclohepteno-[1'.2':6.7]-thiachroman*, $C_{14}H_{16}OS$, F. 72° (A.; Blättchen); durch Umwandlung vorst. Säure in das *Säurechlorid* u. Cyclisierung mit Polyphosphorsäure nach GILMORE u. HORTON (vgl. C. **1953**. 212); 65%. *Oxim*, $C_{14}H_{17}NOS$, F. 172° (Bzl./PAe.; Blättchen). *Semicarbazon*, $C_{15}H_{19}N_3OS$, F. 242°. *2.4-Dinitrophenylhydrazon*, $C_{20}H_{20}N_4O_4S$, F. 212° (Bzl./A.; rote Blättchen). — *Cyclohepteno-[1'.2':6.7]-thiachroman*, Kp.$_{10}$ 205°, aus dem Keton mit geringer Ausbeute durch Red. nach WOLFF-KISHNER-MINLON. — *6-Palmitoylthiachroman*, F. 68—69° (A.; Blättchen), Kp.$_3$ 241, aus Thiachroman u. Palmitoylchlorid nach FRIEDEL-CRAFTS; 60%. *2.4-Dinitrophenylhydrazon*, $C_{31}H_{44}N_4O_4S$, F. 114,5—115° (A.; leuchtendrote Kristalle). — *4-[Naphthyl-(2)]-4-thiabuttersäure*, F. 103° (Bzl./A.), Kp.$_{2,5}$ 204°, aus Naphthalinthiol-(2) u. *β*-Brompropionsäure nach KROLLPFEIFFER u. SCHULTZE [1923]; 82%. *Amid*, $C_{13}H_{13}NOS$, F. 138° (Bzl.). — *5.6-Benzothiachromanon-(4)* (**VII**), F. 66° (A.), Kp.$_5$ 217,5°, aus vorst. Säure durch Cyclisierung mit H_2SO_4; 87%. *Oxim*, $C_{13}H_{11}NOS$, F. 163° (Bzl./PAe.). *Semicarbazon*, $C_{14}H_{13}N_3OS$, F. 248° (A.; Blättchen). *2.4-Dinitrophenylhydrazon*, $C_{19}H_{14}N_4O_4S$, F. 305° (A.). — **VII** gibt mit 5-Methylisatin eine *neutrale Verb. von F. 170°*. — *5.6-Benzothiachroman* (**I**), F. 91° (A.), Kp.$_{2,5}$ 171°, aus **VII** nach WOLFF-KISHNER-MINLON; 89%. *Pikrat*, $C_{19}H_{15}N_3O_7S$, F. 101° (A.; braunrote Kristalle). *2.4.7-Trinitrofluorenonkomplex*, $C_{25}H_{17}N_3O_7S$, F. 162° (abs. A.; rote Kristalle). *Styphnat*, F. 120°. *symm.-Trinitrobenzoladdukt*, F. 117°. — *4'-Acetylbenzo-[1'.2':5.6]-thiachroman* (**VIII**), F. 148° (A.), Kp.$_3$ 230°, aus **I** u. CH_3COCl nach FRIEDEL-CRAFTS in CS_2 bei 0°; 70%. *2.4-Dinitrophenylhydrazon*, $C_{21}H_{18}N_4O_4S$, F. 323° (Zers.; A.; rote Kristalle). — *4'-[6-Methylchinolyl-(2)]-benzo-[1'.2':5.6]-thiachroman*, $C_{23}H_{19}NS$, F. 147° (A.; gelbe Kristalle), durch Kondens. von **VIII** mit 5-Methylisatin. — *4'-Äthylbenzo-[1'.2':5.6]-thiachroman*, $C_{15}H_{16}S$, F. 75° (A.; Blättchen), Kp.$_{2,5}$ 197°, durch Red. von **VIII**; 71%. *Pikrat*, $C_{21}H_{19}N_3O_7S$, F. 89—90° (abs. A.). *Styphnat*, $C_{21}H_{19}N_3O_8S$, F. 121° (abs. A.). *2.4.7-Trinitrofluorenonkomplex*, $C_{27}H_{21}N_3O_7S$, F. 175° (abs. A.; rote Kristalle).

K. LEHMSTEDT. 3221 □

Bromierungsuntersuchungen von alkylsubstituierten Pyridonen-(2) und Chinolonen-(2). D. J. Cook, Ronald E. Bowen, Peter Sorter und Edward Daniels. (J. org. Chemistry **26**. 4949—55. 27/12. 1961. Greencastle, Ind., De Pauw Univ., Chem. Labor.) (Engl.)

Eine Anzahl von bromierten Pyridonen-(2) u. Chinolonen-(2) wird dargestellt u. identifiziert. Die Verwendbarkeit von N-Bromsuccinimid (NBS) für die Bromierung der Seitenkette von 1.3- (**I**) u. 1.5-Dimethylpyridon-(2) (**II**) u. der Seitenketten im homocycl. Ring von Chinolonen-(2) wird demonstriert. Wenn die akt. 3-Stellung der Carbostyrile durch Methylgruppen ersetzt ist, erfolgt durch NBS die Einführung eines Br_2-Atoms in die Methylgruppe. Ist die 3-Stellung unsubstituiert u. im homocycl. Ring keine Methylgruppe vorhanden, so erfolgt eine Bromierung der 3-Stellung. Die Bromierung mit NBS verläuft wahrscheinlich nach zwei verschiedenen Mechanismen. Die Rk. von NBS mit substituierten Carbostyrilen scheint ähnlich der Rk. von NBS mit Cumarinen zu verlaufen.

Versuche: Pyridone-(2): *1.6-Dimethyl-*, F. 55—57° (Bzl./PAe.), durch 2std. Zugabe von CH_3J zu KOH u. 6-Methylpyridon-(2) in sd. abs. A., 2std. Kochen, Filtrieren u. Dest. bei 120—122°/2 Torr; 56% (Ausbeute). — *1.3-Dimethyl-* (**I**), Kp.$_{30}$ 153—156°, analog vorst. Verbindung. — *1.4-Dimethyl-*, F. 58—59°. — *1.5-Dimethyl-* (**II**), Kp.$_{29}$ 185 bis 189°. — *3-Brommethyl-1-methyl-*, F. 98—99° (PAe.), durch $^1/_2$std. Kochen von

1.3-Dimethylpyridon-(2) (I) u. NBS in CCl_4 in Ggw. von Benzoylperoxid; 45—50%. — *5-Brommethyl-1-methyl-*, F. 119° (Bzl./PAe.), analog vorst. Verb.; geringe Ausbeute. — *3.5-Dibrom-4-methyl-*, F. 196—197° (95%ig. A.); 75%. — *3.5-Dibrom-1.4-dimethyl-*, F. 215—216° (95%ig. A.); 45%. — *3.5-Dibrom-1.6-dimethyl-*, F. 153—154° (95%ig. A.); 57%. — *3.5-Dibrom-1-methyl-*, F. 185—187° (Bzl./PAe.), mit $AlCl_3$ als Katalysator; 79%. — *5-Brom-3-methyl-*, C_6H_6BrNO, F. 166—167°, durch Zutropfen von Br_2 in 75%ig. Essigsäure zu 3-Methylpyridon-(2) in Eisessig, $^1/_4$std. Erhitzen auf 100° u. Gießen auf Eis; aus Bzl./PAe. Nadeln. — Carbostyrile, analog den Pyridonen: *4-Brommethyl-*, F. 255—256° (Zers., A.), durch Versetzen von Acetoacetanilid in Chlf. mit Br_2 in Chlf. u. $^1/_2$std. Erhitzen auf 100°. — *4-[Acetoxymethyl]-*, F. 212°, aus vorst. Verbindung. — *4-Hydroxymethyl-*, $C_{10}H_9NO_2$, F. 271—272° (A.), durch 6std. Erhitzen vorst. Verb. mit 10%ig. KOH. — *4-Brommethyl-1-methyl-*, $C_{11}H_{10}BrNO$, F. 188—191° (A./W.), a) durch 3std. Erhitzen von 4-Hydroxymethyl-1-methylcarbostyril mit PBr_3 auf 110—120°; b) durch Versetzen von N-Methylacetoacetanilid mit Br_2 in CCl_4. — *3-Brommethyl-4-methyl-* (**III**), F. 187—189° (A./W.), durch Versetzen des Ag-Salzes von *[2-Oxo-1.2-dihydrochinolyl-(3)]-essigsäure* (nach RAMANN, C. **1962**. 2355 u. BARNES u. PROCHASKA, C. **1951**. II. 210) in CCl_4 mit Br_2 u. 2std. Erhitzen. — *4-Brommethyl-1.3-dimethyl-*, $C_{12}H_{12}BrNO$, F. 193—194° (Bzl./A.), durch Zugabe von Br_2 in Chlf. zu N-Methyl-α-methylacetoacetanilid in Chlf., 10 Min. langes Rühren bei Raum-Temp. u. $^1/_4$std. Kochen; 23%. — *8-[Acetoxymethyl]-4-methyl-*, $C_{13}H_{13}NO_3$, F. 192—194°, nach HAGESAWA (Pharmac. Bull. [Tokyo] **1**. [1953.] 50). — *4-Methyl-8-hydroxymethyl-*, $C_{11}H_{11}NO_2$, F. 195—196°, durch Kochen vorst. Verb. mit wss. KOH; 95%. — *4-Brommethyl-8-methyl-*, $C_{11}H_{10}BrNO$, F. 236—238° (Bzl./A.), durch Zutropfen von Br_2 in Chlf. zu Acetoacet-o-toluidid in Chlf. bei $<50°$, 2std. Rühren bei Raum-Temp., Einengen, Gießen in konz. H_2SO_4 bei $< 50°$, $^1/_4$std. Erhitzen auf 100°, Verdünnen mit W. u. mehrstd. Stehen; 80%. — *3.4-Dibrom-1.4-dimethyl-3.4-dihydro-*, $C_{11}H_{11}Br_2NO$, F. 165—170° (Zers.), durch Erhitzen von 1.4-Dimethylcarbostyril in Chlf. mit Br_2 auf 100°; aus CCl_4 orangefarbene Nadeln; 80%. — *3-Brom-1.4-dimethyl-* (**IV**), F. 174—176° (A.), durch Erhitzen vorst. Verb. mit Wasser. — *3.4-Dibrom-1-methyl-3.4-dihydro-*, $C_{10}H_9Br_2NO$, F. 142—147°, analog vorvorst. Verb.; gelbe Kristalle. — *3-Brom-1-methyl-*, F. 147—149° (PAe.), durch $^1/_4$std. Erhitzen vorst. Verb. mit Pyridin u. Verdünnen mit Wasser. — *3-Brom-4-methyl-*, F. 268—269° (A., Essigsäure/W.), analog den bromierten Pyridonen; 57%. — *3-Brom-1.4-dimethyl-* (**IV**), F. 173° (95%ig. A.); 82%. — *4-Brommethyl-3-brom-1-methyl-*, F. 185—186° (PAe.); 54%. — *3-Brommethyl-4-methyl-* (**III**), F. 189—190° (95%ig. A.); 53%. — *3-Brommethyl-1.4-dimethyl-*, F. 181—182° (Bzl./PAe.); 60%. — *8-Brommethyl-4-methyl-*, F. 237—238° (A./Bzl).; 50%. — *3-Brom-4.8-dimethyl-*, F. 239—242° (Zers., 95%ig. A.), mit $AlCl_3$ als Katalysator; 79%. — *7-Brommethyl-1.4-dimethyl-*, F. 174—175° (Bzl./PAe.); 61%. P. GOLINSKE. 3231 □

Bromierung von Pyrimidinen durch N-Bromsuccinimid. Tarozaemon Nishiwaki. (Chem. pharmac. Bull. [Tokyo] **9**. 38—42. Jan. 1961. Tokyo, Oriental Photo Ind. Co., Ltd., Res. Labor.) (Engl.)

Pyrimidine, die eine oder zwei wirksame tautomere Gruppen in 2-, 4- u. 6-Stellung haben, werden mit N-Bromsuccinimid (NBS) in Essigsäure vorwiegend in 5-Stellung bromiert. Ein ion. Mechanismus der Rkk. auf Grund der experimentellen Bedingungen wird diskutiert.

Versuche: 5-Brompyrimidine, durch Zugabe der äquivalenten Menge NBS, zu dem entsprechenden Pyrimidin in Essigsäure bei 100° (1—2 Min.): *2.4-Dihydroxy-* F. 294° (Zers.; W.); 59% (Ausbeute). — *2.4-Dihydroxy-6-methyl-*, F. 248° (Zers.; Essigsäure); 76%. — *4.6-Dihydroxy-*, F. 264° (Zers.; W.); 61%. — *2-Amino-4-hydroxy-*, F. 275° (Zers.; Essigsäure); 83%. — *2-Amino-4-hydroxy-6-methyl-*, F. 249° (Zers.; W.); 61%. — *2-Amino-*, F. 239—240° (A.); 62% (in Chlf. oder CCl_4 100%). — *2-Amino-4.6-dichlor-*, $C_4H_2BrCl_2N_3$, F. 235—236°; aus A. Nadeln; 63% (in Chlf. oder CCl_4 100%). — *2-Amino-4.6-dimethyl-*, F. 183—184° (W.); 75% (in Chlf. oder CCl_4 100%). — *2-Amino-4-phenyl-6-methyl-*, $C_{11}H_{10}BrN_3$, F. 125—128°; aus n-Heptan Stäbchen; 70% (in Chlf. oder CCl_4 100%). — *2.4-Dichlor-6-amino-*, $C_4H_2BrCl_2N_3$, F. 155—157°; aus W. Nadeln; 79% (in CCl_4 34%). — *2-Methylmercapto-4-hydroxy-*, F. 252° (A.); 41%. — *2-Methylmercapto-4-hydroxy-6-methyl-*, F. 246° (Zers.; A.); 21%. — *2-Methylmercapto-4-hydroxy-6-amino-*, $C_5H_6BrN_3OS$, Schwärzung bei ca. 220°; aus W. Nadeln; 60%. — *2-Methylmercapto-4-chlor-6-amino-*, F. 164—165° (W.); 66% (in CCl_4 oder Chlf. 100%). — *2-Äthylmercapto-4-hydroxy-*, F. 185—187,5° (A.); 47%. — *2-Amino-4-mercapto-6-methylpyrimidin*, $C_5H_7N_3S$, Rotfärbung bei ca. 240°, durch $1^1/_2$std. Kochen von 2-Amino-4-chlor-6-methylpyrimidin (I) u. Thioharnstoff in abs. A., Kühlen, Aufnehmen des Nd. in 1 n NaOH u. 1std. Kochen; aus W. hellgelbe Stäbchen; 54%. — *2-Amino-4-benzylmercapto-6-methylpyridin*, $C_{12}H_{13}N_3S$, F. 118—120°, durch Zugabe von Benzylchlorid in A. zu vorst. Verb. in 1n NaOH u. 1std. Erhitzen; aus PAe. Nadeln; 61%. — *2-Amino-4-mercapto-5-brom-6-methylpyridin*, $C_5H_6BrN_3S$, F. 205° (Zers.; rötet sich bei ca. 195°), a) durch 10 Min. langes Erhitzen vorvorst. Verb. mit NBS in Essigsäure auf 100°; aus W. gelbe Nadeln; 19%; b) durch 3std. Kochen von 2-Amino-4-chlor-5-brom-6-methylpyrimidin u. Thioharnstoff in abs. A., Aufnehmen des Nd. in 1n NaOH u. 1std. Kochen; 55%. — *Bis-[2-amino-6-methylpyrimidyl-(4)]-sulfid, Hydrat*, $C_{10}H_{12}N_6S \cdot H_2O$, F. 226° (Zers.), durch 5std. Kochen von 1,43 g 2-Amino-4-chlor-6-methylpyrimidin (I) u. 0,76 g Thioharnstoff in 80%ig. A.; aus W. gelbe Prismen; 0,70 g. P. GOLINSKE. 3272□

Untersuchungen der Reaktionen von Kohlestoffmonoxid unter Hochdruck. 3. Mitt. Reaktion zwischen Azoverbindungen und Kohlestoffmonoxid. Shigeki Horiie und Shunsuke Murahashi. (Bull. chem. Soc. Japan **33**. 88—94. Jan. 1960.) (Engl.)

Inhaltlich ident. mit der C. **1959**. 5136 referierten Arbeit. — Nachzutragen sind folgende Verbb.: 2-Phenylindazolone: *5-Methyl-*, F. 252°; 35,2% (Ausbeute). — *5-Chlor-*, F. 233°; 23,8%. — *5-[Dimethylamino]-*, F. 217°; 80%. — 2.4-Dioxo-1.2.3.4-tetrahydrochinazoline: *3-Phenyl-6-methyl-*, F. 296°; 35,9%. — *3-Phenyl-6-chlor-*, F. 292°; 42,8%. — *3-Phenyl-6-[dimethylamino]-*, F. 231°; 18%. — *3-Phenyl-8-methyl-*, F. 256°; 26,4%. — *3-[p-Tolyl]-6-methyl-*, F. 285°; 40%. — *3-[p-Chlorphenyl]-6-chlor-*, F. 325°; 16,7%. — *3-[p-Methoxyphenyl]-6-methoxy-*, F. 279°; 27,7%.

K. HINTERAUER. 3272□

Synthese von potentiellen Antikrebsmitteln. 4. Mitt. Synthese einiger substituierter Amino- und Aziridinopyrimidine. Robert C. Elderfield und Raj Nandan Prasad. (J. org. Chemistry **25**. 1583—90. Sept. 1960. Ann Arbor, Mich., Univ., Dep. of Chem.) (Engl.) — 3. vgl. C. **1962**. 9714; 5. vgl. C. **1962**. 10083.

Die Kondens. von 2.4-Dichlor-6-methyl-5-nitropyrimidin (**I**) mit Aziridin (**II**) in Ggw. von Triäthylamin bzw. von wss. KOH bzw. die Rk. von **I** mit NaH u. **II** in Ae. oder Tetrahydrofuran führt zu *2.4-Bis-[aziridino]-6-methyl-5-nitropyrimidin* (**XI**). **XI** liefert bei der Einw. von HCl in Ae. *2.4-Bis-[β-chloräthylamino]-6-methyl-5-nitropyrimidin-hydrochlorid*, das mit wss. NaOH bzw. mit $NaOCH_3$ in Bzl. die *freie Base* gibt. Die Umsetzung von **I** mit Azetidin (**VII**), Pyrrolidin (**VIII**), Piperidin (**IX**) u. Morpholin führt zu *2.4-Bis-[azetidino]-*, *-[pyrrolidino]-*, *-[piperidino]-* bzw. *-[morpholino]-6-methyl-5-nitropyrimidin*. Mit nur 1 Mol p-Fluoranilin (**III**) gibt **I** die *2-Chlor-4-[p-fluoranilino]-Verb.*, in der das Cl-Atom gegen weitere Aminreste austauschbar ist. Mit 2 Mol **III** bzw. Furfurylamin (**X**) entstehen aus **I** die *Diaminoverbindungen*. Durch Kochen von **I** mit 2-Aminoäthanol (**XII**) bzw. 3-Aminopropanol in A. werden *2-Hydroxy-4-[2-hydroxyäthylamino]-* bzw. *-4-[3-hydroxypropylamino]-6-methyl-5-nitropyrimidin* erhalten. *6-Methyl-2.4.5-trichlorpyrimidin* (**VI**) wird durch Rk. von 5-Chlor-6-methyluracil (**XIII**) mit $POCl_3$ u. Diäthylanilin, *5-Brom-2.4-dichlor-6-methylpyrimidin* (**V**) durch Bromierung von 6-Methyluracil (**XIV**) zu *5-Brom-6-methyluracil* (**IV**) u. dessen Rk. mit $POCl_3$/Diäthylanilin synthetisiert. Neben **IV** entsteht wenig *5.5-Dibrom-6-hydroxy-6-methylhexahydropyrimidin-dion-(2.4)*, das mit $POCl_3$/Dimethylanilin wenig **V** u. **IV** gibt u. bei der Behandlung mit heißer verd. KOH nur Zers.-Prodd. liefert. In **VI** u. **V** lassen sich die beiden Cl-Atome in 2- u. 4-Stellung nucleophil durch den Anilino-, p-Fluoranilino- bzw. Furfurylaminorest ersetzen. Mit **II** entsteht nur die jeweilige *4-Aziridinoverbindung*. **VI** gibt mit 1 Mol **III** die *4-[p-Fluoranilino]-Verb.*, während aus **V** u. $NaOCH_3$ *5-Brom-2.4-dimethoxy-6-methylpyrimidin* erhalten wird.

Versuche: 6-Methyl-5-nitropyrimidine: *2.4-Bis-[aziridino]-* (**XI**), $C_9H_{11}N_5O_2$, F. 122—123° (Zers.; PAe.), a) durch Zugeben von 5,2 g **I** zu NaH u. **II** in Tetrahydrofuran unter N_2, 1std. Stehen, Hydrolyse mit W. u. Ausäthern; citronengelbe Nadeln; 0,9 g (Ausbeute); b) analog in Ae.; 1,2 g aus 5,2 g; c) durch Zugeben von **II** in eiskalter wss. KOH zu 5,2 g **I** in wss. Aceton in 30 Min. bei 0° u. 16std. Rühren; 1,3 g; d) durch Zutropfen von **II** u. $(C_2H_5)_3N$ in abs. Bzl. zu 10,4 g **I** in abs. Ae. $<10°$ in 30—45 Min., $^1/_2$std. Rühren $<10°$ u. 12—15std. Rühren bei Raum-Temp.; 8,2 g. — *2.4-Bis-[azetidino]-*, $C_{11}H_{15}N_5O_2$, F. 141—142° (Bzl.-PAe. u. PAe.), aus **VII**, $(C_2H_5)_3N$ u. 10,4 g **I** in abs. Ae.; gelbe Nadeln; 7,83 g. — *2.4-Bis-[pyrrolidino]-*, $C_{13}H_{19}N_5O_2$, F. 149—150° (wss. Aceton), durch Zugeben von **VIII** in abs. A. zu **I** in abs. A. bei 0° in 45—60 Min., 24std. Erwärmen auf dem Wasserbad, Zugeben von Aceton, Abfiltrieren von 1,5 g einer Verb. vom F. 256—258°, Einengen u. Gießen in Eis-W.; gelbe Kristalle; 50%. — *2.4-Bis-[piperidino]-*, $C_{15}H_{23}N_5O_2$, F. 99—100° (wss. Aceton), durch Zugeben von **IX** in Bzl. zu **I** u. $(C_2H_5)_3N$ in Bzl. bei 0° in 15 Min., 16std. Rühren bei Raum-Temp., 4std. Kochen, Heißfiltration, Einengen, Aufnehmen in heißem A. u. Zugeben von W.; gelbe Nadeln; 63%. — *2.4-Bis-[morpholino]-*, $C_{13}H_{19}N_5O_4$, F. 162—163° (wss. Aceton); 64%. — *2.4-Bis-[furfurylamino]-*, $C_{15}H_{15}N_5O_4$, F. 115—116° (Essigester-PAe.), durch Zutropfen von 14,6 g **X** zu 7,8 g **I** in abs. CH_3OH in 15—20 Min. bei 0°, Kochen u. Zugeben von Bzl.;

hellgelb; 52%. — *2.4-Bis-[β-chloräthylamino]-*, $C_9H_{13}Cl_2N_5O_2$, F. 145—146° (Zers.; Ae.-PAe.), a) aus dem Hydrochlorid mit 0,01n NaOH; gelbe Nadeln; 98,6%; b) mit $NaOCH_3$ in CH_3OH/Bzl.; *Hydrochlorid*, $C_9H_{13}Cl_2N_5O_2 \cdot HCl$, F. 175—177° (Zers.; abs. Aceton-PAe.), durch 1/2std. Einleiten von HCl in eine Lsg. von **XI** in abs. Ae. <10°; 98%. — *2.4-Bis-[p-fluoranilino]-*, $C_{17}H_{13}F_2N_5O_2$, F. 218—220° (Zers.; Cyclohexan-Bzl.), durch 1std. Kochen von 5,2 g **I** mit 6,1 g **III** in abs. A. u. Stehen über Nacht; 8,5 g. — *2-Chlor-4-[p-fluoranilino]-*, $C_{11}H_8ClFN_4O_2$, F. 152—154° (Methylcyclohexan), durch Zutropfen von 2,8 g **III** in abs. A. zu 5,2 g **I** bei 0°, 1/2std. Rühren bei 0° u. 1/2std. Rühren bei Raum-Temp.; gelbe Kristalle; 77%. — *4-[p-Fluoranilino]-2-methylamino-*, $C_{12}H_{12}FN_5O_2$, F. 172—173° (wss. CH_3OH u. PAe.), durch 48std. Kochen vorst. Verb. mit 40%ig. wss. Methylamin in abs. A. u. Behandeln mit verd. NaOH; gelbe Kristalle. — *4-[p-Fluoranilino]-2-aziridino-*, $C_{13}H_{12}FN_5O_2$, F. 135—137° (Zers.; PAe.), durch Zugeben von **II** u. $(C_2H_5)_3N$ in abs. Ae. zu vorvorst. Verb. in abs. Ae. bei 15—20°, 18std. Rühren bei Raum-Temp., Filtrieren, 3std. Erwärmen des eingeengten Filtrats mit **II** u. $(C_2H_5)_3N$ in Bzl. auf 60—70° u. Einengen <35°; gelbe Kristalle; 69%. — *2-Hydroxy-4-[2-hydroxyäthylamino]-*, *Hemihydrat*, $C_7H_{10}N_4O_4 \cdot 0,5\,H_2O$, F. 147,5—148,5° (Aceton-Bzl.), durch 48std. Erwärmen von 8,6 g **I** u. **XII** in A. auf dem Wasserbad ohne Rückfluß; orangefarbene Nadeln; 3,0 g. — *2-Hydroxy-4-[3-hydroxypropylamino]-*, $C_8H_{12}N_4O_4$, F. 244,5 bis 245,5° (verd. HCl-NH_4OH); 1,0 g aus 8,62 g. — *6-Methyl-2.4.5-trichlorpyrimidin* (**VI**), $C_5H_3Cl_3N_2$, Kp.$_{0,2}$ 55—56°, durch 3std. Kochen von 1,2 g **XIII** mit $POCl_3$ u. Diäthylanilin, 24std. Stehen bei Raum-Temp., Gießen auf Eis u. Ausäthern; 1,5 g. — *5-Brom-6-methyluracil* (**IV**), F. 240—242° (Zers.), durch Zugeben von 4,0 g Br_2 zu 3,15 g **XIV** in W. in 15 Min., Zugeben von W., 25 Min. langes Kochen, Zugeben von fester KOH bei 50—60° bis zum Klarwerden, Kochen mit Kohle, Heißfiltration u. Ansäuern mit Essigsäure; 86—94%. — *5.5-Dibrom-6-hydroxy-6-methyldihydrouracil*, F. 234—235° (Zers.; W.), durch Bromierung von **XIV** in W. mit überschüssigem Br_2. — 6-Methylpyrimidine: *5-Brom-2.4-dichlor-* (**V**), $C_5H_3BrCl_2N_2$, F. 42° (sublimiert bei 40—50°/0,2 mm), Kp.$_{0,3}$ 114°, durch 1/2std. Erhitzen u. Rühren von **IV**, $POCl_3$ u. Diäthylanilin, 1 1/2std. Kochen, Einengen u. Gießen auf Eis; 88%. — *4-Aziridino-2.5-dichlor-*, $C_7H_7Cl_2N_3$, F. 115—116° (verd. CH_3OH u. wss. Aceton), analog **XI** nach d); 78%. — *5-Chlor-2.4-dianilino-*, *Hydrochlorid*, $C_{17}H_{15}ClN_4 \cdot HCl$, F. 284—285° (Zers.; verd. CH_3OH u. CH_3OH-Bzl.), durch 1/4std. Erwärmen von Anilin u. 1,5 g **VI** in abs. Ae.; 1,6 g. — *2.5-Dichlor-4-[p-fluoranilino]-*, $C_{11}H_8Cl_2FN_3$, F. 124—125° (Ae.-PAe.), a) analog vorst. Verb.; cremefarbene Nadeln; 50%; b) neben nachst. Verb. aus der Ae.-Phase; 0,7 g. — *2.4-Bis-[p-fluoranilino]-5-chlor-*, *Hydrochlorid*, $C_{17}H_{13}ClF_2N_4 \cdot HCl$, F. 282—287° (Zers.; wss. A. u. Bzl.-PAe.), durch Zutropfen von 4,4 g **III** in Ae. zu 1,97 g **VI** in Ae., Einengen u. 72std. Erhitzen mit W. auf dem Wasserbad; 66%. — *4-Aziridino-5-brom-2-chlor-*, $C_7H_7BrClN_3$, F. 127—128° (Zers.; wss. CH_3OH), durch Zugeben von 0,9 g **II** u. $(C_2H_5)_3N$ in abs. Ae. zu 2,41 g **V** in abs. Ae. u. 15std. Rühren bei Raum-Temp.; Nadeln. — *2.4-Bis-[furfurylamino]-5-chlor-*, $C_{15}H_{15}ClN_4O_2$, F. 127—128° (wss. CH_3OH), durch Zugeben von **X** zu **VI** in abs. Ae. (Temp.-Anstieg auf 60°), 1std. Kochen u. 24std. Stehen; Blättchen; 71%. — *2.4-Bis-[furfurylamino]-5-brom-*, $C_{15}H_{15}BrN_4O_2$, F. 119 bis 120° (Ae.-PAe.), durch 4std. Rühren von **V**, **X** u. $(C_2H_5)_3N$ in abs. Ae., Einengen u. 5tägiges Stehen. — *2.4-Bis-[p-fluoranilino]-5-brom-*, *Hydrochlorid*, $C_{17}H_{13}BrF_2N_4 \cdot HCl$, F. 243—244° (Zers.; wss. CH_3OH u. CH_3OH-Bzl.), analog; 57%. — *5-Brom-2-chlor-4-[p-fluoranilino]-*, $C_{11}H_8BrClFN_3$, F. 143° (Bzl.-PAe. u. Ae.-PAe.), neben vorst. Verb.; 25%. — *5-Brom-2.4-dianilino-*, $C_{17}H_{15}BrN_4$, F. 111—112° (Ae.-PAe.), in 24 Std. in Bzl. bei 40—60° über das *Hydrochlorid* (F. 247—249° [Zers.]); 50%. — *5-Brom-2.4-dimethoxy-*, $C_7H_9BrN_2O_2$, F. 76—77°, Kp.$_{0,5}$ 96—99°, durch Zugeben von Na in abs. CH_3OH zu **V** in abs. CH_3OH in 25 Min., 1std. Kochen, 15std. Rühren bei Raum-Temp., Filtrieren u. Einleiten von CO_2 in das Filtrat bis zum pH 8; 78%. — *5-Brom-2.4-dihydroxy-* (**IV**), $C_5H_5BrN_2O_2$. R. PASEDAG. 3272☐

Untersuchungen über die Synthese von 3-Alkyl-5.6.7.8-tetrahydro-symm.-triazolo-[4.3:b]-1.2.4-triazindionen-(6.7). Kiyoshi Futaki und Senji Tosa. (Chem. pharmac. Bull. [Tokyo] **8.** 908—12. Okt. 1960. Kyoto, Mitsubishi Paper Mill Co., Ltd., Photographic Div.) (Engl.)

Durch Rk. von BrCN mit Acylhydrazinen entstehen *2-Alkyl-5-amino-1.3.4-oxadiazole*. *3-Alkyl-5.6.7.8-tetrahydro-symm.-triazolo-[4.3:b]-1.2.4-triazindione-(5.6)* werden aus 4.5-Diamino-1.2.4-triazolen u. Oxalsäurediäthylester (**V**) dargestellt. Mehrere bisher unbekannte Zwischenprodd. dieser Verbb., *2-Alkyl-5-amino-1.3.4-oxadiazole* u. *4.5-Diamino-1.2.4-triazole* werden ebenfalls dargestellt u. beschrieben. Das IR-Absorptionsspektrum von 2-Amino-5-phenyl-1.3.4-oxadiazol ist angegeben.

Versuche: 2-Alkyl-5-amino-1.3.4-oxadiazole: *2-Butyl-* (**I**), $C_6H_{11}N_3O$, F. 136,5—137,5° (W.), durch Zugabe von 5,08 g BrCN in W. zu 5,58 g Valeriansäurehydrazid u. $KHCO_3$ in W. u. mehrstd. Stehen; Nadeln; 2,8 g (Ausbeute). — *2-Pentyl-* (II), $C_7H_{13}N_3O$, F. 146,5—147°, analog I aus 1,06 g BrCN u. 1,3 g Capronsäurehydrazid; aus W. Blättchen; 0,6 g. — *2-Heptyl-* (III), $C_9H_{17}N_3O$, F. 151,5—152,5°, aus 1,06 g BrCN u. 1,58 g Caprylsäurehydrazid in W./Methanol (50 : 35) bei 35°; aus 50% ig. Methanol Blättchen; 1,2 g. — *2-Octyl-*, $C_{10}H_{19}N_3O$, F. 148—148,5°, durch 10 Min. langes Zutropfen von 2,12 g BrCN in 50% ig. Methanol zu 3,44 g Pelargonsäurehydrazid u. $KHCO_3$ in 50% ig. wss. Methanol bei 38—42°, 1 std. Rühren u. mehrstd. Stehen; aus Methanol Nadeln; 2 g. — *2-Nonyl-* (IV), $C_{11}H_{21}N_3O$, F. 148—149°, aus 1,06 g BrCN u. 1,82 g Caprinsäurehydrazid bei 45—50°; aus 50% ig. Methanol Nadeln; 1,48 g. — *2-Undecyl-*, $C_{13}H_{25}N_3O$, F. 148—149°, aus 10 g Laurinsäurehydrazid u. 5 g BrCN bei 50°; aus Methanol Blättchen; 9,8 g. — *2-Amino-5-phenyl-1.3.4-oxadiazol*, F. 236° (Zers.; A.), durch Suspendieren von 1 g 2-Mesyl-5-phenyl-1.3.4-oxadiazol in einem mit NH_3 gesätt. Gemisch aus Bzl./A. (1 : 1) u. 2tägiges Stehen; 0,2 g. — 3.4-Diamino-1.2.4-triazole: *5-Butyl-* (VI), $C_6H_{13}N_5$, F. 183,5—185°, durch 7std. Kochen von 0,5 g I u. 82% ig. $N_2H_4 \cdot H_2O$ u. mehrstd. Stehen bei Raum-Temp.; aus Dioxan Blättchen; 0,3 g. — *5-Pentyl-* (VII), $C_7H_{15}N_5$, F. 184—185°, analog VI aus 0,6 g II u. 82% ig. $N_2H_4 \cdot H_2O$; Blättchen; 0,1 g. — *5-Heptyl-* (VIII), $C_9H_{19}N_5$, F. 188—189°, aus 0,6 g III u. 85% ig. $N_2H_4 \cdot H_2O$; Blättchen; 0,25 g. — *5-Nonyl-* (IX), $C_{11}H_{23}N_5$, F. 189—190°, durch 9std. Kochen von 1,2 g IV u. 85% ig. $N_2H_4 \cdot H_2O$; aus Dioxan Blättchen; 0,4 g. — 5.6.7.8-Tetrahydro-symm.-triazolo-[4.3 : b]-1.2.4-triazindione-(6.7): *3-Methyl-*, $C_5H_5N_5O_2$, F. ca. 315° (Zers.), durch 4std. Erhitzen von 0,9 g 3.4-Diamino-5-methyl-1.2.4-triazol u. 4,6 g V auf 160—165° u. mehrstd. Stehen bei Raum-Temp.; aus W. Prismen; 0,2 g. — *3-Äthyl-*, $C_6H_7N_5O_2$, F. ca. 292° (Zers.), durch 3½std. Erhitzen von 1,25 g 3.4-Diamino-5-äthyl-1.2.4-triazol u. V auf 160—165°; aus Methanol Blättchen; 0,8 g. — *3-Butyl-*, $C_8H_{11}N_5O_2$, F. 285,5° (Zers.), durch 3std. Erhitzen von 0,6 g VI u. V auf 160—165°; aus 50% ig. A. Blättchen; 0,3 g. — *3-Pentyl-*, $C_9H_{13}N_5O_2$, F. 276° (Zers.), durch 4std. Erhitzen von 1,2 g VII u. V auf 160—165°; aus Methanol Nadeln; 0,4 g. — *3-Heptyl-*, $C_{11}H_{17}N_5O_2$, F. 272° (Zers.), aus 0,96 g VIII u. V analog vorst. Verb.; Platten; 0,5 g. — *3-Nonyl-*, $C_{13}H_{21}N_5O_2$, F. 267° (Zers.), durch 6std. Erhitzen von 1,13 g IX u. V auf 160—165°; aus 90% ig. A. Platten; 0,5 g. — *3-Benzyl-*, $C_{11}H_9N_5O_2$, F. 289,5° (Zers.), durch 4½std. Erhitzen von 0,63 g 3.4-Diamino-5-benzyl-1.2.4-triazol u. V auf 160 bis 165°; aus 50% ig. A. Blättchen; 0,2 g. — *3-Phenäthyl-*, $C_{12}H_{11}N_5O_2$, F. 308° (Zers.), durch 4std. Erhitzen von 2,4 g 3.4-Diamino-5-phenäthyl-1.2.4-triazol u. V auf 160 bis 165°; aus 50% ig. Äthoxyäthanol Blättchen; 0,8 g. P. Golinske. 3313□

Die Synthesen von 7-Sulfamoylpyrido-[2.3 : e]-1.2.4-thiadiazin-1.1-dioxid, 5-Sulfamoylpyrido-[4.3 : e]-1.2.4-thiadiazin-1.1-dioxid und einigen Derivaten. Edward J. Cragoe jun., James A. Nicholson und James M. Sprague. (J. med. pharmac. Chem. 4. 369—83. 8/9. 1961. West Point, Pa., Merck and Co., Inc., Merck Sharp and Dohme Res. Labor.) (Engl.)

Aus 2- (I) bzw. 4-Aminopyridin (II) wird durch 115std. Kochen mit Chlorsulfonsäure (III) u. anschließende Rk. mit $SOCl_2$ das entsprechende *Pyridin-3.5-disulfonylchlorid* (SC) gewonnen. Bei einer zusätzlichen NH_2- oder OH-Gruppe in 6-Stellung reicht 12std. Rk. aus. Beim 2-Amino-6-methylpyridin (IV) sind die Ausbeuten schlecht, ebenso bei seinem N-Oxid. Die Sulfonierung des 2-Amino-4-methylpyridins gibt keine reinen Prodd., obwohl Rk. eintritt. Die SC werden mit NH_4OH in die *Amide* (A) übergeführt, die durch Kochen mit 100% ig. Ameisensäure (AMS) zu den entsprechenden *Pyridothiadiazinen* (PT) cyclisiert werden. Dabei reagieren die 2-Amino-Verbb. leichter als die 4-Amino-Verbb., die mit sd. Formamid umgesetzt werden müssen. Mit *2-Amino-6-hydroxypyridin-3.5-disulfamid* (V) konnte kein Ringschluß erzielt werden. Bei Verw. von Benzylmercaptoacetylchlorid (VI) an Stelle von AMS läßt sich als Zwischenprod. das *2-[Benzylmercaptoacetamido]-Deriv.* fassen, das in alkohol. Triäthylamin cyclisiert werden kann. Die Darst. der *3.4-Dihydro*-PT erfolgt leicht durch Rk. der A mit wss. CH_2O in Ggw. von Alkali. Auf diese Weise läßt sich auch V umsetzen. Bei 2.6-Diaminopyridin-3.5-disulfamid (VII) kann je nach den Bedingungen einfacher oder doppelter Ringschluß erzielt werden. In der diuret. u. saluret. Wrkg. reichen die neuen Verbb. fast an die entsprechenden Benzoanalogen heran. Die Dihydro-Verbb. sind etwas wirksamer.

Versuche (FF. korr.): *2-Aminopyridin-3.5-disulfonsäure, Dichlorid* (VIII a), $C_5H_4Cl_2N_2O_4S_2$, F. 137,5—139° (Zers.; Bzl.), durch 116std. Erhitzen von I u. III auf 150°, Erkaltenlassen u. 2std. Erhitzen mit $SOCl_2$ auf 125°; 79% (Ausbeute). *Diamid* (VIII b), $C_5H_8N_4O_4S_2$, F. 229,5—231° (Zers.; W.), aus VIII a u. fl. NH_3; 93%. — Analog: *6-Methyl-2-amino-3.5-disulfonsäure, Dichlorid*, $C_6H_6Cl_2N_2O_4S_2$, F. 132—133° (Zers.; Methylcyclohexan), aus IV in 18 Std.; 28%. *Diamid* (IX), $C_6H_{10}N_4O_4S_2$, F. 245,5—247° (Zers.; W.); 64%. — *2.6-Diaminopyridin-3.5-disulfonsäure, Dichlorid*, $C_5H_5Cl_2N_3O_4S_2$, F. 213—214,5°

(Zers.; Acetonitril), aus 2.6-Diaminopyridin in 12 Std.; 74%. *Diamid* (**VII**), $C_5H_9N_5O_4S_2$, F. 246,5—248° (Zers.; W.); 91%. — *6-Hydroxy-2-aminopyridin-3.5-disulfonsäure, Dichlorid*, aus 2-Amino-6-hydroxypyridin (F. 209—210°) in 12 Std.; 72%. *Diamid* (**V**), $C_5H_8N_4O_5S_2$, F. 282—283,5° (Zers.; W.); 83%. — *6-Chlor-2-aminopyridin-3.5-disulfonsäure, Diamid* (**X**), $C_5H_7ClN_4O_4S_2$, F. 275° (Zers.; A./W.), durch 30std. Kochen von **V** u. $POCl_3$ unter portionsweiser Zugabe von PCl_5, Eindampfen im Vakuum u. Rk. mit fl. NH_3; 19%. — *2-Benzylmercaptoacetamido-6-methylpyridin-3.5-disulfamid* (**XI**), F. 237 bis 239° (unkorr.), aus **IX** u. **VI** durch 20std. Kochen in Dioxan; 34%. — *7-Sulfamoyl-pyrido-[2.3:e]-1.2.4-thiadiazin-1.1-dioxid*, $C_6H_6N_4O_4S_2$, F. 319—320° (Zers.; AMS), durch 40std. Kochen von **VIII b** in 100%ig. AMS u. Abfiltrieren des Nd.; 89%. — Analog: *6-Methyl-7-sulfamoylpyrido-[2.3:e]-1.2.4-thiadiazin-1.1-dioxid*, $C_7H_8N_4O_4S_2$, F. 322—323° (Zers.; AMS u. Eisessig), aus **IX**; 82%. — *3-Benzylmercaptomethyl-6-methyl-7-sulfamoyl-pyrido-[2.3:e]-1.2.4-thiadiazin-1.1-dioxid*, $C_{15}H_{16}N_4O_4S_3$, F. 255—256,5° (Zers.; A./W.), durch Stehen von **XI** in 25%ig. methanol. Trimethylamin über Nacht u. Eindampfen; 70%. — *7-Sulfamoyl-3.4-dihydropyrido-[2.3:e]-1.2.4-thiadiazin-1.1-dioxid*, $C_6H_8N_4O_4S_2$, F. 289,5—291° (Zers.), durch $2^1/_2$std. Erwärmen von **VIII b**, NaOH u. CH_2O in wss. A. auf 100°, Ansäuern u. Eindampfen; 85%. — Analog: 6-substituierte 7-Sulfamoyl-3.4-dihydropyrido-[2.3:e]-1.2.4-thiadiazin-1.1-dioxide: *6-Methyl-* (**XIII**), $C_7H_{10}N_4O_4S_2$, F. 277—278° (Zers.), aus **IX** in Ggw. von NH_4OH; 71%. — *6-Amino-* (**XII**), $C_6H_9N_5O_4S_2$, F. 244—245°, aus 5 g **VII**; 70%. — *6-Hydroxy-*, $C_6H_8N_4O_5S_2$, F. 273—274° (Zers.), aus **V**; 85%. — *6-Chlor-*, $C_6H_7ClN_4O_4S_2$, F. 280° (Zers.), aus **X**; gelbe Kristalle aus A./W.; 59%. — *Pyrido [2.3:e;6.5:e']-bis-[1.2.4-thiadiazin]-1.1.9.9-tetroxid*, $C_7H_5N_5O_4S_2$, F. >360°, durch 5 Min. langes Kochen von **VII** in Formamid, Filtrieren u. schnelles Kühlen; 95%. — *3.4.6.7-Tetrahydropyrido-[2.3:e;6.5:e']-bis-[1.2.4-thiadiazin]-1.1.9.9-tetroxid*, $C_7H_9N_5O_4S_2$, F. 274—275°, a) aus **VII** analog **XII** mit 2 Val CH_2O in 7 Std.; 55%; b) neben **XII**; 910 mg. — *4-Aminopyridin-3.5-disulfonsäure, Dichlorid*, $C_5H_4Cl_2N_2O_4S_2$, F. 123—125° (Methylcyclohexan), aus **II** analog **VIII a**; 74%. *Diamid*, $C_5H_8N_4O_4S_2$, F. 284,5—285,5° (Zers.; W.), analog **VIII b**; 91%. — *5-Sulfamoylpyrido-[4.3:e]-1.2.4-thiadiazin-1.1-dioxid*, $C_6H_6N_4O_4S_2$, F. 330—331° (Zers.), aus vorst. Diamid durch $^1/_4$std. Kochen in Formamid, Kühlen u. Wasserzusatz; 38%. — *5-Sulfamoyl-3.4-dihydro-pyrido-[4.3:e]-1.2.4-thiadiazin-1.1-dioxid*, $C_6H_8N_4O_4S_2$, F. 269—270° (Zers.), analog **XIII**; 80%. W. HOLLAND. 3333□

2.2-Dimethyl-1.3-dioxepan. L. B. Weisfeld und J. R. Little. (J. org. Chemistry **26**. 4762—63. Nov. 1961. Wayne, N.J., U.S. Rubber Co., Res. and Developm. Dep.) (Engl.)

Kondens. von Butandiol-(1.4) (**I**) mit 2.2-Dimethoxypropan (**II**) in Ggw. von Säure führt zu *2.2-Dimethyl-1.3-dioxepan* (**IV**). **IV** erfährt mit **I** u. dl-Camphersulfonsäure (**III**) oder mit BF_3–Ae. Spaltung zu *Aceton* u. *Tetrahydrofuran*.

Versuche: *2.2-Dimethyl-1.3-dioxepan* (**IV**), $C_7H_{14}O_2$, Kp. 136—137°, durch Zugabe von wenig **III** zu je 1 Mol **I** u. **II** in Bzl., Erhitzen u. Rühren zum Abdestillieren des entstehenden CH_3OH, 3std. Rühren mit $NaHCO_3$, Filtration u. Dest.; n_D^{25} 1,4253; $D._4^{25}$ 0,8934; 73,5%. — *Aceton–Tetrahydrofuran-Gemisch*, a) durch 16std. Kochen von **IV** mit **I** u. **III** u. Dest.; 87%; b) durch 6std. Kochen von **IV** mit Ae.–BF_3.

GISELA SCHREIBER. 3370□

Einwirkung von Pyridin auf Dulcithexanitrat. G. G. McKeown und L. D. Hayward. (Canad. J. Chem. **33**. 1392—98. Sept. 1955. Vancouver, B.C., Univ., Dep. of Chem.) (Engl.) — Vgl. C. **1953**. 8328.

Durch Einw. von Pyridin auf Dulcithexanitrat (DL-Galaktithexanitrat) u. Erwärmen auf 50° erhalten Vff. *DL-Galaktit-1.2.4.5.6-pentanitrat* (**I**). Methylierung von **I** führt zu *3-O-Methyl-DL-galaktit-1.2.4.5.6-pentanitrat* (**II**), dessen Hydrogenolyse *3-O-Methyl-DL-galaktit* (**III**) ergibt. Daß sich die CH_3-Gruppe in **III** in 3-Stellung befindet, folgt aus der Oxydation mit Perjodat u. deren Auswertung.

Versuche: *DL-Galaktit-1.2.4.5.6-pentanitrat* (**I**), $C_6H_8(OH)(NO_3)_5$, F. 85—86° (wss. A.; Nadeln), durch Erwärmen von getrocknetem DL-Galaktithexanitrat (F. 98—99°; vgl. PATTERSON u. TODD [1929]) mit überschüssigem Pyridin auf 50°, 24std. Aufbewahren des orangefarbenen, später roten Rk.-Gemisches nach Beendigung der Gas-Entw. bei Raum-Temp., Eingießen in W. unter Rühren u. Abfiltrieren des ausgeschiedenen Nd.; 63—72% (Ausbeute). **I** liefert bei der Hydrogenolyse an Pd-Kohle *Dulcit*, F. 185—188°; 100%. — *3-O-Methyl-DL-galaktit-1.2.4.5.6-pentanitrat* (**II**), $C_6H_8(OCH_3)(NO_3)_5$, F. 99 bis 100° (wss. A.), durch 9std. Kochen von **I**, CH_3J, Ag_2O u. Drierite in CH_3OH, Filtrieren u. Einengen; 67%. — *3-O-Methyl-DL-galaktit* (**III**), $C_6H_8(OCH_3)(OH)_5$, F. 149—150° (A.), durch Hydrierung von **II** an Pd-Kohle in Dioxan–A.–W.-Gemisch bei 45 lbs./sq.in., Filtrieren u. Einengen; 83%. Liefert mit H_2SO_4–HNO_3 **II** zurück.

W. KÄSTNER. 3400□

Über natürliche Gerbstoffe. 30. Mitt. 2-[p-Hydroxybenzoyl]-glucose und 2-Galloylglucose. Otto Th. Schmidt und Helmut Reuss. (Liebigs Ann. Chem. **649**. 137–48. Nov. 1961. Heidelberg, Univ., Organ.-Chem. Inst.) (Dt.) — 29. vgl. C. **1959**. 10259.

Alle beschriebenen Glucose-Derivv. gehören zur *D-Reihe*. — Vff. synthetisierten *1-[p-Acetoxybenzoyl]-2.3.4.6-tetra-O-acetyl-α-glucose* (**I**) sowohl aus reiner 2.3.4.6-Tetra-O-acetyl-α-glucose als auch durch Glykosid-Anomerisierung des entsprechenden β-Glykosids (**III**). Das daraus erhältliche *Entacetylierungs-Prod.* (**II**) zeigt ebenso wie das früher von SCHMIDT u. HEROK (C. **1950/54**. 3948 S) beschriebene vermeintliche α-Glucogallin „Mutarotation", während die entsprechenden β-Formen keinerlei Drehungsänderung zeigen. Beim Reacetylieren von **II** entsteht ein von **I** u. **III** verschiedenes *Tetraacetat*, das aber mit synthet. *2-[p-Acetoxybenzoyl]-1.3.4.6-tetra-O-acetyl-β-glucose* ident. ist. Bei der Verb. **II** handelt es sich also um *2-[p-Hydroxybenzoyl]-β-glucose*, womit gezeigt wurde, daß während der (alkal.) Entacetylierung von **I** die p-Hydroxybenzoylgruppe von $C_{(1)}$ nach $C_{(2)}$ wandert. *1-Tri-O-acetylgalloyl-2.3.4.6-tetra-O-acetyl-α-glucose* (**IV**) wurde ebenfalls auf zwei verschiedenen Wegen synthetisiert u. entacetyliert. Das Reacetylierungs-Prod. unterscheidet sich nach mehrmaligem Umkristallisieren gleichfalls deutlich von **IV**. Durch Synth. von *2-O-Galloyl-α-* u. *-β-glucose* (**VII**) u. deren *Acetyl-Derivv.* wurde nun bewiesen, daß während der Entacetylierung von **IV** Wanderung auch des Tri-O-acetylgalloylrestes von $C_{(1)}$ nach $C_{(2)}$ eintritt. Bei dem früher (l. c.) erhaltenen, vermeintlichen α-Glucogallin handelt es sich also in Wirklichkeit um *2-O-Galloyl-α-glucose*. Die entsprechende *β-Form* ließ sich daraus durch Eindunsten der wss. Lsg. erhalten. Bei den Acetyl-Derivv. der β-Verbb. unterbleibt die Acylwanderung.

Versuche: (FF. korr.): *1-[p-Acetoxybenzoyl]-2.3.4.6-tetra-O-acetyl-β-glucose* (**III**), F. 170–171°, durch Vermischen einer mit 3n KOH unter Kühlung neutralisierten wss.-aceton. Lsg. von p-Acetoxybenzoesäure mit einer Lsg. von Acetobromglucose in Aceton, 5std. Stehen bei Raum-Temp. u. 1std. Stehen bei 0°; 41% (Ausbeute). — *1-[p-Acetoxybenzoyl]-2.3.4.6-tetra-O-acetyl-α-glucose* (**I**), F. 135°, a) durch 24std. Stehen eines Gemisches aus2.3.4.6-Tetra-O-acetyl-α-glucose, p-Acetoxybenzoylchlorid u. Chinolin in abs. Chlf.; 61%; b) durch ca. 2std. Einleiten eines mäßig raschen, trockenen BF_3-Stromes in eine Lsg. von **III** in abs. Chlf. bis zum Auftreten einer Trübung u. 96–110std. Stehen bei 25°; $[\alpha]_D^{25}$ + 123,5° (c = 1; symm.-Tetrachloräthan [TA]); 20%. — *2-[p-Hydroxybenzoyl]-β-glucose* (**II**), $C_{13}H_{16}O_8$, F. 206° (Zers.), durch Versetzen einer Lsg. von **I** in Methanol mit einer methanol. Na-Methylat-Lsg., 2std. Stehen bei 20°, $^1/_4$std. Schütteln mit Amberlite IR–120 (H^+-Form, zuvor mit Methanol gewaschen) u. Filtrieren der jetzt neutralen Lsg. über frisches Amberlite IR–120; Kristalle aus Methanol/Ae. oder Plättchen aus W.; $[\alpha]_D^{25}$ + 28,5° → 69,5° (Endwert nach 5 Std.; c = 1; W.), + 47,9° → 83,4° (48 Std.; c = 1; Dimethylformamid); 65% (roh). — *2-[p-Acetoxybenzoyl]-1.3.4.6-tetra-O-acetyl-β-glucose*, $C_{23}H_{26}O_{13}$, F. 177°, a) durch Lösen von **II** in Pyridin u. frisch über wasserfreiem Na-Acetat dest. Acetanhydrid unter Schütteln u. 19std. Stehen bei 25°; mit **I** deutliche F.-Depression; 9,5%; b) durch Zugabe von frisch dest. p-Acetoxybenzoylchlorid, abs. Pyridin u. abs. Chlf. zu 1.3.4.6-Tetra-O-acetyl-β-glucose (**VI**), 20std. Stehen u. Verdünnen mit Chlf.; keine F.-Depression mit der nach a) dargestellten Verb.; büschelförmig zusammengelagerte Nadeln aus Essigester bzw. Essigester/PAe. (1 : 2); $[\alpha]_D^{25}$ + 57,3° (c = 2; TA); 69%. — *β-Glucogallin* (**V**), F. 214° (W.), durch Versetzen von mit abs. Methanol übergossenem Hepta-O-acetyl-β-glucogallin [F. 125–126°, daraus durch 12std. Erhitzen auf 130° oder mehrstd. Erhitzen auf 122°: *Höherschmelzende Modifikation*, $C_{27}H_{30}O_{17}$, F. 145°, $[\alpha]_D^{25}$ – 24,4° (c = 10; TA)] mit methanol. Na-Methylat unter Durchleiten von trockenem H_2, 2std. Stehen, Schütteln mit Amberlite IR–120 (H^+-Form, zuvor mit Methanol gewaschen) u. Filtrieren durch frischen Austauscher; 83%. — *Hepta-O-acetyl-α-glucogallin* (**IV**), F. 158–159°, durch Erhitzen eines Gemisches aus Penta-O-acetyl-α-glucose u. Tri-O-acetylgallussäure unter Rühren auf 130°, Zufügen von wasserfreiem $ZnCl_2$ u. $^1/_4$std. Rühren bei 120–125°/20 Torr; Kristalle aus Essigester/PAe.; $[\alpha]_D^{25}$ + 103,5° (TA); 45% (roh). — *2-O-Galloyl-α-glucose*, F. 201°, durch Verseifung von **IV** analog **V**; $[\alpha]_D^{25}$ + 96,8° → + 60,7° (3 Std.; c = 1; W.); Kristalle aus 90–95%ig. Essigsäure oder Methanol/Ae.; 65%. — *2-O-Galloyl-β-glucose* (**VII**), $C_{13}H_{16}O_{10} \cdot 1^1/_2\, H_2O$, F. 142–144° (Zers.), durch kurzes Aufkochen vorst. Verb. in wenig heißem W. oder Eindunsten einer wss. Lsg. vorst. Verb.; $[\alpha]_D^{25}$ + 28,9° → 60,1° ($2^1/_2$ Std.; c = 1; W.); 54%. — *2-Tri-O-acetylgalloyl-1.3.4.6-tetra-O-acetyl-α-glucose*, $C_{27}H_{30}O_{17}$, F. 165–166° (Essigester/PAe.), a) durch Lösen vorvorst. Verb. in einem Gemisch aus Acetanhydrid u. Pyridin u. 24std. Stehen bei Raum-Temp.; 97%; b) durch 44std. Stehen einer Lsg. von *1.3.4.6-Tetra-O-acetyl-α-glucose* [F. 97–98°, durch 6std. Schütteln von 1-Chlor-3.4.6-tri-O--acetyl-β-glucose mit Ag-Acetat in Eisessig; $[\alpha]_D$ + 140,3° (c = 1,5; Chlf.); 66%] u. Tri-O-acetylgalloylchlorid (**VIII**) in einem Gemisch aus Chinolin u. Chlf.;

$[\alpha]_D^{25}$ + 113,5° (c = 1; TA); gibt mit **VI** F.-Depression; 76,5%. — *2-Tri-O-acetylgalloyl-1.3.4.6-tetra-O-acetyl-β-glucose*, $C_{27}H_{30}O_{17}$, F. 128°, a) durch 22std. Stehen einer Lsg. von **VII** in Acetanhydrid u. Pyridin bei Raum-Temp.; 88%; b) analog vorst. Verb. aus 1.3.4.6-Tetra-O-acetyl-β-glucose (**VI**) u. **VIII**; lange, schmale Prismen aus Methanol/W.; $[\alpha]_D^{25}$ + 48,5° (c = 0,9; TA); 78%. GERHARD MÜLLER. 3400□

Über natürliche Gerbstoffe. 31. Mitt. Synthesen des α-Glucogallins und neue Synthesen des β-Glucogallins. Otto Th. Schmidt und Hermann Schmadel. (Liebigs Ann. Chem. **649.** 149—57. Nov. 1961.) (Dt.) — 30. vgl. vorst. Referat.

Vff. synthetisieren das wirkliche α- (**I**) u. β-Glucogallin (**II**) auf Wegen, bei denen Acylwanderung vermieden werden kann. Durch Umsetzung von 2.3.4.6-Tetra-O-benzyl-α-glucose (**III**) mit Tri-O-benzylgalloylchlorid (**IV**) erhält man *Hepta-O-benzyl-α-* (**VIII**) u. *-β-glucogallin* (**IX**) je nach den Vers.-Bedingungen in wechselnden Mengenverhältnissen nebeneinander, die nach hydrogenolyt. Entbenzylierung die gesuchten Verbb. **I** u. **II** ergeben. Durch Rk. von **III** mit Tri-O-acetylgalloylchlorid (**V**) erhält man *1-Tri-O-acetylgalloyl-2.3.4.6-tetra-O-benzyl-α-D-glucose* (**VI**), die durch Entacetylierung u. anschließende Entbenzylierung ebenfalls **I** liefert. Die Entbenzylierung von **VI** ohne vorherige Entacetylierung führt zu *1-Tri-O-acetylgalloyl-α-D-glucose*, deren Acetylierung *Hepta-O-acetyl-α-glucogallin* (**X**) ergab. Je nach den Vers.-Bedingungen konnte bei der Darst. von **VI** auch das anomere *β-Glykosid* erhalten werden, aus dem durch Entacetylierung *1-O-Galloyl-2.3.4.6-tetra-O-benzyl-β-D-glucose* entsteht.

Versuche: (FF. korr.): *Hepta-O-benzyl-β-glucogallin* (**IX**), $C_{62}H_{58}O_{10}$, F. 106°, a) durch 3tägiges Stehen von **III** mit **IV** in Chlf./Pyridin; 48% (Ausbeute) neben 15% *Tri-O-benzylgallussäureanhydrid* (**VII**; F. 165—166°) u. 12% **VIII**; b) durch 15std. Schütteln von **III** u. **IV** mit einem Gemisch aus Chlf. u. Triäthylamin; hexagonale Prismen aus A.; $[\alpha]_D^{25}$ —27,5° (c = 5,2; Chlf.); —93,3° (c = 6,9 Chinolin); 70%. — *Hepta-O-benzyl-α-glucogallin* (**VIII**), $C_{62}H_{58}O_{10}$, F. 84°, durch Vermischen von **IV** mit Drierite, Eintragen von trockenem Pyridin u. **III** bei <20° u. 2std. Rühren bei Raum-Temp.; Nadeln aus A., Bzl./Cyclohexan u. Diisopropyläther; $[\alpha]_D^{25}$ + 47,6° (c = 2,4; Chlf.); 45% neben *Tri-O-benzylgallussäure* u. **VII**. — *β-Glucogallin* (**II**), F. 207° (W.), durch Hydrieren von $PdCl_2$ in abs. Methanol, Ersatz durch Tetrahydrofuran, Zufügen von **IX** u. 4std. Hydrieren bei 30° in der Schüttelente; $[\alpha]_D^{25}$ —24,5° (c = 1,75; W.); 89%. — *1-Tri-O-acetylgalloyl-2.3.4.6-tetra-O-benzyl-α-D-glucose* (**VI**), $C_{47}H_{46}O_{13}$, F. 152—153°, durch kräftiges Rühren von **III** mit Chlf. u. Pyridin unter Feuchtigkeitsausschluß, Eintragen von **V** bei <15° u. 2std. Rühren bei Raum-Temp.; hexagonale Prismen aus A.; $[\alpha]_D^{25}$ + 65,3° (c = 2,2; Chlf.); 48%. — *1-O-Galloyl-2.3.4.6-tetra-O-benzyl-α-D-glucose*, $C_{41}H_{40}O_{10}$, F. 186 bis 187°, durch Eintropfen von 0,1n methanol. Na-Methylat-Lsg. in eine Aufschlämmung von **VI** in Methanol im H_2-Strom u. Versetzen mit einer Aufschlämmung von frisch gereinigtem, trockenem Amberlite IR-120 (H^+-Form) in Methanol nach 2 Std. unter weiterem 2std. Durchleiten von H_2; große, tetragonale Kristalle aus Aceton/Cyclohexan; $[\alpha]_D^{25}$ + 74,0° (c = 2; A.); 67%; gibt mit methanol. $FeCl_3$-Lsg. intensive Blaufärbung. — *α-Glucogallin* (**I**), $C_{13}H_{16}O_{10}$, F. 179—181°, a) durch 1½std. Hydrieren von **VIII** in abs. Methanol an Pd (aus $PdCl_2$), Abscheiden als *Dihydrat* [$C_{13}H_{16}O_{10} \cdot 2\,H_2O$, F. 171—173°; große, monokline Prismen aus W.; $[\alpha]_D^{25}$ + 79,1° (c = 1; W.), bisweilen bei längerem Stehen (z. B. nach 62 Std.) → + 76,8°; + 75,6° (c = 3,1; Methanol); 60%] u. Entfernung des Kristallwassers bei 12 Torr u. Raum-Temp.; $[\alpha]_D^{25}$ + 83,0° (c = 3; Methanol); nicht hygroskop.; b) durch 5std. Hydrieren vorst. Verb. in abs. Methanol an Pd (aus $PdCl_2$); 60%; geht durch Acetylierung in *Hepta-O-acetyl-α-glucogallin* [**X**; F. 161—162°, $[\alpha]_D^{25}$ + 104° (c = 3,3; symm.-Tetrachloräthan); 95%] über. — *1-Tri-O-acetylgalloyl-α-D-glucose*, $C_{19}H_{22}O_{13}$, F. 116—118° (Zers.; bei raschem Erhitzen), durch 2std. Hydrieren von **VI** in abs. Methanol an Pd (aus $PdCl_2$); hexagonale Prismen aus Essigester/PAe.; $[\alpha]_D^{25}$ + 63,4° (c = 3,9; A.); 93%; gibt durch Acetylierung 65% **X**. — *1-Tri-O-acetylgalloyl-2.3.4.6-tetra-O-benzyl-β-D-glucose*, $C_{47}H_{46}O_{13}$, F. 95—96°, durch ¼std. Eintragen von **V** in ein Gemisch aus **III**, Chlf. u. Chinolin bei 0°, 18std. Rühren ohne Kühlung u. Abtrennung von 15% **VI**; hexagonale Prismen aus Bzl./Cyclohexan, Diisopropyläther/PAe. oder Aceton/Methanol; $[\alpha]_D^{25}$ —25,2° (c = 3,4- Chlf.); 5%. — *1-O-Galloyl-2.3.4.6-tetra-O-benzyl-β-D-glucose*, $C_{41}H_{40}O_{10}$, F. 150—151°, durch Zufügen von 0,1n methanol. Na-Methylat zu einer Suspension von 3,97 g vorst. Verb. in Methanol unter 2std. Durchleiten von H_2, Zufügen von trockenem, in Methanol gequollenen Amberlite IR-120 (H^+-Form) u. weiteres 2std. Rühren unter Durchleiten von H_2; feine, seidenglänzende Kriställchen aus Ae./PAe.; $[\alpha]_D^{25}$ —14,3° (c = 2,6; A.); 2,13 g (roh); gibt mit methanol. $FeCl_3$ tiefe Blaufärbung. GERHARD MÜLLER. 3400□

Über natürliche Gerbstoffe. 32. Mitt. Zur Umwandlung des α-Glucogallins in 2-Galloylglucose (Acylwanderung). Otto Th. Schmidt und Hermann Schmadel. (Liebigs Ann. Chem. **649.** 157—67. Nov. 1961.) (Dt.) — 31. vgl. vorst. Referat.

Vff. untersuchten vergleichend die Neigung zur Acylwanderung von $C_{(1)}$ nach $C_{(2)}$ bei α- (I) u. β-Glucogallin (II) unter verschiedenen Rk.-Bedingungen [25°, a) Pyridin/W. 0,38 : 9,62 bzw. b) 1 : 1; c) Einw. von methanol. NH_3 in H_2-Atmosphäre] durch den Verlauf der Drehungsänderung bzw. papierchromatographisch. Dabei zeigte sich, daß nur I eine [bei b) wesentlich langsamer als bei a) u. c) verlaufende u. bei a) von Esterspaltung begleitete] Acylwanderung erleidet; bei der Aufarbeitung erhält man aus I in 63%ig. Ausbeute *2-O-Galloyl-β-glucose* (III), F. 142—144°; $[\alpha]_D^{25}$ + 62,3° (nach 16 Min. bzw. 2 Std.; c = 3; W./Pyridin 9,6 : 0,4); + 70,5° (nach 40 Std. konst.; c = 2,8; W./Pyridin 1 : 1). *Heptaacetat*, F. 127—129°; $[\alpha]_D^{25}$ + 52,2° (c = 1,0; symm.-Tetrachloräthan), ident. mit *2-Tri-O-acetylgalloyl-1.3.4.6-tetra-O-acetyl-β-glucose* (vgl. vorvorst. Ref.). Bei II (Meth. a) wird lediglich Esterspaltung beobachtet. Wurde *Hepta-O-acetyl-α-glucogallin* nach c) behandelt, konnte chromatograph. nach stufenweiser Entacetylierung zunächst zu *1-O-Galloyl-2.3.4.6-tetra-O-acetyl-α-glucose*, dann über verschiedene Tri-, Di- u. Monoacetyl-Derivv. III erkannt werden, wobei die Acylwanderung sicher zu einem Teil über I verläuft. In n-HCl, n-p-Toluolsulfosäure u. mit Amberlite IR-120 (H^+-Form) tritt bei 25° lediglich Hydrolyse auf. Der Mechanismus der Acylwanderung wird in Zusammenhang mit den Konfigurationen u. den verschiedenen Konstellationen diskutiert. Im Vers.-Teil wird über einige Hilfsmaßnahmen bei der papierchromatograph. Trennung von II u. III berichtet. GERHARD MÜLLER. 3400□

Eine verbesserte Darstellung von Methyl-3-amino-3-desoxy-α-D-mannosid-hydrochlorid. A. C. Richardson. (J. chem. Soc. [London] **1962**. 373—74. Jan. Bristol, Univ., Dep. of organ. Chem.) (Engl.)

Vf. beschreibt Verbesserungen der Darst. von Methyl-3-amino-3-desoxy-α-D-mannosid (vgl. BAER u. FISCHER, C. **1961**. 10944).

Versuche: *Methyl-3-amino-3-desoxy-α-D-mannosidhydrochlorid*, $C_7H_{16}ClNO_5$, Zers. bei 210—240°, durch langsames Zufügen von $NaJO_4$ zu einer wss. Lsg. von Methyl-α-D-glucosid < 20° unter Rühren, 1 std. Rühren, Neutralisieren mit $NaHCO_3$, Gießen in A., Absaugen, Behandeln des Filtrats mit CH_3NO_2, dann mit methanol. CH_3ONa, Hydrieren des Rohgemisches von Nitropyranosiden an RANEY-Ni in A. bei 4 at u. Zugeben von HCl; $[\alpha]_D$ + 60° (c = 2; W.); 21% (Gesamtausbeute). — *Methyl-3-acetamido-2.4.6-tri-O-acetyl-3-desoxy-α-D-mannosid*, $C_{15}H_{23}NO_9$, F. 153° (A.), aus vorst. Verb. u. Acetanhydrid/Pyridin (4 Std. bei Raum-Temp.); $[\alpha]_D$ + 41° (c = 1,75; W.); 77%. — *Methyl-3-acetamido-3-desoxy-α-D-mannosid*, $C_9H_{17}NO_6$, F. 241—243° (A.), aus vorst. Verb. u. wss.-methanol. NH_3 (18 Std. bei Raum-Temp.); $[\alpha]_D$ + 44° (c = 1,66; W.); 80%. J. ROTHE. 3400□

Swertiamarin. Takashi Kubota und Yutaka Tomita. (Chem. and Ind. **1958**. 229—30. 22/2. Osaka, Univ., Inst. of Polytechn.) (Engl.)

Aus *Swertia japonica* MAKINO wird durch Extraktion mit Methanol das bitter schmeckende *Swertiamarin* [I; $C_{16}H_{22}O_{10}$, F. 110—112° (A.-Chlf.-Ae.)] isoliert, das mit Emulsin das Aglykon *Erythrocentaurin*, $C_{10}H_8O_3$, F. 141°, ergibt. I liefert mit Pyridin u. Acetanhydrid ein *Acetat* [$C_{26}H_{32}O_{15}$, F. 190—191° (Prismen), $[\alpha]_D$ —100,3° (Chlf.); 70% (Ausbeute)], während Gentiopikrin [II; aus *Centauricum umbellatum* (vgl. KORTE, C. **1950/54**. 5342 S)] analog *Acetylgentiopikrin* [F. 138,5—139,5°, $[\alpha]_D$ 164° (Chlf.)] bildet. I ist also nicht ident. mit II. Amorphes I (F. 103—104°) enthält ca. 1% *Erythrocentaurin*. Für *Acetyl*-I u. *Acetyl*-II sind opt. Daten angegeben. GISELA SCHREIBER. 3450□

Die Struktur des Erythrocentaurins. Takashi Kubota und Yutaka Tomita. (Chem. and Ind. **1958**. 230. 22/2.) (Engl.) — Vgl. vorst. Referat.

Erythrocentaurin (I), $C_{10}H_8O_3$, F. 140—141°, ist mit 1%ig. Ausbeute aus amorphem Swertiamarin (F. 103—104°) isolierbar. I reagiert mit TOLLENS-Reagens u. bildet ein *Semicarbazon*, $C_{11}H_{11}N_3O_3$, F. 219—220° (Nadeln). Mit Dimedon in W. gibt I eine *Verb.* $C_{26}H_{30}O_6$, F. 161—162° (Nadeln) u. mit o-Phenylendiamin eine *Verb.* $C_{16}H_{14}\cdot N_2O_2$, F. 210—212° (hellgelbe Nadeln). $LiAlH_4$ red. I zu einem *Triol* $C_{10}H_{14}O_3\cdot H_2O$, F. 105—106°, das gegen HJO_4 beständig ist. Mit wss. $K_2Cr_2O_7/H_2SO_4$ liefert I eine *Lactoncarbonsäure* $C_{10}H_8O_4$, F. 238—239° (Nadeln), u. mit $KMnO_4$ in wss. Alkali entsteht *Benzol-1.2.3-tricarbonsäure*, $C_9H_6O_6$, F. 193—194° (Platten). Vff. halten I für ein *2-[β-Hydroxyäthyl]-3(oder 6)-formylbenzoesäure-δ-lacton*. Für I sind die Werte des IR- u. UV-Spektrums angegeben. GISELA SCHREIBER. 3450□

Alkaloide des Singrüns (Vinca): Beziehungen zwischen Vincamedin und Vincamajin. Maurice-Marie Janot, Jean Le Men und Christiane Fan. (C. R. hebd. Séances Acad. Sci. **247**. 2375—77. 22/12. 1958. Paris, Fac. de Pharm.) (Franz.) — Vgl. C. **1957**. 8807.

Vincamajin (I, $C_{22}H_{26}N_2O_3$) besitzt eine CH_3O-, CH_3N- u. eine CH_3C-Gruppe sowie ein akt. H-Atom u. ist ein monobas. Dihydroindol. *Vincamedin* (II, $C_{24}H_{28}N_2O_4$) erweist sich ebenfalls als ein Dihydroindol u. hat die funktionellen Gruppen CH_3O—, CH_3N—, zwei C—CH_3 u. kein bewegliches H-Atom. Das IR-Spektrum von **II** zeigt gegenüber dem von **I** eine zusätzliche Esterbande. Bei der alkal. Hydrolyse spaltet **II** 1 Mol CH_3COOH ab. Durch Red. mit $LiAlH_4$ liefern sowohl **I** wie **II** einen nicht krist. *Alkohol*, dessen IR-Spektrum keine Esterbanden mehr zeigt u. der ein krist. *Acetyl-Deriv.* ($C_{23}H_{28}N_2O_3$, F. 202°) liefert. Durch 2std. Kochen mit 2n alkohol. K-Äthylat geben sowohl **I** wie **II** eine *Säure* ($C_{21}H_{24}N_2O_3$, F. 357°) mit ident. IR-Spektren. Veresterung der Säure in methanol. HCl liefert ein *Hydrochlorid*, dessen freie *Base* (F. 223—224°) mit **I** übereinstimmt. Bei 8std. Erhitzen von **II** in CH_3OH unter Einleiten von HCl wird ein *Alkaloid* [$C_{22}H_{26}N_2O_3$, F. 224°; $[\alpha]_D$ —50° (c = 0,25; 96% ig. A.)] erhalten, das nach Analyse u. IR-Spektren mit **I** ident. ist, woraus mit Sicherheit zu schließen ist, daß in **II** das O-Acetyl-Deriv. von **I** vorliegt. Durch Acetylierung von **I** mit Acetanhydrid oder Keten wird dagegen kein **II** erhalten. Das UV-Spektrum von **I** wird in alkal. Medium nicht verschoben, woraus geschlossen wird, daß es sich bei der OH-Gruppe von **I** nicht um eine phenol., sondern um eine ster. geschützte sek. oder tert. Alkoholgruppe handelt. H. KNIESZ. 3500

Die Struktur von Echitamin. Harold Conroy, Raymond Bernasconi, Peter R. Brook, Raphael Ikan, Robert Kurtz und Keith W. Robinson. (Tetrahedron Letters [London] **1960**. Nr. 6. 1—9. März. New Haven, Conn., Yale Univ., Dep. of Chem.) (Engl.)

Vff. zeigen, daß die chem. Rkk. u. physikal. Daten mit der für *Echitamin* vorgeschlagenen Formel **I** vereinbar sind. *Echitaminchlorid* (oder Hydrochlorid), $C_{22}H_{29}Cl \cdot N_2O_4$, für das Formel **II** angenommen wird, zeigt im IR keine Banden für $\overset{\oplus}{N}$—H- oder >C=$\overset{\oplus}{N}$<-Gruppen. Bei Zugabe von NaOH zu **II** entsteht amorphes **I**, $C_{22}H_{28}N_2O_4$, das aus Bzl. ein *Benzolsolvat* ($C_{22}H_{28}N_2O_4 \cdot C_6H_6$, F. 139—140°) liefert. Die Daten des

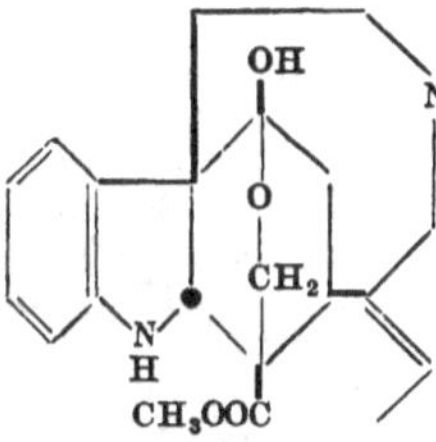

I

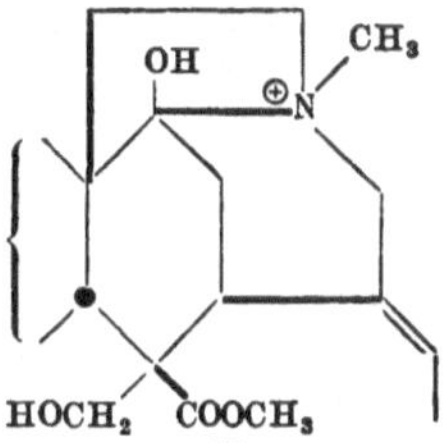

II

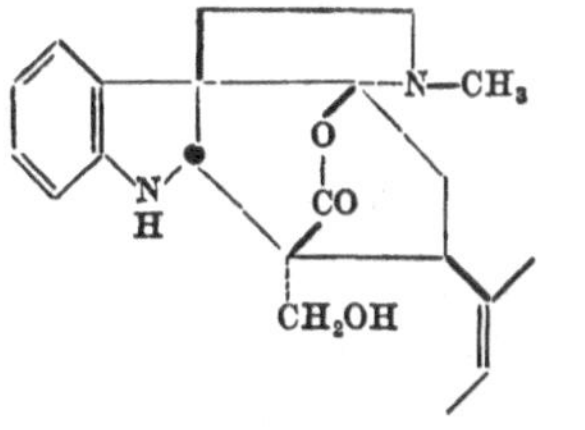

IV

Kernresonanzspektrums entsprechen Formel **I**. **I** gibt mit CH_3J *Echitamin-α-methojodid* [$C_{23}H_{31}JN_2O_4$, F. 226—229° (Zers.; abs. A.)]. Weiter entsteht neben anderen Prodd. *Alloechitamin* [**III**, $C_{21}H_{26}N_2O_3$, F. 191° (CH_3OH)], wenn **II** mit K-tert.-Butylat in abs. tert.-Butanol umgesetzt wird. Das IR-Spektrum von **III** zeigt neben der Esterbande eine Carbonylbande bei 1689 cm^{-1}; OH-Banden fehlen. Das Kernresonanzspektrum zeigt die Ggw. von (Ester-) OCH_3- u. N—CH_3-Gruppen u. einer Äthylidengruppierung. Katalyt. Red. von **I** an Pt in A. gibt mit hoher Ausbeute das Lacton *Echitinolid* [**IV**, $C_{21}H_{26}N_2O_3$, F. 140—144° (Ae.), F. 154—157° (Bzl.)]. Nach dem Kernresonanzspektrum enthält **IV** eine N—CH_3- u. zwei verschiedene C—CH_3-Gruppen. Das IR-Spektrum zeigt OH-, NH- u. Estergruppen. Unter milden Bedingungen gibt **IV** ein *Monoacetat* ($C_{23}H_{28}N_2O_4$, F. 210—214°). Beim Erhitzen von **IV** mit HCl entsteht *Isoechitinolid* [**V**, F. 149—154° (Ae.)], das weder eine OH-Gruppe noch eine Doppelbindung enthält. Die Verschiebungen der UV-Maxima von **III** u. **IV** beim Ansäuern, die früheren Ergebnisse der Vff. u. anderer Autoren beim HOFMANN-Abbau von **IV** u. die Bldg. von *Dimethylpyrrolo-[2'.3':3.4]-chinolin* bei der Dehydrierung mit Zn-Staub oder Se werden im Hinblick auf Formel **I** diskutiert. Für **III** u. **V** sind die Strukturformeln angegeben. — Vgl. dagegen C. **1961**. 13552. H. TEEGE. 3500□

Synthese des Kryptopleurins und verwandter Phenanthrochinolizidine. P. Marchini und B. Belleau. (Canad. J. Chem. **36**. 581—88. März 1958. Quebec, Laval Univ., School of Med., Dep. of Biochem.) (Engl.)

Durch Rk. von 9-Chlormethylphenanthren (**III**) mit Pipecolinsäuremethylester (**I**) erhält man *N-[Phenanthryl (9)-methyl]-pipecolinsäuremethylester*, dessen saure Hydrolyse die entsprechende *Aminosäure* liefert. Die Cyclisierung dieser Verb. mit Polyphosphorsäure gibt *Phenanthro-[9'.10':2.3]-dehydrochinolizidon-(1)* (**IV**), dessen Red. nach HUANG-MINLON zu *Phenanthro-[9'.10':2.3]-dehydrochinolizidin* (**VI**) führt. Bei der Red. von **IV** nach CLEMMENSEN erfolgt Umlagerung zu *Phenanthro-[9'.10':8.9]-1-azabicyclo-[5.3.0]-decan.* Entsprechend erhält man aus 2.3.6-Trimethoxy-9-chlormethylphenanthren u. **I** *2.3.6-Tri-*

methoxy-N-[phenanthryl-(9)-methyl]-pipecolinsäuremethylester u. durch dessen Hydrolyse u. Ringschluß *3.6.7-Trimethoxyphenanthro-[9'.10':2.3]-dehydrochinolizidon-(1)*. Red. dieser Verb. nach Wolff-Kishner u. Behandlung des Rk.-Gemisches mit CH_2N_2 liefert das krist. *3.6.7-Trimethoxyphenanthro-[9'.10':2.3]-dehydrochinolizidin* (*Kryptopleurin*; **II**). Eine Möglichkeit der Biogenese von **II** wird aufgezeigt. UV- u. IR-Spektren sind für eine Anzahl der synthetisierten Verbb. graph. wiedergegeben.

Versuche: *N-[Phenanthryl-(9)-methyl]-pipecolinsäuremethylesterhydrochlorid*, $C_{22}H_{23}NO_2 \cdot HCl \cdot H_2O$, F. 177—178° (Aceton/Essigsäureäthylester), durch Zugabe einer 1,4 g K_2CO_3 enthaltenden Lsg. von 7 g **I** in 150 ml CH_3OH zu 8,6 g **III** u. 12std. Rühren bei 60—70°, Einengen, Gießen in W., Ae.-Extraktion u. Einleiten von HCl in die getrocknete Ae.-Lsg.; 5 g (Ausbeute). — *N-[Phenanthryl-(9)-methyl]-pipecolinsäurehydrochlorid*, $C_{21}H_{21}NO_2 \cdot HCl$, F. 195—200° durch 2std. Kochen von 5,5 g vorst. Verb. mit 100 ml konz. HCl u. Einengen; 5,3 g. — *Phenanthro-[9'.10':2.3]-dehydrochinolizidon-(1)* (**IV**), $C_{21}H_{19}NO$, F. 168—169° (Chlf./CH_3OH; hellgelbe Prismen), durch Zugabe von 3 g vorst. Verb. zu der Lsg. von 10 g P_2O_5 in 10 g sirupöser H_3PO_4 u. 6std. Rühren bei 100°, Abkühlen, Gießen in Eiswasser, Alkalisieren mit konz. NaOH, Chlf.-Extraktion u. Einengen; 1,4 g. — *Phenanthro-[9'.10':2.3]-dehydrochinolizidin* (**VI**), $C_{21}H_{21}N$, F. 169—170° (A.; Nadeln), durch Zugabe von 0,5 g **IV** zu der Lsg. von 0,6 g KOH in 7 ml Äthylenglykol u. 1 ml Hydrazinhydrat, 1std. Kochen, Abdestillieren des W., weitere Dest. bis zu einer Dampf-Temp. von 195° u. 6std. Erhitzen auf 200°; 0,3 g. — *Phenanthro-[9'.10':8.9]-1-azabicyclo-[5.3.0]-decan*, $C_{21}H_{21}N$, F. 164° (CH_3OH; Nadeln), durch langsame Zugabe von 2,5 g Zinkamalgam innerhalb von 4 Std. zu einer sd. Lsg. von 0,4 g **IV** in 50 ml HCl/W. (3 : 1) u. stündliches Zugeben von 5 ml konz. HCl; 0,25 g. — *6-Nitro-3.4.4'-trimethoxy-α-phenylzimtsäure*, F. 183—184° (CH_3COOH), durch 24std. Kochen einer Lsg. von 58 g 6-Nitroveratrumaldehyd u. 60 g Homoanissäure in 300 ml Acetanhydrid u. 5 g CH_3COOK; 38 g. — *6-Amino-3.4.4'-trimethoxy-α-phenylzimtsäure*, $C_{18}H_{19}NO_5$, F. 203—204° (verd. A.; gelbe Kristalle), durch Zugabe der Lsg. von 37 g vorst. Verb. in 112 ml 14%ig. NH_4OH zu der heißen Lsg. von 228 g $FeSO_4$ in 1 Liter 14%ig. NH_4OH u. 30 Min. langes Erhitzen auf 90°; 25 g. — *2.3.6-Trimethoxyphenanthrencarbonsäure-(9)*, F. 219—220° (CH_3COOH), durch Suspendieren von 23 g vorst. Verb. in 1400 ml W., Zugabe von 100 ml konz. HCl u. 400 ml Dioxan, Kühlen des Gemisches auf 3—5°, Eintropfen der Lsg. von 9 g $NaNO_2$ in 100 ml W. innerhalb 2 Std. bei 5°, 90 Min. langes Rühren, Zugabe von 20 g Cu-Bronze u. 24std. Rühren bei Raum-Temp.; 12 g. *Methylester* (**V**), $C_{19}H_{18}O_5$, F. 156—157° (Essigsäureäthylester/Isopropylalkohol), durch 2std. Erhitzen von 11,5 g vorst. Säure mit 250 ml CH_3OH u. 15 ml H_2SO_4, Gießen auf Eis, Chlf.-Extraktion u. Chromatographie des Chlf.-Rückstandes an Al_2O_3; 5,4 g. *Äthylester*, F. 137° (A.). — *2.3.6-Trimethoxy-9-hydroxymethylphenanthren*, F. 186° (A.; feine Nadeln), durch Eintropfen der Lsg. von 5 g **V** in Tetrahydrofuran zu einer Suspension von 2,5 g $LiAlH_4$ in 100 ml Ae. unter Kühlung u. 90 Min. langes Kochen, Zers. mit Essigester, Eingießen in W., Extraktion mit Chlf.–Ae. u. Einengen; 4 g. — *2.3.6-Trimethoxy-9-chlormethylphenanthren*, $C_{18}H_{17}ClO_3$, F. 150—151° (Bzl.), durch Eintropfen von 2,96 ml $SOCl_2$ in die Lsg. von 3,7 g vorst. Verb. in 170 ml abs. Chlf. u. 2,2 ml Pyridin bei 0° u. 1std. Rühren bei 40—60°, Gießen auf Eis u. Chlf.-Extraktion; 3,45 g. — *2.3.6-Trimethoxy-N-[phenanthryl-(9)-methyl]-pipecolinsäuremethylesterhydrochlorid*, $C_{25}H_{29}NO_5 \cdot HCl \cdot 1/2\,H_2O$, F. 165—167° (Aceton/Essigsäureäthylester), durch 20std. Kochen von 3 g vorst. Verb. u. 6 g **I** in 100 ml abs. Toluol unter Rühren, Eindampfen, Gießen des Rückstandes auf Eis, Einstellen der Lsg. mit Alkali auf pH 9, Chlf.-Extraktion, Eindampfen, Aufnehmen in wenig Ae. u. Einleiten von HCl; 4,7 g. — *3.6.7-Trimethoxyphenanthro-[9'.10':2.3]-dehydrochinolizidon-(1)*, $C_{24}H_{25}NO_4$, F. 154,5—155° (Aceton/CH_3OH; gelbe Prismen), durch 90 Min. langes Erhitzen von 4,7 g vorst. Verb. in 80 ml HCl, Zugabe von 2,4 g der erhaltenen *Säure* zu dem Gemisch von 10 g P_2O_5 u. 10 g H_3PO_4 u. 3½ std. Erhitzen der Lsg., Gießen auf Eis, Einstellen mit KOH auf pH 9 u. Chlf.-Extraktion; 1 g. — *3.6.7-Trimethoxyphenanthro-[9'.10':2.3]-dehydrochinolizidin* (*Kryptopleurin*; **II**), F. 199—201° (Aceton; hellgelbe Nadeln), durch Red. von 0,45 g vorst. Verb. analog **VI** unter N_2, 12std. Stehen des Rk.-Prod. mit überschüssigem CH_2N_2 in CH_3OH–Ae., Eindampfen im Vakuum, Aufnehmen in Ae., Ausschütteln mit verd. HCl, Neutralisation der sauren Lsg. u. Ae.-Extraktion; 5 mg. J. Ruhnke. 3500□

Ein krampferzeugendes Alkaloid aus Dioscorea dumetorum. C. W. L. Bevan und J. Hirst. (Chem. and Ind. **1958**. 103. 25/1. Ibadan, Univ., Dep. of Chem.) (Engl.)

Aus Knollen der in Westafrika heim. Pflanze *Dioscorea dumetorum* wird durch Extraktion mit A.–Essigsäure ein krampferzeugendes *Alkaloid* {**I**, $C_{13}H_{21}NO_2$; $[\alpha]_D^{18}$ +42,2° (c = 3,4; Chlf.; *Pikrat*, F. 189°; *Jodmethylat*, F. 258°} erhalten, das durch Vakuum-Dest. u. Überführung in das krist. *Hydrochlorid* (F. 209°) gereinigt werden kann. **I** enthält einen 6-gliedrigen Lactonring sowie eine NCH_3-Gruppe u. liefert daher

bei der Oxydation nach REYNOLDS u. ROBINSON [1934] *Formaldehyd*. I, das pharmakolog. schwächer wirksam ist als Dioscorin (II), enthält keine durch ADAMS-Katalysator hydrierbaren Doppelbindungen. Das IR-Spektrum von I ist demjenigen des aus II durch Hydrierung gewonnenen (vgl. PINDER, C. **1953.** 1337) *Dihydrodioscorins* (III) sehr ähnlich, dagegen unterscheiden sich die FF. der III-Derivv. (*Pikrat*, F. 164—165°; *Jodmethylat*, F. 229—230°) sowie der Drehwert {$[\alpha]_D^{20}$ 0° (c = 3,1; Chlf.)} von entsprechenden Werten der I-Reihe. Möglicherweise ist III ein Stereoisomeres von I.
G. MARQUARD. 3500

Die Chemie der natürlichen Ordnung Cupressales. 17. Mitt. **Kernholzbestandteile von Pilgerodendron uviferum (D. Don) Florin (= Libocedrus tetragona Ends.).** H. Erdtman, Z. Pelchowicz und J. G. Topliss. (Acta chem. scand. **10.** 1563—67. 1956. Stockholm, Kungl. TH, Organ.-kem. Inst.) (Engl.) — 16. vgl. C. **1961.** 10924; vgl. auch C. **1962.** 2006.

Aus der alkalilösl. Fraktion des ätherlösl. Acetonextrakts von *Pilgerodendron uviferum*-Kernholz wird ein krist. *Phenol vom Flavanontyp* [$C_{16}H_{14}O_6$, F. 217—219° (alle FF. korr.; Methanol); $[\alpha]_D$ +324° (c = 1,2; Aceton); λ_{max} 290 mμ (ε = 9000); λ_{min} 248 mμ (ε = 729). *Acetat*, F. 187,5—189° (A.)] erhalten. Aus der neutralen Fraktion konnte mit HCl *Cadinendihydrochlorid* [I, F. 117—118° (A.); $[\alpha]_D$ —36° (c = 1,4; Chlf.)] u. durch Dehydrierung mit Se *Cadalin* (II; *Pikrat*, F. 114,5—115°) isoliert werden; die Aufarbeitung der höhersd. Neutralfraktionen liefert einen *Sesquiterpenalkohol* [III, $C_{15}H_{26}O$, F. 138,5—139° (wss. A.); $[\alpha]_D$ —107° (c = 1,1; Chlf.)], der *Pilgerol* genannt wird. III liefert durch Dehydrierung II, durch Behandlung mit HCl I u. durch katalyt. Hydrierung mit ADAMS-Katalysator bei 25°/1 at ein Gemisch diastereomerer *Dihydropilgerole* [$C_{15}H_{28}O$, F. 79—80° (Sublimation)], das durch fraktionierte Sublimation in die *Dihydropilgerole* vom F. 74—75° sowie F. 90—94° zerlegt werden konnte. IR-Spektrum von III s. Original.
L. LAMZA. 3600

Reaktion von Diosgeninacetat mit Chlorwasserstoff in Acetanhydrid. Frederick C. Uhle. (J. org. Chemistry **27.** 656—58. Febr. 1962. Boston, Mass., Harvard Med. School, Dep. of Pharmacol.) (Engl.)

Durch Behandeln von Diosgeninacetat mit HCl in sd. Acetanhydrid erhielten MINER u. WALLIS (C. **1957.** 5569) ein Acetoxychlor-Deriv. $C_{31}H_{47}ClO_5$ (I), dem sie die Struktur eines Δ^5-3β.27-Diacetoxy-16α-chlor-25α-cholesten-22-ons zuschrieben. I ist in Wirklichkeit *Δ^5-3β.16β-Diacetoxy-27-chlor-25α-cholesten-22-on*. Es reagiert mit Phthalimid-K (II) zum *27-Phthalimido-Deriv.* (III), welches auf verschiedenen Wegen in 2—3 Stufen in *Solasodin* übergeführt werden kann.

Versuche (FF. auf kalibrierter Mikroheizbank): *Δ^5-3β.16β-Diacetoxy-27-phthalimido-25α-cholesten-22-on* (III), $C_{39}H_{51}NO_7$, F. 179—182°, Platten aus Isopropanol (Is), aus I u. II in abs. Dimethylformamid (24std. Rühren bei 105°); $[\alpha]_D$ +14° (Chlf.); 62% (Ausbeute). — *Δ^5-3β.22-Dihydroxy-27-phthalimido-25α-furosten*, $C_{35}H_{47}NO_5$, F. 170 bis 173° (CH_3OH), aus III durch 3std. Kochen mit wss.-alkohol. KOH, Ansäuern u. Behandeln der ausgeschiedenen *Phthalamidsäure* mit N-Cyclohexyl-N'-[2-morpholinoäthyl]-carbodiimidmetho-p-toluolsulfonat in CH_3OH (3 Std. bei 25°, dann 20 Std. bei 0°); 50%. — *$\Delta^{5.20,22}$-3β-Hydroxy-27-phthalimido-25α-furostadien*, $C_{35}H_{45}NO_4$, Doppel-F. 70 bis 72° u. 130—145° (Is), aus vorst. Verb. u. Eisessig (10 Min. bei 100°); 50%. — *$\Delta^{5.22,N}$-3β.16β-Diacetoxy-22.27-imino-25α-cholestadien*, $C_{31}H_{47}NO_4$, F. 184—192°, Platten aus CH_3OH, aus III u. N_2H_4 in CH_3OH/CH_2Cl_2 (3 Std. bei 25°, dann 68 Std. bei 0°); $[\alpha]_D$ +43° (Chlf.); 55%. Milde alkal. Hydrolyse gab ein *Prod.*, das noch einen Acetoxyrest enthielt, vermutlich an $C_{(16)}$; kräftigere bas. Hydrolyse gab nachst. Verbindung. — *Solasodin* [*Δ^5-3β-Hydroxy-22.27-imino-25α-furosten*], $C_{27}H_{43}NO_2$, F. 199—201°, Platten aus CH_3OH, aus III u. N_2H_4 in CH_3OH/CH_2Cl_2 (45 Std. bei 25°), dann Behandeln mit wss.-alkohol. KOH (20 Std. Kochen); 30%.
J. ROTHE. 3650□

Die Synthese von 9α-Hydroxysteroiden. Charles J. Sih. (J. org. Chemistry **26.** 4716—18. Nov. 1961. Madison, Wis., Univ. of Wisconsin, Dep. of Pharmacognosy.) (Engl.)

17α-Hydroxy-21-acetoxy-$\Delta^{4.9,11}$-pregnadien-3.20-dion (I) wird mit Perbenzoesäure in das bekannte *17α-Hydroxy-21-acetoxy-9α.11α-oxido-Δ^4-pregnen-3.20-dion* (II) in 97%ig. Ausbeute übergeführt. II liefert bei der Verseifung mit K_2CO_3 in 90%ig. Ausbeute *9α.11α-Oxido-17α.21-dihydroxy-Δ^4-pregnen-3.20-dion*, das mit Na-Bismutat 65% *9α.11α-Oxido-Δ^4-androsten-3.17-dion* (III) gibt. III geht durch Red. mit $LiAlH_4$ in ein Gemisch von *Δ^4-Androsten-3β.9α.17β-triol* u. *Δ^4-Androsten-3α.9α.17β-triol* über, das ohne isoliert zu werden, mit MnO_2 direkt zu *9α-Hydroxytestosteron* (IV) oxydiert wird. Die Oxydation von IV mit CrO_3 liefert 68% *9α-Hydroxy-Δ^4-androsten-3.17-dion*. Die Ausbeute der Stufen von III zu IV beträgt 26%. UV- u. IR-Spektren vgl. Original.

Versuche: *9α.11α-Oxido-17α-hydroxy-21-acetoxy-Δ⁴-pregnen-3.20-dion* (**II**), $C_{23}H_{30}O_6$, F. 248—249° (Aceton), durch Lösen von **I** in einer eiskalten 0,026m Lsg. von Perbenzoesäure in Chlf. u. 20std. Stehen im Eisschrank; $[\alpha]_D^{25}$ +100° (c = 1; Chlf.); 97% (Ausbeute). — *9α.11α-Oxido-17α.21-dihydroxy-Δ⁴-pregnen-3.20-dion*, $C_{21}H_{28}O_5$, F. 213—215° (Aceton), durch 1std. Rühren von **II** u. 10%ig. wss. K_2CO_3 in Methanol unter N_2; $[\alpha]_D^{25}$ +86° (c = 1; Dioxan); 89%. — *9α.11α-Oxido-Δ⁴-androsten-3.17-dion* (**III**), $C_{19}H_{24}O_3$, F. 272—274° (Aceton), durch Zugabe von Na-Bismutat zu vorst. Verb. in Eisessig/W. (1 : 1), 4std. Schütteln bei Raum-Temp., Reinigen durch Chromatographie an Al_2O_3 u. Eluieren mit Hexan/Bzl. (1 : 2); $[\alpha]_D^{25}$ +185° (c = 1; Chlf.); 65%. — *Gemisch aus Δ⁴-Androsten-3β.9α.17β-triol u. Δ⁴-Androsten-3α.9α.17β-triol*, durch Zugabe von 1 g **III** in abs. Tetrahydrofuran zu $LiAlH_4$ in Tetrahydrofuran, 16std. Rühren u. 4std. Kochen; 910 mg. — *9α-Hydroxytestosteron* (**IV**), $C_{19}H_{28}O_3$, F. 210—211° (Aceton/PAe.), durch Zugabe von MnO_2 zu 500 mg vorst. Gemisches in Chlf., 16std. Rühren, Filtrieren, Eindampfen zur Trockne, Chromatographie an Al_2O_3 u. Eluieren mit Bzl./Chlf.; $[\alpha]_D^{25}$ +104° (c = 1; Chlf.); 162 mg. — *9α-Hydroxy-Δ⁴-androsten-3.17-dion*, $C_{19}H_{26}O_3$, F. 220—222° (Aceton/Hexan), durch Lösen von 100 mg **IV** in Aceton, Zutropfen von CrO_3/H_2SO_4 in Aceton, Filtrieren u. Eindampfen zur Trockne; $[\alpha]_D^{25}$ +182° (c = 0,9; Chlf.); 67 mg. P. GOLINSKE. 3700□

Über einen Weg zum Aldosteron von Steroidverbindungen der Gallenreihe aus. Léon Velluz, Georges Muller, Roland Bardoneschi und André Poittevin. (C. R. hebd. Séances Acad. Sci. **250.** 725—27. 25/1. 1960. Roussel-Uclaf, Centre de Rech.) (Franz.)

3α-Acetoxy-20α-hydroxy-5β-pregnan-11-on [$C_{23}H_{36}O_4$, F. 179°; $[\alpha]_D$ +76 ± 5° (Chlf.), durch Red. des 11.20-Dions] wird durch Bleitetraacetat glatt zu *3α-Acetoxy-18.20α-epoxy-5β-pregnan-11-on* [$C_{23}H_{34}O_4$, F. 171°; $[\alpha]_D$ +113 ± 5° (Chlf.); 80% (Ausbeute)] oxydiert, während das 20β-Isomere *3α-Acetoxy-18.20β-epoxy-5β-pregnan-11-on* [**I**, $C_{23}H_{34}O_4$, F. 168°; $[\alpha]_D$ +67 ± 5° (Chlf.)] nur zu der etwa halben Ausbeute liefert. Die beiden vorst. Oxide lassen sich durch CrO_3-Oxydation ins Lacton *3α.20-Dihydroxy-18.20-epoxy-5β-pregnan-11.18-dion* [$C_{21}H_{30}O_5$, F. 232°; $[\alpha]_D$ +34 ± 5° (A.)] überführen, das mit $NaBH_4$ zu *3α.20β-Dihydroxy-11β.18-epoxy-5β-pregnan-18-on* [**II**, $C_{21}H_{32}O_4$, F. 310°; $[\alpha]_D$ +54 ± 5° (A.)] red. wird. Durch acetylierende Ringöffnung von **I** u. anschließendes Verseifen erhält man *3α.18.20β-Trihydroxy-5β-pregnan-11-on* [$C_{21}H_{34}O_4$, F. 218°; $[\alpha]_D$ +63 ± 5° (Chlf.)], dessen Oxydation zum Lacton *18.20-Epoxy-5β-pregnan-3.11.18-trion* [$C_{21}H_{28}O_4$, F. 218°; $[\alpha]_D$ +10 ± 5° (Chlf.)] führt; letzteres läßt sich ebenfalls zu **II** reduzieren. **II** wird nun seinerseits zu *11β.18-Epoxy-5β-pregnan-3.18.20-trion* [$C_{21}H_{28}O_4$, F. 246°; $[\alpha]_D$ +55 ± 5° (Chlf.)] oxydiert u. dessen *3-Äthylenketal* [$C_{23}H_{32}O_5$, F. 198°; $[\alpha]_D$ +65 ± 5° (Chlf.)] zu *11β.18-Epoxy-3.3-äthylendioxy-21-äthoxalyl-5β-pregnan-18.20-dion* [$C_{27}H_{36}O_8$, F. 188°; $[\alpha]_D$ +109 ± 5° (Chlf.)] äthoxalyliert. Das aus diesem erhaltene *11β.18-Epoxy-3.3-äthylendioxy-21-jod-5β-pregnan-18.20-dion* [$C_{23}H_{31}JO_5$, F. 225°; $[\alpha]_D$ −23 ± 10° (Chlf.)] wandelt man über *11β.18-Epoxy-21-acetoxy-5β-pregnan-3.18.20-trion* [$C_{23}H_{30}O_6$, F. 201°; $[\alpha]_D$ +23 ± 10° (Chlf.)], durch Bromierung u. HBr-Abspaltung in *21-Acetoxy-11β.18-epoxy-Δ⁵-pregnen-3.18.20-trion* [$C_{23}H_{28}O_6$, F. 185—188°; $[\alpha]_D$ +117 ± 5° (Chlf.)] um, welches ein Zwischenprod. der Synth. von *Aldosteron* nach SCHMIDLIN (Helv. chim. Acta **40.** [1957.] 2291) darstellt. H.-E. TOUSSAINT. 3700□

Eine bequeme Modifikation der Brownschen Hydratisierungsreaktion. Hydratisierung ungesättigter Steroide. Saul Wolfe, Manasse Nussim, Yehuda Mazur und Franz Sondheimer. (J. org. Chemistry **24.** 1034. Juli 1959. Rehovoth, Israel, Weizmann Inst. of Sci., Daniel Sieff Res. Inst.) (Engl.)

Vff. beschreiben eine neue Modifikation, die die Bldg. eines flüchtigen Diborans u. die hohe Siedetemp. des verwendeten Diglyme vermeidet. Die Olefine reagieren in Ae. unmittelbar mit dem aus $LiAlH_4$ u. BF_3 intermediär entstehenden ätherlösl. Diboran. Für einfache Olefine werden ausgezeichnete Ausbeuten erhalten. Octen-(1) u. Cyclohexen bilden nach alkal. H_2O_2-Oxydation *Octanol-(1)* u. *Cyclohexanol* in über 80%ig. Ausbeute. Aus Δ⁴-Cholesten werden 60% *Cholestan-4α-ol* [F. 187—188°; $[\alpha]_D$ +3° ($CHCl_3$)) u. aus Δ⁵-Cholesten 75% *Cholestan-6α-ol* [F. 128—129°; $[\alpha]_D$ +35° ($CHCl_3$)] im Gegensatz zu 30 bzw. 40% nach der alten Meth. erhalten. Isomere Alkohole werden nicht beobachtet, die Hydratation besteht also in einer cis-Addition an die weniger gehinderte Seite der Doppelbindung. Cholesterin bildet nach Acetylierung 70% *Cholestan-3β.6α-dioldiacetat* [F. 105°; $[\alpha]_D$ +41° ($CHCl_3$)] u. 15—20% *Koprostan-3β.6β-dioldiacetat* [F. 138°; $[\alpha]_D$ +16° ($CHCl_3$)]. 2-[Tetrahydropyranyl-(2)-oxy]-cholesterin liefert nach Ansäuern u. Acetylierung die *Diacetate* in 45- bzw. 35%ig. Ausbeute. In der Dekalinreihe wird aus 7.7.10-Trimethyl-$\Delta^{1,9}$-oktalin *7.7.10-Trimethyl-cis-dekalol-(1β)* (F. 83°) in 80%ig. Ausbeute erhalten. F. KLATT. 3700□

Einfache Darstellung von 17β-Hydroxy-5β-androstan-3-on und seinem 17α-Methylderivat. R. Bruce Gabbard und Albert Segaloff. (J. org. Chemistry **27.** 655—56. Febr. 1962. New Orleans, La., Alton Ochsner Med. Foundat., Div. of Endocrinol.) (Engl.)

Hydrierung von 17β-Hydroxy-17α-methyl-Δ^4-androsten-3-on in wss. A. in Ggw. von Pd-Schwarz u. KOH bei 45 lbs. gab 60% (Ausbeute) *17β-Hydroxy-17α-methyl-5β-androstan-3-on* (I), $C_{20}H_{32}O_2$, Doppel-F. 74—76° u. 119—121° (KOFLER-Bank; Platten aus PAe.) bzw. F. 120—121° (Nadeln aus verd. A.); $[\alpha]_D^{25}$ +3° (Chlf.); IR-spektroskop. (Bande bei 11,38 μ) wurden 5% *5α-Isomeres* im Rohprod. nachgewiesen. — Analog lieferte Testosteron 60% *17β-Hydroxy-5β-androstan-3-on* (II), F. 142—144°, Platten aus PAe.; $[\alpha]_D^{21}$ +32° (A.); chromatograph. gereinigt; das Rohprod. enthielt 15% *5α-Isomeres,* nach Messungen der Rotationsdispersion. I u. II zeigten subkutan 1% der androgenen Wrkg. des Testosterons an Ratten. J. ROTHE. 3750□

Serotlocculantien in der Androstanreihe. Robert T. Blickenstaff und Emerson L. Foster. (J. org. Chemistry **26.** 5029—32. 27/12. 1961. Indianapolis, Ind., Indiana Univ., School of Med., Dep. of Biochem. and Veterans Admin. Hosp., Dep. of Med., Med. Res. Labor.) (Engl.)

Acyl-Derivv. von Testosteron werden mit Mono- u. Dithiolen in die entsprechenden *Dienthioläther* bzw. *Dithioketale* übergeführt. *Dithioketale* werden sowohl durch Rk. von Mono- als auch von Dithiolen mit Steroidketonen erhalten, die in α,β-Stellung keine Doppelbindung haben. Einige N-haltige Derivv. von 13.17-Seco-Δ^5-androsten (mit einem D-Ringlactam) werden dargestellt. 3.3-Bis-[äthylmercapto]-17β-acetoxy-5α-androstan, 3.3-Bis-[allylmercapto]-17β-acetoxy-5α-androstan u. 17β-Phenylacetoxy-$\Delta^{3.5}$-androstadien sind hochakt., serumausflockende Agentien.

Versuche (Drehungen in 2%ig. Benzol-Lsg. bei 25°): $\Delta^{3.5}$-Androstadiene: *3-Benzylsulfinyl-17β-acetoxy-*, $C_{28}H_{36}O_3S$, F. 192,8—196,8°, durch Zugabe von 30%ig. H_2O_2 in gesätt. wss. Soda-Lsg. zu 250 mg 3-Benzylmercapto-17β-acetoxy-$\Delta^{3.5}$-androstadien in warmem A. u. $^1/_4$std. Erhitzen auf 100°; aus Methanol Prismen; $[\alpha]_D$ —197° (c = 1); 236 mg (Ausbeute). — *3-Phenylmercapto-17β-acetoxy-*, $C_{27}H_{34}O_2S$, F. 154,8 bis 158,2°, durch mehrstd. Stehen von 1 g Testosteronacetat, Thiophenol u. 47%ig. BF_3/Ae.-Komplex in Eisessig bei Raum-Temp. u. Gießen auf Eis; aus Bzl./Methanol (2:3) Platten; $[\alpha]_D$ —259°; 520 mg. — *3-Äthylmercapto-17β-hydroxy-*, $C_{21}H_{32}OS$, F. 128,6 bis 130,4°, durch alkal. Hydrolyse nachst. Verb.; aus Aceton/W. (5:3) Nadeln; $[\alpha]_D$ —156°. — *3-Äthylmercapto-17β-formoxy-*, $C_{22}H_{32}O_2S$, F. 108,6—113,6°, durch Rühren von 376 mg Testosteron, Äthylmercaptan, p-Toluolsulfonsäure u. 88%ig. HCOOH u. 3std. Stehen bei Raum-Temp.; aus Methanol mit etwas Pyridin Latten; $[\alpha]_D$ —210°; 260 mg. — *3-Äthylmercapto-17β-benzoyloxy-*, $C_{28}H_{36}O_2S$, F. 186,4—190,2°, durch Zutropfen von konz. HCl zu 500 mg Testosteronbenzoat u. Äthylmercaptan in Eisessig, 2std. Stehen bei Raum-Temp. u. mehrstd. Stehen im Eisschrank; aus Dimethylformamid (DMF) Plättchen; $[\alpha]_D$ —84°; 485 mg. — *Testosteronacetatäthylendithioketal,* $C_{23}H_{34}O_2S_2$, F. 214,0—218,5°, nach FIESER (C. **1950/54.** 940 S) aus 1 g Testosteronacetat Äthandithiol-(1.2) u. 47%ig. BF_3/Ae.-Komplex in Eisessig; aus Bzl./Methanol (2:3) u. Aceton mit etwas Pyridin Stäbchen; $[\alpha]_D$ + 137°; 1,1 g. — *Testosteronacetattrimethylendithioketal,* $C_{24}H_{36}O_2S_2$, F. 188,2—190,6°, analog vorst. Verb.; aus DMF/W. (10:1) Prismen; $[\alpha]_D$ + 113°; 908 mg. — *17β-Acetoxy-Δ^4-androsten,* F. 111—113°, durch Desulfurierung nach ROSENKRANZ (J. Amer. chem. Soc. **71.** [1949.] 3689) aus vorst. Verb., Chromatographie an Al_2O_3 u. Eluieren mit Ligroin; aus Methanol Latten; $[\alpha]_D$ + 71° (c = 1,3). — *3-Oxo-17β-acetoxy-$\Delta^{4.9,11}$-androstadien,* $C_{21}H_{28}O_3$, F. 138,2—140,2° [Methanol/W. (10:1) oder Aceton/W. (10:1)], durch Veresterung von $\Delta^{9,11}$-Dehydrotestosteron mit Eisessig u. konz. HCl; $[\alpha]_D$ + 50° (Chlf.). — *3-Oxo-17β-acetoxy-$\Delta^{4.9,11}$-androstadientrimethylendithioketal,* $C_{24}H_{34}O_2S_2$, F. 180,0—180,6°, aus 0,5 g vorst. Verb. u. Propandithiol-(1.3); aus DMF/W. (25:4) Stäbchen; $[\alpha]_D$ + 108°; 0,41 g. — *3.3-Bis-[äthylmercapto]-17β-acetoxy-5α-androstan,* $C_{25}H_{42}O_2S_2$, F. 132,0—134,8°, durch $^1/_4$std. Zutropfen von konz. HCl zu 250 mg 3-Oxo-17β-acetoxy-5α-androstan u. Äthylmercaptan in Eisessig u. mehrstd. Stehen im Eisschrank; aus Bzl./Methanol (1:6) Platten; $[\alpha]_D$ + 12°; 300 mg. — *3.3-Bis-[allylmercapto]-17β-acetoxy-5α-androstan,* $C_{27}H_{42}O_2S_2$, F. 71,3—74,8°, analog vorst. Verb. mit Allylmercaptan; aus Methanol/Bzl. (10:1) oder Aceton/W. (5:2) Platten; $[\alpha]_D$ + 3° (c = 1); daneben *Verb. vom F. 212,0—216,5°*; aus Aceton/W. oder Methanol Nadelbüschel; $[\alpha]_D$ + 23° (c = 1,5). — *3-Oxo-17β-acetoxy-5α-androstanäthylendithioketal,* $C_{23}H_{36}O_2S_2$, F. 186,2—188,2°, nach FIESER (l. c.); aus Bzl./Methanol (1:4) u. DMF/W. (10:1) Platten; $[\alpha]_D$ + 19°. — *3-Oxo-17β-acetoxy-5α-androstanäthylenmonothioketal,* $C_{23}H_{36}O_3S$, F. 145,6—163,0°, aus 3-Oxo-17β-acetoxy-5α-androstan u. β-Mercaptoäthanol; aus Methanol/W. (10:1) mit etwas Pyridin Plättchen; $[\alpha]_D$ + 8°. — *Spiro-[17β-acetoxy-5α-androstan-3.2'-thiazolidin-4'-carbonsäureäthylester],* $C_{26}H_{41}NO_4S$,

F. 168,0—172,2°, durch 24std. Stehen von 240 mg 3-Oxo-17β-acetoxy-5α-androstan u. L-Cysteinäthylesterhydrochlorid in abs. Pyridin bei Raum-Temp.; aus A. u. Aceton Nadeln; $[\alpha]_D$ —50°; 255 mg. — *3β-Tosyloxy-17β-benzoyloxy-Δ⁵-androsten*, $C_{33}H_{40}O_5S$, F. 150,2—153,6°, durch Tosylierung von 3β-Hydroxy-17β-benzoyloxy-Δ^5-androsten mit p-Toluolsulfonylchlorid in Pyridin; aus Aceton/W. Nadeln, aus Diisopropyläther Latten; $[\alpha]_D$ —15° (Chlf.). — *17β-Hydroxy-$\Delta^{3.5}$-androstadien*, F. 157—169°, durch Red. von 17-Oxo-$\Delta^{3.5}$-androstadien mit $LiAlH_4$; aus Methanol Nadeln; $[\alpha]_D$ —120° (A.). *Acetyl-Deriv.*, F. 125,8—130,2°; aus Aceton/W. (5 : 1) Platten; $[\alpha]_D$ —132° (A.). *Propionyl-Deriv.*, $C_{22}H_{32}O_2$, F. 133,8—140,6°; aus Aceton/W. Nadeln; $[\alpha]_D$ —151° (Chlf.). *Benzoyl-Deriv.*, $C_{26}H_{33}O_2$, F. 183,2—188,8°, a) durch Chromatographie des Rohprod. an Al_2O_3 in Ligroin/Bzl. (19 : 1 u. 9 : 1); aus Methanol/Bzl. (3 : 1) u. Essigester Prismen; $[\alpha]_D$ —68° (Chlf.); b) aus vorst. Verb. durch 3std. Kochen in Kollidin. *Phenylacetyl-Deriv.*, $C_{27}H_{34}O_2$, F. 113,4—115,6°, mit Phenylacetylchlorid in Pyridin, Chromatographie an Al_2O_3 u. Eluieren mit Ligroin/Bzl. (1 : 1); aus Aceton/W. (4 : 1) Latten; $[\alpha]_D$ —114° (Chlf.). — *3β-Chlor-Δ^5-androsten-17-on*, F. 155—158° (Aceton), aus Androstenolon u. $SOCl_2$ bei Raum-Temp. u. Chromatographie in Ligroin/Ae. an Al_2O_3; $[\alpha]_D$ +18° (c = 0,6; A.). *2.4-Dinitrophenylhydrazon*, $C_{25}H_{31}ClN_4O_4$, F. 263,5—266,5°; aus Essigester/A. gelbes Pulver; $[\alpha]_D$ —44° (c = 0,6; Chlf.). *Äthylendithioketal*, $C_{21}H_{31}ClS_2$, F. 153,0—158,0°; aus Bzl./Methanol (1 : 3) Nadeln; $[\alpha]_D$ —116°. *Oxim* (**I**), $C_{19}H_{28}ClNO$, F. 185—194°; aus A. Prismen; $[\alpha]_D$ —67° (Chlf.). *O-Carboxymethyloxim*, $C_{21}H_{30}ClNO_3$, F. 180,0—188,5°, durch Rk. mit O-Aminoglykolsäurehydrochlorid; aus Aceton Latten; $[\alpha]_D$ —33° (c = 1; Chlf.). *O-Carbäthoxymethyloxim*, $C_{23}H_{34}ClNO_3$, F. 94,2—97,0°, aus vorst. Verb. mit A. u. konz. HCl bei Raum-Temp.; aus Aceton Stäbchen; $[\alpha]_D$ —28° (c = 1; Chlf.). — *13α-Amino-3β-chlor-13.17-seco-Δ^5-androsten-17-säurelactam-(17 → 13)*, $C_{19}H_{28}ClNO$, F. 255 bis 259°, a) nach Regan u. Hayes (C. **1956.** 14040) aus **I**; aus Methanol Plättchen; $[\alpha]_D$ —66° (c = 1; Chlf.); b) aus 13α-Amino-3β-hydroxy-13.17-seco-Δ^5-androsten-17-säurelactam-(17 → 13) u. $SOCl_2$. P. Golinske. 3750□

Corticosteroide. 6. Mitt. Selektive Cyanhydrinübertragung auf 3-Ketogruppen in Gegenwart von 20-Ketogruppen. Ihre Anwendung auf die Synthese von Cortison und Verbindung S. Alberto Ercoli und Rinaldo Gardi. (Gazz. chim. ital. **88.** 684—90. Aug./Sept. 1958. Casatenovo, Como, Labor. Ric. „Vister".) (Ital.) — 5. vgl. C. **1959.** 9252.

Bei der Übertragung der Cyanhydringruppierung auf Ketosteroide mit Acetoncyanhydrin (**I**) ist die 20-Ketogruppe in Ggw. einer 17α-Hydroxygruppe stark gehindert. Es wird so aus 5β-Pregnan-17α-ol-3.11.20-trion (**II**) mit **I** glatt das ölige instabile *3-Monocyanhydrin* erhalten, das bei der Bromierung in Chlf. das ölige *3-Cyanhydrin* (**IIIα**) von *21-Brom-5β-pregnan-17α-ol-3.11.20-trion* (**III**) liefert. **IIIα** gibt bei der Behandlung mit sd. Aceton **III**, das mit K-Acetat in *21-Acetoxy-5β-pregnan-17α-ol-3.11.20-trion* übergeführt wird. Analog läßt sich 5β-Pregnan-17α-ol-3.20-dion (**IV**) in guter Ausbeute in *21-Acetoxy-5β-pregnan-17α-ol-3.20-dion* umwandeln.

Versuche: *21-Brom-5β-pregnan-17α-ol-3.11.20-trion* (**III**), F. 214—215° (Zers.; Äthylacetat), aus 1 g **II** mit 2 cm³ **I** in Ggw. von Triäthylamin unter Erwärmen (über Nacht bei Zimmer-Temp.), Rk. des Prod. in Chlf. mit Br_2 in Ggw. von HBr u. Behandlung des öligen Cyanhydrins (**IIIα**; $C_{22}H_{30}BrNO_4$) mit sd. Aceton unter Zusatz von W.; $[\alpha]_D^{20}$ + 78° (1% in Chlf.); 49% (Ausbeute). — *21-Acetoxy-5β-pregnan-17α-ol-3.11.20-trion*, F. 223—225° (Äthylacetat), a) aus **III** in sd. Aceton mit K-Acetat in Ggw. von NJ (15 Std.); 90%; b) analog aus rohem **IIIα**; $[\alpha]_D^{20}$ + 84,5°; 70% (aus **II**). — *21-Acetoxy-5β-pregnan-17α-ol-3.20-dion*, F. 192,5—194° Äthylacetat), aus **I** u. **IV** in Aceton in Ggw. von Triäthylamin unter Erwärmen (über Nacht bei Zimmer-Temp.), Bromierung des Prod. in Chlf. u. nachfolgende Behandlung mit K-Acetat in sd. Aceton (15 Std.); $[\alpha]_D^{20}$ + 76° (1% in A.); 60%. H.-J. Koch/Berlin. 3750□

Untersuchungen zur Synthese von Cortison. 17. Mitt. Die Bromierung von Cholestan-3-on. C. W. P. Crowne, R. M. Evans, G. F. H. Green und A. G. Long. (J. chem. Soc. [London] **1956.** 4351—56. Nov. Greenford, Middlesex, Glaxo Labor. Ltd.) (Engl.) — 16. vgl. C. **1961.** 4718.

Die bas. katalysierte Bromierung von 2α-Bromcholestan-3-on (**I**) ergibt *2.2-Dibromcholestan-3-on* (**II**); weitergehende Bromierung unter den gleichen Bedingungen liefert instabiles *2.2.4β-Tribromcholestan-3-on.* In essigsaurer Lsg. wird **II** in Ggw. von HBr in *2α.4α-Dibromcholestan-3-on* (**III**) umgelagert, wobei die Rk.-Geschw. proportional den Konzz. an **II** u. HBr ist. In Essigsäure (ES) allein oder in Ggw. von $HClO_4$, HCl u. anderen Verbb. findet keine Umlagerung statt. Das bei der säurekatalysierten Halogenisierung von **I** zunächst gebildete *gem.-Dibromid* (**II**) wird nach Ausbildung eines thermodynam. Gleichgewichts durch **III** ersetzt, wobei sich das Steroid von der hindernden axialen C—Br-Bindung befreit. In **III** sind beide Halogene zum Ring A äquatorial angeordnet. In Ggw. von β-Naphthol (**IV**) liefert die Umlagerung neben **I** *1-Bromnaphthol-(2)*. Daraus wird geschlossen, daß die rasche Enthalogenierung von **II** u. die geschwindigkeitsbestimmende Bromierung der 4-Stellung Rkk. 1. Ordnung in bezug auf das Steroid darstellen. In Abwesenheit von HBr bewirkt **IV** in ES keine Umlagerung von **II**. In Ggw. von **IV** wird in ES oder CCl_4 nicht **I**, sondern **IV** bromiert; in Ggw. von Phenol verläuft die Bromierung von **I** besser. 2.2-Dichlorcholestan-3-on wird durch HCl nicht umgelagert, u. in 2-Brom-2-chlorcholestan-3-on wandert nur das Br-Atom unter dem spezif. Einfl. von HBr. — IR-Maxima in CS_2 sind angegeben.

Versuche ([α] in $CHCl_3$): *2.2-Dibromcholestan-3-on* (**II**), $C_{27}H_{44}Br_2O$, F. 153—158°, durch Zusatz von Br_2 zu **I** in ES in Ggw. von K-Acetat bei 90°, 10 Min. langes Erhitzen u. rasches Abkühlen; Prismen aus ES; $[\alpha]_D^{23}$ + 116° (c = 0,41); 57% (Ausbeute). — *2.2.4β-Tribromcholestan-3-on*, $C_{27}H_{43}Br_3O$, F. 35—40°, aus **II** durch Weiterbromieren in 1/4 Std.; $[\alpha]_D^{20}$ + 60° (c = 0,54), Zers. beim Umkristallisieren; 98%. — *2α.4α-Dibromcholestan-3-on* (**III**), F. 186—189° (Hexan), aus vorst. Verb. durch ½std. Rk. mit 0,04n HBr in Eisessig u. Fällen mit W.; $[\alpha]_D^{20}$ — 3° (c = 0,43). — *1-Bromnaphthol-(2)*, F. 81° (sublimiert bei 60—70°/0,1 Torr), aus **II** durch 75 Min. langes Stehen mit **IV** u. 0,6n HBr in ES, Eingießen in W., Neutralisieren mit $NaHCO_3$, Ausäthern, Extrahieren der Ae.-Phase (**A**) mit 1n NaOH u. Fällen mit HCl; 52%. Daneben aus A. *2α-Bromcholestan-3-on* (**I**), F. 164—169°, Nadeln aus A./Aceton, $[\alpha]_D^{26}$ + 45° (c = 0,54); 66%.

B. G. BRODDA. 3750□

Untersuchungen zur Synthese von Cortison. 18. Mitt. Die Darstellung von Cortisonestern aus 4.5α-Dihydrocortison. R. M. Evans, J. C. Hamlet, J. S. Hunt, P. G. Jones, A. G. Long, J. F. Cughton, L. Stephenson, T. Walker und B. M. Wilson. (J. chem. Soc. [London] **1956.** 4356—68. Nov.) (Engl.) — 17. vgl. vorst. Referat.

Aus *21-O-Acetyl-4.5α-dihydrocortison* (**I**) wird durch Monobromierung *21-Acetoxy-2-brom-17α-hydroxy-5α-pregnan-3.11.20-trion* (**II**) erhalten, da die Dehydrobromierung von **II** über das *Semicarbazon* nicht *Cortison-21-acetat* (**V**), sondern *Δ¹-21-Acetoxy-17α-hydroxy-5α-pregnan-3.11.20-trion* ergab (vgl. OLIVETO u. Mitarbeiter, C. **1952.** 7345). Bas. katalysierte Bromierung von **II** liefert *21-Acetoxy-2.2-dibrom-17α-hydroxy-5α-pregnan-3.11.20-trion* (**III**), dessen Struktur durch kontrollierte Dehydrobromierung in Kollidin zu *Δ¹-21-Acetoxy-2-brom-17α-hydroxy-5α-pregnen-3.11.20-trion* sichergestellt wird. **III** wird durch HBr in Essigsäure (ES) in das stabile *21-Acetoxy-2.4-dibrom-17α-hydroxy-5α-pregnan-3.11.20-trion* (**IV**) umgelagert. In Ggw. von HBr ergibt die direkte Bromierung von **I** in ES glatt **IV**. Aus **IV** wird mit NaJ in sd. Aceton instabiles *21-Acetoxy-2-jodcortison* erhalten, das durch Rk. mit HJ oder $CrCl_2$ oder Zn + ES in Ggw. von NaJ **V** neben **I** ergibt. Die Trennung dieses Gemisches gelang mit Hilfe selektiver Zers. der GIRARD-*P*- u. -*T-Derivv.* durch Formaldehyd (vgl. REICHSTEIN, Helv. chim. Acta **19.** [1935.] 1107). $HClO_4$-katalysierte Acetylierung von **I** liefert *Δ²-3.-17α.21-Triacetoxy-5α-pregnen-11.20-dion* (**VI**), aus dem durch Bromierung über das *2-Brom-Deriv.* (**XII**) *17α.21-Diacetoxy-2.2-dibrom-5α-pregnan-3.11.20-trion* erhalten wird, das durch HBr in Chlf. in das *2.4-Dibrom-Deriv.* (**VII**) umgelagert wird. Rk. von **VII** mit NaJ in Ggw. von Jodaceton u. Dejodierung liefert *Δ⁴-17α.21-Diacetoxypregnen-3.11.20-trion* (*Cortisondiacetat*; **VIII**). Durch saure Hydrolyse wird aus **VIII** u. *17α.21-Di-O-acetyl-4:5α-dihydrocortison* (**IX**) nur die 21-Acetoxygruppe abgespalten, während mit methanol. NaOH *Cortison* bzw. *4.5α-Dihydrocortison* entsteht. Aus *2α.4α-Dibromcholestan-3-on* (**XIV**) wird mit der theoret. Menge $CrCl_2$ in ES *4α-Bromcholestan-3-on* (**X**) erhalten, dessen Konstit. durch Hydrolyse des mit Semicarbazid (SC) erhaltenen *Δ⁴-3-Semicarbazonocholestens* zum *Δ⁴-Cholesten-3-on* sichergestellt wird. Die Red. von **IV** mit $CrCl_2$ ergibt hauptsächlich *21-Acetoxy-4-brom-17α-hydroxy-5α-pregnan-3.11.20-trion* (**XI**), neben **II**. Die unterschiedliche Reaktivität der 2- u. 4-Br-Atome in 5α-Steroiden bewirkt, daß nur die 2-Brom-Verb. **II** mit NaJ in die *2-Jod-Verb.* übergeht, welche dann zu **I** red. werden kann. Das aus **X** durch Rk. mit JCl dargestellte *4-Brom-2-jodcholestan-3-on* (**XV**) gibt bei Behandlung mit wss. $NaHSO_3$-Lsg. reines **X**; das aus **XIV** durch Rk. mit NaJ erhaltene Gemisch beider *Bromjodcholestan-3-one* liefert mit $NaHSO_3$ ein Gemisch aus **X** u. *2-Bromcholestan-3-on* (**Xa**). — UV- (in A.) u. IR-Maxima (in $CHBr_3$) sind angegeben.

Versuche ([α] in Chlf.): *21-O-Acetyl-4.5α-dihydrocortison* (**I**), $C_{23}H_{32}O_6$, F. 231 bis 236°, aus 3β-Acetoxy-17α-hydroxy-5α-pregnan-11.20-dion nach PATAKI u. Mitarbeitern (vgl. C. **1953.** 8876) in tert.-Butanol u. Pyridin; Prismen aus Bzl., $[\alpha]_D^{25}$ + 103° (c = 0,6), + 89° (c = 0,2; Aceton). — *21-Acetoxy-2-brom-17α-hydroxy-5α-pregnan-3.11.20-trion* (**II**), $C_{23}H_{31}BrO_6$, *Essigester* (EE)-*monosolvat*, F. 185—192° (Zers.), aus **I** durch Bromierung in ES in Ggw. einer Spur HBr; Nadeln aus EE; $[\alpha]_D^{20}$ + 110°; 64% (Ausbeute). *Benzolsolvat*, $C_{23}H_{31}BrO_6 \cdot 1/2\, C_6H_6$, F. 182—192° (Zers.), $[\alpha]_D^{20}$ + 112°. *Acetonsolvat*,

$C_{23}H_{31}BrO_6 \cdot (CH_3)_2CO$, F. 187—189° (Zers.), $[\alpha]_D^{22}$ + 116°. — *Δ¹-21-Acetoxy-17α-hydroxy-5α-pregnen-3.11.20-trion*, $C_{23}H_{30}O_6$, F. 250—252° (Zers.), aus **II** durch ½std. Schütteln mit Chlf./tert.-Butanol unter CO_2, Einengen im Vakuum, ½std. Erwärmen des Rückstandes mit Brenztraubensäure (**XIII**) in ES auf 75°, Versetzen mit W. u. mehrstd. Stehen bei Zimmer-Temp.; Nadeln aus W.; $[\alpha]_D^{25}$ + 129°, + 118° (Aceton); 67%. *3-[2.4-Dinitrophenylhydrazon]*, $C_{29}H_{34}N_4O_9$, F. 240—242°. — *21-Acetoxy-2.2-dibrom-17α-hydroxy-5α-pregnan-3.11.20-trion* (**III**), $C_{23}H_{30}Br_2O_6$, F. 160—166° (Zers.), aus **II** durch Bromierung in ES in Ggw. von K-Acetat bei 100° u. Eingießen in NaCl-Lsg.; Rhomben aus EE/n-Hexan; $[\alpha]_D^{19}$ 151°; 44%. — *Δ¹-21-Acetoxy-2-brom-17α-hydroxy-5α-pregnen-3.11.20-trion*, $C_{23}H_{29}BrO_6$, F. 200—201° (Zers.), aus vorst. Verb. durch 2 Min. langes Kochen mit Kolidin, rasches Abkühlen auf Zimmer-Temp., Verdünnen mit Bzl., Extrahieren mit 2n HCl, Chromatographie an Al_2O_3 u. Eluieren mit Bzl.; aus Bzl. Stäbchen; $[\alpha]_D^{20}$ + 119°, + 102° (Aceton); 39%. — *21-Acetoxy-2.4-dibrom-17α-hydroxy-5α-pregnan-3.11.20-trion* (**IV**), $C_{23}H_{30}Br_2O_6$, F. 174—176° (Zers.), a) aus 1,2 g **III** durch 16 Min. langes Stehen mit HBr in ES u. Verdünnen mit W.; 0,87 g (Rohprod.); b) aus **I** durch Bromieren in ES in Ggw. von HBr bei 16°, Eingießen in W., Extrahieren mit Methylenchlorid, Einengen, Versetzen mit EE u. Eindampfen; 68%; c) durch Bromieren von **XI** in ES in Ggw. von HBr; 80%; Stäbchen aus EE/n-Hexan; $[\alpha]_D^{20}$ + 85°, + 69° (Aceton). — *17α.21-Diacetoxy-2-brom-5α-pregnan-3.11.20-trion* (**XII**), $C_{25}H_{33}BrO_7$, F. 230—232° (Zers.), a) aus **I** durch 15std. Rk. mit Br_2 in ES bei Zimmer-Temp. u. Chromatographie in Bzl./PAe. an Al_2O_3; 12% (daneben 20% **IV**); b) durch ¼std. Rk. von Br_2 mit **IX** in ES; 80%; c) aus 24 g **VI** analog b); 18 g; Prismen aus Methanol, Rhomben aus Aceton, $[\alpha]_D^{20}$ 45°. — *21-Acetoxy-2-jodcortison*, $C_{23}H_{29}JO_6$, F. 139—140°, aus 20 g **IV** durch 2½std. Kochen mit NaJ in Aceton unter N_2, Entfernen des J_2 mit 0,1n $Na_2S_2O_3$, Zufügen von W. u. Extrahieren mit Methylenchlorid; $[\alpha]_D^{20}$ + 199°, + 170° (Aceton); 18,2 g; ½std. Rk. mit $CrCl_2$ in Aceton unter CO_2 → 14,2 g **V**. — *Cortison-21-acetat* (**V**), $C_{23}H_{30}O_6$, F. 243—244°, a) aus 139 g **IV** durch 2½std. Kochen in Aceton mit NaJ in Ggw. von Bromaceton, 1std. Kochen mit 139 g Oxalsäure, Hinzufügen von EE, Filtrieren, Entfernen von J_2 mit Zn/Essigsäure, Eindampfen (97 g Rohprod.) u. Reinigung mit Hilfe von GIRARD-P-Reagens. Daneben **I**, *Δ⁴·⁸·⁹-21-Acetoxy-17α-hydroxypregnadien-3.11.20-trion* u. *21-Acetoxy-3β.17α-dihydroxy-5α-pregnan-11.20-dion* {REICHSTEIN-*Verb.-D-monoacetat*, F. 237—138°, $[\alpha]_D^{20}$ + 89°, + 66° (Aceton)}; b) aus **XI** durch 1½std. Stehen mit SC in Chlf./tert.Butanol unter CO_2, Einengen, Behandeln mit sd. A., Wasserzusatz, Aufnehmen des abfiltrierten Nd. in heßer ES, mehrstd. Stehen mit wss. **XIII**, ½std. Erwärmen auf 60° u. Extrahieren mit Chlf.; Nadeln aus Aceton; Blättchen aus EE; 98%; $[\alpha]_D^{20}$ + 220°. — *Δ²-3.17α.21-Triacetoxy-5α-pregnen-11.20-dion* (**VI**), $C_{27}H_{36}O_8$, F. 175—181°, a) aus 50 g 21-Acetoxy-17α-hydroxy-5α-pregnan-3.11.20-trion (I), durch Acetylieren bei Zimmer-Temp. in Ggw. von $HClO_4$; 45 g; b) aus 3 g **I** durch 17std. Rühren mit Acetanhydrid (AA) in Ggw. von p-Toluolsulfonsäure, Zufügen von W. bei 0°, 1std. Rühren bei 0° u. 2½std. Rühren bei Zimmer-Temp.; 1,77 g; Nadeln aus Methanol; $[\alpha]_D$ + 46°. 5 Min. langes Kochen mit 0,1n NaOH unter N_2 u. Reacetylieren → **I**. — *17α.21-Diacetoxy-5α-pregnan-3.11.20-trion* (**IX**), $C_{25}H_{34}O_7$, F. 228—230°, a) aus 10 g **VI** durch 20std. Stehen mit konz. HCl in Chlf./Methanol/W. bei Zimmer-Temp. u. Acetylieren des Rückstandes der Chlf.-Phase in Pyridin; 7 g; b) aus 4 g **XII** durch Debromierung mit überschüssigem $CrCl_2$ in Aceton; 2,8 g; Nadeln aus Aceton, $[\alpha]_D$ 32°. Alkal. Verseifung u. Acetylierung → **I**. — *17α.21-Diacetoxy-2.2-dibrom-5α-pregnan-3.11.20-trion*, $C_{25}H_{32}Br_2O_7$, F. 153—155 u. 196—215° (Zers.; Methylenchlorid/Ae.), aus 5 g **XII** durch 1½std. Rk. mit Br_2 in ES in Ggw. von K-Acetat u. AA bei 85° u. Fällen mit W.; $[\alpha]_D$ + 77°; 3,79 g. — *17α.21-Diacetoxy-2.4-dibrom-5α-pregnan-3.11.20-trion* (**VII**), F. 185° (Zers.), a) aus 2 g vorst. Verb. durch 3std. Stehen mit HBr in Chlf.; 1,99 g; b) durch Rk. von **VI** u. Br_2 in Chlf. in Ggw. von HBr; 100%; $[\alpha]_D^{20}$ + 26°. — *Δ⁴-17α.21-Diacetoxypregnen-3.11.20-trion* (**VIII**), $C_{25}H_{32}O_7$, F. 218—220°, aus 20 g vorst. Verb. analog **V** nach a), ½std. Kochen des Rohprod. mit 13,1 g GIRARD-Reagens P in A./ES, ½std. Stehen mit wss. Formaldehyd, Eingießen in gesätt. $NaHCO_3$-Lsg., Extrahieren mit EE, Einstellen der wss. Phase auf pH 1, 3std. Stehen u. Extrahieren mit EE; dicke Nadeln aus Methanol; $[\alpha]_D$ + 128°; 5,3 g. 9,47 g **VIII** geben durch 5 Min. langes Stehen mit Na-Äthylat in Methanol, Wasserzusatz, Neutralisieren, Einengen, Verdünnen mit W., Extrahieren mit Methylenchlorid, Eindampfen u. Acetylieren in Pyridin bei Zimmer-Temp. → 7,5 g **V**. — *4α-Bromcholestan-3-on* (**X**), $C_{27}H_{45}BrO$, F. 144—146°, aus 20 g **XIV** durch ½std. Rühren mit $CrCl_2$ in Chlf./ES unter N_2, Zufügen von W. u. Extrahieren mit Chlf.; 3,63 g; Stäbchen aus Methylacetat; $[\alpha]_D^{24}$ ± 0°. — *Δ⁴-Cholesten-3-on*, F. 77—79°, aus **X** durch ½std. Schütteln mit SC in Chlf./tert.-Butanol unter N_2, Eindampfen im Vakuum u. Zers. des erhaltenen *Semicarbazons* {F. 235—237° (Zers.; A./EE)}; $[\alpha]_D^{25}$ + 133°; 66%} nach HERSH-

BERG; $[\alpha]_D^{23}$ + 87°; 55%. — *2α.4α-Dibromcholestan-3-on* (**XIV**), $C_{27}H_{44}Br_2O$, F. 192—194°, durch 10 Min. lange Rk. von **X** mit Br_2 in ES in Ggw. von HBr; Nadeln aus PAe.; 51%. — *21-Acetoxy-4-brom-17α-hydroxy-5α-pregnan-3.11.20-trion* (**XI**), $C_{23}H_{31}BrO_6$, F. 204 bis 206° (Zers.; Bzl.), a) aus **IV** durch 8 Min. lange Rk. mit $CrCl_2$ in Aceton/Methanol/HCl bei —45° unter N_2, Erwärmen auf Zimmer-Temp. u. Fällen mit W.; 21%; b) analog a) aus einer frisch hergestellten Lsg. von **IV**; 92%; $[\alpha]_D$ + 74°, $[\alpha]_D^{26}$ + 56°, + 42° (Aceton). EE-*Monosolvat*, $C_{23}H_{31}BrO_6 \cdot C_4H_8O_2$, F. 206—208° (Zers.), $[\alpha]_D^{22}$ + 47° (c = 1,26). — *21-Acetoxy-2-jod-17α-hydroxy-5α-pregnan-3.11.20-trion, Methanolsolvat*, $C_{23}H_{31}JO_6 \cdot CH_3OH$, F. 191° (Zers.; Methanol), aus 1 g **II** durch 7std. Kochen mit 1,3 g NaJ in Aceton unter N_2 u. Behandeln mit $Na_2S_2O_3$-Lsg.; $[\alpha]_D^{20}$ + 107°; 0,62 g. — *4-Brom-2-jod-cholestan-3-on* (**XV**), $C_{27}H_{44}BrJO$, F. 154—158° (Zers.), a) aus **X** durch 8 Min. lange Rk. mit JCl in ES bei 75°; Nadeln aus Aceton; $[\alpha]_D^{23}$ —8°; 47%; b) neben *2-Brom-4-jod-cholestan-3-on* [Misch-F. 174—176° (Zers.)] aus 2 g **XIV** durch ½std. Stehen mit 2 g NaJ in Methyläthylketon bei Zimmer-Temp. u. Behandeln mit $Na_2S_2O_3$; Platten aus Aceton; $[\alpha]_D$ —16°; 1,85 g; 3std. Rk. von 0,561 g des Gemisches [nach b)] mit $NaHSO_3$ in Ae./Bzl. → 0,111 g Gemisch von **X** u. **Xa** [F. 140—142° (Zers.), Stäbchen aus n-Hexan, $[\alpha]_D^{23}$ + 26°]. Analoge Behandlung von **XV** [nach a)] → 47% **X**. B.-G. BRODDA. 3750 □

Zur Herstellung von „wasserfreier" 1-Dehydroascorbinsäure. R. Pohloudek-Fabini und W. Fürtig. (Arch. Pharmaz. Ber. dtsch. pharmaz. Ges. **292/64.** 350—55. Juli 1959. Greifswald, Univ., Pharmazeut.-chem. Inst.) (Dt.)

Nach einem Überblick über bisher bekannte Vorschriften zur Darst. von „*wasserfreier*" *1-Dehydroascorbinsäure* (I) wird ein neues Darst.-Verf. beschrieben. Bei der Oxydation von Ascorbinsäure (II) mit SeO_2 in abs. Methanol kann eine Gesamtausbeute von 65—70% I erhalten werden. Die Oxydation mit wss. p-Benzochinon ist zur Darst. von I nicht geeignet.

Versuche: *1-Dehydroascorbinsäure* (I), $C_6H_6O_6$, F. 220—225° (Zers.; abs. A.), a) durch Oxydation von II mit SeO_2 in W. in Ggw. von Na_2SO_4, Absaugen von Se, Verreiben mit Na_2SO_4 zu trockenem Pulver, Extrahieren mit abs. Methanol u. Einengen im Vakuum; 12,5%; b) durch Oxydation von II mit SeO_2 in abs. Methanol bei 20°, Absaugen des Se, Eindampfen auf dem sd. Wasserbad; 23,3%; bei Aufarbeitung der Mutterlaugen insgesamt 65—70%. *Monophenylhydrazon*, $C_{12}H_{12}N_2O_5$, F. 168—170°; aus Äthylacetat goldgelbe Nadeln. *Bis-phenylhydrazon*, $C_{18}H_{18}N_4O_4$, F. 216—218° (Zers.), aus Äthylacetat rote Nadeln. *Bis-2.4-dinitrophenylhydrazon*, $C_{18}H_{14}N_8O_{12}$, F. 280 bis 283°, verfilzte nadelförmige Kristalle. *Di-o-phenylendiamin-Verb.*, $C_{18}H_{18}N_4O_4$, F. 181 bis 183°, aus abs. A. feine blaßgelbe Nadeln. W. HAMPEL. 3800 □

Über die Zusammensetzung des Colimycins. Gérard Biserte und Michel Dautrevaux. (C. R. Séances Soc. Biol. Filiales **151.** 1888—89. 1957, herausgeg. 24/6. 1958. Fac. de Méd. et de Pharm., Labor. de Chim. biol.) (Franz.)

Vff. unterwerfen *Colimycin* (*Colistin*; I) aus *Bacillus colistinus* 24 Std. der Hydrolyse mit 5,6n HCl bei 100°. Das Hydrolysat wird zweidimensional mit Butanol/Essigsäure/W. (4 : 1 : 5) u. mit mit W. gesätt. Phenol unter NH_3 chromatographiert. Es werden *Threonin*, *Leucin* u. *α.γ-Diaminobuttersäure* identifiziert, die offensichtlich im Mengenverhältnis 1 : 1 : 4 vorliegen. I besitzt weder eine freie endständige α-Aminogruppe, noch eine freie endständige α-Carboxylgruppe, es hat Cyclopeptidstruktur. S. GROITZSCH. 3900 □

Eine neue Synthese von Catenarin und Erythroglaucin. K. Chandrasenan, S. Neelakantan und T. R. Seshadri. (Proc. Indian Acad. Sci., Sect. A **51.** 296—300. Juni 1960. Delhi, Univ., Dep. of Chem.) (Engl.)

Eine bequeme Synth., folgend dem Weg der Biogenese, zur Darst. von *Catenarin* u. *Erythroglaucin* wird beschrieben. Sie besteht in der Kernoxydation der entsprechenden Benzoylbenzoesäure u. anschließenden Ringschluß zu *Catenarindimethyläther* (I). Vollständige Demethylierung liefert *Catenarin*, partielle Demethylierung *Erythroglaucin*, das auch durch partielle Methylierung von Catenarin entsteht.

Versuche: *3.5-Dimethoxy-2-[2'.5'-dihydroxy-4'-methylbenzoyl]-benzoesäure*, $C_{17}H_{16}O_7$, F. 234—235°, durch 2std. Zugabe von K-Persulfat zu 2 g 3.5-Dimethoxy-2-[2'-hydroxy-4'-methylbenzoyl]-benzoesäure in KOH bei 15—20°, mehrstd. Stehen bei Raum-Temp. u. Ansäuern; aus verd. A. hellbraune Prismen; grüne Farbe mit alkohol. $FeCl_3$, die braun wird, mit wss. Na_2CO_3 u. NaOH gelbe Farbe, die in rot übergeht; 1,7 g (Ausbeute). — *1.4-Dihydroxy-5.7-dimethoxy-2-methylanthrachinon* (I), $C_{17}H_{14}O_6$, F. 212—213°, durch Erhitzen von 1,5 g vorst. Verb. mit H_3BO_3/konz. H_2SO_4 auf dem Wasserbad, Zugabe von rauchender H_2SO_4 bei 70°, 1std. Stehen bei 70° u. Gießen auf Eis; aus A. rote Nadeln; mit konz. H_2SO_4 tiefblaue Farbe, mit methanol. Mg-Acetat rosa; 1,2 g. — *Catenarintetramethyläther*, $C_{19}H_{18}O_6$, F. 190—191°, durch 6std. Kochen von 0,2 g I mit $(CH_3)_2SO_4$ u. wasserfreiem K_2CO_3 in Aceton; aus Aceton goldgelbe Blättchen; 0,15 g. —

Catenarin (*1.4.5.7-Tetrahydroxy-2-methylanthrachinon*), $C_{15}H_{10}O_6$, F. 245—246°, durch 20std. Kochen von 0,5 g I in 50 ml Eisessig/75 ml HBr (D. 1,8); aus A. rote Platten; 0,25 g. *Acetyl-Deriv.*, F. 234—235°, durch 1std. Stehen mit Acetanhydrid/konz. H_2SO_4; aus Essigester zitronengelbe Stäbchen. — *Erythroglaucin* (*1.4.5-Trihydroxy-7-methoxy-2-methylanthrachinon*), $C_{16}H_{12}O_6$, F. 205—206°, a) durch 2std. Kochen von 0,3 g I mit 30 ml Eisessig/45 ml HBr; aus Eisessig tiefrote Platten; 0,2 g; b) durch 4std. Kochen von 0,1 g Catenarin mit $(CH_3)_2SO_4$ u. wasserfreiem K_2CO_3 in Aceton; 0,08 g.

P. GOLINSKE. 3950□

Über den Ring A von Cucurbitacin B. C. R. Noller, A. Melera, M. Gut, J. N. Shoolery und L. F. Johnson. (Tetrahedron Letters [London] **1960**. Nr. 15. 15—17. Juli. Stanford, Calif., Univ. of California, Dep. of Chem. and Chem. Engng.; Palo Alto, Calif., Varian Assoc.) (Engl.) — Vgl. auch C. **1962**. 7539.

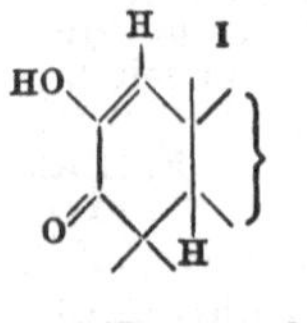

Das Kernresonanzspektrum des Diosphenols von Cucurbitacin B zeigt ein Dublett bei $\delta = 5,97$. Dieser Platz ist nicht mit der für den Ring A des Diosphenols angenommenen Struktur I vereinbar. Nach dem Spektrum müßte ein Proton in β- u. ein Proton in γ-Position zu der Carbonylgruppe stehen.

G. TEEGE. 3950□

Untersuchung der Bitterstoffe der Simarubaceen. 3. Mitt. Über die Struktur des Glaucarubins. Judith Polonsky, Alain Gaudemer. (Bull. Soc. chim. France **1961**. 1432—36. Juli. Gif-sur-Yvette, Seine-et-Oise, Inst. de Chim. des Subst. Naturelles.) (Franz.) — 2. vgl. C. **1961**. 16489.

Von dem erstmalig von HAM u. Mitarbeitern (vgl. C. **1956**. 8100) durch alkal. Hydrolyse von Glaucarubin dargestellten *Glaucarubol* (**I**; $C_{20}H_{28}O_8$) konnten Vff. die Existenz zweier Formen: **IA** (F. 283—285°, $[\alpha]_D$ +31,7° [Pyridin]) u. **IB** (F. 280—283°, $[\alpha]_D$ +36° [Pyridin]) nachweisen, für die auf Grund ihres physikal. (UV- u. IR-Spektren) u. chem. Verh. (**A** → **B** durch Umkristallisieren oder bloßes Erwärmen auf 100°; **B** → **A** durch Auflösen in Na_2CO_3 u. Fällung durch Säure) das Vorliegen eines α-Ketol–Endiol-Gleichgewichts anzunehmen ist, wobei die Enolform hier die stabilere darstellt. Durch Acetylierung von **I** entstehen zwei Verbb., ein *Pentacetat* (**II**, $C_{30}H_{38}O_{13}$, F. 130°, $[\alpha]_D$ +25,4° [Pyridin]) u. ein *Tetracetat* ($C_{28}H_{36}O_{12}$, F. 177—180°, $[\alpha]_D$ +28,5° [Pyridin]), deren Spektren darauf hinweisen, daß **I** als Pentahydroxylaceton vorliegt u. das achte O-Atom einer CO-Gruppe (herrührend von der Ketonisierung des Enols) angehört. Die Oxydation mit HJO_4 zeigt das Vorliegen von mindestens einer, möglicherweise von zwei α-Glykol- (oder strukturell analogen) Gruppen an. Katalyt. Hydrierung von **I** in 90%ig. Essigsäure an PtO_2 bei 100°/50 at führt zu einem Gemisch mehr oder weniger hydrierter u. acetylierter Verbb., aus dem chromatograph. die *Verb.* $C_{20}H_{31}O_7(COCH_3)_3$ (F. 243—248°, $[\alpha]_D$ —67,1° [Pyridin], Nadeln aus Ae.) u. *Verb.* $C_{20}H_{33}O_7(COCH_3)$ (F. 250 bis 255 u. 290° [Äthylacetat/Methanol]) isoliert werden konnten, die nach Verseifung *Desoxyhexahydroglaucarubol* ($C_{20}H_{34}O_7$, F. 225—228°, $[\alpha]_D$ +56° [Methanol]) geben, welches sechs OH-Gruppen aufweist. Die Best. von C—CH_3 u. das kernmagnet. Resonanzspektrum von **II** zeigen das Vorliegen je einer sek. u. einer tert. C—CH_3-Gruppe an. — Durch saure Hydrolyse von **I** entsteht *Glaucanol* (**III**, F. 228—234°, $[\alpha]_D$ +144° [Methanol]), dem Vff. im Gegensatz zu HAM (l. c.) die Bruttoformel $C_{20}H_{24}O_6$ zuschreiben. Durch Acetylierung entsteht aus **III** ein *Tetraacetoxylacton* ($C_{28}H_{32}O_{10}$, F. 207—209°, $[\alpha]_D$ +211° [Pyridin]), dessen Spektren auf das Vorliegen zweier (cis–trans- oder Allyl-) Isomeren mit wenigstens drei Doppelbindungen u. Anwesenheit je einer sek. u. tert. CH_3-Gruppe hindeuten. Bei der katalyt. Hydrierung von **III** in Methanol (PtO_2, 760 mm/20°) entsteht *Dihydroglaucanol* ($C_{20}H_{26}O_6$, F. 215—220°, $[\alpha]_D$ +111° [Pyridin]. *Pentacetat*, $C_{30}H_{36}O_{11}$, F. 167—170°), welches bei der JO_4^--Oxydation im Gegensatz zu **III** 1 Mol Reagens verbraucht. — **III** läßt sich durch Behandlung mit n-Na_2CO_3-Lsg. u. Ansäuern in *Isoglaucanol* ($C_{20}H_{24}O_6$, F. 215—220°, $[\alpha]_D$ 0° [Methanol], +40,5° [Pyridin]. *Triacetat*, $C_{20}H_{21}O_6(COCH_3)_3$, F. 220—222°) überführen. Für **III** wird auf Grund der bisherigen Vers.-Ergebnisse eine partielle Strukturformel aufgestellt.

GERHARD MÜLLER/Bitterfeld. 3950□

Gibberellin A_7. Ein neues Pilzgibberellin. B. E. Cross, R. H. B. Galt und J. R. Hanson. (Tetrahedron Letters [London] **1960**. Nr. 15. 18—22. Juli 1960. Welwyn, Herts., ICI Ltd., Akers Res. Labor.) (Engl.)

Der Pilz *Gibberella fujikuroi* wurde bis zum Verbrauch des anorgan. N in einer Kultur gezogen, die Kultur-Lsg. 209 Std. bei pH 7 gehalten u. aufgearbeitet. Nach Abtrennen der *Gibberellsäure* werden die Äthylacetatmutterlaugen an Aktivkohle/Celite (1 : 2) adsorbiert u. mit Aceton/W.-Gemischen eluiert. Das mit Aceton/W. (65 : 35) erhaltene Material wird an SiO_2/Celite (1 : 2) mit Äthylacetat/Chlf.-Gemischen chromatographiert. Aus dem Eluat mit Äthylacetat/Chlf. (2 : 8) wird *Gibberellin* A_7 [I; $C_{19}H_{22}O_5$, F. 202° (Zers.), $[\alpha]_D^{24}$ +20° (A.)] isoliert. Der I-*Methylester* (II) schmilzt bei 152—153° u. 168—170° u. hat $[\alpha]_D^{23}$ +33° (A.). Mit verd. Mineralsäure entsteht aus I eine aromat. *Säure* $C_{18}H_{22}O_3$, F. 220—222°, die mit CH_2N_2 einen *Ester* $C_{19}H_{24}O_3$, F. 145—148° liefert. Bei der Hydrierung von II an 25%ig. Pd/Kohle entsteht neben sauren Prodd. *Dihydrogibberellin-A_4-methylester*, F. 148—151°. MnO_2-Oxydation von II führt zu einem α,β-ungesätt. *Keton* $C_{20}H_{22}O_5$ (III), F. 139—140°. Bei der $NaJO_4$/$KMnO_4$-Oxydation von I wird *Formaldehyd* gebildet. Ebenso entsteht bei der Ozonisierung von II Formaldehyd. Außerdem wird dabei ein *Norketon* (IV; $C_{19}H_{22}O_6$, F. 185°) isoliert, das ein *Monoacetat*, F. 187—189°, gibt. Die charakterist. IR-Banden der Verbb. sind angegeben. G. Teege. 3950⊏

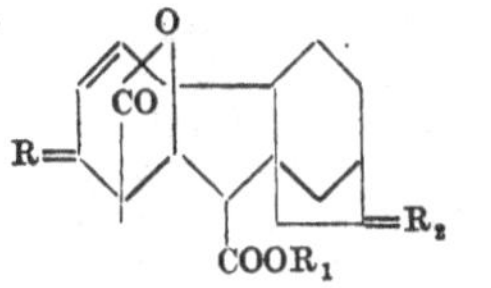

I R = OH H $R_1 = R_2 = CH_2$

III R = O $R_1 = CH_3$ $R_2 = CH_2$

IV R = OH H $R_1 = CH_3$ $R_2 = O$

D. Makromolekulare Chemie

Einführung. V. A. Kargin. (J. Polymer Sci. **48.** 1—4. Dez. 1960. Moscow, U.S.S.R., Acad. of Sci. of U.S.S.R.) (Engl.)

Einführende Ansprache zur Eröffnung des internationalen Symposiums über makromol. Chemie 1960. W. Schmieder. 4000□

Temperaturabhängigkeit der kernmagnetischen Resonanzspektren von Polyäthylen. Anton Peterlin und Edo Pirkmajer. (J. Polymer Sci. **4€.** 185—93. Sept. 1960. Ljubljana, Jugoslavia, Univ., Inst. of Physics; J. Stefan-Inst.) (Engl.)

Die Temp.-Abhängigkeit der kernmagnet. Resonanzspektren von aus der Schmelze krist. u. von aus Lsg. dargestellten Einkristallen von *Marlex-Polyäthylen* sowie von 5 *verzweigten Polyäthylenen* wird von —170° bis zum F. bzgl. der Linienbreite, Liniengestalt u. des 2. Moments verglichen. Die Änderungen können durch Zunahme der Kettenbeweglichkeit u. Gitterfehlstellen mit steigender Temp. gedeutet werden. Irreversible Beweglichkeitsänderungen werden bei den Einkristallen gefunden, die sich mit steigender Temp. dem aus der Schmelze krist. Marlex nähern. W. Schmieder. 4010□

Rheologische Untersuchungen makromolekularer Stoffe. 3. Mitt. **Viscosimetrische Molekulargewichtsbestimmung von Polyäthylen.** Zoltán Csürös, István Géczy, Miklós Groszmann und Vilmos Spiegel. (Magyar Kémiai Folyóirat [Ung. Z. Chem.] **64.** 166—67. Mai 1958. Budapesti Müszaki Egyetem Szerves Kém. Technol. Intézete.) (Ung.) — 2. vgl. C. **1960.** 8196.

Ident. mit der C. **1960.** 8197 referierten Arbeit. G. Halmi. 4010

Rheologische Untersuchungen makromolekularer Stoffe. 4. Mitt. **Rheologische Untersuchungen von PVC-Pasten.** 2. Mitt. **Einfluß der Temperatur auf PVC-Pasten.** Zoltán Csürös, Miklós Groszmann, István Géczy und Kálmán Juhász. (Magyar tudományos Akad., kém. tudományok Osztályának Közleményei [Ung. Akad. Wiss., Ber. Abt. chem. Wiss.] **10.** 467—73. 1958.) (Ung.) — 3. vgl. vorst. Ref.; 1. vgl. C. **1960.** 9196.

Vff. untersuchten in Abhängigkeit von der Temp. die Quasiviscosität (QV) von *PVC-Pasten,* die aus PVC u. Dialkylphthalat-Weichmachern in verschiedenen Mengenverhältnissen erhalten wurden. Mit steigender Temp. sinkt anfangs die QV, aber nach Erreichen eines Minimums steigt sie in Abhängigkeit vom PVC-Weichmacherverhältnis langsam oder plötzlich. Der Quellungspunkt fällt mit dem Minimum zusammen. Ist die Menge des Weichmachers größer oder gleich der PVC-Menge, sinkt die QV mit ansteigender Temp. parallel mit der Abnahme der Viscosität des Weichmachers, d. h. in der Paste erfolgt noch keine meßbare Quellung u. die QV wird durch den Weichmacherüberschuß bestimmt. Wenn die PVC-Menge in der Paste größer ist, ist die Abnahme der QV bedeutend stärker, u. nach Erreichen des Minimums tritt ein plötzlicher Anstieg auf. In solchen Fällen ist ein bedeutend größerer Teil des Weichmachers als Solvathülle gebunden; offenbar wird mit steigender Temp. die Wärmebewegung der Moll. größer u. die Moll. des Weichmachers, die als Solvathülle an die Makromoll. des PVC gebunden sind, diffundieren ins Innere der Körner. Der nur geringe Überschuß an Weichmacher wird wesentlich geringer, woraus sich die auffallende Änderung der QV ergibt. Die minimale QV ist je nach Art des Weichmachers verschieden, bei den Alkylphthalaten ist die Temp. des QV-Minimums von der C-Atomzahl der Alkylgruppe abhängig. J. Plank. 4010

Der Einfluß der ungesättigten Gruppen auf die Vernetzung und die Inhibierung der Kristallisation von mit Gammastrahlen bestrahltem Polyäthylen. Malcolm

Dole, T. J. Stolki und T. F. Williams. (J. Polymer Sci. **48.** 61—68. Dez. 1960. Evanston, Ill., Northwestern Univ., Dep. Chem.) (Engl.)

Durch Bestrahlung von *Polyäthylen* (I) mit ^{60}Co-γ-Strahlung bei 142° wird die Kristallisationsfähigkeit herabgesetzt. Der Effekt ist bei einem linearen I mit endständigen Vinyl-Doppelbindungen ca. 2,5mal so groß wie bei einem mit inneren Vinylen-Doppelbindungen. Das Verschwinden der Vinylen-Doppelbindungen während der Bestrahlung führt nicht zu Vernetzungen, sondern zu Verknüpfung zweier Kettenenden. Es wird gefolgert, daß die Vinylen-Doppelbindungen sich in der Nähe der Kettenenden befinden. Der größere Einfl. der Vinyl-Doppelbindungen auf die Behinderung der Kristallisation wird auf die größere Abkling-Konst. der Vinylgruppe zurückgeführt (ca. 3mal so groß wie die der Vinylengruppe). H. J. Leugering. 4010 □

Isotaktisches Polypropylen. H. König. (Österr. Chemiker-Ztg. **59.** 271—72. Okt. 1958. Wien, Studienges. für Petrochem.) (Dt.)

Übersicht über Herst., Struktur u. Eigg. von isotakt. *Polypropylen,* einem nach einem von Natta entdeckten Verf. polymerisierten Kunststoff mit 85% Kristallinität. W. Betcke. 4010 □

Experimente über heimische Herstellung von nachchloriertem PVC. Zoltán Csürös, Miklós Groszmann und Béla Zsuffa. (Magyar Kémiai Folyóirat [Ung. Z. Chem.] **64.** 168—69. Mai 1958. Budapesti Müszaki Egyetem Szerves Kém. Technol. Intézete.) (Ung.)

Die Nachchlorierung von *Polyvinylchlorid* (PVC) in Chlf., CCl_4, Di- u. Tetrachloräthan in Ggw. von PCl_5, PCl_3, $FeCl_3$, $AlCl_3$ u. $TiCl_4$ als Katalysator in Abhängigkeit von der Zeit wurde untersucht u. festgestellt, daß die Rk. in Lsgm. von höherem Kp. schneller abläuft. Die Anwendung von höheren Temp. ist jedoch wegen der Gefahr der Zers. des Prod. nicht empfehlenswert. Außer den in der Fachliteratur erwähnten Katalysatoren wurde auch ein Katalysatorgemisch angewendet u. festgestellt, daß in Ggw. von $TiCl_4$–PCl_5 eine kürzere Chlorierungszeit erreicht werden kann als in Ggw. eines Katalysators. Die Rk. ist sehr empfindlich, weshalb die Bedingungen (Temp., Konz. u. Chlorierungszeit) zwecks Gewinnung eines Endprod. mit gleichen Eigg. genau eingehalten werden müssen. G. Halmi. 4010

Reaktion von Carbanionen mit Polyvinylhalogeniden. Pfropfung und Dehydrohalogenierung. Jean-Pierre Roth, Paul Rempp und Jacques Parrod. (C. R. hebd. Séances Acad. Sci. **251.** 2356—58. 21/11. 1960. Strasbourg, Centre de Rech. sur les Macromol.) (Franz.)

Polyvinylchlorid (I) in Tetrahydrofuran (THF) wurde mit Carbanionen bildenden Organometall-Verbb. in inerter Atmosphäre bei —78° u. Raum-Temp. umgesetzt. An monofunktionellen Organometall-Verbb. wurden *2-Phenylisopropyl-* (II) u. *Diphenylkalium, Diphenylmethyl-* (III) u. *Fluorenyl-(9)-natrium, Butyl-Li,* an bifunktionellen *1.4-Di-Na-1.1.4.4-tetraphenylbutan* sowie an komplexen *Naphthalin-Na* u. *-K* sowie *Diphenyl-Na* verwendet. Alle Rk.-Prodd. ergeben in THF, das die Ionisation der Organometall-Verbb. durch Solvatation der Metallionen begünstigt, gefärbte Lösungen. Ferner wurden „lebende *Polystyrole* nach Szwarc verwendet. Der Rk.-Ablauf wurde IR- u. UV-spektroskop. sowie mittels Streulichtmessungen verfolgt. Hierbei zeigte sich, daß die Pfropfung u. Dehydrohalogenierung Funktionen der Basizität des Carbanions sind. Zum Beweis wurden zwei Polystyrolcarbanionen durch Polymerisation von Styrol mit II u. III dargestellt u. beide der Einw. auf I unterworfen. In beiden Fällen entstehen hierbei I-*Pfropfpolymere;* im Falle von II erfolgt daneben partielle Dehydrochlorierung von I unter Bldg. konjugierter Doppelbindungen. A. Seuffert. 4010 □

Die thermische Leitfähigkeit verschiedener Plaste, gemessen mittels einer nichtstationären Methode. W. M. Underwood und R. B. McTaggart. (Chem. Engng. Progr., Sympos. Ser. **56.** 261—68. 1960. Springfield, Mass., Monsanto Chem. Comp.) (Engl.)

Zur Messung der Wärmeleitfähigkeit von Feststoffen u. hochviscosen Fll. eignet sich ein modifiziertes Verf., bei dem der durch eine drahtförmige Wärmequelle hervorgerufene zeitliche Temp.-Anstieg der Probe ermittelt wird. Trotz der sehr einfachen Meßanordnung läßt sich eine hohe Meßgenauigkeit erzielen. Als Beispiele werden Messungen an *Polystyrol* u. *Polyäthylen* im Temp.-Bereich von 40—400°F sowie an *Schaumpolystyrol* bei verschiedenen Dichten u. Raum-Temp. mitgeteilt. Wolfgang Wagner. 4010 □

γ-Bestrahlung von D_1-Polystyrol und D_1-Styrol-Copolymeren. W. Burlant und J. Neerman. (J. org. Chemistry **26.** 3602—04. 12/9. 1961. Dearborn, Ford Motor, Sci. Labor., Dep. of Chem. and Analyt. Serv.) (Engl.)

Der durch γ-Strahlen induzierte Abbau von Polymethylmethacrylat (I) führt zur Spaltung der Hauptkette u. zu Gasentwicklung. Dieser Abbauprozeß kann durch Eingliederung von Phenylgruppen (z. B. Styroleinheiten) in die Polymerkette von **I** verhindert werden. Verss. mit $D_{(\alpha)}$- (**II a**), $D_{(\beta)}$- (**II b**) u. $D_{(4)}$-*Polystyrol* (**IIc**) einerseits u. den *Copolymeren* **I/II a, I/II b** sowie **I/IIc** andererseits zeigen, daß die durch γ-Bestrahlung der Copolymeren gebildeten freien Radikale aus den I-Polymereinheiten stammen u. den benachbarten deuterierten II-Einheiten durch Rekombination bestimmte D-Atome entziehen. Die Empfindlichkeit der verschieden gebundenen D-Atome in den II-Einheiten gegenüber dem Radikalangriff wurde durch Messung der D-Verteilung in den durch γ-Bestrahlung der Copolymeren entwickelten Gasen bestimmt. Die Polymeren u. Copolymeren wurden therm. in Umsätzen von 5% hergestellt, aus benzol. Lsg. mit Methanol gefällt u. hatten eine Intrinsicviscosität [η] von 1,3 (in Bzl. bei 25°). Die Bestrahlung erfolgte aus einer ^{60}Co-Quelle in Dosen von $2{,}0 \cdot 10^5$ rad/h. Die Bestrahlung von **II a, II b** u. **IIc** zeigte, daß das $D_{(\alpha)}$-Atom der Hauptkette entsprechend seines höchsten G(D)-Wertes sich am leichtesten abspalten läßt, bes. infolge der Resonanzstabilität des gebildeten freien Polystyrolradikals. Die bei der Bestrahlung des *I-Polystyrol–Copolymeren* entstandenen Gase enthielten CO, CO_2, H_2, CH_4, CH_3OH u. CH_3OOCH, jedoch kein Benzol. Die Bestrahlung der Copolymeren **I/II a, I/II b** u. **I/IIc** führte entsprechend zu HD, CH_3D, CH_3OD u. CH_3OOCD; hierbei ergab sich, daß das $D_{(\alpha)}$-Atom der **II a**-Einheit von **I/II a** von den gebildeten ·H-, ·CH_3-, ·OCH_3- u. $COOCH_3$-Radikalen am leichtesten eingefangen wird, während die C–$D_{(\beta)}$- u. C–$D_{(4)}$-Bindungen stabiler sind. — *$D_{(\alpha)}$-Styrol*, C_8H_7D, $Kp._{15}$ 43—45°, aus α-Bromstyrol u. Mg in Tetrahydrofuran u. Umsetzung der GRIGNARD-Verb. mit D_2O; n_D^{20} 1,5441; 27% (Ausbeute). — *$D_{(\beta)}$ Styrol*, C_8H_7D, $Kp._{10}$ 34—35°, analog aus β-Bromstyrol in Ae.; n_D^{20} 1,5432; 35%. — *$D_{(4)}$-Styrol*, C_8H_7D, $Kp._{20}$ 46—50°, aus p-Bromphenyl-MgBr u. D_2O u. weiter nach OVERBERGER u. MARVEL [1945]; n_D^{20} 1,5445; 30%. E. ANTON. 4010□

Die Oberflächenviscosität einiger linearer Hochpolymerer. Toshizo Isemura und Kunihiko Fukuzuka. (Mem. Inst. sci. ind. Res., Osaka Univ. **13.** 137—44. 1956.) (Engl.)

An Hand von Messungen der Oberflächenviscosität (η) von *Polyvinylalkohol*, *Polyvinylacetat* (I) u. *Polyvinylstearat* werden Beziehungen zwischen η u. dem Molgew. bei Linearpolymeren abgeleitet. η ist eine Funktion sowohl des Polymerisationsgrades als auch der Länge der Seitenketten, während die Oberflächenspannung (σ) nur von der pro Monomereinheit beanspruchten Fläche abhängt. Bei konst. σ besteht zwischen η u. M die einfache Beziehung $\eta = aM + b$ (a u. b Konst.). Bei unverzweigten Polymerketten gilt die Beziehung $\log \eta = A\sqrt{M} + B$ (A u. B Konst.), die z. B. bei **I** η oberhalb $\sigma = 17$ dyn·cm^{-1} bis auf ca. 3% genau wiedergibt. W. BETCKE. 4010□

Viscositäts-Temperatur-Beziehungen für verdünnte Lösungen von Hochpolymeren. W. R. Moore. (Nature [London] **191.** 1292—93. 23/9. 1961. Bradford, Bradford Inst. of Technol., Dep. of Chem. Technol., Polymer Res. Labor.) (Engl.)

Fortführung der früher (vgl. C. **1961.** 10696) beschriebenen Versuche. Für die Differenz $A - A_0$ (in Einheiten von 10^{-5}) u. $Q - Q_0$ (in kcal), wobei A u. Q durch $\eta = A \cdot \exp(Q/RT)$ definiert sind u. die Indices 0 sich auf das Lsgm. beziehen, wurde gefunden (je Messungen an den 1%ig. Lsgg.): *Polyvinylacetat* 2,6 u. 0,3 in Aceton (I) bzw. 9,6 u. 0,3 in Chlf. bzw. 2,0 u. 0,2 in Dioxan; *Polymethylmethacrylat* 11,0 u. —0,16 in **I**, 9,6 u. —0,1 in Toluol, 4,9 u. 0 in Bzl.; *Polyisobutylen* 3,0 u. 0,16 in Cyclohexan; *Äthylcellulose* (48,4 Äthoxyl-Geh.) —10,9 u. 3,7 in Methyläthylketon, —8,3 u. 3,6 in Butylacetat (II), —7,8 u. 3,8 in Bzl.; *Cellulosenitrat* (12,2% N) 3,3 u. 1,4 in **I**, —8,0 u. 4,25 in **II**; Cellulosenitrat (13,8% N) —21,5 u. 4,0 in **I**; *Cellulosetriacetat* —9,6 u. 1,4 in Chloroform. Diese Werte hängen von der Biegsamkeit u. Ausdehnung der Ketten ab. O. FUCHS. 4010□

Inhibierung der Polymerisation durch aromatische Verbindungen. C. S. Bagdassarjan und S. A. Ssinitzyna. (J. Polymer Sci. **52.** 31—38. Juli 1961. Moscow, USSR.) (Engl.)

Eine quant. Unters. der Kettenübertragung u. Inhibierung ermöglicht es, das Verhältnis k_x/K_p, wobei K_p u. k_x die Geschw.-Konst. für Kettenwachstum u. Übertragung sind, zu bestimmen. Da die Absolutwerte von K_p für einige Monomere bekannt sind, können die Absolutwerte der Konst. k_x bestimmt werden. Die hemmende Wrkg. einiger typ. aromat. Verbb. bei der Polymerisation von *Vinylacetat* (**I**), *Acrylonitril*, *Methylacrylat* u. *Methylmethacrylat* (**II**) wurde untersucht. Bei der Polymerisation von **I** steigt die hemmende Wrkg. der KW-Stoffe in folgender Reihe an: Toluol, Diphenyl, Naphthalin, Phenanthren, Anthracen. Der Logarithmus von k_x steht in linearem Zusammenhang mit der Affinität des Methylradikals. Die Inhibitor-Wrkg. nimmt sowohl beim Einbau von elektronenabstoßenden als auch elektronenanziehenden Substituenten in den Benzolring zu. Es besteht jedoch keine Beziehung zwischen dem k_x-Wert u. der HAMMETTschen

σ-Konstante. Eine Sonderstellung nimmt Nitrobenzol ein, dessen k_x-Wert ungefähr 3—4mal größer ist als der anderer Benzolderivate. Der Einbau von Substituenten in m- u. p-Stellung des Benzolrings befolgt die Hammett-Regel; elektronenabstoßende Substituenten verursachen eine Abnahme der k_x-Werte. Ähnliche Verhältnisse wurden bei der Polymerisation von **II** beobachtet, doch sind die abs. Werte von k_x um 3—4 Größenordnungen kleiner als die bei der Polymerisation von **I**. Deshalb konnte unter den Vers.-Bedingungen eine Wechselwrkg. zwischen dem **II**-Radikal u. den Moll. des Überträgers bei vielen angewandten Substanzen nicht beobachtet werden ($k_x < 0{,}21$/ Mol·s bei 50°), so bei allen monosubstituierten Benzolen mit Ausnahme von Nitrobenzol. Aus einem Vgl. der k_x-Werte folgt für den Inhibierungsmechanismus als erste Stufe eine Addition des Polymerradikals an den aromat. Ring unter Bldg. eines nichtreaktionsfähigen Radikals. Im Falle einer Nitro-Verb. reagiert das Polymerradikal mit der Nitrogruppe, wahrscheinlich unter Übergang eines β-Wasserstoffatoms. Es wurde gefunden, daß bei der Polymerisation von **I** in Ggw. der oben beschriebenen Inhibitoren jedes Inhibitor-Mol. 2 Ketten abbricht; es tritt keine Regenerierung der Ketten ein u. die Polymer-Moll. entstehen als Prod. der Disproportionierung zwischen dem Polymerradikal u. dem bei der Rk. zwischen diesem u. dem Inhibitor-Mol. gebildeten Radikal.

E. Weber. 4010□

Untersuchungen über Polyoxypropylenglykole. 1. Mitt. **Dampfdrucke und Mischungswärmen der Systeme Polyglykole–Methanol.** M. L. Lakhanpal und B. E. Conway. (J. Polymer Sci. **46.** 75—92. Sept. 1960. Ottawa, Canada, Univ. of Ottawa, Dep. of Chem.) (Engl.)

Dampfdruck, Mischungswärme, Dichte u. die daraus errechnete partielle mol. freie Energie werden für das Syst. *Polypropylenglykol* (**I**)–*Methanol* bei Temp. von —25 bis +25° angegeben. Die Zahlenmittel-Molgew. der **I**-Fraktionen von 150, 1120, 1955 u. 3350 werden infrarotspektroskop. nach Eichung durch chem. OH-Endgruppen-Best. ermittelt.

W. Schmieder. 4010□

Untersuchungen über Polyoxypropylenglykole. 2. Mitt. **Abgeleitete thermodynamische Funktionen für die Systeme Polyglykole–Methanol.** B. E. Conway und M. L. Lakhanpal. (J. Polymer Sci. **46.** 93—111. Sept. 1960.) (Engl.) — 1. vgl. vorst. Referat.

Die l. c. bestimmten Eigg. des Syst. *Polypropylenglykol–Methanol* werden mit der Theorie von Flory-Huggins verglichen. Die Abweichungen können teilweise mit starken Orientierungseffekten, wahrscheinlich durch Wasserstoffbrücken erklärt werden. Bei kurzkettigen Fraktionen beeinflussen die Hydroxylendgruppen das thermodynam. Verh. stark.

W. Schmieder. 4010□

Untersuchungen über Polyoxypropylenglykole. 3. Mitt. **Gleichgewichtsquellung von vernetzten Polyurethan-Elastomeren.** B. E. Conway und S. C. Tong. (J. Polymer Sci. **46.** 113—27. Sept. 1960.) (Engl.) — 2. vgl. vorst. Referat.

Aus *Polypropylenglykol* (Molgew. 2025), *Toluylen-2.4-diisocyanat* u. *1.2.6-Tris-[ω-hydroxypolypropylen]-hexan* vom Molgew. 1500 werden vernetzte Elastomere hergestellt u. deren Quellung in Abhängikeit von der Temp. in Bzl. (9—48°), Methanol (—82—47°), 1.4-Dioxan (12—45°) u. W. (22°) gemessen. Daraus werden Werte für die Polymer-Lsgm.-Wechselwrkg.-Konst. χ abgeleitet. Ein Zusammenhang zwischen Quellvermögen u. der elast. Rückstellkraft von Elastomeren (vgl. nachst. Ref.) wird diskutiert.

W. Schmieder. 4010□

Untersuchungen über Polyoxypropylenglykole. 4. Mitt. **Elastische Eigenschaften von abgeleiteten Elastomeren.** B. E. Conway. (J. Polymer Sci. **46.** 129—38. Sept. 1960). (Engl.) — 3. vgl. vorst. Referat.

Das Spannungs–Dehnungs-Verh. von 3 *Polypropylenglykol*-Elastomeren (vgl. l. c.) wird bei 27, 56 u. 100° untersucht u. der Zusammenhang von Vernetzungsgrad, Rückstellkraft u. Quellungs-Vol. diskutiert.

W. Schmieder. 4010□

Synthese und Polymerisation von Epiperchloratohydrin. Jack Radell und Joseph W. Connolly. (J. Polymer Sci. **48.** 343—46. Dez. 1960. Wright Patterson Air Force Base, Ohio, Air Res., Wright Air Dev. Div., Materials Central Phys.-Labor.; Dev. Command.) (Engl.)

Zu 45 g wasserfreiem $AgClO_4$ in 250 ml Bzl. werden unter Rückfluß 26,7 g Epibromhydrin in 30 Min. gegeben. Nach Abtrennen des AgBr wird die Bzl.-Lsg. mit W. gewaschen, das Bzl. abdest. u. *Perchlorsäureglycidylester* (**I**; 16,6 g) gewonnen. Nach 24 std. Stehen bei Raum-Temp. entsteht aus **I** der polymere Ester $HO\text{-}[CH_2CH(CH_2OClO_3)\text{-}O]_n\text{-}H$ (**II**). **I** u. **II** neigen stark zu Explosionen.

W. Schmieder. 4010□

Reaktionen ungesättigter Fettalkohole. 5. Mitt. **Darstellung und Eigenschaften einiger Copolymeren aus ungesättigten Fettalkohol-Vinyläthern und niedrigen Alkyl-**

vinyläthern. L. E. Gast, Wilma J. Schneider, J. L. O'Donnell, J. C. Cowan und H. M. Teeter. (J. Amer. Oil Chemists' Soc. **35.** 347—50. Juli 1958.) (Engl.) — 4. vgl. C. **1960.** 9176; 6. vgl. C. **1960.** 13984.

Es werden Verss. zur Herst. von Copolymeren aus Vinyläthern von Fettalkoholen u. niedermol. Vinylalkyläthern angestellt mit dem Ziel einer Verbesserung der Film-Eigg. der Präpp., bes. hinsichtlich ihrer Alkaliresistenz. Unter Heranziehung der früher (vgl. 3. Mitt., C. **1961.** 18709) beschriebenen Arbeitsweise wird aus dem Fettalkohol Unadol 40 (aus Sojaöl) u. Acetylen bei Normaldruck der *Sojavinyläther* (I) folgender Zus. hergestellt: 94,5% I, 32,2% konjugiertes Dien, 1,3% konjugiertes Trien u. 3,8% Sojaölalkohol. I wird mit *Äthyl-*, *Butyl-*, *2-Methoxyäthyl-*, *Isobutyl-*, *2-Äthylhexyl-* u. *2-Chloräthylvinyläther* (II) copolymerisiert; ferner wird *Nopolvinyläther* (III) hergestellt. Die Copolymerisation erfolgt in der Weise, daß ein Gemisch aus einem niedermol. Alkylvinyläther u. I (insgesamt 15 g) in 50 ml Methylendichlorid gelöst u. auf -30^0 abgekühlt wird; die Rk. wird mit BF_3 (7% in Ae.) in Gang gebracht; die Temp. steigt rasch an, nach 30 Sek. wird der Katalysator durch Zugabe von NH_4OH neutralisiert u. das Lsgm. abgetrieben; es hinterbleibt eine weiße viscose Fl. als *Copolymerisat* (**A**). Die Molgew. der **A** bewegen sich von 2000—4000. Die Eigg. der **A** mit den Ansatzverhältnissen von I u. dem Alkylvinyläther von 3 : 1, 1 : 1 u. 1 :3 werden untersucht. Die Prodd. sind wasserhell bis ambrafarbig, viscos, lösl. in Solventien vom Typ der Aromaten, der chlorierten Verbb. sowie des Gasolins. Aus den Präpp. wurden Filme hergestellt, die hart, knifffrei u. resistent gegenüber den üblichen Lsgm. sind, verstärkt resistent auch gegenüber 5%ig. wss. Alkali im Vgl. zu dem aus einfachem I. Die copolymeren Filme werden auf AgCl-Tafeln in der Hitze aufgetragen; die IR-spektrometr. Unters. zeigt, daß dabei eine Spaltung der C—O—C-Bindung eingetreten ist; als am wenigsten empfindlich erweisen sich die Filme der Copolymerisate aus I u. II. Die Polymerisation von III bzw. die Copolymerisation von III mit I war erfolglos. K. Täufel. 4010□

Bestimmung des micellaren Charakters von Lösungen nichtionogener Netzmittel mit der Ultrazentrifuge. 2. Mitt. C. W. Dwiggins jun. und R. J. Bolen. (J. physic. Chem. **65.** 1787—88. Okt. 1961. Bartlesville, Okla., Bur. of Mines, Petroleum Res. Center.) (Engl.) — 1. vgl. C. **1961.** 7503.

Von wss. Lsgg. mit 0,7171—1,6478% *Igepal CO-710* (*Polyoxyäthylennonylphenol*) werden zwischen 10,5 u. 35,0° die Micell-Molgew. mit einer Spinco-Ultrazentrifuge u. Schlierenoptik bestimmt; außerdem wird für jede Lsg. das partielle spezif. Vol. pyknometr. erhalten. Die Gewichtsmittel der micellaren Molgew. M im wasserfreien Zustand steigen linear mit der Temp. u. werden mit $M = 2217 \cdot T + 23996$ beschrieben. An den Grenzen des untersuchten Temp.-Bereiches werden Abweichungen von der angegebenen Gleichung beobachtet; eine Extrapolation für $T > 35^0$ ist nicht statthaft, da in der Nähe des Trübungspunktes anomales Verh. auftritt. Herbert Müller. 4010□

Prinzipien des Ligninwachstums. Karl Freudenberg. (J. Polymer Sci. **48.** 371—77. Dez. 1960. Heidelberg, Univ., Organ. Chem. Institut.) (Engl.)

Die Bldg. von Tannenholz-*Lignin* (Molgew. 10000—100000) wird durch enzymat. Dehydrierung von *Coniferylalkohol* in Gang gesetzt, wobei sich Radikale bilden, die sich dimerisieren u. sich entweder intramolekular oder durch Rk. mit W. oder einer OH-Gruppe eines Polysaccharids (I) stabilisieren. Weitere Dehydrierung ermöglicht dann den Aufbau des Lignins, wobei durch die mögliche Rk. mit I mindestens der größte Teil des Holzes gepfropft ist. Die Sequenzlänge der verschiedenen Bausteine, die durch die verschiedenen Radikal-Rkk. entstanden sind, ist statistisch.
W. Schmieder. 4010□

Die thermodynamischen Eigenschaften von sulfonierten Polystyrol-Austauschern, die mit einem einzelnen Kation gesättigt sind. J. F. Duncan. (Austral. J. Chem. **8.** 293—311. Aug. 1955. Melbourne, Univ., Chem. Dep.) (Engl.)

Zur Berechnung des osmot. (φ) u. des Aktivitäts-Koeff. (γ) eines Ionenaustauschers vom *Polystyrolsulfonat*-Typ in wss., kationenhaltiger Lsg. wird dieser rechner. wie ein einfacher Elektrolyt behandelt. Meth. zur Berechnung von φ aus isopiest. Daten, aus dem W.-Geh. u. der Vol.-Änderung des Austauschers in verd. Salz-Lsgg. werden angeführt. Aus den φ-Werten werden mit Hilfe der Harned-Regel auf Grund empir. Beziehungen u. unter Verw. der Gleichung von Gipps-Duhem γ-Werte für die „Austauschersalze" („Resinate") bei einer Reihe von ein- u. zweiwertigen Kationen abgeleitet. Die Kurven der γ-Werte gegen φ zeigen einen ähnlichen Verlauf wie die der γ-Werte in wss. Lösung.
W. Betcke. 4010□

Die Aktivität des Gegenions in konzentrierten Polyelektrolytlösungen. Laurence C. Cerny. (Bull. Soc. chim. belges **66.** 102—08. Jan./Febr. 1957. Gent, Rijksuniv., Labor. voor Fys. Scheik.) (Engl.)

Es wird versucht, eine Beziehung zwischen den inneren Aktivitäts-Koeff. (γ) eines Polyelektrolyt-Mol. in Lsg. u. seinem Molgew. abzuleiten. Zur Best. von γ bei *K-p-Polystyrolsulfonat* (I) wurden EMK-Messungen an konz. I-Lsgg. mit Hilfe einer K-Amalgam-Tropfelektrode durchgeführt. Eine Beziehung zwischen γ u. dem Molgew. konnte nicht gefunden werden. Die γ-Werte sind innerhalb der Experimentalfehlergrenzen vom Molgew. u. der I-Konz. unabhängig. Es zeigt sich, daß der Anteil der mit den Polyanionen verbundenen Gegenionen in konz. u. verd. Lsgg. gleich ist. — Die Vers.-Anordnung ist beschrieben. Die γ-Werte der K-Ionen bei verschiedenen I-Konzz. sind aufgeführt. W. Betcke. 4010□

Eine Viscositäts-Untersuchung von Kalium-p-polystyrolsulfonat. Laurence C. Cerny. (Bull. Soc. chim. belges **66.** 93—101. Jan./Febr. 1957. Gent, Rijksuniv., Labor. voor Fys. Scheik.) (Engl.)

Die Zulässigkeit der Anwendung des Donnan-Modells auf das Verh. hochpolymerer Austauscherharze in Elektrolyt-Lsgg. wird experimentell überprüft. Auf halbempir. Wege wird eine Gleichung der Berechnung von α^5–α^3 abgeleitet. Die Unterss. [Viscositäts(η)messungen, Molgew. (M)-Best. durch Lichtstreuungsmessungen u. Messungen der Fällungs-Geschw. auf Grund der Beziehungen zwischen M u. η] wurden mit *K-p-Polystyrolsulfonat* u. *Polymethacrylsäure* ($M = 3\cdot10^5—2\cdot10^6$) durchgeführt. Als Elektrolyte wurden HCl, NaCl, Na_2SO_4, $K_3[Fe(CN)_6]$ u. $K_4[Fe(CN)_6]$ verwendet. Beobachtete u. berechnete (α^5–α^3)-Werte werden einander gegenübergestellt. W. Betcke. 4010□

Folien aus Polystyrolsulfonsäure und ihren Salzen. 1. Mitt. **Herstellung und Infrarotspektren mit Zuordnung.** G. Zundel, H. Noller und G.-M. Schwab. (Z. Naturforsch. **16 b.** 716—25. Nov. 1961. München, Univ., Physikal. Chem. Inst.) (Dt.)

Ausführliche Beschreibung einer App. (Abb.) zur Darst. von *Polystyrol* (I)-Folien definierter Dicke bis zur unteren Grenze von 5 μ, deren Umsetzung mit Chlorsulfonsäure zu *Polystyrol-4-sulfochlorid* (II; 3 Tage bei 18°) sowie dessen Verseifung mit 0,1n NaOH zu *Polystyrol-4-sulfonsäure* (III) bzw. *Na-Polystyrol-4-sulfonat* (IV) bei 18°. Die IR-Spektren von **I, II, III** u. **IV** sowie die Zuordnung der Banden auf Grund von Literaturdaten sind angegeben. **III** u. **IV** eignen sich zum Studium von Hydratationseffekten bei „nahezu beliebig hohen Ionenkonzentrationen". W. Walter. 4010□

Polymerisation und niederfrequentes elektromagnetisches Feld. Giorgio Piccardi und Renato Cini. (J. Polymer Sci. **48.** 393—98. Dez. 1960. Florence, Italy, Univ. of Florence, Inst. of Phys. Chem.) (Engl.)

Es wird gefunden, daß die Polymerisations-Geschw. von *Acrylonitril* in Substanz mit niedrigen Umsätzen durch elektromagnet. Felder beeinflußt wird. Die Ergebnisse werden aus einer großen Zahl (714) von Vgl.-Verss. statist. ermittelt, wobei die Polymerisation unter Einw. eines künstlichen Feldes von 10 kHz, des natürlichen Feldes u. unter völliger Abschirmung in einem Kupferkasten abläuft. In 74% aller Fälle wirkt das Feld beschleunigend. W. Schmieder. 4010□

Bestrahlung von Acrylonitril in festem Zustand. René Bensasson und Rose Marx. (J. Polymer Sci. **48.** 53—59. Dez. 1960. Paris, Fac. des Sci., Labor. de Chim. Phys.) (Franz.)

Die Polymerisation von *Acrylonitril* in festem Zustand im Vakuum ($1—2\cdot10^{-4}$ Torr) durch Röntgenstrahlen wird in Abhängigkeit von der Temp. (—196 bis —100°) u. der Strahlendosis untersucht. Die Aktivierungsenergie beträgt 0,4 kcal/Mol. Als Inhibitor zugesetztes Diphenylpikrylhydrazyl oder Benzochinon ist unwirksam. Die Ausbeute ist um so höher, je langsamer die Kristallisation erfolgt u. ist bei der Schmelz-Temp. im festen Zustand höher als im flüssigen. Das kernmagnet. Resonanzspektrum der Prodd. wird diskutiert. W. Schmieder. 4010□

Untersuchung von Polymerisationen in adsorbierter Schicht. 1. Mitt. Alexandre Blumstein. (Bull. Soc. chim. France **1961.** 899—905. Mai. Strasbourg, Centre de Rech. sur les Macromol.) (Franz.)

Methylacrylat (I), *Methylmethacrylat* (II) u. *Acrylonitril* werden in Ggw. von Montmorillonit oder Bentonit unter Zusatz von Azodiisobutyronitril, das auf den Träger aufgebracht wird, bei 100° polymerisiert. Polymerisation in der Adsorptionsschicht erfolgt nur dann, wenn der monomere Adsorptionsfilm mindestens 2 Mol.-Schichten dick ist. Nach Behandlung des Rk.-Gutes mit organ. Lsgm. für die frei polymerisierten Anteile werden die zwischen den Blättern des Adsorbens ausgebildeten Einschlußpolymerisate durch Herauslösen des Trägers mit HF isoliert. Andere Initiatoren, wie Dibenzoylperoxid u. tert.-Butylhydroperoxid, sind wenig akt., Peressigsäure erwies sich auf der Tonschicht als instabil. Zum Vgl. wurde **I** in Ggw. von Azodiisobutyronitril bei 60° u. **II** in Toluol in Ggw. von Dibenzoylperoxid bei 100° polymerisiert. Über die Eigg. der Polymerisate vgl. nachst. Referat. M. Hagedorn. 4010□

Untersuchung von Polymerisationen in adsorbierter Schicht. 2. Mitt. Alexandre Blumstein. (Bull. Soc. chim. France **1961.** 906—14. Mai.) (Franz.) — 1. vgl. vorst. Referat.

Die 1. c. in adsorbierter Schicht sowie in Substanz dargestellten *Polymethylacrylate* (**Ia** u. **Ib**) u. *Polymethylmethacrylate* (**IIa** u. **IIb**) wurden aus Aceton mit W. bzw. aus Bzl. mit Heptan nach der Trübungs-Meth. fraktioniert u. ihre Molgew. M_w, Löslichkeit, Intrinsicviscosität, Sedimentations-Konst. u. Assoziation miteinander verglichen. Der Vgl. zeigt, daß die Molgew. von **Ia** u. **IIa** gegenüber **Ib** u. **IIb** größer, [η] u. die Sedimentations-Konst. geringer u. die Tendenz zur Aggregat-Bldg. größer sind. Außerdem besitzen **Ia** u. **IIa** größere Zugfestigkeit u. Härte. Die Unterschiede dieser Eigg. werden mit einer verzweigten Struktur von **Ia** u. **IIa** erklärt. M. HAGEDORN. 4010

Intramolekulare-Intermolekulare Polymerisation von nichtkonjugierten Diolefinen. C. S. Marvel. (J. Polymer Sci. **48.** 101—08. Dez. 1960. Urbana, Ill., Univ. of Illinois, Dep. of Chem. u. Chem. Engng.) (Engl.)

Übersicht über die Polymerisations-Rkk. von nichtkonjugierten Diolefinen, bei denen abwechselnd ein Ringschluß u. eine Monomeranlagerung erfolgt, u. über die Bldg. von carbocycl. u. heterocycl. Ringen mit O, N, P, Si u. Sn aus folgenden Monomeren: *Diallyldiäthylammoniumbromid*; *Diallyloxalat*; *Diallylcarbonat*; *α.α'-Dimethylenpimelinsäuredimethyl-* u. *-diäthylester*; *Diacryloylmethan*; *Heptadien-(1.6)*, *2.6-Diphenylheptadien-(1.6)*; *Heptadiin-(1.6)*, *α.α'-Dimethylenadipinsäuredimethylester*; *Hexadien-(1.5)*, *2.5-Diphenylhexadien-(1.5)*; Alkadiene $CH_2{=}CH-(CH_2)_n-CH{=}CH_2$ mit n = 4, 5, 6, 7, 8, 9, 11, 12 u. 18; *2.7-Diphenyloctadien-(1.7)*; *Acrylsäureanhydrid*; *Dimethyl-* u. *Diäthyldiallylsilan* sowie *Diallylphosphor-*, *Diallylsilicium-* u. *Diallylzinn*-Verbindungen (vgl. auch nachst. Ref.). W. SCHMIEDER. 4010 □

Neuere Entwicklungen bei der Polymerisation durch wechselweisen intra-intermolekularen Mechanismus. George B. Butler. (J. Polymer Sci. **48.** 279—89. Dez. 1960. Gainesville, Fla., Univ. of Florida, Dep. of Chem.) (Engl.)

Zusammenfassende Arbeit über die Polymerisation von folgenden Monomeren mit alternierend intra- u. intermolekularem Wachstum: *Dimethyldiallylammoniumbromid*; *Diallyl-tert.-butylamin*; *Diallylaminhydrobromid*; *α.α'-Dimethylenpimelinsäure-Derivv.*; *Hexadien-(1.5)* (I), *Heptadien-(1.6)*, *Acrylsäureanhydrid*; *Diacryloylmethan*; *α.α'-Dimethylenpimelodinitril*; *2.6-Diphenylheptadien-(1.6)*; *Diallyldialkylphosphoniumsalze*; *Diallyldialkylsilane*; Alkadiene $CH_2{=}CH-(CH_2)_n-CH{=}CH_2$ mit n = 4, 5, 6, 7, 8, 9, 11, 12, 14 u. 18. *Copolymere* aus *Diallylalkylaminoxid* u. *Acrylnitril*; *Divinyläther* u. *Fumarsäuredinitril*, *Dimethylfumarat* bzw. *Diäthylmaleat*; *Divinyldimethylsilan* u. *Maleinsäureanhydrid* (II), *Vinylacetat* bzw. *Fumarsäuredichlorid*; *Divinylsulfon* u. II; *Divinylcyclopentamethylensilan* u. II; I u. SO_2; *Vinylacrylat* u. *Äthylacrylat*; *Methylmethacrylat* u. *Styrol*. Die Meth. zur Strukturaufklärung werden besprochen u. die Bedingungen, unter denen Ringschluß auftritt, diskutiert (vgl. auch vorst. Ref.). W. SCHMIEDER. 4010 □

Darstellung von schwefelhaltigen Polyamiden. Georges Champetier und Jean Khaladji. (Bull. Soc. chim. France, Mém. [5] **1955.** 1623—30. Nov./Dez. Paris. École Sup. de Phys. et de Chim., Labor. de Chim. macromol.) (Franz.)

10-[β-Aminoäthylmercapto]-decansäure (F. 147°) u. *11-[β-Aminoäthylmercapto]-undecansäure* (I, F. 182°) werden beim Erhitzen auf höhere Temp. leicht zu linearen *Polyamiden* kondensiert, die sich leicht zu Fäden ziehen lassen. Aus I wird z. B. in 9 Std. bei 200° ein Polyamid mit dem Molgew. 31200 u. F. 150° erhalten. *3.4-Dithiahexamethylendiammoniumsebacinat* gibt analog ein sehr brüchiges Polyamid, u. auch aus dem I entsprechenden *Disulfid* wird beim Erhitzen wegen der Häufung von funktionellen Gruppen im Mol. u. der damit verbundenen Möglichkeit zur 3dimensionalen Vernetzung ein Polyamid mit unbefriedigenden mechan. Eigg. erhalten. Die Copolykondensation mit *11-Aminoundecansäure* liefert jedoch *Copolymere*, die sich zu Fäden verspinnen lassen. Die in ihnen enthaltenen Disulfid-Brückenbindungen sollten sich reduktiv/oxydativ unter einer Modifizierung des Eig.-Bildes der Polymeren angreifen lassen. Die Ggw. von Monosulfidbindungen in der Polyamidhauptkette wirkt sich prakt. nicht auf die Eigg. aus. Die Polykondensation der genannten Monomeren wurde kinet. u. calorimetr. verfolgt. Bei den Monomeren mit niedrigem F. setzt die Kondens. mit geringer Geschw. bereits unterhalb der von FLORY angegebenen Temp. von 185° für die „Temp. der beginnenden Polykondens." ein. H.-E. TOUSSAINT. 4010 □

Das Reibungsgesetz von vulkanisiertem Gummi. G. M. Bartenew und W.W. Lawrentjew. (Wear [Amsterdam] **4.** 154—60. März/April 1961. Moscow, Scient. Res. Inst. of Rubber Ind.; Potemkin Pedagog. Inst., Dep. of Theoret. Phys.) (Engl.)

Bei Übertragung der Reibungsgesetze von vulkanisiertem *Gummi* auf weich-harte Oberflächen über den Bereich von 1—200 kg/cm² ergab sich, daß sich die COULOMBsche

Formel im Bereich der niederen Drucke u. die von Thirion bei höheren Drucken anwenden läßt. F. Rosendahl. 4030□

Die Wechselwirkung zwischen Styrol–Butadien-Gummi und Ruß beim Erhitzen. J. P. Berry und P. J. Cayré. (J. appl. Polymer Sci. **3.** 213–23. März/April 1960. Akron, Ohio, Univ. of Akron, Inst. of Rubber Res.) (Engl.)

Zur Darst. der Mischungen wurden 20 g *Styrol–Butadien-Gummi* (**I**; Verw. von *Plioflex 1502*) in 400 cm³ Bzl. gelöst; zu der Lsg. wurden 10 g Ruß (**II**; Verw. von *Philblack O*) gegeben. Nach mehrstd. Mischen in der Kugelmühle wurde die Mischung gefriergetrocknet. Von den so erhaltenen u. unter Druck auf 150° erhitzten Proben wurde unter Verw. von Bzl. der Gelanteil β bestimmt; ferner wurde die Zus. des Gels durch Depolymerisation der **I**-Komponente unter N_2 bei 450° bestimmt. β steigt mit wachsender Erhitzungsdauer t an u. erreicht nach 30 Min. einen Grenzwert. Wird die Mischung vor dem Erhitzen gemahlen, so ist β nach gleichem t um so höher, je größer die Zahl der Mahldurchgänge. Erhitzungs-Verss. zwischen 110 u. 170° ergeben für die Aktivierungsenergie E des Vernetzungsvorganges einen Wert von 18,4 kcal/Mol für die nichtgemahlene u. von 9,7 für die gemahlene Probe. Werden die gemahlenen Proben 24 Std. in Luft gelagert, so ist β etwas größer als beim Lagern im Vakuum. Bei Erhöhung des **II**/**I**-Verhältnisses fällt β unter sonst gleichen Bedingungen ab. Enthält die **I**/**II**-Mischung Thiophenol (**III**), so ist β um so kleiner, je höher der **III**-Gehalt. Ähnlich wie **III** verhält sich ein Antioxydationsmittel (Verw. von Wing-Stay S, einem alkylierten Phenol). Daraus folgt, daß beim Mahlen der Mischung freie Radikale von **I** entstehen; deren Wirksamkeit nimmt mit steigender Temp. zu, da sie erst nach Erreichen einer gewissen Beweglichkeit stärker reagieren können. O. Fuchs. 4030□

Zur Frage der Struktur von Hydratcellulose. B. I. Stepanow, R. G. Shbankow und R. Marupow. (Высокомолекулярные Соединения [Hochmolekulare Verbind.] **3.** 1633–40. Nov. 1961.) (Russ.; Auszug: Engl.)

Im Gebiet der IR-Spektren beanspruchen bei Unterss. von *Cellulose* (**I**) die Banden der CH_2-Gruppe (3000–2800 cm⁻¹) u. der Deformationsschwingungen von CH_2 (1450–1500 cm⁻¹) Hauptinteresse. **I**-Fasern zeigen eine intensive Bande bei ca. 2900 cm⁻¹, die bei *Baumwoll*-**I** von verschiedenen kleineren Intensitätssteigerungen begleitet ist. Letztere treten bei *Holz*-**I** weniger deutlich hervor u. fehlen bei *Hydratcellulose* (**II**) ganz. Die Unters. von *d-Glucose, d-Galaktose, Cellobiose, Maltose, Amylose* u. *Laminarin* weist darauf hin, daß sich die Bandenstruktur beim Übergang von einfachen Zuckern zu den Polysacchariden wesentlich vereinfacht. Zum Vgl. wurden auch die Spektren von *Pentaerythrit, Mesoerythrit* u. *Mannit* herangezogen. Ähnliche Verhältnisse, vor allem eine Vereinfachung der Bandenstruktur der Polysaccharide gegenüber den einfachen Zuckern, beobachtet man auch im Gebiet der CH_2-Deformationsschwingungen. Eine Interpretation der IR-Spektren von **I** u. Zuckern zwingt zur Annahme einer Drehbarkeit des CH_2OH-Restes um die $C_{(5)}$–$C_{(6)}$-Bindung u. einer dementsprechenden Bldg. von Isomeren. Hier dürfte auch die Ursache für die Verschiedenheit von Baumwoll-**I** u. **II** liegen; Holz-**I** nimmt eine Zwischenstellung ein. M. Ulmann. 4050□

Morphologie von Xylaneinkristallen. R. H. Marchessault, F. F. Morehead, N. M. Walter und C. P. J. Claudemans. (J. Polymer Sci. **51.** S66–S68. Juni 1961. Montreal, Quebec, Canada, Pulp and Paper Res. Inst. of Canada.) (Engl.)

Eine 0,025%ig. Suspension von *Xylan* (**I**; Polymerisationsgrad 65, osmot. bestimmt) wurde 4 Std. auf 120° erhitzt. Die elektronenmkr. Aufnahme der Suspension zeigt das Vorliegen von hexagonalen Blättchen, die schraubenförmig übereinander liegen; die Dicke der Schichten beträgt 50 Å. Daraus folgt, daß eine Kettenfaltung vorliegen muß. Die Dehydratisierung von **I** erfolgt bereits unter relativ milden (nicht genannten) Bedingungen. O. Fuchs. 4050□

Der Abbau von Xylanen mit Alkali. G. O. Aspinall, C. T. Greenwood und R. J. Sturgeon. (J. chem. Soc. [London] **1961.** 3667–74. Sept. Edinburgh, Univ., Dep. of Chem.) (Engl.)

Bei der Einw. von Alkali auf die als Modellsubstanz verwendete 4-O-Methyl-D-xylose (O_2-Ausschluß) wurde als Hauptprod. (0,65 Mol/Mol Zucker) *Xyloisosaccharinsäure* (**I**) gebildet, die als krist. *Lacton* (F. 94–96°) isoliert werden konnte. Außerdem wurden *HCOOH* u. Spuren von zwei anderen lactonisierbaren Säuren gefunden. Eine Reihe von *Arabinoxylanen* (Ax) aus Roggen u. Hafer wurden mit NaOH bei Raum-Temp. in Abwesenheit von O_2 so lange behandelt, bis keine weiteren sauren Abbau-Prodd. mehr nachweisbar waren (20–25 Tage). Die Molgew.-Verminderung betrug dabei ca. 20%. Unter den entstandenen Carbonsäuren wurden neben **I** auch nicht lactonisierbare Säuren, *HCOOH, Milchsäure* u. *Glykolsäure* nachgewiesen. Da bei der Hydrolyse eines durch Alkali abgebauten Ax aus Roggenmehl neben neutralen Zuckern ein Gemisch aus zwei *Xylometasaccharinolactonen* (*3-Desoxy-erythro-* u. *-threo-pentonsäurelacton*;

chromatograph. nachgewiesen) entstand, muß bei dem Alkaliabbau eine Umlagerung der reduzierenden Endgruppen stattgefunden haben. Da ein mit KBH_4 reduziertes Ax bei der Alkalibehandlung sein Molgew. nur geringfügig vermindert u. eine Bldg. von Säuren nicht nachgewiesen werden konnte, scheint Alkali nur die reduzierenden Endgruppen anzugreifen, ohne glykosid. Bindungen der Kette zu spalten. Bei der Methylierung der Ax in alkal. Medium vermindert sich das Molgew. nur geringfügig. Diese Verss. zeigen, daß unter den normalerweise angewandten Bedingungen bei der Extraktion von Xylanen aus pflanzlichen Geweben nur mit einem geringen Alkaliabbau gerechnet werden muß. Der Einfl., den am $C_{(3)}$ gebundene Seitenketten von 1 → 4-verknüpften Polysacchariden auf den alkal. Abbau ausüben, wird diskutiert. H. Rossow. 4050 □

Die Struktur von Pachyman, der Polysaccharidkomponente von Poria Cocos Wolf. S. A. Warsi und S. J. Whelan. (Chem. and Ind. **1957.** 1573. 30/11. London, Lister Inst. of Preventive Med.) (Engl.)

Der von Vff. untersuchte *Poria Cocos* Wolf enthält im vakuumtrockenen Zustand 94,2% *Polyglycose,* 0,9% Ae.- u. A.-lösl. Bestandteile u. 0,2% Stickstoff ($[\alpha]_D$ + 31,5°; n-NaOH). Der entfettete Pilz mit 91,5 g Polyglucose wurde mit 90%ig. HCOOH erhitzt u. dann mit wss. H_2SO_4 behandelt, neutralisiert u. über Kohle–Celite fraktioniert. Gefunden wurden 34,3% *Glucose* u. je ein Oligosaccharid in jeder Molgew.-Gruppe, die als *Laminaribiose* (17,8 g), *Laminaritriose* (17,6 g), *Laminaritetraose* (9,6 g) u. *Laminaripentaose* (7,6 g) identifiziert wurden (FF., Drehwerte u. β-Acetate). Danach besteht die als *Pachyman* bekannte Polyglucose aus 1 → 3-verbundenen β-Glucoseresten, u. das früher von Takeda [1935] als 2.3.6-Tri-O-methylglucose bezeichnete Hydrolysen-Prod. des vollmethylierten Polysaccharids dürfte *2.4.6-Tri-O-methylglucose* sein, die sich in F. u. spezif. Drehung von der 2.3.6-Verb. kaum unterscheidet. H. Rossow. 4050 □

Das Isomerisierungsgleichgewicht von Rinderplasmaalbumin in Gegenwart von Harnstoff. Joseph F. Foster und Koichiro Aoki. (J. Amer. chem. Soc. **80.** 117–23. 5/3. 1958. Lafayette, Ind., Purdue Univ., Dep. of Chem.; Mizuho-ku, Nagoya, Nagoya City Univ., Chem. Labor.) (Engl.)

Rinderplasmaalbumin (I) besteht zwischen pH 4 u. 7 aus 2 isomeren Verbb., die elektrophoret. trennbar sind. Die Gleichgewichtslage in Ggw. von Harnstoff ist durch die Gleichung $N + m$ Harnstoff $+ nH^+ \rightleftharpoons F + y\,Cl^-$ gek., wobei N die normale oder native u. F die isomere I-Form bedeuten. m ist annähernd 3, n = 2 unter dem pH-Wert 5, 0 zwischen pH 5 u. 6,7 u. > 6,7 wieder fast 2. y ist annähernd 6, wenn n = 0 ist (bei einer Ionenstärke von 0,02); bei höherer Ionenstärke nähert sich y dem Wert 0.
M. Dick. 4070

Osmometrie von Insulin und Ribonuclease in dissoziierenden Medien. D. W. Kupke. (C. R. Trav. Lab. Carlsberg **32.** 107–24. 1961. Kopenhagen, Carlsberg Labor., Chem. Dep.) (Engl.)

Mit einem neuen Viscosimeter (Einzelheiten im Original) zur Messung von Proteinen mit sehr niedrigem Molgew. in einem metallfreien Syst. wird gezeigt, daß *Insulin* in 9 molal Guanidinhydrochlorid (I)-Lsg. bis zu Konzz. über 10 g Protein/1000 g W. monomer vorliegt. In 6 molal I + 1 molal NaCl liegt *Ribonuclease* in einem Konz.-Bereich zwischen ca. 3 u. 20 g Protein/1000 g W. monomer vor. W. Walter. 4070 □

Einige chemische Effekte von ionisierenden Strahlen auf Nucleinsäuren und verwandte Verbindungen. G. Scholes, J. F. Ward und J. J. Weiss. (J. Polymer Sci. **48.** 301–08. Dez. 1960. Newcastle-upon-Tyne, King's Coll., Univ. of Durham.) (Engl.)

Der Abbau von *Desoxyribonucleinsäure* (I) in wss. Lsg. durch ionisierende Strahlen (Röntgenstrahlen von 200 kV) in Ggw. von O_2 wird untersucht. Hierbei wurde festgestellt, daß der Angriff der durch die radiolyt. Zers. von W. gebildeten OH-Radikale in der Hauptsache auf die Purin- u. Pyrimidinbasen erfolgt, u. zwar zu ca. 80%. Ein weiterer Angriff der Radikale erfolgt auf die Desoxyribose, der zur Spaltung der Phosphorsäureesterbindungen längs der I-Kette führt u. vermutlich Ursache der Aufspaltung der Helixstränge von I ist. Als Maß des Radikalangriffs, der zum Bruch der Internucleotidbindungen führt, wird die Anzahl der Endgruppen/100 eV benutzt, die durch die Bestrahlung (200 kV) gebildet werden. W. Schmieder. 4090 □

E. Biologische Chemie. Physiologie. Medizin

E_1. Allgemeine Biologie und Biochemie

Metalle und Ladungstransport. Albert Szent-Györgyi. (Proc. nat. Acad. Sci. USA **47.** 1398–99. 15/9. 1961. Woods Hole, Mass., Marine Biol. Labor., Inst. for Muscle Res.) (Engl.)

Es wurden Unterss. über die Bedeutung des Ladungstransports in der Biologie gemacht. Wenn eine 0,01 m Methanol-Lsg. von *Na-1.2-Naphthochinonsulfonat* mit 0,2 Vol. einer 0,1 m *p-Aminobenzoesäure* (I)-Lsg. in Methanol gemischt werden (ebenso *Sulfanilamid, Procain, Anilin, N-Äthylanilin, N.N-Diäthylanilin*) setzt allmählich eine Rk. ein, bei der sich die Lsg. schwarz färbt. In Ggw. von $ZnCl_2$ oder *Zn-Acetat* bildet sich im Falle von I ein dunkelroter Niederschlag. Ähnlich wirken Mg^{2+}, Mn^{2+}, Cu^{+}, Fe^{2+} oder Co^{2+}. Wahrscheinlich bildet sich ein Chelatkomplex aus Amin, Chinon u. Zn, dessen Bldg. durch die Energieübertragung durch Zn eingeleitet wird. *Histidin* u. *Histamin* geben eine ähnliche Rk. mit Naphthochinon in Ggw. von Zn in wss. Medium, was für den Energietransport in Proteinen von Bedeutung sein kann.

P. GREGORZEWSKI. 4100□

Die Umsetzungen in „gewichtslosen" Lösungen von ^{131}J bei Alterung. M. Höbel. (Naunyn-Schmiedebergs Arch. exp. Pathol. Pharmakol. **241**. 527. 1961. Heidelberg, Univ., Pharmakol. Inst.) (Dt.)

In wss. trägerfreien ^{131}J-Lsg. befinden sich nach Alterung Oxydations-Prodd., die bei Herst. von Chromatogrammen, bes. in Zone 1 (R_F 0,0), auftreten u. vom Vf. als $^{131}JO_3^-$ u. wahrscheinlich auch in einer der 4 Zonen als $^{131}J_3^-$ erkannt wurden. Einige dieser Prodd. treten unter bestimmten Bedingungen auch in biolog. Milieu (Trockensekret von Meerschweinchen) auf u. können biolog. Bedeutung haben.

M. METZE. 4100□

Der Gehalt an Adenosindinucleotid im Zellkern der verschiedenen Gewebe bei der Stechmücke Culex pipiens pipiens. C. Vendrely und J. Callot. (C. R. Séances Soc. Biol. Filiales **152**. 1803—06. 1958, herausgeg. 31/3. 1959.) (Franz.)

Ein Geh. an *Adenosindinucleotid* (I) wurde in den Gewebezellkernen des Verdünnungskanals, in den MALPIGHI-Körperchen, in Fettkörpern, im Hirn, in den Muskeln usw. in Mengen gefunden, die dem 2-, 4-, 8-, 16-, 32fachen des Minimums entsprachen. Es ist sehr wahrscheinlich, daß diese Werte verschiedenen Graden der Polyploidie entsprechen. Einige Mittelwerte an I, die in Zellkerngeweben von *Culex pipiens* gefunden wurden, betragen in willkürlichen Einheiten: Eileiter 18,3; Muskel 16,7; MALPIGHI-Körperchen 1099; hierbei kommt der Wert 100 dem in den diploiden Zellkernen des Kalbes festgestellten Geh. an I von $6{,}4 \cdot 10^{-9}$ g nahe. L. MACHER. 4130□

Eine verbesserte Methode zur Isolierung und quantitativen Kultivierung von Embryonalzellen. L. M. Rinaldini. (Exp. Cell Res. **16**. 477—505. März 1959. Cambridge, England, Strangeways Res. Labor. and Physiol. Labor.) (Engl.)

Es wird eine Meth. der Desintegration der Zellen (aus Hühnerembryonen-Herzventrikeln u. -Skelettmuskeln) mit Hilfe eines Elastase-Präp. u. weitere Behandlung durch Waschen, sowie Kultur-Meth. beschrieben. H.-G. TRÜPER. 4150□

Zellradiobiologie. L. H. Gray. (Annu. Rev. Nuclear Sci. **6**. 353—422. 1956. Northwood, Middlesex, British Empire Cancer Campaign Res. Unit in Radiobiol., Mount Vernon Hosp.)

Übersicht. — Größe u. Struktur der Elementarteilchen, verschiedene physikal. Veränderungen, Zell-Rkk. auf Kern- u. Cytoplasmaverletzungen, Unterss. über den Stoffwechsel, Chromosomenveränderungen. Einfl. der Umgebung auf die Rkk. der Zelle. — 380 Literaturangaben. P. GREGORZEWSKI. 4150□

Nucleinsäurensynthese und der Teilungscyclus in röntgenbestrahlten L-Stamm-Mäusezellen. G. F. Whitmore, C. P. Stanners, J. E. Till und S. Gulyas. (Biochim. biophysica Acta [Amsterdam] **47**. 66—77. 12/2. 1961. Toronto, Univ., Ontario Cancer Inst. and Dep. of Med. Biophys., Phys. Div.) (Engl.)

L-Stamm-Mäusezellen (EARLE L 60), von denen der Teilungscyclus während des exponentiellen Wachstums bekannt ist, werden auf ihre Empfindlichkeit gegenüber Röntgenstrahlen hin untersucht. Folgende Stadien werden im Teilungscyclus durchlaufen: M (Mitose, 1 Std.), G_1 (Wuchsperiode, 9—11 Std.), S [Synth.-Periode, Bldg. von *Desoxyribonucleinsäure* (*DNS*), 6—7 Std.] u. G_2 (Wuchsperiode, 2—4 Std.). Nach Röntgenbestrahlung wird die Überlebenskurve der Zellen durch die Dosis $D_0 = 250$ r gek., durch die der Anteil Überlebende um den Faktor 0,37 red. wird. Durch Dosen von 2000—5000 r treten deutliche Verzögerungen im Mitoseablauf auf. Dabei induzieren die Strahlen einen Schaden in der Phase G_2, d. h. während dieser Phase wird der gesetzte Schaden sichtbar. Werden den Kulturmedien 0, 21 u. 36 Std. nach Röntgenbestrahlung von 2000 r 0,25 μc ^{3}*H-Thymidin*/ml zugegeben u. die Zellen anschließend durch Autoradiographie auf ihren Geh. an radioakt. Nuclei geprüft, so zeigt sich auch hierbei eine Blockierung der G_2-Phase ohne Hemmung der DNS-Synth.-Phase S. Nach Bestrahlung mit 5000 r ist auch die Phase S schwach blockiert. Unterss. mit ^{3}*H-Cytidin* als Vorläufer der *Ribonucleinsäure* (*RNS*) zeigen ferner, daß auch die Geschw. der RNS-

Biosynth. innerhalb des Teilungscyclus durch Röntgenstrahlen nicht vermindert wird. Wird die Mitose durch $4 \cdot 10^{-7}$ g *Colchicin*/ml Medium gehemmt, so verändern sich DNS- u. RNS-Biosynth.-Geschw. nicht. Demnach ist die Nucleinsäure-Synth. relativ unempfindlich gegenüber Röntgenstrahlung. — 28 Literaturangaben.

L. TRÄGER. 4150□

Die Wirkung der Bestrahlung auf die Zellteilung und Nucleinsäuresynthese im Fibroblasten-Stamm U 12. Helen Harrington. (Biochim. biophysica Acta [Amsterdam] **41.** 461—69. 15/7. 1960. Cleveland, Ohio, Western Reserve Univ., Med. School, Dep. of Biochem., Atomic Energy Med. Res. Project.) (Engl.)

Bestrahlung (B) mit 500 r bewirkte beim Fibroblasten-Stamm U 12 eine schnelle u. meist vollständige Hemmung der Zellvermehrung (Zv). Obwohl mitot. Figuren wiedererscheinen u. die Frequenz zu abnorm hohem Niveau 13—20 Std. nach der B erhöhen, erfolgt keine Wiederherst. der Zv; im Gegensatz zu der unverzüglichen Hemmung der Mitose wurde die *Desoxyribonucleinsäure* (*DNS*)-Synth. in späterer Zeit verringert, u. zwar auf weniger als 50% 18—24 Std. nach der B gegenüber Kontrollen. In diesem Syst. kann deshalb die unverzügliche Hemmung der Mitose kein Ergebnis eines Mangels bei der DNS-Synth. sein. Andererseits ist es möglich, daß die Verringerung der Anzahl der Zellen, die die DNS synthetisieren, sich völlig aus der Hemmung der Mitose u. dem folgenden Fehlen des ordentlichen Fortschreitens der Zellen durch den mitot. Cyclus ergibt. — 27 Literaturangaben.

H. GOLDNER. 4150□

Der Einfluß von Streptomycin auf das Wachstum von Fibroblasten in Gewebekulturen. V. Hanzon und I. Ståhle. (Acta Tubercul. scand. **40.** 103—08. 1961. Uppsala, Univ., Dep. of Anatomy u. Kolmården Sanatorium.) (Engl.)

Streptomycin übte auf das Wachstum von Fibroblasten-Gewebekulturen von Hühnerembryo-Herz sowie Herz- u. Lungengewebe neugeborener Ratten keinerlei fördernde Wrkg. aus.

H.-G. TRÜPER. 4150□

Untersuchungen über die Nucleotidanordnung in Desoxyribonucleinsäuren. 2. Mitt. **Differentialanalyse der Pyrimidinverteilung als Charakterisierungsmethode.** Herman S. Shapiro und Erwin Chargaff. (Biochim. biophysica Acta [Amsterdam] **26.** 608—23. Dez. 1957. New York, N.Y., Columbia Univ., Coll. of Phys. and Surg., Dep. of Biochem., Cell Chem. Labor.) — 1. vgl. C. **1958.** 13520.

Es wird ein Verf. zur Klassifizierung u. Charakterisierung von *Desoxyribonucleinsäure* (**I**)-Proben, auch nicht durch Basenanalyse klassifizierbarer, beschrieben, das auf einer quant., standardisierten Meth. zur Best. der *3'.5'-Diphosphate* von *Desoxycytidin* u. *Thymidin* (**II**), die in 3 bestimmten Stadien des Säureabbaus abgespalten werden [2% ig. **I**-Suspension in 0,1 m H_2SO_4, 100°, 30, 60, 120 Min., anschließend Ionenaustauschchromatographie an Dowex-2 (Formiat)], beruht. Ferner wurde in den Hydrolysaten das Isomerengemisch der *Cytidin*-**II**-*Triphosphate* quant. ermittelt. Alle Spaltstücke waren Pyrimidin (**III**)-Nucleotid-Derivv., wobei jede Einheit an beiden Enden mit Phosphorsäure verestert war. Anscheinend sind Art u. Bldg.-Geschw. dieser Bruchstücke für die Anordnung der **III**-Nucleotide in **I**-Polymerkette charakterisiert u. geben die Länge der *all*-Pyrimidinsequenzen, die von Purinen begrenzt werden, wieder. 10 **I**-Proben verschiedener Herkunft unterschieden sich in der **III**- u. Purin (**IV**)-Nucleotidverteilung. Die **I**-Struktur weist anscheinend einen höheren Anteil von Poly-**III**- u. -**IV**-Bereichen auf als bei einer willkürlichen Verteilung der monomeren Bauelemente in den Polynucleotidsequenzen zu erwarten wäre. Chromatograph. aus Säurehydrolysaten isolierte Poly-**III**-Nucleotidfragmente (C = Cytidin, T = **II**, p = links- oder rechtsstehend 3'-OH- oder 5'-OH-Phosphorylierung): *Cp*, relativer R_F-Wert (Desoxycytidylsäure = 1,00): 1,00 (gepuffertes Isobutyrat), 1,00 (Isopropanol–NH_3), *pCp*, 0,59, 0,42; *pTp*, 0,50, 0,51; *pCpCp*, 0,46, 0,41; pTpCp, 0,42, 0,48; *pTpTp*, 0,35, 0,53; *pTpCpTp*, 0,27, 0,29; pCpTpCp, 0,34, 0,24.

K. MAIER. 4150

Untersuchungen über die Nucleotidanordnung in Desoxyribonucleinsäuren. 3. Mitt. **Identifizierung von Methylcytidin-Derivaten unter den Säureabbauprodukten von Roggenkorn-DNA.** Herman S. Shapiro und Erwin Chargaff. (Biochim. biophysica Acta [Amsterdam] **39.** 62—67. 25/3. 1960. New York, N.Y., Columbia Univ., Coll. of Phys. and Surg., Dep. of Biochem., Cell Chem. Labor.) — 2. vgl. vorst. Referat.

Es wird beschrieben, wie ein Säurehydrolysat von *Desoxyribonucleinsäure* (DNA) aus Roggenkorn aufgearbeitet u. die erhaltenen Nucleotide charakterisiert u. identifiziert wurden. *Desoxy-5-methylcytidin* (**I**) wurde aus dem DNA-Hydrolysat in 3 verschiedenen Verbb. erhalten: als **I**-*3'.5'-Diphosphat*, als **I**-*Desoxycytidintriphosphat* u. als **I**-*Thymidintriphosphat*. Einige Eigg. des Nucleosiddiphosphats u. der beiden Dinucleosidtriphosphate werden beschrieben.

S. DITTMANN-MITZSCHERLICH. 4150□

Untersuchungen über die Nucleotidanordnung in Desoxyribonucleinsäuren. 4. Mitt. **Nucleotidfolgen-Muster in der Desoxyribonucleinsäure aus Roggenkorn und**

ihren Fraktionen. Herman S. Shapiro und Erwin Chargaff. (Biochim. biophysica Acta [Amsterdam] **39.** 68—82. 25/3. 1960.) — 3. vgl. vorst. Referat.

Aus Roggenkeimen wurde eine *Desoxyribonucleinsäure* (DNA) gewonnen. Durch fraktionierte Dissoziation des Roggenkeim-Nucleoproteins wurden 7 DNA-Fraktionen erhalten (Meth. ausführlich beschrieben). Von Fraktion zu Fraktion nehmen *Adenin*- u. *Thymin*-Geh. allmählich zu, während *Guanin-*, *Cytosin* (I)- u. *5-Methylcytosin* (II)-Geh. allmählich abnehmen. Die Verteilung von I u. II auf die einzelnen Fraktionen ist unterschiedlich, in den ersten Fraktionen ist der II-Geh. relativ höher. Die Konzz. von *Thymidyl-* u. *Methylcytidylsäure* sind einander recht ähnlich u. übertreffen stark die Konz. der *Cytidylsäure.* Die Reihenfolge der Nucleotide in den DNA-Ketten wurde ebenfalls untersucht. Hier sind jeweils Pyrimidindinucleotide von Purinnucleotiden flankiert. In keinem Fall wurde eine zufällige Verteilung beider Arten von Nucleotiden gefunden. In der Anordnung bestehen zwischen den einzelnen Fraktionen bedeutende Unterschiede, doch überall kommen mehr als $^2/_3$ aller Pyrimidinnucleotide in Ketten mit mindestens 3 Pyrimidinresten vor. S. DITTMANN-MITZSCHERLICH. 4150□

Über die Beteiligung der Desoxyribonucleinsäure bei der Ribonucleinsäurebiosynthese. Samuel B. Weiss und Tokumasa Nakamoto. (Proc. nat. Acad. Sci. USA **47.** 694—97. 15/5. 1961. Chicago, Ill., Univ., Argonne Cancer Res. Hosp., Dep. of Biochem.) (Engl.)

Aus *Micrococcus lysodeikticus* wird ein Enzym-Syst. extrahiert, das in Ggw. von allen 4 Ribonucleosidtriphosphaten (I) u. *Desoxyribonucleinsäure* (LNS) zur Biosynth. von *Ribonucleinsäure* (RNS) befähigt ist. Vff. vergleichen in Sequenzanalysen die Basen-Zus. der nach Angebot von einem ^{32}P-I gebildeten RNS im Vgl. zur vorgegebenen Primer-DNS. Dazu wird die RNS alkal. hydrolysiert, wobei der ^{32}P beim jeweils benachbarten Nucleotid bleibt. Danach verändert sich der relative Standort von ^{32}P-Cytidylsäure in der RNS in Abhängigkeit von der jeweiligen Primer-DNS. Die Basen-Zus, der neugebildeten RNS u. der vorgegebenen DNS ist außerdem außerordentlich ähnlich. wenn man die Quotienten (A + T)/(G + C) für DNS bzw. (A + U)/(G + C) für RNS vergleicht. So erhält man in Ggw. von DNS aus *Pseudomonas* (0,59) eine RNS mit 0,55; mit DNS aus Lachs (1,43) RNS mit 1,27; mit DNS aus *Serratia* (0,72) RNS mit 0,65; mit DNS aus *E. coli* (1,01) RNS mit 1,07. L. TRÄGER. 4150□

Zusammenhang zwischen Ribonucleinsäure-, Desoxyribonucleinsäure- und Proteinsynthese bei der Kernreplikation von Euplotes. D. M. Prescott und R. F. Kimball. (Proc. nat. Acad. Sci. USA **47.** 686—93. 15/5. 1961. Oak Ridge, Tenn., Oak Ridge Nat. Labor., Biol. Div.) (Engl.)

Beim Makronucleus des Geißeltierchens *Euplotes eurystomus* ist mit seiner Länge von 140 μ u. □ 7 μ die Möglichkeit gegeben, die Replikation u. die dabei auftretenden Vorgänge an der *Ribonucleinsäure* (RNS), *Desoxyribonucleinsäure* (DNS) u. am *Protein* visuell bzw. autoradiograph. zu verfolgen. Die Strukturen im Nucleus werden ausführlich beschrieben. Werden die Zellen in Ggw. von ^{3}H-Thymidin (I) 2—5 Min. kultiviert, so findet sich die Radioaktivität hauptsächlich in der Rekonstitutionszone (RZ), in der die DNS durch Färbung jedoch nicht sichtbar gemacht werden kann. Dies wird auch durch weitere Verss. bestätigt, wenn die Zellen zunächst in Ggw. von ^{3}H-I wachsen, dann nach dem Waschen mit inakt. I weiter kultiviert werden. Dabei durchläuft die DNS eine Reihe morpholog. Veränderungen von Granularstrukturen bis zum vollständig dispersen Zustand, in dem die Neusynth. schließlich stattfindet. Nach Angebot von ^{3}H-Uridin, das ausschließlich in die RNS eingebaut wird, da die Radioaktivität nach Inkubation mit Ribonuclease vollständig verschwindet, zeigt sich, daß die RNS-Synth. außerhalb der RZ erfolgt. Auch läßt sich keine fertige RNS in der DNS-Synth.-Zone nachweisen. Nach Angebot von ^{3}H-Histidin zeigt sich, daß die Protein-Synth. dagegen wesentlich stärker mit der DNS-Synth. assoziiert ist als die RNS-Synthese. Die Radioaktivitäten finden sich in oder nahe bei der Rekonsitutionszone. L. TRÄGER. 4150□

Desoxyribonucleinsäure in Baumwolle. David R. Ergle und Rank R. H. Katterman. (Plant Physiol. **36.** 811—15. Nov. 1961. Agric. Res. Station, USDA und Texas Agric. Exp. Stat., Coll. Stat.) (Engl.)

Aus neun Genotypen des Genus Gossypium sowie aus Mais, Erdnuß, Sonnenblume u. Weizen wird nach einem, in einigen wesentlichen Punkten abgeänderten Verf. von LIPSCHITZ u. CHARGOFF die *Desoxyribonucleinsäure* (DNS) isoliert u. untersucht. Alle DNS der Baumwolle (Bw.) sind vom Adenin/Thymin-Typ u. weichen in der Gesamt-Zus. nicht wesentlich voneinander ab. Nur bei den DNS aus zwei doppelt haploiden Bw.-Varietäten deutet das Cytosin/5-Methylcytosin-Verhältnis auf einen geringeren Geh. an 5-Methylcytosin-Guanin-Kombinationen hin. In der Reihenfolge Bw. → Erdnuß → Sonnenblume → Weizen → Mais nimmt der Geh. an Adenin u. Thymin ab, derjenige an Cytosin + 5-Methylcytosin u. Guanin aber zu. M. HAGEDORN. 4550□

Über den Mechanismus bei der Desoxyribonucleinsäuresynthesehemmung in Ehrlich-Ascitestumorzellen durch Adenindesoxyribosid in vitro. K. Overgaard-Hansen und H. Klenow. (Proc. nat. Acad. Sci. USA **47.** 680—86. 15/5. 1961. Copenhagen, Fibiger Labor., Biochem. Div.) (Engl.)

2 μMol *Adenindesoxyribosid* (I)/ml hemmen sowohl den Einbau von ^{14}C-Formiat in Thymin der *Desoxyribonucleinsäure* (DNS) als auch von ^{32}P-Orthophosphat in die DNS, während der Phosphateinbau in die *Ribonucleinsäure* der Ehrlich-Ascitestumorzellen davon nicht berührt wird. Wird jedoch gleichzeitig *Guanindesoxyribosid* (II) gegeben, so wird keine Hemmung beobachtet. Nach 50 Min. Inkubation sind etwa 50% I aus dem Gemisch verschwunden, u. nach 3 Std. ist kein I mehr nachweisbar. Dabei werden *Hypoxanthin* u. *Hypoxanthindesoxyribosid* (III) gebildet. Die Hemmung des ^{32}P-Einbaus wird jedoch erst nach 5 Std. überwunden. Demnach bildet I in den Zellen eine Verb., die die DNS-Synth. hemmt. Wird I vor dem Vers. mit *Adenosindesaminase* (IV) behandelt, so geht die Hemmstoff-Wrkg. verloren. Wird IV während der Inkubation gegeben, so bleibt die Hemmung unverändert. Die Aufhebung der Hemmung in Ggw. von II wird auf die Konkurrenz zwischen II u. dem aus I gebildeten Hemmstoff zurückgeführt; II hemmt demnach nicht die Hemmstoff-Bldg. sondern dessen Wirkung. Wird die extrazelluläre Fl. I-behandelter Zellen zur Inkubation von Kontrollzellen herangezogen, so finden Vff., daß der aus I entstandene Hemmstoff nicht die Zellwand passieren kann. Der Hemmstoff muß verschieden sein von III, III-Stoffwechsel-Prodd. oder Ammoniak. L. Träger. 4160□

Eine Untersuchung über die Globulinbildung des auf Mäuse transplantierbaren Plasmazellentumors (5563). Brigitte A. Askonas. (Biochem. J. **79.** 33—43. April 1961. Mill Hill, London, Nat. Inst. of Med. Res.) (Engl.)

Es wird gezeigt, daß Plasmazellentumor (5563)-tragende Mäuse über 15—20 Transplantationsgenerationen *spezif. Myelomproteine* (I) im Serum aufweisen. Durch Säulenchromatographie an Diäthylaminoäthylcellulose u. Stärkegelelektrophorese sind 5 definierte I nachweisbar, die sich im immunolog. Verh. u. in den Sedimentations-Konst. nur unwesentlich unterscheiden. Schnitte des Tumorgewebes produzieren in vitro 1,5—2,0 mg I/g feuchtes Tumorgewebe/Tag. Die I-Synth. wird durch Zusatz von 6-Azauracilribosid merklich, durch 6-Azauracil, 8-Azaguanin oder 6-Mercaptopurin schwach unspezif. gehemmt. Ohne Einfl. sind Trifluorleucin, p-Fluorphenylalanin (II), Thienylalanin, Bromuracil. II wird in geringer Menge in I eingebaut. Die Mikrosomenfraktion des Tumorgewebes enthält sehr wenig I in gebundener Form. Eine I-Synth. konnte in den Mikrosomen nicht nachgewiesen werden. D. Ziebarth. 4160□

Das Auftreten von spontanem Mammakrebs bei Ratten, die von 3-Methylcholanthren-behandelten Müttern geboren und aufgezogen wurden. Thomas L. Dao. (Proc. Soc. exp. Biol. Med. **105.** 249—52. Nov. 1960. Buffalo, N.Y., Rosswell Park Memorial Inst.) (Engl.)

♂ Albinoratten wird 6 bzw. 10 Tage lang pro Tag 10 mg *3-Methylcholanthren* (I) in Sesamöl vor (a) oder während (b) der Trächtigkeit oder in der Lactationsperiode (c) per os verabfolgt. Die Überlebensrate der Nachkommen ist sehr gering. Die Zahl der Totgeburten ist bes. in Gruppe b hoch. Bei 21 überlebenden ♀ Nachkommen der Gruppe a entwickeln sich bei 4 Tieren spontan Mammakrebs. In Gruppe b bei 1 von 9 überlebenden u. bei Gruppe c kein Krebs bei 11 überlebenden Tieren. Durch Überimpfung zellfreier steriler Suspensionen von Rattenmammakrebs auf Neugeborene ist in keinem Fall Krebs hervorgerufen worden. Die mögliche Carcinogenese wird kurz diskutiert.
D. Ziebarth. 4160□

Reaktionen von Carcinogenen und Acridin. A. Szent-Györgyi und Jane McLaughlin. (Proc. nat. Acad. Sci. USA **47.** 1397—98. 15/9. 1961. Woods Hole, Mass., Marine Biol. Labor., Inst. for Muscle Res.) (Engl.)

Wenn eine 0,1 m *Acridin*-Lsg. in Chlf. in Ggw. einer äquimol. Menge eines klass. Carcinogen auf Filterpapier getrocknet wird, entsteht eine kräftige Gelbfärbung. Folgende Verbb. geben diese Färbung: *Methylcholanthren, 3.4-Benzpyren, Pyren,* nicht Carcinogen (—), *4-Dimethylaminostilben, 2-Aminofluoren, 9.10-Dimethylanthracen* (—), *Benzanthracen, 10-Methylbenzanthracen, 9.10-Dimethylbenzanthracen, 1.4-Dimethylphenanthren* (—), *1.10-Phenanthrolin*(—), *Phenthiazin*(—), *4-Aminobiphenyl, α-Naphthylamin* (?), *β-Naphthylamin* (?) u. *Indol* (?). P. Gregorzewski. 4160

Elektronenspektroskopische Bilder von Krebszellen unter der Einwirkung von chemotherapeutischen Mitteln. Shungo Osato, Hajime Mori und Michio Morita. (Tohoku J. exp. Med. **75.** 17—33. 25/10. 1961. Fukushina Med. Coll., Central Labor.) (Engl.)

Die Veränderungen sind unterschiedlich, *Nitromin* verursacht eindeutige Veränderungen der Tumorzell-Feinstruktur, *8-Azaguanin* u. *Sarkomycin* wirken ähnlich, *Carcinophyllin* u. *Chromomycin* verändern das Cycloplasma stärker als den Kern, *Citral* verändert Kernmembran, Nucleolus, Chromatin, *p-Chlormercuribenzoesäure* zerstört ausschließlich Mitochondrien. P. GREGORZEWSKI. 4160□

Die antimitotische Aktivität von N.N-Bis-[β-chloräthyl]-p-aminophenylalanin (in den L- und DL-Formen) auf die meristematischen Zellen von Allium sativum L. René Truhaut und Guy Deysson. (C.R. Séances Soc. Biol. Filiales **153.** 1126—29. 24/11. 1959. Paris, Inst. du Cancer G. Roussy, Centre Clin. et Thérapeut. et Fac. de Pharm.) (Franz.)

Die beiden opt. Formen: *DL* (*Sarkolysin*)- u. *L* (*CB 3052*)-*N.N-Bis-*[*β-chloräthyl*]-*p-aminophenylalanin* (I) üben etwa die gleiche antimitot. Aktivität aus. Unter den eingehaltenen Vers.-Bedingungen war allerdings die L-Form weniger tox. als die racemische. In subletalen Dosen tritt eine intensive Alteration des Chromatins u. demzufolge eine stärkere Agglutination in den Ana- u. Telophasen der Zellen von *Allium sativum* auf. I war in 24 Std. bei einer Dosis von $5{,}2\cdot10^{-7}$ m letal u. hemmte bei $5{,}2\cdot10^{-8}$ m. Wenn auch die Aktivität der rac. Form gleichartig ist, verhält sich die L-Form weniger mitosehemmend. L. MACHER. 4160□

Zur Kenntnis der Inhaltsstoffe von Viscum album. 2. Mitt. **Tumorhemmende Inhaltsstoffe.** O. S. Selawry, F. Vester, W. Mai und M. R. Schwartz. (Hoppe-Seyler's Z. physiol. Chem. **324.** 262—81. 21/6. 1961. Buffalo, N.Y., Rosswell Park Memorial Inst., Med. A Dep., Saarbrücken, Univ., Inst. für Org. Chem. Biochem. Labor.) (Dt.) — 1. vgl. C. **1961.** 11001.

Untersucht wird die wachstumshemmende Wrkg. von Mistelextrakten auf Mäusesarkom 180, Kulturen von Sarkom 180, Changleberzellen oder Helazellen. Für die Aktivität des rohen Preßsafts sind 3 verschiedene Wirkstoffe verantwortlich: *Proteine, Ätherlösl. Substanzen* u. *zuckerhaltige Fraktionen.* Die stärkste Hemmung bei geringster Dosierung zeigen die Proteine. Die Aktivität ist jedoch an den nativen Zustand gekoppelt. D. ZIEBARTH. 4160□

Abraham Cantarow and Bernard Schepartz, Biochemistry, 3rd edit. Philadelphia, London: Saunders. 1962. (XXVIII + 938 S. m. Abb., Tab. u. Diagr.) 91 s.

T. W. Goodwin and O. Lindberg, ed., Biological structure and function: proceedings of the first IUB/IUBS International Symposium held in Stockholm, September 12—17, 1960. Vol. 2. London: Academic P. 1961. (XVI + 665 S. m. Abb., Tab. u. Diagr.) 6 £ 6 s.

A. I. Hadjioloff, Histochemie und morphologischer Stoffwechsel der Lipide in den Geweben und Organen von Tier und Mensch. Vortrag. Berlin: Akademie-Verl. 1961. (21 S.) 8° = Sitzungsberichte der Deutschen Akademie der Wissenschaften zu Berlin. Klasse für Medizin, Jahrgang 1961, Nr. 1. DM 2,—.

E$_2$. Enzymologie. Gärung

Untersuchungen über Flavine. 5. Mitt. **Stabilisierung von Flavinadenindinucleotid in wässeriger Lösung.** Toyohiko Komatsu. (Vitamins [Kyoto] **23.** 1—4. 1961. Fukushima, Toa Alimentary Chem. Ind., Ltd.) (Jap., Auszug: Engl.) — 1.—3. vgl. C. **1961.** 170.

Flavinadenindinucleotid-Zers. in wss. Lsg. kann durch Zusatz geringer Mengen *Äthylendiamintetraessigsäure* inhibiert werden. Auch Aufbewahrung in Polyäthylen-Gefäßen mindert die Zersetzung. P. GREGORZEWSKI. 4210□

Über den Mechanismus von Hemmung und Reaktivierung der Bernsteinsäure-Cytochrom-c-Reduktase. F. Weber und O. Wiss. (Helv. physiol. pharmacol. Acta **17.** Nr. 3. C44—C46. Okt. 1959. Basel, F. Hoffman-La Roche & Co. A.G., Abt. für Vitamin- u. Ernährungsforschung.) (Dt.)

Außer *Isooctan* (I) hemmen andere KW-Stoffe, wie *Alkane* u. *Alkylbromide* die Bernsteinsäure-Cytochrom c-Reduktase analog, wobei die Hemmwrkg. von der KW-Stoff-Kettenlänge abhängt. *2-Methyl-3-*[*3'.3'-dimethylallyl*]-*1.4-naphthochinon* (II) hemmte 30fach stärker als I. Gleichzeitiger Zusatz isoprenartiger Verbb. bestimmter Kettenlänge hebt die Hemmung selektiv auf. Während bei I-Hemmung des Enzyms auch nichtisoprenoide Verbb. wie *Stearylbromid, n-Octadecan* u. *Glycerintristearat* reaktivieren, sind diese bei Hemmung durch n-Hexylbromid (4fach stärker als I) deutlich schwächer wirksam. Bei II-Hemmung, die durch isoprenoide Verbb. völlig aufhebbar ist (*Vitamin K_1, Phytol, Vitamin $K_{2(30)}$, Squalen, dl-α-Tocopherol, Ubichinon* [50]), sind diese nichtisoprenoiden Verbb. fast inaktiv. Anscheinend bilden isoprenartige Substanzen Bausteine für die morpholog. Struktur der Mitochondrienpartikel, an die das Enzym gebunden ist. K. MAIER. 4210□

Experimentelle Untersuchungen über die Bernsteinsäuredehydrogenase-Aktivität bei Leberschäden. Kazutoshi Otsuka. (J. Kyoto prefect. med. Univ. **64**. 1135–52. Dez. 1958. Kyoto Pref. Med. Univ., Dep. of Med.) (Jap.; Auszug: Engl.)
P. GREGORZEWSKI. 4210☐

Effekte von Kohlendioxid auf Katalase. Hisateru Mitsuda, Fumio Kawai, Kyoden Yasumoto und Kyozo Hirotani. (Bull. Inst. chem. Res., Kyoto Univ. **36**. 145–55. Nov. 1958.) (Engl.)

Durch Einw. von CO_2 auf *Katalase* (I) wird I reversibel gehemmt. Sauerstoff hebt die Hemmung auf. Der Hemmeffekt beruht auf physikal. gelöstem mol. CO_2, H_2CO_3, Carbonat-Bicarbonat u. der pH-Wert des Mediums haben keinen Einfl. auf die Hemmung. Im Gegensatz dazu wird die peroxydat. Aktivität von I durch CO_2 verstärkt. Das Absorptionsspektrum einer *CO_2-I-Verb.* konnte im Bereich von 240–700 mμ nicht gefunden werden. In Gewebehomogenaten übt CO_2 die gleiche Wrkg. auf I aus.
K. GRADE. 4210☐

Der Hemmungsmechanismus der Katalase durch 3-Amino-1.2.4-triazol. Robert N. Feinstein, Sara Berliner und Frank O. Green. (Arch. Biochem. Biophysics **76**. 32–44. Juli 1958. Lemont, Ill., Argonne Nat. Labor., Div. of Biol. and Med. Res.) (Engl.)

Vff. untersuchen den Einfl. des *3-Amino-1.2.4-triazols* (I) auf *Katalase* (II) in vivo, in vitro u. die Beziehung von I zu einem hitzestabilen Faktor (III) u. die Kinetik der Inhibitionsreaktion. — Durch Injektion von 85–2250 mg I/kg in Mäuse u. Ratten wird II-Aktivität von Leber-, Nieren-, Intestinal-, Testis-, Milz- u. Gehirngewebe in gleicher Weise wie durch Implantation eines Tumors (JENSEN-SARKOM, 2,3% des Körpergewichts) reduziert. Bei in vitro-Verss. zeigt es sich, daß die Hemmwrkg. auf II durch 0,02–0,50 m I-Lsgg. nur in Verbindung mit III erfolgt. III ist innerhalb pH 3–11 bei 100° bis 20 Min. stabil. Das Vork. von III in verschiedenen Geweben wird beschrieben. Durch Behandlung von III mit A. wird II-Inhibition durch ein sonst aktives I–III-Syst. verhindert. 0,3% dieses alkoholbehandelten III red. Inhibition von II um ca. 90%. Aus rohen I-Präpp. kann biolog. aktive Komponente papierchromatograph. abgetrennt werden (Isopropanol-konz. NH_3-W. 80 : 10 : 10, R_F 0,31 bezogen auf R_F 0,50 von I). Dieser Faktor verhindert ebenso wie alkoholbehandeltes III die Inhibition von II, jedoch sind ungefähr 10% von I zur Minderung der I-Inhibition um die Hälfte notwendig.
P. TEICHGRÄBER. 4210☐

Thermische Analyse der Katalase-Reaktion im Prozeß der Hämolyse. 2. Mitt. **Hypotone Hämolyse.** Hiroshi Funaki. (J. Kyoto prefect. med. Univ. **64**. 1053–59. Dez. 1958. Kyoto Pref. Med. Univ., Dep. of Physiol.) (Jap.; Auszug: Engl.)

Die Geschw. der *Katalase*-Rk. bei der Hämolyse wird durch folgende Gleichung beschrieben: $dx/dt = k(a-x)H$, k = Konst., a = Anfangs-Konz. von H_2O_2, x die Konz. von H_2O_2, das in der Zeit zerstört wird u. der %-Satz der Hämolyse in der Zeit t. Die Veränderung der Geschw.-Konst. $k\'i$ wird durch folgende Gleichung ausgedrückt: $dk\'i/dt = k'/\sqrt{t}$ (k' = konst.) u. die Hämolyse-Geschw. $dH/dt = k''/\sqrt{t}$ (k'' = konst.).
P. GREGORZEWSKI. 4210☐

Rübenperoxydase. 2. Mitt. **Die Reaktionsmechanismen der Rübenperoxydasen A_1, A_2 und D.** Toichiro Hosoya. (J. Biochemistry [Tokyo] **47**. 794–803. Juni 1960. Tokyo, Japan, Univ., Coll. of Gen. Educ., Chem. Inst.) (Engl.) — 1. vgl. C. **1961**. 17228.

Unterss. zur Kinetik der Gesamt-Rk. der *Peroxydasen A_1, A_2* u. *D* der Weißen Rübe mit Guajacol u. Ascorbinsäure als H-Donatoren. Die Rk.-Mechanismen dieser Enzyme sowie der *Meerrettichperoxydase* (I) waren gleichartig. Jedoch war das Verhältnis zwischen der reziproken Gesamt-Rk.-Rate u. den reziproken Konzz. von H_2O_2 u. H-Donator von dem bei I verschieden, u. zwar um einen zusätzlichen abs. Faktor, der von den Konzz. unabhängig ist. Mögliche Mechanismen werden diskutiert. H.-G. TRÜPER. 4210☐

Rübenperoxydase. 5. Mitt. **Die Wirkung einiger chemischer Reagentien auf die Aktivität der Rübenperoxydase-D.** Toichiro Hosoya. (J. Biochemistry [Tokyo] **48**. 375–81. Sept. 1960. Maebashi, Japan, Gunma Univ., Dep. of Physical Chem., Inst. of Endocrinology.) (Engl.) — **4.** vgl. Biochemistry [Tokyo] **48.** [1960.] 178; 3. vgl. C. **1961.** 11363; 2. vgl. vorst. Referat.

Die Aktivität der *Peroxydase* der Weißen Rüben nimmt stark ab durch Behandlung mit Essigsäureanhydrid, HNO_2 u. 2.4-Dinitrobenzolsulfonsäure. Behandlung mit Diazobenzolsulfonsäure zeigte keinerlei Veränderungen, während Jod einen schwachen Hemmeffekt zeigte, der offenbar auf die Denaturierung des Enzyms zurückzuführen ist. Die Imidazol- u. Phenolgruppen des Proteinteils scheinen für die Aktivität des Enzyms nicht essentiell zu sein. Durch kinet. u. spektrophotometr. Unterss. konnte die Abwesenheit freier Sulfhydrylgruppen im Proteinteil des Enzyms bewiesen werden.
H.-G. TRÜPER. 4210☐

Histochemische Beobachtungen über die oxydativen Enzymsysteme im Uterus und in der Vagina der Ratte. Charles G. Rosa und Joseph T. Velardo. (Ann. New York Acad. Sci. **75**. 491—503. 9/1. 1959. Philadelphia, Pa., Jefferson Med. Coll.; New Haven, Conn., Yale Univ., School of Med.) (Engl.)

Wenn auch zur Zeit noch keine exakten Interpretationen möglich sind, so weisen die histochem. Beobachtungen an den oxydativen Enzym-Syst., welche ja eng mit der Synth. energiereicher Phosphor-Verbb. zusammenhängen, doch auf diejenigen Bezirke des Organs, in welchem die hormonale Stimulation der Stoffwechselaktivität angreift. Im Rattenuterus u. in der Rattenvagina wird *Succinodehydrogenase* u. *Diphosphopyridinucleotiddiaphorese*-Aktivität hauptsächlich in Epithelbereichen gefunden; es besteht Abhängigkeit vom Cyclusgeschehen. U. TAUSENDFREUND. 4210□

Steroideinflüsse auf das Milchsäuredehydrogenase-red. Diphosphopyridinnucleotidoxydase-System des Rattenuterus. Arley T. Bever. (Ann. New York Acad. Sci. **75**. 472—90. 9/1. 1959. Oklahoma City, Okla., Univ. of Oklahoma, School of Med., Dep. of Biochem.) (Engl.)

Milchsäuredehydrogenase (**I**) u. *DPNH* (*red. Diphosphopyridinnucleotid*)-*Oxydase* (**II**) des Uterus reagieren sehr empfindlich auf Veränderungen im hormonalen Milieu. Am Uterus der ovarektomierten Ratte konnten folgende Beeinflussungen festgestellt werden: Die **I**-Aktivität wird am stärksten gesteigert durch *Progesteron* (**III**), danach folgen *Östriol* (**IV**) u. *Desoxycorticosteron* (**V**; **IV** u. **V** gleichwertig), danach *17β-Östradiol* (**VI**), sodann *Östron* (**VII**) u. *Testosteron* (**VIII**; **VII** u. **VIII** gleichwertig), *Cortisonacetat* (**IX**) hat nur geringe Wirkung. Die **II**-Aktivität wird am stärksten stimuliert durch **VI**, danach folgen **VII** u. **V** (gleichwertig), danach **IV** u. **VIII** (gleichwertig), während **IX** nur schwache u. **III** keine Wrkg. entfaltet. Die gegenseitigen Einfl. der Steroide kommen darin zum Ausdruck, daß bei gleichzeitiger Einw. **VII** die stimulierende Wrkg. von **III** u. **V** u. die geringere von **VIII** bzw. **IX** auf die **I**-Aktivität abschwächt, während **IV**, **III**, **V** u. **VIII** die Wrkg. von **VI** auf die **II**-Aktivität hemmen; **VII** wirkt zusammen mit **VI** additiv. — Zusätzlich konnte gezeigt werden, daß **VI** in gleichem Maße wie **II** (bestimmt nach der Neotetrazolium-Red.-Meth.) auch *DPNH-Cytochrom-c-Reduktase* beeinflußt u. daß beide Aktivitäten in gleicher Weise gegenüber Hemmstoffen reagieren; Differentialzentrifugierung zeigt eine gleichförmige Verteilung beider Aktivitäten in den Fraktionen. U. TAUSENDFREUND. 4210□

Die ersten Stoffwechselveränderungen nach Zusatz von NH_4^+-Ionen zu Glucose-oxydierenden Hefezellen. Helmut Holzer und Irene Witt. (Biochem. Z. **330**. 545—54. 1958. Freiburg/Br., Univ., Physiol.-Chem. Inst.) (Dt.)

Setzt man Glucose-oxydierenden Hefezellen NH_4^+ zu (verschieden gesätt. NH_4Cl-Lsgg.), so sinkt die Konz. an *α-Ketoglutarat* (**I**) in den ersten 30—45 Sek. mit konst. Geschw. ab. Etwa 60—90% des in dieser Zeit verschwindenden NH_4^+ können durch Verw. zur reduktiven Aminierung von **I** erklärt werden. Sofort nach NH_4^+-Zusatz steigt die Konz. an *Orthophosphat* in den Hefezellen an, die *Adenosintriphosphat* (ATP)-Konz. sinkt ab. Es wird deshalb auf durch NH_4^+-Zusatz ausgelöste, ATP verbrauchende u. Orthophosphat freisetzende Prozesse geschlossen; vermutlich Synth. N-haltiger Zellinhaltsstoffe, die der biochem. Ausdruck des einsetzenden Wachstums sind. Nach NH_4-Zusatz beginnt starke aerobe Gärung. U. TAUSENDFREUND. 4210□

Die Wirkung von Substanzen, die den 5-Hydroxytryptamin-Effekt auf Rattenfundusstreifen stärker antagonisieren als den von Tryptamin auf Aminoxydase. R. B. Barlow. (Brit. J. Pharmacol. Chemotherapy **16**. 153—62. April 1961. Edinburgh, Univ., Dep. of Pharmacol.) (Engl.)

2-Bromlysergsäurediäthylamid (**I**), *Dimethyltryptamin*(*3-[2-Dimethylaminoäthyl]-indol*), *2-Methyldimethyltryptamin*(*3-[2-Dimethylaminoäthyl-2-methylindol*) (**II**) u. *5-Benzyloxydimethyltryptamin* (*5-Benzyloxy-3-[2-dimethylaminoäthyl]-indol*) antagonisieren die Wrkg. von *5-Hydroxytryptamin* (**III**) auf den Rattenfundusstreifen stärker als die von *Tryptamin* (**IV**). Die Prüfung dieser Verbb. bzgl. Hemmwrkg. auf die **III**- u. **IV**-Oxydation durch Meerschweinchenleber- u. Rattenfundussuspensionen ergab keinen Hemmeffekt von **I** u. wahrscheinlich keinen signifikanten der übrigen Verbb. auf *Aminoxydase* in Konzz., die die Wrkg. von **III** stärker als die von **IV** antagonisieren. Die unterschiedliche Hemmwrkg. dieser Verbb. ist vermutlich der Störung des Transports von **IV**, jedoch nicht des von **III**, durch die Zellwand, gekoppelt mit der Hemmung eines für **III** u. **IV** gemeinsamen Receptors oder der Existenz getrennter **III**- u. **IV**-Receptoren zuzuschreiben. Die Aminoxydasen von Meerschweinchenleber u. Rattenfundus stellen wahrscheinlich ein Gemisch mindestens zweier Enzymtypen dar, deren eine höhere Affinität zu **III** als die andere hat, u. die gegen Hemmung durch **II** empfindlicher ist. K. MAIER. 4210□

An die enzymatische Oxydation des Cystamins gekoppelte Transsulfurierungsreaktionen. 2. Mitt. Über wahrscheinlich an der Reaktion beteiligte oder unbeteiligte enzymatische Mechanismen. C. De Marco. (Giorn. Biochim. **10.** 197—203. Mai/Juni 1961. Roma, Univ., Ist. di Chim. Biol., u. Centro di Enzimol. del C.N.R.) (Ital.) — 1. vgl. C. **1961.** 12877.

Im Nierenhomogenat von Schweinen findet sich außer der *Diaminoxydase* (I) ein Enzym-Syst., das aus *Cystamin* (II) *Thiotaurin* (III) bilden kann. 15 Min. lange Erwärmung auf 60° zerstört die Fähigkeit zur III-Bldg., läßt dagegen die Aktivität von I u. die Transsulfurierung zwischen Oxydations-Prodd. von II u. Sulfinaten unverändert. K. ZINGRAF. 4210□

Vorkommen von zwei verschiedenen Glutaminsäuredehydrogenasen in Neurospora. B. D. Sanwal und Madhu Lata. (Canad. J. Microbiol. **7.** 319—28. Juni 1961. Winnipeg, Manitoba, Univ. of Manitoba, Dep. of Microbiol.) (Engl.)

Vff. beschreiben die Isolierung, Reinigung u. einige Eigg. der zwei *Glutaminsäuredehydrogenasen* von *Neurospora*, die für Triphosphopyridinnucleotid (TPN) bzw. Diphosphopyridinnucleotid (DPN) spezif. sind. MICHAELIS-Konst. verschiedener Substrate werden angeführt. pH-Optima der DPN- u. TPN-spezif. Enzyme sind 8,3 bzw. 7,5. Die möglichen Gründe für das Auftreten von zwei verschiedenen Enzymen, die dieselbe Rk. katalysieren, werden diskutiert. DIETER PÖHLAND. 4210□

Untersuchungen über die durch Licht angeregte Autoxydation des Cysteins. J. W. Woenckhaus und R. Koch. (Naunyn-Schmiedebergs Arch. exp. Pathol. Pharmakol. **241.** 525—26. 1961. Freiburg/Br., Univ., Radiol. Inst.) (Dt.)

Gereinigte *Cystein* (I)-Base wird nach WARBURG oxydiert, u. zwar 8% in 24 Std.; Parallel-Vers. mit UV-Bestrahlung ergibt Autoxydationssteigerung auf 81%. Unter der KV-Bestrahlung kommt es zur Bldg. von Radikalen, die am *S* lokalisiert sind u. dieselben Signale liefern wie nach Bestrahlung mit energiereichen Strahlen. Alle bisherigen Unterss. sprechen dafür, daß der Schwefel innerhalb der Elemente der biolog. Materie dasjenige ist, das am leichtesten ein Elektron abgibt u. so eine äußerst reaktive Radikalstelle bildet. Hierin ist auch seine Bedeutung bei den sog. Sulfhydrylenzymen zu sehen. M. METZE. 4210□

Aminosäureübertragung von löslicher RNS zu Mikrosomen. 1. Mitt. Aktivierung durch Sulfhydrylgruppen. W. C. Hülsmann und Fritz Lipmann. (Biochim. biophysica Acta [Amsterdam] **43.** 123—25. 9/9. 1960. New York, N.Y.; Rockefeller Inst.) (Engl.)

Der Einbau von ^{14}C aus *^{14}C-L-Leucin-lösl. Ribonucleinsäure* (I) in Rattenlebermikrosomen ist stark von den Inkubationsbedingungen abhängig. Er wurde untersucht in Abhängigkeit von folgenden Manipulationen bzw. chem. Zusätzen: Waschen der Mikrosomen, Alter in Luft u. in N_2, *„pH 5-Enzym-Fraktion“* aus dem Überstand von Leberhomogenat, *red. Gluthathion* (II), II + *Glutathionreduktase* + *red. Triphosphopyridinnucleotid* + *Glucose-6-phosphat* + *Zwischenferment, oxydiertes Glutathion* u. *Cystein*. Aus den Mengen der unter den verschiedenen Bedingungen eingebauten ^{14}C-Aktivitäten folgt, daß SH-Gruppen für die Übertragungs-Rk. entscheidende Bedeutung besitzen. Anscheinend kann eine relativ vorsichtig bewirkte Inaktivierung durch Zugabe der Überstandes (pH 5-Fraktion) aufgehoben werden, u. dieser Überstand kann durch wenig II u. ein II-regenerierendes Syst. ersetzt werden. S. DITTMANN-MITZSCHERLICH. 4210□

Aminosäureübertragung von löslicher RNA zu Mikrosomen. 2. Mitt. Isolierung eines hitzelabilen Faktors aus Leberüberstand. Daniel Nathans und Fritz Lipmann. (Biochim. biophysica Acta [Amsterdam] **43.** 126—28. 9/9. 1960.) (Engl.) — 1. vgl. vorst. Referat.

Außer dem (l. c.) beschriebenen Bedarf an SH-Gruppen ist mitunter eine weitere Steigerung des Einbaues von ^{14}C aus *^{14}C-Leucin-lösl. RNA* (I) in Rattenlebermikrosomen dadurch möglich, daß man Überstand aus Leberhomogenat (Ü) zugibt. (Die zur Herst. von I benötigte lösl. Ribonucleinsäure (sRNA) wurde aus *Escherichia coli* gewonnen. Diese ist leichter erhältlich u. sie wirkt gleich stark wie Rattenleber-sRNA). Die akt. Komponente des Ü ist nicht dialysierbar. Sie wird bei 60° innerhalb 5 Min. inaktiviert. Durch *Desoxycholat* ist sie auswaschbar. Durch fraktionierte Aceton- u. $(NH_4)_2SO_4$-Fällungen war eine 30fache Anreicherung des Wirkstoffes möglich, bei der Anreicherung nimmt jedoch seine Labilität noch weiter zu. — Aus den Verss. wird gefolgert, daß mindestens 3 Faktoren maßgebend sind für die Stärke des ^{14}C-Einbaues aus I in Rattenlebermikrosomen: Ggw. von *Guanosintriphosphat*, von *oxydierbaren Gruppen* — möglicherweise SH — u. Ggw. des in dieser Arbeit erwähnten Wirkstoffes. S. DITTMANN-MITZSCHERLICH. 4210□

Die Verwendung von 5-Aminoimidazolyl-(4)-carbonsäureamid zur Purinsynthese durch Knochenmarkzellen in vitro. L. G. Lajtha, W. D. Noyes und R. Oliver. (Exp. Cell Res. **16.** 471—76. März 1959. Oxford, Churchill Hosp., Dep. of Radiotherapy, Radiobiol. Labor.) (Engl.)

Es wurde untersucht, ob menschliche Knochenmarkzellen *5-Aminoimidazolyl-(4)-carbonsäureamid* (AICA) oder sein Ribosid (einer der letzten Schritte der Purin-Synth. in der Leber) zur Purin-Synth. verwerten können. Durch Markierung des jeweiligen Purinvorläufers mit ^{14}C-Formiat wurde gezeigt, daß AICA u. AICA-Ribosid nur in weit geringerem Ausmaß als Adenin zur Desoxyribonucleinsäure- u. Ribonucleinsäure-Purin-Synth. verwendet wurden. H.-G. TRÜPER. 4210□

Desoxyribonucleinsäure-abhängiger Einbau von Nucleotiden aus Nucleosidtriphosphaten in Ribonucleinsäure. Severo Ochoa, Debi P. Burma, Hans Kröger und Jacques D. Weill. (Proc. nat. Acad. Sci. USA **47.** 670—79. 15/5. 1961. New York, Univ. School of Med., Dep. of Biochem.) (Engl.)

Aus *Lactobacillus arabinosus* (ATCC *L. plantarum* 8014; a) oder *Azetobacter vinelandii* (ATCC 9104; b) werden durch Ultraschallextraktion in Trispuffer pH 7,0, Abtrennung der festen Partikel bei 25000·*g*, Dialyse des Überstehenden gegen den Puffer u. schließlich Ammoniumsulfatfällung bei pH 7,4 die bei der *Ribonucleinsäure* (RNS)-Synth. wirksamen Enzyme isoliert. Die Bereitung der für die Verss. notwendigen weiteren Phosphorylasen, Kinasen sowie der radioakt. Vorläufer $^{14}C_{(8)}$-*Guanosinmonophosphat*, $^{14}C_{(8)}$-*Guanosindiphosphat* u. $^{14}C_{(8)}$-*Guanosintriphosphat* (GTP) aus $^{14}C_{(8)}$-Guanin, von $^{14}C_{(8)}$-*Adenosintriphosphat* (ATP) aus ^{14}C-RNS u. von $^{32}P_{(\alpha)}$-ATP aus ^{32}P-*Adenosinmonophosphat* wird ausführlich beschrieben. Da die Bakterienextrakte Nucleosidtriphosphate zu den Diphosphaten aufspalten u. diese zusammen mit *Polynucleotidphosphorylase* (I) allein schon die RNS-Synth. ermöglichen, wird in den untersuchten Extrakten zunächst nachgewiesen, daß es sich bei den beobachteten Synth. nicht um I-Wrkg. handelt. I wird nämlich in Ggw. von $0{,}4 \cdot 10^{-3}$ m Phosphat-Lsg. total gehemmt. Unter diesen Bedingungen erfolgte eine RNS-Neusynth. mit Einbau von $^{14}C_{(8)}$-ATP in Ggw. von GTP, Uridintriphosphat u. Cytidintriphosphat u. Extrakten aus a oder b. Fehlen die übrigen Nucleosidtriphosphate ganz oder teilweise, so geht auch der Einbau der radioakt. vierten Komponente zurück. Werden die Bakterienextrakte mehrmals mit Ammoniumsulfat umgefällt, so sinkt die Einbauaktivität. Dieser Rückgang wird auf den Verlust an *Desoxyribonucleinsäure* (DNS) beim Reinigen zurückgeführt. Zugabe von bakterieller oder fremder DNS stellt die ursprüngliche Aktivität wieder her. Zugabe von RNS ist ohne Einfluß. Die DNS wirkt dabei nicht als Nucleasen-Hemmstoff, sondern über einen noch unbekannten direkten Mechanismus. Die eingebauten radioakt. Nucleotide stehen nicht nur an terminalen Positionen in der neu synthetisierten RNS. Demnach handelt es sich um eine echte Neusynth. u. nicht um eine Kettenverlängerung von partiell abgebauten RNS-Strängen. — 33 Literaturangaben.

L. TRÄGER. 4210□

Eine Methode zur Synthese von Ribonucleosid- und Desoxyribonucleosid-5'-triphosphaten. E. S. Canellakis, M. E. Gottesman und H. O. Kammen. (Biochim. biophysica Acta [Amsterdam] **39.** 82—87. 25/3. 1960. New Haven, Conn., Yale Univ., Dep. of Pharmacol.) (Engl.)

Es wird eine Meth. beschrieben, in kleinen Mengen, jedoch mit guten Ausbeuten, *Triphosphate* von *Ribonucleosiden* u. *Desoxyribonucleosiden* herzustellen. Das notwendige Enzym-Syst. wurde aus *Escherichia coli B* gewonnen. Die Ausbeuten der Triphosphate betrugen, auf Substratmengen bezogen: 58% *Desoxyadenosintriphosphat*, 58—68% *Desoxycytidintriphosphat*, 22% *Desoxythymidintriphosphat*, 75% *Desoxyguanosintriphosphat*, 89% *Adenosintriphosphat*, 91% *Guanosintriphosphat*, 90—95% *Uridintriphosphat* u. 51 bis 70% *Cytidintriphosphat* (bei Einsetzung der Monophosphate) sowie 88% *Guanosintriphosphat* bei Einsetzung von Guanosin. Mit einem Enzym-Syst. aus Brauereihefe konnten auch *Uridintriphosphat* (90%) u. *Cytidintriphosphat* (61%) aus *Orotsäure* in Abwesenheit oder Ggw. von NH_4^+ u. Ggw. von 5'-Phosphoribosyl-1'-pyrophosphat (in freier Form oder als Mg^{2+}-Salz) synthetisiert werden. Mg^{2+} muß bei allen Ansätzen zugegeben werden, als Energiequelle dient jeweils Adenosintriphosphat.

S. DITTMANN-MITZSCHERLICH. 4210□

Untersuchungen über die Adenylsäurekinase der Erythrocyten. 2. Mitt. Vorläufige Untersuchungen zur Reinigung des Enzyms. P. Cerletti und B. M. Marchesini. (Giorn. Biochim. **10.** 157—64. Mai/Juni 1961. Roma, Univ., Ist. di Chim. Biol., u. Centro di Studio per l'Enzimol. del C.N.R.) (Ital.) — 1. vgl. C. **1960.** 13719.

Die *Adenylsäurekinase* der Erythrocyten kann durch Abtrennen des Hämoglobins aus dem Hämolysat mit A. u. Chlf. (3:1) u. Ausfällen des Enzyms mit $(NH_4)_2SO_4$ teilweise gereinigt werden. Die Ergebnisse werden durch anschließende Chromatographie auf Ionenaustauschern (bes. Amberlite IRC 50 u. Carboxymethylcellulose) wesentlich verbessert. K. ZINGRAF. 4210□

Über die intracelluläre α.β-Adenosintriphosphatase. P. Cerletti. (Giorn. Biochim. **10.** 148—56. Mai/Juni 1961. Roma, Univ., Ist. di Chim. Biol., u. Centro per gli Studi di Enzimol. del C.N.R.) (Ital.)

Die Bldg. von Pyrophosphat aus Adenosintriphosphat in der menschlichen Placenta ist auf die Wrkg. einer *α.β-Adenosintriphosphatase* (I) zurückzuführen; gleichzeitig werden noch stöchiometr. Mengen Adenosin-5'-monophosphat erzeugt. I ist an die Subcellularfraktion gebunden, die sich bei 23000 · *g* absetzt, wird durch $2 \cdot 10^{-3}$m NaN_3 u. 10^{-2}m $MgCl_2$ nicht gehemmt u. besitzt ein Aktivitätsoptimum bei pH 9,5. K. ZINGRAF. 4210□

Wirkung der Acylphosphatase des Muskels auf das Carbamylphosphat. G. Ramponi, F. Melani und A. Guerritore. (Giorn. Biochim. **10.** 189—96. Mai/Juni 1961. Firenze, Univ., Ist. di Chim. Biol.) (Ital.)

Die gereinigte *Acylphosphatase* des Muskels katalysiert die Hydrolyse des *Carbamylphosphats*, jedoch mit viel geringerer Geschw. als die des Acetylphosphats. K. ZINGRAF. 4210□

Isolierung und Bestimmungsmethode von Brenztraubensäurekinase aus Bäckerhefe. Shizu Washio, Yoshitake Mano und Norio Shimazono. (J. Biochemistry [Tokyo] **46.** 1661—63. Dez. 1959. Tokyo, Univ. of Tokyo, Fac. of Med., Dep. of Biochem.) (Engl.) — Vgl. auch C. **1960.** 11685.

Zur Isolierung der *Brenztraubensäurekinase* (I) wurde Mazerationssaft von Bäckerhefe (Extraktion mit 0,06m Phosphatpuffer, pH 7,2, bei 37° über 3 Std. lang) mit $(NH_4)_2SO_4$ von 0,40—0,60% Sättigung u. ein 2. Mal von 0,45—0,55% Sättigung ausgesalzen, gegen Phosphatpuffer (0,005m, pH 7,4) dialysiert u. an Diäthylaminoäthylcellulose gereinigt; I war in der Fraktion von 0,005m Phosphatpuffer, pH 7,4, bis 0,025m Phosphatpuffer, pH 6,0. I wurde auf das 15fache angereichert. Die spektrophotometr. Aktivitäts-Best. nach NEGELEIN in Form der Kupplung der I-Rk. mit der Rk. der Milchsäuredehydrogenase erwies sich als unspezifisch. Die Aktivitäts-Best. erfolgte besser in einem 3 ml-Ansatz mit $3 \cdot 10^{-3}$m Phosphoenolbrenztraubensäure, 10^{-3}m Adenosindiphosphat, $2{,}4 \cdot 10^{-2}$m $MgSO_4$, $2{,}25 \cdot 10^{-1}$m KCl, $3{,}3 \cdot 10^{-2}$m Tris-Maleatpuffer, pH 5,8, u. 10 g Enzym über 20 Min. bei 25°; die freigesetzte Brenztraubensäure wurde nach FRIEDEMANN u. HAUGEN bestimmt. I benötigte als Aktivator Mg^{2+} oder Mn^{2+} u. K^+ oder NH_4^+. Die Umsetzung der Phosphoenolbrenztraubensäure zu Adenosintriphosphat u. Brenztraubensäure durch I erfolgte im stöchiometr. Verhältnis. Die I-Rk. wurde durch p-Chlormercuribenzoat u. Cu^{2+} (10^{-5}m) vollständig gehemmt. pH-Optimum war 5,8. Die Nucleotidspezifität unterschied sich leicht von der der Muskel-I. W. SCHÖNBORN. 4210□

Die sauren Phosphatasen symbiontischer Flagellaten der Termiten. Andrée Lavette. (C. R. hebd. Séances Acad. Sci. **248.** 474—76. 19/1. 1959. Paris, Labor. d'Évolution des Étres organisés.) (Franz.)

Bei allen untersuchten symbiont. Flagellaten von *Calotermes flavicollis* u. *Reticulitermes lucifugus* (*Jaenia annectens, Trichonympha agilis, Pyrsonympha vertens, Dinenympha gracilis, Spirotrichonympha flagellata*) wurde nach GOMORI im Bereich der parabasalen u. basalen Körnchen eine positive Rk. auf *saure Phosphatasen* (I), ferner eine positive, tiefbraune Farb-Rk. der Chromosomen u. Kernmasse von *Trichonympha* u. *Spirotrichonympha* erhalten. Die positive Rk. blieb in Ausstrichen, die in Ggw. von NaF, einem Inhibitor saurer I, inkubiert worden waren, aus. K. MAIER. 4210□

„Malic"-Enzym-Induktion bei Milchsäurebakterien. 1. Mitt. **Eine Methode zum Studium der Ernährungswechselbeziehungen.** S. J. Deal und Herman C. Lichstein. (Canad. J. Microbiol. **7.** 153—61. April 1961. Minneapolis, Minn., Univ. of Minnesota, Dep. of Bacteriol.) (Engl.)

Vff. untersuchten die Nahrungsbedürfnisse für *Lactobacillus arabinosus* für die „malic" Enzym-Synth. in gewaschenen Zellsuspensionen u. fordern, daß die Bedürfnisse für die Enzyminduktion u. das Wachstum dieselben sind. Dadurch ist es möglich, die Messung der Geschw. u. des Ausmaßes der Enzym-Synth. zur Unters. der Aminosäure-Wechselwrkg. u. der Vitaminfunktion zu verwenden. D. PÖHLAND. 4210□

„Malic"-Enzym-Induktion bei Milchsäurebakterien. 2. Mitt. **Purin- und Pyrimidinbedürfnisse.** John A. Duerre und Herman C. Lichstein. (Canad. J. Microbiol. **7.** 217—26. April 1961. Minneapolis, Minn., Univ. of Minnesota, Dep. of Bacteriology.) (Engl.) — 1. vgl. vorst. Referat.

Die *„malic" Enzym* (I)-Aktivität war induzierbar auf Zellen von *Lactobacillus arabinosus* (L. a.), *L. casei, L. delbrückii, Leuconostoc mesenteroides* (L. m.) u. *Streptococcus faecalis* (S. f.). *Purine* u. *Uracil* waren notwendig für die Induktion bei L. casei u. L. delbrückii u. stimulierten auch die Induktion bei S.f. u. L.a., während bei L.m. kein Einfl. festgestellt werden konnte. Die Rolle der Purine wurde weiterhin untersucht an der hemmenden Wrkg. von 8-Azaguanin. Während der I-Induktion geht die RNS-Synth. der Protein-Synth. voraus. Dieses Phänomen wurde verdeckt bei Abwesenheit von Purinen u. Uracil durch gleichzeitigen Abbau von cellulärer RNS. Die stimulierende Wrkg. von Biotin konnte teilweise durch Adenin ersetzt werden, das auch die hemmende Wrkg. von Homobiotin aufhob. D. PÖHLAND. 4210□

Beziehungen zwischen der Aldolaseaktivität des Speichels und der Caries. R. Naujoks, F. Bramstedt, E. Ranke und A. Kröncke. (Arch. oral Biol. **4.** 179—86. Aug. 1961. Hamburg, Biochem. Labor. der Klinik u. Poliklinik für Zahn-, Mund- u. Kieferkrankheiten u. Physiol.-chem. Inst.) (Dt.)

Im Speichel cariesresistenter u. -anfälliger Personen bestimmten Vff. den Verlust an „wahrer" Glucose u. anthronpositiven Substanzen, die *Aldolase*-Aktivität u. den O_2-Verbrauch (WARBURG) des Speichels pro Stunde. Die erhaltenen Werte lagen bei cariesresistenten Personen ca. 3mal so hoch wie bei cariesanfälligen. Die Bedeutung der Aldolaseaktivität u. ihre möglichen Beziehungen zur Cariesätiologie werden diskutiert. R. ILLHARDT. 4210□

β-D-1.2-Glucanasen in Pilzen. Elwyn T. Reese, Frederick W. Parrish und Mary Mandels. (Canad. J. Microbiol. **7.** 309—17. Juni 1961. Natick, Mass., Quartermaster Res. and Engineering Center, U. S. Army, Pioneering Res. Div.) (Engl.)

Vff. untersuchten über 200 Organismen auf ihre Fähigkeit *β-D-1.2-Glucanase* auf einem *β-1.2-Glucan* (**I**)-haltigen Medium zu erzeugen. Sie gewannen **I** durch Züchtung von *Agrobacterium tumefaciens* auf 2% ig. Glucosemedium. Die enzymat. Hydrolyse des **I** geschieht zufällig, eine Reihe von Oligosacchariden mit β-1.2-Bindung — einschließlich Sophorose — wird gebildet. D. PÖHLAND. 4210□

Ein Vergleich der Blut-Carboanhydrase von verschiedenen Säugetieren. J. L. Larimer und K. Schmidt-Nielsen. (Comparat. Biochem. Physiol. **1.** 19—23. Jan. 1960. Durham, N.C., Duke Univ., Dep. of Zoology.) (Engl.)

Unterss. über die *Carboanhydrase* (**I**)-Aktivität im Blut von 15 Säugetier-Arten ergaben, daß die roten Zellen von kleineren Tieren (Körper-Gew.: 6 g bis 30 kg) eine höhere I-Aktivität (12—30 I-Einheiten/μl roter Blutzellen) aufweisen als die der größeren Species (Gew.: 70—600 kg, 10—2 I-E.). Die I-Best. erfolgte nach der Meth. von MILLER [1950]. In bezug auf den CO_2-Transport enthalten die kleineren Tiere einen I-Überschuß, u. Vff. nehmen an, daß I bei kleineren Tieren, die eine höhere Stoffwechsel-Geschw. bzw. eine höhere CO_2-Produktion aufweisen, neben ihrer Funktion für den CO_2-Transport auch eine Wrkg. auf die O_2-Dissoziation des Oxyhämoglobins entfaltet, die mit einem erhöhten BOHR-Effekt (Freigabe von O_2 aus dem Säure-sensitivem Oxyhämoglobin) zufolge rascherer Hydratation der CO_2 parallel geht. Die erhöhte I-Aktivität der kleineren Tiere kann daher auch als ein Mechanismus für die wirksamere Freigabe von O_2 bzw. Versorgung der Gewebe mit O_2 interpretiert werden. B. GÖRLICH. 4210□

Einige temperaturabhängige Eigenschaften der Takaamylase A. Akio Maeda, Atsushi Oikawa und Shiro Akabori. (J. Biochemistry [Tokyo] **47.** 804—08. Juni 1960. Osaka, Japan, Univ., Faculty of Sci., Dep. of Biochem., Inst. for Protein Res.) (Engl.)

Native, dialysierte u. Harnstoff-denaturierte *Takaamylase A* (**I**) wurde im Hinblick der Temp.-Abhängigkeit ihrer opt. Drehung miteinander verglichen. Harnstoff-denaturierte **I** zeigte einen raschen kontinuierlichen Abfall der opt. Drehung bei steigender Temperatur. Native **I** zeigte oberhalb 30° das gleiche Verh., jedoch schwächer, u. unterhalb 30° blieb die opt. Drehung konstant. Dialysierte **I** verhielt sich ähnlich wie native **I**. Die Hydrolyserate von α-Phenylmaltosid durch **I** wurde bei verschiedenen Temp. untersucht u. zeigte im ARRHENIUS-Diagramm 2 verschiedene Geraden, die sich bei 37° kreuzten, d. h. die Aktivierungsenergie der Rk. ist oberhalb 37° geringer als unterhalb. **I** wurde weiterhin in 0,1 m Veronal–HCl-Puffer von pH 7 bei verschiedener Temp. inkubiert u. die Aminosäurefreisetzung nach 42 Std. untersucht. Unterhalb 37° war die Aminosäuremenge sehr gering, oberhalb jedoch wesentlich höher. Die Ergebnisse werden im Hinblick auf die mögliche Struktur des Enzyms diskutiert. H.-G. TRÜPER. 4210□

Untersuchungen an Takamaltase. 1. Mitt. Reinigung und Eigenschaften der Takamaltase aus Takadiastase. Taijiro Matsushima. (J. Biochemistry [Tokyo] **47.** 830—36. Juni 1960. Osaka, Japan, Univ., Fac. of Sci., Labor. of Biochem.) (Engl.) — 2. vgl. C. **1961.** 12508; vgl. auch vorst. Referat.

Durch säulenchromatograph. Meth. mit dem schwachen Anionenaustauscher Duolite A-2 konnten aus Takadiastase zwei α-Glucosidasen isoliert werden: *Takamaltase I* u. *II*. Beide hydrolysierten Maltose, α-Phenyl-D-glucosid u. nur schwach α-Methyl-D-glucosid. Amylose u. Saccharose wurden nicht hydrolysiert. Bei hohen Maltose-Konzz.

zeigten die Enzyme Transglucosilierungsaktivität. Die maximale Aktivität lag zwischen pH 4 u. 5. Die Hitzestabilität nahm oberhalb 30° rapid ab. H.-G. Trüper. 4210☐

Isoleucin- und Valinstoffwechsel in Escherichia coli. 10. Mitt. **Die enzymatische Bildung von Acetylhydroxybuttersäure.** Richard I. Leavitt und H. Edwin Umbarger. (J. biol. Chemistry **236.** 2486—91. Sept. 1961. Boston, Mass., Harvard Med. School, Dep. of Bacteriol. and Immunol.) (Engl.) — 9. vgl. J. biol. Chemistry **235.** [1960.] 1425.

Es wird nachgewiesen, daß Extrakte von *Escherichia coli* bei Ggw. von Thiaminpyrophosphat u. Magnesiumionen die Bldg. von *α-Acetyl-α-hydroxybuttersäure* (I), die als Osazon isoliert wird, aus Brenztraubensäure u. α-Ketobuttersäure katalysieren. I tritt als Zwischen-Prod. bei der Biosynth. von Isoleucin auf, im nächsten Schritt wird sie, wie Vff. nachweisen, in α.β-Dihydroxy-β-methylvaleriansäure umgewandelt. Die Menge des gebildeten I wird in Abhängigkeit von den Vers.-Bedingungen, wie Extrakt-Konz. u. pH-Wert der Lsg., quant. bestimmt. Auf Grund ähnlicher Ergebnisse bei der enzymat. Bldg. von α-Acetylmilchsäure aus Brenztraubensäure nehmen Vff. an, daß die Bldg. von I als Vorstufe bei der Isoleucin-Synth. u. von α-Acetylmilchsäure als Zwischen-Prod. bei der Biosynth. von Valin mit Hilfe des gleichen Enzym-Syst. erfolgt. K. Heyns. 4210☐

Hexosamin-Bildung aus Adenosintriphosphat, Adenosin und Hexose in Mycobakterienlysaten und Leberhomogenaten. C. Cattaneo und P. L. Ipata. (Ital. J. Biochem. **9.** 62—70. Jan./Febr. 1960. Rom, Univ., Clin. Fisiolog., Centro Studi „Carlo Forlanini", Labor. di Chim. Biol.) (Engl.) — Vgl. C. **1962.** 6073.

Bei 20000·*g* gewonnene Rattenleberhomogenat- u. Mycobakterienhomogenatüberstände synthetisieren enzymat. *Hexosamin* aus Adenosintriphosphat, Adenosin u. Glucose oder Galaktose. Der Mechanismus wird diskutiert. P. Gregorzewski. 4210☐

Aminosäurestoffwechsel in Zellfraktionen der Rattenleber. Transaminierungen und Oxydation von L-Aminosäuren. K. H. Bässler und C.-H. Hammar. (Biochem. Z. **330.** 555—64. 1958. Mainz, Univ., Physiol.-Chem. Inst.) (Dt.)

Bei Unters. der Transaminierungen von *L-Leucin, L-Isoleucin, L-Valin, L-Norvalin, L-α-Aminobuttersäure* u. *L-Methionin* auf verschiedene Ketosäuren [*α-Ketoglutarsäure, α-Ketobuttersäure* (I), *α-Ketovaleriansäure* (II), *α-Ketoisovaleriansäure* (III) sowie *Pyruvat*] wurde Aktivität in Mitochondrien u. Cytoplasma (der Rattenleber) gefunden, während von den Mikrosomen keine Aktivität ausging. In den Mitochondrien u. dem Cytoplasma fand sich auch eine (im Vgl. mit obigen Rkk.) um das 1—2fache bzw. 2—3fache höhere Aktivität an *Alanin–Glutaminsäure-Transaminase* u. *Asparaginsäure–Glutaminsäure-Transaminase*. Die geprüften L-Aminosäuren werden von Leber oder Niere der Ratte, des Kaninchens oder des Huhns in keiner der genannten Zellfraktionen oxydativ desaminiert, sie werden jedoch oxydiert sobald eine zur Transaminierung geeignete Ketosäure dazugegeben wird. I, II u. III werden durch Leber- u. Nierenmitochondrien oxydiert; die Umsätze liegen in den gleichen Größenordnungen wie die entsprechenden Transaminierungs-Rkk., die zur Bldg. dieser Ketosäuren führen. Es ist deshalb anzunehmen, daß oxydative Desaminierung bei der Oxydation der untersuchten L-Aminosäuren keine Rolle spielt, sondern daß der einleitende Schritt eine Transaminierung unter Bldg. der α-Ketosäure ist. U. Tausendfreund. 4210☐

Spektrofluorometrische Untersuchungen über die Glutaminsäure–Oxalessigsäure-Transaminase. P. Fasella, C. Turano, A. Giartosio und I. Hammady. (Giorn. Biochim. **10.** 175—88. Mai/Juni 1961. Roma, Univ., Ist. di Chim. Biol., u. Centro di Enzymol. del C.N.R.) (Ital.)

Die Fluorescenz von *Glutaminsäure–Oxalessigsäure-Transaminase* (I) zeigt bei alkal. pH ein Maximum bei 430 mμ mit einem Erregungsmaximum (EM) bei 360 mμ; bei saurem pH liegen die entsprechenden Werte bei 500 bzw. 430 mμ. Die Aminform von I hat ein Maximum bei 390 mμ u. ein EM bei 330 mμ. Die Intensität der Fluorescenz ist ca. 100 mal schwächer als die äquivalenter Mengen *Pyridoxaminphosphat* (II). Mit der Amin- u. Aldehydform von I reagiert die Phosphatgruppe u. der Pyridinring von II, mit der Aldehydform von I auch die Aldehydgruppe von II (Imin-Bldg.). K. Zingraf. 4210☐

Die Eigenschaften der Aminosäurepolymerase von Escherichia coli. Bention Nisman und Hiroshi Fukuhara. (C. R. hebd. Séances Acad. Sci. **248.** 1867—70. 23/3. 1959.) (Franz.)

Ein aus 30000·*g*-Sediment von Protoplastenlysaten (*E. coli*) mit Phenol extrahierbares Enzym-Syst., *Aminosäurepolymerase* (I), baut Aminosäuren (II) in 2 Formen in die Eiweißfraktion ein, in eine mit heißer Trichloressigsäure extrahierbare (a) u. eine nicht-extrahierbare (b). Adenosintriphosphorsäure aktiviert den II-Einbau durch I deutlich. Die bei 105000·*g* aus *E. coli*-Lysaten abtrennbare Partikelfraktion aktiviert den II-Einbau in b u. die I-Übertragung in lösl. Ribonucleinsäure (III). Gleichzeitige Ggw. von I,

105000·*g*-Syst. u. lösl. III hat eine beträchtliche Zunahme des II-Einbaus in a u. b zur Folge. K. MAIER. 4210□

Wirkung von Trypsin auf synthetische Substrate. 2. Mitt. Hydrolyse der Amid- und der Methylesterderivate einiger Aminoacyl-L-lysine. Nobuo Izumiya, Takeshi Yamashita, Hakaru Uchio und Keiko Kitagawa. (Arch. Biochem. Biophysics **90.** 170—75. Okt. 1960. Fukuoka (Japan), Kyushu Univ., Fac. of Sci., Labor. of Biochem.) (Engl.) — 1. vgl. J. Biochemistry [Tokyo] **46.** [1959.] 645.

Bei Einw. von *Trypsin* (I) auf folgende Aminoacyl-L-lysinamide konnte gezeigt werden, daß die relative Geschwindigkeit, mit der jede dieser Verbb. hydrolysiert werden, wenigstens teilweise von der Natur der Seitenkette am N-endständigen Aminosäurerest des Substrates beeinflußt wird: *Glycyl-* ($C_{max} = k_3/2{,}3\ K_m = 0{,}134$), *L-Alanyl-* (0,26), *L-α-Aminobutyryl-* (0,83), *L-Norleucyl-* (1,14), *β-Alanyl-* (0,050), *L-Valyl-* (0,30), *L-Leucyl-* (0,172), *L-Phenylalanyl-* (0,074). Vff. weisen dabei auf die C. **1960.** 8223 referierten Ergebnisse über Einw. von Chymotrypsin auf Aminoacyl-L-tyrosinamide hin. — Ferner wurde die Spaltbarkeit folgender Aminoacyl-L-lysinmethylester in Abwesenheit u. in Ggw. von I untersucht: *Glycyl-* (68 [proteolyt. Koeff.), *L-α-Aminobutyryl-* (81), *L-Norleucyl-* (11), *L-Valyl-* (68), *L-Leucyl-* (61), *L-Phenylalanyl-* (38).

Versuche: Die N^{ε}-Carbobenzoxy (*Cbo*)-L-lysinmethylester: *Cbo-L-alanyl-*, $C_{26}H_{33}N_3O_7$, F. 90°, $[\alpha]_D^{15}$ −18,2° (c = 2; Essigsäure); 71%. — *Cbo-L-α-aminobutyryl-*, $C_{27}H_{35}N_3O_7$, F. 108°, $[\alpha]_D^{15}$ −13,6° (c = 2; Essigsäure), 78%. — *Cbo-L-norleucyl-*, $C_{29}H_{39}N_3O_7$, F. 114°, $[\alpha]_D^{15}$ −6,0 (c = 2; Essigsäure); 74%. — *Cbo-β-alanyl-*, $C_{26}H_{33}N_3O_7$, F. 101°, $[\alpha]_D^{15}$ −1,0 (c = 2, Essigsäure); 75%. — *Cbo-L-valyl-*, $C_{28}H_{37}N_3O_7$, F. 127°, $[\alpha]_D^{15}$ −15,1° (c = 2; Essigsäure); 80%. — *Cbo-L-leucyl-*, $C_{29}H_{39}N_3O_7$, F. 95°, $[\alpha]_D^{15}$ −13,5 (c = 2; Essigsäure); 67%. — *Cbo-L-phenylalanyl-*, $C_{32}H_{37}N_3O_7$, F. 107—108°, $[\alpha]_D^{15}$ −8,5 (c = 2; Essigsäure); 60%. — Folgende N^{ε}-Cbo-L-lysinamide: *Cbo-L-alanyl-*, $C_{25}H_{32}N_4O_6$, F. 184—185°, $[\alpha]_D^{15}$ (c = 2; Dimethylformamid); 82%. — *Cbo-L-α-aminobutyryl-*, $C_{26}H_{34}N_4O_6$, F. 206—207°, $[\alpha]_D^{15}$ −5,4 (c = 2; Dimethylformamid); 69%. — *Cbo-L-norleucyl-*, $C_{28}H_{38}N_4O_6$, F. 202°, $[\alpha]_D^{15}$ −9,0 (c = 2; Dimethylformamid); 80%. — *Cbo-β-alanyl-*, $C_{25}H_{32}N_4O_6$, F. 172°, $[\alpha]_D^{15}$ −2,9° (c = 2; Dimethylformamid); 84%. — *Cbo-L-valyl-*, $C_{27}H_{36}N_4O_6$, F. 207°, $[\alpha]_D^{15}$ −3,9° (c = 2; Dimethylformamid); 86%. — *Cbo-L-leucyl-*, $C_{28}H_{38}O_6N_4$, F. 178°, $[\alpha]_D^{15}$ −12,3° (c = 2; Dimethylformamid); 88%. — *Cbo-L-phenylalanyl-*, $C_{31}H_{36}N_4O_6$, F. 195—197°, $[\alpha]_D^{15}$ −9,2° (c = 2; Dimethylformamid); 62%. — L-Lysinmethylesterdihydrochloride: *L-α-Aminobutyryl-*, $C_{11}H_{25}Cl_2N_3O_3$, nicht kristallisierbares hygroskop. Pulver, $[\alpha]_D^{15}$ ca. −12° (c = 2; W.), R_F (hier u. bei allen folgenden im Syst. n-Butanol/Essigsäure/Pyridin/W. = 13/3/10/12) 0,38; 92%. — *L-Norleucyl-*, $C_{13}H_{29}Cl_2N_3O_3$, $[\alpha]_D^{15}$ −9,2° (c = 2°; W.), R_F 0,49; 96%. — *L-Valyl-*, $C_{12}H_{27}Cl_2N_3O_3$, F. 180—185°, $[\alpha]_D^{15}$ −9,5° (c = 2; W.), R_F 0,45; 95%. — *L-Leucyl-*, $C_{13}H_{29}Cl_2N_3O_3$, F. 226—228°, $[\alpha]_D^{15}$ −5,3° (c = 2; W.), R_F 0,54; 99%. — *L-Phenylalanyl-*, $C_{16}H_{27}Cl_2N_3O_3$, $[\alpha]_D^{15}$ +3,4° (c = 2; W.), R_F 0,45; 98%. — L-Lysinamiddihydrochloride: *L-Alanyl-*, $C_9H_{22}Cl_2N_4O_2$, nichtkristallisierbares hygroskop. Pulver, $[\alpha]_D^{15}$ ca. −11° (c = 2; W.), R_F 0,15; 86%. — *L-α-Aminobutyryl-*, $C_{10}H_{24}Cl_2N_4O_2$, nicht kristallisierbares hygroskop. Pulver, $[\alpha]_D^{15}$ +2° (c = 2; W.), R_F 0,22; 85%. — *L-Norleucyl-*, $C_{12}H_{28}Cl_2N_4O_2$, $[\alpha]_D^{15}$ +10,8° (c = 2; W.), R_F 0,38; 98%. — *β-Alanyl-*, $C_9H_{22}Cl_2N_4O_2$, F. 201—204°, $[\alpha]_D^{15}$ −9,8° (c = 2; W.), R_F 0,17; 97%. — *L-Valyl-*, $C_{11}H_{26}Cl_2N_4O_2$, $[\alpha]_D^{15}$ +5,4° (c = 2; W.). R_F 0,29; 97%. — *L-Leucyl-*, $C_{12}H_{28}Cl_2N_4O_2$, $[\alpha]_D^{15}$ +13,1° (c = 2; W.), R_F 0,37; 95%. — *L-Phenylalanyl-*, $C_{15}H_{26}Cl_2N_4O_2$, F. 215 bis 217°, $[\alpha]_D^{15}$ −10,9 (c = 2; W.), R_F 0 35; 96%. A. HESSE. 4210□

Chromatographische Untersuchungen zur Isolierung und Reinigung von Trypsin. G. Krampitz und F. Knappen. (J. Chromatogr. [Amsterdam] **5.** 174—76. Febr. 1961. Bonn, Univ., Inst. für Anat. u. Physiol. der Haustiere.) (Engl.)

Vff. beschreiben eine säulenchromatograph. Meth. zur analyt. u. präparativen Gewinnung von *Trypsin* (I) aus Handels-Präp. u. Pankreasextrakten. Sie verwenden CAM-Cellulose als Adsorbens u. einen O, 2n Na-Phosphatpuffer vom pH 6,8 als Elutionsmittel. Der Nachw. der Substanzen erfolgte mit Ninhydrin u. opt. Auswertung der Färbungen. M. FINKE. 4210□

Proteinase-Produktion im Verhältnis zum Wachstum einer Micrococcusart. I. J. McDonald. (Canad. J. Microbiol. **7.** 111—17. April 1961. Ottawa, Canada, Nat. Res. Council, Div. of Appl. Biol.) (Engl.)

Bei *Micrococccs spec.* besteht allg. eine direkte Beziehung zwischen der *Proteinase* (I)-Produktion u. dem Wachstum. Eine Zugabe von 2% NaCl zur Trypton–Hefeextrakt-Brühe ergab eine merkliche Stimulation der I-Produktion ohne einen Anstieg des Wachstums. Das Salz schützt offensichtlich das Enzym. Obwohl der Organismus keine Kohlenhydrate für das Wachstum braucht, nutzt er Maltose aber nicht Glucose oder andere

Kohlenhydrate. Durch Maltose werden Wachstum u. I-Produktion stimuliert. Der Organismus produziert I in einem minimalen synthet. Medium mit Glutaminsäure als einziger Quelle für C u. N. D. Pöhland. 4210☐

Oberflächendenaturierung des Lysozym. Kozo Hamaguchi. (Mem. Inst. sci. ind. Res., Osaka Univ. **13.** 135—36. 1956.) (Engl.) — Vgl. C. **1959.** 1823 u. C. **1960.** 5839.

Stabile Monoschichten von *Lysozym* (I) werden nur am isoelektr. Punkt (pH 10,5) gebildet, wenn das pH mit 0,01 m K_2CO_3 eingestellt wird. Wenn I aus einer 0,001 n HCl mit 2% Isopropanol (Lsg. 1) versprüht wird, haben die Oberflächendruck–Flächen-Kurven [surface pressure-area (F–A) curves] sehr viel kleinere Flächen als die gebräuchlicher Proteine, wie Ovalbumin. Die F–A-Kurven, die mit einem I-Film erhalten werden, der durch Versprühen einer 8—10m Harnstoff-Lsg. mit 40% Isopropanol (Lsg. 2) hergestellt wurde, beginnen sich aus Gebilden von 15 Å² zu entwickeln. Diese Werte sind denen der dichtest gepackten Polypeptidketten vom β-Keratin-Typ sehr ähnlich. Es war möglich, die Monoflächen-Eigg. mit dem Grad der I-Harnstoffdenaturierung in Lsgg. durch Auftragen der Flächengrößen bei konst. Druck gegen die Harnstoff-Konz. der Sprühlsg. zu korrelieren. Es konnte außerdem gezeigt werden, daß I in alkal. Lsg. sehr unstabil ist. Durch Temp. des Substrates wird die F–A-Kurve stark verändert. Je höher die Temp., desto größer wird die Fläche, bei der der Oberflächendruck steil ansteigt. Wenn die Flächen gegen die Temp. aufgetragen werden, zeigt sich, daß die Flächen des Films, die durch Sprühen von Lsg. 1 erzeugt werden, stark ansteigen u. einen Grenzwert von 13,2 Å²/Rest bei 2 dyn/cm bei 35° erreichen. Bei Verw. von Lsg. 2 ist die Zunahme der Fläche ähnlich, nur sind die Veränderungen bei 17° geringer. Es wird angenommen, daß der Temp.-Koeff. eine Einheit für die Oberflächendenaturierung ist. Die F–A-Kurven werden stark durch die Zeit, die zwischen dem Versprühen u. der Messung liegt, beeinflußt, mit der Zeit entstehen größere Flächen. Die Oberfläche der kugelförmigen Moll. wird nach dem Versprühen vermutlich allmählich denaturiert. Dabei handelt es sich um eine Rk. 1. Ordnung. Die Freie Energie, Aktivierungswärme u. -entropie dieser Rk. betragen 22,4 kcal/Mol, 14,4 kcal/Mol bzw. —28 cal/Grad/Mol. Wenn Lsg. 2 in Harnstoff-Lsg. verschiedener Konz. gesprüht wird, wird die F–A-Kurve nach größeren Flächen mit steigender Harnstoff-Konz. verschoben. Der mögliche Einfl. der verschiedenen physikal. Bedingungen wird diskutiert. P. Gregorzewski. 4210☐

Lysis von eingefrorenen und aufgetauten Zellen von Escherichia coli durch Lysozym und ihre Umwandlung in Sphäroplasten. A. Kohn. (J. Bacteriol. **79.** 697—706. Mai 1960. New Brunswick, N.J., State Univ., Inst. of Microbiol., Rutgers.) (Engl.)

Während *Lysozym* (I) auf wachsende oder ruhende Zellen von *Escherichia coli*, *Shigella dysenteriae* oder *Salmonella typhosa* keinen Einfl. hatte, wurden diese Zellen bei Einfrieren u. Auftauen während der Exponentialphase sehr I-empfindlich. Da *E. coli* innerhalb einer 1 std. Inkubation in Nährlsg. bei 37° die volle I-Resistenz wiedererlangte, mußte I vor dem Einfrieren oder unmittelbar nach dem Auftauen zugesetzt werden. Bei 0° hielt die I-Empfindlichkeit der Teststämme längere Zeit an, desgleichen bei verkümmerten oder mit KCN behandelten Zellen auch bei 37°. *Trypsin* vermochte ebenfalls eingefrorene u. aufgetaute Zellen von *E. coli* aufzulösen, dieses Lysis unterschied sich aber von der durch I. Einfrieren der Mikroben in 0,3 m Rohrzucker-Lsg. verhinderte die schnell auflösende Wrkg. von I nach dem Auftauen, u. die Bakterienstäbchen verwandelten sich in runde, osmot. angreifbare Sphäroplasten, die unter günstigen Bedingungen zu Kolonien mit normalen, stäbchenähnlichen Bakterien auswuchsen. — 26 Literaturangaben. M. Ebert. 4210☐

Reindarstellung und Charakterisierung des für die Lyse T2-infizierter Zellen verantwortlichen Enzyms. W. Weidel und W. Katz. (Z. Naturforsch. **16b.** 156—62. März 1961. Tübingen, Max-Planck-Inst. für Biol., Abt. Weidel.) (Dt.)

T2-infizierte Zellen von *Escherichia coli* Bakterien synthetisieren ein *Enzym* (I), welches für die Zerstörung der Zellen verantwortlich ist. Die Isolierung des Enzyms sowie deren Eigg. werden beschrieben. Das Molgew. beträgt 15200. I ist bei pH >8 instabil, sein Wrkg.-Optimum liegt bei pH 6—7. Es konnte als Lysozym charakterisiert werden. L. Heinisch. 4210☐

Der Einfluß von Sauerstoff auf die Bildung von Nitratase bei Pseudomonas denitrificans. V. B. D. Skerman und I. C. MacRae. (Canad. J. Mikrobiol. **7.** 169—73. April 1961. Brisbane, Queensland, Univ. of Queensland, Med. School, Bacteriol. Dep., Herston Road.) (Engl.)

Vff. untersuchten den Einfl. von *Sauerstoff* auf die *Nitratase* (I)-Aktivität. Sie ließen Zellen von *Pseudomonas denitrificans*, die an die anaerobe Nitrat-Red. adaptier waren, in Ggw. bekannter Konzz. von Sauerstoff u. Nitrat wachsen, u. fanden, daß unter diesen Bedingungen keine I gebildet wird. D. Pöhland. 4210☐

Wechselwirkung zwischen Lipiden und Trypsin im Dimethylsulfoxid–Wasser-System. A. Lukton, H. Donohue und F. A. Bettelheim. (Nature [London] **191.** 565—67. 5/8. 1961. Garden City, N.Y., Adelphi Coll., Chem. Dep.) (Engl.)

Zur Aufklärung der tatsächlich noch unbekannten Wechselwrkg. zwischen Lipiden u. Proteinen (Bindungsort u. -kräfte) werden gemäß orientierenden Unterss. Modell-Verss. mit *Trypsin* als Protein sowie mit *Stearinsäure* bzw. *Carotinoiden* [*β-Apo-8'-carotinal* (**I**), *trans-Bixin, cis-Norbixin, Vitamin A*] als Lipiden durchgeführt; dosierte Lsg. der Substanzen einzeln in *Dimethylsulfoxid*, Mischung der Lsgg. in verschiedenen Verhältnissen, Zugabe derselben unter Rühren zu 50 ml eines 0,02m Tris-Puffers (pH 7,90), der 0,01m $CaCl_2$ u. 0,04m NaCl enthält; Best. der Trypsinesterase in üblicher Weise. Eine weitere Vers.-Reihe wird durchgeführt, indem analoge Ansätze filtriert (Glasfritte) u. die Rückgänge an Farbe (Carotinoide) ermittelt werden. Weitere Abwandlungen der Verss. erstrecken sich auf unterschiedliches Lösen u. Mischen der Modellsubstanzen. Nach den mitgeteilten Befunden wird — je nach Herst. der Modelle — eine unterschiedliche Hemmung der Enzymaktivität manifest, die bei **I** am stärksten ist. Diese Hemmung unterbleibt — z. B. auch beim Filtriervers. — wenn man die Lipide nachzeitlich oder in koll. Form zusetzt. Es wird ein Zusammenhang zwischen Polarität der Lipide u. der nachweisbaren Enzymhemmung festgestellt, indem die Konz. des eingesetzten NaCl variiert wird. Die Ergebnisse werden dahingehend gedeutet, daß die Wechselwrkg. Lipid/Protein zwischen den polaren Gruppen der Moll. oder derjenigen der Oberfläche der Aggregate erfolgt. Die wesentliche Ursache für die Abnahme der Enzymaktivität wird auf die Aggregation des Lipid/Protein-Komplexes zurückgeführt.

K. TÄUFEL. 4210□

Einfluß der Lecithinase A auf einige Enzymaktivitäten des Meerschweinchenpankreas. G. Nanni und U. Marinari. (Giorn. Biochim. **10.** 165—74. Mai/Juni 1961. Genova, Univ., Ist. di Patol. Generale.) (Ital.)

Lecithinase A, welche vor allem in der lösl. Phase der Pankreaszellen des Meerschweinchens nachgewiesen wurde, scheint auf die Phospholipoidkomponenten der Mitochondrienmembran einzuwirken, die Permeabilität derselben zu verändern u. die oxydative Phosphorylierung, die Succinoxydase-Aktivität u. die Oxydation von Alanin, Octanat u. Glucose zu hemmen; lediglich die Cytochromoxydase-Aktivität in den Sekretionsgranula u. in den Mitochondrien bleibt erhalten. K. ZINGRAF. 4210□

Oxytocinase unter der normalen Geburt. M. Ševela und K. Skácel. (Acta Univ. Palackianae Olomucensis **14.** 261—64. 1958. Olomouc, Palacky univ., porodnicko-gynekol. klinika lék. fak.) (Tschech.)

Vff. zeigten, daß das Serum der Schwangeren am Ende der Gravidität u. während der Geburt in vitro eine hohe, oxytocinolyt. Aktivität aufweist, die ziemlich lang in das Wochenbett übergreift. B. GÖRLICH. 4210□

Östrogene und Uterusenzyme. Claude A. Villee. (Ann. New York Acad. Sci. **75.** 524—34. 9/1. 1959. Boston, Mass., Harvard Med. School, Dep. of Biol. Chem.; Boston, Lying-In Hosp., Res. Labor.) (Engl.)

Es wird gezeigt, daß es sich beim *östrogenempfindlichen Enzym* der Placenta u. auch vermutlich des Endometriums nicht um eine Isocitronensäuredehydrogenase (**I**), sondern um eine *Transhydrogenase* (**II**) handelt. **II** kann mit Hefe-**I** oder Glucose-6-phosphatdehydrogenase plus 6-Phosphogluconatdehydrogenase gekoppelt werden. Experimentelle Stimulierung von Enzymen, welche Diphosphopyridinnucleotid (DPN) benötigen, bei Ggw. von Triphosphopyridinnucleotid als Substrat, katalyt. Mengen von DPN u. der **II**-Zubereitung aus Placenta mit Hilfe von *Östrogen* führte bei Verw. von Alkoholdehydrogenase u. Milchsäuredehydrogenase zu keinem Erfolg. Die Stimulierung von **II** durch *Östradiol* führt zu einem Anstieg der durch die Zelle metabolisierten Isocitrat-Menge.

U. TAUSENDFREUND. 4210□

Untersuchungen über die feingebildete Struktur der isomeren Indophenylester: Biochemische Folgerungen. David N. Kramer und Robert M. Gamson. (J. biol. Chemistry **235.** 1785—89. Juni 1960. Army Chem. Center, Md., Protective Dev. Div., U.S. Army Chem. Warfare Labor.) (Engl.)

Vff. untersuchten die alkal. Hydrolyse (pH 8,5 u. 45°), die Hydrolyse durch *Acetylcholinesterase* (**I**) u. durch *Pferdeserum-Cholinesterase* (**II**) von *Indophenylestern* (IPE) als Substrate in Trispuffer pH 8,5 bei 23°. Hierbei wurden Anzeichen dafür gefunden, daß die 2.6-Dihalogenindophenylester für die Aktivitätsminderung der **I** verantwortlich sind; die Aktivität der nicht spezif. **II** wurde nicht beeinflußt. Die Butyratester der verschieden substituierten Indophenole wurden durch die nicht spezif. **II** schnell hydrolysiert. Die Anfangsgrade der alkal. Hydrolyse der IPE waren in nachst. Reihenfolge *2.6-Dibromindophenylbutyrat* (**III**), *2.6-Dichlorindophenylacetat* (**IV**), *2.6-Dibromindophenylacetat* (**V**) > *Indophenylacetat* (**VI**) > *3'.5'-Dichlorindophenylacetat* (**VII**) > *3'.5'-Dibromindophenyl-*

acetat (**VIII**) > *3'.5'-Dibromindophenylbutyrat* (**IX**). **I** hydrolysiert nur **VI**. **II** hydrolysiert IPE in nachst. Reihenfolge **IX** > **III** > **V** > **IV** > **VII, VIII, VI**.
G. BRATFISCH. 4210□

o-Methyltransferase-Hemmung in vitro und Adrenalin–Noradrenalin-Sensibilisierung in vivo. G. Kroneberg, K. Schlossmann und G. Haberland. (Naunyn-Schmiedebergs Arch. exp. Pathol. Pharmakol. **241.** 522. 1961. Wuppertal-Elberfeld, Farbenfabriken Bayer, Pharmakol. Labor.) (Dt.)

Die Hemmwrkg. verschiedener *Di-* u. *Trihydroxybenzol-Derivv.* auf die *o-Methyltransferase* wurde in vitro untersucht u. mit der *Adrenalin* (**I**)- u. *Noradrenalin* (**II**)-sensibilisierenden Wrkg. am Katzenblutdruck in vivo verglichen. Verbb. mit 3 OH-Gruppen in Vicinalstellung sind wirksamer als die mit zwei benachbarten oder drei symm. OH-Gruppen. Am Blutdruck der decerebrierten oder atropinisierten Katze in vivo sensibilisieren die Substanzen mit o- u. vic.-OH die Wrkg. von **I** u. **II**. Für die Fermenthemmung in vitro ist die o- oder vic.-Stellung phenol. OH-Gruppen offenbar wesentliche Voraussetzung. Die Ergebnisse weisen weiter daraufhin, daß Substanzen mit fermenthemmender Wrkg. in vitro die **I**- u. **II**-Wrkg. in vivo verstärken können, daß der Sensibilisierungseffekt nicht aber per se Ausdruck der o-Methyltransferase-Hemmung zu sein braucht.
M. METZE. 4210□

Über die Bakterien-Thiaminase, besonders über die Papierelektrophorese der Thiaminase I. Masatoshi Ikeda. (Vitamins [Kyoto] **16.** 646–51. 1959. Osaka, Osaka Red Cross Hosp.) (Jap.; Auszug: Engl.)

Die aus *Bacillus thiaminolyticus* (B.t.) u. *Clostridium thiaminolyticum* (C.t.) isolierten *Thiaminasen* unterscheiden sich in ihrer Wanderungs-Geschw. im elektr. Feld. Die aus B.t. isolierte Thiaminase zeigt eine größere Aktivität gegenüber Thiamin, die aus C.t. stammende ist reiner als die aus B.t.
P. GREGORZEWSKI. 4210□

Die Spezifität von Hydantoinasen, Dihydropyrimidinasen und Decarbamylasen. Nobu Akamatsu jun. (J. Biochemistry [Tokyo] **47.** 809–19. Juni 1960. Chiba, Japan, Univ., School of Med., Dep. of Biochem.) (Engl.)

Die Spezifität der hydrolyt. *Enzyme* für einige *Hydantoin-Verbb.*, *Dihydropyrimidine* u. *Ureidsäuren* wurde in Hinblick auf ihre adaptive Bldg. durch gramnegative Bodenbakterien untersucht. Die Enzyme für die reversible Öffnung des Hydantoinrings sind adaptiver Natur, u. ihre Spezifität wird durch die Länge der Seitenketten des Substrats bestimmt. Hydantoinessigsäure u. Hydantoinpropionsäure werden durch verschiedene Fermente hydrolysiert. Die Dihydropyrimidine Dihydrouracil, Dihydroorotsäure, 5-Hydroxydihydrouracil u. Dihydrothymin werden durch ein konstitutives Enzym-Syst. zu den entsprechenden Carbamylaminosäuren zersetzt. Die decarbamylierenden Enzyme für Ureidsäuren werden durch Adaption gebildet, u. ihre Substratspezifität ist vom jeweiligen Aminosäureteil abhängig. Die Hydrolyse von Carbamylasparaginsäure u. Carbamylglutaminsäure wird von *Ureidsuccinase* u. *Ureidglutarase* durchgeführt. Carbamyl-β-alanin, Carbamylisoserin u. β-Ureidoisobuttersäure werden jedoch durch ein einzelnes Enzym hydrolysiert. Substitution am C_α des β-Alaninteils durch $-OH$ oder $-CH_3$ stört die spezif. Kombination des Enzyms mit der β-Ureidsäure von C_3-Kettenlänge nicht. Auf Uracil-haltigen Medien (einzige N-Quelle) gezogene Bodenbakterien setzten NH_4^+ aus Isobarbitursäure frei, nicht aus Barbitursäure. Eine mögliche Hydrierung des Uracils als einer der Stoffwechselwege wird diskutiert. — 36 Literaturangaben.
H.-G. TRÜPER. 4210□

Enzyme für die Bildung des Citrovorumfaktors bei Angehörigen der Psittacosis-Gruppe der Mikroorganismen. Julio I. Colón. (J. Bacteriol. **79.** 741–46. Mai 1960. Chicago, Ill., Univ. of Chicago, Dep. of Microbiol.) (Engl.)

Wurden Viren der Mäusepneumonie u. Meningopneumonie von der Allantoin-Fl. infizierter Kückenembryonen gereinigt u. bei 37° inkubiert, so produzierten sie lebhaft *Citrovorumfaktor* (**I**) u. andere Formen der *Folsäure* (**II**). Nichtinfizierte Allantoin-Fl. u. Chorioallantoismembranen zeigten unter den gleichen Bedingungen kein Ansteigen der **II**-Menge. Es ist offensichtlich, daß für die Virusteilchen spezif. Enzyme für die **I**-Synth. verantwortlich sind.
M. EBERT. 4210□

Untersuchungen über isolierte Zellfraktionen. 15. Mitt. Die Verteilung bestimmter Enzyme der löslichen Phase der Rattenleber im elektrophoretischen Versuch. N. G. Anderson, W. D. Fisher und M. L. Anderson. (Exp. Cell Res. **23.** 318–23. März 1961. Oak Ridge, Tenn., Oak Ridge Nat. Labor., Biol. Div.) (Engl.) — 11. vgl. C. **1961.** 8010.

In freier Elektrophorese bei pH 7,5 wurde die Verteilung folgender Enzyme der lösl. Phase der Rattenleber untersucht: *Katalase, Rhodanese, saure Phosphatase, Nucleosidphosphorylase, Esterase, Adenosindesaminase, Glutathionreduktase* u. *β-Glucuronidase*.
E. FISCHOEDER. 4210□

Zur Bildung des Kautschuks aus Isopentenylpyrophosphat. 11. Mitt. **Zur Biosynthese der Terpene.** U. Henning, E. M. Möslein, B. Arreguin und F. Lynen. (Biochem. Z. **333.** 534—49. 1961. München, Max-Planck-Inst. für Zellchemie; Univ., Chem. Labor., Inst. für Biochem.) (Dt.) — 10. vgl. Chem. Ber. **94.** [1961.] 174.

Frischer Latex aus *Hevea brasiliensis* wurde mit $^{14}C_{(1)}$-*Isopentylpyrophosphat* (I), $^{14}C_{(4)}$-*Isopentenylpyrophosphat* (II) oder $^{14}C_{(2)}$-*Mevalonat* (III) inkubiert. Der Rohkautschuk wurde isoliert, mit Ozon abgebaut, dabei entstandene *Lävulinsäure* bzw. *Aceton* als 2.4-Dinitrophenylhydrazone isoliert, ^{14}C-Aktivität bestimmt. Aus allen 3 Verbb. wird ^{14}C in den gebildeten Kautschuk eingebaut, der Einbau aus I erfolgt jedoch ca. 10mal so schnell wie der Einbau aus III, die geschwindigkeitsbestimmende Rk. scheint also die Phosphorylierung von III zu sein. Bei Verw. von II wird kein ^{14}C im isolierten Aceton gefunden, es wird also kein ^{14}C in den Endgruppen des Kautschuks eingebaut. ^{14}C aus ^{14}C-*Isopentenylphosphat* (IV) wird nicht in Kautschuk eingebaut, doch IV hemmt auch nicht den ^{14}C-Einbau aus I. Der Cyclohexan-Extrakt der Inkubationsgemische enthält 2 in der Ultrazentrifuge trennbare Fraktionen, das Molgew. der schneller wandernden ist ca. 10^6. Ein Schema für den Rk.-Mechanismus des Aufbaus der Kautschukketten aus I wird entworfen u. diskutiert. $2 \cdot 10^{-3}$m *p-Chlormercuribenzoat* hemmt die Kautschuk-Bldg. aus I vollständig, $2 \cdot 10^{-6}$m *Jodacetamid* hemmt ebenfalls, die Ergebnisse sind jedoch nicht eindeutig, da hierbei auch Gerinnung des Latex eintritt. — 35 Literaturangaben. S. Dittmann-Mitzscherlich. 4210□

Ein Inhibitor für Indolylessigsäureoxydase aus Erbsen-Triebspitzen. Franklin E. Mumford, Dewey H. Smith und John E. Castle. (Plant Physiol. **36.** 752—56. Nov. 1961. Wilmington, Del., du Pont de Nemours & Co., Central Res. Dep.) (Engl.)

Aus Wurzeln von Bohnen (black Valentine bean) gewonnene, von Cofaktoren u. Inhibitoren freie *Indolylessigsäureoxydase* (I) wird in ihrer Wirksamkeit durch einen dialysierbaren *Hemmstoff* (II) aus Erbsentriebspitzen (Pisum sativum L. var. Alaska) gehemmt. II bildet sich in etiolierten, 7 oder 8 Tage alten Erbsenpflanzen reichlicher aus, wenn diese 20 Min. lang mit 800 kiloerg rotem Licht bestrahlt werden; II wird 18—20 Std. später aus den Triebspitzen isoliert. II gibt bei der Hydrolyse Kämpferol, Glucose u. p-Hydroxyzimtsäure im Verhältnis 1 : 3 : 1; eine Formel für II wird aufgestellt. Ein Zusatz von 400 ppm II inhibiert die I-Wrkg. völlig. Kämpferol selbst ist, auf Gew.-Basis, noch 30mal wirksamer u. ist in der durch II erschlossenen Hemmstoffklasse der 3.7-Dihydroxyflavone der stärkste Inhibitor für I. Als Cofaktoren für das I-Syst. werden die Flavonoide Naringenin u. Apigenin-7-glucosid aufgefunden. Die Wrkg. von rotem Licht auf das Pflanzenwachstum kann möglicherweise über die Kontrolle des I-Cofaktor/Inhibitor-Gleichgewichts erfolgen. M. Hagedorn. 4210□

Immunologische Untersuchungen an Staphylokokken-Penicillinasen. Harriett K. Rhodes, M. Goldner und R. J. Wilson. (Canad. J. Microbiol. **7.** 355—62. Juni 1961. Toronto, Ontario, Univ. of Toronto, School of Hygiene, Connaught Med. Res. Labor. and Dep. of Microbiol.) (Engl.)

Neutralisationsexperimente lassen vermuten, daß immunolog. Differenzen in den *Penicillinasen* verschiedener *Staphylococcus aureus*-Stämme auftreten.

D. Pöhland. 4210□

Rudolph Abderhalden, Clinical enzymology. Princeton (New Jersey), London: Van Nostrand. 1962. (XVI + 448 S. m. Tab. u. Diagr.) 76 s.

E₃. Mikrobiologie. Bakteriologie. Immunologie

Ein Chitin-Medium zur Isolierung, zur Zucht und zum Aufbewahren von Actinomyceten. Yamuna Lingappa und John L. Lockwood. (Nature [London] **189.** 158—59. 14/1. 1961. East Lansing, Mich., State Univ., Dep. of Botany and Plant Pathology.) (Engl.)

Zur Isolierung, Zucht u. Aufbewahrung von *Actinomyceten* wird ein Substrat empfohlen, das als alleinige C- u. N-Quelle *Chitin* enthält. Zus. (g): 2,5 koll. Chitin, 0,7 $K_2H \cdot PO_4$, 0,3 KH_2PO_4, 0,5 $MgSO_4$ krist., 0,01 $FeSO_4$ krist., 0,001 $ZnSO_4$, 20 Agar; pH 7. Koll. Chitin erhält man aus Rohchitin durch mehrmalige abwechselnde Behandlung mit nNaOH u. nHCl, Waschen mit A. u. Umfällen aus konz. HCl; der Nährboden verhindert das Wachstum anderer Bakterien u. Pilze, während Actinomyceten darin ausgezeichnet gedeihen. M. Reiher. 4310□

Ernährungsbedürfnisse von Milchsäurebakterien. 1. Mitt. **Ca-Bedarf von Streptococcus thermophilus-Stämmen.** Veikko Nurmikko und Esko Kärhä. (Suomalaisen Tiedeakatemian Toimituksia [Ann. Acad. Sci. fennicae], Sarja A. II **104.** 1—23. 1961. Finland, Turku, Univ. of Turku.) (Engl.)

Vff. untersuchten die Ernährungserfordernisse von 124 Lactobacillen, die aus verschiedenen Molkerei-Prodd. isoliert wurden. Wachstums-Verss. auf nichtsynthet. u. synthet. Medien zeigten, daß viele Stämme ein großes Bedürfnis an Wachstumsfaktoren aufweisen. Darunter befinden sich auch einige, die noch nicht identifizierte Wachstumsfaktoren benötigen, die aus Hefeextrakt u. Tomatensaft isoliert wurden. Für die meisten dieser Bakterien, bes. für *Streptococcus thermophilus*-Stämme ist Ca^{2+} für das Wachstum erforderlich. Dieses läßt sich durch Mn^{2+}, Mg^{2+}, Fe^{2+}, Ba^{2+} u. Sr^{2+} nicht ersetzen. Ca^{2+} kann der durch Citrat oder Oxalacetat bewirkten Wachstumshemmung entgegenwirken. Für die meisten Bakterien ist auch Mg^{2+} ein Wachstumsfaktor. Vermutlich spielt Ca^{2+} eine besondere Rolle für den Stoffwechsel gewisser Säuren.

B. GÖRLICH. 4310□

Über die Fähigkeit von Flavobacterium extorquens Bassalik, verschiedene Kohlenstoffquellen, besonders Glucose, auszunutzen. Ludmiła Janota-Bassalik und Danuta Pedyk. (Acta microbiol. polon. **10.** 225—37. 1961. Warschau, Dep. of Plant Physiol.) (Engl.)

Kultiviert man Zellen von *Flavobacterium extorquens Bassalik* auf einem Mineralsalzmedium, dem als Kohlenstoffquelle *Glucose* (**I**; 0,3%) zugesetzt wurde, dann läßt sich nach einer 48std. Inkubation kein Wachstum feststellen. **I** wird nicht verbraucht. Ersetzt man **I** durch *Oxalat* (**II**; 0,1%), u. überträgt die auf **II** gewachsenen Zellen dann auf ein Medium, das wiederum **I** enthält, so wird **I** jetzt in einer Konz. von 0,1% nicht aber 0,3% u. 0,5% zwischen 11,16 u. 15,87% des Ausgangswertes nach 2- bzw. 4wöchiger Inkubationszeit verwertet, wobei die Zugabe von 0,05 bzw. 0,1% $NaHCO_3$ (**III**) keinen Einfl. hatte. Gibt man zu einem Mineralsalz–**I**-Medium einen Torfextrakt, dann findet zwar ein Wachstum statt, doch konnte kein **I**-Verbrauch ermittelt werden. Das Wachstum wird wahrscheinlich durch die organ. Substanzen des Torfextraktes hervorgerufen. Hinsichtlich einer Verwertung organ. Säuren als einziger Kohlenstoff- u. Energiequelle wurden folgende Ergebnisse erzielt: Von den getesteten Monocarbonsäuren wurden nur *Ameisensäure* (**IV**), *Essig*- (**V**) u. *Buttersäure* verwertet, während Propion-, Valerian-, Glykol- (**VI**) u. Brenztraubensäure (**VII**) nicht geeignet waren. An Dicarbonsäuren wurden *Oxal-*, *Malon-*, *Bernstein-*, *α-Ketoglutar-*, *Fumar-*, *Malein-*, *Äpfel-*, *Wein-* u. *Oxalessigsäure* sehr gut verwertet, während in Ggw. von Glutar- u. Citronensäure kein Wachstum stattfand. Verschiedene Säuren (**IV**, **V**) wurden besser verwertet, wenn **III** zugegen war. **III** hatte keinen Einfl., wenn **VI** u. **VII** angeboten wurden. bei **II** war das Wachstum mit u. ohne **III** gleich. Es wurde auch noch der Einfl. verschiedener **III**-Konzz. auf das Wachstum in Ggw. verschiedener **IV**- u. **V**-Konzz. untersucht. M. LORENZ. 4310□

Optimale Bedingungen für die Ausnutzung von Oxalat durch Flavobacterium extorquens Bassalik. Ludmiła Janota-Bassalik und Krystyna Pyrka. (Acta microbiol. polon. **10.** 239—48. 1961. Warschau, Dep. of Plant Physiol.) (Engl.) — Vgl. auch vorst. Referat.

Eine der besten Kohlenstoffquellen für das Wachstum von *Flavobacterium extorquens Bassalik* ist *Oxalsäure* (**I**). Vff. untersuchten, welchen Einfl. der pH-Wert, mechan. Schütteln u. die Zugabe von $NaHCO_3$ auf die Ausnutzung von **I** hat. Bei einem pH-Wert von 5 u. 9 findet kein Wachstum statt, am besten wuchsen die Zellen zwischen pH 6 u. 8. Durch die Zugabe eines Phosphat-Puffers sollte die bei längerer Inkubation auf **I** eintretende Alkalisierung des Mediums verhindert werden. In Abwesenheit des Puffers stieg der pH-Wert nach 72std. Kultivierung von 6,85 auf 9,1. Die höchste **I**-Ausnutzung wurde dann beobachtet, wenn 10 ml Substrat mit 15 ml Puffer gemischt wurden, der pH-Wert stieg dann von 6,95 auf 7,85. Die geringsten pH-Schwankungen (von 7,0 auf 7,4) ergaben sich, wenn in der ursprünglichen Nährlsg. das bidest. W. durch Phosphat-Puffer ersetzt wurde. In Schüttelkulturen war die **I**-Verwertung besser als in Standkulturen, auch hier ergaben sich bessere Ergebnisse bei Verw. eines Puffers. In Ggw. von $NaHCO_3$ wurde die **I**-Aufnahme nicht beeinflußt, die Zell-Synth. dagegen wurde durch $NaHCO_3$ günstig beeinflußt. M. LORENZ. 4310□

Fettsäurebedarf bestimmter Rumenbakterien. G. H. Wagner und E. M. Foster. (J. Dairy Sci. **43.** 566—68. April 1960. Madison, Wis., Univ. of Wisconsin, Dep. of Bact.) (Engl.)

20 von 90 aus dem Rumen von Kühen isolierte Bakterienstämme wuchsen in Trypticase-Phyton–Glucose-Medium nur, wenn Rumen-Fl. (**I**) oder ein Gemisch der im Rumen vorkommenden Fettsäuren (**II**) zugesetzt wurde. Bei *Borrelia*, *Bacteroides succinogenes* u. 2 nicht identifizierten Stämmen konnten **I** oder **II** durch n-Valerat (**III**) + Isovalerat (**IV**) oder **IV** allein, nicht aber **III** allein ersetzt werden. K. ZINGRAF. 4310□

Vitaminbedürfnisse von Ophiobolus graminis Sacc. E. W. B. Ward. (Canad. J. Microbiol. **7.** 423—25. Juni 1961. Edmonton, Alberta, Canada Dep. of Agric., Res. Branch, Plant Pathology Labor.) (Engl.)

Vf. zeigte, daß *Biotin* (**I**) u. *Thiamin* (**II**) essentiell für das Wachstum von *Ophiobolus graminis Sacc.* sind, u. **I** allein nicht ausreicht. Er untersuchte die Fähigkeit des Organismus, Thiazol u. Pyrimidin an Stelle von **II** zu verwerten. In Ggw. von **I** fördert ein Gemisch von Thiazol u. Pyrimidin das Wachstum wie **II** selbst.

D. PÖHLAND. 4310□

Der Einfluß der Pantothensäure auf Acetobacter xylinum. Henryka Kurzepa. (Acta microbiol. polon. **10.** 323—33. 1961. Warschau, State Inst. of Hyg., Dep. of Nutrit.) (Engl.)

Acetobacter xylinum ist gegenüber *Pantothensäure* (**I**) auxotroph. An Hand der produzierten Essigsäure (**II**)-Menge untersuchte Vf., wie sich verschiedene **I**-Gaben auf die Bldg. von **II** auswirken, wenn zu einer Grundnährlsg., die als organ. Verbb. 1% Glucose (**III**), 0,1% Asparagin (**IV**) u. 3% Äthanol (**V**) enthielt, **I** (als Ca-Salz) hinzugegeben wurde. Proportional zum steigenden **I**-Angebot erhöhte sich die **II**-Produktion. Diese Proportion blieb auch erhalten, wenn in der Nährlsg. 3,4 oder 5% **V** bzw. 2,3 oder 4% **III** enthalten waren. **IV** als Stickstoffquelle kann dabei durch NH_4Cl, $(NH_4)_2SO_4$ oder $NH_4H_2PO_4$ aber nicht durch Glycin ersetzt werden. Proportional zum **I**-Angebot produziert das Bakterium **II** bei einem pH-Wert zwischen 4,7 u. 6,1, die größte **II**-Menge entsteht bei pH 5,5. Die für die Verss. verwendeten Zellen können von einer Plattenkultur stammen, die bis zu 28 Tage alt war. — Auf Grund der Verss. scheint A. xylinum als Test-Organismus für eine quant. **I**-Best. geeignet zu sein. M. LORENZ. 4310□

Wachstumsfördernde Wirkung einiger Biotin-Analoga für Candida albicans. Bernice Y. Firestone und Stewart A. Koser. (J. Bacteriol. **79.** 674—76. Mai 1960. Chicago, Ill., Univ. of Chicago, The Walter G. Zoller Mem. Dent. Clinic and Dep. of Microbiol.) (Engl.)

Bei 4 repräsentativen Teststämmen von *Candida albicans* erreichte von den dem *Biotin* (**I**) analogen Verbb. das *Biocytin* 75—100%, *Oxybiotin* nur 20% der **I**-Aktivität. *Desthiobiotin* zeigte bis zu einer Konz. von ungefähr 0,1 mμg/ml die gleiche Wrkg. wie **I**, größere Konzz. hemmten teilweise das Wachstum der Bakterien. *Norbiotin* u. *Biotinol* waren nur wenig akt., *Homobiotin* war inaktiv. *Asparaginsäure* (**II**) ersetzte **I** nur teilweise; *Tween 80* hatte nur in Ggw. von **II** etwas wachstumsstimulierende Wirkung.

M. EBERT. 4310□

Suczessive Hemmwirkung der optischen Antipoden des Isoleucins auf einen Stamm von Escherichia coli Monod. Jacques Nicolle und Josette Walle. (C. R. hebd. Séances Acad. Sci. **248.** 2255—56. 13/4. 1959.) (Franz.)

In synthet. Nährboden S (LWOFF, KITTI u. TREFOUEL [1941]) mit 3‰ *D*(—)-*Isoleucin* (**I**) ist das Wachstum von *Escherichia coli Monod* zuerst verlangsamt. Nach 12 Passagen hat sich der Stamm an **I** gewöhnt. Bei anschließender Übertragung im Nährmilieu S + *L*(+)-**I** tritt wieder eine Wachstumsverlangsamung ein, nach 5 Passagen erneut Gewöhnung. Mit *D*(—)-**I** wird dann wiederum Hemmung u. Gewöhnung beobachtet, die sich in Ggw. von *L*(+)-**I** wiederholen. K. MAIER. 4310□

Über die Bildung langer Zellen von Escherichia coli in Gegenwart von β-Indolylessigsäure und Malonsäure. Mirosław Fiuczek. (Acta microbiol. polon. **10.** 335—38. 1961. Warschau, Univ., Kat. Mikrobiol.) (Pol.)

Zellen von *Escherichia coli* wurden 24 Std. bei 32° in Ggw. verschiedener Konzz. von *β-Indolylessigsäure* (**I**; 140 u. 40 μg/ml Nährlsg.) u. *Malonsäure* (**II**; 430 u. 43 μg/ml Nährlsg.) inkubiert. In Ggw. von 140 μg **I** oder 430 μg **II** wurden Zellen gebildet, die wesentlich länger waren als die, die ohne **I** bzw. **II** kultiviert worden waren. Solche langen Zellen verfügten im Vgl. zur **I**- bzw. **II**-freien Kontrolle über eine verminderte O_2-Aufnahme. M. LORENZ. 4310□

Thymidindiphosphatmannose und Thymidindiphosphatrhamnose in Streptomyces griseus. N. L. Blumsom und J. Baddiley. (Biochem. J. **81.** 114—24. Okt. 1961. Newcastle-upon-Tyne, Durham, Univ., King's Coll., Dep. of Chem.) (Engl.)

Vff. beschreiben Isolierung u. Struktur zweier neuer *Nucleotide* (**I**), der *Thymidindiphosphatmannose* (**II**) u. *-rhamnose* (**III**) aus *Streptomyces griseus*. Die Zellen wurden mit A. extrahiert (2 Min. zum Sieden erhitzt), der auf pH 7,0 gebrachte Extrakt (5 Liter) wurde auf eine Dowex 1X2-Säule (Cl^--Form) gegeben, diese mit W., dann mit 0,005n HCl gewaschen, die **I** mit einer bzgl. HCl 0,01n u. bzgl. LiCl 0,18m Lsg. eluiert, das Eluat mit LiOH neutralisiert, im Vakuum auf 70 ml eingeengt, unter Rühren in 2 Liter Aceton/A. (4 : 1) gegossen u. der hellbraune Nd. abgetrennt. Das **I**-Gemisch wurde wieder auf eine Säule gegeben u. mit einer Lsg. von ansteigender (bis 0,18m) Konz. an LiCl bei konst. HCl-Konz. (0,01n) eluiert. Die automat. gesammelten Fraktionen wurden entsprechend ihrer UV-Absorption vereinigt, mit LiOH auf pH 7,0 gebracht u. der Gefriertrocknung unterworfen. LiCl wurde mit Aceton/A. extrahiert. Papierchromato-

graph. wurden in den einzelnen Fraktionen eine Reihe bekannter **I** festgestellt. Die *Thymidin* (**IV**)-haltige Fraktion (zwischen *Uridindiphosphatglucose* u. *Uridin-5'-pyrophosphat*) wurde durch Chromatographie in A./Ammoniumacetat (pH 3,8) gereinigt u. durch 40 std. Papierchromatographie in **II** u. **III** getrennt. Die mit 0,01 n H_2SO_4 (20 Min. bei 100°) aus dem **II**/**III**-Gemisch freigesetzten Hexosen wurden papierchromatograph. als *Rhamnose* (**V**) u. *Mannose* (**VI**) erkannt. 8 std. Hydrolyse mit 6 n HCl bei 100° ergab *Thymin*. Mit 0,1 n HCl (15 Min. bei 100°) wurde *Thymidin-5'-phosphat* (**VII**) freigesetzt. Dessen Behandlung mit dem Gift von *Crotalus adamanteus* setzte **IV** frei. Das Nucleosid reagierte nicht mit Perjodat-SCHIFF-Reagens, aber positiv mit Cystein–H_2SO_4 (auf *Desoxyribose*). **V** u. **VI** sind demnach in $C_{(1)}$ über einen Pyrophosphat-Rest mit **IV** in $C_{(5)}$ verbunden. Zur Best. der Konfiguration wurde **II** mit Perjodat, dann mit Br–W. bei pH 5,5 oxydiert. Hydrolyse mit 5 n HCl (5 Std.) ergab dann *Glyoxylsäure*, **VII** u. *D-Glycerinsäure*, deren Identität durch enzymat. Phosphorylierung festgestellt wurde. Demnach liegt **VI** in der D-Form vor. Aus dem Verh. von **II** u. **III** gegen verd. NH_4OH wird die Konfiguration u. Konformation von $C_{(1)}$ u. $C_{(2)}$ von **V** u. **VI** abgeleitet. In **II** (**III**) liegt danach **VI** (**V**) in $\alpha(\beta)$-glykosid. Bindung vor. Vff. beobachteten eine enzymat. Umwandlung von *Thymidindiphosphatglucose* in **II** u. geben einen möglichen Mechanismus für die Biosynth. von **V** an. **II** wurde als Li-Salz, $C_{16}H_{24}Li_2N_2O_{16}P_2 \cdot 4\,H_2O$, dargestellt durch Vermischen von Ammoniumthymidin-5'-phosphat (aus 300 mg Ca-Salz) mit 7,5 ml Formamid, 2 ml 2 n NH_4OH-Lsg. u. 900 mg *Dicyclohexyldiimid* in 6 ml tert.-Butanol (**VIII**), 10 std. Erhitzen auf 80°, Filtrieren, Abziehen von **VIII**, Ausäthern, Entfernung des Lsgm. (Ölpumpe), Zugabe von 55 ml Aceton u. 180 ml Ae., Kühlung, Abdekantieren des Lsgm., Trocknen des Restes, Lösen in trockenem Pyridin, Zusatz des *Tri-n-octylammonium*-Salzes von *α-D-Mannose-1-phosphat* in Pyridin, 5 tägiges Schütteln bei 28°, Abziehen des Lsgm., Zugabe von W., Ausschütteln mit Ae., Chromatographie an Dowex 1X2 (vgl. oben), Einstellen von pH 7 mit LiOH im Eluat, Einengen auf 5 ml, Zusatz von 1 Liter Aceton/A. (4 : 1), Abtrennung des bei —14° ausgefallenen Niederschlages.
H. LOHSCHELDER. 4315□

Herkunft der Desoxyribonucleinsäure der bakteriellen Endospore. Phillip H. Hodson und Jay V. Beck. (J. Bacteriol. **79**. 661—65. Mai 1960. Provo, Utah, Brigham Young Univ., Dep. of Bacteriol.) (Engl.)

Bacillus megaterium u. *Bacillus cereus* wurden wie beschrieben zur endotrophen Sporulation veranlaßt. Ihre Endosporen enthielten weniger als die Hälfte des *Desoxyribonucleinsäure* (**I**)-*P* der vegetativen Zellen. Mit Hilfe ^{14}C-markierter Verbb. wurde festgestellt, daß weniger als 1% der Sporen-**I** aus einfachen Purinvorläufern wie Formiat u. Glycin oder aus Adenin aufgebaut wird. M. EBERT. 4315□

Fette von Bacillus stearothermophilus. Sterling K. Long und O. B. Williams. (J. Bacteriol. **79**. 629—37. Mai 1960. Austin, Tex., Univ. of Texas, Dep. of Bacteriol.) (Engl.)

Aus intakten 37°-Sporen von *Bacillus stearothermophilus* wurden, bezogen auf das Sporen-Trockengew., durchschnittlich 6,9—13,11%, aus 55°-Sporen des gleichen Teststammes 7,42—10,13% *Fette* (**I**) extrahiert. Diese Extraktion hatte keine nachweisliche Wrkg. auf Färbung, Lebensfähigkeit u. Hitzeresistenz der Sporen. Zerriebene Sporen der 1. Gruppe enthielten 1,48—1,78%, der 2. Gruppe 1,34—1,88% **I**. Der durchschnittliche **I**-Geh. vegetativer Zellen des Teststammes, gewachsen bei 37°, betrug 4,25%, von 55°-Zellen 2,8%. Das Gesamt-**I** setzte sich zusammen bei 37°-Sporen aus 74,08% **I** u. 25,92% *Phosphatiden* (**II**), bei 55°-Sporen aus 80,91% **I** u. 19,09% **II**, bei vegetativen Zellen (37°) aus 53,76% **I** u. 46,24% **II**. Nach den JZZ. handelt es sich bei den **I** der 55°-Sporen um weitgehend ungesätt., bei 37°-Sporen um merklich weniger ungesätt. u. bei den vegetativen Zellen (37°) um die am wenigsten ungesätt. **I**. Niedrige JZZ. aus der **II**-Fraktion weisen auf eine relative Sättigung dieser Komponenten hin. Die *Fettsäuren* der extrahierten **I** konnten nicht identifiziert werden, scheinen aber Kettenlängen von 18 u. mehr C-Atomen zu haben. **II**-Analysen ergaben die Abwesenheit von *Kephalin* u. *Sphingomyelin*; wahrscheinlich handelt es sich um *Lecithine* oder **II**-Säuren. *Sterine* konnten nirgends nachgewiesen werden. — 29 Literaturangaben. M. EBERT. 4315□

Untersuchungen über den biologischen Abbau der organischen Substanz einiger Böden. E. Linke. (Zbl. Bakteriol. Parasitenkunde Infektionskrankh. Hyg., II. Abt. **114**. 240—69. 12/5. 1961. Halle/S., Martin-Luther-Univ., Inst. für Pflanzenernährung u. Bodenkunde.) (Dt.)

In Labor.-Verss. wurde der Einfl. steigender Temp., wiederholter Trocknung u. Wiederbefeuchtung, sowie der Kalkung auf den mikrobiellen Abbau der organ. Bodensubstanz untersucht. Bei Temp.-Erhöhung von 20° auf 40° steigt der in 200 Tagen umgewandelte C von 4 auf ca. 11%. Eine verstärkte Mineralisierung der organ. Substanz, wurde auch erreicht, wenn die Böden bei 40—50° getrocknet u. dann wiederbefeuchtet werden, bes. bei Sand- u. CO_3-haltigen Lößboden. In bestimmten Fällen kann auch die Kalkung des Bodens die mikrobielle Zers. beschleunigen. Der Geh. an lösl. N-Verbb. im Boden ist abhängig vom Grad der Zers. organ. Substanz u. vom Vorhandensein sorbierender Verbindungen. — 71 Literaturangaben. U. Mothes. 4320□

„Leerlauf"-H_2-Oxydation und „Rückkoppelung" bei Knallgasbakterien. H. G. Schlegel und R. v. Bartha. (Naturwissenschaften **48.** 414—15. 2. Mai-H. 1961. Göttingen, Univ., Inst. für Mikrobiol.) (Dt.)

Chemolithotroph bei intensiver Rührung u. Begasung (60% H_2, 30% O_2, 10% CO_2) in Submerskultur herangezogene, gewaschene, in Pufferlsg. aufgeschwemmte Zellen von *Hydrogenomonas* oxydieren H_2 „im Leerlauf", also in Abwesenheit von CO_2 langsamer als in Ggw. von CO_2. CO_2 wirkt nicht katalyt. sondern führt in Abwesenheit einer N-Quelle zur Bldg. des Speicherstoffes *Poly-β-hydroxybuttersäure* (I). Die von der Ggw. von CO_2 abhängige Geschw. der Knallgas-Rk. deutet auf eine Koppelung von H_2-Oxydation u. CO_2-Fixierung, wobei anzunehmen ist, daß dem bei der CO_2-Bindung wirksamen Adenylsäure-Syst. eine Rückkoppelungsfunktion zukommt. Durch die energieaufwendige Synth. von I kann Adenosintriphosphat zu Adenosindiphosphat u. Orthophosphat regeneriert werden. F. Radler. 4320□

Lipidolyse und bakterielle Biosynthese von Erdölkohlenwasserstoffen. A. R. Prévot. (Bull. Assoc. Diplômés Microbiol. Fac. Pharmac. Nancy **1960.** Nr. 79. 3—12.) (Franz.)

Vf. gibt einen Überblick über die Theorien zur mikrobiellen Biosynth. von Erdöl-KW-Stoffen u. deren bisherige experimentelle Untermauerung. B. Görlich. 4320□

Fermentation von Sulfitablauge zur Produktion organischer Säuren. M. E. Martin, M. Wayman und G. Graf. (Canad. J. Microbiol. **7.** 341—46. Juni 1961. Prince Rupert, B.C., Columbia Cellulose Comp., Res. and Dev. Div.) (Engl.)

Sulfitablauge wurde mit *Propionibacterium arabinosum* kontinuierlich fermentiert. Die Bakterienpopulation befand sich in Suspension ($3{,}0 \cdot 10^8$ Zellen pro ml) in der zirkulierenden Fl. u. teilweise in Form sichtbarer Kolonien auf Kalksteinstücken (zur Aufrechterhaltung des pH-Optimums). Rezirkulation eines Teils der fermentierten Fl. war nützlich zur Erzielung einer raschen Einstellung des pH während der Rk. von Calciumsalzen organ. Säuren mit sauren Komponenten der frischen Ablauge. Das Calciumlactat in der rezirkulierten Fl. stimulierte die Geschw. der Umwandlung der fermentierbaren Zucker in Propion- u. Essigsäure u. half, den pH zu kontrollieren. 83,0—86,5% der Zucker wurden bei 55 Std. Verweilzeit umgewandelt. D. Pöhland. 4320□

Induzierte Freigabe von Dipicolinsäure aus Sporen von Bacillus megaterium. L. J. Rode und J. W. Foster. (J. Bacteriol. **79.** 650—56. Mai 1960. Austin, Tex., Univ. of Texas, Dep. of Bacteriol.) (Engl.)

Durch mechan. Bruch der Sporen von *Bacillus megaterium* konnte aus diesen *Dipicolinsäure* (I) freigesetzt werden. Erhitzen intakter Sporen auf 100° während weniger Min. führte zu 100%ig. I-Freigabe; krit. Temp. lag bei 70°, der Zelltod ging der vollständigen I-Abscheidung voraus. Weder wiederholtes Einfrieren u. Auftauen noch Bestrahlung mit Röntgenstrahlen (60,000 r/min.) tötete die Sporen, u. I-Abscheidung blieb aus. UV-Bestrahlung verursachte eine starke I-Freisetzung, doch erst lange nach Absterben der Sporen. Elektrodialyse ergab eine I-Wanderung aus den Sporen der Kathode. Bei 56° veranlaßten 80%ig. Methanol, A. u. Aceton, nicht aber W. eine wesentliche I-Freigabe. Wirksame, die I-Abscheidung induzierende Agentien waren bei verschiedenen Temp. nur H_2O_2 (5%), *Phenol* (5%) u. das oberflächen-akt. *Arquad T.* M. Ebert. 4320□

Polysaccharidbildung aus Saccharose durch einen „saccharosenegativen" Keim: Neisseria flavescens. T. Neubauer und U. Berger. (Naturwissenschaften **48.** 405—06. 2. Mai-H. 1961. Hamburg, Univ.-Klinik für Zahn-, Mund- u. Kiefer-Krankh., Biochem. u. Bakt. Labor.) (Dt.)

Von *Neisseria flavescens* wird *Saccharose* (I) nicht unter Säure-Bldg. zerlegt. I wird jedoch gespalten, u. es können *Fructose* u. *Glucose* (II) im Medium nachgewiesen werden. Bei Kultur in I-haltiger Lsg. bilden die Zellen intracellulär große Mengen eines stärkeähnlichen Polysaccharids (gibt Blaufärbung mit J_2), das bei Hydrolyse nur II ergibt. F. Radler. 4320□

Die Bildung von Cellulose-Mikrofibrillen durch Acetobacter xylinum auf Agaroberflächen. B. Millman und J. Ross Colvin. (Canad. J. Microbiol. **7.** 383—87. Juni 1961. Ottawa, Canada, Nat. Res. Council, Div. of Appl. Biol.) (Engl.)

Extracelluläre Cellulose-Mikrofibrillen werden von *Acetobacter xylinum* auf Agaroberflächen von der Zellmembran entfernt u. ohne Beteiligung eines amorphen Hochpolymers des Stoffwechsels gebildet. Die Mikrofibrillen wachsen an den Spitzen u. die Wachstums-Geschw. beträgt 0,2 μ pro Bakterienzelle pro Min. bei 34°. Die Geschw.

der Neubldg. von Mikrofibrillen liegt bei über 40 pro 10^3 Bakterien pro Min. bei 34°. Beide Geschw. sind nach einer Induktionsperiode von über 30 Sek. konstant. Neugebildete Mikrofibrillen konnten eindeutig bis zu einer Länge von 0,5 μ herab identifiziert werden. Ein charakterist. Merkmal ist die Bldg. von Mikrofibrillenbündeln mit fast parallelen Achsen. D. PÖHLAND. 4320□

Untersuchungen über den Cellulose-Abbau durch Myxobakterien des Genus Sporocytophaga. Adam Drozdowicz. (Acta microbiol. polon. **10.** 255—69. 1961. Warschau, Central Coll., Dep. of Agric. Microbiol.) (Engl.)

Aus verrottetem Mist wurde ein *Cellulose* (**I**)-abbauender Bakterienstamm isoliert u. als *Sporocytophaga myxococcoides* identifiziert. Der Einfl. verschiedener *Vitamine* (Thiamin [**II**], Riboflavin, Niacin, Ca-Pantothenat, Cobalamin [**III**], Biotin) u. *Aminosäuren* (Alanin [**IV**], Asparaginsäure, Tryptophan [**V**]) auf den **I**-Abbau wurde untersucht u. dabei gefunden, daß nur **II** u. **III** eine stimulierende Wrkg. hatten. Der beste **I**-Abbau wurde dann erreicht, wenn die Stickstoffquelle $NaNO_3$ war. Sein Ersatz durch **IV**, Asparagin, Glykokoll, $(NH_4)_2SO_4$, NH_4Cl, NH_4NO_3 bewirkte einen mäßigen **I**-Abbau, Glutamin, **V**, Pepton, Hefeextrakt, Harnstoff u. $NaNO_2$ verhinderten ihn. Die Zellen wuchsen auch, wenn **I** des Standardmediums durch Cellubiose, Glucose (**VI**), Mannose u. Maltose ersetzt wurde, sie wuchsen nicht, wenn an Stelle von **I** Arabinose, Fructose, Galaktose oder Rohrzucker zur Anwendung gelangte. Enzym-Präpp. aus den Bakterienzellen vermochten eine teilweise **I**-Hydrolyse durchzuführen. Mit Hilfe der Papierchromatographie konnte nachgewiesen werden, daß **VI** als Intermediär-Prod. beim Abbau von **I** durch lebende Bakterien auftritt, sobald ein wahrnehmbarer **I**-Abbau festzustellen ist. M. LORENZ. 4320□

Chitinoklastische Aktivität der Leuchtbakterien. R. Spencer. (Nature [London] **190.** 938. 3/6. 1961. Kingston upon Hull; Dep. of Sci. and Ind. Res., Torry Res. Stat., Humber Labor.) (Engl.)

Obgleich aus der bisher vorliegenden Literatur nichts über die *Chitin*-Hydrolyse bei der Gattung *Photobacterium* bekannt ist, bzw. jegliche derartige Aktivität verneint wird, gelang es Vf. bei zahlreichen Arten dieses Genus Chitinolyse nachzuweisen. Chitin wurde aus den Panzern von Krabben nach der Meth. von BENTON (1935) gewonnen u. nach Fällung mit KOH aus schwefelsaurer Lsg. u. gründlichem Waschen einem Basalmedium (0,1% *Glucose*, 0,1% *Pepton*, 0,005% K_2HPO_4 u. 1,5% *Agar* in Seewasser) in einer solchen Menge zugesetzt, daß eine milchige Trübung entstand. Die Kulturen wurden auf der Oberfläche ausgestrichen u. 14 Tage bei 20° bebrütet. Chitinoklast. Aktivität gab sich in einer Aufhellung um die Bakterienwachstumszonen zu erkennen. Vf. konnte von 64 untersuchten Stämmen bei 53 Chitinabbau feststellen, darunter auch bei einer Süßwasserart (*Vibrio albensis*). Demnach dürfte Chitinabbau als mehr oder weniger konst. Charakteristikum der Photobakterien anzusehen sein. Da diese Organismen im Darm vieler Seefische weitverbreitet vorkommen, ist ihre Beteiligung an der Verdauung der chitinreichen Fischnahrung (*Crustaceen*) denkbar. Ob sie auch für den Chitinabbau in den Bodenablagerungen der Meere von Bedeutung sind, ist noch ungeklärt.

H. H. THIELE. 4320□

Steuerung der Biosynthese zweier induzierbarer Systeme der Hefe durch Tryptophan. Huguette de Robichon-Szulmajster und Marie Somlo. (C. R. hebd. Séances Acad. Sci. **249.** 1583—85. 19/10. 1959. Gef-sur-Yvette, Seine-et-Oise, C. N. R. S., Labor. de Génét. physiol.) (Franz.)

Bei einem *Tryptophan* (**I**)-benötigenden, Galaktose (**II**)-positiven *Saccharomyces cerevisiae*-Stamm wurde nach anaerobem Wachstum eine doppelte Adaptation, Bldg. von Enzymen des **II**-Stoffwechsels u. der terminalen Atmung, beobachtet. Während der Adaptation erfolgte kein Wachstum. Die Geschw. der beiden adaptiven Biosynthesen wurden von exogenem **I** konzentrationsabhängig gleichsinnig beeinflußt.

K. MAIER. 4320□

Von Hydroxylionen abhängige Ausscheidung von Aminosäuren der Enterokokken. William R. Chesbro und James B. Evans. (J. Bacteriol. **79.** 682—90. Mai 1960. Chicago, Ill., Univ. of Chicago, Amer. Meat Inst. Found., Div. of Bacteriol., Ill. Inst. of Technol., Dep. of Biol.) (Engl.)

Wie Verss. vorwiegend mit *Streptococcus faecium* ergaben, nimmt die Menge der durch kochendes W. extrahierbaren *Aminosäuren* (**I**) ab, wenn die Zellen in alkal. Puffern suspendiert werden, wobei gleichzeitig **I** in das umgebende Medium abgegeben werden. Daß diese beiden Vorgänge trotzdem zu trennen sind, zeigt einmal die verschiedene Kinetik, zum anderen ist der **I**-Verlust nicht gleich der **I**-Menge, die in das Medium abgegeben wurde u. außerdem werden gleichzeitig Zucker u. noch andere **I** ausgeschieden. Die Freisetzung von **I** aus den Zellen hat eher den Charakter einer spezif. Hydroxylionen-

Hydrolyse als einer freien Diffusion oder eines autolyt. Prozesses. *Glucose* scheint synthet. Rkk. zu stimulieren u. damit das I-Niveau in nichtentleerten Zellen zu stabilisieren u. in den anderen Zellen den Entlaßprozeß umzusteuern. Diese Vorgänge werden so erklärt, daß ein Transport-Syst. mit der Synth. u. dem Abbau des Zellwandmaterials gekoppelt ist.
M. EBERT. 4320 □

Bakterielle Bildung von Glutaminsäure aus Essigsäure in der Nährlösung einer wachsenden Kultur. Isamu Shiio, Koji Mitsugi und Toshinao Tsunoda. (J. Biochemistry [Tokyo] **46.** 1665—66. Dez. 1959. Kawasaki, Ajinomoto Co., Inc., Centr. Res. Labor.) (Engl.)

Während des Wachstums in einer Nährlsg. aus 15 g NH_4-Acetat u. 25 g Na-Acetat (jeweils als Essigsäure berechnet), 2 g KH_2PO_4, 0,4 g $MgSO_4 \cdot 7\,H_2O$, 2 ppm Fe^{2+}, 2 ppm Mn^{2+}, 0,1 mg Thiaminhydrochlorid, 2 g Maisquellwasser (M.W.), W. ad 1 Liter, pH 8,0 bildeten *Brevibacterium flavum* Nr. 2247, *Brev. lactofermentum* Nr. 2250, *Brev. roseum* Nr. 7 bzw. *Corynebacterium nov. sp.* Nr. 410 21,5 (g) 23,0, 21,5 bzw. 6,9 *Glutaminsäure* (I) je Liter Nährlösung. Bei Ersatz von M.W. durch 0,3 g Biotin/Liter bildete Brev. flavum 15,9 g I je Liter. Andere getestete Bakterien, z. T. aus den gleichen Gattungen, bildeten keine I.
W. SCHÖNBORN. 4320 □

Bildung von Fermenthämin aus Protohämin durch eine häminbedürftige Mutante eines Mikrokokkenstammes. M. Kiese, H. Kurz und E. Thofern. (Biochem. Z. **330.** 541—44. 1958. Marburg, Univ., Pharmakol. Inst., Tübingen, Univ., Pharmakol. Inst.; Göttingen, Univ., Hyg.-Inst.) (Dt.)

In den Zellen von *Micrococcus pyogenes* var. *aureus SG 511* u. denen seiner häminbedürftigen Mutante wurde der Geh. an *Protohämin* (I) u. *Fermenthämin* (II; Hämin des O_2-übertragenden Ferments) bestimmt. In der Mutante waren I u. II nicht nachweisbar, wenn sie auf einem häminfreien Nährboden gezüchtet worden war; in einem Medium, das I enthielt, war jedoch neben I auch II in der Mutanten in der gleichen Konz. wie im Wildstamm vorhanden. Es ist anzunehmen, daß die zur Hämin-Synth. unfähige Mutante das angebotene I durch Veränderung der Substituenten am Porphinring in II umwandeln kann. Demnach ist wahrscheinlich, daß die Substituenten im Porphin, die für I bzw. II charakterist. sind, im ersten Schritt der Porphyrin-Synth. nicht endgültig festgelegt werden, sondern in einem späteren Schritt noch enzymat. verändert oder ausgetauscht werden können.
U. TAUSENDFREUND. 4320 □

Veränderung der bakteriellen säurelöslichen Desoxyribotide während diskontinuierlicher Desoxyribonucleinsäuresynthese. Karl G. Lark. (Biochim. biophysica Acta [Amsterdam] **51.** 107—16. 22/7. 1961. St. Louis, Mo.; Saint Louis Univ., School of Med., Dep. of Microbiol.) (Engl.)

Zellen von *Salmonella typhimurium* (S. t.) u. *Alcaligenes fecalis* (A. f.) enthalten intracellulär 2—5% ihres Gesamt-*Desoxyribonucleinsäure* (DNS)-Geh. als *Desoxyribotide* (I). Erhöht man die Temp. einer Kultur von S. t. von 25° auf 37°, so wird plötzliche DNS-Synth. ausgelöst. Gleichzeitig fällt der Geh. der intracellulären I. Diese werden erst bei Aufhören der DNS-Synth. wieder aufgefüllt. — Synchronisierte Kulturen von A. f. haben dagegen schrittweise Erhöhung des I-Geh. vor der DNS-Synthese. Bei DNS-Synth. nimmt die I-Menge nicht ab. Durch Zugabe von I zu der Nährlsg. kann die stufenweise stattfindende I-Synth. von der DNS-Synth. entkoppelt werden. In diesem Fall ist die DNS-Synth. nicht mehr period., die I-Synth. geht dagegen stufenweise weiter. — Die stufenweise I-Synth. findet auch bei Fehlen der Protein-Synth. statt, die DNS-Synth. ist dagegen um 70% verringert. Durch Chromatographie wurde festgestellt, daß über 90% der I vom *Thymidin* abgeleitet sind, der Rest vom *Cytidin*. *Adenindesoxyribotide* oder *Guanindesoxyribotide* konnten in keinem Zeitpunkt des Zellteilungscyclus aufgefunden werden. Innerhalb der Zellteilungscyclen verschiebt sich die Zus. des I-Vorrates nicht.
S. DITTMAN-MITZSCHERLICH. 4320 □

Fettkörper in Nocardia corallina. J. B. Clark und Clifton Aldridge. (J. Bacteriol. **79.** 756—57. Mai 1960. Norman, Okla., Univ. of Oklahoma, Dep. of Plant Sci.) (Engl.)

In bis zu 7 Std. alten Zellen von *Nocardia corallina* konnten durch Färbung *Fett* (I)-Körper nachgewiesen werden, die anschließend verschwanden, in 10—35 Std. alten Zellen wieder sichtbar u. nachher wieder unsichtbar wurden. Nach 2wöchiger Inkubation tauchten erneut I-Körper auf, erreichten ein Maximum nach 3 Wochen u. verblieben in der Kultur einige Monate. Dieses I konnte nach längerem Kochen mit 5%ig. HCl nur mit Eisessig extrahiert werden. Zwischen den I-Körpern der verschiedenen Altersgruppen besteht ein nicht erklärbarer Unterschied. Umweltbedingungen hatten nur auf die Lebenslänge, nicht aber auf die I-Bldg. Einfluß. *Glycerin* im Nähragar bewirkte kein, *Acetat* (II) dagegen ein deutliches Ansteigen der Zahl der I-Körper. Die II-Synth. scheint

daher der begrenzende Faktor in der I-Prod. des Teststammes zu sein. I-Einschlüsse in relativ jungen Zellen müssen weitere Funktionen als die von Reservestoffen haben.
M. EBERT. 4320☐

Lipidsynthese in Niedrigprotein-Homogenaten der Hefe. Wirkung der Mitochondrien und des Äthylendiamintetraacetats. Seymour Greenfield und Harold P. Klein. (J. Bacteriol. **79.** 691—96. Mai 1960. Waltham, Mass., Brandeis Univ., Biol. Dep.) (Engl.)

Aus *Saccharomyces cerevisiae* wurde unter milden Bedingungen ein zellfreies Syst. gewonnen, das Acetat in Fettsäuren u. nichtverseifbare *Lipide* (I) einbaute. Nach Entfernung der Mitochondrienfraktion waren diese Niedrigprotein-Extrakte inaktiv. In niedrigen Konzz. (bis 0,002 m) stimulierte aber *Äthylendiamintetraacetat* (II), in geringerem Maße auch *Cystein* die I-Synth., nicht *Salicylaldoxim, o-Phenanthrolin, 8-Hydroxychinolin, Kojisäure, Citronensäure, Glutathion, Ascorbat* u. *2-Mercaptoäthanol*. II war auch in Ggw. der Mitochondrienfraktion wirksam, indem es einen zusätzlichen Effekt zeigte. Das die I-Synth. aktivierende Syst. konnte aus der Mitochondrienfraktion nicht isoliert werden.
M. EBERT. 4320☐

Die Wirkung von Lipidextrakten aus M. tuberculosis auf einige synthetische Substanzen. Fernand Fournier. (C. R. hebd. Séances Acad. Sci. **248.** 482—85. 19/1. 1959.) (Franz.)

Die Unters. von *Lipid*-Extrakten aus den *M. tuberculosis*-Stämmen H 27 Rv, B. C. G., Minetti, Katalase-(+) u. Katalase-(—) mit monochromat. Röntgenstrahlung ergab eine Kristallstruktur, die in den beiden ersten Fällen wenig, in den 3 übrigen deutlich verschieden war. Der Kontakt dieser Lipide (I) mit einem Polystyrolblättchen führte im Falle der beiden ersten I zu einer Zerstörung des Trägermaterials, während die übrigen I keine Wrkg. zeigten. Vinyl-Derivv. wurden nicht angegriffen; auf Polyäthylenterephthalat erfolgte eine I-Orientierung ohne sichtbaren Angriff.
K. MAIER. 4320☐

Cobalaminstoffwechsel bei einem Bodenmikroorganismus. F. Sanders und Gerald R. Seaman. (J. Bacteriol. **79.** 619—24. Mai 1960. Galveston, Tex., Univ. of Medical Branch, Carter Physiol. Labor. and Dep. of Microbiol.) (Engl.)

Bei einem nach früheren Berichten für *5.6-Dimethylbenzimidazolcyancobalamin* (I) spezif. Bodenbacterium (*Arthobacter*, LOCHHEAD [38]) konnte das für das Wachstum erforderliche Cobalamin durch *2-Methyladenincyancobalamin* (II), den *Faktor B* (III) u. *Faktor C* (IV) ersetzt werden. Wie papierchromatograph. Unterss. des Extraktes aus diesen Mikroben zeigten, bilden mit I gewachsene Zellen IV. Sowohl IV als auch *Benzimidazolcyancobalamin* wurden von den Testorganismen synthetisiert, wenn sie mit II oder III kultiviert wurden. III wurde seinerseits von Zellen produziert, die mit II wuchsen u. II konnte in Mikroben nachgewiesen werden, die mit III kultiviert worden waren.
M. EBERT. 4320☐

Einbau von ^{14}C-markierten Substanzen in das Violacein. R. D. DeMoss und N. R. Evans. (J. Bacteriol. **79.** 729—33. Mai 1960. Urbana, Ill., Univ. of Illinois, Dep. of Microbiol.) (Engl.)

Nach Verss. über die Biosynth. des *Violaceins* (I) bei *Chromobacterium violaceum* scheint nur *L-Tryptophan* (II) die für die I-Synth. erforderliche C-Quelle zu stellen. Mit Hilfe ^{14}C-markierten II wurde beobachtet, daß der Carboxyl-C ausgeschlossen wird, während der übrige Teil des II-Mol. vollständig in das Pigment eingebaut wird. Weitere Verss. über den direkten Einbau vermuteter Stoffwechselzwischen-Prodd. einschließlich verschiedener Indol-Derivv. u. des 5-Oxindols blieben ohne Erfolg u. konnten den Weg der I-Synth. nicht aufklären.
M. EBERT. 4320☐

Fungicide Aktivitäten von Zimtaldehyden, Benzalacetonen, Dibenzalacetonen und ihrer Bromderivate. Tamio Nishimura, Atsuo Konishi und Akihiro Matsumae. (Kitasato Arch. exp. Med. **30.** 107—16. Dez. 1957. Tokyo, Kitasato Inst.) (Engl.)

Vff. untersuchten die hemmende Wrkg. verschiedener *Zimtaldehyd*-Derivv., *Benzalaceton*- u. *Dibenzalaceton*-Derivv. auf 17 Pilzarten. Die α-Brom-substituierten Zimtaldehyde zeigen erhöhte fungistat. Aktivität, auch die Aktivität α-Brom-substituierter Benzalacetone ist vergrößert, während die Bromsubstitution auf die Wirksamkeit der Dibenzalacetone keinen Einfl. hat. Die höchste fungistat. Wrkg. zeigen *p-Nitro-*, *m-Nitro-* u. ganz bes. *p-Chlor-α-brombenzalaceton*.

Versuche: *2-Brom-1.5-diphenylpentadien-(1.4)-on-(3)*, F. 68—69° (gelbe Prismen, A.); durch Abspaltung von HBr aus 4.5-Dibrom-1.5-diphenylpenten-(1)-on-(3) mit Pyridin. — *2.4-Dibrom-1.5-diphenylpentadien-(1.4)-on-(3)* F. 100—101° (gelb, A.); wie vorst. Verb. aus 1.2.4.5-Tetrabrom-1.5-diphenylpentan-(3)-on. — *2-Brom-1.5-bis-[p-chlorphenyl]-pentadien-(1.4)-on-(3)*, $C_{17}H_{11}BrCl_2O$, F. 130—131° (gelbe Nadeln, A.); wie vorst. Verb. aus 4.5-Dibrom-1.5-bis-[p-chlorphenyl]-penten-(1)-on-(3). — *2.4-Dibrom-1.5-bis-[p-chlorphenyl]-pentadien-(1.4)-on-(3)*, $C_{17}H_{10}Br_2Cl_2O$, F. 94—95,5° (gelborange

Prismen, Ligroin); wie vorst. Verb. aus 1.2.4.5-Tetrabrom-1.5-bis-[p-chlorphenyl]-pentanon-(3). — *4.5-Dibrom-1.5-bis-[p-chlorphenyl]-penten-(1)-on-(3)*, $C_{17}H_{12}Br_2Cl_2O$, F. 167—168° (Zers.), durch Einw. von 1,6 g Br_2 in 10 ml Eisessig auf 3 g 1,5-Bis-[p-Chlorphenyl]-pentadien-(1.4)-on-(3) in 40 ml Eisessig bei Raum-Temperatur. — *1.2.4.5-Tetrabrom-1.5-bis-[p-Chlorphenyl]-pentanon-(3)*, $C_{17}H_{12}Br_4Cl_2O$, F. 208° (Zers., Bzl.), durch Einw. von 2 g Br_2 in 10 ml Chlf. auf 2 g 1.5-Bis-[p-chlorphenyl]-pentadien-(1.4)-on-(3) in 50 ml Chloroform. Folgende Verbb. wurden getestet: Zimtaldehyde: *α-Brom-*, F. 71—72°; *p-Nitro-*, F. 141—142°; *α-Brom-p-nitro-*, F. 136,5—137°; *p-Dimethylamino-*, F. 139—140°; *α-Brom-p-dimethylamino-*, F. 132—133° (Zers.); Benzalacetone: *α-Brom-*, F. —; *p-Nitro-*, F. 109—110°; *α-Brom-p-nitro-*, F. 119—120°; *m-Nitro-*, F. 99—100°; *α-Brom-m-nitro-*, F. 72—74°; *p-Chlor-*, F. 56—58°; *α-Brom-p-chlor-*, F. 101—102,5; *p-Dimethylamino-* F. 134—135°; *α-Brom-p-dimethylamino-*, F. 103—104°; *p-Acetamino-*, F. 186—188°; *α-Brom-p-acetamino-*, F. 218—218,5°; *Dibenzalaceton* u. Derivv.: F. 112—113°; *α-Brom-*, F. 68—69°; *α.α'-Dibrom-*, F. 100—101°; *1.5-Diphenyl-1.2-dibrompenten-(4)-on-(3)*, F. 167° (Zers.); *1.5-Diphenyl-1.2.4.5-tetrabrompentanon-(3)*, F. 212° (Zers.); *p.p'-Dichlordibenzalaceton*, F. 191—193°; *1.5-Bis-[p-chlorphenyl]-2-brompentadien-(1.4)-on-(3)*, F. 130—131°; *1.5-Bis-[p-chlorphenyl]-2.4-dibrompentadien-(1.4)-on-(3)*, F. 94—95,5°; *1.5-Bis-[p-chlorphenyl]-1.2-dibrompenten-(4)-on-(3)*, F. 167—168° (Zers.); *1.5-Bis-[p-chlorphenyl]-1.2.4.5-tetrabrompentanon-(3)*, F. 208°. P. GREGORZEWSKI. 4330□

Der Wirkungsmechanismus des Fungicids Captan, N-[Trichlormethylthio]-cyclohexen-(4)-1.2-dicarbonsäureimid. Robert G. Owens und Helen M. Novotny. (Contr. Boyce Thompson Inst. **20.** 171—90. Juli/Sept. 1959.) (Engl.)

Letale Dosen von *Captan* (I) hemmten die endogene Atmung von *Neurospora sitophila*-Sporen zu 80—90%. Die CO_2-Bldg. war etwas schwächer gehemmt als die O_2-Aufnahme. Der Respirationsquotient nahm mit steigender I-Dosierung zu. Zusatz von Glucose, Acetat, Glycerin oder A. zum Inkubationsmedium erhöhte die O_2-Aufnahme vergifteter Sporen nicht. Nach kleinen I-Dosen begann sich der endogene Stoffwechsel wieder zu erholen (Aufhebung der Hemmung), ebenso die Lebensfähigkeit der Sporen. Der Erholungsprozeß beruht wahrscheinlich auf einer I-Zersetzung. Lipide u. Protein nahmen in vergifteten Sporen in der gleichen Weise wie in normalen Sporen bei std. aerober Inkubation ab. Letale I-Dosen hemmten CO_2-Bldg. sowie Kohlenhydrat- u. Aminosäureabbau etwas. Vergiftete Sporen speicherten, unabhängig vom Zusatz von Phosphatacceptoren (Glucose, Acetat, Glycerin, usw.), anorgan. Phosphat (Blockierung des P-Stoffwechsels). Nucleinsäure- u. Lipid-P nahmen ab. Pyruvat, α-Ketoglutarat u. 2 unbekannte Ketosäuren reicherten sich entsprechend der Keimungshemmung, sehr stark an. Analog war auch die Citrat-Synth. aus Acetat (Inaktivierung von Coenzym A [II]) blockiert. Es wird angenommen, daß die I-Toxizität auf Rkk. des intakten I-Mol. beruht, wobei die tox. I-Wrkg. vor allem auf der Hemmung mehrerer Enzyme des P-Stoffwechsels, gewisser Oxydasen, Dehydrogenasen, Carboxylasen u. II beruhen dürfte. K. MAIER. 4330□

Die bakteriostatische Aktivität von β-Nitrostyrolderivaten. Yukiyoshi Yajima, Toshio Yoshida, Toru Hayakawa und Katsuhiko Tago. (Kitasato Arch. exp. Med. **30.** 99—106. Dez. 1957. Tokyo, Kitasato Inst.) (Engl.)

Vff. untersuchten den Einfl. von Substituenten auf die bakteriostat. Wrkg. von *β-Nitrostyrol*. Gegenüber *Escherichia coli* verändern verschiedene Substituenten des Benzolrings die Aktivität kaum, aber durch Sättigung der Doppelbindung mit 2 Brom-Atomen wird die Aktivität von *β-Methyl-β-nitrostyrol* verringert. Gegenüber *Staphylococcus aureus* 209-P zeigen die *β-Methyl-β-nitro*-Derivv. sehr gute Wirksamkeit, bes. *p-Hydroxy-β-methyl-β-nitrostyrol* u. *p-Hydroxy-m-brom-β-methyl-β-nitrostyrol*. Die Wirksamkeit gegen *Mycobacterium tuberculosis var. hominis* H37Rv wird durch *p-Acetamino-*, *p-Hydroxy-* u. *Nitro*-Gruppen etwas erhöht, die anderen Derivv. sind weniger aktiv. als *β-Nitrostyrol*. Durch Zugabe von *Cystein* zum Kulturmedium werden die β-Brom-β-nitrostyrol-Derivv. inaktiviert. Folgende Verbb. wurden getestet: *β-Nitrostyrol* u. folgende Deriv.: *p-Nitro-*, *m-Nitro-*, *o-Nitro-*, *p-Dimethylamino-*, *p-Diäthylamino-*, *p-Acetamino-*, *p-Methoxy-*, *Methylendioxy-*, *p-Chlor-*, *p-Hydroxy-*, *p-Hydroxy-m-methoxy-*, *p-Hydroxy-m-brom-*; *β-Brom-β-nitrostyrol* u. folgende Derivv.: *p-Nitro-*, *m-Nitro-*, *o-Nitro-*, *p-Dimethylamino-*, *p-Diäthylamino-*, *p-Methoxy-*, *Methylendioxy-*, *p-Chlor-*; *β-Methyl-β-nitrostyrol* u. folgende Derivv.: *p-Nitro-*, *p-Dimethylamino-*, *p-Diäthylamino-*, *p-Acetamino-*, *Methylendioxy-*, *p-Chlor-*, *p-Hydroxy-*, *p-Hydroxy-m-methoxy-*, *p-Hydroxy-m-brom-*; 1.2-Dibrom-2-nitropropane: *1-Phenyl-*, *1-[p-Nitrophenyl]-*, *1-[p-Dimethylaminophenyl]-*, *1-[p-Chlorphenyl]-*, *1-[p-Hydroxy-m-bromphenyl]-*. P. GREGORZEWSKI. 4330□

Wechselwirkung von Sorbinsäure mit nichtionischen Makromolekülen. Seymour M. Blaug und Sayed S. Ahsan. (J. pharmac. Sci. **50.** 138—41. Febr. 1961. Iowa City, Univ. of Iowa, Coll. of Pharmacy.) (Engl.)

Sorbinsäure (I) bildet in wss. Lsg. mit nichtion. Makromolekülen wie *Tween 80*, *Myrj 52*, *Pluronic F-68* u. den *Polyäthylenglykolen 4000* u. *6000* Komplexe, die nicht mehr konservierend gegen *Pseudomonas aeruginosa* u. *Aspergillus niger* wirken. Um Dissoziation der I zu verhindern, wird bei den Verss. 0,005 n H_2SO_4 zugesetzt. Die Bldg. der Komplexe wird infolge der erhöhten Löslichkeit von I in W. durch Titration bestimmt. Die geringste Konz. an I, die durch Überschuß noch konservierend wirkt, nimmt in Ggw. von 0—5% Tween 80 von 0,07 auf 0,1% zu. W. Holland. 4330□

Auswirkungen von 5-Bromdesoxycytidin auf Escherichia coli und Bacteriophagen. David M. Frisch, Jack Gregory und Donald W. Visser. (J. Bacteriol. **79.** 666—73. Mai 1960. Los Angeles, Calif., Univ. of Southern Calif., School of Med., Dep. of Biochem. and Nutrit., Dep. of Med. Microbiol.) (Engl.)

5-Bromdesoxycytidin (I) führte bei *Escherichia coli*, Stamm 15 T^- in Ggw. von *Thymin* zu Stillstand der Zellteilung, Verlängerung der Zellen u. einer merklichen Red. der Lebensfähigkeit. Während die Mikroben Protein u. Ribonucleinsäure weiter produzierten, wurde die *Desoxyribonucleinsäure* (II)-Synth. durch I blockiert. Zwar hatte I auf T 2 u. T 4 Bacteriophagen von *E. coli* eine mutagene Wrkg., doch konnten keine größeren Unterschiede zu Mutanten des Seuchentyps, hervorgerufen durch *5-Bromdesoxyuridin* (III), festgestellt werden. II, die aus mit I gewachsenen *E. coli*, Stamm 15 T^- u. T 2 Bacteriophagen gewonnen worden war, enthielt *5-Bromuracil*, dagegen kein 5-Bromcytosin; die Desaminierung von I verlief schnell. Nach Ansicht der Vff. sind die Wrkg. von I auf die Testorganismen wahrscheinlich weitgehend auf dessen frühen Abbau zu III zurückzuführen. — 33 Literaturangaben. M. Ebert. 4330□

Einige prinzipielle Probleme der Antibioticaforschung. János Holló und László Nyeste. (Magyar Kémikusok Lapja [Z. Ver. ung. Chemiker] **16.** 301—07. Juli 1961. Budapest, TU. Lehrst. Landw. Chem. Technol.) (Ung.)

Übersicht. Schwierigkeiten der ausgedehnten Selektionsprogramme. Synergismus von Antibioticis: Reihenfolge der Stoffwechselblockierung, Auswahl der Synergisten, Antimetabolite als Synergisten. Gelenkte Biosynth.: Ziel u. Technik der Prekursoren-Verw., Beispiele an Penicillin-Derivv. usw. — 47 Literaturangaben.
P. Tolnay. 4340□

Ein Beitrag zur Prüfung der Bakteriensensibilität gegenüber Antibioticis. L. Přidal, J. Vavrečka und H. Hlava. (Acta Univ. Palackiane Olomucensis **14.** 215 bis 220. 1958. Olomouc, Palacky univ., lék. fak., Mikrobiol. ústav) (Tschech.)

Vff. entwickelten eine Meth., mit der es gelingt, mit Hilfe von Filterpapierplättchen, die mit Antibioticis imprägniert werden, die Bakteriensensibilität gegenüber Antibioticis festzustellen. Die Meth. ist einfach u. sparsam. B. Görlich. 4340□

Untersuchung der fungistatischen Wirkung ungarischer Bodenpilze. Andrzej Nespiak und József Vörös. (Agrokém. és Talajtan [Agrochem. u. Bodenkunde] **10.** 145—54. Nr. 1. Febr. 1961. Wroclav, Phytopatolog. Inst., Budapest, Forsch.-Inst. Pflanzenschutz.) (Ung.)

Aus ungar. Bodenproben wurden 28 Pilzarten isoliert u. ihre fungistat. Wrkg. gegen 8 Testorganismen, darunter 5 Pflanzenschädlingen untersucht. Eine bedeutende Wrkg. konnte bei den Stämmen *Aspergillus fugimatus*, *Penicillium soppi*, *Fusarium oxysporum*, *Fusarium redolens forma 1*, *Fusarium redolens*, *Myrothecium roridum* festgestellt werden, die übrigen sind wirkungslos oder sehr gering pilzhemmend. *Myrothecium roridum* ist von allen am aktivsten, wahrscheinlich ist das gebildete Antibioticum mit *Glutinosin* identisch. G. Bidló. 4340

Antibiotica-Empfindlichkeit von Bodenmikroorganismen. 1. Mitt. Wirkung der Antibiotica auf das Wachstum Chitin-zersetzender Bodenmikroorganismen und ihre Chitin-zersetzende Tätigkeit. Mihály Kecskés. (Agrokémia és Talajtan **9.** 549—58. Dez. 1960. Budapest, Forsch.-Inst. Bodenkunde u. Agrochem.) (Ung.)

Aus der Rhizosphäre der Akazie u. Zuckerrübe u. aus Böden isolierte Mikroorganismen (Bakterien u. Strahlpilze) wurden auf Antibiotica enthaltenden anorgan. Chitin-Agar-Nährböden untersucht. Bakterienstämme aus den Rhizosphären höherer Pflanzen sind gegen Antibiotica weniger empfindlich als Bodenbakterien u. Strahlpilze. Am wenigsten empfindlich ist der aus der Rhizosphäre der Akazie isolierte Stamm gegen bedeutende Dosen Antibiotica, der empfindlichste war ein aus Gartenerde isolierter. Von den Strahlenpilzen erwies sich *Steptomyces Sp.* als der widerstandsfähigste, *Streptomyces lavendulae* als der empfindlichste. J. Plank. 4340□

Der Einfluß von Streptomycin auf den Stoffwechsel von säurelöslichen Nucleotiden und anderen Phosphorverbindungen von Mycobacterium avium. Hisanobu Niitani. (Nagoya J. med. Sci. **22.** 363—74. Jan. 1960. Nagoya, Univ. School of Med., 1. Dep. of Internal Med.) (Engl.)

Mycobacterium avium, wird durch 0,5 γ *Streptomycin* (I)/ml gehemmt. Durch schrittweise Adaption gelingt es Mutanten zu isolieren, die noch in Ggw. von 1000 γ I/ml wachsen. Sie werden anschließend gewaschen u. in 10fach verd. Nährmedium zur Endkonz. 10 g Naßgewicht/Liter. resuspendiert, das entweder I-frei ist oder 1000 γ I/ml enthält. Nach 1 Std. werden 200 μc ^{32}P-Phosphat zugegeben. Nach Zentrifugation bei 0° werden die Zellen 3mal mit kaltem dest. W. gewaschen, 2mal mit dem 3fachen Vol. kalter 10%ig. wss. Trichloressigsäure (II) u. 1mal mit 4 Vol. 5%ig. wss. II-Lsg. extrahiert. Aus den vereinigten Extrakten wird II in Ae. aufgenommen bis der Extrakt schwächer sauer als pH 5 ist u. auf Dowex-1 (x 10, 200—400 mesh, Formiat-Form) chromatographiert. Danach beobachtet man in Abwesenheit von I die radioakt. Verbb. Hexosephosphat, Phosphat u. Pyrophosphat sowie die Mono- u. Diphosphate der Ribonucleinsäurebasen Cytosin, Adenin, Guanin u. Uracil sowie Adenosintriphosphat (ATP). In Ggw. von I wird bei den I-empfindlichen Bakterien mehr ^{32}P in die Nucleotide eingebaut als in Abwesenheit von I, bes. deutlich wird die Aktivitätszunahme in der ATP-Fraktion, während Hexosephosphat nicht stärker radioakt. wird. Die säurelösl. Extrakte der I-behandelten I-resistenten Zellen weisen dagegen in der Nucleotidverteilung keine Veränderung auf. L. TRÄGER. 4340 □

Colicin V. John J. Hutton und Walther F. Goebel. (Proc. nat. Acad. Sci. USA **47**. 1498—500. 15/9. 1961. Rockefeller Inst.) (Engl.)

Aus dem Kulturmedium von *Escherichia coli* K 357 L-T wurde durch Dialyse, Gefriertrocknung, verschiedene Fällungen u. Chromatographie *Colicin V* isoliert. Es ist ein Lipokohlenhydratprotein, tox. für Bakterien u. Säugetiere, DL_{50} (Maus) 0,90 mg. P. GREGORZEWSKI. 4340 □

Verwendung eines Tetrazoliumsalzes für eine leicht erkennbare KCN-Reaktion. M. Gershman. (Canad. J. Microbiol. **7**. 286. April 1961. Orono, Maine, Univ. of Maine, Dep. of Animal Pathology.) (Engl.)

Vf. beschreibt ein Verf. zur Unterscheidung von *Salmonellen* (KCN-negativ) von Stämmen von *Escherichia freundii* (KCN-positiv) unter Verw. steriler *KCN*-Brühen-Base mit 0,005%ig. wss. Lsg. von *2.3.5-Triphenyltetrazoliumchlorid*. Das Wachstum wird durch ein rotes Präcipitat erkennbar. U. BEHRENS. 4350 □

Nachweis von Staphylococcus-Enterotoxin durch IR-Spektrophotometrie. Leo Levi, B. H. Matheson und F. S. Thatcher. (Science [Washington] **123**. 64—65. 13/1. 1956. Ottawa, Ontario, Dep. of Nat. Health and Welfare, Food and Drug Labor.) (Engl.)

Mit Hilfe der KBr-Meth. wurden IR-Spektren von *Staphylokokken-Enterotoxin* aufgenommen. Bei 3400 cm^{-1} zeigen die Spektren starke N—H- u. bei 2900 cm^{-1} charakterist. C—H- „Stretching"-Schwingungen. Absorptionen bei 1650 u. 1540 zeigen Polypeptidbindungen, bei 1065 Esterbindungen (C—O- oder C—O—P). Im Gebiet zwischen 1100—1000 ist die Absorption für enterotox. Präpp. größer als bei biolog. inaktiven. P. GREGORZEWSKI. 4370 □

Erhöhte Ascorbinsäureoxydase-Aktivität nach Gaben des Fungustoxins Victorin. Lawrence Krupka. (Science [Washington] **128**. 477—78. 29/8. 1958. Baton Rouge, Louisiana State Univ., Dep. of Bot., Bact. and Plant Pathol.) (Engl.)

Victorin (I) ein Toxin, das vom Pilz *Helminthosporium victoriae* M. u. M. (H. v.) produziert wird, erhöht bei H. v.-empfindlichen Hafergeweben die Respiration auf das 3—5fache u. den *Ascorbinsäureoxydase*-Geh. auf das 4fache. Auf H. v.-resistenten Hafer hat I keinen Einfluß. P. GREGORZEWSKI. 4370 □

Die Struktur des Hühnerpestvirus und des Virus N. A. P. Waterson, Rudolf Rott und Werner Schäfer. (Z. Naturforsch. **16 b**. 154—56. März 1961. Tübingen, Max-Planck-Inst. für Virusforsch. u. Cambridge, England, Dep. of Pathology.) (Engl.)

Hühnerpestvirus (a) u. Virus N wurden elektronenmikroskop. untersucht. a ähnelt sehr dem Influenza-A-Virus. Mit Äther wurden folgende Spalt-Prodd. beobachtet: *G-Antigen*, ein Ribonucleoprotein, welches spiralförmig angeordnete Proteinuntereinheiten auflösen kann, u. sternförmiges *Hämagglutinin* mit 250 Å Durchmesser. Durch eine Reihe unverd. Passagen wurden unvollständige, vielgestaltige Formen erhalten, deren Spaltung mit Äther ebenfalls Hämagglutinin ergibt, aber nur Spuren von G-Antigen. Das Virus N ist vielgestaltiger als a, aber die Spalt-Prodd. mit Äther sind ähnlich. L. HEINISCH. 4374 □

Einfluß des Salzgehaltes auf Wachstum und Chlorophyllgehalt typischer Vertreter einzelliger mariner Algen. Jack McLachlan. (Canad. J. Microbiol. **7**. 399 bis 405. Juni 1961. Halifax, Canada, Nat. Res. Council, Atlantic Regional Labor.) (Engl.)

Vf. untersuchte, ob bei einzelligen marinen Algen eine allg. Beziehung zwischen der relativen Chlorophyllmenge pro Zelle u. dem Wachstum bei unterschiedlichem Salz-Geh. besteht. Er bestimmte Wachstum u. relativen *Chlorophyll*-Geh. der Algen bei verschiedenen Salz-Geh. von 2,5—35‰ in angereichertem Seewassermedium. Die Organismen wuchsen alle gut in einem weiten Bereich des Salz-Geh.; nur bei niedrigen Salz-Geh. konnte das Wachstum vollständig unterdrückt werden. *Thalassiosira, Cyclotella, Syracosphaera, Cryptomonas* u. *Monochrysis* zeigten kein definiertes Salzoptimum für das Wachstum, u. der Chlorophyll-Geh. pro Zelle war annähernd derselbe bei allen Salzgehalten. *Olisthodiscus* u. *Amphidinium* zeigten ein Salzoptimum für das Wachstum, bei dem auch der Chlorophyll-Geh. pro Zelle höher war. Während Änderungen des Salz-Geh. das Wachstum von *Platymonas* u. *Porphyridium* wenig beeinflußten, wirkten sie sich auf den Chlorophyll-Geh. pro Zelle aus. D. Pöhland. 4380☐

E_4. Pflanzenchemie. Pflanzenphysiologie. Pflanzenpathologie

Biochemische und physiologische Untersuchungen an Gewebekulturen und von diesen sich ableitenden Pflanzenteilen. 1. Mitt. Agave toumeyana Trel. Leonard H. Weinstein, Louis G. Nickell, Henry J. Laurencot jun. und Walter Tulecke. (Contr. Boyce Thompson Inst. **20.** 239—50. Juli/Sept. 1959.) (Engl.)

Der Vgl. der Zus. von *Agave toumeyana*-Blättern u. einer aus diesen erhaltenen Gewebekultur hinsichtlich des relativen Geh. an freien u. gebundenen Aminosäuren, nichtflüchtigen organ. Säuren, Zuckern u. Nucleinsäuren ergab erhebliche Unterschiede im Geh. an freiem u. gebundenem *Hydroxyprolin*, im *Malat–Citrat-*, *Ribonucleinsäure–Desoxyribonucleinsäure*-Verhältnis, sowie im Geh. an freier *Glucose*, *Fructose* u. *Saccharose*. K. Maier. 4420☐

Bitterer Geschmack in Möhren. 3. Mitt. Die Isolierung einer Verbindung mit ähnlichen Spektraleigenschaften wie Kohlenwasserstoffextrakte aus bitteren Möhren. Ernest Sondheimer. (Food Res. **22.** 296—99. Mai/Juni 1957. Geneva, N.Y., Cornell Univ., New York State Agric. Exp. Stat.) (Engl.) — 1. vgl. C. **1957.** 8673; 4. vgl. C. **1961.** 14340.

Vf. isolierte aus bitteren Möhrenwurzeln eine *Verb. A*, die das gleiche UV-Spektrum aufwies wie KW-Extrakte bitter schmeckender Möhren. Aus einem Nachsatz zu dieser Veröffentlichung geht hervor, daß die Verb. A inzwischen als *3-Methyl-6-methoxy-8-hydroxy-3.4-dihydroisocumarin* (I) identifiziert wurde. I kommt zu 0—50 mg/100 g Frischgewicht in Möhren vor. In krist. Form schmeckt es nicht bitter, eine 0,01%ig. wss. Lsg. hat jedoch stark bitteren Geschmack.

Versuche: *3-Methyl-6-methoxy-8-hydroxy-3.4-dihydroisocumarin*, $C_{11}H_{12}O_4$, F. 76°, F. >250°, 10 kg bittere Möhren wurden 2mal mit je 7 Liter n-Hexan maceriert. Die vereinigten Auszüge wurden bei Normaldruck auf 400 ml eingeengt u. im Vakuum auf 25 ml konzentriert. Die ausgefallenen Kristalle wurden aus Skellysolve B u. wss. Methanol umkristallisiert (0,980 g Ausbeute). $[\alpha]_D^{24}$ —56° (Methanol); UV-Spektrum: λ_{max} 300 mμ $E_{1cm}^{1\%}$ 300 u. 264 mμ $E_{1cm}^{1\%}$ 655. Kupplung mit diazotierter Sulfanilsäure gibt orange Nadeln. H. Nürnberger. 4420☐

Ein Trisaccharid-Glykosid aus Weizenkeimen. J. Conchie, Alcira Moreno und Carlos E. Cardini. (Arch. Biochem. Biophysics **94.** 342—43. Aug. 1961. Buenos Aires, Inst. de Invest. Bioquím. „Fundation Campomar"; Fac. des Ciencias Exactas y Naturales.) (Engl.)

In Weizenkeimen wurde ein Glykosid gefunden, dessen Zuckeranteil vermutlich aus einem *Glucosetrisaccharid* in β-1 → 6-Gliederung besteht. Das Aglycon ist *Methoxyhydrochinon* oder eine nahe verwandte Verbindung. U. Mothes. 4420☐

Der Abbau von Glyceroinositphosphatidsäure (Phosphatidylinosit) durch heiße Essigsäure. Marguerite Faure, Marie-Josèphe Coulon-Morelec und Jean Le Cocq. (C. R. hebd. Séances Acad. Sci. **248.** 2252—54. 13/4. 1959. Paris, Fac. de Pharmacie, Inst. Pasteur.) (Franz.)

Beim Erhitzen von Salzen (z. B. Ba-Salz) der *Glyceroinositphosphatidsäure* (aus Getreidekörnern isoliert) in 98—99%ig. Essigsäure auf 100° tritt ausschließlich eine Spaltung der Glycerin—H_3PO_4-Bindung ein. Man erhält *Diglyceride* u. einen *Inositmonophosphorsäurediester*, $C_6H_{10}Ba_{0,5}O_8P$, $[\alpha]_D$ —19° (c = 5,8; Na-Salz, W.), der in einen opt.-inakt. *Inositmonophosphorsäuremonoester*, $C_6H_{11}BaO_9P$, übergeht. Die Perjodsäureoxydation des letzteren gibt eine sehr labile Dialdehyd-Verb., CHO—CH(OPO_3^-)—CHO, die bei Raum-Temp. H_3PO_4 abspaltet. K. Maier. 4420☐

Charakterisierung der flüchtigen Nichtcarbonylverbindungen der Vanille mittels Gaschromatographie. H. P. Burchfield und Edward A. Prill. (Contr. Boyce Thompson Inst. **20.** 217—29. Juli/Sept. 1959.) (Engl.)

Wss.-alkohol. Extrakte aus Vanille wurden mit 2.4-Dinitrophenylhydrazin behandelt u. dann mit Isopentan (I) extrahiert. Gaschromatographie des I-Verdampfungsrückstandes gab 4 Maxima, deren Verteilung sich je nach Herkunft der Vanille unterschied. Mit zunehmendem pH ($KHCO_3$, K_2CO_3, KOH) des Extraktionsmediums nahm die Höhe des Maximums II stark zu. Die Meth. eignet sich zum Nachw. von Zusätzen in Handelsextrakten, die papierchromatograph. nicht erfaßbar sind. K. MAIER. 4420 □

Chromatographische und elektrophoretische Untersuchung der Alkaloide verschiedener einheimischer Crassulaceen; Charakterisierung des Nicotins bei Sempervivum arachnoideum L. René-Raymond Paris und Pierre Frigot. (C. R. hebd. Séances Acad. Sci. **248.** 1849—52. 23/3. 1959. Paris, Fac. de Pharmacie, Labor. de Matière méd.) (Franz.)

In *Sempervivum arachnoideum* u. *tectorum* konnten *Nicotin* u. andere Alkaloide nachgewiesen werden. GISELA SCHREIBER. 4420 □

Westafrikanische Nutzhölzer. 3. Mitt. Petroleumextrakte der Gattung Entandrophragma. A. Akisanya, C. W. L. Bevan, J. Hirst, T. G. Halsall und D. A. H. Taylor. (J. chem. Soc. [London] **1960.** 3827—29. Okt. Ibadan, Nigeria, Univ. Coll.) (Engl.) — 2. vgl. C. **1961.** 4055.

Aus den Kernhölzern der für Mahagoniholz genutzten Gattung *Entandrophragma* mit den Arten *E. angolense* (a), *E. candoleii* (b), *E. cylindricum* (c) u. *E. utile* (d) isolierten Vff. durch Extraktion mit PAe., Umkristallisieren u. Chromatographie die reinen Inhaltsstoffe. Es wurden erhalten: Aus a *β-Sitosterin* (I), *Gedunin* (II) u. *Angolensinsäuremethylester* (III). Aus b nur I. Aus c *Entandrophragmin* (IV) u. wenig I. Aus d *Utilin* (V), IV u. Spuren III. Pyrolyse bzw. alkal. Hydrolyse von II, IV u. V lieferten Abbau-Prodd., die *Furan-(3)-aldehyd* (VI) u. *Acetaldehyd* enthielten.

Versuche: Aus dem Holz von a (36 kg) durch Extraktion mit PAe. (Kp. 60—80°) u. wiederholtes Umlösen des Rückstandes (110 g) aus Methanol *β-Sitosterin* (I), Flocken, F. 137°, $[\alpha]_D^{18}$ —35,2° ($CHCl_3$); 19 g (Ausbeute). I-*Acetat*, $C_{31}H_{52}O_2$, F. 126°, $[\alpha]_D^{18}$ —40,6°. I-*Formiat*, F. 104,5°. Bei Oxydation von I mit CrO_3 in Aceton *Stigmast-4-en-3.6-dion*, $C_{29}H_{40}O_2$, F. 166°, $[\alpha]_D^{18}$ —38,9° ($CHCl_3$). Weiterhin durch Konzentrieren der Mutterlauge nach Gewinnung von I u. Umkristallisieren aus Methanol *Gedunin* (II), $C_{28}H_{34}O_7 \cdot 1/2\ CH_3OH$, derbe Nadeln, F. 218°, $[\alpha]_D^{20}$ —44° ($CHCl_3$); 44 g Rohprodukt. λ_{max} 215 (log ε = 4,12), 335 mμ (log ε = 1,8; Methanol); ν_{max} 3500, 1740, 1668, 1500 u. 875 cm^{-1} (Nujol). *Dihydrogedunin*, $C_{28}H_{38}O_7$, F. 240° (Methanol), $[\alpha]_D^{20}$ — 8° (Methanol) aus II durch Hydrierung an Pd-Aktivkohle in Methanol. λ_{max} 205 (log ε = 3,8) u. 285 mμ (log ε = 1,4; A.); ν_{max} 1738, 1709, 1502, 875 cm^{-1} (Nujol). Aus einem weiteren Ansatz des Holzes von a bei Umkristallisieren aus Methanol *Angolensinsäuremethylester* (III), $C_{21}H_{26}O_5 \cdot 1/2\ H_2O$, F. 197°, $[\alpha]_D^{20}$ —43° ($CHCl_3$), ν_{max} 1725, 1710, 1502 u. 875 cm^{-1}. Bei Verseifung von III mit KOH in A. → *Angolensinsäure*, $C_{20}H_{24}O_5 \cdot 1/2\ H_2O$, Nadeln, F. 272° (verd. Methanol). *Angolensinsäuremethylester* (III), F. 197°, aus der Säure wiederum mit Diazomethan. — Aus dem Holz von b (43 kg) bei Extraktion gelben gummiartigen Rückstand (70 g). Durch Ausziehen desselben mit PAe. u. Umlösen aus Methanol lediglich I; 5 g. — Aus dem Holz von c (13,2 kg) u. Behandeln des als zähes Öl anfallenden Rückstandes (220 g) mit PAe.–Bzl. (10:1) sowie Umkristallisieren aus verd. Methanol *Entandrophragmin* (IV), $C_{29}H_{36}O_{11} \cdot CH_3OH$, Prismen, F. 241°, $[\alpha]_D^{20}$ —4°; 25 g. Aus Cyclohexan als $C_{29}H_{36}O_{11}$ kristallisierend. Lösl. in organ. Lsgm., unlösl. in Wasser. Durch Chromatographie aus den Mutterlaugen noch etwas I. — Aus dem Holz von d (12 kg) über den teilweise kristallinen Extraktionsrückstand (43 g) *Utilin* (V), $C_{20}H_{24}O_8 \cdot 1/2\ CH_3OH$, F. 278° (Methanol); $[\alpha]_D^{20}$ —355,5° ($CHCl_3$); 7 g; λ_{max} 263 mμ (log ε = 3,2; A.); ν_{max} 1740, 1598, 1501 u. 872 cm^{-1}. Aus der Mutterlauge durch Chromatographie über Al_2O_3 u. Elution mit Bzl.–PAe. (1 : 4) weiteres IV; 4 g. Durch Ausziehen des vorextrahierten Holzes mit Aceton u. Chromatographie unter Elution mit Bzl. zudem noch III (0,05%). — Bei der Pyrolyse von II, IV u. V (je 0,5 g; 360°) eine niedrig- u. eine hochsd. Fraktion. Aus der letzteren mit 2.4-Dinitrophenylhydrazin, Chromatographie an Al_2O_3 u. Umkristallisieren aus Chlf. *Furan-(3)-aldehyddinitrophenylhydrazon* (VI-*Dinitrophenylhydrazon*), $C_{11}H_8N_4O_5$, karminrote Nadeln, F. 230—232° (Essigsäure); aus IV 200 mg. Daneben noch eine geringe Menge *Acetaldehyddinitrophenylhydrazon*, $C_8H_8 \cdot N_4O_4$, F. 145—147°. Bei alkal. Hydrolyse von II, IV u. V mit 2 n NaOH in A. (1 : 1) gleichfalls Bldg. von VI. K. ZOPFF. 4420 □

Bestimmung und Bewertung des Carotingehaltes häufig vorkommender Gräser und Kleearten. Imre Ihász. (Agrokém. és Talajtan [Agrochem. u. Bodenkunde] **9.** 559—74. Dez. 1960. Keszthely, Landw. Akad.) (Ung.)

Unter gleichen Umständen ist der *Carotin* (I)-Geh. der Blätter artspezif., wohingegen es der I-Geh. der ganzen Pflanze nicht ist. Er ist von der Witterung abhängig, welche das Blätter–Stengel-Verhältnis beeinflußt. Bei günstiger Witterung ist die Pflanze blattreicher u. somit ist auch die I-Menge größer. J. PLANK. 4425 □

Zerstörung von Vitamin E in Baumwollsaatöl. L. J. Machlin. (Poultry Sci. **40.** 1631—32. Nov. 1961. St. Louis, Mo., Monsanto Chem. Co.) (Engl.)

Zugabe von 0,25—2,0% *Lauroylperoxid* u. Erhitzen auf 115° zerstört *Vitamin E* ohne Linolsäure zu schädigen. P. GREGORZEWSKI. 4425□

Transmembrane Potentialmessungen an Zellen höherer Pflanzen in Beziehung zur Salzaufnahme. Bud Etherton und N. Higinbotham. (Science [Washington] **131.** 409—10. 12/2. 1960. Pullman, Wash., Washington State Univ., Dep. of Bot.) (Engl.)

Durch Einführung einer Mikrocapillarelektrode von 0,5—1,0 μ ∅ in die Zellen läßt sich die Potentialdifferenz gegen eine Vgl.-Elektrode in der äußeren Lsg. messen. Zwischen dem Cytoplasma von *Avena-*, *Pisum-* u. *Zea*-Zellen u. einer Außenlsg., die 0,1 mMol KCl im Liter enthält, werden Potentiale von ca. — 80 bis — 115 mV festgestellt. Das Potential der Vacuole unterscheidet sich kaum von dem des Cytoplasmas. *2.4-Dinitrophenol* sètzt das Potential bei *Avena*-Koleoptilen herab. Die Existenz eines konst. Zellpotentials ist im Hinblick auf die Salzaufnahme von Bedeutung. H. W. LIEBISCH. 4450□

Stoffwechselgebundene und nicht stoffwechselgebundene Aufnahme von Natrium in den Wurzeln von Zea mays. Raymond Handley, Ramon Dios Vidal und Roy Overstreet. (Plant Physiol. **35.** 907—12. Nov. 1960. Berkeley, Calif., Univ. of California, Dep. of Soils and Plant Nutrit.) (Engl.)

An Wurzelabschnitten 4 Tage alter Maiskeimlinge wurde die *Na*-Aufnahme (aus ^{22}NaCl) untersucht. Es wird vacuolenfreies Wurzelspitzengewebe (a) mit älterem verglichen, das nahezu voll ausgebildete Vacuolen besitzt (b). Bei a ist die Na-Aufnahme nahezu unabhängig von der Temperatur. b nimmt bei 26° wesentlich mehr Na auf, als bei 2°. Bei a stellt sich nach ca. 10 Std. ein Gleichgewicht zwischen den Na-Geh. der Lsg. u. des Gewebes ein, bei b nicht. Es wird angenommen, daß bei a die Na-Aufnahme durch reinen Ionenaustausch stattfindet, an dem auch das Cytoplasma beteiligt ist. b ist im Gegensatz zu a in der Lage, stoffwechselunabhängig aufgenommenes Na in stabilere Verbb. zu überführen. Die Entw. eines Na-Stoffwechsels scheint mit der Ausbildung von Vacuolen parallel zu gehen. U. MOTHES. 4450□

Physiologische Untersuchungen an kalkliebenden Pflanzen von Bombay. 4. Mitt. Beziehungen zwischen dem Gehalt an organischen Säuren kalkliebender Pflanzen und den anorganischen Bestandteilen. F. R. Bharucha und M. V. Dabholkar. (J. Univ. Bombay [N. S.] **27.** Nr. 3. Sect. B 46—73. Nov. 1958. Bombay, Inst. of Sci., Bot. Dep.) (Engl.)

Die Unterss. erfolgten an 7 heim. Arten. Hoher *Ca*-Geh. des Bodens bewirkt hohen Ca-Geh. u. niedrigen *K*-Geh. in den Pflanzen. Die Gesamtkationenmenge ist bei auf Kalkboden gewachsenen Pflanzen größer als bei auf Lehmboden gewachsenen, so daß ein Überschuß an positiv geladenen Ionen resultiert, der mit der Menge der organ. Säuren korreliert ist. Die Menge der organ. Säuren stieg, von einer Ausnahme abgesehen, mit der Ca-Aufnahme. Bei *Oxalsäure* ist diese Korrelation am stärksten ausgeprägt. Der *Mg*-Geh. ist teilweise mit der Menge unlösl. Oxalsäure positiv korreliert. Die *Citronen-* u. *Äpfelsäure*-Geh. nehmen mit den Mg- u. K-Geh. in den Pflanzen zu. Durch die Bldg. organ. Säuren scheint die Pflanze bei einem Kationenüberschuß das Kationen-Anionen-Gleichgewicht wiederherzustellen. — 25 Literaturangaben. W. HILLER. 4450□

Über den Aminosäure- und Aneurin-Gehalt vor und während der Keimung bei unterschiedlichen Temperaturen. R. Knapp und H. F. Linskens. (Züchter **31.** 172—79. 1961.) (Dt.)

Der Keimungsverlauf bei *Cucumis sativus* (C.s.), *Daucus carota* (D.c.), *Triticum aestivum* (T.a.), *Allium cepa* (A.c.) u. *Sinapis albus* (S.a.) wurde bei Temp. von 6, 10, 20 u. 30° während 10 Tagen untersucht. Die Analyse der Inhaltsstoffe erfolgte 12, 24, 36 u. 48 Std. nach der Aussaat. Bei der Unters. der Aminosäuren ergab sich, daß u. a. *Leucin*, *Valin* u. *Prolin* erst ca. 12 Std. nach der Aussaat erscheinen. Im frischen Saatgut waren meist *Asparagin*, *Glycin* u. *Serin* reichlich vorhanden, sie nahmen im Verlauf der Keimung ab oder verschwanden gänzlich. Mit Ausnahme von D.c. wurde bei allen Pflanzen ein erhöhter *Arginin*-Geh. gefunden, wenn die Samen keimten, also im allg. bei den höheren Temperaturen. Bei einigen Arten scheinen *Prolin*, *Valin* u. *γ-Aminobuttersäure* bei 6 u. 30° angereichert zu werden, nicht bei den Zwischentemperaturen. *Glutaminsäure* wurde besonders reichlich bei 6° gefunden. Der *Aneurin* (I)-Geh. steigt im allg. nach Befeuchtung des Saatguts mit W. u. beginnender Quellung. Er sinkt bald wieder ab, wobei niedrigere Werte als bei der Aussaat festgestellt wurden. Bei C.s., T.a. u. D.c. ist der I-Geh. bei 6° am geringsten (36—48 Std. nach Aussaat). Zu dieser Zeit weist S.a. bei 6° einen höheren I-Geh. auf, als bei den anderen Temperaturen. — 38 Literaturangaben. U. MOTHES. 4455□

Über den Einfluß der in Getreide-Ernterückständen vorkommenden Phenolcarbonsäure-Hemmstoff auf die Keimung von Stoppelfruchtsamen. Erzsébet Köves und Magdolna Varga. (Agrokémia és Talajtan [Agrochem. u. Bodenkunde] **10.** 135—44. Nr. 1. Febr. 1961. Szeged, Univ., Forschungsinst. für Pflanzenphysiol.) (Ung.)

Mit in Ernterückständen papierchromatograph. nachgewiesenen *Phenolcarbonsäuren* wurden Keimungs-Verss. an Samen von Herbstrüben, Mais, Sonnenblumen, Hirse u. Kolbenhirse ausgeführt. Die Lsgg. hatten auf die Keimenergie keine hemmende Wrkg., wirkten in den meisten Fällen sogar anregend, aber Triebwachstum wurde in geringerem, Wurzelwachstum in stärkerem Maße gehemmt. Die hemmende Wrkg. der einzelnen Komponenten ist größer als die der Säuremischungen. Der Zusammenhang zwischen Konz. u. Rk. ist nicht eindeutig. G. BIDLÓ. 4455

Akkumulation und Umwandlung von Zuckern in Zuckerrohrstengeln. K. T. Glasziou. (Plant Physiol. **35.** 895—901. Nov. 1960. Honolulu, Hawaii, Hawaiian Sugar Planters' Assoc. Exp. Stat.) (Engl.)

Als Vers.-Material dienten ganze Pflanzen sowie Scheiben des inneren Stengelgewebes von 1 jährigem Zuckerrohr. Die Gewebescheiben wurden auf der Schüttelmaschine mit ^{14}C-markierten Test-Lsgg. behandelt. Die Aktivitätsverteilung der Zucker des Internodiengewebes ist nahezu gleich, wenn entweder den Blättern $^{14}CO_2$ oder den Gewebescheiben markierte *Saccharose* (I) angeboten wird. Von sehr jungem Gewebe werden I u. *Glucose* (II) 5—15 mal besser aufgenommen als von altem. Die Akkumulationsrate I : II beträgt 3,4—9,7; in jedem Fall wurde aber die meiste Aktivität in I wiedergefunden. Auch bei II-Gabe ist der gebildete I- u. *Fructose* (III)-Anteil in II nahezu gleich akt., obgleich das Gewebe große Mengen freier, nichtmarkierter III enthält. Wird junges Gewebe in W. gelegt, so diffundiert vor allem III heraus. Die Permeabilität junger Gewebe ist für reduzierende Zucker 8—10 mal größer als für I. Die Diffusion der Zucker aus dem Gewebe in W. ist nicht abhängig von der Zucker-Konz., sondern vom Alter der Gewebe. Durch Zusatz von 0,02—2,0% I zum äußeren Medium bleibt die Abgabe markierter I, II u. III aus dem Gewebe nahezu die gleiche wie in Wasser. II-gefütterte Gewebescheiben geben, wenn sie in W. gelegt werden, nach weniger als 1 Min. bereits markierte I ab. 75% der durch Fütterung eines Blattes mit $^{14}CO_2$ markierten Zucker eines bestimmten Internodiums wandern (nach Entfernung der Blätter) innerhalb von 48 Std. in andere Teile des Stengels ab. U. MOTHES. 4460□

Oxydative Wirksamkeit von Cytoplasmateilen von Äpfeln: Krebscyclus, oxydative Phosphorylierung und Cytochrome. Morris Lieberman. (Plant Physiol. **36.** 804—10. Nov. 1961. Beltsville, Md., Plant Ind. Stat.) (Engl.)

Cytoplasmateilchen (Cyt.) aus geschälten Äpfeln werden auf ihre Identität mit Mitochondrien (Mit.) untersucht. Das Auftreten der für andere Pflanzen typ. hohen Geschw. der KREBS-Cyclusoxydation u. der Grad der oxydativen Phosphorylierung werden (in Abhängigkeit vom pH des Homogenisats) mit Cyt. demonstriert. Die Rk.-Prodd. aus der WARBURG-App. werden charakterisiert u. Spektra chlorophyllfreier Cyt. bei -195^0 aufgenommen, aus denen die Anwesenheit von *Cytochrom a, b, c* u. a_3 hervorgeht. Durch die Ergebnisse ist die Ggw. reichlicher Mengen von Mit. in Cyt. von Äpfeln sichergestellt. M. HAGEDORN. 4460□

Photochemische Reduktion des elementaren Stickstoffs in der blaugrünen Alge Anabaena cylindrica. G. E. Fogg und Than-Tun. (Biochim. biophysica Acta [Amsterdam] **30.** 209—10. Okt. 1958. London, Univ. Coll., Dep. of Bot.) (Engl.)

Die O_2-Entw. ist bei Suspensionen mit 0,2 g $NaHCO_3$/Liter unter N_2 2½ mal stärker als unter Ar; bei $NaHCO_3$-freien Suspensionen ist sie unter N_2 15 mal stärker. N_2 als Stickstoffquelle unterschied sich gegenüber NH_4^+ in folgendem: Stärkere O_2-Entw. u. *C*-Fixierung, höherer photosynthet. Quotient ($\Delta O_2/\Delta C$) u. geringere N-Assimilation. Die berechnete u. experimentell gefundene O_2-Entw. für die N_2-Assimilation stimmen gut überein. Die durch die Photolyse des W. entstehenden H-Donatoren sind zur Red. des N_2 fähig. W. HILLER. 4460□

Reaktion auf Rotlicht und langwelliges Rotlicht und Chlorophyllsynthese. Leonard Price und William H. Klein. (Plant Physiol. **36.** 733—35. Nov. 1961. Washington, D.C., Smithsonian Inst., Div. of Radiat. and Organism.) (Engl.)

Etiolierte 6-Tage-Sämlinge von *Phaseolus vulgaris L.* werden nach Entspitzung u. Entfernung eines Kotyledons einer Belichtung mit rotem Licht (a; 3 Min., 7 mj) u./oder mit monochromat. Rot (b) von 730 mμ (5 Min., 100 mj/cm^2) unterworfen. Nach der unmittelbar angeschlossenen Dunkelaufbewahrung von 18 Std. wird im weißen Licht die *Chlorophyll* (I)-Bldg. über 5 Min. u. 8 Std. verfolgt. a beseitigt die Latenzperiode der I-Bldg. u. beschleunigt deutlich die Geschw.; damit werden frühere Beobachtungen bestätigt. b, direkt an a angeschlossen oder erst nach mehreren Std. der Dunkelaufbewahrung angewendet, vernichtet die Stimulierung der I-Bldg. durch a. Werden a u. b abwechselnd u. in verschiedenen Kombinationen in mehreren Cyclen

appliziert, bestimmt die letzte Behandlung die entsprechende Rk. des Keimlings. **I**-Bldg. ist also eine der physiolog. Rkk. im Rahmen des a–b-Effekts; er ist nicht direkt mit der Umwandlung des *Protochlorophyllids* (**II**) verbunden, sondern wirkt wohl über Änderungen des Wachstums u. Metabolismus auf die Geschw. der Synth. der **II** ein.
M. HAGEDORN. 4460 □

Quantenausbeute der photochemischen Reduktion von Chinon und Ferricyanid durch lyophilisierte und ganze Chlorellazellen. Martin Schwartz. (Arch. Biochem. Biophysics **59.** 5—16. Nov. 1955. Berlin-Dahlem, Kaiser-Wilhelm-Inst. für Zellphysiol.) (Engl.)

Der Quantenbedarf zur Photolyse mit ganzen oder lyophilisierten *Chlorella*-Zellen beträgt bei *Chinon* u. *Ferricyanid* 19,0; er ist unabhängig von der Wellenlänge u. der Strahlenquelle. P. GREGORZEWSKI. 4460 □

Untersuchungen über Unterschiede bei Blattpigmenten vermittelst Papierchromatographie. 2. Mitt. **Vergleiche über Blattpigmente in verschiedenen Reisstämmen und -linien.** Yoshiwo Katayama und Shojiro Shida. (Mem. Fac. Agric., Univ. Miyazaki **3.** 1—10. März 1961. Miyazaki, Miyazaki Univ., Fac. of Agric., Labor. of Plant Breeding.) (Engl.) — 1. vgl. Cytologia **22.** [1957.] 360.

Auf papierchromatograph. Wege wurden die Blattpigmente von 95 Reisrassen verschiedener Herkunft untersucht. Bei den einheim. Reisarten wurden kaum Unterschiede im Pigment-Geh. beobachtet, mit Ausnahme von frühreifendem Reis, der etwas weniger Pigment enthält. In Hülsenreis wurde viel *Chlorophyll* (**I**) *a*, in Hochlandreis viel **I** *b* gefunden. Eine rotblättrige Art enthielt viel, eine gelbblättrige wenig **I**. Der Pigment-Geh. von haploiden oder tetraploiden Rassen war gegenüber diploiden Formen nicht wesentlich verändert. Bei Wildformen wurden alle Übergänge zwischen hohem u. niedrigem Pigment-Geh. gefunden. Die japan. Reisarten enthalten im allg. mehr **I** als fremde Rassen. U. MOTHES. 4460 □

Untersuchungen über die Unterschiede bei Blattpigmenten vermittelst Papierchromatographie. 3. Mitt. **Blattpigmente und Kohlenstoffassimilation bei einigen Stämmen der Süßkartoffel.** Yoshiwo Katayama und Shojiro Shida. (Mem. Fac. Agric., Univ. Miyazaki **3.** 11—16. März 1961. Miyazaki, Miyazaki Univ., Fac. of Agric., Labor. of Plant Breeding.) (Engl.) — 2. vgl. vorst. Referat.

Es wurden 12 Süßkartoffelstämme untersucht. Beziehungen zwischen Pigment-Geh. u. Assimilationskapazität wurden nur im Falle von *Chlorophyll b* gefunden, nicht bei *Carotin* u. *Xanthophyll*. Beziehungen zwischen Kohlenhydratstoffwechsel u. *Chlorophyll a* scheinen zwar vorhanden zu sein, sind aber nicht ausreichend gesichert.
U. MOTHES. 4460 □

Antagonistisches Korrelationsprinzip zwischen Atmung und Gärung auf Grund der aeroben und anaeroben Alkoholverhältnisse in Getreidesamen. W. Nordheim. (Brauwissenschaft **14.** 301—06. Juli 1961. Beil. zu: Brauwelt, Ausg. B. Berlin, Dt. Akad. der Wiss., Inst. für Med. u. Biol., Bereich Zellphysiol.) (Dt.)

Zusammenfassende Darlegung der Aerobiose u. Anaerobiose bei *Gramineen*-Samen. (Bei Mangel an Luft schalten die pflanzlichen Embryonalzellen spontan auf reine *A.*-Bldg. u. stoppen umgekehrt sofort wieder den Gärungsprozeß ab, sobald Luft zugeführt wird.) — 55 Literaturangaben. P. GREGORZEWSKI. 4462 □

Die Kohlenhydraternährung von Tomatenwurzeln. 5. Mitt. **Die Förderung und Hemmung des Wachstums abgeschnittener Wurzeln durch verschiedene Zucker und Zuckeralkohole.** J. D. Ferguson, H. E. Street und S. B. David. (Ann. Botany [N. S.] **22.** 513—23. Okt. 1958. Swansea, Univ. Coll., Dep. of Bot.) (Engl.) — 4. vgl. C. **1954.** 7437.

Vff. untersuchten an abgeschnittenen Tomatenwurzeln den Einfl. folgender Verbb. auf das Wurzelwachstum: *Saccharose* (**I**), *Glucose, Fructose, D-Xylose, L-Rhamnose, L-* u. *D-Arabinose, D-Mannose, D-Galaktose, Glucuronsäure, α-Methyl-D-glucosid, Glucono-δ-lacton, Galaktono-δ-lacton, Galakturonsäure, Dextrin, Dulcit, Inosit, Lactose, Maltose, Mannit, Raffinose, L-Sorbose, Sorbit, Fructose-1.6-diphosphat, Glucose-1-phosphat, Glucose-6-phosphat* u. *Cellobiose*. Bei den Verss. wird ein standardisiertes Kulturmedium nach WHITE verwendet mit *Ferriäthylendiamintetraacetat* als Eisenquelle; pH 4,5—4,8. Die Kohlenhydrate werden in wss. Lsg. nach verschiedenen Meth. sterilisiert, steril zum autoklavierten Kulturmedium gegeben u. der Einfl. der Sterilisations-Meth. auf das Wurzelwachstum untersucht. Die Vers.-Zeit beträgt 7 Tage bei 27°. **I** bewirkt optimales Wurzelwachstum, während alle anderen getesteten Verbb. als Kohlenstoffquelle fast bzw. völlig unwirksam waren. Bei Zugabe zu einem **I**-haltigen Nährmedium zeigten D-Mannose, D-Galaktose, L-Sorbose, L- u. D-Arabinose u. D-Xylose ausgesprochene Hemmwirkung. H. W. LIEBISCH. 4480 □

Die Kohlenhydraternährung von Tomatenwurzeln. 6. Mitt. Die Hemmung des Wachstums abgeschnittener Wurzeln durch Galaktose und Mannose und seine Umkehrung durch Glucose und Xylose. J. D. Ferguson, H. E. Street und S. B. David. (Ann. Botany [N. S.] **22.** 525—38. Okt. 1958.) (Engl.) — 5. vgl. vorst. Referat.

Das lineare Wachstum abgeschnittener Tomatenwurzeln in 1%ig. Saccharosemedium wird durch *Mannose* (I) u. *Galaktose* (II) in Konzz. von ca. 0,01% gehemmt. Zugabe von *Glucose* im Verhältnis 3,5 : 1, bezogen auf **I**, bzw. 5 : 1, bezogen auf **II**, bewirkt die Aufhebung der Hemmung. *D-Xylose* ist ein starker Antagonist der Wachstumshemmung durch **I** u. **II**, *Maltose* zeigt nur geringe antagonist. Wirkung. *Lävulose*, *D-Rhamnose*, *D-* u. *L-Arabinose*, *Lactose*, *Raffinose*, *Dulcit* u. *Mannit* zeigen keine Aufhebung der Hemmwirkung. H. W. Liebisch. 4480□

Das Wachstum von Gewebekulturen photoperiodisch vorbehandelter Rebenpflanzen. G. Alleweldt und F. Radler. (Naturwissenschaften **48.** 109. 2. Febr.-H. 1961. Siebeldingen über Landau/Pfalz, Bundesforschungsanst. für Rebenzücht., Geilweilerhof.) (Dt.)

Bei verschiedenen Vitisarten u. -sorten ist ein jahreszeitlich bedingter Unterschied in der Kallus- u. Wurzel-Bldg. zu erkennen. Nach photoperiod. Vorbehandlung werden Gewebekulturen auf synthet. Agar-Medium nach Heller [1953] unter Zugabe verschiedener Mengen *α-Naphthylessigsäure* (I) angelegt. Unterschiede in Wurzel, (a)- u. Kallus (b)-Bldg. ermöglichen Aussagen über den *Indolyl-(3)-essigsäure* (II)-Stoffwechsel, da a u. b vom I- u. II-Geh. des Mediums bestimmt werden. H. Kluge. 4485□

Wirkungen von β-Indolylessigsäure und Kinetin auf die Scopoletin–Scopolin-Gehalte in Beziehung zum Wachstum von Tabakgeweben in vitro. John A. Sargent und Folke Skoog. (Plant Physiol. **35.** 934—41. Nov. 1960. Madison, Wis., Univ. of Wisconsin, Dep. of Bot.) (Engl.)

Als Vers.-Material dienten sterile Kulturen von Mark- u. Kallusgewebe des Tabaks. Den Kulturen wurde *β-Indolylessigsäure* (I) u. *Kinetin* (II) in verschiedenen Konzz. zugesetzt. Durch **I** u. **II** kann das Wachstum der Kulturen sowie ihr Geh. an *Scopolin* (III) u. *Scopoletin* (IV) wesentlich gesteigert werden. Nach 24tägiger Vers.-Dauer bei 28° wurde bei Markgewebe das intensivste Wachstum nach Zugabe von 1 mg I/Liter + 0,2 mg II/Liter gefunden. Die höchsten Geh. an **III** u. **IV** traten bei 1—10 mg I/Liter + 2,0 mg II/Liter auf. Bei Bedingungen, unter denen wenig **III** u. **IV** im Gewebe gebildet werden, wurde relativ viel **IV** ins Außenmedium abgegeben. Ähnliche Ergebnisse bei Kallusgewebe. In gesundem Gewebe ist das Verhältnis **III**/**IV** ca. 13 : 1. Unter Bedingungen, die das Wachstum fördern, wird **III** in eine nicht fluorescierende Verb. umgewandelt. Bei zu hoher **I**-Gabe oder Krankheit des Gewebes wird viel **III** zu **IV** abgebaut. Beim Alterungsprozeß der Zellen wird reichlich **IV** in das Medium abgegeben. U. Mothes. 4485

α-Substituierte Arylessigsäuren als Pflanzenwachstumsregulatoren. Akira Takeda. (Contr. Boyce Thompson Inst. **20.** 197—203. Juli/Sept. 1959.) (Engl.)

Es wurde die Wrkg. von 18 Arylglykolsäuren, α-Methoxyarylessigsäuren u. α-substituierten Phenylessigsäuren auf Zellwachstum (Elongation) u. Blattveränderung bei der Tomate (*L. esculentum Müll.*) untersucht.

Versuche: Die α-substituierten Glykolsäuren *α-[m-Nitrophenyl]-*, F. 131 bis 132° (Bzl.), aus m-Nitrobenzaldehyd in Ae. u. wss. KCN unter Rückfluß (½ Std.) u. 12std. Einleiten von HCl nach Zusatz von A.–konz. HCl; 62,2% (Ausbeute) (inakt.). — *α-[Naphthyl-(1)]-*, F. 191—193°; 29,5%; —. — *α-[2-Chlorphenyl]-*, F. 93—95°; 80,4%; 1,0 (Grenz-Konz., Gew./Vol.-% für Zellelongation). — *α-[3-Chlorphenyl]-*, F. 99—100°; 53,3%; —. — *α-[4-Chlorphenyl]-*, F. 122—124°; 63,1%; —. — *α-[2.4-Dichlorphenyl]-*, F. 127—128°; 53,9%; 1,0. — *α-[3.4-Dichlorphenyl]-*, F. 120—121°; 62,5%; 1,0. — *2.4-Dichlorphenylglykolsäureäthylester*, $C_{10}H_{10}Cl_2O_3$, F. 40—41° (PAe.), aus 2.4-Dichlorphenylglykolsäure in abs. A. unter Rückfluß u. HCl-Einleiten; 71,5%. — *α-2.4-Trichlorphenylessigsäureäthylester* (I), $C_{10}H_9Cl_3O_2$, Kp.$_{11}$ 164—165°, aus vorst. Ester u. $SOCl_2$ in Pyridin; 88,1%; —. — Die Essigsäuren *α-[Methoxynaphthyl-(1)]-*, F. 151—153°; 37,0%; 1,0. — *α-Methoxy-[2-chlorphenyl]-*, $C_9H_9ClO_3$, F. 85—85,5°; 30%; —. — *α-Methoxy-[3-chlorphenyl]-*, $C_9H_9ClO_3$, fl.; 54,0%; 0,5. — *α-Methoxy-[4-chlorphenyl]-*, $C_9H_9ClO_3$, F. 83—85°; 63%; 0,5. — *α-Methoxy-[3-nitrophenyl]-*, $C_9H_9NO_5$, F. 146—147°; 50,9%; —. — *α-Methoxy-[2.4-dichlorphenyl]-*, F. 114—116°; 61,8%; 0,25. — *α-Methoxy-[3.4-dichlorphenyl]-*, F. 88—91°; 61,8%; 0,03. — *α-Sulfophenylessigsäure, Ba-Salz*, $C_8H_6BaO_5S \cdot H_2O$. — *S-[2.4-Dichlor-α-carboxybenzyl]-N.N-dimethyldithiocarbamat*, $C_{11}H_{11}Cl_2NO_2S_2$, F. 162—163° (wss. A.), aus **I** u. wss. K-N.N-Dithiocarbamat-Lsg. (60—70°, 30 Min.); 74%; —. — *S-[α-Carboxybenzyl]-N.N-dimethyldithiocarbamat*, $C_{11}H_{13}NO_2S_2$, F. 178—180°; 35,6%; —. K. Maier. 4485□

Auxinbildung aus Tryptophan durch Einwirkung von Polyphenolen. S. A. Gordon und L. G. Paleg. (Plant Physiol. **36.** 838—45. Nov. 1961. Argonne, Ill., Argonne Nat. Labor., Div. of Biol. and Med. Res.) (Engl.)

Es wird gezeigt, daß in pflanzlichem Material die Umwandlung von *Tryptophan* (I) in *Indolyl-(3)-essigsäure* (II), welche durch Zugabe von *Polyphenolen* ausbeutemäßig verzehnfacht wird, nach dem Schema vor sich gehen kann: Phenole — (O_2, Phenolase) → Chinone — (+ I) → II. Polyphenolaseenzyme aus Mungobohne, Hafer u. Sonnenblume katalysieren die Rk. der Phenole mit I bei alkal. pH spontan. 2wertige o-Phenole oder darin leicht überführbare Verbb. sind geeignet; *Brenzcatechin* bildet II auch schon in Abwesenheit von Enzymen. Ersatz der Luft durch N_2, Red.-Mittel oder Chelatbildner wirken inhibierend auf die Rolle der Phenole bei der II-Bldg.; die II-Ausbeute wird durch Verw. von Tyrosinase aus Pilzen oder u. a. durch Vorbehandlung von I mit o-Benzochinon verdoppelt. Bei der II-Bldg. aus I durch das Enzym-Syst. ist wahrscheinlich Indolyl-(3)-brenztraubensäure das Zwischenprod., nicht dagegen Tryptamin oder Indolyl-(3)-acetaldehyd. Die Beziehungen dieses neuen Auxin-Biosynth.-Weges zur normalen II-Biosynth., Wundregenerierung u. zur Zellveränderung unter Dauerbestrahlung mit hoher Energie werden besprochen. — 41 Literaturangaben. M. HAGEDORN. 4485□

Abhängigkeit der Auxinoxydase-Aktivität von dem photoperiodisch bedingten Phenolgehalt und dem Lebensalter in Lupinus albus L. F. Sági und A. S. Garay. (Naturwissenschaften **48.** 107—08. 2. Febr.-H. 1961. Fertöd, Ungarn, Inst. für Pflanzenzücht.) (Dt.)

Um zu entscheiden, ob in den älteren Blättern der Lupinensorte *Gyulatanyai édes* die Menge der Inhibitoren ansteigt oder das Enzym aus den Blättern nach einiger Zeit verschwindet, wurde ihr *Gesamtphenol* (I)-Geh. u. ihre *Auxinoxydase*-Aktivität bestimmt. Vff. finden 1. I-Zunahme mit zunehmendem Alter der Laubblätter, 2. Auxinoxydation hört nach Überschreiten eines bestimmten Grenzwertes auf, 3. das Enzym wird in älteren Pflanzen nicht abgebaut, 4. eine längere Photoperiode stimuliert die Phenol-Synth., 5. in Blatthomogenisaten konnte mittels WARBURG-App. keine Phenoloxydation nachgewiesen werden u. 6., daß I in der photoperiod. bedingten Regulierung der Auxinoxydasetätigkeit eine gewisse Rolle spielt. H. KLUGE. 4485□

Calciummangel bei Sonnenblumen durch Gibberellin. Hans-Otfried Leh. (Naturwissenschaften **48.** 628. 1. Okt.-H. 1961. Berlin, Techn. Univ., Inst. für Pflanzenernähr., Bodenchem. u. Bodenbiol.) (Dt.)

Hypokotylstecklinge von *Helianthus annuus* zeigen starke *Ca*-Mangelerscheinungen, wenn der Nährlsg. *Gibberellin* (I) in einer Konz. von 2,5 ppm zugesetzt wird. Die Symptome sind u. a.: Adernekrosen an den jüngeren Blättern, Abknicken des Stengels, Braunfärbung eines größeren Stengelabschnitts über der Knickstelle u. für Ca-Mangel charakterist. Gewebeveränderungen in diesem Bereich. Diese Wrkg. des I kann durch die 3fache Gabe Ca verhindert werden. Bei doppelter I-Dosis (5,0 ppm) ist die 5fache Menge Ca nötig, um die Wrkg. von I zu neutralisieren. U. MOTHES. 4485□

Physiologische Wirkungen der Gibberellsäure. 3. Mitt. **Beobachtungen über die Art ihres Einwirkens auf das Endosperm der Gerste.** Leslie G. Paleg. (Plant Physiol. **36.** 829—37. Nov. 1961. Adelaide, S.A., Australia, Univ. of Adelaide, Waite Agric. Res. Inst.) (Engl.) — 2. vgl. C. **1962.** 6089.

Beim Wachsen des Embryos der Gerste werden gleichzeitig die Kohlenhydrat- u. Proteinreserven des ihn umhüllenden Endosperms (E) abgebaut. Es wird vermutet, daß der Anstoß dazu durch den Keim selbst gegeben wird, etwa in Form eines im Keim erzeugten u. in das E übertragenen *gibberellinähnlichen Hormons*. *Gibberellsäure* (I) aktiviert, wie bekannt, im E in Abwesenheit des Keimlings stärkehydrolysierende Enzyme; die Einw. von I auf die anderen E-Bestandteile wird untersucht. Bei steigenden I-Mengen werden steigende Mengen an reduzierenden Zuckern u. an Proteinen freigemacht, unter entsprechender Abnahme des Trockengew. des E, wobei Inkubationszeit u. -Temp. von Einfl. sind. Dieser Symptomkomplex ist dagegen nicht zu beobachten, wenn das intakte Gerstenkorn vor der Behandlung mit I eine Std. auf 100° erhitzt wird oder man zur Inkubations-Lsg. Inhibitoren der SH-haltigen Enzyme in Form von Jodessigsäure oder p-Chlormercuriphenolsulfonsäure hinzufügt. Die Rk.-Folge u. die vermutliche hormonale Rolle des Gibberellins bei der Gerstenkeimung werden besprochen. M. HAGEDORN. 4485□

Gibberellin-ähnliche Wirkung von Extrakten aus jungen Blütenstrukturen von Brassica napus L. var. Oleifera. (Vorl. Mitt.) Fausto Lona. (Ateneo Parmense **28.** 111—15. Jan./Febr. 1957.) (Ital.)

Acetonextrakte aus jungen Blütenstrukturen von *Brassica napus L.* besaßen eine ähnliche wachstumsfördernde Wrkg. wie *Gibberellsäure* auf Triebe von *Perilla ocy-*

moides var. *mankinensis*; die Wrkg. war von der der Indolyl-(3)-essigsäure deutlich verschieden. K. ZINGRAF. 4485□

Aufbrechen von Knospen von Fagus sylvatica L. während der Winterruhe in der Zeit der kurzen Tagesdauer infolge der Einwirkung von Gibberellsäure. Fausto Lona und Remo Borghi. (Ateneo Parmense **28.** 116—18. Jan./Febr. 1957.) (Ital.)

Unter der Einw. von *Gibberellsäure* setzte die Blatt-Entw. aus Buchenknospen auch während der Winterruhe zur Zeit der kurzen Tage ein. K. ZINGRAF. 4485□

Hemmung der Blütenbildung von Vitis rupestris durch Gibberellin. G. Alleweldt. (Naturwissenschaften **48.** 628—29. 1. Okt.-H. 1961. Siebeldingen über Landau/Pfalz, Forschungsinst. für Rebenzücht. Geilweilerhof.) (Dt.)

Als Vers.-Pflanze diente ein ♂ blühender Klon von *Vitis rupestris*, der auch nach wiederholter *Gibberellin* (I)-Behandlung keine Wachstumsstimulation zeigt. Die Pflanzen wurden in Gefäßkultur mit erhöhter N-Gabe gezogen u. mit I behandelt. Im darauffolgenden Jahr wurde bei I-behandelten Pflanzen die Ausbildung von Inflorescenzen völlig unterdrückt. Mkr. Unterss. an Winterknospen während der Ruheperiode zeigten, daß sich die Hemmwrkg. des I bereits auf die Anlage von Blütenständen erstreckt. U. MOTHES. 4485□

m-Nitro- und m-Trifluormethylarylsäuren als Pflanzenwachstumsregulatoren. Akira Takeda. (Contr. Boyce Thompson Inst. **20.** 191—96. Juli/Sept. 1959. Kurasiki, Japan, Okayama Univ., Ohara Inst. for Agric. Biol.) (Engl.)

17 Verbb. mit einer m-dirigierenden Gruppe in m-Stellung des Benzolkerns, die mit Phenoxyessigsäure u. N-Phenylglycin verwandt sind, wurden zur Prüfung auf Längenwachstumsaktivität (Zellelongation) im Tomatenblattkrümmungstest synthetisiert. Die m-ständige CF_3-Gruppe wirkte wie eine m-ständige NO_2-Gruppe aktivitätssteigernd.

Versuche: *N-[3-Trifluormethyl-4-chlorphenyl]-glykokollnitril*, $C_9H_6ClF_3N_2$, F. 76 bis 78°, aus 3-Trifluormethyl-4-chloranilin u. Formaldehyd–$NaHSO_3$-Lsg. (ca. 1 Std. Rückfluß), Rk. des gebildeten [3-Trifluormethyl-4-chlorphenyl]-aminomethansulfonats mit KCN in W. (1 Std. Rückfluß); hellgelbe Prismen (A.); 72,5% (Ausbeute); inaktiv. — Das entsprechende *Glykokollamid*, $C_9H_8ClF_3N_2O$, F. 109—111°, aus vorst. Verb. mit konz. H_2SO_4 bei 60° (einige Min.) u. Raum-Temp. (30 Min.); Prismen (W.); 41,7%; wirksame Grenz-Konz. im Krümmungstest, Blattspray: 0,50 (Gew./Vol.). — Das entsprechende *Glykokoll*, $C_9H_7ClF_3NO_2$, F. 130—131° (Zers.), aus dem Nitril (s. oben) mit konz. HCl (2 Std., Dampfbad); 67%; 0,50. — *N-Methyl-N-[m-nitrophenyl]-glycinamid*, $C_9H_{11}N_3O_3$, F. 160—161°, aus N-(m-Nitrophenyl)-glycinamid (I) u. $(CH_3)_2SO_4$ in sd. Aceton (1 Std.); 95,8%; 0,015 (25 ml als Bodenspray). — *N-[m-Trifluormethylphenyl]-glycin*, F. 128—130° (Zers.); 24,1% (bezogen auf Anilin-Verb.); 0,13. — *N-[m-Nitrophenyl]-glycin*, F. 160—162° (Zers.); 53%; 0,13. — Das entsprechende *Glycinamid*, $C_8H_9N_3O_3$, F. 163—165°; 39,5%; 0,25. — *m-[Trifluormethyl]-phenoxyessigsäure*, F. 94 bis 96°; 53,1%; 0,03. — Die *m-Nitro*-Verb., F. 151—152°; 76,2%; 0,13. — Das entsprechende *Amid*, F. 189—190°; 69,3%; 0,006. — *α-[m-Nitrophenoxy]-propionsäure*, F. 113—114°; 42,4%; 0,015. — *3.5-Dinitrophenoxyessigsäure*, $C_8H_6N_2O_7$, F. 165—167°, aus wss. K-3.5-Dinitrophenolat-Lsg. u. K-Chloracetat (2 Std., Dampfbad); 62,2%; inaktiv. — *m-Carboxyphenoxyessigsäure*, F. 208,5—209°; 89,4%; inaktiv. — *m-Nitrophenylessigsäure*, F. 118—119°; 0,06. — *N-[3.4-Dichlorphenyl]-glycin*, F. 128—129° (Zers.); 0,03. — Das entsprechende *Amid*, F. 139—140°; 0,03. K. MAIER. 4485□

Vorkommen physiologisch aktiver von Corynebacterium insidiosum und Corynebacterium sepedonicum erzeugter Gummen in der Wirtspflanze. J. F. T. Spencer und P. A. J. Gorin. (Canad. J. Microbiol. **7.** 185—88. April 1961. Saskatoon, Saskatchewan, Nat. Res. Council, Prairie Reg. Labor.) (Engl.)

Corynebacterium insidiosum u. *Corynebacterium sepedonicum*, die Erreger des bakteriellen Welkens der Luzerne u. der Kartoffelringfäule, produzieren viscose *Polysaccharid*-Lsgg., wenn sie in Schüttelkulturen wachsen. Diese Lsgg. enthalten *Fucose*. Hydrolysate von Polysacchariden aus infizierten Luzerne- u. Kartoffelpflanzen enthielten ebenfalls Fucose, Hydrolysate von Polysacchariden aus gesunden Pflanzen dagegen nicht. Luzernestengel welkten in verd. Polysaccharid-Lsgg. rasch. Diese Ergebnisse lassen vermuten, daß diese Polysaccharide im Leitungs-Syst. infizierter Pflanzen gebildet werden u. die Ursache des Welkens sind. D. PÖHLAND. 4490□

Untersuchungen über das Verschwinden von Malathion aus Pflanzenmaterial. Pekka Koivistoinen. (Suomalaisen Tiedeakatemian Toimituksia [Ann. Acad. Sci. fenn.], Sarja A IV. Nr. **51.** 1—91. 1961. Helsinki, Univ., Dep. of Nutrit. Chem.) (Engl.)

Der biolog. Abbau des Pflanzenschutzmittels *Malathion* (I) wurde bei verschiedenen Gemüse- u. Obstarten (u. a. Spinat, Lattich, Bohnen, Erdbeeren, Äpfeln) untersucht. Die Pflanzen erhielten 0,2—25,0 ppm I. Die Halbwertszeit für den I-Abbau beträgt 1—2 Tage, bei den Obstarten etwas länger. Die offizielle Toleranzgrenze von 8 ppm wird nach maximal 5 Tagen erreicht. In einigen Fällen enthielt das Fruchtfleisch bis zu 75% I, der Rest befand sich in Stielen u. Blütenresten. Durch Lagerung der Früchte im Dunkeln kann der I-Abbau verzögert werden. Der I-Abbau kann außerdem gehemmt werden durch Lagerung bei niedriger Temp., durch Erhitzen oder durch Zusatz von *Paraoxon* zu frischen Homogenaten. Die I-abbauenden Fermente befinden sich bei Apfelsaftzentrifugaten in der fl. Fraktion, sie werden durch Paraoxon gehemmt. Bevorzugtes Abbau-Prod. scheint das *O.O-Dimethyldithiophosphat* der *Monoäthylbernsteinsäure* zu sein. U. MOTHES. 4495□

N. P. Remesow u. a. Verbrauch und Zirkulation des Stickstoffs und der Aschenelemente in den Wäldern der UdSSR. Moskau: Verl. der Lomonossow-Univ. 1959. (282 S.) 1 Rbl. 20 Kop. [Russ.]

E5. Tierchemie. Tierphysiologie. Tierpathologie

Mineralisierung des Zahnschmelzes bei Ratten. R. W. Fearnhead. (Nature [London] **188.** 509—10. 5/11. 1960. London, Med. Coll., Hosp., Dep. of Anat. and Dent. Histol.) (Engl.)

Ausführliche Beschreibung der elektronenmkr. gemachten Befunde über den histolog. Aufbau derjenigen Zahnregion, in welcher die Mineralisierung u. damit die Bldg. des Zahnschmelzes vonstatten geht (Unterss. an Molaren u. Nagezähnen von Ratten). — 3 Abbildungen. G. KLESSE. 4510□

Die Verteilung leicht reduzierbarer Disulfidbindungen in der Wolle. J. M. Gillespie und P. H. Springell. (Biochem. J. **79.** 280—86. 1961. Melbourne, Australia, Wool Res. Labor., Div. of Protein Chem. C.S.I.R.O.) (Engl.)

Vff. untersuchten die Verteilung leicht reduzierbarer *Disulfid*-Bindungen in verschiedenen lösl. Wollproteinen. Hierzu wurde die Wolle zwischen 6 u. 60% bei pH 5,0 mit Mercaptoacetat red., mit $^{14}C_{(2)}$-Jodacetat alkyliert u. mit alkal. Mercaptoacetat (I) fraktioniert extrahiert. Nach Alkylierung mit nichtmarkiertem Jodacetat wurde durch Fällung mit Säure bei pH 4,1 eine Fraktionierung in Protein mit hohem u. geringem S-Geh. erreicht. Das Ausmaß der Red. bei pH 5,0 wurde durch Isolierung von S-Carboxymethylcystein u. durch Messung der spezif. Radioaktivität bestimmt. Die Extraktion durch I von unbehandelter u. von red. u. alkylierter Wolle verlief ähnlich. Die Disulfidbindungen in den Proteinen mit hohem u. geringem S-Geh. irgendeiner Fraktion wurden in gleichem Ausmaß reduziert. Die Unterschiede waren gering ($<5\%$). Hieraus schließen Vff., daß die *Cystin*-Reste der verschiedenen Fraktionen nicht auf eine besondere Proteinkomponente beschränkt sind u. gleichmäßig über die morpholog. Komponente der Wolle verteilt sind. Die scheinbaren Unterschiede in der Reaktivität zwischen Disulfidbindungen in der Wolle sind auf ein Gleichgewicht zwischen dem SS–SH-Syst. u. den angewandten reduzierenden Reagentien zurückzuführen. G. BRATFISCH. 4520□

Appendix. Das Gleichgewicht zwischen den Disulfidbindungen in der Wolle und Mercaptoacetat. S. J. Leach und I. J. O'Donnell. (Biochem. J. **79.** 287. 1961. Melbourne, Australia, Wool Res. Labor., Div. of Protein Chem., C.S.I.R.O.) (Engl.) — Vgl. vorst. Referat.

Vff. untersuchten das Ausmaß der Red. von Wolle durch *Mercaptoacetat* (I). Hierzu wurde Merinowolle in N_2-Atmosphäre ca. 6 Std. mit verschiedenen Mengen von I, auf pH 6,8—6,9 mit 0,05m Phosphat gepuffert, behandelt. Danach wurde die Wolle mit Jodacetat bei pH 8,0—8,5 alkyliert u. auf SS-Gruppen nach der Meth. von LEACH (C. **1961.** 865 u. Austral. J. Chem. **13.** [1960.] XXX) analysiert. Nahezu vollständige Red. der Disulfidbindungen in der Wolle kann erreicht werden durch Erhöhung der Konz. des Red.-Mittels oder durch Erhöhung der Gesamtmenge an I durch 2- oder 4faches Verdünnen bei konst. I-Konzentration. Die Ergebnisse lassen erkennen, daß das Ausmaß der Red. durch ein Gleichgewicht zwischen den SS-Bindungen u. I begrenzt ist. G. BRATFISCH. 4520□

Über die Guanidinderivate und Phosphagene einiger Anneliden-Polychaeten der Bucht von Neapel und der Molluske Arca noae L. J. Roche, Y. Robin, N.-V. Thoai und L. A. Pradel. (Comparat. Biochem. Physiol. **1.** 44—55. Jan. 1960. Concarneau, Finistère, Labor. de Biol. Marine du Coll. de France; Neapel, Staz. Zool.) (Franz.)

Vff. untersuchten chromatograph. Extrakte der Muskeln u. des Verdauungstraktes einiger seßhafter u. wandernder Annelidenpolychaeten (gesammelt in der Bretagne u. in der Bucht von Neapel) auf ihren Geh. an Guanidin-Derivv. [*Arginin* (I), *Glykocyamin*,

Taurocyamin, Kreatin]. Ihre Mengen erwiesen sich als abhängig vom Standort u. zeigen eine gewisse Spezifität. Das *Phosphagen* des Muskels von *Spirographis spallanzanii Viviani* wurde als *Argininphosphat* (**II**) identifiziert. **II** findet sich auch in den Muskeln der Molluske *Arca noae* L. Chromatograph. Analysen verschiedener Gewebsextrakte dieses Tieres zeigten das Vorliegen größerer Mengen **I**, begleitet von Spuren *Arcain* (**III**), *Agmatin* (**IV**) u. 2 nicht identifizierten Guanidinen, deren biolog. Bedeutung noch nicht geklärt wurde. **III** u. **IV** sind vermutlich bakteriellen Ursprungs. B. GÖRLICH. 4520□

Quantitative Bestimmung von Lipid-Äthanolamin und Lipid-Serin und ihre Verteilung in Ratten- und Schweinegeweben. Shoshichi Nojima und Nobuyuki Utsugi. (J. Biochemistry [Tokyo] **44**. 565—73. Sept. 1957. Tokyo, Nat. Inst. of Health, Dep. of Biochem.) (Engl.)

Es wird eine neue Meth. zur Best. von *Lipidäthanolamin* (**I**) u. *Lipidserin* (**II**) in tier. Geweben beschrieben. Die Best. erfolgt colorimetr. unter Verw. von *Dinitrofluorbenzol*, wobei die Extinktionen bei 420 mμ (**I**) bzw. bei 400 mμ (**II**) gemessen werden. Hydrolysiert wird alkal. (Maximalmengen **I** u. **II** werden nach Hydrolyse mit 6n NaOH gefunden; nach saurer Hydrolyse wird etwas weniger **II** gefunden). Fraktioniert wird mit Xylol (es wurden auch Bzl., Bzn., Toluol, $C_2H_4Cl_2$, CCl_4, Chlf., Ligroin, CS_2 u. Essigester geprüft, sie sind jedoch weniger brauchbar). 10 μm *Harnstoff*, 2 mm *NaCl*, 10 μm *Cholinchlorid* u. 10 μm *Inosit* stören die Best. nicht. Die mögliche Störung der opt. Best. durch Aminosäuren wurde untersucht. Es stören nicht: 1 μm *Alanin, Valin, Leucin, Cystein·HCl, Methionin, Phenylalanin, Lysin·2 HCl, Tyrosin* u. *Tryptophan*. Sehr wenig stören 1 μm *Glycin, Cystin* u. *Prolin*. Es können stören 1 μm *Histidin·HCl, Arginin, Hydroxyprolin, Asparaginsäure* u. *Glutaminsäure*; alle untersuchten Aminosäuren sind jedoch aus alkal.-wss. Lsg. nicht in Xylol lösbar. — Nach der beschriebenen Meth. wurden die Geh. von **I**, **II** u. *Lipidcholin* in Schweineleber sowie in Leber, Skelettmuskel, Herz, Lunge, Niere, Gehirn u. Darm von Ratten bestimmt.

S. DITTMANN-MITZSCHERLICH. 4520□

Über das Vorkommen der Linol- und Linolensäure in Sardinen- und Makrelenhechtöl. Y. Toyama, T. Shimooka, Y. Iwata und K. Fujimura. (Fette, Seifen, Anstrichmittel **61**. 461—64. Juni 1959. Nagoya, Japan, Univ., Techn. Fak., Inst. für angew. Chem.) (Dt.)

Um festzustellen, ob *Linol-* u. *Linolensäure* auch in Salzwasserfischölen enthalten sind, wurden das Sardinen- u. das Makrelenhechtöl auf ihre Zus. untersucht. Zunächst wurden die Fettsäuren über die Harnstoffaddukte fraktioniert u. die Methylester der angereicherten Polyensäuren fraktioniert destilliert. Aus den Methylestern der C_{18}-Polyensäuren wurden letzte in Freiheit gesetzt u. erneut über die Harnstoffaddukte fraktioniert. Die hierbei anfallenden Fraktionen wurden schließlich über Silicagel säulenchromatograph. gereinigt. Bei der Hydrierung der aus dem Sardinenöl erhaltenen u. als Octadecadiensäure angesehenen Fraktion wurde *Stearinsäure*, F. 69,5—70°, bei der Bromierung die in n-Hexan unlösl. *Tetrabromstearinsäure*, aus A., F. 112—113°, erhalten. Bei der Ozonolyse fiel ein flüchtiges Prod. an, das das *2.4-Dinitrophenylhydrazon* des *Capronaldehyds*, aus A., F. 108—109°, lieferte. In dem nichtflüchtigen Anteil wurde *Azelainsäure*, aus A., F. 104—105°, nachgewiesen. Da bei der Zerlegung durch Ozonolyse auch CO_2 entstand, ist damit die Ggw. von *Octadecadien-(9.12)-säure* im Sardinenöl bewiesen. Zur Isolierung u. Konstit.-Ermittlung der Octadecatriensäure wurde die entsprechende Fraktion hydriert. Dabei fiel wiederum Stearinsäure, bei der Bromierung die in Ae. unlösl. *Hexabromstearinsäure*, F. 179—180°, an. Bei der Ozonolyse wurde neben CO_2 *Propionaldehyd*, identifiziert als *2.4-Dinitrophenylhydrazon*, F. 154—155°, u. Azelainsäure erhalten. Damit ist die im Sardinenöl enthaltene Octadecatriensäure mit der *Octadecatrien-(9.12.15)-säure* identisch. Analoge Ergebnisse wurden bei der Analyse des Makrelenhechtöls erhalten. Auch die UV-Unters. der beiden Fettsäuremethylester bestätigte die Anwesenheit von Linol- u. Linolensäure in den untersuchten Seefischölen. Ob im Sardinenöl noch zusätzlich kleine Mengen der *Octadecatrien-(6.10.14)-säure* enthalten sind, konnte noch nicht mit Sicherheit festgestellt werden.

H. P. FIEDLER. 4520□

Eigenschaften des Bindegewebspigmentes von Lithobius forficatus (L.). A. E. Needham. (Comparat. Biochem. Physiol. **1**. 72—100. Jan. 1960. Oxford, Univ. Museum, Dep. of Zool. and Comparat. Anat.) (Engl.) — Vgl. C. **1959**. 1518.

Aus Homogenaten der Kadaver von *Lithobius forficatus L.* läßt sich mit dest. W., dem n/1000 NaOH zugesetzt wurde, ein violettes Pigment, *Lithobioviolin* (**I**), extrahieren, das vorwiegend im Bindegewebe angereichert ist. Chromatograph. Reinigung über Cellulosepulver, Fällung mit verd. HCl (pH 4,8) lieferte einen hellvioletten Nd. von **I** in hoher Reinheit (Ausbeute 17% auf Trockengew.). **I** ist lösl. in W. u. wss. A., Pyridin,

Aceton, unlösl. in lipiden Lösungsmitteln. Es zeigt einen reversiblen Farbumschlag (violett–rosa) bei pH 4,8 u. einen reversiblen Redoxumschlag (violett–gelb) bei $E_0' = +270$ mV. Die oxydierte alkal. Form zeigt Spitzen bei 575 u. 257 mμ bzw. 400 u. 350 mμ im sichtbaren Licht. Eine charakterist. UV-Fluorescenz wird durch Säure u. durch reduzierende Agentien reversibel aufgehoben. I ist beständig gegen Hitze u. gegen milde chem. Agentien u. schlägt bei der Einw. gewisser Gewebshomogenate nach Braun um. In alkal. Lsg. läßt sich I durch Elektrophorese oder durch Dialyse (Kollodiummembran) in ein Protein u. Chromophor auftrennen. Das Chromophor, das in alkal. Lsg. locker, in saurer Lsg. fester vom Protein gebunden wird, passiert nicht durch VISKING-Membranen, woraus Vf. auf ein Molgew. von ca. 4000 schließt. Es gelang weder das Protein noch das Chromophor kristallin zu erhalten. I wird von Schwermetallen, nicht aber von neutralem Pikrat oder Dichromat gefällt. I gibt keine Rkk. auf Purine, Pyrimidine, Pyrrole, Porphyrine, Indole u. Lipide. Seine chem. Eigg. lassen auf das Vorliegen eines Cu-haltigen Proteins bzw. einer Biuretkomponente schließen. I hat vermutlich eine Funktion bei der Atmung unter Bedingungen einer Hypoxie oder bei der oxydativen Nachdunkelung des Exoskeletts. B. GÖRLICH. 4520 □

Pathophysiologie und Pharmakologie allergischer Zustände. Manfred Siess. (Pharmaz. Rdsch. **1.** Nr. 4. 13—19. Juni 1959. Marburg/Lahn, Univ., Pharmakolog. Inst.) (Dt.)

Es wird eine Übersicht über Ursachen u. therapeut. Beeinflussung allerg. Zustände gegeben. G. ZIEBARTH. 4551 □

Die Bildung biologisch aktiver Substanzen im Blut bei experimenteller Sensibilisierung (Modellversuch zur Entstehung der Gewebsschäden beim rheumatischen Fieber). F. Küster und F. J. Schulte. (Klin. Wschr. **35.** 886—88. 1/9. 1957. Essen, Städt. Krankenanst., Kinderklinik; Düsseldorf, Medizin. Akad., Kinderklinik.) (Dt.)

Es wurde an Meerschweinchen experimentelle Sensibilisierung mit Kaninchenserum (normal u. allerg.) vorgenommen. Es traten Infiltrationen u. Nekrosen auf, die auf *niedermol. Substanzen* im Serum zurückgeführt werden (analog zu den *hochmol. Substanzen*, die bei rheumat. Fieber entstehen). M. METZE. 4551 □

Der spezifische Charakter der zweiten Reaktionsphase der Antigen–Antikörper-Präcipitation. Francis Tayeau und Jean Marquevielle. (Bull. Soc. Chim. biol. **40.** 1107—15. 10/9. 1958. Bordeaux, Fac. de Méd. et de Pharm., Labor. de Chim. biol. et méd.) (Franz.)

Durch Anwendung zwei verschiedener Techniken (lipidfreies Syst. — Markierung mit Radiojod) wurde gezeigt, daß im Verlaufe der zweiten Phase der Antigen–Antikörper-Fällung spezif. Kräfte einwirken. M. METZE. 4551 □

Die Bedeutung der Anzahl der Präcipitinbanden im Agargelmedium für die Bestimmung des Komplexcharakters von Antigenen. M. Richter, B. Rose und A. H. Sehon. (Canad. J. Biochem. Physiol. **36.** 1105—13. Nov. 1958. Montreal, Quebec, McGill Univ., Dep. of Chem.; Royal Victoria Hosp., Div. of Immunochem. and Allergy.) (Engl.)

Es werden die immunolog. Unters.-Meth. in Agargelmedium u. fl. Medium verglichen. Als Modell-Syst. wurden verschiedene Haptene (*p-Aminobenzoesäure, p-Sulfanilsäure*), an Proteine gekoppelt, untersucht. Es zeigte sich, daß die Anzahl der Präcipitinbanden in Agargelmedium bei diesem Antigen–Antikörper-Syst. kleiner ist als die der optimalen Zonen im fl. Medium, vorausgesetzt, daß die verschiedenen Haptene an dasselbe Trägerprotein gekuppelt sind. Wenn die beiden Zahlen ident. sind, dann sind die Antigene an verschiedenen Moll. befestigt. Es ist daher für Unterss. an immunolog. Rkk. besser in beiden Medien zu untersuchen. M. METZE. 4551 □

Eine allgemeine Methode zur quantitativen Bestimmung der Immuncytolyse. Harold S. Goodman. (Nature [London] **190.** 269—70. 15/4. 1961. Chicago, Ill., Univ., Dep. of Med. and Dep. of Obstetr. and Gynecol.) (Engl.)

Untersucht wird die Cytolyse von ^{51}*Cr*-markierten EHRLICH-Ascitestumorzellen der Maus, hervorgerufen durch das korrespondierende Kaninchenimmunserum (I) u. Meerschweinchenkomplement (II). Es wird einem direkte Proportionalität zwischen Cytolyse u. Konzz. von I u. II gefunden, die mit Ergebnissen der Immunolyse der Erythrocyten vergleichbar ist. D. ZIEBARTH. 4551 □

Die chemische Zusammensetzung des Colostrums und der Milch des Schafes. Dawn R. Perrin. (J. Dairy Res. **25.** 70—74. Febr. 1958. New Zealand, Dep. of Agric., Ruakura Animal Res. Stat.) (Engl.) — Vgl. C. **1958.** 778.

Die Colostralmilch zeichnete sich durch hohen *Protein-* u. *Fett-*Geh. aus, während der Geh. an *Lactose* niedrig lag. E. LÜCK. 4555 □

Esteraseaktivität und Eiweißzusammensetzung der Milch. B. M. Sumzow. (Nahrung **3.** 631—41. 1959. Moskau, 2. Medizin. Inst., Lehrstuhl für Biochem.; ZNIL.) (Dt.)

Die *Lipase-Tributyrinase*-Aktivität in der Milch stillender Frauen ist 25—50mal größer, *Alkaliphosphatase*-Aktivität 10mal geringer u. der Geh. an *anorgan. P* 10 bis 15mal geringer als in der Kuhmilch. P. GREGORZEWSKI. 4555□

Die Wirkungen von Östrogenen, Progestagenen und Relaxin bei trächtigen und nichtträchtigen Labornagetieren. R. L. Kroc, B. G. Steinetz und V. L. Beach. (Ann. New York Acad. Sci. **75.** 942—80. 9/1. 1959. Morris Plains, N.J., Warner-Lambert Res. Inst.) (Engl.)

Unter Verw. verschiedener Kombinationen von *Relaxin* (**I**), *Östrogen* (**II**) u. Progestagenen läßt sich bei ovarektomierten Ratten u. Mäusen das Uterus- (Trocken- u. Feucht-) Gew., der Glykogen-Geh. des Uterus sowie der Wasser-Geh. unabhängig voneinander verändern. Während **II** nur zu einer vorübergehenden Vermehrung des Uteruswasser-Geh. führt, bewirkt **I** oder *Äthylnortestosteron* (**IV**) bei fortgesetzter Therapie die Erhaltung eines hohen Wasser-Geh. im Uterus. Verstärkte **II**-Behandlung vermindert die Wrkg. von **I** u. **IV** auf den Wassergehalt. *Progesteron* (**V**) wirkt bei **II**-vorbehandelten ovarektomierten Ratten u. Mäusen antiuterotrop, während **I** u. **IV** uterotrope Wrkg. entfalten; wenn **I** u. **IV** gemeinsam verabreicht werden, kommt es zur Wrkg.-Steigerung. Durch **I**-Behandlung kann bei ovarektomierten, **II**-vorbehandelten Ratten eine Cervixerweichung erzielt werden; durch Verstärkung der **II**-Behandlung wird die **I**-Wrkg. vermindert u. die Cervixerweichung verringert; die stärkste Cervixerweichung kommt durch Kombination von **I** u. **V** oder **I** mit **IV** zustande; **I** oder **V** bewirken eine vermehrte Cervixerweichung bei **II**-vorbehandelten Mäusen. Zur vollständigen Aufrechterhaltung der Trächtigkeit ist bei am 15. Tag ovarektomierten Ratten eine Dosierung von 10 mg **V**/Tag erforderlich; diese Dosis kann bei Zugabe von 1 μg *17β-Östradiol*/Tag auf 1—2 mg verringert werden. Zwischen der Fähigkeit zur Erhaltung der Trächtigkeit u. der Cervixerweichung besteht eine umgekehrte Beziehung. Zur Cervixerweichung ovarektomierter trächtiger Ratten unter adäquater **V**- oder **II**–**V**-Behandlung kommt es erst nach **I**-Verabreichung. Durch **V** wird die Rk. intakter u. ovarektomierter Mäuse auf *Oxytocin* (**III**) blockiert; durch **I** wird jedoch die Rk.-Fähigkeit auf **III** bei unter **V**-Behandlung stehenden ovarektomierten Mäusen wiederhergestellt. Zur Verlängerung der Trächtigkeit wird bei ovarektomierten Mäusen eine niedrigere **V**-Dosis/Tag benötigt als bei intakten Tieren. **I** arbeitet nicht gegen die Trächtigkeitsverlängerung durch **V**, es hält jedoch die Rk.-Fähigkeit auf **III** aufrecht (Testung am 23. Tag); die Überlebensquote der Föten wird durch die Kombination verbessert. Eine erfolgreiche Spontanentbindung bei ovarektomierten Ratten u. Mäusen kann durch **I**-Vorbehandlung u. **V**-Entzug kurz vor dem Termin erreicht werden; **V**-Entzug allein führt zu Placentaretention bei Ratten sowie zu einer hohen in utero-Mortalität der Föten bei Vergiftungen der Muttertiere sowie zu verlängerten Trächtigkeiten der Maus. Unabhängig von der Behandlungsart bleibt die Überlebensquote der Abkömmlinge gering. U. TAUSENDFREUND. 4559□

Aussonderung der Lipidbeeinflussung und anderer Eigenschaften von Östrogenen. Lauretta E. Fox, Thomas D. Malewitz und Howard E. Mossberg. (J. pharmac. Sci. **50.** 119—26. Febr. 1961. Gainesville, Fla., Univ. of Florida, J. Hillis Miller Health Center, Coll. of Pharm.) (Engl.)

Verschiedene Östrogene werden mit Fettdiät gefütterten ♂ Ratten gegeben, um die Senkung des Blutcholesterinspiegels (a) u. Beeinträchtigung der Spermatogenese (b) zu beobachten (+, wesentliche Beeinflussung dieser Werte; —, im wesentlichen kein Einfl.): *α-Östradiol* (**I**) + (a), + (b); *Äthylenoxidpolymeres von* **I** —, +; *Chlortrianisol* +, +; *1.1-Dibenzyloxyphenyl-2-[p-anisyl]-äthylen* +, —; *Triphenyläthylen* —, —; *Tri-p-anisyläthylen* —, —; *Tri-p-anisylbromäthylen* —, —; *β-Diäthylaminoäthylfencholathydrochlorid* +, +; *Diäthylstilböstrol* +, +; *Hexöstrolmonomethyläther* +, +; *Dienöstrol* +, +; *3.4-Dianisylhexan* +, +; über Körper-Gew., Beeinflussung der Nebenniere, Leber, Gefäße, Testikelgröße s. Tabelle. — 44 Literaturangaben.
W. HOLLAND. 4559□

Steroidhormone und Uteruswachstum. Joseph T. Velardo. (Ann. New York Acad. Sci. **75.** 441—62. 9/1. 1959. New Haven, Conn., Yale Univ., School of Med., Dep. of Anat.) (Engl.)

Es wurde versucht, die hormonalen Einfl. auf das Uteruswachstum (Ratten) aufzuklären. Die Aktivität der natürlich vorkommenden Östrogene läßt dabei bzgl. Förderung des Uteruswachstums folgende Reihenfolge erkennen: *17β-Östradiol* (**I**) > *Östron* (**II**) > *16α-Hydroxyöstron* (**III**) > *16β-Hydroxyöstron* (**IV**) > *Östriol* (**V**) > *16-Epiöstrol* (**VI**). *Progesteron* (**VII**) übt bei ovarektomierten Ratten einen leichten wachstumsfördernden Effekt auf den Uterus aus; die C_{21}-Metaboliten von **VII** (die 3α.20α-, 3α.20β-, 3β.20β-Pregnandiole oder Pregnandion u. Allopregnandion) führen nicht zum Uteruswachstum. *Testosteron* (**VIII**) beeinflußt ab 2,0—5,0 mg (für 3 Tage gegeben) das Uteruswachstum deutlich, wobei 3,5—5,0 mg **VIII** eine Wrkg. wie 0,10 μg **I** ausüben. Von Gluco- u. Mineralocorticoiden konnte nur *Desoxycorticosteron* (**IX**) zu leichtem Uteruswachstum führen, während *11-Dehydro-17-hydroxycorticosteronacetat, 17-Hydroxycorticosteron-21-acetat, Δ^1-Hydrocortison* (**X**), *Δ^1-Cortison* (**XI**), *9α-Fluorhydrocortison* (**XII**) u. Δ^1-**XII** unwirksam sind. Es gibt auch eine ganze Reihe von Beziehungen der Hormone untereinander: **V** u. **VI** modifizieren die Wrkg. von **I** u. **II**; es bestehen möglicherweise auch Beziehungen zwischen **III** u. **IV**, die zur Zeit näher geprüft werden; **VII** interferiert in niedrigen Dosen mit dem **I**-induzierten Wachstum, wirkt jedoch in Dosen über 2,5 mg/Tag fördernd; **VIII** hemmt die Wrkg. von **I** deutlich; alle daraufhin geprüften Corticosteroide üben eine Hemmwrkg. auf die **I**-Wrkg. aus, wobei z. B. eine Reihenfolge von Δ^1-**VII** > **XII** > *Hydrocortison* > *Cortison* > **XI** > **X** > **IX**-*Acetat* sichtbar wurde; weder die Hypophyse noch die Nebennieren sind zur Vermittlung der Hemmwrkg. von Östriolen, **VII**, **VIII** u. Nebennierenrindensteroiden auf die **I**-Wrkg. erforderlich (möglicherweise Einfl. über den Ferment-Geh. des Uterus). Die hormonale Wrkg. auf den Uterus kann deshalb nicht als Folge einer einzelnen Hormon-Wrkg. angesehen werden. — In Form eines Diskussionsbeitrages teilt LERNER (SCI. DIV. WM. S. MERREL Co., Cincinnati, Ohio) vorläufig mit, daß 20 u. 100 mg *1-[p-2-Diäthylaminoäthoxyphenyl]-1-phenyl-2-p-methoxyphenyläthanol* (*MER-25*) die Wrkg. von 2 μg *Östradiolbenzoat* auf den Rattenuterus völlig blockieren u. 0,8 u. 4 mg eine teilweise Hemmwrkg. ausüben können. U. TAUSENDFREUND. 4559 □

Richardsons biochemischer Test bei Schwangerschaft. E. Lindner. (Acta Univ. Palackiane Olomucensis **14.** 265—70. 1958. Olomouc, Palacky Univ., Lék. fak. Porodnickogynekologicka klinika.) (Tschech.)

Vf. berichtet über die Methodik, Erfahrungen u. Erfolge mit RICHARDSONS-biochem. Test [1951] bei Schwangerschaft, der auf dem Nachw. des *Östrons* im Harn mit einer gesätt. Lsg. von *2.4-Dinitrophenylhydrazin* bzw. mit *m-Dinitrobenzol* + *KOH* beruht. Untersucht wurden 462 Harnproben von Frauen in verschiedenen Graviditätsstadien, nichtschwangeren Frauen u. von Männern. Bei schwangeren Frauen war der Test positiv in 67 % der Fälle, negativ in 31 % u. unbestimmt in 2 %. Bei nichtschwangeren Frauen u. bei Männern zeigte sich ein negatives Resultat in 77 %, ein positives in 19 % u. ein unsicheres in 7 % der Fälle. Vf. betrachtet den RICHARDSON-Test, trotz seiner Einfachheit, als von geringem Wert für die klin. Praxis. B. GÖRLICH. 4559 □

Die Aufnahme von ^{3}H-Noradrenalin in Gewebeschnitte und deren Beeinflussung durch Pharmaca. H. J. Dengler und E. O. Titus. (Naunyn-Schmiedebergs Arch. exp. Pathol. Pharmakol. **241.** 523. 1961. Heidelberg, Medizin. Klinik.) (Dt.)

^{3}H-DL-Noradrenalin [**I**; an $C_{(7)}$ markiert] wurde mit Gewebeschnitten der Katze in KREBS-Bicarbonatmedium inkubiert. Die Radioaktivität wird am stärksten in der Milz angehäuft, dann folgen Herz u. Cortex. Folgende Pharmaca führen zu einer Hemmung der **I**-Aufnahme (Konzz. meist 10^{-6}m): *Reserpin*, u. akt. Analoge (*Cocain, g-Strophanthin, Morphin, Chlorpromazin, Guanethidin, Brethylium, Tofranil*) sowie — schwächer wirksam — Substanzen, die mit **I** strukturell verwandt sind (*Tyramin, Ephedrin, Amphetamin, Dichlorisoproterenol*). Von den letzten ist anzunehmen, daß sie mit **I** um die Aufnahme konkurrieren, während erste den Aufnahmemechanismus hemmen. Zahlreiche Inhibitoren der Aufnahme sind Sensibilisatoren der Brenzcatechinaminwirkung. M. METZE. 4561 □

Die Freisetzung von Noradrenalin aus dem perfundierten Kaninchenherzen. R. Lindmar und E. Muscholl. (Naunyn-Schmiedebergs Arch. exp. Pathol. Pharmakol. **241.** 528—29. 1961. Mainz, Univ., Pharmakolog. Inst.) (Dt.)

Vff. beschreiben eine Meth. zur quant. Unters. der *Noradrenalin* (**I**)-Freisetzung durch Pharmaca am isolierten Kaninchenherzen u. geben Ergebnisse mit *1.1-Dimethyl-4-phenylpiperaziniumjodid* (erhöht **I** auf 208 ng/min), *β-Phenyläthylamin* (3—9 ng/min), *Thyramin* (4—29) u. die Beeinflussung dieser Wrkg. durch *Reserpin, Cocain, Atropin* u. *Tetracain* bekannt. M. METZE. 4561 □

Untersuchungen über den Stoffwechsel des Corticosterons bei der Ratte. E. Seeber. (Naunyn-Schmiedebergs Arch. exp. Pathol. Pharmakol. **241.** 517—18. 1961. Berlin-Dahlem, Freie Univ., Pharmakolog. Inst.) (Dt.)

Es konnten aus Nebennierenextrakten als Hauptcorticoid *Corticosteron* u., in kleinerer Menge, *11-Dehydrocorticosteron* isoliert u. identifiziert werden. Aus Urin wurden 2 Metabolite isoliert, von denen der eine im A-Ring hydriert, der andere im B-Ring oxydiert zu sein scheint. M. METZE. 4561 □

Einfluß der Adrenalektomie, der Nebennierenrindenhormone und der Kälte auf den γ-Aminobuttersäure- und Glutaminsäuregehalt des Rattenhirns. G. Rindi und U. Ventura. (Giorn. Biochim. **10.** 135—47. Mai/Juni 1961. Pavia, Univ., Ist. di Fisiol. umana.) (Ital.)

Der Geh. von *γ-Aminobuttersäure* (I) u. *Glutaminsäure* (II) im Rattenhirn wird durch Adrenalektomie verringert u. durch Injektion von *Desoxycorticosteron, Corticosteron, Cortison, Hydrocortison*, Nebennierenextrakt, *Compound S* oder Verabreichung von *NaCl* wieder normalisiert. Durch Kälte wird der Geh. von I, nicht aber von II, verringert. K. ZINGRAF. 4561 □

Entstehung von Herznekrosen und Nephrocalcinose durch Stress bei adrenalektomierten Ratten. H. Selye, P. Prioreschi und P. Jean. (Proc. Soc. exp. Biol. Med. **104**. 68—70. Mai 1960. Montreal, Quebec, Canada, Univ. de Montréal, Inst. de Méd. et de Chir. exp.) (Engl.)

Es wurde geprüft, wieweit die Entstehung einer infarktähnlichen Cardiopathie u. einer Nephrocalcinose bei entsprechend konditionierten Ratten von der Unversehrtheit der Nebennieren abhängt. Dabei zeigte sich, daß für sich allein unwirksame Dosen von *9α-Fluorcortisol* (UPJOHN Co.) plus Na_2HPO_4 ausreichen, um adrenalektomierte Ratten gegenüber der Einw. von unspezif. Stressvorgängen (Kälte, Denervierung, körperliche Einengung) zu sensibilisieren, so daß es daraufhin zu Nekrosen im Herzmuskel u. zur Nephrocalcinose kommt. Damit kann zwar noch nicht behauptet werden, daß die Entstehung der Herznekrosen u. der Nephrocalcinose durch Stress von den Nebennierenhormonen unabhängig ist, da exogenes Corticoid zur Konditionierung gegeben wurde u. die Möglichkeit einer Freisetzung endogener *Brenzcatechinamine* aus extrarenalen Quellen nicht ausgeschlossen wurde; es kann nur als bewiesen gelten, daß Corticosteroide eine konditionierende Rolle spielen u. daß diese nicht von der Anregung endogener Nebennierenhormone abhängig ist. Es wird auch bestätigt, daß nur Corticosteroide mit deutlichen mineralocorticoiden Eigg. konditionierend wirken, da durch *Triamcinolon* (LEDERLE) keine Wrkg. erzielt werden konnten.

U. TAUSENDFREUND. 4561 □

Untersuchungen über 9α-Fluorprednisolonacetat, ein neues synthetisches Corticosteroid zur Behandlung der Ketose bei Rindern. A. W. Neff, N. D. Connor und H. S. Bryan. (J. Dairy Sci. **43**. 553—62. April 1960. Kalamazoo, Mich., Upjohn Co., Vet. Div.) (Engl.)

9α-Fluorprednisolonacetat (*Predef*, UPJOHN) hat bei normalen lactierenden Kühen eine 10mal stärkere blutzuckererhöhende Wrkg. als Prednisolon. Es verringert *P* u. *K* im Serum u. eignet sich zur Behandlung der Ketose bei Rindern. K. ZINGRAF. 4561 □

Über die blutzuckersenkende Wirkung von Metahexamid. S. Garattini, A. Jori, V. Palma und L. Tessari. (Experientia [Basel] **15**. 384—85. 15/10. 1959. Milan, Univ., Inst. of Pharmacol.) (Engl.)

Metahexamid, N-[3-Amino-4-methylbenzolsulfonyl]-N'-cyclohexylharnstoff (I), eine neue orale, blutzuckersenkende Verb., senkt bei Ratte u. Kaninchen den Blutdruck stärker u. länger als *p-Toluolsulfonylbutylharnstoff* (II). I erhöht die *Glucose* (III)-Aufnahme des isolierten Rattendiaphragmas stärker als II. I wird nach intraperitonealer Injektion (Ratte) von den Organen rasch resorbiert u. vom Blut nur langsam wieder abgegeben. Die große hypoglykäm. I-Aktivität beruht offensichtlich auf dem langsamen Abbau u. der starken Beschleunigung der peripheren III-Verwertung. K. MAIER. 4564 □

Experimentelle und klinische Untersuchungen über Sulfanilbutylcarbamid. 1. Mitt. **Resorption und Ausscheidung.** Mario Ravera und Marco Biroli. (Arch. Scienze med. **104** (**82**). 561—71. Okt. 1957. Ivrea, Osped. Civile, Sez. Med.) (Ital.)

Das Resorptionsmaximum von *Sulfanilbutylcarbamid* wird bei Normalpersonen u. Diabetikern nach ca. 4 Std. erreicht. Die Ausscheidung erfolgte sehr langsam, u. das Mittel ist noch nach 7—8 Tagen im Blut nachweisbar. K. ZINGRAF. 4564 □

Experimentelle und klinische Untersuchungen über Sulfanilbutylcarbamid. 2. Mitt. **Beziehungen zwischen Blutzucker und Sulfonamidgehalt im Blut.** Mario Ravera und Marco Biroli. (Arch. Scienze med. **104** (**82**). 572—78. Okt. 1957. Ivrea, Osped. Civile, Sez. Med.) (Ital.) — 1. vgl. vorst. Referat.

Nach Verabreichung von *Sulfanilbutylcarbamid* zeigte die Blutzuckerkurve bei Patienten, die auf das Mittel ansprachen, einen 2phasigen Verlauf: Steiler Abfall innerhalb der ersten 6 Std., dann allmählicher Anstieg innerhalb mehrerer Std. u. erneutes Absinken. K. ZINGRAF. 4564 □

Histaminbildung im menschlichen Blut. S. E. Lindell, H. Rorsman und H. Westling. (Acta allergol. [København] **16**. 216—27. 1961. Lund, Univ. of Lund., Inst. of Physiol.; Dep. of Dermatol.; Gothenburg, Univ. of Gothenburg, Dep. of Clin. Physiol.) (Engl.)

Es konnte im Vollblut von Patienten mit myeloischer Leukämie u. Polycythämie eine *Histamin* (I)-Bldg. aus *^{14}C-Histidin* in vitro beobachtet werden, die mit der Ggw.

der Leukocyten zusammenhing. Während im normalen Vollblut keine I-Bldg. nachweisbar war, konnte diese doch nach Konzentrierung der Leukocyten beobachtet werden. Es bestand jeweils eine signifikante Korrelation zwischen der Zahl der reifen Basophilen u. der Geschw. der I-Bildung. U. TAUSENDFREUND. 4569 □

Bildung von Histamin in einem Hundemastocytom. S. E. Lindell, H. Rorsman und H. Westling. (Experientia [Basel] **15.** 31. 15/1. 1959. Lund, Univ. of Lund, Inst. of Physiol.) (Engl.)

Am Hundemastocytom konnte nachgewiesen werden, daß Mastzellen nicht nur *Histamin* speichern, sondern auch selbst bilden können. U. TAUSENDFREUND. 4569 □

Die Wirkung von Relaxin auf den Uterus von Ratte, Maus und Kaninchen. M. X. Zarrow und D. M. Brennan. (Ann. New York Acad. Sci. **75.** 981—90. 9/1. 1959. Lafayette, Ind., Purdue Univ., Dep. of Biol. Sci.) (Engl.)

Bei Verss. zur Erweiterung der Kenntnisse über die physiolog. Wrkg. von *Relaxin* (**I**) auf den Uterus läßt sich zeigen, daß **I** beim Kaninchen die Fähigkeit zur Potenzierung der *Progesteron* (**II**)-Wrkg. bei der Progestations-Rk. besitzt, obwohl **I** selbst keinerlei Wrkg. ausübt. Es scheint eine quant. Beziehung zwischen den **I**- u. **II**-Mengen u. dem Grad der Potenzierung zu bestehen; die Steigerung kann das 5fache der **II**-Wrkg. betragen. Im Decidua-Test an der Ratte u. Maus wurden davon abweichende Ergebnisse erzielt (Hemmung oder keine Wrkg. auf **II**), so daß die Möglichkeit, es handele sich bei dem Potenzierungsfaktor um eine Verunreinigung, u. die Hemmwrkg. an der Decidua sei die eigentliche **I**-Wrkg., nicht von der Hand gewiesen werden kann; da jedoch eine einwandfreie Potenzierung der **II**-Wrkg. beim Kaninchen zutage tritt, kann die gelegentliche Hemmung bei Ratte u. Maus auch Folge einer unspezif. Wrkg. auf das Hypophysen-Nebennieren-Syst. sein. Bei Prüfung des *Wasser*-Geh. des Uterus wirkte **I** additiv mit *Östradiol* (**III**), während **II** eine teilweise Hemmung der Wasser-Rk. nach **III** oder **I** herbeiführte. U. TAUSENDFREUND. 4569 □

Biochemie der Nichtsteroidovarhormone. Edward H. Frieden. (Ann. New York Acad. Sci. **75.** 931—41. 9/1. 1959. Boston, Mass., Boston Dispensary, Arthritis Res. Labor.; Tufts Univ., Med. School, Dep. of Biochem.) (Engl.)

Es werden Verteilungs-Unterss. bzgl. *Relaxin* beim Problem der Relaxinisolierung u. -charakterisierung angestellt sowie die Beziehung zwischen Relaxin u. der *Uterine relaxing factor*-Aktivität von Ovarextrakten darzulegen versucht.
U. TAUSENDFREUND. 4569 □

Wirkungen von Relaxin auf den nichtgraviden und den graviden Uterus. John V. Kelly. (Ann. New York Acad. Sci. **75.** 998—1002. 9/1. 1959. Los Angeles, Calif., Univ. of California, School of Med., Dep. of Obstetr. and Gynecol.) (Engl.)

Wegen sich widersprechender Berichte über die Wrkg. von *Relaxin* (**I**) wurden in vivo-Unterss. am Menschen bei i.v. u. i.m. Verabreichung von 10—320 mg **I** unter gleichzeitiger tocometr. Prüfung der Uterusmotilität sowie unter Doppelblindanordnung angestellt. **I** bewies dabei einen, wenn auch inkonst. Effekt auf die Kontraktionsfähigkeit des nichtgraviden Myometriums. Eine Bedeutung bei der Behandlung der schmerzhaften Dysmenorrhoen kann **I** jedoch nicht zugesprochen werden. Bei schwangeren Frauen verhindert **I** die Muskelbewegungen des graviden Uterus nicht. An der noch nicht erschlafften Cervix des graviden Uterus nahe dem Geburtstermin trat durch **I**-Behandlung keine Spannungsänderung auf. Indikationen für **I** bei Frühgeburt, zur Cervixerweichung oder Dysmenorrhoebehandlung haben sich demnach beim Menschen nicht ergeben.
U. TAUSENDFREUND. 4569 □

δ-Aminolävulinsäure-, Porphobilinogen- und Porphyrinausscheidung während der ganzen Schwangerschaft bei einer Patientin mit akuter intermittierender Porphyrie mit passiver Porphyrie beim Kind. G. Watson James III, Susan G. Rudolph und Lynn D. Abbott jun. (J. Lab. clin. Med. **58.** 437—44. Sept. 1961. Richmond, Va., Med. Coll. of Virginia, Labor. for Clin. Invest., Dep. of Med. and Dep. of Biochem.) (Engl.)

Bei einer Patientin mit akuter intermittierender Porphyrie war die Ausscheidung von *Koproporphyrin* (**I**) während der Schwangerschaft erhöht, die von *Uroporphyrin* verringert. Beide traten auch in der Amnion-Fl. auf, dagegen waren *δ-Aminolävulinsäure* (**II**) u. *Porphobilinogen* (**III**) in der Amnion-Fl. u. in der Milch nicht nachweisbar. Das Kind schied vorübergehend **I, II** u. **III** im Harn aus („passive Porphyrie").
K. ZINGRAF. 4572 □

Erythrocytenenzyme und reduziertes Glutathion bei Hämoglobin H-Krankheit: Beziehung zum Zellalter und zur Denaturierung von Hämoglobin H. Demetrios A. Rigas und Robert D. Koler. (J. Lab. clin. Med. **58.** 417—24. Sept. 1961. Portland, Oreg., Univ. of Oregon, Med. School, Div. of Exp. Med.) (Engl.)

Im Blut von Patienten mit *Hämoglobin H* (I)-Krankheit wurde in I-Erythrocyten kein Mangel an *Glucose-6-phosphatdehydrogenase*, *Methämoglobinreduktasen* u. *Katalasen* u. keine Instabilität red. *Glutathions* (II) beobachtet; der Enzym-Geh. war in ihnen höher als normal u. der Geh. an red. II nahm mit zunehmendem Zellalter ab, jedoch behielt red. II bei Inkubation mit Acetylphenylhydrazin seine Stabilität. K. ZINGRAE 4572□

Einige Aspekte der Biochemie der Porphyrinverbindungen. 2. Mitt. Tripoli F. Gaudenzi. (Rev. farmac. Bahia **3.** 16—36. Juni 1959—März 1960. Bahia, Univ., Fac. de Med., Cát. de Bioquím.) (Port.)

Übersicht über den Stoffwechsel der *Porphyrine* u. seine biochem. Störungen sowie über die verschiedenen Arten der Porphyrie. K. ZINGRAF. 4572□

Hämoglobinsynthese in einem zellfreien System. Richard Schweet, Hildegarde Lamfrom und Esther Allen. (Proc. nat. Acad. Sci. USA **44.** 1029—35. Okt. 1958. Duarte, Calif., City of Hope Med. Center, Biochem. Dep.; Pasadena, Calif., California Inst. of Technol., Div. of Biol.) (Engl.)

Der Einbau von ^{14}*C-Aminosäuren* (AS) in *Hämoglobin* in einem Syst. von mikrosomalen Elementen aus Kaninchenreticulocyten u. lösl. Enzymen (bes. pH-5-Enzym) konnte von Vff. nachgewiesen werden durch Nachw. von 82% der eingesetzten Aktivitäten in der chromatograph. gereinigten (IRC-50) Hämoglobinfraktion. Die Befunde bestätigen die Konzeption von HOAGLAND, wonach der AS-Aktivierung die Bldg. von AS-RNS folgt. — 26 Literaturangaben. K. RUCKPAUL. 4572□

Necrosin und die Leukocytenphagocytose. G. Ludány, Gy. Vajda, I. Fehér und G. Horváth. (Experientia [Basel] **15.** 31—32. 15/1. 1959. Budapest, Univ., Pathophysiol. Inst.) (Dt.)

Im Gegensatz zu den zahlreichen Faktoren entzündlicher Exsudate, die eine stimulierende Wrkg. auf die Phagocytose der Leukocyten ausüben (Histamin, 5-Hydroxytryptamin, Leukotaxin bzw. Exsudin nach MENKIN, leukotaxinähnliches Proteinhydrolysat nach DEKANSKY, „leucocytosis promoting factor" nach MENKIN) übt das nach MENKIN [1943] gewonnene *Necrosin* (aus sauren Pleuraexsudaten des Hundes) in vitro eine Hemmwrkg. auf Leukocyten gegenüber *Staphylococcus aureus* aus. Die Leukocyten waren aus der Bauchhöhle von Ratten oder aus Hundeblut gewonnen worden. In der Konz. 1 : 200 betrug die Hemmung der phagocytot. Tätigkeit der Leukocyten ca. 36%, bei 1 : 400 ca. 25%, bei 1 : 800 noch ca. 19%. Die auf gleiche Weise gewonnene *Euglobulin*-Fraktion aus dem Serum normaler Hunde hat nur geringe Wrkg. auf die Phagocytose. U. TAUSENDFREUND. 4573□

Einige entwicklungsgeschichtliche Besonderheiten des Fischblutes. Gordon Gunter, L. L. Sulya und B. E. Box. (Biol. Bull. **121.** 302—06. Okt. 1961. Jackson, Miss., Univ. of Mississippi, School of Med., Dep. of Biochem. and Ocean Springs, Miss., Gulf Coast Res. Labor.) (Engl.)

Vff. untersuchten mit Hilfe elektrophoret. Meth. die *Plasmaproteine* von 26 Fischarten (*Elasmobranchier* u. *Teleostomier*) aus dem nördlichen Golf von Mexiko. Von den niederen Arten zu den mehr spezialisierten ließ sich eine Zunahme der Anzahl verschiedener Plasmaproteine feststellen. Den *Elasmobranchiern* fehlte durchweg Albumin. Diese Analbuminämie, die auch bei allen *Lepidosteiformes* u. der Hälfte der *Clupeiformes* gefunden wurde, wird mit zunehmender Spezialisierung seltener, wurde jedoch noch bei zwei Arten der *Perciformes* festgestellt. Mit zunehmender Entw.-Höhe nimmt die Anzahl der Globulinfraktionen zu. Allg. können nahverwandte Arten nach der Zus. ihrer Plasmaproteine unterschieden werden, jedoch gibt es Fälle, bei denen eine derartige Differenzierung prakt. nicht möglich ist. Durchweg ist die zunehmende Entw.-Höhe der Fische auch durch zunehmende Komplexität der Plasmaproteine gekennzeichnet. In Übereinstimmung mit den Ergebnissen früherer Autoren war der Geh. des Blutplasmas der marinen *Lamniformes* an Na^+, K^+ u. Cl^- viel höher als der der Teleostomier. Der Gesamt-*Cholesterin* (I)-Geh. bewegte sich im Plasma der Lamniformes u. Lepidosteiformes in etwa gleicher Höhe wie bei Säugetieren, während er bei den restlichen Teleostomiern wesentlich höher lag. Die Beziehungen zwischen I u. den Plasmaproteinen im Fischblut ähneln den Verhältnissen bei gewissen patholog. Zuständen der Säugetiere einschließlich des Menschen. H. THIELE. 4574□

Über den Umsatz von jungen und alten Serumproteinen. Harry Walter und Felix Haurowitz. (Science [Washington] **128.** 140—41. 18/7. 1958. Bloomington, Indiana Univ., Dep. of Chem.) (Engl.)

Zwischen den Halbwertszeiten von jungem *Serumprotein*, das 8 Std. nach Injektion von Hefeproteinhydrolysaten mit ^{35}S-Aminosäuren in Ratten durch Herzpunktion gewonnen wird, u. altem Serumprotein, das 93,5 Std. nach der Injektion durch Ausbluten gewonnen wird, besteht keine Differenz. Da auch bei der Bldg. des Leberproteins keine Unterschiede beobachtet werden, vermuten Vff. einen wahllosen Umsatz beider Proteine im Rattenorganismus. R. LENSCHAU. 4574□

Über die Verteilung von Na, K, Ca und anorganischem Phosphor zwischen Blutserum und Liquor cerebrospinalis unter pathologischen Bedingungen. Ernst Günter Janssen. (Mschr. Kinderheilkunde **108.** 311—13. Juni 1960. Düsseldorf, Med. Akad., Kinderklinik.) (Dt.)

Im Ablauf der Meningoencephalitis tuberculosa wurde die Permeabilität der Blut-Hirn-Schranke für Kationen u. anorgan. Phosphor verfolgt. Eine Änderung in der Ionenverteilung zwischen Liquor cerebrospinalis u. Serum war nicht erkennbar. Hieraus ergibt sich, daß selbst bei schweren Schrankenstörungen keine Permeabilitätsänderung der Blut-Hirn-Schranke für die genannten Ionen eintritt. Diagnost. oder prognost. Hinweise kann man aus dem Liquor-Geh. an *K, Na, Ca* u. *anorgan. P* nicht entnehmen. S. GROITZSCH. 4574□

Die Bedeutung von Kobalt und Glutathion für die Erhaltung der Fruchtbarkeit und des Lebens der Eier von Dendraster excentricus. Olin Rulon. (Biol. Bull. **121.** 347—53. Okt. **1961.** Pacific Grove, Calif., Hopkins Marine Stat. and Evanston, Ill., Northwestern Univ., Dep. of Biol. Sciences.) (Engl.)

$CoCl_2$ erhöht in Konzz. von m/200—m/6400 die Fruchtbarkeitsdauer von *Dendraster*-Eiern in Seewasser. Die wirksamsten Konzz. (m/1600—m/3200) verlängern die Befruchtbarkeit von 25—30% der Eier auf mehr als 168 Stunden. Die Kontrolleier verlieren ihre Fruchtbarkeit nach 48 Stunden. Werden unbefruchtete Eier zu lange der Co^{2+}-Einw. oder aber zu hohen Co^{2+}-Konzz. ausgesetzt, so wird die Befruchtungsmembran weniger permeabel. Nach erfolgter Befruchtung jedoch ist eine allmählich zunehmende Unterdrückung der Cytoplasmateilung zu beobachten. *Glutathion* (I) kompensiert in niedrigen Konzz. (0,025%) die fruchtbarkeitsverlängernde Wrkg. des Co^{2+}, zeigt aber synergist. Wrkg., wenn es in höheren Konzz. (0,05%) angewandt wird. Ein Gemisch von 50 ml 0,05% ig. I- u. 50 ml m/200 Co^{2+}-Lsg. z. B. erhält die Fruchtbarkeit von 50% der Eier über 312 Stunden. Es wird angenommen, daß Co^{2+} u. *Kobalt-Glutathion* mit den R—SH-Gruppen der Eioberfläche reagieren u. auf diese Weise die Oxydation u. das Erlöschen der Befruchtbarkeit verhindern. H. THIELE. 4582□

Einige Folgeerscheinungen der funktionellen und morphologischen Adaptation an geänderte Calorienzufuhr. P. Fábry, V. Kujalová und R. Petrásek. (Nahrung **3.** 642—49. 1959. Prag, Inst. für Ernährungsforschung, Physiol. Abt.) (Dt.)

An intermittierendes Hungern adaptierte Ratten besitzen eine gesteigerte Fähigkeit zur Bldg. von Stoffwechselreserven, was hauptsächlich in einer erhöhten Lipogenese u. Glykogen-Synth. während der Fütterungsperioden in Erscheinung tritt. Die Aktivität der Leberhexokinase ist erhöht. P. GREGORZEWSKI. 4585□

Eiweißgebundenes Jod im Blut von Milchvieh nach Verfütterung von Salz mit Spurenelementen. J. Lee III, W. A. King und C. Conley. (J. Dairy Sci. **43.** 512—18 April 1960. Clemson, S. C., Clemson Agric. Coll., Dairy Dep.) (Engl.)

Nach Verfütterung *CuJ*- u. *3.5-Dijodsalicylsäure-haltigen Salzes* betrug die Konz. von *Eiweiß-gebundenem J* bei Milchkühen 4,69—44,28 μg% (mit hochsignifikanten Variationen in bezug auf Lactationsstadium, Rasse u. Jahreszeit) u. bei Kälbern u. Färsen 2,02—46,67 μg%; signifikante Variationen in bezug auf Alter oder Wachstum wurden nicht beobachtet. K. ZINGRAF. 4585□

Verwertung verschiedener Zucker durch das junge Kalb. J. G. Velu, K. A. Kendall und K. E. Gardner. (J. Dairy Sci. **43.** 546—52. April 1960. Urbana, Univ. of Illinois, Dep. of Dairy Sci.) (Engl.)

Nach Verfütterung von *Glucose, Lactose* u. *Galaktose* in wss. Lsg. an hungernde Kälber stieg der Geh. der reduzierenden Zucker im Blut deutlich an; Diarrhoe trat nicht ein. *Saccharose* (I) wurde nicht verwertet u. die Aufnahme von *Fructose* u. *Maltose* war gering; bei diesen Zuckern trat Diarrhoe ein. Durch Invertase oder Citronensäure invertierte I wurde leicht verwertet. K. ZINGRAF. 4585□

Der schädliche Gliadineffekt bei der Zöliakie und seine mutmaßlichen Ursachen. H. Krainik. (Arbeitsgemeinsch. Getreideforsch. E. V., Ber. Getreidechem.-Tag. **1958.** 120—31. 1959. Freiburg i. Br., Univ.-Kinder-Klin.) (Dt.)

Inhaltlich ident. mit der C. **1960.** 1235 referierten Arbeit. K. ZINGRAF. 4585□

Die Ungefährlichkeit von gebeiztem Weizen für Schafe. J. Craig und H. P. Dwyer. (J. Agric. Western Australia [4] **2.** 909—12. Nov. 1961.) (Engl.)

Die Nieren u. Lebern der Tiere zeigen nach *Ceresan* (I) hohen *Hg*-Geh., die Fütterung mit I-gebeiztem Weizen ist daher nicht zu empfehlen. Folgende Beizen wurden getestet: $CuCO_3$, *Ceresan, Fernasan* u. *Hexabunt.* P. GREGORZEWSKI. 4585□

Der Riboflavingehalt in den Organen Xanthurensäure-diabetischer Ratten. Shozo Tamura. (Vitamins [Kyoto] **16.** 639—46. 1959. Wakayama, Wakayama Med. Coll., Dep. of Biochem.) (Jap.; Auszug: Engl.)

Bei *Tryptophan-Na-Lactat*-behandelten Ratten ist der *Riboflavin* (I)-Geh. in Leber, Niere u. Hirn beträchtlich, im Herz leicht verändert u. im Pankreas u. Muskel unverändert. Bei *Pyridoxal*-Mangelratten ist der I-Geh. in Leber, Niere, Herz, Pankreas, Hirn u. Muskel erniedrigt. Bei *Alloxan*-diabet. Ratten ist der I-Geh. in allen genannten Organen ebenfalls erniedrigt, nur nicht im Gehirn. P. GREGORZEWSKI. 4587 □

Wirkung von drei Riboflavinen auf den Tryptophanstoffwechsel in Riboflavin-Mangelratten. Junichi Kotake. (Vitamins [Kyoto] **16.** 634—38. 1959. Wakayama, Wakayama Med. Coll., Dep. of Biochem.; Osaka, Osaka Univ., Fac. of Med., Orthopedic Surgery.) (Jap.; Auszug: Engl.)

Nach oraler *Tryptophan*-Verabreichung an normale oder Riboflavinmangelratten erhielten die Tiere *Riboflavin* (I), *Flavinadeninmononucleotid* (FMN) oder *Flavinadenin-dinucleotid* (FAD) u. der Urin wurde untersucht. *Anthranilsäure* wurde nach I nicht verändert, durch FAD etwas erniedrigt, durch FMN stark erniedrigt; *Xanthurensäure* wurde durch I u. FAD erniedrigt, nach FMN trat keine Veränderung ein; *N-Methyl-nicotinamid* wurde durch I u. FAD erhöht u. durch FMN stark erhöht. Die Kynureninexkretion blieb unverändert. P. GREGORZEWSKI. 4587 □

Morphopathologische Untersuchung der durch Hydroxymethylpyrimidin verursachten Schäden. K. Kimura, K. Ô. S., K. Yamauchi, O. Miyazaki, N. Ho und K. Miwaki. (J. Kyoto prefect. med. Univ. **64.** 1070—72. Dez. 1958. Kyoto Pref. Med. Univ., Dep. of Pathol.) (Jap.; Auszug: Engl.)

Bei Mäusen verursacht *Hydroxymethylpyrimidin* (I) nach i. m. Verabreichung folgende Schäden: Degeneration der Nervenzellen, Zirkulationsstörungen u. Veränderungen des Zentralnerven-Syst., in der Leber Verminderung des *Glykogens* u. Fettdegeneration. Bei gleichzeitiger Verabreichung von I u. *Vitamin* B_6 sind die patholog. Veränderungen vergleichsweise gering. P. GREGORZEWSKI. 4587 □

Verwendung und Lagerung von Vitamin B_{12} während verlängerter Fütterung mit der glucuronidogenen Substanz Cinchophen an Ratten. Heikki A. Salmi, Kaarlo Hartiala und Anja-Maija Salmi. (Ann. Med. exp. Biol. fenn., Suppl. **39.** Nr. 2. 88—95. 1961. Turku, Univ., Dep. of Physiol.) (Engl.)

Cinchophen (I) bewirkt einen spezif. Rückgang der Schleimsekretion der Duodenal-pylorusdrüsen, wobei die Schleimhautfunktion als Glucuronidkonjugatbildner überlastet wird. Vff. untersuchen den Einfl. der durch I hervorgerufenen Schleimhautstörung auf die *Vitamin* B_{12} (II)-Resorption. Dazu werden Albinoratten auf einer II-armen Diät ($3 \cdot 10^{-8}$ g II/g Diät) gehalten u. erhalten in der 1.—4. Woche 500 u. in der 5.—8. Woche 300 mg I/kg Körper-Gew./Tag. Innerhalb der ersten 3 Wochen verlangsamt I das Wachstum der Tiere u. bes. bei den ♀ Tieren entwickelt sich eine Anämie. Der Geh. an Leukocyten bleibt unverändert. Der II-Geh. im Serum u. in Organen der I-behandelten Tiere unterscheidet sich nicht signifikant von den Kontrollen. Bldg. u. Wrkg. des *Intrinsic factors* konkurrieren demnach nicht mit den in Ggw. von I gestörten Prozessen in der Magenschleimhaut. L. TRÄGER. 4587 □

Der biologische Wert des ungarischen Paprikapürees Pritamin. M. Krámer, K. Lindner und K. Szöke. (Nahrung **3.** 650—57. 1959. Budapest, Inst. für Ernährungswiss.) (Dt.)

Fütterungs-Verss. an Meerschweinchen ergaben, daß durch den *Vitamin-C*-Geh. im Pritamin die letzten Symptome des Skorbut in größerem Maße verzögert werden als durch die gleichen Mengen synthet. Ascorbinsäure. Ebenso erwies sich das in dem Paprikapüree enthaltene *Carotin* wertvoller als krist. Carotin u. das in gelben Rüben u. Spinat vorhandene Provitamin. P. GREGORZEWSKI. 4587 □

Wirkungsmechanismus von Cholin. Camillo Artom. (Amer. J. clin. Nutrit. **8.** 303—05. Mai/Juni 1960. Winston-Salem, N. C., Wake Forest Coll., Bowman Gray School of Med., Dep. of Biochem.) (Engl.)

Übersicht. — 11 Literaturangaben. K. ZINGRAF. 4587 □

Vitamin-A-Verbindungen in den Ovarien des Kabeljaus, Gadus morhua L., aus der Arktis. P. A. Plack, A. D. Woodhead und P. M. J. Woodhead. (J. Marine biol. Assoc. United Kingdom **41.** 617—30. Okt. 1961. Shinfield, Nat. Inst. for Res. in Dairying and Lowestoft, Fisheries Labor.) (Engl.)

In den Ovarien des Kabeljaus *Gadus morhua L.* (arkt. Raum) bestimmen die Vff. *Vitamin-A-Aldehyd*, *Vitamin-A-Ester*, *-Alkohol* sowie den *Gesamtcarotinoid-Gehalt.* Während des Reifens der Ovarien (Sept.—März) erhöhen sich Gew., Trockensubstanz u. Gesamtgeh. an Vitamin-A-Aldehyd, an Vitamin-A-Ester, -Alkohol sowie an Carotinoiden u. Lipiden. Vitamin-A-Aldehyd wird nur während der Endphase des Reifens (Febr.) nachgewiesen; sein Mengenverhältnis zu den übrigen Verbb. beträgt 10 : 1. Alle übrigen Verbb. werden über den ganzen Unters.-Zeitraum gefunden. A. TÄUFEL. 4587 □

Über den Mechanismus der Lactosewirkung. Wirkung der Lactoseaufnahme auf Calcämie und Phosphatasämie der jungen Ratte bei Calciummangeldiät. Yvonne Dupuis. (C. R. hebd. Séances Acad. Sci. **248.** 1852—54. 23/3. 1959. Paris, Labor. de Physiol. de la Nutrition.) (Franz.)

Bei Albinoratten, die 18 Tage eine *Ca*-arme Diät (50 mg/100 g; Ca/P 0,15) erhielten, nahm die Calcämie des Serums ab, die Phosphatasämie zu. Bei Ca-Zusatz zur Diät wurde die Normalisierung dieser biochem. Veränderungen durch Ggw. von *Lactose* (I) im Futter beschleunigt. Die I-Wrkg. ähnelt der von Vitamin D. K. MAIER. 4587 □

Frühe Veränderungen des Myosins bei Kaninchen mit Vitamin-E-Mangel. G. F. Azzone und M. Aloisi. (Biochim. biophysica Acta [Amsterdam] **18.** 451. Nov. 1955. Univ. of Modena, Inst. of General Pathol.; Nat. Res. Council, Unit for the Study of Physiopathol.) (Engl.)

Nach 10tägiger *Vitamin-E*-Mangelernährung aus Kaninchen gewonnenes *Myosin* (I) verliert sehr früh seine volle Löslichkeit in 0,1m KCl, pH 6,8, während normales I einen scharfen Anstieg der Löslichkeit von 0,05—0,1m KCl zeigt, ebenfalls verändert sich die Viscosität ($Z\eta$ 0,2 → 0,13). P. GREGORZEWSKI. 4587 □

Abtrennung eines wasserlöslichen Wachstumsfaktors (S) aus Sojabohnenölmehl durch Dialyse. R. A. Wilcox, C. W. Carlson und W. Kohlmeyer. (Poultry Sci. **40.** 1766—67. Nov. 1961. Brookings, South Dakota Agric. Exp. Stat., Dep. of Poultry Husbandry.) (Engl.)

Im Tier-Vers. (Puten) konnten im Dialysat eines wasserlösl. Extraktes aus Sojabohnenölmehl zwei *Wachstumsfaktoren* nachgewiesen werden. P. GREGORZEWSKI. 4587 □

Das Redoxpotential des Rumeninhalts. R. L. Baldwin und R. S. Emery. (J. Dairy Sci. **43.** 506—11. April 1960. East Lansing, Michigan State Univ., Dep. of Dairy.) (Engl.)

Das Verhältnis zwischen E_H u. pH der Rumen-Fl. wird durch die Gleichung $E_H = E_0 - 0{,}06$ pH dargestellt. Nur ein kleiner Anteil der reduzierenden Substanzen des Rumens ist an Bakterienzellen gebunden; die Menge der reduzierenden Stoffe ist einige Std. nach Fütterung signifikant erhöht. Es besteht ein deutlicher Zusammenhang zwischen Futterart u. Red.-Vermögen des Rumens. K. ZINGRAF. 4594 □

Blut- und Rumenveränderungen nach intraruminaler Anwendung von glucoseerzeugendem Material. D. R. Waldo und L. H. Schultz. (J. Dairy Sci. **43.** 496 bis 505. April 1960. Ithaca, N.Y., Cornell Univ., Dep. of Animal Husbandry.) (Engl.)

Intraruminale Anwendung von *Propylenglykol* bei Fistelstieren erhöht stärker als *Na-Propionat* (I) den Blutzucker (BZ) u. dieses stärker als *Na-Lactat* oder gemischte Lactate oder *Ca-Lactat. Saccharose* wurde vergoren, u. die Zwischenprodd. erhöhten BZ nicht. Mit steigender Löslichkeit der Lactate nahm ihre Resorption zu u. ihre Vergärung ab; nach der Gärung war die Zunahme der Propionsäure am stärksten, die der Buttersäure u. Essigsäure weniger groß. Bei der intraruminalen Anwendung von I-*Butyrat*-Gemischen nahm mit steigendem I-Anteil BZ zu u. die Ketone im Blut ab. — 33 Literaturangaben. K. ZINGRAF. 4594 □

Untersuchungen über die Phospholipoide der menschlichen Galle und des Dünndarminhalts. Bengt Borgström. (Acta chem. scand. **11.** 749. 1957. Lund, Sweden, Univ. of Lund, Dep. of Physiol. Chem.) (Engl.)

Aus dem Dünndarminhalt des Menschen wurde *β-Palmitoyllysolecithin* isoliert; das in der menschlichen Galle vorkommende Lecithin ist *α-Palmitoyl-β-oleyllecithin*. K. ZINGRAF. 4594 □

Die Anreicherung von radioaktivem Caesium in der Krabbe. G. W. Bryan. (J. Marine biol. Assoc. United Kingdom **41.** 551—75. Okt. 1961. Plymouth Labor.) (Engl.)

An Krabben (ganze Tiere) verschiedener Species, *Viz. Carcinus maenas, Portunus puber, P. depurator, Polybius henslowi, Cancer pagurus* u. *Corystes cassivelaunus* wird unter Zubereitung künstlichen Meerwassers (Zusatz der radioakt. Verbb. u. des inakt. K in unterschiedlichen Konzz.) die Anreicherung von ^{134}*Cs* u. ^{42}K verfolgt u. nachgewiesen, daß ^{42}*K* im Gegensatz zu den bisherigen Kenntnissen rascher angereichert wird als ^{134}Cs. Die Konz.-Faktoren beim ^{42}K-Gleichgewicht sind niedriger als bei ^{134}Cs. Die Anreicherung von ^{134}Cs erfolgt angenähert exponentiell (Hauptperiode der Anreicherung in den ersten 50 Std.). Unterss. am Blut u. an ausgewählten Geweben der Krabben ergaben an Carcinus für die Kiemen sowie die Ausscheidungsorgane (Endsack u. Labyrinth) höhere ^{134}Cs-Werte als für das Blut. Hingegen erfolgt die Aufnahme von ^{42}K bevorzugt durch das Blut; es wird ein rascher Austausch des inakt. K durch ^{42}K nachgewiesen. Der Verlust beider Isotope in Carcinus (in inakt. Seewasser) verläuft langsamer als die Anreicherung.

Die Abnahme ist im Anfangsstadium verhältnismäßig hoch, nimmt dann graduell ab. Vf. stellt fest, daß die Aufnahme von ^{134}Cs durch Verabreichung von inakt. Futter nicht beeinflußt wird. A. TÄUFEL. 4596□

Untersuchungen über Nucleinsäure- und Proteinsynthese und oxydative Phosphorylierung in tuberkulösen Mäusen. Yuzo Yamada. (Nagoya J. med. Sci. **22.** 424—39. Jan. 1960. Nagoya, Univ., School of Med., 1st Dep. of Internal Med.) (Engl.)

♂ Mäusen wird 0,1 mg *Mycobacterium bovinus bacteria* subkutan in die seitliche Bauchwand injiziert, wodurch eine allg. Tuberkulose induziert wird. Werden anschließend 2 μc ^{32}*P-Phosphat*/g Körper-Gew. gegeben, aus Leber, Milz sowie aus dem Rückstand ein kalter Perchlorsäureextrakt hergestellt u. mit Na-Laurylsulfat die Nucleinsäuren isoliert, so werden verschiedene Stoffwechseländerungen nach Infektion beobachtet. Der Einbau von ^{32}P in die *Ribonucleinsäure* (RNS) der Leber geht nach Infektion auf die Hälfte zurück. Bei der Leber-*Desoxyribonucleinsäure* (DNS) wird dagegen eine Zunahme im ^{32}P-Einbau gefunden. Der RNS-Stoffwechsel der Milz ist wenig erhöht, der der Milz-DNS wird dagegen deutlich stimuliert. Werden die Tiere durch 3malige i. m. Injektion von 0,1 mg hitzegetöteten Tuberkeln empfindlich gemacht, so wird der Leber-RNS-Stoffwechsel nur noch wenig verringert. Die Milz-DNS baut dagegen wesentlich mehr ^{32}P ein. Werden 10 γ *Cortisonacetat* (I)/g Körper-Gew. gegeben, so wird der Rückgang des RNS-Stoffwechsels der Leber weitgehend verhindert. Der Leber–DNS-Stoffwechsel wird etwas normalisiert. Der stark erhöhte ^{32}P-Einbau in die Milz-DNS nach Infektion wird durch I ebenfalls weitgehend normalisiert. Werden statt ^{32}P 2 μc $^{14}C_{(1)}$-*Glycin* (II)/g Körper-Gew. gegeben, so wird nach Infektion wesentlich mehr II in die Leber- u. Milzproteine eingebaut. I verringert diese Einbauarten, obwohl I allein beim nichtinfizierten Tier den II-Einbau in die Leber erhöht. Ferner untersuchte Vf. die Veränderungen im ^{32}P- u. II-Einbau bei Alloxan-induzierter Diabetes bei infizierten u. nichtinfizierten Tieren. Nach Infektion ist der ^{32}P-Einbau in Adenosintriphosphat (ATP) stark verringert, was durch I verhindert wird. I allein vermindert beim nichtinfizierten Tier den ^{32}P-Einbau in ATP um 10%. Am stärksten ist der Rückgang bei den hyperglykäm. u. infizierten oder nichtinfizierten Tieren. Die Veränderungen werden gleichsinnig bei den übrigen Nucleotiden gefunden. Demnach konnte Vf. für I die bekannten entzündungshemmenden Eigg. bestätigen. Hyperglykäm. Tiere weisen erhöhte Infektionsbereitschaft auf. Die mit der oxydativen Phosphorylierung verlaufenden Energieleistungen sind nach Infektion in den Lebermitochondrien deutlich verringert. Die Beobachtungen bestätigen ferner die Verschlimmerung der Tuberkulose bei gleichzeitiger Diabetes.
L. TRÄGER. 4596□

Untersuchungen über den Tryptophanstoffwechsel. 1. Mitt. **Tryptophanmetabolite im Harn bei hypoplastischen Anämien und anderen hämatologischen Krankheiten.** Harvey S. Marver. (J. Lab. clin. Med. **58.** 425—36. Sept. 1961. Chicago, Ill., Univ. of Chicago, Dep. of Med., Argonne Cancer Res. Hosp.) (Engl.)

Bei einem Patienten mit idiopath. hypoplast. Anämie wurde nach *Tryptophan* (I)-Belastung eine erhöhte Ausscheidung von I–*Nicotinsäure*-Metaboliten im Harn beobachtet. Auch bei Patienten mit anderen hämatolog. Krankheiten (Lymphom, Multiples Myelom, Morbus HODGKIN, Leukämie, Sichelzellanämie) war die Ausscheidung einzelner oder mehrerer I-Metaboliten erhöht. Bei Hämochromatose scheint dagegen keine Veränderung im I-Stoffwechsel einzutreten. K. ZINGRAF. 4596□

Untersuchungen über Äthionin. 5. Mitt. **Geschlechtsunterschiede bei der Inkorporierung von Äthionin in Rattenproteine in vivo.** Yasuo Natori, Henry O. Trowbridge, Wilfred E. Toreson und H. Tarver. (J. biol. Chemistry **236.** 2821—23. Okt. 1961. San Francisco, Calif., Univ. of California, Dep. of Biochem. and Pathol.) (Engl.)

Es wurde gefunden, daß die Inkorporierung radioakt. *Äthionins* (I) in Proteine von Lebermikrosomen, Leber u. Pankreas bei ♀ Ratten größer als bei ♂ ist. Der Einbau von *Leucin* ist bei beiden Geschlechtern gleich. Nach der Kastrierung nahmen ♂ Ratten ebensoviel I auf wie ♀ Ratten. Durch Zugabe von *17-Äthyl-19-nortestosteron* wurde der I-Einbau bei kastrierten Ratten auf den gleichen Spiegel wie bei normalen Ratten gesenkt. K. HEYNS. 4596□

Über die Selektivität der Proteine für Natrium und Kalium in einem kinetischen System ohne und in Gegenwart von Lipiden. Carel Jan van Oss, Denise Annicolas und Henri Simonnet. (C. R. hebd. Séances Acad. Sci. **248.** 460—63. 19/1. 1959.) (Franz.)

Unter Verw. eines kinet. Syst., das den physiolog. Bedingungen viel besser angenähert ist als Gleichgewichts-Syst. u. in dem keine Zeit zur Gleichgewichtseinstellung mit den umgebenden Ionen verbleibt, konnte eine Selektivität für *K* oder *Na* von *Rinderalbumin* (I), das mit wasserlösl. Lipiden assoziiert war, nachgewiesen werden. Bei pH 7 hält I in Kombination mit einem starken kation. Detergens, wie Laurylbenzyldimethylammoniumbromid 2mal soviel Na wie K zurück, mit dem schwächeren Cetyldimethylcyclohexanolammoniumbromid 20% mehr K als Na, mit dem anion. Na-Laurylsulfat ca. 20% mehr K als Na, mit einer Seife („Sunlicht") 3mal mehr K als Na. Die Art des Anions der Na- u. K-Salze beeinflußt die negative Ladung von I oder des I-Lipidkomplexes stark. Eine Verminderung der negativen I-Ladung scheint mit einer erhöhten Selektivität für Na oder K verbunden zu sein. K. MAIER. 4596 □

Fettstoffwechsel bei experimenteller Fettsucht. 9. Mitt. **Lipogenese und Cholesteringenese bei gelben fettsüchtigen Mäusen.** Claire Zomzely und Jean Mayer. (Amer. J. Physiol. **196.** 611–13. März 1959. Boston, Mass., Harvard, School of Public Health, Dep. of Nutrition.) (Engl.) — 7. vgl. C. **1959.** 4839.

Füttert man gelbe fettsüchtige Mäuse ad libitum, so ist der Einbau von ^{14}*C-Acetat* (II) in Leberfettsäuren (I) bei Tieren beiderlei Geschlechts über doppelt so groß wie bei den Kontrollen. Vff. berechneten die hepat. Lipogenese zu nur 25% der gesamten Lipogenese für nichtfettsüchtige Kontrolltiere (n.f.K.) u. fettsüchtige Männchen. Fettsüchtige Weibchen weisen eine schwach erhöhte (35%) hepat. Lipogenese auf. Fasten erniedrigt allg. die Lipogenese. Nach 18std. Fasten bauen die Weibchen noch bedeutend mehr ^{14}C-Acetat in Leberfettsäuren u. Fettsäuren des extrahepat. Gewebes ein als n. f. Kontrolltiere. Im Gegensatz dazu ist die Fettsäure-Synth. bei Männchen auf die Werte, die bei n. f. K. gefunden wurden, erniedrigt. Der *Cholesterin*-Geh. der Leber u. der Einbau von Fettsäuren in das Lebercholesterin ist nahezu doppelt so groß bei Fettmäusen wie bei n. f. Kontrollen. Wie bei der Synth. der Fettsäuren weisen fastende ♀ Fettmäuse eine höhere Cholesterin-Synth.-Rate auf als fastende Kontrollen, während die Männchen sich wie die Kontrollen verhalten. — Diese gelbe Fettsucht zeigt ähnliche Merkmale in bezug auf Lipo- u. Cholesteringenese wie die endokrin-erzeugte Fettsucht. Neu sind die Geschlechtsdifferenzen. H. ZÖLLNER. 4596 □

Lipoidtransport. H. C. Tidwell. (Amer. J. clin. Nutrit. **8.** 310–14. Mai/Juni 1960. Dallas, Tex., Univ. of Texas, Southwestern Med. School, Dep. of Biochem.) (Engl.)

Übersicht über die Resorption der Lipoide u. ihren Transport im Blut. — 19 Literaturangaben. K. ZINGRAF. 4596 □

Lipotrope Faktoren beim Cholesterintransport in Versuchstieren. Colin C. Lucas. (Amer. J. clin. Nutrit. **8.** 315–17. Mai/Juni 1960.) (Engl.)

Zusammenhängender Bericht über verschiedene Unterss. des Autors u. anderer an Ratten über den *Cholinester*-Transport (*Cholin* kann den *Cholesterin*-Geh. des Blutes durch Veränderung der Leberfunktion, wahrscheinlich durch Mobilisation der in der Leber gespeicherten Cholesterylester, beeinflussen). — 5 Literaturangaben.
K. ZINGRAF. 4596 □

Lipotrope Substanzen und Fettransport. W. E. Cornatzer. (Amer. J. clin. Nutrit. **8.** 306–09. Mai/Juni 1960. Grand Forks, N.D., Univ. of North Dakota., Dep. of Biochem.) (Engl.)

Übersicht. — 43 Literaturangaben. K. ZINGRAF. 4596 □

Leberlipide. Vergleichende Untersuchung der Einflüsse stark fetthaltiger Cholinmangeldiät und stark cholesterinhaltiger Diät auf Serum. C. T. Ashworth, F. Wrightsman und V. Buttram. (A.M.A. Arch. Pathol. **72.** 620–24. Dez. 1961. Dallas, Tex., Univ. of Texas, Southwestern Med. School, Dep. of Pathol.) (Engl.)

Bei stark fetthaltiger *Cholin*-Mangeldiät erhöht sich in der Leber säugender Ratten der *Triglycerid*-Geh. stark, der *Cholesterin*-Geh. leicht, während der *Phospholipid*-Geh. absinkt. Im Serum treten keine Veränderungen auf. 2% Cholesterin in der Nahrung beeinflussen die Leber-Clearance der Fette aus dem Blut nicht.
P. GREGORZEWSKI. 4596 □

Leberlipide. Feinstrukturveränderungen in Leberzellen nach stark fetthaltiger, stark cholesterinhaltiger und Cholinmangeldiät bei Ratten. C. T. Ashworth, E. Sanders und N. Arnold. (A.M.A. Arch. Pathol. **72.** 625–36. Dez. 1961. Dallas, Tex., Univ. of Texas, Southwestern Med. School, Dep. of Pathol.) (Engl.) — Vgl. auch vorst. Referat.

15 Abbildungen. 24 Literaturangaben. P. GREGORZEWSKI. 4596 □

Die Bildung von Glycerophosphatiden aus ^{14}C-markierten Vorläufern im Rattengehirn. E. T. Pritchard. (Canad. J. Biochem. Physiol. **36.** 1211–20. Nov. 1958. London, Ontario (Canada), Univ. of Western Ontario, Dep. of Biochem.) (Engl.)

Von den untersuchten, mit ^{14}C markierten Vorläufern der *Glycerophosphatide* (I) lieferte nur *Essigsäure* (II) eine beträchtliche Radioaktivität im sauren Teil des I-Moleküls. *Glycerin* (III), *Glykokoll* (IV), *Serin* (V), *Äthanolamin* (VI) u. *Cholin* (VII) geben im Gehirn u. Leber ihre Radioaktivität nur an den Nicht-Fettsäure-Anteil von I. Im Gehirn war die Reihenfolge der Wirksamkeit als Vorläufer: VI > V > VII > III > II > IV; bei Leber war die Reihenfolge: II > III > V > VII > IV. — Für maximale Aufnahme der Vorläufer in die I sind aerobe Bedingungen u. ein entsprechender Kohlenhydratstoffwechsel von Bedeutung. A. HESSE. 4596 □

Zum Status des Kreatins im Herzmuskel. Y. C. P. Lee und Maurice B. Visscher. (Proc. nat. Acad. Sci. USA **47.** 1510—15. 15/9. 1961. Univ. of Minnesota, Dep. of Physiol.) (Engl.) — Vgl. C. **1961.** **9496.**

Unterss. mit $^{14}C_{(1)}$-*Kreatin* am isolierten durchströmten Kaninchen-Herz-Präp. haben ergeben, daß das gewöhnlich als „*freies Kreatin*" bestimmte Kreatin aus zwei chem. Formen besteht, eine ist durch saure Extraktion abzutrennen.

P. GREGORZEWSKI. 4597 □

Wirkung von Natriumferrocyanid und Bicarbonat auf die Rückresorption anorganischen Sulfats in den Nierentubuli. Fredrik Berglund. (Proc. Soc. exp. Biol. Med. **104.** 70—72. Mai 1960. Boston, Mass., Boston Univ., School of Med., Dep. of Pharmacol. and Exp. Therap.) (Engl.)

$Na_4Fe(CN)_6$- u. $NaHCO_3$-Infusionen beeinflussen beim Hund die Rückresorption von SO_4^{2-} durch die Nierentubuli nicht, so daß anzunehmen ist, daß nur diejenigen Anionen die SO_4-Rückresorption hemmen, die als solche durch die tubulären Zellen rückresorbiert werden; Bicarbonat wird demnach vermutlich nicht in ionogener Form, sondern in Form von CO_2 u. *W.* rückresorbiert. U. TAUSENDFREUND. 4597 □

Zink bei Leberkrankheiten. Hubert J. van Peenen und Fred V. Lucas. (A.M.A. Arch. Pathol. **72.** 700—02. Dez. 1961. Columbia, Mo., Univ. of Missouri, School of Med., Dep. of Pathol.) (Engl.)

Der *Zn*-Geh. normaler Lebern beträgt 87—101 μg/g Lebergewebe, bei Leberkrankheiten ist er teilweise erniedrigt. P. GREGORZEWSKI. 4597 □

Untersuchung über die Präventivwirkung von Antifettleberfraktionen des Pankreas auf durch Äthionin induzierte Fettlebern. 2. Mitt. Die Wirkung intragastrischer Verabreichung. J. C. Sachdev und K. B. Gupta. (Indian J. med. Res. **46.** 673—78. Sept. 1958. Indore, M.P., M.G.M. Med. College, Dep. of Physiology.) (Engl.) — 1. vgl. Indian J. med. Res. **45.** [1957.] 2.

Die Unters. zeigt, daß Äthioninfettlebern durch intragastr. Verabfolgung von *Äthionin* bei Ratten mit abgebundenem Ductus pancreaticus u. Gabe von *Casein* (I) erzeugt werden können. Durch Verabreichung von *Methionin* (II) kann eine Äthioninfettleber verhindert werden; dagegen wird unter den Vers.-Bedingungen das im Eiweiß enthaltene II nicht wirksam. *Antifettleberfaktor* (III), *Trypsin* (IV) u. I zusammen gefüttert, konnten die Äthioninfettleber verhüten. Unter analogen Voraussetzungen war „*Lipocaic*" (V) nicht wirksam. Es kann daraus geschlossen werden, daß III u. IV II aus der aufgenommenen Nahrung in Freiheit zu setzen vermögen, während V dazu nicht in der Lage ist. Die Verss. machen es sehr wahrscheinlich, daß die Antifettleberfraktion des Pankreas ein *proteolyt. Enzym* darstellt. H. ZÖLLNER. 4597 □

Die Resorption und Ausscheidung von Phenolphthalein und seinem Glucuronid bei der Katze. Kalle Pekanmäki und Heikki A. Salmi. (Acta pharmacol. toxicol. [København] **18.** 133—40. 1961. Turku, Finland, Univ., Dep. of Physiol.) (Engl.)

Fehlen von Galle im Darm verringert bei der Katze die Resorption von freiem *Phenolphthalein* (I), besaß aber keinen Einfl. auf die Menge des resorbierten I-*Clucuronids* (II), wenn konjugiertes I nur in Form von II in die Galle ausgeschieden wurde. Freies I kam in der Galle nicht vor. Nach Verabreichung von freiem u. konjugiertem I wurde die freie Form rascher ausgeschieden. II wurde rascher in den Harn ausgeschieden als freies I. Die Resorption von freiem u. konjugiertem I ist Dosis-abhängig. Herabsetzung der Dosis bewirkt relative Zunahme der Resorption. K. ZINGRAF. 4597 □

Die biliäre Dynamik der Metaboliten von Natriumsulfobromphthalein beim Menschen. L. S. Monroe und A. L. Kittinger. (J. Lab. clin. Med. **58.** 468—76. Sept. 1961. La Iolla, Calif., Scripps Clin. and Res. Found., Div. of Gastroenterol.) (Engl.)

Bei Patienten mit Gallenfistel u. gestörter Leberfunktion war die Ausscheidung von *Natriumsulfobromphthalein* (I) in der Galle verzögert u. die Konz. in der Galle war gering. Auch die Verteilung der Metaboliten von I in der Galle war verändert. Die Geschw. der Umwandlung von I in seine Metaboliten hing vom Funktionszustand der Leber ab. *Florantyron* beeinflußte die Verteilung der Metaboliten in Richtung der Normalisierung.

K. ZINGRAF. 4597 □

Lokalisation und Verteilung der Phosphatasen im Zentralnervensystem. Luigi Rigamonti und Aureliano Rovescalli. (Arch. Scienze med. **104** (82). 538—53.

Okt. 1957. Pavia, Univ., Clin. Chir.; Milano, Ist. Psichiatr. provinciale e Ist. Anat.-Patol. e Neurobiol. „A. Verga".) (Ital.)

Der Geh. an *Phosphatasen* ist in Hirnbereichen, welche reich an Nervenzellen sind, höher als im Rückenmark oder in der weißen Substanz. Es wird daher angenommen, daß die Phosphatasen, bes. die alkal., selektiv in den Nervenzellen lokalisiert sind u. mit ihrem Stoffwechsel in enger Beziehung stehen. Die Löslichkeit in den verschiedenen Hirnbereichen bei pH 5,00 bzw. 9,20 ist trotz gleichstarker Wrkg. unterschiedlich. K. ZINGRAF. 4598□

Proteinstoffwechsel des Nervensystems. Heinrich Waelsch und Abel Lajtha. (Physiol. Rev. **41.** 709—36. Okt. 1961. New York, N.Y., Columbia Univ., Coll. of Physicians and Surgeons, New York State Psychiatric Inst.) (Engl.)

Übersicht. — Freie Aminosäuren u. deren Herkunft, Peptidstoffwechsel, Protein-Synth. im Hirn, Proteinumwandlung im Nerven-Syst., Proteinstoffwechsel in Nerven, Proteinabbau im Hirn (in vitro). — 177 Literaturangaben. P. GREGORZEWSKI. 4598□

Weitere Untersuchungen über die Sehpigmente von Xenopus laevis. H. J. A. Dartnall. (J. Physiology **134.** 327—38. 28/11. 1956. London, Visual. Res. Div., Med. Res. Council, Ophthalmolog. Res. Unit, Inst. of Ophthalmology.) (Engl.)

Das mit 2%ig. Digitonin aus den Lichtreceptoren von *Xenopus laevis* extrahierte photoempfindliche Material besteht aus einer Mischung von 8% eines Photopigments, das sehr ähnlich oder ident. mit dem Froschsehpigment 502 ist u. zu 92% aus einem Pigment, das dem Karpfenpigment 523 sehr ähnlich oder mit ihm ident. ist. P. GREGORZEWSKI. 4598□

Robert S. Harris and Dwight J. Ingle, eds., Vitamins and hormones; advances in research and applications. Vol. 19. New York: Academic P. 1961. (366 S. m. Abb.) $ 13,—.

Fritz Knorr, Vitamin-Bestimmungsmethoden. Garmisch-Partenkirchen: Moser. 1961. (60 Bl.) 4°. DM 20,—.

William Montagna, ed., Advances in biology of skin. Vol. I: Cutaneous innervation. Proceedings of the Brown University Symposium on the Biology of Skin, 1959. Oxford, London, New York, Paris: Pergamon Press. 1960. (203 S. m. Abb.) 63 s.

W. H. Taliaferro and J. H. Humphrey, Advances in immunology. Vol. 1. New York: Academic P. 1961. (423 S. m. Abb.) $ 12,—.

Ja. Ch. Turakulow, Biochemie der Hormone der Schilddrüse in der Norm und bei der thyreoiden Pathologie. Taschkent: Verl. der Akad. der Wiss. der UsbekSSR. 1962. (222 S. m. Abb.) 1 Rbl. 65 Kop. [Russ.]

E_6. Pharmakologie. Therapie. Toxologie. Hygiene

Möglichkeiten zur Gewinnung markierter Pharmaca durch Aktivierung mit Neutronen. H. Schniewind, W. Braun und M. Krämer. (Naunyn-Schmiedebergs Arch. exp. Pathol. Pharmakol. **241.** 527—28. 1961. Hamburg, Univ., Pharmakol. Inst.) (Dt.)

Am Beispiel des *Benemids* (I) wird gezeigt, wie man Pharmaca radioaktivieren kann. Sie werden für pharmakolog. Unterss. benötigt u. sind im internationalen Handel kaum erhältlich. Das markierte I wurde Ratten in die Schwanzvene injiziert u. die Organ-Konz. bestimmt: Niere : Leber: Herz : Skelettmuskel, 100 : 27 : 12 : 2. M. METZE. 4601□

Wirkungen von Se und Vitamin E auf Weißmuskelkrankheit. O. H. Muth, J. E. Oldfield, L. F. Remmert und J. R. Schubert. (Science [Washington] **128.** 1090. 31/10. 1958. Corvallis, Oregon Agric. Exp. Stat., Dep. of Vet. Med., Dairy and Animal Husbandry and Agric. Chem.) (Engl.)

Se scheint eine schützende pharmakodynam. Wrkg. in bezug auf die Weißmuskelkrankheit der Schafe u. Kälber zu haben. Die Unterss. erstrecken sich auch auf *Vitamin-E*-Best. im Heu u. Blut der Tiere. P. GREGORZEWSKI. 4606□

Entgiftungsstudien. 86. Mitt. Der Stoffwechsel von ^{14}C-Äthylenglykol. P. K. Gessner, D. V. Parke und R. T. Williams. (Biochem. J. **79.** 482—89. Juni 1961. London, St. Mary's Hosp. Med. School., Dep. of Biochem.) (Engl.) — 85. vgl. C. **1961.** 15475.

Kaninchen erhalten Gaben von 0,1—2,0 g $^{14}C_{(2)}$-*Äthandiol-(1.2)* (I; subkutan, oral)/kg, das zu 20% der ^{14}C-Dosis im Harn, vorwiegend unverändert, kleinere Mengen als Harnstoff u. Oxalsäure (II), ausgeschieden wird. Bei Dosen von 2,5 u. 5,0 g/kg steigt die Aktivität im Harn auf ca. 50% an. Bei 0,1 g/kg werden 40% u. 60% von I als $^{14}CO_2$ in der Atemluft in 1 u. 3 Tagen eliminiert. Der Rest ist größtenteils in den Geweben lokalisiert. Die Ratte scheidet bei einer Dosis von 0,1 bzw. 1,0 g/kg in 24 Std. 21 bzw. 58% der Aktivität im Harn aus, während $^{14}CO_2$ in der Atemluft bei 0,1 g/kg in 24 Std. 23%, bei 10 g/kg in 12 Std. 2,4% beträgt. Kaninchen u. Meerschweinchen scheiden nur Spuren (ca. 0,05%) von II bei $<$ 1 g I/kg u. ca. 0,5% bei 1—5 g/kg aus. Größere II-Mengen scheiden Ratten (0,5—1,1% der Dosis) u. Katzen (0,7—3,7%) aus. Nach 0,1—1 g I/kg beträgt die Gesamtaktivität im Harn von Katzen, Ratten, Kaninchen u. Meerschweinchen 43—78, 21—49, 21—26 u. 26—37%. Die ^{14}C-Konz. war in Leber, Niere u. Knochen der Ratte am größten. Mittels Rattenleberschnitten wurden *Glykolaldehyd* u. *Glyoxylsäure* (III) als Zwischenstufen der I → CO_2-Oxydation erkannt. Für III als Intermediärprod. spricht auch die Ausscheidung von *^{14}C-Hippursäure* durch Ratten nach gemeinsamer Injektion von $^{14}C_{(2)}$-I u. Benzoesäure. Die relative Toxizität von I für verschiedene Species, die wahrscheinlichen Abbauwege u. die Toxizität der I-Metabolite werden besprochen. K. MAIER. 4607 □

Über den papierchromatographischen Nachweis toxikologisch wichtiger Nitroverbindungen und ihrer im Stoffwechsel entstehenden Abbauprodukte. H.-W. Rahn. (Naunyn-Schmiedebergs Arch. exp. Pathol. Pharmakol. **241**. 521. 1961. Berlin, Humboldt-Univ., Vet. med. Fak., Inst. f. Pharmakol. u. Pharmacie.) (Dt.)

4.6-Dinitro-o-kresol (I) u. *4.6-Dinitro-2-sek.-butylphenol* (II) wurden nach bes. Verf. (Formamid als stationäre polare Phase, Benzol als apolares Laufmittel, Papier SS 2043 bMgl) papierchromatograph. getrennt u. nachgewiesen. Die Unters. ihrer Stoffwechsel-Prodd. zeigte keine Übereinstimmung. M. METZE. 4607 □

Toxizität und antiphlogistische Wirkung einiger neuer Triazolone. H. Černá, L. Klabusay, M. Kroutil, J. Lenfeld, J. Malinský und J. Zemánek. (Acta Univ. Palackiane Olomucensis **14**. 145—56. 1958. Olomouc, Palacky univ., Lék. fak., Farmakol. úst.; Histol.-embryol. úst.) (Tschech.)

Vff. untersuchten die akute u. chron. Toxizität u. antiphlogist. Wrkg. folgender Triazolone: A_1: *Di-Na-Salz* der *2-[1-Phenyl-2-(4-hydroxyphenyl)-1.2.3-triazolon-(5)-yl-(4)]-chinolin-4-carbonsäure*; A_2: *2-[1-Phenyl-2-(3-carboxy-4-hydroxyphenyl)-1.2.3-triazolon-(5)-yl-(4)]-chinolin-4-carbonsäure*; A_3: *1-Phenyl-2-[3-carboxy-4-hydroxyphenyl]-4-acetyl-1.2.3-triazolon-(5)*. Die Best. der DL_{50} (Versuchstier: Maus) ergab: A_1 intraperitoneal 6,7 g/kg; A_2 intraperitoneal 4,28 g/kg; peroral 8,1 g/kg; A_3 intraperitoneal 0,79 g/kg, peroral 6,31 g/kg (Atophan intraperitoneal 0,3 g/kg). Die Triazolone riefen im chron. Vers. histolog. Veränderungen an verschiedenen Organen hervor, Vermehrung des Leberfettes, bei A_1 u. A_2 Infiltrations- u. Degenerationserscheinungen sowie Nekrosen (Nierenänderungen bzw. Tubulosepitheliendegeneration, Vergrößerung der Glomeruli mit Überblutung u. Lagerinfiltrate). A_3 zeigte bei der chron. Formalinentzündung eine stärkere Wrkg. als Atophan u. störte zum Unterschied von Phenylbutazon die antiexsudative Wrkg. des Amidopyrins nicht. B. GÖRLICH. 4607 □

Antiinflammatorische Wirkungen mancher Hydroxybenzoesäuren in Beziehung zu den Nebennieren. J. Lenfeld, M. Kroutil und L. Klabusay. (Acta Univ. Palackiane Olomucensis **14**. 135—44. 1958. Olomouc, Palacky univ., Lék. fak., Farmakol. ústav.) (Tschech.)

Vff. untersuchten die Wrkg. von *m-Hydroxybenzoesäure* (I), *Protocatechusäure* (II) u. *γ-Resorcylsäure* (III) auf die *11-Hydroxysteroid* (IV)-Ausscheidung im Urin u. auf den Verlauf der chron. Formalin (V)-Entzündung bei Ratten. III erhöhte die IV-Ausscheidung am stärksten u. zwar während der Dauer (15 Tage) des Versuches. II wirkte schwächer, am stärksten zwischen dem 5. u. 10. Tag. I zeigte keine Wirkung. Analog verhielten sich I, II u. III bei den mit V behandelten Tieren. Bei adrenalektomierten Ratten verloren II u. III einen Teil ihrer antiphlogist. Wirkung. B. GÖRLICH. 4607 □

Wirkung von Stoffwechselinhibitoren, Kaliumionen und DDT auf einige elektrische Eigenschaften von Insektennerven. Untersuchungen über den Wirkungsmechanismus von Insekticiden. 15. Mitt. Teruo Yamasaki und Toshio Narahashi. (Botyu-Kagaku [Sci. Insect Control] **22**. 354—67. Nov. 1957. Tokyo, Japan, Univ. of Tokyo, Fac. of Agric., Labor of Appl. Entomol.) (Engl.) — 14. vgl. Botyu-Kagaku [Sci. Insect Control] **22**. [1957.] 305.

Vff. untersuchten die Wrkg. von Stoffwechselinhibitoren, K^+ u. *DDT* auf das Ruhe- u. das Aktionspotential von aus *Periplaneta americana L.* isolierten Nerven. Es wurde gefunden, daß ein Leitungsblock nicht immer von der Stärke einer durch Stoffwechselinhibitoren hervorgerufenen Depolarisation abhängig ist. *DDT* ($1,4 \cdot 10^{-4}$ m) beeinflußte in den meisten Fällen das Ruhepotential der Nerven nicht, in wenigen Fällen trat eine geringe Verminderung auf; ein Leitungsblock wurde nie beobachtet. Die Möglichkeit, daß Stoffwechselinhibitoren selektiv entweder auf den Ruhestoffwechsel oder den akt. Stoffwechsel der Nerven wirken, wird diskutiert, ebenso die Annahme, daß *DDT* den akt. Nervenstoffwechsel stimuliert. H. GOEBEL. 4607

Antagonisten zur Vergiftung durch Schradan bei Mäusen. R. D. O'Brien und A. N. Davison. (Canad. J. Biochem. Physiol. **36**. 1203—10. Nov. 1958. London, Ontario (Canada), Canada Dep. of Agric., Sci. Serv. Labor.) (Engl.)

Die Gift-Wrkg. von *Schradan* (I) gegen Mäuse (vgl. C. **1956**. 11203; C. **1957**. 4725) wird durch *SKF 525A* (II) > *Iproniazid* (III) > *3-Acetylpyridin* (IV) aufgehoben; *Hydragalin* (*2-[N'-p-Tolyl-N'-m-hydroxyphenylaminomethyl]-imidazolinhydrochlorid*) ist ebenfalls gegen I wirksam, hat aber in größeren Dosen (84 mg/kg) tox. Wrkg.; ohne Wrkg. sind: Trasentime, Reserpin, Chlorpromazin, Isoprenalin (DL-α-3.4-Dihydroxyphenyl-β-isopropylaminoäthanolhydrochlorid), Methylhydrazin, Isopropylidenisonicotinsäurehydrazid, 2.4-Dinitrophenol u. Dimethylformamid. — II liefert einen Schutz gegen I auch dann, wenn es nach der I-Verabreichung (intraperitoneale Injektion) gegeben wird. Bei gleichzeitiger Verabreichung von I u. II verschiebt eine Dosis von 20 mg II/kg die letale Dosis (DL_{50}) von 21 auf 80 mg I/kg. Für den Behandlungszeitpunkt mit II bestehen 2 Optima: 1 Std. vor u. gleichzeitig mit der Verabreichung von I. — II schützt in vivo auch gegen *Guthion*, nicht aber gegen *Parathion*. — Die Wrkg. von II > III > IV geht parallel mit der Wrkg. dieser Verbb. hinsichtlich eines Schutzes gegen die Schlafmittel-Wrkg. von *Phenobarbital*. A. HESSE. 4607□

Eine experimentelle Untersuchung der Vergiftung durch Parathion. — Seine natürliche Zersetzung, die Ausscheidung im Harn und die Verteilung in verschiedenen Organen bei vergifteten Kaninchen. Takeshi Hasegawa. (Fukuoka Acta med. [Fukuoka-Igaku-Zassi] **50.** 1900—16. Juni 1959. Fukuoka, Japan, Kyushu Univ., Fac. of Med., Dep. of Hyg.) (Jap.; Auszug: Engl.)

Ausgelegtes oder versprühtes *Parathion* (I) wird durch W., Feuchtigkeit, Hitze, Mikroorganismen, Erde u. bes. durch Sonnenlicht u. einige Bestandteile der Luft entgiftet u. zerstört. Intrakutan an Kaninchen verabreichtes I wurde zum größten Teil in Form von *p-Nitrophenol* (II) u. nur in geringer Menge in der ursprünglichen Form im Harn ausgeschieden; die Konz. von I in verschiedenen Organen war geringer als die Konz. von II im Harn. Die Ausscheidung war nach 24 Std. beendet.

K. ZINGRAF. 4607□

Terpenylanaloge des Parathions (als Insekticide). Terpenreihe. 3. Mitt. V. V. Bhatia, R. S. Dewan, A. R. S. Kartha und K. C. Gulati. (Indian J. agric. Sci. **28.** 569—74. Dez. 1958. New Delhi, Indian Agric. Res. Inst.) (Engl.)

Es wurden das *Longifolyl-*, *Nopyl-* u. *Bornylanaloge* des *Parathions* in 65-, 49- u. 40%ig. Reinheit hergestellt u. an *Euproctis lunata*, *Corcyra cephalonica* u. *Triboleum castaneum* getestet. Sie besaßen erhebliche Toxizität, die 1. Verb. die größte, aber geringere als die Vergleichssubstanz.

Versuche: *Longifolylalkohol* (I) aus Longifolen durch Hydrolyse von Longifolylacetat mit alkohol. KOH. — *Nopol* (II), aus β-Pinen durch Kondens. mit Paraformaldehyd in Ggw. von $ZnCl_2$. — *O.O'-Dilongifolylchlorthiophosphat* (III), $C_{30}H_{50}ClO_2PS$, aus 120 g 80%ig. I durch Überführung mit Na in das Alkoholat in sd. Ae. u. Rk. mit benzol. $PSCl_3$-Lsg. bei ≦ 10°; 33 g (Ausbeute; 68,7% ig.). — *O.O'-Dinopylchlorthiophosphat* (IV), $C_{22}H_{34}ClO_2PS$, aus II wie vorst.; 52,5% ig. — *O.O'-Dibornylchlorthiophosphat*, $C_{20}H_{34}ClO_2PS$, aus 60 g Borneol wie vorst.; 72 g (43% ig.). — *O.O'-Dilongifolyl-O''-p-nitrophenylthiophosphat* (V), $C_{36}H_{54}NO_5PS$, aus 16 g III u. äquimol. Menge p-Nitrophenol in sd. Aceton in Ggw. von K_2CO_3 (5 Std.); 14,5 g. — *O.O'-Dinopyl-O''-p-nitrophenylthiophosphat*, $C_{28}H_{38}NO_5PS$, aus 54 g IV wie vorst.; 52 g. — *O.O'-Dibornyl-O''-p-nitrophenylthiophosphat*, $C_{26}H_{38}NO_5PS$, aus 40 g V wie vorst.; 28 g. K. MAIER. 4607□

Pharmakologische Wirkungen von Fettsäuren, Triolein und Baumwollsamenöl. Lars Orö und Arvid Wretlind. (Acta pharmacol. toxicol. [København] **18.** 141—52. 1961. Stockholm, Karolinska Inst., Dep. of Pharmacol.) (Engl.)

Emulsionen gesätt. Fettsäuren von C_2 bis C_{18} wurden Mäusen i. v. verabreicht. Die höchste DL_{50} zeigte *Stearinsäure* (23 mg/kg); die DL_{50} nahm bis zur *Capronsäure* (1,725 mg/kg) mit der C-Zahl ab u. stieg dann wieder an (*Essigsäure* 525 mg/kg). Die DL_{50} von *Ölsäure* betrug 230 mg/kg, die einer *Baumwollsamenöl* (I)-Emulsion konnte nicht bestimmt werden, betrug jedoch mehr als 15 g/kg. Bei i. v. Injektion bei Katzen senkten Emulsionen von I u. *Triolein* mit *Sojabohnenphosphatiden* (II) u. *Pluronic F 68* (III) oder mit III allein, sowie III allein, nicht aber Emulsionen mit hydriertem III den Blutdruck, bewirkten Apnoe u. erhöhten den Druck in der Arteria pulmonalis. Tachyphylaxie wurde beobachtet. Die Wrkg. von Emulsionen höherer Fettsäuren war ähnlich. Nach ihnen trat manchmal auch Hyperpnoe ein u. sie besaßen eine negative inotrope Wrkg. auf das Herz. Die Emulsionen besaßen keine direkte Wrkg. auf den Meerschweinchendünndarm, hemmten aber durch Histamin ausgelöste Kontraktionen.

K. ZINGRAF. 4608□

Zum Mechanismus der antiphlogistischen Wirkung von Convallaria majalis und Adonis vernalis. L. Klabusay, J. Lenfeld und M. Kroutil. (Acta Univ. Palackiane Olomucensis **14.** 119—26. 1958. Olomouc, Palacky univ., Farmakol. ústav, Lék. fak.) (Tschech.)

An Ratten (Stamm WISTAR, etwa 150 g) wurde der Einfl. wss. Extrakte von *Convallaria majalis* (C.m.) u. *Adonis vernalis* (A.v.) auf die Ausscheidung der *11-Hydroxysteroide* (I) im Urin in Beziehung zur antiphlogist. Wrkg. untersucht. Die Entzündungen wurden mit Formalin (I) hervorgerufen u. die Menge auf Grund der Senkung der Zahl der Bluteosinophilen an nebennierenlosen Mäusen ermittelt. A.v.-Extrakte erhöhten die Ausscheidung von I im Urin bei normalen u. II-behandelten Tieren, bei letzteren stieg die I-Menge proportional der Intensität der antiphlogist. Wrkg. Bei hypophysenlosen Ratten zeigte sich dieser Effekt nicht. Ähnlich, jedoch schwächer u. in kürzerer Zeit wirkten Extrakte von C. majalis. B. GÖRLICH. 4608□

• **Beziehung zwischen der biologischen Wirksamkeit und chemischen Konstitution der Podophyllinderivate.** F. Šantavý, M. Maturová, J. Malinský und V. Seidlová-Mašínová. (Acta Univ. Palackinane Olomucensis **14.** 105—17. 1958. Olomouc, Palacky univ., Lék. fakulta, Chem. ústav.) (Tschech.)

Vff. untersuchten an einigen aus dem Harz von *Podophyllum peltatum L.* chromatograph. gewonnenen *Podophyllinen* sowie an chem. gewonnenen Derivv. derselben die Beziehungen zwischen biolog. Wrkg. u. chem. Konstitution. Es wurden die DL_{50} u. DL_{100} an Ratten (100—250 g) bestimmt u. das patholog.-anatom. Bild nach Verabreichung von *Podophyllotoxin* (I), *α-Peltatin-A*, *β-Peltatin-A*, *Desmethyl-*, *Desoxy-* u. *Epipodophyllotoxin*, *Podophyllotoxon*, methyliertem Peltatin-A. u. Derivv. der B-Reihe der meisten dieser Substanzen untersucht. Bei einigen Substanzen wurden auch deren acetylierte Derivv. u. daneben auch *Apopikropodophyllin* u. *Dehydroanhydropikropodophyllin* untersucht. Bei einigen Verbb. konnte eine stathmokinet. Wrkg. auf die regenerierende Rattenleber nachgewiesen werden. Die wirksame Dosis stimmte häufig mit der DL_{50} bzw. DL_{100} überein. Der tox.-stathmokinet. Index der biolog. wirksamen Podophyllin-Derivv. bewegte sich zwischen 1,5 u. 2,7 u. betrug bei Colchicin 2,5 u. bei Demecolcin 7. Für die biolog. Wrkg. der Podophyllin-Derivv. wurden folgende Beziehungen zur chem. Konst. festgestellt: a) Eine freie OH-Gruppe in 1- oder 8-Stellung ist für die Wrkg. erforderlich. Alkylierung oder Acetylierung dieser OH-Gruppen führt zu einer wesentlichen Herabsetzung oder zu völligem Verschwinden der biolog. Wirksamkeit (Alkyl-Derivv.), b) Substitution der OH-Gruppe am $C_{(8)}$ durch eine COOH-Gruppe oder deren völliges Entfernen führt zum Verlust der Wirksamkeit. c) Substitution in 5-, 6-, 7- u. 8-Stellung muß die trans (8.7).trans (7.6)–cis (6.5)-Konfiguration oder wenigstens die trans (7.6)–cis (6.5)-Konfiguration aufweisen. d) Einführung einer Doppelbindung in den B-Ring des Desoxypikropodophyllins u. somit Bldg. von α,- β- u. *γ-Apopikropodophyllin* gibt den Verbb. ihre tox. Wrkg. auf die sich teilenden Zellen zurück. Die Wrkg. ist jedoch etwa 5mal schwächer als bei I. Der tox.-stathmokinet. Index dieser Verbb. ist 2, so daß die Verbb. für therapeut. Zwecke ungeeignet sind. e) Durch völlige Aromatisierung des B-Ringes (z. B. Dehydroanhydropodophyllin) wird ebenfalls Schwinden der biolog. Wrkg. herbeigeführt. B. GÖRLICH. 4608□

Der Stoffwechsel von Iproniazid. B. Koechlin und V. Iliev. (Ann. New York Acad. Sci. **80.** 864—72. 17/9. 1959. Nutley, N.Y., Hoffmann-La Roche Inc.) (Engl.)

Bei Mäusen wird der größte Teil des injizierten ^{14}C von *^{14}C-Iproniazid* (I) in Form von $^{14}CO_2$ (Abbau über *Aceton* [II] oder über *Isopropylhydrazin* [III] u. II) durch die Lunge ausgeschieden. Im Harn wurden folgende Metaboliten gefunden: Isonicotinsäure (Abbau direkt oder über Isoniazid [IV]), $N_{(2)}$-Acetylisoniazid (Abbau über IV) u. die Metaboliten „A“ u. „D“ (Abbau über III). In höheren Dosen (200 mg/kg) hemmt I die Oxydation von II zu CO_2. K. ZINGRAF. 4610□

Leberschädigung bei Patienten nach Iproniazidanwendung. Hans Popper. (Ann. New York Acad. Sci. **80.** 928—38. 17/9. 1959. New York, N.Y., Mount Sinai Hosp., Dep. of Pathol.) (Engl.)

Das histolog. Bild der Leber bei Patienten, die nach Anwendung von *Iproniazid* (I) Icterus zeigten, ist das gleiche wie bei Virushepatitis. Es ist noch nicht klar, ob diese morpholog. Veränderungen auf eine direkte Wrkg. von I zurückzuführen sind, oder ob I eine schon vorliegende Virushepatitis, die noch keine klin. Symptome hervorruft, in eine virulente Krankheit umwandelt. K. ZINGRAF. 4610□

Reihenuntersuchungen der Leber bei Iproniazid-behandelten Patienten. Ricardo Katz, Jaime Klinger, Luis Silva, Julio Rodriguez und Hector Ducci. (Ann. New York Acad. Sci. **80.** 898—914. 17/9. 1959. Santiago, Chile, Hosp. del Salvador, Univ. of Chile, Med. School, Dep. of Med.) (Engl.)

Unter 69 Patienten, welche *Iproniazid* (I) erhielten, trat nur in einem Fall eine Hepatitis von gutartigem Verlauf auf, die indessen nicht mit Sicherheit auf I zurückgeführt werden konnte. Histolog. Anomalitäten der Leber scheinen keine Kontraindikationen gegen I zu sein u. verschwinden oft im Laufe der Behandlung. K. ZINGRAF. 4610□

Einige vorläufige klinische und biochemische Aspekte der Leberfunktion bei Iproniazid-behandelten Patienten. H. J. Zimmerman, L. Rosenblum, R. J. Korn und P. E. Feldman. (Ann. New York Acad. Sci. **80.** 915—26. 17/9. 1959. Chicago, Ill., Chicago Med. School u. Mount Sinai Hosp., Dep. of Med., u. West Side Veteran's Admin. Hosp., Med. Serv.; Topeka, Kans., Topeka State Hosp.) (Engl.)

Bericht über 86 Patienten, welche während der Behandlung mit *Iproniazid* (I) Gelbsucht zeigten. Biopsie ergab bei 3 Patienten Lebernekrose. Die leberschädigende Wrkg. von I muß in der Klinik mindestens durch Best. des Bilirubins im Harn u. der Transaminasen im Serum getestet werden. In Reihen-Unterss. an 70 Patienten, die I 1—12 Monate lang erhielten, konnte eine Leberschädigung nicht nachgewiesen werden. K. ZINGRAF. 4610□

Einige Beobachtungen über die Anwendung von Iproniazid zur Behandlung von Schädelhirntraumen. Gerald R. Nowlis. (Ann. New York Acad. Sci. **80.** 860—63. 17/9. 1959. Seattle, Wash.) (Engl.)

Bericht über günstige Wrkg. von *Iproniazid* (I) bei einigen Patienten mit gedeckten Schädelhirntraumen. I u. Atropin besitzen einen gemeinsamen Wrkg.-Mechanismus oder ergänzen sich. Die Wrkg. beider Mittel richtet sich wahrscheinlich auf das reticuläre aktivierende Syst. oder seine corticoreticulären Fortsätze. K. ZINGRAF. 4610□

Die Beziehung zwischen bestimmten Vitaminmangelzuständen und der Toxizität von Iproniazid. Fred Rosen. (Ann. New York Acad. Sci. **80.** 885—95. 17/9. 1959. Buffalo, N.Y., Roswell Park Memor. Inst., Dep. of Exp. Therap.) (Engl.)

Bei Ratten löste die Zugabe von *Iproniazid* (I) zu *Pyridoxin* (II)-freiem Futter Haarausfall, Ödem, Blutungen an Ohren u. Schwanz u. Wachstumshemmung aus. Bei einem Mäuse-Stamm wurden auch schwere Leberschädigungen u. hohe Mortalität bei I-Verfütterung u. Fehlen von II oder Pantothensäure im Futter beobachtet. Die DL_{50} von I war bei normalen u. II-Mangelratten gleich, während die Toxizität von *Isonicotinsäurehydrazid* (III) bei II-Mangelratten 3mal höher war. Die Glutaminsäuredecarboxylase-Aktivität im Hirn von II-Mangelratten wurde durch III oder Isopropylhydrazin, nicht aber durch I verringert; die Glutaminsäure–Oxalessigsäure–Transaminase- oder Glutaminsäure–Brenztraubensäure–Transaminase-Aktivität in Hirn u. Leber wurde durch keine der Verbb. beeinflußt. K. ZINGRAF. 4610□

Wirkungen von Iproniazid und ähnlichen Verbindungen auf den Magen-Darm-Trakt. Jerome Weiss, Samuel Weiss und Bernard Weiss. (Ann. New York Acad. Sci. **80.** 854—59. 17/9. 1959. New York, N.Y., Polyclin. Hosp.) (Engl.)

Iproniazid (I) erhöht bei 69% der Patienten den Appetit, den Ernährungszustand, das Körpergewicht u. das Allgemeinbefinden. Nebenwrkg.: leichte Obstipation. Eindeutige Veränderungen der Magensekretion, der freien Magensäure, des pH-Wertes u. des Uropepsin-Geh. des Magensaftes nach I wurden nicht beobachtet, dagegen trat eine deutliche Abnahme des Blutzuckers ein. K. ZINGRAF. 4610□

Experimentelle Pathologie von Iproniazid und verwandten Verbindungen. Gerhard Zbinden und Alfred Studer. (Ann. New York Acad. Sci. **80.** 873—84. 17/9. 1959. Basle, Switzerland, F. Hoffmann-La Roche & Comp., Ltd.) (Engl.)

Die Schädigungen der Erythrocyten, der Leber, Niere peripheren Nerven u. des Keimepithels durch hohe Dosen von *Iproniazid* u. anderen Monoaminoxydasehemmstoffen sind im wesentlichen auf den *Hydrazin-* oder *Hydrazid*-Anteil zurückzuführen; das Ausmaß der Schädigungen u. die Affinität für bestimmte Organe scheint dagegen von den Substituenten abzuhängen. K. ZINGRAF. 4610□

Wirkung von Mucin- und Dextranpräparaten auf die Tuberkulose von gleichzeitig intracutan mit Mycobacterium tuberculosis infizierten Meerschweinchen. N. Kertay und T. Fodor. (Acta Tubercul. scand. **40.** 145—49. 1961. Budapest, „Koranyi"-Inst. f. Tuberk., Mikrobiol. Abt.) (Dt.)

Mucin u. *Dextran* erwiesen sich als pathogenitätsteigernd, wenn sie bei Meerschweinchen gleichzeitig mit Suspensionen von *Mycobacterium tuberculosis Stamm H 37 Rv* intracutan gespritzt wurden. H.-G. TRÜPER. 4610□

Zur Initialchemotherapie der Lungentuberkulose: Tägliche Streptomycingaben mit hohen Isoniaziddosen bei vorher unbehandelten Fällen. Alex Saliba, Luigi Pacini, Charles W. Dowden und Oren A. Beatty. (Acta Tubercul. scand. **40.** 113—125. 1961. Louisville, Ky., District Two State Tuberculosis Hospital.) (Engl.)

Die Anwendung verschiedener chemotherapeut. Kombinationen von *Streptomycin*, *Isoniazid* u. einiger anderer Drogen wird diskutiert. H.-G. TRÜPER. 4610□

Untersuchungen über den Einfluß von Pharmacis mit zentraler Wirkungskomponente auf den Gasstoffwechsel der Karausche. A. H. Staib. (Naunyn-Schmiedebergs Arch. exp. Pathol. Pharmakol. **241.** 513—14. 1961. Dresden, Med. Akad., Pharmakol. Inst.) (Dt.)

An der Karausche wurde der Einfl. von zentral angreifenden (wie *Chlorpromazin*) u. peripher angreifenden (*2.4-Dinitrophenol*) Stoffen auf den Gasstoffwechsel des Fisches untersucht. Die Ergebnisse lassen erkennen, daß die Meth. sich zur Differenzierung zwischen thermoregulator. u. anderen Einfl. auf den Gasstoffwechsel eignet.

M. METZE. 4620□

Über einige Resorcinäthanolamine mit sympathomimetischer Wirkung. H. Wick und A. Engelhardt. (Naunyn-Schmiedebergs Arch. exp. Pathol. Pharmakol. **241.** 523—24. 1961. Ingelheim/Rh., C. H. Boehringer Sohn, Pharmakol. Labor.) (Dt.)

Resorcinäthanolamine (I) mit Substituenten am N wurden auf ihre sympathomimet. Wrkg. an Katze, Meerschweinchen u. Ratte untersucht. Die Substitution am N beeinflußt die Wrkg. in ähnlicher Weise wie bei den bekannten Adrenergica. Von den opt. akt. Isomeren des *Resorcinäthanolisopropylamins* ist die linksdrehende Form 130—560mal wirksamer als die rechtsdrehende. Die Nickhaut-Wrkg. des *Resorcinäthanolmethylamins* an der Katze ist in bezug auf die Blutdrucksteigerung stärker als nach *Adrenalin* u. wird wie diese durch Cocain potenziert. An Reserpin-vorbehandelten Katzen sind I voll wirksam u. vermögen den Tyramineffekt wieder herzustellen.

M. METZE. 4620□

Einfluß von Imidalin auf die Veränderung der α-Ketosäure im Blut durch Purinderivate. Akira Fujiwara. (J. Kyoto prefect. med. Univ. **64.** 1033—36. Dez. 1958. Kyoto Pref. Med. Univ., Dep. of Pharmacol.) (Jap.; Auszug: Engl.)

Diuretin (**I**; 0,4 g/kg) u. *Coffein* (**II**, 20 mg/kg) erhöhen beim Kaninchen innerhalb einer Std. den *Brenztraubensäure*-Geh. auf das 1,7- bzw. 1,9fache, den *α-Ketoglutarsäure*-Geh. auf das 1,5 bis 1,4fache. Bei einer Injektion von *Imidalin* (5 mg/kg) wird der α-Ketosäure-Geh. kaum erhöht, wenn viele I- oder II-Injektionen vorausgingen, erniedrigt.

P. GREGORZEWSKI. 4620□

Reizmittel des Zentralnervensystems, die den α-Ketosäuregehalt im Blut beeinflussen. A. Fujiwara, K. Kuriyama und S. Sakata. (J. Kyoto prefect. med. Univ. **64.** 1037—40. Dez. 1958. Kyoto Pref. Med. Univ., Dep. of Pharmacol.) (Jap.; Auszug: Engl. S. LXXVI.) — Vgl. auch vorst. Referat.

Nach *Pikrotoxin* (i. m., 1 mg/kg) steigt beim Kaninchen der *Brenztraubensäure* (**I**)-Geh. auf 274%, der *α-Ketoglutarsäure* (**II**)-Geh. um 42%; nach *Metrazol* (30 mg/kg) steigt **I** um 50%, **II** um 20%; *Coramin* (250 mg/kg) erhöht **I** um 82%, **II** um 59%. Das Maximum wird 1 Std. nach der Injektion erreicht. P. GREGORZEWSKI. 4620□

Pharmakologische Untersuchung der α-Ketosäureveränderung im Blut. 1. Mitt. **Autonomes nervenblockierendes Arzneimittel und die Monojodessigsäurewirkung.** A. Fujiwara, N. Mizobuchi, Z. Kawamura, T. Saruhashi und Y. Sasaki. (J. Kyoto prefect. med. Univ. **64.** 1041—44. Dez. 1958. Kyoto Pref. Med. Univ., Dep. of Pharmacol.) (Jap.; Auszug: Engl. S. LXXVII.) — Vgl. auch vorst. Referat.

0,5 cm^3/kg physiol. NaCl-Lsg. verändern den *α-Ketosäure*-Spiegel des Kaninchens nicht; auch 2 mg *Atropin*/kg haben meistens keinen Einfl.; 5 mg *Imidalin*/kg erhöhen den Spiegel nur geringfügig. 40 mg *Monojodessigsäure*/Tier verursachen eine geringe Erhöhung, nach 1 Std. fällt der Spiegel wieder. P. GREGORZEWSKI. 4620□

Pharmakologische Untersuchungen der α-Ketosäureveränderung im Blut. 2. Mitt. **Einfluß auf das autonome nervenblockierende Arzneimittel während der Adrenalinwirkung.** A. Fujiwara, N. Mizobuchi, Z. Kawamura, T. Saruhashi und Y. Sasaki. (J. Kyoto prefect. med. Univ. **64.** 1045—48. Dez. 1958. Kyoto Pref. Med. Univ., Dep. of Pharmacol.) (Jap.; Auszug: Engl. S. LXXVIII.) — 1. vgl. vorst. Referat.

Imidalin (**I**, 5 mg/kg, Kaninchen) erhöht den durch *Adrenalin* verursachten Anstieg des *α-Ketoglutarsäure*- u. *Brenztraubensäure*-Geh. im Blut. Ebenso erhöht *Atropin* die I-Wirkung.

P. GREGORZEWSKI. 4620□

Resorption von tritiertem d-Desoxyephedrin in einer allmählich freisetzenden Darreichungsform. J. F. Nash und R. E. Crabtree. (J. pharmac. Sci. **50.** 134—37. Febr. 1961. Indianapolis, Ind., Lilly Res. Labor.) (Engl.)

^{3}H-d-Desoxyephedrin (I) wird nach WILZBACH hergestellt, aus Isopropanol umkrist. u. chromatographiert. Es hat eine Aktivität von 3,4 μc/mg. Die freie Base wird gebunden an die Ionenaustauscher Amberlite IRC-50 u. IR-120. Damit werden Kapseln zu 4 mg **I** gefüllt u. mit Cellulose-Acetat-Phthalat (**II**) umhüllt. Sie werden Hunden verabfolgt, deren Blut nach je 2 Std. gemessen wird. Gleichzeitig werden im Urin **I** u. *^{3}H-Phenylaceton* gefunden. Gegenüber freiem **I** ergeben Austauscher-I den halben Blutwert, die Umhüllung mit **II** bewirkt eine Verzögerung des Auftretens von **I** im Blut um 4 Stunden. Nach gleichzeitiger Gabe von freiem u. gebundenem **I** ergibt sich über 12 Std. ein hoher I-Blutspiegel.

W. HOLLAND. 4620□

Die Wirkung von Phenylalkylaminen auf die Reizung peripherer Nervenendigungen. Hansjürgen Matthies und Werner Sziegoleit. (Acta biol. med. german. [Berlin] **5.** 487—503. 1960. Magdeburg, Med. Akad., Pharmakol. Inst.) (Dt.)

Einträufeln von Acetylcholin (I) in das Auge von Meerschweinchen führt über Reizung der sensiblen Nervenendigungen der Conjunctiva zu längerem reflektor. Lidschluß. Die Dauer des Lidschlusses nimmt mit steigender Konz. zu. Durch vorheriges Einträufeln (2 Sek.) verschiedener Phenylalkylamine wird die Wrkg. von I beeinflußt. *1-[3.4-Dihydroxyphenyl]-2-methylaminoäthanol-(1)* (*Adrenalin*), *1-[3.4-Dihydroxyphenyl]-2-aminoäthanol-(1)* (*Noradrenalin*), Konzz. jeweils 10^{-4} g/ml, bewirken eine Verlängerung der Lidschlußzeit um etwa 15%. *1-[3.4-Dihydroxyphenyl]-2-isopropylaminoäthanol-(1)* (*Novodrin*) u. *1-[4-Hydroxyphenyl]-2-methylaminoäthanol-(1)* (*Pentedrin*), Konzz. 10^{-3}g/ml sowie *1-Bis-[3.4-dihydroxyphenyl]-2-methylaminoäthan*, Konz. 10^{-2} g/ml, bewirkten eine Verlängerung der Lidschlußdauer zwischen 54 u. 73%. *1-Phenyl-2-methylaminopropanol-(1)* (*Ephedrin*) 10^{-3} g/ml u. *1.1-Bis-[4-hydroxyphenyl]-2-methylaminoäthan* 10^{-2} g/ml führten zu einer Verlängerung um 28%. *1-[4-Hydroxyphenyl]-2-aminopropan* (*Isis 55/S1*), *1-[3.4-Dimethoxyphenyl]-2-aminoäthan* (*Homoveratrylamin*) u. *1-[3.4.5-Trimethoxyphenyl]-2-aminoäthan* (*Mescalin*) besitzen keine signifikante Wirkung. *1-Phenyl-2-aminoäthan,Hexylamin,1-[4-Hydroxyphenyl]-2-dimethyläthylaminopropan* (*Isis 55/S10*), *1-[4-Hydroxyphenyl]-2-butylaminopropan* (*Isis 55/S6*) u. *1.1-Bis-[4-hydroxyphenyl]-2-isopropylaminoäthan* hoben in Konzz. 10^{-2} g/ml die Wrkg. von 10^{-3} I vollständig auf, Erhöhung von I auf 10^{-2} g/ml führte zu Hemmungen zwischen 38 u. 59%. *1-Phenyl-2-methylaminopropan* (*Pervitin*), *1-Phenyl-2-dimethylaminopropan* u. *1-Cyclohexyl-2-methylaminopropan* (*E 111*) führten auch bei der erhöhten I Konz. 10^{-2} g/ml zur vollständigen Verhinderung des Lidschlusses. Die Ergebnisse wurden in Beziehung gesetzt zu bestimmten strukturellen Merkmalen der untersuchten Amine. *Brenzcatechinamine* zeigen die stärkste sensibilisierende Wrkg. auf die cholinsensiblen Afferenzen. Abnahme der phenol. u. alkohol. OH-Gruppen führt zur Verminderung dieser Wrkg., dabei kommt der alkohol. OH-Gruppe eine größere Bedeutung zu. Belastung des N-Atoms führt zur Abnahme der sensibilisierenden oder auch zur Zunahme der hemmenden Wirkung. OH-freie Amine hemmen die I-Reizung. Der aromat. Kern ist für die Hemmwrkg. von untergeordneter Bedeutung, da Hydrierung oder Aufspaltung die Hemmwrkg. nicht beeinflussen. Methoxyverbb. haben keine Wirkung. Es wird eine Arbeitshypothese über die Rolle der Brenzcatechinamine u. den Wrkg.-Mechanismus der Weckamine im Zentralnervensyst. gegeben. — 59 Literaturangaben. D. SCHEUCH. 4620□

Beeinflussung zentraler Cocainwirkungen durch Reserpin und Adrenolytica. G. Schmidt. (Naunyn-Schmiedebergs Arch. exp. Pathol. Pharmakol. **241.** 510. 1961. Göttingen, Univ., Pharmakol. Inst.) (Dt.)

5,0 mg *Reserpin* (I)/kg als Vorbehandlung verhindert beim Meerschweinchen Hyperthermie u. Hyperglykämie nach *Cocain* (II). In gleicher Weise wirken *zentrale Adrenolytica* (*Yohimbin*); peripher angreifende zeigen keinen II-antagonist. Effekt. Bei Hemmung der Monoaminoxydase durch *Iproniazid* (100 mg/kg) führt II zu extremen, z. T. tödlichen Temp.-Steigerungen. Das stereoisomere *d-ψ-Cocain* (*Psicain*) zeigt die II-Wrkg. nicht. M. METZE. 4620□

Stimulierung und Blockierung des Hypophysen-Nebennierenrinden-Systems durch Reserpin. E. Westermann. (Naunyn-Schmiedebergs Arch. exp. Pathol. Pharmakol. **241.** 518—19. 1961. Frankfurt a. Main, Univ., Pharmacol. Inst.) (Dt.)

Reserpin (I) stimuliert bei Ratten den Hypophysenvorderlappen u. verursacht Hypersekretion von *Adrenocorticotropem Hormon* (ACTH). Diese I-Wrkg. wird durch Vorbehandlung mit Monoaminoxydase-Hemmern verhindert. Hohe I-Dosen (3 mg/kg i. v.; 20 Std. vorher) verhindern einen durch Kälte (+4°, 90 Min.) ausgelösten Schmerzreiz (Formaldehyd subkutan) oder den durch eine zweite I-Injektion (1 mg/kg i. v.) ausgelösten Anstieg von Corticosteron im Plasma. Diese „Anti-Streß-Wrkg." von I ist anscheinend durch Verarmung der Hypophyse an ACTH bedingt. M. METZE. 4620□

Die Wirkung von Phenylbutazon auf das Pfotenödem der Ratte nach oraler Applikation. D. Lorenz. (Naunyn-Schmiedebergs Arch. exp. Pathol. Pharmakol. **241.** 516—17. 1961. Köln-Mülheim, Troponwerke.) (Dt.)

Phenylbutazon, oral verabreicht, zeigt am Ovalbumin- als auch am Formalinödem keine verwertbare (für den antiphlogist. Wrkg.-Test) ödemhemmende Wrkg., nur am Kaolin-Ödem zeigt sich eine starke Hemmung. Danach ist das Kaolin-Ödem das am besten geeignete Entzündungsmodell an der Rattenpfote (orale Applikation des Antiphlogisticum). M. METZE. 4620□

Beeinflussung der Krampfwirkung von Bemegrid. Chr. L. Rümke. (Naunyn-Schmiedebergs Arch. exp. Pathol. Pharmakol. **241.** 511—12. 1961. Amsterdam, Vrije Univ., Labor. voor Pharmacol.) (Dt.)

Die CED_{50} (Dosis i. v., welche bei 50% der Tiere wenigstens einen klon. Krampfanfall hervorruft) des *Bemegrids* (I) wird bei Mäusen durch *Hydroxyzin, Chlorpromazin, Osphenadsin, SKF 525 A, Azacyclonol, Pipadsol* u. *Panthesin* herabgesetzt, wenn sie $^1/_2$—1 Std. vorher gegeben wurden. *Phenobarbital, Primidon, Methoin, Trimethadion, Glutethimid, Urethan* u. *Morphin* hemmen die Krampf-Wrkg. von I, wenn sie kurz vorher verabreicht wurden. Die beobachtete Umkehrung des Einfl. von Anticonvulsiva auf die Krampf-Wrkg. von I hat jedoch wahrscheinlich eine andere Ursache als die Umkehrung des Einfl. auf die Dauer der Hexobarbitalnarkose. M. METZE. 4622□

Pharmakologische Wirkungen von Aprobit ®, einem langwirkenden Antihistaminicum ohne sedative Wirkung. L. Albanus, E. Hansson und C. G. Schmiterlöw. (Acta pharmacol. toxicol. [Köbenhavn] **18.** 105—18. 1961. Stockholm, Royal Vet. Coll., Dep. of Pharmacol.) (Engl.)

1-[1-Phenothiazinomethyl]-äthyl-2-hydroxyäthyldimethylammoniumchlorid (*Aprobit;* RECIP) besitzt eine ähnliche Wrkg. u. Wrkg.-Dauer wie Promethazin; darüberhinaus zeigt es eine adrenolyt. Wrkg., stimuliert die Atmung u. besitzt keine sedative Wirkung. Die Toxizität ist gering (DL_{50} Maus 266 mg/kg subkutan u. 575 mg/kg oral).
K. ZINGRAF. 4625□

Untersuchungen über die Stoffwechselleistung der Leber bei Barbituratabbau. H.-H. Frey, H. Kleinebrand und D. Krause. (Arch. int. Pharmacodynam. Thérap. **121.** 125—33. Aug. 1959. Hannover, Tierärztl. Hochschule, Pharmakol. Inst.) (Dt.)

An Gallenfistel-Meerschweinchen wurde der Barbiturat-Abbau untersucht. 3 Std. nach der Narkose mit dem zu untersuchenden Barbiturat (*Pentobarbital-Na, Hexobarbital-Na, Mephobarbital, Inactin* (*Na-5-Äthyl-5-[1-methylpropyl]-thiobarbiturat*) u. *Butabarbital-Na*) wurden 3 ml Galle entnommen u. Galle u. Plasma papierchromatograph. untersucht. In Übereinstimmung mit in vitro-Verss. wurde festgestellt, daß die Seitenkettenoxydation u. Desulfurierung in der Leber stattfindet, während sich für eine prim. Demethylierung von N-Methylbarbituraten in der Leber kein Anhalt finden ließ.
P. GREGORZEWSKI. 4627□

Quantitative Bedeutung der Desulfurierung im Stoffwechsel von Thiobarbituraten. H.-H. Frey und A. Doenicke. (Naunyn-Schmiedebergs Arch. exp. Pathol. Pharmakol. **241.** 519—20. 1961. Hannover, Tierärztl. Hochschule, Pharmacol. Inst.) (Dt.)

Im Serum u. Plasma von klin. Patienten u. Hunden, die eine *Thiobarbiturat*-Narkose erhalten hatten, wurde Thiobarbiturat u. Barbiturat nebeneinander (spektralphotometr.) bestimmt. Es zeigt sich eine sehr starke Streuung der Desulfierungs-Geschw. bei Mensch u. Hund. Nach Narkose mit *Thiobutabarbital-Na* (1 bzw. 1,5 g beim Menschen, 30 mg/kg bzw. 1 Std. Narkose beim Hund) ließ sich das Desulfurierungs-Prod. *Butabarbital* (I) in einzelnen Verss. gar nicht nachweisen, in etwa 1 Drittel der Verss. I-Konzz. von 5 μg/ml u. darüber feststellen. Die höchsten I-Konzz. waren beim Hund 24 u. 48 Std., beim Menschen 8 u. 24 Std. nach der Narkose beobachtbar. Die Ergebnisse zeigen, daß die Desulfurierung individuell verschieden bedeutsam ist. M. METZE. 4627□

Über den Einfluß von Barbituraten und Thiobarbituraten auf die Kaliumpermeabilität von Vorhofmuskulatur. W. Klaus und H. Lüllmann. (Naunyn-Schmiedebergs Arch. exp. Pathol. Pharmakol. **241.** 532—33. 1961. Mainz, Univ., Pharmakolog. Inst.) (Dt.)

Zur Unters. des Wrkg.-Mechanismus von *Barbituraten* (I) u. *Thiobarbituraten* (II) wurde unter entsprechenden Bedingungen der *K*-Austausch durch die Muskelfasermembran mit ^{42}K geprüft. Der unbeeinflußte K-Efflux betrug 0,8—1,2%/Minute. Die untersuchten Stoffe *Hexobarbital, Pentobarbital, Butallylonal, Thiopental* u. *Methitural* bewirkten in Konzz., die eine negativ inotrope Wrkg. hatten, eine dosisabhängige Hemmung des K-Efflux u. K-Influx spontan schlagender oder elektr. gereizter Vorhof-Präp. (II stärker als I). Die Ergebnisse lassen vermuten, daß I u. II eine ausgesprochene Hemmwrkg. auf die Membranpermeabilität während des Erregungsprozesses besitzen. Der K-Ruheaustausch wird dabei nicht beeinflußt. M. METZE. 4627□

Über den Einfluß von Barbituraten und Thiobarbituraten auf das mechanische Verhalten und die Transmembranpotentiale des Meerschweinchenvorhofs. J. P. Klärner. (Naunyn-Schmiedebergs Arch. exp. Pathol. Pharmakol. **241.** 531—32. 1961. Mainz, Univ., Pharmakol. Inst.) (Dt.)

Der Einfl. von *Hexobarbital* (I), *Pentobarbital* (II) *Thiopental* (III) u. *Methitural* (IV) auf das mechan. u. elektr. Verh. des Meerschweinchenvorhofs wurde untersucht. Die Pharmaca unterscheiden sich in ihrer Wrkg. quant. deutlich. 50%ig. Hemmung der Kontraktionskraft rufen hervor $2 \cdot 10^{-4}$ (g/ml) I, 10^{-4} II, $5 \cdot 10^{-5}$ III u. $3{,}5 \cdot 10^{-5}$ IV. Eine 20%ig. Verkürzung der Plateaudauer des Aktionspotentials erfolgt durch $9{,}5 \cdot 10^{-5}$ I, $2{,}3 \cdot 10^{-5}$ II, $4{,}2 \cdot 10^{-5}$ III u. $2{,}6 \cdot 10^{-5}$ IV. Es besteht keine unmittelbare Korrelation zwi-

chen der narkot. Kraft u. der herzschädigenden Wirkung. Die Befunde sprechen für einen Einfl. von I—IV auf die Permeabilitätsvorgänge bei Erregung.
M. METZE. 4627 □

Die Beeinflussung der Hexobarbitalnarkose durch intracerebrale Injektion biogener Amine nach Reserpinvorbehandlung. H. Matthies und J. Schmidt. (Naunyn-Schmiedebergs Arch. exp. Pathol. Pharmakol. **241.** 508—09. 1961. Magdeburg, Med. Akad., Pharmakol. Inst.) (Dt.)

10 μg *Noradrenalin* (I) oder 40 μg *Serotonin* (II), weißen Mäusen ins Vorderhirn injiziert, verlängern signifikant eine anschließende Hexobarbitalnarkose. Gleiche Menge I ins Hinterhirn injiziert, verlängert die Narkose ebenfalls, während II sie verkürzt. 20—40 μg *Reserpin* (III), ins Vorderhirn injiziert, verändert die Dauer der anschließenden Hexobarbitalnarkose nicht. Nach Injektion ins Hinterhirn tritt biphas. Wrkg. auf. In den ersten 15—30 Min. wird die Narkose verkürzt, um anschließend verlängert zu werden. Die Narkoseverlängerung durch III wird durch I verstärkt, die verkürzende II-Wrkg. wirkt sich auch unter III aus u. hebt dessen verlängernde Wrkg. auf. Im Vorderhirn kehrt sich die Verlängerung durch I u. II unter III um. Diskussion des mutmaßlichen Mechanismus.
M. METZE. 4627 □

Über einen Serotonin-Noradrenalin-Antagonismus im ZNS. J. Schmidt. (Naunyn-Schmiedebergs Arch. exp. Pathol. Pharmakol. **241.** 509—10. Magdeburg, Med. Akad. Pharmakol. Inst.) (Dt.) — Vgl. auch vorst. Referat.

Noradrenalin (I) bzw. *Serotonin* (II), in zwei verschiedene Gehirnregionen der Maus injiziert, wirken in ihrer Beeinflussung der Hexabarbitalnarkose antagonistisch. I ist dabei bes. stark II-antagonist. wirksam, sowohl in bezug auf die narkoseverlängernde II-Wrkg. bei Vorderhirninjektion als auch in bezug auf die narkoseverkürzende II-Wrkg. bei Hinterhirninjektion (ab einer Dosierung von 0,1 μg nachweisbar). *Adrenalin* ist schwächer wirksam als I. II vermag ab 4 μg die narkoseverlängernde I-Wrkg. nur bei Vorderhirninjektion aufzuheben. Da auch bei in vitro-Verss. (z. B. Rattenuterus) I ein ebenso starker II-Antagonist ist, kann man den I—II-Antagonismus als von allg. biolog. Bedeutung ansehen.
M. METZE. 4627 □

Reflexhemmende und narkotische Wirkung von Schlafmitteln. K. Stoepel und G. Kroneberg. (Naunyn-Schmiedebergs Arch. exp. Pathol. Pharmakol. **241.** 512—13. 1961. Wuppertal-Elberfeld, Farbenfabriken Bayer, Pharmakol. Labor.) (Dt.)

2-Methyl-3.6-bis-[carbäthoxyamino]-chinazolon-(4) (I; *Bayer 1408*) wurde an verschiedenen Tierarten untersucht. In seiner Wirksamkeit nimmt es eine Mittelstellung zwischen Barbituraten u. Muskelrelaxantien ein. Auf Grund der unterschiedlichen Spezifität der muskelrelaxierenden u. narkot. Wrkg. von I ist zu erwarten, daß bei Anwendung niedriger, nur noch hypnot. wirkender Dosen als Schlafmittel die reflexhemmende Wrkg. von I noch zur Geltung kommt, während dies bei den üblichen Schlafmitteln nicht der Fall ist.
M. METZE. 4627 □

Zur tierexperimentellen Prüfung von Pharmacis auf Suchtwirkung. H. Kreiskott und W. Wirth. (Naunyn-Schmiedebergs Arch. exp. Pathol. Pharmakol. **241.** 514—15. 1961. Wuppertal-Elberfeld, Farbenfabriken Bayer, Pharmakol. Labor.) (Dt.)

Das Hustenmittel *1-[o-Chlorphenyl]-1-phenyl-3-dimethylaminopropanol-(1)-hydrochlorid* (*Detigon*) wurde in verschiedenen Dosierungen an je acht süchtige Tiere ersatzweise für *Morphin* verabfolgt. Es trat in keinem Fall eine Abschwächung der Morphinentzugssymptome auf. Die höchste Dosis (12 mg/kg/Tag, subkutan) zeigte bei chron. Verabfolgung in einem Vers. an nichtmorphinisierten Tieren leichte Nebeneffekte (Erregung).
M. METZE. 4627 □

Die Bedeutung eines „synaptischen Transformationsprinzips" für neuropharmakologische Effekte, demonstriert am Beispiel des Curarins. W. D. Erdmann und H. Dal Ri. (Naunyn-Schmiedebergs Arch. exp. Pathol. Pharmakol. **241.** 507—08. 1961. Göttingen, Univ., Pharmakol. Inst.) (Dt.)

Die motor. Endplatten transformieren (als funktionelle Einheit betrachtet) die präsynapt. Impulse in Abhängigkeit von der Anzahl erregter nervöser Einheiten effektiv verschieden („synapt. Transformationsprinzip"). Für die Pharmakologie der Synapsenfunktion ist wesentlich die jeweilige Anzahl der erregten präsynapt. Neurone: Ist diese hoch (z. B. 100%), so können partielle Ausfälle (bis zu 40%) ohne Auswrkg. auf den (maximalen) postsynapt. Erfolg bleiben, ist sie gering (z. B. 50%), so können partielle Ausfälle den (maximalen) postsynapt. Erfolg fast auf Null reduzieren. Vff. demonstrieren in ihren Verss. diese Verhältnisse für *Curarin* an der motor. Endplatte. Aus dem „synapt. Transformationsprinzip" läßt sich ableiten, daß am partiell innervierten Muskel schon Curarelähmung hervortreten muß, die bei totaler Innervation (supramaximale Reizung) noch nicht festzustellen wäre. Die bekannten Phänomene der partiellen Curarisierung finden so ihre Erklärung.
M. METZE. 4628 □

Einfluß einiger quartärer Ammoniumsalze mit curarisierender Wirkung auf das polarographische Verhalten des Cystins. Mihail Serban. (Studii Cercetări Biochim. **1.** 369—79. 1958. Acad R.P.R., Inst. de biochim.) (Rum.)

Der Einfl. von *curarisierenden Stoffen* (I) auf die polarograph. Stufe von *Cystin* (II) wird mit d-Tubocurarin, Flaxedil, Decamethonium, Succinylcholin u. C 100 untersucht. Alle I bewirken eine Zunahme der katalyt. Stromstärke u. eine Erhöhung des Niveaus der II-Stufe, die mit der I-Konz. zunimmt. Eine maßgebende Rolle bei dieser Einw. auf die SH-Gruppen von I spielt dabei das Vorhandensein von quart. NR_4^+-Gruppen im I-Mol. Man kann aus diesen in vitro erhaltenen Ergebnissen darauf schließen, daß bei der Blockierung von Nervenreizen durch I eine Einw. auf SH-Gruppen zugrunde liegt. R. K. MÜLLER. 4628□

Medikamentöse Intoxikationen durch Natriumdiphenylhydantoin. A. Kolek, F. Mikula und J. Klapatek. (Acta Univ. Palackiane Olomucensis **14.** 337—46. 1958. Olomouc, Univ., Palackého, lek. fak. neurologicka klinika.) (Tschech.)

Vff. beobachteten bei 2 Erwachsenen mit Fokalepilepsie, denen täglich 0,5 oder 0,6 g *Na-Diphenylhydantoin* (I; *Sodanton*) verabreicht wurden, sowie bei einem 11jährigen Patienten (tägliche Dosis 0,32 g I) eine Intoxikation des Zentralnervensystems. Die klin. Erscheinungsbilder dieser Vergiftung u. der genaue EEG-Befund werden erörtert. B. GÖRLICH. 4628□

Biologisches Schicksal von ^{14}C-markiertem Äthyl-[3.3-diphenyl-1-methylpropyl]-dimethylammoniumbromid, Cetiprin, einer monoquartären Ammoniumverbindung. Eskil Hansson und Carl G. Schmiterlöw. (Acta pharmacol. toxicol. [Köbenhavn] **18.** 183—90. 1961. Stockholm, Royal Vet. Coll., Dep. of Pharmacol.) (Engl.)

Nach oraler oder intramuskulärer Verabreichung von *^{14}C-Cetiprin* (I; *Äthyl-[3.3-diphenyl-1-methylpropyl]-dimethylammoniumbromid*) bei Mäusen trat rasch eine Anreicherung von I in Leber, Darm, Speicheldrüsen, Nieren, Magen- u. Darmschleimhaut, Schilddrüse u. Muskeln ein. Nach oraler Anwendung bei Ratten wurde I hauptsächlich in den Faeces ausgeschieden, nach i.m. Verabreichung war die Ausscheidung in Harn u. Faeces etwa gleich; Ausscheidung erfolgte auch in die Galle. In Galle, Harn u. Organen liegt I im wesentlichen unverändert vor; in Harn u. Galle konnten Spuren von Konjugations- oder Abbau-Prodd. nachgewiesen werden. K. ZINGRAF. 4628□

Unterschiede in der zentralen Wirksamkeit optisch isomerer Atropinkörper. A. Herz. (Naunyn-Schmiedebergs Arch. exp. Pathol. Pharmakol. **241.** 511. 1961. München, Univ., Pharmakol. Inst.) (Dt.)

Es wurden die *opt. Isomeren von Hyoscyamin* sowie von *1-Cyclohexyl-1-α-thienyl-3-piperidinopropanol* (*WIN 12 085*) an Maus u. Kaninchen auf ihre zentralnervösen Effekte untersucht. Dabei erwiesen sich die linksdrehenden Isomeren ungleich stärker wirksam als die rechtsdrehenden. Es ist anzunehmen, daß bei den untersuchten zentralen Wrkg. die Atropinkörper auf Synapsen wirken, die weniger dem Nicotintyp als vielmehr dem Muscarintyp zuzuzählen sind. M. METZE. 4628□

Einige basische Derivate der 3-Methylflavon-8-carbonsäure. Paolo Da Re, Lucia Verlicchi und Ivo Setnikar. (J. med. pharmac. Chem. **2.** 263—69. Juni 1960. Milan, Recordati, Labor. Farmacol., S.p.A., Res. Dep.) (Engl.)

Es wird die Synth. bas. Ester der *3-Methylflavon-8-carbonsäure* mit papaverinähnlicher muskelerschlaffender Wrkg. durch Acylierung von 2-Hydroxy-3-cyanopropiophenon nach KOSTANCCKI-ROBINSON u. aus 3-Methyl-8-aminoflavon durch SANDMEYER-Rk. beschrieben.

Versuche: *2-Methoxy-3-nitropropiophenon*, $C_{10}H_{11}NO_4$, Kp.$_{10}$ 160—165°, aus 19,5 g 2-Hydroxy-3-nitropropiophenon u. $(CH_3)_2SO_4$ in sd. trocknem Aceton–K_2CO_3 (8—10 Std.); gelbes Öl; D.^{20} 1,2136, n_D^{20} 1,5379; 10,5 g (Ausbeute). — *2-Methoxy-3-aminopropiophenonhydrochlorid*, $C_{10}H_{14}ClNO_2$, F. 154—155° (Zers.; A.–Ae.), aus 10 g vorst. Verb. in sd. A. mit Fe-Pulver–konz. HCl; 6,5 g. — *2-Methoxy-3-cyanpropiophenon*, $C_{11}H_{11}NO_2$, F. 87—88°, aus Diazoniumsalz vorst. Verb. (10 g) durch Einw. auf CuCN-Lsg. bei 60—70°; hellgelb (50%ig. A.); 6 g. — *2-Hydroxy-3-cyanpropiophenon*, $C_{10}H_9 \cdot NO_2$, F. 82—85°, aus 3 g vorst. Verb. mit $AlCl_3$ in sd. Bzl.; gelbe Kristalle (95%ig. A.); 2 g. — *3-Methyl-8-cyanflavon*, $C_{17}H_{11}NO_2$, F. 160—162° (A.), aus 15 g vorst. Verb. durch Erhitzen mit Benzoylchlorid-Na-Benzoat auf 180—190° (7—8 Std.); 7 g. — *3-Methylflavon-(8)-carbonsäure*, $C_{17}H_{12}O_4$, F. 230—231° (50%ig. A.), a) aus 3 g vorst. Verb. mit sd. 70%ig. H_2SO_4 (1—2 Std.); 1,5 g; b) aus 40 g 3-Methyl-8-aminoflavon durch Diazotieren, Erwärmen mit CuCN-Lsg. auf 90° u. Hydrolyse des Nitrils mit sd. 60%ig. H_2SO_4; 15 g. *Äthylester*, F. 97—99° (Ligroin), aus der Säure mit sd. äthanol. H_2SO_4. — *3-Methylflavon-(8)-carbonylchlorid*, $C_{17}H_{11}ClO_3$, F. 155—156°, aus vorst. Säure mit

$SOCl_2$ in sd. Bzl. (2 Std.); blaßgelbe Kristalle (Ligroin.) — Folgende 3-Methylflavon-8-carbonsäureaminoalkylesterhydrochloride (aus A.–Ae.): *β-Dimethylaminoäthyl-*, $C_{21}H_{22}ClNO_4$, F. 177—178°, aus 11 g vorst. Chlorids u. Dimethylaminoäthanol in sd. trocknem Bzl. (2—3 Std.); 12 g, DL_{50} 315 mg/kg (Meerschweinchen, intraperitoneal), DE_{50} 20 μg/ml. — *β-Diäthylaminoäthyl-*, $C_{23}H_{26}ClNO_4$, F. 163—164°; 315, 20. — *β-Dipropylaminoäthyl-*, $C_{25}H_{30}ClNO_4$, F. 212—215°; 500, 3. — *β-Diisopropylaminoäthyl-*, $C_{25}H_{30}ClNO_4$, F. 190—192°; 1500, 7. — *β-Piperidinoäthyl-*, $C_{24}H_{26}ClNO_4$, F. 232—234°; 350, 2,5. — *β-Morpholinoäthyl-*, $C_{23}H_{24}ClNO_5$, F. 233—234°; 600, 18. — *γ-Dimethylaminopropyl-*, $C_{22}H_{24}ClNO_4$, F. 207—210°; 160, 3,5. — *γ-Diäthylaminopropyl-*, $C_{24}H_{28}ClNO_4$, F. 187—189°; 200, 3. — *Papaverin*, 240, 5. K. MAIER. 4628□

Die Wirkung von intraarteriell angewandtem Hydralazin auf die Durchblutung in Unterarm und Hand. B. Åblad, G. Johnsson und M. Henning. (Acta pharmacol. toxicol. [København] **18.** 191—98. 1961. Göteborg, Univ., Dep. of Pharmacol.) (Engl.)

In die Brachialarterie injiziertes *Hydralazin* verstärkte die Durchblutung im proximalen Teil des Unterarms u. in der Hand, nicht aber im kontralateralen Arm. Die lokale Gefäßerweiterung entwickelte sich langsam, erreichte nach 12—20 Min. ein Maximum u. hielt mehr als 1 Std. lang an. K. ZINGRAF. 4630□

Energiegewinnung am Herzmuskel durch ein wasserstoffübertragendes Pyrimidinderivat. W. Kunz und M. Siess. (Naunyn-Schmiedebergs Arch. exp. Pathol. Pharmakol. **241.** 529—30. 1961. Marburg/Lahn, Univ., Pharmakol. Inst.) (Dt.)

Bei der Prüfung der pharmakolog. Beeinflußbarkeit definierter Erschöpfungszustände des Herzvorhof-Präp. von Meerschweinchen u. Ratten führte *Persantin* (I) sowohl beim Erschöpfungsstillstand des unter Strophantin bei aeroben Bedingungen überlasteten Vorhof-Präp. wie auch beim anox. Energiemangelstillstand durch Steigerung der Energiegewinnung — gemessen an der Bldg. energiereicher Phosphate — wieder zur vollständigen funktionellen Ansprechbarkeit auf Adrenalin oder Strophantin. Eine Analyse der **I**-Wrkg. ergab, daß **I** als Wasserstoffreceptor oder -überträger in die Atmungskettenphosphorylierung direkt oder indirekt einzugreifen scheint. M. METZE. 4630□

Untersuchungen über die inotrope und antifibrillatorische Wirkung von Ajmalin an Vorhof- und Kammermuskulatur. H. Reuter. (Naunyn-Schmiedebergs Arch. exp. Pathol. Pharmakol. **241.** 530—31. 1961. Mainz, Univ., Pharmakol. Inst.) (Dt.)

Unterss. mit *Ajmalin* (I) bzw. *Chinidin* (II) am elektr. gereizten Meerschweinchenvorhof u. LANGENDORFF-Herzen von Kaninchen zeigen, daß **I** u. **II** einen anscheinend gleichen antifibrillator. Wrkg.-Mechanismus besitzen. Auf die Leitungs-Geschw., Refraktärzeit u. Kontraktionskraft des Warmblüterherzens besitzen **I** u. **II** prinzipiell gleiche Wirkung. M. METZE. 4630□

Über Faktoren, welche die orale Wirksamkeit von Herzglykosiden bestimmen. R. Megges und K. Repke. (Naunyn-Schmiedebergs Arch. exp. Pathol. Pharmakol. **241.** 534. 1961. Berlin-Buch, Dtsch. Akad. d. Wiss., Inst. für Med. u. Biol.) (Dt.)

Das relativ polare, fast unresorbierbare *Gitoxin* (I) wird durch Peracetylierung stärker lipoidlösl. als das gut resorptionsfähige *Digitoxin* (II). Unterss. an zwangsgefütterten Ratten, die Glykoside in das Duodenum (4 nMol/g) injiziert bekamen, zeigten, daß beim *Pentaacetylgitoxin* eine fast vollständige Resorption wie bei **II** möglich ist, ohne daß dabei ähnliche kumulative Wrkg. resultieren. Die Acetylgruppen dienen nur als „Gleitschienen", die nach Resorption sofort abgeworfen werden. Die Peracetylierung stellt voraussichtlich ein allg. anwendbares Prinzip dar, polare Glykoside ohne Veränderung ihrer pharmacodynam. Eigg. wirksam zur Resorption zu bringen. M. METZE. 4630□

Neuere Erfolge auf dem Gebiet der Digitalisforschung. Lajos Wolf. (Gyógyszerészet [Pharmazie] **5.** 94—96. März 1961. Budapest, Arzneimittelfabr. Richter A. G.) (Ung.)

Übersicht. G. LIGETI. 4630□

Über die Abhängigkeit des Kaliumaustausches und der positiv inotropen Wirkung von der Digitoxigeninkonzentration. H. Lüllmann und W. Klaus. (Naunyn-Schmiedebergs Arch. exp. Pathol. Pharmakol. **241.** 533. 1961. Mainz, Univ., Pharmakol. Inst.) (Dt.)

Es wurde der Wrkg.-Mechanismus von Digitalisglykosiden am Beispiel des *Digitoxigenins* (**I**; 10^{-7} bis 10^{-6} g/ml) mit ^{42}K an isolierten elektr. gereizten Meerschweinchenvorhöfen untersucht. Gemessen wurden K-Efflux, K-Influx, K-, Na- u. Cl-Konz. bei Kontrollen u. bei **I**-Anwesenheit. Auf Grund der Ergebnisse wurde geschlossen, daß die Beeinflussung des K-Flux u. der Ionen-Konzz. durch die Herzglykoside nicht die Ursache der positiv inotropen Wrkg. sein kann, sondern nur die unspezif. tox. Erscheinungen charakterisiert. M. METZE. 4630 □

Untersuchungen zur Ursache der relativen Digitalisresistenz der Kröte (Bufo vulgaris Laur.). H. J. Portius, I. Herrmann und K. Repke. (Naunyn-Schmiedebergs Arch. epx. Pathol. Pharmakol. **241.** 534—35. 1961. Berlin-Buch, Dt. Akad. d. Wiss., Inst. für Med. u. Biol.) (Dt.)

Die Ursachen der Speciesunterschiede in der *Digitalis* (I)-Empfindlichkeit wurden an der Kröte mit *Digitoxin* (II) untersucht. Es zeigte sich, daß das Krötenherz durchaus über die Fähigkeit, II aus dem Blut anzureichern, verfügt. Die I-Resistenz der Kröte kann nicht durch schnelle Inaktivierung noch durch rapide Ausscheidung u. auch nicht durch abnorme Verteilung des Glykosids im Organismus erklärt werden. Es ist anzunehmen, daß die Speciesunterschiede in der I-Empfindlichkeit nicht vom Stoffwechselschicksal des Glykosids, sondern offenbar von der Ansprechbarkeit der I-Receptoren bestimmt werden. M. METZE. 4630 □

Untersuchungen zur Ursache der Wirkungsunterschiede zwischen Digitoxin und Dihydrodigitoxin. K. Repke und H. J. Portius. (Naunyn-Schmiedebergs Arch. exp. Pathol. Pharmakol. **241.** 535—36. 1961. Berlin-Buch, Dt. Akad. d. Wiss., Inst. für Med. u. Biol.) (Dt.) — Vgl. auch vorst. Referat.

In der Absicht, die biochem Natur der *Digitalis* (I)-Receptoren zu charakterisieren, wurde der Einfl. verschiedener Herzgifte auf die Membran-*Adenosintriphosphatase* (II) menschlicher Erythrocyten — die von POST u. Mitarbeitern (C. **1961.** 7977.) als Kationenpumpe erkannt wurde — untersucht. Herzgifte hemmen nur die durch Zusatz von $Na^+ + K^+$ bewirkte Extraspaltung von *Adenosintriphosphat* (ATP), Ca^{2+} wirkt in höheren Konzz. additiv hemmend. Bei einer K^+-Konz., die für eine volle Aktivierung des Fermentes ausreicht, wird eine 50%ig. Hemmung der Extraspaltung bei $1{,}5 \cdot 10^{-7}$ m *Digitoxin* (III) bzw. $22{,}5 \cdot 10^{-7}$ m *Dihydrodigitoxin* (IV) erreicht. Die für halbe Maximalhemmung benötigten Konzz. verhalten sich bei III:IV wie 1:15; bei *Cymarin*:*Allocymarin* wie 1:>1000, bei *Digitoxigenin* (V): *3-Dehydrodigitoxigenin*: *3-Epidigitoxigenin*: „*Iso*"-*Digitoxigenin* wie 1:5:13:>1000 u. bei V:*Cortisol* wie 1:≫1000. Die Unterschiede in der Toxizität können auf ihrer unterschiedlichen Fähigkeit zur Hemmung der II beruhen, die am Ionentransport durch Zellmembranen beteiligt sind. Es ist anzunehmen, daß solche II einen Angriffspunkt der Herzglykoside darstellen. M. METZE. 4630 □

Eine Auswertung verschiedener hypotensiver Arzneimittel. 3. Mitt. Tetrahydroisochinolin und Tetrahydrochinolinderivate. R. K. Bickerton, M. L. Jacquart, W. J. Kinnard jun., J. A. Bianculli und J. P. Buckley. (J. Amer. pharmac. Assoc., sci. Edit. **49.** 183—86. April 1960. Pittsburgh, Pa., Univ. of Pittsburgh, School of Pharm.) (Engl.)

Die hypotensive Wrkg. einer Reihe von Tetrahydrochinolin- u. -isochinolin-Derivv. wurde an Ratten u. Hunden untersucht u. ausgewertet. Die Butin-(2)-yl-Derivv. des Tetrahydroisochinolins sind relativ schwache hypotensive Mittel. *1-[1.2.3.4-Tetrahydriisochinolino]-5-dimethylaminopentin-(2)-dimethojodid*, *1-[1.2.3.4-Tetrahydroisochinolino]-5-dimethylamino-3-hydroxy-3-äthinylpentandimethobromid* u. *N-[3-Dimethylaminopropyl]-1.2.3.4-tetrahydroisochinolindimethobromid* sind die aktivsten Verbindungen. Folgende Substanzen wurden außer den bereits angeführten getestet: Dimethobromide: *1-[1.2.3.4-Tetrahydroisochinolino]-4-dimethylaminobutin-(2)*, *1-[1.2.3.4-Tetrahydroisochinolino]-4-diäthylaminobutin-(2)*, *1-[1.2.3.4-Tetrahydroisochinolino]-4-pyrrolidinobutin-(2)*, *1-[1.2.3.4-Tetrahydroisochinolino]-4-piperidinobutin-(2)*; 1.2.3.4-Tetrahydroisochinolindimethojodide: *N-[Dimethylaminoäthylamino]-*, *N-[Diäthylaminoäthylamino]-*, *N-[N'.N'-Dimethylhydrazinoäthyl]-*, *N-[Pyrrolidinoaminoäthyl]-*, *N-[Pyrrolidinoäthylamino]-*, *N-[Piperidinoaminoäthyl]-*; 1.2.3.4-Tetrahydrochinolindimethojodide: *N-[Dimethylaminoäthylamino]-*, *N-[Diäthylaminoäthylamino]-*, *N-[Pyrrolidinoäthylamino]-*; *2-Methyl-1.2.3.4-tetrahydroisochinolin-4-carbonsäure-β-[dimethylamino]-äthylester*.
P. GREGORZEWSKI. 4630 □

Ein Herz-Accelerator in Gewebsextrakten der Schnecke Helix aspersa. G. A. Kerkut und M. S. Laverack. (Comparat. Biochem. Physiol. **1.** 62—71. Jan. 1960. Southampton, Univ., Dep. of Physiol. and Biochem.; Grange over Synds, Lancs., Merlewood Res. Stat., Nature Conservancy.) (Engl.) — Vgl. J. Endocrinol. **16.** [1958.] 12.

Extrakte von verschiedenen Geweben der Schnecke *Helix aspersa* (z. B. aus dem Gehirn, Mantel, Mittel-Darm, Herz, Ganglien), gewonnen durch Verreiben der Gewebe in 50%ig. Aceton, Eindampfen zur Trockne, Aufnehmen in RINGER-Lsg., zeigen herzbeschleunigende Eigg. (Anstieg der Amplitude, Steigerung der Frequenz des Herzschlags). Nach der Reinigung der Extrakte durch 2-dimensionale Papierchromatographie (Lsgm. a) tert.-Butanol–Methanol–Wasser = 4:5:1; Lsgm. b) Amylalkohol–Pyridin–

Wasser = 2:2:1) zeigen die Zonen mit R_F 0,5 (Lsgm. a) bzw. 0,25 (Lsgm. b) beträchtliche Aktivität. Test-Rkk. mit Ninhydrin (I), I-Essigsäure, FOLIN-CIOCALTEAU-Reagens, Phosphormolybdänsäure-NH_3, diazotierte Sulfanilsäure bzw. diazotiertes p-Nitroanilin u. a. sprechen dafür, daß das akt. Prinzip dieser Extrakte ein aromat. Amin ist, das 1 oder mehrere OH-Gruppen enthält, davon eine vermutlich in $C_{(5)}$. Es scheint kein Indol zu sein. Von *5-Hydroxytryptamin* (II) unterscheidet sich die akt. Substanz in Folgendem: Lysergsäurediäthylamid zeigt keine antagonisierende Wrkg., das Winter- u. Sommer-Herz des Frosches wird beschleunigt, während II das Winterherz hemmt u. das Sommerherz beschleunigt. Lsgg. des akt. Prinzips u. von II zeigen verschiedene chem. Test-Rkk., sowie verschiedene R_F-Werte. B. GÖRLICH. 4630□

Rutin und Herzglykoside. J. Lenfeld, M. Kroutil und J. Kroutilová-Holanová. (Acta Univ. Palackiane Olomucensis **14.** 127—33. 1958. Olomouc, Palacky Univ., Lék. fac. Farmakol. ústav.) (Tschech.)

Rutin (I) steigert, wie Verss. am isolierten Froschherzen zeigten, die cardioton. Wrkg. von *g-Strophanthin* u. der Glykoside von *Digitalis lanata* unabhängig vom Ca-Geh. der Nähr-Fl.; beim Kaninchen verstärkt I die tox. Wrkg. des k-Strephanthins um ca.46%. B. GÖRLICH. 4633□

Darmresorption von Theophyllin aus einer wässerig-alkoholischen Lösung. Mogens Jørgensen und Paul Møller. (Acta pharmacol. toxicol. [Köbenhavn] **18.** 129—32. 1961. Copenhagen, Gentofte Amtssygehus, Cardiol. Labor.) (Engl.)

400 mg *Theophyllin* (oral) wurden aus einer 20%ig. alkohol. Lsg. genau so rasch oder schneller resorbiert als bei i. m. Injektion. Weitere Zugabe von A. steigerte die Resorptions-Geschw. nicht. Jedoch kann A. die Nebenwrkg. auf den Verdauungstrakt verhüten, die diese Dosis in wss. Lsg. nach oraler Gabe hervorrufen würde. K. ZINGRAF. 4634□

Eine Kurzzeituntersuchung eines neuen antihypertensiven Diureticum, Benzydroflumethiazid, unter Kontrollbedingungen. Henry J. L. Marriott und Leo Schamroth. (Southern med. J. **54.** 788—93. Juli 1961. Baltimore, Md., Mercy Hosp., Dep. of Med.; Univ. Hosp., Dep. of Med.) (Engl.)

Unter einer 10—40 mg/Tag betragenden Dosierung von *Benzydroflumethiazid* (*3-Benzyl-6-fluor-7-aminosulfonyl-3.4-dihydrobenzthiadiazol-1.1-dioxyd*; *Naturetin*, SQUIBB & SONS) konnte bei 23 von 27 Hypertonikern (zwischen 100 u. 139 mm Hg diastol.) eine Blutdrucksenkung zwischen 17 u. 49 mmHg (11 u. 35 mmHg diastol.) erzielt werden; diese Wirksamkeit wurde im Blindvers. bestätigt. Da keine konst. Beziehungen zum Gew.-Verlust der Patienten bestanden, wird angenommen, daß die antihypertensive Wrkg. von der diuret. unabhängig ist. U. TAUSENDFREUND. 4634□

Klinische Prüfung von Benzydroflumethiazid bei Ödem und Hypertension. John Pascal Elliott jun. und Allan M. Goldman. (Southern med. J. **54.** 794—800. Juli 1961. New Orleans, La., Touro Infirm., Dep. of Med.; Tulane Univ., School of Med., Dep. of Med.) (Engl.) — Vgl. auch vorst. Referat.

Benzydroflumethiazid (I; *3-Benzyl-6-fluor-7-aminosulfonyl-3.4-dihydrobenzthiadiazol-1.1-dioxid*; *Naturetin*, SQUIBB & SONS) wurde 67mal in Dosen von 2,5—20 mg/Tag zur Ödembehandlung eingesetzt u. war in 56 Fällen erfolgreich. Nebenwrkg. traten in Form von geringer Nausea, Schwäche u. Diarrhoe sowie Schwere im Kopf bei 40 mg/Tag auf, ferner dabei erhöhte Serum-*Harnsäure*-Werte u. Serum-*K*-Werte an der unteren Grenze der Norm; keine klin. Elektrolytgleichgewichtsstörungen. Bei vorheriger Behandlung mit *Chlorothiazid* (500 mg/Tag) konnten mit 5,0 u. 10,0 mg I, nicht jedoch mit 2,5 mg I, gute Erfolge erzielt werden. Bei der Hypertensions-Behandlung mit I wurden weniger gute Erfolge erzielt, falls gleichzeitig Ödeme behandelt werden mußten. Die Diurese unter 5,0 mg I scheint größer als die unter 500 mg Chlorothiazid oder 50 mg *Hydrochlorothiazid* zu sein. Es wird vermerkt, daß bei Diureseversagerfällen von I dieses auch nicht antihypertensiv wirkt. U. TAUSENDFREUND. 4634□

Die Wirkung von Probenecid auf die Nierenausscheidung und den Plasmaspiegel von Harnsäure bei Patienten mit Niereninsuffizienz. N. R. Haagensen und Bent Nielsen. (Acta pharmacol. toxicol. [Köbenhavn] **18.** 175—78. 1961. Glostrup, Copenhagen County Hosp., Med. Dep. B.) (Engl.)

Bei Patienten mit chron. Niereninsuffizienz erhöhte *Probenecid* die Ausscheidung von Harnsäure im Harn, veränderte aber die Konz. im Serum nicht wesentlich. K. ZINGRAF. 4640□

Erniedrigte magensekretorische Aktivität nach Injektion von gewissen Maleinimiden, β-Mercaptoäthylamin oder der Kombination beider Verbindungstypen. T. Lloyd Fletcher, Helene L. Buchman, Allen W. Dahl, John E. Jesseph und

Henry N. Harkins. (J. med. pharmac. Chem. **1.** 275—80. Juni 1959. Seattle, Wash., Univ. of Wash. School of Med., Chem. Res. Labor., Dep. of Surg.) (Engl.)

Vff. geben 72-Std. Hungerratten nach Pylorusligatur peritoneale Injektionen von *N-Äthylmaleinimid* (**I**, 7 mg/kg), *2-Aminoäthylisothiuroniumbromidhydrobromid* (**II**, 250), *N-fluorenyl-(2)-maleinimid* (**III**, F. 187,5—188°, 15), *β-Mercaptoäthylaminhydrochlorid* (**IV**, 400) sowie Gemische aus **II** (25) + **I** (7), **IV** (400) + **I** (7) u. **IV** (400) + **III** (15) u. bestimmen nach 6 Std. Vol., pH-Wert, freie u. gesamte Acidität u. pept. Aktivität des abgeschiedenen Magensaftes. Es zeigt sich, daß **I** die gastr. Sekretion am stärksten unter sämtlichen vorst. Verbb. inhibiert, **II** u. **IV** beeinflussen die Abscheidung des Magensaftes in geringerem Ausmaß. Bei subkutaner Zufuhr von **IV** oder **II** 40 Min. vor der Ligatur u. darauffolgende intraperitoneale Applikation von **I** u. **III** kurzzeitig nach derselben, werden die Wrkg. der Maleinimide durch die SH-Gruppen-enthaltenden Verbindungen stark abgeschwächt. Der pH-Wert des Magensaftes wird durch **I** von 0,9 auf 4 erhöht, die übrigen Wirkstoffe erniedrigen die Acidität nur um 1—2 pH-Einheiten. Auch die Gesamtacidität u. die Pepsin-Wirksamkeit nehmen nach Zufuhr vorst. Verbindungen, die auch die Ulcus-Bldg. verhindern, ab. Aus den Ergebnissen wird geschlossen, daß die **II**- u. **IV**-Wrkg. hauptsächlich durch Hemmung des Succinoxydase-Syst. ausgelöst werden. P. FAHRNLAENDER. 4645 □

Bioflavonoide bei experimentellen Geschwüren. Eugene E. Vogin und G. Victor Rossi. (J. pharmac. Sci. **50.** 14—17. Jan. 1961. Philadelphia, Pa., Philadelphia Coll. of Pharmacy and Sci., Dep. of Pharmacol.) (Engl.)

Die Häufigkeit der Bldg. von Magengeschwüren beim Meerschweinchen durch Depot-*Histamin* war nach einer Kombination von *Orangebioflavonoid-Komplex* (*OBK*) *291-R-1* (**I**) + *Ascorbinsäure* (**II**) geringer als nach **I** oder **II** allein. In ähnlicher Weise verringerten der Komplex OBK 291-Y-1 (**III**), **II** oder **II** + **III** die Bldg. von Magengeschwüren bei Ratten infolge von *Reserpin* (**IV**)-Behandlung nach 7½std. Pylorusabbindung. Geschwürs-Bldg. durch 15std. Abbinden des Pylorus oder wiederholte Anwendung von **IV** sowie die Heilung von Serosa-Verbrennungen wurde weder durch Bioflavonoide, noch durch **II** oder Kombinationen von beiden beeinflußt.

K. ZINGRAF. 4645 □

Die Wirkung von Emetin auf experimentelle Entzündungen. J. Lenfeld. (Naunyn-Schmiedebergs Arch. exp. Pathol. Pharmakol. **241.** 515—16. 1961. Olomouc, CSSR, Palacký Univ., Med. Fak., Pharmakol. Inst.) (Dt.)

Es wurde der Einfl. von *Emetin* (**I**) auf experimentelle sterile Entzündungen bei Ratten, Kaninchen u. Mäusen untersucht. **I** hemmt Entstehen u. Verlauf von Entzündungstypen mit überwiegend proliferativer Komponente, unabhängig von der Ausscheidung der 11-Hydroxysteroide im Harn u. nur teilweise abhängig von der Anwesenheit der Nebennieren. M. METZE. 4646 □

Resorption und Ausscheidung von Noscapine. Sven Vedsø. (Acta pharmacol. toxicol. [Köbenhavn] **18.** 157—64. 1961. Copenhagen, Dumex Ltd., Pharmacol. Labor.) (Engl.)

Nach oraler Gabe von *Narcotin* (**I**; *Noscapine*) bei Normalpersonen ist die Konz. im Plasma, die nach 1 Std. ein Maximum erreicht, gering u. sinkt rasch ab. Bei Dosissteigerung nimmt die Konz. im Plasma stärker zu, als es der Dosis entspricht. Bei i.v. Injektion bei Kaninchen verschwindet **I** innerhalb weniger Min. aus dem zirkulierenden Blut. Wenn **I** als Harz-Komplex verabreicht wird, so ist die Kurve der Konz. im Blut dieselbe wie bei Verabreichung derselben Menge in Form des Chlorides in mehreren Einzeldosen. K. ZINGRAF. 4650 □

D-3-Dimethylamino-1.1-diphenylbutyläthylsulfon als langwirkendes Antitussicum. Y. Kase, T. Yuizono, H. Serikawa, S. Yamamoto, T. Yamasaki, T. Fushimizu, N. Katayama, T. Moriya und T. Nozuhara. (Chem. pharmac. Bull. [Tokyo] **6.** 109—11. Febr. 1958. Ōe-machi, Kumamoto, Univ. of Kumamoto, Fac. of Pharmacy, Dep. of Chem.-Pharmacol.; 2. Int. Clinic.) (Engl.)

Die Prüfung von *d-3-Dimethylamino-1.1-diphenylbutyläthylsulfonhydrochlorid* (**I**; *Win-1161-3*) führte zu folgenden Resultaten: Die mittlere antitussive Wrkg. beträgt beim Hund zwar nur das 1,8fache derjenigen von *Codein* mit einem etwa halb so großen therapeut. Index (12,5 gegenüber 26,6); mit gerade die Schwellendosis überschreitenden Dosierungen kann jedoch eine außerordentlich lang anhaltende Wrkg. erzielt werden, die bei 3 mg **I**/kg i.v. 18,9mal länger anhält als die von Codein (520,8 gegenüber 27,5 Min.) u. bei 6 mg **I**/kg. 13,5 mal länger andauert (801,4 gegenüber 59,3 Min.); die maximale antitussive Wrkg. von **I** setzt gewöhnlich erst nach 30—60 Min. ein (daher ergibt sich nach üblicher Best.-Meth. auch der niedrige therapeut. Index); die mittlere DL_{50} beträgt bei Mäusen 1,2 mg/10 g subcutan (das 1,8fache derjenigen von Codein) u. 0,36 mg/10 g intraperitoneal, bei Hunden 25,9 mg/kg i. v.; unterhalb letaler Dosen kommt es bei der Maus zur Dorsiflexion des Schwanzes (STRAUB-Phänomen), wie sie von Morphin bekannt ist, zur Erregung u. zu Krämpfen; antitussive Dosen rufen beim Hund Anorexie, Speichelabsonderung u. gesteigerte Atem-Geschw. hervor; an der Maus konnte eine dem Dolantin ähnliche analget. Wrkg. von I beobachtet werden, beim Hund riefen antitussive Dosen jedoch keine Analgesie hervor; bei urethannarkotisierten Kaninchen konnte auch mit hohen Dosen von 5 mg/kg i. v. keine Beeinflussung der Atmung, des Blutdrucks oder des Herzschlags festgestellt werden; zu Kumulation oder Gewöhnung kam es bei Daueranwendung am Hund nicht; I wird in wss. Lsg. zwar rasch zersetzt, zeigt nach peroraler Verabreichung jedoch dauerhafte Wrkg.; bei tuberkulösen Patienten erwies sich eine perorale Dosierung von 6 mg I/Tag als ausreichend; 3—4 mg I sind wirksamer als 40 mg *Dextromethorphan*, u. dieses ist wieder wirksamer als 60 mg Codein; keine Nebenwirkungen.

U. TAUSENDFREUND. 4650 □

Antimykotische Wirkungen einiger neuer Stoffe. N. Hejtmánková-Uhrová. (Acta Univ. Palackiane Olomucensis **14.** 5—13. 1958. Olomouc, Palacky univ., lék. fac., Biol. ústav.) (Tschech.)

Von 17 untersuchten Substanzen erwiesen sich bes. *4-Chlor-2-nitrophenol* u. *Phenylmercuridibutylnaphthylsulfonat* (*CRE-48-440*; I) gegen Dermatophyten (*Trichophyton gypseum, Tr. interdigitale, Microsporon lanosum, Candida albicans*) antimykot. wirksam. I zeigte in konz. Lsgg. bereits nach 1 Min. auf alle geprüften Dermatophyten fungicide Wrkg., in Konzz. von 1—0,125% erst nach längerer Expositionszeit. Nach 60 Min. wurden auch in diesen Konzz. alle Dermatophyten getötet. Die Resistenz der Dermatophyten gegen diese Substanzen erwies sich abhängig von der Species.

B. GÖRLICH. 4661 □

Toxische Wirkung von Monochloracetat auf Gänse. M. Christiansen und Sv. Dalgaard-Mikkelsen. (Acta pharmacol. toxicol. [Köbenhavn] **18.** 179—82. 1961. Copenhagen, Royal Vet. and Agric. Coll., Dep. of Pharmacol. and Toxicol.) (Engl.)

Bericht über einen Vergiftungsfall bei wilden Gänsen nach der Aufnahme von Weißklee, welcher mit *Na-Monochloracetat* (I) gespritzt worden war. Für die Hausgans beträgt die orale Letaldosis von I 75—100 mg/kg. K. ZINGRAF. 4675 □

Josiah Brown and **Carl M. Pearson**, ed., Clinical uses of adrenal steroids. New York: McGraw-Hill. 1962. (447 S. m. Abb.) $ 11.—.

Abraham M. Shanes, ed., Biophysics of physiological and pharmacological actions. Washington. 1961. (XIII + 598 S. m. Abb.) = Its Pubn. no. 69. $ 13.50.

F. Pharmazeutische Chemie. Desinfektion

Die Bezeichnung „äußerlich" bzw. „innerlich" bei Arzneimitteln. György Kedvessy. (Gyógyszerészet [Pharmazie] **5.** 258—59. Juli 1961. Szeged, Med. Univ., Pharmaz. Inst.) (Ung.)

Vf. diskutiert die Bezeichnungen für äußerliche u. innerliche Anwendung der Arzneimittel u. schlägt vor, daß die Arzneimittel vorteilhafter auf Grund ihrer Lokal- bzw. Fernwrkg. gruppiert werden sollen. G. LIGETI. 4750 □

Die Silicone und ihre Anwendung in der Pharmazie. P. E. Rosenzweig und I. Ja. Gurewitsch. (Аптечное Дело [Apothekenwesen] **9.** Nr. 5. 64—70. Sept./Okt. 1960. Leningrad, Chem.-Pharm.-Inst.) (Russ.)

Übersicht an Hand der Literatur. — 16 Literaturangaben. G. SIEWERT. 4750 □

Angaben zur Trocknung mit infraroten Strahlen. György Kedvessy und Béla Rediger. (Gyógyszerészet [Pharmazie] **5.** 301—07. Aug. 1961. Szeged, Med. Univ., Pharmaz. Inst.) (Ung.) — Vgl. C. **1961.** 12178.

Vff. untersuchten den Einfl. der IR-Trocknung auf den auszutrocknenden Stoff (Gew., Farbe, Kerngröße, Feuchtigkeits-Geh., usw.) u. berichten über die Ergebnisse in 10 Tabellen. G. LIGETI. 4750

Der Einfluß des Feuchtigkeitsgehaltes von Granulaten und Tabletten und der Aufbewahrungsbedingungen auf die physikalischen Eigenschaften von Tabletten. P. L. Seth und K. Münzel. (Pharmaz. Ind. **21.** 417—19. Okt. 1959. Zürich, ETH, Pharmazeut. Inst., Galen. Abt.) (Dt.) — Vgl. C. **1960.** 14108.

Der Feuchtigkeits-Geh. von Milchzucker-Stärke-Granulaten (**A**) u. von Phenacetin-Stärke-Granulaten (**B**) wurde mit Hilfe von Hygrostaten auf bestimmte Werte eingestellt. Die aus **A** u. **B** hergestellten Tabletten zeigten einen geringeren Wasser-Geh. als **A** u. **B**.

Nach 4 Wochen Lagerung in Pappschachteln bei 4° u. bei 35° stellte sich in den Tabletten ein Temp., Luftfeuchtigkeit u. Tablettensorte entsprechender Wasser-Geh. ein, unabhängig vom Wasser-Geh. des Granulates vor dem Pressen. Bei 4° blieben die ursprünglichen Tabletten-Eigg. etwa erhalten, die Zerfallszeit von **A**-Tabletten verbesserte sich sogar. Bei 35° trat durch die Austrocknung eine starke Verlängerung der Zerfallszeit von **B**-Tabletten u. eine deutliche Härteminderung von **A**-Tabletten auf. S. ERBE. 4766□

Herstellung mehrschichtiger und durch Preßverfahren überzogener Tabletten. Tamás Tóth. (Gyógyszerészet [Pharmazie] **5.** 294—95. Aug. 1961. Budapest. Chinoin A. G.) (Ung.)

An Hand der Literaturangaben werden die Möglichkeiten, Meth. u. maschinellen Einrichtungen beschrieben, welche zur Herst. solcher Tabletten geeignet sind.

G. LIGETI. 4766

Magensaftresistente Dragierlacke. Rolf Schuler. (Dtsch. Apother-Ztg. **101.** 497—98. 4/5. 1961. Berg/Starnberger See.) (Dt.)

Ausgehend von der Physiologie des Magen-Darm-Kanals werden die Bedingungen, die an einen magensaftunlösl. Drageeüberzug gestellt werden müssen, formuliert. Vers. mit Prolaminen aus Mais, Weizen, Gerste u. Lupinen, mit Schellacken, Gummiarabicum, Kunstharzen, Siliconen u. Kollodium ergaben unbefriedigende Ergebnisse. Gut geeignet war „Universallack" (Fa. GEBEKA, Miltenberg/Main) auf Cellulose-Basis unter Zusatz von Resinae u. Weichmachern. Die Säurebeständigkeit liegt bei 2½ Std. in 0,05 n HCl, bei 15 Std. in 2 n HCl. Im alkal. Milieu beginnt der Zerfall nach 1—1½ Stunden. Die Löslichkeit kann durch Vermehren der Schichtenzahl variiert werden.

S. ERBE. 4766□

Pharmakognostische Bemerkungen über die Rinde von Rhamnus alpina. Manlio Cicaterri. (Ann. Bot. [Roma] **25.** 54—57. 31/12. 1956. Roma, Univ., Ist. Botan.) (Ital.)

Im Parenchym der Primärrinde von *Rhamnus alpina* kommen Gruppen verhärteter Zellen vor, an ihrer Stelle finden sich bei *Rhamnus frangula* faserige Stränge. Das ist das einzige sichere Unterscheidungsmerkmal. K. ZINGRAF. 4782□

Über die Inhaltsstoffe der Rinde von Rhamnus Purshianus (Cascara Sagrada Ph. Helv. V.). 1. Mitt. **Prüfung auf Anwesenheit von Xanthorhamnin und Nachweis des Aloins.** R. Baumgartner und K. Leupin. (Pharmac. Acta Helvetiae **36.** 244—67. April 1961. Beil. zu: Schweiz. Apotheker-Ztg. Basel, Univ., Pharmazeut. Anst.) (Dt.)

Vff. fanden, daß die Rinde von *Rhamnus Purshiana* (*Cascara Sagrada*, **I**) kein *Xanthorhamnin* enthält, wie die von *Rhamnus frangula*. Dagegen konnte im Ae.-Auszuge eines Extraktes von **I** *Aloin* (**II**) papierchromatograph. nachgewiesen u. aus einem acetylierten, angereicherten Extrakt als Acetat kristallin erhalten werden. **II** bewirkt die durch KOH u. Borax hervorgerufene gelbe Fluorescenz bei Ae.-Ausschüttelungen von I-Extrakten. F. v. GIZYCKI. 4782□

Neuere Daten zur landschaftsbedingten Unterschiedlichkeit des Proazulengehaltes der Kamille (Matricaria chamomilla L.). Imre Máthé und Ernö Tyihák. (Gyógyszerészet [Pharmazie] **5.** 340—44. Sept. 1961. Budapest, Inst. Heilpflanzenforsch.) (Ung.) — Vgl. C. **1962.** 1705.

Der Vgl. der aus 1959—1960 stammenden Proazulen (**I**)-Daten der Kamillen-Unters. ergibt folgende Ergebnisse: 1. mg%-Werte des **I**-Geh. der Kamillen, die westlich der Donau u. im ungar. Mittelgebirge wachsen, übertrafen in beiden Jahren jene der auf der Großen Ungar. Tiefebene gewachsenen Kamillen. 2. **I**-freie Individuen kamen in beiden Jahren westlich der Donau viel seltener vor, als auf der Tiefebene, wo die Kamille am häufigsten vorkommt. 3. Das Wetter übt einen wesentlichen Einfl. auf die **I**-Bldg. aus. Die Unterschiedlichkeit des **I**-Geh. ist vom Landschaftsgebiet bedingt.

G. LIGETI. 4782

Über die Untersuchung des Wirkstoffes der Erysimum diffusum Ehrh. 1. Mitt. **Über die in Szeged durchgeführten Anbauversuche mit Erysimum diffusum Ehrh. und die Untersuchung der daraus hergestellten Tinktur.** István Novák. (Gyógyszerészet [Pharmazie] **5.** 296—301. Aug. 1961. Szeged, Med. Univ., Pharmakognost. Inst.) (Ung.)

Die aus der UdSSR stammende *Erysimum diffusum Ehrh.* gedeiht in Szeged gut, ist lebenskräftig u. gegen das rauhe Klima widerstandsfähiger als die ursprüngliche ungar. Art. Samen der ersteren haben einen Glykosid-Geh. von 3,4% gegenüber 2,7% der letzteren. Der Wirkstoff häuft sich im Samen an. Die Wrkg. der aus dem Samen bereiteten Tinktur nimmt während der Lagerung anfangs allmählich, später rasch ab.

G. LIGETI. 4782

Über die Untersuchung des Wirkstoffes der Erysimum diffusum Ehrh. 2. Mitt. István Novák. (Gyógyszerészet [Pharmazie] **5.** 336—40. Sept. 1961.) (Ung.) — 1. vgl. vorst. Referat.

Aus dem wss. Extrakt der einjährigen Blätter erhält man nach Ausschütteln mit Chlf. einen biolog. akt. Stoff, welcher, an Al_2O_3 chromatographiert, drei krist. Fraktionen gibt. Die so gewonnenen Glykoside stehen laut biolog., chem. u. opt. Unterss. dem *Erysimin* nahe. Im Hydrolysat sind papierchromatograph. *Strophantin K* u. *Digitoxose* nachweisbar. G. Ligeti. 4782

Chemisches und Medizinisches über Digitalisglykoside. Willi Küssner. (Arch. Pharmaz. **294/66.** Nr. 8. Mitt. dtsch. pharmaz. Ges. **31.** 137—44. Aug. 1961. Darmstadt, E. Merck AG.) (Dt.)

Vortrag mit einem Überblick über den gegenwärtigen Stand der Kenntnisse über den chem. Aufbau, die Wirksamkeit, Wirkungsweise u. medizin. Anwendung der *Herzglykoside* des roten u. wolligen Fingerhuts. — 20 Literaturangaben. H.-E. Toussaint. 4782□

Untersuchung der Extraktion des Scopolia-Wurzelstockes durch Pressen des angefeuchteten Materials. 2. Mitt. F. I. Nowikow. (Аптечное Дело [Apothekenwesen] **10.** Nr. 4. 17—22. Juli/Aug. 1961. Moskau, 1. Med.-Inst., Pharmazeut. Fak.) (Russ.; Auszug: Engl.) — 1. vgl. C. **1961.** 17294.

Die optimale Dauer des Stehenlassens von Scopolia-Wurzelstock in 40° A. zwecks Gewinnung des 2., 3. u. 4. Saftes wurde festgestellt. Eine beträchtliche Erhöhung der Ausbeute an Aktivstoffen durch verlängerte Quellungsdauer des Roh-Prod. findet nur in der 1. Phase seiner Behandlung statt. Nach 4maliger Behandlung des Wurzelstockes betrug die Ausbeute an Alkaloiden 90,6 u. die an Extraktivstoffen 87,7% des Geh. im Ausgangsstoff. Durch Pressen wird der Herst.-Prozeß des Infusums (bes. des fl. Extraktes 1:1 u. des Aufgusses 1:10) bedeutend beschleunigt. S. Baryschnikow. 4782

Beeinflussung der Viscosität organischer Flüssigkeiten durch Aerosil. Helmut Brünner. (Österr. Apotheker-Ztg. **15.** 247—52. 6/5. 1961. 261—65. 13/5. Rheinfelden/Baden, Deutsche Gold- und Silber-Scheideanstalt AG., vormals Roessler.) (Dt.)

Beschreibung der Eigg. des *Aerosils*, einem aus Si-Tetrachlorid, H_2 u. Luft hergestellten, röntgenamorphen, hochreinen SiO_2, unter bes. Berücksichtigung des Verh. der Oberfläche der Teilchen, bei der neben Siloxan–Silanolgruppen stehen, u. die bes. mit Fll., die zur Wasserstoffbrücken-Bldg. befähigt sind, schon in niedrigen Konzz. Gele bildet. H. P. Fiedler. 4786□

Über die solubilisierende Wirkung der in der pharmazeutischen Technologie benützten Polyäthylenglykole und ihrer Ester. Dezsö Küttel. (Gyógyszerészet [Pharmazie] **5.** 325—30. Sept. 1961. Szombathely, Apothekenzentrale.) (Ung.)

Vf. berichtet über die Ergebnisse bei der Solubilisierung von 30, in der Rezeptur oft gebrauchten Grundstoffe. Die Ergebnisse mit *Carbowax* 1500, *Mirj* 52, sowie *Tween* 20, 60 u. 80 sind tabellar. angegeben, mit Hinweisen auf die Änderungen sofort nach der Herst. bzw. nach 1—6 Tagen. G. Ligeti. 4786

Herstellung des Kamillenextraktes. Ferenc M. Dávid, Lajos Dávid und Ágoston Dávid. (Gyógyszerészet [Pharmazie] **5.** 344—46. Sept. 1961. Békéscsaba, Apothekenzentrale.) (Ung.)

Vff. stellen den Kamillenextrakt in 3 Stufen her. Zuerst wird die Droge mit der 3fachen Menge PAe. ($<56°$) mazeriert, nachher mit der 4fachen Menge 30%ig. A. perkoliert u. schließlich mit der doppelten Menge W. gekocht. Die Filtrate werden im Vakuum getrennt zur Trockne eingedampft, gemischt u. mit Lactose auf 50% des Drogen-Gew. ergänzt. Der Extrakt enthält wesentlich mehr PAe.-Mazerat u. Trockenextrakt, als die offiziellen Dekokte, Infuse oder Tinkturen. G. Ligeti. 4790

Ein neuer Rohstoff für die Gewinnung von galenischen Präparaten, die Alkaloide der Tropangruppe enthalten. Je. Ss. Gritzajewa und A. Ss. Prosorowski. (Аптечное Дело [Apothekenwesen] **9.** Nr. 5. 6—8. Sept./Okt. 1960. Moskau, Pharm. Inst., Lehrstuhl für Technol. der Arzneistoffe u. galen. Präpp.) (Russ.; Auszug: Engl.)

Anisodus luridus Link et Otto wird als neuer Rohstoff zur Herst. galen. Präpp. der Tropanreihe vorgeschlagen. Der Alkaloid-Geh. beträgt in den Wurzeln 7,3%, in den Blättern 1% (berechnet als Hyoscyamin). Die mit 40 bzw. 70 Vol.-% A. hergestellten Tinkturen aus Blättern wurden untersucht, wobei sich herausstellte, daß die mit 40 Vol.-% A. hergestellte Tunktur etwas mehr Alkaloid enthält. Die pharmakolog. Wrkg. entspricht qual. der von Belladonnatinktur, ist aber stärker. G. Siewert. 4790□

Über die Beständigkeit von Ergometrinmaleat in Tabletten und Ampullen. M. Ja. Tropp, N. G. Ssinilowa, P. I. Besruk, N. G. Boshko und W. Ja. Boiko. (Аптечное Дело [Apothekenwesen] **9.** Nr. 5. 9—13. Sept./Okt. 1960. Charkow, Chem.-Pharm. Forsch.-Inst.) (Russ.; Auszug: Engl.)

Biolog., colorimetr. u. papierchromatograph. wurde festgestellt, daß *Ergometrinmaleat* in Tabletten u. in asept. in CO_2-Atmosphäre hergestellten Ampullen, die eine Lsg. der Substanz in physiolog. NaCl-Lsg. enthalten, ein Jahr lang stabil sind.
G. SIEWERT. 4790□

Müssen Augentropfen gepuffert werden? J. C. Etter. (Pharmac. Acta Helvetiae **36**. 238—43. April 1961. Beil. zu: Schweiz. Apotheker-Ztg. Lausanne, Univ., Labor. de Pharm. galen.) (Franz.)

Vf. zeigt am Beispiel des *Benzylimidazolinhydrochlorids* als Wirkstoff, daß eine Pufferung der Augentropfen notwendig ist, um nicht nur ihre Verträglichkeit u. Haltbarkeit, sondern auch ihre, durch einen etwaigen Tränenreflex beeinträchtigte Wirksamkeit zu gewährleisten. F. v. GIZYCKI. 4790□

Physikalisch-chemische Beziehungen der Arzneimittelherstellung. (Zu einer Arbeit von István Flóderer und Géza Takács). Erik Zajta. (Gyógyszerészet [Pharmazie] **1**. 135—37. Sept. 1957. Budapest, Ergészségügyi Miniszt. Gyógyszerészeti Oszt.) (Ung.)

An dem Beispiel des Spiritus antirheumaticus betont Vf. die Notwendigkeit der physikochem. Betrachtungsweise bei der Haltbarkeitsprüfung. Die Abnahme des freien Essigsäure-Geh. (untersucht wurde bis zu 97 Tagen) folgt der Gleichung einer Rk. 1. Grades ($k = 2{,}75 \cdot 10^{-3}$), obwohl es sich um eine Veresterung handelt. Diese Anomalie wird durch das Vorhandensein von A. in 10facher Konz. erklärt. P. HAJDÚ. 4790□

Arzneimittelstabilitäts-Untersuchungen. Angela Szepesy. (Gyógyszerészet [Pharmazie] **5**. 252—58. Juli 1961. Budapest, Med. Univ., Pharmaz. Inst.) (Ung.)

Vf. erörtert die in Arzneimitteln vorkommenden physikal., chem. u. mikrobiolog. Änderungen u. deren Faktoren; weiter werden die wichtigsten pharmazeut. Konservierungsmittel besprochen. G. LIGETI. 4790

Jodhaltige Desinfektionsmittel. 1. Mitt. John L. Wilson, William G. Mizuno und Carl S. Bloomberg. (Soap chem. Specialties **36**. Nr. 12. 100—07. 137—42. Dez. 1960.) (Engl.)

Die als „Iodophore" bezeichneten Desinfektions- u. Reinigungsmittel sind fl. Zubereitungen mit freiem Jod, die außerdem als Träger noch wasserlösl. nichtionogene Tenside u. Puffersubstanzen enthalten. Derartige Zubereitungen entfalten bes. vielseitige bactericide Wrkg., ohne daß dabei die Nachteile sonstiger Jod-Lsgg. (Fleck-Bldg. usw.) auftreten. H. MEINER. 4832□

Abweichungen bei den Ergebnissen der potentiometrischen beziehungsweise colorimetrischen pH-Messung. 3. Mitt. Jenö Hollós. (Gyógyszerészet [Pharmazie] **5**. 260—63. Juli 1961. Budapest, Chinoin.) (Ung.) — 2. vgl. C. **1962**. **3902**.

Bei in W. schwerlösl. Präpp. ist es zweckmäßiger, die pH-Messung potentiometr. in wss. Suspension vorzunehmen, da während des Filtrierens Adsorptionsverluste entstehen können. Vf. gibt die genauen Vers.-Bedingungen für diesen Fall an.
G. LIGETI. 4880

Kritische Bemerkungen zu den Arzneibuch-Untersuchungsmethoden der Papierwatte (Lana ligni). József Morvay und Gyula Középesy. (Gyógyszerészet [Pharmazie] **5**. 333—36. Sept. 1961. Szeged, Med. Univ., Pharmaz. Chem. Inst.) (Ung.)

Die Unterss. ergaben, daß die Vorschrift zum Nachw. des adsorptiv gebundenen Ca nicht geeignet ist u. schlugen vor, die Papierwatte vorher 20 Min. lang auf dem Wasserbad mit verd. HNO_3 zu behandeln. G. LIGETI. 4880

Maßanalytische Bestimmung des basischen Aluminiumacetates in der Burow-Lösung. L. Ss. Feklissowa. (Аптечное Дело [Apothekenwesen] **11**. Nr. 1. 53—55. Jan./Febr. 1962. Kontroll-Labor. der 4. Verw. des Min. für Gesundheitswesen der UdSSR.) (Russ.)

Vf. schlägt vor, die volumetr. Best. des bas. Al-Acetats in der BUROW-Lsg. nach der von ROSENFELD [1928] vorgeschlagenen Meth. (Titration mit 1n H_2SO_4; Gallein als Indicator) durchzuführen. Die Meth. ist genauer, einfacher u. schneller durchführbar als die Best. nach der 8. Sowjet. Pharmakopöe. S. BARYSCHNIKOW. **4880**

Anwendung der komplexometrischen Titration zur Bestimmung von Wismut und Zink in Suppositorien. W. W. Belikow, M. Ss. Schraiber und Ss. M. Bolotnikow. (Аптечное Дело [Apothekenwesen] **11**. Nr. 1. 50—53. Jan./Febr. 1962. Charkow, Chem.-pharmazeut. Forsch.-Inst.) (Russ.)

Die Anwesenheit gefärbter, in die Lsg. übergehender organ. Substanzen (Methylenblau, Extractum Belladonnae usw.) in Suppositorien erschweren die komplexometr. Best. von Bi u. Zn im Präparat. Zur Entfärbung der Lsg. wurde ihre Oxydation mit einem Gemisch von H_2O_2 u. HNO_3 vorgeschlagen. Es wurde festgestellt, daß in sauren Medien u. bei Anwendung von Xylenolorange, Methylthymolblau oder Brenzcatechinviolett als Indicator die Bi-Titration durch die Ggw. von Zn nicht gestört wird. In alkal.

Medien wird die Titration von Zn durch die Ggw. von Bi gestört; zur Maskierung des Bi kann Weinsäure angewandt werden. Auf der Grundlage der vorst. analyt. Ergebnisse wurde eine komplexometr. Schnellbest. für Zn u. Bi in den Suppositorien „Anusol“ u. „Neoanusol“ ausgearbeitet. S. BARYSCHNIKOW. 4880

Amperometrische Silbertitration in Kollargol und Protargol. M. K. Abramow. (Аптечное Дело [Apothekenwesen] **11.** Nr. 1. 44—46. Jan./Febr. 1962. Taschkent, Pharmazeut. Inst.) (Russ.)

0,2 g Kollargol bzw. 1 g Protargol werden in 3—4 ml 2n HNO_3 gelöst. Nach dem Sieden (Entfernung der N-Oxide) wird die abgekühlte Lsg. mit W. auf 100 ml aufgefüllt. Ein adäquater Teil der Lsg. (10, 15 bzw. 20 ml) u. 10 ml gesätt. KNO_3-Lsg. werden mit W. auf ca. 30 ml aufgefüllt u. amperometr. bei +0,75 V titriert.
S. BARYSCHNIKOW. 4880

Quantitative Bestimmung des Adrenalins nach der Methode der Luminescenztitration. W. I. Koppel. (Аптечное Дело [Apothekenwesen] **11.** Nr. 1. 40—44. Jan./Febr. 1962. Zentr. Kontrollanalyt. Labor. der Hauptverwaltung für Apotheken des Minist. für Gesundheitswesen der Estn.SSR.) (Russ.; Auszug: Engl.)

Eine Meth. der Luminescenztitration von *Adrenalin* (I) mit 5% ig. Na-Salicylat-Lsg., die es ermöglicht, I in Arzneigemischen mit Penicillin, Novocain, NaCl, H_3BO_3, $ZnSO_4$, Dicain u. Cocain zu bestimmen, wird erörtert. Die Titration von I kann in 10—15 Min., ohne Anwendung von Standard-Lsgg. u. Colorimeter durchgeführt werden. Die Fehlergrenze der Meth. beträgt für krist. I $\leqq$0,0056%, für 0,1% ig. I-Lsg. ±5,6%.
S. BARYSCHNIKOW. 4880

Colorimetrische Bestimmung von Sulfathiocarbamid (Salvoseptyl, Badional). Ein neues Prinzip in der Analytik diazotierbarer Amine. Gyuláné Zöllner und Gábor Vastagh. (Gyógyszerészet [Pharmazie] **1.** 138—40. Sept. 1957. Budapest, Orsz. Közegészségügyi Int., Kémiai Oszt.) (Ung.)

Die von Vff. entwickelte Best.-Meth. (vgl. C. **1958.** 11021) ist für *Sulfathiocarbamid* (I) nicht anwendbar, weil der Thiocarbamidrest die Diazotierung u. die Kupplung mit Thymol stört. Oxydiert man jedoch I (nach Acetylierung) mit $KMnO_4$, so wird der Thiocarbamidrest zerstört u. nach saurer Hydrolyse kann der Azofarbstoff gebildet werden. Nach der angegebenen Vorschrift ist I mit 1,5% Genauigkeit bestimmbar. Es besteht die Möglichkeit, damit auch andere, eine prim. aromat. Aminogruppe enthaltende Arzneistoffe zu bestimmen. P. HAJDÚ. 4880□

Photocolorimetrische Analyse von Phosphacol und Armin. A. F. Furssow. (Аптечное Дело [Apothekenwesen] **11.** Nr. 1. 46—49. Jan./Febr. 1962.) (Russ.; Auszug: Engl.)

Durch Rk. von *Phosphacol* (I) bzw. *Armin* (II) mit 1% ig. o-Dianisidin-Lsg. in Aceton in Ggw. 1% ig. wss. $NaBO_2 \cdot H_2O_2$-Lsg. entstehen gefärbte Verbindungen. Die photocolorimetr. Best. von 2—45 μg I bzw. II erfolgt bei 20° unter Anwendung des Lichtfilters 460 mμ. Die Empfindlichkeit der Meth. beträgt 0,2 mg Ester/100 ml Lsg., die Fehlergrenze $\leqq$3%. Die Best. kann in 30 Min. durchgeführt werden. S. BARYSCHNIKOW. 4880

Über die quantitative Bestimmung von Novalgin. 2. Mitt. Carlos M. P. Wirth. (Pharmac. Acta Helvetiae **32.** 383—84. Sept. 1957. Beil. zu: Schweiz. Apotheker-Ztg.) Dt.) — 1. vgl. C. **1954.** 10057.

Nachtrag zur 1. Mitt.: Wegen der sirupartigen Konsistenz der 50% ig. Novalgin-Injektions-Lsg. ist eine volumetr. Abmessung der Analysen-Lsg. zu ungenau. Das Einwägen der Lsg. verringert den Analysenfehler. Zur Berechnung des Ergebnisses ist allerdings die Dichte der Lsg. zu bestimmen (einmalige Aufstellung einer Standardkurve). Für die Berechnung der Ergebnisse ist für Novalginmonohydrat der Faktor 0,01757 statt 0,01667 zu verwenden. WINFRIED KRÜGER. 4880□

Quantitative Bestimmung des Butadions. A. I. Gengrinowitsch und A. W. Sserdeschnew. (Аптечное Дело [Apothekenwesen] **9.** Nr. 5. 13—15. Sept./Okt. 1960. Taschkent, Pharm. Inst., Lehrstuhl für Technol. der Arzneiformen u. galen. Präpp.) (Russ.; Auszug: Engl.)

Butadion (I; 1.2-Diphenyl-4-n-butyl-3.5-diketopyrazolidin) wird auf Grund seiner guten Löslichkeit in Aceton acidimetr. bestimmt. Genau 0,3 g I werden in 10 ml Aceton gelöst, mit 2 Tropfen Phenolphthalein-Lsg. versetzt u. mit 0,1n NaOH bis zur Rosafärbung titriert. 1 ml 0,1n NaOH entspricht 0,03084 g I. Ferner wird eine jodchlorometr. Meth. zur quant. I-Best. durch direkte Titration des Na-Salzes mit 0,1n salzsaurer JCl-Lsg. in Ggw. von $NaHCO_3$ u. Stärke Lsg. beschrieben. Dabei entspricht 1 ml 0,1n salzsaurer JCl-Lsg. 0,0154 g I. G. SIEWERT. 4880□

Bemerkungen über die Anwendung der Bestimmung in nichtwässerigem Medium bei der Arzneimittelanalyse. J.-A. Gautier und F. Pellerin. (Ann. pharmac. franç. **19.** 190—92. März 1961.) (Franz.)

Vff. geben eine Übersicht über Titrationen in nichtwss. Medium: Titration von Basen u. Alkalisalzen organ. Säuren mit $HClO_4$ in Eisessig (Meth. A); von Aminhydrochloriden mit Basen in Ggw. von Hg-Acetat; von Barbituraten mit Alkalialkoholaten in Dimethylformamid u. von Sulfamiden unter gleichen Bedingungen. Die Durchführung der Meth. A wird beschrieben. W. HOLLAND. 4880□

Quantitative Bestimmung der Herzglykoside in der Lösung nach der Methode der objektiven Luminescenzanalyse. Ss. I. Wassilow, W. I. Nikolajew und N. Ss. Chamin. (Аптечное Дело [Apothekenwesen] **11.** Nr. 1. 34—39. Jan./Febr. 1962. Tschita, Med. Inst.) (Russ.; Auszug: Engl.)

Die quant. Best. der *Herzglucoside* (I) in Lsgg. ermöglicht ihre Schnellbest. mit einer Fehlergrenze von einigen Prozenten. Das Auslöschen der Luminescenz durch die infolge der Red. von Pikrinsäure mit I entstandene Pikraminsäure erfolgt in alkal. Medium bei 400—600 mμ. Bei Konzz. des *Strophanthins K* (II) bzw. des *Cymarins* (III) von ≦1 zu 45000 bzw. 1:55000 ist die Auslöschung der I-Konz. proportional. Die Aktivitäten von II u. III sind ihren Molgew. umgekehrt proportional. Die Best. der I erfolgt 20—40 Min. nach der Einführung von I u. ≦0,2% Glucose in die Lösung. S. BARYSCHNIKOW. 4880

Extraktion und Bestimmung von Mohn-Alkaloiden. S. A. E. Hakim. (J. Physiology **138.** 8P. 30/9. 1957. London, Mill Hill, Nat. Inst. for Med. Res.)

In Mohnblättern vorgefundene Alkaloide werden nach einer vom Vf. angegebenen Meth. wie folgt extrahiert u. bestimmt: Digestion von Mohnblättern in Ziegenmilch, Dialyse beim I.P. der Milchproteine. Dialysat wird im Vakuum eingeengt, mit Essigsäure angesäuert u. mit Chlf. extrahiert. Nach Zugabe von NaOH wird erneut mit Chlf. u. anschließend mit Ae. ausgezogen. Die Identifizierung erfolgt papierchromatograph. (Butanol–Essigsäure) oder durch Papierelektrophorese. G. MAYR. 4880□

Die Zersetzung stabilisierter Injektionslösungen des Papaverins. Oscillopolarographische Untersuchung. V. Parrák. (J. Pharmac. Belgique [N. S.] **15** (**42**). 357—61. Sept./Okt. 1960. Bratislava, Inst. Nat. de Contr. des Médicaments.) (Franz.)

Unwirksame Oxydations-Prodd. des *Papaverins* (I) sind *Papaverinol* (II) u. *Papaveraldin* (III). Alle 3 Verbb. können oscillograph. ohne Störung durch Stabilisatoren erfaßt werden. II neben I wird am besten in 1 m LiOH-Lsg. u. III neben I in 2 m NaOH-Lsg. bestimmt. Injektions-Lsgg. können nach Basenzusatz sofort polarographiert werden. Pulver müssen in A. gelöst werden (50—100 mg%), wobei die End-Konz. an A. 15 bis 20% nicht übersteigen darf. III ist deutlich in einer Konz. von 0,5—2,0% (bezogen auf 100% I) zu identifizieren. E.-H. GOECKEL. 4880□

Über Griseofulvin und die Identifizierung des Präparates in Tabletten. Ottóné Szücs. (Gyógyszerészet [Pharmazie] **5.** 288—91. Aug. 1961. Budapest, Med. Univ., Pharmaz. Inst.) (Ung.)

Übersicht über die Anwendung des *Griseofulvins* (I) u. klin. Erfahrungen. Identifizierung von I in Tabletten: a) 2 ml I-Lsg. werden mit 0,3 ml HCl u. einigen Körnchen Mg versetzt, es entsteht eine gelbe, später braungelbe Färbung, welche mit Amylalkohol ausgeschüttelt werden kann. b) 1 ml I-Lsg. wird mit 0,2 g $Na_2S_2O_4$ u. 2 ml NaOH aufgekocht; es entsteht eine zitronengelbe Färbung. Empfindlichkeit 0,1 mg. Tablettierstoffe stören die Rkk. nicht. — 37 Literaturangaben. G. LIGETI. 4880

Magyar Állam (Erfinder: Michael Demeczky), Budapest, Ungarn, **Pflanzliche Wirkstoffe,** bes. Alkaloide, gewinnt man durch Dest. oder Extraktion, indem man die Ausgangsstoffe mit einer Lsg. von Salzen versetzt, welche aus der Asche der verbrannten u. ausgebrauchten Rohstoffe von Wirkstoffen erhalten werden. Die Zuschlagstoffe sollen den Partialdruck der zu gewinnenden Wirkstoffe, z. B. des *Nicotins* erhöhen. Bei der Gewinnung des Nicotins verwendet man K_2CO_3. (**Ung. P. 144 022** vom 10/6. 1955, ausg. 15/1. 1958.) G. KÖNIG. 4791

Union Carbide Corp., übert. von: Harry A. Stansbury jun., South Charleston, und Howard R. Guest, Charleston, W.Va., V.St.A., **Vicinale Diketone** erhält man durch Hydrolyse von Epoxyaldehydacetalen u. -acylalen der allg. Formel I (R = H, Alkyl, Aryl; R_1 = Alkyl, Cycloalkyl, Aryl; Z = $R_2O-\overset{|}{C}H-OR_2$, R_3 = COO·$\overset{|}{C}HOOCR_3$, II; R_2 u. R_3 = Alkyl; R_4 = H, Alkyl) mit W. in Ggw. von starken Säuren

(Mineralsäuren, p-Toluolsulfonsäure, Trifluoressigsäure) bei 50—280, bes. 75—125°. Die **I** entstehen durch Epoxydieren von Alken-(2)-diolen-(1.1) der allg. Formel R—C(R) =C(R_1)—Z mit Persäuren (Peressig-, Perbenzoe-, Pertrifluoressigsäure) bei —10 bis +100°. — Aus 139 (g) 2-Äthylcrotonaldehyd u. 217 Essigsäureanhydrid in Ggw.

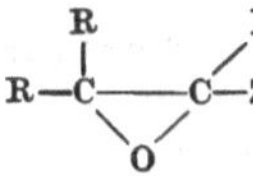
I

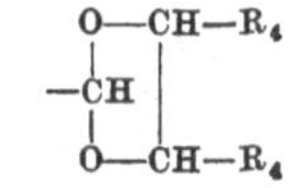
II

von 0,34 Borsäure u. 0,34 Oxalsäure als Katalysator → 212 2-Äthylbuten-(2)-diol-(1.1)-diacetat, $C_{10}H_{16}O_4$, Kp.$_4$ 88—90°; aus 200 g davon u. 396 g 23%ig. Peressigsäure in Äthylacetat bei 60° → 119 g *2.3-Epoxy-2-äthylbutandiol-1.1-diacetat*, $C_{10}H_{16}O_5$, Kp.$_3$ 95 bis 96°; 55% (Ausbeute); aus 98 g davon u. 486 g 15%ig. H_2SO_4 unter Rückfluß → *Hexandion-(3.4)*, $C_6H_{10}O_2$, Kp.$_{50}$ 58°; n_D^{30} 1,4058; D.^{20} 0,944; 60%. — *2*-Äthyl-3-propylacrolein → 2-Äthylhexen-(2)-diol-(1.1)-diacetat, $C_{12}H_{20}O_4$, Kp.$_2$ 91—95°, → *2.3-Epoxy-2-äthylhexen-(2)-diol-(1.1)-diacetat*, Kp.$_{1,25}$ 102—103°, → *Octandion-(3.4)*, $C_8H_{14}O_2$, Kp.$_6$ 42°; 52%. — Methallylidendiacetat → *2.3-Epoxy-2-methylpropandiol-(1.1)-diacetat* → *Butandion-(2.3)*, 56%, auch aus 2-[1-Methyl-1.2-epoxyäthyl]-1.3-dioxolan, 84%. Weitere Ausgangsstoffe sind: 2-Phenyl-, 2.3-Diphenyl-, 2-Propyl-, 2-Isobutyl-, 2-Cyclohexylacrolein, Cyclopenten-(2)-carboxyaldehyd, Cyclohexen-(2)-carboxyaldehyd. — *Zwischenprodd.*; durch Rk. mit Äthylendiamin entstehen *Piperazine*, die als *Beruhigungsmittel* u. *Anthelminthica* dienen. (**A. P. 2 933 534** vom 12/11. 1957, ausg. 19/4. 1960.) G. Krauss. 4807

Richter Gedeon Vegyészeti Gyár R. T. (Erfinder: Sigismund Csicsery und Ladislaus Szabó), Budapest, Ungarn, **Herstellung von ω-Methylamino-3.4-dihydroxyacetophenon (Adrenalon)**, erfolgt bei der Rk. von Chloracetylbrenzcatechin in Methylamin in Ggw. eines in W. lösl. Halogensalzes, wie Alkalibromiden, -jodiden, -fluoriden oder deren Mischung. — Man suspendiert Chloracetylbrenzcatechin in einer wss. Lsg. von KBr, setzt eine 46%ig. methanol. Lsg. von Methylamin zu u. hält die Mischung 5 Std. bei 40—45°. Man filtriert den Nd. ab, wäscht ihn mit W. u. A. u. trocknet. Anschließend wird mit salzsaurem A. behandelt u. *Adrenalonhydrochlorid* vom F. 230° erhalten. (**Ung. P. 144 010** vom 10/2. 1956, ausg. 1/7. 1958.) G. König. 4807

Løvens Kemiske Fabrik ved A. Kongsted, Kopenhagen, Dänemark, **Herstellung von Estern der p-Aminosalicylsäure mit Phenolen oder Thiophenolen** der allg. Formel **I**, wobei R = O oder S, X = H oder Cl u. Y = H, eine veresterte oder verätherte OH- oder COOH-Gruppe, dad. gek., daß man ein p-Nitrosalicylsäurechlorid oder N.O-Diacyl-p-aminosalicylsäurechlorid mit einem Phenol oder Thiophenol der Formel **A** reagieren läßt.—

A
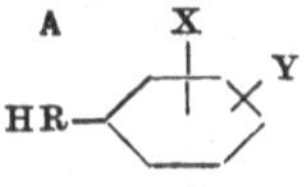

I
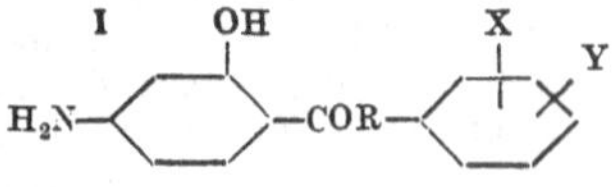

p-Aminothiolsalicylsäurephenylester, F. 165—166°. 4-Aminosalicylsäure-4'-bromphenylester, F. 170,5—171,5°. 4-Aminosalicylsäure-4'-propiophenylester, F. 167,5—169°, 4-Aminosalicylsäure-4'-carbomethoxyphenylester, F. 160°. — Weitere Beispiele. — Verwendung als *Tuberculostatica*. (**Dän. PP. 85 907** u. **85 908** vom 16/7. 1953, ausg. 20/10. 1958.) K. H. Kähler. 4807

Kali-Chemie Akt.-Ges., Hannover (Erfinder: Siegfried Funke und Werner Stühmer, Eldagsen), **Herstellung von 2-Phenyl-3-methylpentansäure-(1)-β-diäthylaminoäthylesterbrommethylat.** Das Verf. des D. B. P. 971 136 wird dahin verbessert, daß der als Zwischenprod. hergestellte Ester nicht mehr isoliert, sondern das End-Prod. in einem einzigen Arbeitsgange hergestellt wird. Man erhitzt dabei z. B. ein Gemisch aus 2-Phenyl-3-methylpentansäure-(1)-chlorid (**I**), β-Diäthylaminoäthanol u. CH_3Br in einem indifferenten Lsgm. wie Bzl. auf dem Wasserbade, verdampft im Vakuum zur Trockne u. extrahiert den Rückstand mit A. + Aether. Weiterhin kann man vom β-Diäthylaminoäthanol ausgehen u. dieses mit **I** in Ggw. eines indifferenten Lsgm. durch Erhitzen auf dem Wasserbade umsetzen. Der nach Abdampfen des Lsgm. verbleibende ölige Rückstand wird durch Anreiben mit A. + Ae. verfestigt, F. 119—121°. — *Spasmolyticum*. (**D. A. S. 1 112 989** Kl. 12q vom 2/12. 1954, ausg. 24/8. 1961. **Zusatz zu D. B. P. 971 136; C. 1959. 13883.**) A. Kalix. 4807

Merck & Co., Inc., Rahway, N.J., übert. von: Kenneth C. Swan, Portland, Oreg., und Norman G. White, Cranford, N.J., V.St.A., **Cholin-ähnliche Verbindungen.** *N-substituierte β-Dialkylamino-* u. *Trialkylammoniumhalidäthylcarbamate* erhält man durch Umsetzung von Verbb. der allg. Formel $XCH_2 \cdot CHR \cdot O \cdot CO \cdot N(R_1)_2$ (R = H oder Methyl; R_1 = Alkylrest mit mehr als 3 C-Atomen oder Phenyl; X = Halogen) mit Dimethyl- oder Diäthylamin u. ggf. Quaternierung der erhaltenen Verbb. mit einem Äthyl- oder Methylhalogenid. — *Therapeutica mit oberflächenaktiver Wirkung.* (**Can. P. 553 893** vom 17/10. 1952, ausg. 4/3. 1958. A. Prior. 31/8. 1945.) L. Grossner. 4807

Cilag-Chemie Akt.-Ges. (Erfinder: Robert Egli), Schaffhausen, Schweiz, **Herstellung von N-Arylsulfonyl-N'-alkylharnstoffen** durch Umsetzen eines N-Arylsulfonylharnstoffes mit einem Alkylamin in einem Lsgm., dad. gek., daß man die Rk. in einem Mol-Verhältnis von 1:1,2 in einem Keton mit einem Kp. von ca. 90—120°, bes. 100—120° u. unter möglichst schneller Entfernung des abgespaltenen NH_3 vornimmt. — p-Toluolsulfonylharnstoff trägt man in Methylisobutylekton ein u. fügt anschließend Butylamin zu. Man rührt u. erhitzt das Gemisch unter Rückfluß zum Sieden, wobei NH_3 entweicht. Nach Aufhören der NH_3-Entw. setzt man 4% ig. NaOH zu, filtriert von NaCl u. extrahiert 2 mal mit Wasser. Man stellt die vereinigten Filtrate mit 10% ig. H_2SO_4 auf pH 8,5—9 u. filtriert über „Carboaffin". Man erhält N-Tosyl-N'-n-butylharnstoff, F. 126—127° (korr.). Es werden ferner hergestellt: N-[p-Chlorbenzolsulfonyl]-N'-n-propylharnstoff, F. 129°; N-[p-Tosyl]-N'-äthylharnstoff, F. 141—142° u. N-[p-Tosyl]-N'-n-octylharnstoff, F. 101—102°. (**D. A. S. 1 114 804** Kl. 12o vom 23/2. 1960, ausg. 12/10. 1961. Schwz. Prior. 7/4. 1959.) G. KÖNIG. 4807

Boots Pure Drug Co. Ltd., übert. von: Peter Oxley, Norman William Bristow, Gerald Woolfe, George Alfred Harrison Williams und Eric Charles Wilmshurst, Nottingham, England, **Dichloracetanilide.** Zu E. P. 767 148; C. **1958.** 8709 ist nachzutragen: Es werden Verbb. der allg. Formel $Cl_2CH-CO-N(R)-Ar$ hergestellt (R = Alkyl, Aralkyl mit höchstens 8 C-Atomen; Ar = Phenyl, das NO_2, OH, Alkoxy, Aralkoxy, Aryloxy, Carboxyalkoxy, Alkenoxy, Alkylendioxy u. $-N(R')-R''$ ein- oder mehrmals enthalten kann u. die gleich oder verschieden sind; R' u. R'' = Alkyl, Aryl, Aralkyl mit höchstens 8 C-Atomen). — *Dichloracet-4-methoxy-N-propylanilid*, $C_{12}H_{15}Cl_2NO_2$, Kp.$_{0,01}$ 130°. — *4-[Dichlor-N-methylacetamido]-phenoxyessigsäure*, $C_{11}H_{11}Cl_2NO_4 \cdot H_2O$, aus wss. A., F. 104—105,5°. — *Amöbicide.* (**A. P. 2 912 438** vom 19/7. 1955, ausg. 10/11. 1959. E. Prior. 22/7. 1954. **Schwz. P. 336 368** vom 22/7. 1955, ausg. 15/4. 1959. E. Prior. 22/7., 17/9. 1954 u. 24/3. 1955.) G. KRAUSS. 4807

Boots Pure Drug Co. Ltd., übert. von: Peter Oxley, Norman William Bristow, George Alfred Harrison Williams, Gerald Woolfe und Eric Charles Wilmshurst, Nottingham, England, **Nitrodichloracetanilide** der allg. Formel $Cl_2CH-CO-N(R)-Ar$ (R = Alkyl, Aralkyl mit höchstens 8 C-Atomen; Ar = Phenyl, das ein oder mehrere NO_2 u. außerdem noch OH, Alkoxy, Aralkoxy, Aryloxy, Alkenoxy, Alkylendioxy u. $-N(R')R''$ enthalten kann; R' u. R'' = H, Alkyl, Aralkyl, Aryl, die gleich oder verschieden sein können) erhält man durch Nitrieren der entsprechenden Dichloracetanilide. Man kann auch die entsprechenden Dichloracetylchloride mit substituierten Anilinen umsetzen. Die NO_2-Gruppen können durch Red. z. B. mit $SnCl_2$ u. HCl in die Aminogruppen übergeführt werden. — Aus 15 g Dichloracet-4-hydroxy-N-methylanilid in 60 ml Eisessig u. einem Gemisch aus 18 ml rauchender HNO_3 u. 60 ml Eisessig $<25°$ durch Kühlen mit W. u. Eingießen in Eiswasser → *Dichloracet-4-hydroxy-N-methyl-3-nitroanilid* (I), $C_9H_8Cl_2N_2O_4$, aus A., F. 111°; daraus mit $SnCl_2$ in konz. HCl → *3-Amino-N-dichloracet-4-hydroxy-N-methylanilid*, $C_9H_{10}Cl_2N_2O_2$, aus wss. A., F. 108—109°. — Aus 20 g I u. 200 ml rauchender HNO_3 bei 0—5° → *Dichloracet-4-hydroxy-N-methyl-3.5-dinitroanilid*, $C_9H_7Cl_2N_3O_6$, aus wss. A., F. 129—130°; nach einigen Tagen Änderung der Kristallform, dann F. 144—146°. — N-Methyl-p-nitroanilin + Dichloracetylchlorid (II) in Bzl. unter Rückfluß → *Dichloracet-N-methyl-4-nitroanilid*, $C_9H_8Cl_2N_2O_3$, F. 130°; daraus mit $SnCl_2$ in konz. HCl u. Al zuerst bei 25, dann bei 40—65° → *4-Amino-N-dichloracet-N-methylanilid*, $C_9H_{10}Cl_2N_2O$, aus A. F. 152—153°. — N-Methyl-m-nitroanilin → *Dichloracet-N-methyl-3-nitroanilid*, $C_9H_8Cl_2N_2O_3$, F. 94,5°.— Trimethyl-p-phenylendiammoniumchlorid + **II** → *Dichloracet-4-dimethylamino-N-methylanilid*, $C_{11}H_{14}Cl_2N_2O$, aus Bzl.-PAe. (1:1), F. 90°. — N-Äthyl-N.N'-dimethyl-p-phenylendiamin + **II** → *Dichloracet-4-äthylmethylamino-N-methylanilidhydrochlorid*, $C_{12}H_{17}Cl_3N_2O$, aus abs. A., F. 183—184°; daraus mit wss. NH_3 → $C_{12}H_{16}Cl_2N_2O$, F. 47 bis 48°. — N.N-Diäthyl-N'-methyl-p-phenylendiamindihydrochlorid + **II** → *Dichloracet-4-diäthylamino-N-methylanilid*, $C_{13}H_{18}Cl_2N_2O$, aus PAe. F. 63—65°. — *Amöbicide.* (**A. P. 2 904 590** vom 21/3. 1956, ausg. 15/9. 1959. **Schwz. P. 339 920** vom 22/7. 1955, ausg. 15/9. 1959. Beide E. Prior. 24/3. 1955.) G. KRAUSS. 4807

Farbwerke Hoechst Akt.-Ges., vormals Meister Lucius & Brüning, Frankfurt/M. (Erfinder: Gustav Ehrhart, Bad Soden/Taunus, Ernst Lindner, Frankfurt/M., und Heinrich Ott, Eppstein), **Herstellung von basisch substituierten Diphenylmethanderivaten.** Amine der allg. Formel **I** werden in Ggw. von Ketonen der allg. Formel **II** katalyt. mit Hilfe von Metallen der 8. Gruppe des Period. Syst. oder RANEY-Ni, nascierendem H, Na-Amalgam oder elektrolyt. in Ggw. der hierfür üblichen Lsgm. (Alkohole, W. oder Gemische davon) reduziert. Hierbei ist X ein geradkettiger oder verzweigter KW-Stoffrest mit höchstens 3 C-Atomen, R_1 = H oder CH_3, R_2 = H oder OH, R_3 u. R_4 sind H-Atome, OH-Gruppen oder niedrigmol. Alkoxyreste. Die Rk.-Prodd.

$(C_6H_5)_2$—CH—X—NH_2 I

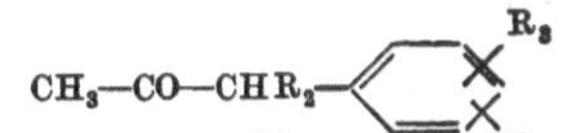
II

können durch therapeut. zulässige organ. oder anorgan. Säuren leicht in ihre Salze übergeführt werden, ebenso bei Vorhandensein von tert. N-Atomen in quart. Salze (mit Hilfe von Alkylhalogeniden). Beispiele: 2-[1.1-Diphenylpropyl-(3)-amino]-1-hydroxy-1-phenylpropan, F. 108°; 2-[1.1-Diphenylpropyl-(3)-amino]-1-phenylpropan. $Kp._{0,5}$195 bis 198°, F. 38—40°, Hydrochlorid, F. 188—190°, Glykolat, F. 140—142°; 2-[1.1-Diphenylpropyl-(3)-methylamino]-1-phenylpropanglykolat, F. 84—86°; 2-[1.1-Diphenylpropyl-(3)-amino]-1-[3.4-dimethoxyphenyl]-propanglykolat, F. 146—147°; 2-[1.1-Diphenylpropyl-(3)-amino]-1-hydroxy-1-[m-hydroxyphenyl]-propan·HCl, F. 206—208°; 2-[1.1-Diphenylpropyl-(3)-amino]-1-p-hydroxyphenylpropan, F. 144—145°; 2-[1.1-Diphenylpropyl-(3)-amino]-1-phenylpropan, $Kp._{0,3}$ 180—190°, Glykolat, F. 141—142°; 2-[1.1-Diphenylpropyl-(3)-amino]-1-phenylpropan·HCl, F. 190—192°; 2-[1.1-Diphenylbutyl-(3)-amino]-1-phenylpropan, $Kp._{0,3}$ 180—185°, Aminosulfonat, F. 147—148°; 2-[γ.γ-Diphenylisobutylamino]-1-phenylpropan, F. 218—220°; 2-[1.1-Diphenylpropyl-(3)-amino]-1-phenylpropan·HCl, F. 189—190°; 2-[1.1-Diphenyläthyl-(2)-amino]-1-phenylpropanmaleinat, F. 168—169°. — *Herz- u. Kreislaufwirkung.* (**D. A. S. 1 111 642** Kl. 12q vom 7/5. 1958, ausg. 27/7. 1961.) A. KALIX. 4807

Upjohn Co., übert. von: Brooke D. Aspergren und Robert B. Moffett, Kalamazoo, Mich., V.St.A., **Herstellung von γ-[2.2.4-Trimethylpyrrolidino]-α.α-diphenylbutyramidmethobromid,** F. 225—226°, dad. gek., daß man 1-[2-Chloräthyl]-2.2.4-trimethylpyrrolidin in Ggw. von einem Alkaliamid, bes. $LiNH_2$, mit Diphenylacetonitril zum γ-[2.2.4-Trimethylpyrrolidino]-α.α-diphenylbutyronitril, $Kp._{0,05}$ 150—155°, umsetzt, die freie Base oder das Hydrochlorid dieser Verb., F. 188—190°, zum γ-[2.2.4-Trimethylpyrrolidino]-α.α-diphenylbutyramid, F. der freien Base 125—127°, hydrolysiert u. daraus durch Rk. mit Methylbromid in Bzl. das quatern. NH_4-Salz herstellt. — *Antispasmolytica.* (**A. P. 2 891 071** vom 19/11. 1956, ausg. 16/6. 1959.) W. HEYER. 4087

Imperial Chemical Industries Ltd., London (Erfinder: Stanley Birtwell, Macclesfield, Cheshire), England, **Ferrocenderivate** der allg. Formel **I,** worin von R^1 u. R^2 das eine H u. das andere einen Acylrest mit Ausnahme des Pivalylrestes bedeutet, erhält man durch Acylierung von Neopentylferrocen in an sich bekannter Weise, wie mit einem Säureanhydrid, einem Säurehalogenid oder einem Säurechlorid, zweckmäßig in Ggw. eines Lsgm., wie Ae., Nitrobenzol, CS_2, Nitromethan, Methylen- oder Äthylendichlorid u. eines sauren Katalysators. — Eine Lsg. von 8 (Teilen) $AlCl_3$ u. 5,1 CH_3COCl in 134 Methylendichlorid (**II**) gibt man während 2½ Std. zu einer Lsg. von 12,8 Mononeopentylferrocen in 200 **II** bei 20—25° u. rührt noch 1¼ Std., wobei man bei der Aufarbeitung *1-Acetyl-1'-neopentylferrocen,* F. 73—74° (aus PAe.) erhält. Aus der Mutterlauge erhält man durch Chromatographie noch 3-Acetyl-1'-neopentylferrocen, F. 76—78°. Weitere Verbb. (**III** = neopentylferrocen): *1-[p-Chlorbenzoyl]-1'*-**III**, F. 118—120°, *1-[o-Chlorbenzoyl]-1'*-**III**, $Kp._{0,4}$ 190—195°, *1-[o-Chlorbenzoyl]-3'*-**III**, F. 113—114°, *1-trans-Cinnamoyl-1'*-**III**, F. 125—126°, *3-Phenylacetyl-1'*-**III**, F. 111—112°, *1-Propionyl-1'*-**III**, F. 40—42°, *1-Isobutyryl-1'*-**III**, $Kp._{1,0}$ 150—152°, *1-Isobutyryl-3'*-**III**, F. 54—55°, *1-Benzoyl-1'*-**III**, F. 85 bis 86°, *1-Hexahydrobenzoyl-1'*-**III**, F. 71—73°, *1-Hexahydrobenzoyl-3'*-**III**, F. 100—105°, u. 1'-[*3''.5''.5''-Trimethylhexanoyl*]-*1*-**III**, $Kp._2$ 154°. *Blutbildende Mittel* für Menschen u. Tiere. (**E. P. 861 834** vom 7/1. 1959, ausg. 1/3. 1961. **D. A. S. 1 116 663** Kl. 12o vom 7/1. 1960, ausg. 9/11. 1961. E. Prior. 7/1. u. 25/11. 1959.) J. MÜHLEISEN. 4807

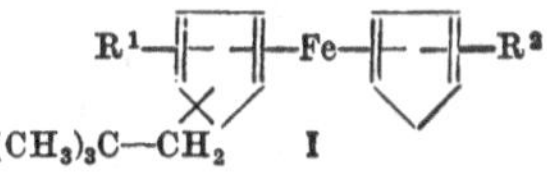
I

Daiichi Seiyaku Co. Ltd., Tokyo, Japan, **Herstellung von Hg-Haematoporphyrin und Hg-Protoporphyrin** durch Rk. von Porphyrin in alkohol. Lsg. mit einem Alkalimetallalkoholat u. Rk. des Alkalimetallsalzes vom Porphyrin in einem organ. Lsgm., wie Chlf., Pyridin u./oder Aceton oder Ae., mit einem Hg-Salz einer organ. Säure. — Man kann auch von einem Porphyrinester, z. B. dem Dimethylester des Hämatoporphyrins ausgehen, wobei die Estergruppe nach Bldg. der Hg-Verb. hydrolysiert wird. — *Arzneimittel.* (**E. P. 824 705** vom 23/5. 1957, ausg. 2/12. 1959. Jap. Prior. 7/2. 1957.) W. HEYER. 4807

Ciba Akt.-Ges., Basel (Erfinder: Jean Druey, Riehen, Paul Schmidt, Therwil, Kurt Eichenberger, Basel), Schweiz, **Herstellung von Pyrazolo-[2.3:a]-imidazolidinen.** Es werden 3 Herst.-Verff. beschrieben: a) ein Aminopyrazol der allg.

Formel **I** wird mit wasserabspaltenden Mitteln behandelt, die auch decarboxylierend u. verseifend wirken müssen, wenn R_1' eine freie oder veresterte COOH-Gruppe oder eine CN-Gruppe bedeutet. Hierbei ist R ein H-Atom, eine niedrigmol. Acetyl- oder eine ebensolche Alkyl- oder Aralkylgruppe u. R_1' ein H- oder Halogenatom, eine freie oder veresterte COOH- oder eine CN-Gruppe. Verf. b): Verbb. der allg. Formel **I**, in denen R_1' ein H- oder Halogenatom u. die OH-Gruppe reaktionsfähig mit starken organ. oder anorgan. Säuren verestert ist, werden mit starken organ. oder anorgan. Basen, z. B. tert. Aminen oder Pyridin umgesetzt. Verf. c): ein Aminopyrazol der allg. Formel **II** wird mit einer Verb. der allg. Formel $(-CH_2Y)_2$ umgesetzt. Hierbei ist R_1 ein H- oder Halogenatom, ein Y eine reaktionsfähig veresterte OH-Gruppe, das andere Y eine ebensolche oder freie OH-Gruppe. Das als Zwischenprod. entstehende (ggf. reaktionsfähig veresterte) 2-[β-Hydroxyäthyl]-3-aminopyrazol-Deriv. wird cylisiert u. ggf. werden anschließend in 3-Stellung unsubstituierte Pyrazolo-[2.3:a]-imidazolidine (**III**) halogeniert u./oder in 4-Stellung unsubstituierte **III** alkyliert, aralkyliert oder acyliert, z. B. durch Behandlung mit Säureanhydriden oder -halogeniden, ggf. in Ggw. von Kondens.-Mitteln. Die intramol. Kondens. wird bei normaler oder erhöhter Temp., bei normaler oder erhöhtem Druck durchgeführt. Beispiele: *3-Brom*-**III**, F. 110—111°; *N-Acetyl*-**III**, F. 111 bis 112°; *N-Acetyl-3-brom*-**III**, F. 127—128°; *N-Methyl*-**III**, $Kp._{12}$ 113°; *N-Methyl-3-brom*-**III**, F. 52—53°. — Tumorhemmende, sedative u. antipyret. Wrkg., bes. in Form der Salze. (**D. A. S. 1 111 640** Kl. 12p vom 22/5. 1959, ausg. 27/7. 1961. Schwz. Prior. 30/5. 1958 u. 10/4. 1959.) A. Kalix. 4807

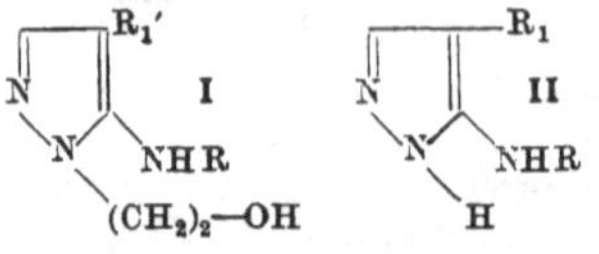

Crookes Laboratories Ltd. (Erfinder: Francis Frederick Stephens), **Therapeutisch wirksame Derivate von Arylbenzthiazolen** der allg. Formel **I** (X = H, Halogen, Amino-, Dialkylamino- oder Alkoxyrest; R = H, Halogen oder Alkoxyrest; R_1 u. R_2 = H oder Alkylrest; NAA = Piperidin- oder Morpholinrest, wobei die bas. Äthergruppe $-OCHR_1 \cdot CHR_2 \cdot NAA$ in o-, p- oder m-Stellung im 2-Phenylring substituiert sein kann; B = H, Alkylrest oder eine Polymethylenkette; Y = Anion einer anorgan. oder organ. Säure) werden hergestellt durch Kondens. eines o-Aminothiophenols oder eines Hydrochlorids mit bas. Äthern von Hydroxybenzaldehyden, z. B. in einem Gemisch von Essigsäure u. NH_4-Acetat am Rückfluß. — Beispiele: *2-[p-Dimethylaminoäthoxyphenyl]-benzthiazol*, F. 74—75°; *5-Chlor-2-[p-diäthylaminoäthoxyphenyl]-benzthiazol*, F. 93—94°, *Citrat*, F. 167°, *Tartrat*, F. 131—132°, u. *Oxalat*, F. 171—172°; *5-Chlor-2-[o-diäthylaminoäthoxyphenyl]-benzthiazol*, F. 51—52°, *Hydrochlorid*, F. 222—223°; *5-Chlor-2-[m-diäthylaminoäthoxyphenyl]-benzthiazolhydrochlorid*, F. 184—185°; *6-Äthoxy-2-[p-diäthylaminoäthoxyphenyl]-benzthiazolhydrochlorid*, F. 192—193°; *2-[p-Triäthylammonium äthoxy]-phenylbenzthiazoljodid*, F. 208—210°; *1.10-Bis-[5-chlor-2-[p-dimethylammoniumäthoxyphenyl]-benzthiazol]-n-decandibromid*, F. 225—226°; *6-Chlor-2-[p-diäthylaminoäthoxyphenyl]-benzthiazol*, F. 116—117°. (**Aust. P. 228191** vom 30/10. 1957, ausg. 9/6. 1960. E. Prior. 2/11. 1956 u. 21/5. 1957.) K. Demmler. 4807

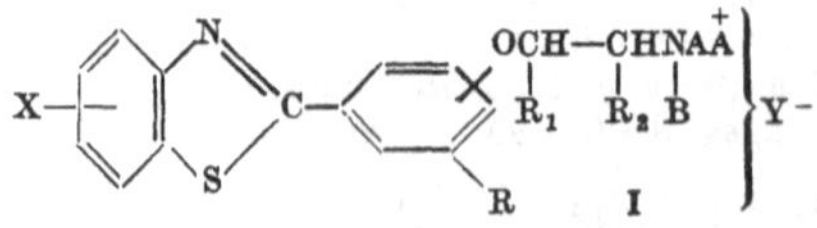

Burroughs Wellcome & Co. (U.S.A.), Inc., Tuckahoe, N.Y., V.St.A., übert. von: John Evlyn Warner Billinghurst, London, England, **Herstellung von diquaternären Verbindungen.** Verbb. der allg. Formel $[R_1(R_2)CHO(CH_2)_n-N_1^+-Y-N_2^+]2\,A^-$ erhält man durch Quaternisierung von Verbb. der allg. Formel $R_1(R_2)CHO \cdot (CH_2)_n-N_3-Y-N_4$ mit niedrigmol. Alkylhalogeniden oder Alkylsulfaten. Hierbei sind R_1 u. R_2 gleiche oder verschiedene Cycloalkyl- oder Phenylgruppen, wobei die letzteren durch Halogenatome oder niedrigmol. Alkyl- oder Alkoxygruppen substituiert sein können, N_1^+ ist ein quatern. N-Atom, das 2 Alkylgruppen mit zusammen höchstens 5 C-Atomen trägt, N_2^+ ist ein quatern. N-Atom, das mindestens eine Alkylgruppe mit 1—4 C-Atomen oder 2 Alkylgruppen mit höchstens 9 C-Atomen trägt oder den Rest eines Piperidino-, Pyrrolidino- oder Morpholinoringes bildet, Y ist eine Alkylenkette mit 2—10, bes. mit 2—6 C-Atomen oder $N_1^+-Y-N_2^+$ bildet einen Piperazinring, in welchem N_1 eine Alkylgruppe mit 4 C-Atomen u. N_2 2 Alkylgruppen mit zusammen höchstens 6 C-Atomen trägt, A ist ein Anion, N_3 ist ein sek. oder tert. N-Atom, N_4 ein prim., sek., tert. oder quart. N-Atom. Die Rkk., die mit Lsgg. der Komponenten in Aceton oder Methanol ausgeführt werden, verlaufen meist schon bei Normaltemp. mit prakt. brauchbarer Geschw., anderenfalls werden die Lsgg. erwärmt, ggf. bis zum Kochen unter Rückfluß. — Beispiele: *N'-[2'-Benzhydryloxyäthyl]-N''.N''-diäthyl-N'.N'.N''-trimethyläthylen-1.2-diammoniumdijodid*, F. 156—157° (Zers.); *N'-[3'-Benzhydryloxypropyl]*-

N''.N''-diäthyl-N'.N'.N''-trimethyläthylen-1.2-diammoniumdijodid, F. 210—212° (Zers.); *N'-[3'-Benzhydryloxypropyl]-N'.N'.N''-trimethyläthylen-1-ammonium-2-piperidiniumdijodid*, F. 202—204° (Zers.); *N'-[4'-Benzhydryloxybutyl]-N'.N'.N'''-trimethylpiperaziniumdijodid*, Zers. bei 210—270°; *N'-[4'-Benzhydryloxybutyl]-N''.N''-di-n-butyl-N'.N'.N''-trimethyläthylen-1.2-diammoniumdijodid*, F. 126—128°; *N'-[4'-Benzhydryloxybutyl]-N'.N'.N''-trimethyläthylen-1-pyrrolidiniumdijodid*, F. 179—181° (Zers.); *N'-[4'-Benzhydryloxybutyl]-N'.N'.N''-trimethyläthylen-1-ammonium-2-piperidiniumdijodid*, F. 186 bis 188°; *N'-[4'-Benzhydryloxybutyl]-N'.N'.N''-trimethyläthylen-1-ammonium-2-morpholiniumdijodid*, F. 200—201° (Zers.); *N''.N''-Diäthyl-N'.N'.N''-trimethyl-N'-[4'-bis-(4''-methylphenyl)-methoxybutyl]-äthylen-1.2-diammoniumdijodid*, F. 218—219° (Zers.); *N''.N''-Diäthyl-N'.N'.N''-trimethyl-N'-[4'-bis-(2''-methylphenyl)-methoxybutyl]-äthylen-1.2-diammoniumdijodid*, F. 181—182 (Zers.); *N'-[4'-Benzhydryloxybutyl]-N'.N'.N''-trimethylhexamethylen-1-ammonium-6-morpholiniumdijodid*, viscose Masse; *N'-[3'-Benzhydryloxypropyl]-N'.N'.N''-trimethyläthylen-1-ammonium-2-morpholiniumdichlorid*, glänzende Blättchen, F. 229° (Zers.); *N'-[4'-Benzhydryloxybutyl]-N''.N''-diäthyl-N'.N'-N''-trimethyläthylen-1.2-diammoniumdijodid*, F. 190—191° (Zers.); *N'-[6'-(4''-methylphenyl)-6'-phenyl-5'-oxahexyl]-N'.N'.N''-trimethyläthylen-1-ammonium-2-morpholiniumdijodid*$\cdot H_2O$, F. 193° (Zers.); *N'-[4'-Bis-(4''-chlorphenyl)-methoxybutyl]-N'.N'.N''-trimethyläthylen-1-ammonium-2-piperidiniumdijodid*, F. 173—175° (Zers.); *N''.N''-Diäthyl-N'-[4-'dicyclohexylmethoxybutyl]-N'.N'.N''-trimethyläthylen-1.2-diammoniumdijodid*, F. 188—189° (Zers.); *N'-[3'-Benzhydryloxypropyl]-N'.N'.N''-trimethyltrimethylen-1-ammonium-3-morpholiniumdijodid*, F. 190—191° (Zers.); *N'-[4'-Benzhydryloxybutyl]-N'.N'.N''-trimethyltrimethylen-1-ammonium-3-morpholiniumdichlorid*, F. 203—205° (Sinterung bei 120°); *N''.N''.N''-Trimethyl-N'-[6'.6'-diphenyl-5'-oxahexyl]-trimethylen-1-piperidinium-3-ammoniumdibromid*$\cdot 1\frac{1}{2} H_2O$, F. 166—167°; *N'-[4'-Benzhydryloxybutyl]-N'.N''.N''.N''-tetraäthyl-N'-methyläthylen-1.2-diammoniumdijodid*, F. 154—155°. — *Heilmittel mit ganglienblockierender* Wirkung. (**A. P. 2 851 459** vom 25/6. 1956, ausg. 9/9. 1958. E. Prior. 30/6. 1955.) A. KALIX. 4807

Lakeside Laboratories, Inc., übert. von: John H. Biel, Milwaukee, Wis., V.St.A., **Merkurierungsprodukte von 1-Pyridyl-3-allylharnstoffen** der allg. Formel I (in der A = Acyloxy, Halogen, OH oder den Rest einer sauren Stickstoff-Verb. bedeutet, die am N einen substituierbaren H wie Theophyllin, Theobromin, Succinimid oder Phthalimid enthält; R = OH oder ein niederer Alkoxylrest) werden hergestellt durch Rk. eines Aminopyridins mit Allylisocyanat unter Erhalt von 1-Pyridyl-3-allylharnstoff u. Rk. desselben mit einer Acyloxyquecksilber-Verb. in W. oder einem niederen Alkohol unter Erhalt von 1-Pyridyl-3-[β-hydroxy- oder -alkoxy-γ-acyloxymercuripropyl]-harnstoff.

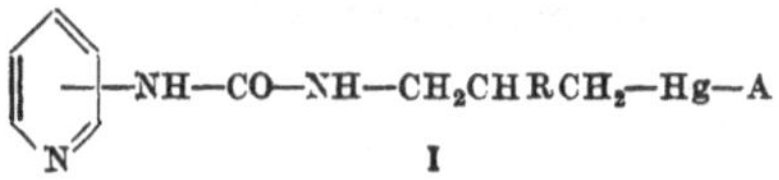

I

— Ein Gemisch aus 6,3 (g) 1-[β-Pyridyl]-3-allylharnstoff, 11,3 Mercuriacetat u. 8,6 Eisessig in 100 ml Methanol werden unter Rühren 8 Std. unter Rückfluß gekocht, filtriert u. im Vakuum eingedampft. Man erhält *1-[β-Pyridyl]-3-[β-methoxy-γ-acetoxymercuripropyl]-harnstoff*, F. 126—128°. — Analog werden folgende Harnstoffe hergestellt: *1-[α-Pyridyl]-3-[β-methoxy-γ-chlormercuripropyl]-*, F. 166°; *1-[γ-Pyridyl]-3-[β-methoxy-γ-chlormercuripropyl]-*, F. 138°; *1-[β-Pyridyl]-3-[β-hydroxy-γ-chlormercuripropyl]-, -acetat*, F. 147°; *1-[β-Pyridyl]-3-[β-hydroxy-γ-brommercuripropyl]-*, F. 108°; *1-[β-Pyridyl]-3-[β-methoxy-γ-chlormercuripropyl]-*, F. 181—182°; *1-[β-Pyridyl]-3-[γ-theophyllinyl-(7)-mercuri-β-methoxypropyl]-*, F. 232—233°. — Starke *diuret.* Wirkung. *Herzmittel.* (**A. P. 2 863 863** vom 4/6. 1956, ausg. 9/12. 1958.) A. DANDL. 4807

McNeil Laboratories, Inc., Philadelphia (Erfinder: David Arthur Schlichting, Oreland), Pa., V.St.A., **Salze des 2-[p-Chlor-α-(2'-dimethylaminoäthoxy)-benzyl]-pyridins** mit *antihistamin.* Wrkg. erhält man durch Vermischen eines feinteiligen kationenaustauschenden Mischpolymerisats aus Styrol u. Divinylbenzol, in dem das Polystyrol mit 5—15 Gew.-% Divinylbenzol vernetzt u. der Benzolkern des Polystyrols im Mittel durch 1—2 SO_3H-Gruppen substituiert ist, mit einer Lsg. von 2-[p-Chlor-α-(2'-dimethylaminoäthoxy)-benzyl]-pyridin oder einem Salz desselben in einer ca. $^1/_{10}$—$^2/_5$ der SO_3H-Gruppen stöchiometr. äquivalenten Menge. — *Antihistaminicum.* (**D. A. S. 1 096 609** Kl. 39c vom 22/6. 1959, ausg. 5/1. 1961. A. Prior. 23/6. 1958.) M. MAIERHAUSER. 4807

WM. S. Merrell Co. (Erfinder: Edward Lewis Schumann, Cincinnati, Marcus George Van Campen jun., Wyoming, und Raymond Charles Pogge, Cincinnati, Ohio), V.St.A., **Herstellung von α-[Piperidyl-(4)]-benzhydrol,** F. 160 bis 161°; *Hydrochlorid*, F. 283—285°. Man hydriert α-[Pyridyl-(4)]-benzhydrol in Eisessig mit H_2 in Ggw. von Pt-Oxid als Katalysator bei 50—60° u. 2,8—3,5 atü, filtriert die

Lsg., dampft sie im Vakuum ein, löst den Rückstand in Methanol–Butanol u. fügt 0,1 Mol konz. HCl zu. Durch Behandeln des entstandenen Hydrochlorids mit NH_3 erhält man die freie Base. — Mittel zur Behandlung von *Schizophrenie.* (**Schwz. P. 328 906** vom 12/2. 1955, ausg. 14/5. 1958. A. Prior. 22/3. u. 29/12. 1954.) W. Heyer. 4807

Paul A. J. Janssen, Vosselaar, Belgien, **Herstellung von Derivaten des 2.2-Diaryl-ω-[4'-phenylpiperidino]-butyro- beziehungsweise -valeronitrils** der allg. Formel **I**, worin Ar u. Ar' ein Arylrest mit < 9 C-Atomen ist, n = 2 oder 3 u. R eine niedermol. Alkyl-, Alkyloxy-, Alkenyloxy-, eine Cycloalkyloxy- oder Aralkyloxygruppe darstellt, dad. gek., daß man ein 2.2-Diaryl-4-halogenbutyronitril oder 2.2-Diaryl-5-halogenvaleronitril mit äquival. Mengen eines entsprechenden Esters der 4-Phenylisonipecotinsäure in einem inerten Lsgm. kondensiert. — Aus 2.2-Diphenyl-4-brombutyronitril u. dem Methylester der 4-Phenylisonipecotinsäure in Xylol bei 120°, Extraktion mit verd. HCl, Versetzen mit wss. NaOH, Extraktion mit Ae. u. Einleiten von HCl → *Hydrochlorid des Methylesters von 2.2-Diphenyl-4-[4'-carboxy-4'-phenylpiperidino]-butyronitril,* F. 180—181°; das entsprechende *Hydrochlorid des Äthylesters,* F. 220,5—222°; *Butylesters,* F. 208—208,5°; *Propylesters,* F. 224—225°; *Isopropylesters,* F. 230,5—232,5°; *Allylesters,* F. 204,5—206°; *Pentylesters,* F. 197,5—198,5°; *Hexylesters,* F. 189—190°; *Heptylesters,* F. 189—191,5°; *Cyclohexylesters,* F. 217—220°; *Phenäthylesters,* F. 184 bis 187°; *Benzylesters. Hydrochlorid des Äthylesters von 2.2-Diphenyl-5-[4'-carboxy-4'-phenylpiperidino]-valeronitril,* F. 201—203°; das entsprechende *Hydrochlorid des Propylesters,* F. 197—198°; *Methallylester des 2.2-Di-[p-tolyl]-4-[4'-carboxy-4'-phenylpiperidino]-butyronitril; Cyclopentylester des 2-[2.4-Xylyl]-2-phenyl-4-[4'-carboxy-4'-phenylpiperidino]-butyronitril; 2.2-Diphenyl-4-[4'-propanoyl-4'-phenylpiperidino]-butyronitrilhydrochlorid,* F. 210—212°; *2.2-Diphenyl-4-[4'-butanoyl-4'-phenylpiperidino]-butyronitrilhydrochlorid,* F. 227—228,5°; *2.2-Diphenyl-4-[4'-butanoyl-4'-phenylpiperidino]-valeronitrilhydrochlorid,* F. 236—238°. — *Arzneimittel.* (**A. P. 2 898 340** vom 14/3. 1958, ausg. 4/8. 1959. Holl. Prior. 5/7. 1957.) W. Heyer. 4807

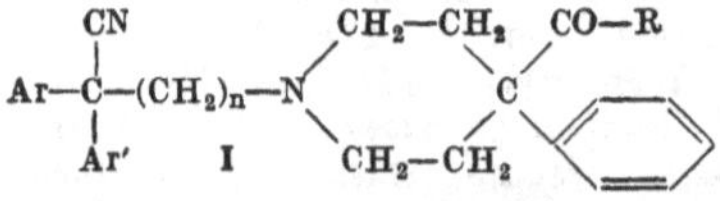

Imperial Chemical Industries Ltd. (Erfinder: Arthur Donald Ainley), **Herstellung von Chinolinderivaten** der allg. Formel **I** durch Rk. einer Verb. der allg. Formel **II** mit einer Verb. der allg. Formel **III**, worin R u. R_1 für gleiche oder verschiedene Alkylreste, R_2 für einen vorteilhaft durch Halogen, Alkyl- oder Alkoxyrest substituierten Phenylrest, R_3, R_4 u. R_5, welche gleich oder verschieden sein können, für H oder Alkylreste, R_6 für H oder einen Alkylrest mit nicht > 4 C-Atomen, Y für ein Halogenatom (Cl) u. X' u. X'' für gleiche oder verschiedene anion. Reste (Cl, Br, J, Methylsulfat, p-Toluolsulfonat) stehen. Die Rk. wird in einem inerten Lsgm. oder Verdünnungsmittel (W. oder verd. Säure wie HCl) unter Rückfluß-Temp. durchgeführt. Man erhält so: *4-Amino-6-[2'-amino-6'-methylpyrimidyl-(4')-amino]-2-phenylchinolin-1.1'-dimethochlorid,* F. 278° (Zers.); das entsprechende *Bis-methomethylsulfat,* F. 210—212° (Zers.); *4-Amino-6-[2'-aminopyrimidyl-(4')-amino]-2-phenylchinolin-1.1'-dimethojodid,* F. 308° (Zers.); *4-Methylamino-6-[2'-amino-6'-methylpyrimidyl-(4')-amino]-2-phenylchinolin-1.1'-dimethochlorid,* F. 294° (Zers.); *4-Amino-6-[2'-amino-6'-methylpyrimidyl-(4')-amino]-2-[p-chlorphenyl]-chinolin-1.1'-dimethochloridtrihydrat,* F. 290—291° (Zers.); *4-Amino-6-[2'-amino-6'-methylpyrimidyl-(4')-amino]-[2]-p-methoxyphenyl]-chinolin-1.1'-dimethochlorid,* F. 263—265° (Zers.). — *Therapeutica* bes. gegen Piroplasmosis u. Tierkrankheiten. (**Aust. P. 213 851** vom 25/6. 1956, ausg. 3/4. 1958.) W. Gräger. 4807

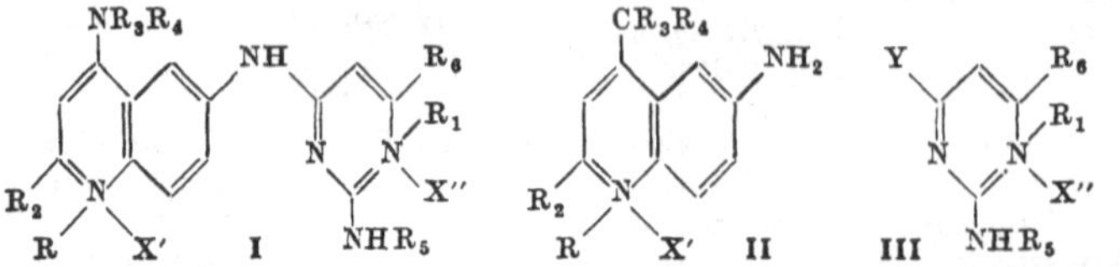

Ciba Ltd., Basel, Schweiz, **Substituierte Pyrazolopyrimidine** der allg. Zus. **I**, worin R einen Phenylrest bedeutet, der durch ein oder mehr Alkylgruppen oder Halogenatome substituiert sein kann u. R_1 Halogen, bes. Cl oder Br, darstellt, erhält man durch Behandlung der **I** entsprechenden Hydroxy-Verbb. mit halogenierenden Mitteln, wie $POCl_3$. — *Pharmaceutica,* bes. *fungicid*-wirksam. — 8 (Gew.-Teile) 1-Phenyl-4-hydroxypyrazolo-[3.4:d]-pyrimidin erhitzt man 2 Std. mit 40 Vol.-Teilen $POCl_3$ zum Sieden, entfernt das $POCl_3$ aus dem Gemisch, trägt den Rückstand auf Eis aus, stellt den pH-Wert mit 2n NaOH auf 8 ein, extrahiert mit Bzl. u. krist. den Rückstand aus sd. Ligroin um. Man erhält *1-Phenyl-4-chlorpyrazolo-[3.4:d]-pyrimidin,* weiße Kristalle,

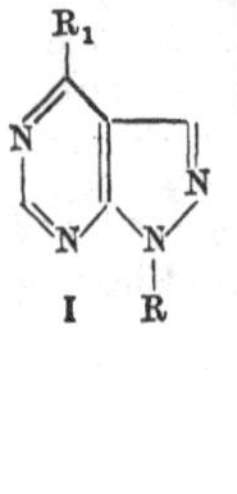

F. 125—126°. Analog *1-[p-Chlorphenyl]-4-chlorpyrazolo-[3.4:d]-pyrimidin*, weiße Kristalle aus CCl_4, F. 133—135°. (**E. P. 854 634** vom 11/2. 1957, ausg. 23/11. 1960. Schwz. Prior. 10/2. u. 7/4. 1956.) O. ROICK. 4807

Soc. des Usines Chimiques Rhône-Poulenc, Paris, Frankreich, **Herstellung pharmacodynamisch wirksamer Phenothiazinderivate.** Zu E. P. 811 959; C. **1960.** 3964 ist nachzutragen: In der angegebenen allg. Formel kann X auch SO_2 darstellen. — Keine Beispiele für derartige Verbindungen! (**Holl. P. 97 976** vom 2/4. 1957, ausg. 15/5. 1961. F. Prior. 7/4. 1956 u. 30/1. 1957.) F. BÖHM. 4807

W. R. Grace & Co., New York, N.Y., übert. von: Bernard Rudner, Silver Spring, und Aristotle G. Prapas, Baltimore, Md., V.St.A., **Tropanhydraziniumsalze** der allg. Formel **I** (R u. R_1 = H, OH, Alkoxy; R = Alkanoyloxy; R u. R_1 = zusammen auch O; R_2 = H, Alkoxy, Carboxy, Carbalkoxy; R_3 = H, OH, Aryloxy, Diphenylalkoxy, Acyloxy; R_3 kann mit R_1 auch einen Tetrahydrofuranring bilden; R_4 = H, das zusammen mit R_3 auch O sein kann; A = nichtgiftiges Anion) erhält man durch Rk. des entsprechenden Tropan-Deriv. mit $ClNH_2$ in Ggw. eines Lsgm. (KW-Stoffe, Äther, Amide, Halogen-KW-Stoffe, Nitroaromaten, Cellosolve). — Aus 50 g Tropinonhydrobromid in 200 ccm W. nach dem Behandeln mit $NaHCO_3$ u. Extraktion mit 4·100 ccm $CHCl_3$, Trocknen über $MgSO_4$ u. Auffüllen auf 850 ccm, dann Einleiten von

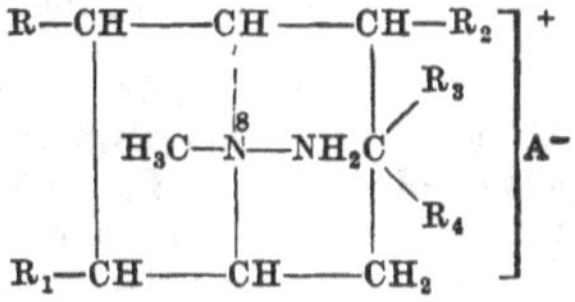

I

3,8 Äquivalenten $ClNH_2$ → *8-Amino-3-ketotropaniumchlorid*, Zers. bei 136° unter Gas-Entw.; hygroskop.; daraus mit wss. Pikrinsäure → *Pikrat*, F. 185—187°; *8-Amino-3-ketotropaniumchlorid-2.4-dinitrophenylhydrazon*, Zers. bei ca. 210°. — Tropin → *8-Amino-3-hydroxytropaniumchlorid*, F. >285°; lösl. in W. u. A.; unlösl. in Chlf. u. Äthylacetat; *Phosphat*; *Hexafluorphosphat*; *Nitrat*; *Chromat*; *Jodid*; *Silicat*; *Ferricyanid*; sämtliche sind wasserlösl.; *Pikrat*, F. 280°; *Pikronolat*, F. >280°; *Diliturat*, F. 280°; diese 3 sind wasserunlöslich. — Benzoylchlorid → *8-Amino-3-benzoyloxytropaniumbenzoat*, aus W. feine Nadeln, F. 162—163°. — Atropinsulfat → *N-Aminoatropiniumchlorid*, aus Isopropanol F. 231°; *Hexafluorphosphat*, F. 145°; wasserunlösl.; *Bromid*; *Sulfamat*; *Phosphat*; *Nitrat*; *5.5-Diäthylbarbiturat*, aus A.–Äthylacetat F. 168—170°; Zers. bei 175°; *Penicillinat*; dunkeln ab 155° unter Gasentwicklung. — Scopolaminhydrobromid → *N-Aminoscopolaminiumchlorid*, aus Dimethylformamid feine Nadeln, F. 206—207° (Zers.); *Hexafluorphosphat*; *Pikrat*, F. 186—188°. Wird das Chlorid längere Zeit mit Isopropanol erhitzt, so entsteht *6-Hydroxy-7-isopropoxy-3-tropoyloxy-8-aminotropaniumchlorid*, aus Methanol–Acetonitril weiche, hygroskop. Prismen, F. 172—174°; *Hexafluorphosphat*; *Pikrat*, Zers. bei ca. 140°. — Hyoscyaminhydrobromid → *N-Aminohyoscyaminiumchlorid*, aus Dimethylformamid F. 205—207°; *Hexafluorphosphat*, F. 74—76°; *Pikrat*, F. 76—78°; *Jodid*, F. 261° (Zers.). — Homatropinhydrobromid → *N-Aminohomatropiniumchlorid*, aus Dimethylformamid F. 250—251°; *Pikrat*, aus wss. A. F. 163—164°; *Hexafluorphosphat*, F. 178—182°, neben einem Isomeren mit F. 154—155°. — Cocain → *N-Aminococainiumchlorid* (8-Amino-2-carbmethoxy-3-benzoyloxytropaniumchlorid), F. 148°; *Pikrat*, F. 65—67°; daraus mit konz., sd. HCl → *N-Aminoecgoniniumchlorid* (2-Carboxy-3-hydroxy-8-aminotropaniumchlorid), F. 186° unter Wasserabspaltung bei 118—121°. — N-Aminohomatropiniumchlorid in Isopropanol + Na-Salicylat → *Aminohomatropiniumsalicylat*, aus A.–Äthylacetat F. 158—159,5°. — *N-Aminohyoscyaminium-o-acetoxybenzoalt*, F. 151—153°. — *N-Aminotropiniumsulfanilamid*, aus A.–Äthylacetat F. 131—133°. — *8-Amino-3-benzhydryloxytropaniumchlorid*; *Pikrat*, F. 178—181°. — *8-Amino-3-diphenylacetoxytropaniumchlorid*, aus A.–Äthylacetat, F. 146—148,5° (Zers.); *Jodid*, F. 191—192,5° (Zers.). Ferner können in das Amin übergeführt werden: Tropan, Pseudotropin, Tropidin, 3.7- bzw. 6.7-Dihydroxytropan, 3-Chlortropan, Scopin, Scopolin, Ecgonin, Meteloidin, Atroscin, Apoatropin, Teloidin, Anhydroecgonin, Cinnamoylcocain, Tropacocain, α- u. β-Truxillin, Psicain, α-Cocain, Ecgonidin, Benzoylecgonin, Tropindiphenylacetat, Tropinbenzilat, p-Chlorbenhydryloxytropan, 3.6.7-Triacetoxytropan, Convolamin, Methylscopolin, Scopolinbutyrat u. Belladonnaextrakt. — Die Verbb. sind *antispasmod.*, *anticholinerg.* u. *parasympatholyt.* besser wirksam als Atropin, jedoch weniger giftig. (**A. P. 2 893 996** vom 14/10. 1957, ausg. 7/7. 1959.) G. KRAUSS. 4807

Magyar Állam (Erfinder: Karl Nádor und Ladislaus Gyermek), Budapest, Ungarn, **Neue quaternäre Aralkyltropeine** erhält man bei der Kondens. von in inerten organ. Lsgm. (Aceton) gelösten Tropeinen mit Aralkylhalogeniden der Formel $X-CH(R_1)(R_2)$ bei normaler oder erhöhter Temperatur. Aus dem Rk.-Prod. erhält man mit an sich bekannten Acylierungsmitteln die entsprechenden Ester. In der Formel bedeutet X = Halogen, R_1 = H, Alkyl, Aryl- oder Aralkylgruppe u. R_2 = Aryl- oder Aralkylgruppe, die im Ring eine oder mehrere Substituenten oder auch kondensierte

Ringe aufweisen können. — Homatropin u. α-Chlormethylnaphthalin, in Aceton gelöst, erhitzt man 10 Std. auf 100°. Man erhält *α-Menaphthylhomatropiniumchlorid*, F. 224° (Zers.). — Homatropin u. p-Brombenzylbromid in Aceton ergibt *p-Brombenzylhomatropiniumbromid*, F. 204—206°, p-Nitrobenzoyltropein u. p-Chlorbenzoylbromid in Aceton → *p-Chlorbenzyl-[p-nitrobenzoyl]-tropiniumbromid*, F. 250—251°. — Tropin u. p-Brombenzylbromid in Aceton → *p-Brombenzyltropiniumbromid*, F. 230—232°. — *Arzneimittel*. (**Ung. P. 143 935** vom 5/5. 1951, ausg. 1/7. 1958.) G. KÖNIG. 4807

Laurene O. Paterson, Adrian, Mich., V.St.A., **Säurelösliche Aluminiumproteinate** werden gewonnen durch Umsetzung einer wss. Proteindispersion, bes. von Milch-, Sojabohnen-, Blutproteinen, Albumin oder Gelatine, mit einem Al-Alkoholat oder einer wss. Lsg. eines in W. lösl. Alkalimetallaluminats, wobei eine wss. Lsg. mit pH > 8,5 erhalten wird, u. Ausfällen durch Ansäuern auf pH 6—7. — Vgl. A. P. 2721861; C. **1958.** 7549. (**Can. P. 551 153** vom 7/9. 1954, ausg. 7/1. 1958. A. Prior. 23/2. 1954.) EBERHARD RIEDEL. 4807

Union Carbide Corp., übert. von: John W. Lynn, South Charleston, W.Va., V.St.A., **α.α-Dimethyl-β-hydroxypropionaldehyd und α-Hydroxy-β.β-dimethyl-γ-butyrolacton (= Pantolacton).** Überschüssiger Isobutyraldehyd wird mit HCHO in Ggw. von Methanol u. einem bas. Katalysator (Alkalihydroxide, -cyanide, -carbonate, Triäthylamin, Trimethylbenzylammoniumhydroxid, bes. NaOH) bei 0—30, bes. 10° in α.α-Dimethyl-β-hydroxypropionaldehyd übergeführt; der Katalysator wird mit Essigsäure neutralisiert, der überschüssige Aldehyd u. Methanol bei 50°/25 mm entfernt u. der Rückstand mit methanol. NaCN bei 10° zu α.γ-Dihydroxy-β.β-dimethylbutyronitril umgesetzt, das nach dem Neutralisieren des Katalysators mit Essigsäure durch Hydrolyse mit konz. HCl bei 80° *Pantolacton* liefert, $Kp._{19}$ 131°; F. 61—77°; Ausbeute 71,5%. — *Zwischenprod.* zur Herst. von *Pantothensäure*. (**A. P. 2863878** vom 27/5. 1954, ausg. 9/12. 1958.) G. KRAUSS. 4809

Ciba Ltd. (Erfinder: Albert Wettstein, Georg Anner, Karl Heusler, Helmut Ueberwasser, Peter Wieland, Julius Schmidlin und Jean René Billeter), **Neue Polyhydrophenanthrenverbindungen** der allg. Formel I, in der R_1 eine freie Oxogruppe, wenn die Doppelbindung in der 4,5-Stellung liegt, oder eine ketalysierte Oxogruppe darstellt, wenn die Doppelbindung in der 5,6-Stellung sich befindet, R eine freie oder veresterte OH-bedeutet, u. beide Y für $-CH=CH_2$, $-C(CH_3)=CH_2$ oder $-C{\equiv}CH$ mit derselben Bedeutung stehen. — Man erhält I durch Behandlung eines Ketons der allg. Formel II, in der R_1 für eine ketalisierte Oxogruppe u. R_2 für eine freie oder veresterte OH-Gruppe stehen, mit einer Verb. der Formel $X{=}CH_2{=}Y$, in der X eine reaktionsfähige, veresterte OH-Gruppe u. Y $-CH=CH_2$, $-C(CH_3)=CH_2$ oder $-C{\equiv}CH$ bedeuten, in Ggw. eines bas. Kondens.-Mittels, z. B. eines Alkalialkoholats. — Beispiele für I: *2.2-Diallyl-4bβ-methyl-7-äthylendioxy-1.2.3.4.4aα.-4b.5.6.7.8.10.10aβ-dodekahydrophenanthren-on-(1)-ol-(4β)*, F. 98,5—99,5°; *2.2-Dipropargyl-4bβ-methyl-1.2.3.4.4aα.4b.5.6.7.8.10.10aβ-dodekahydrophenanthrendion-(1.7)-ol-(4β)*, F. 173°; *2.2-Dimethylallyl-4bβ-methyl-1.2.3.4.4aα.4b.5.6.7.9.10.10aβ-dodekahydrophenanthrendion-(1.7)-ol-(4β)*, F. 127,5—129°. — *Zwischenprodd. für Steroide*. (**Aust. P. 226 553** vom 28/2. 1958, ausg. 25/2. 1960.) H. NEBELSIEK. 4809

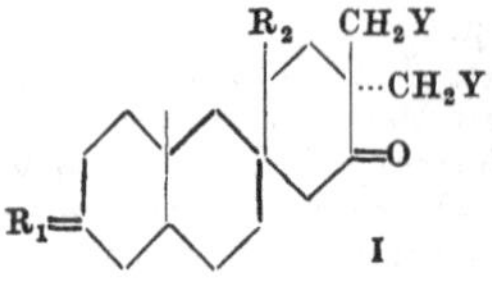

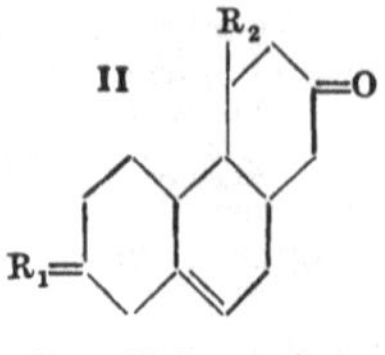

Syntex Soc. An., übert. von: George Rosenkranz, Mexico, Mexico, und Carl Djerassi, Birmingham, Mich., V.St.A., **Herstellung von Allopregnan-3β.17α-diolverbindungen.** Inhaltlich ident. mit A. P. 2 825 735; C. **1959.** 16845. (**A. P. 2 973 378** vom 6/2. 1953, ausg. 28/2. 1961. Mexican. Prior. 13/2. 1952.) U. SIEVERS. 4809

Merck & Co., Inc., Rahway, übert. von: Earl M. Chamberlin, Westfield, N.J., V.St.A., **Herstellung von 3β-Acyloxy-11.20-diketoallopregnan,** bes. der *3β-Acetoxy-Verb.*, durch Umsetzung von 3β-Hydroxy-11-ketoallobisnorcholansäuremethylester mit Phenyl-MgBr, Dehydratisierung des erhalten Bis-phenylcarbinols mit Essigsäure u. Acetanhydrid u. Ozonolyse. (**Can. P. 553 041** vom 1/5. 1952, ausg. 11/2. 1958. A. Prior. 8/5. 1951.) L. GROSSNER. 4809

Merck & Co., Inc., Rahway, übert. von: Earl M. Chamberlin, Westfield, N.J., V.St.A., **Herstellung von 3β-Acyloxy-17α-hydroxy-11.20-diketoallopregnan,** bes. der *3β-Acetoxy-Verb.*, durch Acylierung von 3β-Acetoxy-11.20-diketoallopregnan mit

Acetanhydrid in Ggw. von Toluolsulfonsäure u. Behandlung des Rk.-Prod. mit einer organ. Persäure, bes. Perphthalsäure. (**Can. P. 553 042** vom 20/1. 1956, ausg. 11/2. 1958. A. Prior. 8/5. 1951.) L. Grossner. 4809

Merck & Co., Inc., Rahway, übert. von: Lewis H. Sarett, Princeton, N.J., V.St.A., **21-Phosphate der Pregnanreihe.** Man setzt z. B. 3.11.20.Triketo-17α.21-dihydroxyallopregnan (I) in Tetrahydrofuran mit dem Dioxolan des Mesityloxids in Ggw. von konz. H_2SO_4 um → I-*3-cycl.-Äthylenketal* (II), welches sich durch Rk. z. B. mit Mesylchlorid in sein 21-Methansulfonat überführen läßt; daraus durch Rk. mit NaJ in A. → *21-Jod-3.11.20-triketo-17α-hydroxyallopregnan-3-äthylenketal*, welches sich durch Rk. mit Ag-Dibenzylphosphat überführen läßt → II-*21-Dibenzylphosphat*. Durch Rk. mit organ. Basen erhält man hieraus die entsprechenden Salze; ferner lassen sich weitere Rkk. am Mol. durchführen, z. B. die Einführung von Doppelbindungen im Ring A. — Physikal. Daten werden nicht genannt. — *Heilmittel* sowie Zwischenprodd. zu deren Herstellung. (**A. P. 2 949 453** vom 14/1. 1955, ausg. 16/8. 1960.) U. Sievers. 4809

Magyar Állam (Erfinder: Georg Magyar und Paul Tuszon), Budapest, Ungarn, **Δ^{16}-Pregnenderivate** erhält man aus Pregnan-Deriv., welche am $C_{(16)}$-Atom eine Acylaminoisocaproyloxygruppe enthalten u. durch Einw. von Hitze, ggf. in Ggw. inerter Gase oder im Vakuum, die Acetylgruppe abspalten. — Das rohe Oxydations-Prod. des Solasodins wird bei 160° $^3/_4$ Std. unter N_2-Strom erhitzt. Man setzt dest. Methanol zu, kocht die Mischung auf, läßt abkühlen, filtriert u. wäscht mit eiskaltem Methanol. Man erhält *3β-Acetoxy-$\Delta^{5.16}$-pregnandien-20-on*, F. 174—176°. (**Ung. P. 144 047** vom 27/8. 1956, ausg. 1/7. 1958.) G. König. 4809

Takeda Pharmaceutical Industries Ltd., Osaka, Japan, **1,2-Dehydro- und/oder 11β-Hydroxy- und/oder 20β-Hydroxysteroide der Pregnanreihe** erhält man durch Bebrütung eines entsprechenden Ausgangssteroids, welches in 1,2-Stellung gesätt. u./oder in 11-Stellung nicht oxygeniert ist u./oder eine 20ständige Ketogruppe trägt, mit einer Kultur eines Mikroorganismus der Art *Pseudomonas* oder *Serratia* unter üblichen aeroben u. submersen Bedingungen. — Man bebrütet z. B. Δ^4-Pregnen-17α.21-diol-3.20-dion (I) mit *Pseudomonas olevorans* → *$\Delta^{1.4}$-Pregnadien-17α.20β.21-triol-3-on*, F. 194 bis 195°; $[\alpha]_D^{20}$ 33°, *20.21-Diacetat*, $[\alpha]_D^{20}$ 100°, neben *$\Delta^{1.4}$-Pregnadien-17α.21-diol-3.20-dion*, F. 225—228°, *21-Acetat*, F. 215—218°. — Analog: I + *Pseudomonas fluorescens* → *Δ^4-Pregnen-17α.20β.21-triol-3-on*, F. 188—189°; $[\alpha]_D^{20}$ 67°, *20.21-Diacetat*, F. 191—192°; $[\alpha]_D^{80}$ 133°. — *Heilmittel* sowie Zwischenprodd. zu deren Herstellung. (**E. P. 859 694** vom 20/5. 1959, ausg. 25/1. 1961. Jap. Prior. 26/5. 1958.) U. Sievers. 4809

Farmaceutici Italia Soc. An., Mailand, Italien (Erfinder: Bruno Camerino, Bianca Patelli und Giovanni Sala), **4.5-Dihydroxyverbindungen der Androstanreihe** erhält man durch Spaltung der entsprechenden 4.5-Epoxyde mit methanol. H_2SO_4 u. evtl. anschließende Dehydratisierung der 4,5-Stellung. — Man setzt z. B. 4.5-Oxido-17α-methyltestosteron bei normaler Temp. mit methanol. H_2SO_4 um → *17α-Methylandrostan-4β.5α.17β-triol-3-on*, F. 203—205°; daraus durch Dehydratisierung mit methanol. KOH → *4-Hydroxy-17α-methyltestosteron*, F. 168—170°; *4-Acetat*, F. 138 bis 140°; *4-Succinat*, F. 161—163°; *4.17-Diacetat*, F. 152—156°; *17-Acetat*, F. 178—180°; *17-Propionat*, F. 172—174°. — *Heilmittel*. (**E. P. 848 288** vom 6/6. 1958, ausg. 14/9. 1960. **D. A. S. 1 123 665** Kl. 12o vom 2/6. 1959, ausg. 15/2. 1962. E. Prior. 6/6. 1958 u. 6/5. 1959.) U. Sievers. 4809

G. D. Searle & Co., Chicago, Ill., V.St.A., **9α-Hydroxy-3-keto-Δ^4-steroide** erhält man durch Bebrütung von in 11-Stellung unsubstituierten u. in 9,11-Stellung gesätt. Δ^4-3-Ketosteroiden mit einer Kultur von *Nocardia corallina* unter üblichen submersen u. aeroben Bedingungen. — Δ^4-Androsten-3.17-dion → *9α-Hydroxy-Δ^4-androsten-3.17-dion*, F. 222—223,5°. — *9α-Hydroxydesoxycorticosteron*. — *9α-Hydroxyprogesteron*, F. 193—195,5°; $[\alpha]_D$ 185°. — *9α.17α.21-Trihydroxy-Δ^4-pregnen-3.20-dion*. — *9α.17α-Dihydroxyprogesteron*. — Zwischenprodd. zur *Herst. von Heilmitteln*. (**E. P. 862 701** vom 7/9. 1959, ausg. 15/3. 1961. A. Prior. 8/9. 1958.) U. Sievers. 4809

Upjohn Co., Kalamazoo, Mich., V.St.A., **3-Alkylenketale der 3-Ketoandrostanreihe** erhält man durch Rk. der entsprechenden 3-Ketone mit einem Alkylendiol in Ggw. eines stark sauren Katalysators. — Man setzt z. B. 17β-Hydroxy-17α-methyl-Δ^4-androsten-3.11-dion (I) in Bzl. mit Äthylenglykol in Ggw. von p-Toluolsulfonsäure um → I-*3-Äthylenketal*, F. 179—184°; $[\alpha]_D$ —21°. — Analog: *11β.17β-Dihydroxy-17α-methyl-5-androsten-3-on-3-äthylenketal*, F. 232—236°. — *9α-Fluor-17β-hydroxy-17α-methyl-Δ^5-androsten-3.11-dion-3-äthylenketal*, F. 188—191°; $[\alpha]_D$ —19°. — *9α-Fluor-11β.17β-dihydroxy-17α-methyl-Δ^5-androsten-3-on-3-äthylenketal*, F. 242—243°. — *Heilmittel* mit anabol. u. androgener Wirkung. (**E. P. 849 071** vom 7/1. 1959, ausg. 21/9. 1960. A. Prior. 19/2. u. 9/5. 1958.) U. Sievers. 4809

G. D. Searle & Co., übert. von: John S. Baran, Chicago, Ill., V.St.A., **11α-Hydroxy-11.19-epoxy-androstane.** Man setzt z. B. Ouabagenin-1.19-acetonid mit CrO_3 in Pyridin bei normaler Temp. um → *3.11-Dioxo-5β.14β.19-trihydroxy-$\Delta^{1.20,22}$-cardadienolid*, F. 195—200°, welches sich katalyt. mit H_2/Pd-Kohle in A. hydrieren läßt → *3-Oxo-5β.11.14β-trihydroxy-11.19-epoxy-$\Delta^{20,22}$-cardenolid*, F. 178—181° (im Gleichgewicht mit *3.11-Dioxo-5β.14β.19-trihydroxy-$\Delta^{20,22}$-cardenolid*); daraus durch Rk. mit Essigsäure unter Erhitzen → *3-Oxo-11α.14β-dihydroxy-11.19-epoxy-$\Delta^{4.20,22}$-cardadienolid*, F. 248—250°, welches sich mit Methanol in Ggw. von p-Toluolsulfonsäure überführen läßt → *3-Oxo-11α-methoxy-11.19-epoxy-14β-hydroxy-$\Delta^{4.20,22}$-dienolid*, F. 258 bis 261°; $[\alpha]_D$ 149,8°. Durch Dehydratisierung mit $SOCl_2$ in Ggw. von Pyridin erhält man hieraus → *3-Oxo-11α-methoxy-11.19-epoxy-$\Delta^{4.14.20,22}$-cardatrienolid*, F. 212—214°; $[\alpha]_D$ 119,5°, welches sich in methanol. Lsg. katalyt. hydrieren läßt in Ggw. von Pd-Kohle → *3-Oxo-11α-methoxy-11.19-epoxy-5α.14α-$\Delta^{20,22}$-cardenolid*, F. 192—194°, bei langsamen Erhitzen 230—250°; $[\alpha]_D$ 126,5°. Hieraus erhält man durch übliche Ozonisierung u. reduktive Aufarbeitung des Ozonides → *11α-Methoxy-11.19-epoxy-21-hydroxy-5α-pregnan-3.20-dion* (**I**), F. 178—180°; $[\alpha]_D$ 134,5°; *freier Alkohol*, F. 165—167°; $[\alpha]_D$ 107°. — **I** läßt sich durch Überführung in das 21-Toluolsulfonat, Rk. mit NaJ u. Enthalogenierung überführen → *11α-Methoxy-11.19-epoxy-5α-pregnan-3.20-dion* (**II**), F. 147—148°; $[\alpha]_D$ 133,4°; *freier Alkohol*, F. 156—158°. — **II** + Na-Metaperjodat in Aceton-W. → *3-Oxo-11α-hydroxy-11.19-epoxy-5α-androstan-17β-carbonsäure*, F. 195—196°. — *Heilmittel.* (**A. P. 2 975 173** vom 28/9. 1959, ausg. 14/3. 1961.) U. SIEVERS. 4809

Løvens Kemiske Fabrik ved A. Kongsted, Ballerup (Erfinder: Poul Borrevang, Kopenhagen), Dänemark, **Chloralhalbacetalderivate des Testosterons.** Man setzt z. B. Testosteron (**I**) mit wasserfreiem Chloral in abs. Bzl. um → **I**-*Chloralhalbacetal*, F. 200—201°; *Acetat*, F. 192—193°; *Propionat*, F. 150—151°; *Isobutyrat*, F. 126—127°; *Formiat*, F. 232—234°. — *Heilmittel.* (**D. A. S. 1 114 488** Kl. 12o vom 19/11. 1959, ausg. 5/10. 1961. **A. P. 2 933 514** vom 17/11. 1959, ausg. 19/4. 1960. Beide E. Prior. 19/11. 1958. **E. P. 862 531** vom 19/11. 1958, ausg. 15/3. 1961.) U. SIEVERS. 4809

Upjohn Co., Kalamazoo, Mich., V.St.A., **2- oder 4-Methylverbindungen der Östranreihe** erhält man durch Bebrütung von 2- bzw. 4-Methyl-19-nortestosteron mit einer Kultur von *Septomyxa affinis* (**I**) unter üblichen submersen u. aeroben Bedingungen. — Man bebrütet z. B. 4-Methyl-19-nortestosteron mit **I** → *4-Methylöstron*, F. 242—244°; daraus durch Red. mit $NaBH_4$ in Methanol → *4-Methylöstradiol*, F. 218 bis 221°. — Analog: *2-Methylöstron*, F. 243,5—244°; $[\alpha]_D$ 167°. — *2-Methylöstradiol*, F. 184—186°. — *Heilmittel.* (**E. PP. 851 960** u. **851 990** vom 23/3. 1959, ausg. 19/10. 1960. A. Prior. 25/4. 1958.) U. SIEVERS. 4809

Løvens Kemiske Fabrik ved A. Kongsted, Ballerup (Erfinder: Wagn Ole Godtfredsen, Kopenhagen, und Sven Liisberg, Tröröd), Dänemark, **6a.6a-Dichlor-6.7-methylen- und 6a.6a-Dibrom-6.7-methylenverbindungen von Δ^4-3-Ketosteroiden der Androstan- und Pregnanreihe** erhält man durch Rk. eines Enoläthers oder eines Ketals eines Δ^4-3-Ketosteroids dieser Reihen mit einem Tetrahalogenmethan, bei dem das Halogen Br oder Cl ist u. ggf. anschließende Acetylierung der 17ständigen Hydroxygruppe der erhaltenen Verbindungen. — Man setzt z. B. Testosteron-3-äthylenoläther in 2.4.6-Collidin mit CBr_4 um → *6-Tribrommethyltestosteron*, F. 215—216°; daraus durch Rk. mit Pyridin auf dem Dampfbad → *6a.6a-Dibrom-6.7-methylentestosteron*, F. 232—233°; $[\alpha]_D^{20}$ 210°; *Acetat*, F. 168—169°; $[\alpha]_D^{20}$ 180°. — Analog: *6-Trichlormethyltestosteron*, F. 212—215° (Zers.); *6a.6a-Dichlor-6.7-methylentestosteron*, F. 208—210°; $[\alpha]_D^{20}$ 264°. — *6a.6a-Dibrom-6.7-methylen-17α-methylentestosteron*, F. 194—195°. — *6a.6a-Dibrom-6.7-methylen-19-nortestosteronacetat*, F. 146—147°. — *6a.6a-Dichlor-6.7-methylenprogesteron*, F. 168—170°. — *6a.6a-Dibrom-6.7-methylenprogesteron*, F. 201—202°; $[\alpha]_D^{22}$ 242°. — *6a.6a-Dibrom-6.7-methylen-17α-hydroxyprogesteron*, F. 246—247°; $[\alpha]_D^{20}$ 169°; *17-Acetat*, F. 114—117°; $[\alpha]_D^{20}$ 143°. — *6a.6a-Dibrom-6.7-methylendesoxycortocosteronacetat*, F. 169—170°. — *6a.6a-Dibrom-6.7-methylen-17α-hydroxy-11-desoxycorticosteron-21-acetat*, F. 228—229,5°. — *6a.6a-Dibrom-6.7-methylencortisonacetat*, F. 236—237°; $[\alpha]_D^{20}$ 256°. — *20-Äthylendioxy-6a.6a-dibrom-6.7-methylencortisonacetat*, F. 210—211°. — *Heilmittel.* (**D. A. S. 1 114 487** Kl. 12 o vom 11/6. 1959, ausg. 5/10. 1961. **F. P. 1 230 109** vom 11/6. 1959, ausg. 13/9. 1960. Beide E. Prior. 13/6. u. 12/9. 1958. **E. P. 862 235** vom 13/6. 1958, ausg. 8/3. 1961.) U. SIEVERS. 4809

Dr. Karl Thomae G. m. b. H. (Erfinder: Joachim Heider und Dietrich Jerchel), Biberach/Riss, **Steroidester** erhält man durch übliche Veresterung von 21-Hydroxysteroiden mit Dicarbonsäuren, so daß auf 1 Mol Dicarbonsäure 2 Mol Steroid entfallen. — Man setzt z. B. Hydrocortison in Dioxan u. in Ggw. von Pyridin mit Oxalylchlorid um → *Bis-[hydrocortison-21-yl]-oxalsäureester*, F. 258°; $[\alpha]_D^{25}$ + 162°. Analog: *Bis-[hydrocortison-(21)]-bernsteinsäureester*, F. 132,5°; $[\alpha]_D^{22}$ + 100°; *-glutarsäure-*

ester, F. 160,5°; $[\alpha]_D^{25}$ + 200°; *-adipinsäureester*, F. 227°; $[\alpha]_D^{25}$ + 188°; *-pimelinsäureester*, F. 177,5°; $[\alpha]_D^{25}$ + 234°; *-korksäureester*, F. 220°; $[\alpha]_D^{25}$ + 100°; *-phthalsäureester*, F. 193 bis 194°; $[\alpha]_D^{25}$ + 182°; *-isophthalsäureester*, F. 238,5°; $[\alpha]_D^{22}$ + 151,5°; *-terephthalsäureester*, F. 203°; $[\alpha]_D^{22}$ + 150°; *-endomethylentetrahydrophthalsäureester*, F. 184°; $[\alpha]_D^{22}$ + 69°; *-tetrahydrophthalsäureester*, F. 176,5—169,5°; $[\alpha]_D^{21}$ + 144,6°; *-hexahydrophthalsäureester*, F. 179,5—181,5°; $[\alpha]_D^{21}$ + 164°; *Bis-[cortison-21-yl]-phthalsäureester*, F. 183 bis 185°; $[\alpha]_D^{21}$ + 200,5°; *-tetrahydrophthalsäureester*, F. 189—191,5°; $[\alpha]_D^{21}$ + 166°; *-hexahydrophthalsäureester*, F. 231—233,5°; $[\alpha]_D^{21}$ + 191°; *Bis-[prednisolon-21-yl]-hexahydrophthalsäureester*, F. 251°; $[\alpha]_D^{21}$ + 124°; *-phthalsäureester*, F. 215°; $[\alpha]_D^{21}$ + 147,5°; *-tetrahydrophthalsäureester*, F. 205°; $[\alpha]_D^{22}$ + 92°; *Bis-[hydrocortison-21-yl]-diphensäureester*, F. 145°; $[\alpha]_D^{22}$ + 118°; *Bis-[prednisolon-21-yl]-hexahydrophthalsäureester*, F. 214°; $[\alpha]_D^{22}$ + 110°; *[Hydrocortison-21-yl]-[cortison-(21)]-phthalsäureester*, F. 173—174°; $[\alpha]_D^{22}$ + 184°; *Bis-[prednisolon-21-yl]-adipinsäureester*, F. 234°; $[\alpha]_D^{20}$ + 168°; *Bis-[prednisolon-21-yl]-terephthalsäureester*, F. 219°; $[\alpha]_D^{20}$ + 39°. — An Stelle der freien 21-Hydroxysteroide können alternativ auch deren 21-Halogen-Derivv. mit dem Salz einer entsprechenden Dicarbonsäure umgesetzt oder weitere äquivalente Veresterungs-Meth. angewandt werden. — *Heilmittel*. (**D. A. S. 1 114 814** Kl. 12o vom 14/10. 1959, ausg. 12/10. 1961.) U. Sievers. 4809

Roskilde Medical Co. Ltd. (R. M. C.) Danske Andelslagteriers Konservesfabrik, Roskilde, Dänemark (Erfinder: Henry Marinus Christensen), **Adrenocorticotropes Hormonpräparat mit verzögerter Wirkung.** In einer wss. Lsg. des Hormons wird Al-Orthophosphat zur Ausfällung gebracht, an welches das Hormon adsorbiert wird. (**Finn. P. 29 853** vom 20/5. 1954, ausg. 31/1. 1959.) K. H. Kähler. 4809

Magyar Állam (Erfinder: Andreas Hegyeli, Martha Rados und Georg Fekete), Budapest, Ungarn, **Reine, biologisch standardisierte Hormonauszüge aus der Nebenniere** der Schweine oder Rinder, gewinnt man durch Extraktion mittels eines mit W. mischbaren organ. Lsgm. u. Eindampfen des Extrakts, welcher mit einer wss. Lsg. von A. oder Methanol sowie mit einem Lipoide lösenden Mittel, z. B. aromat. KW-Stoffen, behandelt wird. Die Hormone enthaltende Fraktion wird vom Alkohol befreit, die Hormone werden mit chlorierten KW-Stoffen aufgenommen. Das Extraktionsmittel wird verdampft. Das schwerfl. Öl wird in abs. A. gelöst u. mit NH_3 enthaltendem synthet. Al-Silicationenaustauscher behandelt. Das erhaltene Öl wird in Äthylen- oder Propylenglykol gelöst u. in physiolog. NaCl-Lsg. gebracht u. über ein Leitz-Filter filtriert. Aus dem Filtrat extrahiert man mit Chlf. den Wirkstoff, der nach Verdampfen von Chlf. einen halbkristallin. Stoff ergibt, welcher 0,8—1,5 g *Kendall E* aufweist. (**Ung. P. 144 230** vom 16/5. 1956, ausg. 1/9. 1958.) G. König. 4809

Egyesült Gyógyszer és Tápszergyar (Erfinder: László Lévai), Budapest, Ungarn, **Herstellung von erythro-1-[p-Nitrophenyl]-2-[o-carboxybenzoylamino]-propandiol-(1.3).** Ein p-Nitrobenzoyl-[o-carboxybenzoylamino]-essigsäurealkylester der allg. Formel I wird durch Einw. eines Alkaliborhydrids zum entsprechenden Diol red., indem an Stelle von der CO- u. der COO-Alkylgruppe eine CHOH- u. eine CH_2OH-Gruppe treten. I erhält man durch Umsetzung eines p-Nitrobenzoylessigsäurealkylesters mit Bromsuccinimid in einem organ. Lsgm.; die erhaltene Lsg. von p-Nitrobenzoylbromessigsäureester wird nach Abtrennung des Succinimids ohne weitere Reinigung bei 0—15° mit Phthalimid + Dimethylformamid umgesetzt, in der entstehenden Phthalimido-Verb. bei 0° mit NaOH eine der CO-Gruppen in eine COOH-Gruppe umgewandelt u. dann durch Zugabe von HCl I ausgefällt, F. des Äthylesters: 178°. Die Umsetzung von I wird durch langsame Zugabe einer Lsg. von Na-Borhydrid in A. von 0° zu einer Lsg. von I in A. von 0° durchgeführt. Nach Abfiltrieren der B-Salze wird die Lsg. eingedampft u. der Rückstand mehrfach umkrist., F. 180—182°. — *Zwischenprod. zur Herst. von Antibiotica.* (**D. A. S. 1 122 077** Kl. 12q vom 25/2. 1958, ausg. 18/1. 1962. Ung. Prior. 12/12. 1957.) A. Kalix. 4811

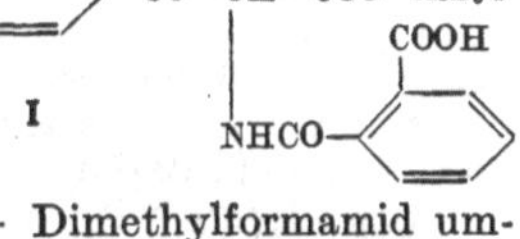

I

American Home Products Corp., New York, N.Y., übert. von: William F. Bruce, Havertown, Charles D. Edwards, Glen Mills, Joseph K. Apat, William F. Elias, West Chester, Howard J. Merrion, Malvern, John O. Barnett, Philadelphia, und Daniel L. Shaw jun., Oreland, Pa., V.St.A., **Penicillin-Präparate** enthalten krist. N.N'-Dibenzyläthylendiamindipenicillin G, das aus einem wss., mindestens 15% Formamid enthaltenden Medium isoliert wird u. dessen tafelförmige Kristalle auf 5—150 μ zerkleinert werden, in Verbindung mit nichttox. Trägern. (**Can. P. 552 934** vom 26/8. 1953, ausg. 11/2. 1958. A. Prior. 29/10. 1952, 23/3. u. 1/4. 1953.) L. Grossner. 4811

Olin Mathieson Chemical Corp., Saltville, Va., übert. von: William E. Gaunt, Dunellen, Elliot Bartner, New Brunswick, und Hans A. Schaeffer, Elizabeth, N.J., V.St.A., **Penicillin-Präparate mit Depotwirkung** zur i.m. Verabreichung enthalten eine wss. Suspension eines wasserunlösl. Penicillinsalzes, bes. Penicillin-procain, ein hydrophiles Koll., bes. Na-Carboxymethylcellulose, u. ein Netzmittel, bes. Polyoxyalkylen-Derivv. des Sorbitanmonooleats. (**Can. P. 553 380** vom 10/6. 1949, ausg. 18/2. 1958. A. Prior. 14/7. 1948.) L. Grossner. 4811

American Cyanamid Co. (Erfinder: John Andrew Growich jun. und Philip Andrew Miller), **Gewinnung von 5a, 11a-Dehydrotetracyclin** u. dessen in 7-Stellung chlorierten oder bromierten Derivv. durch Züchten von Chlortetracyclin bildenden Stämmen von S. aureofaciens, die mit mutierenden Mitteln, z. B. UV-Strahlen, Nicotin usw., behandelt wurden, in üblichen Nährlsgg. (I), wobei je nach dem Geh. der I an Cl- oder Br-Ionen eine chlorierte oder bromierte Verb. erhalten wird. (**Aust. P. 229 729** vom 18/3. 1958, ausg. 1/9. 1960. A. Prior. 5/4. 1957.) C. Lüttgen. 4811

Bristol Laboratories, Inc., New York, N.Y., V.St.A. (Erfinder: Milton Wolf, Frank Harold Buckwalter und Harry Leo Dickison), **Wasserunlösliche Streptomycinsalze** erhält man durch Rk. der wasserlösl. Alkalisalze von Polycarbonsäuren der allg. Formeln **I**—**VI** (R_1 = H, Halogen, Alkyl, monocycl. Aryl, Cyclo-

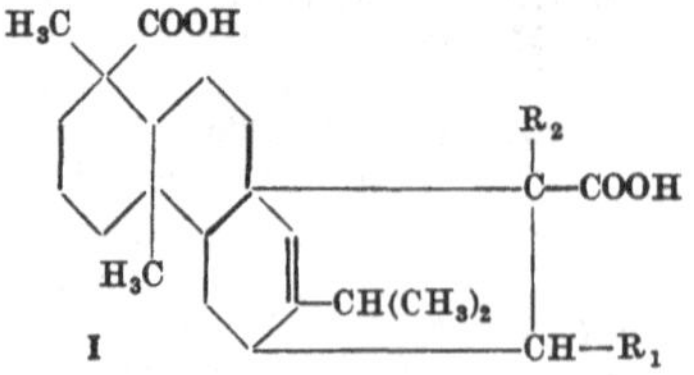
I

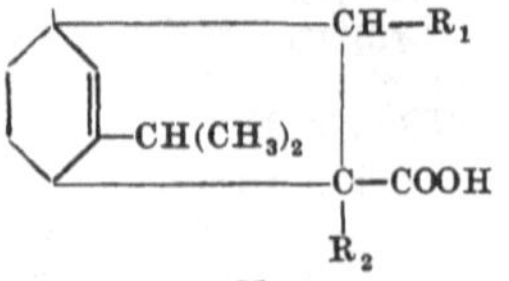
II

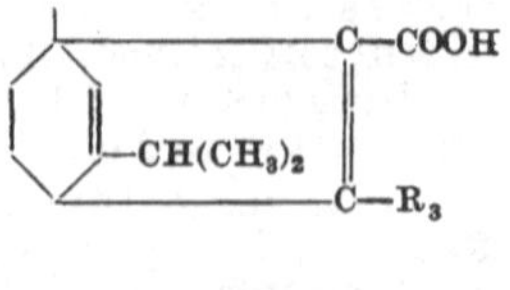
III

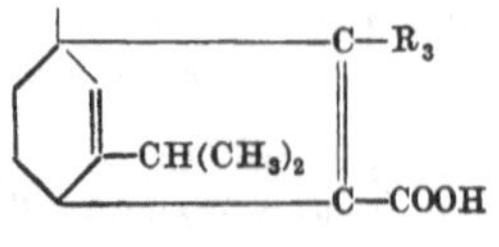
IV

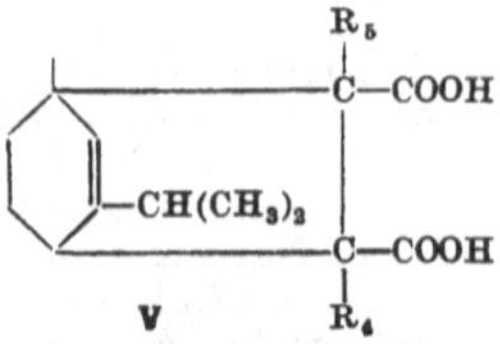
V

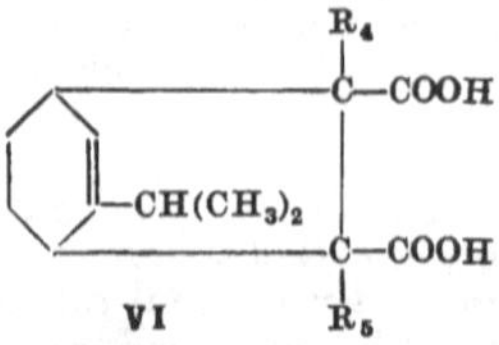
VI

hexyl; R_2 = H, Carboxyl, Carboxymethyl; R_3, R_4 u. R_5 = R_1) mit den sauren Salzen (Hydrochlorid, Sulfat, Hydrochlorid - $CaCl_2$) der entsprechenden Streptomycine. — Aus 0,714 Mol Tri-Na-*l*-pimar-6.8a-cis-endo-succinat (Herst. nach A. P. 2517563) in 1730 cm^3 dest. W. u. 9,703 Mol 85,8% ig. Streptomycinsulfat bei Raum-Temp. → *Streptomycin-l-pimar-6.8a-cis-endo-succinatheptahydrat*, $C_{45}H_{73}N_3O_{18}$; $[\alpha]_D^{25}$ $-32,8^0$ (c = 0,5; Äthylenglykol); Ausbeute 82,5%; DL_{50} 970 ± 82 mg je kg Maus intraperitoneal. — *Dihydro-* u. *Hydroxystreptomycin-*, *Streptomycylidenisonicotinylhydrazin-l-pimar-6.8a-cis-endo-succinat*, $C_{51}H_{78}N_{10}O_{18}$; *-l-pimar-6.8a-trans-endo-succinat.* Durch Behandeln mit Alkalien erhält man das reine Antibioticum, weshalb die Streptomycine nach diesem Verf. gereinigt werden können. — *Heilmittel* mit lang anhaltendem Blutspiegel. (**E. P. 800 738** vom 28/2. 1956, ausg. 3/9. 1958.) G. Krauss. 4811

Eli Lilly & Co., übert. von: Donald R. Croley, Indianapolis, Ind., V.St.A., **Umkristallisieren von Erythromycin** erfolgt durch Behandeln der wss. Erythromycin(I)-Lsg. mit einem Alkylketon, Alkanol, wasserlösl. Alkylenglykol oder Chloralkan. Die sich abscheidende I-*Einschluß-Verb.*, bestehend aus 1 Mol I u. 3 Mol Lsgm., gibt bei der Zers. mit W. bei 0—50°, bes. 40—50°, I-*Dihydrat* u. bei 550—100° wasserfreies, krist. **I**. — 20 g **I**-Thiocyanat werden in 300 cm^3 20% ig. A. bei 24° mit 5 cm^3 28% ig. NH_4OH versetzt, bis das pH 9,81 beträgt; beim Erwärmen auf 50° bildet sich ein **I**–A.-Nd., der abfiltriert u. mit 50 cm^3 warmem W. gewaschen wird. Durch Zers. des Nd. mit W. unter Zusatz von NaOH bis pH 9,5 erhält man bei 50° **I** · 2 H_2O; Ausbeute 83,5%. Zum Umkristallisieren bzw. zur Bldg. der Einschluß-Verbb. sind noch geeignet: Methanol, Butanol, Benzylalkohol, β-Phenyläthanol, γ-Phenylpropanol, Aceton, Methyläthylketon, Diäthylketon, Methylpropylketon, Chlf., Methylendichlorid, Trichlorpropan, Äthylen-, Propylen- u. Polyäthylenglykol, Molgew. 400. **I** kann durch Züchten von Streptomyces erythreus nach A. P. 2 653 899; C. **1955.** 1800 erhalten werden. (**A. P. 2 864 817** vom 1/9. 1955, ausg. 16/12. 1958.) G. Krauss. 4811

Soc. des Usines Chimiques Rhône-Poulenc, Frankreich (Erfinder: Léon Ninet, Sylvie Pinnert und Jean Preud'homme), **Herstellung von**

Spiramycin (I) durch übliche biolog. Züchtung einer Streptomyces-Art, die aus einer Bodenprobe isoliert wurde. Gewinnung von I aus der Kultur-Fl. in Form eines amorphen Pulvers durch Extraktion mit organ. Lösungsmitteln. Das gereinigte Prod. ist opt.-akt. (linksdrehend). Das Absorptionsspektrum zeigt ein einziges Maximum bei 231 mμ. I ist besonders akt. gegenüber grampositiven u. nur wenig gegenüber gramnegativen Sporen. — Morphologie, Physiologie u. antibakterielles Spektrum. — Beispiele für Züchtung. (**F. P. 1 159 160** vom 31/7. 1953, ausg. 24/6. 1958.) W. HEYNE. 4811

Champalal Gupta, Calcutta, Indien, **Therapeutisches Mittel.** Um eine salzfreie bzw. Na-arme Diät bei Herz- u. Leberkranken u. damit eine Kontrolle seines Wasserhaushalts zu erzielen, werden dem Patienten 4mal am Tage, bes. vor den Mahlzeiten, Dosierungen von 10 g aus feinteiligem Kationenaustauscherharz einer vernetzten Polyacrylsäure verabreicht, wobei 60—90% in der H-Form u. 40—10% in der K-Form vorliegen. Diese 40 g Polyacrylsäure sind imstande, täglich 3 g Na oder 6 g NaCl unschädlich zu machen. (**Ind. P. 63 915** vom 1/5. 1958, ausg. 28/4. 1960.) H. NEBELSIEK. 4815

Olin Mathieson Chemical Corp., New York, N.Y., übert. von: Henry J. Ferlin und Joseph V. Karabinos, Joliet, Ill., V.St.A., **Baktericide Mittel** enthalten auf 500—88000 (Teile) W. 1 Pelargon-, Caprin-, Lauryl- oder Undecylsäure u. eine kleine Menge wasserlösl. Säure mit einer höheren Dissoziations-Konst., bes. Essigsäure, so daß pH 3—6 erreicht wird. — Diagramme. (**Can. P. 553 057** vom 13/10. 1954, ausg. 11/2. 1958. A. Prior. 15/10. 1953.) L. GROSSNER. 4833

Ruson Laboratories Inc. (Erfinder: Clyde R. Jackson), **Germicides Mittel,** enthaltend Spuren bis zu 25 (%) J u. Spuren bis zu 50 N-Caproyl-, N-Lauroyl- oder N-Myristoylcolaminoformylpyridiniumchlorid oder -bromid (I) bei einem pH-Wert von <9, bes. <7. — Man löst 17 (Teile) I in 17 W., gibt 3 J zu, rührt 4 Std., läßt 8 Tage stehen, bis das J vollständig in der Lsg. dispergiert ist, u. gibt 63 W. zu. (**Aust. P. 229 155** vom 15/10. 1958, ausg. 28/7. 1960.) C. LÜTTGEN. 4833

Alfred Ballen Kupferberg und Heron Orlando Singher, **Fungicidwirksame Arzneimittel.** Sie enthalten in wss. Lsg., Suspensionen oder anderen therapeut. Zubereitungen ein quatern. Ammoniumsalz (I), wie Cetyltrimethyl-, Octadecyldimethylbenzyl-, Lauryldimethylbenzylammoniumchlorid oder -bromid oder N-Cetylpiperidinmethiojodid, u. organ. Verbb. mit einem $:NSCCl_3$-Rest, in dem der Stickstoff an einen Acylrest gebunden ist, bes. N-Thiotrichlormethyloxazolidindione oder N-Thiotrichlormethylhydantoine, wobei die beiden Bestandteile in Mengen von 0,01—10%, vorteilhaft 0,1—1%, u. hierbei wieder I in geringerer Menge vorhanden sein sollen. (**Aust. P. 222 471** vom 20/8. 1956, ausg. 30/7. 1959. A. Prior. 22/8. 1955.) O. ROICK. 4833

Imperial Chemical Industries Ltd. (Erfinder: Albert Frederick Crowther, Walter Hepworth und John Selwyn Morley), **Baktericide Mittel,** bes. zur Behandlung von Salmonellainfektionen, gek. durch einen Geh. von substituierten Nitrochinolinen, bes. 1-Methyl-6-, 1.3-Dimethyl-6-, 1-Methyl-7-, 1-Äthyl-6-, 1-Äthyl-7-, 1-Äthyl-3-methyl-6-, 1.2.3-Trimethyl-6-nitro-4-chinolin, u. anderen bekannten bactericiden Stoffen, z. B. Penicillin oder Sulfonamiden. (**Aust. P. 229 752** vom 23/9. 1958, ausg. 1/9. 1960. E. Prior. 4/10. 1957.) C. LÜTTGEN. 4833

Imperial Chemical Industries Ltd. (Erfinder: Norman Senior), **Wässerige germicide Mittel,** bes. zum Sterilisieren ärztlicher Instrumente, gek. durch den Geh. von Gluconsäure (I) oder eines funktionellen Deriv. von I als Antirostmittel. — Beispiel: 91,5 (Teile) W., 0,5 Na-Gluconat u. 8 Tetradecylpyridiniumbromid. (**Aust. P. 229 303** vom 23/7. 1958, ausg. 4/8. 1960.) C. LÜTTGEN. 4833

Farbenfabriken Bayer Akt.-Ges., Leverkusen (Erfinder: **Werner Scholtan**, Wuppertal, und **Georg Matthaeus**, Köln), *Herstellung von oral anzuwendenden Arzneimittelzubereitungen mit protrahierter Wirkung.* (**Oe. P. 211 480** vom 15/9. 1959, ausg. 10/10. 1960. D. Prior. 30/9. 1958. — C. **1960.** 11393 [D. A. S. 1 080 265].)

Hans Merkel, Nürtingen, *Herstellung überzugsfreier, nichthygroskopischer, leichtlöslicher Baldrian- und/oder Hopfenextrakt-Granulate.* (**Oe. P. 213 558** vom 25/5. 1959, ausg. 27/2. 1961. D. Prior. 16/6. 1958. — C. **1960.** 8606 [D. A. S. 1 073 153].)

A. Nattermann & Cie., Köln, *Herstellung eines Wirkstoffkonzentrates aus Sennesdrogen.* (**Oe. P. 213 557** vom 27/2. 1959, ausg. 27/2. 1961. D. Prior. 1/3. 1958. — C. **1959.** 11004 [D. A. S. 1 050 506].)

Ciba Akt.-Ges., Basel, Schweiz, *Gewinnung von virusaktiven reinen Substanzen.* (**Oe. P. 211 954** vom 31/10. 1958, ausg. 25/11. 1960. Schwz. Prior. 1/11. 1957. — C. **1960.** 11393 [D. A. S. 1 074 212].)

Chemische Werke Witten G. m. b. H., Witten/Ruhr, *Herstellung von Salbengrundlagen.* (**Oe. P. 213 564** vom 17/12. 1959, ausg. 27/2. 1961. D. Prior. 21/3. 1959. — C. **1961.** 3083 [D. A. S. 1 090 824].)

Ciba Soc. An., Schweiz, *1.3-Dihydroxy-2-aminoalkene-(4).* (**F. P. 1 230 430** vom 3/6. 1957, ausg. 15/9. 1960. Schwz. Prior. 6/6., 5/7. 1956 u. 5/4. 1957. — C. **1960.** 15490 [D. A. S. 1 070 168].)

Farbwerke Hoechst Akt.-Ges., vormals Meister Lucius & Brüning, Deutschland, *N-Sulfonyl-N'-acylharnstoffe.* (**F. P. 1 229 654** vom 24/5. 1958, ausg. 8/9. 1960. D. Prior. 25/5. 1957. — C. **1959.** 10338 [D. A. S. 1 046 026].)

VEB Farbenfabrik Wolfen, Deutschland, *Acylsulfanilylguanidine.* **(F. P. 1 229 725** vom 6/1. 1959, ausg. 9/9. 1960. D. Prior. 30/9. 1958. — C. **1960.** 2963 [D. A. S. 1 065 407].)

Cutter Laboratories, Inc., Berkeley, übert. von: **John Hidalgo,** San Francisco, **Arthur Rodney Williams** und **Isaac Frederick Halverstadt,** Berkeley, Calif., V.St.A., *Diammoniumester mit verzweigten Ketten.* **(A. P. 2 871 258** vom 14/10. 1954, ausg. 27/1. 1959. — C. **1958.** 7546 [E. P. 771 343].)

Boots Pure Drug Co. Ltd. (Erfinder: **Peter Oxley, Gerald Wolfe, Norman William Bristow, James Frazer, George Alfred Harrison Williams** und **Eric Charles Wilmshurst**), Nottingham, England, *Acetanilidderivate.* **(Schwz. P. 356 471** vom 2/11. 1956, ausg. 13/10. 1961. E. Prior. 3/11. 1955 u. 9/3. 1956. — C. **1959.** 15773 [E. P. 794 762].)

Farbenfabriken Bayer Akt.-Ges., Leverkusen (Erfinder: **Hartmund Wollweber** und **Rudolf Hiltmann,** Wuppertal), *Lokalanästhetisch wirksames 2-Methyl-6-äthyl-N-diäthylaminoacetanilid.* **(Schwz. P. 346 870** vom 28/2. 1957, ausg. 30/7. 1960. D. Prior. 21/3. 1956. Zusatz zu Schwz. P. 342 210; C. 1960. 12780. — C. **1958.** 6626 [D. A. S. 1 015 000].)

Hoffmann-La Roche, Inc., Nutley, übert. von: **Moses Wolf Goldberg,** Upper Montclair, und **Sidney Teitel,** Nutley, N.J., V.St.A., *Herstellung von Benzylaminderivaten.* **(A. P. 2 879 293** vom 19/2. 1957, ausg. 24/3. 1959. — C. **1960.** 12431 [Oe. P. 202 138].)

Parke, Davis & Co., Detroit, Mich., V.St.A., übert. von: **Karl-Hans Brathge,** Frankfurt/M., und **Walter Siedel,** Bad Soden/Taunus, *Herstellung von Serinen.* **(Can. P. 553 933** vom 25/11. 1955, ausg. 4/3. 1958. D. Prior. 27/11. 1954. — C. **1958.** 10735 [Oe. P. 191 880].)

Parke, Davis & Co., Detroit, Mich., V.St.A., übert. von: **Karl-Hans Brathge,** Frankfurt/M., und **Walter Siedel,** Bad Soden/Taunus, *Herstellung von Serinen.* **(Can. P. 553 934** vom 23/3. 1956, ausg. 4/3. 1958. D. Prior. 25/3. 1955. — C. **1960.** 226 [Oe. P. 194 844].)

Schering Corp., übert. von: **Domenick Papa** und **Stephen B. Coan,** Bloomfield, N.J., V.St.A., *Alkaminbenzhydryläther.* **(Can. P. 553 090** vom 18/1. 1955, ausg. 11/2. 1958. A. Prior. 21/1. 1954. — C. **1957.** 11384 [A. P. 2 745 837].)

Soc. des Usines Chimiques Rhône-Poulenc, Frankreich (Erfinder: **Henri Moureu** und **Paul Chovin**), *5.5'-Dinitro-2.2'-dichlorhydrobenzoine.* **(F. P. 1 197 663** vom 13/5. 1957, ausg. 2/12. 1959. — C. **1961.** 18416 [D. A. S. 1 062 235].)

Chemie Grünenthal G. m. b. H., Stolberg (Erfinder: **Siegfried Herrling,** Stolberg, **Herbert Keller,** Kiel, und **Heinrich Mückter,** Aachen), *Benzimidazolderivate.* **(Schwz. P. 356 460** vom 30/10. 1956, ausg. 13/10. 1961. — C. **1959.** 16733 [Oe. P. 197 375].)

Chemie Grünenthal G. m. b. H., Stolberg (Erfinder: **Siegfried Herrling** und **Herbert Keller,** Stolberg, und **Heinrich Mückter,** Aachen), *Benzimidazolderivate.* **(Schwz. P. 356 461** vom 30/10. 1956, ausg. 13/10. 1961. — C. **1956.** 16733 [Oe. P. 197 375].)

Badische Anilin- & Soda-Fabrik Akt.-Ges., Deutschland, *5.5-Heptamethylen-2.4-dithiospirohydantoin.* **(F. P. 1 230 411** vom 22/7. 1954, ausg. 15/9. 1960. D. Prior. 31/7. 1953. — C. **1956.** 7891 [A. P. 2 732 380].)

Ortho Pharmaceutical Corp., Raritan, übert. von: **Alfred B. Kupferberg, Nathan Millman,** Somerville, **William C. Mende,** Neshanic, und **Heron O. Singher,** Plainfield, N.J., V.St.A., *Acylaminonitrothiazole.* **(Can. P. 553 930** vom 16/10. 1953, ausg. 4/3. 1958. A. Prior. 21/10. 1952. — C. **1957.** 5652 [E. P. 759 274].)

Lepetit S. p. A. (Erfinder: **Giulio Maffi, Renato Ettorre** und **Emilio Testa**), Mailand, Italien, *Herstellung von Thiadiazolen.* **(Schwz. P. 356 462** vom 26/4. 1957, ausg. 13/10. 1961. It. Prior. 5/5. 1956. — C. **1959.** 2901 [D. A. S. 1 042 591].)

Wellcome Foundation Ltd., übert. von: **Donald W. Adamson,** London, England, *Heterocyclische Allylamine.* **(Can. P. 553 110** vom 28/6. 1956, ausg. 11/2. 1958. E. Prior. 20/7. 1948. — C. **1956.** 801 [E. P. 689 288].)

Spofa, Spojené Farmaceutické Závody, Národní Podnik, Tschechoslowakei (Erfinder: **Prochazda**), *Chromonyl-(3)-[4-hydroxycumarinyl-(3)]-essigsäurederivate.* **(F. P. 1 229 604** vom 20/7. 1954, ausg. 8/9. 1960. Tschech. Prior. 23/7. 1953. — C. **1957.** 10287 [Oe. P. 186 782].)

Dr. Karl Thomae G. m. b. H., Biberach/Riss, *Diarylpyridylmethanderivate.* **(Holl. P. 98 301** vom 1/8. 1958, ausg. 15/6. 1961. D. Prior. 2/8. 1957. Zusatz zu Holl. P. 84 532; C. 1959. 8423. — C. **1960.** 17542 [D. A. S. 1 068 714].)

Ciba Ltd., Basel, übert. von: **Karl Hoffmann** und **Jules Heer,** Binningen, Schweiz, *Herstellung von Piperidinen.* **(Can. P. 552 617** vom 15/12. 1954, ausg. 4/2. 1958. Schwz. Prior. 5/2. 1954. — C. **1958.** 1376 [Oe. P. 189 187].)

Ciba Soc. An., Schweiz, *Pyrazolopyrimidine.* **(F. P. 1 230 432** vom 15/7. 1957, ausg. 15/9. 1960. Schwz. Prior. 16/7. 1956, 16/1., 28/3. u. 3/6. 1957. — C. **1960.** 7939 [Oe. P. 199 652].)

Soc. des Usines Chimiques Rhône-Poulenc, Paris (Erfinder: **Robert Michel Jacob,** Ablon, und **Jacques George Robert,** Gentilly), Frankreich, *Herstellung von Phenthiazinen.* **(Schwz. P. 356 453** vom 9/11. 1956, ausg. 13/10. 1961. F. Prior. 15/11. 1955, 24/5. u. 24/7. 1956. — C. **1960.** 3962 [D. A. S. 1 056 611].)

Soc. des Usines Chimiques Rhône-Poulenc, Paris (Erfinder: **Robert Michel Jacob,** Ablon, und **Jacques Georges Robert,** Gentilly), Frankreich, *Herstellung von Phenthiazinen.* **(Schwz. P. 356 454** vom 9/11. 1956, ausg. 13/10. 1961. F. Prior. 15/11. 1955, 24/5. u. 24/7. 1956. — C. **1960.** 3962 [D. A. S. 1 056 611].)

Soc. des Usines Chimiques Rhône-Poulenc, Paris (Erfinder: **Robert Michel Jacob,** Ablon, und **Gilbert Louis Régnier,** Paris), Frankreich, *Herstellung von Phenthiazinen.* **(Schwz. P. 356 456** vom 14/11. 1956, ausg. 13/10. 1961. F. Prior. 25/11. 1955 u. 16/8. 1956. — C. **1960.** 228 [D. A. S. 1 058 998].)

Soc. des Usines Chimiques Rhône-Poulenc, Paris (Erfinder: **Robert Michel Jacob,** Ablon, und **Gilbert Louis Régnier,** Paris), Frankreich, *Herstellung von Phenthiazinen.* **(Schwz. P. 356 457** vom 14/11. 1956, ausg. 13/10. 1961. F. Prior. 25/11. 1955 u. 16/8. 1956. — C. **1960.** 3962 [D. A. S. 1 056 611].)

Ciba Akt.-Ges., Basel, Schweiz, *Herstellung von Reserpsäurederivaten.* **(Oe. P. 209 005** vom 27/7. 1955, ausg. 10/5. 1960. A. Prior. 27/7. 1954. Zusatz zu Oe. P. 204 703; C. 1961. 11820. — C. **1960.** 16856 [F. P. 69 766].)

Badische Anilin- & Soda-Fabrik Akt.-Ges., Deutschland, *Hydroxy- und Polyhydroxyäther.* **(F. P. 1 229 613** vom 27/9. 1956, ausg. 8/9. 1960. D. Prior. 29/9. 1955. — C. **1958.** 12479 [D. A. S. 1 002 334].)

N. V. Philips' Gloeilampenfabrieken, Eindhoven, Holland (Erfinder: **Evert Jan ten Ham,** Weesp, und **Peter Lund Kring,** Virum, Dänemark), *Herstellung von Vitaminpräparaten.* **(D. A. S. 1 118 400** Kl. 30h vom 19/3. 1956, ausg. 30/11. 1961. Dän. Prior. 21/3. 1955. — C. **1960.** 15495 [F. P. 1 197 622].)

N. V. Philips' Gloeilampenfabrieken, Eindhoven, Holland, *Herstellung ungesättigter, primärer Alkohole, insbesondere der Vitamin-A-Reihe.* (**Oe. P. 211 964** vom 11/9. 1956, ausg. 25/11. 1960. Holl. Prior. 14/9. 1955. — C. **1959.** 12942 [F. P. 1 156 718].)

N. V. Philips' Gloeilampenfabrieken, Eindhoven, Holland, *Herstellung trockener, streubarer, mineralstabiler Vitamin-A- und/oder -D-Präparate.* (**Oe. P. 213 559** vom 19/3. 1956, ausg. 27/2. 1961. Dän. Prior. 21/3. 1955. — C. **1960.** 15495 [F. P. 1 197 622].)

Merck & Co., Inc., Rahway, übert. von: **John M. Chemerda**, Metuchen, N.J., V.St.A., *Herstellung von $\Delta^{8,9}$-7-Keto-11-hydroxycyclopentanopolyhydrophenanthren-Verbindungen.* (**Can. P. 553 909** vom 16/1. 1954, ausg. 4/3. 1958. A. Prior. 2/8. 1951. — C. **1950/54.** 1173 S [F. P. 1 071 688].)

Michel Comar, Casablanca, Marokko, *Ascorbinsäure aus Yucca guatemalensis und Fourcroya gigantea.* (**E. P. 814 574** vom 1/5. 1957, ausg. 10/6. 1959. F. Prior. 5/5. 1956. — C. **1959.** 14198 [F. P. 1 164 525] u. C. **1961.** 14023 [F. P. 71 264].)

Jaroslav Weichet und **Vratislav Kvita**, Prag, *Synthetisches K_1-Vitamin.* (**Ung. P. 144 616** vom 14/5. 1955, ausg. 15/11. 1959. — C. **1962.** 224 [D. P. [DDR] 17 296].)

Merck & Co., Inc., Rahway, übert. von: **Norman L. Wendler**, Summit, N.J., V.St.A., *Herstellung von Dihydro-Vitamin K_1.* (**Can. P. 553 044** vom 1/12. 1954, ausg. 11/2. 1958. A. Prior. 12/1. 1954. — C. **1960.** 3637 [A. P. 2 831 899].)

Scherico Ltd., Luzern, Schweiz (Erfinder: **H. David Gould**, Leonia, und **Hans Reimann**, Bloomfield, V.St.A.), *Herstellung von Steroiden.* (**Ung. P. 149 454** vom 19/6. 1959, ausg. 20/9. 1961. A. Prior. 20/6. 1958. — C. **1961.** 4814 [A. P. 2 894 963].)

Tadeus Reichstein, Schweiz, übert. von: **Ciba Akt.-Ges.**, *Herstellung von Steroiden.* (**F. P. 70 423** vom 24/5. 1956, ausg. 6/5. 1959. Schwz. Prior. 24/5. 1955. Zusatz zu F. P. 1 161 322; C. 1962. 6886. — C. **1960.** 17544 [D. A. S. 1 027 198].)

Ciba Akt.-Ges., Schweiz, *In 11-Stellung durch eine sauerstoffhaltige Gruppe substituierte Steroide.* (**F. P. 1 161 328** vom 31/1. 1955, ausg. 26/8. 1958. Schwz. Prior. 5/2. 1954. — C. **1959.** 6233 [D. A. S. 1 036 852].)

Chas. Pfizer & Co., Inc., Brooklyn, übert. von: **Gerald D. Laubach**, Jackson Heights, N.Y., V.St.A., *Δ^7-Steroide.* (**Can. P. 553 624** vom 16/6. 1952, ausg. 25/2. 1958. A. Prior. 25/6. 1951. — C. **1956.** 14434 [E. P. 729 759].)

Merck & Co., Inc., Rahway, übert. von: **John M. Chemerda**, Metuchen, N.J., V.St.A., *Herstellung von 7.11-Diketosteroiden.* (**Can. P. 553 892** vom 18/7. 1952, ausg. 4/3. 1958. A. Prior. 3/8. 1951. — C. **1950/54.** 4326 S [F. P. 1 072 316].)

Merck & Co., Inc., Rahway, übert. von: **Norman L. Wendler**, Summit, und **Harry L. Slates**, Roselle, N.J., V.St.A., *2.3-Epoxy-22-isoallospirostan.* (**Can. P. 553 894** vom 2/1. 1953, ausg. 4/3. 1958. A. Prior. 8/1. 1952. — C. **1955.** 11052 [A. P. 2 695 288].)

Upjohn Co., übert. von: **Barney J. Magerlein** und **Robert H. Levin**, Kalamazoo, Mich., V.St.A., *Herstellung von 3.11α-Diacyloxy-Δ^{16}-pregnen-20-onen.* (**Can. P. 552 456** vom 6/9. 1952, ausg. 28/1. 1958. A. Prior. 8/12. 1951. — C. **1957.** 9169 [E. P. 741 732].)

Upjohn Co., übert. von: **Arthur R. Hanze** und **Robert H. Levin**, Kalamazoo, Mich., V.St.A., *Herstellung von 4-Chlor-21-acyloxy-17-hydroxypregnan-3.11.20-trion.* (**Can. P. 552 457** vom 6/9. 1952, ausg. 28/1. 1958. A. Prior. 3/10. 1951. — C. **1955.** 10326 [A. P. 2 666 067].)

Upjohn Co., übert. von: **Arthur R. Hanze** und **Robert H. Levin**, Kalamazoo, Mich., V.St.A., *Herstellung von 4-Halogen-21-acyloxy-17α-hydroxypregnan-3.11.20-trion.* (**Can. P. 552 458** vom 6/9. 1952, ausg. 28/1. 1958. A. Prior. 15/10. 1951. — C. **1955.** 4650 [A. P. 2 666 068].)

Merck & Co., Inc. (Erfinder: **George A. Delbert Bailey** und **Ralph Franz Hirschmann**), *Oxide von Pregnadienen.* (**Aust. P. 224 287** vom 30/8. 1957, ausg. 29/10. 1959. A. Prior. 20/9. 1956. — C. **1961.** 584 [D. A. S. 1 082 594].)

G. D. Searle & Co., Chicago (Erfinder: **James Jiu**, Morton Grove), Ill., V.St.A., *Herstellung von 1.3.17-Triacetoxy-$\Delta^{1,3,5,10,16}$-östratetraen.* (**D. A. S. 1 116 222** Kl. 12o vom 1/3. 1960, ausg. 2/11. 1961. A. Prior. 4/3. 1959. — C. **1961.** 16207 [A. P. 2 949 477].)

Armour & Co., Chicago, übert. von: **Charles W. Damaskus**, La Grange, Ill., V.St.A., *Stabilisierte Chimotrypsinlösungen.* (**A. P. 2 978 385** vom 5/7. 1957, ausg. 4/4. 1961. **E. P. 855 163** vom 30/6. 1958, ausg. 30/11. 1960. A. Prior. 5/7. 1957. — C. **1961.** 18423 [Holl. P. 95 508].)

Novo Terapeutisk Laboratorium A/S, übert. von: **Karl Petersen**, Kopenhagen, und **Jørgen Schlichtkrull**, Holte, Dänemark, *Herstellung von kristallinem Insulin.* (**Can. P. 553 929** vom 14/11. 1952, ausg. 4/3. 1958. Dän. Prior. 15/11. 1951. — C. **1956.** 2834 [F. P. 1 072 410].)

American Cyanamid Co., übert. von: **Lawrence Ritter**, New York, N.Y., V.St.A., *Intravenöses Antibioticum.* (**Can. P. 553 144** vom 4/1. 1954, ausg. 11/2. 1958. A. Prior. 13/11. 1953. — C. **1958.** 6045 [E. P. 768 735].)

Merck & Co., Inc., Rahway, N.J., V.St.A. (Erfinder: **E. A. Kaczka**), *Abtrennen und Reinigen von Novobiocin.* (**Belg. P. 547 031** vom 16/4. 1956, ausg. 23/10. 1959. A. Prior. 21/4. 1955. — C. **1959.** 9332 [D. A. S. 1 034 818].)

Chas. Pfizer & Co., Inc., Brooklyn, N.Y., V.St.A. (Erfinder: **P. P. Regna**, **A. E. Timreck**, **S. W. Ensminger** und **W. E. Stieg**), *Abtrennen von Tetracyclinen aus ihren Rohlösungen.* (**Belg. P. 536 015** vom 25/2. 1955, ausg. 2/1. 1959. A. Prior. 25/2. 1954. — C. **1959.** 16426 [D. A. S. 1 001 984 u. E. P. 787 896].)

Chas. Pfizer & Co., Inc., Brooklyn, N.Y., übert. von: **Edwin W. Blase**, Groton, Conn., V.St.A., *Rückgewinnung von Tetacyclinen.* (**Can. P. 553 625** vom 7/2. 1955, ausg. 25/2. 1958. A. Prior. 24/2. 1954. — C. **1959.** 12638 [Aust. P. 205 498].)

Chas. Pfizer & Co., Inc., Brooklyn, N.Y., V.St.A. (Erfinder: **V. V. Bogert** und **C. J. Walsh**), *Trennung eines Gemisches aus Tetracyclin und Chlortetracyclin.* (**Belg. P. 536 231** vom 4/3. 1955, ausg. 2/1. 1959. A. Prior. 14/4. 1954. — C. **1959.** 12638 [A. P. 2 804 476].)

American Cyanamid Co., New York, N.Y., V.St.A., *Tetracyclin–Metaphosphat-Komplex.* (**Oe. P. 213 561** vom 23/6. 1958, ausg. 27/2. 1961. A. Prior. 24/6. 1957. — C. **1960.** 17212 [D. A. S. 1 076 677].)

Soc. des Usines Chimiques Rhône-Poulenc (Erfinder: **Leon Ninet** und **Jean Verrier**), *Herstellung von Spiramycinen.* (**Aust. P. 225 635** vom 11/4. 1958, ausg. 24/12. 1959. F. Prior. 19/4. 1957 u. 25/2. 1958. — C. **1960.** 581 [D. A. S. 1 040 188].)

Chas. Pfizer & Co., Inc. (Erfinder: **Walter Daniel Celmer**), New York, N.Y., V.St.A., *Acylester des Oleandomycins.* (**Ung. P. 145 764** vom 31/5. 1958, ausg. 31/12. 1959. A. Prior. 7/6. 1957. — C. **1962.**2096 [D. P. [DDR] 20 429].)

Upjohn Co. (Erfinder: **Herman Hoeksema**), Kalamazoo, Mich., V.St.A., *Herstellung von Dihydrostreptonivicin.* (**Schwz. P. 355 257** vom 12/5. 1956, ausg. 15/8. 1961. A. Prior. 20/6. u. 7/11. 1955. — C. **1959.** 226 [D. A. S. 1 025 893].)

Spofa, Spojené Farmaceutické Závody, Národní Podnik, Prag, Tschechoslowakei, *Herstellung von 4-Hydroxycumarinderivaten.* (**Oe. P. 204 030** vom 3/2. 1958, ausg. 25/6. 1959. Tschech. Prior. 4/2. 1957. — C. **1962.** 222 [D. P. [DDR] 18 579].)

Parke, Davis & Co., Detroit, übert. von: **I. William McLean jun.,** Grosse Pointe, Mich., V.St.A., *Herstellung von Vaccinen.* (**Can. P. 553 932** vom 15/6. 1955, ausg. 4/3. 1958. A. Prior. 30/3. u. 9/5. 1955. — C. **1957.** 3904 [D. B. P. 945 948].)

Warner-Lambert Pharmaceutical Co., Morris Plains, N.J., übert. von: **Harold M. Baum,** Ladue, Mo., V.St.A., *Dehydracetsäurehaltige Zahnbehandlungsmittel.* (**Can. P. 551 776** vom 26/1. 1953, ausg. 14/1. 1958. A. Prior. 31/3. 1952. — C. **1957.** 8014 [A. P. 2 746 905].)

G. Analyse. Laboratorium

Herstellung von Silbertiegeln zur Bestimmung von Eisen in Silicaten. Edward B. Buchanan jun. und Harvey Diehl. (Analytic. Chem. **32.** 1216. Aug. 1960. Ames, Iowa, Iowa State Univ., Dep. of Chem.) (Engl.)

Zur Durchführung von Schmelzen zur Best. von Fe in Silicaten wurden Ni-Tiegel wie folgt versilbert. Man wäscht einen 50-ml-Ni-Tiegel mit Aceton u. dest. W. u. stellt ihn sofort in ein Bad aus 30,5 g $AgNO_3$ + 36,5 g NaCN + 112,5 g KNO_3/Liter. Mit Hilfe eines Motors dreht man den Tiegel zuerst langsam, später schneller, schaltet ihn als Kathode u. stellt 0,5 A ein. Nach Bldg. eines dünnen Überzugs arbeitet man abwechselnd 7½ Sek. mit 2,0 A u. nach Umpolung 1,0 Sek. mit 4,0 A, bis sich nach 24 Std. 90—150 g Ag abgeschieden haben. Dann löst man den Ni-Tiegel mit heißer verd. HCl (1 : 1). H. Pluskal. 5010□

Einige Laboratoriumsgeräte und -einrichtungen für Arbeiten mit Radioisotopen. Ernö Bujdosó, Aladár Imre und Lajos Tóth. (Magyar fizik. Folyóirat [Ung. physik. Z.] **8.** 243—45. 1960. Budapest, Forschungsinst. für NE-Metalle.) (Ung.)

Vorr. zum Auswaschen von Glasfiltern, Pipetten, Zangen u. anderen Geräten. J. Plank. 5010□

Isotopen-Pipettierung. Csaba Újhelyi und János Schadek. (Magyar fizik. Folyóirat [Ung. physik. Z.] **8.** 321—22. 1960. Debrecen, Atomkern Forsch.-Inst.) (Ung.)

Beschreibung eines Stativs zum Einspannen von 0,1—20-ml-Pipetten, welche mittels eines Vakuumschlauches mit einer Injektionsspritze verbunden sind. J. Plank. 5012□

Verwendung von McLeods-Manometern bei Raumtemperaturen zum Messen an Gasen mit hohen kritischen Temperaturen. H. J. Bixler, A. S. Michaels und R. B. Parker. (Rev. sci. Instruments **31.** 1155. Okt. 1960. Cambridge, Mass., MIT Dep. of Chem. Engng.) (Engl.)

An den Gasen SF_6, CO_2, C_3H_6, C_3H_8, C_3H_4, CH_3Cl u. N_2 wurde geprüft, ob durch Kondens. oder Adsorption an den Wänden beim Arbeiten mit McLeod-Manometern fehlerhafte Messungen entstehen, dadurch, daß ein kleines Gas-Vol. bei höherem Druck in einen großen evakuierten Raum expandiert wurde. Die Ergebnisse zeigen, daß die Abweichungen innerhalb der Ablesefehler liegen. W. Luchsinger. 5016□

Eine verbesserte Mikromethode nach Siwoloboff für Siedepunktsbestimmungen. Clarence Karr jun. und Edward E. Childers. (Analytic. Chem. **33.** 655—56. April 1961. Morgantown, W.Va., U. S. Dep. of the Interior, Bur. of Mines, Low-Temp. Tar Labor.) (Engl.)

Beschreibung einer App. zur Mikrobest. von Kpp. nach Siwoloboff [1886], in der IR-Heizung u. Fe-Konstantan-Thermoelemente zur Temp.-Messung verwendet werden. Die Messungen an 24 KW-Stoffen mit Kpp. zwischen 189 u. 288° sind angegeben. Der mittlere Fehler beträgt ±0,5°. Herbert Müller. 5020□

Fernbedienung von Einschalenwaagen bei der Wägung in inerten Gasen. J. E. Barney II. (Analytic. Chem. **33.** 1294—95. Aug. 1961. Merriam, Kans., Spencer Chem. Co., Res. Center.) (Engl.)

Beschreibung der Fernbedienung einer Mettler-H 5-Waage in einem Trockenkasten. Herbert Müller. 5022□

Pumpeigenschaften einer Titanköpfchen-Ionengetterpumpe. L. Holland und L. Laurenson. (Brit. J. appl. Physics **11.** 401—07. Sept. 1960. Crawley, Edwards High Vacuum Ltd., Vacuum Deposit. Res. Div.) (Engl.)

Unter Bezugnahme auf eine frühere Beschreibung einer Ti-Ionengetterpumpe (vgl. Le Vide **81.** [1959.] 281) untersuchten Vff. die Pumpeigg. einer solchen Pumpe mit einem Durchmesser von 12 in. u. mit einer aufgedampften Getteroberfläche von 3400 cm², speziell in Verbindung mit konventionellen Pumpen. Gemessen wurden die Sorptions-Geschw. von O_2, N_2, H_2 u. *Calorgas* in dem Druckbereich von 10^{-4} bis 10^{-8} mm Hg. Die gemessenen Pump-Geschw. in Liter/s bei 10^{-6} mm Hg für eine Ionengetterpumpe in Kombination mit einer Diffusionspumpe bei einer Verdampfungs-Geschw. des Ti von 40 mg/min waren: O_2 2450, N_2 4500, H_2 1600, *Luft* 600, Ar 2,5 u. Calorgas 90. Die Sorptionswirksamkeit wurde aus der Gleichung $S_m = \alpha S_0$ erhalten, wo S_m die gemessene Sorptions-Geschw. pro Einheit der Getteroberfläche, S_0 die ideale Sorptions-Geschw. u. α der Sorptions-Koeff. sind. Bei 10^{-6} mm Hg wurden für α die folgenden Werte erhalten: O_2 0,068, N_2 0,12 u. H_2 0,012. C. GOTTFRIED. 5026

Viscositätsmessungen. 13. Mitt. Kugelfallviscosimeter mit gleichzeitiger Dichtebestimmung für Hochpolymerschmelzen und Messungen an Polyamiden. H. Steffens. (Z. physik. Chem. **216.** 356—71. 1961. Halle-Wittenberg, Martin-Luther-Univ., Inst. für physikal. Chem.) (Dt.) — 12. vgl. Mitteilungsbl. chem. Ges. DDR, Tagungsber., Sonderh. **1957.** 112; 11. vgl. C. **1959.** 12879.

Zur Durchführung von Viscositätsmessungen im geschlossenen Syst. diente ein Kugelfallviscosimeter. Die theoret. Grundlagen u. der Aufbau des Geräts werden erläutert. Die Verwendbarkeit des Geräts wurde an Hand von Unterss. der Änderung der Viscosität von geschmolzenem Perlon bei $251 \pm 0{,}2^0$ während der Polymerisation überprüft. Die Viscosität u. damit das Molgew. von Perlon strebt mit fortschreitender Polymerisationszeit auf der Bahn einer Sättigungskurve monoton dem Polymerisationsgleichgewicht zu. H. PLUSKAL. 5040□

Schnelle und genaue Bestimmung von Flüssigkeitsdichten mit hydrostatischen Waagen. H. Schoeneck und W. Wanninger. (Chemie-Ing.-Techn. **32.** 409—12. Juni 1960. Braunschweig, Physikal.-techn. Bundesanst.) (Dt.)

Die Dichte-Best. von Fll. mit hydrostat. Waagen gibt nur genaue Ergebnisse bei geeigneten Senkkörpern u. empfindlichen Waagen. Für den Meßvorgang werden Senkkörper von ca. 10 ml Vol., Aufhängedrähte unter 0,2 mm ∅ aus geglühtem Pt bzw. Pt–Ir u. W. bei 20° verwendet. Die Luftfeuchtigkeit soll 50%, der Luftdruck 760 Torr betragen. An den Wägeergebnissen sind Korrekturen notwendig, u. zwar für die Vol.-Veränderung des Senkkörpers bei Abweichung von der Bezugs-Temp., für die Luftdichte u. für den am Aufhängedraht haftenden Fl.-Wulst, wobei einwandfreie Benetzung vorausgesetzt ist. A. KNICKENBERG. 5042□

Direkte Bestimmung der Dichte von Festkörpern. Allen F. Reid und Albert H. Halff. (Science [Washington] **135.** 319—20. 26/1. 1962. Dallas, Tex., Univ.) (Engl.)

Zur Best. der Dichte fester Körper dient ein Syst. kommunizierender Röhren, bestehend aus einem dicken Zylinder mit einem dünnen Seitenarm, die mit zwei nicht mischbaren Fll. gefüllt sind. Die Dichte der einen Fl. (Hg) ist größer, die der anderen (W.) kleiner als die des Festkörpers. Das Steigen des Fl.-Spiegels in beiden Röhren beim Eintauchen des Körpers gibt direkt dessen Vol. an, während sein Gew. aus der zum Ausgleich der Hg-Niveaus in beiden Zylindern notwendigen Erhöhung der leichten Fl.-Säule im Seitenarm errechnet wird. W. BETCKE. 5042□

Hydraulisches Quecksilberporosimeter mit erweitertem Bereich. Maynard B. Neher. (Analytic. Chem. **33.** 1132—34. Juli 1961. Columbus, Ohio, Battelle Mem. Inst.) (Engl.)

Die in einem Hg-Porosimeter durch die Makroporen tretende Hg-Menge wird aus der Veränderung des elektr. Widerstandes der Hg-Säule bestimmt. In der beschriebenen App. erfolgt die Druckübertragung (maximal 15000 lbs./sq.in.) mit Neohexan (I), da I selbst bei den höchsten Drücken die Übergangswiderstände zwischen Hg u. den Pt-Elektroden durch Benetzung nicht verändert. Die Best. der Poren-Vol. einiger Al_2O_3-Proben ($5 \cdot 10^{-4}$ bis ca. 200 Å) mit der beschriebenen u. einer Standard-App. ist angegeben u. die Erweiterung des Meßbereiches gezeigt. HERBERT MÜLLER. 5048□

Teilchengrößenmessungen mit einer verbesserten, kontinuierlich registrierenden Sedimentationsapparatur. Emil S. Palik. (Analytic. Chem. **33.** 956—59. Juni 1961. Cleveland, Ohio, General Electric Co., Lamp Metals and Components Dep., Chem. Prod. Plant.) (Engl.)

Beschreibung einer Sedimentations-App., in der die Gew.-Zunahme auf der Wägeschale einer Torsionswaage durch Veränderung der Stellung eines auf dem Waagebalken befestigten Metallblättchens opt. angezeigt u. mit Hilfe einer Photozelle (GENERAL ELECTRIC Typ PV-1) die Änderung der Schattenlänge registriert wird. Die Verw. der App. bei der Best. der Teilchengröße der Fluorescenzträger $Ca_3(Cl, PO_4)_2$, (Zn, Cd)S u. ZnS—CdS (2—60 μ) wird beschrieben. HERBERT MÜLLER. 5048□

Methode zur Durchführung von Voruntersuchungen an kleinen Körnchen. Gerald Prazak. (Mikrochim. Acta [Wien] **1961.** 899—900. New York, N.Y., Univ. New York, Brooklyn Coll., Chem. Dep.) (Engl.)

Vf. beschreibt ein einfaches Röhrchen, daß sich für die Ausführung von Erhitzungs- u. Löslichkeitsproben an einem sehr kleinen Körnchen der Unters.-Substanz eignet. J. Peters. 5050□

Thermogravimetrische Messungen. Georges Guiochon. (Analytic. Chem. **33.** 1124—25. Juli 1961. Paris, École Polytechn., Labor. de Chim. Phys.) (Engl.)

Vf. erläutert, daß ein thermogravimetr. beobachtetes Beginnen einer Rk. bei bestimmten Temp. keine Eig. der Rk., sondern lediglich der App. ist. Außerdem ist stets zu berücksichtigen, daß die Diffusion gasförmiger Rk.-Partner stark von den Dimensionen der benutzten App. abhängt. Herbert Müller. 5052□

Über einige Beziehungen in der quantitativen Thermographie. L. G. Berg und L. A. Borissowa. (Доклады Академии Наук СССР [Ber. Akad. Wiss. UdSSR] **137.** 631—33. 21/3. 1961. Kasan, Zweigstelle der Akad. der Wiss. der UdSSR.) (Russ.)

Vff. untersuchen eine von Berg angegebene Meth. zum Vgl. von Punkten in verschiedenen Thermogrammen von Festkörpern mit verschiedenem Wärmeübergangs-Koeff. am Beispiel der Phasenumwandlung von KNO_3 mit Zusätzen von Schamottepulver, $NaNO_3$, CuO, Al u. Ag. Die Umrechnungsformel wird angegeben sowie die App. beschrieben. D. Hoene. 5052□

Neue Wege und Ergebnisse der Interferenzmikroskopie. F. Gabler. (Instruments Measurements Conf. Stockholm **1956.** Optics Paper Nr. IIId. 1—2. Wien, Opt. Werke C. Reichert.) (Dt.)

Vgl. von Phasenkontrast- u. Interferenzmikroskopie, Beschreibung eines einfachen Prinzips nach Nomarski zur Wellenaufspaltung von polarisiertem Licht u. Besprechung der Anwendung interferenzmkr. Meth. an Hand von Beispielen. H.-J. Eichhoff. 5056□

Ein Interferenzmikroskop zur schnellen Messung der optischen Dicke von technischen und biologischen Objekten. L. Johansson. (Optics Paper **1956.** Nr. IIIb. 1—3. Stockholm, Inst. of Opt. Res.) (Engl.)

Beschreibung eines Interferenzmikroskops, welches mit der Aufspaltung einer Wellenfront in zwei zueinander senkrecht polarisierte Wellenfronten mit Hilfe einer Savart-Platte zwischen gekreuzten Polaroiden arbeitet. Die Meßgenauigkeit der opt. Dicke beträgt ± 10 Å bei hoher Lichtstärke, so daß kinematograph. Aufnahmen möglich sind. H.-J. Eichhoff. 5056□

Densimetrische Methode zur Bestimmung der Dicke von Schutzschichten auf Metallen. I. W. Krotow und W. W. Grinina. (Журнал Прикладной Химии [J. angew. Chem.] **33.** 2606—09. Nov. 1960.) (Russ.)

Es wird eine einfache Meth. zur Best. der Schichtdicke von Überzügen auf Metallen durch pyknometr. Wägung des Objekts mit Überzug u. Best. der Menge an freiem Metall angegeben. Übersicht über andere übliche Verfahren. — 22 Literaturangaben. H. Jäger. 5060□

Eine einfache Austauschersäule. Werner Rathje. (Z. analyt. Chem. **184.** 321—22. 1961. Berlin, TU, Inst. für Zuckerind.) (Dt.)

Zur Verbesserung des Elutionseffekts bei der Säulenchromatographie beschreibt Vf. eine einfache Austauschersäule, bei der die Eluier-Lsg. in umgekehrter Richtung wie die zu untersuchende Lsg. fließt. Die Säule besteht aus einem mit dem Austauscher beschickten U-Rohr mit 2 seitlichen Ansatzröhrchen. Beim Adsorptionsvorgang wird das U-Rohr mit einer Neigung unter den Ausfluß eines Tropftrichters gestellt, in dem sich die zu analysierende Lsg. befindet. Die Durchlauf-Geschw. wird am Tropftrichter reguliert. Nach Durchlaufen der Säule fließt die Lsg. aus einem der seitlichen Ansatzröhrchen ab. Beim Eluierungsvorgang erhält das U-Rohr die gleiche Neigung nach der anderen Seite, so daß die Eluier-Lsg. in umgekehrter Richtung fließt. Der Druck, mit welchem die Fl. durch die Austauscherschicht gedrückt wird, dürfte bei Verw. grobkörniger Harze meist zu einer ausreichenden Durchfluß-Geschw. führen, kann aber dadurch erhöht werden, daß ein Schenkel des U-Rohres verschlossen wird, u. ein seitliches Ansatzröhrchen durch einen Schlauch mit dem die Lsg. enthaltenden Tropftrichter verbunden wird. W. Hein. 5062□

Mikroventil und Verbindungsstück für automatische Säulenchromatographie. Eric Schram und Robert Lombaert. (Analytic Chem. **33.** 1134—35. Juli 1961. Brussels, Univ., Fac. of Med.) (Engl.)

Beschreibung eines Verbindungsstückes für eine Teflonsäule u. eines Mikroventils aus Teflon, die bei der automat. Säulenchromatographie wss. Lsgg. von Aminosäuren verwendet werden. Die Übergänge sind wasserdicht u. verhindern eine Vermischung der austretenden Lösungen. Herbert Müller. 5062□

Eine vollständig entwickelte, analytische und präparative Methode: die Chromatographie. M. Paul Chovin. (Ind. nationale **1960.** 57—71. Juli/Sept.) (Franz.)
In Form eines Vortrages wird ohne Zahlenangaben sehr ausführlich mit vielen Skizzen über Meth. u. App. sowie theoret. Grundlagen der Papier- einschließlich der Gasschromatographie u. ihre Auswertung berichtet. W. Rittler. 5062□

Verteilungschromatographie: ein neues Diagramm. M. K. Hargreaves. (Chem. and Ind. **1957.** **1414**—15. 26/10. 1957. London, Queen Elizabeth Coll., Dep. of Chem.) (Engl.)
Zur übersichtlichen Darst. der Verteilungschromatographie wird die fl. stationäre Phase als „Tropfen 1" (Kreis) gezeichnet u. die bewegliche Phase als „Tropfen A" daneben. Man halbiert beide Kreise vertikal u. schreibt die Zus. vor Gleichgewichtseinstellung jeweils in die äußeren, die Zus. des Gleichgewichts in die sich berührenden Hälften. Für die nächste Stufe zeichnet man „Tropfen 1" neben „Tropfen B" u. darunter 2 neben A, entsprechend der nach unten wandernden beweglichen Phase, u. berechnet die Gleichgewichte. Bei diesem diskontinuierlichen Verf. wird die Löslichkeit der Komponenten als voneinander unabhängig angenommen. R. Junge. 5062□

Optische Eigenschaften neuerer Polarisationsfilter. M. Haase. (Zeiss-Mitt. [Stuttgart] **2.** **173**—81. Juli 1961. Oberkochen, Carl-Zeiss-Werke.) (Dt.)
Angabe der Durchlässigkeitswerte (Bereich 300—850 nm) für zwei handelsübliche, in Oberkochen hergestellte Filtersorten. Tabellen. Übersicht u. Meßkurven; Reproduktion des Polarisationsgrades in Abhängigkeit von λ. H. Moenke. 5063□

Eine neue photoelektrische Methode der Messung des Polarisationsgrades des Lichtes. R. Bauer und M. Rozwadowski. (Optik **18.** 37—41. 1961. Toruń, Polen, Copernicus Univ., Phys. Inst.) (Dt.)
Die neue photoelektr. Anordnung erlaubt es, Polarisationsgrade des Lichts auch schwach emittierender Substanzen mit hoher Genauigkeit zu messen. Der kleinste, noch meßbare Polarisationsgrad beträgt $5 \cdot 10^{-5}$ bei einem prim. Photostrom von $6 \cdot 10^{-10}$ A. Der Polarisationsgrad des Fluorescenzlichts des *Uraninglases* wurde zu $12{,}35 \pm 0{,}02\%$ gemessen. Die Empfindlichkeitssteigerung wird durch die Frequenzerhöhung der Lichtmodulation mit einem neuartigen Modulator ermöglicht.
H. Lindberg. 5063□

Dreichromatische Farbenspezifikation mit Hilfe der Polarisationsfarben einer Quarzplatte zwischen gekreuzten Nicols. Jozef Garaj. (Mat.-fyzik. Časopis **10.** 178—95. 1960. Bratislava, Kat. fys. Slov. vys. školy techn.) (Slowak.; Auszug: Engl.)
Als Basis für die Farbenmessung werden die Polarisationsfarben genommen, welche in vertikal zur opt. Achse geschnittenen Quarzplättchen zwischen gekreuzten Nicols erscheinen, wobei für den analyt. Ausdruck der Polarisationskoordinaten im Farbendreieck CIE in Abhängigkeit von der Kreuzung der Nicols die Kubota-Ose-Beziehungen angewendet werden. — Die theoret. Grundlagen werden mit der Beschreibung der Meß-App. u. den Ergebnissen der Farbmessung von Probenfiltern ergänzt.
J. Tůmová. 5063□

Ein Verfahren zur Bestimmung der molaren Extinktionskoeffizienten von Metalldithizonaten. H. Irving und R. S. Ramakrishna. (Analyst **85.** 860—67. Dez. 1960. Oxford, Inorg. Chem. Labor.) (Engl.)
Nach Diskussion verschiedener spezieller Meth. zur Best. des mol. Extinktions-Koeff. ε von Metallkomplexen des Dithizons (I) beschreibt Vf. ein allg. anwendbares Verf. zur Best. von ε. Nach Messung der Extinktion einer Lsg. des Metall-I-Komplexes in einem mit W. nicht mischbaren organ. Lsgm. bei den Absorptionsmaxima des I u. des Komplexes wird der Komplex durch Zugabe eines geeigneten Reagens zerstört u. die Metallionen in die wss. Phase übergeführt. Danach bestimmt man die Extinktionen der organ. Phase. Die Meth. wird an Hand der Best. von Ag- u. Hg-I-Komplexen erläutert. J. Kraetsch. 5063□

Die Schülersche Hohlkathode als Lichtquelle für Starkeffektuntersuchungen. H. Muntenbruch. (Spectrochim. Acta [London] **16.** 1031—39. Okt. 1960. Kiel, Univ., Inst. für Experimentalphys.) (Dt.)
Vf. berichtet über die Entw. einer geeigneten Schülerschen Hohlkathode, die sich zur Unters. von Stark-Effekten eignet. Erste Messungen an den Linien des *Zn*-Tripletts sind angegeben. Es wird darauf hingewiesen, daß die Hohlkathoden-Meth. keine genauen Werte liefern kann, daß man jedoch einen brauchbaren Überblick über die Stark-Effektempfindlichkeit erhalten kann. C. Gottfried. 5063

Vergleich gezündeter Bogenanregungsgeräte. T. P. Schreiber und B. W. Joseph. (Appl. Spectroscopy **15.** 8—10. 1961. Warren, Mich., General Motors Corp., Res. Labor.) (Engl.)

Vff. führten Best. von *B* in Stahl sowie von *Sb* u. *Sn* in Pb mit den Anregungsgeräten BIG 210 (vgl. z. B. Bardócz, C. **1954**. 6292), *Uniarc* (Nat. Spectrographic Sales Corp.) u. *Multisource* (A. R. L.) durch. Sie stellten fest, daß der BIG 210 durch die elektron. Steuerung der Zündimpulse besser reproduzierbare Resultate ergibt u. wegen der kleineren einstellbaren Stromstärke vorteilhafter für die Analyse leichtschm. Metalle eingesetzt werden kann als die anderen Geräte. Außerdem beeinflußt der Tesla-Zündfunken des BIG 210 die Anregung prakt. nicht, was sich günstig auf den Untergrund auswirkt. R. Gerbatsch. 5063□

Tesla-Strom als spektralanalytische Lichtquelle und dessen praktische Anwendung. László Paksy. (Magyar Kémiai Folyóirat [Ung. Z. Chem.] **66.** 498—501. Dez. 1960. Miskolc, Nehézipari Müszaki Egyetem.) (Ung.)

Vf. untersuchte die Verw. der Tesla-Ströme als selbständige Lichtquelle u. stellte die hohe Empfindlichkeit dieser Anregung u. die gute Reproduzierbarkeit der Spektren fest. Die Anregung mit Tesla-Strom ist bes. dann vorteilhaft, wenn die Anregung mit relativ kleiner Energie erfolgen soll, vorteilhaft ist weiterhin die Möglichkeit der spektralanalyt. Trennung der aus den Elektroden stammenden Strahlungen. G. Halmi. 5063□

Anregung von Spektren im Vakuumgebiet durch eine Impulsentladung niedriger Spannung. F. S. Pedoss und N. Ss. Swentitzki. (Оптика и Спектроскопия [Optik u. Spektroskopie] **5.** 706—07. Dez. 1958.) (Russ.) — Vgl. C. **1960.** 10129.

Es wird eine Anordnung zur Gewinnung von Emissionsspektren im fernen UV im Vakuum beschrieben. Die Elektroden befinden sich in vertikaler Anordnung in 100 mm Abstand vom Spalt eines Gitterspektrographen. Die Anregung erfolgt durch sich wiederholende Impulsentladungen (Kapazität 8000 μF) bei konst. Spannung der Kondensatoren von 280 V. Während der photograph. Aufnahme eines Spektrums wurden 250 Entladungen durchgeführt. Der Elektrodenabstand beträgt 1,5—3 mm. Mit dieser Anordnung wurden die Spektren von *Fe, Cu, C, Mn, Al, Ti, W* u. anderen Elementen photographiert, wobei die Linien mehrfach ionisierter Elemente, wie CIII, CIV, OII, OV, TiII, TiIII, TiIV auftraten. Ein hinreichend intensives Spektrum wurde bis 180 Å erhalten. U.-L. Rau. 5063□

Die Rolle der Gegenelektroden bei gleichgerichteten Funkenanregungen. László Péter. (Magyar Kémiai Folyóirat [Ung. Z. Chem.] **66.** 496—98. Dez. 1960. Miskolc, Nehézipari Müszaki Egyetem.) (Ung.) — Vgl. C. **1962. 3719.**

Vf. untersuchte die Abhängigkeit des Spektralcharakters, der abs. Linienintensitäten u. der Untergrundschwärzung der gleichgerichteten Hochspannungsfunkentladungen von der beim Abfunken benutzten Gegenelektrode. Diese Verhältnisse wurden mittels Rein-Fe bei gleichzeitiger Anwendung von Pb-, Al-, Si-, Fe-, Zn-, Co- u. Mg-Gegenelektroden untersucht u. Zusammenhänge zwischen den erwähnten Eigg. des Spektrums u. den Austrittspotentialen der Gegenelektroden, bei geringen Elektrodenentfernungen (0,5—1,0 mm) u. negativ polarisierten Gegenelektroden, festgestellt. G. Halmi 5063□

Elektrodenform und Oberfläche in der angewandten Spektroskopie. S. C. Baker. (J. Proc. Roy. Soc. New South Wales. **94.** 239—42. 1961. Tighe's Hill, N. S. W., Newcastle Univ. Coll.) (Engl.)

Stabförmige Elektroden mit flachen, halbkugelförmigen, 150 u. 60° kegelförmigen Enden wurden miteinander kombiniert, um den Einfl. der Elektrodenform auf die Empfindlichkeit u. Reproduzierbarkeit der Si- u. Mn-Best. in niedrig legierten Stählen zu untersuchen. Für die Analyse wurden die Linienpaare Si 2881/Fe 2874 Å u. Mn 2933/Fe 2936,9 Å gewählt. Da scharfe Spitzen Instabilität verursachen, wurden die Spitzen der 60°-Elektroden abgedreht, so daß sie eine Fläche von 1 mm Ø erhielten. Als Kompromiß zwischen Empfindlichkeit u. Reproduzierbarkeit erwiesen sich die 150°-Elektroden aus dem zu untersuchenden Material. Bei blockförmigen Proben, die mit einer 150°-Graphitgegenelektrode kombiniert wurden, zeigte es sich, daß mit steigender Oberflächengüte die Reproduzierbarkeit besser, die Empfindlichkeit aber schlechter wurde. Als günstig erwies sich das Schleifen der Proben an einer nassen Korundscheibe. Außerdem wird ein 7,5 kVA Funkengenerator beschrieben. K. Ross. 5063□

Einfluß der Distorsion des Objektivs der Spektrographkamera auf die Krümmung der Spektrallinien. I. W. Peissachsson. (Оптика и Спектроскопия [Optik u. Spektroskopie] **11.** 125—27. Juli 1961.) (Russ.)

Vf. berechnete den Einfl. von Verzeichnungsfehlern des Spektrographenobjektivs auf die Spektrallinienkrümmung (SK). Durch eine geeignete Objektivlinse wird die SK unabhängig von λ u. damit korrigierbar durch einen gekrümmten Eintrittsspalt. Bei Spiegelobjektiven kann eine konst. SK nur für Gitterspektrographen, u. auch da nicht in jedem Fall, erhalten werden. R. Gerbatsch. 5063□

Die Spektralanalyse von Lösungen. Ein Vergleich von fünf Verfahren. William K. Baer und Edwin S. Hodge. (Appl. Spectroscopy **14.** 141—46. 1960. Pittsburgh, Pa., Mellon Inst.) (Engl.)

Vff. führten eingehende vergleichende Unterss. über Empfindlichkeit u. Reproduzierbarkeit folgender spektralanalyt. Meth. durch: „Rotating platform" (rotierende Scheibe; **I**), „flat top" (Auftropf-Meth.; **II**), „rotating disc" (Kohlerädchen; **III**)", porous cup" (**IV**) u. „plastic cup" (Capillarelektrode; **V**). Für alle Meth. wurden vorgeformte „United Carbon"-Elektroden verwendet. Für **I** u. **II** werden die Elektroden mit Paraffin präpariert, die Probe-Lsg. wird aufgetragen u. mit IR-Strahler eingetrocknet. Nach Auswahl der optimalen Anregungsbedingungen im Hochspannungsfunken (HSF) u. in kondensierter Gleichstromentladung (GE) wurden für jede Meth. Empfindlichkeit (E) u. Reproduzierbarkeit (R) an Hand von Eichkurven u. Mehrfachaufnahmen für eine Reihe von Elementen bestimmt. **I** ergibt die beste E bei guter R, wie auch für **II** ist die HSF-Anregung am besten geeignet. Im Gegensatz dazu ist für die direkte Anregung von Lsgg. (**III**, **IV**, **V**) die funkenähnliche GE vorzuziehen, während die bogenähnliche GE immer schlechte R ergibt. **III** u. **V** ergeben mit funkenähnlicher GE die beste R, **III** u. **IV** erfordern den geringsten Zeitaufwand. Säurezugabe bewirkt eine Linienschwächung vor allem für **I** u. **II** u. im Falle von H_2SO_4 u. H_3PO_4 auch für die direkten Lsg.-Meth., auf die HNO_3 u. HCl ohne Einfl. sind. R. Gerbatsch. 5063 □

Quelle von kontinuierlichen Emissionsspektren zwischen dem Sichtbaren und dem extremen Ultraviolett. Germaine Balloffet, Jacques Romand und Boris Vodar. (C. R. hebd. Séances Acad. Sci. **252.** 4139—41. 26/6. 1961. Bellevue, Seine-et-Oise, C.N.R.S., Labor. de Hautes Pressions.) (Franz.)

Beschreibung einer kondensierten Funkenquelle mit den elektr. Daten C = 0,5 μF, L = 0,08 μH, der Spannung 22 kV u. einem Maximalstrom $55 \cdot 10^3$ A, die in 1,25 μs eine kontinuierliche Emission zwischen dem sichtbaren Bereich u. 80 Å liefert. Die Zündung im Vakuum ($5 \cdot 10^{-2}$ bis 10^{-3} Torr Luft) erfolgt mit einer Hilfselektrode. Als Anode wird ein Schwermetall (U, Pb, Pt) mit einer ausreichenden Leitungselektronen-Konz. verwendet. Bes. bei Verw. von U werden nur wenige Emissionslinien des Anodenmaterials beobachtet; Absorptionsbanden liegen in der Lyman-Serie von H_2.
Herbert Müller. 5063 □

Untersuchungen über den Ursprung von Funken im Vakuum für die Emissionsspektralanalyse im fernen Ultraviolett. J. Romand und B. Vodar. (J. Physique Radium **19.** 732. Aug./Sept. 1958. Bellevue, Labor. des Hautes Pressions.) (Franz.)

Vff. benutzen das Funkenspektrum im fernen UV zur quant. Analyse der in der Anode enthaltenden Metalloide. Die Vers.-Kammer enthält 3 Elektroden. Ein Hilfsfunken wird zwischen 2 koaxialen Elektroden erzeugt (Abstand 10 mm), denen die zu analysierende Anode gegenübersteht. Der Hilfsfunken wird mit 0,1 μF u. 20 kV u. der Funken für die Analyse mit einer stärkeren Kapazität von 1—2 μF erzeugt. Das erhaltene Spektrum zeigt mit die Linien der in der Anode enthaltenen kleinen Konzz. an Nichtmetallen (S, P, C) u. Gasen (N_2, O_2) u. gestattet die Best. dieser Elemente.
D. Papenfuss. 5063 □

Gitterspektrometer mit hoher Auflösung für das Infrarot. Earle K. Plyler und Lamdin R. Blaine. (J. Res. nat. Bur. Standards **62.** 7—9. Jan. 1959. Washington, D.C.)

Beschreibung von 2 Konstruktionen eines Gitterspektrometers, welches mit einfachem oder doppeltem Durchgang verwendet werden kann u. bei einer Brennweite des Kollimators von 235 cm im Gebiet des besten Auflösungsvermögens 0,02 cm^{-1} erreicht. H.-J. Eichhoff. 5063 □

Fortschritte der Spektrophotometrie. Franco De Francesco. (Boll. Lab. chim. provinc. **11.** 667—72. 26/28. 4. 1960. S. Michele all'Adige [Trento], Staz. agrar. sperim., Labor. chim.) (Ital.)

Überblick über die Fortschritte der Spektrophotometrie unter besonderer Berücksichtigung der Fluorescenz- u. Atomabsorptionsspektrophotometrie, deren Beschreibung, Anwendung (Empfindlichkeit), Bedeutung u. Aussichten. G. Platzer. 5063 □

Die Apparate zur spektrophotometrischen Messung. Franco De Francesco. (Boll. Lab. chim. provinc. **11.** 642—47. 26/28. 4. 1960. S. Michele all'Adige [Trento], Staz. agrar. sperim., Labor. chim.) (Ital.)

Übersicht über die App. für spektrophotometr. Messungen in der analyt. Chemie u. in der Industrie (Spektrophotometer mit einfacher Registrierung auf Papier u. mit Doppelstrahl u. mit oscillograph. Registrierung) u. Diskussion. G. Platzer. 5063 □

Verwendung des Spektrophotometers SsF-4 als Flammenphotometer. N. Ss. Poluektow, L. A. Owtschar, M. M. Kutschment und M. A. Nikolski. (Завод.

ская Лаборатория [Betriebs-Lab.] **26.** 1152—54. 1960. Inst. für allg. anorg. Chem. der Akad. der Wiss. der UkrainSSR.) (Russ.)

Die Konstruktion eines registrierenden Flammenspektrophotometers auf der Grundage des Quarzspektrophotometers SsF-4 wird beschrieben. Dazu wird bei ausgebauter Photozelle die Flamme vor dem ursprünglichen Austrittsspalt angeordnet, während am Eintrittsspalt ein Photovervielfacher mit angeschlossenem Verstärker u. Potentiometerschreiber angebracht wird. Durch einen Synchronmotor kann die Wellenlängentrommel mit verschiedener Geschw. gedreht werden. Die mit dem Gerät erreichbare Best.-Empfindlichkeit ist für viele Zwecke ausreichend, die Genauigkeit ist besser als bei direkter Anzeige. R. Gerbatsch. 5064☐

Die Wirkung der Viscosität der Lösungen auf die Zerstäubungsverhältnisse bei flammenphotometrischen Prüfungen. Ernö Pungor und Magdolna Mahr-Hangos. (Magyar Kémiai Folyóirat [Ung. Z. Chem.] **66.** 516—18. Dez. 1960. Budapest, Eötvös Loránd Tud. Egyet. Szervetlen és Anal.-Kémiai Intézet és Orsz. Onkológiai Intézet.) (Ung.)

Vff. stellten fest, daß die Geschw. der Zerstäubung hauptsächlich von der Viscosität abhängt u. Oberflächenspannung bzw. Capillardruck nur als Korrektur-Koeff. in Betracht gezogen werden müssen. Weiterhin wurde die Wrkg. von A. auf die Emission von *Li* untersucht u. festgestellt, daß der Wert der Emission außer vom Wrkg.-Grad der Zerstäubung durch den Dispersionsgrad u. die Verdampfungswärme des in die Flamme gelangten Nebels usw. beeinflußt wird. G. Halmi. 5064☐

Korrektur für instrumentelle Drift in der Flammenphotometrie. Barry W. Mulligan und Alan F. Haught. (J. Res. nat. Bur. Standards **61.** 499—501. Dez. 1958. Washington, D.C.) (Engl.)

Angabe einer statist. Meth. zur Korrektur u. Best. der instrumentellen Drift einer Meßanordnung durch zweckmäßige Kombination von Proben u. Vgl.-Standards zu Paaren. H.-J. Eichhoff. 5064☐

Über das Mikrocapillarphotometer nach Gorbach-Lange. G. Gorbach und Ch. Weber. (Fette, Seifen einschl. Anstrichmittel **63.** 23—25. Jan. 1961. Graz, TH, Inst. für Technol., Lebensmittelchem. u. Mikrochem.) (Dt.)

Substanzspuren in verd. Lsgg. (μg/ml) werden durch Farbunterschiede in Capillarrohren angezeigt. Die Vff. entwickelten ein Analysengerät, das durch Zwischenschaltung strenger Farbfilter die durch eine Farbe geänderte Lichtintensität photometr. registriert. Die Spurenanteile können so mit einer Genauigkeit von $\pm 1\%$ bestimmt werden. H. Bielen. 5064☐

Hochempfindliches Mikrophotometer mit magnetisch modulierter Vervielfacherröhre. György Striker. (Instruments Measurements Conf. Stockholm **1956.** Optics Paper Nr. IVb. 1—4. Budapest, Inst. für Meßtechnik u. Instrumentenwesen der Ung. Akad. der Wiss.) (Dt.)

Durch eine koaxiale, zweigeteilte Spule von 1000 Windungen, welche um den Photomultiplier gelegt u. mit Wechselstrom von 120 mA gespeist wird, läßt sich der Photostrom so modulieren, daß er mit einem üblichen Niederfrequenzverstärker verstärkt werden u. unter Verw. eines phasenempfindlichen Gleichrichters mit einem Drehspulinstrument von 1 mA Endausschlag gemessen werden kann. Die Empfindlichkeit einer solchen Anordnung erreicht den theoret. Wert von 10^{-12} Lumen/Skalenteil. H.-J. Eichhoff. 5064☐

Ein Abtastphotometer zur Beobachtung kleiner Gradienten von Filmschwärzungen. Bertil Jacobson. (Optics Paper **1956.** Nr. IVa. 1—2. Stockholm, Karolinska Inst.) (Engl.)

Angabe von drei verschiedenen Meth. zur Kontrastverstärkung photograph. Negative durch Abtastung des Primärnegativs mit einem Lichtstrahl in Verbindung mit einem Photomultiplier, dessen Photostrom die Intensität einer Glimmlampe steuert, welche das Sekundärnegativ exponiert. H.-J. Eichhoff. 5064☐

Flüssige Schmalbandlichtfilter für das sichtbare Gebiet des Spektrums. D. P. Schtscherbow und W. A. Mirkin. (Заводская Лаборатория [Betriebs-Lab.] **26.** 1159—61. 1960. Kasach. Inst. für mineral. Rohstoffe.) (Russ.)

Zur Verbesserung der Genauigkeit photocolorimetr. Messungen mit Geräten vom Typ FEK-M wird die Anwendung von Fl.-Filtern, die aus Lsgg. anorgan. Salze bereitet werden, vorgeschlagen. Für das sichtbare Spektralgebiet werden 28 Filter bzw. Filterkombinationen aufgeführt, die alle eine Durchlässigkeit von ca. 20—30% bei einer Bandbreite von 50—70 mμ besitzen. R. Gerbatsch. 5065☐

Genauigkeit bei der absorptionsphotometrischen Analyse. Sven-Eric Dahlgren. (Tekn. Tidskr. **90.** 983—88. 14/10. 1960. Landskrona.) Schwed.)

Vf. beschreibt Fehlerquellen bei der colorimetr. Analyse, ihren Einfl. auf die Genauigkeit u. führt Gleichungen zur Fehlerberechnung unter Berücksichtigung von Abweichungen vom Lambert-Beerschen Gesetz an. E. Fritzsche. 5065□

Redoxtitrationen in nichtwässerigen Lösungen. L. Erdey und Gy. Rády. (Acta chim. Acad. Sci. hung. **15.** 81—93. 1958. Budapest, TU, Inst. für allg. Chem.) (Dt.)

Am Beispiel der wasserfreien Essigsäure (I) wird allg. der Einfl. des Lsgm. auf das Elektrodenpotential erläutert. Ähnlich wie in wss. Lsgg. hängt auch in **I** das Redoxpotential eines bestimmten Syst. stets von dem Verhältnis der Aktivitäten der oxydierten u. der red. Form sowie weit häufiger als bei wss. Lsgg. vom Wasserstoffpotential des Mediums ab. Mit Hilfe der Meßkette Pt/gesätt. wss. Kalomelelektrode wurden in I unter Vernachlässigung der Diffusionspotentiale potentiometr. Titrationen zur maßanalyt. Best. von Br_2, Au(III) u. Hg(II) mit 0,05n Ascorbinsäure-I-Lsg. als Red.-Mittel durchgeführt. Auch MnO_4^-, JCl, Pb(IV)-Acetat, Cr(VI) u. V(V) lassen sich wie vorst. unter Ausbildung scharfer Potentialsprünge titrieren, wobei jedoch die Stöchiometrie der Vorgänge noch nicht geklärt ist. Best.-Verss. von J_2, Ag, As u. Fe(III) waren hingegen erfolglos. R. Günther. 5066□

Verhalten von unangreifbaren Redox-Elektroden in Gegenwart von Sauerstoff. Eugène Lewartowicz. (C. R. hebd. Séances Acad. Sci. **253.** 1260—62. 18/9. 1961. Bellevue, Seine-et-Oise, C.N.R.S., Labor. d'Electrolyse.) (Franz.)

Die Differenz zwischen dem gemischten Potential einer Pt-Elektrode bei Redoxvorgängen in Ggw. von O_2 u. ihrem Gleichgewichtspotential steigt linear mit steigender O_2-Konz. an. Durch anod. Behandlung der Pt-Elektrode kann die Potentialdifferenz erheblich erhöht werden, u. es wird damit möglich, diese Erscheinung zur quant. Best. von O_2 in Lsgg. nutzbar zu machen. Da Au gegenüber O prakt. indifferent ist, wird eine Pt-Elektrode als Indikatorelektrode mit einer Au-Elektrode als Vgl.-Elektrode gekoppelt, u. mit Hilfe dieses Pt-Au-Syst. werden die Potentialdifferenzen in O_2-haltigen Lsgg. in einer früher vom Vf. beschriebenen App. gemessen. Die Pt-Elektrode wird zur Aktivierung zunächst 10 Min. lang bei 1,4 V anod. behandelt; dann wird die Oxydschicht durch 1 Sek. lange Polarisation jede Min. erneuert, wodurch die Empfindlichkeit der Elektrode gegen O_2 konst. gehalten wird. Unter Verw. von Lsgg. bekannten O_2-Geh. können Eichkurven aufgenommen werden. Die Meßgrenze des Verf. liegt bei 10^{-8} ppm. Einen Einfl. auf die Potentialdifferenz ΔE hat die Art des verwendeten Elektrodenmetalls, die Aktivität der Oberflächenschicht, die Zus. der Lsg. u. die Temperatur. H. Fries. 5066□

Die Verwendung farbiger Chelatindicatoren bei Fällungstitrationen. 2. Mitt. Richard Püschel und Erik Lassner. (Chemist-Analyst **49.** 90—94. Sept. 1960. Graz, Univ., Inst. of Med. Chem. and Pregl Microchem. Labor.; Reutte, Austria, Metallwerk Plansee A.-G.) (Engl.)

Übersicht. Best. von Anionen der 5. Gruppe: Arsenat, Vanadat; Anionen der 6. Gruppe: Sulfid, Sulfat, Molybdat, Wolframat. — 125 Literaturangaben. K. Maier. 5066□

Aluminon als Metallindicator bei der Komplexometrie. Phatik Chandra Kundu. (Naturwissenschaften **48.** 644—45. 2. Okt.-H. 1961. Chandernagore, West Bengal, Indien, Chandernagore Coll.) (Engl.)

Verw. von Aluminon (I) als Metallindicator bei der Titration von *Fe(III), Al, Ca, Mg* mit Titriplex III. Fe(III) wird in Aceton-W. (1:1) bei pH 1—2 bei Zimmer-Temp. (Farbumschlag tiefviolett-farblos), Al in Acetatpuffer bei pH 4,4 in sd. Lsg. (blutrot-blauviolett) u. Ca sowie Mg in ammoniakal. Medium (mit NH_4Cl bei Mg; rotviolett-farblos bis leichtgelb) titriert. Ch. Weiske. 5068□

Die Bestimmung oberflächenaktiver, chelatbildender Agentien. Sarah Mook, Ernest Schonfeld und Dipen Ghosh. (Analytic. Chem. **33.** 150—51. Jan. 1961. Long Island City, N.Y., Radiat. Applicat., Inc.) (Engl.)

Da *Dodecylbenzyldiäthylentriamintetraessigsäure* (I) wegen seiner Fähigkeit zur Bldg. von Chelatkomplexen oft als oberflächenakt., amphoteres Flotationsmittel zur Abtrennung von bei Kernprozessen gebildeten Metallen benutzt wird, beschreiben Vff. eine quant. Best.-Meth. für I. Die Analysen-Lsg. wird mit 1m $NaNO_3$-Lsg., die 1 g NaOH/Liter enthält, auf 100 ml verd. u. auf pH 6,5 eingestellt. Zu dieser Lsg. werden 15 ml einer Lsg. von 13,3 g $NiSO_4 \cdot 6\,H_2O$/Liter W., nach 10 Min. 6 ml NH_4OH u. 15 ml einer 1,5%ig. Dimethyldioxim-Lsg. in A. zugefügt. Nach 3 Min. wird der Ni-Dimethyldioxim-Nd. abfiltriert u. mit 1m $NaNO_3$-Lsg. gewaschen. 50 ml des mit 1m $NaNO_3$-Lsg. auf 250 ml aufgefüllten Filtrats werden im 100-ml-Meßkolben mit 2,5 ml konz.

HCl auf pH 1—2 angesäuert, nach 5 Min. mit 10 ml einer wss. 0,25% ig. Kaliumthiooxalat-Lsg. versetzt u. mit A. aufgefüllt. Nach 5 Min. wird dann gegen $NaNO_3$-Lsg. bei 509 mμ colorimetriert. Im 0—250 mg/Liter-Bereich ist das Beersche Gesetz mit guter Reproduzierbarkeit erfüllt. Die maximale Abweichung der Eichkurve von Tag zu Tag beträgt 10%. Zur Erzielung höchster Genauigkeit ist die Eichkurve deshalb gleichzeitig mit den Messungen der Analysen-Lsgg. aufzunehmen. Kleine Mengen Ca^{2+}, Mg^{2+}, Sr^{2+}, Ba^{2+} u. Mn^{2+} stören nicht, dagegen stören Co^{2+}, Fe^{2+} u. Cu^{2+}. Peptisations-Effekte wurden durch I, Igepal Co-990 (Nonylphenoxypolyoxyäthyläthanol) u. Dowfax 2 Al (*alkylsulfoniertes Diphenyloxid*) am Ni-Nd. nicht hervorgerufen. W. Hein. 5072 □

Eine vollautomatische coulometrische Titrationsapparatur für Betriebszwecke. Bestimmung von Schwefeldioxid in Gasen im Konzentrationsbereich von 0,1—100 Volumenprozent. Embrecht Barendrecht und Wilhelmus Martens. (Analytic. Chem. **34.** 138—42. Jan. 1962. Geleen, Netherland, Staatsmijnen in Limburg, Central Labor.) (Engl.)

Der SO_2-Geh. eines Gases kann mit Hilfe einer automat. coulometr. Titrations-App. in höchstens 5 Min. bestimmt werden. Man absorbiert SO_2 quant. in wss. NaOH, gibt diese Lsg. zu einer sauren Br^--Lsg. u. titriert SO_2 mit elektrolyt. erzeugtem Brom. Der Endpunkt wird potentiometr. angezeigt. Die verbrauchte Strommenge, eine lineare Funktion des SO_2-Geh., wird automat. mit einer höchstens 1% ig. Standardabweichung aufgezeichnet. Die benutzten App. werden genau beschrieben u. eine Übertragungsmöglichkeit dieser Meth. auf die Best. von H_2S, Mercaptanen usw. gezeigt.

J. Peters. 5086 □

Eine neue Methode zur Bestimmung des Gehaltes an Schwefeldioxyd in Ofengasen. M. A. Burenin. (Бумажная Промышленность [Papier-Ind.] **33.** Nr. 8. 9—10. Aug. 1958. Zentr. Forsch.-Inst. für Cellulose u. Papierind.) (Russ.)

Die Meth. zur Best. des SO_2-Geh. im Ofengas beruht auf der Absorption des SO_2 in W. u. Titration der erzielten Lsg. mit einer 0,1% ig. J_2-Lösung. Die Analysenmenge von 300 cm^3 Gas wird in 8—10 Sek. angesaugt. Bei 10—12% SO_2 im Gas beträgt die abs. Abweichung der Werte ±10%. Bei 30—40% SO_2 sind 200 statt 300 cm^3 Gas zu analysieren, da sonst die Abweichungen ±0,30% erreichen können. G. Schreiber. 5086

a) Elemente und anorganische Verbindungen

Bestimmung von Sauerstoff durch Aktivierungsanalyse mit schnellen Neutronen unter Verwendung eines billigen, transportablen Neutronengenerators. Edgar L. Steele und W. Wayne Meinke. (Analyt. Chem. **34.** 185—87. Febr. 1962. Ann Arbor, Mich., Univ. of Michigan, Dep. of Chem.) (Engl.)

Vff. beschreiben eine Aktivierungsanalyse unter Verw. eines billigen Cockcroft-Walton-Beschleunigers als Quelle für D—T-Neutronen mit 14 MeV zur Best. von O-Spuren. ^{16}O wird durch die Neutronen in einer n,p-Rk. in ^{16}N (Halbwertszeit 7,4 Sek.) umgewandelt, das eine Röntgenstrahlung von 6—7 MeV aussendet, die scintillationsspektrometr. gemessen wird. Proben, die ca. 10 mg O enthielten, wurden bei einem Neutronenfluß von ca. $10^8 n/cm^2 \cdot s$ mit einem Fehler von ±10% analysiert; mit steigendem O-Geh. werden die Fehler kleiner. Mit der Meth. sollte es bei Benutzung des gesamten verfügbaren Probenquerschnittes bei einem durchschnittlichen Fluß von $10^8 n/cm^2 \cdot s$ u. bei Verw. eines geeigneten Übertragungs-Syst. möglich sein, bis herab zu 10 ppm O mit einem Fehler von 10—15% zu bestimmen. Die durchschnittliche Analysendauer beträgt ca. 7 Minuten. Die einzige Störung ist die durch F; sie kann bei Verhältnissen F:O <10 durch Kompensation umgangen werden. Außerdem ist das Verf. frei von den meisten Matrixstörungen. J. Kraetsch. G 239 □

Emissionsspektrometrische Bestimmung gasförmiger Elemente in Metallen. 6. Mitt. Sauerstoff in Vanadin. V. A. Fassel und L. L. Altpeter. (Spectrochim. Acta [London] **16.** 443—49. Mai 1960. Ames, Iowa, Iowa State Univ., Inst. for Atom., Res. and Dep. of Chem.) (Engl.) — 5. vgl. Rev. univ. Mines, Métallurg., Trav. publ., Sci. Arts appl. Ind. **15.** [1959.] 278; vgl. auch C. **1958.** 7559 u. C. **1960.** 7271.

Zur Best. von 0,004—0,5% O in V wurde die l. c. beschriebene App. u. Meth. verwendet. O wurde im Kohlebogen bei 20 A unter reinem Ar als CO gebunden. Dieses dissoziiert therm. u. erzeugt das O-Emissionsspektrum. Der O-Geh. wird auf Grund des Intensitätsverhältnisses der Linienparre O 7772 Å/Ar 7891 Å u. O 7775 Å/Ar 7891 Å bestimmt. Es wird gezeigt, daß die Geschw. der O-Entw. weitgehend von der Elektrodenform abhängt. Es wird eine Elektrode mit genauen Maßen angegeben. Der Fehler beträgt ±5—6%. H. Pluskal. G 239 □

Analytische Chemie von Titan und Zirkonium. 3. Mitt. Trennung und Bestimmung von Zirkonium. W. T. Elwell und D. F. Wood. (Metal Ind. [London] **97.** 67—69. 22/7. 1960.) (Engl.) — 2. vgl. Metal Ind. [London] **97.** [1960.] 51.

Schrifttumsüberblick. — 60 Literaturangaben. F. Vier. G 332□

Trennungen durch Sulfidbildung. 12. Mitt. Die Trennung von Thorium oder Titan von einigen Elementen, die Thiosalze bilden. I. K. Taimni und S. N. Tandon. (Analytica chim. Acta [Amsterdam] **22.** 437—38. Mai 1960. Allahabad, India, Univ. of Allahabad, Chem. Labor.) (Engl.) — 11. vgl. Analytica chim. Acta [Amsterdam] **21.** [1959.] 502; 10. vgl. C. **1960.** 8284.

Zur Trennung des Th von As, Sb, Te, Se, Mo, Hg, Au, Pt oder Rh wird die Lsg. mit überschüssiger 2n Na_2S-Lsg. versetzt u. mit HCl aufgekocht. Die Endacidität soll bei As, Pt u. Rh 6n, bei Se 2n u. bei den anderen Elementen 1n betragen. Das Sulfid wird abfiltriert u. gravimetr. bestimmt. Das Filtrat wird nach dem Verkochen des H_2S mit NH_3 weniger sauer gemacht u. Th als Oxinat bestimmt. In gleicher Weise können Sb, Te, Se u. Hg von Ti getrennt u. bestimmt werden. W. Betcke. G 324□

Thoriumtrennung von Titan, Zirkonium und anderen Begleitelementen durch homogene Fällung. F. W. Saikowski und L. I. Gerhardt. (Журнал Аналитической Химии [J. analyt. Chem.] **13.** 513—18. Sept./Okt. 1958. Moskau, Allunions-Inst. für miner. Rohstoffe.) (Russ.)

Vff. berichten über die Anwendung der 1.3.5-Triketopimelinsäure $OC(CH_2COCOOH)_2$ (**I**) für die homogene Fällung (Fällungsmittel entsteht erst durch chem. Rk. in der zu fällenden Lsg.) kleiner Mengen Th u. deren Trennung von Ti, Zr u. anderen Begleitstoffen. Die **I**-Lsg. wird durch Auflösen von 40 g gut getrockneter (5½ Std. bei 90—100°) Oxalsäure (**II**) in 100 ml wasserfreiem Aceton hergestellt, soll am folgenden Tage verwendet werden u. liefert in 15 ml 4 g Oxalationen. Die Analysen-Lsg. (100 ml) wird bei pH 3 mit 1 ml 25%ig. $CaCl_2$-Lsg. (Ca als Mitreißer) sowie 15 ml **I**-Lsg. versetzt u. 15 Min. gekocht. Am folgenden Tag wird der Nd. durch Blaubandfilter filtriert, 3 bis 4 mal mit 1%ig. **II**-Lsg. gewaschen u. das Filter im Porzellantiegel getrocknet u. verascht. Der bei 600—700° geglühte Rückstand wird in HCl aufgenommen, die Säure verdampft u. das Th anschließend mit *Arsenazo* I (**III**; vgl. C. **1961.** 6257) bestimmt. Kleine Mengen Th (Verss. mit 39 u. 112 γ Th) lassen sich so von größeren Fremdmetallmengen (Fe, Ti, Zr, Seltene Erden) quant. abtrennen; Ti u. Zr werden in Mengen die die Th-Best. mit **III** in Ggw. von Weinsäure nicht stören, mitgefällt. Die Meth. gestattet die Best. von 0,002 bis 3,0% Th in Erzen (eingehende Arbeitsvorschrift) in 10—12 Std. bei gleichzeitiger Unters. von 10 Proben. H.-J. Ostmann. G 324□

Bestimmung und Abtrennung von Thorium mit Dihydroxyweinsäure. G. R. Amladi und Y. V. Lawande. (J. Univ. Bombay [N. S.] **27.** Nr. 5 Sect. A 24—28. März 1959. Bombay, St. Xavier's Coll., Chem. Dep.) (Engl.)

Es wird ein Verf. beschrieben, um Th aus Lsgg. mit Hilfe von Dihydroxyweinsäure zu fällen. Die Fällung ist bis zu einem pH von 0,6 quant. u. erlaubt daher die Trennung von den erst bei größerem pH gefällten Seltenerdmetallen. Zur vollständigen Abtrennung genügt einmaliges Umfällen. Das Verf. wurde auf Monazit angewandt.

R. Ristow. G 324□

Eine einfache Methode zur Abtrennung von Titan, Niob und Tantal in Hartmetallen. E. Lassner. (Planseeber. Pulvermetallurgie **5.** 53. Aug. 1957. Reutte, Tirol, Metallwerk Plansee GmbH.) (Dt.) — C. **1960.** 5921. G. Krien. G 332□

Ultramikroanalytische Arbeitsverfahren. 2. Mitt. Beitrag zur amperometrischen Plutoniumbestimmung im Mikrogramm-Maßstab. W. Helbig. (Z. analyt. Chem. **182.** 19—24. 1961. Rossendorf/Dresden, Zentralinst. für Kernphys., Bereich Radiochem.) (Dt.) — 1. vgl. Z. analyt. Chem. **182.** [1961.] 15.

Ein Verf. zur amperometr. Best. von PuO_2^{2+} mit 0,05n bis 0,01n Fe^{2+}-Lsg. in 2nH_2SO_4 wird beschrieben. Durch Anwendung einer ultramikroanalyt. Arbeitstechnik können noch 50—100 ng Pu mit guter Genauigkeit bestimmt werden. Das Verh. von 15 Fremdelementen, unter bes. Berücksichtigung von Reaktorwerkstoffen, Spalt-Prodd. u. Elementen der Pu-Aufbereitungs-Verff., wurde untersucht. E. Faulhaber. G 343□

Untersuchungen über die Extraktion und Bestimmung von Metallsalzen mit Methylisobutylketon. 5. Mitt. Photometrische Bestimmung kleinster Mengen Co in Eisen und Stahl. Hidehiro Goto, Yachiyo Kakita und Michiko Namiki. (Nippon Kinzoku Gakkai-Si [Japan Inst. Metals] **25.** 178—81. 1961.) (Jap.; Auszug: Engl.) — 3. vgl. C. **1961.** 12944.

Nach Abtrennung des größten Teiles der Fe^{3+}-Ionen in HCl durch Extraktion mit Methylisobutylketon (**I**) red. man das in der wss. Phase verbliebene Fe^{3+} mit $SnCl_2$, extrahiert den Co-SCN-Komplex mit **I** u. bestimmt Co photometrisch. Best.-Grenze: 0,001% Co. W. Wesly. G 355□

Untersuchungen über die Extraktion und Bestimmung von Metallsalzen mit Methylisobutylketon. 6. Mitt. Photometrische Bestimmung kleinster Mengen Co und Fe in metallischem Nickel. Hidehiro Goto, Yachiyo Kakita und Michiko Namiki. (Nippon Kinzoku Gakkai-Si [Japan Inst. Metals] **25.** 181—84. 1961.) (Jap.; Auszug: Engl.) — 5. vgl. vorst. Referat.

Nach Extraktion der SCN-Komplexe von Co u. Fe in Ggw. von Ni bestimmt man Co u. Fe gleichzeitig photometr. wobei man befriedigende Werte erhält. Dieses einfache Verf. ist zur Best. von Co-Spuren nicht geeignet. Ein verbessertes Verf. gestattet die Best. von ca. 0,001% Co in Ni. W. WESLY. G 355□

b) Organische Verbindungen

Gasvolumetrische Sauerstoffbestimmung in organischen Verbindungen nach dem Hydrierverfahren. S. Mlinkó. (Mikrochim. Acta [Wien] **1961.** 833—53. Budapest, Ung. Akad. der Wiss., Zentralforsch.-Inst. für Chem.) (Dt.)

Die Verhältnisse bei der TER MEULENschen Hydrierung (vgl. Recueil Trav. chim. Pays-Bas **41.** [1922.] 509 u. **53.** [1934.] 118) wurden geklärt. Es wurde festgestellt, daß die unvollkommene Red. des CO_2 u. die „Ermüdungserscheinung“ des Katalysators in keinem Zusammenhang stehen. Der Grund der unvollkommenen Red. läßt sich auf die ungünstige Zus. des Ausgangsgases u. auf die niedrigere Rk.-Geschw. der Red. des CO_2 gegenüber der Red. des CO, der Grund der „Ermüdungserscheinung“ aber auf die Wasserbindungsfähigkeit des Katalysators zurückführen. Auf der Basis dieser Unterss. wurde eine gasvolumetr. O-Best. ausgearbeitet. Die Einwaagen werden so gewählt, daß 0,3 bis 0,5 mg W. entstehen. Zu seiner Best. wird ein neues mikroanalyt. Verf. eingeführt, das auf der Hydrolyse von Ba-Cyanat u. Ba-Cyanamid beruht. Bei der Analyse N-haltiger Verbb. wird das entstehende NH_3 durch therm. Zers. entfernt. Bei der Analyse halogenhaltiger Verbb. werden die entstehenden Hydrogenhalogenide als NH_4-Halogenide gebunden. Zeitbedarf 40—60 Minuten. P. KURZMANN. 5352□

Gravimetrische Halogenbestimmung in organischen Verbindungen nach dem Hydrierverfahren. S. Mlinkó. (Mikrochim. Acta [Wien] **1961.** 854—59. Budapest, Ung. Akad. der Wiss., Zentralforsch.-Inst. für Chem.) (Dt.)

Die Pyrolyse u. Hydrierung der Substanz wird an einem Ni-Kontakt bei 750° in einem NH_3-haltigem H_2-Strom durchgeführt. Das gebildete NH_4-Halogenid wird in einem nachgeschalteten Rohr mit Glaswollefüllung aus dem Gasstrom herausfiltriert. Um die Kondens. von W. zu verhindern, wird dieses Rohr auf 70° erwärmt. Durch Wägung des Rohres wird die NH_4-Halogenidmenge bestimmt. S stört nicht Die Einwaage wird so gewählt, daß 1—2 mg NH_4-Halogenid entstehen. Dauer 30—35 Min.; Fehlergrenze $\pm 0{,}2\%$. P. KURZMANN. 5352□

Eine spektrophotometrische Titration zur Bestimmung von Sulfhydrylgruppen. Irving M. Klotz und Barbara R. Carver. (Arch. Biochem. Biophysics **95.** 540—46. Dez. 1961. Evanston, Ill., Northwestern Univ., Dep. of Chem.) (Engl.)

Die Meth. beruht auf der Titration der SH-enthaltenden Verb. mit einer organ. Hg-Verb., wobei sich bes. das Anhydrid der o-[N-(2-Methoxy-3-hydroxymercuripropyl)-carbamyl]-phenoxyessigsäure bewährte, unter Verw. von Pyridin-2-azo-p-dimethylanilin als Indicator. Die Extinktionen wurden bei 550 nm gemessen. Der Umschlag ist scharf u. ermöglicht Best. auf 1—2% genau. P. KURZMANN. 5368□

Einige analytische Anwendungen der Gaschromatographie in der Industrie. 2. Mitt. Analyse von Kohlenwasserstoff-Gemischen. Guido Caprioli, Emilio Pavan und Mario De Vita. (Ann. Chimica **49.** 1120—24. Juli/Aug. 1959. Mantova, Lab. Sicedison.) (Ital.)

Eine gemichte gaschromatograph. 7 m-Säule, davon 6,3m mit 25% Butyrolacton auf Celit C 22, 0,5m mit 14% Vaselinöl White 10 auf Celit (40—60 Maschen) u. 0,2m mit Al_2O_3 (100—200 Maschen) beschickt, ermöglicht die quant. Best. der Komponenten eines C_1-C_4-Paraffin-KW-Stoffe enthaltenden Gemisches neben den entsprechenden Olefinen u. Acetylenen. Als Trägergas dient H_2 bei einer Arbeits-Temp. von 0°. Für eine vollständige Trennung genügen 20 Minuten. Die Korrektur-Koeff. für die mit der Meth. der inneren Normierung erhaltenen quant. Daten (Tabellen) werden angegeben. G. PLATZER. G 500□

Neue und verbesserte Analyse auf Tri-n-butylphosphat. Robert J. Allen und Michael A. De Sesa. (Nucleonics **15.** Nr. 10. 88—98. Okt. 1957. Winchester, Mass., Nat. Lead Co., Inc., Raw Mater. Dev. Labor.) (Engl.)

Auf Grund einer Auswertung der Zers.-Meth., der Sättigungs-Meth. mit HNO_3 bzw. U zur indirekten Best. von Tri-n-butylphosphat (TBP) werden verbesserte Abwandlungen der Sättigungs-Meth. beschrieben. Aus den Extraktions-Verss. mit HNO_3 verschiedener Konz. geht hervor, daß der Extraktionsprozeß nicht nur auf der Rk. $TBP_{org} + H^+_{aq} + NO^-_{3aq} = TBP(HNO_3)_{org}$ beruht, sondern bei höheren HNO_3-Konzz. auch in einem beträchtlichen Ausmaß die Rk. $TBP\ (HNO_3)_{org} + H_{aq}^+ + NO^-_{3aq} = TBP\ (HNO_3)_{2\ org}$ stattfindet. Die Bldg.-Konst. dieser 2 Komplexe wurden nach der Meth. von BYERRUM zu $K_1 = 0{,}45$ u. $K_2 = 0{,}039$ bestimmt. Zur Extraktion mit HNO_3 werden 25 ml der Probe (TBP gelöst in Amsco) nach Extraktion des U oder anderer anorgan. Bestandteile mit Na_2CO_3-Lsg. 2 Min. lang mit 25 ml 8n HNO_3 geschüttelt u. die organ. Phase noch 2 mal auf die gleiche Weise mit HNO_3 geschüttelt. Ein aliquoter Teil der organ. Phase wird mit 100 ml dest. W. verd., 10 Tropfen einer 0,1%ig. Lsg. von Bromthymolblau zugegeben u. mit 0,2n NaOH-Lsg. titriert. Zur Extraktion mit $UO_2(NO_3)_2$ werden 25 ml der TBP-Lsg. mit je 3 ml einer gesätt. Lsg. von $UO_2(NO_3)_2 \cdot 6\ H_2O$ bzw. $Al(NO_3)_2$ versetzt u. 5 Min. lang geschüttelt. Die Absorption wird mit einem aliquoten Teil der organ. Phase entweder im sichtbaren (ca. 420 mμ) bzw. im UV-Bereich (280 mμ) gegen eine Vgl.-Lsg. des Lsgm. Amsco gemessen. W. KARCHER. G 590□

Chromatographie organischer Substanzen. 8. Mitt. **Trennung von Aldehyden und Ketonen nach der Kondensation mit Cyanacethydrazid.** J. Franc und G. Čelikovská. (Collect. czechoslov. chem. Commun. **26.** 667—72. März 1961. Pardubice-Rybitví, Forsch.-Inst. für org. Synthesen.) (Dt.) — 7. vgl. C. **1962.** 7643.

Die papierchromatograph. Trennung von Aldehyden u. Ketonen nach deren Kondens. mit Cyanacethydrazid wird beschrieben. Das Papier wurde mit 30%ig. alkohol. Formamid bzw. Dimethylformamid-Lsg. oder 20%ig. Acetamid-Lsg. imprägniert, u. als mobile Phase wurde Chlorbenzol benutzt. Der Nachw. erfolgt mit Hilfe des EHRLICHschen Reagens (1%ig. Lsg. von p-Dimethylaminobenzaldehyd in 2n HCl). Die korrigierten R_R-Werte folgender Keton- u. Aldehyd–Cyanacethydrazone werden angegeben: *Cyclohexanon, 3-Methylcyclohexanon, 4-Methylcyclohexanon, 2-Methylcyclopentanon, 3-Methylcyclopentanon, Aceton, Methyläthylketon, Methyl-n-propylketon, Methyl-n-butylketon, Methylamylketon, Diäthylketon, Äthyl-n-propylketon, Äthyl-n-butylketon, Di-n-propylketon, n-Propyl-n-butylketon, Di-n-butylketon, Acetophenon, 4-Methylacetophenon, Cyanacethydrazid, Benzaldehyd, 2-Nitrobenzaldehyd, 2-Chlorbenzaldehyd, 4-Chlorbenzaldehyd, 4-Brombenzaldehyd, Salicylaldehyd, 4-Methoxybenzaldehyd, Butyraldehyd, Zimtaldehyd, 4-Methylbenzaldehyd, 3.4-Dimethylbenzaldehyd, Propionaldehyd, Formaldehyd, Paraldehyd, 4-Nitrobenzaldehyd, 3-Hydroxybenzaldehyd, 4-Aminobenzaldehyd, 4-Acetaminobenzaldehyd, 4-Dimethylaminobenzaldehyd, 3-Methoxy-4-hydroxybenzaldehyd, 3-Methoxy-4-benzyloxybenzaldehyd, 3-Hydroxy-4-methoxybenzaldehyd, 2-Hydroxy-4-äthoxybenzaldehyd, 2-Benzyloxybenzaldehyd, Chlormalondialdehyd, Fural* u. *4-Hydroxybenzaldehyd.* An Hand der Ergebnisse wird die Größe der intermol. Wasserstoffbrückenenergie für die einzelnen Kondens.-Prodd. diskutiert. K. SETÍNEK/Prag. G 700

Bestimmung des wirklichen Gehalts an Säurechlorid in Carbonsäurechloriden. K. Burger und E. Schulek. (Talanta [London] **4.** 120—25. April 1960. Budapest, L. Eötvös Univ., Inst. of Inorg. and Analyt. Chem.) (Engl.)

Zur Best. von HCl u. RCOOH in Carbonsäurechloriden gibt man 20 ml wasserfreien A. in einen völlig trockenen Kolben, wägt eine 6—12 ml 0,1n NaOH äquivalente Säurechloridmenge ein, verschließt mit einem Glastrichter u. etwas Baumwolle, erwärmt 5 Min. auf dem Wasserbad u. kühlt in Eis. Bei Acetylchlorid u. Palmitylchlorid erfolgt die Ester-Bldg. schon bei Zimmertemperatur. Bei Palmityl- u. Stearylchlorid titriert man die freie HCl mit 2 Tropfen Methylrot gegen 0,1n NaOH u. anschließend die freie Carbonsäure mit 5 Tropfen Phenolphthalein (I). Bei den Chloriden stärkerer Säuren werden alle Säuren zusammen mit I titriert. Sollen HCl u. Carbonsäure bei der Analyse unterschieden werden, dann titriert man das Alkali gegen H_2SO_4 zurück, fällt Cl^- mit überschüssiger 0,1n $AgNO_3$-Lsg., fügt ca. 1 g KNO_3 hinzu, kocht bis zur völligen Koagulation u. titriert das überschüssige $AgNO_3$ gegen 0,1n KSCN-Lsg. unter Verw. von 1 ml 10%ig. $Fe(NO_3)_3$-Lsg. in 10%ig. HNO_3 zurück. Zur Best. des wirklichen Säurechlorid-Geh. in der Probe versetzt man die mit I titrierte Probe mit einer genau abgemessenen 1,5—2fachen Menge 0,1n NaOH. Falls die Mischung dabei trübe wird, versetzt man bis zur Klärung mit A., erwärmt dann 1 Std. auf dem Wasserbad u. titriert die überschüssige NaOH gegen 0,1n HCl oder H_2SO_4 mit I zurück. Die zum Verseifen des Esters benötigte Menge NaOH ist ein Maß für den Geh. an Säurechlorid. H. PLUSKAL. G 800□

Bestimmung von Cymol- und tert.-Butyltoluol-Isomeren durch Infrarotabsorptionsspektren. Ju. Ja. Michailenko, N. N. Lebedew und I. K. Koltschin. (Журнал Аналитической Химии [J. analyt. Chem.] **15.** 159—62. März/April 1960. Moskau, Chem.-technol. Mendelejew-Inst.) (Russ.; Auszug: Engl.)

Die Best. von o-, m-, u. p-Cymol (I) sowie o-, m- u. p-tert. Butyltoluol (II) nebeneinander gelingt durch IR-Spektrometrie. Als Lsgm. dient CS_2. Es werden die Absorptions-Koeff. verschiedener Konzz. von I u. II angeführt, woraus sich durch fortgesetzte Annäherung die Konzz. der o-, m- u. p-Komponenten eines Gemisches von I u. II ergeben. Bei I beträgt der Fehler 1,5—2%, bei II 2—3%. E. Heise. G 1010□

Photometrische Bestimmung von Cyclohexanonoxim in Gegenwart von Caprolactam. A. P. Terentjew und M. Kossinski. (Журнал Аналитической Химии [J. analyt. Chem.] **15.** 234—37. März/April 1960. Moskau, Lomonossow-Univ.) (Russ.; Auszug: Engl.)

Durch gasförmiges Cl_2 wird Cyclohexanonoxim (I) in *1-Chlor-1-nitrosocyclohexan* (II) umgewandelt. II-Lsgg. besitzen bei 655 mμ ein Absorptionsmaximum u. gehorchen dem Beerschen Gesetz. Daher ist eine photometr. Best. von I u. II möglich. Die Best. wird in Methanol durchgeführt. Es können $2 \cdot 10^{-1}$ g II/Liter mit einer Genauigkeit von 2% bestimmt werden. Die Farbe der Lsg. ist mehrere Tage beständig. I u. II können auch in Ggw. von Caprolactam nach dieser Meth. bestimmt werden. Der Absorptions-Koeff. von II wird zu 0,096 berechnet. E. Heise. G 1960□

Photometrische Bestimmung von Pyridin in Alkohol. E. Asmus, J. Kraetsch und D. Papenfuss. (Z. analyt. Chem. **184.** 25—34. 1961. Berlin, TU, Lehrgebiet Analyt. Chem.) (Dt.)

Vff. beschreiben ein photometr. Verf. zur Best. von Pyridin in vollständig vergälltem A. bis herunter zu Konzz. von 0,0001 Vol.-%. — Arbeitsvorschrift: Man vermischt 1 ml der im Verhältnis 1:50 mit W. verd. Probe mit 10 ml einer 1%ig. wss. KCN-Lsg., 50 ml eines Boratpuffers (pH 7,7), 10 ml einer wss. 4%ig. Chloramin-Lsg., füllt mit W. auf 100 ml auf u. photometriert nach 40 Min. langem Stehen bei 25° mit Hg-Licht bei 405 nm. Bei Konzz. von 0,01—0,1 Vol.-% wird im Verhältnis 1:5 u. bei Konzz. $<$0,01 Vol.-% nicht vorverdünnt. J. Kraetsch. G 3231□

c) Bestandteile von Pflanzen und Tieren

Eine Methode zur raschen photometrischen oder titrimetrischen Gesamtschwefelbestimmung in biologischem Material. Manfred Buck. (Z. analyt. Chem. **184.** 427—34. 1961. Bochum, Landesanst. für Bodennutzungsschutz des Landes Nordrhein-Westfalen.) (Dt.)

Es wird eine Meth. zur Gesamt-S-Best. in pflanzlichem Material beschrieben, die auf der Verbrennung der Substanz bei 1300° im Rohr im O_2-Strom u. auf der Absorption des gebildeten SO_2/SO_3 in verd. H_2O_2-Lsg. beruht. Die anschließende SO_4^{2-}-Best. erfolgt entweder photometr. mit Ba-Chloranilat oder durch direkte Titration mit $BaCl_2$ gegen Thorin als Indicator. Die Einwaage beträgt 50—250 mg getrockneter Pflanzensubstanz, der Zeitbedarf für eine Best. ca. 25 Minuten. P. Kurzmann. 5664□

Trennung einiger Hydroxyanthrachinone durch Papierelektrophorese. Alfred C. Core und Ernst R. Kirch. (J. Amer. pharmac. Assoc., sci. Edit. **47.** 513—15. Juli 1958. Chicago, Ill., Univ. of Illinois, Coll. of Pharm., Dep. of Chem.) (Engl.)

Vff. beschreiben die papierelektrophoret. Trennung von *1.2-Dihydroxy-*, *1.4-Dihydroxy-*, *1.5-Dihydroxy-*, *1.8-Dihydroxy-*, *2.6-Dihydroxy-*, *1.2.3-Trihydroxy-*, *1.2.4-Trihydroxy-*, *1.2.7-Trihydroxy-*, *2.5.8-Trihydroxy-5-methyl-* (I), *1.2.5.8-Tetrahydroxy-*, *1.8-Dihydroxy-3-methyl-*, *1.8-Dihydroxy-3-carbonsäure-* (IV), *1.8-Dihydroxy-3-hydroxymethyl-* (II) u. *1.6.8-Trihydroxy-3-methyl-* (III)-*Anthrachinon* mittels der „hanging-strip"-Methode. Da keine reproduzierbaren Werte erhalten wurden, muß die Elektrophorese bei gleichen relativen Bedingungen unter Mitlaufen von Kontrollsubstanzen ausgeführt werden. Im Aloe-Extrakt werden nachgewiesen I, II u. III, im Cascara-sagrada-Extrakt I u. II u. im Senna-Extrakt IV. Nach der angegebenen Meth. werden aus den nativen Glykosiden die freien Anthrachinone gewonnen, so daß eine Unterscheidung von glykosid. gebundenen u. frei vorkommenden Anthrachinonen nicht möglich ist. S. Erbe. 5666

Trennung der Marihuana-Komponenten mit Hilfe der Gas-Flüssigkeits-Chromatographie. Charles R. Kingston und Paul L. Kirk. (Analytic. Chem. **33.** 1794—95. Nov. 1961. Berkeley, Calif., Univ. of California, School of Criminology.) (Engl.)

Vff. beschreiben ein schnelles fl.-gaschromatograph. Verf., das eine befriedigende Trennung der im Harz der *Cannabis sativa* (Marihuana-Pflanze) enthaltenen hochsd. Harzkomponenten ermöglicht. Als Trenn-Fl. wurde Siliconöl SE 30 (2%) auf Chromosorb W in einer 5 ft langen Säule von $^1/_4$ in. Ø verwendet. 20 μl eines 10—20%ig. PAe.-Extraktes ergaben bei 250° u. einer He-Durchfluß-Geschw. von 40 cm³/Min. 6 Fraktionen. Durch erneute Chromatographie dieser Fraktionen bei 225° ergaben sich insgesamt 12 Banden. Ein Bestandteil konnte nach Acetylierung spektrophotometr. als *Cannabinol* identifiziert werden. Aus den UV-Werten zweier weiterer Fraktionen u. der gleichen Retentionszeit des Haupt-Prod. einer Pulegon–Orcin-Kondens. wird auf Isomere des *Tetrahydrocannabinols* geschlossen. Durch diese Auftrennung wurde es möglich, mit dem Farbtest für Marihuana (vgl. DUQUENOIS u. MOUSTAPHA, J. Egypt. med. Assoc. **21.** [1938.] 224) die Rk. der Einzelkomponenten des Harzes zu untersuchen. Hierbei wird eine Lsg. von Vanillin u. Acetaldehyd in A. zu dem Testmaterial hinzugefügt u. mit der gleichen Menge konz. HCl angesäuert. 4 Fraktionen ergeben eine violette Farbe, eine reagiert langsam unter Farbwechsel von Grün nach intensiv Blau, eine reagiert überhaupt nicht, u. bei weiteren 3 kann die positive Rk. durch Spuren anderer Fraktionen hervorgerufen worden sein. Da auch andere Verbb., wie z. B. Resorcin-Derivv. u. Thymol, ähnliche Farberscheinungen ergeben, können solche Farbteste nicht mit letzter Sicherheit das Vorliegen eines komplexen botan. Materials beweisen. W. HEIN. 5666□

d) Medizinische und toxikologische Analyse

Mikrobestimmung von Serumkupfer. Ruby M. Summers. (Analytic. Chem. **32.** 1903–04. Dez. 1960. Houston, Texas, V. A. Hospital, Psychiatr. and Psychosomat. Res. Labor.) (Engl.)

Zur Best. von Serum-Cu erwärmt man 2,0 ml Serum u. 1,0 ml 1n HCl in einem Zentrifugenröhrchen 10 Min. lang im Wasserbad, fällt die Proteine mit 1,0 ml 10%ig. $CCl_3 \cdot COOH$, zentrifugiert nach 15 Min. u. vermischt einen 2,5 ml-Anteil der überstehenden Fl. mit 0,5 ml frisch bereitetem Oxalyldihydrazid-Acetaldehyd-Farbreagens (**I**) in einer 10-ml-Küvette. **I** stellt man durch Mischen von 10 ml 0,3%ig. Oxalyldihydrazid-Lsg., 2,5 ml konz. NH_4OH u. 0,5 ml Acetaldehyd her. Nach 20 Min. mißt man die Absorption bei 550 mμ gegen eine Blindprobe. Statt der Proteinfällung kann auch eine Abtrennung mit Hilfe eines Dialysators unter Druck vorgenommen werden. Ein genaues Schema für die automat. Durchführung des Verf. liegt vor. Dieses Verf. ist bes. genau. H. PLUSKAL. 5728□

Eine fluorimetrische Mikroglycerinbestimmung und ihre Anwendung zur Ermittlung von Serumtriglyceriden. Dennis Mendelsohn und Arnold Antonis. (J. Lipid Res. **2.** 45–50. Jan. 1961. Johannesburg, South Africa, Univ. of Witwatersrand, Dep. of Pathol. and Microbiol., Div. of Chem. Pathol. und Johannesburg, South African Inst. for Med. Res., Ernest Oppenheimer Heart Res. Unit.) (Engl.)

Unter Hinweis auf die analyt. Schwierigkeiten, die einer raschen, zuverlässigen Mikro-Best. der Serumtriglyceride entgegenstehen (17 Literaturzitate) wird eine Arbeitsweise vorgeschlagen, die sich auf die von FEIGL angegebene Meth. stützt (Spot Tests in Organic Analysis, Amsterdam) u. die von SKRAUP [1881] untersuchten Rkk. des Glycerins mit o-Aminophenol in Ggw. von konz. H_2SO_4, einem oxydierenden Agens u. einem divalenten Metall benutzt. Eingehende Angaben über die benötigten Reagentien u. ihre Herst., über die Beschickung der Silicasäule zur Abtrennung der Triglyceride sowie über die Durchführung der Rk. u. die Messung der im UV auftretenden Fluorescenz im FARRAND-Fluorometer; Auswertung mit Eichkurven. Nach den tabellierten, krit. ausgewerteten Ergebnissen an reinen Triglyceriden sowie an natürlichen Substraten ist die Arbeitsweise spezif. u. sehr empfindlich u. ermöglicht die Erfassung von $< 50\ \mu g$ Triglyceriden; Hinweis, daß das Verf. in geeigneter Abwandlung auch zur Best. des Phosphatidglycerins geeignet ist. K. TÄUFEL. 5728□

Vorschlag für eine einfache Methode zur quantitativen Ermittlung von Zink im biologischen Material bei Zinkphosphid-Vergiftungen. H. Bentz und M. Kühnert. (Arch. Toxikol. **19.** 112–18. 1961. Leipzig, Karl-Marx-Univ., Inst. für Vet.-Pharmakol. u. -Toxikol.) (Dt.)

Es wird ein komplexometr. *Zn*-Best.-Verf. bzgl. seiner Anwendung bei Vergiftungsfällen überprüft. Das Verf. besitzt eine abs. Empfindlichkeit von 100 μg u. ist zur Zn-Best. bei akuten *Zinkphosphid*-Vergiftungen geeignet. M. METZE. 5764□

Günter Gottschalk, Statistik in der quantitativen chemischen Analyse. Stuttgart: Ferdinand Enke. 1962. (XV + 220 S. m. 9 Abb. u. 41 Tab.) DM 63,—.

D. S. Jackson, ed., Titrimetric methods; proceedings of the Symposium on Titrimetric Methods, held at Cornwall, Ont., May 8—9, 1961. New York: Plenum Pr. 1961. (185 S. m. Abb.) $ 7.50.

I. M. Konjuschko, Qualitative chemische Analyse. Lehrbuch. Minsk: Verl. der Moskauer Hochschule für mittlere, fachliche und Berufs-Ausbildung der BelorussSSR. 1961. (488 S. m. Abb.) 1 Rbl. 10 Kop. [Russ.]

W. A. Oknina, Methoden der chemischen Analyse der Phosphaterze. Moskau: Gosschimisdat. 1961. (143 S.) 58 Kop. [Russ.]

H. Angewandte Chemie

I. Allgemeine chemische Technologie

Ein Mollier-Diagramm für Propylen. K. Stephan und G. Scherer. (Chemie-Ing.-Techn. **33.** 417—20. Juni 1961. Karlsruhe, TH, Thermodynam. Inst.) (Dt.)

Zur Kenntnis der thermodynam. Zustandsgrößen des Rohstoffes Propylen ist ein MOLLIER-Druck–Enthalpiediagramm aufgestellt worden. Es gilt zwischen 0,8—3000 bar u. zwischen —150° u. 409° u. enthält Isothermen, Isochoren u. Isentropen.

A. KNICKENBERG. 5800□

Stabilität exothermisch chemischer Reaktionen in einfachen, nicht adiabatischen Systemen. D. B. Spalding. (Chem. Engng. Sci. **11.** 53—60. Aug. 1959.) (Engl.)

Folgende Syst. wurden untersucht: Der Reaktor mit Rührwerk, die feste Katalysatoroberfläche u. die feste Brennstoffoberfläche. Es wird eine Beziehung abgeleitet zwischen der Temp. der Rk.-Zone u. zwei dimensionslosen Größen. Die Arbeit liefert einen Beitrag zur Vereinheitlichung, Vereinfachung u. Klärung dieses Teiles der Reaktortheorie. — 22 Literaturangaben. M. RABES. 5800□

Wärmeübergang in einer Mischung von Flüssigkeit und Gas bei stark turbulenter Konvektion mit geringer Verdampfung der flüssigen Phase. Jean Huyghe, Henri Mondin und Jean Villeneuve. (C. R. hebd. Séances Acad. Sci. **252.** 3015—17. 15/5. 1961. Grenoble, Centre d'Études nucléaires, Sect. des Transferts therm.) (Franz.)

In einen CO_2-Strom (0,5—2,5 g/s) wird *Gilotherm* (I, eutekt. Mischung von 26% *Diphenyl* u. 74% *Diphenyloxid*) in einer Menge von 2—0,5 g/Sek. eingespritzt u. die Heizleistung, Temp. von I an Ein- u. Austrittsstelle u. Wand-Temp. u. Druckverlust im Rk.-Rohr bestimmt. Die in dem turbulenten Gasstrom erfolgende Verdampfung von I erklärt den Anstieg der Wärmekapazität der fluiden Mischung u. des Koeff. des Wärmeüberganges. Die Unterss. zeigen, daß bereits bei geringer Verdampfung der Koeff. stark ansteigt, während sich die Verluste wenig verändern. HERBERT MÜLLER. 5816□

Wärme- und strömungstechnische Untersuchungen an quer angeströmten Rippenrohrbündeln. 2. Mitt. **Einfluß der Rippen- und der Rohranordnung.** H. Brauer. (Chemie-Ing.-Techn. **33.** 431—38. Juni 1961. Duisburg, Forsch.-Inst. Mannesmann A. G.) (Dt.) — 1. vgl. C. **1962.** 8367.

Vers.-Ergebnisse für Rohre mit unterschiedlichen Rippenhöhen u. Rippenabständen werden mitgeteilt. Es ergibt sich, daß die Abhängigkeit des Wärmeübergangs u. des Widerstandes von der Rohrreihenzahl bei fluchtender u. bei versetzter Anordnung der Rippenrohre. Der Wärmeübergang ist bei versetzter Rohranordnnng erheblich besser als bei fluchtender, der Heizflächenbedarf ist 20—25% geringer. A. KNICKENBERG. 5816□

Mischen hochviscoser Stoffe in einem Vielkantmischer. 1. Mitt. **Wirkungsweise des Mischers.** P. Schaefer. (Chemie-Ing.-Techn. **33.** 421—26. Juni 1961. Frankfurt/M., M. J. Zimmer.) (Dt.)

Der neuartige Mischer besteht aus einer in einem zylindr. Gehäuse rotierendem kantförmigen Welle. Vf. stellt eine Theorie auf für die Verteilung eines Feststoffes in einer hochviscosen Flüssigkeit. Als Modell-Fl. wird Sulfitzellstoffablauge mit wechselnder Viscosität verwendet, als Pigmentzusatzstoff dient TiO_2. Die Mischgüte, der Leistungsbedarf u. der Druckabfall, bezogen auf die Abmessungen des Mischers, werden ermittelt.

A. KNICKENBERG. 5822□

Bestimmung von Misch-Wirkungsgraden für kontinuierliche Strömungssysteme. A. Cholette und Leonce Cloutier. (Canad. J. chem. Engng. **37.** 105—12. Juni 1959. Quebec, Que., Laval Univ., Dep. of Chem. Engng.) (Engl.)

Vff. stellen auf Grund theoret. Überlegungen Differentialgleichungen auf, die es gestatten, verschiedene Mischbedingungen zu erfassen. Für verschiedene Mischbedingungen in einem kontinuierlichem Strömungs-Syst. werden Modelle definiert. Die Werte der einzelnen Faktoren in den integrierten Gleichungen können experimentell bestimmt werden, u. zwar durch die Rk. eines gegebenen Syst. auf die plötzliche Änderung der analyt. Zus. der Zugabe. Für die experimentellen Unterss. wurde eine spezielle App. aufgebaut, die es gestattet die Variationen im effektiven Vol. sowie Kurzschlüsse bei verschiedenen Rühr-Geschw. zu beobachten. Vff. zeigen ein Schema für die Konstruktion von Mischern, das auch unvollständige Mischvorgänge berücksichtigt.

K.-H. BIRR. 5822□

Wiedergewinnung von Uran aus Calciumnitrat durch kontinuierlichen Ionenaustausch. Irwin R. Higgins. (Ind. Engng. Chem. **53.** 999—1002. Dez. 1961. Oak Ridge, Tenn., Chem. Separations Corp.) (Engl.)

Vf. untersuchte die Wiedergewinnung von U aus $Ca(NO_3)_2$-Lsgg. durch kontinuierlichen Gegenstromanionenaustausch (mit Dowex 21 K u. Permutit SK). U wurde vom Austauscherharz als komplexes Anion aus 5—7 n NO_3^- sorbiert u. durch Verminderung der NO_3-Konz. (< 2 n), d. h. mit W. eluiert. Im NO_3^--Syst. ist die Produktions-Geschw. wesentlich geringer als im Chlorid-Syst., auch bei höherer Temperatur. Bei einer Durchlauf-Geschw. von 250 gal./h/sq.ft. einer 6,25 n $Ca(NO_3)_2$–0,5 n HNO_3-Lsg. durch ein 10 ft. langes Austauscherbett wurde bei 60° (20 Min. Kontaktzeit) u. bei 10%ig. Harzbeladung eine U-Ausbeute von 99% erhalten. Bei Erhöhung der Temp. von 52° auf 64° steigt die Produktions-Geschw. um 25%, bei Zunahme der $Ca(NO_3)_2$-Konz. von 6n auf 7,6n nimmt sie um 25% zu. Bei Verw. eines Harzes von 20—50 mesh anstatt eines von 16—20 mesh steigt die Geschw. um 10%. Ein Vgl. des NO_3^-- u. des Cl^--Syst. zeigt, daß ersteres App. aus rostfreiem Stahl nicht angreift, aber eine wesentlich längere Kontaktzeit benötigt als das Cl^--System. P. SCHARNER. 5826☐

Ein neues elektromagnetisches Verfahren zur Aufbereitung von Mineralien. Teresio Micheletti. (Ind. mineraria [2] **10.** 505—16. Aug. 1959.) (Ital.)

Bei der Aufbereitung von Mineralien mit Hilfe künstlicher Schlämme werden zur Herst. dieser bes. *Bleiglanz, Magnetit* u. *Ferrosilicium* verwendet. Die dabei gebräuchlichen App. werden beschrieben. Nachteilig ist vor allem, daß Korngrößen unter 3—4 mm nicht behandelt werden können. Das neue Verf. beruht darauf, daß bei Durchgang von elektr. Strom durch einen Elektrolyten, der sich in einem Magnetfeld befindet, eine Erhöhung der Dichte des Elektrolyten erfolgt. Versenkt man z. B. in einer NaCl-Lsg. von der D. 1,15 Bakelitestückchen (D. 1,30—1,35) u. Galalithstückchen (D. 1,3—1,4), so steigen unter dem Einfl. des elektr. Stroms die ersteren an die Oberfläche. Auf Grund von Labor.-Verss. berechnet Vf. den Stromverbrauch für die Trennung von Flußspat von der quarzhaltigen Gangart zu 7,65—10,65 kWh/t, für die Trennung von *Steinsalz* vom *Anhydrit* zu < 3 kWh/t u. für die Aufbereitung von *Steinkohle* zu 2,35 kWh/t. Eine vorherige Klassierung nach Korngrößen ist jedoch erforderlich. Über Stromverbrauch u. -verluste werden ausführliche Berechnungen mitgeteilt. F. HOCHSTETTER. 5828☐

Flotation von Körnern unter 10 μ durch aus der Lösung austretende Gase. W. I. Klassen und N. F. Meschtscherjakow. (Доклады Академии Наук СССР [Ber. Akad. Wiss. UdSSR.] **121.** 697—99. 1/8. 1958.) (Russ.)

Während bei der üblichen Flotation bes. kleine Körner (< 10—5 μ) nicht zum Aufsteigen zu bringen sind (sie werden vom Wasserstrom fortgeführt, ohne in Berührung mit den Luftbläschen zu kommen), zeigen die Verss., bei denen die übliche mechan. Flotation mittels Na-Oleat an Gemischen von Baryt bzw. Fluorit mit Quarz (Korngröße nicht über 10 μ) mit der Vakuumflotation (bei 700—740 mm Hg) derselben Gemische verglichen wird, daß der Geh. an Baryt bzw. Fluorit in den Konzentraten bei der Vakuumflotation um 15—20%, die Ausbringung um 10—15% gesteigert werden kann. Bei Erzeugung des Vakuums brauchen die Körner nicht mit den Luftbläschen zu kollidieren, da die Bläschen auf genügend hydrophoben Kornflächen entstehen. Man kann daher die Leistung der Flotation für Körner < 10 μ durch Gase steigern, die sich in der Lsg. entwickeln. A. v. WILPERT. 5828☐

Dialyse. J. A. Lane und J. W. Riggle. (Chem. Engng. Progr., Sympos. Ser. **55.** Nr. 24. 127—43. 1959. Wilmington, Del., E. I. du Pont de Nemours & Co., Inc.) (Engl.)

In einer Dialyse-App. für Chargenbetrieb nach MARSHALL u. STORROW [1951] wurde die Dialyse von NaCl-Lsg. (oben) gegen W. (unten) bei verschiedener Rühr-Geschw. gemessen sowie mit einer Cellophan-Membran (Du Pont 450 gauge P. D.) die Dialyse von KOH, NaOH, LiOH, $Ba(OH)_2$, HCl, NaCl, LiCl, KCl, $BaCl_2$, $MgCl_2$, $CaCl_2$, Dextrose, Saccharose (I) u. Raffinose gegen W. bei großer Rühr-Geschw., wo der Einfl. des Fl.-Filmes auf den Dialyse-Koeff. vernachlässigbar ist. Mit 5%ig. NaCl- bzw. I-Lsg. wurde die Dialyse an verschiedenartigen handelsüblichen Membranen (M) sowie die M-Stärke in trockenem u. gequollenem (W. oder 1 n NaOH) Zustand gemessen. Aus diesen Ergebnsisen u. bekannten Werten der entsprechenden Diffusions-Koeff. läßt sich der Koeff. für diskontinuierliche, ohne Rühren durchgeführte Dialyse eines Elektrolyten allein oder im Gemisch mit Nichtelektrolyten abschätzen, u. zwar mit Hilfe der Kapillartheorie unter Berücksichtigung des zur Diffusion zur Verfügung stehenden freien M-Vol., des Wandeffektes in den Kapillaren (geeignete graph. Darst. der FAXENschen Gleichung), der mittleren Länge der Kapillaren u. der Dicke des Fl.-Filmes an beiden M-Seiten. Zwecks Berechnung der Konstruktionsdaten (M-Fläche u. -Art) handelsüblicher Rahmendialysatoren für kontinuierlichen Betrieb wird eine der FICKschen Diffusionsgleichung ähnliche Differentialgleichung aufgestellt, die die Beziehung zwischen dem Gew. des pro Zeit dialysierten Materials, dem Gesamtdialyse-Koeff., der Dialysatorfläche u. dem Konz.-Potential wiedergibt. Die Integration erfolgt 1. für Gegendialyse des Lsgm., 2. ohne Gegendiffusion. Anhand von Beispielen (Berechnung der M-Flächen als Funktion der Konz. für verschiedene Mol.-Gew.) wird der Anwendungsbereich der Formeln 1 u. 2 gezeigt. Die Berechnung der Trennung von Moll. verschiedener Größe wird am Beispiel Na_2SO_4–I gezeigt. R. JUNGE. 5828□

Konstruktion einer Elektrodialyseeinrichtung. E. A. Mason und T. A. Kirkham. (Chem. Engng. Progr., Sympos. Ser. **55.** Nr. 24. 173—89. 1959. Cambridge, Mass., Ionics, Inc.) (Engl.)

Aus Theorie u. den Erfahrungen, die an kommerziellen Elektrodialyse-App. (Rahmen mit Anion- u. Kationaustauschermembranen) gemacht wurden, geht hervor, daß die meiste Energie für die Überwindung des elektr. Widerstandes der Elektrolyt-Lsgg. u. der Membranen verbraucht wird. Der Widerstand R pro Zellenpaar ist durch Messung des Widerstandes einer aus einigen Zellen gebauten Vers.-Anordnung unter den Betriebsbedingungen zu ermitteln. In den Elektrodialyse-App. sollen zwecks Vermeidung zu großen hydrostat. Druckes die sich konzentrierende u. die sich verdünnende Lsg. im Gleichstrom durch jedes Zellenpaar fließen, wobei zwecks Vermeidung zu großen Konz.-Gradienten beide Lsgg. an entgegengesetzten Enden der App. zugeführt werden. Für diese Art der Prozeßführung ist es anhand der entwickelten Gleichungen mit den genannten Messungen möglich, die Membranfläche, den Energieverbruach u. die Betriebsspannung von Elektrodialyse-App. abzuschätzen sowie Aussagen über Betriebs- u. Anlagekosten zu machen. Für NaCl-Entfernung werden die entsprechenden Diagramme u. einige Zahlenwerte gegeben. Die 3 Arten der hydraul. Prozeßführung; einstufig, diskontinuierliche u. kontinuierliche Rückführung werden in techn. u. wirtschaftlicher Hinsicht diskutiert. R. JUNGE. 5828□

Methode zur Bestimmung der optimalen Dauer der Filtration von Natriumhydroxidlösungen durch Alkalicellulose. Je. L. Tatewossjan, T. P. Makarowa und A I. Meoss. (Химические Волокна [Chemiefasern] **1961.** Nr. 5. 31—34. Leningrad, Filiale des Allunions-Forsch.-Inst. für Fasern.) (Russ.)

Es wird die Zeit bestimmt, die eine NaOH-Lsg. benötigt, um durch eine genau definierte Schicht von Alkalicellulose (I) hindurchzutreten. Die Filtrations-Verss. wurden in einem 80 mm hohen „Viniplast"-Trichter von 55 mm Durchmesser, der eine Bodenplatte mit 41 Öffnungen besaß, unter genau einzuhaltenden Bedingungen durchgeführt. Die optimale Filtrationszeit einer NaOH-Lsg. steigt bei Verringerung der Faserlänge der I an. Ein Zusatz von 5% Baumwollcellulose zur Holzcellulose beschleunigt die Filtration. Weiterhin empfiehlt es sich, die kontinuierlich durchgeführte Merzerisation bei 52—55^0 durchzuführen. Der Geh. an Hemicellulosen in der NaOH-Lsg. soll unter 30—35 g/Liter bleiben. M. ULMANN. 5830□

Trennung von Gasgemischen mit einem flüssigen oder festen Sorbens. Pál Benedek. (Magyar Kémikusok Lapja [Z. Ver. ung. Chemiker] **15.** 432—41. Okt. 1960. Veszprém, Magyar Ásványolaj és Földgázkisérleti Intézet.) (Ung.)

Berechnung der Konstruktionselemente von Hypersorptions- u. Rektisorptions-Anlagen. Beschreibung der kontinuierlichen Elutions-, Verdrängungs- u. Frontal-Gaschromatographie u. der Vorgänge bei der Hypersorption u. Rektisorption. G. HALMI. 5848□

Separator zur Reinigung von Trockenmitteln von mechanischen Beimengungen. G. Indriksson und Ju. Michailow. (Известия Академии Наук Латвийской ССР [Nachr. Akad. Wiss. LettSSR] **1961.** Nr. 1. 55—58. Inst. für Energetik u. Elektrotechn. der Akad. der Wiss. der LettSSR) (Russ.)

Vf. bestimmte das Trennungsvermögen des von ihm entwickelten App. in Abhängigkeit von der Zus. des zu trocknenden Stoffes u. seiner Konz. im Trockenmittel, der Dreh-Geschw. des Zylinders u. der Geschw. des Trockenmittels. Dem App. liegt das Prinzip der Filterpresse mit dynam. Scheidewand für mechan. Entwässerung zugrunde. Als Modell dient Torf bestimmter Korngröße. Die Verss. zeigten, daß es möglich ist, eine genügend wirksame Trennung des zu trocknenden Stoffes vom mechan. Einschlüssen darunter Staub zu verwirklichen. Der Nutzeffekt der Trennung liegt für das betreffende Modell (Fraktions-Zus. 0—5 mm) bei 0,82—1,00, bei hohen Werten der Umlauf-Geschw. des Zylinders bei 0,92—1,00. K. WEKUA. 5850□

J–x-Diagramm für das System Wasserdampf–Wasserstoff. Anatol Selecki und Alexander Blum. (Химическая Промышленность [Chem. Ind.] **1960.** 411—13. Juli/Aug. Warszawa, Univ., Kat. chem. jad.) (Russ.)

Das Diagramm für die Beziehungen zwischen dem Wärmeinhalt I, bezogen auf 1 kg Trockengas, u. dem Gew. x der Feuchtigkeit je kg Gas dient als Grundlage für die Wärme- u. Stoffbilanzen der Trocknung oder Befeuchtung von H_2. Vf. verwenden für das I-x-Diagramm des Syst. Wasserdampf-H_2 bei konst. Druck (760 mm Hg) auf Grund der Zustandsgleichungen der idealen Gase im Bereich 0—100° u. Feuchtigkeits-Geh. 0—1,8 kg je kg trockenen H_2 das für feuchte Luft bewährte schiefwinklige Koordinatensystem. Das Diagramm (Abb.) wird erläutert. Die danach berechneten Werte für x werden mit den nach den Angaben eines Psychrometers erhaltenen verglichen, wobei sich Abweichungen von 0—11,6% ergeben. R. K. MÜLLER. 5854□

Grundlagen und Arbeitsweise eines luftbetriebenen Mischer-Absetzers. W. G. Mathers und E. E. Winter. (Canad. J. chem. Engng. **37.** 99—104. Juni 1959. Chalk River, Ont., Atomic Energy of Canada Ltd.) (Engl.)

Es wird die Konstruktion u. Arbeitsweise eines 3stufigen Mischer-Absetzers für kontinuierliche Gegenstromextraktion beschrieben, ausgelegt für 100 jato U. Der Extraktions-App. zeichnet sich durch kompakte, horizontale Bauweise aus; er erfordert keine Pumpen zwischen den Stufen u. enthält keine beweglichen Teile. Im Betrieb wird das Mischen u. Bewegen der fl. Phase durch Luftströme bewirkt. Die Arbeitsweise wird theoret. abgeleitet u. durch das Experiment bewiesen. K.-H. BIRR. 5862□

Selektive Lösungsmittel für die Trennung von n-Pentan von 1-Penten durch extraktive Destillation. J. A. Gerster, John A. Gorton und Rolf-Bertil Eklund. (J. chem. Engng. Data **5.** 423—29. Okt. 1960. Wilmington, Del, Hercules Powder Co., Kallhäll, Schweden, A. B. Svenska Maskinverken.) (Engl.)

Die Unterss. wurden begrenzt auf 100% Lsgm.-Konz. u. Temp. von 0—45°. Gemische von Olefin–Diolefin verhalten sich ähnlich solchen von Paraffin–Olefin. Vff. beschreiben den App. u. das Verf. zur Best. der Gleichgewichtsmessungen. Aus den Messungen kann man den Schluß ziehen, daß μ_1^0 (Aktivitäts-Koeff. von 1 bei unendlicher Verdünnung) mit zunehmender Anzahl Methylengruppen im Lsgm. fällt. Für eine gegebene Anzahl Methylengruppen im Lsgm.-Mol. ist γ_1^0 von der Natur der polaren Gruppe abhängig. Die empir. Beziehung der Aktivitäts-Koeff. aller untersuchten Lsgm. kann durch die Gleichung $\gamma_1^0 = 1{,}34\ (\gamma_2^0)\ 1{,}19$ wiedergegeben werden. Um die Ergebnisse hinsichtlich der Selektivität verschiedener Lsgm. zu interpretieren, wird γ_1^0/γ_2^0 für die C_5-KW-Stoffe untersucht u. Gleichungen zur Berechnung dieses Verhältnisses aus γ_1^0 mitgeteilt. Die Selektivität steigt mit zunehmender Abweichung von der Idealität; gleichzeitig nimmt die Lsg.-Kapazität für KW-Stoffe bei gegebener Temp. u. Druck ab. Bei gegebenem γ_1^0 wird die Selektivität durch Temp.-Senkung erhöht. Die Selektivitätszunahme durch eine best. Temp.-Erhöhung ist am größten für höhere Werte von γ_1^0. Vff. teilen die Lsg.-Wärme von fl. n-Pentan u. 1-Penten in verschiedenen Lsgm. im Temp.-Bereich von 0—45° mit. Je größer die Nichtidealität eines Lsgm., je größer die Lsg.-Wärme. Schließlich wird kurz das Verh. von Lsgm.-Gemischen erörtert u. auf die Auswahl eines optimal wirksamen Lsgm. für extraktive Dest. eingegangen. E. EDLER. 5862□

Leistungsdaten von „Spraypak". S. R. M. Ellis, P. E. Barker und W. S. Hodgson. (Trans. Instn. chem. Engr. **38.** 267—72. Okt. 1960. Birmingham, Univ., Dep. of Chem. Engng.) (Engl.)

Die Leistungsfähigkeit von „Spraypak", einem im A. E. R. E. zur H-Isotopentrennung entwickelten Füllkörper (MCWILLIAMS u. Mitarbeiter, C. **1957.** **7749**), wurde in Stoffübergangs-Verss. mit den Syst. Luft–Wasser (A) u. Luft–Methanol–Wasser (B) im Kühlturm getestet. Die HTU-Werte von A liegen für Fl.-Durchsätze von 500 lb./h · sq. ft. u. Gas-Geschw. bis zu 10 ft./s bei ca. 3 ft., bei höheren Durchsätzen um so weiter darunter, je geringer die Packhöhe ist (HTU ca. 1 ft. bei 8000 lb./h · sq. ft. u. einer Packhöhe von 2,75 ft.). Die Endeffekte werden gesondert berücksichtigt. Bei der Desorption von Methanol (Verss. B) (Packhöhe 2 ft.) sinken die HTU-Werte für Fl.-Durchsätze von 500 lb./h · sq. ft. mit Erhöhung der Gas-Geschw. von 1—10 ft./s von $>$ 3 ft. nach 2 ft. ab, für Durchsätze von 2000 lb./h · sq. ft. liegen sie bei 1 ft. innerhalb des gleichen Geschw.-Intervalls. J. MARTINS. 5864□

Ursachen der Verunreinigung von Brüdendämpfen. K. R. K. Sarma und U. Lohmann. (Chemie-Ing.-Techn. **33.** 446—48. Juni 1961.) (Dt.)

Die wesentlichen Verschmutzungen entstehen durch das Hochschleudern bzw. Mitreißen von Tröpfchen, durch Nachverdampfung kleinster Teilchen u. durch Verdampfung gelöster Stoffe. Besprechung von Gegenmaßnahmen. A. KNICKENBERG. 5864□

Berechnung einer Vielkomponentendestillation mit einer großen Digitalrechenmaschine. 2. Mitt. **Verallgemeinerung hinsichtlich der Abnahme von Destillations-**

produkten. N. R. Amundson, A. J. Pontinen und J. W. Tierney. (A.I.Ch.E. Journal **5.** 295—300. Sept. 1959. St. Paul, Minn., Remington Rand Univac.) (Engl.) — I. vgl. C. **1960.** 14278.

Das Problem der Dest. eines Gemisches von mehreren Komponenten wird an einer Kolonne erörtert, die mit einer beliebigen Zahl von Zuflüssen für den Rohstoff u. mit einer beliebigen Anzahl von Ableitungen für die Dest.-Prodd. versehen ist. Für die Berechnung der Wärmebilanz, der Zufuhr von Inerten u. des Rücklaufs bei innerer Kühlung werden geeignete Formeln angegeben. F. Rosendahl. 5864□

Der Einfluß der Viscosimeterkonstruktion auf nicht-Newtonsche Messungen. Raymond McKennell. (Analytic. Chem. **32.** 1458—63. Okt. 1960. Manchester, England, Ferranti Ltd.) (Engl.) — C. **1962.** 231. R. Junge. 5886□

Über ein modernes elektrisches Temperaturmeßgerät. Rudolf Hock. (Chem. Rdsch. [Solothurn] **14.** 528—29. 15/9. 1961.) (Dt.)

Übersicht über die bisher verwendeten Arten der Temp.-Messung u. deren Meßbereiche. Zur Best. der Temp. von verschiedenen Wasserschichten dient das Gerät „Kaisermühlen TE", ein Widerstandsthermometer mit temperaturabhängigem, hochohmigem Widerstand, der aus einer kleinen Sinter- oder Schmelzperle eines Halbleiters ($NiO + Li_2O$, $MgO \cdot Cu_2O_3$, FeO, NiO oder $CoO + TiO_2$ u. Li_2O) besteht. Die durch die Temp. bedingte Widerstandsänderung beträgt —3 bis —6,5% je 1°. Der Meßbereich liegt bei —20 u. +200°. W. Wesly. 5886□

Polarographisches Prüfsystem. Hugh C. McIntyre. (Instrument Pract., Control Syst.-Electronics-Automat. **15.** 1400—03. Nov. 1961. Canadian Chem. Process.) (Engl.)

Beschreibung eines elektron. gesteuerten Gerätes zu polarograph. Unterss. bes. von Metallsulfiden. W. Wesly. 5888□

Eine radioaktive Markierungstechnik zur Messung der Geschwindigkeit von Teilchen in Feststoff-Gas-Systemen. W. H. Gauvin, I. S. Pasternak, L. B. Torobin und L. Yaffe. (Canad. J. chem. Engng. **37.** 95—98. Juni 1959. Montreal, Que., Mc. Gill Univ., Dep. of Chem. Eng.) (Engl.)

Die Aufzeichnung der Geschw.-Verteilung eines Teilchens in einem Gasstrom untersuchen Vff. mit Hilfe einer radioakt. Markierungsmethode. Die App. besitzt eine Gamma-Strahlenquelle, die die Bestrahlung des zu untersuchenden Gasstroms ermöglicht. An der Oberfläche des Reaktors, parallel zur Achse, befinden sich an genau festgelegten Punkten Geiger-Müller-Zählrohre, mit denen es gelingt, scharfe Zeitimpulse auf dem Schirm eines Kathodenstrahloscillographen zu erhalten. Die Meth. wurde zur Best. des Massen- u. Wärmeübergangsverhältnisses einer beschleunigten Bewegung eines turbulenten Gasstromes benutzt. K.-H. Birr. 5888□

Flammenionisationsgerät zur Kohlenwasserstoffbestimmung. Robert A. Morris und Robert L. Chapman. (J. Air Pollut. Control Assoc. **11.** 467—69. 489. Okt. 1961. Fullerton, Calif., Beckman Instruments, Inc., Sci. and Proc. Instr. Div.) (Engl.)

Zur Best. von KW-Stoffen wird die Probe mit H_2 gemischt u. unter Luftzutritt verbrannt. Alle KW-Stoffe führen zur Bldg. von Ionen, die durch ein elektr. Feld einer Kollektorelektrode zugeführt werden. Der erzeugte Ionenstrom ist der KW-Stoff-Menge porportional. W. Wesly. 5888□

Geschwindigkeit der Wirbelschichtbildung von Teilchen unregelmäßiger Form. Ja. Beránek und D. Sokol. (Химическая Промышленность [Chem. Ind.] **1959.** 430—35. Juli/Aug. Pardubice, Výzk. ústav org. synt.) (Russ.) — C. **1961.** 393. R. K. Müller. 5904□

Optimaler Entwurf eines katalytischen Stickstoffoxid-Reaktors. Chieh Chu und O. A. Hougen. (Chem. Engng. Progr. **57.** Nr. 6. 51—58. Juni 1961. Univ. of Wisconsin.) (Engl.)

Die optimalen Bedingungen für die katalyt. (Aktivkohle) Oxydation von NO, der App.-Aufbau sowie die Kosten wurden mit Hilfe einer Rechenmaschine ermittelt. Das Programm für die elektron. Rechenmaschine wird mitgeteilt. G. Gattow. 5904□

Untersuchung der Gesetzmäßigkeiten beim Wirbeln von groben Teilchen. H. A. Becker. (Chem. Engng. Sci. **13.** 245—62. Juni 1961. Saskatoon, Nat. Res. Council of Canada.) (Engl.)

Bei der Erzeugung von Wirbeln grober Teilchen werden Einfl. u. Wrkg. variabler Größen, wie: Eigg. der verwendeten Gase u. der Teilchenart, Säulenabmessungen, Höhe des Wirbelbettes u. Lage der Teilchen innerhalb des Wirbelbettes beobachtet. Es lassen sich Beziehungen zwischen minimaler (maximaler) Wirbel-Geschw., maximaler Wirbelbetthöhe u. dem Druckgradienten infolge Reibung angeben. Einschränkende Wechselwrkg. bei Rühr-Geschw. u. örtlicher Gas-Geschw. sind diskutiert. W.-D. Heussner. 5904□

Reinhart Winkler, Dresden, **Herstellung von Kationenaustauschern hoher Kapazität und wasserstabiler Kornstruktur.** Humushaltige Stoffe (I), wie Torfe u. Braunkohlen, werden vor oder nach Behandlung mit bas. Stoffen, z. B. NH_3-Wasser, mit gemahlenen kationenaustauschenden Ton vermischt, die Mischung wird geformt u. getrocknet. Die I können zur Entfernung von Mineralstoffen mit Säuren, zur Entfernung von Bitumen, Wachs u. Fetten mit organ. Lsgm. behandelt werden. — 10 (kg) getrockneter Hochmoortorf werden gemahlen, 30 Liter 2% ig. NH_3-Wasser zugesetzt u. auf 80° wird 2 Std. unter Rühren erwärmt, dann werden 5 gemahlener Ton mit hohem Montnorillonit-Geh. eingetragen u. verknetet. Die Masse wird in kleine zylindr. Stücke geformt u. bei 120° getrocknet. Die Kapazität beträgt bei pH 6—8 ca. 1 Milliäquivalent je g Austauscher. (**D. P.** [**DDR**] **21 910** Kl. 12i vom 25/8. 1959, ausg. 15/9. 1961 [Wirtschaftspatent].) W. Wittholz. 5827

Arthur Skowron, Südafrikanische Union, **Trennen von Gasen, feinverteilten Feststoffen, dampfbildenden Flüssigkeiten, Nebeln usw.** durch Mischen der zu trennenden Stoffe mit einer fein zerstäubten Fl. (I) u. Einleiten dieses Gemisches in eine kompakte Fl., welche die abzutrennenden Anteile u. die I zurückhält. Die I besitzt zur Trennung eines Gasgemisches absorbierende, zur Trennung eines Gemisches feinverteilter Feststoffe koagulierende Eigenschaften. — Vorr. (3 Zeichnungen). (**F. P. 1 158 720** vom 18/10. 1956, ausg. 18/6. 1958. Südafrikan. Prior. 19/10. 1955.) P. Kühn. 5829

Lodge-Cottrell Ltd. (Erfinder: Kenneth Darby und Harry Burton), **Brechen von Emulsionen oder Abtrennen von suspendierten Stoffen aus Flüssigkeiten** durch Behandeln der in gleichmäßige Einzelströme aufgeteilten Fl. mit hochgespannten elektr. Strömen (5000—50000 V) im elektrostat. Feld. — Abbildungen. (**Aust. P. 228 135** vom 2/4. 1958, ausg. 2/6. 1960. E. Prior. 15/1. 1958.) K. Demmler. 5829

Pittsburgh Coke & Chemical Co., übert. von: Stanton B. Smith und Arvo J. Juhola, Pittsburgh, Pa., V.St.A., **Aerosolfilter.** Um die Aerosole, bes. deren fl. Teilchen mit einer möglichst großen Oberfläche in Berührung zu bringen, wird eine Mischung von Asbest oder Glasfasern mit 0,25—0,01 μ ⌀ (10—50%), thermoplast. Fasern (Vinylchlorid-Mischpolymere) (20—50%) u. inerten Stapelfasern (Viscose) (10—75%) geformt u. unter Druck erhitzt. (**A. P. 2 882 997** vom 26/4. 1954, ausg. 21/4. 1959.) O. Steil. 5831

Pintsch Bamag Akt.-Ges., Berlin (Erfinder: Wolfgang Mathewes, Karl Rogge, Gießen/Lahn, und Pieter C. Camfferman, Hilversum, Holland), **Entfernung von Harzbildnern aus Gasen.** Dem aus der allg. Reinigung kommenden Gas werden verharzbare, ungesätt. KW-Stoffe zugesetzt. Die im Gas enthaltenen Harzbildner werden dad. in harzige Polymerisations-Prodd. (I) übergeführt. Anschließend werden die I durch Adsorption an Aktivkohle aus dem Gas entfernt. (**D. A. S. 1 110 809** Kl. 26d vom 22/4. 1960, ausg. 13/7. 1961.) G. Fritsch. 5851

Edeleanu G. m. b. H. (Erfinder: Alfred Hoppe), Frankfurt/M., **Wiedergewinnung von Lösungsmitteln** durch Abdampfung in mehreren Stufen, wobei die Wärmemenge, die zur restlosen Abtreibung des Lsgm. aus dem bereits teilweise ausgedampften Prod. erforderlich ist, diesem in direktem Wärmeaustausch durch vom Lsgm. befreitem fl. Prod. zugeführt wird. (**D. A. S. 1 111 150** Kl. 12a vom 7/11. 1953, ausg. 20/7. 1961.) G. Fritsch. 5855

Commonwealth Scientific & Industrial Research Organization, East Melbourne (Erfinder: Donald Eric Weiss, Blackburn, und Everard Arthur Swinton, Mount Eliza), Australien, **Gegenstrombehandlung von Flüssigkeiten mit Feststoffen beim Ionenaustausch oder Extrahieren.** Die körnigen Feststoffe lagern auf einem Sieb, das in der Längsrichtung mit Überlaufwehren abnehmender Höhe u. Schikanen versehen ist, sodaß mehrere Kammern entstehen. Der jeweilige Boden wird in auf- u. abgehende period. Bewegungen versetzt. Die Fl. wird in die Kammer mit dem niedrigsten Überlauf eingeleitet. Sie überträgt die period. Bewegung auf die festen Körner, so daß diese dadurch in Richtung der Kammer mit dem niedrigsten Überlauf wandern. Abbildung. Vgl. E. P. 770 110; C. **1958.** 5182 u. Aust. P. 205 608; C. **1959.** 14850. (**Schwz. P. 340 485** vom 6/12. 1955, ausg. 15/10. 1959.) O. Steil. 5863

Paul A. Schreiber, Aachen, **Destillation zersetzlicher chemischer Verbindungen** in Ggw. eines Schutzgases, dad. gek., daß als Schutzgase gasförmige Stoffe verwendet werden, die mit den Zers.-Prodd. der zu destillierenden Verbb. reagieren. (**D. A. S. 1 107 194** Kl. 12a vom 23/5. 1960, ausg. 25/5. 1961.) G. Fritsch. 5865

Union Carbide Corp. (Erfinder: Dale Carlton Baker, Donald Noble Campbell und Stanford Bruce Spracklen), **Chromatographische Gasanalyse.** Der die zu bestimmenden Gase enthaltende Strom wird mittels eines inerten Trägergases wie Helium durch eine 1. Kolonne mit schwachem Absorptionsvermögen, in der die Komponenten des Gasstromes, die längere Zeiten vom Adsorptionsmaterial zurückgehalten werden, adsorbiert werden, u. anschließend durch eine 2. Kolonne mit starkem Adsorptionsvermögen geleitet, in der die Komponenten, die kürzere Zeiten zurückgehalten werden, adsorbiert werden, worauf die adsorbierten Komponenten mittels des inerten Trägergases aus den Adsorptionsmassen getrennt eluiert u. gemessen werden. Als Adsorptionsmasse für die 1. Kolonne wird z. B. „Celite" (hydratisiertes SiO_2) u. für die 2. Kolonne aktiviertes Al_2O_3 benutzt. Zum Beispiel können Stoffe mit niedrigem Molgew. wie H_2, CH_4 von solchen mit höherem Molgew. wie Acetaldehyd, Äthylenoxid u. dgl. getrennt werden. — Zeichnung. (**Aust. P. 223 801** vom 19/3. 1958, ausg. 1/10. 1959. A. Prior. 25/3. 1957.) K. DEMMLER. 5889

Phillips Petroleum Co., V.St.A. (Erfinder: Robert Andrews Puckett), **Herstellung eines Katalysators,** durch Dispergieren von 15—50 (Gew.-%) eines Alkalimetalles, z. B. Na oder Li, in einem Gemisch von 15—85 Polybutadien (von 1060—6360 cSt bei 38°) mit einem inerten fl. KW-Stoff (Kp. 77—204°), z. B. Xylol, n-Heptan oder einer isoparaffin. KW-Stoff-Fraktion vom Kp. 177—204°. (**F. P. 1 158 752** vom 4/7. 1956, ausg. 19/6. 1958. A. Prior. 5/7. 1955.) P. KÜHN. 5905

Universal Oil Products Co., Des Plaines, übert. von: William G. Nixon, Westchester, Ill., V.St.A., **Herstellung von aktiviertem Al_2O_3** oder anderen feuerfesten keram. Oxiden, wie SiO_2, MgO, ThO_2, B_2O_3, TiO_2, ZrO_2, die selbst als *Katalysatoren* oder als Träger dafür verwendet werden. Die Oberfläche des Al_2O_3 wird um ca. 16% vergrößert durch eine Behandlung mit CO bei Temp. zwischen 100 u. 600°, z. B. 45 Min. bei 500° u. anschließendes Calcinieren in einer O_2 enthaltenden Gasatmosphäre, z. B. 30 Min. bei 500°. Gemäß A. P. 2 974 111 erfolgt die Aktivierung durch Hindurchleiten von SO_2 durch feuchtes feinkörniges Al_2O_3-Hydrogel bei Temp. über 25°, z. B. zwischen 100 u. 700°, bes. bei 300°, u. anschließendes Calcinieren. Hierdurch wird gegenüber nicht vorbehandeltem calcinierten Al_2O_3, der Poren-∅ von 133 (Å) auf 54 verringert, die Oberfläche von 201 (m^2/g) auf 280 vergrößert. (**A. PP. 2 968 537** vom 12/9. 1958, ausg. 17/1. 1961 u. **2 947 111** vom 13/10. 1958, ausg. 7/3. 1961.) G. FRIKELL. 5905

Universal Oil Products Co., Des Plaines, übert. von: William G. Nixon, Westchester, Ill., V.St.A., **Herstellung von hochaktivem Al_2O_3,** das selbst als *Katalysator* oder als Trägersubstanz dafür verwendet wird. Hierzu wird Al_2O_3·Hydrogel bei Temp. $> 25°$, bes. bei 100—600°, mit NH_3-Gas, z. B. 1 Std. bei 400° behandelt. Nach dem Ausspülen mit N_2 wird das Prod. zur Calcination 2 Std. auf 500° erhitzt. — Es wurde eine Oberfläche von 284 m^2/g u. ein Porendurchmesser von 110 Å gemessen. Das bedeutet eine Zunahme der Oberfläche um 14 (%) u. eine Verkleinerung des Porendurchmessers um 17% gegenüber einem nicht mit NH_3 behandelten Produkt. (**A. P. 2 968 635** vom 19/9. 1958, ausg. 17/1. 1961.) G. FRIKELL. 5905

Shell Development Co., New York, N.Y., V.St.A. (Erfinder: Willem F. Engel, Amsterdam, Holland), **Reinigung von Pt-Katalysatoren,** die durch C-haltige Rk.-Prodd. verunreinigt sind, durch kontrollierte Verbrennung eines Teils der Verunreinigungen durch Erhitzen auf $< 556°$ u. Behandlung mit einem O_2-, HCl- u. dampfhaltigen Gemisch mit einem Mol-Verhältnis Dampf/HCl = 100/2000 u. O_2/HCl = 1/100 bei 250—550°, bes. 400—500°, während 1—5 Stunden. (**Can. P. 551 375** vom 21/9. 1955, ausg. 7/1. 1958. Holl. Prior. 23/9. 1954.) EBERHARD RIEDEL. 5905

Unilever Ltd. (Erfinder: Gerrit Evert Euwe), *Inberührungbringen einer Flüssigkeit mit einem Gas.* (**Aust. P. 225 276** vom 22/8. 1957, ausg. 3/12. 1959. E. Prior. 24/8. 1956. — C. **1961.** 2740 [Oe. P. 205 469].)

Permutit Co. Ltd. und **Robert Rampton Porter** (Erfinder: Thomas Victor Arden und Robert Rampton Porter), *Transportieren von körnigen Ionenaustauschern.* (**Aust. P. 225 334** vom 26/11. 1957, ausg. 10/12. 1959. E. Prior. 4/12. 1956. — C. **1961.** 11082 [E. P. 835 568].)

Dow Chemical Co., Midland, Mich., V.St.A., *Ionenaustauscherharze.* (**E. P. 795 624** vom 23/11. 1955, ausg. 28/5. 1958. A. Prior. 13/12. 1954. — C. **1961.** 10696 [F. P. 1 140 490].)

International Minerals & Chemical Corp. (Erfinder: Harry Houston), *Herstellung von feinteiligem Perlit.* (**Aust. P. 225 516** vom 9/7. 1957, ausg. 17/12. 1959. A. Prior. 9/8. 1956. — C. **1960.** 10706 [A. P. 2 898 303].)

Constock Liquid Methane Corp., New York, N.Y., V.St.A., *Kondensieren von Erdgas.* (**Norw. P. 92 196** vom 4/4. 1955, ausg. 4/8. 1958. — C. **1961.** 14414 [D. A. S. 1 101 462].)

Radiation Research Corp. (Erfinder: John H. Coleman), New York, N.Y., V.St.A., *Unmittelbare Gewinnung von elektrischer Energie aus Kernreaktionen.* (**Schwz. P. 349 348** vom 27/10. 1956, ausg. 30/11. 1960. A. Prior. 27/10. 1955. — C. **1959.** 6591 [D. A. S. 1 043 533].)

General Electric Co., New York, N.Y., V.St.A., *Kernreaktorregelung.* (**E. P. 824 145** vom 30/10. 1957, ausg. 25/11. 1959. A. Prior. 31/10. 1956. — C. **1960.** 12113 [D. A. S. 1 074 169].)

L'Auxiliaire des Chemins de Fer et de l'Industrie, Frankreich, *Behandlung von Flüssigkeiten zur Verminderung ihrer Radioaktivität.* (**F. P. 67 405** vom 7/1. 1955, ausg. 7/3. 1958. Zusatz zu F. P. 1 145 657; C. 1959. 1908. — C. **1958.** 6641 [E. P. 769 121].)

Deutsche Gold- und Silber-Scheideanstalt vormals Roessler, Deutschland, *Herstellung von Metallüberzügen auf Pulver*. (F. P. 1 207 084 vom 4/7. 1958, ausg. 15/2. 1960. D. Prior. 4/7. 1957. — C. 1961. 11843 [D. A. S. 1 086 106].)

Jaroslav Slaba und **Vladimir Potucek**, Prag, Tschechoslowakei, *Strahlenschutzmaterial*. (Norw. P. 92 209 vom 20/11. 1957, ausg. 4/8. 1958. — C. 1960. 9336 [F. P. 1 187 569].)

—

Paul Junière et **Madelaine Sigwalt**, Les applications de l'aluminium dans les industries chimiques et alimentaires. Paris: Eyrolles. 1961. (333 S.) 8°. 43 NF.

A. G. Kassatkin, Chemische Verfahrenstechnik. Bd. 2. 4., überarb. Aufl. Leipzig: Deutscher Verl. für Grundstoffindustrie. 1961. (394 S. m. 223 Abb.) 8°. DM 24,—.

II. Betriebsschutz. Feuerschutz

Auergesellschaft G. m. b. H. (Erfinder: Hermann Heidrich und Walter Lemcke), Berlin, **Herstellung einer Atemfiltermasse zum Schutz gegen nitrose Gase.** Auf eine trockene akt. Kohle wird ca. 1% $AgNO_3$ in wss. Lsg. aufgebracht u. die Masse getrocknet. Anschließend werden 5—7% K_2CrO_4 bzw. $K_2Cr_2O_7$ in wss. Lsg. u. gleichzeitig 0,4—1% NH_4-Molybdat, -Wolframat oder -Vanadat zugesetzt, die Masse getrocknet u. $>150^0$ einige Std. aktiviert. (**D. A. S. 1 104 831** Kl. 61b vom 19/7. 1958, ausg. 13/4. 1961.) E. MIESSGANG. 5937

Drägerwerk, Heinr. & Bernh. Dräger, Lübeck, **Absorptionsmittel für Kohlensäure** zur Verw. in Alkalipatronen für Atemschutzgeräte auf der Grundlage von NaOH mit einem Geh. an LiOH von ca. 20—30 (%) oder LiCl bzw. Li_2CO_3 bis 10 (bes. 1—5). NaOH kann ganz oder teilweise durch $Ca(OH)_2$ ersetzt sein. Das Absorptionsmittel kann bis zu ca. 15 Carbonate u./oder Chloride oder Erdalkalien u./oder Alkalien oder bis zu 15 Al-Oxidhydrate enthalten. (**D. A. SS. 1 092 773** Kl. 61b vom 28/8. 1956, ausg. 10/11. 1960, **1 104 346, 1 104 347** u. **1 104 348** Kl. 61b [Zusatz-Anmeldungen] vom 21/6. 1957, ausg. 6/4. 1961.) E. MIESSGANG. 5937

Auergesellschaft G. m. b. H. (Erfinder: Kurt Billmaier), Berlin, **Katalysator zur Oxydation von Kohlenoxid zu Kohlendioxid** zur Verw. als Filtermasse für Atemschutzgeräte. Den Oxiden von Mn u. Cu werden als wasserbindende Stoffe Montmorillonite, Bentonite oder Atakamit beigemischt. (**D. A. S. 1 101 160** Kl. 61b vom 11/4. 1957, ausg. 2/3. 1961.) E. MIESSGANG. 5937

Farbwerke Hoechst Akt.-Ges., vormals Meister Lucius & Brüning, Frankfurt/M. (Erfinder: Wieland Joos, Frankfurt/M., und Erich Lück, Wiesbaden), **Feuerlöschmittel** gegen Brände, flammen- u./oder glutbildende feste u. flammenbildende fl. u. gasförmige Stoffe, bestehend aus bromhaltigen aliphat. Carbonsäuren mit einem Geh. >50% organ. gebundenem Br u. mindestens 3 C-Atomen, deren funktionellen Derivv. oder Mischungen dieser Verbindungen. (**D. A. S. 1 107 089** Kl. 61b vom 10/6. 1959, ausg. 18/5. 1961.) E. MIESSGANG. 5945

Diamond Alkali Co., Cleveland (Erfinder: John H. McCracken, North Madison, und Larry Jakobson, Painesville), Ohio, V.St.A., **Feuerlöschpulver,** bestehend aus $NaHCO_3$ definierter Korngröße (40—90% $<44\,\mu$), dem $CaCO_3$ u./oder $MgCO_3$ in einer Menge von 0,5—5 Gew.-% zugesetzt wird. Das $CaCO_3$ ($MgCO_3$) ist mit 0,5—6% mit einer Fettsäure mit >8 C-Atomen überzogen u. weist eine Korngröße zwischen 0,5—10 μ auf. (**D. A. S. 1 098 367** Kl. 61b vom 30/7. 1957, ausg. 26/1. 1961.) E. MIESSGANG. 5945

Ingeborg Brell geb. Saeger, Bad Godesberg (Erfinder: Walter Brell †), **Trockenlöschpulver** gegen Brände flammen- u. glutbildender fester u. flammenbildender fester u. flammenbildender fl. u. gasförmiger Stoffe, bestehend aus einer Mischung aus Na_2SO_3 u. $(NH_4)_2SO_4$ etwa zu gleichen Teilen. (**D. A. S. 1 101 967** Kl. 61b vom 15/2. 1958, ausg. 9/3. 1961.) E. MIESSGANG. 5945

Total K. G. Foerstner & Co. (Erfinder: Karl Schwalb und Wolfgang Landgraf), Ladenburg/Neckar, **Schaumverträgliches Trockenlöschpulver.** Es enthält neben $NaHCO_3$ noch 10—40 Gew.-% einer Mischung von $MgCO_3$ u. $CaCO_3$ mit einer spezif. Oberfläche $>2500\ cm^2/g$ (bes. 2500—5000 cm^2/g). (**D. A. S. 1 098 368** Kl. 61b vom 21/7. 1959, ausg. 26/1. 1961.) E. MIESSGANG. 5945

Biro Fils Soc. An., St. Denis, Seine (Erfinder: Paul de Bona, Paris), Frankreich, **Löschpulver für brennende Leichtmetalle** (bes. Mg), bestehend aus ca. 5—20 (%) eines Peches, ca. 10—30 Polyäthylen u. 50—80 Harnstoff. (**D. A. S. 1 103 765** Kl. 61b vom 9/4. 1958, ausg. 30/3. 1961. **A. P. 2 964 468** vom 16/4. 1958, ausg. 13/12. 1960.) E. MIESSGANG. 5945

Total K. G. Foerstner & Co., Ladenburg (Erfinder: Boris von Schlippe, Mannheim), **Löschmittel gegen Flugzeugtriebwerksbrände,** bestehend aus einer Mischung von 50—80 (Gew.-Teilen) Chlorbrommethan u. 20—50 Trifluorbrommethan. (**D. A. S. 1 105 283** Kl. 61b vom 3/7. 1959, ausg. 20/4. 1961.) E. MIESSGANG. 5945

III. Elektrotechnik

Die Wirkung von ionisierenden Strahlen auf Kabelgummi. G I. Dubrowin, Ju. M. Malinski und W. L. Karpow. (Каучук и Резина [Kautschuk u. Gummi] **18.** Nr. 7. 8—12. Juli 1959. Physikal.-Chem. Karpow-Forschungsinst.) (Russ.)

Die Widerstandsfähigkeit einiger Isolations- u. Schlauchkabelgummimischungen gegenüber γ-Strahlung einer ^{60}Co-Quelle wird an Hand der Zerreißfestigkeits- u. der zugehörigen Dehnungswerte untersucht u. den Werten einer Alterung in Luft bei 120° gegenübergestellt. Die 6 Kautschuksorten werden einer Strahlung von 20—300 Mr ausgesetzt. Dabei ergibt sich folgende Reihe fallender Widerstandsfähigkeit: 1. *Polychloropren* (I) 40 Gew.-% Kautschuk. 2. *Buna S/SKMB* (1:1) 40 Gew.-%. 3. I/*Naturkautschuk* (II; 7:1) 35 Gew.-%, 4. II/*SKB* (1:1) 35 Gew.-%, 5. II/*SKB* (1:1) 30 Gew.-%, 6. II/*SKB* (1:1) 35 Gew.-%. Für die 1. Mischung, die als beste beurteilt wird, steigen die Festigkeitswerte mit zunehmendem Bestrahlungsgrad nach einer kurzen Periode geringer Beeinflussung (bis ca. 50 Mr) von 100 auf 160 kg/cm² bei 280 Mr. Gleichzeitig sinkt die Zerreißdehnung auf ca. 10%. Die Alterung der gleichen Gummimischungen bei 120° ergibt einen sehr ähnlichen Kurvenverlauf im Festigkeits–Alterungs-Diagramm. Danach kann durch die Aussage einer Wärmealterung bei 120° auf die Strahlungsbeständigkeit einer Gummiqualität geschlossen werden. O. Kramm. 5956 □

Äußere Einflüsse auf die Zinkkorrosion in Ammoniumchloridlösungen. C. Drotschmann. (Batterien [Utrecht] **15.** 274—78. Febr. 1962. Eindhoven, TH, Abt. Elektrochemie.) (Dt. u. Engl.)

Die Zinkkorrosion während der Lagerung elektr. unbelasteter Zellen des Leclanché-Typs wurde durch Best. des Gew.-Verlustes der Zinkelektrode u. mkr. Unters. der Zinkoberfläche gemessen. Nach 3½ Monaten Lagerzeit ergab sich bei den gewählten Bedingungen im günstigsten Fall ein Gew.-Verlust der Zinkelektrode von 178 mg, im ungünstigsten von 1805 mg. Korrosionsbeschleunigend wirken: 1. Zutritt von (Luft)-Sauerstoff nach $Zn + \frac{1}{2}O_2 + H_2O \rightarrow Zn(OH)_2 \rightleftharpoons Zn^{2+} + 2\,OH^-$, 2. Erleichterung der Zers. des Ammoniumsalzelektrolyten nach $NH_4^+ \rightarrow NH_3$ (Gas) + H^+, als Folge von mechan. Kontakt der porösen, positiven Kathode mit der Außenatmosphäre, sei diese Luft- oder N_2, u. 3. akt. MnO_2-Sorten. Veränderungen, die im Elektrolyten als Folge dieser drei Einfl. auftreten, werden beschrieben u. ihre Ursachen diskutiert.
C. Drotschmann. 5970 □

Die Komplexometrie in der Batteriefabrikation. L. Holik. (Batterien [Utrecht] **15.** 286—90. März 1962. Eindhoven, TH, u. Fa. Kapsch u. Söhne, Wien.) (Dt. u. Engl.)

Die Best. des $ZnCl_2$-Geh. in techn. Batterieelektrolyten auf NH_4Cl-Grundlage u. in der Depolarisationsmasse neben evtl. anwesenden anderen Salzen ($MgCl_2$ oder $MnCl_2$) mit einfach u. schnell auszuführenden komplexometr. Titrationen wird beschrieben.
C. Drotschmann. 5970 □

Eigenschaften verschiedener Arten von für die Herstellung von Blei–Säure-Batterien benutzten Separatoren. P. V. Vasudeva Rao, S. Ghosh und H. V. K. Udupa. (Bull. India Sect. electrochem. Soc. **10.** 62—66. Juli 1961.) (Engl.)

Vff. untersuchen vor u. nach Gebrauch verschiedene verwendete Materialien, wie Kunststoffe, Kautschuk, Fasern u. ind. Holz, in bezug auf ihren elektr. Widerstand, ihre Dauerhaftigkeit, ihre Porosität u. Biegsamkeit u. ihren Zugwiderstand, sowie den Einfl. von Fe, Mn u. anderen Beimengungen, die von dem Separator während des Gebrauchs aufgenommen u. dann zu Pb red. Pb-Salze bilden einen der Gründe für Kurzschlüsse der im Gebrauch befindlichen Batterie. A. Leibbrandt. 5970 □

Bendix Corp., übert. von: Robert C. Harris, Unadilla, N.Y., V.St.A., **Keramisches Halbleitermaterial,** das gute elektr. u. mechan. Eigg. bei erhöhter Temp. u. hohe Erosionsfestigkeit aufweist u. sich bes. zur Herst. von Zündkerzen eignet, wird hergestellt aus einem mit W. unter Zugabe eines rückstandslos verbrennenden Bindemittels plast. gemachten Gemisches aus 55—85 Gew.-% Al_2O_3, 1,45—5,8 CaO, 1,55—6,2 SiO_2, 10—35 Cu_2O u. 0,5—10 Fe_2O_3, das gemahlen, getrocknet, granuliert, unter Druck verformt u. bei ca. 2400° F gebrannt wird. — Das Gemisch besteht z. B. aus 18,4 (Gew.-%) Cu_2O; 1,6 Fe_2O_3; 72,0 Al_2O_3 u. 8,0 Wollastonit, das Bindemittel aus Polyäthylenglykol. (**A. P. 2 975 145** vom 16/4. 1958, ausg. 14/3. 1961.) G. Frikell. 5953

Michigan Research Laboratories, Inc., Long Island City, und Electro-Chem. Fiber Seal Corp., New York, übert. von: Donald K. Pattilloch, New York, N.Y., V.St.A., **Herstellung von elektrischem Isolierpapier.** Eine Cellulosefasersuspension wird mit einem wasserlösl. Polyaldehyd (Glyoxal, Glutaraldehyd usw.) behandelt, das Rk.-Prod. mit einem Polymethylolphenol umgesetzt u. die Suspension zu einer Faserschicht verarbeitet. (**A. P. 2 917 425** vom 1/5. 1957, ausg. 15/12. 1959.) P. MAYER. 5957

Westinghouse Electric Corp., East Pittsburgh, übert. von: Chikara Hirayama, Murrysville, Pa., V.St.A., **Glas zur Herstellung elektrischer Isolierüberzüge für hohe Temperaturen.** Als Bindemittel für feinverteilte feuerfeste Isolierstoffe, z. B. SiO_2, Al_2O_3 oder $ZrSiO_4$, wird ein gemahlenes Glas von der Zus. 20—35 (Gew.-%) PbO, 10—20 B_2O_3, 20—30 BaO, 5—20 SiO_2, 4—10 CaO u. 1—10 Al_2O_3 benutzt. Das Gemisch der beiden feinverteilten Komponenten bildet beim Erhitzen einen dichten Überzug auf den zu isolierenden Körpern. Beispiel für eine Glas-Zus.: 29,2 PbO, 19,4 B_2O_3, 29,2 BaO, 9,7 SiO_2, 7,8 CaO u. 4,8 Al_2O_3. (**A. P. 2 972 544** vom 22/10. 1959, ausg. 21/2. 1961.) HANS HOFFMANN. 5975

North American Philips Co., Inc., New York, N.Y., V.St.A., übert. von: Evert Willem Gorter, Gerard Heinrich Jonker, Henricus Petrus Johannes Wijn und Johannes Antonius Schulkes, Eindhoven, Holland, **Ferromagnetisches Material,** das bei Frequenzen bis zu 200 Millionen Perioden u. darüber verwendet werden kann, entspricht der allg. Formel $Ba_{(3-a-b-c)}Sr_aPb_bCa_cMe_{(2-d)}{}^{II}/Co_d \cdot Fe_{24}{}^{III}O_{41}$. Darin steht M für eines der zweiwertigen Metalle Mn, Fe, Ni, Cu, Zn, Mg u. den Komplex $Li^I + Fe^{III}/2$, a für 0—1, b für 0—0,6, c für 0—0,3, d für einen Wert bis 1,8. Solche Verbb. sind hexagonal krist. mit einer c-Achse von 52,3 Å u. einer a-Achse von 5,9 Å. Die Verb. $Ba_{0,85}Pb_{0,15}Fe_{12}O_{19}$ als Zwischen-Prod. wird hergestellt aus einem Gemisch von $BaCO_3$, $PbCO_3$ u. Fe_2O_3 15 Std. bei 1000°. 2 (Mol) dieser Verb.; 1 $BaCO_3$; 1,5 $CoCO_3$ werden gemischt, mit 5% ihres Gew. an $PbCO_3$ versetzt, geformt u. bei 1240—1280° gebrannt. Der Zusatz an $PbCO_3$ erfolgt wegen der Flüchtigkeit von PbO. Das Fertig-Prod. hat die Formel $Ba_{2,7}Pb_{0,3}CO_{0,5}Cu_{0,5}Fe_{24}O_{41}$. (**A. P. 2 977 312** vom 16/5. 1957, ausg. 28/5. 1961. Holl. Prior. 16/5. 1956.) G. FRIKELL. 5959

Centre National de la Recherche Scientifique (Erfinder: Charles Guillaud), **Herstellung von ferromagnetischem Material** mit niedrigeren Temp.-Koeff. der magnet. Anfangspermeabilität als eines Ni–Zn-Ferrits (**I**) mit demselben NiO- u. ZnO-Geh., dad. gek., daß man in der zur Herst. von **I** benötigten Mischung aus Fe_2O_3, NiO u. ZnO 1—15 (Mol.-%) Fe_2O_3 durch Al_2O_3 u./oder Cr_2O_3 ersetzt u. die Mischung 2—4 Std. auf 1100—1350° in einer oxydierenden Atmosphäre erhitzt. — Beispiel: 18 NiO,. 43 Fe_2O_3, 7 Al_2O_3 u. 32 ZnO. (**Aust. P. 229 567** vom 2/1. 1958, ausg. 18/8. 1960. F. Prior. 8/1. 1957.) C. LÜTTGEN. 5959

International Business Machines Corp., New York, übert. von: Frederic Holtzberg, Rockville Centre, N.Y., V.St.A., **Herstellung von feinteiligem Silberniobat** der Formel $AgNbO_3$ durch Vermischen von Nb_2O_5 u. Ag_2SO_4 im Verhältnis 1:1 u. anschließendes Sintern des Gemisches im Luftstrom bei ca. 700°. Darauf fügt man noch so viel Ag_2SO_4 zu, daß auf 50 (Mol.-%) N_2O_5 75 Ag_2SO_4 entfallen u. sintert ca. 2 Std. bei 1000—1100°. Nach dem Abkühlen auf normale Temp. wäscht man mit verd. HNO_3, um noch vorhandenes bzw. entstandenes metall. Ag zu beseitigen. $AgNbO_3$ dient als *ferroelektr. keram. Material.* (**A. P. 2 947 698** vom 29/9. 1958, ausg. 2/8. 1960.) H. NEBELSIEK. 5959

Bell Telephone Laboratories, Inc., New York, N.Y., übert. von: Lawson Egerton, Basking Ridge, und Steward S. Flaschen, New Providence, N.J., V.St.A., **Keramikkörper aus Kalium–Natriumniobat,** die hohe piezoelektr. Aktivität u. eine niedere DK besitzen u. zur Herst. von elektro-mechan. Umwandlern geeignet sind. Ihre Zus. liegt zwischen $K_9Na_1(NbO_3)$ u. $K_1Na_9(NbO_3)$. Die Herst. erfolgt durch Calcinieren eines mol. Gemisches von Na_2CO_3, K_2CO_3 u. Nb_2O_5 bei 750—1050° u. anschließendes Formen u. Brennen bei 1030—1045°. (**A. P. 2 976 246** vom 28/4. 1958, ausg. 21/3. 1961.) G. FRIKELL. 5961

Eastman Kodak Co., übert. von: John W. Haas und Waldo B. England, Rochester, N.Y., V.St.A., **Keramiküberzug für elektrische Kondensatoren.** Keram. Prodd., deren DK nach dem Verglasen größer als 30 ist u. z. B. aus den Titanaten, Zirkonaten u./oder Stannaten des Sr, Mg, Ca, Pb, Bi u./oder Ni bestehen, werden in Form eines Schlickers, der aus ihnen u. einer rückstandslos verdampfenden Trägersubstanz besteht, auf die Oberfläche eines Metalles mit hohem F., wie Ru, Rh, Pd, Os, Ir oder Pt aufgesprüht u. dort auf 2000—2500° F erhitzt, wobei eine glasartige Schmelze auf dem Metall gebildet wird. Dieser Überzug wird zur Bldg. der zweiten Elektrode galvan. mit einer Schicht von Cu oder einem anderen Metall, wie Ag, Rh, Cd, Zn u./oder Au überzogen. (**A. P. 2 972 570** vom 7/4. 1955, ausg. 21/2. 1961.) G. FRIKELL. 5983

N. V. Philips' Gloeilampenfabrieken (Erfinder: **Ludovicus Augustinus Lambertus Esseling**), *Halbleiteranordnung.* (**Aust. P. 225 058** vom 27/6. 1958, ausg. 26/11. 1959. Holl. Prior. 1/7. 1957. — C. **1961.** 256 [D. A. S. 1 068 385].)

Siemens & Halske Akt.-Ges., Deutschland, *Herstellung von Halbleiteranordnungen.* (**F. P. 1 214 666** vom 28/1. 1959, ausg. 11/4. 1960. D. Prior. 28/1. 1958. — C. **1960.** 253 [D. A. S. 1 060 056].)

Westinghouse Electric Corp., Pittsburgh, Pa., V.St.A., *Halbleiteranordnung.* (**E. P. 832 067** vom 4/5. 1956, ausg. 6/4. 1960. A. Prior. 10/5. 1955. — C. **1960.** 253 [D. A. S. 1 050 450].)

Egyesült Izzólámpa és Villamossági R. T. (Erfinder: **Támas Bán, Zálan Bódo** und **Iván Szép**), Budapest, Ungarn, *Kontaktspitze für Halbleiteranordnungen.* (**Ung. P. 144 293** vom 7/10. 1955, ausg. 15/9. 1958. — C. **1959.** 2251 [D. A. S. 1 021 081].)

Western Electric Co., Inc., New York, N.Y., V.St.A., *Aufbringen von Metallüberzügen auf Halbleiter.* (**E. P. 833 828** vom 31/12. 1957, ausg. 27/4. 1960. A. Prior. 2/1. 1957. — C. **1961.** 7703 [Aust. P. 219 958].)

General Electric Co., New York, N.Y., V.St.A., *Verbesserte isolierte elektrische Leiter.* (**E. P. 799 187** vom 2/8. 1955, ausg. 6/8. 1958. A. Prior. 30/8. 1954. — C. **1956.** 11267 [A. P. 2 730 466].)

General Electric Co., New York, übert. von: **Robert N. Hall**, Schenectady, N.Y., V. St. A., *Halbleitereinrichtung.* (**A. P. 2 936 256** vom 1/6. 1954, ausg. 10/5. 1960. — C. **1959.** 1572 [D. A. S. 1 029 936].)

Soc. des Accumulateurs Fixes et de Traction, Romainville, Frankreich, *Ständig gasdicht verschlossener alkalischer Akkumulator.* (**Ind. P. 62 940** vom 25/1. 1958, ausg. 29/4. 1960. — C. **1961.** 13677 [Schwz. P. 348 734].)

Yardney International Corp. (Erfinder: **Jean Eugene Alphonse Doyen**), *Zinkelektrode für Silber-Zink-Akkumulatoren.* (**Aust. P. 229 934** vom 4/3. 1958, ausg. 15/9. 1960. — C. **1961.** 8069 [E. P. 832 944].)

Radio Corp. of America (Erfinder: **John Franklin Stewart**), *Leuchtschirm-Herstellung.* (**Aust. P. 225 057** vom 25/6. 1958, ausg. 26/11. 1959. A. Prior. 1/7. 1957. — C. **1960.** 8988 [D. A. S. 1 071 479].)

Egyesült Izzólámpa és Villamossági R. T. (Erfinder: **Georg Kádár** und **Robert Mocsári**), Budapest, Ungarn, *Luminescierende Stoffe auf Zinksulfid-Basis.* (**Ung. P. 144 221** vom 14/4. 1956, ausg. 1/9. 1958. — C. **1959.** 14527 [Oe. P. 200 690].)

Western Electric Co., Inc., New York, N.Y., V.St.A., *Herstellung von Halbleiterkörpern.* (**E. P. 834 289** vom 12/2. 1957, ausg. 4/5. 1960. A. Prior. 7/3. 1956. — C. **1960.** 14821 [D. A. S. 1 071 847].)

International Standard Electric Corp., New York, N.Y., V.St.A. (Erfinder: **Eric H. Cornish**, London, England), *Elektrolytkondensator.* (**D. A. S. 1 101 618** Kl. 21g vom 31/7. 1954, ausg. 9/3. 1961. **Schwz. P. 329 546** vom 3/8. 1954, ausg. 14/6. 1958. Beide E. Prior. 2/10. 1953. — C. **1957.** 11977 [F. P. 1 117 162].)

IV. Wasser. Abwasser

Neuere Erfahrungen mit Ionenaustauschern bei der Wasserentsalzung. H. Lauth. (Wasser, Luft Betr. **5.** 275—78. Juli 1961.) (Dt.)

Huminsäuren u. saure Detergentien, die nach der üblichen Vorreinigung eines Rohwassers noch vorhanden sind, werden von den schwach bas. Ionenaustauschern aufgenommen u. nur schwer wieder abgegeben. Neu entwickelte, stark poröse Ionenaustauscher mit ausgeprägter Schwammstruktur halten diese Stoffe zurück u. geben sie bei der Regenerierung leicht ab. Fe, Mn, Trübstoffe u. flockbare Huminsäuren werden zweckmäßig vorher entfernt. Durch Vorschalten einer Absorberanlage vor die Entsalzungsanlage wird diese vor irreversiblen Verschmutzungen geschützt. H. DORSCH. 6020 □

Die Überwachung des Kesselspeisewassers auf Zucker. Bódog Weinrich. (Cukoripar [Zuckerindustrie, Budapest] **14.** 283—88. Okt. 1961. Ács, Zuckerfabrik.) (Ung.)

Beschreibung eines automat. App., welcher auf Grund der Farbstärke der Rk. von Zucker mit Anthron bzw. Messen der Intensität des durchfallenden Lichtes die Zuckermenge im W. anzeigt u. registriert. J. PLANK. 6030

Untersuchungen über den schädlichen Einfluß einiger Metalle auf die Wasserbiozönose mit Anwendung von Daphnia magna als Indicator. 2. Mitt. Irena Cabejszek und Mirosław Stasiak. (Roszniki państwowego Zakładu Hig. **11.** 533—40. 1960.) (Pol.) — 1. vgl. Roczniki państwowego Zakładu Hig. **11.** [1960.] 303.

Die Toxizität von Schwermetallionen gegenüber *Daphnia magna* fällt in der Reihenfolge *Hg, Cd, As, Zn, Pb, Sn* ab. Die Wrkg. der Ionen nimmt mit der Zeit langsam zu. Nur bei $PbCl_2$, Na_3AsO_3 u. Na_3AsO_4 steigt die Toxizität nach 48 Std. stärker an. $ZnSO_4$ u. $CdSO_4$ sind toxischer als die Chloride. F. URBAN. 6038 □

Kokristallisation von Ultramikromengen verschiedener Elemente mit α-Nitroso-β-naphthol. Bestimmung von Uran in Meerwasser. Herbert V. Weiss, Ming Gon Lai und Alan Gillespie. (Analytica chim. Acta [Amsterdam] **25.** 550—56. Dez. 1961. San Francisco, Calif., U. S. Naval Radiol. Defense Labor., Nucl. and Phys. Chem. Branch.) (Engl.)

Die Abtrennung verschiedener Elemente aus sehr verd. wss. Lsgg. durch Kokristallisation mit α-Nitroso-β-naphthol wurde unter Anwendung von Leitisotopen untersucht. Die Bedingungen zur quant. Abtrennung von Ce(III), Zn, Fe(III), Co(II), Zr u. U(VI) wurden ermittelt. Die Abtrennung gelingt bei Pu(IV) u. Ru(III) nur unvollkommen,

während Na, Sr u. Sb(III) hauptsächlich in der Mutterlauge verblieben. Das Verf. wurde zur Best. von U in Seewasser herangezogen. Es wurden 3,18 ± 0,06 μg U/Liter gefunden.
P. Kurzmann. 6060□

Chemische Untersuchungen über die See. 81. Mitt. Mitfällung von Wolfram mit Eisen(II)-hydroxid. Masayoshi Ishibashi, Taitirô Fujinaga, Tooru Kuwamoto, Mutsuo Koyama und Shinji Sugibayashi. (J. chem. Soc. Japan, pure Chem. Sect. [Nippon Kagaku Zassi] **81.** 392—95. März 1960. Kôyto-Daigaku, Rigakubu, Kagaku-Kyôsitu.) (Jap.; Auszug: Engl. S. A27—A28.) — 80. vgl. C. **1962.** 7951.

Die Mitfällung von W mit $Fe(OH)_3$ wird mit ^{185}W als Indicator untersucht. Wenn $Fe(OH)_3$ in W-haltigen Lsgg., deren pH $<7{,}5$ ist, gefällt wird, so fallen ca. 95% des gelösten W mit dem $Fe(OH)_3$ zusammen aus. Der Mitfällungsgrad nimmt mit steigendem pH-Wert ab, beträgt bei pH 8,2 80—90% u. erreicht bei pH 13 prakt. Null. Vff. schließen daraus, daß W im Meerwasser, dessen pH bei ca. 8,2 liegt, kaum vorhanden sein dürfte.
E. Maekawa. 6060□

Tari Vertrieb G. m. b. H. Koller & Co. (Erfinder: Alois Koller), Braunau, Österreich, **Behandlung von Wasser mit zum Beispiel Phosphaten.** Um eine gleichmäßige Zugabe der Phosphate (I) zu einem in einer Rohrleitung strömenden W. (**II**) zu gewährleisten, sind die **I** in einem Behälter zwischen Sieben vorgesehen, in welchem das **II** von unten nach oben geführt wird u. der schräg geneigt zur Achse der Rohre angeordnet ist. — Abbildungen. (**E. P. 820 593** vom 17/5. 1957, ausg. 23/9. 1959. **Schwz. P. 332 150** vom 5/3. 1957, ausg. 15/10. 1958. Beide Oe. Prior. 17/5. 1956.)
H. Blachetzki. 6025

Gebrüder Giulini G. m. b. H., Ludwigshafen/Rh., *Wasserbehandlung mit Phosphaten.* (**Norw. P. 91 683** vom 19/12. 1956, ausg. 12/5. 1958. — **C. 1959.** 6595 [E. P. 785 626].)

Dano Ingeniørforretning og Maskinfabrik, Ingeniør Kaj Petersen's Fond, Buddinge, Dänemark, *Vergären von Spülwasserschlamm.* (**Finn. P. 29 585** vom 22/7. 1955, ausg. 30/8. 1958. — **C. 1961.** 5214 [Dän. P. 83 205].)

V. Anorganische Industrie

Untersuchungen über die Oxydation von Ammoniak an Platin auf verschiedenen Trägern. Stefan Pawlikowski und Władysław Tarasewicz. (Zeszyty naukowe Politechn. Śląskiej, Chem. **1959.** Nr. 3. 89—110. Gliwice, Politechn. Śląska, Kat. Technol. Chem. Wielk. Przem. Nieorgan.) (Pol.)

Pt auf den Trägern Silicagel u. Asbest ist wegen mangelhafter Festigkeit u. einer ungenügenden Wirksamkeit bei der NH_3-Oxydation als Katalysator ungeeignet: Bei optimalen Bedingungen beträgt der Umsatz nur 73,5 bzw. 83,5%. Mit dem Träger SiC hat der Katalysator zwar genügende mechan. Eigg., doch ist er gegen Spuren von Öl sehr empfindlich. Der Umsatz erreicht 82%. Die besten Ergebnisse werden mit glasiertem oder unglasiertem Porzellan als Träger erzielt. Bei Anwendung von nur 0,5—1% Pt auf dem Träger wird bei 850—910° ein 95,5%ig. Umsatz erhalten. Der Pt-Verlust ist bei diesem Katalysator 20mal kleiner als bei Verw. von Pt-Netzen. — 57 Literaturangaben.
F. Urban. H 243□

Durchperlabsorption von Schwefeltrioxid mit Gewinnung von Oleum. I. N. Kusminych und Ju. W. Aksselrod. (Химическая Промышленность [Chem.-Ind.] **1959.** 680—85. Dez. Moskau, Mendelejew-Inst. für chem. Technol.) (Russ.)

SO_3 wird in einer Kolonne mit 6—8 Siebböden durch H_2SO_4 absorbiert, wobei über jedem Boden eine Kühlschlange, über dem obersten Boden ein Nebelfänger angeordnet ist. Die SO_3-Absorption beträgt 99,9% u. mehr. Die Temp. ist am untersten Boden 70—85°, am obersten 40—55°. Der Wrkg.-Grad nimmt von unten nach oben von 55 bis 65 auf 97—99% zu. Es wird Oleum mit 104—105% H_2SO_4 erhalten. Der Wärmeübertragungs-Koeff. ist 750—950 kcal/m²·h·Grad. Der Verbrauch an elektr. Energie ist um 74 kWh (6,8 kWh/t H_2SO_4) kleiner als bei einem Füllkörpersystem.
R. K. Müller. H 253□

Über die Gewinnung von Eisen(III)-sulfat. W. Ss. Kaminski und Ss. Ja. Leitess. (Химическая Промышленность [Chem. Ind.] **1960.** 138—43. März. Allunions-Forsch.-Inst. für Kohleanreicherung.) (Russ.)

Bei der Oxydation von Pyrit mit HNO_3 wird $Fe_2(SO_4)_3$ (I) nach $2\,FeS_2 + 10\,HNO_3 = Fe_2(SO_4)_3 + 10\,NO + H_2SO_4 + 4\,H_2O$ erhalten, also ohne Entstehung von NO_2. Die Kristallisationsbedingungen für **I** werden untersucht. Zwischen der Dichte der $Fe_2(SO_4)_3$-Lsgg. u. der Temp. t bestehen folgende Beziehungen: bei D. 1,31—1,42: $D_4^t = D._4^{20} - 0{,}0008\,(t-20)$, bei D. 1,53—1,63; $D_4^t = D._4^{20} - 0{,}001\,(t-20)$. In einer Tabelle werden die abs. Viscositäten der wss. Lsgg. von I mit verschiedenem H_2SO_4-Geh. bei 20 bis 95° mitgeteilt. Bei zunehmendem H_2SO_4-Geh. u. konst. Dichte nimmt die Viscosität ab. R. K. Müller. H 354 □

United States of America, Secretary of Army, übert. von: Willard K. Dick, Minneapolis, Minn., V.St.A., **Überbordwerfen von nichtverbrauchtem Wasserstoffperoxid** aus Raketen, Luftballonen u. dgl., in denen man das hochprozentige H_2O_2 in einer z. B. mit feinteiligem Al-Katalysator auf eine ca. 50% ig. Konz. zersetzt u. so beim Ausströmen in großen Höhen oder bei kaltem Wetter Eisbildung an der Ausströmdüse durch die Zers.-Wärme verhindert. — Vorrichtung. (**A. P. 2 956 866** vom 24/6. 1957, ausg. 18/10. 1960.) K. Demmler. H 241

Pennsalt Chemicals Corp., Pa., V.St.A., übert. von: Alfred Ferdinand Engelbrecht, Innsbruck, Österreich, **Herstellung von Perchlorylfluorid** durch Rk. eines anorgan. Perchlorats mit SbF_5. — Beispiel: 57,5 (Teile) SbF_5 u. 10 $KClO_4$ ergaben bei 90—120° u. 10 mm Hg eine 45% ig. Umsetzung zu ClO_3F. (**A. P. 2 942 947** vom 5/12. 1956, ausg. 28/6. 1960.) K. Demmler. H 245

Laurence S. Reid, übert. von: Francis Mark Townsend, Norman, Okla., V.St.A., **Gewinnung von Schwefel** durch Umsetzung eines H_2S-haltigen Gasgemisches mit SO_2. Diese Rk. wird durchgeführt in fl. Phase in Ggw. eines Lsgm., bestehend aus einer konz. wss. Lsg. eines inerten organ. Lsgm. (Dampfdruck bei 20° $<$10 mm Hg) mit einer Wasserlöslichkeit von $>$2 Gew.-% bei 20°, welches mindestens 2 Heteroatome, von welchen mindestens eines O oder S ist, enthält, u. welches nicht mehr als 2 vicinale OH-Gruppen besitzt. — Beispiele: Glykole (Triäthylenglykol, Diäthylenglykol). — Verfahrensschemata. (**A. P. 2 881 047** vom 29/5. 1956, ausg. 7/4. 1959.) E. Miessgang. H 253

Minister of Supply, London, England (Erfinder: Elwyn Roberts), **Gewinnung von Schwefelsäure** aus als Nebenprod. bei der Nitrierung von organ. Amino-Verbb. (Guanidinsalzen) erhaltener Abfallsäure, die H_2SO_4, W., $(NH_4)_2SO_4$ u. andere Verunreinigungen enthält. Die Säure wird durch Dest. (Entfernung von W.) konz. u. durch Erhitzen werden die Verunreinigungen zersetzt. Die dunkel gefärbte Säure wird durch Oxydation (HNO_3) entfärbt, gekühlt u. mit W. verdünnt. Durch Behandlung mit abs. A. werden $(NH_4)_2SO_4$ u. NH_4HSO_4 ausgefällt u. abgetrennt. Der A. wird durch Dest. zurückgewonnen u. die wss. H_2SO_4 konzentriert. (**E. P. 816 290** vom 12/10. 1951, ausg. 8/7. 1959.) E. Miessgang. H 253

E. I. du Pont de Nemours & Co., Wilmington, übert. von: Eugene H. Man, Newark, Del., V.St.A., **Herstellung von Schwefelhexafluorid.** Ein Gemisch von SF_4 u. HF wird in fl. Phase (Ausschluß von W.) in einer Elektrolysezelle mit unlösl. Anode bei einem Potential $>$8 V (bes. 25—50 V) elektrolysiert. Temp. $<$0° (bes. $<$—20°). Das Mol-Verhältnis von SF_4:HF liegt zwischen 1:2 bis 10:1. (**A. P. 2 904 476** vom 31/10. 1957, ausg. 15/9. 1959.) E. Miessgang. H 253

Texaco, Inc., übert. von: John K. McKinley, Poughkeepsie, N.Y., Benjamin F. Smith, Groves, Tex., und Samuel P. Dickens, Poughkeepsie, N.Y., V.St.A., **Herstellung von Calciumcarbid unter gleichzeitiger Gewinnung von Wasserstoff unter Verwendung von Calciumhydroxid enthaltendem Ausgangsmaterial.** $Ca(OH)_2$ enthaltender Kalk wird im Gemisch mit C in einen Vorerhitzer auf 200—800° F erhitzt, worauf das vorerhitzte Gemisch in einem gesondert beheizten Ofen, bes. Drehrohrofen, unter Zufuhr von aus dem anschließenden Carbidofen stammenden CO-haltigen Abgasen, die in ihm durch in den Ofen eingeführte Luft oder mit O_2 angereicherter Luft bzw. reinen O_2 verbrannt werden, auf 1200—1500° F erhitzt u. dann anschließend dem Carbidofen zugeführt wird. — Im auf 1200—1500° F gehaltenen Ofen reagiert ein Teil des eingeführten CO mit dem W. des Kalks unter Bldg. von H_2, der zusammen mit den Abgasen den Ofen am Eintrittsende für das vorerhitzte Gemisch verläßt. — Verfahrensschema. (**A. P. 2 950 956** vom 27/3. 1957, ausg. 30/8. 1960.) K. Wolk. H 283

United States Atomic Energy Commission, übert. von: Raymond E. Blanco, Oak Ridge, Tenn., V.St.A., **Abtrennen von Bariumverbindungen** von wss. Uranylsalzlösungen. Um Ba zusammen mit Pb als Sulfat auszufällen, setzt man genügend SO_4-Ionen zu, trennt den Nd. ab u. versetzt ihn mit einer Alkalicarbonatlösung. Die ausgefällten Carbonate löst man in wss. acetat- oder propionathaltiger HNO_3, u. ggf. noch vorhandenes Unlösliches löst man in einer wss. Lsg. von Äthylendiamintetraessigsäure, wobei man die anfallende Lsg. auf ein pH von 6,0—6,5 einstellt. Anschließend schickt man die erste Lsg. durch einen Kationenaustauscher u. eluiert die von dem Austauscher mit adsorbierte Pb-Verb. mit 0,5 mol. NaOH-Lsg., während über den noch mit Ba beladenen Austauscher nun die zweite Lsg. (Äthylendiamintetraessigsäure) schickt, um auch das darin gelöste Ba zu adsorbieren. Zum Schluß eluiert man die Ba-Verbb., indem man den Austauscher mit wss. 6—12 mol. HNO_3 behandelt. (**A. P. 2895798** vom 26/10. 1954, ausg. 21/7. 1959.) H. Nebelsiek. H 285

Farbwerke Hoechst Akt.-Ges., vormals Meister Lucius & Brüning (Erfinder: Otto Scherer und Georg Schaeffer), Frankfurt/M., **Herstellung von Aluminiumdialkylhydriden** u. ggf. Al-Trialkylen (I) durch Rk. von Al mit **I** u. H_2 u. ggf. Olefinen bei erhöhter Temp. u. unter erhöhtem Druck, dad. gek., daß man die Rk. mit einem Al durchführt, das durch Vermahlen von vorzerkleinertem Al in einer inerten Atmosphäre oder im Vakuum unter Zusatz höherer Fettsäuren u./oder deren Al-Salzen erhalten worden ist. Das Vermahlen kann auch in Ggw. eines fl. inerten KW-Stoffs erfolgen. — 2,2 g-Atom Al-Pulver werden in einer Schwingmühle mit 1,5 g Stearinsäure (II) oder einem Gemisch aus 50% **II** u. 50% Palmitinsäure 4 Std. in Ggw. von N vermahlen, worauf das Al in einem Autoklav mit 4 Mol $Al(C_2H_5)_3$ versetzt, auf 130° erhitzt, H_2 von 150 at aufgepreßt u. dieser Druck durch Nachpressen aufrechterhalten wird. Nach Beendigung der H_2-Aufnahme (1—1½ Std.) erhält man eine Lsg., die 85—90 Mol.-% $(C_2H_5)_2AlH$, bezogen auf die vorhandene Menge Al-organ. Verb. enthält. Das Al wird bis auf 0,4—0,5 g-Atom verbraucht. (**D. A. S. 1 113 218** Kl. 12o vom 24/6. 1959, ausg. 31/8. 1961.) J. Mühleisen. H 294

United States Atomic Energy Commission, übert. von: Earl K. Hyde, Berkeley, Calif., und Bruce A. Raby, Dayton, Ohio, V.St.A., **Trennen von Verbindungen des Radiums, Wismuts, Poloniums und Bleis** aus einem Gemisch derselben. Man löst das Gemisch in wss. 1—2 mol. HCl u. schickt die Lsg. durch einen Anionenaustauscher. Dabei werden die entstandenen Polychlorkomplexe von Po u. Bi adsorbiert. Die Rest-Lsg., die noch die Ra- u. Pb-Verb. enthält, wird mit HCl auf 4—7,5 mol. eingestellt u. über einen zweiten Anionenaustauscher geschickt. Von diesen wird die komplexe Pb-Verb. adsorbiert, während man die Ra-Verb. aus der Rest-Lsg. erhält. Die einzelnen Austauscher werden in üblicher Weise behandelt, um die von ihnen adsorbierten Verbb. zu eluieren. (**A. P. 2 873 170** vom 17/6. 1954, ausg. 10/2. 1959.) H. Nebelsiek. H 334

United States Atomic Energy Commission, übert. von: Keith B. Brown, David J. Crouse, Oak Ridge, und John G. Moore, Clinton, Tenn., V.St.A., **Gewinnung von Uranverbindungen** durch Laugung des U-haltigen Erzes mit wss. H_2SO_4 u. anschließende Extraktion mit einem Gemisch aus einem Erdöl-KW-Stoff, einem Alkohol mit wenigstens 8 C-Atomen u. einem prim., sek., heterocycl. sek., tert., heterocycl. tert. Amin oder einer quatern. Ammoniumverbindung. Die mit U beladene organ. Phase wird abgetrennt u. mit einer wss. Alkali- oder Erdalkalichlorid-, -nitrat- oder -carbonat-Lsg. ausgeschüttelt. Die U-Verb. geht dabei in die wss. Phase u. wird aus dieser mit NH_4OH als Uranat ausgefällt. (**A. P. 2 877 250** vom 10/12. 1956, ausg. 10/3. 1959.) H. Nebelsiek. H 339

Olin Mathieson Chemical Corp., Baltimore, Md., übert. von: **Bernard H. Nicolaisen**, Kenmore, N.Y., V.St.A., *Herstellung von wasserfreiem Hydrazin.* (**Can. P. 551 695** vom 4/6. 1955, ausg. 14/1. 1958. A. Prior. 4/6. 1954. — C. **1958.** 7232 [A. P. 2 783 130].)

Spinnfaser Akt.-Ges., Kassel-Bettenhausen (Erfinder: **Otto Reichert** und **Herbert Stemmler**, Kassel), *Wiedergewinnung von Schwefel aus den Alkalipolysulfiden, die beim Herauslösen des Schwefels aus Aktivkohlefiltern in Viscosefabriken entstehen.* (**Oe. P. 212 337** vom 9/2. 1959, ausg. 12/12. 1960. D. Prior. 4/6. 1958. — C. **1959.** 15474 [D. A. S. 1 054 655].)

Phillips Petroleum Co., übert. von: **Carl M. Kron**, Borger, Tex., V.St.A., *Kontrollverfahren für Rußöfen.* (**A. P. 2 953 436** vom 14/4. 1955, ausg. 20/9. 1960. — C. **1961.** 12225 [E. P. 806 092].)

Pawel Krumholz und **Kasimierz Józef Bril**, Brasilien, *Trennen des Yttriums von anderen Seltenen Erdelementen durch Ionenaustausch.* (**F. P. 1 207 954** vom 1/9. 1958, ausg. 19/2. 1960. Brasilian. Prior. 2/9. 1957. — C. **1961.** 263 [D. A. S. 1 083 245].)

Columbia-Southern Chemical Corp., V.St.A. (Erfinder: **Arthur Charles Ellsworth jun.**), *Reinigung von Metallhalogeniden, besonders von Titantetrachlorid.* (**F. P. 1 207 631** vom 1/7. 1958, ausg. 17/2. 1960. A. Prior. 23/7. 1957. — C. **1961.** 15873 [D. A. S. 1 082 233].)

Deutsche Gold- und Silber-Scheideanstalt vormals Roessler, Deutschland (Erfinder: **Werner Fischer**), *Trennung von Zirkonium und Hafnium.* (**F. P. 1 171 285** vom 30/8. 1956, ausg. 23/1. 1959. D. Prior. 18/10. 1955. — C. **1960.** 14151 [Belg. P. 551 844].)

General Electric Co. (Erfinder: **Robert Charles Osthoff**), *Reinigen von technischem Wolframcarbid.* (**Aust. P. 229 287** vom 20/2. 1958, ausg. 4/8. 1960. A. Prior. 26/2. 1957. — C. **1959.** 12664 [D. A. S. 1 046 593].)

American Cyanamid Co., New York, N.Y., übert. von: **George O. Pruett**, Cos Cob, Conn., V.St.A., *Behandlung von Schwermetallferrocyaniden.* (**Can. P. 551 203** vom 25/11. 1955, ausg. 7/1. 1958. A. Prior. 14/12. 1954. — C. **1958.** 6072 [A. P. 2 789 033].)

VI. Silicatchemie. Baustoffe

Nickel zum Abdichten von Glas. Satoru Mito. (Nippon Kinzoku Gakkai-Si [J. Japan Inst. Metals] **25.** 104—08. 1961.) (Jap.; Auszug: Engl.)

Die Benetzbarkeit von Nickel durch Glas hängt von der Oberflächenbeschaffenheit des Ni ab; poliertes Ni ist sehr benetzbar. Ni mit *Mn*-Zusatz ist sehr, Ni mit *Si*-Zusatz wenig benetzbar. Zusätze von *Al*, *Cr* u. *Mg* haben keine Wirkung. Die Fähigkeit, eine Blasenschicht zu bilden, hängt von den Schmelzbedingungen des Ni ab; unvollständig desoxydierte u. entgaste Proben liefern gute, voll behandelte Proben schlechte Ergebnisse. Unvollständig entgastes Ni zeigt nach Anlassen bei niedriger Temp. eine ausreichende Härtung u. Oxydationsfestigkeit bei 700—900°. W. WESLY. 6168 □

pH-Änderung während des Naßmahlens keramischer Massen und Glasuren. Pál Kovács. (Építőanyag [Baumaterial] **13.** 433—35. Nov. 1961.) (Ung.)

Während des Naßmahlens wird die spezif. Oberfläche des Mahlguts größer, u. das W. kann aus dem oberflächlich aufgelockerten Gerüst Ionen, in erster Linie Alkaliionen, lösen, wodurch der pH-Wert der Trübe alkal. wird. Der Anstieg des pH-Wertes wird nach Erreichen eines gewissen Feinheitsgrades konstant. Wird während des Mahlens der pH-Wert gemessen, so kann die Arbeit beendet werden, sobald sich die pH-Kurve nicht mehr ändert. J. PLANK. 6206

Druckauslaugung einiger Silicat-Mineralien mit alkalischen Lösungen. A. R. Burkin. (Int. Mineral Processing Congr., London **1960.** 856—62. London, Royal School of Mines, Min. Dressing.) (Engl.)

Wss. NaOH-Lsgg. $<300°$ greifen Quarz, Zirkon u. Beryll, nicht aber ZrO_2 an. Die Aktivierungsenergien der Auflösung von SiO_2 aus Quarz u. Zirkon zeigen, daß die Rk.-Geschw. durch einen chem., nicht aber durch einen Diffusionsvorgang beeinflußt werden. Der chem. Vorgang wird durch Ausbrechen eines Ions aus dem Kristallgitter gedeutet u. auf das unterschiedliche Verh. von Zirkon u. ZrO_2 angewandt. W. WESLY. 6208 □

Die Reaktionsfähigkeit von sehr feinem, aus silicatischen Gesteinen gewonnenem Pulver. K. M. Alexander. (J. Amer. Concrete Inst. **32.** Proc. 57. 557—69. Nov. 1960. Melbourne, Commonwealth Sci. and Ind. Res. Organizat., Cement and Refractories Sect.) (Engl.)

Quarz u. bas. vulkan. Gesteine werden nach Vermahlung zu feinstem Pulver sehr reaktionsfähig. Nach hinreichend langem Mahlen erreicht man eine obere Aktivitätsgrenze, oberhalb derer eine weitere Oberflächenvergrößerung keinen Anstieg der Puzzolan-Rk.-Fähigkeit (PF) mehr bewirkt. Die bei verschiedenen silicat. Stoffen bei großer Oberfläche erreichte obere Grenze der PF strebt in allen Fällen einem gleichen Wert zu, gleichgültig, ob es sich um (schwache) Puzzolan- oder Nichtpuzzolanpulver handelt. W. WESLY. 6208 □

Glasuren auf Grundlage örtlicher Borosilicatmineralien. L. I. Koren, L. I. Ssokolow und R. W. Maratsch. (Стекло и Керамика [Glas u. Keram.] **18.** Nr. 8. 35—36. Aug. 1961.) (Russ.)

Verschiedene Gemische auf örtlicher Borosilicatbasis wurden als leichtschmelzende Glasuren für Keramikgegenstände erprobt. Untersucht wurde die Wrkg. von Lehm-, Sand- u. Sodazusätzen. Eine durchsichtige, farblose 2-Komponentenglasur mit 0,96 (%) CaO, 0,04 MgO, 0,36 Al_2O_3, 0,42 B_2O_3, 1,87 SiO_2 wurde z. B. aus Kaolin-Lehm (44%) u. reichem Datolith-Erz (56%; B_2O_3-Geh. 21,04%) erhalten. Auf gleicher Grundlage wurden durch Zusatz von Trübungsmitteln (Sn-Erze, Sb-Oxid, Flußspat) u. Färbemitteln (Kupferstein, Pb-Konzentrate) trübe weiße u. farbige Glasuren gewonnen. Eine marmorartige milchiggelbe Glasur wurde durch Ersatz des Lehms durch Andesitbasalt hergestellt. Aus Fe-haltigem Borosilicat (B_2O_3-Geh. 12,16%) u. Andesitbasalt im Verhältnis 1:1 wurde eine braunschwarze Glasur hergestellt. G. WINKHAUS. 6212 □

Schwarze Glasur für Porzellan. W. P. Schwaiko. (Стекло и Керамика [Glas u. Keram.] **18.** Nr. 8. 33—35. Aug. 1961.) (Russ.)

Zur Herst. schwarzer Glasuren auf Porzellan für elektrotechn. Zwecke wurden verschiedene Zusätze (Mn-Erze; Chromit; Fe_2O_3; CoO; NiO) zur Glasur erprobt. 15 Proben verschiedener Färbemittel-Zus. wurden getestet. Die Zus. u. Farbtöne sind angegeben. Eine rein schwarze Glasur wurde bei folgender Zus. erzielt: 91,95 (%) Glasur (64,65 SiO_2; 12,0 Al_2O_3; 3,07 MgO; 8,28 CaO; 2,14 K_2O; 0,34 Na_2O; 0,79 Fe_2O_3; 0,12 TiO_2; 0,01 SO_3; 8,21 Sonstiges), 3,2 CoO, 2,75 MnO_2, 2,1 Fe_2O_3. G. WINKHAUS. 6212 □

Beeinflussung der Wärmeausdehnung eines glasierten Scherbens durch die Glasur. D. Paetsch. (Ber. dtsch. keram. Ges. e.V. **38.** 342—44. Aug. 1961.) (Dt.)

Wenn die Glasur eines Scherbens eine andere Wärmeausdehnung hat als der Scherben selbst, so ist die Wärmeausdehnung des glasierten Scherbens je nach Art des Unterschiedes größer oder kleiner. Es konnte gezeigt werden, daß dieser Einfl. der Glasur gemessen werden kann. N. PETERS. 6212 □

Trocknungsversuche mit elektrischen Strom. Péter Venczellák. (Építőanyag [Baumaterial] **13.** 341—48. Sept. 1961.) (Ung.)

Die aus den Vakuumpressen herauskommenden Formlinge aus Porzellanmasse enthalten 24—25% W. u. müssen auf einen Wasser-Geh. von 20—21% gebracht werden, um weiter geformt werden zu können. Verss. mit elektr. Strom, wobei der Formling als

Widerstand zwischen 2 Elektroden gelegt wurde, ergaben gleichmäßige Feuchtigkeitsverteilung. Von allen Trocknungs-Verff. wurde so der beste therm. Effekt u. der kleinste Zeitbedarf erreicht. Die Elektroden müssen fest anliegen, um Übergangswiderstände u. elektr. Bögen zu vermeiden. J. PLANK. 6214

Aktivierter Bentonit von beständiger Qualität für feinkeramische Zwecke. István György, Károly Szepesi, János Mayer und Lajos Kókay. (Építöanyag [Baumaterial] **13.** 425—32. Nov. 1961.) (Ung.)

Um einen, für feinkeram. Zwecke geeigneten stabilen Na-Bentonit mit hohem Montmorillonit-Geh. u. ausgeprägten koll. Eigg. zu gewinnen, untersuchten Vff. mehrere ungar. Bentonite auf ihre Brauchbarkeit u. erörterten den Zusammenhang zwischen Morphologie u. Aktivität des Bentonits. Die Menge des zu keram. Massen mischbaren Bentonits ist von dessen Eigg., bes. von der Viscosität, abhängig. J. PLANK. 6216

Kontinuierliche Filtration von Tonschlickern. J. M. Palmer, A. Rawlinson und F. J. Goodson. (Trans. Brit. ceram. Soc. **60.** 798—824. Nov. 1961.) (Engl.)

Es wird eine Filtermaschine beschrieben, in die auf der einen Seite der Schlicker eingefüllt, auf der anderen die plast. keram. Masse abgezogen wird, wobei der Wasser-Geh. auf 0,3% kontrolliert werden kann. F. REINHART. 6216□

Das Pressen warmer Tonmassen. Anwendung und Aussichten. Lucien Paolasso. (Ziegelindustrie **14.** 669—74. 1. Nov.-H. 1961.) (Dt.)

Es werden die Erfahrungen diskutiert, die mit Hilfe des Univelox-Trocknungs-Verf. gewonnen wurden; der Arbeitsrhythmus dieses Trockners wurde mit der Presse in Übereinstimmung gebracht. Es wird über die Vorteile des Anfeuchtens von Tonen durch Zufuhr von Dampf berichtet, der Durchfeuchtungsvorgang wird dadurch beschleunigt. N. PETERS. 6216□

Das Lösen von plastischen keramischen Massen aus der Form unter Anwendung von elektrischem Strom. Jean-Gaston Gachet. (Ind. céram. **1961.** 199—213. Mai.) (Franz.)

Nach einem Überblick über die diesbezügliche Literatur wird die Wrkg. des durch eine zwischen zwei Metallelektroden befindliche komprimierte Tonmasse fließenden elektr. Gleichstroms beschrieben. An Hand von Diagrammen werden die Abhängigkeit des spezif. elektr. Widerstandes einer solchen Masse von ihrem Geh. an W. u. ihrem Abstand von der Anode, sowie die elektr. Spannung als Funktion des Anodenabstandes erläutert u. Angaben über den Einfl. dieser Größen auf das Lösen gemacht. Schließlich werden die theoret. Grundlagen des Verf. erläutert, u. es wird festgestellt, daß die Trenn-Wrkg. an der Kathode in Abhängigkeit vom Quadrat des Potentials der an der Anode direkt proportional verläuft. G. FRIKELL. 6216□

Die Bedeutung der Oberflächenspannung bei der Bestimmung gewisser Ton-Wasser-Eigenschaften. W. C. Ormsby. (Amer. ceram. Soc. Bull. **39.** 408—12. Aug. 1960. Washington, D. C., National Bureau of Standards.) (Engl.)

Auf Grund einer krit. Literaturbetrachtung u. systemat. Antränk-Verss. lehnt Vf. die von NORTON (J. Amer. ceram. Soc. **31.** [1948.] 236) entwickelte Theorie des plast. Verh. (stretched membrane theory") ab. Die Oberflächenspannung ist nicht von prim. Bedeutung für die Eigg. von Ton—Wasser-Gemischen, die Anziehungs- u. Abstoßungskräfte sind vorwiegend elektrokinet. Natur. Ionen-Rkk. zwischen Ton u. der fl. Phase führen zu Veränderungen im Deformations-, Sedimentations-, Flockenbildungs- u. Flockenauflösungsverhalten. H. NOACK. 6216

Die Bildung von Silicaten, Ferriten, Aluminaten und Titanaten des Calciums in der festen Phase. A. Ss. Bereshnoi und R. A. Kordjuk. (Доповіді Академії Наук Української PCP [Ber. Akad. Wiss. UkrainSSR] **1961.** Nr. 7. 924—27. Ukrain. Inst. für feuerfeste Materialien.) (Ukrain.; Auszug: Engl.)

Vff. erötern die Bedingungen für die Bldg. von Silicaten, Ferriten, Aluminaten u. Titanaten des Ca, die Vol.-Effekte, die Veränderungen des isobaren thermodynam. Potentials u. die Konst. der kinet. Gleichung. Es zeigt sich, daß die größte Geschw. der Bldg. bei Ca_2SiO_4 (I), $Ca_2Fe_2O_5$ u. $CaFe_2O_4$ beobachtet wird, bedingt durch den Koeff. der Selbstdiffusion von Ca u. Fe. Aus dem P-T-Diagramm von I geht hervor, daß der tern. Punkt für $CaSiO_3$ kaum realisierbar ist, weil $CaSiO_3$ wahrscheinlich bei sehr hohen Drücken in 3'-I u. Coesit übergeht. Die von RIGBY u. GREEN (1942) festgestellte Phasenumwandlung von Anorthit (**II**; $CaAl_2Si_2O_8$) wird nicht bestätigt: auf der Kurve der therm. Ausdehnung von **II** treten keine Anomalien auf. Hexagonales u. rhomb. **II** gehen oberhalb 1000° K monotrop in triklin. **II** über. Die geringen Veränderungen von Mol.-Vol., Brechungs-Koeff. u. Wärmeausdehnungs-Koeff. von **II** u. entsprechendem Glas zeigen, daß beim Schmelzen von **II** keine merklichen Änderungen naher Ordnung eintreten. Bei Gehlenit dagegen nimmt das Mol.-Vol. beim Schmelzen um ca. 6% zu, der Brechungsindex um ca. 6% ab, ähnlich wie bei Cordierit u. beim rhomb. $Ca_5Al_6O_{14}$. Die kub. Form von $Ca_5Al_6O_{14}$ zeigt auf der Schmelzkurve Anomalien, deren Charakter noch nicht näher untersucht wurde. O. LEBTAG. 6218 □

Feuerfeste Steine für Hochöfenwinderhitzer. C. Storey. (Trans. Brit. ceram. Soc. **60.** 783—97. Nov. 1961.) (Engl.)

Feuerfeste Steine mit Al_2O_3-Geh. von 39—78% wurden Wiedererhitzungs- u. Schlackenprüfungen bei 1550° unterworfen. Prüfungen der Temp.-Wechselbeständigkeit nach dieser Behandlung ergaben, daß nur Steine mit über 50% Al_2O_3 unverglast blieben. Steine aus Rohstoffen mit natürlichem Al_2O_3-Geh. waren solchen aus zusammengesetzten Materialien überlegen. Die Auswahl der feuerfesten Steine für Brennschacht, Kuppel u. oberes Gitterwerk sowie verschiedene Gitterwerkkonstruktionen werden diskutiert. F. REINHART. 6218 □

Herstellung eines feuerfesten, wärmeisolierenden Baumaterials für Glashütten. Béla Löcsei. (Építöanyag [Baumaterial] **13.** 405—12. Nov. 1961.) (Ung.)

Al-Silicate reagieren bei hoher Temp. mit AlF_3 unter Bldg. von Mullit oder Korund. Zur Erhöhung des Mullit-Geh. von feuerfesten Tonen genügt ein Zuschlag von 5—10% AlF_3, durch Anwendung stöchiometr. Mengen kann ein 90—98% Mullit bzw. Korund enthaltendes feuerfestes Material kleinen Vol.-Gew. hergestellt werden. Bei der Rk. von Kaolin mit AlF_3 bei 600—900° entsteht als Zwischen-Prod. Al-Fluorosilicat, welches oberhalb 900° zerfällt, u. infolge des gebildeten flüchtigen SiF_4 porösen Mullit bildet. HF katalysiert die Reaktion. Aus Ton u. AlF_3 kann bei ca. 1000° ein Mullit-Korund-Prod. erzeugt werden, dessen Vol.-Gew. 0,4—2,0 g/cm³ beträgt, bis 1600° volumenbeständig u. bis 1750—1900° feuerfest ist. J. PLANK. 6218

Möglichkeit der Erhöhung des Mullitgehaltes von feuerfestem Schamottematerial. Béla Löcsei. (Kohászati Lapok [Ung. Z. Hüttenwes.] **94.** 508—11. Nov. 1961.) (Ung.) — Vgl. vorst. Referat. L. ZOMBORY. 6218

Zum mechanisch-thermischen Verhalten feuerfester Stoffe. 1. Mitt. Physikalische Grunderscheinungen. W. Späth. (Ber. dtsch. keram. Ges. e. V. **38.** 351—56. Aug. 1961.) (Dt.)

An einem einfachen Modell wird dargelegt, daß zwischen mechan. u. therm. Eigg. feuerfester Materialien sehr enge gegenseitige Verknüpfungen bestehen. Die Ursachen hierfür sind gegenseitige Verspannungen der Gefügebestandteile infolge ungleicher therm. Ausdehnungsbeiwerte. N. PETERS. 6218 □

Einfluß des Maßstabfaktors auf die Zeitabhängigkeit der Festigkeit keramischer Materialien. W. G. Brawinski und M. W. Ossipow. (Доклады Академии Наук СССР [Ber. Akad. Wiss. UdSSR] **137.** 557—59. 21/3. 1961.) (Russ.)

Es wird experimentell nachgewiesen, daß der Maßstabseffekt einen Einfl. nicht nur auf die kurzzeitige, sondern auch auf die Dauerfestigkeit keram. Materialien hat. Die Erhöhung der kurzzeitigen Festigkeit bei Verringerung der Probengröße kann durch technolog. Einfl. oder durch einen statist. Maßstabsfaktor erklärt werden. Die untersuchten Materialien waren Stäbe aus Al-Silicat u. Al_2O_3-Keramik mit 5—20 mm ∅. A. KUNZE. 6218 □

Sulfatbeständige Zemente und ihre Prüfung. W. Wittekindt. (Zement-Kalk-Gips **13 (49).** 565—72. Dez. 1960. Wiesbaden.) (Dt.)

Krit. Literaturübersicht. Es werden die Verss. besprochen, die in den letzten 70 Jahren zur Herst. hochsulfatbeständiger Zemente u. zur Prüfung ihrer Sulfatbeständigkeit durchgeführt wurden. — 36 Literaturangaben. H. NOACK. 6222

Sprühtechnik bei der Herstellung von Abschirmbeton. Frank C. Hume. (Nucleonics [New York] **18.** Nr. 10. 102—04. Okt. 1960. Vancouver, Brit. Columbia, B. D. Bohna & Co. Ltd.) (Engl.)

Über Vorteile der entwickelten Sprüh-Meth. zur Herst. von Magnetitbeton gewünschter Dichte. GERHARD SCHMIDT. 6224 □

Spezialzuschlagstoffe. J. Singleton-Green. (Cement, Lime Gravel **36.** 216—19. Juli 1961.) (Engl.)

Vf. beschreibt die Anwendung von Schwerbeton u. macht Angaben über die physikal. u. techn. Eigg. der zu seiner Herst. geeigneten Zuschläge, wie Baryt, Eisenerz, Limonit, Magnetit, Ilmenit, Stahlschrott u. Stahlspäne. Entsprechende Angaben werden über farbige u. weiße Zuschlagstoffe gemacht. Hochofenschlacke weist keine wesentlichen Unterschiede bzgl. Schwindung oder Dehnung gegenüber den üblichen Zuschlagstoffen auf. Stahleinlagen in diesem Beton erfahren keine größere Korrosion als bei Verw. von Kies u. Sand. G. FRIKELL. 6224 □

Waschverfahren für Zuschlagstoffe. L. W. Hudson. (Cement, Lime Gravel **36.** 204—15. Juli 1961.) (Engl.)

Vf. beschreibt die Vor- u. Nachteile der zum Waschen von groben u. feinen Zuschlagstoffen bekannten Vorr. u. behandelt die Frage des Wasserkreislaufs. G. FRIKELL. 6224□

Einige Besonderheiten der Herstellung von Hüttenbims im Schäumebett. Lydia Wladimirowa. (Építöanyag [Baumaterial] **13.** 334—40. Sept. 1961.) (Ung.) — Vgl. C. **1962. 9115.**

Von den Aufschäumungs-Verff. ist das Verf. im Schäumebett eines der besten, doch ist die Qualität des so hergestellten Prod. als Zuschlag für Leichtbeton nicht sehr gut. Wird aber anstatt W. eine wss. Tonsuspension verwendet, bilden sich gleichmäßigere Poren aus, die Qualität des Hüttenbimses verbessert sich, seine Festigkeit steigt bei gleichem Raum-Gew. an. Mit solchem Hüttenbims erzeugte Bauelemente bedürfen weniger Zement u. sind leichter. J. PLANK. 6224

Rißbildung infolge Schrumpfung bei Eisenbeton. Sven T. A. Odman. (Bull. RILEM Nr. **9.** 100—09. Dez. 1960. Stockholm, Swedish Cement and Concrete Res. Inst.) (Engl.)

Theoret. Behandlung der Deformierung von Eisenbetonprismen während des Tocknens. Es werden Formeln für die Riß-Bldg. (Dichte u. Größe) in Abhängigkeit von den durch Schrumpfung entstandenen Spannungen aufgestellt u. die Übereinstimmung zu den aus der Praxis bekannten Schrumpfungserscheinungen von Eisenbeton gezeigt. H. NOACK. 6224

Physikalische Veränderungen beim Erhärten von Gips. B. M. O'Kelly. (ASTM Bull. **1959.** 55—62. April.) (Engl.)

Vf. untersuchte die Veränderungen des scheinbaren Vol. u. der Wassersorption sowie von „suction“ (das ist die Wasseraufnahme infolge der geringeren freien Energie des an der Oberfläche gebundenen Wassers). Vf. deutet die Gipshärtung als mechan. Wechselwrkg. der wachsenden Gipskristalle. H. VÖLZ. 6226□

Schalldämpfende poröse Keramik. W. T. Weankow, N. I. Lobanow und K. A. Smirnowa. (Стекло и Керамика [Glas u. Keram.] **18.** Nr. 8. 26—30. Aug. 1961.) (Russ.)

Herst., Eigg. (Biegefestigkeit, spezif. Gew., Porengröße, scheinbare Porosität, Schallabsorptions-Koeff.) u. industrielle Erprobung von ungebrannter Schamotte, von Schamotte mit Sägespänen u. von gebrannter Schamotte als schallschluckendes Material werden mitgeteilt. Unter Zusatz von Wasserglas u. Na_2SiF_6 wurden Platten aus den genannten Materialien gepreßt. Alle untersuchten Stoffe zeigen befriedigende schalldämpfende Eigg.; die Herst. der Platten ist einfach u. billig. G. WINKHAUS. 6228□

Hochtemperaturprüfung von Formsanden. Overgaard Rasmussen. (Gjuteriet **49.** 329—30. 333—34. 1959.) (Schwed.)

Beschreibung einer App. zur Prüfung der Festigkeit von Formsand bei Temp. bis 1650° u. Erörterung der Auswertung der damit erhaltenen Ergebnisse bzgl. Festigkeit, Dehnung u. Verformungsneigung. R. K. MÜLLER. 6240□

Ein vereinfachter Weißwarenkontrolltest. Richard West. (Amer. ceram. Soc. Bull. **39.** 413—18. Aug. 1960. Alfred, N.Y., Univ., Coll. of Ceramics.) (Engl.)

Vf. beschreibt ein einfaches Verf. zur Best. der Filtrations-Geschw., der spezif. Oberfläche u. des Poren-Vol. von Wasser–Ton-Aufschlämmungen unter Anwendung einer Filterpresse. Nonogramme zur Auswertung werden angegeben. H. NOACK. 6246

Neuere Beiträge zum Verhalten des Kaolinits beim Erhitzen. János Grofcsik und Ferenc Tamás. (Építöanyag [Baumaterial] **13.** 401—04. Nov. 1961.) (Ung.)

Nach Glühen bei 700° ist die Rk.-Fähigkeit des Kaolinits am größten. Wird dieser warm in Bzl. sedimentiert, zeigen die Röntgendiagramme amorphe Struktur u. die DTA-Kurven keine endothermen Spitzen. In W. sedimentierte oder an feuchter Luft gelagerte Proben zeigten eine nicht völlig amorphe Struktur, u. die DTA-Kurven gaben kennzeichnende endotherme Effekte. Verschiedene Fraktionen von Zettlitzer Kaolin gaben mit abnehmender Korngröße stets unschärfere Kaolinitlinien. Von den auf 1020° erhitzten Proben verschiedener Korngröße zeigten die groben Fraktionen charakterist. Mullitlinien, die Reflexionen der feinsten Fraktionen lassen eher auf γ-Al_2O_3 schließen. J. PLANK. 6246

Zur Methodik der Hochtemperaturthermoanalyse von Oxidsystemen. P. P. Budnikow und S. G. Treswjatski. (Silikattechnik **12.** 396—98. Sept. 1961. Moskau, Chem. Technolog. Inst.) (Dt.)

Vf. beschreibt die Arbeitsweise der von ihm entwickelten Meth. der Hoch-Temp.-Thermoanalyse, die es bei entsprechender Eichung des Thermoelements gestattet, die Solidus- u. Liquidus-Temp. gut kristallisierender Schmelzen von hochfeuerfesten Oxiden mit genügender Sicherheit zu bestimmen. N. PETERS. 6248□

Apparatur zur Schnellbestimmung von $CaSO_4$ in Gipsen und in Gemischen von $CaSO_4$ und $CaCO_3$ mit Hilfe des Kationenaustauschers KPS 200. H. Kniestedt und J. Wahle. (Chem. Techn. **13.** 110. Febr. 1961.) (Dt.)

Mit Hilfe des kugelförmigen Austauschers Wofatit KPS 200, der eine hohe Temp.-Beständigkeit aufweist, gelingt es, das gesamte $CaSO_4$ in Lsg. zu bringen. Nach Abtrennung des Wofatits von der Fl. kann die äquivalente Menge H_2SO_4 titrimetr. bestimmt werden. Der Vorteil der Arbeitsweise liegt in der einfachen apparativen Anwendung, Löse- u. Trennvorgang erfolgen im gleichen Gefäß. Durch Anwendung dieser Meth. wird die Dauer einer Analyse erheblich verkürzt, so kann die Gipsvollanalyse in 2 statt in 4 Tagen ausgeführt werden. N. PETERS. 6254

Untersuchung der Widerstandsfähigkeit von kalkgebundenen Staubkohlenaschenkörpern gegen Sulfat und CO_2-Aggression. László Jécsai. (Épitöanyag [Baumaterial] **13.** 321—24. Sept. 1961.) (Ung.)

Die Druckfestigkeit von in 5% ig. $NaHSO_4$-Lsg. 20—60 Tage gelagerter Probekörper stieg allg. an, nur je aus Aschen von Ajka u. Borsód zerfielen. Die Festigkeitszunahme ist wahrscheinlich der röntgendiffraktometr. nachgewiesenen Bldg. von CaAl-Sulfathydrat zuzuschreiben. In CO_2-Atmosphäre ist eher eine Zu- als Abnahme der Druckfestigkeit wahrnehmbar. Wahrscheinlich entsteht an der Oberfläche der Aschenkörner aus dem Ca-Silicathydrat ein Carbonatgerüst, welches fester ist, als das mit Kalk übersättigte metastabile Silicatgerüst. Die Behandlung mit CO_2 verursacht keine Vol.-Veränderung; so kann angenommen werden, daß die Carbonatkristalle mit den ursprünglich vorhandenen Silicatkristallen paramorphe Kristalle bilden. J. PLANK. 6256

Untersuchung von Magnesiten und Steinholzmörteln. W. Albrecht und H. Schneider. (Zement-Kalk-Gips **13** (**49**). 549—64. Dez. 1960. Stuttgart.) (Dt.)

Unterss. an 11 Magnesiten aus 6 verschiedenen Lagerstätten ergaben, daß ihre technolog. Eigg. mit Ausnahme der spezif. Oberfläche (Zunahme mit wachsendem MgO-Geh.) keine Abhängigkeit voneinander aufweisen. Mörtel aus Magnesiten waren infolge zu großen Schwunds unbrauchbar. Bei Steinholz-Nutzschichtmischungen werden die geringsten Längenänderungen durch das Verhältnis $MgCl_2$:HgO gleich 1:2,5 bis 1:3,5, die größten Festigkeits- u. Härtenwerte bei $MgCl_2$:HgO = 1:2,5 erzielt. Die Haftung von Steinholzmörteln auf Beton wurde durch Polymerisat-Lsg. oder Steinholz-Schlämme bedeutend verbessert. H. NOACK. 6256

Thermisches Ätzen von gesintertem UO_2. B. M. Gibbs und H. Rawson. (Trans. Brit. ceram. Soc. **60.** 854—57. Nov. 1961.) (Engl.)

Gesinterte UO_2-Proben werden poliert, in nicht oxydierender Atmosphäre, wie He oder Ar, bis auf 1600° erhitzt u. zur Feststellung des Gefüges mit Säure geätzt. F. REINHART. 6260 □

Johns-Manville Corp., New York, N.Y., übert. von: Wendell G. Ekdahl, North Plainfield, N.J., V.St.A., **Brikettieren der Rohstoffe für Glasschmelzen.** Zur besseren Handhabung bei der Zuteilung der Rohstoffe werden 80—95 (%) [vom Gew. der Gesamtmasse] Rohstoffpulver mit 0,5—6 eines Gemisches aus 75—95 nichtquellfähigem Ton, wie Kaolin u. 5—25 quellfähigem Ton, wie Montmorillonit, 2—6 gelatinierter Stärke u. 3—8 W. verpreßt. (**A. P. 2 976 162** vom 3/7. 1958, ausg. 21/3. 1961.) G. FRIKELL. 6171

Joseph C. Fox und Delos M. Palmer, Toledo, Ohio, V.St.A., **Pelletisierter Glasversatz.** Zum Erschmelzen eines homogenen Glases wird der pulverförmige Glasversatz mit 0,05—2 Gew.-% eines Alkali- oder Erdalkalilignosulfonats vermischt u. nach dem Anfeuchten mit W. pelletisiert. (**A. P. 2 970 924** vom 29/5. 1959, ausg. 7/2. 1961.) HANS HOFFMANN. 6171

Goodyear Tire & Rubber Co. (Erfinder: Charles Woodruff Taylor jun. und Kenneth Nicholas Remita), **Herstellung von Sicherheitsglas.** Man verklebt die Glasscheiben (I) mit Hilfe eines amorphen Films (II) aus einem Mischpolymerisat von 85—30 (%) Äthylterephthalat u. 15—70 Äthylenisophthalat, indem die I mit dem zwischengelegten II über die Einfrier-Temp. (180° F) erhitzt u. unter einem Druck von 10—50 lbs./sq.in. zusammengepreßt werden, worauf die Temp. über den F. des Harzes auf ca. 250° u. der Druck auf 50—350 lbs./sq.in. erhöht werden. (**Aust. P. 229 264** vom 2/3. 1959, ausg. 4/8. 1960. A. Prior. 22/8. 1958.) C. LÜTTGEN. 6201

Pittsburgh Plate Glass Co., Pittsburgh, übert. von: Earl T. Middleswarth, New Kensington, und James E. Duncan, Brackenridge, Pa., V.St.A., **Dichte Glasplatten** bestehen aus 42—51 (%) SiO_2, 30—38 PbO, 12—22 K_2O, 0,4—2 F, 1—2 CeO_2, 0—2 CaO u. 0—1 Na_2O, z. B. 45,1 SiO_2, 31,2 PbO, 20 K_2O, 1,7 CeO_2,

1,4 CaO u. 0,9 F_2 oder 50,5 SiO_2, 31,5 PbO, 15,2 K_2O, 1,8 CeO_2, 0,5 Na_2O u. 0,9 F. (**Can. P. 552 396** vom 23/5. 1956, ausg. 28/1. 1958. A. Prior. 15/11. 1955.) EBERHARD RIEDEL. 6201

Libbey-Owens-Ford Glass Co., Toledo, Ohio, übert. von: Stephen H. Harwig, Pittsburgh, und Dwight W. Barkley, New Kensington, Pa., V.St.A., **Entfernen durchsichtiger elektrisch leitender Metallschichten von Glasscheiben.** Zur Vermeidung einer Verschlechterung der opt. Eigg. von Glasscheiben beim Entfernen einer dünnen elektrisch leitenden Metallschicht werden diese in eine saure, bes. HCl oder J, enthaltende wss. Lsg. von KJ oder $CuCl_2$ getaucht. (**A. P. 2 978 366** vom 12/11. 1957, ausg. 4/4. 1961.) HANS HOFFMANN. 6201

Corning Glass Works, Corning, übert. von: John M. Mochel, Painted Post, N.Y., V.St.A., **Festhaftende Nickelüberzüge auf Glas.** Schichten aus Ni, Co oder Pd haften ausreichend fest nur, wenn durch vorhergehendes Ätzen der Glasoberfläche dort ein submkr. Oberflächenfilm aus SiO_2, der noch in dem Mol.-Verband des Glases eingebaut ist, gebildet wird. Dies wird erreicht durch Einw. von HF-Dämpfen auf das 100—250° heiße Glas unter Verhinderung einer Hydratation durch Wasser. Die Bldg. des gewünschten Films kann bei Gläsern, die mehr als 10 (%) B_2O_3 u. 55—85 SiO_2 enthalten, auch durch Lösen des B_2O_3 mittels starker F-Ionen enthaltender Säuren, wie H_2SiF_6 geschehen. Die Abscheidung des Metalls erfolgt anschließend wie bekannt durch abwechselndes Eintauchen in Lsgg. des Metallsalzes u. von KBH_4 oder $NaBH_4$ oder $LiBH_4$. (**A. P. 2 968 578** vom 18/4. 1958, ausg. 17/1. 1961.) G. FRIKELL. 6203

General Dynamics Corp., New York, N.Y., übert. von: Edward C. Creutz, Rancho Santa Fe, Calif., V.St.A., **Sinterverfahren für keramische Formkörper.** Zur Vermeidung von Verformungen von dünnwandigen Körpern werden die ungebrannten Prodd. in ein auf die Sinter-Temp. der keram. Masse geheiztes Metallbad, dessen Dichte etwa derjenigen der Masse entspricht, bis zur erfolgten Sinterung eingebracht. — Die Masse besteht z. B. aus Al_2O_3 mit einem Geh. von ca. 2% $CaCO_3$ u. einer kleinen Menge eines organ. Binders, wie Zn-Stearat. Nach dem Formen u. Trocknen bei ca. 200° erfolgt die Sinterung in einem Bad aus 700° heißem, geschmolzenem Al. (**A. P. 2 976 598** vom 30/4. 1959, ausg. 28/3. 1961.) G. FRIKELL. 6207

Union Carbide Corp., übert. von: Fritz O. Deutscher, Dayton, Ohio, V.St.A., **Aufbringen eines Al_2O_3-Überzuges auf Keramik oder Glas aus der Gasphase,** zum Schutz von Keramikkörpern gegen hochschm. Metalle, werden die auf ca. 1000° F erhitzten Tiegel oder Rohre der Einw. eines ca. 450° F heißen Gasstroms ausgesetzt, der aus Al-Triisopropylat, N_2, NH_3 u. Wasserdampf besteht. Infolge der auf der heißen Fläche eintretenden Zers. scheidet sich auf dieser ein Al_2O_3-Überzug ab. (**A. P. 2 972 555** vom 7/11. 1958, ausg. 21/2. 1961.) G. FRIKELL. 6207

E. I. du Pont de Nemours & Co., Wilmington, übert. von: Burton C. Bricker, Wilmington, Del., und Lewis C. Hoffman, Scotch Plains, N.J., V.St.A., **Fritte zum Emaillieren von Aluminium oder dessen Legierungen.** Eine unter 1000° F einbrennbare Fritte für Al-Gegenstände besteht aus 6,2 (Mol-%) PbO, 36,3 SiO_2, 19,5 TiO_2, 23,4 Na_2O, 5,6 Li_2O, 4,8 K_2O, 0,6 Sb_2O_3, 0,1 B_2O_3 u. 3,5 BaO. (**A. P. 2 975 070** vom 11/12. 1958, ausg. 14/3. 1961.) HANS HOFFMANN. 6213

Harbison-Walker Refractories Co., übert. von: Albert L. Renkey, Pittsburgh, Pa., V.St.A., **Feuerfeste Steine aus Kalk.** Die Herst. feuerfester u. der Einw. von W. über längere Zeit (ca. 2 Monate) widerstehender Formkörper gelingt durch Erhitzen eines geformten Gemisches, das mindestens 50 Gew.-% freies CaO enthält, innerhalb von höchstens 5 Min. auf mindestens 1000° F u. auf 1500° F innerhalb 15 Min., anschließendes Weiterheizen bis auf 2658° F u. Einhalten dieser Temp. während 5 Stunden. — Zum Beispiel wird eine Masse hergestellt aus 100 (Gew.-Teilen) $Ca(OH)_2$·Hydrat, 5 Fe_2O_3 u. 2 MgO. Die Erzeugnisse bleiben beim Abkühlen rissefrei u. sind so beständig, daß sie vor dem Einbau als Ofenfutter ohne besonderen Schutz gegen W. versandt werden können. (**A. P. 2 971 240** vom 22/4. 1959, ausg. 14/2. 1961.) G. FRIKELL. 6219

John G. Ruckelshaus, Madison, und Roland D. Eaton, Radburn, N.J., V.St.A., **Metallisieren von glasierter Keramik** durch Aufsublimieren eines *Ni–Cr*-Überzuges unter Erhitzen eines Drahts aus einer Ni–Cr-Leg. mit weniger als 0,2% Al im Vakuum auf eine Temp. 100° unter dem F. der Leg., während der Keramikkörper auf 350° über den F. der Glasur erhitzt ist. Vorher ist der Keramikkörper zur Absorption von O_2 wärmebehandelt worden. Der absorbierte O_2 diffundiert bei der Herst. des Ni–Cr-Überzugs durch die Glasur u. bildet Cr- u. Ni-Oxide, die in den Metallüberzug u. in die Glasur diffundieren u. so eine feste Haftung des Metallüberzugs herbeiführen. Es entsteht so eine gegen gleitenden Kontakt abriebfeste Schicht. (**A. P. 2 914 428** vom 9/11. 1953, ausg. 24/11. 1959.) F. VIER. 6221

Klaus Dyckerhoff, Duisburg, **Herstellung von Zementklinker.** Eine Vermeidung der zur Herabsetzung der Brenn-Temp. üblichen Zusätze mit niedrigem F., die die techn. Eigg. des Zements verschlechtern, wird möglich durch Zusatz der Rohmasse aus SiO_2 (Korngröße $< 30\,\mu$) u. gemahlenem $CaCO_3$ unter Einstellung eines Silicatmoduls $> 5{,}0$. Bei der Brenn-Temp. 1400—1450° findet eine fast vollständige Rk. unter Bldg. von Tricalciumsilicat ohne wesentliche Mengen anderer Verbb. statt. — So wird z. B. ein Prod. mit 91,10 (Gew.-%) Tricalciumsilicat, 4,6 Dicalciumsilicat, 2,2 Calciumaluminat u. 2,1 Calciumaluminatferrit aus Kalkstein mit 97 (Gew.-%) $CaCO_3$ u. Quarzsand mit 95,70 SiO_2 hergestellt. (**A. P. 2 970 925** vom 18/9. 1958, ausg. 7/2. 1961.) G. FRIKELL. 6223

Chicago Fire Brick Co., Chicago, übert. von: Joseph R. Parsons, Park Forest, Ill., V.St.A., **Leichtzuschlagstoffe für Beton,** die bei einem Gew. von 9 bis 11 lbs./cu.ft. gute mechan. u. Feuerfestigkeit aufweisen u. zur Herst. von gegen hohe Temp. isolierenden gegossenen Formkörpern dienen. — Zur Herst. wird ein Gemisch aus 80—40 (Gew.-%) in W. granulierter Schlacke u. 20—60 eines Materials mit F. $> 2300°$ F, wie SiO_2, dessen Korngröße kleiner ist als einem 20-Maschen-Sieb entspricht, bis zum Plastischwerden der Schlacke erhitzt. Dabei erfolgt Aufblähen der Schlacke durch darin enthaltene Gase u. Umhüllen der beim rotierenden Erhitzen entstehenden Kügelchen aus geblähter Schlacke mit einer dünnen feuerfesten Schicht, die das Zusammenbacken verhindert. (**A. P. 2 977 239** vom 13/8. 1958, ausg. 28/3. 1961.) G. FRIKELL. 6225

William H. Burnett, Hutchinson, Kans., V.St.A., **Gebrannte Leichtbauelemente,** die sich beim Brennen nicht verziehen, nicht schwinden oder springen, werden hergestellt aus einem Gemisch von 2 (Gew.-Teilen) Bentonit, der in Ggw. von W. quillt, ca. 4 Bimsmehl, ca 94 Schlackenmehl u. ca. 10 W., das eine plast. Masse ergibt, die nach dem Formen ca. 10 Std. bei 400° F getrocknet u. ca. 13 Std. bei 1975° F gebrannt wird. Als Schlacke kann blasige Vulkanasche u. vorgebrannter geblähter Ton, Schieferton u. vulkan. Gestein dienen. Gemäß A. P. 2 970 061 erfolgt das Trocknen bei 250—400° F u. das Brennen bei 1860—1920° so lange, bis Sinterung eingetreten ist. (**A. PP. 2 970 060** vom 3/10. 1957 u. **2 970 061** vom 11/12. 1957, beide ausg. 31/1. 1961.) G. FRIKELL. 6229

W. R. Grace & Co., New York, N.Y., übert. von: Cameron G. Harman, Cleveland Heights, Ohio, und Ralph Rose, Ambler, Pa., V.St.A., **Herstellung von Kieselsäure als Poliermittel,** bes. für Glas, dad. gek., daß amorphe SiO_2 auf 1800 bis 2200° F bis zur völligen Dehydratisierung erhitzt u. als nichtporöses SiO_2 rasch abgekühlt u. auf eine Korngröße unter $20\,\mu$ (75% unter $5\,\mu$) zerkleinert wird. (**A. P. A. P. 2 973 246** vom 8/9. 1950, ausg. 28/2. 1961.) A. GRADL. 6239

General Electric Co., Schenectady, N.Y., V.St.A., *Metallisieren von Keramik.* (**E. P. 834 303** vom 16/4. 1957, ausg. 4/5. 1960. A. Prior. 14/5. 1956. — C. **1960.** 16906 [A. P. 2 904 456].)

VEB Isolier-Kältetechnik, Rostock, *Wärmeisolierender Stoff.* (**Ung. P. 144 243** vom 18/2. 1957, ausg. 15/9. 1958. — C. **1959.** 3946 [D. P. [DDR] 14 039].)

VII. Agrikulturchemie. Schädlingsbekämpfung

Über die Arbeit der Neutralisatoren bei der Fabrikation von Ammonsalpeter. A. I. Brustein und G. Ss. Chrapunow. (Химическая Промышленность [Chem. Ind.] **1960.** 333—36. Juni.) (Russ.)

2 App.-Typen für die Neutralisation von HNO_3 mit NH_3 werden verglichen. Bei den App. vom Typ ITR treten HNO_3 u. NH_3 im unteren Teil des Reaktors (R) ein (NH_3 etwas unter HNO_3), der Überlauf zum Verdampfungsraum (VR) erfolgt oben; die Temp.-Differenz zwischen R u. VR bewirkt den Umlauf der Lsg., wodurch die Temp. in R herabgesetzt u. die Durchmischung verbessert wird. Bei den App. ITN treten HNO_3 u. NH_3 oben ein, bei den App. ITN-1 u. ITN-2 unten; der Umlauf erfolgt am unteren Teil von R (ITN, ITN-2) bzw. an einem innerhalb des App. befindlichen Überlauf (ITN-1). Die Unterss. zeigen, daß der natürliche Umlauf ohne besondere Hilfsmittel genügend intensiv ist. Die Verluste an NH_4NO_3, HNO_3 u. NH_3 u. die Änderung der Konzz. an freiem HNO_3 u. NH_3 mit der Zeit werden für den App. ITN-2 graph. dargestellt. Intensivierungsmaßnahmen in bestehenden Betrieben werden besprochen.

R. K. MÜLLER. 6284□

Abkühlung von granuliertem Ammonsalpeter in einer Wirbelschicht. Je. A. Kasakowa, N. W. Meschtscherjakow und N. N. Artemjewa. (Химическая Промышленность [Chem. Ind.] **1960.** 132—38. März.) (Russ.)

Vff. untersuchen den Einfl. der Korngröße d (mm) u. der Wirbelschichthöhe h (mm) auf den Wärmeübertragungs-Koeff. α (kcal/m^2·h·Grad) bei der period. oder kontinuierlichen Abkühlung von NH_4NO_3 u. Harnstoff mit Luft in einer Wirbelschicht, ferner die Abhängigkeit von α von der Luft-Geschw. bzw. der REYNOLDS-Zahl Re nach $\alpha = c\,Re^n$, wobei sich bei h = 150 c = 0,21, n = 0,68, bei h = 80 c = 0,28, n = 0,72, bei h = 50 c = 0,48, n = 0,76 ergibt. Die Bedingungen werden für Luft-Temp. von 0° (Winter) u. 20° (Sommer) bei ein- u. zweistufiger Kühlung u. Luft-Geschw. von 1—2,5 m^3/kg·h tabellar. wiedergegeben. R. K. MÜLLER. 6284□

Beitrag zur mikrobiellen Zersetzung des sogenannten Kapuziner-Oxyhumoliths. Václav Káš. (Sborník českoslov. Akad. zemědělských Věd, rostlinná Výroba **7** (**34**). 833—48. Juni 1961. Praha, Vys. škola zeměd., mikrobiol. úst.) (Tschech.)

Mit Braunkohlenstaub vermischte Erde hat eine geringe Mikroflora mit stark saurem Charakter u. hohen N-Gehalt. Als Zusatz zu anderen natürlichen Düngemitteln (Abfälle, Schweinemist u. a.) ist sie zur Qualitätserhöhung sehr geeignet. E. VEVERA. 6294

Zersetzung der Cellulose in den Böden Tadshikistans. A. F. Sachartschenko. (Почвоведение [Bodenkunde] **1961.** Nr. 2. 54—62. Febr. Inst. für Bodenkunde der Akad. der Wiss. der TadshikSSR.) (Russ.; Auszug: Engl.)

Im Boden wird Cellulose (I) durch Pilze u. Bakterien zerlegt. Für die Böden Tadshikistans ist die starke Verbreitung der Pilze bei großer Mannigfaltigkeit ihrer Art-Zus. charakteristisch. Die Intensität der I-Zers. hängt von den klimat. u. hydrotherm. Verhältnissen ab u. schwankt in Abhängigkeit von der Jahreszeit. In der Grauerde findet eine intensive I-Zers. im Frühjahr statt, in der weniger warmen Braunerde ist die Zers. nicht so intensiv, dafür aber von längerer Dauer. Im alpinen Wiesenboden ist die Zers.-Periode kurz; sie erstreckt sich nur auf den Sommer. In allen Bodenprofilen steigt die Intensität der I-Zers. im Frühjahr in der Richtung von den unteren Bodenhorizonten zu den oberen, im Sommer, Herbst u. Winter in umgekehrter Richtung. M. WROBLEWSKI. 6304□

Agrochemie und Ernteertrag. A. W. Ssokolow. (Природа [Natur] **49.** Nr. 3. 11—15. März 1960. Moskau, Dokutschajew-Inst. für Bodenkunde der Akad. der Wiss. der UdSSR.) (Russ.)

Grundlagen der Anwendung von Düngern in der Landwirtschaft. M. GORDIENKO. 6304□

Isotopenaustausch des Phosphors bei Kalkböden. Begründung und Berechnung. Pablo de Arámbarri. (An. Edafol. Fisiol. vegatal **18.** 613—28. Sept./Okt. 1959. Sevilla, Centro de Edafol. y Fisiol. vegetal.; Harpenden, Rothamsted Exp. Stat.) (Span.)

Übersicht über neuere Arbeiten zur Frage der Verteilung der Formen des P mit verschiedener Assimilierbarkeit bei Kalkböden mit Hilfe von ^{32}P. — 33 Literaturhinweise. R. K. MÜLLER. 6304□

Das Ansprechen von Winterroggen auf Hyperphosphat und Superphosphat. Armi Kaila und Pentti Hänninen. (Maataloustietellinen Aikakauskirja [J. sci. agric. Soc. Finland] **33.** 39—50. 1961. Helsinki, Univ., Dep. of Agric. Chem.) (Engl.)

Auf einem feinsandigen sowie einem humosen Boden, auf denen in einem 5jährigen Vers. insgesamt 100 kg P/ha in Form von *Hyperphosphat* (**I**) u. *Superphosphat* (**II**) verabreicht worden waren, wurde im 6. Jahr die Wrkg. einer P-Gabe von 66 kg/ha in Form von **I** u. **II** auf Winterroggen vergleichend untersucht. Die Überlegenheit von **II** gegenüber **I** als P-Quelle für Roggen äußerte sich deutlich in besserem Wachstum u. erhöhter P-Aufnahme der Pflanzen in der Vegetationsphase Mai—Juli sowie in einem höheren Ertrag. Die bessere Wrkg. von **II** wird darauf zurückgeführt, daß die Pflanzen sich vor Eintritt in den Winter kräftiger entwickeln u. daher besser überwintern. Die ohne P festzustellenden, durch an niedrige Temp. angepaßte parasit. Pilze verursachten Schäden an den Pflanzen wurden durch **II** stärker vermindert als durch **I**. — Fraktionierte Analysen des Boden-P nach Beendigung des Vers. ließen gewisse Unterschiede in den Bindungsformen des Boden-P in dem mit **I** bzw. **II** gedüngten Boden erkennen. WILFRIED WERNER. 6304□

Ein Vergleich von Rohphosphat und Superphosphat als Weidedünger auf sauren Böden. K. D. McLachlan. (Austral. J. agric. Res. **2.** 513—23. Juli 1960. Canberra, C.S.I.R.O., Div. of Plant Ind.) (Engl.)

Auf 2 feinsandigen, tonigen Lehmböden (pH 5,6 bzw. 5,8) wurden in 7jährigen Weidedüngungs-Verss. die Sofort-Wrkg. u. die Nach-Wrkg. von *Superphosphat* (**I**) u. *Rohphosphat* (**II**) verglichen. Hinsichtlich der P-Aufnahme der Pflanzen u. der Ertrags-Bldg. erwies sich **I** in den ersten **3** Jahren der Verss. als überlegen, während gegen Ende der Verss.

II gleichwertig war u. z. T. sogar besser wirkte. Der Gesamtertrag in 7 Jahren war nahezu gleich. Die etwas geringere Sofort-Wrkg. von II kann durch eine kombinierte Düngung mit I u. II vermieden werden. Vf. diskutiert die P-Wrkg. dieser Düngemittel in Zusammenhang mit der S-Versorgung der Böden. Bei vorliegendem S-Mangel ist auch die P-Wrkg. u. -Ausnutzung gering, wogegen nach Behebung des S-Mangels eine starke P-Nach-Wrkg. auftritt. WILFRIED WERNER. 6304□

Die Wirkung von Phosphor, Kalium und Calcium auf Wachstum, chemische Zusammensetzung und Mangelsymptome von Weißklee unter subtropischen Bedingungen. C. S. Andrew. (Austral. J. agric. Res. **2.** 149—61. März 1960. Brisbane, Cunningham Labor., C.S.I.R.O., Div. of Trop. Pastures.) (Engl.)

Auf einem leicht humosen Sandboden (92% Sand) mit unzureichender Versorgung an P, K u. Ca (pH 5,2) wurde in Gefäß-Verss. sowie im Freiland die Wrkg. gesteigerter P-, K- u. Ca-Zufuhr auf Wachstum u. chem. Zus. von Weißklee untersucht. P-Düngung erhöhte den Ertrag u. den P-Geh. der Pflanzen, hatte keinen Einfl. auf den Ca- u. Mg-Geh. u. verringerte geringfügig den K-Gehalt. Erst bei P-Geh. $>$0,23% wurde der Ertrag durch P nicht mehr gesteigert. Erhebliche Mehrerträge wurden auch durch K-Zufuhr erzielt, wobei extrem hohe Gaben aber depressiv wirkten. Der K-Geh. der Pflanzen wurde durch K erhöht, der Ca- u. Mg-Geh. verringert. Unterhalb 1,1% K traten deutliche Mangelsymptome auf. Ca-Zufuhr wirkte ebenfalls ertragssteigernd u. erhöhte den Ca-Geh. bei gleichzeitiger Verminderung von K u. Mg. Der Ertrag korrelierte eng mit dem Ca-Gehalt. Bei 1,0% Ca wurden die höchsten Erträge erhalten. — Die K- bzw. P- u. Ca-Mangelsymptome an Weißklee werden beschrieben. Lediglich bei K sind sie ein zuverlässiges Merkmal des Ernährungszustandes, mit Ausnahme bei akutem Mangel. WILFRIED WERNER. 6304□

Die Rolle der Mineraldünger im Bewässerungs-Ackerbau auf den kastanienfarbenen Böden von Burjatien. Je. A. Badanowa. (Почвоведение [Bodenkunde] **1960.** Nr. 10. 55—58. Okt. Dokutschajew-Inst. für Bodenkunde der Akad. der Wiss. der UdSSR.) (Russ.)

Unter den trockenen klimat. Verhältnissen Burjatiens sind flache, grobsandschotterige kastanienfarbige Böden wenig fruchtbar. Die Kornerträge von Getreidekulturen betragen auf diesen Böden nur 3—6 dz/ha, der Anbau von Futter- bzw. Gemüsekulturen ist hier ohne Berieselung unmöglich. Bei Berieselung steigen aber die Erträge sehr beträchtlich: In Verss. erzielte man auf diesem Wege 14,8 dz/ha Weizenkorn, 160 dz/ha Kartoffeln (gegen 40 dz/ha ohne Berieselung), 150 dz/ha Grünmais, 20,4 dz/ha Hirsekorn. Durch Gaben von Stallmist bzw. von mineral. Dünger wurden die Erträge aller Kulturen weiter erhöht, wobei man in der Wrkg. von NPK u. PK keine großen Unterschiede feststellte, da im Boden durch die Berieselung eine intensive Nitrifikation hervorgerufen wird M. GORDIENKO. 6304□

Die chemische Zusammensetzung des Bodens in einem faktoriellen Citrus-Versuch. 1. Mitt. **Austauschbare Metall-Kationen und ihre Wirkung auf denKationengehalt der Citrusblätter.** H. Groenewegen und D. Bouma. (Austral. J. agric. Res. 2. 208—22. März 1960. Griffith, N.S.W., C.S.I.R.O., Irrigation Res. Stat.) (Engl.)

In einem faktoriellen Citrus-Vers. wurde die Wrkg. steigender $(NH_4)_2SO_4$ (**I**)-Gaben bei unterschiedlicher Bodenbearbeitung u. Bewässerung geprüft. Durch die hohe I-Zufuhr wurde der Geh. des Bodens an austauschbarem Ca stärker vermindert als an K. Das austauschbare Mg wurde in der 0—4 in.-Schicht etwa im gleichen Verhältnis wie Ca, in der 4—12 in.-Schicht dagegen stärker als Ca vermindert. Dies wurde in Labor.-Verss. bestätigt, in denen eine starke N-Gabe einen Mg-Verlust von 76% u. einen Ca-Verlust von 66% verursachte. Mit steigenden I-Gaben nahm auch die Überführung von nichtaustauschbarem K in eine austauschbare Form zu. In der bepflanzten Parzelle war der K-Geh. wesentlich höher als in der unbedeckten Parzelle, was auf eine Verminderung der K-Verluste durch Anbau von Deckfrüchten hinweist. — Die durch langjährige I-Düngung verursachten Veränderungen im Geh. des Bodens an austauschbaren Kationen hatten keine gesicherten Unterschiede im Mineralstoff-Geh. der Citrusblätter hervorgerufen. WILFRIED WERNER. 6304□

Die chemische Zusammensetzung des Bodens in einem faktoriellen Citrus-Versuch. 2. Mitt. **Extrahierbares Ammonium.** H. Groenewegen und Jane Connor. (Austral. J. agric. Res. **2.** 223—35. März 1960.) (Engl.) — 1. vgl. vorst. Referat.

Bodengaben aus den mehrjährig mit steigenden N-Gaben in Form von $(NH_4)_2 \cdot SO_4$ (**I**) gedüngten Parzellen eines Citrus-Vers. wurden auf ihren Geh. an mit 1 n K_2SO_4 u. 0,02n $CuSO_4$ extrahierbarem NH_4 untersucht. In der oberen Bodenschicht (0—4 in.) des unbearbeiteten Bodens ohne Grasbedeckung konnten noch längere Zeit nach der I-Zufuhr beträchtliche NH_4-Mengen nachgewiesen werden. Auch in der Schicht unter 4 in. lagen in diesen Parzellen höhere NH_4- u. niedrigere NO_3-Geh. vor als in der entsprechenden Tiefe des bearbeiteten Bodens. Hieraus kann gefolgert werden, daß die mit der Bodenbearbeitung verbundene Durchmischung u. Durchlüftung die Nitrifikation ganz wesentlich stimuliert. Dies konnte durch kurzfristige Verss. bestätigt werden. Sogar bei niedrigen pH-Werten (4,3) fand in den bearbeiteten Parzellen eine schnelle Nitrifikation statt. WILFRIED WERNER. 6304 □

Vergleichende Untersuchung der Kali- und Stickstoffdüngung bei Zuckerrüben- und Maiskulturen. V. Hernando, A. Guerra und L. Jimeno. (An. Edafol. Fisiol. vegetal **18.** 597—612. Sept./Okt. 1959. Madrid, Inst. de Edafol. y Fisiol. vegetal.) (Span.)

In Unterss. an 2 Böden mit hohem u. niedrigem K_2O-Geh. wird festgestellt, daß für den Zuckerrübenbau ein Verhältnis K/Na von ca. 1 optimal ist; es kann durch Zufuhr von $NaNO_3$ oder Na^+ in anderer Form hergestellt werden. Mais verlangt weniger K_2O; als N-Düngemittel ist NH_4NO_3 am besten geeignet; bei K_2O-Mangel kann auch K^+ durch Na^+ ersetzt werden. R. K. MÜLLER. 6304 □

Die Freisetzung von verfügbarem Kalium unter Trifolium subterraneum-Weiden auf einem Podsolboden. C. H. Williams und J. Lipsett. (Austral. J. agric. Res. **2.** 473—84. Juli 1960. Canberra, C.S.I.R.O., Div. of Plant Ind.) (Engl.)

7 Böden unter einer Trifolium subterraneum-Weide wurden in Freiland- u. Gefäß-Verss. sowie chem. hinsichtlich ihres K-Versorgungszustandes untersucht. Der Geh. dieser Böden an austauschbarem K schwankt zwischen 0,123 u. 0,627 mVal-% u. korrelierte eng mit dem K-Geh. u. der K-Aufnahme der Pflanzen. Die K-Aufnahme war jedoch höher als die Abnahme des austauschbaren K während der Bepflanzung, was darauf hindeutet, daß auf diesen Böden auch nichtaustauschbares K verfügbar ist. Die Verss. ergaben, daß in diesen Böden ein K-Spiegel von mindestens 0,25 mVal/100 g für die optimale Versorgung der Pflanzen notwendig ist. Diese Geh. lagen jedoch nur unter verbesserten Weiden u. nicht unter der nativen Weidenarbe vor. Es wird daraus abgeleitet, daß Tr. subterraneum durch Entzug von nichtaustauschbarem K wesentlich zur Anreicherung der Böden an verfügbarem K beiträgt. WILFRIED WERNER. 6304 □

Ergebnisse von Kalkungsversuchen auf einem Moorboden in Leteensuo. Yrjö Pessi. (Maataloustieteellinen Aikakauskirja [J. Sci. agric. Soc. Finland] **31.** 285—93. 1959. Leteensuo, Finnland, Suoviljelysyhdistys, Koesema.) (Finn.)

Auf einem finn. Moorboden, der seit über 50 Jahren insgesamt 6000 kg CaO/ha erhalten hatte, wirkte sich die Kalkung je nach den angebauten Pflanzen verschieden aus. Die Wiesenheuernte u. der Ertrag an Gerste, Futterrüben u. Kohlrüben wurde nicht wesentlich beeinflußt. Der Zuckerrübenertrag wurde erhöht, jedoch durch die höchsten CaO-Gaben wieder gesenkt. Der Ertrag an Hafer u. Rübenblatt wurde deutlich herabgesetzt. S. BECKMANN. 6304 □

Einfluß der Kultivierungs- und Rekultivierungseingriffe auf Veränderungen bestimmter physikalischer und chemischer Eigenschaften von Moorböden. Jaroslav Ferda. (Sborník českoslov. Akad. zemědělských Věd., rostlinná Výroba **7** (**34**). 799—814. Juni 1961. Praha, ČSAZV, Výzk. úst. zeměd. mel.) (Tschech.)

Durch gezielte Kultivierung können die Eigg. von Moorböden so weit verändert werden, daß der Anbau landwirtschaftlicher Nutzpflanzen ermöglicht wird. — 22 Literaturangaben. E. VEVERA. 6304

Einfluß dauernder systematischer Düngergaben auf die Humusansammlung im Boden und auf den Ertrag der landwirtschaftlichen Kulturen. N. G. Gorodni. (Почвоведение [Bodenkunde] **1961.** Nr. 2. 86—93. Febr. Ukrain. Akad. der Landw.-Wiss.) (Russ.; Auszug: Engl.)

Bei ununterbrochener, 27 Jahre lang andauernder Hanfkultur auf dunkelgrauem, schwach podsoligem, lehmigem Boden unter Gaben von 40 t *Stallmist* (**I**)/ha erhöhte sich der Humus-Geh. im Boden um 1,39%, unter äquivalenten Gaben von mineral. Düngung (**II**; NPK) nur um 0,09%. Mit Erhöhung der Gaben von **I** wird die Mineralisation der organ. Substanz im Boden infolge der Intensivierung der Lebenstätigkeit seiner Mikroorganismen stärker, die Humusansammlung geringer. In Verss. erreichte die Mineralisation ihr Maximum bei jährlichen Gaben von 80 t **I**/ha. Bei Gaben von **II** mit **I** trat keine Verminderung der Humusmengen im Vgl. zur Variante mit **I** allein ein. Gaben von **I** mit Kalk fördern die Humusansammlung im Boden; Gaben von **II** mit Kalk bewirken eine Intensivierung der Mineralisation der organ. Stoffe. Sowohl **I** als auch **II** erhöhen den Geh. an wasserlösl. Humus im Boden. **II** (NPK-Menge äquivalent den 40 t **I**/ha) bewirkt in den ersten Jahren höhere Mehrerträge als **I**. Später werden jedoch die durch **I** erzielten Mehrerträge höher. Der Ertrag u. die Ausbeute an Fasern sowie deren Festigkeit sind bei mit **I** gedüngtem Hanf höher als mit **II**, u. zwar unabhängig von der Vorfrucht u. der Düngermenge. M. WROBLEWSKI. 6304 □

Steigerung der Fruchtbarkeit leichter Sandböden durch organische Tiefdüngung. A. Kunze. (Dtsch. Landwirtsch. **12.** 436—40. Sept. 1961. Müncheberg/Mark, Inst. für Acker- u. Pflanzenbau der Dt. Akad. der Landwirtschaftswissenschaften zu Berlin.) (Dt.) M. WINIKER. 6304□

Untersuchungen zur landwirtschaftlichen Abwasserverwertung auf schweren Böden. G. Schmauder und J. Dietze. (Dtsch. Landwirtsch. **11.** 455—58. Sept. 1960. Jena, Inst. für Landw. Vers.- u. Unters.-Wesen der Dt. Akad. der Landwirtschaftswissenschaften zu Berlin.) (Dt.) M. WINIKER. 6304□

Über Magnesiummangel auf Sandböden. W. Schönberg. (Dtsch. Landwirtsch. **11.** 539—42. Nov. 1960. Berlin, Inst. für Landeskultur u. Standortkartierung.) (Dt.)

Auf Grund der Ergebnisse mehrjähriger Gefäß- u. Feld-Verss. diskutiert Vf. die Ursachen für das Auftreten von *Mg*-Mangel auf Sandböden u. gibt Empfehlungen für eine wirksame Abhilfe. M. WINIKER. 6304□

Veränderungen im Schwefelgehalt des Bodens in Gegenwart und in Abwesenheit wachsender Pflanzen. J. R. Freney und K. Spencer. (Austral. J. agric. Res. **2.** 339—45. Mai 1960. Armidale, N.S.W., C.S.I.R.O., Div. of Plant Ind.; Regional Pastoral Labor.) (Engl.)

In Gefäß-Verss. mit 5 verschiedenen S-Mangel-Böden wurde mittels steigender S-Gaben (4—108 ppm) untersucht, ob durch S-Zufuhr zu S-armen Böden die Mineralisierung des organ. S beeinflußt wird. Zu diesem Zweck wurde mit u. ohne Pflanzenbewuchs (Phalaris tuberosa L.) eine S-Bilanzierung vorgenommen, die das wasserlösl. u. adsorbierte SO_4 zu Beginn u. am Ende des Vers. sowie die S-Aufnahme der Pflanze umfaßte. Im bepflanzten Boden erfolgte in 4 von 5 Fällen eine Mineralisierung von organ. Boden-S, wenn kein S bzw. S-Gaben von 4—36 ppm gegeben werden. Bei der höchsten S-Gabe (108 ppm) erfolgte in allen Böden eine Immobilisierung von anorgan. S. In unbepflanzten Böden war ohne SO_4-Zusatz eine geringe, bei S-Düngung dagegen keine Mineralisierung von Boden-S mehr festzustellen. — Die modifizierende Wrkg. wachsender Pflanzen beruht nach Vff. auf einem intensivierten Abbau der organ. Bodensubstanz durch die Rhizosphärenorganismen u. ist von großer Bedeutung für den S-Kreislauf der Böden. WILFRIED WERNER. 6304□

Braunfleckigkeit bei Sellerie, ein Symptom von Bormangel. 2. Mitt. **Der Einfluß von starker Stickstoff- und starker Kalidüngung.** M. Yamaguchi, P. A. Minges und J. E. Knott. (Proc. Amer. Soc. horticult. Sci. **69.** 448—54. Juni 1957. Davis, Calif., Univ. of California.) (Engl.) — 1. vgl. Proc. Amer. Soc. horticult. Sci. **68.** [1956.] 318.

Bei den Verss. wurde festgestellt, daß bei Sellerie auf mit starken N- (400 lbs./acre) u. starken N- u. K-Gaben (600 lbs. K_2O/acre) gedüngten Flächen die Braunfleckenkrankheit stärker auftrat als auf nur mit starken K-Gaben gedüngten oder ungedüngten Flächen. Die kranken Pflanzen hatten einen geringeren B-Geh. als die gesunden. Bei den auf Böden mit hohem B-Geh. gezogenen Pflanzen traten keine Krankheitssymptome auf. F. RANG. 6304□

Braunfleckigkeit bei Sellerie, ein Symptom von Bormangel. 3. Mitt. **Wirkungen von Kalium, Stickstoff und Bor in Kulturlösungen auf physiologischen Störungen und die Nährstoffaufnahme.** M. Yamaguchi, F. D. Howard und P. A. Minges. (Proc. Amer. Soc. horticult. Sci. **71.** 455—67. Juni 1958.) (Engl.) — 2. vgl. vorst. Referat.

In Sandkultur-Verss. mit 2 Selleriesorten konnte durch steigende B-Konzz. der Nähr-Lsg. (0,05—0,50 ppm) der Anteil der B-Mangelpflanzen (Braunfleckung des Stengels, Aufplatzen des Stengels) zunehmend vermindert bzw. B-Mangel völlig verhindert werden. Der Ertrag wurde von niedrigster zu höchster B-Gabe etwa verdoppelt. Hohe K-Gaben induzierten auch bei 0,25 ppm B in der Nähr-Lsg. B-Mangelsymptome. Der N-Geh. der Nähr-Lsg. wirkte sich auf den Ertrag, aber nicht gesichert auf den B-Haushalt aus. — Die chem. Analysen ergaben, daß der B-Geh. der Pflanzen mit steigender B-Konz. der Nähr-Lsg. ansteigt, mit steigender K-Konz. dagegen abfällt. Ca hatte keinen gesicherten Einfl. auf die Ausprägung des B-Mangels. Ca-Steigerung in der Lsg. hatte nur geringen Einfl. auf den Schweregrad des B-Mangels. Die B-Geh. der Pflanzen wurden nicht vermindert, die Ca-Geh. stiegen leicht an. Hohe N- u. K-Konzz. der Nähr-Lsg. bewirkten Absinken der Ca- u. Mg-Geh. der Pflanzen. B-Mangel erhöhte die P-Aufnahme. — Blattbesprühungen mit 1,5%ig. H_3BO_3-Lsgg. verhinderten B-Mangel. WILFRIED WERNER. 6304□

Der Einfluß von Kupfer auf die Pflanzenqualität. F. Asmus. (Dtsch. Landwirtsch. **12.** 15—17. Jan. 1961. Dt. Akad. der Landwirtschaftswissenschaften zu Berlin.) (Dt.)

Vf. berichtet über Verss. mit Hafer, deren Ergebnisse die Auffassung bestätigen, daß *Cu* neben einer günstigen Wrkg. auf das Pflanzenwachstum einen großen Einfl. auf die Pflanzenqualität (in diesem Falle bes. auf den Eiweiß-Geh.) ausübt. Die Bedeutung dieser Feststellung für die landwirtschaftliche Praxis wird diskutiert.

M. WINIKER. 6304□

Der Einfluß eines niedrigen Molybdängehaltes des Substrates auf das Wachstum von Baumwolle. J. V. Amin und H. E. Joham. (Soil Sci. **89.** 101—07. Febr. 1960. Texas Agric. Exp. Stat.) (Engl.)

Baumwollpflanzen wurden 2 Generationen lang in einer mehrfach gereinigten, Mo-freien Nähr-Lsg. gezogen. In der Kontrollgruppe enthielt die Lsg. 1 ppm Mo. In der ersten Generation wurden nur geringe Wachstumsunterschiede in beiden Gruppen festgestellt. Mit fortschreitender Vegetation traten vereinzelt chlorot. Blätter bei den Mo-frei ernährten Pflanzen auf. Der Mo-Geh. dieser Pflanzen war jedoch stark erniedrigt, der NO_3-Geh. erhöht. In der 2. Generation traten bei den aus Samen dieser Pflanzen wiederum Mo-frei gezogenen Pflanzen schon im Keimlingsstadium Mo-Mangelsymptome auf, welche sich in starken Chlorosen u. Wachstumsdepressionen äußerten. Der Mo-Mangel spiegelt sich auch in den extrem niedrigen Mo-Geh. (0,05 ppm Mo im Blatt im Vgl. zu 113 ppm bei der Kontrollgruppe) sowie in der Nitratanreicherung u. der Erniedrigung des Geh. an alkohollösl. Aminosäuren wider. WILFRIED WERNER. 6304□

Bedeutung der Dynamik der Bodenmikroflora bei einigen Bodentypen. N. Andjelkovski. (Sborník českoslov. Akad. zemědělských věd, rostlinná výroba **7** (**34**). 1463—88. Nov. 1961. Praha-Ruzyně, ČSAZV, výzk. úst. rostl. výr.) (Tschech.)

Übersicht. — 80 Literaturangaben. E. VEVERA. 6306

Die sulfatreduzierenden Bakterien in einigen Wiesenböden der Kura-Aras-Niederung. G. A. Bujanowski. (Доклады Академии Наук Азербайджанской ССР [Ber. Akad. Wiss. AserbaidshanSSR] **15.** 949—53. 1959. Inst. für Agrochemie u. Bodenkunde.) (Russ.; Auszug: Aserbaidshan.)

Es besteht kein direkter Zusammenhang zwischen der Menge der sulfatreduzierenden Bakterien (SB) u. dem Salz-Geh. im Boden, daher wird die Ggw. von Soda im Boden nicht immer durch seine biolog. Tätigkeit bedingt. In mittelstark versalztem, solonetzartigem Wiesenboden ist die Menge der SB gering; sie treten nur im Herbst u. im Winter im oberen Bodenhorizont in Erscheinung. Größere Bakterienmengen zeigen Solonetz-Solontschakböden mit einem Salz-Geh. bis zu 2,0%. Hier entfallen maximale SB-Mengen ebenso auf die Winterperiode. Sehr reich an SB sind die stark versalzten (3,7%) Wiesen-Solonetz-Solontschakböden der Schirwansteppe. Aber auch in der nichtversalzten Wiesengrauerde wurden beträchtliche SB-Mengen bis zu einer Tiefe von 50 cm ermittelt.

M. GORDIENKO. 6306□

Die Wirksamkeit der Anwendung von 2.4-D bei der Unkrautbekämpfung. Ju. Ss. Nowinski. (Защита Растений от Вредителей и Болезней [Pflanzenschutz] **5.** Nr. 9. 7—8. Sept. 1960.) (Russ.)

Durch Spritzen mit Lsgg. von *2.4-D* (1 kg Wirkstoff/ha) auf Sommerweizen in der Bestockungsphase verminderte sich die Unkrautmenge in diesem um ca. $^2/_3$; der Kornertrag stieg von 14,5 auf 18,0 dz/ha. In Hirsesaaten äußerte sich die Wrkg. des Präp. in einer noch stärkeren Verminderung der Unkrautmenge u. einer Ertragserhöhung von 14,4 auf 17,0 dz/ha. In Mais erzielte man die besten Resultate bei 2maliger Behandlung der Saaten: 2—3 Tage vor ihrem Aufkeimen u. in der Entw.-Phase mit 3—4 Blättern. M. WROBLEWSKI. 6312□

Über Schäden durch Herbicidaerosole. Věra Nováková. (Socialist. Zěmědělství **11.** 713—19. Aug. 1961. Praha, ústředn. kontr. a zkuš. úst. zeměd.) (Tschech.)

Erfahrungsbericht über die schädliche Wrkg. von Herbiciden (*2.4-D-Butylester*-Mittel) bei der Anwendung in Aerosolform. E. VEVERA. 6312

Ein selektives Gametocid, FW-450: Natriumsalz der 2.3-Dichlorisobuttersäure. G. Verdejo Vivas. (Farmac. nueva **24.** 497—502. Okt. 1959. Almeria, Inst. de Aclimatación.) (Span.)

FW-450 ist in W. lösl. u. hygroskop. u. neigt zum Zusammenbacken, wodurch aber die Wrkg. nicht beeinträchtigt wird. Es wird aus wss. Lsgg. von Pflanzenblättern rasch resorbiert. Bei Mono- u. Dikotyledonen steigt es nach oben in die Stengel u. nach unten zu den Wurzeln. Wegen der phytotox. Wrkg. darf die Dosis nicht zu hoch sein. In Verss. an Baumwollpflanzen wird die gametocide Wrkg. bestätigt. Die Toxizität für Säugetiere ist 30mal geringer als bei DDT (DL_{50} 8 mg/kg). R. K. MÜLLER. 6312□

Der Einfluß verschiedener Schädlingsbekämpfungsmittel auf Eiparasiten der Gattung Trichogramma (Hym., Trichogrammatidae). W. Stein. (Anz. Schädlingskunde verein. Schädlingsbekämpfung **34.** 87—89. Juni 1961. Darmstadt, Biolog. Bundesanst., Inst. für Biolog. Schädlingsbekämpfung.) (Dt.)

In Unterss. mit der Schlupfwespe Trichogramma embryophagum cacoeciae (Hartig) wurde die Toxizität handelsüblicher Konzz. von *Ferbam F 40* (I), *Orthocide 50* (II), *Dithane* (III), *Ryania* (IV), *Basudin R* (V), *Dipterex* (VI), *Thiodan* (VII) u. *Metasystox* (VIII) durch Ermittlung der Parasitierungsleistung (Galleria mellonella-Eier) bei Dauerkontakt mit den betreffenden Bekämpfungsmitteln auf Apfelzweigen festgestellt. Die Wespen setzte man 0, 24 u. 72 Std. nach den Spritzungen aus. I, II u. III reduzierten mit geringen Differenzen untereinander die Paratisierung erheblich. **V, VI, VII** u. **VIII** töteten die Schlupfwespen innerhalb kurzer Zeit, so daß sich in keinem Fall eine Parasitierung erzielen ließ. Selbst 48 Std. alte Rückstände töteten die Wespen innerhalb 2—3 Stunden. Prakt. keine tox. Wrkg. zeigte **IV**, da die Anzahl der parasitierten Eier gegenüber den unbehandelten Kontrollen entweder gleich hoch oder wie in einem Fall sogar erheblich höher lag. Noch nicht abgeschlossene Lebensdauer-Verss. bestätigten die erzielten Ergebnisse. Möglichkeiten u. Probleme einer gemeinsamen Anwendung von Trichogramma u. Schädlingsbekämpfungsmitteln im Obstbau werden erörtert. — 10 Literaturangaben. W KREIPE. 6312□

Die Bekämpfung von Citrus-Nematoden in alten Anlagen. R. C. Baines, L. H. Stolzy, R. H. Small, S. B. Boswell und G. E. Goodall. (Calif. Citrograph **45.** 389. 400. 402. 404—06. Okt. 1960.) (Engl.)

Ausführlicher Bericht über bei der Bekämpfung von Nematoden in alten Citrusbeständen mit 1.2-Dibrom-3-chlorpropan erzielte Erfolge. M. WINIKER. 6312□

Die Verwendung von γ-BHC und Tünchemischungen zur Verhütung des Befalls von Lagerhäusern durch Ephestia elutella (Hbn.). Margaret T. Armstrong und E. G. Hill. (J. Sci. Food Agric. **10.** 79—85. Febr. 1959. Liverpool, Ministry of Agricult., Fisheries and Food, Infestation Control Div.) (Engl.) M. WINIKER. 6312□

Anwendung von Anioniten zur Bestimmung des Gehalts an beweglichen Phosphaten im Boden. L. W. Ssidorina. (Почвоведение [Bodenkunde] **1961.** Nr. 2. 96—100. Febr. Wiss. Inst. für Düngung u. Insektofungicide.) (Russ., Auszug: Engl.)

Bei Wechsel-Wrkg. von 10 g Boden (Grauerde) mit 2 g Anionit EDE-10P spielt die Wrkg.-Dauer für den P-Auszug eine große Rolle. Bei höherem Verhältnis zwischen dem Boden u. dem Anionit geht die Rk. rasch vor sich. Je höher das Verhältnis Boden/Anionit ist, desto größere P-Mengen gelangen aus dem Boden in den Auszug. Doch wurde in Verss. keine vollständige P-Herauslösung auch bei sehr hohem Verhältnis erzielt. Genauere Resultate (im Vgl. mit den Analysenergebnissen nach der Meth. von KIRSSANOW) erzielte man bei Boden/Anionit = 1 : 2. Zur Vervollständigung der Anionit-Meth. müssen genauere Bedingungen zur Loslösung der Phosphate durch Anionite in Abhängigkeit vom pH des Bodens, vom Boden/Anionit-Verhältnis, von der Wrkg.-Dauer der beiden u. von anderen Faktoren ausgearbeitet werden. In Vegetations-Verss. wurde gezeigt, daß die Wrkg. des adsorbierten Phosphations auf den Ertrag u. die P-Ausnutzung derjenigen von wasserlösl. Phosphationen nicht nachsteht. M. WROBLEWSKI. 6324□

Bestimmung des Ammoniums im Boden nach der Methode des Säureauszuges. N. M. Maiboroda. (Почвоведение [Bodenkunde] **1961.** Nr. 2. 100—03. Febr. Krasnojarsk, Landw. Inst.) (Russ.; Auszug: Engl.)

Bei NH_3-Best. in neutralen u. sauren Böden nach der Säureauszugs-Meth. erhielt man die gleichen Ergebnisse wie mit Salzauszügen (KCl, NaCl). — 20 g Boden in 500 ml Kolben werden mit 1 ml Toluol u. 200 ml 0,05 n HCl versetzt, geschüttelt, abfiltriert. 20 ml Auszug bringt man in einen 200 ml-Kolben u. verd. mit dest. W. bis zur Marke. 20 ml der verd. Lsg. bringt man in einen 100 ml-Kolben u. versetzt mit 50 ml dest. W. u. 4 ml 25%ig. Seignettesalz-Lsg. (zur Verhütung der Trübung). Danach werden 4 ml NESSLERS Reagens u. bis zur Marke W. zugeführt. Andere 100 ml-Kolben mit 10, 20 usw. ml NH_4Cl dienen zum Vergleich. Die Best. erfolgt colorimetr., der NH_4-Geh. wird nach einer Formel (s. Original) in mg pro kg feuchten Boden berechnet. Bei wiederholten Best. zeigen die Analyseergebnisse volle Übereinstimmung, nur in seltenen Fällen Unterschiede von $\pm$ 3 mg/kg Boden. Die Meth. eignet sich zur NH_3-Best. sowohl in neutralen als auch in sauren u. alkal. Böden. M. WROBLEWSKI. 6324□

Über den Zinkgehalt dänischer Böden. H. L. Jensen und C. G. Lamm. (Acta Agric. scand. **11.** 63—81. 1961. Lyngby, State Labor. for Soil Sci. and Crop Res.) (Engl.)

240 Böden Dänemarks wurden mit 0,02 m EDTA-Lsg. oder mit NH_4-Acetat (0,5 ml, pH = 4,8) extrahiert u. diese Extrakte wurden polarograph. auf ihren *Zn*-Geh. analysiert. Zum Vgl. wurde auch eine Zn-Best. mittels der Aspergillus niger-Meth. vorgenommen. — Der Zn-Geh. der Böden schwankte zwischen 0,4 u. 41 ppm (EDTA) bzw. 0,3 u. > 10 (biolog.). Beide Meth. korrelierten eng, wobei die biolog. Werte im unteren Bereich

meist höher lagen. Zn-Geh. > 10 ppm waren mit der biolog. Meth. nicht mehr genau zu bestimmen. Der Nachteil der polarograph. Meth. ist die Co-Interferenz. Mittels NH_4-Acetat wurden wesentlich geringere Zn-Mengen extrahiert (meist < 1 ppm) als mit EDTA. Es bestanden keine Korrelationen zwischen dem Zn-Geh. der Böden u. ihrem pH-Wert, PO_4-, Mg- u. Cu-Geh. Dagegen stieg der Zn-Geh. mit dem Humus-Geh. der Böden an. Bei Humus-Geh. < 5% bestanden keine gesicherten Unterschiede zwischen dem Zn-Geh. von Sandböden u. dem von Lehmböden. Der Gesamt-Zn-Geh. war in Lehmböden am höchsten u. in Sandböden am niedrigsten. Humusböden nehmen eine Zwischenstellung ein. In diesen ist jedoch ein höherer Anteil des Gesamt-Zn EDTA-löslich. — Vff. nehmen an, daß Stallmist u. Komposte für die Zn-Bilanz der Böden von Bedeutung sind. In diesen organ. Düngern wurden Zn-Geh. von 112—1850 ppm (Gesamt) bzw. 50—150 (EDTA-lösl.) gefunden. WILFRIED WERNER. 6324□

Identifizierung von Insekticiden und Akariciden durch vergleichenden Biotest. Robert F. Harwood und Sutharm Areekul. (Science [Washington] **131**. 1369—70. 6/5. 1960. Pullman, Washington State Univ., Dep. of Entomology.) (Engl.)

Die Wrkg. von DDT, Aldrin, Dieldrin, Heptachlor, Parathion, Sevin u. Allethrin auf Drosophila melanogaster Meig., Cryptolestes ferrugineus Stephens, Tyrophagus putrescentiae Schrank u. Artemia salina Leach. wurde verglichen. Die Wrkg. der für Drosophila ermittelten DL_{50} wurde mit der Wrkg. auf die anderen Testorganismen verglichen, ausgedrückt in % Sterblichkeit. Für jedes Insekticid ergibt sich so eine Charakteristik durch das Wirksamkeitsspektrum, die zu seiner Identifizierung dienen kann. Chem. oder wirkungsmäßig verwandte Gifte haben ähnliche Charakteristiken. G. JAGNOW. 6328□

August Thyssen-Hütte Akt.-Ges. (Erfinder: Hans-Joachim Ueberhorst), Duisburg-Hamborn, **Thomasphosphatschlacke mit hohem Gehalt an in Ammoniumcitratlösung löslicher Phosphorsäure,** dad. gek., daß der SiO_2-Geh. niedriger ist als $^1/_{10}$ des Gesamt-H_3PO_4-Gehaltes. Die Thomasphosphatschlacke wird dadurch erhalten, daß sehr Si-armes Thomasroheisen verblasen wird, welches seinerseits dadurch hergestellt worden ist, daß Si-reiches Thomasroheisen vor dem Einfüllen in den Konverter in einem anderen Gefäß mit Luft oder O_2 so lange vorgefrischt wird, bis der Si-Geh. des Roheisens weniger als $^1/_{10}$ des Gesamt-P-Geh. beträgt. Gegenüber den normalen Thomasmehlen mit einer Ammoniumcitratlöslichkeit des P_2O_5-Geh. von nur 20—30 (%) weisen die sehr Si-armen Thomasmehle eine solche von ca. 50—95 auf. Die Schlacken können aus dem Schmelzfluß mit Hilfe von Luft granuliert werden. Die Entphosphorisierung u. Entschwefelung wird verbessert u. der N-Geh. im Stahl erniedrigt. Man erhält *Kopfdüngemittel,* deren P_2O_5-Geh. von den Pflanzen schnell aufgenommen wird. (**D. A. S. 1 118 231** Kl. 16 vom 30/8. 1958, ausg. 30/11. 1961.) H. KARST. 6283

Walter Rochus, Göttingen, und Reinhold Kickuth, Dransfeld, **Herstellung von gärtnerischen Erden** aus üblichen, zerkleinerten Pflanzensubstraten, wie Lehm, Kompost, Erden, Sand, Torf u. dgl., dad. gek., daß diese Ausgangssubstrate mit neutralen Bläh- oder Quellgraphiten in Mengen von ca. 40—70% innig vermischt werden, die durch Säure- oder Alkalibehandlung u. nachfolgende hydrolyt. u. therm. Behandlung in hochporöse, leichte, krümelige Prodd. mit geringem Schütt-Gew. übergeführt worden sind. Zur Regulierung des pH der gärtner. Erden werden die Ausgangssubstrate mit sauren, durch periphere Sulfonsäuregruppen substituierten Quell- oder Blähgraphiten innig vermischt. Die Ausgangssubstrate können auch mit Sulfonsäuregruppen enthaltenden Quell- oder Blähgraphiten innig vermischt werden, die mit NH_4-, K- u. Mg-Ionen behandelt worden sind, wodurch austauschbare Pflanzennährstoffe enthaltende Erden gewonnen werden. Zur Herst. von Pflanzensubstraten für *Epiphyten* werden neutrale, saure oder mit Nährstoffionen behandelte Quell- oder Blähgraphite unter Zusatz von geringen Mengen härtbarer Kunstharze oder dgl. zu beständigen, porösen, wasser- u. luftdurchlässigen Formkörpern verarbeitet. Auch nach langer Kulturdauer erfolgt keine Oberflächenbesiedelung der Erden durch Algen oder Moose. (**D. A. S. 1 118 233** Kl. 16 vom 29/9. 1959, ausg. 30/11. 1961.) H. KARST. 6305

Armour & Co., übert. von: James Haarwood, Western Springs, Robert G. Brault und Richard A. Reck, Chicago, Ill., V.St.A., **Wasserunlösliche Herbicide.** Salze aus Carbonsäuren vom Typ der Pflanzenhormone [2.4-Dichlorphenoxyessigsäure (I), β-Indolylessigsäure, α-Naphthylessigsäure, Indolylbuttersäure, Indolylpropionsäure, Phenylessigsäure (**II**), Fluoressigsäure] u. aliphat. Aminen mit mindestens 6 C-Atomen im Alkylrest sind als wasserunlösl., aber in W. dispergierbare, aus dem Boden nur schwer durch Regen auswaschbare u. daher lang wirkende Herbicide gut geeignet. —

Geeignete Prodd. erhält man z. B. durch Vermischen von 18,5 g Dodecylamin (**III**) mit 22 g **I** in 250 ml Skellylsolve B unter Erwärmen bis zur völligen Lsg., Abkühlen des Gemisches auf Zimmer-Temp., Abfiltrieren des Nd. u. Trocknen. Das so entstandene III-Salz von **I**, F. 75—76°, löst sich zu 0,01% in W. von 25°. Das analog hergestellte Octadecylamin-Salz von **I** schmilzt bei 77,5°. In gleicher Weise werden hergestellt die Salze aus **I** u. Didodecylamin, ferner die Salze aus **II** u. Octadecylamin bzw. Dioctadecylamin. (**A. P. 2 900 411** vom 4/11. 1950, ausg. 18/8. 1959.) A. MOHR. 6313

Dow Chemical Co., übert. von: Carl B. Havens und Gerald A. Clark, Midland, Mich., V.St.A., **Herstellung von 2.4-Dihydroxybenzophenon-4-monobenzoat** (F. 94,5—95,5° aus A.). Man tropft 0,5 (Mol) C_6H_5COCl in eine Lsg. von 0,5 Monobenzoylresorcin in einem Gemisch aus 500 cm³ Toluol u. 75 cm³ Pyridin bei Normal-Temp. ein, erwärmt 2 Std. auf 75°, wäscht mit 5%ig. $NaHCO_3$-Lsg. u. mit W. u. entfernt das Lsgm. bei 100 Torr. — Die gelbgefärbte Verb. dient als *Insekticid* u. *Herbicid.* (**A. P. 2 964 554** vom 19/9. 1958, ausg. 13/12. 1960.) O. MÜLLER-MEININGEN. 6313

Dow Chemical Co., übert. von: David A. Gordon und John M. Corbett, Midland, Mich., V.St.A., **Herstellung von 3.4-Dichlorbenzoesäurealkylphenylestern** der allg. Formel **I** (R = H oder CH_3, R' = Alkyl C_1—C_8). — Man trägt z. B. 419 (g)

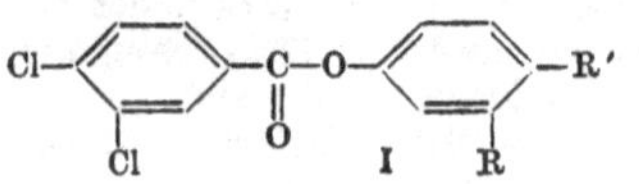

3.4-Dichlorbenzoylchlorid innerhalb von 1 Std. in ein Gemisch aus 244 3.4-Dimethylphenol, 88 NaOH u. 2 Liter W. bei 20—30° ein u. filtriert nach weiterem 1½ std. Rühren den *3.4-Dichlorbenzoesäure-3'.4'-dimethylphenylester*, F. 63—65° (aus A.) ab. — Analog werden folgende *3.4-Dichlorbenzoesäureester* hergestellt: *4'-sek.-Butylphenylester*, F. 52,3—53,1°. — *4'-Isopropylphenylester*, F. 88—89°. — *4'-(1-Methylbutyl)-phenylester*, $Kp_{0,3-0,5}$ 188 bis 199°. — *4'-(1.1.3.3-Tetramethylbutyl)-phenylester*, F. 74,2—75,2° (aus Isopropanol). — *Parasiticide* u. *Herbicide.* (**A. P. 2 960 532** vom 1/8. 1958, ausg. 15/11. 1960.) O. MÜLLER-MEININGEN. 6313

Dow Chemical Co., Midland, übert. von: Jacqueline G. Sims, Midland, und Clarence L. Moyle, Clare, Mich., V.St.A., **2-Nitro-3.4.6-trichlorphenylbenzoate** der

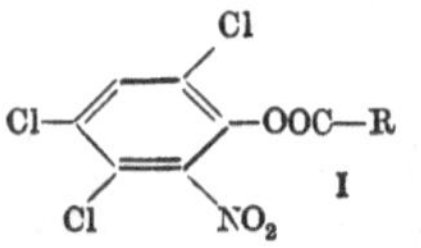

allg. Formel **I** (R = Aryl, das noch Cl, Br, Alkyl, Alkoxy, NO_2, Cyclohexyl, Benzyl oder Phenyl enthalten kann) erhält man durch Rk. eines Aroylhalogenids der allg. Formel R—COX (X = Cl, Br) mit dem Alkalisalz von 2-Nitro-3.4.6-trichlorphenol in Ggw. eines Lsgm. (Bzl., CCl_4, Äthylendichlorid, W.) bei 0—100° u. bes. in Ggw. eines Katalysators (H_2SO_4, $SnCl_4$). — Aus 0,412 Mol KOH in 100 cm³ W. u. 0,206 Mol 2-Nitro-3.4.6-trichlorphenol in 50 cm³ W. bei 24—28° → K-Salz, daraus mit 0,206 Mol Benzoylchlorid bei 24—43° → *2-Nitro-3.4.6-trichlorphenylbenzoat,* aus Isopropanol F. 126,7—127,4°; *-2-chlorbenzoat,* F. 110,4°; *-4-chlorbenzoat,* F. 103,8 bis 105°; *-3.4-dichlorbenzoat,* F. 123,8—125°; *-4-nitrobenzoat,* F. 147,5—147,9°; *-3.5-dinitrobenzoat,* F. 142,5—143,3°; *-2-methoxybenzoat,* F. 115—115,8°; *-4-methoxybenzoat,* F. 165,5—166,5°; *-2-methyl-4-chlorbenzoat*; *-2-chlor-4-nitrobenzoat*; *-4-tert.-butylbenzoat*; *-2.4.5-trichlorbenzoat*; *-2-äthyl-4-nitrobenzoat*; *-2-brom-3.5-dinitrobenzoat*; *-3-nitro-4-methoxybenzoat*; *-pentachlorbenzoat*; *-3-brom-4-äthoxybenzoat*; *-2-propyl-4-brombenzoat*; *-2.3.4-trimethoxybenzoat*; *-4-cyclohexylbenzoat*; *-3-benzylbenzoat*; *-2-phenylbenzoat.* — *Schädlings-* u. *Unkrautbekämpfungsmittel,* bes. gegen *Penicillium digitatum* u. *Rhizoctonia solani.* (**A. P. 2 905 706** vom 9/8. 1957, ausg. 22/9. 1959.) G. KRAUSS. 6313

Dow Chemical Co., übert. von: Robert L. Hudson, Midland, Mich., V.St. A., **Herstellung von 2-Benzoyl-5-methoxyphenylbenzoat** (**I**) ($Kp._{0,08}$ 217°; F. 96—97° aus Tetrachloräthylen). Man erhitzt ein Gemisch aus 69 (g) (0,5 Mol) Resorcindimethyläther, 156 (1,1 Mol) C_6H_5COCl, 0,4 geschmolzenem $ZnCl_2$ u. 150 cm³ Tetrachloräthan, 40 Std. unter Rückfluß (ca. 132°) u. erhält farbloses **I** durch Dest. des Rk.-Gemisches. — *Fungicid.* (**A. P. 2 964 555** vom 22/9. 1958,sg. ausg.13/12. 1960.) O. MÜLLER-MEININGEN. 6313

Monsanto Chemical Co., St. Louis, übert. von: David J. Beaver, Richmond Heights, Paul J. Stoffel, St. Louis, und Philip C. Hamm, Webster Groves, Mo., V.St.A., **Mittel zur Vernichtung unerwünschten Pflanzenwuchses,** bestehend aus N-3.4-Dichlorphenylcarbaminsuuremorpholid (**I**), bzw. -thiocarbaminsäuremorpholid (**II**), in Verb. mit einem inerten Trägerstoff. Man erhält z. B. **I**, F. 175,1—157,8°, durch Vermischen von 4,4 (Gew.-Teilen) Morpholin, 9,4 3.4-Dichlorphenylisocyanat u. 36 Diäthyläther bei normaler Temperatur. Nach 2std. Rühren filtriert man, wäscht den Rückstand mit Diäthyläther u. trocknet. Auf analoge Weise erhält man **II**, F. 197,5—198,1°. (**A. P. 2 913 322** vom 29/12. 1955, ausg. 17/11. 1959.) H. NEBELSIEK. 6313

Monsanto Chemical Co., St. Louis, Mo., übert. von: John J. D'Amico, Nitro, W.Va., V.St.A., **Herbicides Mittel,** enthaltend ein Sulfenamid der Formel R—S—N (R_1, R_2), in der R den 5-Chlor-2-benzothiazolylrest darstellt, R_1 für H, Methyl, Äthyl, Propyl oder Isopropyl steht u. R_2 eine Methyl-, Äthyl-, Propyl-, Isopropyl- oder Cyclohexylgruppe bedeutet. — Man erhält z. B. *5-Chlor-N-cyclohexyl-2-benzothiazolsulfenamid,* F. 93—94°, durch Rk. von 50,4 (Teilen) 5-Chlor-2-mercaptobenzothiazol, 170 W. u. 40 einer 25%ig. NaOH-Lösung. Nach Zusatz von 99 Cyclohexylamin setzt man langsam 49,7 25%ig. H_2SO_4 zu u. hält die Temp. auf 30—35°. Anschließend fügt man noch 30 NaOCl u. nach $^1/_2$std. Rühren noch 1 Na_2SO_3 zu. — Auf analoge Weise erhält man *5-Chlor-N.N-diisopropyl-2-benzothiazolsulfenamid,* F. 61° u. *5-Chlor-N-isopropyl-2-benzothiazolsulfonamid,* F. 65—66°. — Anzuwendende Menge an Sulfenamid 0,3—1 Gew.-%, emulgiert in Wasser. (**A. P. 2 914 392** vom 9/11. 1956, ausg. 24/11. 1959.) H. NEBELSIEK. 6313

Monsanto Chemical Co., St. Louis, Mo., übert. von: Margaret D. Cameron, Beaumont, Tex., V.St.A., **Herbicid und fungicid wirksames Mittel,** bestehend aus einer Öl-in-Wasser-Emulsion von Bis-(2-methyl-5-äthylpyridin)-$CuCl_2$ (I). — Man erhält I z. B. durch Lösen von 17 g $CuCl_2 \cdot 2\,H_2O$ in 50 ml heißem 2-Methyl-5-äthylpyridin u. anschließendes Umkristallisieren aus wss. Äthanol. I kann als *Herbicid* u. als *Fungicid,* bes. gegen Weizenrost, verwendet werden. (**A. P. 2 913 323** vom 24/10. 1956, ausg. 17/11. 1959.) H. NEBELSIEK. 6313

Monsanto Chemical Co., St. Louis, Mo., übert. von: Van R. Gaertner, Dayton, Ohio, V.St.A., **Fungicide Mittel,** enthaltend ein Additions-Prod. (I), aus gleichen Mengen CS_2 u. 1-(2-Aminoäthyl)-2-phenylhydrazin, das Prod. der Abspaltung von H_2S aus I, das beim Erhitzen von I entsteht, die krist., feste Verb. $C_9H_{11}N_3S$ (II), die aus diesem Prod. entsteht u./oder den gummiähnlichen Rückstand, der nach Abtrennung von $C_9H_{11}N_3S$ zurückbleibt. — *1*-(2-Aminoäthyl)-2-phenylhydrazin entsteht durch Addition von 1 (Mol) Phenylhydrazin an 1 Äthylenimin. Bringt man dieses mit CS_2 in Kontakt, so erhält man I. Hieraus II, F. 155—160° (wahrscheinlich 1-Anilino-2-imidazolidinthion). — Man benutzt die Mittel bes. zur Bekämpfung von Rost auf Weizen. (**A. P. 2 883 321** vom 3/12. 1956, ausg. 21/4. 1959.) H. NEBELSIEK. 6313

National Aluminate Corp., Chicago, übert. von: George A. Cruickshank, La Grange, Ill., V.St.A., **Mittel zur Bekämpfung von schleimbildenden Mikroorganismen,** bestehend aus einer wss. Lsg. aus einem Komplexsalz von Cu(II)-Acetat oder -propionat u. einem aliphat. N-substituierten Trimethylendiamin (I), dessen aliphat. Gruppe 5—20 C-Atome besitzt, wobei das Verhältnis von Cu(II)-Salz: I zwischen 1:3 u. 1:10 liegt. — Beispiel einer solchen Lsg.: 2,1 (Gew.-Teile) Cu(II)-Propionat, 30 Isopropanol, 12 Trimethylendiamin, das durch einen von Cocosnußöl abgeleiteten Alkylrest substituiert ist, 2,5 Netzdispergiermittel, 2,9 Propionsäure, 50,5 Wasser. (**A. P. 2 878 155** vom 13/11. 1956, ausg. 17/3. 1959.) H. NEBELSIEK. 6313

Fisons Pest Control Ltd., Felixstowe, England, **Pflanzenschutzmittel.** Ein Zusatz von Vinylpyrrolidonpolymerisaten oder -mischpolymerisaten bewirkt, daß die Mittel auch beim Auflösen in hartem W. keine nennenswerten Bodensätze bilden oder bei Vorliegen der Mittel als Emulsion ein beim Verdünnen mit W. stabiles Prod. entsteht. — 20 (Teile) DDT, 45 Xylol, 0,3 Polyvinylpyrrolidon, 1 Netzmittel, 34,6 W. geben eine auch beim Verdünnen mit hartem W. stabile Emulsion. (**Ind. P. 62 894** vom 21/1. 1958, ausg. 14/9. 1959. E. Prior. 6/2. 1957.) C. LÜTTGEN. 6313

Timbrol Ltd. (Erfinder: Ronald James Hackney, Samuel Wright Preston und Raymond George Thompson), **Lösungsmittelfreie Schädlingsbekämpfungsmittel auf Diaryläthanbasis** zur Herst. wss. Dispersionen, bestehend aus 20—80 (Teilen) des akt. Mittels, u. 80—20 eines Gemisches aus 30—70 wasserlösl. Salzen von Alkyl- u. Polyalkylarylsulfonsäuren u. 70—30 Polyäthylenglykolalkyl- oder -aryläthern, z. B. 68 DDT, 11 Diäthanolaminsalz der Dibutylnaphthalinsulfonsäure u. 21 Nonylphenolpolyäthylenglykoläther, in dessen Mol. der Polyäthylenglykolrest 90% beträgt. (**Aust. P. 229 834** vom 28/2. 1957, ausg. 8/9. 1960.) C. LÜTTGEN. 6313

Rohm & Haas Co., Philadelphia, übert. von: W. E. Craig, Philadelphia, und John O. van Hook, Roslyn, Pa., V.St.A., **Nematodenbekämpfungsmittel,** bestehend aus α-Methylamino-, α-Dimethylamino- oder α-Aminoisobutyronitril in Mengen von 5—100 (Gew.-Teilen) pro Million Boden. — Die Aminobutyronitrile zeichnen sich durch eine große Wirksamkeit im pH-Bereich des verseuchten Bodens von 3—8 aus. (**A. P. 2 940 894** vom 7/2. 1956, ausg. 14/6. 1960.) H. NEBELSIEK. 6313

Soc. des Usines Chimiques Rhône-Poulenc, Frankreich (Erfinder: André Toussaint und François Dewilde), **Herstellung von 2-[O.O-Dimethylthiolphosphatomethyl]-5-methoxypyron-(4)**, dad. gek., daß man 2-[Benzolsulfonyloxymethyl]-5-methoxypyron-(4) mit einer wss. Lsg. von Na-Dimethylthiophosphat umsetzt. — *Insekticid.* (**F. P. 1 223 406** vom 31/12. 1958, ausg. 16/6. 1960.)

S. BÖTTCHER. 6313

Dow Chemical Co., übert. von: Henry Tolkmith, Etcyl H. Blair, Kenneth C. Kauer und Edgar C. Britton, Midland, Mich., V.St.A., **O-Aryl-O-alkylthiophosphorsäurechloride** der allg. Formel R—O—P(=S)(Cl)—O—X (X = Alkyl mit 1—3 C-Atomen; R = Aryl, das noch Cl, Br, Alkyl, Alkoxy, NO_2, Cyclohexyl, Benzyl oder Phenyl ein oder mehrmals auch in Mischung enthalten kann) entstehen durch Rk. von 1—7 Mol eines Alkanols mit 1 Mol eines O-Arylthiophosphorsäuredichlorids der allg. Formel R—O—P(=S)Cl_2 bei einer Temp., die 15° unter dem Kp. des Alkanols liegt, wobei der entstandene HCl gasförmig, bes. im Vakuum oder durch Einleiten eines Gases (N_2, CO_2, Luft, Methylchlorid) oder eines niedrigsd. Lsgm. (Methylendichlorid, -dibromid, Äthylendichlorid, Chlf., CCl_4, Bzl., Chlorbenzol, Toluol) entfernt wird. Durch Einw. von NH_3 oder Aminen auf die O-Aryl-O-alkylthiophosphorsäurechloridester lassen sich die entspr. Amide darstellen. — Aus 1,375 Mol Methanol in 100 cm^3 Chlorbenzol u. 0,227 O-(2.4.6-Trichlorphenyl)-thiophosphorsäuredichlorid, $Kp._3$ 140—144°, in 100 cm^3 Chlorbenzol bei $Kp._{60-80}$ 15—20° u. Durchleiten eines schwachen Luftstromes → *O-(2.4.6-Trichlorphenyl)-O-methylthiophosphorsäurechlorid*, F. 64—66°; 91% (Ausbeute); daraus mit NH_3 in Chlorbenzol bei 5—15° → *O-(2.4.6-Trichlorphenyl)-O-methylthiophosphorsäureamid*, F. 68,5°; 89%. — O-(2.4.5-Trichlorphenyl)-thiophosphorsäuredichlorid, $Kp._{2-3}$ 130—136°, → *O-(2.4.5-Trichlorphenyl)-O-methylthiophosphorsäurechlorid*, aus PAe. F. 37 bis 38°; 99%. — *O-(2.4.5-Trichlorphenyl)-O-äthylthiophosphorsäurechlorid*, $D.^{25}$ 1,4948; n_D^{25} 1,5689; 94%, + NH_3 → *O-(2.4.5-Trichlorphenyl)-O-äthylthiophosphorsäureamid*; 85%; Äthylamin → *O-(2.4.5-Trichlorphenyl)-O-äthylthiophosphorsäure-N-äthylamid*, $D.^{25}$ 1,3745; n_D^{25} 1,5613; 83%. — O-(2.4-Dichlorphenyl)-thiophosphorsäuredichlorid, $Kp._{10}$ 154°, → *O-(2.4-Dichlorphenyl)-O-äthylthiophosphorsäurechlorid*, $D.^{25}$ 1,4589; n_D^{25} 1,5642; 87,5%. — O-(2-Chlor-4-nitrophenyl)-thiophosphorsäuredichlorid → *O-(2-Chlor-4-nitrophenyl)-O-methylthiophosphorsäurechlorid*, $D.^{25}$ 1,5335; n_D^{20} 1,5888; 97%, → *Amid*, F. 41—43°. — *O-(2.5-Dichlorphenyl)-O-methylthiophosphorsäurechlorid*, 98%, → *Amid*, F. 61—62°. — *O-(4-Chlorphenyl)-O-methylthiophosphorsäurechlorid*, $D.^{25}$ 1,3963; n_D^{25} 1,5581; 99%, → *Amid*, $D.^{25}$ 1,357; n_D^{25} 1,5708; 92%. — *O-(2.4-Dichlorphenyl)-O-methylthiophosphorsäurechlorid*, 90%. — *O-Phenyl-, O-(3-Äthylphenyl)-, O-(4-Nonylphenyl)-, O-(4-sek.-Butylphenyl)-, O-(4-tert.-Butylphenyl)-, O-(4-Methylphenyl)-, O-(3.4-Dimethylphenyl)-, O-(2.5-Dimethylphenyl)-, O-(4-tert.-Butyl-2-methylphenyl)-, O-(2-Brom-4-tert.-butylphenyl)-, O-(2-Chlor-4-tert.-butylphenyl)-, O-(3.5-Dimethylphenyl)-, O-(4-Chlor-2-cyclohexylphenyl)-, O-(2-Cyclohexylphenyl)-, O-(3-Phenylphenyl)-, O-(2-Phenylphenyl)-O-methylthiophosphorsäurechlorid.* — *Zwischen-Prodd.*, bes. zur Herst. von *Amiden*, die als *Konservierungsmittel* für *Papier, Anstrichmittel* u. *Holz*, als *Insekticide, Fungicide* u. *Bakterizide* dienen, bes. gegen *Blattläuse, Fliegen, Mexikan. Bohnenkäfer* u. *Heerwurm.* (**A. P. 2 887 506** vom 24/10. 1957, ausg. 19/5. 1959.)

G. KRAUSS. 6313

Süddeutsche Kalkstickstoff-Werke Akt.-Ges., Trostberg, *Granulieren von Kalkstickstoff.* (**Norw. P. 91 738** vom 21/2. 1957, ausg. 27/5. 1958. — **C. 1960.** 13167 [F. P. 1 167 353].)

Armour & Co., V.St.A. (Erfinder: **Duane Thorndahl Ohlsen** und **Robert Eugene Baarson**), *Nichtbackende Mischdünger.* (**F. P. 1 208 264** vom 2/6. 1958, ausg. 23/2. 1960. A. Prior. 14/6. 1957. — **C. 1960.** 14159 [D. A. S. 1 075 642].)

Badische Anilin- & Soda-Fabrik Akt.-Ges., Deutschland, *Förderung des Pflanzenwachstums.* (**F. P. 1 173 842** vom 30/4. 1957, ausg. 3/3. 1959. D. Prior. 30/4. 1956. — **C. 1959.** 3952 [D. A. S. 1 032 969].)

American Chemical Paint Co., V.St.A. (Erfinder: **William Watsin Allen**), *Pflanzenvernichtungsmittel.* (**F. P. 1 177 856** vom 15/6. 1957, ausg. 30/4. 1959. A. Prior. 15/6. 1956. — **C. 1960.** 3355 [D. A. S. 1 060 185].)

VEB Leuna-Werke „Walter Ulbricht", Leuna, *Verwendung von 2.2.3-Trichlorpropionsäure als selektives Unkrautvernichtungsmittel in Rübenkulturen.* (**Oe. P. 214 701** vom 5/1. 1959, ausg. 25/4. 1961. — **C. 1962.** 1006 [D. P. [DDR] 21 058].)

Parke, Davis & Co. (Erfinder: **Alexander M. Moore, Horace Albert Dewald, Roger D. Westland, John Ehrlich, Quentin Royal Bartz, Henry William Dion** und **Salvatore A. Fusari**), *Herstellung von 6-Diazo-5-oxonorleucinen.* (**Aust. P. 225 432** vom 30/10. 1957, ausg. 10/12. 1959. — **C. 1960.** 1302 [Oe. P. 197 352].)

Spencer Chemical Co. (Erfinder: **Thomas R. Hopkins** und **Ralph P. Neighbors**), *Nematocides Mittel.* (**Aust. P. 225 439** vom 6/12. 1957, ausg. 10/12. 1959. A. Prior. 11/12. 1956. — **C. 1959.** 9715 [D. A. S. 1 049 148].)

VEB Farbenfabrik Wolfen, Wolfen, Kr. Bitterfeld (Erfinder: **Hans Maier-Bode**, Wolfen, und **Gottfried Kötz**, Dessau), *Schädlingsbekämpfungsmittel.* (**Ung. P. 144 093** vom 18/10. 1956, ausg. 1/8. 1958. D. Prior. 12/3. 1956. — **C. 1959.** 11 389 [D. P. [DDR] 15 149].)

VEB Farbenfabrik Wolfen, Deutschland, *Insekticide*. (**F. P. 1 176 378** vom 31/5. 1957, ausg. 9/4. 1959. D. Prior. 13/10. 1956. — C. **1960.** 7984 [D. A. S. 1 067 813].)

Fahlberg-List G. m. b. H., Deutschland, *Schädlingsbekämpfungsmittel*. (**F. P. 1 176 668** vom 12/6. 1957, ausg. 14/4. 1959. D. Prior. 13/6. 1956. — C. **1959.** 4948 [D. A. S. 1 039 778].)

Fahlberg-List G. m. b. H., Deutschland, *Schädlingsbekämpfungsmittel*. (**F. P. 1 177 660** vom 1/7. 1957, ausg. 28/4. 1959. — C. **1960.** 17585 [Belg. P. 558 722].)

C. F. Spiess & Sohn und **Norddeutsche Affinerie**, Deutschland, *Insekticide*. (**F. P. 1 178 681** vom 8/7. 1957, ausg. 13/5. 1959. F. Prior. 17/7. 1956. — C. **1960.** 4331 [E. P. 806 238].)

N. V. Philipp's Gloeilampenfabrieken, Holland, *Schädlingsbekämpfungsmittel*. (**F. P. 1 176 716** vom 13/6. 1957, ausg. 15/4. 1959. Holl. Prior. 15/5. 1956. — C. **1961.** 3789 [E. P. 818 437].)

Rohm & Haas Co., Philadelphia, Pa., V.St.A., *Schädlingsbekämpfungsmittel*. (**Norw. P. 92 279** vom 2/7. 1956, ausg. 11/8. 1958. — C. **1959.** 7932 [E. P. 792 035].)

Columbia-Southern Chemical Corp., V.St.A. (Erfinder: **Lloyd Wilford Piester**), *Verpackung von Hexachlorcyclohexan*. (**F. P. 1 173 968** vom 19/2. 1957, ausg. 4/3. 1959. A. Prior. 24/2. 1956. — C. **1960.** 2694 [A. P. 2 801 745].)

Deutsche Gold- und Silber-Scheideanstalt vormals Roessler, Deutschland, *Abschreckmittel gegen blutsaugende Insekten*. (**F. P. 70 266** vom 18/6. 1956, ausg. 25/3. 1959. D. Prior. 22/10. 1955. Zusatz zu F. P. 1 148 355; C. 1960. 2328. — C. **1958.** 7877 [D. B. P. 964 537] u. C. **1958.** 6659 [D. B. P. 964 538].)

VIII. Metallurgie. Korrosion

Anwendung von mathematischen Maschinen für wissenschaftlich-technische Berechnungen und direkt in den Hüttenbetrieben. Karel Staňka. (Hutnické Listy **15.** 791—98. Okt. 1960. Praha, Výzk. úst. hutn. žel.) (Tschech.)

Die grundsätzlichen Operationscharakteristiken sowie die Programmvorbereitung für automat. Rechenmaschinen werden genannt. Sie werden in der Erzeugung u. Automation z. B. zur Planung der Walzwerkerzeugung oder der Regelung des Wärmestandes des Hochofengestells eingesetzt. Auf zukünftige Verw.-Möglichkeiten in Hüttenbetrieben wird verwiesen. — 15 Literaturangaben. GOTTFRIED LANGE. 6350□

Die Entwicklung der Mühlenmahlung in den letzten 20 Jahren. M. Digre. (Tidsskr. Kjemi, Bergves. Metallurgi **19.** 146—54. 18/11. 1959. Trondheim, N.T.H., Oppredningslabor.) (Norw.)

Vortrag über die Fortschritte der Theorie des Mahlens u. der Konstruktion der verschiedenen Mühlentypen (Stab-, Kugelmühlen, autogene Mahlung), unter besonderer Berücksichtigung der Mahlung von *Erzen* u. der Klassierung mittels Hydrocyclonen. — 12 Literaturhinweise. R. K. MÜLLER. 6360□

Verwendung des Dampfes für die Intensivierung der Martinöfen. A. Bichler. (Hutnické Listy **15.** 778—81. Okt. 1960. Třinec, VŘSR ČSSR.) (Tschech.)

Die Intensivierung der Verbrennung durch überhitzten Dampf im SIEMENS-MARTIN-Ofen erhöht die Ofenleistung, liefert sehr reine Stahlerzeugnisse, deren H-Geh. nicht erhöht u. deren Qualität zur Blecherzeugung bzgl. der Tiefzieh- u. Aufleimfähigkeit sowie Einschluß- u. Blasen-Bldg. befriedigend ist. Auch der Erz- u. Brennstoffbedarf wird herabgesetzt. GOTTFRIED LANGE. 6370□

Einfluß der Temperatur des Gebläsewindes, der Intensivierer und des Einblasens von Brennstoffen auf die Oxydationszone des Hochofens. W. I. Loginow. (Известия Высших Учебных Заведений (Москва), Черная Металлургия [Hochschulnachr. (Moskau), Eisenmetallurgie] **1960.** Nr. 4. 29—36. Dnepropetrowsk, Metallurg. Inst. für Abendunterricht.) (Russ.)

Die Zus. der Gase in der Oxydationszone u. deren Ausdehnung im Hochofen hängen von dem Ofengang, dem Wärmezustand des Gestells u. der Gasverteilung über den Ofenquerschnitt ab. Die Ausdehnung der Oxydationszone wird in der Hauptsache durch die Zirkulationszone, d. h. durch mechan. Faktoren, bestimmt. Der Mechanismus des Einfl. auf die Ausdehnung der Oxydationszone ist komplizierter als zuvor angenommen worden ist u. steht unter bestimmten Bedingungen in Abhängigkeit von den herrschenden chem., physikal.-mechan., den Wärmefaktoren u. dem Ofengang, so daß die Zone vergrößert oder verkleinert oder prakt. unverändert bleiben kann. H. HOCHSTEIN. 6370□

Agglomerierung feinkörniger Materialien. O. Rolfsen. (Tidsskr. Kjemi, Bergves. Metallurgi **19.** 163—68. 18/11. 1959. Oslo.) (Norw.)

Überblick über die Grundlagen der Agglomerierungsprozesse, ihre techn. Ausführung, die App., die Sinter-Verff. u. die Meth. der Auswertung B.P.U. („Bed-Permeability Unit"). — 15 Literaturhinweise. R. K. MÜLLER. 6376□

Physikalisch-technische Eigenschaften von Erz- und Zirkon-Sanden und Anreicherungsabfällen. A. N. Zibrik. (Литейное Производство [Giesserei-Betr.] **1960.** Nr. 2. 38. Febr.) (Russ.)

Durch Einführung von Erz- u. Zirkon-Sanden sowie von Anreicherungsabfällen in die Gießereipraxis wird eine Verbesserung der Oberflächenreinheit der Gußstücke, eine

Verringerung der technolog. Zugaben u. eine Verlängerung der Brauchbarkeit der Formsande erzielt. Es werden Angaben über die chem. u. mineralog. Zus. der verschiedenen unter Verw. von Erz- u. Zirkon-Sanden sowie von Anreicherungsabfällen hergestellten Formsandgemische gemacht. H. HOCHSTEIN. 6382 □

Wasserfreie Farben für den Eisenguß. A. M. Kowalenko und A. Ss. Ssumzow. (Литейное Производство [Giesserei-Betr.] **1958.** Nr. 11. 27—28. Nov.) (Russ.)

Für die Gußformen aus Sand empfehlen Vff. folgende Anstrichmittel ohne W.: 3 (Teile) Lack Nr. 177, 1 White-Spirit, 3 schwarzer u. 1 Silbergraphit. Besser ist: 30 bis 40 g Pulverbakelite gelöst in 1 Liter Aceton, schwarzer u. Silbergraphit bis zur erforderlichen Dichte. Das Trocknen wird durch Abbrennen bewirkt. Anstriche ohne Aceton: 650—700 g Verdünnungsmittel R-4, 150—100 g White-Spirit, 200 g Lack Nr. 177, 450 g schwarzer u. 150 g Silbergraphit. Das Verdünnungsmittel R-4 kann durch die Lsgm. Nr. 646, 647 oder 648 ersetzt werden. J. v. SCHROEDER. 6382

Mittels chemischer Aushärtung hergestellte Gußformen. B. Ju. Feigelsson. (Литейное Производство [Giesserei-Betr.] **1957.** Nr. 5. 1—5. Mai.) (Russ.) — Vgl. C. **1959.** 7604.

Erläuterung des Herst.-Verf. von gehärteten Oberflächenschichten von Gießereiformen mittels Wasserglas u. Aushärtung mit CO_2 u. graph. Darst. der Bedingungen u. mechan. Eigg. (optimale CO_2-Einw.-Zeit 30—40 Sek.; Druck 3 at; Festigkeit bis über 20 kg/cm^2). J. TŮMOVÁ. 6382 □

Elektrochemische Reinigung der Gußstücke von Festbrennungen und Zunder. A. A. Gorschkow und A. F. Lyssenko. (Литейное Производство [Giesserei-Betr.] **1960.** Nr. 3. 9—10. März.) (Russ.)

Zur Beseitigung von Sandfestbrennungen u. Zunder von Stahl u. Gußeisen wird eine elektrolyt. Behandlung in einem Bad aus *NaOH* oder 93% NaOH + 7% *NaCl* empfohlen. Bei Verw. von NaOH allein soll die Temp. des Bades 480—500° bei 15—25 Min. Verweilzeit des Gußstückes im Bad, einer Stromdichte von 5—10 A/dm^2 u. einer Spannung von 6—8 V betragen. Beim zweiten Elektrolyten ist die Bad-Temp. niedriger (430—450°); die Haltezeit beträgt 10—20 Min. bei einer Stromdichte von 6—8 A/dm^2 bei gleicher Spannung. Es werden Angaben über die anschließende Nachreinigung u. über die Oberflächenbeschaffenheit der gereinigten Gußstücke einschließlich des Grades einer Oberflächenentkohlung gemacht. Eine elektrolyt. Reinigungsanlage wird in ihrem Aufbau beschrieben. H. HOCHSTEIN. 6382 □

Einige Fragen der Theorie des Verblasens von Zink enthaltenden Schlacken. A. I. Okunew. (Цветные Металлы [Nichteisenmetalle] **29.** Nr. 7. 29—36. Juli 1956.) (Russ.) — Vgl. C. **1955.** 3476; C. **1956.** 5222.

Beim Verblasen ZnO enthaltender Schlacken mit einem reduzierenden Kohle-Luft-Gemisch spielen die Prozesse der Red. von *Magnetit* (Fe_3O_4), *FeO* u. *ZnO* durch *CO* eine maßgebende Rolle. Es stellt sich ein Gleichgewicht ein, wobei der Partialdruck des Zn aus der Aktivität des ZnO[(a_{ZnO}), den Ausgangspartialdrucken P_{CO_2} u. P_{CO} u. der Gleichgewichts-Konst. K der Rk. $ZnO + CO = Zn + CO_2$ errechnet wird nach: $P_{Zn} = -(K \cdot a_{ZnO} + P_{CO_2})/2 + \frac{1}{2}\sqrt{(K.a_{ZnO} + P_{CO_2})^2 + 4\,K \cdot a_{ZnO} \cdot P_{CO}}$. Vf. untersucht die Abhängigkeit der Zerstäubungs-Geschw. von den Bedingungen der Rk. u. die Gewinnung von *Fe* in Abhängigkeit von Temp., Zus. der Schlacke u. Zus. der Gasphase. R. K. MÜLLER. 6390

Das Schmelzen von Eisen–Aluminium-Legierungen an der Luft. V. F. Zackay und W. A. Goering. (Trans. metallurg. Soc. AIME **212.** 203—04. 1958, herausgeg. 1959. Dearborn, Mich., Ford Motor Co.) (Engl.)

Die Formbarkeit von an freier Luft erschmolzenen Fe–Al-Legg. ist der von vakuumerschmolzenen Legg. äquivalent. Auch die anderen mechan. Eigg. der nach diesen beiden Meth. erschmolzenen Fe–Al-Legg. weichen voneinander nicht wesentlich ab. Eine starke Desoxydation u. eine Überwachung aller Stufen der Schmelzführung sind jedoch für die Erzeugung von duktilen Fe-Legg. mit hohen Al-Geh. notwendig. Es sind Vers.-Schmelzen von 50—7000 lb. Einsatz im Betrieb mit Erfolg durchgeführt worden. H. HOCHSTEIN. 6390 □

Geschwindigkeit der Kohlenstoff–Sauerstoff-Reaktion in flüssigem Eisen. N. A. Parlee, S. R. Seagle und R. Schuhmann jun. (Trans. metallurg. Soc. AIME **212.** 132—38. 1958, herausgeg. 1959. Lafayette, Ind., Purdue Univ., Niles, Ohio, Mallory-Sharon Titanium Corp.) (Engl.)

Die Geschw. der CO-Entw. u. die CO-Absorption wurden für fl. Fe-Legg. mit C-Geh. von 0,15—4,4% unter Verw. einer abgeänderten SIEVERTSschen App. gemessen. Die Legg. wurden in Al_2O_3-Tiegeln gehalten, so daß sowohl Tiegel–Metall- als auch Gas–Metall-

Rkk. gleichzeitig auftreten konnten. Die Vers.-Werte wurden auf Grund einer Hypothese ausgelegt, wonach die C–O-Rk.-Geschw. durch die O-Diffusion durch die Grenzschichten an den Gas–Metall- u. Tiegel–Metall-Oberflächen geregelt wird.

H. HOCHSTEIN. 6390□

Die Untersuchung des Einflusses von Desoxydationselementen auf die Eisenentschwefelungskinetik mit Hilfe von ^{35}S. Liu-Su-Čen, Jiří Skála und Miroslav Mandl. (Hutnické Listy **15.** 755–62. Okt. 1960. Praha, VÚHZ.) (Tschech.)

Unter den Schlacken von *CaO–Al₂O₃–MgO*- (I)- u. *CaO–SiO₂–Al₂O₃* (II)-Syst. wurde in den Syst. *Fe–C–S* u. *Fe–C–S–Me* die Kinetik der Entschwefelung radiochem. untersucht u. gefunden, daß 0–8% *Mn* die Entschwefelungs-Geschw. in beiden Syst. verringern, während *Si* mit I negativ, mit II dagegen positiv reagiert (chem. Rk.), also den Übergang von Fe in die Schlacke beschleunigt. GOTTFRIED LANGE. 6390□

Kombiniertes Blasen von hochphosphorhaltigem Roheisen im Laboratoriumskonverter. W. G. Fedorowitsch und Ss. F. Karp. (Известия Высших Учебных Заведений (Москва), Черная Металлургия [Hochschulnachr. (Moskau), Eisenmetallurgie] **1960.** 34–36. Dnepropetrowsk, Metallurg. Inst. für Abendunterricht.) (Russ.)

Unters.-Ergebnisse an einem Labor.-Konverter bestätigen die grundsätzliche Möglichkeit einer wirksamen Technologie des Frischens von Roheisen mit hohem P-Geh. in Konvertern mit kombiniertem Wind (Auf- u. Durchblasen von techn. reinem O_2). Es muß jedoch das Verf. in Konvertern mit großem Fassungsvermögen durchgeführt werden. Beim Verblasen des P-haltigen Roheisens im Labor.-Konverter mit kombiniertem Blasen wird die Möglichkeit einer gleichzeitigen Herst. eines hochgekohlten Halb-Prod. u. einer hochwertigen Phosphatschlacke bestätigt. H. HOCHSTEIN. 6400□

Zur Thermodynamik der Entphosphorungsreaktion unter kalkhaltigen Phosphatschlacken. Helmut Knüppel und Franz Oeters. (Arch. Eisenhüttenwes. **32.** 799–808. Dez. 1961. Dortmund.) (Dt.) — Vgl. C. **1962.** 7305.

Die Entphosphorungs-Rk. unter CaO-haltigen Phosphatschlacken kann sowohl auf der Grundlage des $3\,CaO \cdot P_2O_5$ als auch des $4\,CaO \cdot P_2O_5$ beschrieben werden. Zwischen den beiden Phosphatarten muß ein Dissoziationsgleichgewicht bestehen, derart, daß das $4\,CaO \cdot P_2O_5$ z. T. in $3\,CaO \cdot P_2O_5$ u. CaO zerfällt. Die Rk.-Gleichung der Entphosphorung auf der Grundlage von $4\,CaO \cdot P_2O_5$ wird im Verlauf der Ableitung zur Aufstellung einer Gleichgewichts-Konst. benutzt. Um den Zahlenwert dieser Konst. zu ermitteln, werden die Aktivitäten der Rk.-Teilnehmer aus Meßergebnissen von Schmelzen mit CaO gesätt. Schlacken bestimmt. Die Aktivitäten des O u. P im Fe können dabei durch die Konz. ausgedrückt werden, da sie dem Gesetz nach HENRY gehorchen. Die Aktivität des $4\,CaO \cdot P_2O_5$ wird aus derjenigen des Fe(II)-Oxids mit der Gleichung nach GIBBS-DUHEM berechnet. Aus den so ermittelten Aktivitäten werden die Gleichgewichts-Konst. errechnet u. in Abhängigkeit von der Temp. angegeben. Eine Unters. des Verhältnisses Fe^{2+}/Fe^{3+} in Phosphatschlacken verschiedenen CaO-Geh. von 0 bis über 50% CaO zeigt eine starke Zunahme des Anteils an 3wertigem Fe mit steigendem CaO-Geh., was auf die in der fl. Schlacke vorhandene Neigung zur Bldg. von Kalkferrit zurückgeführt wird. Auf Grundlage vorliegender Gleichgewichtswerte der Entphosphorungs-Rk. unter CaO-haltigen Phosphatschlacken wird ein Entwurf für den Verlauf der Linien gleichen P- u. O-Geh. unter den Schlacken zwischen der Mischungslücke u. der Kalksättigungslinie des Syst. $CaO–FeO–P_2O_5$ vorgelegt. Um die einzelnen Linien festzulegen, werden außer den Meßwerten die allg. thermodynam. Bedingungen herangezogen, wie sie in der Schlacke infolge des Bestehens der Mischungslücke vorliegen.

H. HOCHSTEIN. 6400□

Über die Überhitzung von Kleinbessemerstahl. W. A. Fuklew und L. K. Grachow. (Литейное Производство [Giesserei-Betr.] **1956.** Nr. 10. 9–10. Okt.) (Russ.)

Bei der Erörterung der Gründe für die Badüberhitzung bei Anwendung des Klein-BESSEMER-Verf. bei der Stahlerzeugung wird der Schluß gezogen, daß die Überhitzung des Bades von der Oxydation von 1% Si um das 2–2,5fache größer ist als bei der Oxydation der gleichen Menge C, trotzdem die Oxydation von C zu CO_2 mehr Wärme liefern kann als die Oxydation von Si. Bei der Kleinbessemerei von Stahl kann, in Abhängigkeit von den Bedingungen der Prozeßführung, der Fe-Abbrand in weiten Grenzen verändert werden; er betrug in besonderen Fällen bei Betriebs-Unterss. 25–30%. Es werden die Mittel zur Behebung des großen Fe-Abbrandes u. zur Verringerung großer Abwärmeverluste durch die Konverterabgase erörtert. Dabei werden Angaben über die Größe der Abwärmeverluste gemacht. Für eine wirtschaftliche Überhitzung des Stahls beim Klein-BESSEMER-Verf. müssen die Wärmeverluste u. der Wärmeaufwand für die Erwärmung des Roheisens auf die Temp. des Stahls auf ein Minimum verringert werden. Dies wird durch eine Überhitzung des vergossenen Gußeisens u. der Auskleidung, aber auch durch eine geeignete Windführung erreicht. Die Dauer des Verf. darf 15—16 Min. nicht übersteigen. Die Menge des zu oxydierenden Si muß den Wärmeverlusten angepaßt werden. Bei Einhaltung dieser Bedingungen wird einem übermäßigen Fe-Abbrand vorgebeugt. Der Koeff. der Wärmeausnützung bei der Oxydation von Si u. C ist am günstigsten. H. HOCHSTEIN. 6408

Gase in Ferrolegierungen. N. Christensen. (Tidsskr. Kjemi Bergves. Metallurgi **19.** 57—61. 30/4. 1959. Trondheim, NTH.) (Norw.) — Vgl. C. **1960.** 12449.

Der Gas-Geh. von Ferro-Legg. (FL) kann sich auf die Eigg. der durch ihren Zusatz hergestellten Spezialstähle auswirken, H_2 durch Porosität, Riß-Bldg. u. Sprödigkeit, O_2 (bzw. Schlacken) durch verminderte Ermüdungsfestigkeit, N_2 durch erhöhte Zunderneigung. In einer Tabelle werden für *Ferrosilicium* (I), *Calciumsilicium*, *Ferromangan*, *Silicomangan*, *Ferrochrom* u. *Ferrotitan* experimentell gefundene Gas-Geh. in g/t mitgeteilt u. auf Grund eines Vgl. mit dem Gas-Geh. in einigen Stahltypen gezeigt, daß nur bei hochlegierten Cr- u. Mn-Stählen mit größeren Gasmengen zu rechnen ist. Die Meth. der Gas-Best. in FL (Makro- u. Mikroseigerung, Oberflächen- u. Vol.-H_2 usw.) werden erörtert. Der analyt. H_2-Geh. in I wird durch die Ggw. hydratisierter Oxide aus Ca- u. Al-Phosphiden u. -Carbiden stark beeinflußt. Für eine quant. H_2-Best. in I muß eine modifizierte Vakuumtechnik angewandt werden. — 17 Literaturangaben.

R. K. MÜLLER. 6418□

Angaben über die Kupfer-Konverterpraxis in verschiedenen Ländern. F. E. Lathe und L. Hodnett. (Trans. metallurg. Soc. AIME **212.** 603—17. 1958, herausgeg. 1959. Montreal, Can., Canadian Refractories Ltd.) (Engl.)

Überblick über die Betriebspraxis von 40 Cu-Konverteranlagen in 18 Ländern.

H. HOCHSTEIN. 6432□

Ausscheidung und magnetisches Glühen in einer Cu–Co-Legierung. J. J. Becker. (Trans. metallurg. Soc. AIME **212.** 138—44. 1958, herausgeg. 1959. Schenectady, N.Y., General Electric Co.) (Engl.)

Die Änderungen in den magnet. Eigg. mit der Teilchengröße werden benutzt, um den Ausscheidungsprozeß einer Cu–Co-Leg. mit 2% *Co* zu untersuchen. Bes. bewirkt der Einfl. eines Magnetfeldes während der Ausalterung die Erzeugung einer vollständigen Anisotropie während der Zunahme der Teilchen, nachdem die Ausscheidung beendet ist.

H. HOCHSTEIN. 6432□

Kobalt in Frankreich. E. M. Elchardus und J. F. Reynaud. (Chim. et Ind. **86.** 531—41. Nov. 1961. Soc. d'Électrochimie d'Ugine.) (Franz.)

Überblick über die Entw. der französ. Co-Industrie u. ihre Verfahren.

M. GEHLEN-KELLER. 6434□

Nickelhaltige Heizleiterlegierungen. Anonym. (Nickel-Berichte **19.** 323—27. Dez. 1961.) (Dt.)

Überblick über Entw., Eigg. u. Anwendung von Heizleiterlegierungen.

M. GEHLEN-KELLER. 6434□

Über den Mechanismus der in kaltverarbeitetem Molybdän beobachteten Widerstandserholung. H. R. Pfeiffer. (Trans. metallurg. Soc. AIME **212.** 647—48. 1958, herausgeg. 1959. Baltimore, Md., Rias, Inc.) (Engl.)

Auf Grund durchgeführter Unterss. erscheint es unwahrscheinlich, daß in kaltverformtem Mo die Verunreinigungsatome zu den Versetzungen hin während des Erholungsprozesses bei 145° wandern. Die Auffassung von MARTIN, der den Erholungsmechanismus auf die Aufhebung von Leerstellen zurückführt, erscheint daher richtig zu sein. H. HOCHSTEIN. 6440□

Möglichkeiten der Erhöhung des Vanadinausbringens durch das Naßverfahren in den Vanadinwerken. Drahomír Trojka. (Hutnické Listy **15.** 781—91. Okt. 1960. Ostrava Vítk. želez. Kl. Gottwald, ČSSR.) (Tschech.)

Vf. beschreibt Verff. zur Erhöhung des Ausbringens an V aus mit NaCl oxydierend gerösteten V-Schlacken. Zur hydrolyt. Fällung von V wurden Lsgg. von Na_2CO_3, die auch in W. unlösl. V-Salze z. T. lösen, verwendet, doch sind H_2SO_4-Lsgg., die sowohl 5- als auch 4wertiges V lösen, wirkungsvoller. Das höchste Ausbringen erreicht man, wenn das Röstgut durch Einbringen in das Laugewasser rasch abkühlt. Das W. soll 25 g/Liter V, höchstens 15 g/Liter NaCl u. soviel freie *HCl* enthalten, daß die Endlssg. nach Abstumpfen noch 1,2—1,5 g/Liter enthält. Aus den Abfallaugen läßt sich V als $Ca(VO_3)_2$ oder *Fe–V-Verbb.* abscheiden u. in den Prozeß zurückbringen.

GOTTFRIED LANGE. 6440□

Grundprobleme der Kornfeinung von Magnesiumlegierungen. A. Schneider und G. Strauß. (Aluminium **37.** 712—14. Nov. 1961. Göttingen.) (Dt.)

Die bekannten Verff. zur Kornfeinung von Mg-Legg. werden erörtert. — 12 Literaturangaben. F. VIER. 6444□

Über die verschiedenen Arten von Mikroporosität in Magnesiumlegierungen. P. Spitaler. (Aluminium **37.** 722—23. Nov. 1961. Innsbruck.) (Dt.)
Die Mikroporosität in Mg-Legg. ist entweder durch Schwindungshohlräume oder durch ausgeschiedenen H_2 bedingt. Bei den *Zr*-haltigen Mg-Legg. tritt bei der Erstarrung ein breiartiges Gemenge von Kristalliten u. Restschmelze auf, das stufenweise absinkt u. in der letzten Phase der Erstarrung Bandmikrolunker entstehen läßt. Bei den *Al*-haltigen Legg. wachsen die dendrit. Kristalle von der Formwand ins Innere, wodurch bei mangelnder Speisung Schichtmikrolunker gebildet werden. Gasporen entstehen bei Zr-haltigen Legg. nicht wegen der hohen Affinität des Zr zu H. F. VIER. 6444□

Der heutige Stand der Entwicklung und Verwendung von Magnesiumlegierungen. H. Altwickler. (Aluminium **37.** 715—22. Nov. 1961. Lebanon, Ohio.) (Dt.)
Überblick. F. VIER. 6444□

Einfluß dritter Komponenten auf die umgekehrte Blockseigerung bei Aluminium-Kupfer-Legierungen. F. Erdmann-Jesnitzer und G. Jehmlich. (Aluminium **37.** 707—11. Nov. 1961. Freiberg, Bergakad.) (Dt.)
Untersucht wurde die Wrkg. von Zusätzen zu einer Al-Leg. mit 10% *Cu* auf das Gußgefüge, die Konz.-Verteilung u. den Größenwert der umgekehrten Blockseigerung. Zusätze von *Zn, Mg, Si, Ag, Sn* u. *Bi* wirkten sich kaum auf die umgekehrte Blockseigerung aus, dagegen wurde mit steigenden Zusätzen von *Co, Fe* u. *Ni* eine starke Abnahme der umgekehrten Blockseigerung beobachtet zugleich mit einer Veränderung der Art der Konz.-Verteilung u. des Gußgefüges. F. VIER. 6446□

Die Versprödung von Aluminium-Magnesium-Legierungen durch Natrium. C. E. Ransley und D. E. J. Talbot. (J. Inst. Metals **89.** 316—19. April 1961.) (Engl.)
Diskussion zu der C. **1961.** 2080 referierten Arbeit. M. GEHLEN-KELLER. 6446□

Die Metallurgie des Zirkoniums. J. P. Givord. (Rev. Métallurgie **59.** 23—34. Jan. 1962. Soc. d'Électrochim. d'Ugine [Venthon].) (Franz.)
Überblick über Vork., Gewinnung, Eigg., Verarbeitung u. Verw. von Zr.
M. GEHLEN-KELLER. 6448□

Zirkonium in der modernen Technik. Carlo Capasso. (Rassegna Chim. **13.** 24—28. 1961.) (Ital.)
Übersicht. M. GEHLEN-KELLER. 6448□

Sinteraluminium-Metallurgie. E. M. Modl-Onitsch. (Aluminium **37.** 724—30. Nov. 1961. Zürich.) (Dt.)
Erörtert werden die durch Al_2O_3 oder durch *Aluminide* dispersionsverfestigten Al-Sinterwerkstoffe, bes. S.A.P. u. A.P.M. An dem Beispiel des *Al–Be*-Sinterwerkstoffes wird gezeigt, daß das Vorhandensein einer bei höheren Temp. stabilen feindispersen Phase für eine erhöhte Warmfestigkeit unbedingt erforderlich ist. F. VIER. 6474□

Überblick über den derzeitigen Stand des Pulverwalzverfahrens. Hermann Franßen und Norbert Franßen. (Z. Metallkunde **53.** 78—85. Febr. 1962. Krefeld, Metallband G. m. b. H.) (Dt.)
Mit 33 Literaturangaben. M. GEHLEN-KELLER. 6474□

Zugfestigkeit von gesintertem Eisenpulver als Funktion von der Oberfläche und der Teilchenform. P. R. Basford und S. B. Twiss. (Trans. metallurg. Soc. AIME **212.** 124—31. 1958, herausgeg. 1959. Detroit, Mich., Chrysler Corp.) (Engl.)
Das Verhältnis zwischen den Flächen von Fe-Pulvern, -Briketts u. gesinterten Preßlingen sowie der Zugfestigkeit wurde bestimmt. Es stellte sich als notwendig heraus, zwischen zwei Arten von Flächen zu unterscheiden, welche in solchen Pulvern vorkommen, u. zwar 1. eine makroskop. Fläche, die der Teilchenform u. -größe zuzuschreiben ist, u. 2. eine mkr. Fläche, die den Poren u. Rissen in der Oberfläche zuzuschreiben ist. Nur die makroskop. Fläche, bes. die von der Teilchenunregelmäßigkeit herrührende Fläche, trägt zur Zugfestigkeit bei; die mkr. Fläche kann nicht in eine Berührung mit den anliegenden Teilchen gebracht werden u. nicht an der Bindungs-Bldg. teilnehmen. Von den beiden Meth. der Flächenmessung, wie sie bei der Unters. angewendet werden, nämlich Durchlässigkeit für Fl. u. Gasphaseadsorption, ist nur die erste für die Best. des Rauhigkeitsfaktors nützlich. Eine Messung dieser Rauhigkeit steht bei konst. Dichte in einem eindeutigen Verhältnis zur Zugfestigkeit. Die anderen wichtigen Faktoren für die Best. der Festigkeit von gesinterten Fe-Preßlingen sind die Dichte sowie die Ggw. oder Abwesenheit von Oberflächenoxiden. H. HOCHSTEIN. 6474□

Gasdesorption von Kupferpulvern. J. C. Tobin und M. J. Sinnott. (Trans. metallurg. Soc. AIME **212.** 167—71. 1958, herausgeg. 1959. Richland, Wash., General Electric Co.; Ann Arbor, Mich., Univ.) (Engl.)

Entwickelt wird eine Technik zur Aufsammlung u. Analysierung kleiner Gasmengen, die auf erhitzten Metallpulvern desorbiert werden. Die aus Cu-Pulvern von verschiedenen Herst.-Arten gesammelten Gase werden analysiert, wo sich zeigt, daß sie H_2O, CO_2 u. SO_2 enthalten. Die Mengen des entwickelten Gases schwanken von 0,05—1,0 ml unter normalen Temp.- u. Druckbedingungen je g Pulver. Als Gasquelle werden die Oberflächenfilme auf dem Pulver angesehen. H. HOCHSTEIN. 6474□

Über die Kennzeichnung der Güteeigenschaften von kohlenstoffarmem Stahl durch Dämpfungsmessungen. Werner Köster und Günther Kampschulte. (Arch. Eisenhüttenwes. **32.** 809—22. Dez. 1961. Stuttgart, MPI für Metallforschung.) (Dt.)

An aufgekohltem u. aufgesticktem Reineisen wurde bei gegebenem Verformungsgrad der Höchstwert der Verformungsdämpfung bei 220° (Frequenz 1 Hz) in Abhängigkeit von der im α-Fe gelösten Menge an Einlagerungsatomen gemessen. Diese Menge wurde vorher an den unverformten Proben aus dem Höchstwert der SNOEK-Dämpfung bei ca. 40° ermittelt. Der Höchstwert der Verformungsdämpfung nimmt mit zunehmender Menge an gelösten Fremdatomen zu u. erreicht bei einem bestimmten Angebot ϑ_S einen höchsten Wert, der sich bei weiterer Erhöhung der Konz. der Fremdatome im α-Fe-Mischkristall nicht mehr ändert. Dieser Wert wird als Sättigungswert (ϑ_S) angesehen, der angibt, wieviel Fremdatome von den Versetzungen bei gegebener Versetzungsliniendichte atomar eingefangen werden können. Der Sättigungswert ist bei N-haltigem Fe ca. 9mal so groß wie bei C-haltigem Fe. Unter der Annahme, daß ein C-Atom je Netzebene in eine Versetzungslinie eingebaut wird, würde dabei bedeuten, daß bis zu 9 N-Atome um eine Versetzung herum angelagert werden können. Der höchste Wert des Maximums der Verformungsdämpfung ist beim N-haltigen Fe ungefähr 4,5mal so groß wie beim C-haltigen Fe. Wenn eine unterhalb des Sättigungsbetrages liegende Konz. an gelöstem N durch Auslagern bei nicht zu hohen Temp. eingestellt wird, so daß zusätzlich noch Nitridausscheidungen vorliegen, dann liegt der Höchstwert der Verformungsdämpfung höher, als wenn die gelöste Menge dem Gesamtstickstoff-Geh. im Stahl entspricht. Dieser Effekt wird wohl auf der teilweisen Auflösung der Ausscheidungen infolge der höheren Bindungsenergie der N-Atome an die Versetzungen als an das FeN beruhen. Es wurden ferner Dämpfungsmessungen an mehreren SM-Stählen, windgefrischten Sonderstählen u. THOMAS-Stählen durchgeführt. Bei unberuhigtem Stahl ergab sich ein in erster Näherung geradliniger Zusammenhang zwischen ϑ_S- u. dem N-Geh. sowie der Lage des Steilabfalls der Kerbschlagzähigkeit des normalgeglühten Stahls u. dessen Verschiebung durch eine künstliche Versprödung. Die Alterungsneigung eines Stahls wird daher nicht von der Erschmelzungsart, sondern von der chem. Zus. bestimmt. Sie hängt von der Zahl der von den Versetzungen eingefangenen Fremdatome ab. Die Versetzungsdichte ist weitgehend unabhängig von der Stahlsorte; sie nimmt proportional zur Wurzel aus dem Verformungsgrad zu. — Diskussion.
H. HOCHSTEIN. 6480□

Einfluß einer kristallographischen Orientierung und des Sauerstoffgehaltes auf die Knoopschen Härtewerte von nach dem Jodidverfahren hergestelltem Titan. C. Feng und C. Elbaum. (Trans. metallurg. Soc. AIME **212.** 47—50. 1958, herausgeg. 1959. Toronto, Univ.; Cambridge, Mass., Harvard-Univ.) (Engl.)

KNOOPsche Härtemessungen werden an großen Körnern von nach dem Jodid-Verf. hergestelltem Ti, das verschieden hohe O-Geh. aufweist, ausgeführt. Für jeden O-Geh. wird die Härte als eine Funktion der Kristallorientierung u. des Winkels φ zwischen der Eindruckdiagonale u. der Projektion der C-Achse auf die Probenoberfläche eingetragen. Die Ergebnisse können durch folgende Beziehung ausgedrückt werden: Härte = n — k cos 2 φ, worin n u. k Konst. für einen gegebenen O-Geh. u. die Kristalloberflächenorientierung sind. H. HOCHSTEIN. 6480□

Kriechen, Spannungsrelaxation und metallurgische Eigenschaften von Stählen für Dampfkraftanlagen mit Dampftemperaturen über 950° F (510°). A. I. Smith, E. A. Jenkinson, D. J. Armstrong und M. F. Day. (Proc. Instn. mechan. Engr. **171.** 918—39. 6 Tafeln. 1957. Nat. Phys. Labor.) (Engl.)

Untersucht werden das Kriech-Verh. u. die Spannungsrelaxation zur Beurteilung des Langzeit-Betriebs-Verh. von höherlegierten Stählen für über 510° betriebene Dampfkraftanlagen in Abhängigkeit von den metallurg. Stahleigenschaften. Die Relaxations-Eigg. von drei Bolzenstählen werden dabei ermittelt, u. es zeigt sich, daß die *Mo–V-* u. die *Cr–Mo–V*-Stähle solchen Anforderungen genügen. Das Langzeitkriechen (10000 u. 100000 Std. Kriechprüfungen) sowie Zerreißprüfungen an einem Mo–V-Rohrstahl lassen die relativ hohe Kriechfestigkeit dieses Stahls erkennen, jedoch besitzt dieser Stahl eine Neigung zu einem Bruch mit einem niedrigen Formänderungsvermögen sowie zu interkristallinen Brüchen. Ähnliche Prüfungen an Rohren aus Mo-Stählen mit 2,25 % *Cr* zeigen, daß dieser Stahl eine etwas niedrigere Kriechfestigkeit besitzt, jedoch sind seine Brüche transkristallin u. das Formänderungsvermögen beim Zerreiß-Vers. ist höher als das der Mo–V-Stähle. Der Mo–V-Stahl ist strukturell sehr stabil, während beim Mo-Stahl mit 2,25% Cr eine Verarmung der Grundmasse an Mo beobachtet wird. Das Langzeitkriechen u. die Zerreißprüfungen an den austenit. 18-12-1-*Cr–Ni–Nb*-Rohrstählen zeigen eine hohe Kriechfestigkeit, die jedoch nicht voll ausgenutzt werden kann, weil sie eine Neigung zum Bruch mit niedrigem Formänderungsvermögen bei hohen Spannungen u. Temp. erkennen lassen. Die Langzeit-Kriech-Eigg. des Mo–V-Stahlgusses lassen eine nützliche Verbesserung über die gegossenen Mo-Stähle mit 2,25% Cr erkennen, obwohl der erstere eine beträchtlich niedrigere Kriechfestigkeit als der Rohrstahl mit dem gleichen Leg.-Geh. besitzt. — Diskussion. H. HOCHSTEIN. 6480□

Die Kriecheigenschaften von austenitischen niobhaltigen Chrom–Nickel-Stählen. W. H. Bailey, M. G. Gemmill, H. W. Kirkby, J. D. Murray, E. A. Jenkinson und A. I. Smith. (Proc. Instn. mechan. Engr. **171.** 911—17. 1957.) (Engl.)

Die Dauerstandfestigkeitswerte im 10000- u. 100000-Std.-Vers. von 16 gegossenen austenit. Cr–Ni-Stählen mit 0,06—0,16 (%) *C*, 18—19 *Cr*, 9,5—14,5 *Ni* u. 0,89—1,91 *Nb* werden bei Temp. von 550—750° ermittelt u. mitgeteilt. Hierbei werden reale Unterschiede der einzelnen Stähle in ihrer Kriechfestigkeit unabhängig von der Prüfungs-Meth. festgestellt, u. es scheint, daß einige Stähle wesentlich duktiler sind als andere. Diese Unterschiede hängen von der Zus., dem Herst.-Verlauf der Stähle u. ihrer voraufgegangenen Warmbehandlung ab. Es wird angenommen, daß die Stähle bei der Prüfung eine Stufe größter Sprödigkeit durchlaufen, u. daß diese Stufe bei der Prüfung früher durchlaufen wird, wenn die Prüftemp. hoch ist. H. HOCHSTEIN. 6480□

Theorie des Sprödbruches im Stahl und ähnlichen Metallen. A. H. Cottrell. (Trans. metallurg. Soc. AIME **212.** 192—203. 1958, herausgeg. 1959. Harwell, Atomic Energy Res. Establ.) (Engl.)

Auf Grund von 73 Schrifttumsangaben werden Überlegungen über den Bruch u. die plast. Verformung von Stahl, über die Theorie der Streckgrenze, über die Keim-Wrkg. von Rissen durch Gleitung, den Versprödungsübergang in ungekerbten Zugproben, die Kerbsprödigkeit sowie über lange Risse u. dadurch bedingtes Betriebsversagen angestellt. H. HOCHSTEIN. 6480□

Bruch von anlaßsprödem Stahl. L. D. Jaffe und D. C. Buffum. (Trans. metallurg. Soc. AIME **212.** 73—74. 1958, herausgeg. 1959. Watertown, Mass., Arsenal; Pasadena, Calif., California Inst. of Technol.) (Engl.)

Legierte Stähle besitzen zwei Formen von Anlaßsprödigkeit, die als obere u. untere „Nase“ bezeichnet werden. Diese beiden Formen können durch einfache opt. Prüfung der Sprödbrüche unterschieden werden. Durch mkr. Sprödbruchaufnahmen werden die sich im Bruchaussehen unterscheidenden beiden Formen gekennzeichnet.
H. HOCHSTEIN. 6480□

Einfluß von Wasserstoff auf die Stabilität von Mikrorissen in Eisen und Stahl. F. Garofalo, Y. T. Chou und V. Ambegaokar. (Acta metallurg. [New York] **8.** 504—12. Aug. 1960. Monroeville, Pa., U.S. Steel Corp. Res. Center; Pittsburgh, Pa., Carnegie Inst. of Technol.) (Engl.)

Die Wasserstoffversprödung u. die Ausbreitung innerer Risse werden in Fe u. Stahl durch gasförmigen H_2 unterstützt, welcher sich in Poren oder in Mikrorissen befindet, die sich bei plast. Verformung bilden können. Diese Mikrorisse entstehen wahrscheinlich als Folge von Versetzungsaufstauungen. Wie von STROH gezeigt worden ist, kann in einem Metall so lange ein stabiler Mikroriß bestehen, bis eine krit. äußere Spannung erreicht ist, unter welcher der Riß anfängt, sich zu vergrößern. Es zeigt sich, daß die Beziehung von STROH unter dieser Bedingung analog ist zu den Beziehungen von GRIFFITH u. COTRELL u. sich von diesen nur um einen konst. Faktor unterscheidet. Ein Riß nach STROH hört ohne eine äußere Spannung ebenfalls auf, stabil zu sein, wenn ein krit. innerer Druck erreicht wird. Bei Fe u. Stahl liegt die für den krit. Druck notwendige Menge an H innerhalb des Bereiches, der experimentell für eine ausgiebige innere Riß-Bldg. gefunden wurde. Die Stabilität eines Mikrorisses wird ferner unter einer von außen angelegten Spannung u. einem im Innern wirkenden Druck untersucht. Es wird vorausgesagt, daß 2 cm^3 H in 100 g Metall ausreichen, um eine ausgesprochene Wasserstoffversprödung von Fe oder Stahl zu verursachen. — 38 Literaturangaben.
H. HOCHSTEIN. 6480□

Beobachtungen über Mikrorißbildung in wasserstoffversprödetem Zirkonium. A. P. Young und C. M. Schwartz. (Trans. metallurg. Soc. AIME **212.** 309—10. 1958, herausgeg. 1959. Columbus, Ohio, Battelle Mem. Inst.) (Engl.)

Die in durch H_2 versprödetem Zr auftretende Mikroriß-Bldg. wird bei Schlagzerreißbeanspruchung auf *Zr-Hydrid*-Ausscheidungen zurückgeführt.
H. HOCHSTEIN. 6480□

Metallermüdung. Norman Thompson. (Z. Metallkunde **53.** 71—78. Febr. **1962.** Bristol, Univ., H.H. Wills Phys. Labor.) (Engl.)

Vortrag. — 27 Literaturangaben. M. GEHLEN-KELLER. 6480□

Coulometrischer Dickenmesser für Metallüberzüge. R. A. White. (Metal Ind. [London] **98.** 455—58. 9/6. 1961.) (Engl.)

Beschreibung einer Vorr. zum Dickenmessen von Metallüberzügen, bei der die Dicke des Metallüberzuges aus der Lage der Spannung-Zeit-Kurve ermittelt wird.
F. VIER. 6480□

Elektromagnetische Impulsdefektoskopie nichtferromagnetischer metallischer Gegenstände unter Verwendung magnetischer Indikatoren. N. M. Rodigin. (Заводская Лаборатория [Betriebs-Lab.] **26.** 1308—10. 1960. Inst. für Metallphysik der Akad. der Wiss. der UdSSR.) (Russ.)

Beschrieben wird ein Vers.-Impulsdefektoskop für die Überwachung nichtferromagnet. metall. Gegenstände unter Verw. magnet. Indikatoren, z. B. von Magnetpulver oder eines magnetisierbaren Bleches. H. HOCHSTEIN. 6480□

Ein Verfahren zur Messung der Austenit-Korngröße härtbarer Stahlsorten. M. Káldor und J. A. Verö. (Acta techn. Acad. Sci. hung. **34.** 177—84. 1961. Ungar. Akad. der Wiss.) (Engl.)

Beschrieben wird ein Verf. zur Sichtbarmachung der Austenitkorngröße härtbarer Stahlsorten. Zwei gleich große Schliffproben werden dabei mit ihren polierten Oberflächen aneinander gepaßt, befestigt, in neutraler Atmosphäre geglüht u. abgeschreckt. An den polierten Flächen sind die Korngrenzen des Austenits ohne weitere Behandlung bereits sichtbar. Das Verf. ist auch zur Unters. von Kugellagerstählen geeignet. Werden die abgeschreckten Proben leicht geätzt, so kommen manche Einzelheiten des Umwand. lungsvorganges zum Vorschein. H. HOCHSTEIN. 6482□

Mikrographische Untersuchung einer Ausscheidung in Pb–Sn-Legierungen- D. Turnbull und H. N. Treaftis. (Trans. metallurg. Soc. AIME **212.** 33—39. 1958, herausgeg. **1959.** Schenectady, N.Y., General Electric Co.) (Engl.)

Die Ausscheidung von *Sn* aus Pb-reichen Pb–Sn-Legg. tritt bei der Keimwrkg. u. dem Wachsen von halbkugeligen Zellen auf, welche aus Sn-Lamellen bestehen, die im verarmten Mischkristall eingestreut sind. Die Keimwrkg. u. das Wachsen dieser Zellen sowie die interlamellaren Sn-Abstände wurden bei verschiedener Zus. u. Temp. untersucht. Hierbei zeigt sich, daß der interlamellare Abstand annähernd wie der reziproke Wert des Logarithmus des Übersättigungsverhältnisses zunimmt. Für eine konst. Sn-Anfangskonz. nimmt die Konz. der Zellkeime mit abnehmender Temp. bsi auf einen von der Grenztemp. unabhängigen Wert zu. Es wird angenommen, daß die Zellenwachstums-Geschw. durch die Diffusion von Sn längs der Zellengrenzen gesteuert wird. Die Unters.-Ergebnisse bestätigen die früheren Erkenntnisse der Vff., die sie über den Ausscheidungsmechanismus aus resistometr. u. kalorimetr. Angaben gewonnen hatten.
H. HOCHSTEIN. 6482□

Die selektive Identifizierung der Bestandteile in Nimonic 80 durch die Ausziehabdruck-Technik. J. R. Mihalisin. (Trans. metallurg. Soc. AIME **212.** 349—50. 1958, herausgeg. 1959. Bayonne, N.J., International Nickel Co.) (Engl.)

Die Vorzüge der Anwendung der selektiven Ätzung bei der Ausziehabdrucktechnik zur Best. der Gefügebestandteile der Leg. *Nimonic 80* mit 20 (%) *Cr*, 1,0 *Al*, 2,5 *Ti*, 0,05 *C*, Rest *Ni* werden erörtert u. im Lichtbild dargestellt. Hierbei zeigt sich, daß bei dem selektiven Auszug der Phasen die Beugungslinien der einen Phasen nicht durch die einer anderen Phase gestört werden. H. HOCHSTEIN. 6482□

Identifizierung von Einschlüssen in Stahl durch Mikroradiographie. Ernest J. Duwell. (Proc. Iowa Acad. Sci. **65.** 208—19. 1958.) (Engl.)
M. GEHLEN-KELLER. 6484□

Feststellung der inneren Ingot- und Walzblockfehler (Lunker) durch Gammastrahlung. F. Khol und J. Schmied. (Hutnické Listy **15.** 763—65. Okt. 1960. Praha, Státn. výzk. úst. mater. a technol.) (Tschech.)

Es wurde eine zerstörungsfreie Unters.-Meth. zur Feststellung von Fehlerstellen in Ingots ausgearbeitet, die in der Durchstrahlung der Vorwalz-Prodd. mit ^{60}Co (Strahlenenergie 1,17—1,33 MeV) bzw. mit dem Betatron (15 oder 31 MeV) beruht u. direkt auf der Walzstraße durchgeführt werden kann. Die Anordnung vor der Blockschere wird ausführlich beschrieben. An Hand von Unters.-Ergebnissen werden die physikal.-techn. Bedingungen dargelegt. GOTTFRIED LANGE. 6484□

Wahre Verformung im Verlaufe des Strangpressens. J. Buffet und B. Jaoul. (Rev. Métallurgie **57.** 827—33. Sept. 1960. Comptoir Ind. d'Etirage et Profilage des Metaux, École Nat. Sup. des Mines.) (Franz.)

Beim Strangpressen treten auch unerwünschte Formänderungen auf, die auf die Reibung an den Werkzeugen zurückgeführt werden. Dies bedingt einen zusätzlichen Arbeitsaufwand; der Strangpreßdruck ist von den Schmierungsbedingungen abhängig. Die Wahl der Schmierungsweise ist somit für das Strangpressen von Metallen mit geringer Verformungsfähigkeit von großer Bedeutung. Das Wesen einer Schmierung mit Glas besteht in der Eingrenzung der Verformungsungleichmäßigkeiten.

H. HOCHSTEIN. 6490□

Schmiermittel für das Kaltwalzen von Aluminium und seinen Legierungen. A. Schey. (J. Inst. Metals **89.** 297—303. April 1961.) (Engl.)

Diskussion zu der C. **1961.** 6302 referierten Arbeit. M. GEHLEN-KELLER. 6490□

Schmiermittel für das Kaltwalzen von Aluminium und seinen Legierungen. R. D. Guminski und J. Willis. (J. Inst. Metals **89.** 297—303. April 1961.) (Engl.)

Diskussion zu der C. **1961.** 4510 referierten Arbeit. M. GEHLEN-KELLER. 6490□

Zusammenhang zwischen der Schnittemperatur und der Standzeit beim Drehen von Aluminiumlegierungen. A. Kardos. (Acta techn. Acad. Sci. hung. **34.** 71—82. 1961.) (Engl.)

Erörtert wird ein Kurzverf. zur Best. der Standzeit beim Drehen von Al-Legg. durch Schnitt-Temp.-Messung mit einem Zweistahlsupport. Die Meth. zur Eichung der Stähle dieses Supports wird beschrieben. Es werden die Ergebnisse des zur Ermittlung des Zusammenhanges zwischen Schnitt-Temp. u. den Schnittbedingungen durchgeführten Vers. mitgeteilt u. die Standzeitprüfungsergebnisse mit den Schnitt-Temp.-Messungen verglichen. — 18 Literaturangaben. H. HOCHSTEIN. 6490□

Auspressen von spröden Metallen und Legierungen. Marian Schneider und Henryk Wegner. (Pracc Inst. Mechaniki **6.** Nr. 20. 32—37. 1957. Częstochowa, Politechn., Kat. Przeróbki plast. Metali.) (Pol.)

Messing (Cu : Zn = 70 : 30) mit dendrit. Struktur wurde kalt zu Schüsseln gepreßt, die nach 1 Std. Ausglühen bei 550° zu dünnwandigen Hülsen gezogen werden konnten.

F. URBAN. 6490□

Beitrag zur Praxis der Wärmebehandlungen von Leichtlegierungen. Eugenio Hugony. (Fonderia ital. **10.** 274—82. Juli 1961. Mailand, Ist. sperim. metalli legg.) (Ital.) — Vgl. C. **1962.** 5080.

Die Ergebnisse von Wärmebehandlungen des Al u. seiner Legg. im Hinblick auf deren Struktur-Verh. beim Erhitzen u. Abkühlen unter verschiedenen Bedingungen werden durch zahlreiche Diagramme, Mikrostrukturbilder u. Werksaufnahmen die mechan. Eigg. u. Auswahl verschiedener Werkstoffe ausführlich behandelt.

A. SANDER. 6492□

Mischkristall-Härten. W. R. Hibbard jun. (Trans. metallurg. Soc. AIME **212.** 1—5. 1958, herausgeg. 1959. Schenectady, N.Y., General Electric Co.) (Engl.)

Es wird bestätigt, daß die Ansicht von dem Auftreten einer Lösungsverfestigung nur durch eine Parameterveränderung des Gitters unvollständig ist. Die Zwischenwrkg. des chem. Effektes nach SUZUKI für Legg. mit konst. Gitterparameter wird nachgewiesen, wobei die Verfestigung der festen Lsg. von der Temp. im Bereich von 300—20° K unabhängig ist. Für Legg. mit konst. Gitterparameter kann die Mischkristallverfestigung empir. mit dem Elektron/Atom-Verhältnis in einem Zusammenhang stehen. Mischkristall-Legg. mit einer konst. Streckfestigkeit zeigen ein Gebiet des leichten Fließens, welches anzeigt, daß die Streckung mehr von der Art als von der Menge des gelösten Elementes abhängt. H. HOCHSTEIN. 6492□

Über die Schwefelung von Gußeisen in einer H_2S–NH_3-Atmosphäre. Taketomo Yamazaki. (Imono, J. Japan Foundrymen's Soc. **33.** 560—69. Aug. 1961.) (Jap.; Auszug: Engl.)

Der in H_2S–NH_3-Atmosphäre mit $> 96\%$ NH_3 auf einer Gußeisenoberfläche gebildete Film besteht aus $Fe_{1-x}S$. Mit Erhöhung des NH_3-Verhältnisses von 0 auf 90% steigt die Dicke des Sulfidfilms; $> 90\%$ fällt die Sulfidmenge mit steigendem NH_3-Gehalt. Unter dem Sulfidfilm befindet sich eine S-Diffusionsschicht von 0,05—0,15 mm Stärke. Die Lage der Härtespitze in der Diffusionsschicht ist von der in nur mit H_2S behandelten Proben verschieden. Der S-Geh. der Diffusionsschicht steigt mit steigendem NH_3-Verhältnis $< 500°$ u. fällt $> 500°$. W. WESLY. 6492□

Wärmebehandlung unter Protektionsgasen. Werner J. Hahn. (Werkstatt u. Betrieb **93.** 177—79. April 1960. Stuttgart.) (Dt.)

Überblick über die Probleme des entkohlungsfreien Glühens.

M. GEHLEN-KELLER. 6492□

Ofenatmosphäre und Wärmebehandlung. Werner J. Hahn. (Werkstatt u. Betrieb **94.** 483—86. Juli 1961. Karlsruhe.) (Dt.) — Vgl. vorst. Referat.

Beschreibung der physikal.-chem. Gesetzmäßigkeiten bei Wärmebehandlungen unter Schutzgasen, bes. bei neutralem Blankhärten, der Ausführung von Berechnungen u. der Anwendung von Erfahrungswerten u. Diagrammen im prakt. Betrieb. W. WESLY. 6492□

Verkürzung der Temperzeit durch Anwendung eines strahlrohrbeheizten Ofens. Heinz Miketta und Waldemar Neumann. (Giessereitechnik **7.** 209—13. Juli 1961.) (Dt.)

Überblick. M. GEHLEN-KELLER. 6492□

Natur der sekundären Austenit–Martensit-Reaktion beim Anlassen von Schnelldrehstählen. G. W. Korotuschenko. (Известия Высших Учебных Заведений (Москва), Черная Металлургия [Hochschulnachr. (Moskau), Eisenmetallurgie] **1960.** 128—37. Sibir. Metallurg. Inst.) (Russ.)

Beim Anlassen von Schnelldrehstählen bei Temp. unter 580° wird die Zus. von *Restaustenit* nicht verändert. Die röntgenograph. nachgewiesene Verarmung der γ-Phase beim Anlassen über 580—600° wird von dem Auftreten von *Troostit* beim nachfolgenden Abkühlen begleitet. Bei der *Martensit*-Bldg. während des Härtens entstehen im Restaustenit Spannungen 2. Art. Im Temp.-Bereich von 500—580° treten im Restaustenit Erscheinungen auf, die ihn zur Martensitumwandlung vorbereiten ohne voraufgehende Carbidausscheidung. Diese Erscheinungen hängen offenbar mit einer Veränderung des Mikrospannungszustandes des Austenits zusammen. H. HOCHSTEIN. 6492□

Alterung von Restaustenit beim Anlassen von Schnelldrehstahl. P. M. Juschkewitsch. (Український Фізичний Журнал [Ukrain. physik. J.] **4.** 760—68. Nov./Dez. 1959. Ukrain. Forsch.-Inst. für Rohre.) (Ukrain.; Auszug: Engl.)

Der Gitterparameter von Restaustenit nimmt infolge eines allseitigen Druckes während der ersten Anlaßstufen eines solchen zusammengepreßten Austenits zu. Bei den nachfolgenden Anlaßstufen wird der Gitterparameter des Restaustenits infolge seiner Verarmung an C u. z. T. auch an Leg.-Elementen kleiner. Während des Anlassens wird der Restaustenit kontinuierlich infolge der Erhöhung der Verzerrungen 2. u. 3. Art, die bei der Ausscheidung disperser Carbide entstehen, verfestigt. Die Anfangstemp. der martensit. Umwandlung beim mehrmaligen Anlassen hängt von den stat. Verzerrungen des Kristallgitters ab. H. HOCHSTEIN. 6492□

Aushärtung einiger hochlegierter Stähle. W. Prosswirin, Je. Winogradskaja und G. Moltschanowa. (Известия Академии Наук Латвийской ССР [Nachr. Akad. Wiss. LettSSR] **1960.** Nr. 12. 39—42. Inst. für Maschinenkunde der Akad. der Wiss. der LettSSR.) (Russ.)

Untersucht wird die Aushärtung folgender Fe-Legg. mit: 1. 5,9 (%) Ni, 1,2 Al; 2. 6,6 Ni, 1,05 Al; 3. 7,08 Ni, 0,95 Al; 4. 7,75 Ni, 0,7 Al. Aus den Unterss. folgt, daß eine Aushärtung bis 500° dann erfolgt, wenn zuvor in der Leg. eine teilweise oder vollständige Martensitumwandlung aufgetreten ist; je vollständiger die martensit. Umwandlung verläuft, um so bedeutender ist der Aushärtungseffekt. Die Aushärtung der Legg. kann durch Ausscheidung von Sekundärphasen aus dem einer Phasenverfestigung während der Martensitumwandlung unterworfenen Austenit erfolgen. Die Aushärtung bei hohen Temp. (700—750°) wird von Diffusionsvorgängen der Ausscheidung in fester Lsg. begleitet u. wird in den Fällen beobachtet, wenn in der Leg. zuvor eine martensit. Umwandlung bei der Wärmebehandlung nicht auftritt. Die Aushärtung erfolgt infolge Ausscheidung von Sekundärphasen aus dem γ-Mischkristall, analog der Härtung austenit. u. feuerfester Legierungen. H. HOCHSTEIN. 6492□.

Die während der Erhitzung und Abkühlung von unlegierten Stählen auftretenden Oberflächeneffekte. M. J. Olney und G. C. Smith. (J. Iron Steel Inst. **197.** 319—21. April 1961.) (Engl.)

Diskussionsbeitrag zu der C. **1962.** 6196 referierten Arbeit. H. HOCHSTEIN. 6492□

Die plastischen Eigenschaften aufgespritzter Aluminium-Diffusionsschichten auf Stahl. Stanisław Gębalski. (Prace Inst. Mechan. **6.** Nr. 20. 3—13. 1957. Warszawa.) (Engl.)

Die plast. Eigg. von *Al*-Diffusionsüberzügen auf Fe u. Stahl (0,15 u. 0,48% C) sind abhängig von ihrer Härte. Schichten, die hauptsächlich aus einer festen Lsg. von maximal 16% Al in α-Fe bestehen, haben eine dem Stahl ähnliche Plastizität. Schichten, die aus den spröden Fe–Al-Phasen η, ϑ u. ζ bestehen, springen u. blättern leicht ab. Bei Verformung in der Wärme ist die Gefahr des Abblätterns geringer. Die Härte der Al-Schicht soll bei Raum-Temp. 400—450 kg/mm² nicht übersteigen. Je dicker die Schicht ist, desto schlechter ist ihre Plastizität. Eine Verbesserung kann durch Verlängerung der

Wärmebehandlung erzielt werden: Es genügt bei 0,3 mm dicken Schichten ein 2std. Erhitzen auf 1000°. Die Hitzebeständigkeit solcher Überzüge ist für ein mehrfaches Umschmieden ausreichend. F. URBAN. 6492 □

Vernickelung durch thermische Zersetzung von Nickeltetracarbonyldämpfen. A. M. Werblowski und A. L. Rotinjan. (Журнал Прикладной Химии [J. angew. Chem.] **33.** 102—10. Jan. 1960.) (Russ.)

Bei Unterss. von Vernickelungs-Verff. durch therm. Zers. von Ni-Carbonyldämpfen auf erhitzten Flächen wurden eine App. für solche Überzüge u. eine optimale Bearbeitungsweise entwickelt, durch die qual. einwandfreie u. prakt. porenlose Ni-Überzüge erzielt werden können. Es wurde festgestellt, daß die Kohäsion zwischen Überzug u. Unterlage erst nach der Wärmebehandlung eintritt. Ferner wurden die wichtigsten Eigg. der aus der Gasphase gewonnenen Ni-Überzüge, bes. ihre hohe Antikorrosions-Eigg. festgestellt. H. TREUMANN. 6492 □

Lote für Anwendungen bei 250° F. W. P. Mc Quillan. (Mater Design Engng. **54.** Nr. 7. 102. Dez. 1961. Westinghouse Electr. Corp., Materials Labor.) (Engl.)

Als Lote mit guten mechan. Eigg. für die Elektroindustrie bei Temp. $\leqq$ 250° F werden 2 Legg. mit 93 (%) *Sn*, 7 *Sb* u. 95 Sn, 5 Sb empfohlen. Sie können aber nicht zur Aneinanderfügung von verzinkten Werkstoffen verwendet werden, weil die entstehende Sb–Zn-Verb. sehr spröde ist. W. WESLY. 6504 □

Neue Technologie und Ausnützung des Schweißens mit liegenden Elektroden. Ladislav Komora. (Zváračsky Sborník **9.** 488—99. 1960. Bratislava.) (Slowak.) M. GEHLEN-KELLER. 6506 □

Grundprinzipien der Elektro–Schlacke-Schweißung und maschinelle Ausrüstung des Verfahrens. G. Almquist. (Schweißtechnik [Wien] **15.** 73—75. Juli. 109—12. Sept. 1961. Göteborg.) (Dt.) M. GEHLEN-KELLER. 6506 □

Ultraschallschweißen von Folien. J. H. Alden. (Aluminium **37.** 745—48. Nov. 1961. Pittsburgh, Pa.) (Dt.)

Überblick über Verff. u. Vorrichtungen. F. VIER. 6506 □

Über die Anwendung von Hochfrequenzentladungen und der Elektronenfackel in der Schweißtechnik. G. Tybus. (Schweißtechnik [Berlin] **9.** 299—302. Aug. 1959. Berlin.) (Dt.) M. GEHLEN-KELLER. 6506 □

WIG-Kupferschweißung. W. Raidt und M. Gerlach. (Schweißtechnik [Berlin] **11.** 299—304. Juli 1961. Berlin, Schweißtechn. Vers.- u. Lehranst.) (Dt.)

Beschreibung des Verf. u. Unterss. über die Festigkeits-Eigg. von WIG-Schweißnähten. M. GEHLEN-KELLER. 6506 □

WIG-Schweißen von Aluminium und seinen Legierungen ohne Schaltgerät und Hochfrequenz. Karlheinz Kressmann und Hans Prietzel. (Schweißtechnik [Berlin] **11.** 418. Sept. 1961. Halle/Saale, Zentralinst. für Schweißtechn.) (Dt.)

Anlage, die mit einem Schweißtransformator u. einem Siebkondensator ausgerüstet ist. Beim Zünden muß das Werkstück mit der Elektrode betupft werden. Das Hochfrequenzschweißen ist jedoch das bessere Verfahren. W. WESLY. 6506 □

Das gasförmige Flußmittel BM-1 für die Schweißung von Messingapparaten. G. A. Assinowskaja und N. M. Selikowskaja. (Кислорода [Sauerstoff] **11.** Nr. 5. 29—36. 1958.) (Russ.)

Das Flußmittel *BM-1*, das aus CH_3OH mit 55—70% $B(CH_3O)_3$ besteht u. zum Schweißen von Messing der Marke *L-62* für Behälter zur Lagerung u. zum Transport von fl. O_2 sowie für Wärmeaustauscher u. a. angewendet wird, gelangt mit dem Schweißgas (z. B. Acetylen) in den Schweißbrenner, wo folgende Rk. stattfindet: $2\ B(CH_3O)_3 + 9\ O_2 = B_2O_3 + 6\ CO_2 + 9\ H_2O$. Da *BM-1* zur Hydrolyse neigt, muß das Acetylen durch einen mit Silicagel u. Glaswolle beschickten Trockner geleitet werden *BM.-1* beeinflußt den Schweißprozeß bedeutend. Es erfolgt keine Verdampfung des Zn aus dem Schweißbad, das gleichmäßig u. ruhig bleibt. Die Schweißnaht, auf der sich keine Oxide niederschlagen, ist gut geformt u. weist keine Poren auf. *BM-1* gestattet das Schweißen in mehreren Schichten. Die Schweißverbindungen weisen eine hohe Festigkeit, gute Plastizität u. Kerbschlagzähigkeit auf. E. HEINEMANN. 6506

Das keramische Flußmittel ShN-1 für das automatische und halbautomatische Bogenschweißen von Nickel. K. W. Bagrjanski und G. Ss. Kusmin. (Автоматическая Сварка [Automat. Schweissen] **14.** Nr. 5. 79—85. Mai 1961.) (Russ.)

Für das automat. u. halbautomat. Schweißen von Ni (*N-1*, *N-2*, *NP-1*, *NP-2*) mit Draht *N-1* u. *NM-2,5* wurde folgendes Flußmittel entwickelt: 12 (%) *Elektrodenmarmor*, 60 *Fluoritkonzentrat*, 15 *Tonerde*, 5 *Mn*, 2 *Ti*, 6 *Al* u. 18—20 (bezogen auf das Gew. der trockenen Charge) wss. *Na-Silicat*-Lsg. (D. 1,32—1,35). Das feuchte Flußmittel wird bei 120° getrocknet u. bei 350—400° geglüht u. anschließend zerkleinert u. gesiebt (600 mesh). Die Technologie des Schweißens wird beschrieben. H. JÄGER. 6506 □

Die Struktur des Metalles von Schweißverbindungen des arsenhaltigen Stahls MSt. 3. A. W. Demakowa, Ju. P. Rjabuschkin, L. P. Tarassowa, K. G. Trofimowa und Je. G. Perewersewa. (Автоматическая Сварка [Automat. Schweissen] **14.** Nr. 5. 11—19. Mai 1961. Shdanow, Metallurg. Inst. u. Werk für Schwermaschinenbau.) (Russ.)

Die Struktur der Schweißverbindungen aus C-armem, As-haltigem (0,14—0,26%) beruhigten u. unberuhigtem Stahl MSt-3 wurde untersucht. Der Einfl. von As auf die prim. Kristallisation des Metalls der Schweißnaht ist dem von C, S u. P analog. H. JÄGER. 6506□

Entwicklung der Rollfaß-Behandlung. Eugenio Bertorelle. (Galvanotecnica [Varese] **12.** 193—95. Sept. 1961.) (Ital.)

Übersicht über den heutigen Stand der Endpolitur elektrolyt. Ndd. auf Schmuckwaren in rotierenden oder vibrierenden Trommeln mit bes. Hinblick auf den neuzeitlichen „*Vibrations-Finish*". A. SANDER. 6508□

Entfernung der Ölflecken auf Aluminium. D. Dolezal. (Galvanotechnik **52.** 590—91. 15/11. 1961. Rynovice, Tschechoslowakei.) (Dt.)

Die Entfernung von auf Al aufgebrannten Ölflecken gelingt mit *Chromschwefelsäure*, ohne daß das Al merklich angegriffen wird. F. VIER. 6512□

Die Kühlung bei elektro-chemischen Prozessen. Heinz Veith. (Kälte **41.** 659—61. Dez. 1961. Mainz.) (Dt.)

Behandelt werden Eloxieren, Galvanisieren u. bes. die Cyanidlösungen. M. GEHLEN-KELLER. 6514□

Über die Makro- und Mikrostreufähigkeit galvanischer Bäder. Einar Snekvik. (Galvanotechnik **52.** 580—89. 15/11. 1961. Oslo, Norwegen, Statens teknolog. inst.) (Dt.)

Der Begriff der Makro- u. Mikrostreufähigkeit wird beschrieben u. an Beispielen erläutert. Dabei werden Verff. behandelt, die eine Oberfläche während der galvan. Behandlung einzuebnen vermögen. F. VIER. 6516□

Kathodischer Nutzeffekt und Polarisation in cyanidischen Cadmiumbädern. L. Adès. (Corrosion et Anticorrosion **9.** 185—94. Juni 1961. Soc. Continentale Parker.) (Franz.)

Der kathod. Nutzeffekt in cyanid. Cd-Bädern wurde in Abhängigkeit von der Cd-Konz., dem Verhältnis Cyanid zu Gesamtmetall, der Konz. an Na, Carbonat, Sulfat u. Fe u. von der Temp. ermittelt u. in Kurven dargestellt. Ebenso wurde in Kurven der Einfl. verschiedener Faktoren auf die kathod. u. anod. Polarisation dargestellt, aus denen sich jeweils die günstigsten Abscheidungsbedingungen für Cd-Ndd. ermitteln lassen. F. VIER. 6516□

Elektrolytische Überzüge auf Aluminum. H. Richaud. (Corrosion et Anticorrosion **9.** 195—202. Juni 1961.) (Franz.)

Überblick. F. VIER. 6516□

Die „Nichtsulfat"-Bäder für die elektrolytische Niederschlagung von Chrom. Lester F. Spencer. (Metal Finishing **60.** Nr. 1. 60—65. Jan. 1962.) (Engl.)

Übersicht. — 31 Literaturangaben. M. GEHLEN-KELLER. 6518□

Kanigen® — ein auf chemischem Wege abgeschiedener Nickel-Legierungsüberzug. G. Gutzeit. (Metalloberfläche **15.** 91—94. März; 122—24. April 1961. Chicago, Ill., General American Transportation Corp.) (Dt.)

Überblick über Eigg., Anwendungen u. Korrosions-Verh. von aus wss. Hypochlorit-Lsgg. abgeschiedenen *Kanigen*-Überzügen. F. VIER. 6520□

Die Glanzvernickelung. Untersuchungen über den Einfluß komplexbildender organischer Substanzen. Eugenio Bertorelle, Ignazio Bellobono und Corrado Bordonali. (Galvanotecnica [Varese] **8.** 197—206. Aug.; Rend. Ist. lombardo Sci. Lettere, Cl. sci. mat. natur **91.** 55—60. 1957. Mailand, Univ., Ist. di Chim. Ind.; C.N.R., Centro di Chim. Metallurg.) (Ital.)

Nach einer Übersicht über die verschiedenen Theorien zur Erklärung des Mechanismus der Bldg. von Glanz-Ni-Überzügen wird über die Ergebnisse von Verss. berichtet, bei denen die folgenden Verbb. den galvan. Bädern zugesetzt wurden: *o-, m-, p-Hydroxybenzaldehyd, Pyridin, Pyridin-2-, -3-* u. *-4-aldehyd, Nicotinamid, Pyridin-2-carbinol, 2-,3-,4-Pyridyloxymethansulfonsäure, Acetylen, Äthylen, Propargyl-, Allyl-, Propylalkohol, 1.4-Butindiol, 1.4-Butendiol, 1.4-Butandiol, Dimethylacetylencarbinol, Tetramethylbutindiol, -butendiol* u. *-butandiol.* Mit allen diesen Verbb. wurden jedoch auch in optimaler Konz. keine vollkommen glänzenden Überzüge erzeugt. Erst nach dem Zusatz von 700 mg *Saccharin*/Liter ergaben die Pyridin, Pyridin-2-aldehyd, -3-aldehyd, -4-aldehyd, Nicotinamid, 2-, 3-, 4-Pyridyloxymethansulfonsäure, Propargylalkohol, 1.4-Butindiol u.

Tetramethylbutindiol enthaltenden Bäder glänzende Überzüge. Auch in fast allen anderen Fällen wurde das Aussehen der Überzüge durch den Saccharin-Zusatz verbessert. — Die Ergebnisse werden unter der Annahme einer intermediären Bldg. aktivierter Komplexe im Adsorptionsfilm an der Kathode diskutiert. Diese aktivierten Komplexe sollen die statist. Bldg. von Kristallkeimen begünstigen, die kleiner sind als die Wellenlänge des Lichtes. Demnach ist nicht das Vorhandensein freier Elektronenpaare von entscheidender Bedeutung für die Beschaffenheit des Ni-Überzuges, sondern die relative Stellung verschiedener Gruppen in den organ. Zusätzen. Die Wrkg. des Saccharins besteht in einer Homogenisierung des adsorbierten Films, worauf auch die einheitlichen Werte der kathod. Polarisation in den Saccharin enthaltenden Bädern hindeuten. — 35 Literaturangaben. L. WIESNER. 6520

Über das elektrochemische Verhalten verschiedener Elektrolytnickelsorten. Ein Beitrag zur Frage der Korrosion von galvanischen Nickel- und Nickel-Chrom-Überzügen. E. Raub und A. Disam. (Metalloberfläche **15.** 193—97. Juli. 229—33. Aug. 1961. Schwäbisch-Gmünd, Forsch.-Inst. für Edelmetalle u. Metallchemie.) (Dt.)

Unterss. des Ruhepotentials verschiedener Elektrolyt-Ni-Ndd. u. von *Walznickel* mit Zusätzen in NaCl-Lsg. zeigen, daß der bei der Elektrolyse in Glanz-Ni-Ndd. eingelagerte S einen Einfl. auf die Ausbildung der Luftoxidschicht hat. Ni-Schichten aus Ni-Ammonsulfatbädern u. dem Ni–Co-Bad zeigen anfänglich ein etwas unedleres Potential als Ni-Ndd. aus dem WATTS- u. Chlorid-Bad, erreichen aber nach längerer Tauchdauer das gleiche Endpotential. Bei Walznickel ist der Einfl. des S auf die Potential-Bldg. deutlicher als bei Elektrolyt-Ni. Das Potential nähert sich weitgehend dem eines akt. Ni mit unbedeckter Oberfläche. Auch bei anod. Polarisation bleibt das Anodenpotential S-haltigen Elektrolyt-Ni stets unedler als bei S-freiem Ni. Allein die schwach schwefligsaure Lsg. zeigt keinen Potentialunterschied zwischen S-freien u. S-haltigem Ni. Korrosionsvorgänge von vernickelten u. verchromten Teilen werden durch die chem. Korrosion des Ni gesteuert. F. VIER. 6520□

Cyanidverluste und Bildung von Carbonaten in Silberbädern. A. v. Krusenstjern und G. Schmidt. (Galvanotechnik **52.** 573—80. 15/11. 1961.) (Dt.)

Bis zu gewissen Grenzen ist ein Carbonat-Geh. in Ag-Bädern erwünscht, der die Leitfähigkeit u. das Streuvermögen des Elektrolyten verbessert u. wobei der Gefügezustand des Nd. günstig beeinflußt wird. Darüber hinaus muß aber Carbonat aus dem Elektrolyten entfernt werden. Durch Zusatz von KOH kann die Zers. von Cyaniden eingeschränkt, die Bldg. von Carbonat aber nicht verhindert werden. Die Neigung zur Bldg. von Carbonat durch anod. Oxydation des Cyanids ist im Ag-Bad sehr gering, wie Verss. ergaben. Weiter wird nachgewiesen, daß Ag in den Ag-Bädern durch Komplex-Bldg. gelöst wird, so daß eine Anreicherung des Bades an Ag eintreten kann. Die Bldg. von *Ameisensäure*, von *Dicyan*, *Oxalsäure* u. von *Cyanaten* als Folge der Hydrolyse des Cyanids wurde in sehr geringer Konz. in den Ag-Bädern beobachtet. Auch *Amine* u. andere *N-Verbb.* infolge Red. von Cyanid können auftreten. F. VIER. 6526□

Flammspritzen nichtmetallischer Schutzschichten auf Metalloberflächen. 5. Mitt. H. Reininger und E. Kill. (Metalloberfläche **15.** 341—51. Nov. 1961. Bad Schandau u. Gelsenkirchen.) (Dt.) — 4. vgl. C. **1958.** 7255.

Zusammenfassender Überblick über die Haftgrundvorbehandlung, das Spritzgerät, die Herst. der Spritzpulver, die Eigg. der Spritzschichten u. die Verw. nichtmetall., gespritzter Schutzschichten. — 91 Literaturangaben. F. VIER. 6528□

Eloxalschichten mit definierter Porengröße. H. Grubitsch, W. Geymeyer und E. Buvik. (Aluminium **37.** 569—75. Sept. 1961. Graz, TH.) (Dt.)

Verss., Eloxalschichten mit genau definierter Porengröße herzustellen, um die abgelösten Schichten als Filtermaterial zu verwenden, führten zu positiven Ergebnissen. Die anod. Oxydation wurde in 5% ig. Oxalsäure unter starkem Rühren bei konst. Temp. hergestellt. Das Al von 99,999% wurde mit wss. Sublimat-Lsg. aufgelöst. Die Eloxalschicht hatte gleichmäßige Poren, die Porendurchmesser besaßen GAUSSsche Verteilungen, wobei der mittlere Fehler nur ca. 10% des mittleren Porendurchmessers betrug. Danach lassen sich auf diese Weise Filtermembrane für die Elektronenmikroskopie mit streng definiertem Porendurchmesser im Bereich von 200—500 Å herstellen. F. VIER. 6530□

Eine verlängerte Oxydation von Zirkonium bei 350° und bei 450°. Robert G. Charles, Sidney Barnartt und Earl A. Gulbransen. (Trans. metallurg. Soc. AIME **212.** 101. 1958. herausgeg. 1959. Pittsburgh, Pa., Westinghouse Electric Co.) (Engl.)

Auf Grund einer Unters. der Kinetik der Rk. von Zr mit reinem O_2 bei den Temp. von 350 u. 450° wird gefolgert, daß eine Extrapolation von Kurzzeit-Oxydation für

Zr zur Ermittlung des Langzeit-Verh. am besten durch die kub. Gleichung $w^3 = k_c t +$ Konst. gemacht wird [w = O-Aufnahme, t = Zeit, $k_c = (mg/cm^2)^3/h$].

H. HOCHSTEIN. 6530□

Die Entwicklung eines kubischen Oxidschutzfilmes auf Zirkonium. James R. Johnson. (Trans. metallurg. Soc. AIME **212.** 13—14. 1958, herausgeg. 1959. St. Paul, Minn., Minnesota Mining and Mfg. Co.) (Engl.)

Beobachtungen über die zerstörende korrosive Wrkg. einer Neutronenbestrahlung von Zr als Reaktorbrennstoff zeigten, daß kub. ZrO_2 beständiger als monoklin. ZrO_2 ist. Bei der Erhitzung von monoklinem ZrO_2 tritt eine Umwandlung zur tetragonalen Kristallform bei ca. 1050° auf. Durch die Vol.-Änderung hierbei wird Rißbldg. verursacht. Der kub. Mischkristall-Typ ZrO_2 hat ein flächenzentriertes Gitter mit a_0 ca. 5,08 Å. Es wird untersucht, ob Oxide die Bldg. von kub. ZrO_2 verursachen können. Zu diesem Zweck wurden Legg. der Zr mit *Ce*, *Nb*, *Sn* u. *Y* hergestellt u. an Luft bei verschiedener Temp. bis zu 700° oxydiert. Es zeigt sich, daß kub. ZrO_2 in Geh. bis zu 80% in dicken Oxidfilmen gebildet werden kann. H. HOCHSTEIN. 6530□

Untersuchung der Zusammensetzung der in Gegenwart von Nitraten entstehenden Phosphatfilme. I. I. Chain. (Журнал Прикладной Химии [J. angew. Chem.] **33.** 1492 bis 1494. Juli 1960.) (Russ.) — Vgl. C. **1961.** 5238.

Die Zus. der Phosphathaut auf Stahl mit 0,14 (%) C, 0,32 Mn, 0,08 Si, 0,046 P, 0,052 S hängt nicht nur von der Natur der Ausgangsphosphate in der Lsg. für die Phosphatierung, sondern auch von der Art des Kations u. der Konz. des salpetersauren, der Lsg. zugeführten Salzes ab. Die in Ggw. von $Zn(NO_3)_2$ (**I**) erzeugte Phosphathaut besteht hauptsächlich aus Zn-, Fe- u. Mn-Phosphaten. Mit Erhöhung der **I**-Konz. in der Lsg. wird der Geh. des Zn-Phosphats in der Haut erhöht, jedoch die Menge der Fe- u. bes. der Mn-Phosphate erniedrigt. Die der Hydrolyse unterworfenen Nitrate, deren Kationen zur Bldg. unlösl. Phosphate fähig sind, zeigen bei der Verw. als Zusatz zur Phosphatierungs-Lsg. nicht nur einen Einfl. auf die Bldg.-Dauer u. auf die Eigg. des Phosphatüberzuges, sondern nehmen auch an der Bldg. desselben teil.

H. HOCHSTEIN. 6532□

Zirkonium und Titan hemmen die Korrosion und die Masseübertragung von Stählen durch flüssige Schwermetalle. O. F. Kammerer, J. R. Weeks, J. Sadofsky, W. E. Miller und D. H. Gurinsky. (Trans. metallurg. Soc. AIME **212.** 20—25. 1958, herausgeg. 1959. Upton, N.Y., Brookhaven Nat. Labor., Assoc. Univers. Inc.; Lynchburg, Va., Cabcock and Wilcock Co.) (Engl.)

Zr u. Ti hemmen die Masseübertragung von Stählen durch fl. Bi, Hg u. wahrscheinlich auch *Pb* durch Rk. mit der Stahloberfläche zu anhaftenden Ndd. aus *ZrN*, *TiN* oder *TiN* + *TiC*. Diese Ndd. sind inert gegenüber dem fl. Bi u. Pb–Bi u. wahrscheinlich auch gegenüber Hg u. Pb. Die Bldg.-Geschw. dieser Ndd. wird durch die N-Aktivität in den Stählen geregelt. Die Geschw. der Masseübertragung in behinderten Syst. mit einem geringen Löslichkeitsgradienten wird wenigstens teilweise durch die Fähigkeit der gehemmten Schicht zur Förderung oder Beschleunigung der Keim-Bldg. des ausfallenden Fe oder Cr im kältesten Teil des Kreislaufs gesteuert.

H. HOCHSTEIN. 6538□

Die Korrosion von Zirkonium und seinen Legierungen in heißem Wasser und Dampf. H.-W. Schleicher. (Metalloberfläche **15.** 234—40. Aug. 1961. Frankfurt/M., Metallgesellschaft AG.) (Dt.)

Übersicht. — 127 Literaturangaben. F. VIER. 6538□

Korrosionsmechanismus von Uranlegierungen in Hochtemperaturwasser. M. W. Burkart und B. Lustman. (Trans. metallurg. Soc. AIME **212.** 26—31. 1958, herausgeg. 1959. Pittsburgh, Pa., Westinghouse Electric Corp.) (Engl.)

Hochtemp.-Wasser ausgesetzte U-Legg. versagen entweder durch eine gleichmäßige Oxydation oder durch eine plötzliche Rißbldg. u. Zers. des Metalls. Die Zers. erfolgt aus der Oxydation einer zweiten Phase, welche während des Korrosionsprozesses ausgeschieden wird. Die Ausscheidung wird als ein metastabiles *U-Hydrid* identifiziert.

H. HOCHSTEIN. 6538□

Zerstörung von erhitztem Eisen durch Korrosion in einem Strom von kalter Luft großer Geschwindigkeit. W. I. Prosswirin und L. Ja. Nessgoworow. (Доклады Академии Наук СССР [Ber. Akad. Wiss. UdSSR] **138.** 628—30. 21/5. 1961.) (Russ.)

Ermittelt wird die Korrosions-Geschw. von auf 800, 900 oder 1000° erhitztem Fe in einem Strom kalter Luft der Geschw. 298 m/s·M, wo M bis 8 ansteigt. Hierbei zeigt sich, daß der Einfl. der Strömungs-Geschw. auf die Korrosionszerstörung des Fe mit steigender Temp. zunimmt. Eine Abnahme der Zerstörungs-Geschw. wird beim Übergang von M = 0,8 auf M = 1,7—1,8 beobachtet, was mit einer Abnahme des Luftbedarfs bei M > 1 u. mit der Abnahme der kinet. Energie bei dieser sprunghaften Bedarfsminderung zusammenhängt. Die verstärkende Wrkg. der Strömungs-Geschw. auf die Zerstörung des Fe mit der Temp.-Erhöhung ist im Überschallbereich schwächer ausgeprägt als im Bereich von Unterschallgeschwindigkeit. Eine Zeitverlängerung bei der Unters. ruft eine Verminderung der Zerstörungs-Geschw. bei allen untersuchten Werten von M hervor. Bei geringen Haltezeiten verläuft der Zerstörungsprozeß mit größerer Geschw., als bei längeren Haltezeiten (im Bereich von 10—120 Sek.). Mit der Zeitverlängerung tritt eine Zunderverdickung u. damit eine Vergrößerung der Diffusionszeit der Reagentien durch den Zunder hindurch ein. Auch wird eine Bremsung des gesamten Oxydationsprozesses festgestellt. H. HOCHSTEIN. 6538□

Verbesserung der Eigenschaften von Korrosionsinhibitoren des Typs PB. T. D. Kolpakowa und W. P. Barannik. (Химическая Промышленность [Chem. Ind.] **1960.** 596—98. Okt./Nov.) (Russ.)

Die Korrosionsinhibitoren vom Typ PB sind in HCl lösl. Kondens.-Prodd. des *Anilins* (I) (Molgew. ca. 400—600) mit *Urotropin* u. Säuren als Kondens.-Regulatoren. Das mit I allein hergestellte Prod. *PB-5* hat gute Korrosionsschutz-Wrkg., wird aber in saurer Lsg. durch Fe^{3+} koaguliert. Bei Ersatz von 10% des I durch *Äthanolamin* (**II**) ist die Stabilität gegenüber Fe^{3+} 8mal größer; Prodd. mit >70% **II** koagulieren auch in gesätt. $FeCl_3$-Lsg. nicht. Für den Schutz gegen HCl-Korrosion ist das Prod. mit 10% **II** (*PB-1/9*) am geeignetsten. Gegen die atmosphär. Korrosion von mit HCl befeuchteten Stahl schützt am besten *PB-9/1* mit 90% **II** u. 10% **I**, gegen Süßwasser u. dest. W. *PB-6/4* (60% **II**), gegen Meerwasser *PB-8/2* (80% **II**). PB-Prodd. mit 70—100% **I** sind in W. fast unlösl., völlig lösl. solche mit 40% **II**. Gegen eine Lsg. von 30% $CaCl_2$ + 1,2% $KClO_3$ schützt *PB-8/2* vollständig bei Zusatz von mindestens 0,8%. R. K. MÜLLER. 6538□

Korrosionsbeständigkeit von Kupfer in der chemischen Industrie. S. Baker. (Corrosion Technol. [London] **8.** 8—12. Jan. 1961. Copper Dev. Assoc.) (Engl.)

Überblick über die Reinheitsgrade u. die mechan. Eigg. von Cu, seine Korrosionsresistenz gegenüber von W., Luft, Säuren, Alkalien, Salzen u. organ. Substanzen, sowie über die Eigg. u. die Korrosionsbeständigkeit von Legg. des Cu mit Zn, Sn, Al, Ni, Si, Be, Cr, Te u. deren Einsatz in der Technik. D. WOLKE. 6538□

Inhibitoren für den Korrosionsschutz der Ausrüstung von Erdölbohrungen. W. F. Negrejew, T. Ch. Manachowa, N. D. Gadasskina, D. M. Rudkowski und Je. Ja. Jarshemskaja. (Нефтяное Хозяйство [Erdöl-Wirtsch.] **39.** Nr. 8. 42—49. Aug. 1961.) (Russ.)

Die Bekämpfung der Korrosion von Stahlausrüstungen der Erdölbohrungen erfolgt durch Anwendung von Inhibitoren. In Kompressorbohrungen muß man nicht oxydierbare Inhibitoren anwenden, die effektiv bei kleinen Dosierungen wirken. Einige oberflächenakt. nichtionogene organ. Stoffe in Mischungen von Erdöl u. W. vermindern die Schnelligkeit der Korrosion durchschnittlich um 80% bei ihrer Zugabe zum Schichtwasser in einer Menge von 100—200 mg/Liter. Bei ihrer Zugabe zum Schichtwasser entsteht eine Anodenpolarisation, wodurch auch der Hemmungsmechanismus der elektrochem. Korrosion zu erklären ist. Die hergestellte Probe von synthet. Inhibitor *UFE-8*, ein Kondens.-Prod. von 1 Mol. techn. *Phenole* mit 8 Moll. *Äthylenoxid*, zeigte bei techn. Verss. die unbedingte Wirksamkeit u. Zweckmäßigkeit seiner breiten Anwendung in Pumpsonden u. auch in Kompressoranlagen. W. HANTZSCH. 6538□

Der kathodische Schutz eingegrabener Pipelines aus Stahl. L. A. Woodworth und F. P. A. Robinson. (South African mechan. Engr. **10.** 231—57. April 1961. Luipaardsvlei, Longmore & Co.; Johannesburg, Univ. of Witwatersrand.) (Engl.)

Dem Schutz von Korrosion muß die Best. der Aggressivität des Erdbodens vorausgehen. Je nach dem Widerstand (Ω/cm) sind Böden unter 1 sehr aggressiv, über 4 sehr schwach angreifend. Labor.-Korrosions-Unterss. unterstützen diese Ermittlungen. Die Potentialmessungen an einer eingegrabenen Leitung werden beschrieben. Man schützt die Rohre entweder durch Polarisierung oder den Aufbau von Filmen. — 29 Literaturangaben. Diskussion. J. UHLMANN. 6538□

Untersuchung über die Sulfurierung von Gußeisen mit H_2S und die Abriebfestigkeitseigenschaften der geschwefelten Schicht. Taketomo Yamazaki. (Imono, J. Japan Foundrymen's Soc. **33.** 503—11. Juli 1961.) (Jap.; Auszug: Engl.)

Unterss. über das Verh. von Gußeisen mit 3,10 (%) *C*, 1,62 *Si*, 0,38 *Mn*, 0,038 *S*, 0,152 *P* bei 1—5std. Erhitzen in H_2S auf 200—600° zeigen: Der gebildete Oberflächenfilm besteht aus $Fe_{1-x}S$. Die Dicke der Sulfid-Diffusionsschicht unter dem Film beträgt 0,05—0,15 mm; die oberste 0,05 mm starke Schicht enthält 0,14—2,0% S. Die Härteverteilung nahe der Oberfläche zeigt eine Spitze am Ende der Sulfidschicht, deren S-Geh. durch Diffusionsbehandlung ansteigt. Die Höhe des S-Anstiegs hängt von der Diffusions-, nicht aber von der Sulfurierungs-Temp. ab. Alle Sulfid- u. Diffusionsschichten sind verschleißfest; jedoch scheinen Sulfidfilme $>0,04$ mm den Verschleiß zu fördern. Sehr hohe S-Geh. der Diffusionsschicht setzen manchmal die Verschleißfestigkeit herab. W. WESLY. 6546□

Monsanto Chemical Co., St. Louis, Mo., übert. von: Bethune G. Klugh, Birmingham, Ala., V.St.A., **Herstellung einer metallurgischen Ofencharge** mit C-Gehalt. Bituminöse *Kohle* u. *Erz* werden zu einem fließfähigen wss. Schlamm angerührt u. die Mischung unter gleichzeitiger Hitzeanwendung zu Agglomeraten mit nicht über 15% Feuchtigkeit geformt, die in nichtoxydierender Atmosphäre calciniert werden. Die hierbei entstehenden Schwelprodd. werden verbrannt u. liefern die Wärme für die Agglomeration u. Calcinierung. Die Agglomerate werden in nichtoxydierender Atmosphäre gekühlt. Das Verf. eignet sich zur Herst. von Beschickungsgut für die Gewinnung von *Ferro-Legg.*, CaC_2, *P*, *SiC* u. geschmolzener *Tonerde*. — Abbildung. (**A. P. 2 961 411** vom 6/8. 1954, ausg. 22/11. 1960.) M. NECKERMANN. 6377

E. I. du Pont de Nemours & Co., übert. von: John Frederick Maurer, Wilmington, Del., V.St.A., **Reduktion von Metallhalogeniden** zur Herst. von *Be*, *B*, *Sc*, *Y*, *Si*, *Ti*, *Hf*, *Th*, *V*, *Nb*, *Ta*, *Cr*, *Mo* u. *W*. Das fl. Metallhalogenid wird mit fl. Red.-Metall in einer verhältnismäßig engen gekühlten Rk.-Zone mit außengekühlten Wänden zur Rk. gebracht, wobei sich anfänglich festes Rk.-Prod. an den Wänden abscheidet u. bei steigenden Temp. u. Drücken, die mindestens den Druck des Red.-Metallhalogenids beim F. des herzustellenden Metalls erreichen, schließlich fl. Metall anfällt, das mit dem Red.-Metallhalogenid aus der Rk.-Zone entfernt u. bei atmosphär. Druck in Ggw. von inertem Gas gesammelt u. abgetrennt wird. — Abbildung. (**A. P. 2 941 867** vom 14/10. 1957, ausg. 21/6. 1960.) M. NECKERMANN. 6381

Kerr-McGee Oil Industries, Inc., übert. von: Mayer B. Goren, Denver, Colo., V.St.A., **Naßmetallurgisches Verfahren** zur Extraktion von Metallen aus ihren wss. Lösungen. Die wss. Lsg., welche nachteilig auf den Extraktionsvorgang wirkende suspendierte Schlämme enthält, wird mit einem neutralen bis bas., mit W. nicht mischbaren organ. Extraktionsmittel u. mit einem poly-kation. Material hydrophilen Charakters, welch letzteres ein Molgew. von wenigstens 5000 jedoch ein niederes Molgew. hat, als es bei beginnender Unlöslichkeit in verd. Säure mit mehrwertigen Anionen herrschen würde, versetzt, um die Schlämme hydrophil zu machen u. Emulsions-Bldg. zu verhindern. — Beispiel: Extraktion von *Mo* unter Verw. von 90% *Kerosin* u. 10% *Tributylphosphat*. (**A. P. 2 955 932** vom 22/4. 1957, ausg. 11/10. 1960.) M. NECKERMANN. 6381

James M. Quinn, Glendale, und Ted A. Lundbergh, Redondo Beach, Calif., V.St.A., **Raffination von geschmolzenen Metallen.** Die Schmelze wird mit Teilchen behandelt, die aus einem Kern mit 10—30% Al_2O_3 u. 70—90% SiO_2 u. einen Überzug aus *KW-Stoffen* u. *Kohle* bestehen. Die in dem Metall enthaltenen Verunreinigungen steigen dabei an die Oberfläche, unterstützt durch die Oxydation des Überzugsmaterials durch den im Metall enthaltenen O. — Beispiel: Raffination von *Al* u. *Al-Legg.* sowie von *Fe* u. *Stahl*. (**A. P. 2 952 534** vom 3/6. 1957, ausg. 13/9. 1960.) M. NECKERMANN. 6381

Tokuichi Takakuwa, Yokkaichi-shi, Mie-ken, Japan, **Behandlung von nickelhaltigen Erzen.** Das Erz wird mit W. zu einer Trübe angerührt, um die *Co* u. *Cr* enthaltenden Mineralien von den in der Trübe koll. suspendierten *Fe*- u. *Ni*-Mineralien zu trennen, welch letztere durch Koagulation konz. u. von der Trübe abgetrennt werden. Das Fe-Ni-Konzentrat wird durch selektives Schmelzen auf ein *Ferronickel* verschmolzen, während die hierbei anfallende Schlacke durch ein weiteres selektives Schmelzen zu einem *Rohstahl* mit weniger als 1,0% *Cr* verschmolzen wird. Der Rohstahl wird zu einem im wesentlichen Cr-freien *Stahl* von Handelsqualität raffiniert. (**A. P. 2 978 317** vom 26/3. 1959, ausg. 4/4. 1961. Jap. Prior. 29/8. 1958.) M. NECKERMANN. 6391

United States Steel Corp., übert. von: William T. Purvance, Prov Utah, V.St.A., **Agglomeration von feinkörnigen Eisenerzen.** Die Erze werden m Luft u. Brennstoff in einen Ofen geblasen u. dort durch Verbrennung des Brennstoffe auf 450—650° F erhitzt. Gase u. Feinerze werden im Ofen mittels eines Sprühregen von verhältnismäßig kaltem W. angefeuchtet, wobei das W. nicht unmittelbar ver dampft u. der Gasstrom auf einen Wasser-Geh. von ca. 15—20% angereichert wird

Die Feinerze werden auf einer Oberfläche als feste Kruste abgeschieden u. stückweise weggebrochen. — Abbildungen. (**A. P. 2 958 596** vom 14/8. 1957, ausg. 1/11. 1960.)
M. NECKERMANN. 6391

P-M Associates, Cleveland, Ohio, übert. von: Fred D. De Vaney, Duluth, Minn., V.St.A., **Pelletisierung von Eisenerzkonzentraten.** Körniges *Hämatit*-Konzentrat, das nicht mehr als einige % von Partikeln feiner als 10 μ enthält, wird mit feinem C-haltigem Brennstoff gemischt u. durch einen Rollvorgang zu Kügelchen geformt. In die Kügelchen wird *Magnetit*-Konzentrat eingebunden, dessen Teilchen zum größten Teil kleiner als die Hämatitteilchen sind u. einen erheblichen Anteil der Korngröße unter 10 μ aufweisen. Die zugesetzte Magnetitmenge beträgt ca. 15—75% des gesamten Fe-Oxid-Geh. der hieraus sich ergebenden Mischung. — Abbildung. (**A. P. 2 960 396** vom 23/12. 1957, ausg. 15/11. 1960.) M. NECKERMANN. 6391

Crucible Steel Co. of America, übert. von: Peter Payson, N.Y., V.St.A., **Unmagnetischer, austenitischer Legierungsstahl** aus 19—25 (%), bes. 20—22, *Ni*, 2—6, bes. 3—5, *Mn*, 5—14, bes. 8—11, *Cr*, 3—5, bes. 3—4, *Al*, bis 3 *Si*, 0,3—0,8, bes. 0,3—0,6, *C* u. bis zu 3 *Cu*, *V*, *W*, *Mo* u./oder *Co* neben *Fe*. (**Can. P. 551 564** vom 16/3. 1951, ausg. 14/1. 1958.) EBERHARD RIEDEL. 6411

Frank Scoby, übert. von: Arthur E. Neumann, Chicago, Ill., V.St.A., **Herstellung von Blei aus Akkumulatorenschrott.** Nach Ablassen der Säure von den alten Batterien, werden die Gehäuse u. die Pb-haltigen Teile feingemahlen u. die Säure herausgewaschen. Durch Flotation werden die brennbaren Anteile von den Pb-haltigen Teilchen getrennt. Zum Herausschmelzen des Pb wird die Wärme verwendet, welche durch Verbrennung der brennbaren Teilchen entsteht. Ein weiterer Teil dieser Wärme wird zur Red. der Pb-Verbb. verwendet. — Abbildung. (**A. P. 2 966 350** vom 13/8. 1956, ausg. 27/12. 1960.) M. NECKERMANN. 6431

J. Stone & Co. (Asia) Pty. Ltd. (Erfinder: Ronald James Malcolm Payne und Alfred William Owen Webb), **Einphasige Kupferlegierung,** bestehend aus 5—20 (%) *Mn*, 1,5—7 *Al*, $<$6 *Ni*, 0,01—0,2 *As* u./oder *Sb*, evtl. $<$5 *Fe*, $<$3 *Sn*, $<$0,2 *P*, Rest *Cu*. Die Leg. kann kalt geformt werden. (**Aust. P. 229 683** vom 15/10. 1958, ausg. 25/8. 1960. E. Prior. 15/10. 1957.) C. LÜTTGEN. 6433

United Kingdom Atomic Energy Authority, London, England (Erfinder: Alan Blainey), **Herstellung von für das Schleifen harter Gegenstände geeigneter Oberflächen,** auf Gegenständen z. B. aus rostfreiem Stahl oder Ni–Cr-Legg., durch Aufbringen einer Dispersion von Teilchen aus *Zr* oder *Ti* mit einem Durchmesser von 20—200 μ, z. B. in Xylol, Erhitzen des Körpers zum Verdampfen der Fl. u. dann Aufheizen im Vakuum auf 900°, so daß eine feste Bindung entsteht, u. Abkühlen im Vakuum. Zweckmäßig wird der Körper vorher in derselben Weise mit einer Dispersion von Teilchen von 2—20 μ ∅ behandelt. (**E. P. 826 938** vom 1/6. 1955, ausg. 27/1. 1960.)
F. VIER. 6493

British Oxygen Co. Ltd. (Erfinder: Arthur Bernard Fieldhouse), **Verbesserte Elektrode zum Lichtbogenschweißen,** bestehend aus einem Kern, der mit einem üblichen Flußmittel überzogen ist. Das Ende der Elektrode, das mit dem Werkstück in Berührung kommt, überzieht man außerdem noch mit einem Gemisch aus 77,5 (%) *Fe*-Pulver, 10 feingemahlenem $CaCO_3$, 10 *Kryolith*, 0,5 TiO_2 u. 2 *Na-Alginat*, wobei 10 (Teile) dieses Gemisches mit $3^1/_2$ einer Bindemittel-Lsg. aus 20 *Na-Silicat* in 80 *W*. vermischt werden. (**Aust. P. 226 636** vom 29/10. 1958, ausg. 25/2. 1960. E. Prior. 7/11. 1957.) H. NEBELSIEK. 6507

Lester U. Searfoss, South Chicago Heights, Ill., V.St.A., **Behandlung gebrauchter Flußmittel beim Lichtbogenschweißen.** Die auf der Schweiße gebildeten, geschmolzenen (glasartig) Schalen des Flußmittels (Sand u. Ton) werden nach ihrer Entfernung zunächst magnet. von Eisenteilchen befreit u. dann in einer Hammermühle oder dgl. auf geeignete Größe zerkleinert u. hierauf vom Staub befreit. Das granulierte Mahlprod. wird gesiebt. Das Feinprod. wird dann einem Sammler zugeleitet, während das Großprod. nach magnet. Abtrennung der Metallteilchen erneut als Flußmittel verwendet wird. — Zeichnungen. (**A. P. 2 922 585** vom 24/1. 1956, ausg. 26/1. 1960.)
W. HAUSWALD. 6507

Sintercast Corp. of America, übert. von: Stuart E. Tarkan und Henry W. Lawendel, New York, und Claus G. Goetzel, Yonkers, N.Y., V.St.A., **Herstellung von Metallüberzügen auf porösen Körpern mit hohem Schmelzpunkt und Tränken derselben mit Metallen.** Die Körper, z. B. aus *TiC*, werden mit einem Metallüberzug versehen, z. B. *Ni*, wobei eine bestimmte Stelle ausgespart wird. An dieser Stelle wird das Metall angeordnet, mit dem der Körper getränkt werden soll, das einen um ca. 50° niedrigeren F. haben soll als das Überzugsmetall, z. B. eine Leg. aus 80% Ni

u. 20% Cr. Dann wird im Unterdruck über dem F. der Leg. aber unter dem F. von Ni erhitzt, bis der Körper durchtränkt ist. Der so behandelte Körper zeichnet sich durch hohe Oxydationsbeständigkeit, Widerstandsfähigkeit gegen Wärmeschock u. Schlagfestigkeit aus. (**A. P. 2 922 721** vom 2/4. 1956, ausg. 26/1. 1960.) F. VIER. 6517

Associated Electrical Industries Ltd., London, England (Erfinder: Norman Clifford Welsh), **Metalloberflächenbehandlung** durch Aufbringen pulverförmiger Elemente mit Hilfe elektr. Entladungen zwischen Elektroden. Das Pulver kann in der Entladungszone in einem Gas oder in einer Fl. suspendiert sein, oder es kann mit Hilfe einer Paste auf die zu behandelnde Oberfläche, die zugleich Entladungselektrode sein kann, aufgebracht werden. Zum Beispiel können so Überzüge aus *Cr*, *W*, *Ta* oder anderen Metallen mit hohem F. aufgebracht werden. Auf diese Weise kann die Härte, Verschleißfestigkeit u. Korrosionsbeständigkeit von Metallen erhöht werden. (**E. P. 828 336** vom 14/11. 1956, ausg. 17/2. 1960.) F. VIER. 6517

Union Carbide Corp., New York, N.Y., übert. von: Carl Berger, Dayton, Ohio, V.St.A., **Herstellung von Aluminiumüberzügen** durch therm. Zers. gasförmiger organ. Al-Verbindungen. Verwendet werden *Al-Triisobutyl*, *Al-Triäthyl* u. *Al-Diäthylhydrid*. Die Zers. wird bei 250—500° vorgenommen. — Vorrichtung. (**A. P. 2 921 868** vom 7/6. 1956, ausg. 19/1. 1960.) F. VIER. 6517

Westinghouse Electric Corp., East Pittsburgh, übert. von: George W. Jernstedt und James D. Patrick, Pittsburgh, Pa., V.St.A., **Glattere und glänzende galvanische Verkupferung** erzielt man mittels einer Elektrolyt-Lsg., die 2—15 (oz./gal) *Cu*, in Lsg. gehalten durch *MeCN* (Me = Alkalimetall), das mit 0,5 bis 5 Überschuß in der Lsg. vorliegt, 2—8 *MeOH*, 1—20 Me_2CO_3, 0,004—0,57 *Zn* u. 0,1 bis 10 *Thiocyanat* enthält. — Vgl. A. P. 2 678 909; C. **1956.** 256. (**Can. P. 551 400** vom 7/12. 1949, ausg. 7/1. 1958. A. Prior. 18/2. 1949.) EBERHARD RIEDEL. 6517

General Electric Co., Schenectady, N.Y., V.St.A. (Erfinder: George Francis Albers und Frederick Snelling Schultz), **Herstellung von bei hohen Temperaturen gegen Oxydation beständigen Überzügen auf Molybdän und seinen Legierungen** durch elektrolyt. Abscheiden von *Cr*. Darauf wird *Ni* aus einem hochchloridhaltigen Bad in einer Dicke von nicht weniger als 0,0005 in., elektrolyt. niedergeschlagen, dem ein 2. Ni-Nd. mit geringen Eigenspannungen folgt. Dann wird eine Wärmebehandlung mit langsamen Wärmewechsel bei mindestens 1600° F vorgenommen. Darauf wird erneut *Cr* elektrolyt. abgeschieden u. eine nochmalige Wärmebehandlung mit period. Wechsel bei mindestens 1800° F vorgenommen. Der Überzug ist oxydationsbeständig u. zäh. (**E. P. 831 786** vom 28/5. 1956, ausg. 30/3. 1960.) F. VIER. 6517

General Electric Co., New York, übert. von: Vincent J. Schaefer, Schenectady, N.Y., V.St.A., **Herstellung von Silberüberzügen** durch Überziehen des Gegenstands mit einer *Polyvinylalkohol* enthaltenden wss. Lsg. eines Ag-Salzes, z. B. $AgNO_3$, u. Erhitzen in reduzierender Atmosphäre auf 75—200°. Durch Erhitzen von $Fe_2(SO_4)_3$-haltigen Lsgg. lassen sich auch *magnet. Fe-Filme* herstellen. (**A. P. 2 924 535** vom 6/12. 1954, ausg. 9/2. 1960.) F. VIER. 6527

Max Auwarter, Balzers, Liechtenstein, **Herstellung dünner transparenter Filme durch Aufdampfen im Vakuum.** Die aus Metalloxiden, z. B. TiO_2, Fe_2O_3, SiO_2, bestehenden Filme werden in einem O_2-haltigen Vakuum aufgedampft, um die Oxide der höchsten Wertigkeitsstufe zu bilden. Derartige Filme zeichnen sich durch besondere Absorptionsfreiheit aus. — Vorrichtung. (**A. P. 2 920 002** vom 19/6. 1953, ausg. 5/1. 1960.) F. VIER. 6529

Badische Anilin- & Soda-Fabrik Akt.-Ges., Deutschland, **Korrosionsschutzüberzugsmittel für Metalloberflächen** aus höhermol. aliphat. Aminen (**A**), höheren Fettsäurepolyamiden (**B**) oder den Salzen aus **B** u. Fettsäuren, sowie aus öllösl. Acetylen-Derivv. (Alkinolen, Alkindiolen, Aminoalkinolen, Amino- u. Diaminoalkinen), z. B. 2-Methylbutin-(3)-ol-(2), 3-Methylpentin-(1)-ol-(3), 1-Äthinylcyclohexanol-(1), u. -cyclooctanol-(1), 2.6-Dimethyloctin-(7)-ol-(6), 2.5-Dimethylhexin-(3)-diol-(2.5), 3.6-Dimethyloctin-(4)-diol-(3.6), 1-Methoxybutin-(2)-ol-(4), 1-Butoxybutin-(2)-ol-(4), 4-Dimethylaminobutin-(2)-ol-(1), 4-Diäthylamino-1-phenylbutin-(2)-ol-(1), 4-Pyrrolidonopentin-(2)-ol-(1), 3-Dimethylaminopropin-(1), 3-Pyrrolidinopropin-(1), 1.4-Bis-[dimethylamino]-butin-(2). Verbb. **A** sind z. B. Laurylamin, Stearylamin, Oleylamin. — Beispiel: 180 (Teile) des Umsetzungs-Prod. von 150 Spermölfettsäurediäthylentriamid mit 30 Spermölfettsäure werden in 300 Äthinylcyclohexanol gelöst. (**F. P. 1 198 825** vom 12/2. 1958, ausg. 9/12. 1959. D. Prior. 16/2. 1957.) M. F. MÜLLER. 6539

Walter R. Trost, Ferguson's Cove, und **Guy P. MacKay**, Halifax, Nova Scotia, Canada, *Behandlung von Manganerz*. (**Can. P. 551 119** vom 29/5. 1956, ausg. 7/1. 1958. — C. **1959.** 12684 [A. P. 2 850 370].)

Union Carbide Corp., New York, N.Y., V.St.A. (Erfinder: **Joseph Harrison Brennan**), *Behandlung von Ferrotitan-Erzen.* (**E. P. 868 717** vom 17/5. 1957, ausg. 25/5. 1961. A. Prior. 25/5. 1956. — C. **1960.** 11106 [F. P. 1 179 338].)

Horizons, Inc. (Erfinder: **Tien-Shih Liu, Ralph Chill, George L. Cunningham, Albert Yee** und **Morris A. Steinberg**), *Lötflußmittel.* (**Aust. P. 225 157** vom 15/8. 1957, ausg. 3/12. 1959. A. Prior. 16/8. 1956. — C. **1961.** 7023 [A. P. 2 817 893].)

Union Carbide Corp. (Erfinder: **Arthur Edward Shrubsall** und **Clarence Evert Jackson**), *Verdeckte Lichtbogenschweißung.* (**Aust. P. 225 256** vom 3/9. 1958, ausg. 3/12. 1959. A. Prior. 16/9. 1957. — C. **1961.** 7389 [E. P. 828 422].)

Udylite Corp., Detroit, übert. von: **Henry Brown**, Huntington Woods, und **Richard A. Fellows**, Grosse Pointe, Mich., V.St.A., *Glanzzusatz für saure galvanische Kupferbäder.* (**Can. P. 552 097** vom 25/5. 1953, ausg. 21/1. 1958. A. Prior. 26/5. 1952. — C. **1956.** 256 [F. P. 1 077 492].)

Michigan Bumper Corp., Grand Rapids, Mich., übert. von: **Wilbur G. Hespenheide**, Columbus, Ohio, V.St.A., *Herstellung von Laminaten für Magnetkerne.* (**Can. P. 552 026** vom 17/8. 1953, ausg. 21/1. 1958. — C. **1958.** 13356 [Schwz. P. 314 784].)

W. D. MacLean, Bronte, und **Dick Cleland**, Burlington, Canada, *Galvanisieren von Aluminium.* (**Finn. P. 29 656** vom 29/4. 1955, ausg. 30/9. 1958. — C. **1958.** 8186 [E. P. 770 503].)

Paul Vulliez, Frankreich, *Herstellung von Oberflächendiffusionsschichten durch Abscheiden von Metallen aus der Gasphase.* (**F. P. 1 216 207** vom 30/6. 1955, ausg. 22/4. 1960. — C. **1960.** 8001 [Oe. P. 199 025].)

Sel-Rex Corp., V.St.A. (Erfinder: **Karl Schumpelt**), *Galvanisches Abscheiden von Rhodiumüberzügen.* (**F. P. 72 983** vom 25/2. 1958, ausg. 22/9. 1960. A. Prior. 5/6. 1957. Zusatz zu F. P. 1 189 477; C. 1961. 18868. — C. **1961.** 12262 [A. P. 2 895 890].)

A/B Kanthal, Hallstahammar, Schweden, *Flammengespritzter Überzug.* (**E. P. 850 389** vom 21/3. 1957, ausg. 5/10. 1960. Schwed. Prior. 23/3. 1956 u. 18/2. 1957. — C. **1961.** 5605 [F. P. 1 169 865].)

Upjohn Co., übert. von: **Merrill E. Speeter** und **William C. Anthony**, Kalamazoo, Mich., V.St.A., *Herstellung von 3-(2-Aminoäthyl)-indolen.* (**A. P. 2 870 162** vom 28/4. 1954, ausg. 20/1. 1959. — C. **1959.** 1938 [F. P. 1 127 044].)

IX. Organische Industrie

Oxydation in der Dampfphase. Jennings H. Jones und Merrell R. Fenske. (Ind. Engng. Chem. **51.** Nr. 3. [Part I] 262—66. März 1959. University Park, Pa., Pennsylvania State Univ., Petroleum Refining Labor., Coll. of Chem. and Physics.) (Engl.)

KW-Stoffe lassen sich unter ausgezeichneter Kontrollmöglichkeit der Temp. in der Dampfphase bei Ggw. feinverteilter, katalyt. inerter fester Stoffe glatt oxydieren. App., Ausführung u. Ergebnisse werden an Oxydations-Verss. mit n-Hexan u. Homologen mit geraden u. verzweigten KW-Stoffketten sowie mit Vaseline näher beschrieben. — 7 Diagramme, 2 Tabellen. A. Sander. 6582 □

Die Verwendung von Anionenaustauscherharzen für Entfernung und Wiedergewinnung von Nichtkohlenwasserstoffen aus Kohlenwasserstoffen. 1. Mitt. **Carbonsäure und Phenole.** A. Eaves und W. A. Munday. (J. appl. Chem. **9.** 145—52. März 1959. Chester, Shell Res. Ltd., Thornton Res. Centre.) (Engl.)

Die Adsorption von Phenolen u. Carbonsäuren, einschließlich Naphthensäuren, aus KW-Stoffen, bes. Bzl., unter Verw. von stark bas. Anionenaustauscherharz Amberlit IRA-400 (**I**) wird untersucht. Analyt. reines perlförmiges **I** wird mit 6n HCl, 6n NaOH oder 0,1n $NaHCO_3$-Lsg. in die Cl^-- (**II**), OH^-- (**III**) bzw. HCO_3^--Form (**IV**) übergeführt. Von jeder dieser 3 Formen werden durch Behandeln des feuchten Harzes mit Bzl. oder CH_3OH u. evtl. anschließendem Trocknen durch 24std. Erwärmen auf 35° 3 Typen **A, B** u. **C** mit in dieser Reihenfolge abnehmendem Wasser-Geh. dargestellt u. Adsorptions-Verss. unterworfen, wobei unterschieden wird zwischen physikal. Adsorption u. solcher durch Ionenaustausch. Die adsorbierten Mengen schwanken entsprechend der Vorbehandlung des Harzes. **II** adsorbiert Phenole u. Carbonsäuren von niedrigem Molgew. u. eignet sich zum Trennen solcher Verbb. in Fraktionen verschiedenen Molekulargewichts. **III, A** u. **B**, adsorbieren Naphthensäuren, **A** dreimal so viel wie **B**, während nur **B** C_9—C_{16}-Alkylphenole u. ein Mono-C_{16}-alkylphenol adsorbiert, wodurch eine Trennung von Alkylphenolen u. Carbonsäuren von hohem Molgew. möglich erscheint. Das Adsorptionsvermögen von **IV** scheint auf niedermol. Säuren begrenzt zu sein. Die Anwendung dieser Verff. zur Trennung höher alkylierter Phenole von Schmierölen wird beschrieben. E. Doms. 6598 □

Naphthole und Diarylamine als Antioxydantien in einem Linolsäuremethylester-Wasser-System. Lars-Olov Spetsig. (Ark. Kemi **15.** Nr. 1. 1—4. 1960. Äppelviken, Forskn -Labor LKB) (Engl.)

α- u. β-Naphthol, Diphenylamin, Phenyl-α-naphthylamin u. Diphenyl-p-phenylendiamin werden als Antioxydantien in einem Linolsäuremethylester (**I**)–W.-Syst. bei 40° untersucht. Ihre Wrkg. ist im untersuchten pH-Bereich (5.1—9.2) pH-abhängig; sie nimmt mit steigender Alkalität langsam ab. Eine teilweise Zers. der Substanzen durch O_2 u. W. wird vermutet. Die erzielte Inhibitor-Wrkg. wird für ausreichend erachtet, um obige Antioxydantien für Fett-Prodd. mit schwach alkal. Rk. zu verwenden. In Ggw. der wss. Phase ist eine bessere Wrkg. als in trockenem **I** festzustellen. Polyphenole zeigen unter den obigen Bedingungen keine Inhibitorwirkung.

H. E. SEYFARTH. H 460□

Die synergistische Wirkung von Antioxydantien durch Wasserstoffübertragung und durch Additionsreaktionen. Lars-Olov Spetsig. (Ark. Kemi **15.** Nr. 2. 5—21. 1960.) (Engl.) — Vgl. vorst. Referat.

Oxydierte Antioxydantien vom Typ der Polyphenole können durch direkte H-Übertragung wieder in ihre ursprüngliche Form übergeführt werden. Der Synergismus zwischen Polyphenolen, sowie zwischen Polyphenolen u. Ascorbinsäure kann damit erklärt werden (vgl. auch VALLE u. WEISSBERGER. J. Amer. chem. Soc. **69.** [1947.] 1821). Ferner kann die synergist. Wrkg. auf eine 1.4-Addition des sek. Antioxydans an das durch Autoxydation des prim. Antioxydans gebildete Chinon zurückgeführt werden. Es entsteht ein substituiertes Polyphenol, das erneut als Antioxydans wirksam ist. Der Einfl. einiger sek. Antioxydantien auf die Autoxydations-Geschw. verschiedener Polyphenole u. photograph. Entwickler wird untersucht. Es wird in Puffer-Lsg. von bestimmten pH-Werten im Bereich 3,7—8,7 gearbeitet. Von den sek. Antioxydantien zeigen nur die Aminosäuren eine schwache Neigung zur direkten H-Übertragung. In geringer Menge entstehende Ketosäuren wurden papierchromatograph. nachgewiesen. Auch für Hydroxysäuren wird unter geeigneten Bedingungen die Möglichkeit einer direkten H-Übertragung angegeben. Ferner werden die Additions-Rkk. von sek. Antioxydantien an p-Benzochinon in Lsg. untersucht. Nur der Umsatz mit Amino- u. Mercaptosäuren führt zu definierten Prodd.: *Glykokoll-p-benzochinon* $C_8H_7NO_4$ *Alanin-p-benzochinon,* $C_9H_9NO_4$ *Carboxymethylmercapto-p-benzochinon,* $C_8H_4O_7S$. — 21 Literaturangaben.

H. E. SEYFARTH. H 460□

Der Vergleich einiger synergistischer Antioxydantien in einem Linolsäuremethylester–Wasser-System. Lars-Olov Spetsig. (Ark. Kemi **15.** Nr. 3. 23—29. 1960.) (Engl.) — Vgl. vorst. Referat.

In einem künstlichen 2-Phasen-Syst. aus Linolsäuremethylester u. Puffer-Lsg. wurden synergist. Antioxydantien in Kombination mit Polyphenolen u. Diarylaminen getestet (pH des wss. Syst. 3,5—4 bzw. 8,5—9). Die wss. Phase hat oft einen verstärkenden oder auch abschwächenden Einfl. auf die Wrkg. der sek. Antioxydantien. — 16 Literaturangaben.

H. E. SEYFARTH. H 460□

Der Einfluß einiger Proteine, Kohlenhydrate und Emulgatoren auf die Autoxydation von Linolsäuremethylester unter Zusatz von Anti- und Prooxydantien. Lars-Olov Spetsig. (Ark. Kemi **15.** Nr. 4. 31—38. 1960.) (Engl.) — Vgl. vorst. Referat.

Der Einfl. von Proteinen, Kohlenhydraten u. oberflächenakt. Stoffen auf die Autoxydation von Fetten wird an Linolsäuremethylester (**I**) in einem wss. Syst. bei 40° untersucht. Wird **I**, der als Antioxydans Hydrochinon, butyliertes Hydroxyanisol oder Diphenyl-p-phenylendiamin enthält, mit den verd. Lsgg. obiger Substanzen versetzt, so nimmt die Induktionsperiode allg. zu. Die Wrkg. wird vor allem einem direkten Einfl. auf die Autoxydations-Rk. von **I** zugeschrieben. Da sich aber die Reihenfolge der Wirksamkeit der Zusätze mit dem Antioxydans ändert, wird auch eine schwach synergist. Wrkg. diskutiert. Auf die Prooxydantien $CuSO_4$ u. Cu-Palmitat wirken Zusätze obiger Stoffklassen inaktivierend. Proteine bilden Komplexe mit den Cu-Ionen. — 17 Literaturangaben.

H. E. SEYFARTH. H 460□

Der Einfluß einiger Emulsionsbestandteile auf die Autoxydation von Linolsäuremethylester. Lars-Olov Spetsig. (Ark. Kemi **15.** Nr. 5. 39—44. 1960.) (Engl.) — Vgl. vorst. Referat.

Der Einfl. einiger Nahrungsmittelbestandteile u. handelsüblicher Emulsionen auf die Autoxydation von Linolsäuremethylester (**I**) wird in 1%ig. Lsg. oder Suspension untersucht. Das Ergebnis zeigt, daß die Substanzen eine sehr wichtige Rolle bei der Stabilisierung von **I** spielen. Der Einfl. ist sehr unterschiedlich. Eine ausgesprochen schädigende Wrkg. wird bei Substanzen festgestellt, die autoxydable Stoffe enthalten, z. B. essentielle Öle u. Phosphatide. Diese bilden schon beim Lagern Peroxide, deren radikal. Zers.-Prodd. die Autoxydation von **I** fördern. Eine katalyt. beschleunigende Wrkg. auf die Autoxydation ist desgleichen bei Substanzen festzustellen, die Schwermetallspuren als Häminverbb. oder Verunreinigungen enthalten. Nicht durch Schwermetallspuren verunreinigte frische Nahrungsmittel u. emulgierende Substanzen zeigen nur schwachen Einfl. u. wirken oft stabilisierend auf **I**. In einigen Fällen zeigen Gewürze (z. B. weißer Pfeffer) u. Lecithin einen oxydationshemmenden Einfluß.

H. E. SEYFARTH. H 460□

Gewinnung der höheren Alkohole C_6—C_8 aus Olefine enthaltenden Brennstofffraktionen nach der Methode der Oxosynthese. D. M. Rudkowski, A. G. Trifel und K. A. Alexejewa. (Химия и Технология Топлив и Масел [Chem. Technol. Brennstoffe Öle] **3.** Nr. 6. 17—24. Juni 1958.) (Russ.)

Untersucht wurde der Einfl. folgender Faktoren auf die Anlagerung von CO u. H_2 an die ungesätt. Verbb. C_5—C_7 der Fraktion $<100^0$ von Spaltbenzin: Konz. des Katalysators, Temp., Druck, Zus. des Synth.-Gases, Vol.-Geschw. der Zufuhr von fl. Rohstoff u. Umlauf-Geschw. des Gases. Die Kennzahlen der erhaltenen Alkohole C_6—C_8 sind: Hydroxylzahl 445 (98% Alkohol-Geh.); $D._{20}^{20}$ 0,8407; Viscosität bei 20^0 8,9 cSt; Ep. $< -70^0$; Aldehyd-Geh. 0,2%. Ihrer Struktur nach sind die erhaltenen Alkohole Verbb. der Fettreihe, bei denen verzweigte Alkohole mit 1 Methylgruppe überwiegen. Der Rückstand hat folgende Kennzahlen: Beginn des Siedens 105^0_{10}; 94% sieden bis 245^0; Molgew. 236; $D._{20}^{20}$ 0,868; Viscosität bei 20^0 16,36 cSt; 36,4% der Alkohole haben das Molgew. 236; enthalten sind 5,4% Aldehyde; 0,9% Säuren u. 14% Ester; Ep. -20^0. Eine 70%ig. Umwandlung der ungesätt. KW-Stoffe wird unter folgenden Bedingungen gewährleistet: Temp. 150—160°; Druck 150—300 atü; Konz. des Katalysators 0,2% (auf metall. Co umgerechnet); Zufuhr-Geschw. des fl. Rohstoffes 2 Vol. auf das 1 Vol. des Reaktors je Std.; Umlauf des Gases ($CO + H_2 = 1:1$) 0,7 m^3/Liter des fl. Rohstoffes.) OTTO MAIER. H 550□

Sulfonierung und Sulfatierung. Everett E. Gilbert und E. Paul Jones. (Ind. Engng. Chem., int. Edit. **52.** 629—35. Juli 1960. Morristown, N.Y., Allied Chem. Corp., Gen. Chem. Div.) (Engl.)

Übersicht über den techn. Stand der Herst. von Sulfonaten von Petroleum- u. anderen organ. KW-Stoffen sowie über die Verw. von SO_3 als Sulfonierungsmittel. — 9 Tabellen. 175 Literaturangaben. A. SANDER. H 600□

Mersole und Mersolate. Maria Sorin. (Rev. Chim. [Bucureşti] **6.** 78—85. Febr. 1955.) (Rum.)

Übersicht über die Meth. der Herst. von Alkylsulfonaten mit 12—18 C-Atomen im Mol., ihre Emulgier-, Netz- u. Wascheigg. u. ihre Verw. in der Textil-, Leder- u. Papierindustrie. R. K. MÜLLER. H 600□

Herstellung von hochreinem Cyclohexan. Harry E. Cier und M. T. Waddell. (Ind. Engng. Chem. **51.** Nr. 3. [Part I] 259—61. März 1959. Baytown, Tex., Humble Oil & Refining Co.) (Engl.)

Abtrennung eines 99%ig. Cyclohexan in einer kontinuierlich arbeitenden kombinierten Extraktions-, Dest.- u. Fraktionieranlage aus einem Gemisch mit andern aromat. u. aliphat. KW-Stoffen. Höhere Reinheitsgrade lassen sich nur unter beträchtlichen Ausbeuteverlusten erzielen. Die besten Gesamtausbeuten u. befriedigende Reinheitsgrade werden prakt. bei einer Ausbeute der Extraktionsstufe von ca. 84% erhalten. Völlige Entfernung der schweren Paraffine in der Extraktionskolonne ist unwirtschaftlich. Zur Best. der Zus. der zur weiteren Abtrennung mittels Dest. gelangenden Extrakte dient ein IR-Massenspektrometer. Die Ergebnisse der Verss. werden an 3 Diagrammen u. 6 Tabellen diskutiert. A. SANDER. H 1810□

Phasengleichgewicht für das System Cyclohexan, n-Heptan und Anilin. G. V. Jeffreys. (J. Inst. Petroleum **46.** 26—30. Jan. 1960. Univ., Birmingham. Dep. of Chem. Engng.) (Engl.)

Verss. zur Ermittlung der Gleichgewichtswerte für das Syst. Cyclohexan, n-Heptan u. Anilin werden beschrieben. Die Vers.-Ergebnisse werden einer thermodynam. Betrachtung unterzogen u. mit den experimentellen Ergebnissen anderer Autoren verglichen. K.-H. RENTROP. H 1810□

Phillips Petroleum Co., übert. von: Paul M. Waddill, Bartlesville, Okla., V.St.A., **Vakuumdestillation von Kohlenwasserstoffen.** Die KW-Stoffe werden an verschiedenen Stellen in die Vakuumzone eingebracht, wobei die einzelnen Zonen unter verschiedenem Druck stehen u. miteinander kommunizierend verbunden sind. Die kondensierten Dämpfe werden aus den einzelnen Zonen getrennt abgezogen. — Vorr., Zeichnungen. (**A. P. 2 901 425** vom 28/12. 1953, ausg. 25/8. 1959.) E. KAHLES. 6561

Christian Jutz, München, **α.β-ungesättigte Verbindungen** der allg. Formel $R_0-[C(R_3) = C(R_4)]_n-C(:O)R_5$, werden durch Rk. einer Lsg. von Verbb. der allg. Formel $(R_1)(R_2)N[C(R_3) = C(R_4)]_n-C(:O)-R_5$ mit einer Lsg. einer Organo-Li- oder Organo-Mg-Verb. der Formel R_0—Me in einem offenkettigen oder cycl. Äther (Tetrahydrouran, Dioxan, Glykoläther) unterhalb von 0^0 unter Ausschluß von Feuchtigkeit u. anschließende Zers. des Rk.-Gemisches mit verd. Mineralsäuren erhalten. (R_1 u. R_2 = gleiche oder verschiedene Alkylreste mit 1—5 C-Atomen, ggf. alkyl- oder halogensubstituierte Phenylreste oder zusammen mit dem N-Atom ein Pyrrolidin-, Piperidin-, Morpholin- oder Tetrahydrochinolinrest; R_3 = H oder niederer Alkylrest; R_4 u. R_5 H, gleiche oder verschiedene gesätt. organ. Reste, die mit R_0–Me nicht reagieren, wobei R_4 auch zusammen mit R_3 oder R_5 ein aliphat. cycl. Syst. bilden kann, das mit R_0Me nicht reagiert, n = 1 oder 2, R_0 = Alkyl, Alkenyl, Alkinyl, ein ggf. durch den Alkoxyrest substituierter Arylrest, ein Aralkyl- oder Aralkenylrest, ein ggf. durch den Alkoxyrest substituierter Aralkinylrest, oder ein heterocycl. Rest mit aromat. Charakter, Me = Li oder Mg-Halogen). Zu einer Lsg. von 11,2 (g) C_2H_5Br u. 3 Mg werden 10,2 Phenylacetylen in 50 ml Bzl. zugetropft u. bis zum Ende der Äthangas-Entw. gekocht. Bei Rk. dieser Lsg. mit 18 1-[N-Methylanilino]-propenal-(3) in 80 ml Bzl. + 80 ml Ae. wird nach dem Aufarbeiten *1-Phenylpentin-(1)-en-(3)-al-(5)*, $Kp._{0,2}$ 110°, erhalten. Analog: Phenyl–MgBr + 1-[N-Methylanilino]-propenal-(3) (I) → *Zimtaldehyd.* — p-Tolyl–MgBr + I → *p-Methylzimtaldehyd*, F. 42—43° (Methanol/W.). — p-Methoxyphenyl–MgBr + I → *p-Methoxyzimtaldehyd*, F. 59° (n-Hexan). — Biphenylyl–MgBr + I → *p-Phenylzimtaldehyd*, F. 120—121° (n-Hexan/Methanol). — β.β-Diphenylvinyl–MgBr + I → *1.1-Diphenylpentadien-(1.3)-al-(5)*, F. 69,5—70° (Methanol + W.). — β-Styryl–MgBr + I → *1-Phenylpentadien-(1.3)-al-(5)*, F. 16°. — p-Methoxyphenylacetylen–MgBr + I → *1-p-Methoxyphenyl]-pentin-(1)-en-(3)-al-(5)*, F. 49—50° (n-Hexan + Methanol/W.). — α-Naphthyl–MgBr + I → *1-[α-Naphthyl]-propenal-(3)*, F. 47—48° (aus Methanol/W. + Hexan). — β-Naphthyl–MgBr + I → *1-[β-Naphthyl]-propenal-(3)*, F. 125° (aus n-Hexan + Methanol), — α-Thienyl–MgBr + I → *1-[α-Thienyl]-propenal-(3)*, $Kp._2$ 101—102°. — p-Tolyl–MgBr + 1-[N-Methylanilino]-pentadien-(1.3)-al-(5) (II) → *1-[p-Methylphenyl]-pentadien-(1.3)-al-(5)*, F. 102—103° (n-Hexan). — p-Methoxyphenyl–MgBr + II → *1-[p-Methoxyphenyl]-pentadien-(1.3)-al-(5)*, F. 77—78° (Methanol). — β.β-Diphenylvinyl–MgBr + II → *1.1-Diphenylheptatrien-(1.3.5)-al-(7)*, F. 101° (Methanol + W.). — Phenyl–MgBr + 1-[N-Methylanilino]-buten-(1)-on-(3) (III) → *Benzylidenaceton*, $Kp._{16}$ 139—141°, F. 41° (Hexan–wss. Methanol). — Styryl–MgBr + III → *Cinnamylidenaceton*, F. 66—67° (wss. Methanol + n-Hexan). — Phenylacetylen–MgBr + III → *1-Phenylhexin-(1)-en-(3)-on-(5)*, F. 42—43° (Methanol + W.). — C_2H_5–MgBr + I → *Penten-(2)-al-(1)* = β-Äthylacrolein, $Kp._{80}$ 62—64°, n_D^{22} 1,4469. — Isopropyl–MgBr + I → *2-Methylpenten-(3)-al-(5)* = β-Isopropylacrolein, $Kp._{48}$ 59—60°, n_D^{24} 1,4396. — tert.-Butyl–MgBr + I → *2-Dimethylpenten-(3)-al-(5)*, $Kp._{50}$ 72—73°, n_D^{24} 1,4387. — n-Propyl–MgBr + I → *Hexen-(2)-al-(1)*, $Kp._{50}$ 70—72°, n_D^{24} 1,4441. — Isobutyl–MgBr + I → *2-Methylhexen-(4)-al-(6)*, $Kp._{50}$ 81 bis 83°, $n_D^{23,5}$1,4412. — n-Butyl–MgBr + I → *Hepten-(2)-al-(1)*, $Kp._{50}$ 90—91°, n_D^{19} 1,4486. — Amyl–MgBr + I → *Octen-(2)-al-(1)*, $Kp._{10}$ 69—70°, n_D^{20} 1,4470. — n-Heptyl–MgBr + I → *Decen-(2)-al-(1)*, $Kp._{1,5}$ 72—73°, n_D^{20} 1,4470. — n-Butylacetylenyl–MgBr + I → *Nonin-(4)-en-(2)-al-(1)*. — n-Butyl–MgBr + III → *Octen-(3)-on-(2)*, $Kp._{11}$ 69—70°, n_D^{16} 1,4495. — n-Butylacetylen–MgBr + III → *Decin-(5)-en-(3)-on-(2)*, $Kp._1$ 70°, $Kp._{2,7}$ 85°, $Kp._3$ 90°, n_D^{17} 1,5050. — Hexen-(3-cis)-yl-(1)–MgBr + I → *Nonadien-(2-trans-6-cis)-al-(1)*, $Kp._{11}$ 89—90°. — Phenyl–MgBr + Diäthylaminomethylencyclohexanon → *2-Benzylidencyclohexanon-(1)*, F. 55—56° (n-Hexan). — Phenyl–MgBr + 2-Piperidinopenten-(2)-on-(4) (IV) → *β-Methylbenzylidenaceton*, F. 36—37° (n-Hexan). — CH_3–MgBr + IV → *2-Methylpenten-(2)-on-(4)*, = *Mesityloxid*, Kp. 130—131°. (**D. A. S. 1 114 798** Kl. 12o vom 3/12. 1958, ausg. 12/10. 1961.) A. JAHN. H 460

Farbwerke Hoechst Akt.-Ges., vormals Meister Lucius & Brüning, Frankfurt/M. (Erfinder: Willy Seidel, Burg Kirchen/Alz, und Wolfgang Knoblauch, Burghausen/Salzach), **Herstellung farbloser oder nur schwach gefärbter Anlagerungsprodukte der Alkylenoxide an organische Verbindungen,** die wenigstens 1 bewegliches H enthalten, durch Rk. der organ. Verbb. mit Alkylenoxiden in Ggw. alkal. wirkender Katalysatoren, ggf. bei erhöhtem Druck u. erhöhter Temp., dad. gek., daß vor Beginn der *Hydroxyalkylierung* geringe Mengen, bes. 0,1—1 Gew.-%, eines Oxydationsinhibitors (I) bzw. Red.-Mittel, bezogen auf die Ausgangs-Verb., dem Rk.-Gemisch zugesetzt werden. Als I werden bes. N_2H_4, NH_2OH, (unter)-phosphorige Säure sowie deren Salze bzw. Ester verwendet. Hat die Ausgangs-Verb. saure oder bas. Rk., soll I oder das Red.-Mittel die gleiche Rk. aufweisen. Als Rk.-Komponenten für die Auslagerungs-Prodd. sind in Beispielen u. a. genannt: Stearinsäure, Triäthanolamin, Octadecylamin, Octadecenylamin, Cocosfettamin, Polyäthylenglykol, Dipropylenglykol, Polybutylenglykol, Tributylphenol, Ölsäure, Cocosfettsäure u. Oleylalkohol einerseits u. Äthylenoxid, Propylenoxid u. Butylenoxid andererseits. Außer den unter I angeführten Zusätzen werden z. B. Hydrazinhyphosphit aus $N_2H_4 \cdot H_2O + H_3PO_2$, $Na_2S_2O_4$ u. $(NH_2)_2CS$ eingesetzt. Als Katalysator dient KOH. Aus den gegenübergestellten Vgl.-Beispielen geht die starke Unterdrückung von Verfärbungen hervor. — Tabellen. (**D. A. S. 1 090 433** Kl. 39c vom 30/5. 1958, ausg. 6/10. 1960.) H. SCHINDLER. H 460

Columbia-Southern Chemical Corp. (Erfinder: Francis William Theis, Pittsburgh, Pa., Kenneth Will Richardson, Douglas Henry Eisenlohr, Barberton, und Robert Duke Shelton, Cincinnati, Ohio), V.St.A., **Herstellung von Tri- und Tetrachloräthylen** durch Behandlung von Tetrachloräthan (I) mit Cl_2 bei hohen Temp. in Ggw. von Dehydrochlorierungskatalysatoren, dad. gek., daß ein Gasgemisch aus bes. 0,4—1 Mol Cl_2 u. 1 Mol I durch mindestens 2 hintereinandergeschaltete Katalysatorschichten (mit $BaCl_2$, $SrCl_2$, $CaCl_2$, $CdCl_2$, $CuCl_2$, $MgCl_2$ oder anderen Salzen 2wertiger Metalle imprägnierte poröse Trägerstoffe, wie akt. Kohle) geleitet wird, wobei in der ersten Schicht bei 205—370°, bes. 230—345°, im wesentlichen sämtliches Cl_2 verbraucht wird, während in der 2. Schicht unter Vermeidung des Zurückfließens des Rk.-Gemisches bei $>$205°, bes. bei 205—290°, jedoch bei einer um ca. 17—70° tiefer liegenden Temp. als in der 1. Schicht mit einer Verweilzeit von mindestens 6 Sek. zu Ende dehydrochloriert wird. Zweckmäßig werden längliche rohrförmige Rk.-Gefäße mit mindestens 0,9 m Länge u. $<$7,5 cm Ø verwendet. Die Bldg. von Neben-Prodd. wird weitgehend vermieden. (**D. A. S. 1 111 169** Kl. 12o vom 19/4. 1958, ausg. 20/7. 1961.)
W. GRÄGER. H 520

Knapsack-Griesheim Akt.-Ges. (Erfinder: Kurt Sennewald, Franz Pohl, Knapsack, Heinrich Rehberg, Efferen, und Hermann Glaser, Knapsack), **Isopren und Butadien.** Das mit einem inerten Lsgm. (Bzl., Toluol, aliphat. KW-Stoffe, Äther) verd. Isobutylen (I) bzw. Propylen (II) wird kontinuierlich im Gegenstrom zu einem Gemisch aus 10—40, bes. 15—25%ig. wss. H_2SO_4 u. wss. 0,1—15%ig. HCHO bei 20—100, bes. 30—60°, u. 1—10, bes. 4—5 at, geleitet; die kontinuierlich als Überlauf abgezogene, organ. Schicht wird nach dem Neutralisieren durch Dest. in Lsgm., das am Kopf abgezogen wird, u. in entstandenes 4-Mono- oder -Dimethyl-1.3-dioxan, das am Boden abgezogen wird, getrennt. Dioxan wird im Dampfzustand bei erhöhter Temp. in Ggw. von Wasserdampf u. wasserabspaltend wirkenden Katalysatoren (vgl. D. A. S. 1 088 478; C. **1961. 9591**) in Isopren (III) bzw. Butadien (IV) gespalten, die Spaltdämpfe werden nach dem Verflüssigen in eine HCHO-haltige Schicht u. in Roh-III bzw. -IV getrennt. Diese Schicht wird destilliert. Als Neben-Prodd. entstehen tert.-Butanol bzw. Isopropanol, die bei der Spaltung wieder in I u. II übergehen. Die Aufarbeitung von III u. IV erfolgt bes. 2stufig, wobei am Kopf der Kolonne zuerst I u. II u. dann III u. IV abgenommen wird, während das zurückbleibende Dioxan-Deriv. in den Kreislauf zurückgeführt wird. Die abfließende wss. H_2SO_4 wird im Vakuum, bes. in einem Dünnschichtverdampfer, $<$100°, bes. im Wärmeaustausch mit den heißen Spaltgasen auf ca. 40% konz. u. in den Kreislauf zurückgeführt. Die Anlagerung von HCHO an I u. II erfolgt nach der PRINS-Rk. u. nach dem anderen Verf. in Ggw. von 10—40, bes. 15—30%ig. H_3PO_4, bei 50—100° u. 5—20 at, die nach dem Abtrennen wie H_2SO_4 wieder konz. wird. — Nach einem weiteren Verf. erfolgt die Rk. von I u. II mit wss. HCHO in einer Pulsationskolonne im Gegenstrom. In den oberen Teil wird konz. Säure u. wss. HCHO u. in den unteren Teil mit inerten Lsgm. verd. I u. II eingeführt. Das aus 2 Schichten bestehende Gemisch wird durch eine Pumpe in pulsierende Schwingungen versetzt u. dadurch durch die Siebböden der Kolonne gepreßt, wodurch ein inniges Gemisch der beiden nicht oder nur wenig miteinander mischbaren Schichten erfolgt. Im oberen Ausscheideraum der Kolonne wird Dioxan u. das Lsgm. u. am Boden des unteren Abscheideraumes die wss. Schicht abgezogen. Als Säuren sind noch verwendbar: CH_3COOH, Phosphorwolframsäure u. wss. $ZnCl_2$. Als I u. II können auch diese enthaltende Crackfraktionen, die noch n-Butan, Isobutan u. n-Buten als Verdünnungsmittel enthalten, verwendet werden. — Fließbilder. (**D. A. SS. 1 114 474** Kl. 12o vom 10/2. 1958, ausg. 5/10. 1961, **1 119 846** Kl. 12o vom 30/7. 1958 u. **1 119 847** Kl. 12o [Zusatz-Anmeldungen] vom 9/9. 1958, beide ausg. 21/12. 1961.) G. KRAUSS. H 520

Badische Anilin- & Soda-Fabrik Akt.-Ges., Ludwigshafen/Rh., übert. von: Erwin Lehrer, Bad Dürkheim, und Karl Buschmann, Neustadt/Weinstraße, **Herstellung von Acetylen** durch unvollständige Verbrennung von KW-Stoffgasen mit O_2, dad. gek., daß die KW-Stoffe u. O_2 getrennt vorerhitzt, gemischt u. an einer Rk.-Düse, deren Oberfläche aus einer 5—25 (%) Cr, 0,5—2 Al u. 0,4—3 Si enthaltenden Fe-Leg. besteht, entflammt werden, wonach das Rk.-Prod. sofort rasch abgekühlt wird. — Zeichnungen. (**Can. P. 551 874** vom 9/6. 1955, ausg. 21/1. 1958.)
EBERHARD RIEDEL. H 530

British Oxygen Co. Ltd., London, England (Erfinder: John Baxter Gardner), **Abtrennung von Acetylen aus dieses enthaltenden Gasen,** die z. B. durch Pyrolyse oder teilweise Verbrennung von CH_4 gewonnen werden, erfolgt durch Extraktion mit einem Lsgm., bes. Aceton oder $HCON(CH_3)_2$, bei —30 bis —100°, wobei das Kühlmittel mit verflüssigtem CH_4 oder Naturgas gekühlt wird. — Fließbild, Zeichnung. (**E. P. 813 562** vom 5/3. 1957, ausg. 21/5. 1959.) G. KRAUSS. H 530

Shell Development Co., Emeryville, übert. von: Russel L. Maycock, Oakland, und Clarence L. Dunn, Berkeley, Calif., V.St.A., **Gewinnung von Äthanol** durch Rk. von C_2H_4/Wasserdampf-Gemischen in Ggw. saurer Katalysatoren. Das gebildete saure Rk.-Kondensat wird mit Alkalien auf pH 6,5—7,5 gebracht, dest., das Destillat in Ggw. von Ni-Katalysator hydriert u. fraktioniert dest., wobei A. mit einer Permanganatzeit von ca. 30 Min. erhalten wird. (**Can. P. 551 374** vom 10/2. 1955, ausg. 7/1. 1958. A. Prior. 23/9. 1947.) EBERHARD RIEDEL. H 560

Union Carbide Corp., übert. von: Amelio E. Montagna und Donald H. Hirsh, South Charleston, W. Va., V.St.A., **1.3-Alkadienäther** der allg. Formel I werden durch Alkoholabspaltung aus aliphat. Triäthern der allg. Formel II in Ggw. eines sauren Katalysators (H_3PO_4, H_2SO_4, Toluol- u. Benzolsulfonsäure, $ZnCl_2$, $CuSO_4$, Cu-Phosphat, $AlCl_3$ u. mit Säuren aktivierte Tone) bei 70—250°, bes. 100—200°, erhalten: $R-CH(R_1)-CH(OR_3)-CH(R_2)-CH(OR_3)_2$ (II) → $R-C(R_1)=CH-C(R_2)=CH-OR_3$ (I; R, R_1, R_2 = H, Alkyl mit 1—6 C-Atomen; R_3 = Alkyl mit 1—10 C-Atomen). — Aus 500 g 1.1.3-Trimethoxybutan in Ggw. von 0,2% H_3PO_4 unter CH_3OH-Abspaltung → *1-Methoxybutadien-(1.3)*, $Kp._{760}$ 90,9°; 97%. — 1.1.3-Triäthoxyhexan → *1-Äthoxyhexadien-(1.3)*, $Kp._{100}$ 100°; 93%. — 1.1.3-Triallyloxybutan → *1-Allyloxybutadien-(1.3)*; isomerisiert teilweise zu *2-Vinylpenten-(4)-al*. — 1.1.3-Tris-[2-methoxyäthoxy]-butan → *1-[2-Methoxyäthoxy]-butadien-(1.3)*, $Kp._3$ 41°; 78,6%. — 1.1.3-Trimethoxy-2-äthylbutan → *1-Methoxy-2-äthylbutadien-(1.3)*, $Kp._{100}$ 72°; 55%. — 1.1.3-Triäthoxy-2-äthyloctan → *1-Äthoxy-4-äthyloctadien-(1.3)*, $Kp._1$ 67°; 72%. — 1.1.3-Tris-[2-äthylhexoxy]-butan → *1-[2-Äthylhexoxy]-butadien-(1.3)*, $Kp._1$ 61,5°; 88%. — 1.1.3-Triäthoxyhexan → *1-Äthoxyhexadien-(1.3)*; 37,9%. II entstehen durch Rk. von α.β-ungesätt. Aldehyden mit Alkanolen in Ggw. eines sauren Katalysators (BF_3, FRIEDEL-CRAFTS-Katalysator). Als Polymerisationsverzögerer können zugesetzt werden: Butyl-p-aminophenol, Hydrochinon, Isobutyl-p-aminophenol, Methylenblau. — *Zwischenprodd.*, bes. zur Herst. von *Addukten* aus Dienen nach DIELS-ALDER, *Polymeren* u. *Mischpolymeren*, bes. zur Gewinnung von *trocknenden Ölen, Firnissen* u. *vulkanisierbaren Harzen*. (**A. P. 2 905 722** vom 24/4. 1956, ausg. 22/9. 1959.) G. KRAUSS. H 560

National Distillers & Chemical Corp., New York, N.Y. (Erfinder: Stuart Schott, Edwin Alfred Allgeier, Charles E. Frank und John F. Nobis, Cincinnati, Ohio), V.St.A., **Ungesättigte und gesättigte Glykole**, deren OH-Gruppen durch mindestens 4 C-Atome, bes. 6 oder 8 C-Atome, voneinander getrennt sind, entstehen dadurch, daß ein aliphat. Diolefin, bes. mit 4—8 C-Atomen, u. konjugierten Doppelbindungen in Ggw. eines fein verteilten Alkalimetalls, eines Methylalkyläthers mit 1—3 C-Atomen im Alkyl oder eines acycl. oder cycl. Polyäthers (Äthylenglykoldialkyläther, Trimethylglycerintrimethyläther) dimerisiert, die entstandenen Dialkalialkadiene mit 2 Mol eines aliphat., aromat. oder heterocycl. Aldehyds oder Ketons, bes. mit 1—8 C-Atomen, oder einem aliphat. oder aromat. Epoxid bei —50 bis +50°, bes. —50 bis 0°, umgesetzt, die entstandenen Glykolate durch Behandeln mit W. oder Alkoholen in die freien ungesätt. Glykole übergeführt u. diese dann zu den gesätt. Glykolen hydriert werden. Nach dem anderen Verf. wird das Dialkalialkadien bei der vorst. genannten Temp. oxydiert, bes. mit O_2, Luft, O_3, Peroxiden, Persulfaten, N-Oxiden oder aromat. Nitro-Verbb., u. die entstandene Metall-Verb. anschließend hydrolysiert. Die Dimerisierung erfolgt bei —20 bis —50°, bes. in Ggw. von 0,1—10% eines Aktivierungsmittels, wie polycycl., aromat. Verbb. (Naphthalin, Phenanthren, Diphenyl, Terphenyle, Dinaphthyl, Tetraphenyläthylen), u., falls die Rk. in einer Kugel- oder Mahlkörpermühle durchgeführt wird, in Ggw. eines abreibbaren Mittels (NaCl, Na_2SO_4, Metalloxide, Sand, Kieselgur, Rutil, Graphit). Die Glykole entsprechen den allg. Formeln $HOCH(R_3)CH_2[CH_2C(R)=C(R_1)CH_2]_{(2-n+m)}[C(R_2)(R_4)CH_2]_m[CH_2C(R_2)(R_4)]_n \cdot CH_2CH(R_3)OH$ (I) u. $HOC(R_3)(R_4)[CH_2C(R)=C(R_1)CH_2]_{2-(n+m)}[C(R_2)(R_5)CH_2]_m[CH_2 \cdot C(R_2)(R_5)]_nC(R_3)(R_4)OH$ (II) (n u. m = 0 oder 1; R, R_1, R_2 u. R_3 = Alkyl, Aryl, Aralkyl, Alkaryl, H; R_4 in I = Alkenyl, in II = R; R_5 = Alkenyl). — Aus Butadien-(1.3) u. Na in Isooctan in Ggw. von Dimethyläther u. 1—2% Terphenyl bei —25° → Di-Na-Octadien, daraus mit HCHO bei —25° u. Hydrieren in A. in Ggw. von Pt → *2.5-Diäthylhexandiol-(1.6)*, $Kp._1$ 131—139°; *2-Äthyloctandiol-(1.8)*, $Kp._1$ 139—150°, $C_{10}H_{22}O_2$, *Bis-3.5-dinitrobenzoat*, $C_{24}H_{26}N_4O_{12}$, F. 97—99°, u. *Dekamethylenglykol-(1.10)*, $Kp._1$ 151 bis 172°, F. 70—72°. — Acetaldehyd → Gemisch aus $CH_3CH(OH)(CH_2)_8CH(OH)CH_3$, $CH_3CH(OH)(CH_2)_5CH(CH_2CH_3)CH(OH)CH_3$ u. $CH_3CH(OH)CH(CH_2CH_3)CH_2CH_2CH \cdot (CH_2CH_3)CH(OH)CH_3$. — Propionaldehyd → Gemisch aus *Glykolen* mit 14 C-Atomen, Kp. $_{0,05}$ 125—136°. — Aceton — Gemisch aus Glykolen mit 14 C-Atomen. — Äthylenoxid → Gemisch aus *3.6-Diäthyloctandiol-(1.8)*, $Kp._{0,5}$ 135—140°; *3-Äthyldecandiol-(1.10)*, $C_{12}H_{26}O_2$, $Kp._{0,03}$ 127—129°, u. *Dodecandiol-(1.12)*, F. 79—80°. Die Trennung der Glykole erfolgt durch Acetylierung des Gemisches, fraktionierte Dest. u. Verseifung. — Propylenoxid → *4.7-Diäthyldecandiol-(2.9)*, $Kp._{0,02}$ 115—120°; *4-Äthyldodecandiol-(2.11)*, $Kp._{0,02}$ 141—145°, u. *Tetradecandiol-(2.13)*, F. 63—65°, $Kp._{0,02}$ 145—148°. — Isopren → Di-Na-Decadiene + Äthylenoxid → Gemisch aus *Glykolen* mit *14 C-Atomen*, $Kp._{0,02}$ 148—155°, die sich wegen der nahe beieinanderliegenden Kpp. kaum trennen lassen, die vermutlich aus *4.9-*, *5.8-* u. *4.8-Dimethyldodecandiol-(1.13)*, *3-Isopropyl-6-* oder *-7-methyldecandiol-(1.10)* besteht. — Aus Di-Na-Octadien durch Oxydation mit O_2 bei —23° u. Hydrieren des Rk.-Gemisches in Ggw. von 5% Pd/Kohle → *Octandiol-(1.8)*, F. 59—60°; *Bis-phenylurethan*, F. 169—170°, *Octandiol-(1.6)*, $Kp._{760}$ 235—240°, u. *Octandiol-(3.6)*, $Kp._{760}$ 230—235°. — Ferner können umgesetzt werden: Dimethylbutadien, Pentadiene, Methylpentadien-(1.3) mit K u. Butyr-, Isobutyr-, Octyl-, 2-Äthylhexyl-, Benz-, Salicyl-, Anis-, Zimt-, Acrolein-, Crotonaldehyd, Furfurol, Piperonal, Vanillin, Methyläthylketon, Diäthylketon, Acetophenon, Benzophenon, Methylvinylketon, Mesityloxid, Phoron, Benzochinon oder deren Gemischen. — Vgl. D. A. S. 1 072 239; C. **1960.** 13522. — Zwischenprodd., bes. zur Herst. von ungesätt. Polyestern u. Alkydharzen, gesätt. Polyestern, Weichmachern, Schmiermitteln u. Polyurethanen. (**D. A. S. 1 081 881** Kl. 12o vom 10/12. 1954, ausg. 19/5. 1960. A. Prior. 16/12. 1953. **A. PP. 2 850 538, 2 850 539** vom 16/12. 1953 u. **2 850 540** vom 22/3. 1955, alle ausg. 2/9. 1958.) G. KRAUSS. H 570

Frank Joseph Sowa, Cranford, N.J., V.St.A., **Borsäure- oder Halogenborsäureester** werden bei der Rk. von Borhalogeniden (Chloride, Bromide u. Jodide) mit Verbb. der allg. Formel ROH (R = Alkyl-, Alkylen-, Aralkyl- oder Arylgruppe oder Glycerin- oder Glykolreste) in Ggw. aliphat. Amine, Amide, wie Harnstoff oder Thioharnstoff, bei $<100°$ erhalten. — BCl_3, Harnstoff u. Isopropylalkohol werden auf 37° erhitzt u. nach 3 Std. abgekühlt. Es werden 3 Schichten erhalten, wobei die oberste Schicht fast reines *Triisopropylborat* enthält u. zwischen 138 u. 143° abdest. wird. Die 2. Schicht besteht aus dem Harnstoff·HCl-Komplex in Isopropylalkohol, während die letzte Schicht aus dem festen Addukt des Harnstoffs mit HCl besteht. — Auf analoge Weise wird *Tri-tert.-butylborat*, $Kp._{41}$ 45—50°, erhalten. (**A. P. 2 953 592** vom 7/5. 1958, ausg. 20/9. 1960. **E. P. 840868** vom 16/5. 1958, ausg. 13/7. 1960. A. Prior. 7/5. 1958.) G. KÖNIG. H 590

Armour & Co. (Erfinder: Richard August Reck und Ralph Petlow Arthur), Chicago, Ill., V.St.A., **Höhermolekulare α.β-ungesättigte Aldehyde** werden durch Aldol-Kondens. von monomeren Aldehyden bei 110—115° u. 15 Torr in Ggw. von Cr-, Mn-, Fe-, Co-, Ni- oder Cu-Salzen von Fettsäuren mit 6—22 C-Atomen als Katalysatoren erhalten. Aus dem entstandenen Aldol wird anschließend W. abgespalten, das im Maße seiner Bldg. abdest. wird. — Vgl. F. P. 1 174 380; C. **1961.** 2093. (**D. A. S. 1 084 711** Kl. 12o vom 16/4. 1957, ausg. 7/7. 1960. **E. P. 831 823** vom 23/4. 1957, ausg. 30/3. 1960. **Belg. P. 557 085** vom 29/4. 1957, ausg. 11/3. 1960. Alle A. Prior. 7/5. 1956.) G. KRAUSS. H 670

Badische Anilin- & Soda-Fabrik Akt.-Ges. (Erfinder: Walter Stilz und Horst Pommer), Ludwigshafen/Rh., **α,β-ungesättigte Nitrile** werden durch Rk. einer Verb. der allg. Formel $RO-P(=O)(OR_1)-CH(R_2)-CN$ mit einem Aldehyd oder Keton in Ggw. eines bas. Mittels (Alkali-, Erdalkalihydroxide, -alkoholate, Amide, starkbas. Amine, Ionenaustauscher mit OH-Gruppen) u. bes. eines Lsgm. (KW-Stoffe, Alkohole, Äther, Amide), bes. bei 0—100° erhalten (R, R_1 u. R_2 = H, gleiches oder verschiedenes, gesätt. oder ungesätt. Alkyl, Cycloalkyl, Aralkyl, Aryl; R u. R_1 können mit den beiden O-Atomen auch einen heterocycl. Ring bilden). — Aus 152 (Teilen) Chloracetonitril u. 365 Triäthylphosphit zuerst bei 150° unter Abdestillieren des gebildeten Äthylchlorids, dann noch ½ Std. lang bei 180° → Cyanmethylphosphonsäurediäthylester (I, „Phosphonacetonitril"), $Kp._{0,4}$ 101—102°; aus 40 davon, 40 β-Jonon u. 30 Dimethylformamid in Ggw. von 50 30%ig. methanol. CH_3ONa u. 20 Dimethylformamid bei höchstens 50° u. Neutralisieren mit Eisessig bis pH 7 → *β-Jonylidenacetonitril*, $Kp._{0,25}$ 111 bis 111,5°; 87% (Ausbeute). — Benzophenon + I → *β.β-Diphenylacrylsäurenitril* (II), $Kp._{0,01}$ 114—117°, F. 47—48°; 89%. — α-Cyclohexylidencyclohexanon + I → *α-Cyclohexylidenylcyclohexylidenacetonitril*, $Kp._{0,1}$ 110—114°; 86%. — Methylglyoxaldimethylacetal + I → *1.1-Dimethoxy-2-methyl-3-cyanpropen-(2)* (= β-Formylcrotonsäurenitrildimethylacetal), $Kp._{2}$ 63—64°; 89%. — Tetrahydrofuranoyloxyaceton + I → *γ-Tetrahydrofuranoyloxy-β-methylcrotonsäurenitril*, $Kp._{0,4}$ 87—87,5°; 79%. — Benzaldehyd + I → *Zimtsäurenitril*, $Kp._{0,2}$ 81—82°; 73%. — Propionaldehyd + I → *γ-Methylcrotonsäurenitril*, $Kp._{90}$ 68—72°; 83%. — Tripropylphosphit + Chloracetonitril → Cyanmethylphosphonsäuredipropylester + Benzophenon → **II**; 86%. — I + CH_3J in Ggw. von K-tert.-Butylat → α-Methylcyanmethylphosphonsäurediäthylester, $Kp._{0,3}$ 87 bis 89°, + Terephthalaldehyd → *1.4-Bis-[2'-cyanpropen-(1')-yl-(1')]-benzol*, aus Essigester →

cis-trans-Isomerengemisch, farblose Blättchen, F. 132—144°. — 30%ig. HCHO + I → *Acrylsäurenitril*; 9%. — Vinylmethylketon + I → *1-Cyan-2-methylpentadien-(1.3)*, $Kp._{24}$ 60—62°; n_D^{20} 1,4982; 7,3%, harzartiger Rückstand. — Phenylpropargylaldehyd + I → *1-Cyan-4-phenylbuten-(1)-in-(3)*, $Kp._{12}$ 101—103°; 18%. — Ferner können umgesetzt werden: α-Cyanäthyl-, α-Cyanisopropyl-, α-Cyantolylphosphonsäurediäthylester u. cycl. Cyanmethylphosphonsäurepropandiol-(1.3)-ester oder -äthylenglykolester mit Acet-, Butyr-, Isobutyr-, Croton-, p-Nitrobenz-, 2.6-Dichlorbenz-, p-Dimethylaminobenz-, Anthrachinon-2-, 1-Naphth-, Salicyl-, 9-Chloranthracen-10-, 2-Äthoxynaphthalin-1-, Pyridin-2- u. -3- u. -4-, Chinolin-2- u. -4-, Anthracen-9-, Phenylacetaldehyd, Acrolein, α-Methylacrolein, Hexadienal, Octatrienal, Piperonal, Fluorenon-(9), Aceton, Butyron (= Di-n-propylketon), Methyläthylketon, Cyclocitral, α-Jonon, Pseudojonon, Citral, Glyoxylsäure, -ester, Glyoxal, Glykolaldehyd, die veräthert oder verestert sein können, Acetessig-, Oxomalonsäuredi-, Oxalessigsäurediester, Phenylpentadienal, β-Äthoxy-, α-Methyl-β-äthoxy-, α-Methyl-β-acetoxy-, α-Methyl-β-chloracrolein, β-Chlorvinyl-, β-Methoxyvinylmethylketon, Chloracetaldehyd, β-Formylacrylsäure, -ester, β-Formylcrotonsäureester, Propargylaldehyd, Butin-(1)-on-(3), 4.4-Dihydroxyäthylenpentan-(3)-al-(1), 4-Acetoxypenten-(3)-al-(1), Maleindialdehyd, Tetrolaldehyd (= Methylpropiolaldehyd), 5-Acetoxy-4-methylpentadien-(2.4)-al-(1), 5-Carbomethoxy-4-methylpentadien-(2.4)-al-(1), 4-Methylhexadien-(2.4)-al-(1), 6-Dimethylamino-4-methylhexadien-(2.4)-al-(1), 7-Äthoxy-4-methylheptatrien-(2.4.6)-al-(1), 7-Carbäthoxy-4-methylheptatrien-(2.4.6)-al-(1), 4-Methyloctatrien-(2.4.6)-al-(1), 9-Carboxy-4.8-dimethylnonatetraen-(2.4.6.8)-al-(1), 4.8-Dimethyldecatetraen-(2.4.6.8)-al-(1), 9-Carboxy-4.9-methylnonatetraen-(2.4.6.8)-al-(1), 13-Carboxy-4.8.12-trimethyltridecahexaen-(2.4.8.10.12)-al-(1), 4.8-Dimethyldodecatetraen-(2.4.8.10)-in-(6)-dial-(1.12), 4.8-Dimethyldodecapentaen-(2.4.6.8.10)-dial-(1.12), 2.7-Dimethyloctadien-(2.6)-in-(4)-dial-(1.8), 2.7-Dimethyloctatrien-(2.4.6)-dial-(1.8), 2.6.11.15-Tetramethylhexadecaheptaen-(2.4.6.8.10.12.14)-dial-(1.16), 5-[2'.6'.6'-Trimethylcyclohexen-(1')-yl-(1')]-3-methylpentadien-(2.4)-al-(1), 8-[2'.6'.6'-Trimethylcyclohexen-(1')-yl-(1')]-6-methyloctatrien-(3.5.7)-on-(2) u. 6-Methylhepten-(5)-on-(2). — Bodenverbesserungsmittel u. Zwischenprodd. zur Herst. von Farbstoffen u. Arzneimitteln. (**D. A. S. 1 108 208** Kl. 12o vom 4/3. 1959, ausg. 8/6. 1961.) G. KRAUSS. H 800

Distillers Co. Ltd., Edinburgh, England (Erfinder: John Southwood und Kenneth Bricknell), **Acrylsäureester** werden durch Verestern oder Umestern von Acrylsäuren oder deren Estern der allg. Formel $CH_2=C(X)-COOR$ (X u. R = H, Methyl, Äthyl, Propyl, Butyl) mit „Laurylalkoholen" (Gemischen aus Alkoholen mit 10—20 C-Atomen) in Ggw. von bes. 2—4% Brenzcatechin als Polymerisationsverzögerer, >0,25% eines Veresterungskatalysators (H_2SO_4, p-Toluolsulfonsäure) u. ggf. eines Schleppmittels für W. oder den abzuspaltenden Alkohol (Bzl., Methacrylsäuremethylester), bes. bei 90—150° erhalten. Das Rk.-Gemisch wird mit wss., bes. 5—10%ig., Alkali gewaschen, um den Verzögerer zu entfernen, bes. über Diatomeenerde filtriert u. anschließend das Lsgm. oder der nicht umgesetzte Bestandteil abdestilliert. Die Rk. wird bes. in Ggw. von Aktivkohle durchgeführt. Durch die besondere Aufarbeitung wird die Anspringzeit bei der Polymerisation verkürzt. — Methacrylsäuremethylester → *Methacrylsäure„lauryl"ester*; Ausbeute 96,5%. — *Zwischenprodd.* zur Herst. von *Polymeren* u. Mischpolymeren. (**E. P. 806 197** vom 27/6. 1956, ausg. 23/12. 1958.) G. KRAUSS. H 810

E. I. du Pont de Nemours & Co. (Erfinder: George Robert Coraor und Walter Zygfried Heldt), Wilmington, Del., V.St.A., **Nitrilgruppen enthaltende organische Verbindungen** werden durch Anlagern von fl. HCN an die Doppelbindung von Olefinen der allg. Formel $R-C(R')=C(X)-R''$ (R, R' u. R'' = H, Alkyl, Cycloalkyl, Aryl, Alkaryl, Aralkyl; X = CN, —CO, $-NO_2$, Carbalkoxy oder Carboxy) in fl. Zustand unter Druck bei 60—150° in Ggw. einer Ni-Cyanidkomplex-Verb. der allg. Formel $MNi(CN)_4$ (M = entweder 4-Alkali- oder 2-Alkali- u. 1 Erdalkaliatom) als Katalysator erhalten. Dieser kann nach EASTES u. BURGES (J. Amer. chem. Soc. **64**. [1942.] 1187) hergestellt werden. — Aus 0,79 Mol $CH_2=CHCOOC_2H_5$ u. 0,65 Mol HCN in Ggw. von 0,002 Mol $K_4Ni(CN)_4$ bei 150° unter 35 at N_2-Druck nach 3 Std. → *β-Cyanpropionsäureäthylester*; fast quant. (Ausbeute). — $CH_2=CHCN$ → *Bernsteinsäuredinitril*, fast quantitativ. — Mesityloxid → *4-Cyan-4-methylpentanon-(2)*. — β-Nitrostyrol → *1-Phenyl-2-nitropropionitril*. — Methacrylsäuremethylester + HCN in Ggw. von $CaK_2Ni(CN)_4$ [aus $CaNi(CN)_4$ u. K in fl. NH_3 bei —30°] → *3-Cyan-2-methylpropionsäuremethylester*. (**D. A. S. 1 108 689** Kl. 12o vom 4/4. 1959, ausg. 15/6. 1961.) G. KRAUSS. H 820

Allied Chemical & Dye Corp., New York, N.Y., übert. von: William J. McGraw, Florham Park, N.J., V.St.A., **Herstellung von α-Alkyliden-γ-lactonen**, bes. von *α-Methylen-γ-butyrolacton* u. *α-Methylen-γ-valerolacton*, durch Red. von α-Acylγ-lactonen u. anschließende Wasserabspaltung in der Dampfphase in Ggw. von dehydratisierenden Mitteln. (**Can. P. 551 859** vom 16/2. 1948, ausg. 21/1. 1958. A. Prior. 3/3. 1947.) EBERHARD RIEDEL. H 850

Ajinomoto Co., Inc. (Erfinder: Jiro Kato, Hachiro Wakamatsu, Tokyo, und Hitoshi Ishiwara, Yokosuka City), Japan, **β-Cyanpropionaldehyd** wird durch Rk. von $H_2C{=}CHCN$ mit CO u. H_2 in Ggw. von Co-Carbonyl u. einem polaren Lsgm. (A., Isopropanol, Aceton, Dioxan, Äthylenglykoläther), das bes. etwas W. enthält, erhalten; 82% Ausbeute. — Zwischenprod. zur Herst. von Glutaminsäure. (**D. A. S. 1 108 199** Kl. 12o vom 8/10. 1957, ausg. 8/6. 1961. Jap. Prior. 31/7. 1957.) G. KRAUSS. H 860

American Cyanamid Co., New York, N.Y., übert. von: Ingenuin Hechenbleikner, Stamford, Conn., V.St.A., **Guanylchlorformamidinhydrochloride** der Formel $X(Z)N-C(:NH)-N{=}C(Cl)-N(Z)X$ (X = Alkyl- oder Arylrest; Z = H oder Alkylrest), bes. *ω.ω'-Di-tert.-butyl-*, *ω.ω'-Di-tert.-octylguanylchlorformamidin-* u. *ω.ω'-Dimethyl-ω.ω'-diphenylguanylchlorformamidinhydrochlorid*, werden beschrieben. (**Can. P. 551 201** vom 5/2. 1954, ausg. 7/1. 1958. A. Prior. 29/5. 1953.) EBERHARD RIEDEL. H 880

Badische Anilin- & Soda-Fabrik Akt.-Ges. (Erfinder: Heinz Eilingsfeld, Matthias Seefelder, Hans Weidinger), Ludwigshafen/Rh., **Herstellung von Carbonsäureamidacetalen.** Halogenide von anorgan. Säuren (I) werden mit Carbonsäureamiden vom Typus $R_1R_2N-COR_3$ umgesetzt u. das erhaltene Carbonsäureamidhalogenid mit einem Alkoholat (II) behandelt. Hierbei sind R_1, R_2 u. R_3 aliphat., cycloaliphat., araliphat. oder aromat. Reste, R_3 kann außerdem ein H-Atom oder ein heterocycl. Rest sein, ferner können $R_1 + R_2 + N$ oder $R_1 + R_3 + N$ einen heterocycl. Ring darstellen. — Beispiele für **I**: PCl_3, PCl_5, PBr_3, $COCl_2$, $POCl_3$, $SOCl_2$ u. $SOBr_2$; Beispiele für **II**:Alkali-Derivv. von CH_3OH, A., Butanol, Hexylalkohol, Cyclohexanol, β-Phenyläthylalkohol, $(C_2H_5O)_2Mg$ u. Al-Isopropylat. Die Rkk. werden bei -20 bis $+30^0$ mit 5—10%ig. Überschuß an **I** in inerten Lsgm., wie Bzl., Toluol, CCl_4 oder Dichloräthylen, durchgeführt, wobei das Rk.-Prod. ausfällt. Es wird in demjenigen Alkohol dispergiert, von dem sich **II** ableitet u. unter Kühlung mit **II** in geringem Überschuß versetzt. Nach Abfiltrieren des NaCl-Nd. wird das Rk.-Gemisch fraktioniert. — Beispiele: Dimethylaminodiäthoxymethan, Kp. 135—137°; 2.2-Diäthoxy-N-methylpyrrolidin, $Kp._{18}$ 65—67°; 2.2-Dimethoxy-N-methylpyrrolidin, $Kp._{18}$ 51—52°; Diäthylaminodiäthoxymethan, Kp. 160—162°; Dimethylaminodiäthoxyphenylmethan, $Kp._{0,5}$ 60°; Dimethylaminodimethoxymethan, Kp. 104°; Dimethylaminodipropoxymethan, $Kp._{50}$ 96°. — Verw. als *Zwischenprodd. zur Herst. von Farbstoffen u. Pharmazeutica.* (**D. A. S. 1 119 872** Kl. 12q vom 16/5. 1959, ausg. 21/12. 1961.) A. KALIX. H 920

Aschaffenburger Zellstoffwerke Akt.-Ges., Redenfelden/Obb. (Erfinder: Paul Rambacher, Mitterfeld bei Rosenheim, und Werner Schwarze, Frankfurt/M.), **Homocysteinhydrochlorid und beziehungsweise oder Homocysteinthiolactonhydrochlorid.** Wird Homocystin (I) $[H_2N\text{-}CH(COOH)\text{-}CH_2\text{-}CH_2\text{-}S]_2$ elektrolyt. bei einer Stromdichte von 0,02—0,5 A/cm², bes. 0,05 A/cm², in HCl-Lsg. an Kathoden mit Metalloberflächen, die — wie Sn, Cu, Ni, Pb u. Ag — mit dem **I** vorübergehend in Rk. treten, red., so wird *Homocysteinhydrochlorid* (**II**), $HS\cdot CH_2\cdot CH_2\cdot CH(COOH)\cdot NH_2\cdot HCl$, u. *Homocysteinthiolactonhydrochlorid* (**III**), $\underline{CO\cdot S\cdot CH_2\cdot CH_2\cdot CH}\cdot NH_2\cdot HCl$, in guten Ausbeuten erhalten. **II** entsteht vorwiegend bei 0—40°, **III** bei 60—100°. — Eine geeignete App. besteht z. B. aus einem 800-cm³-Becherglas, in das als Kathode ein Sn-Blech mit 40 cm² wirksamer Oberfläche u. als Anode ein Kohlestab eingebracht ist, der durch ein Diaphragma gegen den Kathodenraum abgeschirmt ist. Die Beschickung des Anodenraums besteht aus 2n HCl, die des Kathodenraums aus einer Aufschlämmung von 134 g **I** in 250 cm³ konz. HCl u. 250 cm³ H_2O. Bei Zimmer-Temp. u. einer Stromstärke von 2 A wird elektrolysiert, bis an der Kathode H_2 entwickelt wird (nach ca. 13 Std.). Die Lsg. ist nach dieser Zeit frei von Sn-Ionen, an der Kathode wird Sn schwammig abgeschieden. Aus der filtrierten u. eingedampften Lsg. werden 171 g krist. **II** erhalten. Wird bei 80° elektrolysiert, so entsteht überwiegend **III**. (**D. A. S. 1 081 466** Kl. 12q vom 1/10. 1958, ausg. 12/5. 1960. **Zusatz zu D. A. S. 1 024 518; C. 1958. 11952.**) A. MOHR. H 950

Purdue Research Foundation, Lafayette (Erfinder: Herbert Charles Brown, West Lafayette), Ind., V.St.A., **Herstellung von Organoborverbindungen** durch Rk. von ungesätt. organ. Verbb. (I) mit Diboran in fl. Phase, dad. gek., daß die Rk. in Ggw. einer katalyt. Menge einer schwachen LEWIS-Base (II) erfolgt. I sind Verbb. mit einer oder mehreren olefin. oder acetylen. Doppel- oder Dreifachbindungen, z. B. Hexen-(1) (**III**), Hexin-(3) u. Butadien. **II** sind Äther, wie Ae., Tetrahydrofuran, Diäthylenglykoldimethyläther (**IV**) u. Anisol, organ. Ester, z. B. Essigsäureäthylester, anorgan. Ester, z. B. $B(OCH_3)_3$ u. $Si(OC_2H_5)_4$, S-Verbb., z. B. $(C_2H_5)_2S$, $C_2H_5 \cdot SO_2 \cdot C_2H_5$ u. Tetrahydrothiophen, u. Nitro-Verbb., z. B. CH_3NO_2 u. Nitrobenzol. — Diboran wird bei Zimmer-Temp. in 50,4 g = 0,6 (Mol) **III** in Ggw. von 100 cm³ **IV** eingeleitet, wobei schon nach 5 Min. die Rk. beendet ist u. fast quant. *Tri-n-hexylboran*, $Kp._{30}$ 185—188°, erhalten wird. (**D. A. S. 1 115 736** Kl. 12o vom 8/7. 1958, ausg. 26/10. 1961. A. Prior. 29/8. 1957.) J. MÜHLEISEN. H 980

Monsanto Chemical Co., St. Louis, Mo., übert. von: Herbert E. Morris, La Marque, Tex., V.St.A., **Alkylierung aromatischer KW-Stoffe** durch gleichzeitiges Einpressen von KW-Stoff, Alkylierungsmittel, bes. Olefine, u. Katalysator, bes. $AlCl_3$-KW-Stoff-Komplexe, in ein Rk.-Rohr mit einem Druck von 80—300 lbs./sq.in., inniges Vermischen u. Erhitzen auf 80—150°. — *Äthylbenzol*, aus Bzl. u. C_2H_4 bei 125 lbs./sq.in. u. 100—135° unter Zusatz von wenig C_2H_5Cl. — Schema der Anlage. (**Can. P. 551 339** vom 13/6. 1953, ausg. 7/1. 1958. A. Prior. 19/2. 1953.) EBERHARD RIEDEL. H 1010

Phenolchemie G. m. b. H. (Erfinder: Heinrich Sodomann, Bruno Hauschulz und Georg Berg), Gladbeck/Westf., **Spalten von Hydroperoxiden alkylaromatischer Kohlenwasserstoffe.** Das bekannte mehrstufige Verf. zum Spalten von Hydroperoxiden alkylaromat. KW-Stoffe, die in KW-Stoffen gelöst sind, in Ggw. von Säure als Katalysator in inhomogenem Rk.-Gemisch wird in bezug auf die Phenolausbeute u. die Verringerung der Nebenprod.-Menge dadurch verbessert, daß das Rk.-Gemisch nach der in bekannter Weise durchgeführten Vorspaltung derart durch eine Kühlvorr. geleitet wird, daß während der gesamten Dauer der Nachspaltung eine gleichmäßige, nicht mehr als ±5°, zweckmäßig ±2°, schwankende Temp. im Bereich von 10—80°, bes. 40—50°, aufrechterhalten wird. Zur Spaltung wird zweckmäßig 30—60%ig. H_2SO_4 verwendet u. ein Verhältnis von Hydroperoxid u. KW-Stoff zur Säure von 1 : 1 bis 1 : 10, bes. 1 : 2 bis 1 : 4, eingehalten. Es ist techn. vorteilhaft, die Vorspaltung in turbulenter Strömung in einer Kreiselpumpe durchzuführen. Werden z. B. pro Std. 30 m³ eines Gemisches aus 6 m³ einer 40%ig. Cumolhydroperoxid (**I**)-Lsg. in Cumol u. 24 m³ einer 42%ig. H_2SO_4 durch eine Kreiselpumpe mit einem Fassungsvermögen von 7 Liter geleitet, das Gemisch mit 40° in eine Kühlvorr., die aus 10 Einzelkühlern verschiedener Dimensionierung besteht (maximale Temp.-Schwankungen ±2°) gegeben, wobei gegen Ende der Spaltung durch entsprechend geringe Beaufschlagung der letzten beiden Kühler mit Kühlwasser eine leichte Temp.-Steigerung erfolgt, so wird ohne weitere Nachspaltung ein Rk.-Gemisch mit einem **I**-Geh. von <1% erhalten. Die Verweilzeit des Rk.-Gemisches in der Kühlvorr. beträgt ca. 45 Sekunden. Das Gemisch enthält nur noch ca. 0,6—0,8% phenol. Kondens.-Produkte. Es liefert bei der Dest. eine *Phenol*-Ausbeute von 95%, bezogen auf umgesetztes **I**. (**D. A. S. 1 112 527** Kl. 12q vom 28/3. 1959, ausg. 10/8. 1961.) A. MOHR. H 1060

Continental Oil Co., Ponca, Okla., V.St.A., **Gewinnung von reinen, in Öl gelösten sulfonierten Alkylbenzolen.** Ein Gemisch aus 25—90 (Gew.-%) Monoalkylbenzolen u. 75—10 Dialkylbenzolen mit der xfachen Gew.-Menge 10—50%ig. Oleum ($x = 12{,}6\ y^{-0{,}53} \pm 0{,}05$; y = %-Geh. Monoalkylbenzol im KW-Stoffgemisch) wird sulfoniert, die Rk. durch Zusatz von 0,5—2 (Gew.-Teilen) nicht sulfonierbarem, von ungesätt. u. aromat. Bestandteilen freiem leichtem Petroleumöl (**I**) je 1 KW-Stoff-Gemisch u. 0,05—0,2 W. je 1 verwendetem Oleum unterbrochen. Die sich bildende obere Schicht wird abgetrennt, zwecks Abscheidung anorgan. saurer Beimischungen mit 1,5 bis 9 (Vol.-Teilen) je 1 Alkylbenzolsulfonsäure (**II**) (bzw. 1—3 je 1 **II**-in-**I**-Lsg.) eines flüchtigen aromat. KW-Stoffs (**III**), z. B. Bzl. oder Toluol, verd. u. **III** verdampft. (**Holl. P. 97 301** vom 26/6. 1956, ausg. 15/3. 1961. A. Prior. 10/10. 1955.) F. BÖHM. H 1090

Farbwerke Hoechst Akt.-Ges., vormals Meister Lucius & Brüning, Frankfurt/M. (Erfinder: Reinhard Mohr, Offenbach/M.), **Äther von Dihydroxyaryldiketonen** der allg. Formel **I** (R = ggf. durch Halogen substituierter Phenylrest), verwendbar als *Zwischenprodd.* zur Herst. von Farbstoffen u. Arzneimitteln, als *Lichtschutzstoffe* für plast. Massen u. als *Oxydationsschutzmittel*, werden durch Rk. von 2 (Mol) Benzotrichlorid oder eines Halogen-Deriv. desselben mit 1 eines Dialkoxybenzols bei 20—150°, bes. 80—120°, in Ggw. von wss. $ZnCl_2$ erhalten. Als Rk.-Beschleuniger können Oxide, Hydroxide oder Carbonate von Metallen der Gruppe I u. II des Period. Syst., z. B. ZnO, MgO, CaO, $Ca(OH)_2$, $ZnCO_3$, $MgCO_3$, $CaCO_3$, K_2CO_3 u. Na_2CO_3 mitverwendet werden. — Eine Lsg. von 35 (Gew.-Teilen) 1.4-Dimethoxybenzol in 130 4-Chlorbenzotrichlorid wird bei ca. 95° unter Rühren in ein Gemisch aus 300 Vol.-Teilen einer 70%ig. wss. $ZnCl_2$-Lsg. u. 20 Gew.-Teilen MgO eingetropft, das Gemisch nach Beendigung der Rk., die unter Schwarzfärbung Temp.-Steigerung auf

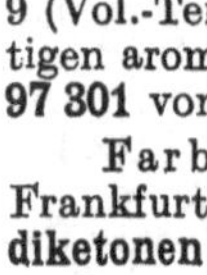

I

120° bewirkt, mit ca. 500 Vol.-Teilen heißem W. verd., das dunkle Rk.-Prod. von der wss. Lsg. abgetrennt, wiederholt mit warmem W. gewaschen u. zur Zers. der gebildeten Komplex-Verb. mit verd. wss. NaOH behandelt. Es wird *2.5-Bis-[4'-chlorbenzoyl]-1.4-dimethoxybenzol*, F. 240—243°, in 55% ig. Ausbeute erhalten. Analog werden folgende Verbb. hergestellt: *4.6-Dibenzoyl-1.3-dimethoxybenzol*, F. 194—195°; *4.5-Bis-[4'-chlorbenzoyl]-1.2-diäthoxybenzol*, F. 142—143°; gelblichweiße Kristalle; *2.5-Dibenzoyl-1.4-dimethoxybenzol*, F. 203—206°; *2.5-Bis-[4'-chlorbenzoyl]-1.4-diäthoxybenzol*, F. 217—218°; *4.6-Bis-[4'-chlorbenzoyl]-1.3-dimethoxybenzol*, F. 206°; *4.6-Bis-[3'-fluorbenzoyl]-1.3-dimethoxybenzol*, F. 151—153°; *4.5-Dibenzoyl-1.2-dimethoxybenzol*, F. 106°. (**D. A. S. 1 114 503** Kl. 12q vom 19/11. 1958, ausg. 5/10. 1961.) A. MOHR. H 1180

Corp. Pharmaceutique Française Ltée, übert. von: Yven Egger, Montreal, Quebec, Canada, **Herstellung von Mg-Phenyläthylacetat** durch Rk. von Phenyläthylessigsäure mit einer äquivalenten Menge oder 5% ig. Überschuß von $Mg(OH)_2$, MgO oder $MgCO_3$. (**Can. P. 551 902** vom 29/12. 1955, ausg. 21/1. 1958.) EBERHARD RIEDEL. H 1210

Badische Anilin- & Soda-Fabrik Akt.-Ges. (Erfinder: Hans Moell, Adolf Kreyer und Hans Sönksen), Ludwigshafen/Rh., **Reinigung von Terephthalsäure.** Rohe Terephthalsäure (I), bes. eine durch katalyt. Oxydation von p-Diisopropylbenzol erhaltene I, läßt sich durch Umkristallisieren aus wss. Lsgg. von stickstofffreien cycl. Äthern, die den Äther u. W. im mol. Verhältnis von 1 : 0,3 bis 1 : 10 enthalten, reinigen. (**D. A. S. 1 112 059** Kl. 12o vom 30/1. 1960, ausg. 3/8. 1961.) F. OBERMEIER. H 1220

Dow Chemical Co., Midland, Mich., übert. von: Albert L. Rocklin, Concord, Calif., V.St.A., **Herstellung von Pentachloranilin und N-substituierten Pentachloranilinen,** dad. gek., daß in einem inerten Lsgm. Hexachlorbenzol (I), bes. in Ggw. von Fe- oder Cu-Chlorid als Katalysator mit einem Amin auf 75—250°, bes. 100—200°, erhitzt wird. — Aus I u. $H_2NCH_2CH_2NH_2$ → *N-Pentachlorphenyläthylendiamin*, F. 91 bis 93°; aus I u. $HOCH_2CH_2NH_2$ → *N-Pentachlorphenyläthanolamin*, F. 77—79°. — Analog (*N-Pentachlorphenyl* = II) II-*benzylamin*, F. 68°; II-*2-äthylhexylamin*, $Kp._{0,4}$ 168 bis 172°; II-*methylamin*, F. 100—101°; II-*n-octylamin*, F. 7,5°, $Kp._{0,6}$ 180°; II-*allylamin*, F. 68—69°; aus I u. N-(Hydroxyäthyl)-äthylendiamin → II-*N'-hydroxyäthyläthylendiamin*, F. 85—89°; II-*hexamethylendiamin*, F. 58—61°, $Kp._{0,4}$ 194°; II-*dimethylamin*, F. 54—55°; II-*diamylamin*; aus I u. fl. NH_3 → *Pentachloranilin*; aus I u. 2-Phenyläthylamin → II-*phenyläthylamin*. (**A. P. 2 829 164** vom 13/9. 1955, ausg. 1/4. 1958.) W. HEYER. H 1310

Dow Chemical Co., übert. von: William R. Nummy, Midland, Mich., V.St.A., **Vinylbenzylthiolester** der allg. Formel $H_2C{=}CH{-}C_6H_4{-}CH_2{-}S{-}CO{-}R$ (R = Alkyl mit 1—17 C-Atomen, Phenyl) werden durch Rk. von Vinylbenzylchlorid mit einer Thiosäure der Formel R—COSH in Ggw. von Alkalihydroxiden u. eines Verdünnungsmittels (niedermol. Alkanole, aromat. KW-Stoffe oder deren Gemische) bei 25—125°, bes. 40—100°, erhalten. — Aus 105 g Thioessigsäure in 1000 cm³ CH_3OH u. 85 g KOH bei 60° u. Zugabe von 200 g eines Gemisches aus 30% o- u. 70% p-Vinylbenzylchlorid → 172 g *Thiolessigsäure-p-vinylbenzylester*, $Kp._{0,5}$ 95°; daraus in Ggw. von 10% ig. KOH in CH_3OH bei 60—64° unter Durchleiten von N_2 → *Vinylbenzylthiol*, $H_2C{=}CHC_6H_4CH_2SH$; daraus entsteht durch Oxydation mit O_2 *Bis-[vinylbenzyl]-sulfid*, $H_2C{=}OHC_6H_4S{-}SC_6H_4CH{=}CH_2$. Mit α.α-Azo-bis-isobutyronitril wird bei 100° ein hartes, gelbes Polymeres, S-Geh. 16,66%, erhalten, aus dem mit 10% ig. KOH in CH_3OH bei 60—65° u. Durchleiten von N_2 nach dem Verdünnen mit W. eine klare Lsg. entsteht, die beim Ansäuern mit wss. konz. HCl einen weißen Nd. liefert, der nach dem Trocknen braun wird, sich in 5% ig. wss. NaOH löst u. mit H_2O_2 oder wss. $Ca(OCl)_2$ zu einem *Gel* oxydiert werden kann. Die Ester lassen sich polymerisieren u. mischpolymerisieren, bes. mit Styrol, Methacrylsäuremethylester, Methylisopropenylketon u. Vinyl- u. Vinylidenverbindungen. — *Zwischenprodukte*. (**A. P. 2 947 731** vom 4/4. 1957, ausg. 2/8. 1960.) G. KRAUSS. H 1490

American Cyanamid Co., New York, N.Y., übert. von: William E. Sisco, Bound Brook, Popkin Shenian und Melvin I. Moyer, Plainfield, N.J., V.St.A., **Reinigen von Naphthalin.** Rohnaphthalin u. wss. HCHO-Lsg. werden gemischt, so daß im Brei auf 100 Gew.-Teile 0,185—1,85 Teile HCHO enthalten sind. Außerdem sind noch 1—10 Teile einer lösl. organ. Säure darin enthalten. Das Ganze wird 1 Min. bis 1 Std. lang auf 80—120° gehalten. (**A. P. 2 955 144** vom 18/6. 1958, ausg. 4/10. 1960.) E. KAHLES. H 2700

Shell Development Co., Emeryville, Calif., übert. von: Henry Bluestone, Shaker Heights, Ohio, Abe A. Danish, Samuel B. Soloway, Rex E. Lidov, Denver, Colo., und Julius Hyman, Talahassee, Fla., V.St.A., **Herstellung poly-**

cyclischer Kohlenwasserstoffe. Bicyclo-[2.2.1]-heptadien-(2.5) wird mit Halogenen, Halogenwasserstoffen, Carbonsäuren, Alkoholen, Phenolen, aromat. KW-Stoffen oder Säurechloriden umgesetzt. — Nortricyclene: *3-Chlor-5-acetyl-*, aus **I** u. überschüssigem CH_3COCl in Ggw. von $SnCl_4$ bei 50—90°. — *3-Chlor-5-hydroxy-*. — *3.5-Dihydroxy-*. — *3.5-Dibrom-*. — *3.5-Dijod-*. (**Can. PP. 551 372** u. **551 373** vom 15/7. 1952, ausg. 7/1. 1958. Beide A. Prior. 20/7. 1951.) Eberhard Riedel. H 2950

Scientific Design Co., Inc., New York (Erfinder: Ralph Landau, East Hills), N.Y., V.St.A., **Herstellung von Olefinoxiden,** bes. Äthylenoxid, durch partielle Oxydation von Olefinen, bes. C_2H_4, mit O_2 über Ag-Katalysatoren bei 150—400° u. in Ggw. von organ. Cl-Verbb., dad. gek., daß unter Zusatz von bis zu 0,03 Vol.-% chloriertem Biphenyl oder chloriertem Polyphenyl mit einem Kp. innerhalb eines Bereiches von 365—460° gearbeitet wird. Neben den Olefinen ist es vorteilhaft, noch Paraffin-KW-Stoffe zu verwenden. (**D. A. S. 1 117 096** Kl. 12o vom 2/6. 1953, ausg. 16/11. 1961. A. Prior. 2/6. 1952.) G. König. H 3030

E. I. du Pont de Nemours & Co., Wilmington, Del., V.St.A., **Herstellung von Tetrahydrofuran** durch katalyt. Hydrierung von Furan, das durch katalyt. Decarbonylierung von Furfurol erhalten worden ist. Eine Ausbeute bis zu 98% wird erhalten u. eine Verdreifachung der Lebensdauer des Katalysators bewirkt, wenn dest. Furan vor der Hydrierung einer Extraktion mit 1—15%ig. NaOH oder KOH unterworfen wird. (**Holl. P. 97 765** vom 1/8. 1958, ausg. 17/4. 1961.) F. Böhm. H 3061

Union Carbide Corp., übert. von: John R. Anderson, Pittsburgh, Pa., David W. Peck, James V. Murray jun., South Charleston, John D. Fales, St. Albans, und Charles H. Young, Charleston, Va., V.St.A., **Gewinnung von Indolen** aus Gemischen mit aromat. KW-Stoffen, dad. gek., daß das Ausgangsmaterial zunächst mit einem Alkylen-(1.2)-carbonat mit 3—4 C-Atomen, bes. Propylen- oder Äthylencarbonat, extrahiert wird, aus dem Alkylencarbonat, Indole u. aromat. KW-Stoffe (**I**) enthaltenden Extrakt der größte Teil der **I** durch Extraktion mit einer Erdölfraktion, wie Petroleum, bes. n-Heptan u. Cyclohexan, entfernt wird, der Rückstand mit einem niedermol. Alkyläther, bes. Diisopropyl- oder Di-n-butyläther, extrahiert wird, der Äther aus dem Extrakt durch Dest. entfernt u. der Rückstand zur Abtrennung des Carbonats mit W., der Phenole mit einer wss. Alkali-Lsg. u. der N-Basen mit einer verd. Mineralsäure behandelt wird. Es kann auch so vorgegangen werden, daß aus dem durch Extraktion mit einem Alkylencarbonat erhaltenen Extrakt, nach dem Waschen mit W., die Indole isoliert werden, indem der Extrakt mit einem Paraffin-KW-Stoff vom Kp. ca. 180° versetzt wird, durch azeotrope Dest. die Indole angereichert werden, das Destillat mit einem mit dem Paraffin-KW-Stoff nicht mischbaren Lsgm. versetzt wird u. aus diesem die Indole durch Abdestillieren des Lsgm. isoliert werden. (**A. PP. 2 916 496** u. **2 916 497** vom 9/5. 1955, ausg. 8/12. 1959.) W. Heyer. H 3081

Shell Internationale Research Mij. N. V., Den Haag, Holland, **Herstellung von heterocyclischen Phosphorsäureamiden.** N.N'-Carbonyl-Derivv. (**I**) von 5-gliedrigen, heterocycl., ungesätt. N-Verbb. mit mindestens 2 N-Atomen im Ring oder Substitutions-Prodd. davon werden mit H_3PO_4 oder ihren Mono- oder Diestern umgesetzt. — Beispiele für **I**: Carbonyldiimidazol, -(4 oder 5-methylimidazol), -(triphenylimidazol), -(1.2.3-triazol)-, -(1.2.4-triazol), -(benzimidazol), -(benz-1.2.3-triazol), -(3.5-dimethylpyrazol); Beispiele für Phosphorsäureester: Benzyl-, p-Nitrobenzyl-, Adenosin-, Cyclohexyl-, Diphenyl-, Dibenzyl-, Di-p-nitrobenzyl-, Diäthyl- u. Dicyclohexylphosphorsäure. Die Rk.-Prodd. entsprechen den Formeln  $-PO(OH)_2$,  $-PO(OH)(OR)_1$ oder  $-PO(OR_1)(OR_2)$, wobei R_1 u. R_2 = H-Atome, Alkyl-, Aryl-, Aralkyl-, Cycloalkyl- oder Nucleotidreste darstellen. Wenn R_1 u./oder R_2 H-Atome darstellen, ist es möglich, daß ein zweites Mol. von **I** mit einer OH-Gruppe weiterreagiert u. Verbb. vom Typus  $=PO(OR_1$ oder $R_2)$ entstehen. Die Rkk. werden durch Mischen der Komponenten bei normaler Temp. ausgeführt, die Rk.-Prodd. sind teils ölig, teils kristallisiert. — Beispiele: Diphenylphosphorsäureimidazolid, Öl; Monophenylphosphorsäureimidazolid (Cyclohexylammoniumsalz), F. 115°; Monobenzylphosphorsäuremonoimidazolid (Cyclohexylammoniumsalz), F. 112°; p-Chlorphenylphosphorsäuremonoimidazolid, F. 87°; *β*-Naphthylphosphorsäuremonoimidazolid (Na-Salz), F. >250°; Monomethylglykolphosphorsäuremonoimidazolid (Cyclohexylammoniumsalz), F. 126°; Monothymylphosphorsäuremonoimidazolid, F. 91°; Orthophosphorsäuremonoimidazolid (Imidazoliumsalz), F. 164°; Na-Salz von Phenylphosphorsäurebenztriazolid, $C_{12}H_9NaN_3O_3P$. — Verw. als Zwischenprodd. zur Synth. von Coenzymen. (**D. A. S. 1 113 937** Kl. 12p vom 13/11. 1959, ausg. 21/9. 1961.) A. Kalix. H 3122

Allen & Hanburys Ltd., England, **Herstellung von N-[ω-Chinaldyl-(4)-aminoalkyl]-4-aminochinaldiniumsalzen** der allg. Formel I (X = Anion; n = 2—20), dad. gek., daß N-[ω-Phthalimidoalkyl]-4-aminochinaldiniumsalze hydrolysiert werden u. das N-[ω-Aminoalkyl]-Deriv. mit einem 4-Halogenchinaldin umgesetzt wird. — 4-Aminochinaldiniumjodide: *6'-[Chinaldyl-(4)-amino]-hexyl-, Hydrojodid* (II), F. 287—289° (Zers.), durch Hydrolyse von 6'-Phthalimidohexyl-4-aminochinaldiniumjodid mit wss. $N_2H_4 \cdot H_2O$ u. Rk. mit 4-Chlorchinaldin. — *5'-[Chinaldyl-(4)-amino]-amyl-, Hydrojodid*, F. 264—266° (Zers.), aus 5'-Phthalimidoamyl-4-aminochinaldiniumjodid. — *7'-[Chinaldyl-(4)-amino]-heptyl-, Hydrojodid*, F. 155—157° (Zers.), aus 7'-Phthalimidoheptyl-4-aminochinaldiniumjodid. — *8'-[Chinaldyl-(4)-amino]-octyl-, Hydrojodid*, F. 251—253° (Zers.), *9'-[Chinaldyl-(4)-amino]-nonyl-, Hydrojodid*, F. 190—192° (Zers.), *10'-[Chinaldyl-(4)-amino]-decyl-, Hydrojodid*, F. 208—210° (Zers.), *14'-[Chinaldyl-(4)-amino]-tetradecyl-, Hydrojodid*, F. 220 bis 222° (Zers.), u. *16'-[Chinaldyl-(4)-amino]-hexadecyl-, Hydrojodid*, F. 194—195° (Zers.), aus 8'-Phthalimidooctyl-, 9'-Phthalimidononyl-, 10'-Phthalimidodecyl-, 14'-Phthalimidotetradecyl- bzw. 16'-Phthalimidohexadecyl-4-aminochinaldiniumjodid. — *6'-[Chinaldyl-(4)-amino]-hexyl-4-aminochinaldiniumchloridhydrochlorid*, F. 297—298° (Zers.), aus II. — *6'-[Chinaldyl-(4)-amino]-hexyl-4-aminochinaldiniumnitrathydronitrat*, F. 263—264° (Zers.), *-perchlorathydroperchlorat*, F. 224—226° (Zers.), u. *-methylen-bis-[hydroxynaphthoat-hydromethylen-bis-[hydroxynaphthoat]*, F. >300°. (**F. P. 1 216 909** vom 26/7. 1956, ausg. 29/4. 1960. E. Prior. 27/7. 1955.) S. BÖTTCHER. H 3231

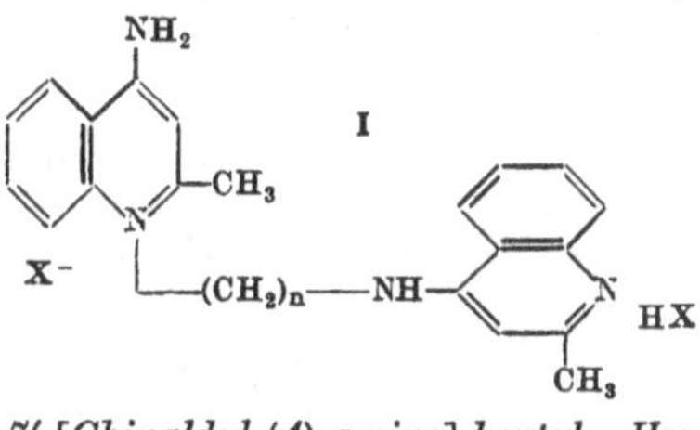

Dow Chemical Co. (Erfinder: Joseph Sciglian o und Edgar Clay Britton), Midland, Mich., V.St.A., **Piperazine** der Formel I, in der R für H oder Alkyle mit 1—4 C-Atomen steht, werden durch Erhitzen von in einer inerten organ. Fl. dispergierten Alkanolaminhydrohalogeniden der Formel HO—CHR—CHR—$NH_2 \cdot HX$, worin R die angegebene Bedeutung hat u. X ein Halogenatom darstellt, auf eine Temp. zwischen 200 u. 350°, bes. 200—250°, u. Aufarbeitung des Rk.-Prod. erhalten. Als inerte organ. Fll. werden solche mit Kp. >175°, bes. >250°, hauptsächlich Diphenyläther oder Biphenylylphenyläther verwendet. Die Alkanolaminhydrochloride dienen vorzugsweise als Ausgangsmaterial. Die Rk. wird bei einem pH-Wert nicht saurer als ca. 3,5, bes. 5, durchgeführt. (**D. A. S. 1 102 748** Kl. 12p vom 16/4. 1958, ausg. 23/3. 1961.) F. OBERMEIER. H 3272

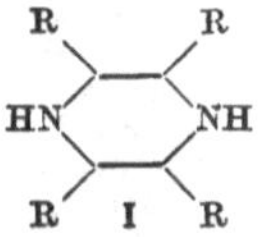

Helmut Wunderlich, Dresden, und Horst Wunderlich, Radebeul, **Großtechnische Herstellung von Phenothiazin** durch Rk. von Diphenylamin (I) mit S im Mol-Verhältnis S : I = 1—2,5 u. Entfernen des als Lsgm. dienenden überschüssigen I aus dem Rk.-Prod. durch Waschen mit indifferenten Lösungsmitteln. Auf diese Weise wird das Schäumen der Rk.-Masse verhindert u. die Rk.-Dauer nicht verlängert. — 169 (Teile) I, 32 S u. 1 J_2 werden auf 180° erhitzt, nach 1½ Std. wird auf 150° gekühlt, in 250 Toluol eingebracht u. das auskrist. *Phenothiazin* mit CH_3OH gewaschen. 85—90% Ausbeute (bezogen auf S), F. 185—186°. Überschüssiges I wird durch Vakuum- oder Wasserdampf-Dest. zurückgewonnen. (**D. P. [DDR] 20 104** Kl. 12p vom 25/2. 1958, ausg. 11/11. 1960 [Wirtschaftspatent].) L. GROSSNER. H 3292

Süddeutsche Kalkstickstoff-Werke Akt.-Ges., übert. von: Franz Kaess und Karl Briegleb, Trostberg/Obb., **Herstellung von Melamin.** Zu D. B. P. 960 282; C. **1957.** 9516 ist zu ergänzen, daß die Rk. bei 120—400° unter Einleiten von NH_3 in den Autoklaven durchgeführt wird. (**Can. P. 551 749** vom 13/12. 1955, ausg. 14/1. 1958. D. Prior. 24/12. 1954.) EBERHARD RIEDEL. H 3313

Glidden Co., V.St.A., **Racemisierung von Menthol,** dad. gek., daß die d- oder *l*-Form in Ggw. eines Co-, Ni- oder Cu-Chromitkatalysators bei 14—140 at u. 260—280° mit H_2 behandelt wird. Nach dem Abtrennen von *dl-Menthol* wird zurückbleibendes d- oder *l*-Menthol erneut racemisiert. (**F. P. 1 209 252** vom 11/7. 1958, ausg. 1/3. 1960.) S. BÖTTCHER. H 3600

Sterling Drug, Inc., New York, übert. von: Raymond O. Clinton, North Grennsbush, N.Y., V.St.A., **D-Homoätiocholandiol-(3.17α)-one-(11),** deren 3ständige Hydroxylgruppe ggf. acyliert ist u. die in 17α-Stellung eine Äthinyl-, Alkinyl-, Hydroxyalkinyl- oder Acetoxyalkinylgruppe tragen, werden durch Rk. entsprechender 3-Acyloxy- bzw. 3-Hydroxy-D-homoätiocholandione-(11,17α) mit Verbb. RC≡CMe (Me = Elkalimetall; R = H, Alkyl-, Hydroxyalkyl- oder Acetoxyalkylrest) in wasser-

freiem Medium u. anschließende Hydrolyse des Rk.-Prod. gewonnen. — *17α-Äthinyl-D-homoätiocholandiol-(3.17α)-on-(11).* — *3-Acetoxy-17α-äthinyl-D-homoätiocholanol-(17α)-on-(11).* (**Can. P. 551 383** vom 9/12. 1953, ausg. 7/1. 1958. A. Prior. 5/10. 1953.)
EBERHARD RIEDEL. H 3700

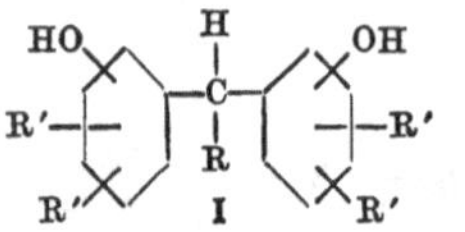
I

E. I. du Pont de Nemours & Co., Wilmington, Del., V.St.A., **Stabiliseren von Polyoxymethylen** durch Zusatz von 0,01—5% einer phenol. Verb. der Formel I, in der R Methyl, Äthyl oder Propyl u. R′ einen Alkylrest bedeutet, bes. 4.4′-Butyliden-(1)-bis-[3-methyl-3-tert.-butylphenol] u. 2.2′-Butyliden-(1)-bis-[4.6-dimethylphenol]. (**Ind. P. 61 065** vom 11/7. 1957, ausg. 25/11. 1959.) C. LÜTTGEN. H 4010

Meypro Akt.-Ges., Kreuzlingen (Erfinder: Ernst Müller, Kilchberg), Schweiz, **Gewinnung von mindestens technisch reinen Polysacchariden aus Leguminosen,** bes. Guarsamen, wobei die Begleitstoffe durch alkal. Lsgg. ganz oder teilweise abgebaut werden, dad. gek., daß die alkal. Behandlung in Ggw. von die Quellung der Polysaccharide verhindernden Salzen (Salze von Fe, Ni, Co, Cr, Cu, Pb, B, Si, Al, Bi, Ba, Mg, Ca) bei Temp. von 60—110° durchgeführt wird. (**D. A. S. 1 111 120** Kl. 89i vom 18/2. 1959, ausg. 13/7. 1961.) A. GRADL. H 4050

S. C. Johnson & Son, Inc. (**John Wallace Pearce**), Racine, Wis., V.St.A., *Epoxidieren ungesättigter organischer Verbindungen.* (**Schwz. P. 356 116** vom 26/4. 1956, ausg. 29/9. 1961. A. Prior. 26/4. 1955. — C. **1959.** 2612 [F. P. 1 150 846].)

Farbenfabriken Bayer Akt.-Ges., übert. von: **Walter König** und **Gerhard Scharfe,** Leverkusen, *Gewinnung von Acetylenen aus ihren Mischungen mit Kohlenwasserstoffen.* (**A. P. 2 930 823** vom 24/7. 1956, ausg. 29/3. 1960. D. Prior. 1/8. 1955. — C. **1958.** 3447 [D. A. S. 1 011 105].)

Universal Oil Products Co., Des Plaines, Ill., V.St.A., *Abtrennen von n-Paraffinen aus Gemischen.* (**Belg. P. 555 377** vom 27/2. 1957, ausg. 12/2. 1960. A. Prior. 1/3. 1956. — C. **1959.** 13311 [E. P. 803 184].)

Solvay & Cie., Brüssel, Belgien, *Herstellung von Trichloräthylen und/oder Tetrachloräthylen.* (**Oe. P. 209 321** vom 5/1. 1959, ausg. 25/5 . 1960. F. Prior. 6/1. 1958. — C. **1961.** 15923 [F. P. 1 197 746].)

Esso Research and Engineering Co., Elizabeth, N.J., V.St.A., *Reinigung schwerlöslicher Alkohole.* (**Holl. P. 98 393** vom 15/10. 1953, ausg. 17/7. 1961. A. Prior. 4/12. 1952. — C. **1957.** 10062 [E. P. 756 366].)

F. Hoffmann-La Roche & Co. Akt.-Ges., Basel, Schweiz (Erfinder: **George Oswald Chase,** Hawthorne, und **Julius Galender,** West Paterson, N.J., V.St.A.), *Hydrierungsverfahren.* (**Schwz. P. 356 123** vom 12/7. 1957, ausg. 29/9. 1961. A. Prior. 17/7. 1956. — C. **1961.** 12644 [F. P. 1 179 011].)

Atlas Powder Co. (Erfinder: **Ludwig Albert Hartmann**), *Reinigen von Glycerin.* (**Aust. P. 229 593** vom 3/2. 1959, ausg. 18/8. 1960. A. Prior. 10/2. 1958. — C. **1961.** 12267 [D. A. S. 1 102 124].)

Engelhard Industries, Inc., Newark, N.J., V.St.A., *Sorbit.* (**E. P. 867 689** vom 12/11. 1958, ausg. 10/5. 1961. A. Prior. 12/12. 1957. — C. **1961.** 2092 [D. A. S. 1 082 245].)

American Potash & Chemical Corp. (Erfinder: **Frank Henderson May**), Los Angeles, Calif., V.St.A., *Borsäureester.* (**E. P. 864 226** vom 3/7. 1957, ausg. 29/3. 1961. — C. **1960.** 17464 [A. P. 2 808 424].)

Celanese Corp. of America, New York, N.Y., V.St.A., *Pentaerythritdiacetale.* (**E. P. 840 737** vom 30/11. 1956, ausg. 13/7. 1960. A. Prior. 2/12. 1955. — C. **1962.** 1407 [A. P. 2 915 530].)

Escambia Chemical Corp., V.St.A., *Acrylonitril.* (**F. P. 1 226 412** vom 18/12. 1956, ausg. 11/7. 1960. — C. **1961.** 9203 [A. P. 2 780 639].)

Miles Laboratories, Inc., Elkhart, Ind., V.St.A., *Acylierte Citronensäureester.* (**E. P. 863 792** vom 8/10. 1957, ausg. 29/3. 1961. A. Prior. 22/10. 1956. — C. **1961.** 13717 [D. A. S. 1 099 523].)

Soc. An. Laboratoires Clevenot, Nogent-sur Marne, Frankreich, *Gewinnung von Galakturonsäure.* (**Holl. P. 98 759** vom 20/1. 1956, ausg. 15/8. 1961. F. Prior. 28/2. 1955. — C. **1958.** 9062 [F. P. 1 122 454].)

Aleksandr Vasil'evich Topchiev and others, Synthetic materials from petroleum. Oxford, London: Pergamon. 1962. (IX + 128 S. m. Abb., Tab. u. Diagr.) 25 s.

X. Färberei. Organische Farbstoffe

Neue Farbstoffe und Hilfsmittel. Anonym. (Textil-Rdsch. [St. Gallen] **16.** 918 bis 920. Dez. 1961.) (Dt.)

J. R. GEIGY AG., Basel: *Papierreinblau G* ist ein grünstichiger Blaufarbstoff. — CIBA AG., Basel: *Chlorantinlichttürkisblau BRLL* ergibt auf natürlichen u. regenerierten Cellulosefaserstoffen in der Färbung u. im Druck reine Türkisblautöne von sehr guter Lichtechtheit. Die Löslichkeit sowie das Egalisierungsvermögen sind sehr gut. — *Cibacronbraun 4GR* ist ein Reaktivfarbstoff für Cellulosefasern der sehr gute licht-, wasser-, wasch- u. schweißechte Färbungen u. Drucke ergibt. Der Farbstoff eignet sich für Gummierungszwecke, PVC-Beschichtungen u. Kunstharzausrüstungen. — ROHNER AG., Pratteln: *Supra-Naphthanilide.* Naphatanilid RC Supra, D Supra, OL Supra, PH Supra, RL Supra, BG Supra, BS Supra, PH Supra. — IMPERIAL CHEMICAL INDUstries Ltd., Manchester: *Techn. Publikation für die Papierindustrie.* — TI 609: *Farbstoffe für die Papierindustrie.* — TI 610: *Einfluß des pH beim Färben von Papier.* — TI 611: *Papierbeschichtung: Perminal KB.* — TI 612: *Zweischeinigkeit beim Färben von Papier.* — TI 613: *Löslichkeit von Papierfarbstoffen.* — TI 614: *Lissatan AC bei der Bewoid-Leimung von Papier.* — *Dispersolechtgelb T* zum Färben von Terylene, Acetat- u. Triacetat. Der Farbstoff eignet sich zum Färben von Flocken, Kammzug, Garn, Trikot u. kann auf allen App.-Typen eingesetzt werden. Auf Acetat u. Triacetat werden Färbungen von hoher Licht-, Schweiß-, Wasch- u. Abgasechtheit erzielt. — Farbwerke Hoechst, Frankfurt/M.-Höchst: *LL-Marken der Naphthol-AS-Reihe.* Naphthol-AS-BOLL, AS-CALL, AS-TTRLL, AS-LCLL, AS-SWLL, AS-KGLL, AS-LBLL, AS-LGLL, AS-SGLL. Hoe 2686. — *Solegal W/konz.*, Emulgator für den Textildruck. Hoe 2705 TH/T. — *Lanigan-Schmelze KS*, öl- u. fettfreies Schmälzmittel für die Kammgarnspinnerei. Hoe 2706 TH/T. — *Leomin F* ist ein Weichmacher für Chemiefasern,. Hoe. 2707 TH/T. — *Leomin S*, Weichmacher für alle Fasern. Hoe. 2708 TH/T. — *Leomin K* ist ein kationakt. Weichmacher für die Nachbehandlung von Reyon, Zellwolle, Baumwolle u. vollsynthet. Fasern. Hoe. 2710 TH/T. — *Natriumchlorit „Hoechst"* ist ein faserschonendes Bleichmittel mit Korrosionsschutz für Edelstähle. Hoe. 2715 TH/T. — *Leomin WG* ist ein Weichmacher für natürliche u. synthet. Fasern, für Flocken, Garn, Gewebe u. Gewirke geeignet. Leomin WG ist ein stickstoffhaltiger Fettsäure-Polyglykoläther. Heo. 2721/TH/T. — *Vinarol NV* zum Breitschlichten. Hoe. 2721/TH/T. — *Imperon-Binder TC.* Pigmentbindemittel zum Bedrucken von Geweben. Modifizierter Polyvinylalkohol. Hoe. 2745 TH/T. — *Remol E*, Egalisiermittel für die Küpenfärberei. Stickstoffhaltiger Polyglykoläther. Hoe. 2750. — *Echtblau-B-Base kristallisiert.* Diazokomponente für die Naphthol-AS-Färberei u. -Druckerei. Hoe. 2756. P. Eckert. 7018□

Das Färben von Cellulosematerial mit Remazolfarbstoffen nach dem Ausziehverfahren. Klaus Wagner. (De Tex **20.** 586—91. Okt. 1961.) (Holl.)

Übersicht über das Färben von Cellulose mit Remazolfarbstoffen nach dem Auszieh-Verf. (Kreuzspulen-, Haspelküpen- u. Jiggerfärberei). — 5 Schrifttumshinweise. W. Wesly. 7020□

Eine neue Methode zum Färben von teilweise acetoacetylierten Viscosereyon-Geweben mit aromatischer Diazoniumverbindung. Hirotada Iida, Nitaro Kuwabara und Naomichi Fukuya. (Chem. Sect. [Kogyo Kagaku Zasshi] **63.** 863—64. Mai 1960.) (Jap.; Auszug: Engl. S. A 44—45.)

Acetoacetyliertes Viscosereyon, das Diketen zu 2—5 Gew.-% gebunden enthält, wird mit verschiedenen aromat. Diazoniumsalzen im neutralen oder schwach sauren Medium durch Bldg. von Azofarbstoffen u. in alkal. Medien durch Bldg. von Formazanfarbstoffen gefärbt; die gebildeten Farbstoffe sind an den Fasern chem. gebunden. Die acetoacetylierten Fasern werden auch mit substantiven Farbstoffen, die diazotierbare Aminogruppen tragen, wie üblich gefärbt u. dann mit saurer wss. $NaNO_2$-Lsg. zur Rk. gebracht. Die Waschechtheit wird offenbar durch chem. Bindung zwischen Faser u. Farbstoff stark verbessert. Die acetoacetylierten Reyonfasern werden mit o-Aminophenol, 1-Aminonaphthol-(2)-sulfonsäure-(4) oder deren Derivv. durch Formazan-Bldg. gefärbt u. dann mit Cu-, Ni oder Co-Acetat in schwach essigsaurer Lsg. kurz erwärmt; die auf diese Weise durch Formazankomplex-Bldg. gefärbten Gewebe sind allg. bes. wasch- u. lichtecht. E. Maekawa. 7020□

Färben und Ausrüsten von Mischungen aus Polyesterfasern mit Wolle. Y. Guyonnet. (Chemiefasern **11.** 660—67. Okt. 1961.) (Dt.)

Es werden das getrennte Färben der Materialien in Form von Flocke, Kammzug oder Kabel in den üblichen App. mit Badumwälzung u. bei Temp. über 100° u. das Färben der Mischgarne unter Zusatz von Carriern auf Grundlage von o-Dichlorbenzol bei einer Temp. von 105° behandelt. Für das Stückfärben werden Hinweise gegeben über die Vorbereitung des Gewebes, wie Entschlichten, Vorschrumpfen, Imprägnieren mit saurer Reduzierlsg. zum Schutz der Wolle bei den folgenden therm. Behandlungen, über das Vorfixieren in Dampf, in W. unter Druck u. in trockener Hitze, über das Färben auf der Kufe unter Zusatz von Carriern u. das Färben im Autoklaven unter besonderer Berücksichtigung des Baumfärbens, über das Scheren u. Dekatieren sowie eine Walkbehandlung für flanellähnliches Aussehen. L. Jentgen. 7020□

Färben von Geweben aus Nitronfasern. Ja. Ch. Schtiwelman. (Текстильная Промышленность [Textil-Ind.] **20.** Nr. 1. 74. Jan. 1960.) (Russ.)

Die Nitronfaser wird 10 Min. lang bei 50° mit einer 3%ig. Lsg. von Türkischrotöl behandelt u. darauf 30 Min. lang bei 95° mit bas. Farbstoffen gefärbt. Die Färbungen sind klar u. lichtecht, aber nicht waschecht. J. v. Schroeder. 7020□

Farbstoffe, die eine Covalentbindung mit der Faser eingehen („aktive Farbstoffe"). M. A. Tschekalin. (Текстильная Промышленность [Textil-Ind.] **21.** Nr. 7. 49—55. Juli 1961.) (Russ.)

Ausführlich werden Eigg., Aufbau u. Typen dieser für die Textilindustrie sehr wertvollenProdd. beschrieben. Akt. Farbstoffe bilden mit den Fasern chem. Verbb. covalenten Charakters, die so widerstandsfähig sind, daß sie nur durch Säuren oder Laugen bei erhöhter Temp. zerstört werden können. 70—80% des Farbstoffes reagieren mit dem Substrat. 20—30% mit dem Wasser. Dieser letztere Teil des Farbstoffes wird nicht an die Faser gebunden u. wird durch Waschen entfernt. Die Farbstoffe bestehen aus 3 Teilen: Chromogen (farbbestimmender Teil), akt. Gruppe u. Brücke. Die Art der Bindungen mit der Faser wird erläutert. Angegeben sind: Für Cellulosefasern u. Naturseide Prozione, Cibacrone, Chinocrone, Remazole, Permafixe. Für Proteinfasern Cibalane, Remalane. H. Bieber. 7020□

Praktische Anwendungen der Colorimetrie in Industrielaboratorien. 1.—5. Mitt. F. Braun. (Peintures, Pigments, Vernis **32.** 750—56. Sept. 866—70. Okt. 1093—98. Dez. 1956; **33.** 46—51. Jan. 226—29. März 1957. Louvain, Univ. cathol.) (Franz.) — Vgl. C. **1960.** 6262.

Übersicht. Meth. der Farbanalyse, Photocolorimeter, prakt. Anwendungen: Farbstoffidentifizierung auf physikal. Wege, Unters. der Eigg. u. des colorimetr. Verh. der Farbstoffe, typgerechtes Nachstellen von Färbungen, Vorausbest. der Zus. des Farbstoffgemisches, prakt. Überlegungen über die Anwendung der Colorimetrie beim Einstellen von Färbungen. K. Maier. 7086□

Die Chromatographie von künstlichen organischen Farbstoffen. L. Roosens. (Meded. vlaamse chem. Veren. **21.** 203—39. Nov./Dez. 1959. Mortsel-Antwerpen, N. V. Gevaert Photo-Producten.) (Dt.)

Überblick über die Capillaranalyse u. die Säulenchromatographie von künstlichen organ. Farbstoffen. — 494 Literaturangaben. M. Reiher. 7086□

Untersuchung über die Bestimmung der Zusammensetzung von Farbstoffen durch Papierchromatographie. 3. Mitt. **Papierchromatographie der Reduktionsprodukte von Benzidinfarbstoffen auf dem Färbegut.** Shinya Kitahara und Hachiro Hiyama. (J. chem. Soc. Japan, ind. Chem. Sect. [Kōgyō Kagaku Zassi] **59.** 131—32. Jan. 1956. Osaka, Shiritsu Kōgyō-Kenkyūjō.) (Jap.). — 2. vgl. C. **1959.** 16794.

Mit *Benzidinfarbstoffen* (27 Verbb.) wurden bei Zimmertemp. mit $SnCl_2$-Lsg. (40 g $SnCl_2 \cdot 2\,H_2O$ + 0,2—0,3 cm^3 konz. HCl, in 100 cm^3 W.) oder 20—30 Min. lang bei 60—80° reduzierend abgezogen (2—3faches der Theorie an Red.-Mittel) u. je 0,01 cm^3 der Red.-Lsg. papierchromatograph. untersucht. Entwickler: 2%ig. HCl oder Butanol–HCl (4:1), Farbentw. mit 0,1—0,5% $FeCl_3$, NH_4OH oder Kupplung mit Neville-Winther-Säure. — Es werden 13 verschiedene Red.-Prodd. identifiziert.

———

L. Schuler. 7086□

Drayton Regulator & Instrument Co. Ltd., West Drayton, und Frederick Blezzard, Harden, England, **Färbeverfahren** für Textilien. Um eine gleichmäßig Durchfärbung zu erhalten, wird die Lichtdurchlässigkeis des Farbbades gemessen u. damit die Temp. u. der pH-Wert des Farbbades gesteuert. — Zeichnung. (**Ind. P. 62 202** vom 5/11. 1957, ausg. 8/8. 1959. E. Prior. 7/11. 1956.) C. Lüttgen. 7021

Badische Anilin- & Soda-Fabrik Akt.-Ges., Ludwigshafen/Rh. (Erfinder: Werner Rohland, Ludwigshafen/Rh., Erich Stoeckl, Mannheim, Julius Eisele, Ludwigshafen/Rh., und Wilhelm Federkiel, Frankenthal/Pfalz), **Färben von Gebilden aus Cellulose** mit kupplungsfähigen aromat. Verbb. die mindestens einmal die Gruppe $-SO_2-N(R)(AX)$ u./oder $-SO_2-N(AX)_2$ enthalten (R = H, Alkyl-, Aralkyl-, Cycloalkyl-, Aryl-, Halogenalkyl- oder Hydroxyalkylgruppe; A = Alkylenrest mit höchstens 4 C-Atomen, der ggf. verzweigt ist u./oder Hydroxylgruppen enthält; X = Halogenatom) in alkal. Medium bei 80—120° u. anschließender Nachbehandlung mit diazotierten aromat. Aminen der Bzl.-, Naphthalin-, Diphenyl- oder Azobenzolreihe. Kupplungskomponenten sind z. B. Aminonaphthalinsulfonsäurechlor- u. -bromalkylamide, die β-Chloräthylamide, β-Bromäthylamide, β- oder γ-Chlorpropylamide der 1-Aminonaphthalin-5-, -6- oder -7-sulfonsäure, 2-Aminonaphthalin-4.8- oder -4.7-disulfonsäure, 1-Acetylamino-8-hydroxynaphthalin-3.6-disulfonsäure, 2-Acetylamino-5-hydroxynaphthalin-7-sulfonsäure. — Beispiel: 1-Amino-8-hydroxynaphthalin-3.6-disulfonsäure wird mit Benzoylchlorid-m-sulfonsäure-β-chloräthylamid acyliert, mit der Lsg. des Acylierungs-Prod. wird Baumwollgewebe geklotzt u. anschließend mit diazotierter 2-Aminonaphthalin-6.8-disulfonsäure kräftig rubinrot gefärbt. Die Färbung ist licht- u. wasserfest. — Das Kondensations-

Prod. von 2-Hydroxynaphthalin-3-carbonsäurechlorid mit 1-Aminobenzol-4-sulfonsäure-β-chloräthylamid wird zum Klotzen von Zellwollgewebe benutzt, das danach durch Klotzen mit diazotierter 1-Amino-4-chlorbenzol-2-sulfonsäure leuchtend rot gefärbt wird. — Weitere Beispiele. (**Oe. P. 208 330** vom 22/5. 1959, ausg. 25/3. 1960. D. Prior. 24/5. 1958.) M. F. MÜLLER. 7021

Ciba Soc. An., Schweiz, **Färben von cellulosehaltigem Textilmaterial** nach dem Druck- oder Fouladierverf. mittels wasserlösl. Monoazofarbstoffe, welche eine saure u. wasserlösl. machende Gruppe u. daneben einen 2-Halogen-4-mercapto-1.3.5-triazinylrest enthalten. — 2 (Teile) I u. 9 Harnstoff werden in 100 W. gelöst; mit der Lsg. wird

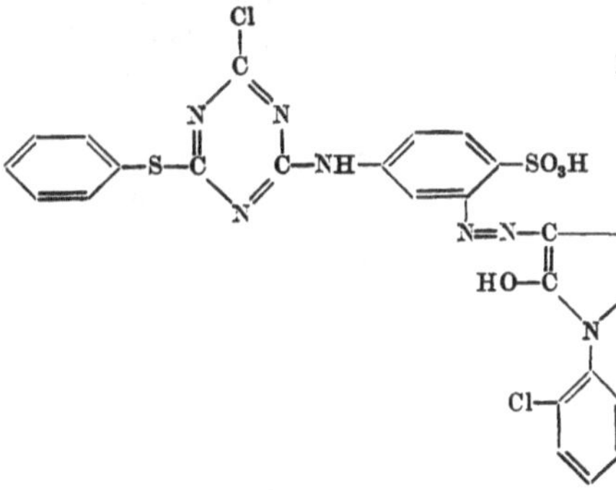

I

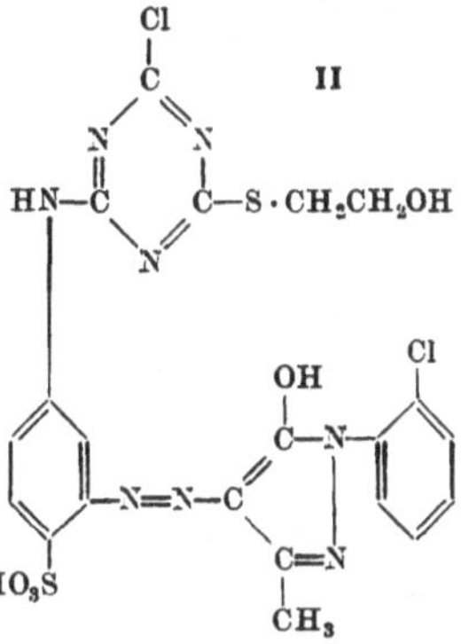

II

ein Baumwollgewebe foulardiert. Gelbe Färbung. — Ein gleichartig gefärbtes Prod. erhält man beim Färben eines Zellwollgewebes mit dem Azofarbstoff **II**. (**F. P. 1 210 845** vom 19/8. 1958, ausg. 10/3. 1960. Schwz. Prior. 21/8. 1957.) M. F. MÜLLER. 7021

Ciba Ltd. (Erfinder: Jacques Wegmann und Peter Stahel), **Färben von polyhydroxylierten Materialien,** wobei ein wasserlösl. organ. Farbstoff benutzt wird, der wenigstens 1, bes. >1 Wasserlöslichkeit bewirkende Säurereste u. wenigstens einen monohalogenierten Triazinrest der allg. Formel **I** (A = durch die Aminogruppe an das C-Atom gebundener prim. Aminrest) aufweist. Der Farbstoff kann z. B. der Phthalocyanin- oder Anthrachinonreihe angehören oder ein Azofarbstoff sein, z. B. der Zus. **II** oder **III**.

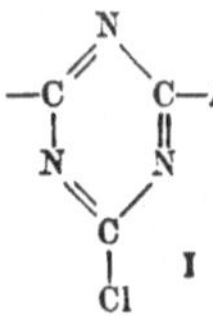

I

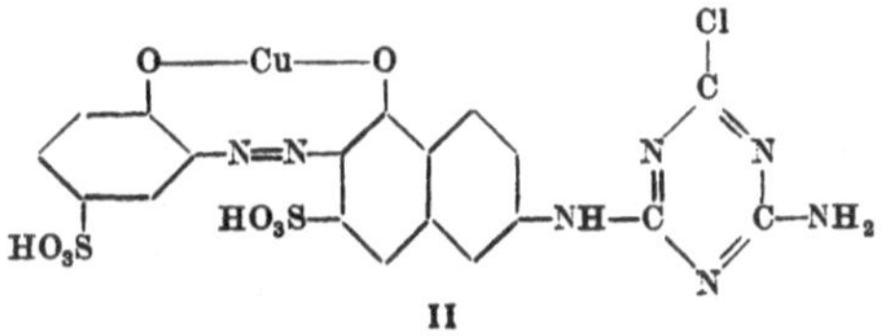

II

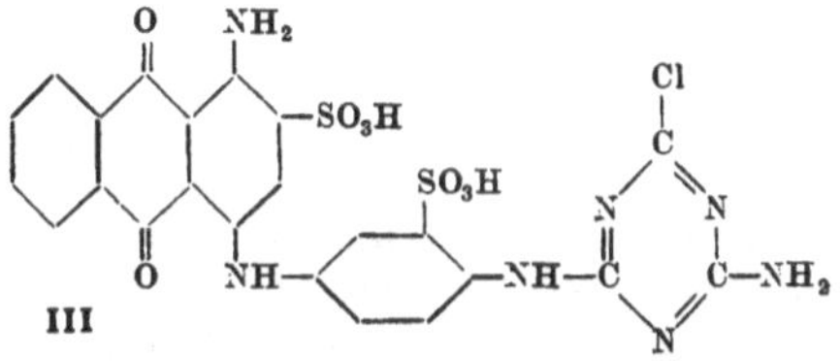

III

(**Aust. P. 223 521** vom 12/8. 1957, ausg. 17/9. 1959. Schwz. Prior. 10/8., 14/8., 31/8. 1956 u. 15/2. 1957.) K. DEMMLER. 7021

Imperial Chemical Industries Ltd., England, **Färben von Wolle mit wasserlöslichen Farbstoffen,** welche eine Halogen-symm.-triazin- u. wenigstens 2 Sulfonsäuregruppen enthalten, bei Zusatz eines kation. oberflächenakt. u. eines nichtionisierten Dispergiermittels. Als Farbstoffe kommen Azo-, Polyazo-, Anthrachinon-, Nitro- u. Phthalocyaninfarbstoffe in Betracht. Oberflächenakt. Zusätze sind z. B. quart. Ammoniumsalze, welche eine langkettige Kohlenstoffkette besitzen, z. B. Cetyltrimethylammoniumbromid, Cetylpyridinium-, Tetradecylpyridiniumbromid, Stearamidomethylpyridiniumchlorid. Die Zusatzmenge beträgt 0,5—10% vom Wollegewicht. Dispergiermittel sind die Kondens.-Prodd. von Äthylenoxid mit Aminen, Fettalkoholen oder mit Alkylphenolen oder Halogenphenolen. Weitere färber. Hilfsmittel sind NH_4-

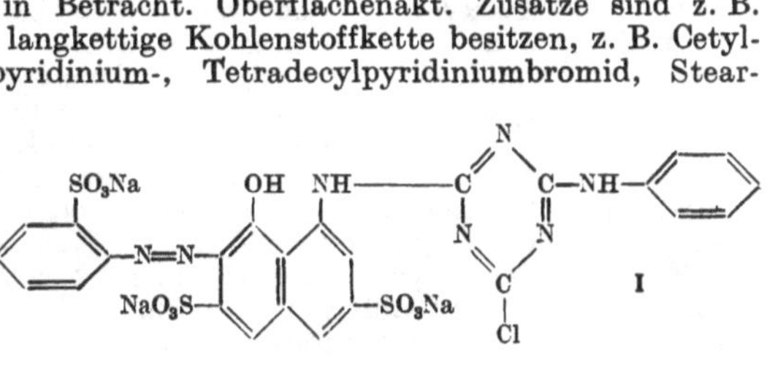

I

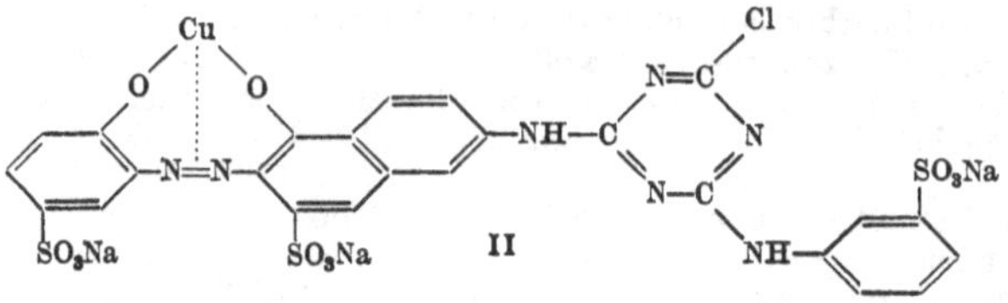

II

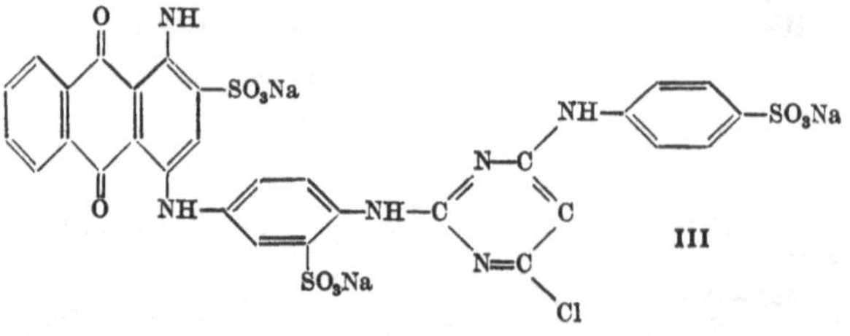

III

Acetat, -Sulfat, $NH_4H_2PO_4$, Äthyllactat, Äthyltartrat, Essig- u. Ameisensäure. — In eine Lsg. von 3 (Teilen) NH_4-Acetat in 3000 W. von 80° werden 100 Wolle eingetragen; pH 6,7. Nach 10 Min. werden 2 Polykondens.-Prodd. von Äthylenoxid mit einem Fettalkohol u. 1 Cetyltrimethylammoniumbromid zugegeben u. danach 1 des Farbstoffes I. Die Lsg. wird 20 Min. lang auf 80° u. danach 20 Min. lang auf 95° erhitzt. Dabei wird die Wolle hellrot gefärbt. — Eine gleichfalls rote Färbung erhält man analog mit dem Farbstoff II u. eine grünblaue Färbung mit III. (**F. P. 1 219 232** vom 15/10. 1958, ausg. 16/5. 1960. E. Prior. 15/10. 1957, 7/7. u. 29/9. 1958.)

M. F. MÜLLER. 7021

Ciba Soc. An., Schweiz, **Gleichzeitiges Färben von Wolle und Polyamid- oder Polyurethanfasern** mit metallhaltigen, bes. Cr-haltigen, Farbstoffen, welche Sulfonsäuregruppen enthalten. Vor oder während des Färbens werden wenigstens die synthet. Fasern mit den sulfonierten Kondens.-Prodd. von Formaldehyd mit Hydroxyarylverbb. behandelt. —

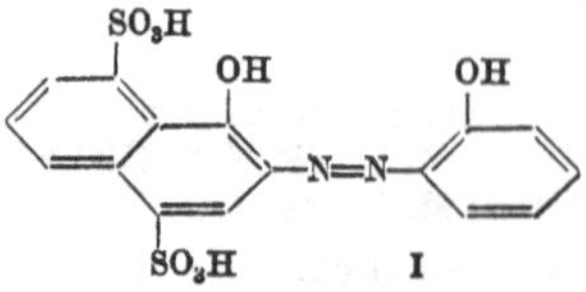

I

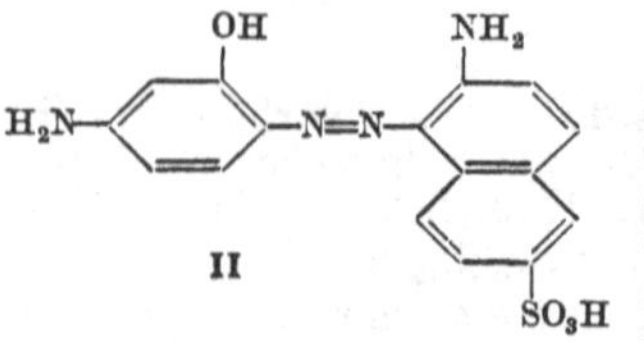

II

Man stellt zunächst ein Färbebad her unter Verw. eines Cr-Komplexazofarbstoffes aus dem Monoazofarbstoff I u. des sulfonierten Kondens.-Prod. aus einem Gemisch von Phenol u. Kresol, CH_2O u. H_2SO_4. In das Färbebad wird ein Mischgewebe aus 50 (%) Wolle u. 50 Nylon-Polyamidfasern bei 60° eingetaucht, danach langsam zum Sieden erhitzt u. 1½ Std. lang gekocht. Nach dem Waschen mit kaltem W. u. Trocknen erhält man ein Gewebe, in welchem die Wollfasern ebenso intensiv blau gefärbt sind wie die Polyamidfasern. — Bei Verw. der Cr-Komplexverb. des Monoazofarbstoffs II wird ein Fasergemisch aus 80 (%) Wolle u. 20 Polyamidfasern grün u. mit der Cr-Komplex-Verb. des Monoazofarbstoffs III gelb gefärbt. (**F. P. 1 211 541** vom 14/8. 1958, ausg. 16/3. 1960. Schwz. Prior. 25/11. 1957.)

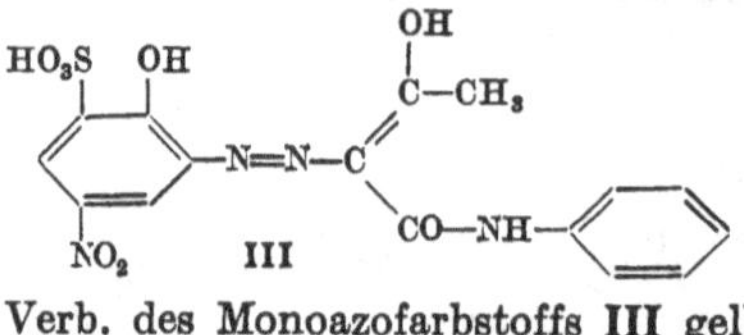

III

M. F. MÜLLER. 7021

Imperial Chemical Industries Ltd., England (Erfinder: John Reginald Atkinson, Gerald Booth, Eric Leslie Johnson und Walter Percival Mills), **Färben von Textilmaterial aus synthetischen Polymeren,** bes. aus Polyamiden, wie Polyhexamethylenadipamid, Polymeren des Caprolactams u. Polyacrylonitril, mit wasserunlösl. Azofarbstoffen, welche wenigstens einen Alkoxy- oder Alkaminorest tragen, der durch eine Epoxygruppe oder Cl oder Br substituiert ist. Farbstoffe werden erhalten durch Diazotieren von prim. aromat. Aminen u. Kuppeln mit einer Verb., die keine Sulfonsäure- oder Carbonsäuregruppe enthält, aber einen Alkoxy- oder Alkylaminorest, der durch eine Epoxygruppe oder Cl oder Br substituiert ist. Verwendbare Amine sind z. B. p-Nitroanilin, o- u. p-Aminobenzonitril, 4-Amino-3-chlorbenzonitril, 2-Amino-5-cyanbenzotriflurid, 2.4-Dicyananilin, o-Aminophenylmethylsulfon, 4-Amino-3-chlorphenyl-β-hydroxyäthylsulfon, 2.5-Bis-[äthylsulfonyl]-anilin, p-Aminobenzolsulfonamid, 4-Amino-3-chlorbenzolsulfon-β-hydroxyäthylamid, 2-Amino-6-methylsulfonylbenzothiazol, p-[β-Chloräthoxy]-anilin, p-[γ-Chlor- oder -brom-β-hydroxypropoxy]-anilin. Kupplungskomponenten sind 1-[N.N-Bis-(β-chlor- oder -bromäthyl)-amino]-3-methylbenzol, N-Äthyl-N-[γ-chlor-β-hydroxypropyl]-anilin, N.N-Bis-[γ-chlor-β-hydroxypropyl]-anilin, 1-[N.N-Bis-(γ-chlor-β-hydroxypropyl)-amino]-2-methoxy-5-methylbenzol, N-Äthyl-N-[γ-brom-β-hydroxypropyl]-anilin, 1-[N-(γ-Chlor-β-hydroxypropyl)-amino]-naphthalin, 1-[N-Äthyl-N-(γ-brom-β-hydroxypropyl)-amino]-3-methylbenzol, N-[β-Hydroxyäthyl]-N-[γ-chlor-β-hydroxypropyl]-anilin, Dimethylanilin, p-Kresol, 3-Methylpyrazolon-(5), 3-Carbäthoxypyrazolon-(5), 2.4-Dihydroxychinolin. Bes. vorteilhaft sind die Azofarbstoffe I (R = Alkyl-, Acylaminogruppe oder Halogen; X = Cl oder Br; Y = CN, Alkansulfonyl-, Aminosulfonyl; Z = H, Halogen oder Trifluormethylgruppe, CN, Alkansulfonyl, Aminosulfonyl). — 1 (Teil) 4-Nitro-4'-[N.N-bis-(γ-chlor-β-hydroxypropyl)-amino]-azobenzol wird in 20 W. dispergiert u. mit dem Na-Salz des sulfonierten Kondens.-Prodd. aus Naphthalin u. CH_2O versetzt. Dazu werden 4000 W. u. 4 eines Kondens.-Prod. aus Äthylenoxid u. einem Fettalkohol gegeben. Mit dem erhaltenen Färbebad wird ein Textilgewebe aus Polyamid bei 95° gefärbt (60 Min.). Danach wird gewaschen u. 30 Min. lang in eine Lsg. eingetaucht, welche 0,2% Na_2CO_3 u. 0,1% eines Kondens.-Prod. aus Äthylenoxid u. einem Alkylphenol enthält, u. getrocknet. Das rot gefärbte Textilgut ist waschfest. — Ein ebenfalls rot gefärbtes Prod. erhält man bei Verw. von 1 Teil 4-Nitro-4'-[N-äthyl-N-(3-chlor-2-hydroxypropyl)-amino]-azobenzol oder von 1 Teil 4-Nitro-4'-[N-äthyl-N-(2.3-epoxypropyl)-amino]-azobenzol. — Zahlreiche weitere Beispiele. (**F. P. 1 212 298** vom 4/10. 1958, ausg. 23/3. 1960. E. Prior. 4/10. 1957 u. 5/9. 1958.) M. F. Müller. 7021

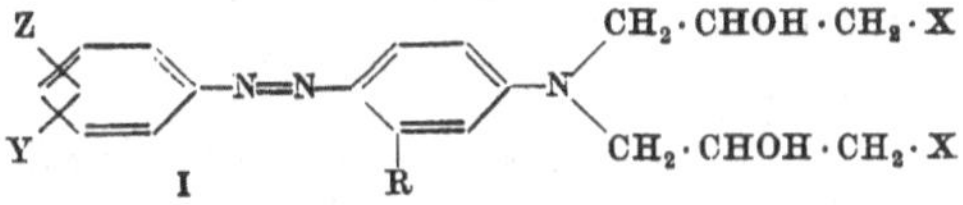

I

Farbenfabriken Bayer Akt.-Ges., Leverkusen (Erfinder: Walter Hees, Köln-Höhenberg), **Färben von Gebilden aus Acrylonitrilpolymerisaten, Vinylidencyanidpolymerisaten beziehungsweise aus Mischpolymerisaten derselben** mit anderen Vinyl-Verbb., wobei kation. Farbstoffe verwendet werden u. das Färben in Ggw. von quart. Ammoniumverbb. erfolgt, die einen ggf. durch Halogen substituierten Benzylrest u. einen mindestens 8 C-Atome enthaltenden Alkylrest aufweisen u. die ggf. in Form ihrer Umsetzungsprodd. mit Harnstoff oder Harnstoffderivv. vorliegen. — Die quart. Ammonium-Verbb. werden von aliphat. Aminen mit 8—18 C-Atomen durch Umsetzung mit Benzylchlorid oder 3.4-Dichlorbenzylchlorid gebildet. Genannt sind z. B. Dimethylcetylbenzylammoniumchlorid (I), sowie das Umsetzungsprod. (II) von Dimethyl-Palmkernfettamin mit Benzylchlorid. — Unter Verw. eines Färbebades aus 0,05 (g) des Farbstoffes III u. 0,2 I, 0,25 Na-Acetat u. 0,2 Eisessig werden Garne aus Polyacrylonitrilfasern bei 96—98° im Flottenverhältnis 1:40 1 Std. lang rosa gefärbt. — Bei Verw. des Farbstoffs IV u. der Verb. II wird bei gleicher Arbeitsweise eine citronengelbe Färbung erzielt. — Der Farbstoff V u. I ergeben eine rotstichige Orangefärbung. — Die quart. Ammonium-Verb. II wird ggf. als Additionskomplex aus 30 (Gew.-Teilen) II, 55 Harnstoff u. 15 Monoacetylharnstoff angewandt. (**Oe. P. 206 400** vom 9/8. 1958, ausg. 25/11. 1959. D. Prior. 14/8. 1957.) M. F. Müller. 7021

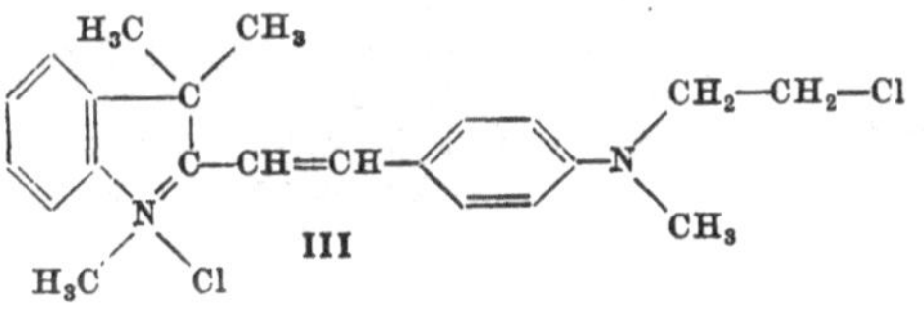

III

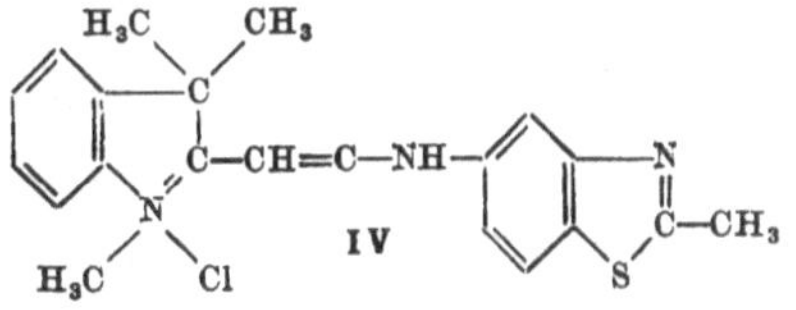

IV

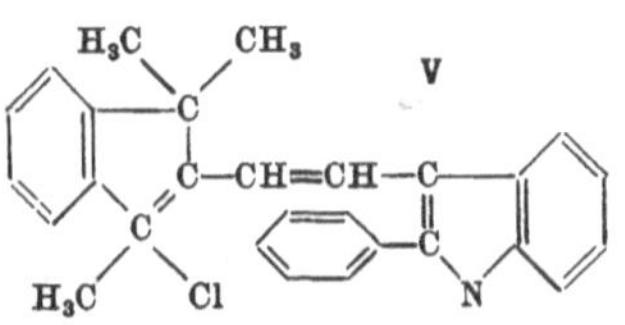

V

VEB Farbenfabrik Wolfen, Wolfen (Erfinder: Richard Wirth, Bitterfeld, Günter Puhlmann, Dessau, und Hans-Günter Wirth, Greppin-Wachtendorf), **Färbereihilfsmittel zum Färben von Polyacrylonitrilfasern und -seiden** bzw. deren Mischpolymerisaten, auch im Gemisch mit anderen Fasern, unter Verw. wasserlösl. anion. Azofarbstoffe. Dem Färbebad werden außer dem Farbstoff u. Glaubersalz noch saure Hydroxylaminsalze, z. B. das Sulfat u. Chlorid, u. Dispergiermittel zugesetzt, z. B. das Na-Salz des Kondens.-Prod. von Naphthalinsulfonsäure mit Formaldehyd, oder Polyglykoläther. (**D. P. [DDR] 21 111** Kl. 8 m vom 26/6. 1957, ausg. 10/4. 1961 [Wirtschaftspatent]. **Zusatz zu D. P. [DDR] 20118; C. 1961. 13728.**) M. F. Müller. 7021

VEB Farbenfabrik Wolfen, Wolfen (Erfinder: Richard Wirth, Bitterfeld, Günter Puhlmann, Dessau, und Hans-Günter Wirth, Greppin-Wachtendorf), **Färben von Polyacrylonitrilfasern und -seiden,** sowie Mischpolymerisaten davon, auch im Gemisch mit anderen Fasern. Man verwendet wasserlösl. anion. Azofarbstoffe, wobei dem Farbstoff von vornherein außer den bekannten Streckungsmitteln saure Hydroxylaminsalze, z. B. das Sulfat oder Chlorid, u. ggf. Dispergiermittel zugesetzt werden. —

Beispiel: Man verwendet 10 (Gew.-Teile) Solaminlichtgelb 5 G, 6 Hydroxylaminsulfat u. 2 des Na-Salzes des Naphthalinsulfonsäure/CH_2O-Kondens.-Produkts. (**D. P. [DDR] 21 115** Kl. 8 m vom 29/6. 1957, ausg. 24/4. 1961 [Wirtschaftspatent]. **Zusatz zu D. P. [DDR] 20 118; C. 1961. 13728.**) M. F. Müller. 7021

Alginates Maton Soc. An., Frankreich, **Dickungsmittel zum Bedrucken von Textilien mit Küpenfarbstoffen.** Der Druckfarbe werden zugesetzt: Salze oder Alginsäure u. von Carraghensäure. Das Dickungsmittel besteht z. B. aus einer Lsg. von 50 (g) Alginat, 150 K_2CO_3 u. 800 W. oder von 30 Alginat, 30 Carraghenat, 150 K_2CO_3 u. 790 W. oder von 25 Alginat, 25 Carraghenat, 200 British-gum, 150 K_2CO_3 u. 600 Wasser. (**F. P. 1 216 510** vom 28/11. 1958, ausg. 26/4. 1960.) M. F. Müller. 7023

Ciba Akt.-Ges., Basel, Schweiz, **Färben und Bedrucken von Faserstoffen,** bes. *Baumwolle.* Zunächst wird mit wss. Zubereitungen imprägniert, die einerseits wasserlösl. Farbstoffe mit mindestens einer N-Alkylolgruppe oder einer in eine solche überführbare Gruppe u. anderseits in W. mindestens dispergierbare Aminoplaste enthalten, u. danach ggf. nach Trocknen < 100°, bei 120 bis 180° gehärtet. Als Aminoplaste werden Methylolharnstoffe oder Methylolmelamine verwendet, deren Methylolgruppen veräthert sind, oder Urethanharze, Sulfonamidharze, Dicyandiamidharze, Anilinharze, oder die Methylol-Verbb. von Aminotriazinen. Als Farbstoffe kommen in Betracht: Nitrofarbstoffe, Oxazine, sulfonierte Kupferphthalocyanine, Polymethin- u. Azomethinfarbstoffe, Azoxy-, Azo- u. Anthrachinonfarbstoffe. Neben Netz- u. Dispergiermitteln in den Imprägnier-Lsgg. enthalten die Druckpasten noch die üblichen Verdickungsmittel u. hydrotrope

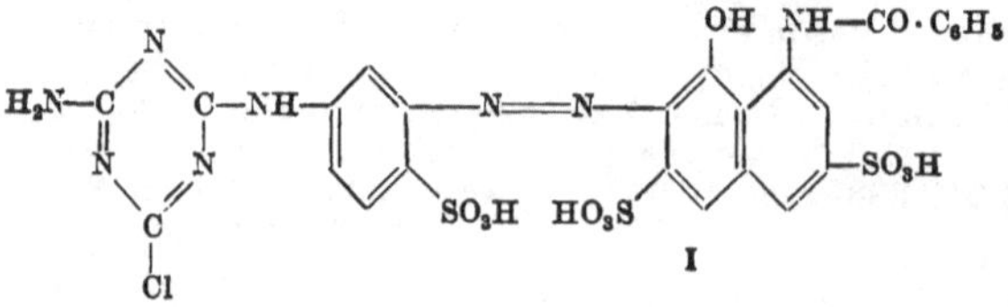

I

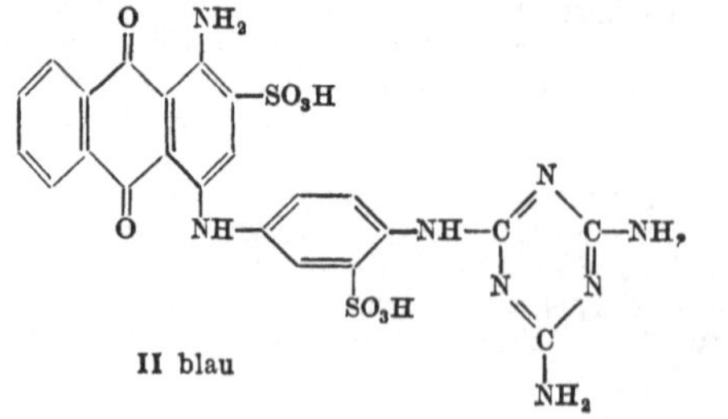

II blau

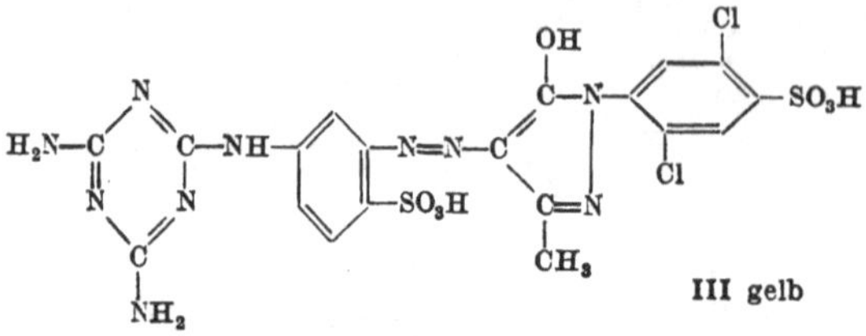

III gelb

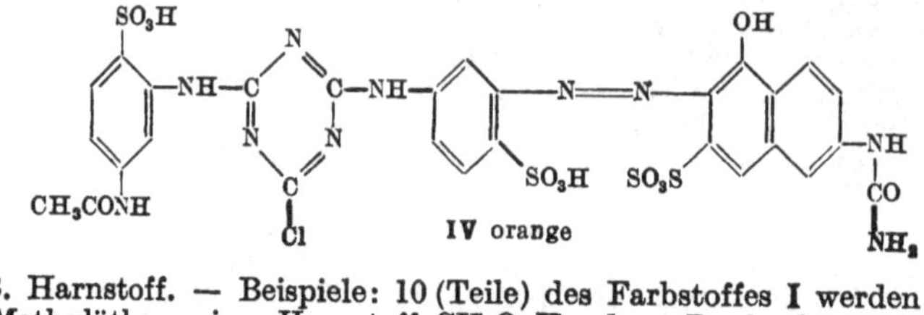

IV orange

Mittel, z. B. Harnstoff. — Beispiele: 10 (Teile) des Farbstoffes I werden mit 60 eines wasserlös. Methyläthers eines Harnstoff–CH_2O–Kondens.-Prod., das pro Mol Harnstoff mehr als 2 Mol HCHO einkondensiert enthält, u. mit 3 NH_4Cl in 1000 W. gelöst. Damit wird mercerisierte Baumwolle am Foulard behandelt, auf 70% Gewichtszunahme abgepreßt, bei 80° getrocknet u. bei 150° 5 Min. lang gehärtet. Das Gewebe ist blaustichigrot gefärbt, waschecht. — In gleicher Weise kann Baumwolle mit den Farbstoffen II, III u. IV gefärbt werden. — Zahlreiche weitere Beispiele. (**Oe. P. 203 456** vom 19/6. 1958, ausg. 25/5. 1959. **F. P. 1 208 532** vom 18/6. 1958, ausg. 24/2. 1960. Beide Schwz. Prior. 20/6. 1957.) M. F. Müller. 7023

Farbwerke Hoechst Akt.-Ges., vormals Meister Lucius & Brüning, Frankfurt/M.-Höchst, **Färben und Bedrucken von geformten Gebilden aus Polyacrylonitril und solches enthaltenden Mischpolymerisaten** unter Verw. von sulfogruppenfreien kation. Farbstoffen, die als wesentlichen Bestandteil den Benzanthrenrest enthalten u.

die allg. Formel I besitzen (R = H, Alkyl-, Aryl-, O-Alkyl-, O-Aryl-, Amino-, Mono- u. Dialkylamino-, Mono- u. Diarylamino-, Alkylarylamino- oder Carbonsäureestergruppe oder Halogenatom oder Nitrogruppe; X = O- oder S-Atom, Imino-, N-Alkylamino-, N-Arylaminogruppe; Y = organ. oder anorgan. Säurerest; A = Rest eines annellierten Bzl.-Ringes). In einem 2%ig. Bade eines Farbstoffes I (X = O; Y = Cl; R = H; A = annellierter Bzl.-Ring) das 1% eines Kondens.-Prod. aus Dodecylphenol u. ca. 20 Mol Äthylenoxid, ferner 2% Essigsäure (30%ig.) in 2000 Vol.-Teilen W. enthält, wird mit dem Flottenverhältnis 1:40 ein Polyacrylonitrilgewebe $1\frac{1}{2}$ Std. lang kochend gefärbt. Man erhält eine Violettfärbung von guter Naß- u. Lichtechtheit. (**Oe. P. 208 808** vom 22/5. 1959, ausg. 25/4. 1960. D. Prior. 24/5. 1958.) M. F. Müller. 7023

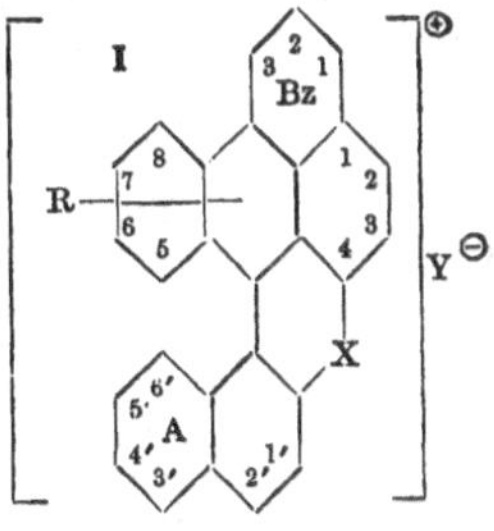

José Boiron, Frankreich, **Bedrucken von Glasfasergeweben** u. anderen Glasfaserflächengebilden. Nach dem Aufbringen des Farbstoffes, z. B. eines Polyesterfarbstoffes, wird das Gewebe u. dgl., z. B. unter Einw. von IR-Strahlen, schnell getrocknet. Danach wird das gefärbte Gut in ein fl. Harz getaucht u. unter Druck polymerisiert. (**F. P. 1 178 388** vom 11/7. 1957, ausg. 6/5. 1959.) M. F. Müller. 7023

J. R. Geigy Akt.-Ges., übert. von: Jost von der Crone, Basel, Schweiz, **Neue Verbindungen der Isoindolinon-(1)-reihe** erhält man durch Umsetzen von aromat. o-Cyancarbonsäureestern in Ggw. von Alkali- oder Erdalkalien mit Alkoholen. — 2,3 (Teile) Na werden in 200 CH_3OH gelöst u. mit 15 3.4.5.6-Tetrachlor-2-cyanbenzoesäuremethylester bei Raumtemp. versetzt, man läßt ca. 3 Std. lang stehen u. versetzt die Lsg. mit 1 Liter 1n CH_3COOH, es fällt → *4.5.6.7-Tetrachlor-3.3-dimethoxyisoindolinon-(1)*, F. 145° (Zers.); analog das entsprechende *-3.3-diäthoxyisoindolinon-(1)*, F. 160° (Zers.); aus 3.6-Dichlor-2-cyanbenzoesäuremethylester u. KOH in CH_3OH → *4.7-Dichlor-3.3-dimethoxyisoindolinon-(1)-K*; aus 3.4.5.6-Tetrachlor-2-cyanbenzoesäuremethylester u. Na in Äthylenglykol → *4.5.6.7-Tetrachlor-3.3-äthylendioxyisoindolinon-(1)*, F. 250—255°; *4.5.6.7-Tetrachlor-3.3-dicyclohexyloxyisoindolinon-(1)*; *4.5.6.7-Tetrachlor-3.3-bis-[dimethylaminoäthoxy]-isoindolinon-(1)*. — *Zwischenprodd. für die Herst. von Farbstoffen.* (**A. P. 2 964 533** vom 30/12. 1957, ausg. 13/12. 1960. Schwz. Prior. 19/12. 1957.) W. Heyer. 7049

Badische Anilin- & Soda-Fabrik Akt.-Ges., Ludwigshafen/Rh. (Erfinder: Werner Rohland, Ludwigshafen/Rh., Erich Stöckl, Mannheim, Fritz Graser, Ludwigshafen/Rh., Arnold Tartter, Lambsheim, Curt Schuster, Robert Gehm, Julius Eisele, Ludwigshafen/Rh., und Wilhelm Federkiel, Frankenthal), **Herstellung wasserlöslicher Azofarbstoffe.** Wasserlösl. Azofarbstoffe mit mindestens einer acylierbaren Aminogruppe werden mit Arylcarbonsäurehalogenidsulfonsäurehalogenalkylamiden acyliert. Die Acylierung kann auch mit den Farbstoffkomponenten vor der Kupplung durchgeführt werden. — *1-Aminobenzol-4-sulfonsäure → 1-Amino-8-hydroxynaphthalin-3.6-disulfonsäure.* Zugabe von Benzoylchlorid-3-sulfonsäure-β-chloräthylamid in Aceton gelöst. Der wie üblich isolierte Farbstoff färbt Wolle u. lineare Polyamide rot u. ausgezeichnet naßecht. (**D. A. S. 1 083 957** Kl. 22a vom 8/11. 1957, ausg. 23/6. 1960. **E. P. 868 745** vom 19/12. 1957, ausg. 25/5. 1961. D. Prior. 8/11. 1957.) F. Rath. 7053

Badische Anilin- & Soda-Fabrik Akt.-Ges. (Erfinder: Hans Baumann und Johannes Dehnert), Ludwigshafen/Rh., **Herstellung von kationischen Farbstoffen.** Sulfonsäuregruppenfreie Azoverbb. der allg. Formel I (n = 1 oder 2; A = (wenn n = 1) einwertiger, (wenn n = 2) zweiwertiger Rest eines diazotierbaren Amins bzw. eines tetrazotierbaren Diamins u. B_1 u. B_2 = H, Alkyl, Cycloalkyl, Aralkyl oder Aryl, die über Heteroatome cyclisiert sein können) werden mit alkylierenden Mitteln zu — im Imidazolrest N.N'-dialkylierten — Farbstoffen umgesetzt. Die Farbstoffe eignen sich zum Färben von Baumwolle, Leder u. Gebilden aus Celluloseestern oder -äthern, Polyamiden, -urethanen oder -estern u. bes. von Polyacrylonitril. 13,6 (Teile) 1-Amino-4-dimethylaminobenzol werden diazotiert u. mit 11 4,5-Diphenylimidazol in 200 Pyridin u. 100 Natronlauge (10%ig.) gekuppelt. Den durch Zugabe von 1500 W. ausgefällten Farbstoff löst man in 300 Dimethylformamid bei 100—110° u. gibt 26 Dimethylsulfat zu. Nach vollständiger Umsetzung wird in 3000 W. eingetragen u. durch Zugabe von 1000 NaCl-Lsg. der Farbstoff gefällt. Aufarbeitung wie üblich. Der Farbstoff färbt Fasern aus Acetylcellulose u. Poly-

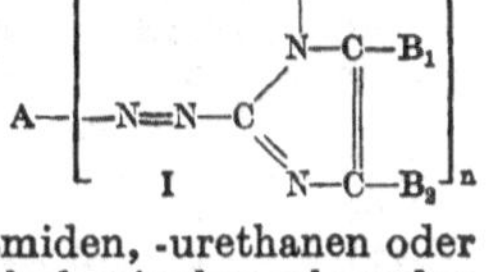

acrylonitril sehr echt rotviolett. (**D. A. S. 1 098 642** Kl. 22a vom 25/6. 1958, ausg. 2/2. 1961. **F. P. 1 238 315** vom 24/6. 1959, ausg. 30/11. 1960. D. Prior. 25/6., 30/9. u. 3/10. 1958.) F. RATH. 7053

Farbwerke Hoechst Akt.-Ges., vormals Meister Lucius & Brüning, Frankfurt/M. (Erfinder: Herbert Kracker, Hans Albert und Hans Thaler, Offenbach/M.), **Herstellung von wasserunlöslichen Azofarbstoffen.** Diazoniumverbb. aus o-Aminoazoverbb. der allg. Formel **I** (X = Alkyl oder Alkoxy u. Y = Alkansulfonyl mit 1—3 C) werden gemeinsam mit Diazoniumverbb. aus p-Aminoazoverbb. der allg. Formel **II** (X = Alkansulfonyl oder Halogen; Y = NO_2 oder Halogen u. Z = H

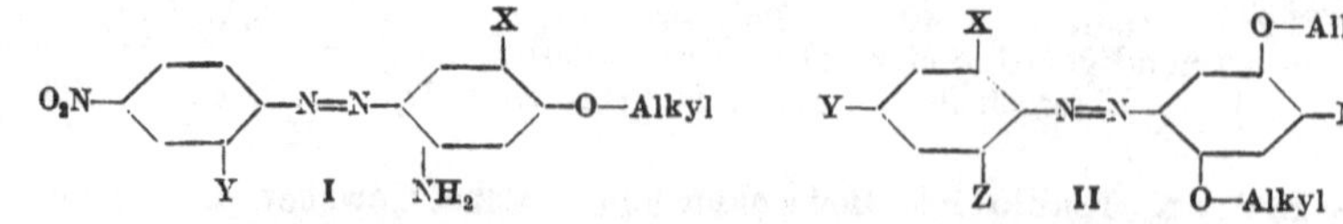

oder Halogen) mit Arylamiden der 2-Hydroxynaphthoesäure-(3) (frei von wasserlöslichmachenden Substituenten) in Substanz auf der Faser oder auf einem anderen Substrat gekuppelt. — 38 (g) 2-Amino-5.4-dimethoxy-2'-methansulfonyl-4'-nitroazobenzol u. 41,5 4-Amino-2.5-dimethoxy-2'-methansulfonyl-4'-nitro-6'-chlorazobenzol werden diazotiert u. mit 65,5 1-[2'-Hydroxynaphthoyl-(3')-amino]-2-methoxy-5-chlorbenzol gekuppelt. Der wie üblich isolierte schwarze Farbstoff kann zur Lackherst. dienen. (**D. A. S. 1 084 403** Kl. 22a vom 3/12. 1957, ausg. 30/6. 1960. **F. P. 1 217 743** vom 3/12. 1958, ausg. 5/5. 1960. D. Prior. 3/12. 1957.) F. RATH. 7053

Farbwerke Hoechst Akt.-Ges., vormals Meister Lucius & Brüning, Frankfurt/M. (Erfinder: Joachim Ribka, Offenbach/M.), **Herstellung eines wasserunlöslichen Monoazofarbstoffes.** 24,2 (Gew.-Teile) 1-Amino-2-methoxybenzol-5-carbonsäurephenylamid werden diazotiert u. mit 31,2 1-[2'-Hydroxynaphthoyl-(3')-amino]-2-methyl-5-chlorbenzol gekuppelt. Der wie üblich isolierte blaustichigrote Farbstoff dient zur Zubereitung von Farblacken, zum Pigmentdruck, ferner zur Herst. gefärbter Filme oder zum Färben von Natur- u. Kunstharzen. Die Kupplung kann auch auf der Baumwollfaser erfolgen. (**D. A. S. 1 088 632** Kl. 22a vom 24/4. 1958, ausg. 8/9. 1960. **F. P. 1 222 299** vom 24/4. 1959, ausg. 9/6. 1960. D. Prior. 24/4. 1958.) F. RATH. 7053

Farbwerke Hoechst Akt.-Ges., vormals Meister Lucius & Brüning, Frankfurt/M. (Erfinder: Ulrich Dreyer und Werner Kirst, Offenbach/M.), **Herstellung von wasserunlöslichen Azofarbstoffen.** Diazonium-Verb. von Aminen der

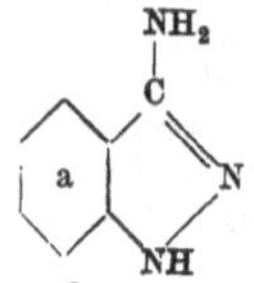

I

allg. Formel I, worin der Kern a durch in Azofarbstoffen übliche Substituenten substituiert sein kann, werden mit Arylamiden von aromat. oder heterocycl. o-Hydroxycarbonsäuren oder von Acylessigsäuren (frei von wasserlöslichmachenden Gruppen) in Substanz, auf der Faser oder auf einem anderen Substrat gekuppelt u. dann metallisiert. — *3-Amino-6-methoxyindazol* → *1-[2'-Hydroxynaphthoyl-(3')-amino]-2.4-dimethoxy-5-chlorbenzol.* Der gekupferte Farbstoff liefert im Verschnitt mit einem Weißpigment im Leinölanstrich graublaue Töne. Die entsprechende Ni-Verb. löst sich in organ. Lsgm. mit violetter Farbe u. dient zur Herst. von Lacken sowie zum Färben von hochmol. plast. Massen u. von synthet. Fasern. (**F. P. 1 230 829** vom 17/7. 1959, ausg. 20/9. 1960. D. Prior. 18/7. 1958 u. 15/5. 1959. **D. A. S. 1 086 832** Kl. 22a vom 18/7. 1958, ausg. 11/8. 1960.) F. RATH. 7053

Ciba Akt.-Ges., Basel (Erfinder: Raymond Gunst, Binningen), Schweiz, **Herstellung von Diazofarbstoffen.** Trihalogen-1.3.5-triazine, Aminodisazofarbstoffe der allg. Formel $R—N = N—R_1—N = N—R_2—NH_2$ (R u. R_1 = Benzol- oder Naphthalinrest ohne NO_2-Gruppen, R_2 = Naphthalinsulfonsäure in 1,4-Stellung an Azobrücke u. NH_2-Gruppe gebunden) u. Ammoniak oder prim. bzw. sek. Amine werden in beliebiger Reihenfolge kondensiert. Die Farbstoffe eignen sich zum Färben u. Bedrucken von bes. cellulosehaltiger Materialien faseriger Struktur. — Cyanurchlorid wird mit dem Disazofarbstoff *1-Amino-4-acetylaminobenzol-2-sulfonsäure* → *1-Amino-2-methoxy-5-methylbenzol* → *1-Aminonaphthalin-6-sulfonsäure* kondensiert u. anschließend das 2. labile Cl des Cyanurchlorids durch 1-Aminobenzol-3-sulfonsäure ersetzt. Der wie üblich isolierte Farbstoff färbt *Baumwolle* in echten rotbraunen Tönen. (**D. A. S. 1 110 788** Kl. 22a vom 23/3. 1959, ausg. 13/7. 1961. **Oe. P. 211 448** vom 23/3. 1959, ausg. 10/10. 1960. **F. P. 1 221 190** vom 2/3. 1959, ausg. 31/5. 1960. Alle Schwz. Prior. 24/3. 1958.)

F. RATH. 7055

Durand & Huguenin Akt.-Ges., Schweiz, *Netzmittel zum Färben.* (**F. P. 1 166 058** vom 5/2. 1957, ausg. 3/11. 1958. Schwz. Prior. 16/2. 1956. — C. **1959.** 10068 [D. A. S. 1 047 167].)

Naphthol-Chemie Offenbach (Erfinder: **Ernst Fischer** und **Franz Muris**), Offenbach/M., *Herstellung überechter Färbungen auf Acetylcellulose, linearen Polyamiden oder Polyurethanen.* (**Jap. A. S. 178/1960** vom 4/3. 1953, ausg. 14/1. 1960. D. Prior. 4/3. 1952. — C. **1956.** 8217 [D. B. P. 937 524].)

VEB Farbenfabrik Wolfen, Wolfen (Erfinder: **Richard Wirth**, Bitterfeld, **Günter Puhlmann**, Dessau, und **Hans-Günter Wirth**, Greppin-Wachtendorf), *Färben von Polyacrylonitrilfasern und Polyacrylonitrilseiden sowie deren Mischpolymerisaten.* (**Oe. P. 207 800** vom 2/6. 1958, ausg. 25/2. 1960. D. Prior. 29/6. 1957. — C. **1961.** 4527 [Ung. P. 146 019].)

Farbenfabriken Bayer Akt.-Ges., Deutschland (Erfinder: **Winfried Kruckenberg**), *Färben und Bedrucken von geformten Gebilden aus aromatischen Polyestern.* (**F. P. 1 205 352** vom 8/4. 1958, ausg. 2/2. 1960. D. Prior. 11/4. 1957. — C. **1961.** 13728 [Belg. P. 566 597].)

Ciba Soc. An., Basel, Schweiz, *Herstellung von Disazofarbstoffen.* (**F. P. 1 178 107** vom 2/7. 1957, ausg. 4/5. 1959. **E. P. 864 227** vom 3/7. 1957, ausg. 29/3. 1961. Beide Schwz. Prior. 3/7. 1956 u. 13/6. 1957. — C. **1960.** 16946 [D. A. S. 1 067 151].)

Farbenfabriken Bayer Akt.-Ges., Leverkusen (Erfinder: **Klaus Böckmann**, Köln, und **Carl Taube**, Leverkusen), *Herstellung von Disazo-azoxyfarbstoffen.* (**Schwz. P. 355 239** vom 15/4. 1957, ausg. 15/8. 1961. **F. P. 1 175 764** vom 24/5. 1957, ausg. 1/4. 1959. Beide D. Prior. 6/6. 1956. — C. **1960.** 15915 [D. A. S. 1 030 948].)

Farbenfabriken Bayer Akt.-Ges., Leverkusen (Erfinder: **Klaus Böckmann**, Köln, und **Carl Taube**, Leverkusen), *Herstellung von Disazofarbstoffen.* (**Schwz. P. 356 228** vom 21/6. 1957, ausg. 29/9. 1961. **F. P. 1 182 453** vom 16/8. 1957, ausg. 25/6. 1959. Beide D. Prior. 16/8. 1956. — C. **1960.** 16946 [D. A. S. 1 047 344].)

Farbwerke Hoechst Akt.-Ges., vormals Meister Lucius & Brüning, Frankfurt/M., *Herstellung von Polyazofarbstoffen.* (**F. P. 1 188 062** vom 28/11. 1957, ausg. 18/9. 1959. **E. P. 868 856** vom 28/11. 1957, ausg. 25/5. 1961. Beide D. Prior. 28/11. 1956. — C. **1960.** 16267 [D. A. S. 1 057 264].)

Ciba Akt.-Ges. (Erfinder: **Karl Menzi**), Basel, Schweiz, *Herstellung von Metallkomplexverbindungen eines Disazofarbstoffs.* (**F. P. 1 200 038** vom 8/3. 1956, ausg. 17/12. 1959. **E. P. 823 064** vom 22/3. 1956, ausg. 4/11. 1959. Beide Schwz. Prior. 25/3. 1955. — C. **1961.** 10761 [Oe. P. 192 524].)

Badische Anilin- & Soda-Fabrik Akt.-Ges., Ludwigshafen/Rh., *Farbstoffe der Anthrachinonreihe.* (**E. P. 868 743** vom 19/12. 1957, ausg. 25/5. 1961. D. Prior. 10/9. 1957. — C. **1960.** 4362 [D. A. S. 1 066 682].)

XIa. Farben. Anstriche. Lacke. Naturharze

Die epoxydierten Öle. Sergio G. Raccagni. (Pitture e Vernici **37.** 361—63. Sept. 1961. Fino Mornasco (Como). (Ital.)

Behandelt wird die Epoxydierung fetter Öle sowie Eigg. u. Verw. der epoxydierten Öle. — 22 Literaturangaben. B. SCHEIFELE. 7096☐

Erfahrungen über die katalytische Wirkung von Zirkonium auf Trockenstoffe. M. Giesen. (Pitture e Vernici **37.** 355—56. Sept. 1961. Marienberg, Deutsche Advance Produktion GmbH.) (Ital.)

Zr beschleunigt die Sikkativ-Wrkg. der üblichen Co-, Pb-, Mn-Trockner, so daß bei Mitverwendung von Zr deren Zusatzmenge red. werden kann. Anwendungsbeispiele. B. SCHEIFELE. 7096☐

Lichtechtheitsprüfung der Buntpigmente. Willard F. Spengeman und George Wormald. (Pitture e Vernici **37.** 365—70. Sept. 1961.) (Ital.)

Inhaltlich identisch mit der C. **1962.** 2555 referierten Arbeit. B. SCHEIFELE. 7152☐

Abriebfestigkeit von Firnissen. J. H. Bitter. (Verfkroniek **34.** 389—91. Okt. 1961.) (Holl.)

Man trägt den Firnis auf ein Al-Plättchen auf, trocknet bei 50°, schleift die Probe mit einem Gerät (Abb.) mit Schmirgelpapier 5—6mal, bestimmt den bei jedem Schleifen eingetretenen Gewichtsverlust u. trägt den Gesamtgewichtsverlust (GG) in einem Diagramm in Abhängigkeit von der Zahl der Schleifvorgänge auf. Dividiert man den GG durch die Firnisoberfläche, so erhält man die „Schleifzahl", ein Maß für die Abriebfestigkeit des Firnis. Beispiele zeigen die Anwendung des Verfahrens. W. WESLY. 7158☐

International Minerals & Chemicals Corp., übert. von: Harry H. Houston, Elmhurst, Ill., V.St.A., **Expandierter Perlit mit verbesserter Lichtreflexion**, die das Prod. als Füllstoff für Farben, Papier u. a. geeignet macht, wird hergestellt durch Vermischen von gemahlenem Rohperlit mit O enthaltenden, weißen feingepulverten Verbb., wie TiO_2, MgO, $MgCO_3$, ZrO_2, $CaHPO_4 \cdot 2\,H_2O$, im Verhältnis 5 : 1 bis 200 : 1 u. anschließendes Erhitzen auf 1500—2100 °F. (**A. P. 2 977 240** vom 19/10. 1956, ausg. 28/3. 1961.) G. FRIKELL. 7093

Philadelphia Quartz Co., übert. von: Chester L. Baker, Narberth, und John Frankle Austin, Philadelphia, Pa., V.St.A., **Herstellung von feinteiligen**

Silicatpigmenten. Man mischt die bis 30 gew.-%ig. wss. Lsg. von Na-Silicat (Na_2O : SiO_2 = 2 : 1 bis 1 : 4) mit einem leichtlösl. Salz einer 1wertigen Säure mit einem 1wertigen Kation, z. B. NaCl, KCl, $NaNO_3$, $NaClO_3$, CH_3COONa, HCOONa, u. anschließend mit als Fällungsmittel wirkenden Metall-Verbb., wie Oxyden oder Hydroxyden der Erdalkalien oder Al_2O_3, Fe_2O_3, HgO, SnO, ZnO, CoO, NiO, $FeSO_4$, $Al_2(SO_4)_3$, K_2TiF_6, $NaAlO_2$, $ZnCl_2$, $CuCl_2$, $TiSO_4$ in solchen Mengen, daß ein wesentlicher Teil des Na-Silicats in in einen unlösl. Nd. übergeführt wird. (**A. P. 2 972 594** vom 11/3. 1958, ausg. 21/2. 1961.) K. Demmler. 7093

Klaus Thomas Wilke und Hans Kotschy, Berlin, **Herstellung lumineszierender, mehrkomponentiger Titanate** der allg. Formel $\alpha Me^{II}O$–bMe_2^IO. c $Me_2^{III}O_3$–d TiO_2, dad. gek., daß Oxyde, Carbonate oder andere geeignete Verbb., für a vor allem die des Mg u. Zn, für b die des Li u. für c die des Al unter Zusatz eines Aktivators, bes. einer Verb. des Mn, in einem Glüh-Verf. im Luft- oder O_2-Strom zur Rk. gebracht werden. Diagramm. (**D. P. [DDR] 20954** Kl. 22f vom 28/2. 1958, ausg. 23/2. 1961 [Wirtschaftspatent].) T. Oppermann. 7093

Herbert Carl, Radebeul, **Herstellung von Zinksulfid für Leuchtstoffe** durch Fällen aus H_2SO_4-saurer Lsg. mit H_2S bei normaler Temp. u. normalem Druck im pH-Bereich 1,2—2,8, dad. gek., daß der pH-Bereich der Lsg. während der Fällung durch period. Einleiten von NH_3 eingehalten wird. (**D. P. [DDR] 21160** Kl. 22f vom 24/1. 1958, ausg. 11/4. 1961 [Wirtschaftspatent].) T. Oppermann. 7093

Firestone Tire & Rubber Co., übert. von: William E. Tann, Akron, Ohio, V.St.A., **Vulkanisierbare Überzugs- und Klebemassen,** bestehend aus der Lsg. eines kautschukartigen Polychloroprens (Neopren) in einem organ. Lsgm., wobei in der Lsg. als Beschleuniger geringe Mengen CS_2, ein niederer Alkylaminoalkohol, z. B. Monoäthanolamin, sowie ein niederes aliphat. oder cycloaliphat. Amin vorhanden sind. (**A. P. 2 875 184** vom 21/8. 1957, ausg. 24/2. 1959.) P. Krug. 7107

E. I. du Pont de Nemours & Co. (Erfinder: **Henry Weaver Godshalk**), *Flüssige Anstrichmittel.* (**Aust. P. 229 095** vom 28/8. 1958, ausg. 28/7. 1960. A. Prior. 1/10. 1957. — C. **1962.** 2186 [Holl. P. 97 426].)

Schering Akt.-Ges., Berlin, übert. von: **Heinz Werner Sparmann,** Berlin, *Bewuchsverhindernde Anstrichmittel.* (**A. P. 2 970 923** vom 24/7. 1958, ausg. 7/2. 1961. D. Prior. 31/7. 1957. — C. **1959.** 5639 [D. A. S. 1 042 795].)

E. I. du Pont de Nemours & Co., Wilmington, Del. (Erfinder: **Ronald John Sheppard,** Flushing, Mich.), V. St.A., *Überzugsmittel.* (**Schwz. P. 355 242** vom 13/11. 1956, ausg. 15/8. 1961. A. Prior. 14/11. 1955. — C. **1960.** 13535 [Belg. P. 552 531].)

E. I. du Pont de Nemours & Co., Wilmington, Del., V.St.A. (Erfinder: **W. P. Kane**), *Überzugsmittel.* (**Belg. P. 567 871** vom 20/5. 1958, ausg. 12/8. 1960. — C. **1961.** 9219 [E. P. 838 802].)

E. I. du Pont de Nemours & Co., Wilmington, Del., übert. von: **Philip F. Sanders,** Lima, Pa., V.St.A., *Überzugsmassen aus Polytetrafluoräthylen, Phenol und Aldehyd.* (**A. P. 2 825 706** vom 23/11. 1954, ausg. 4/3. 1958. — C. **1960.** 7351 [E. P. 804 178].)

Esso Research and Engineering Co., übert. von: **Clyde Lee Aldridge,** Baker, und **Elphege Maxime Charlet,** Baton Rouge, La., V.St.A., *Herstellung von Emulgierungsmitteln.* (**A. P. 2 871 137** vom 13/6. 1955, ausg. 27/1. 1959. — C. **1961.** 15213 [F. P. 1 153 744].)

Egyesült Izzólámpa és Villamossági R. T. (Erfinder: **Julius Laskay** und **Robert Mocsári**), Budapest, Ungarn, *Herstellung von lumineszierenden Stoffen auf Zink- und/oder Cadmiumsulfid-Basis.* (**Ung. P. 144 222** vom 14/4. 1956, ausg. 1/9. 1958. — C. **1959.** 3312 [Oe. P. 198 855].)

Tee-Pak, Inc., Chicago, Ill., V.St.A., *Herstellung überzogener Filme.* (**Finn. P. 29 674** vom 29/1. 1953, ausg. 30/9. 1958. — C. **1959.** 313 [Oe. P. 193 138].)

Imperial Chemical Industries Ltd., London (Erfinder: **Reginald Hurd,** Manchester, Lancashire), England, *Copolymere.* (**Can. P. 552 328** vom 29/5. 1954, ausg. 28/1. 1958. E. Prior. 1/6. 1953. — C. **1956.** 7944 [E. P. 738 883].)

S. C. Johnson & Son, Inc., übert. von: **Sylvan O. Greenlee,** Racine, Wis., V.St.A., *Herstellung alkalilöslicher Harze.* (**Can. P. 552 342** vom 17/2. 1955, ausg. 28/1. 1958. A. Prior. 12/1. 1954. — C. **1958.** 4039 [F. P. 1 110 892].)

XIb. Plaste (Kunstharze. Plastische Massen)

Elektrophoretische Trennung von pulverförmigen Polymeren aus Suspensionen in dielektrischen Flüssigkeiten. K. H. Krause. (Kunststoff-Rdsch. **8.** 597—99. Dez. 1961.) (Dt.)

Vf. berichtet über die Trennung von pulverförmigen Polymeren, bes. mit hoher elektr. Konst. aus Suspensionen in der dielektr. Fl., durch elektr. Felder. Als Träger der pulverförmigen Masse muß eine Fl. verwendet werden, die zwar eine unterschiedliche DK aufweist, aber das gleiche spez. Gewicht hat. Die Bewegung der Festteile wird durch ungleiche elektr. Felder verursacht; das Phänomen nennt man Dielektrophorese. Das Material von größerer Polarität wandert in Richtung der größeren Feldintensität hin. Vf. beschreibt Verss., die die Abhängigkeit der Ausbeute von der Feldrichtung, Teilchengrößen, Teilchen-Vol.-Konz. in der Suspension u. Spannung feststellen. K. Wekua. 7170 □

Die Induktion elektrischer Leitfähigkeit bei bestrahlten Polymeren L. Holland. (Plastics **24.** 112—14. März 1959. Edwards High Vacuum Ltd.)

Auf Grund einer Literaturübersicht erörtert Vf. die Wrkg. ionisierter Strahlen auf die verschiedenen Polymere u. geht bes. auf die dadurch induzierte elektr. Leitfähigkeit u. deren Mechanismus u. Änderungen der Oberflächen-Eigg. der Polymere ein.
H. Sontag. 7170□

Eigenschaften, Verarbeitung und Einsatz von Hostalen-Polyäthylen. Hans Domininghaus. (Plastics **24.** 164—68. Mai 1959. Farbwerke Hoechst Akt.-Ges.)

Vf. erörtert die Beziehungen zwischen der Struktur der Polyäthylene u. ihren physikal. chem. bzw. mechan. Eigg. u. kennzeichnet das Verh. von Hostalen, einem Ziegler-Polyäthylen, das je nach Typ ein Molgew. zwischen 50000 u. 200000 u. eine Dichte zwischen 0,95 u. 0,96 besitzt, während des Spritzgießens, Strangpressens, der Rohr-Herst., Vakuumverformung u. des Blasverfahrens. Es werden anwendungstechn. Hinweise für die Verarbeitung von Hostalen nach diesen Verff. gegeben.
H. Sontag. 7172□

Weichmacher und Polymere aus Fetten. W. C. Ault. (J. Oil Colour Chemists' Assoc. **43.** 631—39. Sept. 1960. Philadelphia, Pa., U.S. Dept. of Agriculture, Eastern Utilisation Res., Development Div.) (Engl.)

Von Fett-Derivv. eignen sich bes. epoxydiertes Sojaöl als sek. Weichmacher für Polyvinylchlorid. Prim. Weichmacher sind Allylepoxystearate u. epoxydierte Acetoglyceride. Neue Fett-Derivv. mit P–C-Gruppen, wie 9.10-Trialkyd-phosphonostearate besitzen als Plastifikatoren die Eig., nur wenig auszuschwitzen u. Polyvinylchlorid gute Tieftemp.-Eigg. zu verleihen. Andere Fett-Derivv. sind Polyvinylstearat, Alkylacrylate, Vinylepoxystearat sowie Kondens.-Prodd. von Epoxyden mit Phthalsäureanhydrid. B. Scheifele. 7172□

Über die Herstellung von Aluminium-Harzen durch Hydrolyse chelatisierter Aluminium-Alkoholate. Václav Kugler. (Farbe u. Lack **65.** 378—83. Juli 1959. Pardubice, Výzkumný ústav syntet. pryskyřic a laků.) (Dt.) — C. **1960.** **664.**
J. Schneider. 7188□

Mechanismus der Oberflächenabschmelzung bei Kunststoffen mit anorganischer Verstärkung. Norman Beecher und Ronald E. Rosensweig. (ARS Journal **31.** 532—39. April 1961. Cambridge, Mass., National Res. Corp.; Mass. Inst. of Technol.) (Engl.)

Beim Wiedereintritt in die Atmosphäre mit Überschall-Geschw. erfolgt bei einem anorgan. verstärkten Kunststoff, z. B. bei glasfaserverstärktem Phenol-Formaldehydharz, ein verwickelter Prozeß, wobei nur eine dünne Oberflächenschicht zerstört u. die Hauptmasse des Materials dadurch geschützt wird. Durch thermodynam. u. kinet. Analysen (Pyrolyse, kalorimetr. Messung) wurde festgestellt, daß bei diesem Abschmelzvorgang (a) therm. Zers. des Harzes, (b) Rkk. der gasförmigen Zers.-Stoffe u. (c) Rkk. zwischen C u. Glasfaser erfolgen, wobei (a) u. (b) geringere Mengen u. (c) etwa 4 kcal/gC Wärme absorbieren. B. Scheifele. 7204□

Mechanische Eigenschaften füllstofffreien und rußhaltigen bestrahlten Polyäthylens bei hohen Temperaturen. S. H. Pinner. (Plastics **24.** 74—76. Febr. 1959.)

Nach einem Hinweis auf die Bedeutung der Unters. der mechan. Eigg. von Polymeren bei erhöhter Temp., bei der ein klareres Bild der Vernetzung gewonnen wird als bei Unterss. bei Raum-Temp., beschreibt Vf. ein von ihm entwickeltes Hochtemp.-Tensometer, das selbsttätig die Kraft-Dehnungslinien von auf beliebige Temp. zu erhitzenden Proben aufzeichnet. Die Unterss. wurden an einem Polyäthylen niederer Dichte u. 2 Polyäthylenen hoher Dichte (Marlex 50 u. Hostalen F) jeweils mit u. ohne Füllstoffzusatz (Ruß) durchgeführt. Ein Vgl. des Verhältnisses von Reißfestigkeit zu Strahlungsdosis dieser Proben zeigt den relativ geringen Einfl. des Polyäthylentyps auf die Festigkeitswerte, während diese durch Rußzusatz wesentlich verbessert werden.
H. Sontag. 7210□

Einige Betrachtungen über die Durchlässigkeit von Kunststoffumhüllungen für Lebensmittelverpackungen. L. Telegdy Kováts, M. Kelemen Szilas und F. Örsi. (Periodica polytechn. [Budapest], chem. Ingenieurwes. **5.** 7—14. 1961. Budapest, Polytechnical Univ., Department of Food Chemistry.) (Engl.) — Vgl. C. **1962.** **2922.**

Vff. diskutieren 4 Meth. zur Messung der Gasdurchlässigkeit von Kunststoff-Folien. Es wird berechnet, daß die Meth., die Änderung des Druckes auf der Vakuumseite einer App. zu verfolgen, die zuverlässigsten Werte gibt. Die App. ist durch die Folie in 2 Teile getrennt. Die eine Seite wird unter Vakuum gehalten, auf der anderen Seite befindet sich das zu diffundierende Gas. H.-G. Moslé. 7210□

Mikroskopische Prüfung von Polyvinylrohren. A. Huber, D. Whitwham, O. Diner und J. Hérenguel. (Ind. Plast. mod. **13.** Nr. 7. 49—53. Aug./Sept. 1961. Antony, Soc. des Tréfileries et Laminoirs du Havre, Centre de Rech.) (Franz.)

Die in der Metallographie üblichen, mkr. Unters.-Verff. werden auf Polyvinylrohre angewandt, dabei werden die Struktur im Längs- u. Querschnitt u. die Verteilung der Bestandteile (TiO_2, Farbstoff, Wachs) (Abb.) beobachtet u. erörtert. W. WESLY. 7210□

Beitrag zum Studium der mechanischen Eigenschaften von dünnen Kunststoff-Folien. Bersteigenschaften. J. Rougeaux. (Ind. Plast. mod. **12.** Nr. 10. 30—32. Dez. 1960. Centre d'Étude des Mat. Plast.) (Franz.)

Vf. beschreibt vorläufige Verss. an Polyäthylenterephthalat- u. Polyäthylen-Filmen mittels des Eclatomètre Modell CEMP (eine eingespannte kreisrunde Folie wird von der einen Seite mittels einer Fl. bei steigendem Druck bis zum Bersten gebracht) u. gibt eine mathemat. Ableitung für den Berstvorgang. R. SCHÄFF. 7210□

Union Carbide Corp., New York, N.Y., übert. von: Paul Alexander, Hinsdale, Ill., V.St.A., **Verformen von plastischem Material,** bes. *Polyvinylchlorid,* durch Strangpressen, dad. gek., daß die Masse (I) in halbgeschmolzenem Zustand, z. B. 270—370 °F., heiß in die Presse gefüllt wird u. die Ränder des Mundstückes der Presse auf eine Temp. erhitzt werden, die bei der Temp. des F. von I, z. B. bei 370—420 °F, liegt. (**A. P. 2 876 497** vom 14/4. 1955, ausg. 10/3. 1959.) C. LÜTTGEN. 7171

Standard Oil Co., Chicago, übert. von: Edmond Field, Chicago, und Morris Feller, Park Forest, Ill., V.St.A., **Polymerisation von Olefinen.** Zu A. PP. 2731452 u. 2 731 453; C. **1957.** 556 ist nachzutragen, daß bei der Polymerisation von Äthylen als Metallhydrid das Borhydrid eines Metalls mit einer Elektronegativität nach der PAULING-Skala von mindestens 1 verwendet wird. (**Can. P. 551 741** vom 25/11. 1953, ausg. 14/1. 1958. A. Prior 6/12. 1952.) EBERHARD RIEDEL. 7173

Farbenfabriken Bayer Akt.-Ges., Leverkusen (Erfinder: Friedrich Lober, Leverkusen, Helmut Freytag, Köln, Otto Bayer und Hans Scheurlen, Leverkusen), **Stabilisieren von Polyolefinen** gegen den Einfl. von Luft, O_2 u. O_3-haltiger Luft durch N u. S enthaltende Verbb. dad. gek., daß man als Stabilisatoren Sulfenamide, z. B. Benzothiazolyl-(2)-cyclo- oder -dicyclohexylsulfenamid, Pentachlorphenyl-, Trichlorphenyl-, Thiazolinyl-(2)-cyclohexylsulfenamid, 4-Phenylthyazolyl-2-N.N-dicyclohexylsulfenamid, verwendet. (**D. A. S. 1 108 426** Kl. 39b vom 24/9. 1958, ausg. 8/6. 1961.) C. LÜTTGEN. 7173

Argus Chemical Corp., übert. von: Arthur C. Hecker, Richmond Hill, und William E. Leistner, Brooklyn, N. Y., V.St.A., **Polyäthylen** wird bei höheren Temp. nicht klebrig u. gleichzeitig stabilisiert durch den Zusatz von organ. Phosphiten der allg. Formel $P(OR_1)(OR_2)(OR_3)$, in der R_1, R_2 u. R_3 ein Alkyl-, Aryl-, Alkaryl- oder Aralkyl-Gruppe bedeuten, bes. Tri-2-äthylhexylphosphit u. Triphenylphosphit. (**A. P. 2 860 115** vom 6/6. 1955, ausg. 11/11. 1958.) C. LÜTTGEN. 7173

Union Carbide Corp. (Erfinder: Joseph James Smith, Walter Arthur Miller und Frederick Poehler Reding), **Herstellung von Polyäthylen** mit einer $D.^{25}$ von 0,93—0,98 u. einem Schmelz-Index- (I) von >10, dad. gek., daß man Polyäthylen mit einem I von 0—10 in Abwesenheit von O_2 durch einen ringförmigen Kanal mit einem Durchmesser von $^1/_8$—$^1/_{32}$ Zoll, der auf 300—475° erhitzt ist, leitet, wobei die Verweilzeit in diesem Kanal 10—600 Sek. beträgt. (**Aust. P. 229 850** vom 18/3. 1958, ausg. 8/9. 1960. A. Prior. 2/4. 1957.) C. LÜTTGEN. 7173

Soc. Normande de Matières Plastiques, Douai (Erfinder: Robert Fourcade, Gosney, Charles Cousin, Labuissiere, Therese van de Walle, Labuissiere, und Adrien Nicco, Verneull en Halatte), Frankreich, **Äthylenpolymerisation** mittels eines Katalysators aus dem Rk.-Prod. eines Metallalkyls u. eines Übergangmetallhalogenids unter Zusatz von Siliconöl der allg. Formel $-O-Si(R)_2-O-Si(R)_2-O-$, wobei R Alkyl- oder Arylrest bedeuten, sowie ggf. noch einem Metallpulver, bes. von Zn oder einer Cu-Zn-Leg. mit einer Teilchengröße von 5—500 μ. Der Zusatz kann während der Herst. des Katalysators oder zum Polymerisationsgemisch erfolgen. Man erreicht eine dauernde u. gleichmäßige Katalysatoraktivität unter Vermeidung einer Umsetzungsspitze zu Beginn der Polymerisation. (**D. A. S. 1 097 687** Kl. 39c vom 15/7. 1958, ausg. 19/1. 1961. F. Prior. 20/7. 1957.)
M. MAIERHAUSER. 7173

General Electric Co., übert. von: Elliott J. Lawton und Arthur M. Bueche, Schenectady, N.Y., V.St.A., **Modifizieren von Polyäthylen** durch

Bestrahlen mit Elektronen, die eine Energie von $5 \cdot 10^4$—$2 \cdot 10^7$ eV besitzen, in einer Dosis von $3 \cdot 10^6$—$5 \cdot 10^8$ r, dad. gek., daß die Bestrahlung bei einer Temp. von 85° bis < F. des Polyäthylens (I) durchgeführt wird. In diesem Temp.-Bereich ist das Verhältnis der entstehenden Netzbindungen zu ungesätt. Bindungen sehr günstig, so daß die aus dem bestrahlten I hergestellten Formkörper neben der geringeren Löslichkeit auch eine gute Alterungsbeständigkeit aufweisen. — Zeichnung. (**A. P. 2 906 678** vom 11/4. 1955, ausg. 29/9. 1959. **E. P. 819 810** vom 29/3. 1956, ausg. 9/9. 1959. A. Prior. 11/4. 1955. **Zusatz zu E. P. 773 529; C. 1958. 14522.**) C. LÜTTGEN. 7173

W. R. Grace & Co., Cambridge, Mass., übert. von: William C. Rainer, Edward M. Redding, Joseph J. Hitov, Baltimore, Md., Arthur W. Sloan und William D. Stewart, Alexandria, Va., V.St.A., **Herstellung von transparentem Polyäthylen.** Man bestrahlt das Polyäthylen (I) mit einer Dosis von $\geqq 2 \cdot 10^6$ r bei einer Temp., die unter dem Erweichungspunkt des I liegt, bis dieser sich merklich erhöht hat u. das I transparent geworden ist, worauf man das I in mindestens einer Richtung bei >75° um ≧100% streckt u. anschließend unter Beibehaltung der Zugspannung langsam abkühlen läßt. (**A. P. 2 877 500** vom 17/6. 1955, ausg. 17/3. 1959.) C. LÜTTGEN. 7173

British Cellophane Ltd., Bridgwater, England (Erfinder: Charles Richard Bruce und Trevor Norman Williams), **Herstellung von Formkörpern aus Polyäthylen** (II) mit verringerter Neigung zur elektrostat. Aufladung, dad. gek., daß man den Körper mit einem Überzug aus 1-Hydroxyäthyl-2-C_{10}-C_{20}-alkylglyoxalidin (I), bes. 1-Hydroxy-2-dodecylglyoxalidin, z. B. durch Auftragen einer Lsg. oder wss. Dispersion von I, versieht, oder 0,001—0,5% I dem II vor dem Verformen zusetzt. (**E. P. 822 729** vom 24/5. 1956, ausg. 28/10. 1959.) C. LÜTTGEN. 7173

Imperial Chemical Industries Ltd., London (Erfinder: Andrzej Pajaczkowski, Northwich), England, **Verfahren zur Herstellung fester oder halbfester Aethylenpolymerisate oder -mischpolymerisate** durch Polymerisation von Aethylen allein oder im Gemisch mit mindestens 1 mit ihm mischpolymerisierbaren anderen Monomeren bei Drücken >500 at u. Temp. >10° in Ggw. eines Acylperoxyds als Katalysator nach Patent 1 068 014, dad. gek., daß man mit einem Acylperoxyd polymerisiert, bei dem zumindest ein nicht in α-Stellung stehendes C-Atom eine Alkylgruppe als Seitenkette trägt oder Bestandteil eines cycloaliphat. Ringes ist. Beispielsweise sind genannt: substituierte Hexanoylperoxyde, wie das 3.5.5-Trimethylhexanoylperoxyd, Isovalerylperoxyd, gemischte, kettenverzweigte aliphat. Acyl- u. gemischte Naphthenylperoxyde der genannten Art. Diese Peroxyde explodieren weder durch mechan. noch durch therm. Stoß, besitzen niederen Schmelzpunkt, lösen sich in inerten Lsgm. u. sind weitgehend geruchsfrei. (**D. A. S. 1 112 297** Kl. 39c vom 11/2. 1959, ausg. 3/8. 1961. E. Prior. 14/2. 1958. **Zusatz zu D. A. S. 1 068 014; C. 1960. 7356.**) M. MAIERHAUSER. 7173

Mannesmann Akt.-Ges., Düsseldorf (Erfinder: Hans Niklas, Duisburg), **Herstellung einer als Haftgrund für selbsthärtende Kleber (I) geeigneten Oberflächenschicht an Formkörpern** aus *Polyäthylen, Polypropylen* oder deren Mischpolymerisaten, die Ruß oder andere Pigmente als Stabilisatoren gegen die Einw. von UV-Strahlen enthalten, dad. gek., daß man deren Oberfläche ganz oder teilweise mit UV-Licht in Ggw. von O_2, evtl. unmittelbar vor dem Aufbringen des I, bestrahlt. (**D. A. S. 1 106 069** Kl. 39b vom 19/8. 1957, ausg. 4/5. 1961.) C. LÜTTGEN. 7173

Titangesellschaft m.b.H., Leverkusen (Erfinder: Daniel Francis Herman, Orange, N.J., V.St.A.), **Polymerisate aus Propylen, Butadien, Isopren oder Chloropren** erhält man durch Polymerisation des Monomeren in Ggw. einer Verb. der Formel $R_nTiX_{(4-n)}$, worin R einen Alkylrest mit mindestens 2 C-Atomen oder einen Arylrest, X einen Alkoxyrest u./oder Halogen u. n = 1 oder 2 bedeutet. Diese Katalysatoren sind hochwirksam, leicht herzustellen u. leicht aus dem Polymerisat zu entfernen. In den Beispielen wird *Propylen* mit Isopropyltitantributylat, *Butadien* mit Phenyltitantriisopropylat, *Isopren* u. *Chloropren* je mit Diphenyltitandibutylat polymerisiert. — Vgl. D. A. S. 1 032 924; C. **1959.** 5312. (**D. A. S. 1 118 461** Kl. 39c vom 8/7. 1957, ausg. 30/11. 1961. A. Prior. 12/7. u. 5/10. 1956.) L. STADELMANN. 7173

Olin Mathieson Chemical Corp., East Alton, Ill., V.St.A., **Mischpolymerisat zur Herstellung von Überzügen auf Filmen,** bes. von Polyäthylen, bestehend aus Vinylidenchlorid (I), Acryl- oder Methacrylsäure (II) u. einer Verb. der allg. Formel $CH_2{=}CHCOOR$ oder $RCOOCH{=}CH_2$, in der R einen C_4—C_{20}-Alkylrest bedeutet, z. B. 83 (%) I, 2 II u. 15 n-Butylacrylat, 2-Vinyläthylhexanoat oder 2-Äthylhexylacrylat. (**E. P. 808 730** vom 17/1. 1956, ausg. 11/2. 1959. A. Prior. 20/1. 1955.) C. LÜTTGEN. 7173

Argus Chemical Corp., V.St.A., **Stabilisiermittel und Mittel zur Verhinderung des Klebens für Polyäthylen** aus einem prakt. nicht flüchtigen *organ. Phosphit*, wie *Tributyl-, Trioctyl-, Tridodecyl-, Trioctadecyl-, Triphenyl-, Trikresyl-, Tribenzyl-, Trinonylphenyl-, Dioctylphenyl-, Nutyldikresyl-* oder *Octyldiphenylphosphit*, wobei man auch zugleich Schmiermittel, wie Zn- oder Cd-Laurat, -Palmitat oder -Stearat mitverwenden kann. — So mischt man Polyäthylen mit 0,5% Zn-Stearat u. 0,5—2% Tri-[2-äthylhexyl]-phosphat. (**F. P. 1 186 789** vom 28/11. 1957, ausg. 1/9. 1959.)
M. PANKOW. 7173

Union Carbide Corp., New York, N.Y. (Erfinder: Richard Allen Walther und Howard Moses Rife, Charleston, W.Va.), V.St.A., **Polymerisation von Vinylverbindungen,** dad. gek., daß man diese in Ggw. eines Katalysators polymerisiert, der ein unsym. halogensubstituiertes Diacylperoxyd der allg. Formel R—C'(O)O—O—(O)C'—R' enthält, worin R einen KW-Stoffrest u. R' einen halogensubstituierten KW-Stoffrest bedeutet. Hierbei kann R = Alkyl mit 1—10 C-Atomen, ein cycloaliphat. oder Arylrest sein u. R' = halogensubstituiertes Alkyl (C_1—C_{10}), mit 1—5 Halogensubstituenten, ein cycloaliphat. oder Arylrest sein. Genannt sind als bes. wirksam: Propionyldichlor-, Acetyldichlor-, Acetyltrichlor-, Butyryltrichlor- und Propionyltrichloracetylperoxyd, die in Mengen von bes. 0,01—0,5 Gew.-%, bezogen auf das Monomerengewicht, angewendet werden. Polymerisations-Temp. 25—65°, bes. 40 bis 50°. Im Beispiel dienen Vinylchlorid u. Vinylacetat im Verhältnis 95 : 5 als Ausgangsstoffe. Die Endprodd. zeigen beim Verwalzen eine bes. Stabilität u. auch die Weiße des Harzes ist besser als mit sym. (bis-halogensubstituierten) Diacylperoxyden. — Tabellen. (**D. A. S. 1 116 409** Kl. 39c vom 7/1. 1959, ausg. 2/11. 1961. **E. P. 852 611** vom 30/12. 1958, ausg. 26/10. 1960. Beide A. Prior. 7/1. 1958.)
H. SCHINDLER. 7173

American Cyanamid Co., New York, N.Y. (Erfinder: Marvin Wishman, White Plains, N.Y., und Witold Roman Kocay, Stamford, Conn.), V.St.A., **Herstellung von Polymerisaten** mit gesteuertem einheitlichem mittlerem Molgew. aus Monomeren (I), von denen einer eine CH_2—C<-Gruppe enthaltende Verb. darstellt, durch Polymerisation in wss. Medium bei pH nicht > 4,0 u. unter Verw. eines Redoxkatalysator-Syst., das Chlorationen (**II**) u. Sulfoxyionen (**III**) enthält, dad. gek., daß man die Katalysatorgesamtmenge senkt bzw. erhöht durch Senken bzw. Erhöhen des Verhältnisses der Moläquivalente **III** zu **I** bei gleichzeitigem Senken bzw. Erhöhen des Verhältnisses der Moläquivalente **II** zu **I**, wobei die Senkung bzw. Erhöhung des Verhältnisses der Moläquivalente **II** zu **I** größer ist als die der **III** zu **I**. Ebensolche Endprodd. erhöht man dadurch, daß ohne Änderung des Verhältnisses der Moläquivalente **III** zu **I** das mittlere Molgew. des **I** durch Erhöhen des Verhältnisses der Moläquivalente **II** zu **I** erhält u. durch Senken dieses Verhältnisses gesenkt wird. Das Verf. wird bes. bei pH 2—3 durchgeführt. Als **I** wird nach den Beispielen Acrylsäurenitril, ggf. zusammen mit 2—15 (%) Vinylacetat u. 2—15 eines Vinylpyridins, bes. 2-Methyl-5-Vinylpyridin, bei 20—70° (misch-) polymerisiert. Der Katalysator besteht aus $NaClO_3$ u. Na_2SO_3. Die (Misch-) Polymerisate eignen sich zur Herst. von fadenbildenden, kontinuierlich anfärbbaren bin. u. tern. Endprodukten. Mengenbeispiele u. Tabellen über die Gelbfärbung, Zugfestigkeit u. Dehnung in % der Fäden. (**D. A. SS. 1 093 990** Kl. 39c vom 27/1. 1959, ausg. 1/12. 1960 u. **1 100 953** Kl. 39c vom 27/1. 1959, ausg. 2/3. 1961. **E. PP. 865 330** vom 16/1. 1959, ausg. 12/4. 1961 u. **866 445** vom 16/1. 1959, ausg. 26/4. 1961. Alle A. Prior. 27/1. 1958.)
H. SCHINDLER. 7173

Imperial Chemical Industries Ltd., London (Erfinder: Arthur Colin Baskett, Laurence Stephen Rayner und Percy Arthur Small, Welwyn Garden City, Hertfordshire), England, **Polymerisation von Vinylchlorid** im Block, in Lsg., Suspension oder Emulsion, dad. gek., daß man die Polymerisation unter Einw. von elektromagnet. ionisierender Strahlung, ionisierender Korpuskularstrahlung, welche aus ungeladenen oder positiv geladenen Teilchen besteht, oder von UV bei Temp. unter —20° durchführt. Das UV soll λ 2000—4000, bes. > 2600 Å haben. Vorteilhaft wird bei allen Bestrahlungsarten ein Photosensibilisator, z. B. Aceton, Diacetyl, Benzoin oder organ. Peroxyde, zugesetzt. Als Strahlenquelle sind in den Beispielen Co^{60} oder 125-W-Hg-Lampe genannt. Die Polymerisate eignen sich zur Herst. von *Filmen, Fasern* u. *Formkörpern*, zur Auskleidung chem. Tanks u. als Rohrmaterial u. Wandplatten. (**D. A. S. 1 119 514** Kl. 39c vom 7/7. 1959, ausg. 14/12. 1961. E. Prior. 18/7. 1958 u. 22/6. 1959. **E. P. 855 213** vom 18/7. 1958, ausg. 30/11. 1960.)
H. SCHINDLER. 7173

Firestone Tire & Rubber Co., Akron, Ohio, übert. von: George P. Rowland jun. und Robert A. Piloni, Pottstown, Pa., V.St.A., **Herstellung von löslichen Vinylchloridmischpolymerisaten** durch übliche Polymerisation, bes. in wss.

Medium, von Gemischen aus 55—75 (%) Vinylchlorid, 14—35 eines gesätt. Diesters der Malein- (I), Chlormalein- (II) u. Fumarsäure (III) mit 6—24 C-Atomen, bes. Di-n-butylmaleat u. -fumarat, 5—10 eines gesätt. Monoesters von I, II u. III mit 5—14 C-Atomen, bes. Mono-n-butylmaleinat, u. evtl. 1—6,5 eines gesätt. Halogen-KW-Stoffs mit bis zu 16 C-Atomen u. bis zu 5 Halogenatomen, bes. CH_3Cl, CH_3J, CH_3Br, CH_2Cl_2, CCl_4, $CH_2Cl_2CH_2Cl_2$ (A. P. 2 849 423) oder einer ungesätt. Halogen-Verb., wie 1.2-Dichlor-, 1.2-Dibromäthylen, Tetrachloräthylen, Tetrabromäthylen, 1.1-Dichlor-2-bromäthylen, Allylchlorid, Methallylchlorid, -bromid, -jodid, 2.3-Dichlor-1-propen, 3.3-Dichlor-1-propen, 2.3-Dibrom-1-propen, 1-Chlor-2-buten, 1-Chlor-2-decen u. 1-Chlor-2-octadecen (A. P. 2 849 422). — Verw. als *Klebstoff, Lack, Überzugsmittel* usw. (**A. PP. 2 849 422, 2 849 423** vom 13/1. 1956 u. **2 849 424** vom 17/1. 1956, alle ausg. 26/8. 1958.)
C. LÜTTGEN. 7173

Union Carbide Corp., übert. von: Joseph F. Rocky, Union, und Frank R. Nissel, Plainfield, N.J., V.St.A., **Vinylchloridpolymerisate und -mischpolymerisate** mit Vinylidenchlorid u. Vinylacetat können mit hoher Geschw. zu Filmen kalandriert werden, wenn man ihnen 0,01—0,03% Polyäthylen zusetzt. Das Prod. wird bei der Verarbeitung nicht klebrig. (**A. P. 2 897 176** vom 14/6. 1956, ausg. 28/7. 1959.)
C. LÜTTGEN. 7173

Argus Chemical Laboratory, Inc., Brooklyn, N.Y., V.St.A., **Stabilisieren von Vinylchloridpolymerisaten** und -mischpolymerisaten durch Zusatz von 1—10% eines Gemisches aus einer in W. unlösl. Verb. eines 2wertigen Metalls (I) u. eines substituierten Phenols u. eines Salzes einer C_6—C_{18}-Carbonsäure eines I, bes. Ba-Octylphenolat u. Cd-Caprylat. Vorteilhaft ist ein weiterer Zusatz eines Alkyl- oder Arylesters der Phosphorsäure, bes. Triphenylphosphit. (**Belg. P. 539 563** vom 5/7. 1955, ausg. 17/7. 1959.) C. LÜTTGEN. 7173

Monsanto Chemical Co., St. Louis, übert. von: Paul R. Graham, Richmond Heights, Mo., V.St.A., **Stabilisieren von Vinylidenhalogenidpolymerisaten und -mischpolymerisaten** gegenüber der Einw. von Licht u. Wärme durch Zusatz von 0,5—10 (%) m- oder o-Terphenyl u. evtl. 0,5—5 Trihydrocarbonphosphit als Lichtstabilisator u. 0,5—5 Cd-Seife, bes. Cd-Dilaurat oder Diricinoleat, u. 5—100 einer Epoxy-Verb., z. B. 1.2-Epoxytetradecan oder -octadecan, Methyl-9.10-epoxyoctadecanoat, 9.10-Epoxyoctadecanylacetat, als Wärmestabilisator. (**A. P. 2 894 923** vom 17/6. 1955, ausg. 14/7. 1959.) C. LÜTTGEN. 7173

General Electric Co., übert. von: Moyer M. Safford, Schenectady, N.Y., V.St.A., **Wärmestabile Polyvinylchloridharze** erhält man durch Zusatz von Zeolith mit kationenaustauschenden Eigg., in dem mindestens ein Teil der austauschbaren Ionen Cd-, Ba-, Pb-, Sr- oder Sn-Ionen sind. — Man behandelt einen Silico-Aluminat-Zeolith (I), z. B. Zeolex. 2 Std. mit n-HCl, wodurch der größte Teil der Na- u. Ca-Ionen durch H-Ionen ausgetauscht wird, wäscht den I mehrmals mit dest. W., gibt ihm nach dem Trocknen kurze Zeit in eine n-Pb-Acetat-Lsg., wäscht u. trocknet. Der Geh. an Pb in I beträgt nun 28,5%. 2 (g) dieses Prod. werden mit 60 Polyvinylchlorid u. 38 Trikresylphosphat gemischt. (**A. P. 2 867 605** vom 23/3. 1955, ausg. 6/1. 1959.)
C. LÜTTGEN. 7173

Farbenfabriken Bayer Akt.-Ges., Leverkusen (Erfinder: Lisa Rössig, Krefeld), **Herstellung von geruchfreien Formkörpern aus Polyvinylchlorid oder dessen Mischpolymerisaten** unter Verw. von halogenhaltigen Weichmachern u. von S- u./oder Se-haltigen Pigmenten, dad. gek., daß man den pigmentierten Polyvinylchlorid–Weichmacher-Gemischen vor der Verformung Lactame, bes. Caprolactam, in Mengen bis zu etwa 5%, evtl. $< 1\%$, zusetzt. (**D. A. S. 1 035 895** Kl. 39b vom 5/3. 1956, ausg. 7/8. 1958.) C. LÜTTGEN. 7173

Monsanto Chemical Co., St. Louis, Mo., übert. von: Joachim Dazzi, Dayton, Ohio, V.St.A., **Weichmacher für Polyvinylchlorid,** bestehend aus dem Additions-Prod. (I) von Terpentin (III) u. C_1—C_8-Alkylfumarat oder -maleinat, bes. Butylfumarat (II) oder -maleinat. Man stellt die I, die einen Kp. < 2 von $< 200^0$ aufweisen, her, indem man z. B. 388 g II mit 462 g Holz-III 12 Std. lang auf 210—220° erhitzt u. das Rk.-Prod. fraktioniert dest., wobei die bei 1 mm Hg-Druck zwischen 160 u. 200° übergehende Fraktion als Weichmacher verwendet wird. Die weichgemachten Polymerisate weisen eine gute Wärmestabilität auf. (**A. P. 2 867 598** vom 21/7. 1955, ausg. 6/1. 1959.) C. LÜTTGEN. 7173

Pittsburgh Plate Glass Co., übert. von: Carl J. Cochran, New Kensington, Pa., V.St.A., **Verfahren zum kontinuierlichen Trocknen, Waschen und Schneiden von Bändern aus Vinylpolymeren.** Einsatzplatten für Sicherheitsgläser aus Vinylpolymeren von stets gleichbleibender Qualität erhält man, indem man das auf Trommeln aufgespulte Band kontinuierlich einer Trockenzone zuführt, in der es von Feuchtigkeit u.

flüchtigen Bestandteilen durch Einblasen erhitzter Luft befreit wird, es anschließend kühlt u. mit warmem enthärtetem W. wäscht u. spült, um chem. Verunreinigungen aus der Oberfläche zu lösen. Das Band wird abgequetscht, durch Heißluftgebläse getrocknet u. gleichzeitig gespannt, um die Verstreckungen der Vorbehandlungen zu entspannen; dann wird das Band mit kalter Luft abgeschreckt u. geschnitten. — 9 Zeichnungen. (**A. P. 2 842 800** vom 10/9. 1954, ausg. 15/7. 1958.) A. JAHN. 7173

Chemetron Corp., Chicago, Ill., V.St.A., **Herstellung von Schaummassen.** Man dispergiert in einer Suspension von Vinylchloridpolymerisat (I) oder -mischpolymerisat in Weichmachern, z. B. 500 (Teile) I in 375 Dioctylphthalat, 125 Trikresylphosphat u. 10 Ba–Cd-Seife, unter einem Druck von $\leqq$ 100 psi u. bei einer Temp., die nicht mehr als 120°F über dem Kp. des Treibmittels liegt, einen polyhalogenierten gesätt. KW-Stoff, Kp. —42 bis +80°F, in gasförmigem Zustand, z. B. CCl_2F_2, formt die Masse, verschäumt durch Aufheben des Drucks u. erhitzt den gebildeten Schaum zur Lsg. des I in dem Weichmacher. (**E. P. 819 163** vom 27/9. 1956, ausg. 26/8. 1959. A. Prior. 17/10. 1955.) C. LÜTTGEN. 7173

Chemetron Corp., Chicago, Ill., V.St.A., **Herstellung von Schaumkörpern.** Man mischt Vinylchloridpolymerisate (I) oder -mischpolymerisate mit Weichmachern u. einem polyhalogenierten gesätt. KW-Stoff, Kp. 40—175°, erhitzt, formt den fl. Schaum u. läßt abkühlen. — 500 (Teile) feingepulvertes I werden mit Hilfe von 10 Ba-Cd-Seife in 250 Dioctylphthalat u. 250 n-Butylbenzylphthalat dispergiert, wonach man 75 $CClF_3$ untermischt, die Masse in Formen gibt u. durch Erwärmen verschäumt. (**E. P. 819 164** vom 27/9. 1956, ausg. 26/8. 1959. A. Prior. 17/10. 1955.) C. LÜTTGEN. 7173

Badische Anilin- & Soda-Fabrik Akt.-Ges., Ludwigshafen/Rh. (Erfinder: Bruno Hirsekorn, Mannheim), **Herstellung lichtdurchlässiger, aber lichtzersteuender Kunststoffmassen** für die Erzeugung von Beleuchtungskörpern. Man arbeitet in thermoplast. Kunststoffe, wie Polystyrol oder Polymethacrylsäuremethylester, ggf. bereits bei der Polymerisation, 2—20 Gew.-% eines Mischpolymerisats aus ungesätt. Polyesterharzen mit Styrol ein. (**Holl. P. 97762** vom 26/7. 1958, ausg. 17/4. 1961. D. Prior. 27/7. 1957.) F. BÖHM. 7173

E. I. du Pont de Nemours & Co., Wilmington, Del., V.St.A., **Plastische Masse,** bes. *zur Herst. von Sicherheitsglas*, bestehend aus einem 80—100% hydrolysierten Mischpolymerisat aus Äthylen u. einem Vinylester einer Carbonsäure im Mol-Verhältnis 1,5 : 1 bis 5 : 1, das mit 20—40% saurem Alkylorthophosphat oder -phosphit, deren Alkylgruppen 3—12 C-Atome enthalten, oder Benzolphosphinsäure, bes. Dioctylphosphit u. Mono- u. Diisoamylphosphat, gemischt ist. (**E. P. 796 573** vom 3/4. 1956, ausg. 11/6. 1958. A. Prior. 29/4. 1955.) C. LÜTTGEN. 7173

Dow Chemical Co., übert. von: Paul H. Lipke jun., Midland, und Maurice J. Gifford, Freeland, Mich., V.St.A., **Masse zur Herstellung von Grammophonplatten,** bestehend aus einem thermoplast. alkenylaromat. Harz mit einem Geh. von $\geqq$ 50 (%) einer Verb. der Formel $ArCR{=}CH_2$ in der Ar einen aromat. Rest. u. R H oder CH_3 bedeutet, dem 1—16 eines wachsartigen Stoffes, wie Natur- oder Kunstwachs, Paraffin, Ceresin, u. 0,1—10 MoS_2 zugesetzt sind, z. B. Polystyrol mit 2—4 Carnaubawachs u. 1 MoS_2. (**A. P. 2 899 400** vom 18/10. 1955, ausg. 11/8. 1959.) C. LÜTTGEN. 7173

B. F. Goodrich Co., New York, N.Y. (Erfinder: John Frank Jones, Cuyahoga Falls, Ohio), V.St.A., **Herstellung cyclischer Polymerer** der allg. Formel **I,** in der n > 1, M = H oder Alkalikation, R = H, niedere Alkylgruppe, cycloaliphat. oder Phenylgruppe, R′ = H oder niedere Alkylgruppe u. R″ = H oder eine nichtaliphat. ungesätt. KW-Stoffgruppe mit 1 bis 6 C-Atomen ist, dad. gek., daß eine Verb. der allg. Formel $CH_2{=}C(R'')-COOR'''$, in R″ obige Bedeutung hat u. R‴ der KW-Stoffrest eines Alkohols ist, mit einer Verb. der allg. Formel $CH_2{=}C(R)-C(O)-CH_2R'$, worin R u. R′ obige Bedeutung haben, in Ggw. eines alkal. Kondens.-Mittels umgesetzt wird. Als letzteres dienen Alkalialkoxyde, bes. Na-Alkoxyd mit 1—2 C-Atomen. Arbeits-Temp. —80 bis 0°. Nach einem Beispiel wird zu einer Äthylacrylat-Lsg. in Toluol nacheinander Na-Methylat u. Methylvinylketon gegeben. Das in W. lösl. Na-Salz des polymeren Methylendihydroresorcins (Diacrylylmethans) wird mit Eisessig in die freie Säure umgewandelt, die in Trockenform als leuchtendgelbes Pulver erhalten wird, mit $FeCl_3$ keinen Komplex, in A. ein rotes Phenylhydrazon bildet, in A. ein starkes Absorptionsmaximum hat u. Stahlbleche unter Druck u. Erhitzen auf 80—110° fest verbindet. Weitere Ausgangsstoffe sind Methylacrylat oder Äthylacrylat, die mit Methylisopropenylketon in Ggw. von Na-Methylat polymerisiert werden. Die als Farbstoffe wirkenden Endprodd. können noch mit Diazoniumsalzen, z. B. Benzoldiazoniumchlorid, zu polymeren Azoverbb. gekuppelt werden, die gute

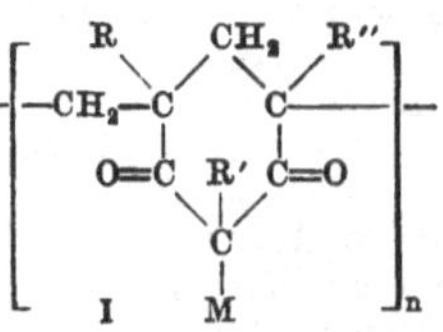

I

färbende Eigg. besitzen. Wolle wird z. B. farbecht gelb-orange gefärbt. (**D. A. S. 1 076 376** Kl. 39c vom 17/4. 1958, ausg. 25/2. 1960. A. Prior. 18/4. 1957. **A. P. 2 978 436** vom 18/4. 1957, ausg. 4/4. 1961.) H. SCHINDLER. 7173

Nonsanto Chemical Co., St. Louis, Mo., V.St.A., **Polymerisate aus Styrol oder alkyliertem Styrol oder deren Mischpolymerisate** erhalten zur Verbesserung der Verformbarkeit durch Strangpressen einen Zusatz von 0,05—0,5% Borsäure. (**E. P. 825 883** vom 24/1. 1957, ausg. 23/12. 1959. A. Prior. 24/1. 1956.) C. LÜTTGEN. 7173

Badische Anilin- & Soda-Fabrik Akt.-Ges., Ludwigshafen/Rh. (Erfinder: Fritz Stastny, Ferdinand Meyer und Julius Thewalt), **Herstellung von Formkörpern und Füllstoffen aus porösen Styrolpolymeren,** dad. gek., daß man die porösen Teilchen (I) mit einem Durchmesser von $\geqq$ 0,5 mm mit Hilfe eines Polyglycidyläthers eines Epichlorhydrins u. einer Polyhydroxy-Verb. u. eines Härters miteinander zu einem Formkörper verbindet oder die I mit einem solchen Gemisch überzieht. (**E. P. 796 623** vom 12/4. 1956, ausg. 18/6. 1958.) C. LÜTTGEN. 7173

Dow Chemical Co., Midland, übert. von: Roger L. Briggs, Shepherd, Mich., V.St.A., **Herstellung thermoplastischer Massen** aus polymerisierten aromat. Monovinyl-Verbb. (I) u. einem kautschukartigen Elastomer (II). Man mischt I, bes. Polystyrol, mit einem II aus 40—85 (%) Butadien (III) u. 60—15 Styrol, das einen „Gel-Geh." entsprechend 70—95 aufweist, bei 140—280° in solchem Verhältnis, daß die Mischung 2—12 III enthält, u. arbeitet in die durch die Wärme plast. Masse bei 180—280° 0,05—5 eines fl. Weichmachers mit einem Kp. von > 200° u. 0,01—0,25 eines organ. tert. Hydroperoxyds, bes. tert. Butylhydroperoxyd oder Cumolhydroperoxyd, ein. (**A. P. 2 882 258** vom 23/12. 1955, ausg. 14/4. 1959.) C. LÜTTGEN. 7173

Ionics, Inc., Cambridge, übert. von: Walter Juda, Lexington, und Allan H. Hamerschlag, Boston, Mass., V.St.A., **Polymere Elektrolyte** bestehend aus Mischpolymerisat (II) von 15—70 (Mol.-%) von evtl. alkylsubstituierten Monovinylpyridin oder einer heterocycl. Vinyl-Verb. u. 85—30 eines Vinylaryl-KW-Stoffes (II), dessen Ring eine evtl. quatern. Aminogruppe (I) der Formel $C_nH_{2n}NR_3X$ trägt, in der n $\leqq$ 4, R einen aliphat. C_1—C_4-Rest u. X ein Anion bedeutet, wobei die I in einer Menge von > 0,3 Milliäquivalent pro g II vorliegt. Die Prodd. sind selektiv permeabel, elektr. leitend, die Mischpolymerisate aus N-alkylierten N-heterocycl. Verbb. u. II *baktericid* u. *bakteristat.* u. als *Koagulierungs-* u. *Ausflockungsmittel, Klebstoffe, Bodenadditive* u. *Sequestrierungsmittel* verwendbar. — Man löst 36 (cm^3) 2-Vinylpyridin mit einem Geh. von 0,1% Hydrochinon in 40 Isopropanol, erhitzt auf 55°, gibt langsam 36 Dimethylsulfat zu, wobei die Temp. nicht > 65° steigen darf, kühlt auf Zimmer-Temp., gibt 36 handelsübliches 40—50%ig. Divinylbenzol zu, erwärmt auf 40°, gießt das Gemisch zu einer 1 mm dicken Schicht aus u. polymerisiert 5 Std. bei 65°. — Zeichnung. (**A. PP. 2 860 096** u. **2 860 097** vom 15/6. 1955, ausg. 11/11. 1958.) C. LÜTTGEN. 7173

Dow Chemical Co., übert. von: Carlton E. Beyer und Robert B. Dahl, Midland, Mich., V.St.A., **Für den Spritzguß bestimmte, granulierte aromatische Alkenylpolymerisate,** die $\geqq$ 50% einer Verb. der Formel Ar-CR = CH_2(R = H oder CH_3, Ar = Aryl) enthalten, werden oberflächlich plastifiziert, indem man die Körner bei 250—350 °F mit ca. 0,1—1% 100—160 °F warmen Butylstearat überzieht. — Zeichnung. (**A. P. 2 839 422** vom 17/2. 1956, ausg. 17/6. 1958.) C. LÜTTGEN. 7173

Shell Development Co., New York, N.Y., übert. von: Harvey L. Parry und James E. Carey, Maplewood, N.J., V.St.A., **Härten von Polyepoxiden,** deren 1.2-Epoxivalenz > 1 liegt, durch Zugabe von aliphat., cycloaliphat. u. aromat. Aminen, Aminogruppen enthaltenden lösl. Polyamiden von Dicarbonsäuren u. Polyaminen (I) oder lösl. Addukten von I u. Monoepoxiden mit einer einzigen 1.2-Epoxigruppe als eigentlichen Härter (II) u. einer Additions-Verb. von BF_3 u. Aminen oder Phenolen als Aktivator (III) für II in einer Menge von 0,1—10%, bezogen auf Polyepoxid plus III, u. anschließendes evtl. Erhitzen des Gemisches auf 15—200°. — Addukte von I erhält man z. B. durch Zusammenschmelzen von je 50 (Teilen) m-Phenylendiamin u. p,p'-Methylendiamin bei 98° u. Zugabe von 10 Phenylglycidyläther. Der III ist wie folgt erhältlich: 34 Dimethylbenzylamin löst man in 25 PAe. u. leitet BF_3-Gas über die Oberfläche der Lsg., wobei man die Temp. durch Kühlen auf 15° hält. Nach 4 Std. kann man 21,5 eines weißen Pulvers abfiltrieren. (**A. P. 2 909 494** vom 22/11. 1955, ausg. 20/10. 1959.) C. LÜTTGEN. 7177

Adriaan Honig's Kunsthars Industrie N.V., Zaandam, Holland, **Flüssige Mischungen, die einen ungesättigten Polyester und eine ungesättigte polymerisierbare Verbindung enthalten** u. die nach Zusatz eines Katalysators erhärten. Damit die Oberfläche des erstarrten Gießharzes durch die Einw. der Luft nicht klebrig bleibt, setzt man den Mischungen sonst üblicher Zus. eine Carbonsäure zu, die mindestens 2 C=C-Bindungen enthält, die untereinander u. mit der CO-Gruppe in Konjugation stehen. — Zum Beispiel setzt man einer Lsg. von 100 (Teilen) eines Polyesters, hergestellt aus 200 Maleinsäureanhydrid, 450 Phthalsäureanhydrid, 350 Propylenglykol (I) u. 60 Äthylenglykol (II), in 54 Styrol kurz vor dem Gebrauch 2 Sorbinsäure zu. Man kann die Säure aber auch in den Polyester einpolymerisieren, indem man z. B. einen Polyester aus 152 I, 25 II, 53 Diäthylenglykol, 232 Fumarsäure u. 180 Furancarbonsäure herstellt. (**Holl. P. 97 725** vom 20/11. 1957, ausg. 17/4. 1961.) F. Böhm. 7177

Dow Chemical Co., Midland, Mich., übert. von: George W. Stanton und Forrest A. Ehlers, Walnut Creek, Calif., V.St.A., **Erhöhen der Licht- und Wärmebeständigkeit von Acrylnitrilpolymerisaten und -mischpolymerisaten** durch Zusatz von 1—20, bes. 5—15% einer Verb. der allg. Formel $(R')_2NCOCH_2XR$, in der X O oder S, R u. R′ CH_3 oder C_2H_5 bedeuten, mit der Ausnahme, daß, wenn X O u. RCH_3 ist, nur ein R′ CH_3 sein kann, bes. N.N-Diäthylmethoxy- oder -äthoxyacetamid, N.N-Dimethyläthoxyacetamid u. N.N-Dimethylmethylthioacetamid. (**A. P. 2 860 121** vom 19/12. 1955, ausg. 11/11. 1958.) C. Lüttgen. 7181

American Cyanamid Co., New York, N.Y. (Erfinder: James Charles French jun., Stamford, Conn., William Joseph Boyne, Metairie, La., und Darwin Fiske De Lapp, New Canaan, Conn.), V.St.A., **Verbesserung von Mischpolymerisaten des Acrylnitrils mit Vinylpyridinen** u. ggf. anderen polymerisierbaren Vinyl-Verbb., dad. gek., daß man die in Ggw. von Mineralsäuren in bekannter Weise hergestellten u. von nicht umgesetzten Monomeren befreiten Mischpolymerisate nach einer Vorwaschung mit W. in feuchtem Zustand mit einer wss. NH_3-Lsg. oder einer wss. Lsg. eines Amins bei pH 8—11 zusammenrührt, das so behandelte Polymerisat abtrennt u. dann mit W. neutral wäscht. Das Waschen kann nach einer Alterungszeit von 1 bis 7 Tagen wiederholt werden. Beispiele mit verschiedenen Monomerenmischungen, die mit HNO_3 oder den Säuresalzen vorgebildeter Mischpolymerisate polymerisiert werden. Statt einer NH_4OH-Lsg. kann auch die Lsg. von z. B. Triäthylamin verwendet werden. Tabellen über die Wrkg. verschiedener Basen, verschiedener NH_4OH-Konz. u. Waschzeit, des Alterns u. der Polymerisations-Konz. auf die Entfernung der HNO_3. Beschreibung u. Zeichnung der für die Aufschlämmung zweckmäßigen Apparatur. Fasern mit guter Anfärbbarkeit. (**D. A. S. 1 097 136** Kl. 39c vom 21/8. 1957, ausg. 12/1. 1961. **E. P. 866 983** vom 19/8. 1957, ausg. 3/5. 1961. Beide A. Prior. 21/8. 1956.)
H. Schindler. 7181

Dow Chemical Co., Midland, Mich., übert. von: Stanley A. Murdock, Teddy G. Traylor und Theodore B. Lefferdink, Concord, Calif., V.St.A., **Verhindern der statischen Aufladung von Formkörpern** aus synthet. hydrophoben Polymeren, bes. Acrylnitrilpolymere, durch Zusatz von 1—20% eines Mischpolymerisats aus einer sulfonierten Styrol-Verb. u. einer Vinylpyridin-Verb., bes. Styrolsulfonsäure u. 2-Vinylpyridin. — Zeichnung. (**A. P. 2 829 066** vom 4/5. 1956, ausg. 1/4. 1958.)
C. Lüttgen. 7181

Badische Anilin- & Soda-Fabrik Akt.-Ges., Ludwigshafen/Rh. (Erfinder: Günther Daumiller, Ziegelhausen, Karl Buchholz und Heinz Müller-Tamm, Ludwigshafen/Rh.), **Herstellung von Schaumstoffen,** dad. gek., daß man OH-Gruppen enthaltende viscose Polyvinyl-Verbb. mit einer OH-Zahl bis 250, z. B. Mischpolymerisate aus Acrylsäuremethylester u. Allylalkohol oder Acrylsäureglykolester oder partiell verseiftes Polyvinylacetat, mit Diisocyanaten, bes. unter Erhitzen, kondensiert u. den erhaltenen Prodd. W. homogen einverleibt. (**D. A. S. 1 035 355** Kl. 39b vom 11/2. 1956, ausg. 31/7. 1958.) C. Lüttgen. 7181

Dow Chemical Co., Midland, übert. von: Carl B. Havens, Hope, Mich., V.St.A., **Stabilisieren von thermoplastischen Halogenäthylenpolymeren,** bes. Vinylidenchloridpolymerisaten u. -mischpolymerisaten gegen die Einw. von Licht durch Zusatz von 0,5—5% eines Diacyldihydroxybenzol-Deriv., bes. 2.4- u. 4.6-Diacetylresorcin. (**A. P. 2 823 196** vom 3/11. 1955, ausg. 11/2. 1958.) C. Lüttgen. 7189

Badische Anilin- & Soda-Fabrik Akt.-Ges., Ludwigshafen/Rh. (Erfinder: Hans Fikentscher, Karl Herrle, Ludwigshafen/Rh., und Wolfgang Gerstner, Heidelberg), **Stabilisieren von Lochpolymeren, halogenhaltigen Verbindungen,** bes. Vinylchloridpolymerisaten u. -mischpolymerisaten, dad. gek., daß man ihnen geringe Mengen einer alkal. wirkenden Verb. u. cycl. Acetale bzw. Ketale von Polyvinylalkoholen

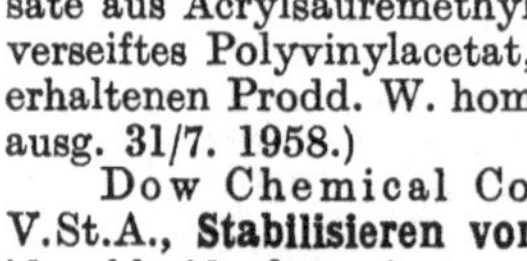

I

der allg. Formel I zusetzt, wobei R_1 eine OH-Gruppe, H oder einen Alkyl- oder Acyloxyrest u. R_2 u. R_3 H, aliphat., cycloaliphat. oder aromat. Reste bzw. Glieder eines cycloaliphat. Ringes sein können, z. B. $Na_4P_2O_7$ u. 2-Phenyl-5.5-dimethyloldioxan-(1.3), 2-(p-Toluyl)-5.5-dimethylol-dioxan-(1.3) oder cycl. Ketal aus Cyclohexanon u. Trimethylolpropan. (**D. A. S. 1 053 778** Kl. 39b vom 6/7. 1956, ausg. 26/3. 1959.) C. Lüttgen. 7189

Esso Research and Engineering Co., übert. von: David W. Young, Homewood, Ill., V.St.A., **Stabilisieren von chlorhaltigen harzähnlichen Polymerisaten** mit einem Molgew. von >250, wie Polyvinylchlorid, Vinylchloridacetatmischpolymerisat, Polyvinylidenchlorid, chloriertem Polyäthylen u. chloriertem Paraffin, durch Zusatz von 0,1—5% eines Bis-phenols der allg. Formel $R_1-C(CH_3)(R_2)(R_3)$, in der R_1 einen C_1-C_4-Alkylrest u. R_2 u. R_3 Hydroxyphenylreste bedeuten, bes. 2.2-Di-(p-hydroxyphenyl)-propan u. 2.2-Bis-(4-hydroxy-3-methylphenyl)-propan. (**A. P. 2 881 151** vom 15/7. 1955, ausg. 7/4. 1959.) C. LÜTTGEN. 7189

Minnesota Mining & Mfg. Co., St. Paul, Minn., übert. von: William E. Hanford, Short Hills, N.J., V.St.A., **Trifluorchloräthylenpolymerisate** sowie deren Mischpolymerisate mit $\leqq 5$ Mol-% Vinylidenfluorid werden durch den Zusatz von 0,05—20% BaO_2 gegen Zers. durch Wärme stabilisiert. (**A. P. 2 874 142** vom 20/4. 1955, ausg. 17/2. 1959.) C. LÜTTGEN. 7189

Minnesota Mining & Mfg. Co., St. Paul, Minn., übert. von: William E. Hanford, Short Hills, N.J., V.St.A., **Die Wärmestabilität von Polyperfluor-Chloräthylen** wird durch den Zusatz von 0,05—20%, bes. 0,1—3%, PbO_2 verbessert. (**A. P. 2 874 144** vom 20/4. 1955, ausg. 17/2. 1959.) C. LÜTTGEN. 7189

N. V. Onderzoekingsinstituut Research (Erfinder: Bart Paul Jibben), Arnheim, Holland, **Gewinnung von pulverförmigem makromolekularem Polycarbonat** auf Basis von 2.2-(4.4'-Dihydroxydiphenyl)-propan (I), das in üblicher Weise, z. B. durch Einleiten von $COCl_2$ in einer Lsg. von I in CH_2Cl_2 u./oder Chlf., hergestellt worden ist. — Man versetzt eine Lsg. von höchstens 40 g I in 100 cm^3 CH_2Cl_2 oder höchstens 20 g I in 100 cm^3 $CHCl_3$ mit W. u. mindestens 2 cm^3 Dimethylbenzol je g I, verdampft die organ. Lsgm. u. filtriert das zurückbleibende pulverförmige I ab. Es kann z. B. zu *Folien* verarbeitet werden. (**Holl. P. 97 748** vom 19/5. 1958, ausg. 17/4. 1961.) F. BÖHM. 7205

T. I. (Group Servives) Ltd., England, **Herstellung harter Polyvinylchloride.** Man mischt das Polymere mit weichmachenden polymerisierbaren Verbb. u. bestrahlt dann mit Strahlen großer Energie (γ-, Röntgenstrahlen), wobei ein Polymeres mit geringerer weichmachender Wrkg. als das Monomere entsteht. — Man mischt z. B. 100 (Teile) Polyvinylchloridpulver mit 0,5 Dibutyl-Sn-Dilaurat als Stabilisator u. 60 Diallylphthalat, zieht zu einer Folie u. bestrahlt mit 2 MeV eines VAN DE GRAAFF-Beschleunigers. — Man kann auch Diallylsebacat, Triallylcyanurat, Nonylmethacrylat, zusammen mit Divinylbenzol oder Äthylendimethacrylat anwenden. — Herst. *poröser Massen* mit härterer Oberfläche; *Laminate* mit Glasfasern, Rohre, Kabelmäntel. (**F. P. 1 184 174** vom 10/10. 1957, ausg. 17/7. 1959.) M. PANKOW. 7205

Farbwerke Hoechst Akt.-Ges., vormals Meister Lucius & Brüning, Frankfurt/M., **Einarbeitung von Zusätzen in Polymerisate.** Man versetzt eine Polymerisat-, z. B. Polyvinylchloriddispersion, die mittels eines hydrolysierbaren Emulgators hergestellt worden ist, mit Weichmachern, Stabilisatoren, Farbstoffen oder dgl. u. koaguliert dann durch Hydrolyse des Katalysators, z. B. mittels NaOH. Als Emulgatoren kommen Verbb. der Formel $X-CH_2-CO-O-Y_1$ oder $X-(CH_2)_n-O-CO-Y_2$ in Frage [$X =$ Halogen$-N(R_1)(R_2)(R_3)$, $O = P(ZO)_2$ oder ZO_3S-; $Y_1 =$ aliphat. C-Kette mit mindestens 4 C-Atomen; $Y_2 =$ aliphat. C-Kette mit 5—19 C-Atomen; $R_{1-3} =$ Alkylreste; $Z = H$ oder Alkalimetallatom; $n = 1-4$], z. B. das Na-Salz des Sulfoessigsäurelaurylesters. (**Holl. P. 97 712** vom 2/9. 1957, ausg. 17/4. 1961. **E. P. 863 860** vom 9/9. 1957, ausg. 29/3. 1961. Beide D. Prior. 8/9. 1956.) F. BÖHM. 7205

Farbwerke Hoechst Akt.-Ges., vormals Meister Lucius & Brüning, Frankfurt/M., **Entfernung von Verunreinigungen aus Polymerisaten.** Man suspendiert das Polymerisat, z. B. Niederdruckpolyäthylen, in W., das einen hydrolysierbaren Emulgator der im Holl. P. 97 712 (vgl. vorst. Ref.) beschriebenen Art enthält, hydrolysiert den Emulgator, z. B. mit NaOH, u. entfernt die wss. Fl. durch Filtrieren oder Zentrifugieren. (**Holl. P. 97 719** vom 27/9. 1957, ausg. 17/4. 1961. D. Prior. 2/10. 1956.) F. BÖHM. 7173

Mendip (Chemical Engineering) Ltd., England, **Herstellung von Schichtstoffen** zur Herst. *korrosionsfester Rohre u. Behälter* für *Dest.-Kolonnen* oder *Rauchkanäle.* Man bringt auf eine Formoberfläche ein mit SiO_2 thixotrop gemachtes fl. Epoxydharz, preßt darauf eine Faserschicht u. wiederholt das Verf. ggf., läßt das fl. Harz in das klebende Gel übergehen u. bringt nun ein styrolhaltiges Polyesterharz auf, über das wieder eine Schicht aus Fasern u. Epoxydharz kommt. Das Epoxydharz u. das Polyesterharz enthalten Härtungsmittel (Diäthylentriamin bzw. Peroxyde u. Metallnaphthenat). (**F. P. 1 183 174** vom 20/9. 1957, ausg .3/7. 1959.) M. PANKOW. 7205

Union Carbide Canada Ltd., Toronto, Ontario, Canada, übert. von: Charles J. Seiler, Florham Park, N.J., V.St.A., **Imprägnierung.** Poröses Fasermaterial wird mit einer wss. Lsg. von Hexamethylentetramin (I) getränkt, getrocknet, wobei **I** im Fasermaterial krist. eingelagert wird, u. mit einem lösungsmittelfreien, geschmolzenen Novolack, der durch **I** in der Hitze gehärtet wird, bes. Polyphenylolen der Formel $HO-C_6H_4-C(R_1)(R_2)-[C_6H_3(OH)-C(R_1)(R_2)]_n-C_6H_4-OH$ (R_1 u. $R_2 = H$ oder Alkyl; $n = 0$ oder 1), imprägniert. Die Imprägnierung kann auch in umgekehrter Reihenfolge durchgeführt werden. — *Laminate.* (**Can. P. 551 388** vom 21/12. 1953, ausg. 7/1. 1958. A. Prior. 19/6. 1953.) ______________ EBERHARD RIEDEL. 7205

Lucas Aardenburg N. V., Hoogeveen, Holland, *Evakuierung von Natur- und Kunststoffen.* (**Norw. P. 92 229** vom 29/11. 1955, ausg. 4/8. 1958. — C. **1957.** 11732 [E. P. 771 749].)

American Cyanamid Co., New York, N.Y., übert. von: **Ralph J. Chamberlain** und **Ralph A. Naylor**, Stamford, Conn., V.St.A., *Antistatische Reagentien für Plaste.* (**Can. P. 551 510** vom 22/7. 1954, ausg. 14/1. 1958. A. Prior. 18/1. 1954. — C. **1958.** 6109 [E. P. 764 024].)

Victor Chemical Works, übert. von: **Arthur Dock Fon Toy**, Park Forest, und **Kenneth H. Rattenbury**, South Chicago Heights, Ill., V.St.A., *Kunststoffe, weichgemacht mit Dialkylmonochlorphosphonatestern.* (**A. P. 2 836 504** vom 23/8. 1954, ausg. 27/5. 1958. — C. **1959.** 316 [E. P. 783 018].)

American Cyanamid Co., New York, N.Y., übert. von: **James H. Fortune**, Springdale, Conn., V.St.A., *Ammoniumdithiophosphate als Auftreibmittel für Plaste.* (**Can. P. 551 202** vom 14/10. 1954, ausg. 7/1. 1958. A. Prior. 1/3. 1954. — C. **1959.** 5640 [A. P. 2 819 232].)

Union Carbide Corp., New York, N.Y. (Erfinder: **Benjamin Phillips** und **Frederick Charles Frostick jun.**, Charleston, W.Va.), V.St.A., *9.10.12.13-Diepoxystearinsäurevinylester beziehungsweise- allylester aus Linolsäurevinyl- beziehungsweise -allylester.* (**D. A. S. 1 067 803** Kl. 12o vom 22/3. 1955, ausg. 29/10. 1959. A. Prior. 25/3. 1954. — C. **1958.** 6403 [A. P. 2 779 771].)

Celanese Corp. of America, New York, N.Y., V.St.A., *Herstellung harzartiger Polymerer.* (**E. P. 835 903** vom 8/11. 1956, ausg. 25/5. 1960. A. Prior. 9/11. 1955. — C. **1961.** 11918 [A. P. 2 895 943].)

Phillips Petroleum Co. (Erfinder: **Robert Miller Bellinger**), Bartlesville, Okla., V.St.A., *Gewinnung normalerweise fester Polymerisate aus ihren Lösungen.* (**Schwz. P. 343 124** vom 8/5. 1956, ausg. 30/1. 1960. A. Prior. 9/5. 1955. — C. **1959.** 7645 [E. P. 789 859].)

Phillips Petroleum Co. (Erfinder: **Robert Miller Bellinger**), Bartlesville, Okla., V.St.A., *Gewinnung normalerweise fester Polymerisate aus ihren Lösungen.* (**D. A. S. 1 116 902** Kl. 39c vom 30/4. 1956, ausg. 9/11. 1961. A. Prior. 9/5. 1955. — C. **1959.** 7645 [E. P. 789 859].)

Phillips Petroleum Co. (Erfinder: **Leo Bert Croley, George Edward Hanson** und **William La Moine Stalder**), Bartlesville, Okla., V.St.A., *Entfernung von suspendierten Feststoffen aus Polymerisatlösungen.* (**F. P. 1 173 041** vom 18/3. 1957, ausg. 18/2. 1959. **Jap. A. S. 942/1960** vom 19/3. 1957, ausg. 18/2. 1960. Beide A. Prior. 19/3. u. 28/12. 1956. — C. **1961.** 11914 [E. P. 835 593].)

Sumitomo Kagaku Kogyo Kabushiki Kaisha, Osaka, Japan (Erfinder: **John Arthur Price**, Pa., V.St.A.), *Herstellung linearer Mischpolymerisate.* (**Jap. A. S. 1149/1960** vom 26/7. 1957, ausg. 25/2. 1960. A. Prior. 1/10. 1956. — C. **1960.** 12177 [A. P. 2 871 229].)

Centre National de la Recherche Scientifique, Paris, Frankreich, *Herstellung von Pfropfpolymerisaten.* (**E. PP. 853 970** u. **853 971** vom 24/7. 1957, ausg. 16/11. 1960. F. Prior. 27/7. 1956. — C. **1960.** 2020 [D. A. S. 1 056 829].)

Rohm & Haas Co., Philadelphia, Pa., V.St.A., *Herstellung von Pfropfpolymerisaten.* (**E. P. 855 711** vom 9/1. 1957, ausg. 7/12. 1960. A. Prior. 13/1. 1956. — C. **1960.** 9045 [D. A. S. 1 024 240].)

Farbenfabriken Bayer Akt.-Ges., Leverkusen, *Polymerisation von ungesättigten Verbindungen.* (**E. P. 854 348** vom 21/7. 1958, ausg. 16/11. 1960. D. Prior. 2/8. 1957. — C. **1960.** 10776 [D. A. S. 1 053 785].)

Farbenfabriken Bayer Akt.-Ges., übert. von: **Rudolf Stroh, Wilhelm Sutter, Anton Robert Heinz** und **Hans Haberland**, Leverkusen, *Polymerisation von ungesättigten Verbindungen.* (**A. P. 2 973 337** vom 29/7. 1958, ausg. 28/2. 1961. D. Prior. 2/8. 1957. — C. **1960.** 10776 [D. A. S. 1 053 785].)

N. V. de Bataafsche Petroleum Mij., Den Haag, Holland, *Katalytische Polymerisation von Olefinen.* (**E. P. 845 073** vom 2/12. 1958, ausg. 17/8. 1960. Holl. Prior. 4/12. u. 16/12. 1957. — C. **1961.** 9223 [Oe. P. 208 548].)

Sun Oil Co., Philadelphia, übert. von: **Robert M. Kennedy**, Newton Square, Pa., V.St.A., *Herstellung von Polyolefinen.* (**A. PP. 2 935 495** vom 27/11. 1956, ausg. 3/5. 1960 u. **2 948 711** vom 27/11. 1956, ausg. 9/8. 1960. — C. **1961.** 13019 [E. P. 822 993].)

Chemische Werke Hüls Akt.-Ges., Marl, *Aufarbeiten von Niederdruck-Polyolefinen.* (**E. P. 808 162** vom 28/1. 1957, ausg. 28/1. 1959. D. Prior. 15/3. 1956. — C. **1961.** 4900 [D. A. S. 1 088 228].)

Solvay & Cie., Brüssel, Belgien, *Polymerisation von Olefinen.* (**Oe. P. 211 541** vom 5/3. 1957, ausg. 25/10. 1960. Belg. Prior. 10/3. 1956. — C. **1960.** 14532 [F. P. 1 167 252].)

Hercules Powder Co. (Erfinder: **Edwin James Vandenberg**), Wilmington, Del., V.St.A., *Polymerisieren von Olefinen.* (**Jap. A. S. 495/1960** vom 28/7. 1956, ausg. 26/1. 1960. A. Prior. 29/7. 1955. — C. **1959.** 316 [Oe. P. 196 620].)

Bergwerksgesellschaft Hibernia Akt.-Ges., Herne, *Herstellung von Kontakten für die Polymerisation von Olefinen.* (**Oe. P. 212 561** vom 22/8. 1956, ausg. 27/12. 1960. D. Prior. 15/5. 1956. — C. **1960.** 6337 [F. P. 1 154 543].)

Stamicarbon N. V., Heerlen, Holland, *Herstellung von Äthylenpolymeren.* (**E. P. 837 604** vom 28/6. 1956 ausg. 15/6. 1960. Holl. Prior. 28/6. 1955. — C. **1960.** 14200 [F. P. 1 155 156].)

Farbwerke Hoechst Akt.-Ges., vormals Meister Lucius & Brüning (Erfinder: **Georg Kelcher**, Gersthofen, und **Ernst Stärk**), Frankfurt/M., *Herstellung von stabilisiertem Polyäthylen.* (**Schwz. P. 348 813** vom 28/6. 1956, ausg. 31/10. 1960. D. Prior. 29/6. u. 2/7. 1955. — C. **1959.** 317 [Oe. P. 197 078].)

Houillères du Bassin du Nord et du Pas-de-Calais, Douai, Frankreich, *Gleichmolekulares Polyäthylen.* (**E. P. 817 145** vom 10/1. 1957, ausg. 22/7. 1959. F. Prior. 9/3. 1956. — C. **1959.** 7975 [F. P. 1 145 580].)

Farbwerke Hoechst Akt.-Ges., vormals Meister Lucius & Brüning, Frankfurt/M., *Herstellung von hochmolekularem Polyäthylen.* (**Jap. A. S. 643/1960** vom 7/2. 1956, ausg. 30/1. 1960. D. Prior. 9/2. 1955. — C. **1959.** 9744 [D. A. S. 1 019 466].)

Technoplast-Spindler Akt.-Ges., Buochs, Schweiz, *Herstellung von trockenem, freifließendem und feinverteiltem Polyäthylen.* (**Oe. P. 212 009** vom 15/5. 1957, ausg. 25/11. 1960. D. Prior. 24/5. 1956. — C. **1961.** 6697 [Jap. A. S. 9485/1958].)

B. F. Goodrich Co., New York, N.Y. (Erfinder: **Frank Jones**, Cuyahoga Falls, Ohio), V.St.A., *Herstellung von (Meth-) Acrylsäure-(misch-)polymerisaten.* (**D. A. S. 1 103 585** Kl. 39c vom 17/1. 1955, ausg. 30/3. 1961. A. Prior. 18/1. 1954. — C. **1960.** 13649 [D. A. S. 1 044 409].)

Montecatini Soc. Gen. per l'Industria Mineraria e Chimica, Mailand, Italien, *Verbesserung der mechanischen und verarbeitungstechnischen Eigenschaften von linearem hochpolymerem Polypropylen.* (**E. P. 835 038** vom 28/11. 1956, ausg. 18/5. 1960. It. Prior. 6/12. 1955. — C. **1959.** 318 [Oe. P. 197 079].)

Stamicarbon N. V., Heerlen, Holland, *Reinigung fester Äthylenpolymerer.* (**E. P. 839 489** vom 12/7. 1957, ausg. 29/6. 1960. Holl. Prior. 14/7. 1956. — C. **1961.** 11915 [Belg. P. 559 109].)

Esso Research and Engineering Co., Elizabeth, N.J. (Erfinder: **William C. Van Sicien**, Douglaston, N.Y., und **Arthur R. Garabrant**, Westfield, N.J.), V.St.A., *Polymerisation von Isobutylen.* (**D. A. S. 1 099 171** Kl. 39c vom 21/10. 1953, ausg. 9/2. 1961. A. Prior. 23/10. u. 29/12. 1952. — C. **1959.** 1621 [A. P. 2 779 753].)

Farbenfabriken Bayer Akt.-Ges., übert. von: **Wilhelm Graulich** und **Karl E. Müller**, Leverkusen, *Herstellung von (Misch-) Polymerisaten.* (**A. P. 2 978 432** vom 30/6. 1955, ausg. 4/4. 1961. D. Prior. 23/7. 1954. — C. **1960.** 3713 [D. A. S. 1 035 363].)

VEB Chemische Werke Buna, übert. von: **Arnd Iloff**, Schkopau/Merseburg, *Polymerisation von Vinylchlorid.* (**A. P. 2 975 162** vom 20/6. 1957, ausg. 14/3. 1961. D. Prior. 21/8. 1956. — C. **1960.** 4367 [D. A. S. 1 032 542].)

Wacker-Chemie G. m. b. H., München, *Emulsionspolymerisation von Vinylestern.* (**E. P. 828 693** vom 28/2. 1956, ausg. 24/2. 1960. D. Prior. 28/2. 1955. — C. **1958.** 9358 [F. P. 1 141 349].)

Farbwerke Hoechst Akt.-Ges., vormals Meister Lucius & Brüning (Erfinder: **Hans-Helmut Frey**), Frankfurt/M., *Elastifizieren von Polyvinylchlorid.* (**D. A. S. 1 051 493** Kl. 39b vom 11/2. 1956, ausg. 26/2. 1959. Zusatz zu D. A. S. 1 045 089; C. 1961. 17405. — C. **1961.** 17405 [F. P. 1 170 768].)

Wacker-Chemie G. m. b. H., München, *Mischpolymerisation von Vinylestern und Maleinsäure.* (**E .P. 852 520** vom 1/2. 1957, ausg. 26/10. 1960. D. Prior. 1/2. 1956 u. 7/1. 1957. — C. **1959.** 16490 [D. A. S. 1 029 566].)

Wacker-Chemie G. m. b. H., München, *Herstellung von Polyvinylformalen.* (**E. P. 856 840** vom 31/3. 1958, ausg. 21/12. 1960. D. Prior. 30/3. 1957. — C. **1960.** 16955 [D. A. S. 1 071 343].)

General Aniline & Film Corp., New York, N.Y., übert. von: **Samuel A. Glickman**, Easton, Pa., V.St.A., *Stabilisieren von Polymerisaten und Mischpolymerisaten von N-Vinylpyrrolidon.* (**A. P. 2 872 433** vom 27/12. 1955, ausg. 3/2. 1959. **Belg. P. 553 727** vom 27/12. 1956, ausg. 29/1. 1960. A. Prior. 27/12. 1955. — C. **1960.** 11835 [Holl. P. 92 465].)

Montecatini Soc. Gen. per l'Industria Mineraria e Chimica, Mailand, Italien, *Herstellung von Polytetrafluoräthylenformkörpern mit beklebbaren Oberflächen.* (**Belg. P. 555 621** vom 8/3. 1957, ausg. 12/2. 1960. A. Prior. 10/12. 1953. — C. **1959.** 4980 [E. P. 792 012].)

General Aniline & Film Corp., New York, N.Y. (Erfinder: **Harry Davis Anspon**, Easton, Pa.), V.St.A., *Herstellung von Schaumpolymerisaten.* (**D. A. S. 1 072 383** Kl. 39b vom 29/12. 1956, ausg. 31/12. 1959. A. Prior. 30/12. 1955. — C. **1960.** 16608 [E. P. 806 159].)

National Lead Co., New York, N.Y., V.St.A., *Hitzestabilisierung von basischen Cadmiumsalzen organischer Säuren.* (**Belg. P. 547 736** vom 11/5. 1956, ausg. 6/11. 1959. — C. **1960.** 10777 [Holl. P. 92 439].)

E. I. du Pont de Nemours & Co., Wilmington, Del., V.St.A. (Erfinder: **Richard Dale Pruett**), *Polymere mit Füllstoffen auf Kieselsäurebasis.* (**F. P. 1 180 450** vom 1/8. 1957, ausg. 4/6. 1959. **Jap. A. S. 640/1960** vom 6/8. 1957, ausg. 30/1. 1960. Beide A. Prior. 6/8. 1956. — C. **1961.** 4904 [E. P. 835 074].)

Peterlite Products Ltd., London, England, *Herstellung eines formbaren Materials.* (**Oe. P. 210 626** vom 25/11. 1955, ausg. 10/8. 1960. E. Prior. 6/6. 1955. — C. **1960.** 11486 [F. P. 69 185].)

DEHYDAG Deutsche Hydrierwerke G. m. b. H., Deutschland, *Herstellung höhermolekularer Epoxyfettsäuren.* (**F. P. 1 207 589** vom 27/6. 1958, ausg. 17/2. 1960. D. Prior. 29/6. 1957. — C. **1961.** 3833 [D. A. S. 1 084 712].)

E. I. du Pont de Nemours & Co. (Erfinder: **Bernard Mitchel Marks**), Wilmington, Del., V.St.A., *Polymerisation von Methacrolein.* (**F. P. 1 182 595** vom 11/9. 1957, ausg. 26/6. 1959. **Jap. A. S. 940/1960** vom 28/9. 1957, ausg. 18/2. 1960. A. Prior. 1/10. 1956. — C. **1960.** 8700 [D. A. S. 1 040 244].)

XII. Kautschuk

Verarbeitungsvorteile durch SP-Kautschuk. H. C. Baker und S. C. Stokes. (Prakt. Chem. [Wien] **12.** 326—32. Aug. 1961. London.) (Dt.)

Als Ergänzung zu SP-Kautschuk ist in Malaya durch die Einführung eines Masterbatches mit 80 (Teilen) vorvulkanisiertem u. 20 normalem Latex ein neuer Kautschuktyp geschaffen worden, der als konz. Trockenkautschuk unter der Bezeichnung „PA 80“ (I) in den Handel kommt. I weist ausgezeichnete Spritzmerkmale unter Beibehaltung hoher physikal. Werte auf. Um den Einsatz von I zu erweitern, erscheint ein Material niedriger Viscosität als wünschenswert, so daß eine einfache Vermischung von I mit jedem Kautschuktyp ermöglicht würde. Mischungs- u. Verarbeitungsbeispiele werden erörtert. R. SCHÄFF. 7222□

Einfluß der Wellenlänge des Sonnenlichts auf die Kautschukverfärbung. A. G. Buswell. (Trans. Proc. Instn. Rubber Ind., Trans. **36.** T 263—T 267. Dez. 1960. Blackley, Manchester, Imp. Chem. Ind. Ltd., Dyestuffs Div.) (Engl.)

Bei einer Unters. des Einfl. der Wellenlänge des Sonnenlichts auf die Kautschukverfärbung wurde gefunden, daß diese durch UV-Bestrahlung bei einer weißen Kautschukmischung ohne bzw. mit phenol. Schutzmittel u. teilweise durch UV u. teilweise durch sichtbares Licht bei einer Mischung mit einem Aminschutzmittel hervorgerufen wird. R. SCHÄFF. 7222□

Latices mit niedrigem Ammoniakgehalt. G. F. Bloomfield, und R. B. Mumford. (Trans. Proc. Instn. Rubber Ind., Trans. **36.** T 251—T 262. Dez. 1960. Welwyn Garden City, Herts., Nat. Rubber Prod. Res. Assoc.) (Engl.)

Bei Latices mit ca. 0,2% NH_3 u. einem sek. Konservierungsmittel wurde der Einfl. des 2. Konservierungsmittels (Borsäure, Zn-Diäthyldithiocarbamat, Na-Pentachlorphenolat) auf die Eigg. des Latex untersucht, welche für seine Verarbeitungsmerkmale verantwortlich sind. R. SCHÄFF. 7222□

Ein wirtschaftliches Verfahren zur Herstellung von Latexschaum. Arthur Sila und Jean Levêque.) Rev. gén. Caoutchouc **38.** 1443—52. Okt. 1961. Inst. Français du Caoutchouc.) (Franz. u. Engl.)

Ein verbessertes Verf. zur Herst. von Latexschaum (LS) besteht in einer Versteifung des LS mit Stärke, die durch Gerbstoffe unlösl. gemacht worden ist; ein 2. Verf. ist gek. durch eine Verdünnung des Latex mit Pechemulsionen. Beide Verff. lassen sich miteinander verbinden, wobei die vorhandenen Maschinen u. Verff. der Erzeugung von Schaum beibehalten werden können. — 16 Schrifttumshinweise. W. WESLY. 7222□

Über die Aroxylstruktur der Chinongruppen und der freien Radikale auf der Oberfläche von Rußen. J. B. Donnet, G. Henrich und G. Riess. (Rev. gén. Caoutchouc **38.** 1803—08. Dez. 1961.) (Franz. u. Engl.)

Vff. bestimmten durch verschiedene Meth. die Zahl der Chinongruppen u. freien Radikale an sieben schonend mit HNO_3 oxidierten Rußmustern (Philblack). Es konnte gezeigt werden, daß beide in Form von Aroxylgruppen vorliegen. N. PETERS. 7226□

Wärmeübergang in Kautschuk-Metall-Artikeln während der Vulkanisation mit offenem Dampf. Untersuchungsmethode. R. H. Norman. (Trans. Proc. Instn. Rubber Ind., Trans. **36.** T 272—T 277. Dez. 1960. Shawbury, Shewsbury, Shrops., Rubber and Plast. Res. Assoc.) (Engl.)

Die Temp.-Verteilung während des Vulkanisationsvorganges wurde am Beispiel eines Syst. aus einem großen mit Kautschuk überzogenen Metallteil untersucht, um zu klären ob einheitliche Vulkanisation erreicht werden kann oder ob die beobachtete Uneinheitlichkeit des vulkanisierten Kautschuks mit mangelnder Einheitlichkeit der Temp.-Verteilung zusammenhängt. Eine einfache Meth. zur Abschätzung der annähernden Zeit-Konst. der Erwärmung u. Abkühlung verschiedener Teile des Syst. wird unter der Annahme eines guten Wärmeübergangs zur Oberfläche während der Vulkanisation u. eines Wärmeverlustes durch Strahlung u. natürliche Konvektion nach der Vulkanisation beschrieben. Es wird gezeigt, daß die beobachtete Härteverteilung nicht von mangelndem Wärmeübergang herrühren kann, wenn die angenommenen Oberflächenbedingungen gelten. R. SCHÄFF. 7228□

Zur Problematik des Heißmischens von Kautschuk. 2. Mitt.: **Einfluß von Misch-Temperatur und Misch-Folge auf das Eigenschaftsbild von Mischungen mit verschiedenen Beschleunigern und von ihren Vulkanisaten.** G. Fromandi und S. Reissinger. (Kautschuk u. Gummi **13.** Nr. 9. WT 255—WT 261. Sept. 1960. Leverkusen, Farbenfabriken Bayer A.G., Anwend.-techn. Abt.) (Dt.) — 1. vgl. C. **1958.** 12546.

Bei Einsatz von Sulfenamid (I)-Beschleunigern können sich die Mischtemp. nicht nur auf das Anvulkanisations-Verh. der Mischungen u. auf deren Vulkanisation auswirken, sondern auch die mechan. Eigg. der Vulkanisate beeinflussen, bes. wenn die Mischungen erst nach längerer Lagerung vulkanisiert werden. Der Einfl. der Mischtemp. auf die mechan. Eigg. von mit I beschleunigten, längere Zeit gelagerten Mischungen, das Verh. von I-Beschleunigern mit höheren Abspaltungs-Temp. beim Heißmischen, den Einfl. der Mischtemp. auf verschiedene Beschleuniger u. der Einfl. der Mischbedingungen auf Thiurambeschleuniger sowie Mischungen mit Tetramethylthiuramdisulfid ohne S wurden untersucht. Die therm. Vorbehandlung von Mischungen mit I muß so geleitet werden, daß die Zers.-Temp. der Beschleuniger nicht vorzeitig erreicht wird. Von den Thiazolbeschleunigern verhält sich vor allem das bas. aktivierte Benzothiazyldisulfid bzgl. Anvulkanisationsneigung der gelagerten Mischungen ähnlich. Die übrigen untersuchten Mercapto- u. bas. Beschleuniger führten dagegen zu keinen bes. Veränderungen. Bei Thiurambeschleunigern bestimmt die Ggw. bzw. Abwesenheit von ZnO weitgehend das Vulkanisations-Verh. der bei höheren Temp. hergestellten Mischungen R. SCHÄFF. 7228□

Vulkanisation von Gemischen aus Chlorbutylkautschuk und anderen Kautschuken. G. J. Ziarnik, F. P. Ford und J. T. Kehn. (Rubber Wld. **144.** Nr. 3. 85—93. Juni 1961. Linden, N.J., Esso Res. & Engng. Co.) (Engl.)

Zur Vulkanisation von Gemischen aus chloriertem Butylkautschuk (**I**, MD-551 oder Enjay-Butyl HT 10—66) u. anderen Kautschuken [vor allem Naturkautschuk (**II**), Styrol–Butadien-Copolymerisat (**III**) u. Neoprene (**IV**)] wurden Vulkanisations-Syst. untersucht u. die erhaltenen Vulkanisate bzgl. ihrer Zugspannungs–Dehnungs-Eigg., Biegefestigkeit u. andere Eigg. charakterisiert. **II**- u. **III**-Gemische mit **I** zeigen maximale Zugfestigkeiten bei Vulkanisations-Syst. aus einer S-liefernden Verb. mit sek. Beschleunigern, aus S (niedrige Konz.) mit prim. u. sek. Beschleunigern bzw. aus S (hohe Konz.) mit langsamen Beschleunigern. Gemische aus **I** u. **IV** sind maximal ölfest, wenn sie mit **IV**-Vulkanisationsmitteln vulkanisiert werden; maximale Temp.-Beständigkeit wird mit **I**-Vulkanisationsmitteln erreicht. Anwendungsbeispiele für solche **I**–Kautschuk-Gemische werden erörtert. R. SCHÄFF. 7228□

IR-spektroskopische Analyse von Kautschuk und Kunststoffen. Hubert Bartkowski. (Kautschuk u. Gummi **13.** Nr. 9. WT 262—WT 276. Sept. 1960. Hamburg.) (Dt.)

Die Grundlagen u. Anwendungen der IR-spektroskop. Meth. zur Analyse von Kautschuken u. Kunststoffen (Styrol u. Polystyrol, Polyisopren, Polybutadien, Butadien–Styrol-Copolymerisate, Cl- bzw. N-haltige Polymere, Vulkanisate u. Pyrolyse-Prodd.) sowie die Durchführung des Verf. u. dessen Auswertung werden erörtert. R. SCHÄFF. 7248□

Maßanalytische Bestimmung des Gesamtschwefels in Kautschukvulkanisaten. Hans Auler. (Gummi-Asbest-Kunststoffe **14.** 406—10. Mai 1961.) (Dt.)

Eine maßanalyt. Best.-Meth. für den Gesamt-S in Kautschukvulkanisaten (WICKBOLD-Verbrennungs-App.) wurde an einer Anzahl von Mischungen mit variablem Geh. an anorgan. Füllstoffen überprüft. Die indirekte Titration, bei der das Sulfat mit einem Überschuß an $BaCl_2$-Lsg. gefällt u. dieser Überschuß anschließend mit einer $(NH_4)Cl$-Lsg. bestimmt wird, erwies sich als erfolgreich. Die maximale Abweichung der gefundenen S-Werte beträgt $\pm$1,2—1,5% vom tatsächlichen S-Gehalt. Die Durchführung der Meth. wird beschrieben. R. SCHÄFF. 7248□

XIII. Ätherische Öle. Parfümerie. Kosmetik

Eine Untersuchung der Rutaceen von Hongkong. 7. Mitt. **Ätherische Öle.** H. R. Arthur, S. W. Tam und Y. L. Ng. (J. chem. Soc. [London] **1961.** 3551—52. Aug. Hongkong, Univ.) (Engl.) — 5. vgl. C. **1961.** 11731; 6. vgl. Austral. J. Chem. **13.** [1960.] 510.

Die äther. Öle der Blätter verschiedener Rutaceen aus Hongkong werden gaschromatograph. untersucht u. folgende Verbb. gefunden: in *Evodia lepta α-Pinen* (**I**) u. *Furfurol* (**II**), in *Fortunella hinsii* **I**, in *Ruta graveolens Methylnonylketon* [*Semicarbazon*, F. 121—122°(W./CH_3OH); *2.4-Dinitrophenylhydrazon*, F. 62—63° (W./CH_3OH)], in *Acronichia pedunculata* **I** u. **II**, in *Zanthoxylum avicennae* **I**, **II** u. *Limonen* (**III**), in *Z. cuspidatum* **II**, in *Z. nitidum* **II** u. **III**. Die Beeren von F. hinsii enthalten **I**, **III** u. *p-Cymol*. Aus dem Kernholz (1,5 kg; lufttrocken) von A. pedunculata werden durch Extrahieren mit CH_3OH 0,045 g *β-Sitosterin*, $C_{29}H_{50}O$, F. 138—140° (CH_3OH); $[\alpha]_D$ —42,1° (c = 1,0; Chlf.); *Acetyl-Deriv.*, F. 128—130° (CH_3OH), aus der Wurzelrinde von Z. cuspidatum *Dihydronitidin*, $C_{21}H_{19}NO_4$, F. 221—223°, u. *Oxynitidin*, $C_{21}H_{17}NO_5$, F. 284—285°, isoliert. F. HELLER. 7262□

Neue Entwicklungen in der Terpenchemie: vom Vitamin A zum Linalool. Ph. E. Chaleyer. (Parfumerie, Cosmét., Savons **1.** 133—37. April 1958.) (Franz.)

Inhaltlich ident. mit der C. **1958.** 11969 referierten Arbeit. F. THOMAS. 7276□

Die Parfümierung von „Vakuum"-Seifen und von Syndet-Stücken. G. A. Nowak. (Seifen-Öle-Fette-Wachse **87.** 405—11. 21/6. 1961. Holzminden, Dragoco.) (Dt.)

Parfümöle, die der Seife vor dem Vakuumprozeß zugesetzt werden, müssen bes. aufgebaut sein, da sie sonst während des Prozesses verlorengehen. An Hand zahlreicher Beispiele — es werden die Kp. von 48 Riechstoffen bei 760, 100, 50, 40, 30, 20, 10, 6, 5, 4 u. 3 mm in einer Tabelle wiedergegeben — wird aufgezeigt, daß es aber ohne weiteres möglich ist, Parfümölkompositionen herzustellen, die den harten Bedingungen der Zerstäubungstrocknung im Vakuum widerstehen. Die Parfümierung von Syndet-Seifen ist oft einfacher als die der fettsauren Seifen, sofern eine waschakt. Substanz verwendet wird, die keine Reste von S-Derivv. enthält. H. P. FIEDLER. 7276□

Über einige Ester der Undecylensäure. K. A. Bogdanow und N. W. Sseliwanowa. (Маслобойно-Жировая Промышленность. [Öl- u. Fett-Ind.] **25.** Nr. 11. 32—33. 1959. Kaluga, Kombinat synthet. Duftstoffe.) (Russ.)

Durch direkte Veresterung der *Undecylensäure* (I) mit nachst. Alkoholen (H_2SO_4 u. bes. p-Toluolsulfonsäure als Katalysator) konnten Äthyl (II)-, Isopropyl-, n-Butyl-, Isobutyl-, Isoamyl- u. Benzylester von I hergestellt werden. Zur Herst. von Phenyl-, Benzyl- u. β-Phenyläthylestern (III) von I wird statt I dessen Chlorid angewandt. Genau beschrieben werden die Herst. von II (H_2SO_4 als Katalysator; Ausbeute 74,8%) u. von III (Ausbeute 50—55%). II wird als Ersatz für Äthyllaurat als Riechstoff für Seifen angewandt. S. BARYSCHNIKOW. 7276

Chemische Probleme bei der Parfümierung von Aerosolen. P. H. Witjens. (Parfümerie u. Kosmet. **40.** 629—30. Nov. 1959. Perfum. essent. Oil Rec. **50.** 913—15. Nov. 1959. Hilversum, Polak & Schwarz Internat. N. V., Forsch. Abt.) (Dt.)

Die bei kosmet. Aerosolen häufig auftretenden Geruchsveränderungen sind auf die zwar geringe, aber doch vorhandene chem. Rk.-Fähigkeit der Treibmittel *Difluordichlormethan* u. *Monofluortrichlormethan* (I) zurückzuführen. In Ggw. von O_2, H_2O, A. u. Metall (Behältermaterial) wird nach Unterss. des Vf. unter dem Einfl. der aus H_2O u. I entstandenen Säure u. Metall oder Metallhalogenid A. zu *Acetaldehyd* dehydriert, der teilweise in *Diäthylacetal* übergeht. Beide Rk.-Prodd. lassen sich gaschromatograph. nachweisen. Als H_2-Acceptor wirkt in erster Linie Luftsauerstoff. Bei Ggw. von Parfümen können durch weitere chem. Rk. durchgreifende Veränderungen der Parfümierungsnote eintreten. Vf. empfiehlt, bei der Formulierung u. Abfüllung von kosmet. Aerosolen, Verbb., die als H_2-Acceptoren fungieren, möglichst auszuschließen u. vor allem die Luft in den Behältern zu entfernen oder durch inerte Gase zu ersetzen. H. SPOHN. 7276□

Der Einsatz von Farbe in Kosmetika. D. F. Anstead. (J. Soc. Dyers Colourists **76.** 573—78. Okt. 1960. Romford, Essex, D. F. Anstead Ltd.) (Engl.)

Nach einem histor. Überblick über die Verw. von Farbmitteln in kosmet. Präpp. geht Vf. auf die rechtliche Regelung dieses Problems in den USA, Kanada u. England ein u. erörtert ausführlich den Farbmitteleinsatz auf den verschiedenen Gebieten der Herst. kosmet. Präparate. H. SONTAG. 7284□

Eine neue Eiweiß–Fettsäure-Kombination für die Kosmetik. Hans Dieter Selle. (Seifen-Öle-Fette-Wachse **87.** 371—72. 7/6. 1961.) (Dt.)

Mit Perlipon KR 10, einer Kombination von gereinigten Eiweiß–Fettsäure-Kondensaten u. den Alkalisalzen von N-Alkyl-Aminocarbonsäuren ließ sich bei häufig wiederholten Waschungen der optimale Hautzustand aufrechterhalten, so daß nach der Hautreinigung keine pflegende Nachbehandlung erforderlich war. J. BÖSS. 7284□

Lanolinalkohole und ihre äthoxylierten Derivate. Gabriel Barnett. (Soap, Perfum. Cosmet. **34.** 733—35. Aug. 1961. New York, N.Y., Coty Prod. Corp.) (Engl.)

Übersicht über die Eigg. der Lanolinalkohole u. Derivv. u. über eine Liste der U. S.-Hersteller der angeführten Markenprodukte. — 40 Literaturangaben. K. HINTERAUER. 7284□

Carbopol 940 und seine Verwendung in der modernen Kosmetik. Helmut Führer. (Seifen-Öle-Fette-Wachse **87.** 301. 24/5. 1961.) (Dt.)

Carbopol 940, ein Carboxyvinylpolymerisat mit sehr hohem Molgew., ein hydrophiles Koll., findet nach Alkalizugabe als Verdickungsmittel Anwendung. Es ergibt klare Gele, über deren Herst. u. Einsatzmöglichkeiten berichtet wird. J. BÖSS. 7284□

Polymere in Emulsionen. James S. Wolff und R. J. Meyer. (Soap chem. Specialities **37.** 89—95 u. 99. April 1961. 131—35. Mai. Cleveland, Ohio, B. F. Goodrich Chemical Co.) (Engl.)

Vff. empfehlen bes. bei sauren Emulsionen, bei welchen kationenakt. Emulgatoren unerwünscht sind, den Einsatz von Polymeren von der Art der Carbopole. K. HINTERHAUER. 7284□

Jeanne Émilie Mineau, Seine, Frankreich, **Schwach alkoholisches Kölnisches Wasser** aus einer alkohol. Lsg. von 20° Gay Lussac, welche Essenzen (z. B. Lavendel-, Rosen-, Orangen-, Jasminessenz) u. einen Emulgator (z. B. ein Gemisch von Fettsäureestern u. Polyglykolen) enthält. (**F. P. 1 159 324** vom 12/10. 1956, ausg. 26/6. 1958.) T. OPPERMANN. 7277

W. Weiß, Oberlahnstein/Rh., **Verbessern des Haft- und Übertragungsvermögens von Duft- und Riechstoffen (I)** für Körperpflegemittel, dad. gek., daß den I geringe Mengen von Kondens.-Prodd. aus Fetten, Wachsen u./oder Harzen mit Monoalkylolaminen, die >2 C-Atome im Alkylrest enthalten u. deren OH-Gruppe sich in

Isostellung befindet, z. B. aus Cocosöl, Olivenöl oder Rindertalg mit Isopropanolamin, zugesetzt werden. (**D. B. P. 974 639** Kl. 23a vom 2/9. 1954, ausg. 9/3. 1961. Anmeldung bekanntgemacht 3/2. 1955.) C. LÜTTGEN. 7277

Rehels Co., Inc., Berkeley Heights (Erfinder: **Andrew Michael Rubino**, New Providence), N.J., V.St.A., *Herstellen eines Antischweißmittels.* (**D. A. S. 1 116 868** Kl. 30h vom 28/6. 1957, ausg. 9/11. 1961. A. Prior. 28/6. 1956. — C. **1962.** 679 [F. P. 1 196 813].)

XVI. Nahrungs-, Genuß- und Futtermittel

Der Rohfettgehalt — ein Qualitätsmerkmal des Hafers. H. Stuke. (Getreide u. Mehl **11.** 123—32. Nov. 1961. Sonsbeck/Ndrh., Westdeutsche Pflanzenzucht.) (Dt.)

Die statist. Auswertung des mittels einer refraktometr. Meth. bestimmten Rohfett-Geh. einer Vielzahl von Haferproben ergab, daß der Fett-Geh. sortenbedingt ist u. in verschiedenen Erntejahren annähernd gleich bleibt. Als Grenzwerte wurden 3,5 u. 9,8% Rohfett vom entspelzten Haferkorn festgestellt. Ein Vgl. zahlreicher aus 15 europäischen u. 5 amerikan. Ländern stammender Hafersorten zeigt eine zunehmende Tendenz des Rohfett-Geh. mit abnehmender geograph. Breite des Anbaugebietes. Die ermittelten Korrelations-Koeff. zwischen Tausendkorn-Gew., Spelzenfarbe u. Eiweiß-Geh. einerseits u. Rohfett-Geh. andererseits lassen erkennen, daß eine Kombination von hohem Rohfett-Geh. mit anderen vorteilhaften Eigg. auf züchter. Weg erreichbar ist. Die Veresterung des Fett-Geh., die Fettverteilung im Korn u. die Umwelt-Einfl. werden behandelt. M. W. ROTHE. 7664□

Beeinflussung der Teiggärung durch Glycin und Lysin. H. Zentner. (J. Sci. Food Agric. **12.** 812—17. Dez. 1961. North Ryde, Neusüdwales, Bread Res. Inst. of Australia.) (Engl.)

Ein Zusatz von 0,5% *Glycin* oder *Lysin* zu Hefe/Weizenmehl-Teigen hemmt die Gas-Bldg., vor allem in den Anfangsstadien der Gärung. Dieser Effekt ist nicht auf eine Beeinflussung der enzymat. Zucker-Bldg. zurückzuführen, sondern scheint mit der Bldg. von *Zucker-Aminosäure-Komplexen* (I) im Teig zusammenzuhängen, die unvergärbar sind. In künstlich zusammengesetzten Teigen läßt sich der Effekt nur reproduzieren, wenn die Maltose-Bldg. auf enzymat. Weg direkt im Teig erfolgt, zugesetzte freie Zucker sind wirkungslos. Die Hemmung der Gas-Entw. hängt vom Wasser-Geh. der Teige ab u. tritt nur in wasserarmen Teigen ein. Die stärkere Krustenbräunung von aus Aminosäureteigen erbackenem Brot wird auf die Ggw. von I zurückgeführt. M. W. ROTHE. 7674□

Veränderung bei Brotstärke durch Zufuhr amylolytischer Enzyme. Horst Beck, Byron S Miller und John A. Johnson. (Rev. Quím. ind. **38.** Nr. 326. 15—19. Juni 1959. Manhattan, Kans., Kansas State College.) (Port.)

Durch den Einfl. von *α-Amylase* (I) u. *β-Amylase* werden beim Brotmehl Glucose, Maltose, Amylotriose u. -tetrose u. höhermol. Dextrine gebildet. Die Einw. von Amylase setzt die Geschw. des Hartwerdens der Brotkrume herab. Menge u. Wärmebeständigkeit der vorhandenen α-I bestimmen die Veränderung der Stärke. Aus Mehl von gemalztem Getreide kann man α-I in einer für die Brotverbesserung genügenden Konz. gewinnen u. damit das Altbackenwerden verhindern. R. K. MÜLLER. 7674□

Über das Altbackenwerden von Brot und Gebäck. 2. Mitt. Untersuchungen an einigen Weizenbrottypen und -gebäcken mit verschiedenen Zusätzen. P. F. Pelshenke und G. Hampel. (Brot u. Gebäck **15.** 202—08. Okt. 1961.) (Dt.) — 1. vgl. C. **1962. 4759.**

Die über Quellungsgrad u. Kompressibilität der Brotkrume bestimmte Retrogradation der Stärke wird durch Zusätze von Fett, Emulgatoren, Zucker, Milchpulver oder Ei kaum beeinflußt. Bei aus hellen Weizenmehlen hergestellten Broten ist die Geschw. des Altbackenwerdens weder von der Klebermenge noch von dessen Qualität abhängig. M. W. ROTHE. 7674□

Das Fadenziehen von Backwerk. V. Pokorný. (Průmysl Potravin **6.** 400—02. 1955. Praha, Výzk. úst. pek. a cukrovin.) (Tschech.)

Das Fadenziehen von Weißgebäck aus Weizenmehl wird hauptsächlich durch Mikroorganismen der Gruppe Bc. mesentericus u. Bc. subtilis hervorgerufen. Durch Zugabe von 0,3—0,4% wasserfreiem *Ca-Acetat* zum Teig läßt sich Fadenziehen sicher vermeiden. E. ROTTER. 7674□

Pommes frites als Vitamin C-Quelle nebst ihrem Fettgehalt. E. de Jongh und T. E. Tjalma. (Voeding **22.** 416—28. 15/10. 1961. Wageningen, Landbouwhogeschool, Afd. Voedsel en Voedselbereid.) (Holl.)

Aus Kartoffelschnitzeln mit 14—16 mg/100 g Vitamin C werden „*Pommes frites*" (PF) im Haushalt bereitet, indem man die Schnitzel 30 Min. in W. mit 2% NaCl legt u.

dann in Fett von 160° vor- u. von 200° nachbackt. In den PF sind diese Geh. höher, weil infolge des Wasserverlustes beim Backen der Geh. an Trockenstoffen ansteigt. Mit zunehmender Zeit zwischen Vor- u. Nachbacken, die in der Regel 10 Min. beträgt, geht der Vitamin C-Geh. zurück. Handels-PF enthalten 11,0—19,9 (mg/100 g) Vitamin C; die rohen Proben weisen 9,1—13,3 auf. Auch hier vermindert sich der Vitamin-Geh. mit zunehmender Zeit zwischen Vor- u. Nachbacken. Je größer ein PF-Schnitzel, desto geringer ist sein Fett-Geh. u. umgekehrt. Der Fett-Geh. schwankt zwischen 10 u. 20%.
W. WESLY. 7678□

Einfluß verschiedener Faktoren auf die Einlagerung von Tomaten. Viliam Augustín und Marta Čunderlíková. (Pol'nohospodárstvo **5.** 380—91. 1958. Bratislava, Výsk. úst. potrav. priemyslu.) (Slowak.)

Unterss. über Fehler bei der industriellen Lagerung von Tomaten. In 13 Tabellen u. Diagrammen werden die Verluste durch normale Gew.-Abnahme bei Lagerung bei verschiedenen Temp., durch mikrobiolog. Prozesse in Ggw. von verschiedenen Bakterien u. Pilzen, durch biochem. Prozesse in Ggw. oxydierender Fermente usw. festgehalten. Ferner wird die maximale Lagerfähigkeit von 21 Tomatenarten in Keller u. freiem Raum mitgeteilt. E. ROTTER. 7688□

Einfluß des Rohstoffs und des technologischen Verfahrens auf die Qualität des Tomatenmarks. V. Augustín und M. Čunderlíková. (Chem. Zvesti **11.** 715—23. Dez. 1957. Bratislava, Výsk. úst. potrav. priemyslu) (Slowak.)

Unvollkommen ausgereifte u. gefärbte Tomaten liefern ein in Farbe u. Geschmack gutes Mark mit höherem Carotin-Geh., wenn die Pulpe nicht vorerhitzt wird; die Ausbeute verringert sich jedoch. Bei ausgereiften u. durchgefärbten Früchten soll in den Produktionsgang eine zusätzliche kontinuierliche Presse eingeschaltet werden, die die Ausbeute an Mark u. Saft erhöht. E. ROTTER. 7688□

Untersuchungen über die Erhaltung der Vitamine B_1 und C beim Hochfrequenzgaren von Gemüse. E. Peppler und H. D. Cremer. (Z. Lebensmittel-Unters. u. -Forsch. **113.** 123—29. 1960. Gießen, Justus-Liebig-Univ., Inst. für Ernährungswissenschaft.) (Dt.)

Bei Verss. mit verschiedenen Gemüsearten wurden beim Hochfrequenzgaren keine stärkeren Verluste an *Vitamin* B_1 u. *Vitamin C* festgestellt als beim üblichen Kochen.
M. WINIKER. 7690□

Die Trocknung von Meeresalgen und anderen Pflanzen. 2. Mitt. **Trocknung von Laminaria longicruris im Luftstrom.** J. H. Merritt. (J. Sci. Food Agric. **11.** 600—03. Okt. 1960.) (Engl.) — 1. vgl. C. **1961.** 14493.

Vf. führte in einem halbtechn. Trockner Verss. über die optimalen Bedingungen der Trocknung von *Laminaria longicruris* durch, einer Meeresalge, die als Ausgangs-Prod. für die Herst. von Alginaten dient. Zwar lassen sich die gewonnenen Erkenntnisse nur bedingt auf großtechn. Verhältnisse übertragen, es konnte jedoch gezeigt werden, daß das Verf. eine wirtschaftliche Trocknung ermöglicht. Es wurden Unterss. über den Einfl. der Luft-Geschw., teilweiser Kreislaufführung der Luft, Umkehrung des Luftstroms sowie der Temp. (160—220° F) auf Durchsatz u. Wrkg.-Grad durchgeführt. Zerkleinerung des Trocknungsguts ist nicht erforderlich. Die Wirksamkeit kann durch Umkehrung des Luftstroms gegen Ende des Trocknungsprozesses erhöht werden.
HANS THIELE. 7708□

Die Trocknung von Meeresalgen und anderen Pflanzen. 3. Mitt. **Trocknung von Zostera marina durch Warmluft im Kreislauf.** J. H. Merritt. (J. Sci. Food Agric. **11.** 629—32. Nov. 1960.) (Engl.) — 2. vgl. vorst. Referat.

Vf. führte halbtechn. Verss. zur Trocknung von *Zostera marina* mit Warmluft bei teilweiser Kreislaufführung der Luft durch. Hierbei wurde der Einfl. unterschiedlicher Luft-Geschw., der Menge der im Kreislauf gefahrenen Luft, der Umkehrung des Luftstromes u. der Temp. (160—220° F) auf Ausstoß u. Wrkg.-Grad untersucht.
HANS THIELE. 7708□

Tang und Kelp. Vorkommen, Chemie und Anwendung. Arne Jensen. (Tidsskr. Kjemi Bergves. Metallurgi **19.** 51—56. 30/4. 1959. Trondheim, NTH, Norsk Inst. for Tang-og Tareforskn.) (Norw.)

Übersicht: Definition, Vork., Menge, Pflanzenarten des Tanges; Chemie der Braunalgen; Anwendung von Tang als Futterzusatz u. zur Herst. von Alginsäuren u. Alginaten. — 20 Literaturangaben. R. K. MÜLLER. 7708□

Mürbungsmittel für Fleisch. Otmar Silberstein. (Amer. Perfumer Aromatics **75.** Nr. 2. 41—42. Febr. 1960.) (Engl.)

Allg. Ausführungen zum Zartmachen von Fleisch mit Hilfe von *Enzym-Präpp.* (z. B. auf Basis *Ficin, Papain*). — 19 Literaturangaben. M. WINIKER. 7750□

Über Vorkommen und Bewertung von saprophytischer Mikroflora in Seefischen. Vilém Muzikář. (Průmysl Potravin **9.** 7—11. Jan. 1958. Ústí n. L., Krajské hygien.-epidem. stan.) (Tschech.)

Beschreibung der Hauptgattungen u. -arten der in gefrorenem Seefisch gefundenen Mikroflora u. ihres Einfl. auf das Verderben (4 Mikrophotographien). Photobacterium konnte nicht festgestellt werden. E. ROTTER. 7752□

Ungesättigte Fettsäuren in Milch. Olav Notevarp und Bjørg Nygaard Cyvin. (Tidsskr. Kjemi, Bergves. Metallurgi **19.** 216—21. 31/12. 1959. Trondheim, NTH, Inst. for ind. kjemi.) (Norw.)

In Frauen-, Kuh-, Ziegen- u. Stutenmilch wird der Geh. an konjugierten u. nichtkonjugierten Polyensäuregruppen bestimmt (Tabelle). Beim Fett von Frauenmilch, dessen Konz. zwischen 1,2 u. 4,0% schwankt, sind die Schwankungen des Geh. an Polyensäuren nur gering; gegenüber Kuhmilch ist die Summe der nichtkonjugierten Polyensäuren 3mal größer. Der Geh. an Dien- u. Triensäuren hängt bei Kuhmilch wenig vom Fett-Geh. des Futters ab; bei Weidefutter nimmt der Geh. an konjugierten Diensäuren stark zu. Auf Stutenmilch hat der Geh. des Grasfetts an Dien- u. Triensäuren deutlichen Einfl.; der Geh. an diesen Säuren ist hoch. R. K. MÜLLER. 7756□

Laboratoriumsuntersuchungen an kurzzeithocherhitzter Kondensmilch. 3. Mitt. Einfluß der Lipoidphase auf Hitze- und Lagerungsstabilität. Abraham Leviton und Michael J. Pallansch. (J. Dairy Sci. **44.** 633—43. April 1961.) (Engl.) — 2. vgl. C. **1962.** 4383.

Labor.-Unterss. über die Kurzzeithocherhitzung von Kondensmilch unter Ausschaltung von Turbulenz ergaben, daß Hitze- u. Lagerungsstabilität zeitweise durch die Lipoidphase negativ beeinflußt werden. Die Unterss. umfaßten 3 Milchtypen. Im meistvorliegenden Typ verhielt sich die Fettphase inert, d. h. Voll- wie auch entsprechende Magermilch waren hitzestabil u. zeigten ähnliche Resistenz gegenüber Gerinnung während der Lagerung. In anderen Fällen koagulierte die Voll-, nicht jedoch die entsprechende Magermilch während der Erhitzung. Schließlich wurden Milchtypen untersucht, die als Vollmilch gegenüber der entsprechenden Magermilch leicht erhöhte Lagerungsstabilität zeigten. Austausch der Fettpartikel zwischen hitzestabiler u. labiler Milch kehrte die Stabilitätsverhältnisse um. Wurde ein Teil des Proteins durch eine gleiche Gew.-Menge Fett ersetzt, so ergab sich eine deutliche Abnahme der Hitze- u. Lagerungsstabilität. Milch, die auf Grund ihrer Fettfraktion zum Koagulieren neigte, erlangte durch Vorerwärmung höhere Stabilität gegenüber Hitze u. während der Lagerung. Die Stabilität gemischter Prodd. aus solcher u. nicht vorerwärmter Milch lag zwischen den Werten der Ausgangsmilcharten. Aus Magermilch u. Butterfett hergestellte Vollmilch wurde durch Zusatz fettlösl. grenzflächenakt. Präpp. stabilisiert. Verss. über die Sterilisation ruhender Milch erlauben zusammen mit solchen unter Turbulenz den Einfl. der Hitze vom kombinierten Einfl. von Hitze u. Turbulenz zu trennen.

HANS THIELE. 7756□

Instant-Milchpulver. W. Brinckman. (Agricultura [Louvain] [2] **9.** 677—98. Dez. 1961.) (Fläm.)

Übersicht über Gewinnung, Verpackung, Qualitätsnormen u. Fehler von Instant-Milchpulver. — 23 Literaturangaben. W. WESLY. 7756□

Untersuchungen über die Instant-Eigenschaft von Magermilchpulvern. Hans A. Troesch und Gunther Wilk. (Milchwissenschaft **16.** 237—39. Mai 1961. Karlsruhe, Industriewerke Karlsruhe A. G., Ent.-Labor. für Apparatebau.) (Dt.)

Es wurde nachgewiesen, daß die Benetzbarkeit von *Instant-Magermilchpulver* in erster Linie von der Agglomeration der Teilchen sowie der dadurch bedingten Capillarität u. nicht von der Konfiguration der *Lactose* abhängt. Wird Instant-Pulver zerkleinert, so nimmt seine Benetzbarkeit ab. M. WINIKER. 7756□

Vergleich von Geschmack und einigen chemischen Eigenschaften instantisierter und nichtinstantisierter Magermilchpulver. J. B. Mann und J. M. McIntire. (J. Dairy Sci. **44.** 851—55. Mai 1961. Van Nuys, Calif., Carnat. Res. Labor.) (Engl.)

Vff. untersuchten „instantisierte" u. „nichtinstantisierte" Magermilchpulver auf etwaige Beziehungen zwischen Aroma einerseits u. Färbung sowie Thiobarbitursäure- u. Ferricyanid-Reduktionswerten andererseits unter verschiedenen Lagerungsbedingungen. Sowohl anfängliche Bewertung wie auch die nach Lagerung bei 120°F waren für beide Milchpulverarten prakt. gleich. Die Ergebnisse von Geschmackstests ergaben in den meisten Fällen keine signifikanten Unterschiede. Reflexionswerte bei 520 u. 400 mμ änderten sich während der Lagerung für beide Milcharten etwa in gleichem Maße. Die Thiobarbitursäurewerte lagen für normales Milchpulver bei 0,103 u. 0,161 vor u. nach

Lagerung bei 100° F, für Instant-Milchpulver bei 0,210 u. 0,244. Die entsprechenden Ferricyanidwerte lagen bei 0,185 u. 0,371 sowie 0,398 u. 0,567. Der Instantisierungsprozeß ist also ohne wesentlichen Einfl. auf den Geschmack von Magermilchpulver. Die Red.-Tests kommen als Maßstab für die geschmackliche Qualität nicht in Betracht. HANS THIELE. 7756□

Lactobacillen in der Luft von Meiereien. K. D. Perry, M. Elisabeth Sharpe und A. T. R. Mattick. (J. Dairy Res. **25.** 407—08. Okt. 1958. Univ. of Reading, Nat. Inst. for Res. in Dairying.) (Engl.)

Vff. untersuchten die Luft in sieben Meiereien u. drei Schmelzkäsefabriken auf ihren Geh. auf Lactobacillen. Mit Hilfe einer Entnahme-App. wurden die Organismen auf mit selektivem Acetat-Agar überschichteten normalen Agar niedergeschlagen u. 5 Tage bei 30° unter H_2-CO_2-Atmosphäre (90 : 10%) bebrütet, die gewachsenen Kolonien dann durch kulturelle Meth. identifiziert. Danach enthielt die Luft pro cu.ft. von <1 bis >65 Lactobacillen. Auch in den Schmelzkäsebetrieben wurden relativ hohe Keimzahlen festgestellt, offenbar aus dem als Rohprod. dienenden Käse stammend. *Lactobacillus acidophilus* wurde nur 1 mal gefunden. Allg. überwogen die homofermentativen Stämme neben einer geringeren Anzahl von heterofermentativen. So wurde *L. casei* in allen 7, *L. plantarum* in 3, *L. brevis* nur in 2 Meiereien gefunden. Offenbar stammen demnach die in pasteurisierter Milch auftretenden Lactobacillen aus der Luft. HANS THIELE. 7760□

Lactobacillen in Käse-Säureweckerkulturen. M. Elisabeth Sharpe, K. D. Perry, A. T. R. Mattick, R. P. Adams, R. G. Druce, J. W. Egdell, S. B. Thomas und R. J. M. Crawford. (J. Dairy Res. **25.** 418—20. Okt. 1958. Ayr, West Scotland Agric. Coll. and Univ. of Reading, Nat. Inst. for Res. in Dairying.) (Engl.)

Vff. stellten fest, daß ein großer Prozentsatz der zur Cheddarkäsebereitung verwendeten Säureweckerkulturen Lactobacillen enthalten, u. wiesen nach, daß die Infektion meist infolge ungenügend asept. Arbeitsweise in den Meiereien erfolgt u. natürlich hierbei auch die Gefahr der Übertragung von Phagen gegeben ist. Da der bes. häufig gefundene *Lactobacillus bulgaricus* bei 15° (Lagerungs-Temp.) nicht wächst, kommt diesem Organismus eine schädliche Wrkg. nicht zu, während andere Arten den Geschmack negativ oder positiv beeinflussen oder das Käsegefüge beeinträchtigen können, wenn der Geh. der Säureweckermilch an diesen Organismen zu hoch ist. HANS THIELE. 7760□

Über die Vorgänge bei der Anreifung von Quark. Fr. Ihlow und M. Fritsche. (Milchwissenschaft **16.** 250—56. Mai 1961. Berlin, Humboldt-Univ., Inst. für Milchwirtschaft.) (Dt.)

Vff. berichten über Unterss. des Abbaus von *Bruch* (**a**) u. *Sauermilchquark* (**b**) während der Phase der „Anreifung". (Unter „Anreifung" ist die beginnende Veränderung von **a** u. **b** in den ersten Std. bzw. Tagen zu verstehen.) Es wurde festgestellt, daß die „Anreifung" von der Lagerungs-Temp. von **a** u. **b** direkt abhängig ist. Papierelektrophoret. konnten beim **a** 7 u. beim **b** 6 Peptidfraktionen ermittelt werden. Papierchromatograph. konnten beim **a** in der Phase der „Anreifung" *Lysin* (**I**), *Serin* (**II**), *Threonin* (**III**), *Alanin*, *Glutaminsäure*, *Prolin*, *α-Aminobuttersäure*, *Methionin*, *Phenylalanin* u. *Leucin* nachgewiesen werden. Hingegen konnten beim **b** nur **I**, **II** u. **III** gefunden werden. Zwischen dem pH-Wert u. dem mengenmäßigen Caseinabbau bestand ein enger Zusammenhang. M. WINIKER. 7760□

Citrate und Phosphate bei der Schmelzkäseherstellung. W. Dieterle. (Dtsch. Molkerei-Ztg. **82.** 952. 29/6. 1961. Ludwigshafen/Rh., Fa. Gebrüder Giulini GmbH.) (Dt.)

Allg. Ausführungen. — 9 Literaturangaben. M. WINIKER. 7760□

Trappistenkäse. Kurt Kretschmer. (Molkerei-Ztg., Welt der Milch **15.** 1081 bis 1082. 1/9. 1961. Wien.) (Dt.)

Kurze Beschreibung der Herstellung. M. WINIKER. 7760□

Verarbeitung von Eierschalen. Karol Michálek. (Průmysl Potravin **9.** 51—52. Jan. 1958.) (Slowak.)

Die chem. Unterss. der Eierschalen u. prakt. Verss. zeigen, daß aus 100 kg Rohschalen 17—20 kg techn. Eiweiß u. aus 100 kg gewaschenen Schalen 92 kg Mineralsubstanz u. 6 kg Häutchen gewonnen werden können, die als Beifutter zur Schnellmast u. als Heilmittel bei Rachitis von Hühnern, Gänsen u. Enten dienen. E. ROTTER. 7786□

Identifizierung von Coffein als natürliches oder synthetisches Produkt. O. J. Weinkauff, R. W. Radue, R. E. Keller und H. R. Crane. (J. agric. Food Chem. **9.** 397—401. Sept./Okt. 1961. St. Louis, Mo., Monsanto Chem. Co., Organ. Chem. Div. and Ann Arbor, Mich., Univ., Dep. of Physics.) (Engl.)

Unter natürlichem *Coffein* (**I**) versteht man das aus Kaffee oder Tee extrahierte u. das durch Methylierung von Theobromin aus Kakaobohnen gewonnene Prod., wogegen synthet. **I** u. a. aus Harnstoff u. 1.3-Dimethylharnstoff gewonnen wird. Die IR-Identifizierung der Bestandteile in den alkalilösl. Rückständen von I-Extrakten gestattet eine Unterscheidung zwischen natürlichem u. synthet. I. Man mißt auf radiochem. Wege das in natürlichem I enthaltene ^{14}C (aus $^{14}CO_2$ der Luft); synthet. I enthält nur gewöhnlichen C. Man verbrennt die Probe, führt das CO_2 in $CaCO_3$ über u. bestimmt die Radioaktivität. W. WESLY. 7828□

Serologische Bestimmung der Zusammensetzung roher Fleischgemische. Bonnand. (Ann. Falsificat. Fraudes **54.** 126—31. März 1961. Alfort, Labor. Centr. de Rech. Vétérus.) (Franz.)

Zur qual. Best. der in einem Gemisch enthaltenen verschiedenen Fleischsorten dient das serolog. Verfahren. Man erzeugt Antiserum, in dem man Kaninchenextrakte von tier. Fleisch injiziert, wodurch das Kaninchenserum befähigt wird, das entsprechende Antigeneiweiß zu fällen. Diese Fällung wird bewirkt durch das Serum, das mit dem Fleischextrakt überschichtet wird; an der Grenzfläche erscheint ein undurchsichtiger, feiner Ring. Auf diese Weise kann man die Fleischarten des Gemisches bestimmen. Das Verf. wird zur quant. Best. angewandt, für die eine genau einzuhaltende Vorschrift gegeben wird, wobei die Geschw. mit der der Ring erscheint, u. dessen Intensität als Maß im Vgl. mit Proben bekannter Zus. dienen. Die Geschw. u. Intensität der Rk. hängen ab vom Antiserum der Menge Antigene im Extrakt u. dem Zustand des Fleisches. W. WESLY. 7850□

Der Colitest mit flüssigen TTC-haltigen Nährmedien aus der Sicht der amtlichen Milchüberwachung. Hans Günther Rackow. (Milchwissenschaft **16.** 565—72. Nov. 1961. Bremen, Staatl. Veterinäruntersuchungsamt.) (Dt.)

Auf Grund der Ergebnisse eigener Unterss. vertritt Vf. die Auffassung, daß dieVerw. von *TTC*-haltigen Nährmedien bei der Milchüberwachung eine Ablösung des bisherigen Coli-Begriffs u. Coli-Testes u. eine Umstellung auf den umfassenderen Begriff Hygiene-Testes zur Voraussetzung hat. M. WINIKER. 7856□

Das Tensioviscosimeter in Anwendung auf die hygienische Kontrolle der Milch. Radu Vlădescu und A. Ciocoiu. (Studii Cercetări Biochim. [Bucureşti] **1.** 19—22. 1958.) (Rum.)

Im Vgl. mit W. wird mit dem Tensioviscosimeter die Viscosität η u. die Oberflächenspannung σ der unter Kontrolle gemolkenen Milch gesunder Kühe bestimmt. Als normal können folgende Werte angenommen werden: $\eta = 1,471-1,760$, $\sigma = 0,743-0,810$, $\eta/\sigma = 1,78-2,39$. R. K. MÜLLER. 7856□

Zur Normung eines Extraktionsrohres für die Fettbestimmung nach Röse-Gottlieb. Horst Konrad und Marianne Zühlsdorf. (Milchwissenschaft **16.** 256—59. Mai 1961. Oranienburg, Inst. für Milchforschung.) (Dt.)

Vff. stellten fest, daß die Reproduzierbarkeit u. Genauigkeit der RÖSE-GOTTLIEB-Meth. von der Art des verwendeten Extraktionsrohres beeinflußt werden kann. Sie plädieren daher für eine Normung. M. WINIKER. 7856□

Eine Nachweismöglichkeit der Regeneration der alkalischen mit Hilfe der sauren Milchphosphatase. Bruno Paschke. (Milchwissenschaft **15.** 519—20. Okt. 1960. München, Staatl. Chem. Untersuchungsanst.) (Dt.)

Vf. stellte fest, daß es nicht möglich ist, mittels der Best. des Geh. an *saurer Phosphatase* eine Unterscheidung von hoch- u. kurzzeiterhitzter Milch bzw. von hocherhitzter Milch mit regenerierter Peroxydase u. kurzzeiterhitzter Milch mit nativer Peroxydase vorzunehmen. Hingegen ist es in den meisten Fällen möglich zu erkennen, ob es sich bei einer in Süßrahmbutter sowie in Schlag- u. Kaffeerahm festgestellten alkal. Phosphatase um native oder regenerierte Phosphatase handelt. M. WINIKER. 7856□

Gaschromatographische Untersuchungen der kurzkettigen Fettsäuren von Milchfett. J. M. De Man. (Milchwissenschaft **16.** 245—47. Mai 1961. Edmonton, Alberta, Univ. of Alberta, Dep. of Dairy Sci.) (Engl.)

Vf. diskutiert am Beispiel eigener Unterss. die bes. Probleme, die sich bei der Anwendung der Gaschromatographie für die Analyse der kurzkettigen Fettsäuren von Milchfett ergeben. M. WINIKER. 7856□

Träger-Verdrängungs-Chromatographie proteolytischer Inhaltsstoffe von Käsen an Ionen-Austauschersäulen. Richard Schober, Walter Christ und Willy Niclaus. (Milchwissenschaft **16.** 248—50. Mai 1961. Wangen/Allgäu, Staatl. Milchwirtschaftl. Lehr- u. Forschungsanstalt.) (Dt.)

Beschreibung der Meth. u. Diskussion ihrer Leistungsfähigkeit. M. WINIKER. 7860□

Anwendung der „Finger-Abdruck-Methode" auf die Kennzeichnung von Käsesorten durch ihre proteolytischen Inhaltsstoffe. Richard Schober, Willy Niclaus und Walter Christ. (Milchwissenschaft **16.** 140—42. März 1961. Wangen/Allgäu, Staatl. Milchwirtschaftl. Lehr- u. Forschungsanst.) (Dt.)

Mittels einer Kombination von Hochspannungsionophorese u. Chromatographie („Finger-Abdruck-Meth.") konnten die proteolyt. Spalt-Prodd. von Tilsiter Käsen landkartenartig aufgetrennt werden. M. WINIKER. 7860□

Mars, Inc. (Erfinder: John James O'Rourke), **Hitzebeständige Milchschokolade.** Man mischt die üblichen, zur Herst. dieses Prod. verwendeten Bestandteile unter Zusatz von festem Mais- oder Glucosesirup, Dextrose, Maltose, Invertzucker, Fructose, Xylose, amorpher Sucrose, Mannit, Propylenglykol, Glycerin oder Sorbit in einer Atmosphäre mit $\leq$ 45% relativer Feuchtigkeit u. erhitzt das Gemisch in einer Atmosphäre mit $>$ 50% relativer Feuchtigkeit auf eine Temp. unterhalb der F. der Kakaobutter. (**Aust. P. 229 816** vom 2/12. 1958, ausg. 1/9. 1960.) C. LÜTTGEN. 7727

Richard Piwonka, Radebeul, **Herstellung von Tabakfolien, -bändern und -preßmassen** aus Tabakstaub u. einem Bindemittel, dad. gek., daß als Bindemittel niedrig alkylierte Cellulose, bes. eine Methylcellulose, deren Methyl-Geh. unter dem einer Monomethylcellulose liegt u. die in W. lösl. ist, verwendet wird. Ggf. werden noch verglimmungsfördernde Stoffe zugesetzt. (**D. P. [DDR] 21 087** Kl. 79 c vom 25/9. 1956, ausg. 10/4. 1961 [Wirtschaftspatent].) T. OPPERMANN. 7735

Eduard Gerlach G.m.b.H., Deutschland, **Herstellung von Tabakfolien.** Man vermischt den zerkleinerten Tabak mit einer viscosen *Methylcellulose*-Lsg., die 15—30% 90%ig. H_3PO_4 enthält, stellt aus der erhaltenen Tabakpaste Folien her u. entfernt das Lsgm. (Gemisch von *Methylenchlorid* u. *Methanol*). (**F. P. 1 195 978** vom 19/5. 1958, ausg. 20/11. 1959. D. Prior. 16/11. 1957.) T. OPPERMANN. 7735

Olavi Elis Nikkilä, Tukkukauppojen Oy, Helsingfors, Finnland, **Verhindern der Buttersäuregärung in Käse.** Der Käsereimilch werden auf 1000 Liter ca. 200 bis 800 g $KClO_3$ u./oder 50—250 g KNO_3 zugesetzt. (**Finn. P. 29 832** vom 30/3. 1955, ausg. 31/12. 1958.) K. H. KÄHLER. 7761

N. V. de Bataafsche Petroleum Mij., Holland (Erfinder: **Johannes van Overbeek**), *Behandlung von Pflanzenmaterial.* (**F. P. 1 206 488** vom 30/10. 1958, ausg. 10/2. 1960. A. Prior. 1/11. 1957. — C. **1960.** 5032 [D. A. S. 1 064 326].)

British Petroleum Co. Ltd. (Erfinder: **Samuel R. Pethrick** und **Leslie A. Nash**), London, England, *Wachsmischung.* (**Can. P. 552 220** vom 23/5. 1956, ausg. 28/1. 1958. E. Prior. 26/5. 1955. — C. **1959.** 4004 [Aust. P. 207 497].)

Chas. Pfizer & Co., Inc., New York, N.Y., übert. von: **John R. De Zeeuw** und **Frederick Sauer**, Terre Haute, Ind., V.St.A., *Beifuttermittel zur Beschleunigung des tierischen Wachstums.* (**A. P. 2 951 759** vom 26/12. 1956, ausg. 6/9. 1960. — C. **1962.** 2581 [E. P. 845 786].)

L. M. Agejew, Ss. S. Iwanow und **W. A. Smirnow**, Technologie der zuckerhaltigen Stoffe. Allg. Lehrbuch. (Für Hochschulen der Lebensmittelind., technolog. Fachrichtungen). Moskau: Pischtschepromisdat. 1961. (488 S. m. Abb.; 1 Bl. Skizzen) 1 Rbl. 18 Kop. [Russ.]

A. B. Bakar, Der Weizenkleber. Moskau: Verl. der Akad. der Wiss. der UdSSR. 1961. (252 S. m. Abb.) 1 Rbl. 18 Kop. [Russ.]

N. P. Gritzai, Je. P. Mischtschenko, L. M. Rein und **S. W. Chochlowa**, Technologie des Fleisches und der Fleischprodukte. Lehrbuch für Technika der Fleischindustrie. Moskau: Pischtschepromisdat. 1961. (455 S. m. Abb., 1 Bl. Skizzen) 1 Rbl. 7 Kop. [Russ.]

XVII. Fette. Seifen. Wasch- u. Reinigungsmittel. Wachse. Bohnermassen usw.

Die Veränderung der Fette: Autoxydation und Peroxydation. M. Loury. (Rev. franç. Corps gras **8.** 686—99. Dez. 1961.) (Franz.)
Vortrag. Überblick über die Veränderung der Fette durch die Vorgänge der Hydrolyse u. der Autoxydation. Die mit zahlreichen Rk.-Schemata ausgestatteten Ausführungen behandeln bes. das Wesen der Autoxydation, die dabei auftretenden freien Radikale, die Art der Peroxide u. ihr Verh. (Mesomerie), ihre Zers., den Verlauf der Autoxydation bei Ölsäure, bei polyolefin. Fettsäuren, die Bldg. der Abbauprodukte. — 34 Literaturangaben. K. TÄUFEL. 7878□

Fettoxydation in Emulsionen. 2. Mitt. Per Finholt und Gunnar Hopp. (Riechstoffe u. Aromen **9.** 17—21. Jan. 1959.) (Dt.) — C. **1959.** 2646.
R. K. MÜLLER. 7878□

Über Veränderungen der UV-Spektren bei Schlachtfetten während der Autoxydation. A. Mirna. (Fette, Seifen, Anstrichmittel **62.** 577—79. Juli 1960. Kulmbach, Bundesforschungsanst. für Fleischwirtschaft, Inst. für Chemie u. Physik.) (Dt.) — Vgl. C. **1961.** 9245.

Vf. untersuchte die Veränderungen der UV-Spektren von Rindertalg (A) u. Schweineschmalz (B) während der Autoxydation u. bei der Behandlung mit Bleicherden

u. stellte fest, daß A u. B im Triengebiet charakterist. Unterschiede zeigten. Zu Beginn der Autoxydation werden die in A enthaltenen konjugierten Fettsäuren bevorzugt abgebaut, u. die Behandlung mit Bleicherden verändert den Verlauf der Extinktion nicht wesentlich. In stärker oxydiertem A kann nach erfolgter Behandlung mit Bleicherden keine Zunahme der Selektivabsorption im Bereich der Triene u. Tetraene festgestellt werden. Im Gegensatz zu A besteht bei B zwischen der Peroxidzahl u. der Extinktion bei 268 mμ sowohl im unraffinierten als auch im raffinierten Zustand eine annähernd lineare Beziehung. E. WIEHR. 7896□

Ölsäure-, Linolsäure- und Linolensäurebestandteile von Margarine. Klaus Lampi, Henrik Eikrem und Matti Antila. (Suomen Kemistilehti B **32.** 14—15. 1959. Raisio Fact., Central Labor.) (Engl.)

Vff. bestimmten die JZ. mehrerer in Finnland vorkommender Margarinesorten in Abhängigkeit von der Jahreszeit (Minimum im Juni) sowie deren Geh. an *Öl-* (I), *Linol-* (II) u. *Linolensäure* (III). Die Geh. variierten in weiten Grenzen (I: 21,0—44,6%, II: 4,2 bis 12,9%, III: 0,7—3,8%). Eine ausgesprochene Diätmargarine, die einer Tafelmargarine höchster Qualität entspricht (mit 28% I; 15,8% II u. 4,9% III), ist auf dem finn. Markt nicht erhältlich. E. ROEDER. 7900□

Waschrohstoffe. 3. Mitt. **Natrium-Fettalkoholäther-Sulfate.** H. Manneck. (Seifen-Öle-Fette-Wachse **84.** 209—10. 16/4. 1958.) (Dt.) — 2. vgl. C. **1962.** 3670.

Kurze zusammenfassende Darst. der Herst. von Na-Fettalkoholäthersulfaten u. Angabe der Zus. (Tabelle) u. Eigg. einer Reihe von Handelsprodukten. H. SPOHN. 7912□

Zusammensetzung des Wachses von Bulnesia retama. 3. Mitt. **Unverseifbares.** Rodolfo R. Brenner und Jorge H. Fiora. (An. Asoc. quím. argent. **47.** 19—40. März 1959. La Plata, Univ. Nac., Fac. Ciencias Méd., Inst. de Fisiol.; Buenos Aires, Univ. Nac., Fac. Cienc. Exact. Naturales, Cát. de Bromatol. y Anal. Ind.) (Span.) — 2. vgl. C. **1961.** 8875.

Die von den Säuren abgetrennte unverseifbare Fraktion des *Bulnesia retama*-Wachses wurde in einer Al_2O_3-Säule chromatograph. getrennt. Eine mit PAe. abgetrennte Fraktion (19,5% des Wachses) besteht prakt. aus reinen KW-Stoffen (hauptsächlich *n-Nonacosan* u. *n-Hentriacontan*. Andere Fraktionen enthalten Alkohole, die durch Mikrovakuum-Dest. getrennt wurden. Im einzelnen wurden gefunden: Aliphat. Alkohole mit 16—34 C-Atomen, Diole ($<$ 1,1% des Wachses), hochschm., nicht näher identifizierte Monoalkohole (F. 162—174°). Auf Grund der Zus. des Wachses werden Betrachtungen über dessen mögliche Biosynth. angestellt. — 12 Literaturangaben. M. REIHER. 7924

Fette, Seifen und Reinigungsmittel. R. Ceballos Cepeda. (Quím. e Ind. [Bilbao] **7.** 59—62. März/April 1960.) (Span.)

Übersicht über die Beiträge des Jahres 1959 zur Analyse der Fette, Seifen, Reinigungs- u. Netzmittel. — 45 Literaturangaben. M. HAGEDORN. 7930□

Prüfung der Reinheit von Schweineschmalz. J.-P. Wolff. (Rev. franç. Corps gras **8.** 677—85. Dez. 1961. Paris, Labor. Wolff.) (Franz.)

An Hand eigener Verss. wird dargelegt, daß die zur Prüfung der Reinheit von Schweineschmalz (I) allg. herangezogene Meth. nach BÖMER zu wenig empfindlich ist u. den Anforderungen hinsichtlich der Reproduzierbarkeit der Ergebnisse nicht ausreichend Rechnung trägt. Die gaschromatograph. Unters. der Methylester der Fettsäuren von Rindertalg (II) zeigt, daß im Chromatogramm zwischen der Myristin- u. der Palmitinsäure 2 Gipfel sich abzeichnen, deren einer der gesätt. C_{15}-Säure, deren anderer wahrscheinlich 2 ungesätt. C_{14}-Fettsäuren zukommt. Reines I läßt demgegenüber in diesem Bereich keine Fettsäure erkennen; markiert sich eine solche, so darf dies als Beweis für Anwesenheit von II im I angesehen werden. Da die fraglichen C_{14}- u. C_{15}-Säuren im II nur in sehr geringer Menge auftreten, was ihre quant. Erfassung sehr erschwert, wird vorgeschlagen, auf gaschromatograph. Wege die Quotienten C_{14}/C_{16}-Fettsäuren u. C_{15} + ungesätt. C_{14}/C_{16}-Fettsäuren zu bestimmen. Wenn diese Quotienten auch nicht konst. sind, so variieren sie für die Fette verschiedener Herkunft doch nur innerhalb enger Grenzen; es wird angegeben, daß mittels dieser Arbeitsweise 10% II im I mit Sicherheit nachweisbar sind; in günstigen Fällen sind noch 5% Fremdfett erkennbar. K. TÄUFEL. 7934□

Vitamin A in Oleomargarine. Leo Friedman. (J. Assoc. off. agric. Chemists. **43.** 6—14. Febr. 1960. Washington 25, D. C., Dep. of Health, Educ. and Welfare, Food and Drug Admin.) (Engl.)

4 Labor. mit 7 Chemikern wurden mehrere gleiche Proben Oleomargarine (I) zur Best. des Carotin- (II) u. Vitamin-A-Gesamtgeh. (III) zugesandt, die alle nach einer

festen Vorschrift (s. Orig.!) durchgeführt werden sollten. Die unverseifbaren Anteile wurden durch Adsorptionssäulen geschickt, mit Lsgm. ausgewaschen, wobei zunächst II, dann III eluiert wurde. Aus der Absorption bei 325 mμ errechnet sich dann der Geh. an III, aus der bei 450 mμ der von II. Bei III wird A., bei II Ae. als Lsgm. benutzt. Die Verss. zeigten, daß die Wahrscheinlichkeit für mehr als 5%ig. Abweichung des Analysenergebnisses vom Sollwert durchschnittlich bei einem Analytiker $\pm$12% betrug. Über die Ursachen dieser Streuungen wird diskutiert. E. ROEDER. 7934□

Die Bestimmung der Säure- und Verseifungszahl von Wachsen mit Hilfe von Fluorescenz-Indicatoren. W. Hessler und H. Marsen. (Fette, Seifen, Anstrichmittel **62.** 579—84. Juli 1960. Mainz.) (Dt.)

Zur Best. von SZ. u. VZ. von natürlich oder künstlich gefärbten Wachsen u. Wachsgemischen wird eine Titrations-Meth. beschrieben, bei welcher Fluorescenzindicatoren [β-Methylumbelliferron (A), Naphthol-6-sulfonsaures-Na, α-Naphthol, β-Naphthol] verwendet werden. Eine Anordnung zur Messung der Fluorescenz wird beschrieben. Die Anregung erfolgt durch eine Hg-Lampe u. die Messung mit einem Spektralphotometer. Vergleichende Messung von verschiedenen Wachsen zeigte, daß A zur Indikation des Endpunktes am besten geeignet ist u. daß oft wesentliche Unterschiede zu den Titrationen mit bisher üblichen Indicatoren bestehen. E. WIEHR. 7944□

Établissements Rocca, Tassy, de Roux & Cie., Bouches-du-Rhône, Frankreich, **Homogene Fette.** Inhaltlich ident. mit Belg. P. 560 915; C. **1961.** 7441. (**F. P. 1 164 737** vom 12/1. 1957, ausg. 14/10. 1958.) H.-J. NITZSCHKE. 7871

Établissements Rocca, Tassy, de Roux & Cie., Bouches-du-Rhône, Frankreich, **Homogene Nährmittelfettemulsion.** In Ergänzung des Hauptpatentes verwendet man ausschließlich Fette mit der JZ. 1—20. (**F. P. 71 884** vom 24/7. 1957, ausg. 1/2. 1960. **Zusatz zu F. P. 1 164 737; s. vorst. Referat.**) G. WELTZIEN. 7901

E. F. Drew & Co., Inc. (Erfinder: George Barsky und Vigen Khashig Babayan), V.St.A., **Erniedrigung des Erstarrungspunktes von Cocosölen** u. Ölen ähnlicher Zus. durch Rk. mit Triglyceriden (I) niederer Fettsäuren mit 6—10 C-Atomen, z. B. Capron-, Capryl-, Caprinsäure. Je nach der angewandten Menge von I entstehen Prodd. unterschiedlicher Erstarrungspunkte. Prodd. mit 10—20% I eignen sich bes. für die *Margarine*-Herst.; solche mit 45—55% I geben ausgezeichnete *Öle* für *medizin. Zwecke.* — Ferner lassen sich so *Salatöle* vom Charakter des Olivenöles gewinnen. — Diagramm. (**F. P. 1 165 608** vom 11/12. 1956, ausg. 28/10. 1958. A. Prior. 21/5. 1956.) W. HEYNE. 7895

Olin Mathieson Chemical Corp., übert. von: Victor C. Fusco, Baltimore, Md., und C. Harshman, Kenmore, N.Y., V.St.A., **Stabilisieren von Seife** durch Zusatz von Hydraziniumsalzen von organ. Säuren, bes. Hydraziniumglykolat, -naphthenat, -benzoat, -distearat, -propionat. Der Zusatz wirkt auch bei baktericiden Seifen mit Geh. von 2.2'-Dihydroxy-3.5.6.3'.5'.6'-hexachlordiphenylmethan. (**A. P. 2 971 917** vom 2/6. 1955, ausg. 14/2. 1961.) C. LÜTTGEN. 7911

Henkel & Cie. G.m.b.H. (Erfinder: Karl Hennig), Düsseldorf, **Herstellung geformter Waschmittel** durch Vermischen einer sauren synthet. waschakt. Substanz mit Seife u. Verformen dieses Gemisches nach üblichen Verff., dad. gek., daß man einen Fettsäurealkylolamidschwefelsäurehalbester (I), der durch Umsetzen des Alkylolamids mit Chlorsulfonsäure hergestellt worden ist, mit Alkaliseifen (II) von Fettsäuren mit einem F. $> 25^0$ vermischt, wobei die I in solcher Menge anzuwenden sind, daß wenigstens die Hälfte von I neutralisiert ist. — Man verknetet 376 (Teile) Cocosfettsäuremonoäthanolamidschwefelsäurehalbester mit 192 85%ig. Seife aus Palmitin-Stearinsäure (wasserfrei gerechnet), je 17 Lanolin (III) u. Polygylkoläther (IV), Molgew. 6000, bei 50—60°, gibt kurz vor Ende des Knetvorganges 0,6 TiO_2 u. 6 Parfüm (V) zu, piliert u. verformt in üblicher Weise. Die fertige Seife bestand aus 58,2 waschakt. Substanz mit einem Geh. von ca. 5% saurem Ester, 29 freier Fettsäure, 2,7 III, 2,7 IV, 1,1 V + TiO_2, 4,5 W. u. 2,8 anorgan. Salzen. (**D. A. S. 1 108 368** Kl. 23e vom 25/6. 1960, ausg. 8/6. 1961.) C. LÜTTGEN. 7913

Chemische Werke Witten G.m.b.H. (Erfinder: Werner Prosch), Witten/Ruhr, **Herstellung von Lösungen von Alkylbenzolsulfonaten** (I) mit niederem Trübungs- u. Stockpunkt in einer Konz. von 25—40 (%), bes. 30—35, dad. gek., daß die I mit 6—10 Harnstoff u. 2—8, bes. 3—5, Fettsäuredialkylolamiden oder den Äthoxylierungs-Prodd. von Fettsäuremonoalkylolamiden versetzt werden. Ein weiterer Zusatz von 3—5 1.3-Butylenglykol wird empfohlen. — *Waschakt. Substanzen.* (**D. A. S. 1 111 323** Kl. 23e vom 17/2. 1959, ausg. 20/7. 1961.) C. LÜTTGEN. 7913

Allied Chemical Corp., übert. von: Marvin M. Fein, Westfield, N.J., und Cecil A. Friedman, Buffalo, N.Y., V.St.A., **Flüssiges Waschmittel,** bestehend aus ca. 30 (%) eines Gemisches von Na-Alkylbenzolsulfonaten, deren Alkylgruppe im Durchschnitt 12—16 C-Atome aufweist, ca. 5 Na-Toluolsulfonat u. 1—2 Diäthylenglykol, Triäthylenglykol oder Polyäthylenglykolen mit einem durchschnittlichen Molgew. von 200—1250, Rest Wasser. (**A. P. 2 978 416** vom 14/7. 1955, ausg. 4/4. 1961.) C. LÜTTGEN. 7913

Sugar Research Foundation, Inc., New York, N.Y., übert. von: Henry B. Hass, Summit, N.J., Foster D. Snell, New York, Lloyd I. Osipow, Monsey, und William C. York, Westbury, N.Y., V.St.A., **Grobwaschmittel,** enthaltend 10—40(%) C_8—C_{30}-Fettsäuremonoester von Saccharose u. Raffinose, 10—90 $Na_4P_2O_7$, evtl. 2—20 Wasserglas u. andere anion. oder nichtion. Waschrohstoffe. (**A. P. 2 970 962** vom 11/2. 1958, ausg. 7/2. 1961.) C. LÜTTGEN. 7913

Allied Chemical & Dye Corp., V.St.A. (Erfinder: Everett Eddy Gilbert und Benjamin Veldhuis), **Herstellung von in Öl löslichen Sulfonaten.** Man sulfoniert ein synthet. Petroleumharz (Molgew. $\geq$ 800) in Ggw. eines inerten Lsgm. (Hexan) mit einem Gemisch von SO_3 u. N_2, Luft, CO_2 oder SO_2. (**F. P. 1 149 842** vom 23/5. 1956, ausg. 2/1. 1958. A. Prior. 22/6. 1955.) T. OPPERMANN. 7913

Soc. Industrielle des Produits Chimiques Associés, Hérault, Frankreich, **Mittel zum Waschen und Entfetten von Häuten und Wolle** aus 2 (%) Tylose, 18 50%ig. Arylsulfonat, 2 Trilon B u. 78 H_2O. (**F. P. 1 152 958** vom 31/5. 1956, ausg. 27/2. 1958.) T. OPPERMANN. 7913

Farbwerke Hoechst Akt.-Ges., vormals Meister Lucius & Brüning (Erfinder: Lorenz Heiß), Frankfurt/M., **Reinigungsverstärker** für die bei der chem. Reinigung verwendeten Lsgm. bestehend aus Kondens.-Prodd., die durch Selbstkondens. von Verbb. der allg. Formel **I** gebildet werden, wobei Y = H oder ein salzbildendes Kation, n u. m 1—3, z 0—3, R′ einen aromat. oder cycloaliphat. KW-Stoff-Rest, R H oder einen Alkyl-, Cycloalkyl-, Alkylaryl- oder Aralkylrest bedeuten, wobei wenigstens eine der zur Kondens. verwendeten Äthercarbonsäuren wenigstens einen Alkyl- oder Cycloalkylrest R mit 8—30 C-Atomen aufweisen soll, oder aus Kondens.-Prodd. der oben genannten Verbb. mit bis zu 1 Mol Harnstoff (**II**), Triazinen, bes. Melamin (**III**), oder **II**- bzw. **III**-Vorkondensaten oder Aminocarbonsäuren oder durch Mischkondens. der genannten Prodd. in beliebigem Verhältnis. Von den als Reinigungsverstärker verwendbaren Verbb. sind u. a. genannt: Kondens.-Prod. aus 1 (Mol) nonylphenoxyessigsaurem Na (**IV**) u. 1,2 CH_2O, aus 3 dodecylphenoxyessigsaurem Na, 1 p-kresolessigsaurem Na u. 4 CH_2O, aus 1 octadecylphenoxyessigsaurem Na, 0,8 **II** u. 1,4 CH_2O, aus 1 **IV** u. 0,8 Dimethyloläthylenharnstoff. (**D. A. S. 1 111 324** Kl. 23e vom 12/12. 1959, ausg. 20/7. 1961.) C. LÜTTGEN. 7915

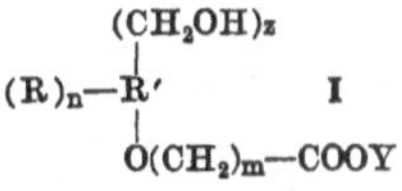
I

Colgate-Palmolive Co., New York, N.Y., übert. von: Gordon Trent Hewitt, Great Notch, N.J., V.St.A., **Stückförmiges Reinigungsmittel,** bestehend aus 50—95 (%) nicht kationakt. Waschrohstoffen, bes. Alkylarylsulfonaten, u. 5—25 eines festen Polyäthylenglykols u./oder einer aliphat. Verb. mit 12—18 C-Atomen u. hydrophilen u. lipophilen Gruppen, z. B. 25 n-dodecylbenzolsulfonsaurem Na, 43 Na-Salz des monosulfatierten Monoglycerids von Cocosölsäuren mit 10 Na_2SO_4 u. 8 lösl. Äthern, 20 Talgalkohol, 10 Carbowax 6000 u. 2 Parfüm u. TiO_2. (**A. P. 2 972 583** vom 17/5. 1956, ausg. 21/2. 1961.) C. LÜTTGEN. 7917

Procter & Gamble Co., Cincinnati, Ohio, V.St.A., übert. von: Eugene R. Wilson, Whitley Bay, England, **Reinigungsmittel,** bestehend aus einem waschakt. C_8—C_{18}-Alkylsulfat oder -sulfonat, dem 5—60% einer Verb. der Formel $RCONHCH_2 \cdot CH_2CH_2N(CH_2CH_2OH)_2$, $RCON(CH_3)CH_2(CHOH)_4CH_2OH$ u./oder RNHCO $(CHOH)_4$-CH_2OH, wobei R einen C_{10}—C_{14} Alkylrest bedeutet, zugesetzt sind, z. B. N-[3-Bis-(2-hydroxyäthyl)-aminopropyl]-lauramid, -decanamid, -myristamid, N-Lauroyl-, N-Decanoyl-, N-Myristoyl-N-methylglucamin N-Decyl-, N-Dodecyl- u. N-Tetradecyl-α-gluconamid. (**A. P. 2 965 576** vom 14/5. 1956, ausg. 20/12. 1960.) C. LÜTTGEN. 7917

Soc. Industrielle des Produits Chimiques Associés, Hérault, Frankreich, **Reinigungsmittel für Automobile** aus 2% Tylose, 18 50%ig. Arylsulfonat u. 80 H_2O. (**F. P. 1 152 957** vom 31/5. 1956, ausg. 27/2. 1958.) T. OPPERMANN. 7917

Werner & Mertz G.m.b.H., Mainz (Erfinder: Wilhelm Hessler, Wiesbaden, und Horst Marsen, Mainz), **Mittel zum Entfernen von angetrockneten Insektenteilen an Autokarosserien und Windschutzscheiben,** gek. durch einen Geh. von 50—98 (Teilen) Alkylarylsulfonat, 0,1—10, bes. 1—5, einer wasserlösl. Eiweiß-Verb. u./oder deren Abbau-Prodd., z. B. Hühnereiweiß oder Glykokoll, u. 10—30 Wasser.

Das Mittel kann außerdem ein Verdickungsmittel enthalten. (**D. A. S. 1 105 093** Kl. 23e vom 21/1. 1958, ausg. 20/4. 1961.) C. LÜTTGEN. 7917

Badische Anilin- & Soda-Fabrik Akt.-Ges. (Erfinder: Oswald Schmidt, Heinrich Mertens, Albert Plan und Hans Stanger), Ludwigshafen/Rh., **Spülmittel zur Verhinderung von Inkrustierungen im Textilgut nach dem Waschen** mit mehrwertigen Metallionen als Komplexe bindenden Substanzen (I) als Wirkstoffen, gek. durch einen Geh. an kondensierten Alkali- u./oder NH_4-Phosphaten, die auf eine P_2O_5-Einheit höchstens 4 Kationen enthalten u. außerdem einen Geh. von 10—90%, bezogen auf das Gesamtgewicht von I, an Alkali- u./oder NH_4-Salzen von Aminocarbonsäuren, die auf ein bas. N-Atom $>$ 1 in α-Stellung befindliche Carboxylgruppe enthalten, z. B. Hexametaphosphat u. Tri-Na-Salz der Nitrilotriessigsäure oder Tetra-Na-Salz der Äthylendiamintetraessigsäure. (**D. A. S. 1 102 329** Kl. 23e vom 1/10. 1959, ausg. 16/3. 1961.) C. LÜTTGEN. 7917

Wachswaren-Fabrik Karl Wiedemann, Deggendorf, **Herstellung einer Kerze** aus üblichem Rohmaterial (I) mit einer glitzernden, rauhreifähnlichen Oberfläche aus verhältnismäßig großen Kristallen von Stearin, dad. gek., daß man auf einen Kern aus I aus einem Bad, das im wesentlichen aus Stearinsäure (II) u. Palmitinsäure im Verhältnis von 1:1,2—1,5 besteht, II-Kristalle aufwachsen läßt, wobei die Temp. des Bades wenig über dem Titer der eingesetzten II u. die Temp. des eingetauchten Kerns unter der des Bades liegt, den Kern mit den aufgewachsenen Kristallen aus dem Bad nimmt u. langsam auf Zimmer-Temp. abkühlen läßt. (**D. A. S. 1 115 396** Kl. 23 d vom 9/4. 1959, ausg. 19/10. 1961.) C. LÜTTGEN. 7921

Pensylvania Salt Mfg. Co., V.St.A. (Erfinder: Carl J. Ish), **Wachspulver.** Man behandelt Pflanzenwachse, tier. Wachse, Mineralwachse mit HF (wasserfrei). (**F. P. 1 168 288** vom 28/12. 1956, ausg. 5/12. 1958. A. Prior. 30/12. 1955.) T. OPPERMANN. 7925

Imperial Chemical Industries Ltd. (Erfinder: **Robert William Gunn Preston**), *tert.-Butyl-substituierte p-Phenylphenole.* (**Aust. P. 225 631** vom 20/3. 1958, ausg. 24/12. 1959. — C. **1961.** 10792 [E. P. 833 022].)

Council of Scientific & Industrial Research, Indien, *Extraktion von Öl aus Costuswurzeln.* (**F. P. 1 193 111** vom 7/3. 1958, ausg. 30/10. 1959. — C. **1961.** 18176 [Ind. P. 59 853].)

Henkel & Cie. G. m. b. H., *Waschmittel.* (**F. P. 1 172 182** vom 1/2. 1957, ausg. 6/2. 1959. Schwz. Prior. 3/2. 1956. D. Prior. 19/12. 1956. — C. **1960.** 334 [D. A. S. 1 051 441 u. Schwz. P. 324 442].)

Aktiebolaget Separator, übert. von: **Frederik T. E. Palmqvist,** Stockholm, Schweden, *Herstellung oberflächenaktiver Produkte.* (**Can. P. 552 941** vom 30/4. 1954, ausg. 11/2. 1958. Schwed. Prior. 12/6. 1953. — C. **1958.** 8219 [F. P. 1 107 097].)

Metallgesellschaft Akt.-Ges., übert. von: **Horst Bretschneider, Frankfurt/M.,** *Herstellung polykondensierter Phosphorsäureester.* (**Can. P. 553 201** vom 28/8. 1957, ausg. 11/2. 1958. D. Prior. 20/1. 1950. — C. **1956.** 9303 [E. P. 706 410].)

Metallgesellschaft Akt.-Ges., übert. von: **Horst Bretschneider,** Frankfurt/M., *Herstellung polykondensierter Phosphorsäureester.* (**Can. P. 553 202** vom 28/8. 1957, ausg. 11/2. 1958. D. Prior. 20/1. 1950. — C. **1950/54.** 2184 S [F. P. 1 057 809].)

XVIIIa. Holz. Cellulose. Zellstoff. Papier. Papierdruck. Celluloid. Linoleum

• **Änderung des Cellulosegehalts in der Douglasfichte.** R. W. Kennedy und J. M. Jaworsky. (Tappi **43.** 25—27. Jan. 1960. Vancouver, Univ. of British Columbia, Fac. of Forestry.) (Engl.)

In Abhängigkeit von der morpholog. Lage (Kern- bzw. Splintholz), vom Baumtyp u. Standort wurden 8 Douglasfichten auf ihren Geh. an CROSS-BEVAN-Cellulose (I) untersucht. Unabhängig von vorst. Faktoren bewegte sich der I-Geh. von 60,4—62,4%. Zwei Ausnahmen (54,9 bzw. 65,4% I) zeigen deutlich, daß trotz ident. Bedingungen beträchtliche Schwankungen auftreten können, die nur genet. zu erklären sind. Best. des I-Geh. eines Baumes über den ganzen Querschnitt ergaben kleinste I-Werte im marknahen Holz; die I-Zunahme in Richtung auf die Peripherie erfolgt zunächst rasch, während in den jüngeren Holzteilen nur noch eine geringe Steigerung des I-Geh. zu beobachten ist. Auf die Bedeutung der Ergebnisse für die Forstpflanzenzüchtung wird hingewiesen. H. KOBLITZ. 7952□

Die Einwirkung von Chlorigsäure auf Hydrocellulose. Bo Alfredsson, Witold Czerwinsky und Olof Samuelson. (Svensk Papperstidn. **64.** 812—14. 30/11. 1961. Göteborg Sweden, Dep. of Engng. Chem., Chalmers Tekniske Högskola.) (Engl.)

Hydrocellulose wurde in saurer Lsg. von Chlorit oxydiert u. anschließend einer partiellen Hydrolyse unterworfen. Im Hydrolysat wurde Gluconsäure in ziemlich guter Ausbeute isoliert. Die experimentellen Ergebnisse bestätigen, daß bei der Behandlung mit saurer Chlorit-Lsg. die Carbonylgruppen in Carboxylgruppen übergeführt werden.

Die Konfiguration der gebildeten Endgruppen entspricht derjenigen der Gluconsäure. — 16 Literaturnachweise. P. ECKERT. 7954□

Praktische Erfahrungen bei der Verwendung von Strohzellstoff. György Vámos und Tibor Mérö. (Papíripar Magyar Grafika [Papierind. ung. Graphik] **5**. 125—29. Sept. 1961. Budapest, Papierind. Forsch.-Inst.) (Ung.)

Die morpholog. Merkmale des Strohzellstoffes sind von Einfl. auf die Blatt-Eigg. des Papiers. Verw. von Strohzellstoff in größerem Einsatz erfordert ein intensiveres Mahlen. Um das Haften des Zellstoffes auf den Preßzylindern zu vermindern, muß der Strohzellstoff entsprechend gemahlen werden. Dadurch wird auch die Färbbarkeit verbessert. Der nötige größere Mahlgrad verursacht manchmal Schwierigkeiten bei der Entwässerung u. Trocknung. J. PLANK. 7956

Neue Technologien zur Sulfitzellstoffherstellung. Sándor Annus. (Papíripar Magyar Grafika [Papierind. ung. Graphik] **5**. 88—94. Juli 1961. Budapest, Papierind. Forsch.-Inst.) (Ung.)

Verss. haben die Bedeutung der Vordämpfung, den Zufluß der Chemikalien bei höchstmöglicher Anfangstemp. sowie eine Druckbehandlung während der Vorimprägnierung ohne Umlauf ergeben. Die Umstellung der Fabrikation von Ca-Bisulfit auf andere ist bei der Verw. von vorgewärmter Kochlauge mit hohem (6—8%) SO_2-Geh. nur dann zweckmäßig, wenn die Frage der Regenerierung der Chemikalien gelöst ist. Die Vorteile der Bisulfitkochungen mit $NaHSO_3$, NH_4HSO_3 können in erster Linie bei der Herst. von Hochausbeute- u. Halbzellstoffen ausgenützt werden. J. PLANK. 7962

Die Gewinnung von Sulfitsprit aus Natriumablauge. 3. Mitt. **Frage der Vergärung der Sulfitablauge.** Sten Dillén. (Svensk Papperstidn. **64**. 819—30. 30/11. 1961. Stockholm, Institutionen för Jasningslära, KTH.) (Schwed.) — 2. vgl. C. **1962**. 5517.

Einleitend wird der Unterschied zwischen Ca- u. Na-Sulfitablauge hinsichtlich der Veränderung des Sulfit-Geh. während der Neutralisierung dieser Laugen mit $CaCO_3$ bzw. Na-Hydroxid besprochen. Anschließend wird die biolog. Wrkg. von Sulfit in den verschiedensten Formen behandelt (H_2SO_3, HSO_3^-, SO_3^{2-} sowie das an die organ. Substanz gebundene Sulfit). Neutralisations- u. Gär-Verss. an Papier- u. Viscosezellstoffablaugen, die bes. mit verschiedenen Mengen Sulfit versetzt wurden, werden beschrieben. Die Unterss. bestätigen frühere Ergebnisse. Sie zeigen weiterhin, daß der Sulfit-Geh. (freies bzw. locker gebundenes Sulfit) in sauren Sulfitablaugen auf Na-Basis unter beispielsweise **3.2** gSO_2/Liter gehalten werden soll. Der pH-Wert soll nach der Neutralisation so eingestellt werden, daß der Ausdruck S $10^{1,8-pH}$ kleiner als 0,003 wird, wenn S der Sulfit-Geh. der sauren Ablauge in g SO_2/Liter bedeutet. — 17 Literaturnachweise. P. ECKERT. 7966□

Praktische Aspekte der verschiedenen Maschinenstreichverfahren in bezug auf Walzenmarkierung und Bedruckbarkeit der maschinengestrichenen Papiere. A. Harsveldt. (Textil-Rdsch. [St. Gallen] **16**. 887—95. Dez. 1961.) (Dt.) P. ECKERT. 7982□

Herstellung synthetischer Latices. T. Alfrey jun. und J. Vitkuske. (Tappi Monogr. Ser. Nr. **22**. 22—40. 1961. Midland, Mich., Dow Chemical Co.) (Engl.)

Innerhalb einer Übersicht über das Wesen der Emulsionspolymerisation, den Ablauf der Latex-Bldg., Art u. Wrkg. der Hilfsstoffe, wie Emulgatoren, Katalysatoren u. Kettenabbrecher, Rolle der Elektrolyte, des pH, die brauchbaren Monomere u. über die Herst. von Mischpolymer-Latices wird der Einfl. einer Reihe von variablen Faktoren besprochen, welche sowohl die Koll.-Eigg. des Latex als auch die physikal. Eigg. des Polymeren beeinflussen. M. HAGEDORN. 7982□

Styrol–Butadien-Latices für Papierbeschichtungen. R. G. Jahn und H. R. Hall. (Tappi Monogr. Ser. Nr. **22**. 41—75. 1961. Midland, Mich., Dow Chemical Co.; Kalamazoo, Mich., Allied Paper Corp.) (Engl.)

Es wird die Verw.-Möglichkeit der Styrol–Butadien-Latices (SBL) in der Papierindustrie behandelt. Übersicht über die physikal. Eigg. eines SBL, seine techn. Handhabung, die Pigmentierung, Abmischung mit anderen Bindern, Zusatz von Entschäumern u. anderen Hilfsstoffen u. über die Rheologie des SBL. Besprechung der SBL-Überzüge auf verschiedenen Papieren u. Pappen zusammen mit den techn. Beschichtungs-Verff. u. Verwendungen. Es folgen Ausführungen über das Kalandrieren, Bedrucken u. über die Prüfung von Papieren mit SBL-Überzügen. M. HAGEDORN. 7982□

Messung der Feuchtigkeit im System Luft–Wasserdampf–Schwefeldioxid mit einem Hygrometer mit trockener und feuchter Thermometerkuppe. Patrick J. Mc Keough, Glenn W. Huebner und W. R. Marshall jun. (Tappi **44**. 343—51. Mai 1961.) (Engl.)

Bei experimentellen Messungen wurde festgestellt, daß die Temp. der feuchten Thermometerkuppe wesentlich höher ist, wenn gasförmiges SO_2 in der Luft ist, als wenn bei gleicher Feuchtigkeit in SO_2-freier Luft gemessen wird. Eine theoret. Überprüfung dieses Befundes unter Zuhilfenahme der Wärmeübergangs-Eigg. von SO_2 führte nicht zu Übereinstimmung mit den gemessenen Werten. Diese Diskrepanz wird von den Vff. auf Unkenntnis der eigentlichen Diffusionsvorgänge in der die Thermometerkuppe umgebenden Gasgrenzschicht zurückgeführt. F. LANG. 8002□

Die Bedeutung der scheinbaren Viscosität von wässerigen Holzschliffsuspensionen. Milan Souček. (Papír a Celulosa **16.** 121—24. Juni 1961. Praha, Výsk. úst. papíru a celulosy.) (Tschech.)

Aus 28 verschiedenen Holzschliffen (HS) wurden die groben Splitter abgesiebt; die wss. HS-Suspension wurde auf dem BÜCHNER-Trichter auf ca. 12% eingedickt u. 0,25% Formalin zur Konservierung zugesetzt. Dann wurde das rheolog. Verh. untersucht. Meth.: In einem Raum mit 20 ± 1° befindet sich eine 5-Liter-WOULFF-Flasche mit Vol.-Skala; durch die oberen 3 Tuben werden eingeführt: ein Heizkörper mit elektr. Temp.-Regelung, ein Kontrollthermometer, in der Mitte ein Rührer; der Bodentubus wird durch eine Gummi-Verb. mit einem waagerechten Ausflußrohr (8,12 mm Ø, 1000 mm lang) auf einer Holzleiste verbunden, das mit einem Gummistopfen verschlossen wird. In der Flasche werden 4000 ml HS-Suspension 20 Sek. lang von Hand gerührt (elektr. oder Luftrührung sind nachteilig), dann wird zwischen den Marken 1000 bis 3000 ml bei 20 ± 0,2° die Ausflußzeit (Z) von 2000 ml gemessen. Scheinbare relative Viscosität ($\bar{\eta}$) = Z Suspension/Z dest. W. als Mittel von 5 Bestimmungen. Ergebnisse: Bei HS-Konzz. unter 0,2% sind die Z zu klein, außerdem sind zu niedrige Konzz. (Grenzviscosität) nicht anwendbar, da die Z für die Suspension kleiner wird als für Wasser. Bei Konzz. > 1,5% wird die Strömung unregelmäßig. Beziehungen, für die günstigste Konz. 1,3% nach 10 Min. Absaugen: 1. Ausgangsfestigkeit in g = −63,8 + 78,5 lg lg $\bar{\eta}$; wegen verwickelter Verhältnisse ist die Beziehung Ausgangsfestigkeit/Trockengeh. nicht eindeutig. 2. Reißlänge in km = −1,6 + 3,07 lg lg $\bar{\eta}$. 3. Die engere Beziehung zwischen $\bar{\eta}$ u. Berstdruck (Mullen) wird graph. durch Meßpunkte angegeben. 4. Die Beziehung zur Einreißfestigkeit ist nicht eindeutig, hingegen zeigt das Prod. aus Einreißfestigkeit · Berstdruck eine annähernd lineare Beziehung, für $\bar{\eta}$ = 1,0 (2,6) ist das Prod. 0 (ca. 50). Die Meth. wird für Holzschleifereien zur Betriebskontrolle empfohlen.

H. DEMUS. 8004

Einsatz der komplexometrischen Maßanalyse in der Zellstoffindustrie. Burkart Philipp und Horst Hoyme. (Zellstoff u. Papier **6.** 205—08. Juli 1957. Teltow-Seehof, Inst. für Faserstoff-Forsch., Dtsch. Akad. der Wiss. zu Berlin.) (Dt.)

Überblick über das Wesen der komplexometr. Maßanalyse u. Beispiele für ihre Anwendung in den Betriebs-Labor. der Zellstoffindsutrie für: Ca-, Mg- u. Cu-Best., Fe-Best. (in Zellstoffasche, NaOH u. a.), Sulfat-Best. in Sulfatkochlaugen, Carboxyl-Best. im Zellstoff, Sulfid-Best. in Schwarzlaugen. M. HAGEDORN. 8006□

Zur spektrophotometrischen Konzentrationsbestimmung von Zellstoffen gelöst in Cadoxen. Alexander Donetzhuber. (Svensk Papperstidn. **64.** 898—901. 31/12. 1961. Säffle, Schweden, Billeruds A/B, Forsch.-Labor.) (Dt.)

Es werden die Absorptionsspektren im UV von einer Anzahl von Reyonzellstoffen sowie von einigen Mono- u. Disacchariden, gelöst in Cadoxen, wiedergegeben. Es werden Hinweise für die prakt. Anwendung zur Beurteilung von Zellstoffen sowie deren Konz.-Best. angegeben. — 18 Literaturnachweise. P. ECKERT. 8006□

Die Gehaltsbestimmung von Tallöl in den Schwarzlaugen des Sulfatverfahrens. W. Saltsman und K. A. Kuiken. (Tappi **42.** 873—74. Nov. 1959. Memphis, Tenn., Buckeye Cellulose Corp.) (Engl.)

Das Tallöl wird zur analyt. Best. aus einer angesäuerten W.–A.–Aceton-Lsg. der Schwarzlauge extrahiert, wobei abgebautes Lignin in Lsg. bleibt u. vorhandener S vor dem Ansäuern mit H_2O_2 oxydiert wird. Das Verf. ist anderen Meth. an Einfachheit, Wirksamkeit u. relativer Sicherheit überlegen. Unterss. über analyt. Genauigkeit u. Charakterisierung der isolierten Prodd. sind angegeben. R. SCHÖLLHORN. 8006□

Eine Präzisionsmethode zur Analyse von Mischungen aus lang- und kurzfaserigen Zellstoffen. F. P. Hughes. (Tappi **44.** 27—30. Jan. 1961. New Westminster B. C., Canada, Island Paper Mills.) (Engl.)

Es wird ein Verf. zur Best. der Laubholz- u. Nadelholzfaseranteile in Zellstoffmischungen beschrieben. Bei ungemahlenen Zellstoffen hat die Meth. eine Genauigkeit von 1% u. ist schnell durchführbar. Bei gemahlenen Zellstoffmischungen wird die Genauigkeit mit zunehmendem Mahlgrad schlechter. Das zu untersuchende Material wird mit Hilfe eines Siebes mit definierter Maschenweite in einen langfaserigen Anteil (der auf dem Sieb bleibt) u. in eine kurzfaserige Fraktion (die hindurchgeht) unterteilt. Die auf dem Sieb bleibende Fraktion wird gewogen u. an Hand einer graph. Eichkurve (herzustellen mit Mischungen bekannter Zus.) der Langfaser-Geh. ermittelt.

F. LANG. 8006□

Der Einfluß von Zusätzen auf das ζ-Potential von Faserstoffsuspensionen. K. C. Carolane. (APPITA — J. Austral. Pulp Paper Ind. **15.** 3—13. Juli 1961. Australian Paper Manufactures Ltd.) (Engl.)

In einer mikroelektrophoret. Zelle wurde das ζ-Potential von feinsten Zellstoffteilchen in wss. Suspensionen nach Zugabe von $Al_2(SO_4)_3$ sowie von Chromleim gemessen. Die in Form von Kurven wiedergegebenen Meßwerte zeigen, daß jeder Zusatz einen charakterist. Einfl. auf das ζ-Potential jedes untersuchten Zellstoffes hatte. Die Zusammenhänge zwischen ζ-Potential, Mahlgrad u. Entwässerbarkeit wurden untersucht. Bei Zugabe von $Al_2(SO_4)_3$ hängt die Änderung des Mahlgrades direkt von der Änderung des ζ-Potentials ab, während dieser Zusammenhang bei Zusatz von Chromleim nicht so deutlich ist. Das genau beschriebene Meß-Verf. dürfte auch zur Unters. anderer Zusätze geeignet sein. H. Meyer. 8010□

N. V. Halbertsma's Fabrieken voor Houtbewerking, Grouw, Holland, **Mischen von Massengütern, besonders Holzspänen, mit Bindemitteln.** Die Massengüter befinden sich in einer um eine waagerechte Achse rotierenden Trommel, von deren Wand sie durch Zentrifugalkräfte mitgenommen werden, u. von der sie im Laufe der Trommelrotation herabfallen. In die Trommel wird zentral durch eine Stirnwand das trokkene oder auch gelöste Bindemittel feinverteilt eingedüst. — Vorr. u. Zeichnung. (**Belg. P. 534 993** vom 19/1. 1955, ausg. 7/11. 1958.) K. Wolk. 7953

Food Machinery & Chemical Corp., San Jose, Calif., V.St.A., **Bleichen von Cellulosefasern.** Man tränkt die Fasern mit einer alkal. H_2O_2-Lsg. u. dämpft sie in einer geschlossenen Kammer unter einem Druck von 30—80 lbs./sq.inch. (**Ind. P. 62 798** vom 10/1. 1958, ausg. 13/8. 1958.) C. Lüttgen. 7957

Escher Wyss G. m. b. H., Ravensburg, **Entfernen gelöster Kieselsäure aus alkalischen Zellstoffablaugen.** Man behandelt die Laugen mit CO_2, bes. bis der pH-Wert auf 8—9,9 red. ist, u. filtriert das SiO_2 ab, das in leicht filtrierbarer Form ausfällt. (**Ind. P. 62 664** vom 23/12. 1957, ausg. 10/9. 1958.) C. Lüttgen. 7967

Soc. Rhodiaceta, Paris, Frankreich, **Kontinuierliche Veresterung von Cellulose** durch laufende Abtrennung des W. aus einer wss. Cellulosedispersion. Dabei ersetzt man in der letzten Phase der Eliminierung das W. durch Essigsäure im Überschuß. Die prakt. wasserfreie Suspension verestert man mit Essigsäureanhydrid u. hydrolysiert zum Schluß. Die Eliminierung des W. erzielt man z. B. mit einer Zellstoffpresse einer Papiermühle. — Zeichnung. (**Ind. P. 60 970** vom 2/7. 1957, ausg. 6/1. 1959.) H. Nebelsiek. 7971

Wilhelm Ritzerfeld und Gerhard Ritzerfeld, Berlin, **Herstellung von metallischen Flachdruckfolien,** bes. aus Al. Die nicht aufgerauhten, glattgewalzten Metallfolien werden nach dem Beschriften mit fetthaltigen bzw. fettannehmenden Stoffen mit einer Aufschwemmung von $Ca(OH)_2$ u. einer Lsg. eines organ. Koll., z. B. Gummi arabicum, u. vor dem Andrucken mit einer schwach sauren wss. Lsg. (z. B. 0,5%ig. H_3PO_4) behandelt. (**D. A. S. 1 116 687** Kl. 15b vom 24/1. 1958, ausg. 9/11. 1961.) K. Kittler. 7989

Joh. A. Benckiser G. m. b. H., Chemische Fabrik, Ludwigshafen/Rh., *Bekämpfung von Stauungen und Verstopfungen in Leitungssystemen und Apparaturen.* (**Oe. P. 208 214** vom 23/10. 1957, ausg. 25/3. 1960. D. Prior. 26/10. 1956 u. 11/1. 1957. — C. **1959.** 10433 [D. A. S. 1 048 472] u. C. **1960.** 1368 [D. A. S. 1 064 801].)

A/B Rosenblads Patenter, Stockholm, übert. von: **Hans Olof Samuelson,** Göteborg, Schweden, *Rückgewinnung des Schwefels aus sulfithaltigen Ablaugen.* (**A. P. 2 872 289** vom 10/5. 1955, ausg. 3/2. 1959. Schwed. Prior. 12/5. 1954. — C. **1957.** 4563 [F. P. 1 123 995].)

Crown Zellerbach Corp., V.St.A., *Herstellung von Dimethylsulfid.* (**F. P. 1 173 329** vom 25/3. 1957, ausg. 24/2. 1959. — C. **1959.** 8360 [A. P. 2 816 832].)

Soc. Rhodiaceta, Paris (Erfinder: **Jean Robin, Rousillon-Isère,** und **Roland Clevy,** O-Peage de Roussillon-Isère), Frankreich, *Kontinuierliche Veresterung von Cellulose.* (**Jap. A. S. 45/1960** vom 16/11. 1957, ausg. 5/1. 1960. F. Prior. 18/1. 1957. — C. **1960.** 12206 [A. P. 2 854 445].)

Rohm & Haas Co., V.St.A., (Erfinder: **Irving James Gruntfest** und **David Buchanan Fordyce**), *Gefülltes Papier.* (**F. P. 1 173 575** vom 10/4. 1957, ausg. 26/2. 1959. A. Prior. 10/4. 1956. — C. **1960.** 6364 [A. P. 2 838 397].)

Unilever N. V. (Erfinder: **Ir. Gerard Tuynenburg Muys**), Rotterdam, Holland, *Fungicides Verpackungsmaterial.* (**D. A. S. 1 114 083** Kl. 55f vom 16/11. 1957, ausg. 21/9. 1961. E. Prior. 16/11. 1956. — C. **1961.** 7446 [F. P. 1 187 994].)

XVIIIb. Textilfasern

Deutsche Gold- und Silber-Scheideanstalt vormals Roessler (Erfinder: Karl Dithmar und Elfriede Naujoks), Frankfurt/M., **Bleichen von Textilwaren** mit wss. Flotten von peroxid. Verbindungen. Als Aktivator verwendet man 0,1—1 Mol eines Anhydrids einer α,β-ungesätt. Monocarbonsäure je Mol akt. O. Zum Beispiel enthält eine Bleichflotte für Zellwollgewebe neben 1,2 (g)/Liter Na-Perborat

0,577 Methacrylsäureanhydrid. (**D. A. S. 1 103 882** Kl. 8i vom 14/4. 1959, ausg. 6/4. 1961.) F. BÖHM. 8033

Farbenfabriken Bayer Akt.-Ges., Leverkusen (Erfinder: Edgar Siegel, Leverkusen, Alexander Mitrowsky, Heinrich Gold, Köln, und Anton Schlachter, Locham), **Aufhellungsmittel,** die auf Cellulose- u. Polyamidfasern aus neutraler u. alkal. Flotte gut aufziehen, sind Bis-triazinyl-stilbene der allg. Formel I (X_1, X_2, X_3 u. X_4 = Rest des Anilins, ggf. substituiert durch Halogenatome, Alkyl-, Alkoxy-, Carbalkoxy-, Carbalkoxyalkyl-, Alkylsulfon- u./oder Cyangruppen; Y = organ. oder anorgan. Kation).

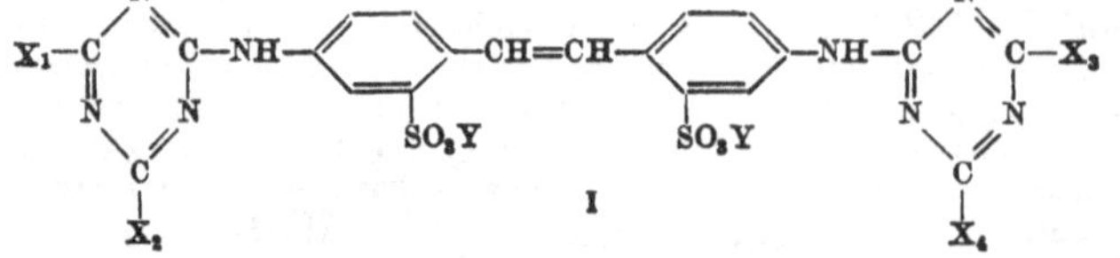

I

(**D. A. S. 1 100 583** Kl. 8i vom 8/1. 1958, ausg. 2/3. 1961.) F. BÖHM. 8033

Resintex Industrie Tessili Resinati S. p. A., Mailand, Italien, **Behandlung von Textilgeweben.** Um Kunstfasergewebe (Nylon, Perlon, Lilion, Orlon) abzudichten, behandelt man sie mit einer 10—30%ig. Lsg. von Methacrylharz in Äthylacetat u. trocknet bei höchstens 80°. — Nach It. P. 516 432 kann man auch Baumwollgewebe mit einer solchen Lsg. behandeln. Dabei beträgt die Trocken-Temp. höchstens 45°, u. man erhält chintzartige Gewebe. (**It. PP. 516 431** u. **516 432** vom 6/5. 1954.) K. KOEBKE. 8037

H. R. Hilfiker & Co. Akt.-Ges., Zürich, Schweiz, **Avivierte, elastische und rutschfeste Textilien** aus *Viscose-, Acetatseide, Nylon, Polyestern, Polyvinylchlorid* in Form von *Strümpfen,* Geweben, Fasern oder Fäden erhält man durch Behandlung des Gutes mit einem *Faserschrumpfmittel* bei Einw. von *Ultraschall* (20000—60000 Schwingungen/s). — Nylonstrümpfe oder *-charmeuse* wird in einer wss. 5—6%ig. *Phenol-Lsg.* bei 40° beschallt, im 2. Bad mit einer 0,3%ig. NaOH-Lsg. behandelt u. nachgespült mit einer wss. 0,1%ig. Lsg. von *Triäthanolamin.* (**E. P. 859 574** vom 30/5. 1957, ausg. 25/1. 1961. Schwz. Prior. 30/5. 1956.) H. MÖLLERING. 8039

Deering Milliken Research Corp., V.St.A. (Erfinder: Dmitry Michael Gagarine), **Verbesserung der Trocknungseigenschaften von wenigstens 40% Baumwolle enthaltenden Geweben** durch Behandlung des Stoffes nach dem Befeuchten mit W. (nicht >100%, berechnet auf das Baumwollfaser-Gew.) mit NaOH, so daß 5—15% NaOH, berechnet auf das enthaltene W., aufgenommen werden. Danach wird das Gewebe ca. 10 Min. mit 6—30 Gew.-% eines Faltenstabilisierungsmittels in gespanntem Zustande behandelt. Ein solches Mittel ist z. B. das Kondens.-Prod. von 1—4 Mol Epichlorhydrin (I) mit 1 Mol Äthylenglykol, Glycerin oder Propylenglykol. (**F. P. 1 209 401** vom 4/8. 1958, ausg. 1/3. 1960. A. Prior. 9/8. 1957.) M. F. MÜLLER. 8045

Farbenfabriken Bayer Akt.-Ges. (Erfinder: Othmar Drapal, Leverkusen, Herbert Klesper, Köln, und Friedrich Muth), Leverkusen, **Schützen von Wolltextilien gegen Textilschädlinge.** Man setzt Chemischreinigungsflotten Lsgg. von Alkali- oder Alkanolaminsalzen von Verbb. der Formel $R-SO_2-NH-R'$ in organ. Lsgm. zu (R = aromat. oder aliphat. Rest; R' = dasselbe oder Aralkylrest). Diese Salze besitzen im Gegensatz zu den freien Sulfonamiden Substantivität zur Wollfaser u. ziehen auf diese auf. Zum Beispiel versetzt man eine Lsg. von Chlormethansulfotrichloranilid in Isopropanol mit alkohol. NaOH, verd. mit Schwerbenzin u. Isopropanol u. gibt diese Lsg. zu Schwer- oder Waschbenzin, CCl_4, Tri- oder Perchloräthylen, die anschließend zur Reinigung von Wolle benutzt werden. (**D. A. S. 1 103 283** Kl. 8i vom 16/8. 1957, ausg. 30/3. 1961.) F. BÖHM. 8063

Dr. Th. Böhme K. G. Chem. Fabrik (Erfinder: Hans Graßmäder), Gartenberg, **Bleichen von cellulosehaltigem Fasergut mit natriumchlorithaltigen Flotten.** Zur Verringerung der Korrosions-Wrkg. auf Behälter u. App. sowie zwecks Verhinderung der Entw. von ClO_2-Dämpfen setzt man den Bleichflotten Pyridin (I) oder seine Homologe u./oder deren Salze zu. Eine Flotte enthält z. B. 10 (Liter) $NaClO_2$, 5 I u. 5 dodecylbenzolsulfonsaures Na sowie so viel H_2SO_4, daß der pH-Wert 5 beträgt. (**D. A. S. 1 102 696** Kl. 8i vom 26/11. 1955, ausg. 23/3. 1961.) F. BÖHM. 8075

Wacker-Chemie G. m. b. H., München, und Cassella Farbwerke Mainkur Akt.-Ges., Frankfurt/M., **Herstellung von mattierten Fäden oder Fasern aus Celluloseestern.** Man verteilt in der Spinn-Lsg. <2% wasserlösl. Vorkondensate aus Melamin (I) u. CH_2O, bes. monomere Methylol-Verbb. des I, u. behandelt die bei der Verspinnung dieser Lsg. erhaltenen Gebilde mit heißer Luft, heißem W. oder Dampf. (**D. A. S. 1 109 313** Kl. 29b vom 16/5. 1956, ausg. 22/6. 1961. **E. P. 866 508** vom 16/5. 1957, ausg. 26/4. 1961. D. Prior. 16/5. 1956.) F. BÖHM. 8077

Firestone Tire & Rubber Co., Akron, übert. von: Robert J. Reid, Canal Fulton, Ohio, und Jacob D. Matlack, Whippany, N.J., V.St.A., **Plastische Masse,** bestehend aus 3—10% Di-n-propyltetrachlorphthalat (als Weichmacher) enthaltenden Vinylidenchlorid(misch)polymerisaten (85—100% Vinylidenchlorid enthaltend). Die Massen können noch Epoxy-Verbb. u. Salicylsäureester als Hitze- bzw. Lichtstabilisatoren enthalten. — *Kaltgereckte Fäden.* (**A. P. 2 875 169** vom 11/12. 1953, ausg. 24/2. 1959.) O. SCHÖN. 8081

VEB Thüringisches Kunstfaserwerk „Wilhelm Pieck" Schwarza, Rudolstadt, **Entfernung niedermolekularer Bestandteile aus Polycaprolactam.** Man leitet durch die Schmelze einen kräftigen Strom überhitzten Wasserdampfs (z. B. von 270—280°). (**Holl. P. 97 544** vom 30/9. 1953, ausg. 17/4. 1961. D. Prior. 25/7. 1953.) F. BÖHM. 8081

Imperial Chemical Industries Ltd., England, *Kontinuierliches Bleichen von Cellulosetextilien.* (**F. P. 1 159 658** vom 28/7. 1956, ausg. 1/7. 1958. E. Prior. 28/7. 1955 u. 16/7. 1956. — **C. 1960.** 6706 [E. P. 803 796].)

Dow Corning Corp., V.St.A. (Erfinder: **Gerald L. Shannon**), *Textilbehandlung mit Siloxanen.* (**F. P. 1 163 493** vom 23/11. 1956, ausg. 26/9. 1958. A. Prior. 30/11. 1955 u. 26/1. 1956. — **C. 1960.** 341 [A. P. 2 842 509].)

Farbenfabriken Bayer Akt.-Ges., Deutschland (Erfinder: **Roderich Raue, Werner Müller, Josef Link, Otto Weber** und **Volkmar Weber**), *Aufhellungsmittel.* (**F. P. 1 159 273** vom 25/9. 1956, ausg. 25/6. 1958. D. Prior. 28/9. 1955. — **C. 1958.** 10537 [Oe. P. 192 888].)

Farbwerke Hoechst Akt.-Ges., vormals Meister Lucius & Brüning, Deutschland, *Imprägnieren von Textilien.* (**F. P. 1 160 923** vom 27/11. 1956, ausg. 13/8. 1958. D. Prior. 29/11. 1955. — **C. 1958.** 6708 [D. A. S. 1 010 942].)

E. I. du Pont de Nemours & Co., V.St.A. (Erfinder: **Walter Frederick Coleman**), *Bleichverfahren.* (**F. P. 1 173 272** vom 21/3. 1957, ausg. 19/2. 1959. A. Prior. 26/4. 1956. — **C. 1959.** 11768 [A. P. 2 839 353].)

E. F. Drew & Co., Inc., V.St.A. (Erfinder: **John P. Redston** und **Herbert F. Ross**), *Waschen von Wolle.* (**F. P. 1 165 609** vom 11/12. 1956, ausg. 28/10. 1958. A. Prior. 17/7. 1956. — **C. 1961.** 10798 [E. P. 823 277].)

Chimiotex Soc. An., Tanger, Marokko, *Herstellung von stark schrumpfbaren Fäden aus Cellulose.* (**Oe. P. 212 481** vom 7/12. 1956, ausg. 27/12. 1960. F. Prior. 10/10. 1956. — **C. 1961.** 5657 [E. P. 827 880].)

American Viscose Corp., Philadelphia, Pa., V.St.A., *Verstärkung der Widerstandsfähigkeit von regenerierter Cellulose gegen Verschmutzung.* (**Oe. P. 208 335** vom 24/5. 1957, ausg. 25/3. 1960. A. Prior. 18/12. 1956. — **C. 1961.** 1060 [E. P. 833 284].)

Heberlein & Co. Akt.-Ges., Schweiz, *Veredlung von Geweben aus Polyamiden.* (**F. P. 1 163 405** vom 26/9. 1956, ausg. 25/9. 1958. Oe. Prior. 26/9. 1955. — **C. 1959.** 1650 [Oe. P. 192 893].)

E. I. du Pont de Nemours & Co., V.St.A. (Erfinder: **David Douglas Mooberry**), *Behandlung von Polyestergeweben.* (**F. P. 1 173 374** vom 27/3. 1957, ausg. 24/2. 1959. A. Prior. 28/3. 1956. — **C. 1961.** 10033 [A. P. 2 920 980].)

XIX. Brennstoffe. Erdöl. Mineralöle

Über einige Fragen der physikalischen Chemie des Torfes. N. W. Tschurajew. (Торфяная Промышленность [Torf-Ind.] **38.** Nr. 3. 8—11. 1961. Kalinin, Torf-Inst.) (Russ.)

Krit. Erörterungen an Hand der neueren sowjet. Literatur. — 9 Literaturangaben. W. HANTZSCH. 8122□

Über die Möglichkeit der Gewinnung von granuliertem energiereichen Brennstoff aus Irkutsk-Kohle. L. N. Shdankowitsch, T. N. Komarowa, K. I. Ssysskow und W. A. Balaschenko. (Известия Сибирского Отделения Академии Наук СССР [Nachr. sibir. Abt. Akad. Wiss. UdSSR] **1959.** Nr. 11. 32—37. Ostsibir. Zweigstelle der Sibir. Abt. der Akad. der Wiss. der UdSSR.) (Russ.)

Vff. haben Kohlenstaub verschiedener Herkunft (bes. von Irkutsk) granuliert, bei 80—90° 2 Std. lang getrocknet u. darauf bei verschiedener Temp. geglüht (600°). Die Qualität der Kohle wurde in Abhängigkeit von der Glüh-Temp. bestimmt. Die Verss. ergaben, daß die Granulierung einen rauchfreien Brennstoff liefert. Indem man die Temp. u. die Verweilzeit in den Öfen variiert, erhält man einen Brennstoff von der erforderlichen Festigkeit u. dem gewünschten Geh. an flüchtigen Stoffen. K. WEKUA. 8126□

Die Oxydation organischer Verbindungen. 10. Mitt. **Über den Mechanismus der Prozesse der Autoxydation und Selbstentzündung der Kohlen.** Ss. R. Rafikow. (Известия Академии Наук Казахской ССР, Серия Химическая [Nachr. Akad. Wiss. KasachSSR, Ser. Chem.] **1956.** Nr. 9. 75—91.) (Russ.) — 9. vgl. C. **1960.** 3425.

Krit. Übersicht über die Unterss. u. physikal.-chem. Hypothesen der Autoxydation u. Selbstentzündung von Kohlen bei längerer Lagerung. — 35 Literaturhinweise. H. KÜHNE. 8128

Die Verfeuerung von Kohle. A. C. Monkhouse. (Chem. and Ind. **1958.** 52—64. 18/1.) (Engl.) — Vgl. C. **1959.** 6001.

Erörterung der bei der Oxydation von Kohle sich abspielenden chem. Rkk. u. der verschiedenen industriellen Einrichtungen, die zur Verfeuerung der Kohle in Pulver- oder Stückform entwickelt wurden. F. ROSENDAHL. 8128 □

Über die Ursachen des Anfallens von dunklem Ammoniumsulfat in Kokereien. M. M. Ssorkin, G. Je. Gawrilowa, Je. A. Meshujewa und M. G. Kogan. (Кокс и Химия [Koks u. Chem.] **1956.** Nr. 1. 55—56.) (Russ.)

Unterss. ergaben, daß das Mitfällen der stabilen Harzemulsion mit $(NH_4)_2SO_4$ verhütet werden kann, wenn das Zentrifugieren so lange verzögert wird, bis genügend $(NH_4)_2SO_4$-Kristalle sich angesammelt haben. Das so erhaltene $(NH_4)_2SO_4$ ist weiß. A. v. WILPERT. 8142

Die Verwertung von feinkörnigem Calciumcarbid in Acetylengeneratoren. I. I. Strishewski und D. I. Tessmenitzki. (Сварочное Производство [Schweisstechn. Betr.] **1958.** Nr. 1. 36—38. Jan. Allunions-Wiss. Forschungsinst. für autog. Schweißen.) (Russ.)

Auf 2/8 u. 8/15 granuliertes CaC_2, das mit 5% wasserfreiem Masut vermischt ist, kann gefahrlos in verschiedenen Acetylengeneratoren verarbeitet werden. Hierbei werden auch die techn. Leistungswerte, wie sie normalerweise von diesen Generatoren erfüllt werden, erreicht. Vor dem Wasserverschluß muß ein Filter mit 10—25 mm großen Koksgranalien angebracht werden. Das Fassungsvermögen des Filters muß mindestens 0,35 Liter/m³ der Std.-Leistung des Generators betragen. Die Größe der Carbidfüllung muß um 25% im Vgl. zu dem für den Generator angegebenen techn. Wert verringert werden. H. HOCHSTEIN. 8148

Durchführung der Rektifizierung von Steinkohlenteer unter Verwendung von Wärmeüberträgern hoher Temperatur. M. M. Potaschnikow. (Кокс и Химия [Koks u. Chem.] **1957.** Nr. 8. 40—45. Allunions-Forschungsinst. für Kohlechemie.) (Russ.)

Wie die Analyse der Rektifikation von Steinkohlenteer zeigt, ist zur Gewinnung einer 80—85%ig. Naphthalin (I)-Fraktion, die 90% des gesamten im Teer vorkommenden I enthält, eine Verdoppelung des *Rücklaufverhältnisses* erforderlich. Gleiches gilt auch für die Anthracen- u. Phenolfraktionen. Um das Rücklaufverhältnis auf den geforderten Wert zu bringen, muß der Kolonne zusätzliche Wärme (durch Wärmeüberträger) zugeführt werden. Auf Grund seiner hohen Temp.-Beständigkeit, seiner günstigen Wärme-Eigg. u. seines niedrigen Preises ist I als Wärmeüberträger bes. gut geeignet. Die hauptsächlichste Wärmeabgabe erfolgt bei der Kondens. des I-Dampfes. Trotz seines relativ hohen F. ist die Kreislaufführung von I in den Rohrleitungen des Teer-Dest.-Betriebes mit keinerlei Schwierigkeiten verbunden. Es werden Leistung u. Konstruktion eines Generators für die Erzeugung von I-Dampf in einer Teer-Dest.-Anlage von 100000 t/Jahr u. ein Rektifizierungsschema angegeben. H.-E. MESSERKNECHT. 8176

Ester von Harzsäuren in Tieftemperatursteinkohlenteeren. M. Vahrman. (Chem. and Ind. **1958.** 462—63. 19/4. London, Northampton Coll. of Advanc. Technol., Dep. of Pure and Appl. Chem.) (Engl.)

Der Teer wird in Bzl. mit Alkali zur Entfernung von Phenolen u. Säuren u. mit Mineralsäuren zur Entfernung von Basen extrahiert. Das Neutralöl wird mit Pentan behandelt, dieser Extrakt an Silicagel chromatographiert u. mit Chlf., CCl_4 u. A. extrahiert. Der Chlf.-Extrakt bildet ein dunkelbraunes, viscoses Material, das mit alkohol. KOH verseifbar ist, wobei ein brauner die Harzsäuren enthaltener Anteil erhalten wird. Die Teere stammen aus innenbeheizten Retorten, so daß sie etwas gecrackt waren. Je nach den Verkokungs- u. Aufbereitungsbedingungen liegen Säuren der C_{13}- oder C_{14}-Reihe vor, die alle stark ungesätt. sind. Die Ausbeute beträgt 3% bezogen auf lufttrockene Kohle. F. ROSENDAHL. 8176 □

Die Entwicklung der petrochemischen Industrie in Großbritannien. R. Holroyd. (Chem. and Ind. **1958.** 900—09. 19/7. Imp. Chem. Ind. Ltd.) (Engl.) F. ROSENDAHL. 8186 □

Die Anwendung von radioaktiven Elementen bei Kontrolle und Regelung in der Erdölindustrie. M. J. Loeb. (Bull. Assoc. franç. Techniciens Pétrole **1961.** 569—88. 31/7.) (Franz.)

Anwendung der Abschwächung von Kernstrahlung nach Materiedurchdringung zur kontinuierlichen Dichtemessung u. Niveauanzeige sowie Niveauregulierung. Die Meth. zeichnet sich durch äußerste Empfindlichkeit, sichere Betriebsweise u. kontaktfreie Messung aus. L. LINDNER. 8190 □

Thermische Hydrierung. Wasserstoffübertragung von Tetralin auf Crackrückstände. C. S. Carlson, A. W. Langer, Joseph Stewart und R. M. Hill. (Ind. Engng. Chem. **50.** 1067—70. Juli 1958. Linden, N.J., Esso Res. and Engng. Co.) (Engl.)

Rückstände der Rohölraffination werden therm. unter Bldg. niedersd. Prodd., wenig oder keinem Koks u. einem Minimum an gasförmigen Prodd. in Ggw. von Tetralin (I) gecrackt. Dabei wird I zu *Naphthalin* dehydriert, das nach katalyt. Hydrierung zu I erneut in den Kreislauf geht. Unter analogen Bedingungen sind Paraffine u. monocycl. Naphthene unwirksame H-Überträger, kondensierte Naphthen-Verbb., wie z. B. Dekalin, weniger wirksam als Verbb. vom Typ I. Die Ausbeuten betragen in Ggw. von I bei KUWAIT- bzw. HAWKINS-Asphalt, McMURRAY-Teer, ELK BASIN-, COLEVILLE- bzw. BACHAQUERO-Rückstand sowie Schmierölextrakt 50—94%. L. LAMZA. 8196

Raffination von Benzol durch Chlorbehandlung. O. W. Molony und D. Hughes. (J. appl. Chem. **8.** 690—700. Okt. 1958. Watford, Herts., Benzole Prod., Ltd., Techn. Dep.) (Engl.)

Rohbenzol wird durch Einw. von Cl_2 u. anschließende Dest. von Olefinen, Naphthenen u. Thiophen (I) befreit. UV-Bestrahlung ist dabei unnötig, da Rohbenzol genügend Chlorierungskatalysatoren enthält. Der Durchsatz in einer beschriebenen Vers.-Anlage beträgt bei der Gewinnung von I-freiem Bzl. ca. 10 Liter/h. Die chlorierten Dest.-Rückstände werden analysiert. Das Verf. ist zur Entfernung von Olefinen u. I aus Rohtoluolfraktionen ungeeignet. Die Möglichkeit einer techn. Anwendung wird diskutiert. L. LAMZA. 8202

Methode zur Bestimmung der Gesamtmenge der aromatischen Kohlenwasserstoffe in ungesättigte Kohlenwasserstoffe enthaltenden Flugzeug-Kerosinen nach den Daten der Strukturgruppen-Zusammensetzung. M. F. Nagijew und L. I. Trjapina. (Доклады Академии Наук Азербайджанской ССР [Ber. Akad. Wiss. Aserbaidshan-SSR] **14.** 977—84. 1958. Erdölinst.) (Russ.; Auszug: Armen.) — Vgl. C. **1960.** 9771; C. **1961.** 3201.

Es wird eine Meth. zur Best. der Gesamtmenge an aromat. KW-Stoffen u. des Geh. an solchen mit ungesätt. Seitenkette in Flugzeugkerosinen (I) vorgeschlagen, die Best. der genannten Verbb. in Prodd. des therm. Crackens verschiedener Masute durchgeführt u. gezeigt, daß im Hinblick auf die Herst. minimal aromatisierter I aus den 3 geprüften Rohstoffen der Masut des Karatschuchury-Erdöls besser ist als bei Anwendung von Balachany-Erdöl oder dessen Beimengung. E. v. PEZOLD. 8216

Die Koksbildung während der katalytischen Spalthydrierung von Masut. Ja. R. Katzobaschwili, N. P. Wolynski und T. N. Kusmina. (Журнал Прикладной Химии [J. angew. Chem.] **32.** 2597—99. Nov. 1959.) (Russ.)

In Verss. mit 50%ig. Masut aus einem Erdölgemisch vom spezif. Gew. 0,961, der Kokszahl 9,1 u. einem Geh. von 2,49 (Gew.-%) S u. 4,90 Asphaltenen gingen bei 350° 13,9% über. Bei allen Verss. wurde der Al–Mo-Katalysator Nr. 7360 mit 14% Mo–Oxid verwendet. In 21 aufeinanderfolgenden Verss. stellten Vff. fest, daß der frische Katalysator 1,8% Koks adsorbiert. In weiteren Verss. betrug die Zunahme des Koks-Geh. ca. 0,1—0,8% je Versuch. Vff. ziehen aus den Vers.-Ergebnissen folgenden Schluß: die spaltende Hydrierung des Masuts führt bei höheren Drucken (250—270 atü) nicht zum Stillstand der Koks-Bldg. am Katalysator u. macht die Regenerierung des Katalysators nicht überflüssig. R. WEKUA. 8216 □

Chromatographische Raffination von Schmierölen. Gyula Nyul und Endre Vámos. (Chem. Techn. **9.** 72—76. Febr. 1957. Budapest-Veszprém, Ungar. Erdöl- u. Erdgasforsch.-Inst.) (Dt.)

3 Verff. zur cycl.-chromatograph. Raffination von schweren Öldestillaten, nach denen gesätt. Verbb. rein dargestellt werden können, werden beschrieben. Ein entparaffiniertes Motoröldestillat wird in Pentan gelöst u. an Silicagel bzw. Bleicherde chromatographiert. Die Ergebnisse werden mit denen der Lsgm.-Raffination mit Kresol verglichen. Als Adsorptionsmittel werden Kieselgele mit der spezif. Oberfläche ca. 550 m^2/g, dem Porendurchmesser ca. 40 Å u. der Korngröße 50—100 μm verwendet. Die Verff. sind 1. Monosolvent-Verf., für Spindelöle u. niedrigviscose Maschinenöldestillate, Lsgm. (L) Pentan, Elutionsmittel (E) Dichloräthan, Entasphaltierung mit Propan; 2. Disolvent-Verf., für hochviscose Schmieröldestillate, L Pentan, E (für stark polare Verbb.) Aceton, E (für schwach polare Verbb.) Dichloräthan oder Bzn.; 3. Thermosolvent-Verf., L Pentan, E zuerst kaltes, dann heißes Benzol. — Erfahrungen in einem Vers.-Betrieb werden mitgeteilt. O. HENNING. 8220 □

Ester aus Produkten der Oxosynthese und anderen Produkten der chemischen Verarbeitung von Kohlenwasserstoffen. I. D. Afanassjew, N. D. Gadasskina, Je. K. Remis und D. M. Rudkowski. (Химия и Технология Топлив и Масел [Chem. Technol. Brennstoffe Öle] **1957.** Nr. 6. 16—25. Juni.) (Russ.)

Zur Darst. der Ester wurden verschiedene techn. Alkohole u. Säuren verwendet: 1. Einwertige Alkohole der Oxosynth., 2wertige Alkohole aus der Verarbeitung ungesätt. KW-Stoffe, 2- u. 3wertige Alkohole aus der Kondens. von Propion- u. Butyraldehyd mit HCHO; 2. einbasige Fettsäuren aus der Paraffinoxydation u. der Oxydation von Aldehyden in der Oxosynth. zweibasige Säuren der Fett- u. aromat. Reihe. Die Veresterung erfolgt leicht durch die Ester-Kondens. nach TISCHTSCHENKO. Als Katalysator dienen ZnO oder β-Naphthalinsulfonsäure nach WITT. — Als Ester mit prakt. Bedeutung werden durch Vakuum-Dest. isoliert: 1. Ester von *Butylen-*, *Diäthylen-* u. *Triäthylenglykol* mit *Fettsäuren* (C_8 u. höher), 2. Ester von *Methyl-* u. *Äthyltrimethylolmethan* mit *Fettsäuren* (C_8 u. höher), 3. Ester der *Adipinsäure* mit *Isoalkoholen* (C_4 u. höher). Ester von *Phthalsäure* u. *Isoalkoholen* (C_4 u. höher). Die Ester können auf Grund ihrer Zähigkeit u. ihres tiefen Ep. als Schmiermittel eingesetzt werden. Die Vers.-Ergebnisse sind in 11 Tabellen festgehalten. H. VOGEL. 8222☐

Neue Überlegung zum Problem der Feststellung der Verwertungsgrenzen und der Wechselperioden von Schmiermitteln. Th. Săndulescu und P. Pătrăşcoiu. (Rev. Chim. [Bucureşti] **6.** 97—104. Febr. 1955.) (Rum.)

Die verschiedenen Ursachen der Minderung der Schmier-Wrkg. werden untersucht u. Gleichungen u. Diagramme für die Feststellung der Notwendigkeit eines Schmiermittelwechsels entwickelt. R. K. MÜLLER. 8222☐

Herstellung von Kunstwachsen. Ivo Skarpa. (Kem. u Ind. [Zagreb] **8.** 187—92. Aug. 1959. Zagreb, Iskra.) (Kroat.)

Übersicht über die bei der Gewinnung u. Raffination von Montanwachs u. ähnlichen Wachsen angewandten Verff. u. Erörterung der Möglichkeiten der Gewinnung solcher Wachse in Jugoslavien. R. K. MÜLLER. 8226☐

Die Gewinnung von technischem Pyren. L. D. Glusman, A. G. Nikitenko und R. M. Zin. (Кокс и Химия [Koks u. Chem.] **1961.** Nr. 1. 52—55.) (Russ.)

Der Geh. an Pyren in Pechdestillaten beträgt ca. 4,5%. Das Ausbringen an techn. 96—97%ig. Pyren erreicht in Pechdestillaten ca. 70% u. bei 70—80%ig. Pyren ca. 80%. Die Kopffraktion, die bei der Rektifizierung von Pechdestillaten gewonnen wird, genügt (nach Entfernung von Kristallen) den techn. Bedingungen für ein Eisenbahnschwellen-Imprägnierungsmittel von guter Qualität. Eine nicht entkrist. Fraktion eignet sich auch als Rohstoff zur Rußproduktion. W. HANTZSCH. 8228☐

Schnellbestimmung von Phosphor in Kohle und Koks. I. I. Edelman, L. Ss. Sabora und N. D. Chishnjak. (Заводская Лаборатория [Betriebs-Lab.] **25.** 159—60. 1959. Ukrain. Forsch. Inst. für Kohlechemie.) (Russ.)

Die von ZDENEK (C. **1950/54.** 8836 S) beschriebene P-Best. in Kohle wird dahin abgeändert, daß statt der polarograph. eine photocolorimetr. P-Best. erfolgt.
S. BARYSCHNIKOW. 8246

Schnellmethode zur Bestimmung von Germanium in der Asche fossiler Kohlen. M. A. Menkowski und A. N. Alexandrowa. (Заводская Лаборатория [Betriebs-Lab.] **25.** 161. 1959. Moskau, Stalin-Berginst.) (Russ.)

Eine Modifizierung der Schnell-Best. von Ge in Metallen nach STRICKLAND (C. **1956.** 8172) bei der Verw. zur Ge-Best. in der Asche fossiler Kohlen wird vorgeschlagen.
S. BARYSCHNIKOW. 8246

Chromatographische Trennung von Petroleum-Porphyrin-Aggregaten. L. R. Fisher und H. N. Dunning. (U.S. Dep. Interior, Bur. Mines, Rep. Invest. **1961.** Nr. 5844. 1—19. Bartlesville, Okla., Bartlesville Petroleum Res. Center, Bur. of Mines.) (Engl.)

Durch Spaltung der in Petroleum vorkommenden Metallporphyrine werden metallfreie Porphyrinaggregate (I) erhalten, aus denen durch Chromatographie auf Al_2O_3-Säulen mit Bzl., Bzl./Dioxan u. A./Bzl. als Eluierungsmittel eine Porphyrincarbonsäurefraktion abgetrennt werden kann, die auf der Säule verbleibt u. mit 25%ig. wss. A. eluiert werden kann. Sie beträgt 0—1,8% des rohen Öles u. besitzt ein Spektrum vom Phyllo-Typ. Kristallisierbare Mengen von Porphyrinen (II) werden aus I durch Säurefraktionierung u. Chromatographie an Al_2O_3 u. Cellulose erhalten. Hierbei werden **II** vom Rhodo-, Phyllo- u. Etiotyp erhalten. Absorptions- u. Röntgenspektren sowie papierchromatograph. Daten zur Charakterisierung sind wiedergegeben.
W. SCHWEERS. 8252☐

Zur qualitativen und quantitativen Bestimmung von Nitromethan in Treibstoffen für Kleindieselmotore. A. Blumenthal. (Mitt. Gebiete Lebensmitteluntersu. Hyg. [Bern] **51.** 359—65. 1960. Zürich, Chem. Labor. der Stadt.) (Dt.)

Für die qual. u. quant. Best. von *Nitromethan* wird die Bldg. eines rotvioletten Farbstoffs mit Vanillin in ammoniakal. Lsg. benutzt. — Arbeitsvorschrift.
M. WINIKER. 8254☐

Power Gas Corp. Ltd., Stockton-on-Tees, England (Erfinder: Jack Svaine, Caradoc Hughes und Felix Ferdinand Rixon), **Herstellung von Brenngas aus**

Kohlenwasserstoffen. Durch eine Rk.-Zone wird ein Gemisch von KW-Stoff u. einem endothermen Vergasungsmittel bei $<700^0$ geführt, wobei die erforderliche Wärme durch eine abgetrennte Heizzone, die eine γ- u./oder β-Strahlen aussendende radioakt. Quelle enthält, geliefert wird. — Vorr., Zeichnungen. (**E. P. 866 161** vom 22/11. 1956, ausg. 26/4. 1961.) E. KAHLES. 8149

Ruhrstahl Akt.-Ges., Hattingen/Ruhr, **Kontinuierliche Gaserzeugung.** Von unten wird CO_2 u. O_2 eingeblasen, wobei das Vol.-Verhältnis von $CO_2:O_2 <1:2$, aber $\geqq 1:3{,}5$ ist. (**E. P. 867 418** vom 12/9. 1957, ausg. 10/5. 1961. D. Prior. 19/9. 1956.) E. KAHLES. 8149

British Petroleum Co. Ltd. (Erfinder: William M. Catchpole und Kenneth S. Cuddington), London, England, **Abtrennung von H_2S aus Kohlenwasserstoffgemischen.** Die H_2S-haltigen Gasgemische werden mit SO_2 bis zum Verhältnis $H_2S/SO_2 = 2:1$ vermischt u. in einem Reaktor über einen Tonerde- oder Bauxitkatalysator bei 240 bzw. 180^0 geleitet. Während vom Reaktorkopf kontinuierlich die S-freien KW-Stoff-Gase abgezogen werden, wird vom Reaktorboden der S-haltige Katalysator kontinuierlich abgeführt u. in einem Regenerator durch Erhitzen von S befreit, wobei ein Teil der nötigen Wärme durch Zufuhr von Luft-O_2 u. Bldg. von SO_2 gewonnen wird. Der S-freie Katalysator wird dem Reaktor wieder zugeführt. — Schema der Anlage. (**Can. P. 551 195** vom 29/9. 1953, ausg. 7/1. 1958. E. Prior. 3/10. 1952.) EBERHARD RIEDEL. 8173

Shell Development Co., New York, N.Y., übert. von: Jose A. Samaniego, San Francisco, und Otto Redlich, Berkeley, Calif., V.St.A., **Abtrennung von H_2S aus Gasgemischen** durch Oxydation in einer 1. Rk.-Zone mit einer wss., sauren Fe^{3+}-Lsg. in kontinuierlichem Verf., wobei die S-haltige Oxydations-Lsg. kontinuierlich abgeleitet, von S befreit, in einer 2. Rk.-Zone mit O_2-haltigem Dampf in Ggw. von HCl rückoxydiert u. in die 1. Rk.-Zone zurückgeführt wird. Das Partialdruckverhältnis in der 2. Rk.-Zone von HCl u. Wasserdampf im Gleichgewicht mit der Rk.-Lsg. soll $<0{,}15$ sein, der Partialdruck von O_2 0,1 betragen. — Schema der Anlage. (**Can. P. 551 335** vom 14/3. 1955, ausg. 7/1. 1958. A. Prior. 1/6. 1954.) EBERHARD RIEDEL. 8173

Union Oil Co. of California, Los Angeles, übert. von: Clyde H. O. Berg, Long Beach, Calif., V.St.A., **Gewinnung von Öl aus Ölsand.** Dieser wird zusammen mit heißen Wärmeträgern in eine Rk.-Zone eingebracht. Die entwickelten dampfförmigen Prodd. werden abgezogen. Der Ölsand wird dann mit den Wärmeträgern mit Spülgas behandelt u. dabei abgestreift. Das Gemisch aus Abstreifgas u. abgestreiften KW-Stoffen wird in gasförmige u. kondensierbare Prodd. aufgeteilt u. ein Teil des Gases in die Abstreifzone als Abstreifgas zurückgeführt. Der abgestreifte Ölsand wird z. T. einer Verbrennungszone zugeleitet u. dort im O_2-haltigen Gas verbrannt. Die Feststoffteilchen werden mit dem O_2-haltigen Gas durch einen Lift in eine Sammelzone nach oben befördert u. gelangen von dort als heiße Wärmeträger wieder in den Prozeß. — Vorr., Zeichnung. (**A. P. 2 905 595** vom 16/9. 1955, ausg. 22/9. 1959.) E. KAHLES. 8191

Esso Research and Engineering Co., Elizabeth, N.J., V.St.A., **Herstellung von chlorhaltigen Mischpolymerisaten,** *die, Erdöldestillaten* in einer Menge von 0,002 Gew.-% *zugesetzt, die Bldg. von Absetzungen* hierin verhindern. Ein Rk.-Prod. aus Epichlorhydrin u. einer eine COOH-Gruppe enthaltenden polymerisierbaren ungesätt. Verb. wird mit einem Monomeren mit einer Vinyl- oder Vinylidengruppe — ggf. im Gemisch mit anderen polymerisierbaren Stoffen — im Verhältnis 2:1 bis 1:20 mischpolymerisiert. — Zum Beispiel werden 0,125 (Mol) eines bei 150^0 in Ggw. von BF_3-Ätherat aus gleichmol. Mengen Monoisooctylmaleat u. Epichlorhydrin erhaltenen Mischesters zusammen mit 1 Vinylacetat u. 0,875 Talgfumarat 3 Std. lang in Bzl. in Ggw. von Dibenzoylperoxid auf 80—90^0 erhitzt. (**Holl. P. 97 760** vom 18/7. 1958, ausg. 17/4. 1961. A. Prior. 22/7. 1957.) F. BÖHM. 8193

Coal Tar Research Association, Gomersal, England (Erfinder: Wright Waddington), **Raffination von Benzinen,** die aus Steinkohlenteer, carburierten Wassergasteeren oder aus gasförmigen Prodd. aus der Kohlecarbonisierung erhalten werden. Mit H_2 oder H_2-haltigen Gasen wird über milden Hydrierungskatalysatoren bei 330—450^0 unter einem H_2-Partialdruck von 1 at bis 200 lbs./sq.in. behandelt, wenn reiner H_2 u. von 1 at bis 300 lbs./sq.in., wenn ein H_2-haltiges Gasgemisch verwendet wird, u. anschließend mit 50—80%ig. H_2SO_4 gewaschen. Die Säurewäsche kann vor oder nach der Hydrierung durchgeführt werden. Verwendete Säuremenge: 2—5 Vol.-%. (**E. P. 823 926** vom 11/1. 1955, ausg. 18/11. 1959.) P. UNGER. 8195

Esso Research and Engineering Co., Elizabeth, N.J., übert. von: Nick P. Peet, Hampton G. Corneil, Jack M. Andrews und William K. Roquemore, Baytown, Tex., V.St.A., **Cracken von Kohlenwasserstoffen.** Ein Gasöl wird auf 400 bis 900° F erhitzt, die Hauptmenge als Dampffraktion von einer kleinen Fl.-Fraktion abgetrennt, mit einem feinteiligen SiO_2/Al_2O_3-Katalysator (D. 1,6—2,73; Korngröße bis 100 μ) zu einer Suspension umgesetzt, zu der die Fl.-Fraktion sowie ein fl. KW-Stoff-Gemisch (**A**) aus dem Kreislauf zugegeben werden. Dieses Gemisch wird mit einer Fließ-Geschw. von 8—50 ft./s bei 800—1100° durch ein vertikal angeordnetes Rk.-Rohr mit einem Längendurchmesser-Verhältnis 4:1 bis 20:1 geleitet, wobei ein Gew.-Verhältnis Cracköl/Katalysator von 20:1 bis 300:1 pro Std. eingehalten wird. Aus der Rk.-Masse wird als 1. Fraktion der gewünschte Crack-KW-Stoff u. danach als 2. Fraktion das Gemisch **A** vom Katalysator abgetrennt, der regeneriert u. dem Kreislauf wieder zugeführt wird. — Verf.-Schema. (**Can. P. 551 938** vom 4/3. 1954, ausg. 21/1. 1958. A. Prior. 14/5. 1953.) EBERHARD RIEDEL. 8197

Lummus Co., New York, N.Y., V.St.A. (Erfinder: Ward J. Bloomer und Valentine Mekler), **Gewinnung wertvoller Kohlenwasserstoffbestandteile aus normalerweise festen Asphaltiten.** Eine Lsg. aus gemahlenem Asphaltit in einer KW-Stoff-Fl. wird hergestellt, die einen bestimmten Siedebereich hat. Diese Lsg. wird unter kontrollierten Bedingungen erhitzt, um eine Verkokung des Asphaltites zu vermeiden u. der Abfluß aus dem Erhitzer in eine Dest.-Kolonne geleitet. — Zeichnung. (**E. P. 819 803** vom 22/11. 1955, ausg. 9/9. 1959.) P. UNGER. 8197

Minerals & Chemicals Philipp Corp., übert. von: Alfred J. Robinson, Philadelphia, Pa., und James V. Weir, Merchantville, N.J., V.St.A., **Aktivierung von Ton im Trockenverfahren.** Kaolin, das als *Katalysator beim Cracken von Erdöl* dienen soll, wird mit 60—125% seines Trocken-Gew. 90—100%ig. H_2SO_4 vermischt, zu Granalien verformt u. auf 220—325° F erhitzt. Nach erfolgter Rk. wird durch Steigerung der Temp. auf ca. 1450—1800° F das Prod. calciniert u. H_2SO_4 entfernt. — Zum Beispiel werden 100 (Teile) Kaolin, 60 (96%ig.) H_2SO_4, 5 Holzmehl u. 55 W. zu Pellets geformt, 24 Std. lang auf 220° F u. 8 Std. lang auf 1500° F erhitzt. (**A. P. 2 967 157** vom 23/2. 1955, ausg. 3/1. 1961.) G. FRIKELL. 8197

Minerals & Chemicals Philipp Corp., übert. von: Thomas S. Malone, Bainbridge, Ga., V.St.A., **Herstellung von runden Pellets aus aktiviertem Ton.** Kaolin, das als *Katalysator beim Cracken von Erdöl* dienen soll, wird mit 60—125% seines Trocken-Gew. konz. H_2SO_4 zu einer plast. Masse verarbeitet u. diese in Ggw. eines nicht reaktionsfähigen KW-Stoffes mechan. zu runden Pellets verformt. Diese zeichnen sich nach bei 315° F erfolgter Rk. der Komponenten u. nach Entfernung von H_2SO_4 u. gleichzeitigem Calcinieren des Prod. bei ca. 1450° F durch besondere Härte aus. (**A. P. 2 967 158** vom 10/6. 1958, ausg. 3/1. 1961.) G. FRIKELL. 8197

M. W. Kellogg Co., übert. von: Robert T. Loughran, Jersey City, und William P. Burton, Little Silver, N.J., V.St.A., **Reformieren von leichten Kohlenwasserstoffölen.** Ein Mo-Oxid-Katalysator, der mit O_2-haltigen Gas behandelt worden ist, wird mit H_2-haltigem Gas in Kontakt gebracht, wobei der Katalysator bei erhöhtem Druck red. wird. Hierauf wird er unter Reformierungsbedingungen mit einem leichten KW-Stoff-Öl in Ggw. von 0,1—10 Mol-% zugesetztem W. in Kontakt gebracht. — Zeichnung. (**A. P. 2 968 612** vom 2/8. 1952, ausg. 17/1. 1961.) E. KAHLES. 8201

Phillips Petroleum Co., übert. von: Alfred Clark, Bartlesville, Okla., V.St.A., **Verbesserung von pentanhaltigem Leichtbenzin.** Dieses wird isomerisiert, so daß n-Pentan in Isopentan umgewandelt wird. Ein Teil des Isopentans wird vom Leichtbenzin abgetrennt u. dieses hierauf reformiert. — Zeichnungen. (**A. P. 2 970 955** vom 25/11. 1955, ausg. 7/2. 1961.) E. KAHLES. 8201

Phillips Petroleum Co., übert. von: Charles G. Mitchell, Odessa, Tex., V.St.A., **Gewinnung von Leichtbenzindämpfen aus Gemischen.** Das Gasgemisch aus Waschöldämpfen u. Leichtbenzindämpfen wird einer Kondens.-Zone zugeführt. Aus dieser Zone werden die nicht kondensierten Leichtbenzindämpfe oben abgezogen, während das kondensierte Öl unten abgenommen wird. W., welches vom Abstreifdampf herrührt, wird in der Mitte dieser Zone abgezogen. W. wird im Kreislauf geführt, um die Temp. auf die gewünschte Höhe einzustellen. — Zeichnung. (**A. P. 2 974 100** vom 12/6. 1958, ausg. 7/3. 1961.) E. KAHLES. 8201

Socony Mobil Oil Co., Inc., übert. von: Jean M. Bourguet, Westville, Robert D. Drew, Wenonah, und Frederick E. Ray, Woodbury, N.J., V.St.A., **Überführen von Feststoffen von einem tieferen in einen höheren Behälter beim Umwandeln von Kohlenwasserstoffen.** Die körnigen Feststoffe werden mit einem Liftgas gemischt u. mit dem Liftgas nach oben befördert. Aus dem Lift gelangt das Gemisch aus Liftgas u. körnigem Feststoff in einen Behälter mit größerem Durchmesser, so daß die Geschw. des Gasstroms stark vermindert wird u. dadurch die Feststoffe schnell absinken. Durch Einstellen der Liftgas-Geschw. läßt sich die Kontinuität des

Kreislauf-Syst. aufrechterhalten. — Vorr., Zeichnungen. (**A. P. 2 901 421** vom 12/7. 1952, ausg. 25/8. 1959.) E. KAHLES. 8201

Scholven-Chemie Akt.-Ges. und Heinrich Koppers G. m. b. H., Deutschland, **Reinigung von Rohbenzol,** dad. gek., daß es mit 2—15, bes. 5—10% W. vorbehandelt u. unter Druck bei ca. 230° mit einem ca. 50% H_2 enthaltenden Kokereigas behandelt wird. — Verfahrensschema. (**F. P. 1 185 130** vom 24/10. 1957, ausg. 30/7. 1959. D. Prior. 27/10. 1956.) S. BÖTTCHER. 8203

Esso Research and Engineering Co., Elizabeth, N.J., V.St.A. (Erfinder: Simon Wittenberg, Sarnia, Ontario, Canada), **Stabilisierter Treibstoff** auf KW-Stoff-Basis. Er enthält mehr als 10% Cracköle nach ASTM-D-975-48T (No. 1D—4D Inc.) u. ASTM-D-396-40-T (No. 1—6 Inc.) u. zur Stabilisierung 0,005 (Gew.-%) Polyoxyäthylensorbitanmonooleat, 0,005 Ba-Diisobutylphenolsulfid u. 0,001 N.N'-Disalicylal-1.2-diaminopropan. (**Can. P. 551 937** vom 29/12. 1951, ausg. 21/1. 1958. A. Prior. 4/8. 1951.) EBERHARD RIEDEL. 8205

Esso Research and Engineering Co., Elizabeth, N.J., V.St.A., **Motortreibstoff,** dad. gek., daß er eine flüchtige Pb-Verb. als Antiklopfmittel u. ein Gemisch von einem Monoalkyldiphenylphosphat, dessen Alkylrest 6—10 C-Atome aufweist, u. einem Halogen-KW-Stoff vom Kp. $<250°$ als Spülmittel enthält, wobei von diesem Gemisch 1,65—4 theoret. Einheiten, bezogen auf die Pb-Verb., vorhanden sind. (**E. P. 864 133** vom 18/7. 1958, ausg. 29/3. 1961. A. Prior. 5/8. 1957.) E. KAHLES. 8205

National Aluminate Corp., Chicago, übert. von: John W. Ryznar, La Grange Park, Ill., V.St.A., **Treibstoff** aus KW-Stoffen (**A**), denen 1,5—7 (Gew.-Teile) Co pro 10^6 **A** in Form von Co-Salzen acycl., aliphat., verzweigter C_{5-22}-Carbonsäuren, deren COOH-Gruppe sich nicht am Zentral-C-Atom der längsten C-Kette befindet, zugefügt werden. (**Can. P. 552 034** vom 15/5. 1952, ausg. 21/1. 1958. A. Prior. 15/6. 1951.) EBERHARD RIEDEL. 8205

Sinclair Refining Co., New York, N.Y., V.St.A., **Leichtbenzin,** 0,5—4,5 cm^3 Bleitetraäthyl/US gallon u. 0,1—2 theoret. Einheiten gelben P, bezogen auf das Bleitetraäthyl, enthaltend. (**E. P. 866 414** vom 4/11. 1958, ausg. 26/4. 1961. A. Prior. 19/11. 1957.) E. KAHLES. 8205

Texaco Development Corp., Wilmington, Del., übert. von: Stanley R. Newman, Fishkill, und Herbert E. Vermillion, Wappingers Falls, N.Y., V.St.A., **Brennstoff für kaltstartende Dieselmotoren.** Dem üblichen Brennstoff wird ein Gemisch aus 10—90, bes. 50—80 (%) eines ggf. alkylsubstituierten Dialkoxymethans, bes. Diäthyoxymethan, u. 90—10, bes. 20—50, eines aliphat. Äthers oder Glykoläthers bes. Ae. oder Diäthylcellosolve, zugesetzt. (**Can. P. 552 094** vom 1/11. 1954, ausg. 21/1. 1958. A. Prior. 7/12. 1953.) EBERHARD RIEDEL. 8213

Esso Research and Engineering Co., Elizabeth, N.J., übert. von: James R. Miller, Baytown, Tex., V.St.A., **Schmieröle** enthalten 1—5 (Gew.-%) Ca- u. Ba-Sulfonate (**I**), neutralisierte sulfurierte Nonylphenolate (**II**) in Mengen von 2 Teilen **I** zu 1 Teil **II** u. 0,5—2 Zn- u. Ca-Diamyldithiocarbaminate. (**A. P. 2 916 450** vom 11/12. 1957, ausg. 8/12. 1959.) E. DREWS. 8221

Shell Development Co., New York, N.Y., übert. von: William A. Hewett, Oakland, Robert C. Jones, Berkeley, und Lyman E. Lorensen, Orinda, Calif., V.St.A., **Mineralschmieröle** enthalten als Fließpunkterniedriger 0,1—2,5 Gew.-% eines linearen α-Olefinpolymeren aus mindestens 2 C_{10-22}-α-Olefinen vom Molgew. 100000—1000000, in dem an einem über das andere C-Atom der linearen Kette ein C_{8-20}-Alkylrest hängt u. der Durchschnitt der C-Atome in diesen Resten 11—13 ist. — Beispiele: Homopolymerisate aus Octadecen-(1) u. Dodecen-(1) u. deren Misch-, Ter- u. Blockpolymerisate. (**A. P. 2 895 915** vom 28/8. 1956, ausg. 21/7. 1959.) E. DREWS. 8221

Texaco, Inc., Del., übert. von: Melvin E. Gililland und Richard C. Givens, Porth Arthur, Tex., V.St.A., **Schmieröle** für pneumat. Wannen enthalten in einer Mineralölbasis (Viscosität 100—900 S.U.S./100° F) 0,05—0,15 (Gew.-%) dispergierten S, 0,5—2 Alkalisulfonat, 0,2—3 öllösl. oder ölmischbare Di-, Trialkyl-, Aryl- oder gemischte Alkylarylphosphate u. -phosphite u. 0,05—0,2 Mercaptobenzothiazol als Korrosionsschutzmittel. (**A. P. 2 918 429** vom 20/11. 1956, ausg. 22/12. 1959.) E. DREWS. 8221

Texaco, Inc., Del., übert. von: Melvin E. Gililland, Richard C. Givens und Hyman D. Massin, Port Arthur, Tex., V.St.A., **Schmieröle** für pneumat. Wannen bestehen aus Mineralschmierölen mit Zusätzen von 2—8 (Gew.-%) eines Petroleumoxydats mit hohem Ester-Geh. (Verhältnis der Neutralisationszahl/Verseifungszahl $<$0,25), 0,1—1 S, dispergiert im Oxydat–Öl-Gemisch u. 0,1—0,8 Alkalisulfonat. (**A. P. 2 918 430** vom 20/11. 1956, ausg. 22/12. 1959.) E. Drews. 8221

VEB Arzneimittelwerk Dresden, Radebeul (Erfinder: Gottfried Steinmann und Ruth Schöler geb. Werner, Dresden), **Stabilisierung von mineralischen und/oder synthetischen Uhren- und Feinmechanikölen,** die mit tier. u./oder pflanzlichen Ölen versetzt sind, dad. gek., daß diese Öle zur Unterbindung der Alterung mit mindestens einem Gallussäurealkylester versetzt werden. (**Schwz. P. 334 322** vom 16/8. 1956, ausg. 15/1. 1959.) E. Drews. 8221

Pure Oil Co., Chicago, übert. von: Allan A. Manteuffel, Crystal Lake, und George R. Cook, Des Plaines, Ill., V.St.A., **Emulgierbares Schneidöl,** bestehend aus einem „lösl. Öl“ aus 57,5—93,6 (Gew.-%) aromat. Solventextrakt von Mineralschmierölen, 30—3 Alkalipetroleumsulfonaten, 2—4 Gemischen aus Harz- u. Fettsäuren, 0,4—5 Alkohol, z. B. A., Diäthylenglykol, 0,3—1 NaOH oder KOH, 0,5—2 W. u. 0,2 bis 0,5 eines chlorierten Paraffin–Phenol-Kondens.-Produktes. (**A. P. 2 890 172** vom 6/10. 1955, ausg. 9/6. 1959.) E. Drews. 8221

California Research Corp., San Francisco, übert. von: Bruce W. Hotten, Orinda, Calif., V.St.A., **Schmierfette.** Sie enthalten in einer Mineralölbasis als Verdicker 1. ein Metallsalz der Terephthalamidsäure der allg. Formel I (R = KW-Stoff-Rest, M = Alkali- oder Erdalkalimetall, x = Wertigkeit von M), u. 2. entweder ca. 0,5—5 (Gew.-%) fettsaure Alkali- oder Erdalkaliseife (II) oder 1 bis 30 Salze von Metallen der Gruppe I des Period. Syst. mit einringigen Monocarbonsäuren der allg. Formel III, in der R ein C_{1-8}-Alkylrest oder H ist. Bei Zusatz von II ist R in I ein gerad- oder verzweigtkettiger, gesätt. oder ungesätt. C_{1-22}-Rest, bei Zusatz von III ein C_{4-22}-Rest. (**A. PP. 2 956 021** vom 17/7. 1957 u. **2 956 022** vom 26/3. 1958, beide ausg. 11/10. 1960.) E. Drews. 8223

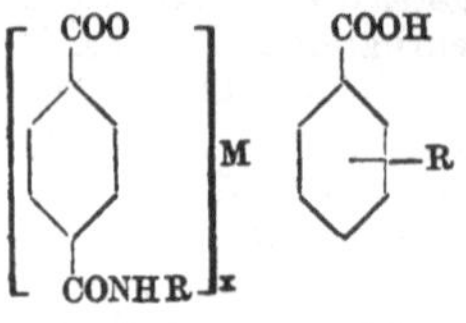

I III

Texas Co., New York, N.Y., übert. von: Richard C. Givens und Herbert J. Pitman, Port Arthur, Tex., V.St.A., **Schmierfettherstellung.** Ein homogenes geschmolzenes Gemisch (I) aus Öl u. hydroxyfettsauren Li-Seifen (II) wird oberhalb des F. von II hergestellt u. die Kristallisation der Seife beim Abkühlen dadurch kontrolliert, daß ein kleiner Strom aus I abgezweigt, dieser Teilstrom gekühlt u. in das Restgemisch zurückgeleitet wird, während dieses auf Temp. unterhalb des F. der Seife bis auf Gelier-Temp. abgekühlt wird. Das abgekühlte Gemisch wird dann wieder auf Temp. oberhalb des F. erhitzt u. durch Einführen geringer Mengen von kaltem Öl abgeschreckt. — Rk.-Schema. (**A. P. 2 876 198** vom 15/3. 1955, ausg. 3/3. 1959.) E. Drews. 8223

Ford Motor Co., Dearborn, übert. von: Glenn R. Wilson, Detroit, Mich., V.St.A., **Bis-[2.6-diisopropylphenoxy]-dimethylsilan** wird durch Kochen des Na-Salzes von 2.6-Diisopropylphenol in Tetrahydrofuran (I) mit $(CH_3)_2SiCl_2$ erhalten, wobei nach Abfiltrieren von NaCl u. Entfernen von I der Rückstand bei Unterdruck dest. wird. Die Fraktion $Kp._2$ 170—185° verfestigt sich beim Abkühlen. Nach Umkristallisieren aus PAe. u. CH_3OH wird die Verb. mit F. 89,5—90° erhalten. — *Schmiermittel.* (**A. P. 2 963 502** vom 26/5. 1958, ausg. 6/12. 1960.) J. Mühleisen. 8223

Socony Mobil Oil Co., Inc., New York, N.Y., übert. von: Clifford J. Ulzheimer, Woodbury Heights, und John C. Zimmer, Union, N.J., V.St.A., **Emulsionsschmiermittel für Dieselmaschinen.** Sie bestehen aus a) 10—35 (Gew.-%) W., 80—35 Mineralschmieröl (Viscosität 75—80 S.U.S./210° F), 1—5 Alkalihydroxid in der wss. Phase in solchen Mengen, daß eine Basenzahl von 10—50 erreicht wird, 1—10 öllösl. Sulfonat eines mehrwertigen Metalls u. 3—10 Ester (I) von hochmol. Säuren der Erdöloxydation; oder b) aus 10—50 W., 80—45 Mineralschmieröl (Viscosität 45—100 S.U.S./210° F), 1—5 Alkalihydroxid zur Einstellung einer Basenzahl von 10—100, 1—10 Ca-Petroleumsulfonat, ca. 7 I mit Polyalkoholen u. 0,5—1 gesätt. C_{16-20}-Fettsäuren. (**A. PP. 2 944 021** vom 25/1. 1956 u. **2 944 022** vom 9/7. 1956, beide ausg. 5/7. 1960.) E. Drews. 8223

United States of America, Secretary of Navy, übert. von: William E. Mackenzie, Collingdale, Pa., V.St.A., **Mittel zur Verhütung der Eisbildung,** z. B. bei Flugzeugen, bestehend aus 27 (Gew.-Teilen) eines Gemisches aus 23 weißem Mineralöl mit einer Viscosität von 125—135 Saybolt u. 5 Sorbitansesquioleat, u. 75 einer wss. Lsg. von 97 (Gew.-%) LiCl, 0,2 Carboxymethylcellulose, 0,5 eines Imidoxids, z. B. Morpholin, 0,5 eines Netzmittels, z. B. Polyäthylenglykolisooctylphenyläther, u. 1 eines Korrosionsinhibitors, z. B. ein quart. Alkylammoniumsalz, wie „Arquad 16“. Das Mittel

verhindert nicht nur die Eis-Bldg., sondern bleibt trotz des abfließenden W. in der Fläche haften. (**A. P. 2 948 625** vom 23/7. 1959, ausg. 9/8. 1960.)
H. SCHINDLER. 8223

Jewell R. Benson, Denver, Colo., V.St.A., **Herstellung eines Kautschukbitumens**, dad. gek., daß ein wss. Kautschuklatex in ein fl. Bitumen eingesprüht wird, das so hoch erhitzt ist, daß das eingesprühte W. verdampft u. aus dem Gemisch herausgetrieben wird. — App., Zeichnungen. — Vgl. A. P. 2 921 105; C. **1961.** 715. (**Can. P. 551 123** vom 20/5. 1955, ausg. 7/1. 1958. A. Prior. 22/9. 1954.)
EBERHARD RIEDEL. 8225

N. V. de Bataafsche Petroleum Mij., Den Haag (Erfinder: **Marinus Johannes Hofstede**, Rijswijk), Holland, *Herstellung von Wasserstoff und Kohlenmonoxid enthaltenden Mischungen.* (**Holl. P. 98 460** vom 25/4. 1956, ausg. 17/7. 1961. — C. **1961.** 7093 [E. P. 832 385].)

Metallgesellschaft Akt.-Ges. (Erfinder: **Richard Bayer**, Frankfurt/M.), *Entgiftung von Stadtgas.* (**Schwz. P. 355 557** vom 16/1. 1957, ausg. 31/8. 1961. D. Prior. 31/3. 1956. — C. **1958.** 3488 [D. A. S. 1 014 704].)

Esso Research and Engineering Co., V.St.A., übert. von: **Esso Akt.-Ges.**, *Oxydative Behandlung von Erdölrückständen mit Luft.* (**F. P. 1 214 289** vom 27/10. 1958, ausg. 7/4. 1960. D. Prior. 20/11. 1957. — C. **1961.** 1067 [E. P. 836 543].)

Esso Research and Engineering Co., Elizabeth, N.J., V.St.A., *Behandlung von Kohlenwasserstoffen.* (**Belg. P. 564 667** vom 10/2. 1958, ausg. 15/7. 1960. A. Prior. 11/2. u. 23/4. 1957. — C. **1960.** 2398 [D. A. S. 1 061 017].)

Heinrich Koppers G. m. b. H., Essen, *Cracken von Kohlenwasserstoffen.* (**Belg. P. 558 750** vom 27/6. 1957, ausg. 8/4. 1960. D. Prior. 21/7. 1956. — C. **1959.** 15 549 [D. A. S. 1 047 771].)

N. V. de Bataafsche Petroleum Mij., Den Haag, Holland, *Katalytisches Cracken von Kohlenwasserstoffen.* (**Belg. P. 569 819** vom 28/7. 1958, ausg. 30/6. 1961. E. Prior. 30/7. 1957 u. 25/6. 1958. — C. **1960.** 2398 [D. A. S. 1 062 858].)

Gulf Research & Development Co., Pittsburgh, Pa., V.St.A., *Hydrodesulfurierung und Hydrocracken von Rohölen.* (**Belg. P. 559 223** vom 13/7. 1957, ausg. 8/4. 1960. — C. **1958.** 9393 [E. P. 781 706].)

Nagynyomásu Kisérleti Intézet, Budapest, Ungarn, *Aufarbeitung von hartasphaltreichen Rohölen.* (**Holl. P. 98 723** vom 15/11. 1954, ausg. 15/8. 1961. Ung. Prior. 31/12. 1953. — C. **1959.** 6681 [Oe. P. 198 400].)

Standard Oil Co., Chicago, Ill., V.St.A., *Hydroformieren von Schwerbenzin.* (**Holl. P. 98 704** vom 8/4. 1954, ausg. 15/8. 1961. A. Prior. 9/4. 1953. — C. **1961.** 14 519 [F. P. 1 098 360].)

Esso Research and Engineering Co., Elizabeth, N.J., V.St.A., *Herstellung von Aromaten.* (**Belg. P. 557 887** vom 28/5. 1957, ausg. 11/3. 1960. A. Prior. 29/5. 1956. — C. **1959.** 4021 [D. A. S. 1 039 169].)

British Petroleum Co. Ltd., London, England, *Herstellung von Motortreibstoff.* (**Belg. P. 554 073** vom 10/1. 1957, ausg. 29/1. 1960. E. Prior. 11/1. 1956. — C. **1958.** 8804 [D. A. S. 1 022 340].)

Universal Oil Products Co., Des Plaines, Ill., V.St.A., *Herstellung von Motortreibstoffen.* (**Belg. P. 558 772** vom 27/6. 1957, ausg. 8/4. 1960. A. Prior. 28/6. 1956. — C. **1960.** 1043 [D. A. S. 1 057 711].)

Esso Research and Engineering Co., Elizabeth, N.J., V.St.A., *Herstellung von Motortreibstoff und Schmierölen.* (**Belg. P. 559 418** vom 22/7. 1957, ausg. 8/4. 1960. A. Prior. 14/12. 1954. — C. **1959.** 998 [A. P. 2 800 433].)

British Petroleum Co. Ltd., London, England, *Reformieren von Kohlenwasserstoffen.* (**Belg. P. 554 074** vom 10/1. 1957, ausg. 29/1. 1960. E. Prior. 11/1. 1956. — C. **1958.** 13 938 [D. A. S. 1 031 913].)

Badische Anilin- & Soda-Fabrik Akt.-Ges., Ludwigshafen/Rh., *Motortreibstoffe.* (**Belg. P. 559 321** vom 17/7. 1957, ausg. 8/4. 1960. D. Prior. 11/8. 1956. — C. **1958.** 7303 [D. A. S. 1 019 126].)

Badische Anilin- & Soda-Fabrik Akt.-Ges., Ludwigshafen/Rh., *Motortreibstoffe.* (**Belg. P. 559 671** vom 30/7. 1957, ausg. 8/4. 1960. D. Prior. 31/7. 1956. — C. **1958.** 11 994 [D. A. S. 1 020 209].)

British Petroleum Co. Ltd., London, England, *Herstellung von Motortreibstoffen.* (**Belg. P. 555 985** vom 20/3. 1957, ausg. 26/2. 1960. E. Prior. 22/3. 1956. — C. **1959.** 352 [D. A. S. 1 032 025].)

E. Drouven, Torri Del Benaco, Italien, *Motortreibstoffe.* (**Belg. P. 554 093** vom 11/1. 1957, ausg. 29/1. 1960. Holl. Prior. 11/1. 1956. — C. **1959.** 4348 [D. A. S. 1 030 101].)

Esso Standard Soc. An. Française, Paris, Frankreich, *Motortreibstoffe.* (**Belg. P. 556 943** vom 24/4. 1957, ausg. 26/2. 1960. F. Prior. 3/5. 1956. — C. **1959.** 8372 [D. A. S. 1 034 918].)

Ethyl Corp., New York, N.Y., V.St.A., *Motortreibstoffe.* (**Belg. P. 562 478** vom 19/11. 1957, ausg. 3/6. 1960. A. Prior. 21/11. 1956. — C. **1959.** 13044 [D. A. S. 1 057 383].)

Koppers Co., Inc., Pittsburgh, Pa., V.St.A., *Motortreibstoffe.* (**Belg. P. 558 133** vom 5/6. 1957, ausg. 25/3. 1960. A. Prior. 7/6. 1956. — C. **1959.** 14606 [D. A. S. 1 049 160].)

Sinclair Refining Co., New York, N.Y., V.St.A., *Treibstoff für Motoren mit Funkenzündung.* (**E. P. 840 088** vom 30/5. 1956, ausg. 6/7. 1960. A. Prior. 31/5. 1955. — C. **1959.** 14923 [D. A. S. 1 059 566].)

N. V. de Bataafsche Petroleum Mij., Den Haag, Holland, *Herstellung von Motortreibstoffen.* (**Belg. P. 559 399** vom 22/7. 1957, ausg. 8/4. 1960. Holl. Prior. 24/7. 1956. — C. **1959.** 11776 [E. P. 805 530].)

Ethyl Corp., New York, N.Y., V.St.A., *Herstellung von Organobleiverbindungen.* (**Oe. P. 208 880** vom 7/12. 1956, ausg. 10/5. 1960. A. Prior. 29/12. 1955. — C. **1959.** 17583 [F. P. 1 168 218].)

Karl Ziegler (Erfinder: **Karl Ziegler** und **Herbert Lehmkuhl**), Mülheim/Ruhr, *Verfahren und Vorrichtung zur Herstellung von Bleitetraalkyl.* (**D. A. S. 1 114 816** Kl. 12o vom 12/6. 1957, ausg. 12/10. 1961. — C. **1961.** 18196 [F. P. 1 208 430].)

Esso Research and Engineering Co., Elizabeth, N.J., V.St.A., *Gewinnung von Gasöl aus rohen Kohlenwasserstoffölen.* (**Holl. P. 98 725** vom 9/12. 1954, ausg. 15/8. 1961. A. Prior. 18/12. 1953. — C. **1961.** 11953 [D. A. S. 1 010 218].)

„Shell" Research Ltd., London, England, *Einbringen anorganischer Zusätze in Heiz- und Brennöle.* (**Holl. P. 98 713** vom 27/7. 1954, ausg. 15/8. 1961. E. Prior. 28/7. 1953. — C. **1957.** 2635 [E. P. 745 012].)

Imperial Chemical Industries Ltd., London, England, *Motortreibstoffe.* (**Belg. P. 556 913** vom 23/4. 1957, ausg. 26/2. 1960. E. Prior. 23/4. 1956 u. 25/3. 1957. — C. **1961.** 9262 [E. P. 812 938].)

Laboratoires de Recherches Purfina Soc. An., Brüssel, Belgien, *Wasser-in-Ölemulsion für das Schmieren von Wärmemaschinen, besonders Dieselmotoren.* (**Belg. P. 555 022** vom 15/2. 1957, ausg. 12/2. 1960. Holl. Prior. 16/2. 1956. — C. **1960.** 5365 [Holl. P. 90 470].)

British Petroleum Co. Ltd., London, England, *Herstellung von Schmierölen.* (**Belg. P. 557 889** vom 28/5. 1957, ausg. 11/3. 1960. E. Prior. 28/5. 1956. — C. **1960.** 12891 [Aust. P. 218 093].)

British Petroleum Co. Ltd., London, England, *Herstellung von Schmierölen.* (**Belg. P. 559 338** vom 17/7. 1957, ausg. 8/4. 1960. E. Prior. 20/7. 1956. — C. **1959.** 12740 [E. P. 806 661].)

C. C. Wakefield & Co. Ltd., London, England, *Schmieröle.* (**Belg. P. 557 513** vom 14/5. 1957, ausg. 11/3. 1960. E. Prior. 14/5. 1956 u. 8/5. 1957. — C. **1961.** 12705 [Aust. P. 218 451].)

„Shell" Research Ltd., London, England, *Schmiermittel.* (**Belg. P. 557 647** vom 20/5. 1957, ausg. 11/3. 1960. E. Prior. 22/5. 1956. — C. **1959.** 13044 [D. A. S. 1 057 272].)

Continental Oil Co., Ponca City, Okla., V.St.A., *Herstellung von öllöslichen Alkali- und Erdalkalisulfonaten.* (**Belg. P. 555 562** vom 6/3. 1957, ausg. 12/2. 1960. A. Prior. 7/3. 1956. — C. **1961.** 2850 [A. P. 2 807 590].)

N. V. de Bataafsche Petroleum Mij., Den Haag, Holland, *Schmieröle.* (**Belg. P. 560 302** vom 26/8. 1957, ausg. 22/4. 1960. A. Prior. 28/8. 1956. — C. **1960.** 9084 [D. A. S. 1 070 326].)

C. C. Wakefield & Co. Ltd., London, England, *Schmieröle.* (**Belg. P. 555 611** vom 7/3. 1957, ausg. 12/2. 1960. E. Prior. 8/3. 1956 u. 28/2. 1957. — C. **1959.** 6005 [D. A. S. 1 028 269].)

N. V. de Bataafsche Petroleum Mij., Den Haag, Holland, *Schmierfette.* (**Belg. P. 560 301** vom 26/8. 1957, ausg. 22/4. 1960. A. Prior. 27/8. 1956. — C. **1959.** 12102 [D. A. S. 1 052 043].)

British Petroleum Co. Ltd., London (Erfinder: **Samuel Richard Pethrick** und **Aleksander Groszek**, Sunbury-on-Thames, Middlesex), England, *Schmierfette.* (**D. A. S. 1 120 624** Kl. 23c vom 3/3. 1959, ausg. 28/12. 1961. E. Prior. 5/3. 1958. — C. **1961.** 10042 [Oe. P. 208 985].)

Godfrey L. Cabot, Inc., Boston, Mass., V.St.A., *Schmierfette.* (**Belg. P. 557 242** vom 4/5. 1957, ausg. 11/3. 1960. A. Prior. 4/5. 1956. — C. **1959.** 12426 [D. A. S. 1 049 522].)

Esso Research and Engineering Co., Elizabeth, N.J., V.St.A., *Schmiermittel.* (**Belg. P. 570 069** vom 4/8. 1958, ausg. 28/7. 1961. A. Prior. 6/8. 1957. — C. **1960.** 9776 [D. A. S. 1 071 868].)

Phoenix-Rheinrohr Akt.-Ges. Vereinigte Hütten- und Röhrenwerke, Düsseldorf, *Temperaturbeständiges, wasserlösliches Schmiermittel.* (**Belg. P. 557 566** vom 16/5. 1957, ausg. 11/3. 1960. D. Prior. 16/5. 1956. — C. **1959.** 15879 [D. A. S. 1 050 486].)

N. V. de Bataafsche Petroleum Mij., Den Haag, Holland, *Schmiermittel für die Metallbearbeitung.* (**Belg. P. 559 998** vom 12/8. 1957, ausg. 22/4. 1960. A. Prior. 13/8. 1956. — C. **1960.** 3430 [D. A. S. 1 062 863].)

Edeleanu G. m. b. H., Frankfurt/M., *Abtrennung von n-Alkanen aus Kohlenwasserstoffgemischen.* (**Holl. P. 98 702** vom 15/3. 1954, ausg. 15/8. 1961. D. Prior. 23/9. 1953. — C. **1957.** 6640 [D. B. P. 954 635].)

British Petroleum Co. Ltd., London, England, *Herstellung von mikrokristallinen Paraffinwachsen.* (**Belg. P. 560 054** vom 13/8. 1957, ausg. 22/4. 1960. E. Prior. 16/8. u. 20/12. 1956. — C. **1959.** 15232 [D. A. S. 1 055 731].)

M. Ss. Ewentowa, Kurzer Leitfaden der praktischen Übungen auf dem Gebiet der Schmieröle. Moskau: Verl. der Lomonossow-Univ. 1961. (132 S.) 40 Kop. [Russ.]

Graham B. Moody, Petroleum exploration handbook. New York, London: McGraw-Hill. 1961. (856 S. m. Abb., Tab. u. Diagr.) 9 £ 2 s. 6 d.

N. N. Jegorow u. a. Die Schwefelreinigung des Kokereigases und anderer gasförmiger Brennstoffe. Moskau: Metallurgisdat. 1960. (341 S.) 1 Rbl. 21 Kop. [Russ.]

L. Ja. Koljandr, Die Verarbeitung des Rohbenzols. Moskau: Metallurgisdat. 1960. (319 S.) 1 Rbl. 11 Kop. [Russ.]

B. M. Rybak, Analyse von Erdöl und Erdölprodukten. 5. vervollst. u. überarb. Ausg. Moskau: Gosstoptechisdat. 1962. (888 S. m. Abb.; 4 Bl. Nomogr.) 4 Rbl. 1 Kop. [Russ.]

A. I. Skoblo, I. A. Tregubowa und **N. N. Jegorow**, Prozesse und Apparate der erdölverarbeitenden und erdölchemischen Industrie (Lehrbuch für Hochschulen u. Fakultäten, Fachrichtung Erdöl). Moskau: Gosstoptechisdat. 1962. (652 S. m. Abb.) 1 Rbl. 59 Kop. [Russ.]

Ss. G. Wesselman und **L. W. Drobyschew**, Kontrolle und Regulierung der Wärmeprozesse in kokschemischen Betrieben. Charkow: Metallurgisdat. 1962. (378 S. m. Abb.) 1 Rbl. 30 Kop. [Russ.]

—, Internal combustion engine: a glossary of technical terms in English/American, French, Dutch, German, Spanish, Italian, Portuguese, Russian. Amsterdam: Elsevier; London: Van Nostrand. 1961. (278 S.) 40 s.

—, Motor-, reaktive und Raketenbrennstoffe. 4. überarb. u. vervollst. Ausg. Moskau: Gosstoptechisdat. 1962. (741 S. m. Abb.) 2 Rbl. 58 Kop. [Russ.]

XX. Schieß- und Sprengstoffe. Zündmittel

Neuere Fortschritte auf dem Gebiet der Detonationen kondensierter Medien. S. J. Jacobs. (ARS Journal **30.** 151—58. Febr. 1960. Silver Spring, Md., U. S. Naval Ordnance Labor.) (Engl.)

Überblick über die theoret. u. experimentellen Ergebnisse, bes. der Hydrodynamik, bei Detonationen in Fll. u. Festkörpern. — 102 Literaturhinweise. H. Pförtner. 8294 □

Theorie über die Verbrennungsinstabilität von Flüssigtreibstoff-Raketen und deren experimentelle Prüfung. Luigi Crocco, Jerry Grey und David T. Harrje. (ARS Journal **30.** 159—68. Febr. 1960. Princeton, N.J., Princeton Univ.) (Engl.)

Neben zufälligen Druckschwankungen mehr oder weniger großer Amplitude treten in einem Raketenmotor unter gewissen Bedingungen Druckschwingungen bestimmter Frequenz auf, die als „Verbrennungsinstabilität" bezeichnet werden. Eine vollständige

Theorie der Hochfrequenzinstabilität, die durch Anregung von akust. Schwingungen in der Brennkammer entsteht, wird abgeleitet. Mit einem Raketenmotor (fl. O_2/95% ig. A.), dessen Brennkammerlänge variiert werden kann, werden eine Reihe von Verss. durchgeführt, die zeigen, daß es eine obere Grenze der Brennkammerlänge gibt, von der an hochfrequente Drucklongitudinalschwingungen auftreten (Transversalschwingungen werden nicht behandelt). Trotz vieler vereinfachender Annahmen wird nachgewiesen, daß die theoret. ermittelte Grenze über einen weiten Mischungsbereich genau mit den Vers.-Ergebnissen übereinstimmt. H. Pförtner. 8294□

Über die Beurteilung der Reaktionsfähigkeit von Sprengstoffen. A. I. Sserbinow. (Доклады Академии Наук СССР [Ber. Akad. Wiss. UdSSR] **129.** 627–30. 21/11. 1959. Inst. für chem. Physik der Akad. der Wiss. der UdSSR.) (Russ.)

Bei einer Aktivierungsenergie E gilt für die Zeit τ_i der Verzögerung der Entzündung eines Explosivstoffs bei der therm. Explosion die Beziehung $\tau_i = A \exp(E/RT)$. Auf Grund von Literaturdaten werden für verschiedene Explosivstoffe die Kurven $\log \tau - 1/T$ konstruiert. Für Explosivstoffe mit den Valenzschwingungsfrequenzen 1000 bis 1700 cm^{-1} ergibt sich $\log A = -14{,}5$. Für *Trinitrotriazidobenzol* ist $E = 30{,}5 \pm 0{,}5$, für fl. *Tetryl* 35 ± 1 (kcal/Mol), für die Zers. von krist. *Tetryl* ist $E = 38$, also etwa um die Hälfte der Schmelzwärme höher als für fl. oder gelöstes Tetryl. Für *Trotyl* kann $E = 46 \pm 2$ geschätzt werden. Bei einer Geschw.-Konst. k_1 u. $B = 10^{13}-10^{14}\ s^{-1}$ kann $E = 4{,}57\ T\ (\log B - \log k_1)$ oder in der Nähe des Verpuffungspunktes $E = 4{,}57\ T \cdot (\log \tau_i - \log A)$ gesetzt werden. R. K. Müller. 8304□

Experimentelle Untersuchung der Treibstofferosion. Tage Marklund und Arne Lake. (ARS Journal **30.** 173–78. Febr. 1960. Stockholm, Sweden, Res. Inst. of Nat. Defense.) (Engl.)

Neben der Röntgenstrahl-Blitzlicht-Meth. werden 3 Meth. zur Best. der Erosionsabbrand-Geschw. r_e von „Composite"-Treibstoffen beschrieben u. r_e für mehrere $NH_4 \cdot ClO_4$-Sätze gemessen. Die Proben liegen tablettiert, als Streifen oder als Düseneinsätze vor. r_e ergibt sich als Differenz der Mittelwerte der Gesamtabbrand-Geschw. r u. der Abbrand-Geschw. r_0 (Gas-Geschw. = O, „Stäbchen"-Abbrand-Geschw. in einer Bombe). Die Unterss. zeigen, daß eine Temp.-Erhöhung des Gasstroms über der Probe von 1690° K auf 2550° K die Erosion bei konst. Gas-Geschw. u. konst. Druck nicht zu beeinflussen scheint. Die Erosion auf tablettierte Proben (⌀ 1,4 cm) ist ca. 40% größer als auf Streifen bei einem Abstand von 7 cm von der scharfen Kante eines bestimmten Treibsatzes. Erosion in einer Treibstoffdüse in der Nähe der Schall-Geschw. ist etwa von der gleichen Größenordnung wie bei Streifen bei niederer Gas- aber derselben Massenströmungsgeschwindigkeit. Die Ergebnisse werden bzgl. der Lenior-Robillard-Theorie für Treibstofferosion diskutiert. Bes. die Streifen-Meth. scheint für Materialprüfungen hinsichtlich der Temp.-Festigkeit von Raketenmotoren, Düseneinsätzen usw. geeignet zu sein. H. Pförtner. 8310□

Chemische Nichgleichgewichtseffekte auf Wasserstoff-Raketenimpulse bei niederen Drucken. J. Gordon Hall, A. Q. Eschenroeder und J. J. Klein. (ARS Journal **30.** 188–90. Febr. 1960. Buffalo, N.Y., Cornell Aeronautical Labor., Inc.) (Engl.)

Durch hoch dissoziierten H_2 wird der spezif. Impuls beträchtlich erhöht: Durch Atomrekombinationen in der sich expandierenden Strömung in der Düse wird die Dissoziationsenergie frei. Ein hoher H_2-Dissoziationsgrad wird bei einer bestimmten Temp. durch entsprechend niedrigen Druck erreicht. Bei solchen Fließprozessen hängt der Impulsgewinn infolge der Dissoziation in weitem Maße von der Einstellung eines lokalen chem. Gleichgewichtes ab. — Mit Hilfe einer bequemen Näherungs-Meth. werden Berechnungen von Nichtgleichgewichts-H_2-Strömungen für niedere Drucke u. ein weites Temp.-Gebiet in Abhängigekit von der Düsengeometrie durchgeführt. Zur Vereinfachung wird eine hyperbol., achsensymm. Düse angenommen, deren Gestalt durch den Düsenhalsdurchmesser D u. den asymptot. Kegelwinkel Θ bestimmt ist. — Zum Beispiel ergibt sich mit einem spezif. Rekombinations-Koeff. $k_R = 10^{15}\ cm^6/mol^2\ s$, $D = 50$ cm u. $\Theta = 7{,}5°$ bei $T = 3500°$ K ein Gewinn an spezif. Impuls für unendliches Expansionsverhältnis (I^∞) von 10–15%. Bei gegebenen geometr. Bedingungen durchläuft I^∞ mit fallendem Druck ein Maximum. Ähnlich liegen die Ergebnisse für endliche Expansionsverhältnisse. H. Pförtner. 8310□

Imperial Chemical Industries of Australia and New Zealand Ltd. (Erfinder: George Boyd), **Sprengstoff** mit einem Geh. an einem wasserlösl. O_2 abgebenden Salz, wie $NaNO_3$, $(NH_4)NO_3$, KNO_3, $KClO_3$, gek. durch den Zusatz von 0,1–15 (%) gepulverten Tamarindensamen (I). Beispiel: 15 Nitroglycerin, 0,3 Nitrocellulose, 61,5 $(NH_4)NO_3$, 12,7 NaCl, 1 I, 6,5 Weizenmehl, 2,5 China Clay, 0,5 Kalk. **Aust. P. 229 190** vom 4/10. 1957, ausg. 4/8. 1960.) C. Lüttgen. 8305

Institut Français du Pétrole des Carburants et Lubrifiants (Erfinder: Madeleine Martin), Paris, Frankreich, **Brennstoffe für Raketen, Stato- und Turboreaktoren auf Kohlenwasserstoffbasis** im Siedebereich von 80—350°, dad. gek., daß dieselben aus Gemischen von feinverteiltem Al oder Mg unter Zusatz von Polyäthylen in den KW-Stoffen bestehen. (**D. A. S. 1 113 331** Kl. 46a[6] vom 30/7. 1959, ausg. 31/8. 1961. F. Prior. 30/7. 1958.) E. KAHLES. 8311

Imperial Chemical Industries (Erfinder: Herbert Leslie Wood), London, England, **Herstellung von oberflächenmodifiziertem Treibpulver**, dad. gek., daß ein mindestens 15% Nitrocellulose u. nicht >70% eines fl. HNO_3-Esters enthaltendes Pulver bei Temp. bis zu 80° mit einer wss. Suspension einer wasserunlösl. harzigen Substanz (Glycerinester von Holzharz) u. eines nichtflüchtigen Weichmachers für Nitrocellulose unter Bewegung behandelt, dann getrocknet u. endlich zusammen mit einem feinteiligen Modifizierungsmittel (Ruß, Graphit, KNO_3, Nitroguanidin) getrommelt wird. (**E. P. 861 810** vom 24/7. 1956, ausg. 1/3. 1961.) A. GRADL. 8311

Hercules Powder Co., Wilmington, Del., V.St.A., *Salpetersäure der Cellulose.* (**Norw. P. 91 401** vom 23/5. 1956, ausg. 8/4. 1958. — **C. 1957.** 13226 [A. P. 2 776 964].)

Tore B. Ledaal, Oslo, Norwegen, *Wasserbeständiger Reibsatz.* (**Norw. P. 91 410** vom 21/3. 1955, ausg. 14/4. 1958. — **C. 1960.** 15279 [E. P. 815 258].)

XXII. Leim. Klebstoffe usw.

Forschung und Entwicklung auf dem Gebiet hochtemperaturbeständiger Klebemittel. Harold H. Levine. (Brit. Plastics **34.** 395—98. Juli 1961. San Diego, Calif., Narmco Ind., Inc. Res. and Developm. Div.) (Engl.)

Die Unterss. gehen von der Erkenntnis aus, daß der Zusatz gewisser amphoterer anorgan. Oxide zu Klebemitteln auf Basis organ. Polymerer deren Hitzebeständigkeit erhöht. Vf. bestimmte zunächst die Hitzefestigkeit (Zugscherfestigkeit gegen Erhitzungsdauer) bei 700, 900 u. 1000°F von 4 organ. Klebemitteln: 2 Phenolharze, 1 siliconmodifiziertes Phenolharz u. 1 epoxidmodifiziertes Phenolharz. Dabei erwiesen sich die reinen Phenolharze u. das siliconmodifizierte Harz als oxydationsbeständiger als das epoxidmodifizierte Harz. Am Modellbeispiel eines Klebemittels auf Basis eines epoxidhaltigen Novolaks u. eines Kondens.-Prod. aus einem Poly-(äthoxy-phenylsilicon) u. Bisphenol A wurde die hitzebeständigkeitserhöhende Wrkg. des Zusatzes von As_2O_5 untersucht: wie die IR-Messungen ergaben, hatte das anorgan. Oxid mit der Epoxygruppe unter Polyäther-Bldg. u. mit den Silicongruppen unter Bldg. von Si—O—As-Bindungen reagiert. H. SONTAG. 8388□

Versamid — gehärtete Epoxidharze als Klebstoffe. Horst Niemann und Jürgen Günther. (Adhäsion **5.** 449—61. Sept. 1961. Bergkamen, Westf., Schering AG., Anwendungstechn. Abt.) (Dt.)

Übersicht über Eigg. u. Verw. von Metall- u. Kunststoffklebstoffen aus Polyaminoamid- u. Epoxidharz. Es werden Zugscher- u. Schälfestigkeit damit verklebter Kunststoffe u. Leichtmetalle unter Berücksichtigung verschiedener Härtungs-Temp., der Wrkg. von Beschleunigern, des Einfl. von Füllstoffzusätzen, der Wahl unterschiedlicher Harz/Härte-Verhältnisse u. des Einfl. von W., A., Bzl., Dieselöl u. Alterung geprüft. — 18 Literaturangaben. H. LIESE. 8388□

Kieselsäure als Füllstoff für Harnstoffharzleime. D. Narayanamurti und R. C. Kohli. (Adhäsion **5.** 462—64. Sept. 1961. Dehra Dun, Indien, Forest Res. Inst.) (Dt.)

Aerolite FFD wurde mit W., Härter CHWD u. SiO_2 als Füllmittel vermischt u. zur Verleimung von Sperrholzprüfkörpern bei 120°, 10 Min. Preßzeit u. 14 kg/cm² Preßdruck verwendet. Die Trocken-, Heißwasser- u. Kaltwasserbeständigkeit der Verleimungen ist befriedigend. Vorteile dieses Füllmittels sind eine Steigerung der mykolog. Fugenbeständigkeit u. ein niedriger Preis. Die Leimauftragsmenge wurde für die geprüften 7 ind. Hölzer sehr gering bemessen (30,67—91,49 g Leimflotte/m²). H. LIESE. 8388□

Dosierung der Komponenten beim Kochen des Harzes M-70. G. W. Moruschkin. (Деревообрабатывающая Промышленность [Holzverarb. Ind.] **9.** Nr. 7. 19—20. Juli 1960. Leningrad, Chalturin-Möbelfabrik.) (Russ.)

Vf. berichtet über die Herst. von Holzleim. Hierfür wurden die Harnstoff-Formaldehyd-Harze M-70, MFC-1, M-4 u. M-60 verwendet. K. WEKUA. 8388□

American Cyanamid Co., New York, N.Y., übert. von: Charles H. Schmidt, York, Pa., V.St.A., **Klebstoffherstellung** aus einem äthylen. ungesätt. Polycarbon-

säurepolyalkoholpolyester, der in einem copolymerisierbarem Material, bes. monomerem Styrol, dispergiert wird u. dem eine gleich große Menge eines inerten Füllstoffes aus 10—15 Teilen Sand (Maschengröße 50—70) je Teil Fullererde (Maschengröße 200) beigemischt werden, durch Copolymerisation in Ggw. organ. Peroxidkatalysatoren. (**Can. P. 552 180** vom 30/3. 1948, ausg. 28/1. 1958. A. Prior. 2/1. 1948.)
EBERHARD RIEDEL. 8389

Imperial Chemical Industries Ltd., London (Erfinder: Bernard J. Balfe, Stowmarket, County of Suffolk), England, **Klebemittel** für Leder–Leder oder Leder-Synth.-Kautschuk-Verbb. bestehen aus 15—40 (%) eines Phenolharzes (I), 20—30 Polyvinylbutyral (**II**), ggf. einem Weichmacher (**A**) wie Dibutylphthalat, Trikresyl- oder Triphenylphosphat u. 40—55 Lsgm. bzw. aus 10—30 Schellack (**III**), 10—30 **II**, ggf. 2—10 **A**, 10—20 **I** u. 35—55 Lsgm. bzw. aus 20—60 **III**; 20—40 **I**, 5—15 **A** u. 30—40 Lösungsmittel. — Vgl. E. PP. 757 901 u. 757 995; C. **1958. 4371.** (**Can. PP. 552 325, 552 326** u. **552 327** vom 26/3. 1954, ausg. 28/1. 1958. Alle E. Prior. 1/4. 1953.)
EBERHARD RIEDEL. 8389

National Cash Register Co. (Erfinder: Herman J. Eichel), **Klebband**, bestehend aus einem Träger aus Gewebe, der mit einem festen Klebstoff (I) beschichtet ist. In diesem sind mkr. kleine Kapseln eingebettet, die ein Lsgm. für den I enthalten, u. die beim Anpressen des Klebbandes platzen, so daß der I durch das freiwerdende Lsgm. aktiviert wird. (**Aust. P. 229 597** vom 27/2. 1959, ausg. 18/8. 1960. A. Prior. 28/5. 1958.)
C. LÜTTGEN. 8389

American-Marietta Co., übert. von: **David H. Read**, Seattle, Wash., V.St.A., *Proteinhaltige Klebemittel.* (**Can. P. 551 514** vom 2/5. 1953, ausg. 14/1. 1958. A. Prior. 16/2. 1953. — C. **1959.** 5349 [A. P. 2 813 037].)

A/B Akerlund & Rausing, Schweden (Erfinder: **Bo Erik Stenquist**), *Verschweißen von hydrophilen und hydrophoben Oberflächen.* (**F. P. 1 189 051** vom 27/12. 1957, ausg. 29/9. 1959. Schwed. Prior. 4/1. 1957. — C. **1962.** 1094 [Belg. P. 563 708].)

Bond Akt.-Ges., Glarus, Schweiz, *Verkleben von organischen Stoffen.* (**Oe. P. 211 452** vom 16/5. 1958, ausg. 10/10. 1960. D. Prior. 23/5. 1957. — C. **1960.** 7397 [D. A. S. 1 069 315].)

International Paper Co., New York, übert. von: **Warren A. Lemke**, Glen Falls, N.Y., V.St.A., *Klebemittel.* (**Can. P. 552 336** vom 14/7. 1954, ausg. 28/1. 1958. — C. **1961.** 9660 [A. P. 2 923 693].)

Minnesota Mining & Mfg. Co., St. Paul, Minn., V.St.A., *Herstellung eines Klebpräparates.* (**Jap. A. S. 1830/1960** vom 16/1. 1957, ausg. 8/3. 1960. A. Prior. 16/1. 1956. — C. **1961.** 15984 [E. P. 853 518].)

United States Rubber Co., New York, N.Y. (Erfinder: **Conleth Edward Kiernan**, Naugatuck, und **Walter Kent Clark**, Woodbury, Conn.), V.St.A., *Klebmittel für Schichtstoffe aus Metall und Harz.* (**Oe. P. 211 450** vom 17/7. 1957, ausg. 10/10. 1960. A. Prior. 20/7. 1956. — C. **1959.** 15236 [D. A. S. 1 039 167].)

Dow Corning Corp., übert. von: **Chester C. Currie** und **Joesph W. Keil**, Midland, Mich., V.St.A., *Silicium-haltige Copolymere.* (**Can. P. 552 253** vom 3/3. 1955, ausg. 28/1. 1958. A. Prior. 29/4. 1954. — C. **1958.** 6720 [D. B. P. 960 570].)

Dow Corning Corp., übert. von: **Joseph W. Keil**, Midland, Mich., V.St.A., *Druckempfindliches Klebband.* (**Can. P. 552 255** vom 20/8. 1955, ausg. 28/1. 1958. A. Prior. 7/10. 1954. — C. **1958.** 10827 [E. P. 778 348].)

Dow Corning Silicones Ltd., Toronto, Ontario, Canada, übert. von: **John F. Dexter**, Midland, Mich., V.St.A., *Klebemittel.* (**Can. P. 552 256** vom 13/5. 1953, ausg. 28/1. 1958. A. Prior. 2/7., 8/10. 1952 u. 1/4. 1953. — C. **1957.** 308 [D. B. P. 941 090].)

Werner H. Guttmann, Concise guide to structural adhesives. New York: Reinhold; London: Chapman & Hall. 1962. (VII + 389 S. m. Tab. u. Diagr.) 6 £.

XXIII. Tinte. Hektographenmassen und andere Spezialpräparate

Über die chemische Zusammensetzung der in blauen Kugelschreiberminen verwendeten Farbstoffe. Antonio Usai und Lucia Corazzi. (Rass. chim. **12.** Nr. 6. 37—38. Nov./Dez. 1960. Roma, Univ. di Roma, Ist. di Merceologia.) (Ital.)

Die blauen Drucktasten für Kugelschreiber bestehen im allg. aus Gemischen von Triphenylmethanfarbstoffen (Viktoriablau B, Patentblau V). B. SCHEIFELE. 8420□

Über die quantitative chromatographische Bestimmung der blauen Druckfarben für Kugelschreiber, die qualitativ gleich sind. Antonio Usai und Lucia Corazzi. (Rass. chim. **12.** Nr. 6. 28—29. Nov./Dez. 1960. Roma, Univ. di Roma, Ist. di Merceologia.) (Ital.)

In Verbindung mit opt. Meth. erlaubt die Chromatographie eine quant. Best. der Farbkompositionen für blaue Kugelschreiberminen. B. SCHEIFELE. 8502□

Godfrey L. Cabot, Inc., V.St.A., **Erhöhung der Dichte von Tintenruß,** der frei von Staub ist. Der Ruß wird mit 2—12% W. versetzt u. in einer Drehtrommel dem Druck einer sich drehenden exzentr. Walze ausgesetzt, bis die Dichte ca. 0,256 kg/dm³ beträgt. — 2 Abbildungen. (**F. P. 1 152 399** vom 18/6. 1956, ausg. 14/2. 1958.)

M. F. MÜLLER. 8421

Badische Anilin- & Soda-Fabrik Akt.-Ges., Ludwigshafen/Rh. (Erfinder: Arnold Tartter, Lambsheim/Pfalz, und Werner Bolzau, Ludwigshafen/Rh.), **Basische Farbstoffe der Perylenreihe,** lösl. in verd. organ. u. anorgan. Säuren u. daher geeignet zum Färben von tannierter Baumwolle oder Leder, leicht lösl. in höheren Alkoholen u. Benzylalkohol, wodurch sie zur *Herst. von Kugelschreiberpasten* geeignet sind, erhält man durch Rk. von ggf. substituierten Perylen-3.4.9.10-tetracarbonsäuren oder deren Säure-Derivv. mit Verbb. der Zus. $H_2N-A-N(R_1)(R_2)$ (A = Alkylen, R_1 = Alkyl, Aralkyl oder Cycloalkyl, R_2 = H, Alkyl, Aralkyl oder Cycloalkyl, R_1 u. R_2 zusammen mit N auch Glieder eines gemeinsamen heterocycl. Ring-Syst.) zu Imiden. — Durch 2std. Verrühren eines Gemisches von 196 (Gew.-Teilen) Perylen-3.4.9.10-tetracarbonsäuredianhydrid (**I**) u. 160 N-Cyclohexylpropylendiamin-(1.3) in 750 Trichlorbenzol bei 120° u. danach nochmals 2 Std. bei 150° erhält man einen roten, in Benzylalkohol sehr gut lösl. Farbstoff. In ähnlicher Weise erhält man weitere ebenfalls rote Farbstoffe aus **I** u. N.N-Diäthyl-, N-Isobutyl-, Cyclohexyl- oder Phenyläthylpropylendiamin, Pyrrolidinopropylamin, einem Gemisch aus Isopropyl-, Isobutyl- u. Cyclohexylpropylendiamin oder $(C_2H_5)_2N \cdot CH_2 \cdot CH_2 \cdot CH_2 \cdot CH(CH_3) \cdot NH_2$. Aus Dichlorperylentetracarbonsäuredianhydrid (**II**) u. Diäthylpropylendiamin (**III**) sowie aus Tetrachlorperylentetracarbonsäuredianhydrid (**IV**) u. **III** erhält man einen orangeroten u. orange Farbstoff u. der Farbstoff aus einem Gemisch aus **I**, **II** u. **IV** u. **III** ist in verd. Säuren rot löslich. (**D. A. S. 1 117 246** Kl. 22e vom 13/8. 1959, ausg. 16/11. 1961.)

O. ROICK. 8421

Kalle Akt.-Ges. (Erfinder: Wilhelm Neugebauer und Erwin Lind), Wiesbaden, **Kopierverfahren** mit Hilfe eines aus einem Träger u. einer wachsartigen Kopierschicht bestehenden Kopiermaterials unter Einw. von Wärme, dad. gek., daß man die zu kopierende Seite einer Vorlage mit einem Kopieträger in Kontakt bringt, letzteren gleichzeitig mit einer wachsartigen Kopierschicht eines Kopiermaterials in Berührung bringt u. dann von der Seite des Kopiermaterials intensive Wärmestrahlen einwirken läßt. (**D. A. S. 1 113 947** Kl. 15k vom 8/7. 1959, ausg. 21/9. 1961.)

K. KITTLER. 8423

S. A. M. (Soc. d'Applications Mécanographiques), Frankreich (Erfinder: Jean Alvar Mortier), **Druckfarbenpaste für Vervielfältigungsapparate,** die im gewöhnlichen Zustand halbfest ist u. erst beim Gebrauch durch die Erschütterungen fl. wird, in Form einer Dispersion von 4—5 (kg) Ruß in einem Firnis, der 1,5—3 Harz in 25—30 Harzöl enthält. Der Firnis wird 30 Min. auf 180° erhitzt u. allmählich mit 25 bis 35 Ricinusöl verrührt. (**F. P. 1 185 653** vom 31/10. 1957, ausg. 4/8. 1959.)

M. F. MÜLLER. 8423

Faximile, Inc., New York, übert. von: Arthur H. Mones, Brooklyn, N.Y., V.St.A., **Registrierpapier.** Ein poröser, hoch naßfester Papierträger wird mit einer Lsg. imprägniert, die Salicylaldoxim als Markierungsmittel enthält im Verhältnis 50 (Teile) Salicylaldoxim, 400 Elektrolyt, 4000 W. [Papier 61,5(%), W. 34,0, Elektrolyt 4,0, Markiersubstanz 0,5]. *Registrierpapier für elektr. Aufzeichnung.* (**A. P. 2 864 748** vom 27/8. 1956, ausg. 16/12. 1958.) P. MAYER. 8423

Caribonum Ltd. (Erfinder: **Frederick George Francis** und **John Albert Seaward**), *Tinte, Farbband, Durchschreibepapier.* (**Aust. P. 225 049** vom 6/5. 1958, ausg. 26/11. 1959. E. Prior. 16/5. 1957. — C. 1961. 12330 [E. P. 842 655].)

XXIV. Photographie

Primäre Elektronenvorgänge in Silberhalogeniden. Einfluß der sichtbaren und ionisierenden Strahlung. K. Vacek. (Pokroky Mat., Fysiky Astronom. **4.** 423—29. 1959. Praha, Fys. ústa Karlovy univ.) (Tschech.)

Darst. der Entstehung des latenten Bildes in Ag-Halogenidschichten sowie Einfl. von Elektronen- u. anderen Strahlen. — 12 Literaturhinweise. J. TŮMOVÁ. 8594□

Photographische Reproduktion auf anodisch behandeltem Aluminium. A. Jogarao, K. S. Indira und B. A. Shenoi. (Plating **47.** 1368—71. Dez. 1960. Karaikudi, Indien, Electrochim. Res. Inst.) (Engl.)

Die durch anod. Oxydation hergestellten Oxidschichten auf Al können leicht lichtempfindliche Stoffe aufnehmen u. so zur photograph. Reproduktion verwendet werden. Die verschied. Verff. werden beschrieben. F. VIER. 8602□

Ein Auswertegerät für die Bestimmung der Lichtempfindlichkeit von Schwarzweiß-Negativmaterial für bildmäßige Aufnahmen. Gerhard Vieth. (Photogr. Korresp. **97.** 179—82. Dez. 1961. Braunschweig, Phys.-Techn. Bundesanst.) (Dt.)

Vf. beschreibt ein Auswertegerät zur Empfindlichkeits-Best. von Negativmaterialien für die bildmäßige Photographie nach Vornorm DIN 4512 (Okt. 1961.) Bei dem neuen Meß-Verf., bei dem ein Sensitometerstreifen bis zu einer vorgeschriebenen mittleren Steilheit der Schwärzungskurve zu entwickeln ist, müssen die Keilstufen 0,10 u. 0,90 über dem Schleier ermittelt werden. Dies geschieht mit Hilfe des beschriebenen Meßgerätes, bei dem zwei Doppelprismen mit Okulartuben versehen nebeneinander angeordnet sind (Schemaskizze). Es wird geprüft, ob die Schwärzung der Stufe, die um $\Delta \log H = 1{,}3$ stärker belichtet wurde als die 0,10 Stufe, innerhalb der zulässigen Grenzen $0{,}85 \leqq S \leqq 0{,}95$ liegt. Ist diese Bedingung erfüllt, so kann die Empfindlichkeitszahl an Hand der 0,10 Stufe des betreffenden Sensitometerstreifens sowie der bei der Belichtung verwendeten Beleuchtungsstärke u. Belichtungszeit errechnet oder der Tabelle des Normblattes entnommen werden. — 6 Literaturhinweise. W. GÜNTHER. 8604□

Die Kennzeichnung der sensitometrischen Eigenschaften photographischer Papiere. Rudolf Reuther. (Z. wiss. Photogr., Photophysik Photochem. **55.** 181—200. Okt. 1961. Dresden, TH, Wiss.-Photograph. Inst.) (Dt.)

Vf. hat eine Norm zur Kennzeichnung der sensitometr. Eigg. photograph. Papiere vorgeschlagen. Zur Kennzeichnung des Härtegrades eignet sich am besten der Kopierumfang. Die Kennzeichnung der Empfindlichkeit kann aus den Best.-Größen für die Gradation abgeleitet werden. — Es werden zunächst eine Reihe von Meth. zur Kennzeichnung des Kopierumfanges miteinander verglichen. Ein fester Schwärzungswert im Durchgang berücksichtigt die unterschiedliche Neigung im Kurvenanfang vor allem bei den weichen Papieren nur ungenügend. Auch muß berücksichtigt werden, daß bei Spezialoberflächen die Messung der hohen Dichten durch Reflexionen an den Oberflächenstrukturen beeinflußt wird, während bei der Bildbetrachtung dieser Einfl. durch geeignete Betrachtungsweise weitgehend vermieden werden kann. Es wird als neue Meth. eine direkte, visuelle Ermittlung des Kopierumfanges aus dem Sensitometerstreifen vorgeschlagen, ausgehend von der Detailplatte nach GOLDBERG. — Das photograph. Papier wird im Kontakt mit einer Detailplatte belichtet, die Belichtungszeit soll zwischen 4 u. 20 Sek. liegen. Die durch eine mindestens 65 cm entfernte Glühlampe mit einer Verteilungs-Temp. von 2850° K erzeugte Beleuchtungsstärke soll so groß gewählt werden, daß der Sensitometerstreifen nach der festgelegten Entw. sowohl weiße als auch schwarze Stellen ohne Details enthält. Die Detailplatte besteht aus einem Stufenkeil der Schwärzungsdifferenz 0,1 nach DIN 4512 Blatt 1 u. einer Schicht gegen Schicht aufgelegten Folie, die einen Streifen von 6 mm Breite mit einem Raster von 1 mm × 1 mm großen Quadraten überdeckt, deren Schwärzungsdifferenz 0,07 beträgt. (Abb. vgl. Original). Zur Messung des Kopierumfanges werden unter Einhaltung gewisser Beleuchtungsvorschriften die Stufen in den Lichtern u. in den Schatten abgelesen, in der noch sämtliche Rasterfelder in ihrer quadrat. Form mühelos erkannt werden können. Die Differenz der Schwärzungen der abgelesenen DIN-Keilstufen ist der Kopierumfang. Als Kennzahl wird das 10fache dieses Wertes, d. h. die Differenz der Stufennummern angegeben. Die Gradation Extrahart entspricht der Kopierumfangkennzahl 5—7, Hart 7—9, Normal 9—11, Spezial 11—13, Weich 13—15 u. Extraweich 15—18. — Die neue Meth. wurde an 105 verschiedenen Photopapieren nachgeprüft, die Auswertung erfolgte mit Hilfe von 10 größtenteils ungeübten Vers.-Personen. Entwickelt wurde 2 Min. bei 18° im AGFA-Metol-Hydrochinon-Entwickler, 1:2 mit W. verdünnt. Zusammenfassend wird festgestellt, daß das neue Verf. eine ausreichende Übereinstimmung des Kopierumfangwertes mit dem prakt. wirksamen Kopierumfang ergibt. Da die neue Meth. infolge Einfachheit u. Schnelligkeit ohne Übermüdung des Auswerters anderen Verff. überlegen ist, soll sie zur Normung empfohlen werden. Möglichkeiten, die Meth. zur Empfindlichkeitskennzeichnung auszubauen, werden diskutiert. — 11 Literaturhinweise.
W. GÜNTHER. 8660□

Zur Berechnung des Auflösungsvermögens photographischer Schichten. G. Langner. (Z. wiss. Photogr., Photophysik Photochem. **55.** 218—33. Okt. 1961. Leverkusen, Agfa AG., Wiss.-Phot. Labor.) (Dt.)

Vf. macht sich die Begriffs-Bldg. der modernen Übertragungstheorie zunutze u. behandelt die Erkennbarkeit von Bildkontrasten auf photograph. Schichten als statist. Problem. Mit Hilfe theoret. Überlegungen wird das Auflösungsvermögen photograph. Schichten unter Anwendung der modernen linearen Übertragungstheorie (vgl. u. a. Linfoot, 1955), der Kontrastübertragungsfunktion, des Spektrums des Kornrauschens, für bestimmte Testobjekte, z. B. Strichraster, Rechteckraster, Foucault-Miren, Sinusraster, Punktobjekte, berechnet u. in Abhängigkeit vom zugelassenen Störpegel u. der Art der Auswertung, der mikroskop. oder der mikrodensitometr. Meß-Meth., diskutiert. Es wird festgestellt, daß Testobjekt u. Auswert-Verf. genau festgelegt werden müssen, um vergleichbare Resultate zu erhalten. — 16 Literaturhinweise.

W. Günther. 8660□

Polaroid Corp., übert. von: Edwin H. Land, Cambridge, Mass., V.St.A., **Lichtempfindlicher Film mit Filterschicht.** Auf der lichtempfindlichen Schicht ist eine 0,0001—0,0003 inch dicke Gelatineschicht angeordnet, die ein unlösl. u. diffusionsfestes Pigment (I) enthält, das gegenüber Halogensilber u. allen photograph. Bädern vollkommen inert ist. — Beispiele für I: Benzidingelb, „Aridye-Pigment" u. „Paddingyellow CL". — Die Schicht hat die gleiche opt. Wrkg. wie ein „Wrattengelbfilter K 2". Die bes. Eigg. von I machen das Material bes. geeignet für die Bilderzeugung nach dem Ag-Diffusionsverfahren. (**A. P. 2 966 408** vom 14/3. 1957, ausg. 27/12. 1960.)

A. Kalix. 8601

Reheis Co., Inc., New York, N.Y., und Adelphi Research & Mfg. Co., übert. von: Stewart M. Beekman, Berkeley Heights, N.J., und John F. Cipriano, Philadelphia, Pa., V.St.A., **Vorstrich für photographisches Rohpapier.** Auf das trockne Papier wird ein Gemisch aus 30—120 (Teilen) eines Bindemittels (I) u. 100 einer wasserunlösl. Zr-Verb. (II) in einer Menge aufgetragen, daß (in getrocknetem Zustande) auf 100 (Gew.-Teile) Papier 0,5—3 ZrO_2 vorhanden sind. — Beispiele für I: Zr-Oxid, -Hydroxid, bas. Carbonat u. bas. Phosphat. — Beispiele für II: Leim, Stärke, Polyvinylchlorid, -acetat u. -alkohol, sowie Mg-Al-Silicat. — Dieser Vorstrich kann auch zur Präparation von *Pausleinwand* u. anderen Textilien, sowie *Lichtpauspapieren* beliebiger Art verwendet werden. (**A. P. 2 964 403** vom 1/9. 1955, ausg. 13/12. 1960.) A. Kalix. 8603

Eastman Kodak Co., übert. von: Kenneth C. Kennard und Donald M. Burness, Rochester, N.Y., V.St.A., **Allgemein-Sensibilisatoren** bilden Verbb. der allg. Formel I.

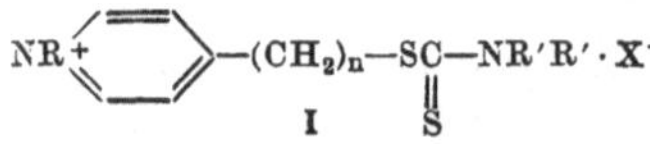

I

(R = ggf. substituierte Alkylgruppe; R' = niedrigmol. Alkylgruppe; n = 1, 2 oder 3 u. X = Säurerest). — Beispiele: (N-methylpyridinium = II) *γ-[3-(Dimethyldithiocarbamato]-propyl]*-**II**-*p-toluolsulfonat*, F. 109,5—111°; *γ-Dimethyldithiocarbamatomethyl*-**II**-*p-toluolsulfonat*, F. 93 bis 94°; *β-Dimethyldithiocarbamatomethyl-p-toluolsulfonat*, F. 161—162,5°; *γ-[3-Diäthyldithiocarbamato)-propyl]*-**II**-*perchlorat*, F. 101—102°; *β-[3-(Dimethyldithiocarbamato)-propyl]*-**II**-*perchlorat*, F. 75—76,5°. Die I werden Halogensilberemulsionen nach ihrer Ausreifung vor dem Vergießen in Mengen von 0,75—3,0 mg auf 1 Mol Halogensilber zugesetzt. (**A. P. 2 937 090** vom 19/5. 1958, ausg. 17/5. 1960.) A. Kalix. 8605

Eastman Kodak Co., übert. von: Kirby M. Milton und Thomas F. Murray jun., Rochester, N.Y., V.St.A., **Weichmacher für Gelatineschichten.** Der zur Schicht-Bldg. verwendeten Gelatine wird in Mengen von 5—25, vorzugsweise 10% ihres Gew. ein Diol zugesetzt, das 4—7 C-Atome enthält u. dessen OH-Gruppen durch mindestens 3 C-Atome voneinander getrennt sind. — Beispiele: 1.5- u. 2-Methyl-2.4-pentandiol, 1.4-Butandiol u. 1.6-Hexandiol. (**A. P. 2 960 404** vom 4/6. 1956, ausg. 15/11. 1960.)

A. Kalix. 8611

E. I. du Pont de Nemours & Co., Wilmington, Del., übert. von: Vere Maffet, Milltown, N.J., V.St.A., **Stabilisierung von Halogensilberschichten.** Den zur Schicht-Bldg. verwendeten Halogensilberemulsionen werden unmittelbar vor dem Vergießen ein wasserunlösl. Hydroxid (I) der Metalle Ru, Pt oder Pd in ihrer höchsten Wertigkeitsstufe in Form von wss. Dispersionen (II) zugesetzt. Dosierung: Auf 1000 (Mol) Halogensilber 0,0095—0,95 Pd-I oder 0,0087—0,087 Ru-I oder 0,0025—0,0063 Pt-I. II enthält im Liter ca. 0,01 I. Die I stabilisieren die Schichten gegen *Lagerschleier* u. *Empfindlichkeitsverlust*, bes. solche die Polyalkylenoxydsensibilisatoren enthalten. (**A. P. 2 953 455** vom 28/8. 1957, ausg. 20/9. 1960.) A. Kalix. 8611

Polaroid Corp., Cambridge, übert. von: William Ryan, Billerica, und Vivian K. Walworth, Concord, Mass., V.St.A., **Herstellung von lichtpolarisierenden mehrfarbigen Stereo-Teilbildern.** Als Bildträger werden mol. orientierte OH-haltige Polyvinylfolien, bes. solche aus Polyvinylalkohol, benutzt. Diese werden zunächst mit einer 1—5% ig. Lsg. eines Jodids eines 2wertigen Metalles von 70° F vorbehandelt u. der Überschuß an Lsg. leicht abgepreßt oder weggeblasen. Bevorzugt verwendet werden MgJ_2, CdJ_2, BeJ_2. Dann wird mit Hilfe einer aus einem Auswaschrelief hergestellten Matrize das entsprechende Farbteilbild aufgedruckt, wozu wss. Lsgg. von dichroit. Baumwoll-Direktfarbstoffen verwendet werden, z. B. Niagarablau 6 B (C. I. Nr. 518 u. 520), Solantinrot 8 BL (C. I. Nr. 278, Solantingelb 4 GL u. Stilbengelb 3 GA (C. I. Nr. 622). Die Jodidvorbehandlung der Bildschicht muß vor jedem neuen Farbaufdruck wiederholt werden. Sie erhöht die Farbdichte u. den Kontrast der Bilder. Organ. Jodide u. solche einwertiger Metalle haben die gleiche, aber schwächere Wirkung. (**A. P. 2931296** vom 21/5. 1954, ausg. 5/4. 1960.) A. KALIX. 8631

Haloid Xerox, Inc., übert. von: Lewis E. Walkup, Columbus, Ohio, V.St.A., **Xerographische Bildherstellung.** Die photoleitfähige Schicht (I) befindet sich auf einem durchsichtigen, leitenden Träger (II), der geerdet ist. In geringem Abstand davon ist eine Isolierschicht (**III**) angeordnet, die sich auf einem leitenden Träger (**IV**) befindet, an den eine starke negative Ladung angelegt ist. Zunächst erhält **I** durch **II** hindurch eine Allgemeinbelichtung. Durch diese wird (nach einiger Zeit) das zwischen **III** u. **I** entstandene starke elektr. Feld entladen u. auf **III** bildet sich eine gleichmäßige positive Ladungsfläche aus. Dann wird auf **II** die wiederzugebende Vorlage (**V**) aufgelegt u. belichtet, während gleichzeitig an **IV** ein starke positive Ladung angelegt wird. Diese kann nun nur an den belichteten Flächenteilen auf **I** übergehen, während sie an den Stellen von **III** erhalten bleibt, die den unbelichteten Stellen von **I** gegenüberliegen. Bei angelegter Spannung wird dann (**I** + **II**) von (**III** + **IV**) getrennt u. das auf **III** verbliebene Ladungsbild in der üblichen Weise entwickelt. Es kann dann hier fixiert oder auf eine andere Fläche übertragen werden. Das Verf. ermöglicht die Bilderzeugung ohne Helligkeitsumkehrung zwischen Bild u. **V**, d. h. von Positiven erhält man Positive, von negativen **V** Negative. (**A. P. 2 937 943** vom 9/1. 1957, ausg. 24/3. 1960.) A. KALIX. 8645

Interalpina, Vaduz, Liechtenstein, *Lichtempfindliche Schichten auf Aluminium.* (**E. P. 847 827** vom 24/1. 1957, ausg. 14/9. 1960. Schwz. Prior. 2/3. 1956. — C. **1960.** 13580 [Schwz. P. 343 229].)

E. I. du Pont de Nemours & Co., Wilmington, Del., V.St.A., *Photographischer Film.* (**Schwed. P. 163 051** vom 24/7. 1952, ausg. 22/4. 1958. — C. **1959.** 9108 [It. P. 490 247].)

Agfa Akt.-Ges., Leverkusen (Erfinder: **Johannes Götze** und **Marie Hase**), *Sensibilisatoren.* (**F. P. 1 204 394** vom 27/3. 1958, ausg. 26/1. 1960. D. Prior. 28/3. 1957. — C. **1959.** 12431 [D. A. S. 1 053 309].)

Imperial Chemical Industries Ltd., London, England, *Sensibilisatoren.* (**Belg. P. 553 999** vom 7/1. 1957, ausg. 29/1. 1960. E. Prior. 9/1. u. 7/12. 1956. — C. **1960.** 17336 [F. P. 1 164 085].)

Ilford Ltd., Ilford, England, *Merocyaninfarbstoffe.* (**Holl. P. 95 239** vom 16/8. 1957, ausg. 15/8. 1960. E. Prior. 17/8. 1956. — C. **1960.** 5371 [A. P. 2 865 917].)

Agfa Akt.-Ges. (Erfinder: **Edith Weyde**), Leverkusen, *Material für das Silbersalz-Diffusionsverfahren.* (**Oe. P. 211 667** vom 19/1. 1959, ausg. 25/10. 1960. D. Prior. 20/1. 1958. — C. **1960.** 702 [D. A. S. 1 055 953].)

Gevaert Photo-Producten N. V., Mortsel (Erfinder: **Jozef Frans Willems**, Wilrijk, und **Albert Emiel van Hoof**, Berchem), Belgien, *Herstellung photographischer Abbildungen.* (**Holl. P. 96 063** vom 5/9. 1957, ausg. 15/11. 1960. — C. **1959.** 16835 [D. A. S. 1 060 715].)

Radio Corp. of America, New York, N.Y., V.St.A., *Elektrostatisches Druckverfahren.* (**E. P. 844 457** vom 22/7. 1957, ausg. 10/8. 1960. A. Prior. 31/7. 1956. — C. **1959.** 8382 [D. A. S. 1 044 613].)

Kalle & Co. Akt.-Ges., Wiesbaden, *Photoleitfähige Stoffe für die Xerographie.* (**F. P. 1 210 153** vom 4/9. 1958, ausg. 7/3. 1960. D. Prior. 7/9. 1957 u. 25/7. 1958. — C. **1960.** 6383 [D. A. S. 1 068 115].)

Agfa Akt.-Ges., Leverkusen (Erfinder: **G. Schaum**, **H. Seibert** und **H. Haydn**), *Xerographisches Verfahren.* (**Belg. P. 562 338** vom 13/11. 1957, ausg. 3/6. 1960. D. Prior. 14/11. 1956. — C. **1960.** 2066 [D. A. S. 1 063 897].)

Radio Corp. of America, New York, N.Y., V.St.A. (Erfinder: **H. G. Greig**), *Lichtempfindliches Material für xerographische Verfahren.* (**Belg. P. 559 686** vom 30/7. 1957, ausg. 8/4. 1960. A. Prior. 31/7. 1956. — C. **1958.** 8382 [D. A. S. 1 044 613].)

Agfa Akt.-Ges. für Photofabrikation, Leverkusen, *Silbersalzdiffusionsverfahren.* (**It. P. 511 926** vom 21/1. 1954. D. Prior. 22/1. 1953. — C. **1955.** 8072 [D. B. P. 926 175].)

VEB Filmfabrik Agfa Wolfen, Wolfen, Kr. Bitterfeld, *Auftragen von Halogensilberemulsionen.* (**Belg. P. 556 769** vom 17/4. 1957, ausg. 26/2. 1960. D. Prior. 11/1. 1957. — C. **1960.** 703 [D. A. S. 1 057 870].)

Variofix (Proprietary) Ltd., Johannesburg, Transvaal, Südafrikanische Union, übert. von: **Peter Kleinschmidt**, Berlin, *Erzeugung von photographischen Ein- und Mehrfarbenbildern.* (**A. P. 2 831 765** vom 30/11. 1954, ausg. 22/4. 1958. Südafrikan. Prior. 5/3. 1953. — C. **1959.** 675 [F. P. 1 111 573].)

Edgar Gretener, Zürich, Schweiz, *Herstellung eines substraktiven Farbfilms.* (**Ind. P. 63 607** vom 31/3. 1958, ausg. 31/8. 1959. — **C. 1960.** 11174 [D. A. S. 1 032 094].)

Imperial Chemical Industries Ltd., London, England (Erfinder: **A. W. Braid**), *Herstellung von Mehrfarbennegativen aus Mehrfarbendias.* (**Belg. P. 552 317** vom 3/11. 1956, ausg. 31/12. 1959. A. Prior. 4/11. 1955 u. 19/10. 1956. — **C. 1960.** 15281 [F. P. 1 159 533].)

Gevaert Photo-Producten N. V., Mortsel, Belgien (Erfinder: **Maurice Antoine de Rameix** und **Jan Jaeken**), *Farbstoffmasken.* (**F. P. 1 207 422** vom 30/12. 1957, ausg. 16/2. 1960. E. Prior. 31/12. 1956. — **C. 1960.** 14247 [D. A. S. 1 063 900].)

Gevaert Photo-Producten N. V., Mortsel bei Antwerpen, Belgien, *Farbkuppler für Blaugrün.* (**Belg. P. 548 880** vom 22/6. 1956, ausg. 20/11. 1959. — **C. 1959.** 11122 [D. A. S. 1 036 653].)

International Polaroid Corp., Jersey City, N.J., V.St.A., *Farbentwickler, besonders für das Silbersalz-Diffusionsverfahren.* (**Belg. P. 554 935** vom 12/2. 1957, ausg. 12/2. 1960. — **C. 1959.** 12434 [D. A. S. 1 036 640].)

Azoplate Corp., Murray Hill, N.J., V.St.A., übert. von: **Wilhelm Neugebauer, Oskar Süs** und **Fritz Endermann**, Wiesbaden, *Lichtempfindliches Material für die photomechanische Reproduktion.* (**A. P. 2 959 482** vom 28/12. 1955, ausg. 8/11. 1960. D. Prior. 17/7. 1951. — **C. 1955.** 3784 [D. B. P. 901 129].)

Kalle & Co. Akt.-Ges., Wiesbaden (Erfinder: **Wilhelm Neugebauer**), *Lichtempfindliche Schichten für photomechanische Zwecke.* (**E. P. 844 039** vom 20/2. 1959, ausg. 10/8. 1960. — **C. 1960.** 15283 [D. A. S. 1 058 845].)

Oxford Paper Co., New York, N.Y., V.St.A., *Lichtempfindliche Schicht für die Herstellung von Flachdruckfolien.* (**E. P. 834 322** vom 5/7. 1957, ausg. 4/5. 1960. A. Prior. 19/12. 1956. — **C. 1959.** 16509 [D. A. S. 1 051 294].)

Wolfgang Muth, übert. von: **Ludwig Mayr**, München, *Herstellung von Gelatinedruckformen.* (**A. P. 2 927 858** vom 9/5. 1957, ausg. 8/3. 1960. D. Prior. 11/5. 1956. — **C. 1959.** 12745 [D. A. S. 1 030 682].)

Agfa Akt.-Ges., Deutschland (Erfinder: **Wilhelm Bunge, Heinrich Seibert** und **Hildegard Haydn**), *Herstellung von lichtleitfähigen Schichten für elektrophotographische Verfahren.* (**F. P. 1 208 377** vom 7/6. 1958, ausg. 23/2. 1960. D. Prior. 8/6. 1957. — **C. 1959.** 17597 [D. A. S. 1 052 811].)

Commonwealth of Australia représenté par le Secrétaire du Départment of Supply, Australien, *Flüssiger Entwickler für latente elektrostatische Bilder.* (**F. P. 1 202 799** vom 29/9. 1958, ausg. 13/1. 1960. Aust. Prior. 1/10. 1957. — **C. 1961.** 1440 [D. A. S. 1 089 631].)

General Aniline & Film Corp., New York, N.Y., V.St.A., *Diazotypieschicht.* (**It. P. 513 233** vom 28/1. 1954. A. Prior. 23/9. 1953. — **C. 1957.** 4000 [D. B. P. 950 767].)

Charles Bruning Co., Inc., Teterboro, N.J., V.St.A., *Lichtempfindliches Material für die Diazotypie.* (**Ind. P. 59 370** vom 14/1. 1957, ausg. 26/2. 1959. — **C. 1959.** 1668 [D. A. S. 1 030 180].)

General Aniline & Film Corp., New York, N.Y., V.St.A., *Lichtempfindliches Material für die Diazotypie.* (**Holl. P. 97 385** vom 19/2. 1958, ausg. 15/3. 1961. A. Prior. 19/2. 1957. — **C. 1960.** 14932 [D. A. S. 1 068 556].)

General Aniline & Film Corp., New York, N.Y., V.St.A. (Erfinder: **C. E. Herrick** und **C. E. Slimowicz**), *Kupplungskomponenten für die Diazotypie.* (**Belg. P. 564 689** vom 11/2. 1958, ausg. 15/7. 1960. A. Prior. 19/2. 1957. — **C. 1960.** 14932 [D. A. S. 1 068 556].)

Azoplate Corp., Summit, N.J., V.St.A., *Entwicklung von Diazotypie-Flachdruckplatten.* (**Belg. P. 560 264** vom 23/8. 1957, ausg. 22/4. 1960. A. Prior. 24/9. 1956. — **C. 1961.** 3878 [D. A. S. 1 086 555].)

REDAKTIONSSCHLUSS: 27. April 1962

Herausgeber: Prof. Dr. Heinrich Bertsch, Berlin, u. Prof. Dr. Dr. h. c. Wilhelm Klemm, Münster. Chefredakteure und verantwortlich für den Inhalt: Dr. Eugen Klever, Berlin W 30, Geisbergstraße 39, Fernsprecher: 249541 u. Dr. Willi Barz, Berlin N 4, Schiffbauerdamm 19, Fernsprecher: 425571.

©

Verlag: Akademie-Verlag GmbH, Berlin W 8, Leipziger Str. 3—4 (Fernsprecher: 220441, Telex-Nr. 011773 Postscheckkonto Berlin 35021), und Verlag Chemie, GmbH, Weinheim/Bergstr. (Fernsprecher: Weinheim 3635 [Sammelnummer]; Fernschreiber: 0465516 chemieverlwhn; Postscheckkonten: Frankfurt/M. 145314 u. Berlin [West] 7430). Bestellnummer: 1007/133. Das Chemische Zentralblatt erscheint wöchentlich. Preis des Jahrganges einschl. Autoren-, Patent-, Sach- u. Formelregister: DM 1200,—; einseitig bedruckte Ausgabe: DM 1350,—. Abgabe der Zeitschrift nur mit sämtlichen Registern. Abbestellungen nur bis spätestens 6 Wochen vor Ablauf des Kalenderjahres.

Satz u. Druck: VEB Leipziger Druckhaus, Leipzig, III/18/203. VII. 62.
Veröffentlicht unter der Lizenznummer ZLN 5002 des Ministeriums für Kultur, Hauptverwaltung Verlagswesen.
Printed in Germany.

PRÄPARATE ZUR GAS-CHROMATOGRAPHIE

Trägermaterial zur Verteilungs-Gas-Chromatographie auf Kieselgurbasis

78549 **DIAPHORIT** Körnung 0,1-0,2 mm
78550 **DIAPHORIT** Körnung 0,2-0,3 mm
78551 **DIAPHORIT** Körnung 0,3-0,4 mm
78552 **DIAPHORIT** Körnung 0,4-0,5 mm

Trennflüssigkeiten:

78403 **Diphenylformamid** · 78401 **Dinonylphthalat**
78402 **Dioktylphthalat** · 78408 **Triäthanolamin**
78410 **Trikresylphosphat** (Tritolylphosphat)
78543 **Triphenylphosphat** · 78395 **$\beta\beta$-Oxydipropionitril**
78411 **Hochvakuumfett** · 78544 **Polyglykol 3000**
78414 **Polyglykoläther** (Äthylpolyglykol)

Weitere Trennflüssigkeiten sind in Vorbereitung
Ausführliche Druckschrift „Gas-Chromatographie" steht gern zur Verfügung

Zu beziehen durch: Versorgungskontor Labor-und Feinchemikalien
Berlin N 4, Chausseestraße 24, Leipzig W 33, Lützner Str. 212, Apolda, Mittelweg 6

VEB BERLIN-CHEMIE · BERLIN-ADLERSHOF